AF534120

Nicole Enders

Modern Workplace mit Microsoft 365

Konzepte, Werkzeuge, Lösungen

Liebe Leserin, lieber Leser,

Microsoft 365 ist nach wie vor in aller Munde. Kein Wunder, hilft es doch, effizient zusammenzuarbeiten, ohne regelmäßig an einem Ort zu sein, unter anderem durch den beliebten Dienst Teams.

Die Collaboration-Software bietet Ihnen aber weit mehr. Ganz unabhängig von Orten und sogar Zeitzonen, ob es um Formales oder Spontanes geht, um Konferenzen oder Office-Dokumente – mit Microsoft 365 nehmen Sie in Angriff, was den Modern Workplace ausmacht: die Zusammenarbeit in Ihrer Organisation durch IT wirkungsvoll zu unterstützen.

Das Softwarepaket stellt eine große Palette von Diensten und Tools bereit. Sie spielen ihre Stärken in verschiedenen Szenarios aus. Manchmal überschneiden sich ihre Funktionen, weswegen schon eine gute Auswahl komplex sein kann. Dann bietet sich dieses Buch als »Dschungelführer« an. Erwägen Sie eine Lösung On-Premises, in der Cloud oder hybrid? Kommt es darauf an, dass die Server in Europa stehen, und welche Rolle spielt Ihre Firewall?

Vor allem aber ist es mit technischen Fragen allein nicht getan. Wenn Sie eine Collaboration-Plattform einrichten und nutzen, dann nehmen Sie auch Ihre Arbeitskultur in den Blick und sind bereit, sie zu verändern. Und hier spielt auch das Verhalten in Online-Konferenzen und die gemeinschaftliche Nutzung von KI-Software wie dem Microsoft Copilot eine große Rolle für den Modern Workplace.

Indem sie Schritt für Schritt durch die Prozesse führt, lässt Nicole Enders Sie von ihrer langjährigen Beratungspraxis in Collaboration-Projekten profitieren.

Zuletzt noch ein Hinweis in eigener Sache: Dieses Buch wurde mit großer Sorgfalt geschrieben, geprüft und produziert. Sollten Sie dennoch auf etwas stoßen, das nicht so funktioniert wie erwartet, oder eine Anregung für uns haben, freuen wir uns über konstruktives Feedback!

Viel Erfolg mit Microsoft 365 wünscht Ihnen

Ihre Almut Poll
Lektorat Rheinwerk Computing

almut.poll@rheinwerk-verlag.de
www.rheinwerk-verlag.de
Rheinwerk Verlag · Rheinwerkallee 4 · 53227 Bonn

Auf einen Blick

Wir hoffen, dass Sie Freude an diesem Buch haben und sich Ihre Erwartungen erfüllen. Ihre Anregungen und Kommentare sind uns jederzeit willkommen. Bitte bewerten Sie doch das Buch auf unserer Website unter **www.rheinwerk-verlag.de/feedback**.

An diesem Buch haben viele mitgewirkt, insbesondere:

Lektorat Almut Poll, Lisa Helmus
Fachgutachten Lars Heiermann
Korrektorat Friederike Daenecke, Zülpich
Herstellung Nadine Preyl
Typografie und Layout Vera Brauner
Einbandgestaltung Noah Neuhaus
Coverbilder Shutterstock: 2343004281 © Stock 4you, 2181983711 © ArtHead
Satz SatzPro, Krefeld
Druck Beltz Grafische Betriebe, Bad Langensalza

Dieses Buch wurde gesetzt aus der TheAntiquaB (9,35/13,7 pt) in FrameMaker.

Gedruckt wurde es mit mineralölfreien Farben auf chlorfrei gebleichtem, FSC®-zertifiziertem Offsetpapier (90 g/m²).

Hergestellt in Deutschland.

Bibliografische Information der Deutschen Nationalbibliothek:
Die Deutsche Nationalbibliothek verzeichnet diese Publikation in der Deutschen Nationalbibliografie; detaillierte bibliografische Daten sind im Internet über *http://dnb.dnb.de* abrufbar.

ISBN 978-3-367-10143-6

3., aktualisierte Auflage 2024

Informationen zu unserem Verlag und Kontaktmöglichkeiten finden Sie auf unserer Verlagswebsite **www.rheinwerk-verlag.de**. Dort können Sie sich auch umfassend über unser aktuelles Programm informieren und unsere Bücher und E-Books bestellen.

Inhalt

Materialien zum Buch

Auf der Webseite zu diesem Buch stehen folgende Materialien für Sie zum Download bereit:

- **Checklisten**
- **Entscheidungshilfen**

Gehen Sie auf *www.rheinwerk-verlag.de/5889*. Klicken Sie auf den Reiter MATERIALIEN ZUM BUCH. Sie sehen die herunterladbaren Dateien samt einer Kurzbeschreibung des Dateiinhalts. Klicken Sie auf den Button HERUNTERLADEN, um den Download zu starten. Je nach Größe der Datei (und Ihrer Internetverbindung) kann es einige Zeit dauern, bis der Download abgeschlossen ist.

Geleitwort

Wir befinden uns im Zeitalter der Künstlichen Intelligenz. Assistenten, die auf KI-Modellen basieren, begegnen uns überall in unserem Alltag: Alexa, Siri, ChatGPT und viele andere mehr. In der Microsoft-365-Welt heißen diese neuen Assistenten »Copilot«. Und so wird Ihnen in diesem neuen Buch von Nicole Enders an vielen Stellen der ein oder andere »Copilot« begegnen.

Daneben begleitet Sie die Autorin durch die umfassende Tool-Welt von Microsoft 365 und erklärt Ihnen anhand praxisnaher Beispiele den effektiven und effizienten Einsatz der einzelnen Komponenten.

Dabei schlägt dieses Buch den Bogen zwischen den notwendigen organisatorischen und kulturellen Entwicklungen innerhalb einer Firma und den Tools, die die Arbeit von Teams optimal unterstützen.

Nicole Enders wirft einen intensiven Blick auf die technische Unterstützung von agilen und leichtgewichtigen Arbeitsweisen. Daneben betrachtet sie verschiedene typische Einsatz- und Anwendungsszenarien und setzt sie praxisnah auf Basis der Microsoft-365-Umgebung um.

Ich wünsche Ihnen viel Spaß beim Lesen des Buches und hoffe, dass Sie viele Anregungen für Ihr Arbeitsumfeld mitnehmen können.

Lars Heiermann
Leiter Data Intelligence
CONET Solutions GmbH

Vorwort

Die Themen Modern Workplace, Collaboration, Teamwork und digitale Geschäftsprozesse sind sehr wichtige Themen in unserem heutigen Arbeitsleben. Mit Lösungen aus dem Bereich der künstlichen Intelligenz wie ChatGPT und Copilot erleben wir gerade eine Zeit des Umbruchs in der Art, wie wir unsere Arbeit verstehen und leisten möchten. Microsoft bietet mit seinem Cloud-Angebot *Microsoft 365* vielfältige Möglichkeiten, um Sie persönlich sowie die Zusammenarbeit in Teams und im gesamten Unternehmen zu unterstützen. Aber gerade in der angebotenen Vielfalt liegt auch die Komplexität. Welche Tools stehen insgesamt zur Verfügung und wofür sollten sie am besten eingesetzt werden? Welche Lösungen bietet die Konkurrenz von Microsoft an und worin unterscheiden sich die Angebote? Welches sind die Einflussfaktoren für einen effektiven Einsatz von Collaboration-Tools und wofür sollten sie nicht eingesetzt werden?

Diese Fragen beschäftigen mich und meine Kolleginnen und Kollegen jeden Tag, um den maßgeschneiderten modernen Arbeitsplatz für unsere Kunden zu schaffen. In diesem Werk möchte ich meine Erfahrungen in diesem Bereich mit Ihnen teilen und gebe Antworten auf eben diese Fragen. Anhand vieler Beispiele aus der Praxis erfahren Sie, wie Sie Tools wie *Teams*, *Viva Engage*, *SharePoint* & Co. und nicht zuletzt *Copilot* optimal einsetzen und miteinander kombinieren können, um einen auf sich und Ihr Unternehmen zugeschnittenen modernen Arbeitsplatz aufzubauen.

Gerade der Einstieg in das Thema ist schwierig, weil Sie kein Buch finden, in dem für Anwender genau die passenden Informationen zur Verfügung gestellt werden. Worum handelt es sich bei Microsoft 365 und welche Möglichkeiten werden Ihnen damit angeboten? Wie bauen Sie am besten einen modernen Arbeitsplatz mit Microsoft 365 auf und was sollten Sie bei der Einführung beachten?

Um diese Fragen zu beantworten, müssen Sie in der Regel Informationen aus vielen unterschiedlichen Quellen zusammentragen. Ihnen fehlt also ein einzelnes Nachschlagewerk, das Ihnen die wichtigsten Informationen vermittelt; wobei meiner Erfahrung nach konkrete Beispiele für die Nutzung der einzelnen Funktionen leichter zu verstehen sind als eine abstrakte Funktionsbeschreibung.

Ich möchte Sie mit diesem Buch dazu motivieren, die in Ihrem Unternehmen eingeführte oder geplante Microsoft-365-Umgebung selbstständig zu erkunden und mit den verfügbaren Apps und Diensten einen zu Ihnen passenden modernen Arbeitsplatz aufzubauen und weiterzuentwickeln. Sie können viele der exemplarischen Anwendungsszenarien ohne technisches Hintergrundwissen nachvollziehen, wobei es natürlich nicht schadet, wenn Sie bereits ein wenig über Microsoft 365 wissen. Sehen Sie dieses Buch als Ihr Nachschlagewerk und Ihre erste Anlaufstelle bei Fragen in der praktischen Nutzung von Microsoft 365 an. Erstellen Sie anhand der verschiedenen Beispiele direkt einsatzbereite Lösungen für Ihr Unternehmen oder verwenden Sie diese als Basis bzw. Anregung für Ihre eigenen Ideen.

Ich habe die fachlichen Begriffe so beschrieben, dass Sie die jeweiligen Kapitel sicher ohne große Schwierigkeiten verstehen werden und Ihre persönlichen Lösungen realisieren können.

Sollten Sie weiterführende Fragen haben, die in diesem Buch vielleicht nicht zu Ihrer Zufriedenheit beantwortet werden, so lade ich Sie dazu ein, mich auf LinkedIn (siehe *https://www.linkedin.com/in/nicole-enders-380414135*) zu kontaktieren und mit mir in den Austausch zu gehen.

Ich wünsche Ihnen viel Erfolg und vor allem viel Spaß beim Lesen dieses Buches und hoffe, dass es Ihnen in Ihrem Arbeitsalltag weiterhilft.

Für wen ist dieses Buch gedacht und welche Vorkenntnisse benötige ich?

Dieses Buch richtet sich an jede Person, die mithilfe von Microsoft 365 die Zusammenarbeit und die Kommunikation in einem Unternehmen unterstützen möchte, oder die Digitalisierung von Geschäftsprozessen voranbringen möchte. Planen Sie zum Beispiel die Einführung einer Collaboration-Plattform? Oder möchten Sie lernen, wie Sie die einzelnen Tools voneinander abgrenzen können?

In diesem Buch werden Sie diese Thematik im Wesentlichen aus zwei verschiedenen Perspektiven betrachten. Auf der einen Seite werden Sie lernen, wie Sie die einzelnen Funktionen des in dem jeweiligen Abschnitt betrachteten Tools nutzen können. Auf der anderen Seite werden wir auch beleuchten, wann der Einsatz des entsprechenden Tools sinnvoll ist und wann sich eine Alternative anbietet. Aus diesen Informationen können Sie Ihre individuelle Einführungsstrategie ableiten.

Haben Sie keine Angst, wenn Sie über kein technisches Hintergrundwissen verfügen. Sie werden in diesem Buch Schritt für Schritt das Handwerkszeug kennenlernen, das Microsoft 365 Ihnen zur Verfügung stellt. Sie werden nach der Bearbeitung der einzelnen Abschnitte selbst überrascht sein, wie viel Sie über das jeweilige Tool gelernt haben und wie sicher Sie mittlerweile in der Bedienung der grundlegenden Funktionen geworden sind.

Wie soll ich das Buch durchlesen?

Ich empfehle Ihnen, das Buch im Hinblick auf die aufzubauende Gesamtlösung in Form eines exemplarischen Modern Workplace zwar grundsätzlich von vorne nach hinten durchzuarbeiten, weiß aber von mir selbst genau, dass man ein Fachbuch nicht an einem Stück liest und wahrscheinlich doch an die ein oder andere interessante Stelle springt. Das Buch ist daher so aufgebaut, dass Sie es je nach Kenntnisstand ebenso als Nachschlagewerk nutzen können.

Welche technischen Voraussetzungen sollten erfüllt sein?

Sie benötigen zur Durchführung der verschiedenen Übungen eine Microsoft-365-Umgebung. Am Ende von Abschnitt 1.1, »Was ist das Ziel dieses Buches?«, werden Sie die wichtigsten Informationen erhalten, um sich für eine Microsoft-365-Umgebung zu registrieren, falls Ihnen in Ihrem Unternehmen bisher noch keine Umgebung zur Verfügung steht.

Zusätzliche Materialien zum Herunterladen

Alle Codebeispiele in diesem Buch können Sie unter *www.rheinwerk-verlag.de/5889* herunterladen. Dort finden Sie den Kasten MATERIALIEN ZUM BUCH. Durch einen Klick auf HERUNTERLADEN startet der Download.

Danksagung

Ich möchte mich bei den vielen Lesern bedanken, die mir ihre beim Lesen der Bücher »Collaboration mit Microsoft 365« und »Microsoft Teams – Die verständliche Anleitung« aufgetretenen Fragen und Anregungen zugesendet haben. Jede Frage bringt mich persönlich weiter und hat mir den ein oder anderen Einblick in einen Bereich von Microsoft 365 ermöglicht, den ich vorher noch nicht in der Tiefe hatte.

Ich bedanke mich auch bei den unzähligen tollen Menschen in der Microsoft-Community, mit denen ich auf Veranstaltungen oder über die sozialen Medien im Austausch bin. Ich habe von so vielen von euch Neues über einzelne Bereiche in Microsoft 365 kennengelernt, und eure Begeisterung für Apps und Dienste wie beispielsweise *Viva*, die *Power Platform* oder *Teams* hat definitiv auf mich abgefärbt. Ich kann mich nicht bei jedem von euch einzeln hier bedanken, aber ich hoffe, ihr fühlt euch angesprochen, wenn ich euch für eure positive Energie, eure Inspiration und euer Interesse an diesem Buch danke.

Mein ganz besonderer Dank gilt auch bei diesem Buch wieder meiner Führungskraft und meinem guten Freund, Lars Heiermann, der bereitwillig auch für dieses Buch das Fachlektorat übernommen hat. Danke für die vielen Gespräche, in denen wir schon viele Monate vor dem eigentlichen Buchprojekt über die inhaltliche Ausgestaltung der von mir ausgesuchten Anwendungsszenarien diskutiert und dabei neue Ideen gewonnen haben. Deine Ideen und Anmerkungen haben mir geholfen, die Informationen noch besser auf die Zielgruppe der Anwender und Berater zuzuschneiden. Danke auch für Deinen unermüdlichen und teilweise recht kurzfristig nötigen Einsatz, der mich vor allem in den letzten Wochen weiter motiviert hat, durchzuhalten und das Buchprojekt erfolgreich abzuschließen. Dein stetiger Zuspruch und Dein Vertrauen in mich und das Projekt bedeuten mir mehr als ich mit Worten ausdrücken kann.

Ein besonderer Dank geht auch an meine Eltern, die wie gewohnt immer für mich da waren. Sie haben verständnisvoll meine Launen ertragen und mich unterstützt, wo sie nur konnten. Zum Schluss danke ich noch allen meinen Freunden, die mich moralisch unterstützt haben und Verständnis dafür hatten, dass ich in den letzten Monaten nicht so viel Zeit für sie hatte, wie sie es bisher gewohnt waren. Dabei denke ich besonders an Menschen, die mich erst während meines Buchprojektes kennengelernt haben und trotz meines doch sehr engen Zeitplans und der wenigen Freizeit nicht aufgegeben haben, mich näher kennenzulernen und für einen guten Ausgleich zu der Arbeit am Schreibtisch gesorgt haben.

Bei meiner Lektorin, Almut Poll vom Rheinwerk-Verlag, möchte ich mich besonders bedanken, weil Du von meinem Konzept für dieses Werk auch dieses Mal von Anfang an überzeugt warst und mir die richtigen Freiräume geben konntest. Danke für die sehr gute Zusammenarbeit und die Unterstützung in den vergangenen Monaten. Und nicht zuletzt möchte ich mich auch bei Lisa Helmus vom Rheinwerk Verlag für die tolle Unterstützung beim Endspurt dieses Buchprojektes bedanken. Es war faszinierend, wie gut die letzten Aufgaben wie durch Zauberhand abgeschlossen werden konnten.

Nicole Enders
im Juni 2024

TEIL I

Grundlagen des modernen Arbeitsplatzes

Kapitel 1
Herausforderungen im Arbeitsalltag

»Einigkeit ist Stärke ... wo es Teamwork und Zusammenarbeit gibt, können wunderbare Dinge erreicht werden.«
– Mattie Stepanek

Kommen Sie mit mir auf eine Entdeckungsreise durch die große Welt von *Microsoft 365*, und lernen Sie mithilfe verschiedenster exemplarischer Anwendungsszenarien aus der Praxis, wie Sie Ihren persönlichen Arbeitsplatz besser und effektiver gestalten können und die Zusammenarbeit in Ihrem Unternehmen zukünftig noch besser unterstützen können.

Unser Arbeitsleben hat sich in den vergangenen Jahren im Zuge der Weiterentwicklung der technischen Möglichkeiten stetig verändert. Diesen Prozess bezeichnen wir auch als *digitale Transformation*. Jedes Unternehmen konnte dabei selbst bestimmen, mit welcher Geschwindigkeit diese Veränderung erfolgen sollte. Die Pandemie hat dies Anfang 2020 und in den Folgejahren jedoch grundlegend geändert, als die Mitarbeitenden verschiedenster Unternehmen und anderer Organisationen praktisch von einen Tag auf den anderen zur Remote-Zusammenarbeit gezwungen waren. Die digitale Transformation – an sich nichts Neues – wurde vielerorts zur Voraussetzung, um den Betrieb aufrechtzuerhalten.

Und natürlich wird die Digitalisierung beschleunigt, wenn viele Prozesse – vom Meeting bis zum Unterzeichnen eines Dokumentes – zeitweise nur in ihrer digitalen Variante durchführbar sind.

Digitale Transformation bedeutet aber nicht, dass die Menschen nun gänzlich ohne persönlichen Kontakt zusammenarbeiten. Heutzutage finden Sie in einem Unternehmen je nach Branche sowie abhängig vom Geschäftszweck unterschiedliche Varianten der Zusammenarbeit vor. Da gibt es Mitarbeitende, die jeden Tag in den Büroräumen des Unternehmens arbeiten, und Mitarbeitende, die ausschließlich aus dem Homeoffice tätig sind. Zwischen diesen beiden Extremen gibt es viele verschiedene weitere Ausprägungen, die die Anzahl und die Regelmäßigkeit der Anwesenheit in den Büroräumen des Unternehmens betreffen. Hinzu kommt in einer globalisierten Welt auch die Zusammenarbeit über verschiedene Standorte hinweg. Und wir sollten auch die Mitarbeitenden nicht vergessen, die keinen klassischen Büroarbeitsplatz innehaben und beispielsweise im Außendienst oder in der Produktion arbeiten.

All diese verschiedenen Menschen möchten in ihrem Unternehmen optimal zusammenarbeiten können.

Und spätestens mit den Entwicklungen im Jahr 2023 ist auch die *künstliche Intelligenz* (KI) präsent – zumindest als Gesprächsthema. Während sie für einige von uns noch eher in den Bereich der Science-Fiction-Filme gehört oder man vielleicht sogar einmal *ChatGPT* privat ausprobiert hat, ist die mit der künstlichen Intelligenz direkt einhergehende Automatisierung von Routinetätigkeiten bereits Teil des Arbeitsalltags. Manche suchen vielleicht noch nach passenden Anwendungsfällen, während andere die KI bereits als eine Art aktives Teammitglied oder als ihren persönlichen Assistenten nutzen.

In diesem Buch geht es darum, wie Sie die Art und Weise, wie Menschen in Teams zusammenarbeiten, durch verschiedene technische Möglichkeiten unterstützen können. Dabei ist es egal, ob dies über Distanzen hinweg oder im selben Gebäude geschieht, und es ist auch unabhängig davon, ob die Entwicklung situationsbedingt stattfindet oder im Rahmen einer langfristigen Strategie.

Abbildung 1.1 In diesem Werk werden wir verschiedenste Themen im Bereich »Modern Workplace mit Microsoft 365« behandeln. In diesem Kapitel fokussieren wir uns auf die heutigen Anforderungen an Teamwork und Collaboration vor dem Hintergrund der Digitalisierung.

In Abbildung 1.1 erhalten Sie einen Überblick über die Themen, die ich mit Ihnen im Rahmen dieses Buches näher beleuchten möchte. Dazu gehören unter anderem die Begriffe *Modern Workplace, Collaboration, Teams, künstliche Intelligenz, Digitalisierung, New Work, Change* und *Compliance*.

In diesem Kapitel möchte ich zunächst diese grundlegenden Begriffe klären und ihren Einfluss auf Ihren Arbeitsalltag erläutern. In Kapitel 2, »Wie finde ich durch den Tool-Dschungel in Microsoft 365?«, betrachten wir dann darauf aufbauend die technischen Möglichkeiten, die Ihnen mit *Microsoft 365* und den darüber verfügbaren Diensten angeboten werden.

Warum lege ich den Fokus auf Microsoft 365?

Im Rahmen einer Marktanalyse werden Sie viele verschiedene Anbieter und Tools zur Unterstützung der Zusammenarbeit in Ihrem Unternehmen finden. Einige dieser Tools werden Ihnen als Cloud-Dienst und einige für eine lokale Installation angeboten. Welche Tools am besten zu Ihnen passen, hängt von unterschiedlichen Faktoren ab:

- **Bereits eingesetzte Tools**: Welche Tools setzen Sie bereits in Ihrem Unternehmen ein? Nutzen Sie für die Erstellung von Dokumenten vielleicht bereits Microsoft Office?
- **Anbieter-Mix bzw. Tool-Mix**: Möchten Sie für eine möglichst hohe Kompatibilität und Interaktion zwischen den einzelnen Tools lieber primär auf einen einzelnen Anbieter setzen oder setzen Sie bewusst Tools verschiedener Anbieter ein?
- **Lizenzierung und Kosten**: Werden Ihnen bei der Beschaffung eines bestimmten Tools bereits weitere Tools in Form einer Suite angeboten und müssten Sie diese Tools von einem anderen Anbieter explizit lizenzieren? Wenn ja, welche Kosten wären damit verbunden?
- **Betrieb**: Möchten Sie bewusst eine lokale Version eines Tools nutzen oder ist die Nutzung eines Cloud-Dienstes (inklusive automatischer Versionsupdates) für Sie denkbar?

In vielen Unternehmen wird *Microsoft Office* bereits für einen großen Teil der Büroarbeit genutzt. Durch die Nutzung der Cloud-Version im Gegensatz zu einer lokalen Installation erfolgen Updates ohne zusätzliche Beschaffungs- und Administrationsaufwände.

Wenn Sie bereits Anwendungen wie Word, Excel, PowerPoint oder Outlook nutzen, stehen Ihnen über Ihre Lizenzierung vermutlich bereits weitere Dienste aus Microsoft 365 automatisch zur Verfügung. Die Vielzahl an angebotenen Diensten und Apps kann herausfordernd sein, und genau hier setzt dieses Buch an. Sie erhalten einen Überblick über die verschiedenen Dienste und deren Einsatzmöglichkeiten, um die bereits für Sie verfügbaren Möglichkeiten besser auszuschöpfen, anstatt gegebenenfalls unnötige weitere Tools zu kaufen.

Für die Fokussierung war außerdem relevant, dass *Microsoft* seit vielen Jahren vom international in der Wirtschaft anerkannten Forschungs- und Beratungsunternehmen *Gartner* als führendes Unternehmen in verschiedensten Kategorien benannt wurde, unter anderem als:

- Content Collaboration Platform
- Content Services Platform
- Unified Communication as a Service (UCaaS) and Meeting Solutions

Weitere Informationen finden Sie auch bei Microsoft unter *https://www.microsoft.com/en-us/microsoft-365/blog/?sort-by=newest-oldest&date=any&s=Gartner.*

1.1 Was ist das Ziel dieses Buches?

Im Zuge der Veränderung unseres Arbeitsalltags hat nicht zuletzt die Teamarbeit eine größere Bedeutung gewonnen. Um Teams in unterschiedlichen Konstellationen zu unterstützen, beispielsweise bei einer räumlichen Trennung, sind in den letzten Jahren zahlreiche Dienste und Produkte auf den Markt gebracht worden.

Während der Pandemie haben viele Unternehmen *Microsoft Teams* eingeführt, um die Kommunikation und Zusammenarbeit auch bei räumlicher Distanz aufrechtzuerhalten. Doch die vielfältigen Möglichkeiten, die *Microsoft Teams* gemeinsam mit den weiteren Microsoft-365-Diensten wie *SharePoint*, *Planner*, *Loop* oder der Produktsuite *Microsoft Viva* mit sich bringt, werden in vielen Unternehmen auch heute noch nicht effektiv genutzt.

Wir möchten uns mit unseren Kollegen zu verschiedenen Themen austauschen, gemeinsam an Dokumenten arbeiten und uns bei der Bearbeitung von Aufgaben gegenseitig unterstützen. Warum sollten wir nicht die Möglichkeiten dieser Cloud-Dienste im Arbeitsalltag nutzen?

Zusammen mit meinen Kolleginnen und Kollegen von der *CONET Solutions GmbH* begleite ich seit vielen Jahren zahlreiche Unternehmen bei der Einführung, Nutzung und Weiterentwicklung eines modernen Arbeitsplatzes. Dabei stehen die individuellen Bedürfnisse und Rand- und Rahmenbedingungen des Unternehmens stets im Mittelpunkt, sodass keines meiner Kundenprojekte wie das andere ist: Win jedes weist seine ganz eigene Nuance auf. Aber im Kern geht es doch stets darum, die Möglichkeiten des Microsoft-Angebots erst einmal kennenzulernen und anschließend die passende Kombination an Diensten und Apps für die Mitarbeitenden zusammenzustellen und so den Arbeitsalltag optimal zu unterstützen.

Einführung eines modernen Arbeitsplatzes

Im Rahmen dieser Kundenprojekte sehe ich aber auch immer wieder, dass es nicht damit getan ist, sich für eine Plattform zu entscheiden. Sie müssen sich besonders mit dem Thema *Change-Management* beschäftigen und eine Strategie für die Einführung der neuen Möglichkeiten entwickeln.

Veränderungen führen typischerweise zu Verunsicherungen, weil Sie sich in einer unbekannten Situation wiederfinden, viele unbeantwortete Fragen haben und vielleicht nicht wissen, wie Sie mit der Veränderung umgehen sollen.

Bei der Einführung eines modernen Arbeitsplatzes treten zum Beispiel häufig folgende Unsicherheiten auf:

- Wie gehe ich damit um, wenn meine Beiträge in aller Öffentlichkeit von den anderen Mitarbeitenden bewertet und kommentiert werden?
- Wer kann die von mir erstellten Dokumente lesen, und wie kann ich mich darüber informieren?
- Wie kann ich sicherstellen, dass jemand über eine Neuigkeit oder Aufgabe informiert wird, wenn ich von einem Push-System (z. B. E-Mail) hin zu einem Pull-System in Form eines Social Intranets wechsele?
- Welche Regeln sollte ich bei der Nutzung von sozialen Funktionen im Unternehmen beachten?

Vor der Einführung einer Cloud-basierten Plattform sollten Sie zusätzlich zu diesen fachlichen Themen unter anderem auch folgende technischen Fragen klären, um auf die Sorgen der Belegschaft einzugehen und die gewünschte Nutzerakzeptanz zu erreichen:

- In welchen Rechenzentren werden die Informationen gespeichert?
- Wie werden die Informationen vor dem Zugriff durch Unbefugte geschützt?
- Wer hat außerhalb des Unternehmens Zugriff auf die Informationen?
- Wie sieht es mit einer Backup-and-Restore-Strategie aus?
- Wie können wir nach der Datenschutz-Grundverordnung sicherstellen, dass Informationen vollständig gelöscht werden können?

Neben der Klärung dieser technischen Fragen sollten Sie auch die Vorteile der neuen Plattform aufzeigen. Das ist am einfachsten über ein Set an Anwendungsszenarien zu realisieren, die einen direkten Mehrwert in der alltäglichen Arbeit der Mitarbeitenden aufzeigen. Ich möchte Ihnen eine Auswahl an Praxisbeispielen vorstellen, zum Beispiel die gemeinsame Bearbeitung von Dokumenten, die Zusammenarbeit eines Projektteams oder den Aufbau eines Unternehmensnetzwerks. Sie können dann entscheiden, ob sich diese Szenarien auf Ihr Unternehmen übertragen lassen.

Wie ist dieses Buch aufgebaut?

Ich möchte Ihnen mit diesem Buch helfen, die Zusammenarbeit von Teams innerhalb Ihres Unternehmens, aber auch die Kommunikation mit Kunden und Partnern möglichst optimal zu unterstützen. Dabei setze ich folgende Schwerpunkte:

- Einsatzmöglichkeiten von Microsoft-365-Diensten
- Aufbau eines modernen Arbeitsplatzes
- Entwicklung einer Einführungsstrategie

Das Buch unterteilt sich in vier Bereiche:

- Zunächst erkläre ich die zentralen Themen *Teamwork*, *Collaboration* und *Digitalisierung* sowie *künstliche Intelligenz* und informiere über die richtige Tool-Auswahl.
- Danach lernen Sie die Nutzung der verschiedenen Microsoft-365-Dienste kennen.
- Wir betrachten die Konzeption und den Aufbau eines modernen Arbeitsplatzes.
- Das Buch schließt dann mit weiterführenden Informationen.

Teil I – Grundlagen des modernen Arbeitsplatzes

In Kapitel 1, »Herausforderungen im Arbeitsalltag«, und Kapitel 2, »Wie finde ich durch den Tool-Dschungel in Microsoft 365?«, erkläre ich zunächst die wichtigsten Anforderungen an die Tools zur Unterstützung moderner Teamarbeit und zeige die im Zeitalter der Digitalisierung grundsätzlich verfügbaren Cloud-Angebote auf. Dabei lege ich den Fokus bereits auf Microsoft 365.

Teil II – Verschiedene Formen der Zusammenarbeit in Teams

Nachdem geklärt ist, welche Anforderungen heutzutage an die Zusammenarbeit von Teams gestellt werden, erläutere ich die Einsatzmöglichkeiten verschiedener Microsoft-365-Dienste. Als Erstes lernen Sie in Kapitel 3, »Zusammenarbeit beginnt bei jedem Einzelnen«, wie Sie persönlich Ihre Kommunikation, Ihr Aufgaben- und Selbstmanagement sowie die Bearbeitung von Dokumenten verbessern können. Dabei gehe ich auf Dienste wie *Teams*, *Planner*, *Outlook*, *Loop* sowie unter anderem auf *Bookings* und *Viva Insights* ein.

In Kapitel 4, »Mit Teamarbeitsräumen die Zusammenarbeit verbessern«, gehe ich dann intensiver auf den Dienst *Teams* und das Konzept der *Microsoft-365-Gruppen* ein, und Sie lernen die Möglichkeiten zur Verwaltung von Dokumenten sowie zur Zusammenarbeit mit externen Personen kennen.

In Kapitel 5, »Mit Online-Besprechungen den Informationsaustausch fördern«, betrachten wir im Anschluss die Optionen zur Vor- und Nachbereitung sowie zur Durchführung von Besprechungen. Dabei werden Sie neben den gewöhnlichen Teams-Besprechungen auch die sogenannten *Town-Hall-Meetings*, *Webinare* sowie die *immersiven Räume* kennenlernen, die mit *Microsoft Mesh* auch Einzug in *Teams* gehalten haben.

Als Alternative zu *Teams* stelle ich Ihnen in Kapitel 6, »Communitys im Unternehmen etablieren«, zum einen den Dienst *Viva Engage* vor, mit dem Sie ein unternehmensweites Netzwerk aufbauen können. Zum anderen lernen Sie zusätzlich die Möglichkeiten des Wissensmanagements mittels *Stream* und *Clipchamp* kennen.

Teil III – Konzeption und Aufbau eines modernen Arbeitsplatzes

Aufbauend auf den grundlegenden Möglichkeiten zur Unterstützung der Zusammenarbeit möchte ich mit Ihnen einen Blick auf die Unternehmensebene werfen. So geht es in Kapitel 7, »Collaboration meets Social Intranet«, zum Beispiel darum, mit einfachen Mitteln die im vorherigen Teil erstellten Teams in ein *Social Intranet* zu integrieren. Zuvor erörtere ich noch, was ein Social Intranet ausmacht und welche Aspekte Sie bei dessen Einführung berücksichtigen sollten. In diesem Kapitel lernen Sie auch weitere Module der Produktsuite *Microsoft Viva* kennen. So werde ich Ihnen zeigen, wie Sie mit *Viva Connections* Ihr Social Intranet nahtlos in Teams integrieren können und wie *Viva Amplify* Sie bei der Redaktionsplanung und Veröffentlichung von Neuigkeiten unterstützen kann. Darüber hinaus werden wir auch anhand von *Viva Learning* über einen der wichtigsten Einflussfaktoren für den Erfolg Ihres Unternehmens sprechen, nämlich über das Know-how Ihrer Mitarbeitenden, und über die Option, ein aktives Lernmanagement in Ihrem Unternehmen einzuführen.

In Kapitel 8, »Ausgewählte Unternehmensprozesse unterstützen«, gehe ich einen Schritt weiter und betrachte die in Ihrem Unternehmen gegebenenfalls bereits durch IT-Lösungen unterstützten Prozesse und die Möglichkeiten von Microsoft 365 zur Unterstützung innerhalb einer zentralen Plattform. Einen besonderen Fokus lege ich dabei zunächst auf *Dynamics 365, Power Apps* und *Power Automate*, bevor ich auf das Thema *künstliche Intelligenz* eingehe und Ihnen Möglichkeiten mit *Microsoft Copilot, SharePoint Premium* sowie den *AI Builder* oder Chatbots auf Basis des *Microsoft Copilot Studio* vorstelle.

Zum Abschluss dieses Teils möchte ich Ihnen in Kapitel 9, »Verwalten und Sichern von Informationen«, die Möglichkeiten zur Absicherung der Daten vorstellen, die Sie und Ihre Kollegen in Microsoft 365 verwalten. Hier betrachte ich unterschiedliche Szenarien, z. B. die Einrichtung von *Aufbewahrungs- und Löschrichtlinien* oder die Möglichkeiten zur Einhaltung der *Datenschutz-Grundverordnung (DSGVO)*.

Teil IV – Weiterführende Informationen

In diesem Teil des Buches möchte ich mit Ihnen noch ein paar grundsätzliche Fragestellungen diskutieren und Ihnen eine Vorgehensweise zur Einführung und Weiterentwicklung Ihres modernen Arbeitsplatzes aufzeigen.

In meinen Kundenprojekten treffe ich häufig auf die Herausforderung, dass nicht alle Informationen in der Cloud gespeichert werden sollen. Diese Entscheidung kann unterschiedliche Gründe haben. In solch einem Fall kann ein *hybrides Einsatzszenario* sinnvoll sein. So können Sie die sensiblen Informationen auf einem SharePoint *On-Premises* verwalten und trotzdem für die übrigen Informationen die Vorteile der Cloud nutzen. In Kapitel 10, »Hybride Einsatzmöglichkeiten von Microsoft 365 und SharePoint On-Premises«, werden wir uns diese Möglichkeiten genauer anschauen.

Zum Abschluss gehe ich in Kapitel 11, »Einführung und Weiterentwicklung eines modernen Arbeitsplatzes mit Microsoft 365«, auf die verschiedenen Fragestellungen ein, die Sie bei der Konzeption eines modernen Arbeitsplatzes berücksichtigen sollten. Dabei erörtere ich neben der reinen Vorgehensweise zur Entwicklung Ihrer unternehmensspezifischen Roadmap auch Themen wie beispielsweise eine *Stakeholder-Analyse*, *Governance* sowie *User Adoption*.

Empfehlung: Wie sollten Sie mit diesem Buch arbeiten?

Ich wünsche mir von Ihnen, dass Sie mithilfe der Tipps und Tricks in diesem Buch einen modernen Arbeitsplatz für Ihr Unternehmen aufbauen. Probieren Sie innerhalb Ihres Teams die neuen Möglichkeiten aus. Nur so können Sie feststellen, welche Optionen zu Ihnen und Ihrem Unternehmen passen.

Um die Beispiele in diesem Buch ausprobieren zu können, sollten Sie eine Microsoft-365-Umgebung besitzen. Wichtig ist dabei, dass Sie über administrative Berechtigungen verfügen, um auch die für Fortgeschrittene gekennzeichneten Funktionen nutzen bzw. einrichten können. Sollten Sie Microsoft 365 noch nicht einsetzen, können Sie auch eine Testumgebung einrichten. Weitere Informationen finden Sie unter *https://docs.microsoft.com/de-de/microsoft-365/commerce/sign-up-for-office-365-trial*. Ziehen Sie für die Bereitstellung bei Bedarf einen Administrator oder technischen Berater hinzu, damit Ihnen auch alle benötigten Microsoft-365-Dienste zur Verfügung stehen.

1.2 Anforderungen an moderne Teamarbeit in einer hybriden Arbeitswelt

Die Themen *Collaboration* und *Teamwork* scheinen in unserer heutigen Arbeitswelt bereits Standard zu sein. In nahezu jeder Stellenausschreibung wird ein Teamplayer gesucht, der sich sowohl gut in die bereits im Unternehmen etablierten Teams integrieren soll, aber auch gleichzeitig in der Lage sein soll, seine Meinung zu vertreten und Themen voranzutreiben.

Auszug aus einer beispielhaften Stellenausschreibung

»Wir entwickeln im Team coole Lösungen und gestalten so den Arbeitsplatz der Zukunft. Dabei kann jeder seine individuellen Stärken einbringen und weiterentwickeln.« [...] »Wir wünschen uns von Ihnen: [...] selbstständige und ergebnisorientierte Arbeitsweise, Team- und Kommunikationsfähigkeit [...]«

1.2.1 Der Status quo in vielen Unternehmen

Entspricht die Vorstellung von perfektem Teamwork wirklich der Realität im Arbeitsalltag? Die Vorteile von Zusammenarbeit liegen auf der Hand. Dabei kann wesentlich mehr erreicht und bewegt werden, als die einzelnen Menschen zusammengerechnet bei alleiniger Bearbeitung von Aufgabenteilen bewältigen können. Erst durch Zusammenarbeit und den Blick aus verschiedenen Perspektiven auf eine Aufgabe ergeben sich Lösungsansätze, die zuvor unmöglich erschienen:

»Einigkeit ist Stärke ... wo es Teamwork und Zusammenarbeit gibt, können wunderbare Dinge erreicht werden.«
– Mattie Stepanek, US-amerikanischer Lyriker

Ich habe schon häufig in Teams nach der Vorstellung von Mattie Stepanek arbeiten dürfen und habe in der Vergangenheit häufig erlebt, dass durch die gemeinsame Verantwortung und die damit verbundenen Gestaltungsspielräume Aufgaben bewältigt werden konnten, die zu Beginn nicht lösbar schienen.

In vielen Unternehmen ist Teamwork aber auch heute leider noch nicht auf diese Weise im Arbeitsalltag spürbar. Obwohl sich nahezu jedes Unternehmen das Ziel gesetzt hat, Teamarbeit und Zusammenarbeit zu unterstützen, verrichten viele Arbeitnehmer ihre Aufgaben zum größten Teil allein und treffen höchstens in Besprechungen auf ihre Teamkollegen. Durch die hybride Arbeitswelt hat sich dieser Effekt sogar noch verstärkt, da Mitarbeitende nicht mehr zwingend physisch in einem Raum aufeinandertreffen. Wenn Mitarbeitende im Homeoffice oder über verschiedene Standorte hinweg zusammenarbeiten, erhält die Kommunikation über digitale Tools einen viel höheren Stellenwert, da die in einem gemeinsamen Büro selbstverständliche informelle Kommunikation wegfällt.

Die Gemeinschaft eines Teams und das damit einhergehende Zugehörigkeitsgefühl (sowohl zum Team als auch zum Unternehmen selbst) sollte in einem Unternehmen nicht nur durch organisatorische Maßnahmen unterstützt, sondern im Arbeitsalltag auch aktiv gestaltet werden. Auf diese Weise steigern Sie die Motivation, die unter anderem zu besseren Arbeitsergebnissen führen kann. Wir schauen uns nun an, was erfolgreiche Teamarbeit ausmacht und was wir dabei berücksichtigen sollten.

1.2.2 Was verstehen wir unter Teamwork?

Eine erste Antwort auf diese Frage könnte sein: »Unter Teamwork verstehe ich, dass man gemeinsam an Projekten arbeitet, eng zusammenarbeitet und sich in regelmäßigen Meetings abspricht.« Diese Aussage ist zwar grundsätzlich richtig, weil es sich dabei um die auch von außerhalb des eigentlichen Teams erkennbaren Aspekte handelt. Wirkliche Zusammenarbeit im Team geht aber meiner Erfahrung nach weit über die gemeinsame Verantwortung und Bearbeitung von Aufgaben hinaus und zeichnet sich durch folgende wichtige Prinzipien aus:

- **Kommunikation**: Der Kommunikation gebührt im Team besondere Aufmerksamkeit. Durch sie weiß das Team, an welchen Aufgaben das einzelne Teammitglied gerade arbeitet. Ohne einen intensiven Informationsaustausch bleiben Aufgaben gegebenenfalls liegen oder das Ergebnis leidet, weil wichtige Informationen nicht weitergegeben wurden.
- **Zugehörigkeitsgefühl**: Niemand mag das Gefühl, von einer Gruppe ausgeschlossen zu werden. Ein wichtiges Merkmal von guten Teams ist daher der Zusammenhalt und das Wir-Gefühl zwischen den Teammitgliedern. Konkurrenz belebt zwar das Geschäft und gehört auch im Arbeitsalltag dazu, doch innerhalb Ihres Teams sollten Sie sich als Teil der Gruppe betrachten und auch gegenseitig so behandeln.
- **Gegenseitige Unterstützung**: Gerade, wenn sich die Aufgaben stapeln und der Berg immer höher wird, kommt man kaum ohne Stress durch die Arbeitswoche. Würden Sie einem Kollegen helfen, der genau dann zu Ihnen kommt und um Hilfe bei seiner Aufgabe bittet? Hier zeigt sich ein weiterer Aspekt der Teamarbeit: Öffnen Sie die Augen nicht nur für Ihre eigenen Aufgaben, sondern erkennen Sie im besten Fall schon früh, wann ein Kollege Hilfe benötigt, und stehen Sie ihm zur Seite – selbst wenn Ihr eigener Schreibtisch voll ist. Sie werden umgekehrt genauso davon profitieren, wenn ein Kollege Ihnen bei Ihren Problemen weiterhilft. Bei wahrem Teamwork gibt es keine klare Aufgabentrennung mehr; das Team ist als Einheit zu sehen, die gemeinsam die erreichten Ergebnisse verantwortet.
- **Ziele**: Jeder bringt seine persönlichen beruflichen Ziele mit in das Team ein. Das kann eine neue Position, mehr Verantwortung, ein höheres Gehalt oder auch einfach Zufriedenheit im Job sein. Ein Merkmal von gutem Teamwork sind aber vor allem gemeinsame Ziele. Dazu gehören eine sinnvolle Richtung, die zusammen eingeschlagen wird, und ein Weg, für den sich alle einsetzen können.

1.2.3 Welche Voraussetzungen müssen wir für ein erfolgreiches Teamwork erfüllen?

Es reicht nicht aus, Teamwork lediglich zu einem elementaren Aspekt der Unternehmenskultur zu erklären. Aussagen wie »Teamplay – einer für alle, alle für einen!« oder

»Vertrauensvolle Zusammenarbeit – Ehrlichkeit und Zuverlässigkeit bilden die Grundlage!« können zwar motivieren; es müssen aber auch die entsprechenden Voraussetzungen für erfolgreiches Teamwork erfüllt sein:

1. **Teamdenken**: Teamwork kann nicht funktionieren, solange jeder nur an den eigenen Vorteil denkt und bei jeder Gelegenheit versucht, die Kollegen auszustechen. Sie sollten sich zwar im Team behaupten, aber nur wenn Sie – wie Harry S. Truman bereits gesagt hat – dabei auch an das Team und den gemeinsamen Erfolg denken, wird Zusammenarbeit möglich.

   »Es ist unglaublich, was man erreichen kann, wenn man sich nicht darum schert, wer die Anerkennung dafür bekommt.« (Harry S. Truman)

   Dieser Aspekt muss vor allem von der Führungsebene in Unternehmen verinnerlicht werden. Sie muss eine im Arbeitsalltag erlebbare Unternehmenskultur für Teamwork schaffen. Wird Ihnen zum Beispiel immer wieder vorgelebt, dass die Leistungen einzelner Mitarbeitender stärker gefördert werden als Teamerfolge, verstärkt dies das Konkurrenzdenken und verhindert wirkliches Teamwork.

2. **Verantwortung und Vertrauen**: Jeder Mensch macht Fehler, aber nahezu jeder Fehler ist eine Chance, aus ihm zu lernen und sich weiterzuentwickeln. Auch im Arbeitsalltag gehören Fehler dazu und sind erst einmal nicht weiter schlimm. Allerdings sollte jeder bereit sein, auch die Verantwortung für seine Fehler zu übernehmen. Wer versucht, sich hinter anderen zu verstecken oder den Fehler zu überspielen (in der Hoffnung, dass ihn niemand bemerkt), schadet dem gesamten Team, da nun jeder jeden verdächtigt und die Kontrolle zunimmt.

   Die Führungskräfte sollten auch hier als Vorbild agieren, eigene Fehler einräumen und den richtigen Umgang mit Fehlern zeigen. Wenn die Mitarbeitenden wissen, dass sie jederzeit im Team und mit ihren Führungskräften über Fehler sprechen und gemeinsam eine Lösung für die daraus entstandenen Probleme suchen können, ist ein weiterer wichtiger Schritt hin zu einer vertrauensvollen Zusammenarbeit getan.

3. **Organisation**: Sicher kennen Sie das Sprichwort »Viele Köche verderben den Brei«. Um diesen unerwünschten Effekt in Ihren Teams zu vermeiden, ist eine Organisation bzw. Koordination zwingend erforderlich. Sie müssen im Team unter anderem folgende Fragen beantworten können:

   – Woran wird aktuell gearbeitet?
   – Wie weit sind die Arbeiten an bestimmten Aufgaben vorangeschritten?
   – Bis wann müssen einzelne Aufgaben abgeschlossen werden?
   – Welche Aufgaben stehen als nächste an?

   Nur mit entsprechender Organisation können die einzelnen Arbeiten zu einem Teamprojekt zusammengefügt werden. Die Koordination muss dabei nicht zwingend durch die Führungskraft erfolgen, sondern sollte nach Möglichkeit, wie bei eingespielten Teams, gemeinschaftlich und selbstorganisiert durch den Einsatz von Methoden wie etwa *Kanban* oder *Scrum* erfolgen und durch digitale Tools unterstützt werden.

Ein wichtiger Aspekt für erfolgreiches Teamwork sind auch die Rand- und Rahmenbedingungen am Arbeitsplatz. Haben Sie oder Ihre Kolleg*innen überhaupt die Möglichkeit, gemeinsam mit anderen Mitarbeitenden an einer Aufgabe zu arbeiten, und können diese Aufgaben durch den Einsatz digitaler Medien unterstützt werden? Wenn Sie beispielsweise selten Zeit am PC verbringen und auch keine Smartphones oder Tablets nutzen, dann wird die Zusammenarbeit in Ihrem Team vermutlich nicht durch eine Collaboration-Plattform sinnvoll unterstützt werden können.

Falls der Einsatz für Sie jedoch grundsätzlich als sinnvoll erachtet werden kann, stellen sich weitere Fragen. Haben Sie in Ihrem Unternehmen die nötigen Freiräume, um sich in Ihren Teams frei zu organisieren? Hierzu gehören beispielsweise die teaminterne Absprache der Arbeitszeiten und des Arbeitsortes und die Art und Weise der Aufgabenbearbeitung. Solange die geforderten Arbeitsergebnisse erzielt werden, sollten die Teams möglichst große Gestaltungsspielräume erhalten.

1.2.4 Warum ist Teamwork wichtig?

Wenn Sie an Ihren Arbeitsalltag und die zu bewältigenden Aufgaben denken, fällt Ihnen bestimmt mindestens eine Aufgabe ein, bei der Sie sich fokussieren müssen und sich lieber zurückziehen, um allein daran zu arbeiten. Widerspricht dieses Verhalten aber nicht dem Grundgedanken des Teamworks?

Nein, denn auch dann, wenn Sie Aufgaben mal nicht gemeinsam mit Ihren Teamkollegen bearbeiten möchten, ist es doch beruhigend, zu wissen, dass Sie sich jederzeit auf die anderen verlassen und sie um Hilfe bitten können, wenn Sie allein dann doch nicht weiterkommen.

Der Mensch ist ein soziales Wesen, das beruflich und privat in Gemeinschaften zusammenlebt und den Kontakt zu seinen Mitmenschen sucht. Nach der Auffassung von Naomi Eisenberger von der University of California in Los Angeles ist es interessant, zu beobachten, wie unser Körper auf die Zugehörigkeit und Anerkennung in sozialen Gemeinschaften reagiert. So erleben wir soziale Zurückweisung beispielsweise ähnlich wie tatsächliche physische Schmerzen, und soziale Anerkennung löst in unserem Gehirn positive Emotionen aus. Es macht also glücklich, sich einem Team zugehörig zu fühlen und von diesem als vollwertiges Mitglied geschätzt und akzeptiert zu werden. Bei den meisten Menschen ist also der Wunsch groß, sich in ihr soziales Umfeld einzufügen.

Gerade im Arbeitsalltag bringt Teamzugehörigkeit viele Vorteile mit sich

Teamfähigkeit und Zugehörigkeit erfahren wir in unserem Leben zuerst innerhalb unserer Familie und mit Freunden. Aber auch gerade bei der Arbeit spielen diese Aspekte eine wichtige Rolle, denn wir verbringen den größten Teil unserer Zeit mit den Kolleginnen und Kollegen am Arbeitsplatz. Doch wie viel dieser Zeit verbringen wir wirklich mit der gemeinsamen Arbeit an Aufgaben? Die Antwort auf diese Frage wird vermutlich jeder unterschiedlich beantworten. Zum Glück ist es nicht erheblich, wie viele Stunden Sie tatsächlich zusammen mit Ihren Kolleginnen und Kollegen arbeiten. Elementar ist das Gefühl der Zugehörigkeit. Wenn es gelingt, dieses am Arbeitsplatz zu erzeugen, sind Sie nicht nur glücklicher, sondern auch motivierter, produktiver, weniger gestresst und ausdauernder.

Doch wie können wir diesen Zustand erreichen, wenn wir Aufgaben haben, die wir allein bearbeiten müssen? Gemeinsam können die Mitarbeitenden und ihre Führungskräfte folgende Maßnahmen ergreifen:

1. **Ein Team formen**: Teambuilding gehört zu einer guten Führungskultur und umfasst vielfältige Tätigkeiten, für die sowohl die Führungskraft als auch jedes einzelne Teammitglied verantwortlich ist. Wenn Sie gemeinsam mit Ihren Kolleginnen und Kollegen Zeit am Arbeitsplatz verbringen, sorgt das beispielsweise zwar für erste Kontakte, aber für eine enge Teambindung reicht das bei Weitem nicht aus. Sie fühlen sich den Kollegen vielleicht zwar verbunden; für eine Steigerung des Zugehörigkeitsgefühls müssen Sie jedoch aktiv daran arbeiten, das Team zusammenzuschweißen. Dabei kann es beispielsweise helfen, sich auch außerhalb der Arbeitszeiten zu treffen und gemeinsam etwas zu unternehmen; oder es werden gezielte Teambuilding-Maßnahmen während der Arbeitszeit durchgeführt.
2. **»Wir« und »zusammen«**: Studien haben gezeigt, dass es einen deutlichen Unterschied macht, welche Worte wir verwenden. Selbst wenn Sie allein an einer Aufgabe arbeiten, können Sie mit dem Gefühl, dass Sie »zusammen« mit Ihren Kollegen arbeiten, unbewusst Ihre Motivation und Zufriedenheit steigern.
3. **Räumliche Nähe**: Es ist für Teams vorteilhaft, räumlich nah zusammenzuarbeiten. Laut Studien wird dabei die Qualität der Arbeit erhöht. Das mag auch daran liegen, dass man auf diese Weise schneller erkennt, wenn jemand Hilfe benötigt, und mal eben zum Schreibtisch des Kollegen wechseln kann. In unserer modernen Arbeitswelt können wir allerdings gerade von dieser Rahmenbedingung nicht mehr ausgehen. Die Nähe muss daher auch im digitalen Raum geschaffen werden, beispielsweise mit einem sogenannten *virtuellen Büro*.

Ihre Vorteile von Teamwork

Wenn Teamwork bei Ihnen gelebt wird, kann dies viele Vorteile für Sie und Ihr Unternehmen mit sich bringen:

- **Loyalität**: Wenn bei Ihnen wirkliches Teamwork stattfindet, identifizieren Sie sich in besonderem Maße mit Ihren Kolleginnen und Kollegen und auch mit dem Team (und somit eventuell indirekt auch mit dem Unternehmen selbst). Dies führt dazu, dass Sie besonders loyal und treu sind. So können Sie auch schwierige Entscheidungen gemeinsam tragen und fühlen sich den Unternehmenszielen verpflichtet.
- **Zufriedenheit**: Die Arbeitsatmosphäre ist ein wichtiger Aspekt für Ihre Zufriedenheit. Wenn Sie mit Ihren Kollegen nicht zurechtkommen, haben Sie auch keinen Spaß an der Arbeit und würden morgens am liebsten im Bett liegen bleiben. Ein großer Vorteil guten Teamworks ist es daher, dass Sie und Ihre Kollegen zufrieden mit dem eigenen Job sind – und daher motivierter agieren.
- **Verbesserte Ergebnisse**: Je besser Ihr Team zusammenarbeitet, desto positiver können die Arbeitsergebnisse ausfallen. Wenn Sie im Team die Stärken jedes einzelnen Mitglieds optimal nutzen, um eine gemeinsame Aufgabe zu bewältigen, werden Sie nicht nur produktiver, sondern schlichtweg besser.

Die Arbeit läuft generell wesentlich problemloser. Ein gut aufeinander eingespieltes Team weiß bereits im Vorfeld, wo mögliche Komplikationen auftreten könnten, und hilft sich gegenseitig, diese zu umgehen oder schnellstmöglich zu lösen. Das Teamziel steht jederzeit im Vordergrund.

Achtung: Diese Aspekte sollten Sie beim Teamwork berücksichtigen!

Auch wenn Teamwork am Arbeitsplatz nahezu unerlässlich ist, sollten Sie einige Nachteile kennen, die bei der Einführung von Teamwork auftreten können:

- **Aufgabenverteilung**: Jedes Teammitglied bringt seine persönlichen Stärken und Schwächen mit in das Team ein. Diese Diversität kann von Vorteil sein, doch nicht immer gelingt es, die anfallenden Aufgaben entsprechend den Fähigkeiten zu verteilen. So landet eine Aufgabe möglicherweise auf dem Schreibtisch eines Kollegen, der für sie nicht ausreichend qualifiziert ist.
- **Unklare Kompetenzen und Verantwortung**: Wenn Sie sich im Team nicht darüber einig sind, wer für welche Dinge verantwortlich ist, kann es zu einer Reihe von Problemen in Ihrem Team kommen. Es wird dann beispielsweise nicht mehr zusammengearbeitet, sondern gegeneinander agiert, und am Ende bleiben wichtige Aufgaben liegen.
- **Anerkennungsbedürfnis**: In einem Team ist es deutlich schwerer für den Einzelnen, positiv aufzufallen. Die Leistungen werden dem Team zugeschrieben und individuelle Erfolge rücken in den Hintergrund, obgleich diese zum Teamerfolg erheblich beigetragen haben. Das kann gerade in der Anfangsphase oder bei bestimmten Persönlichkeitstypen dazu führen, dass sich die betroffenen Personen bewusst in den Mittelpunkt spielen, um die für sie wichtigen Lorbeeren zu ernten.

Das Team wird darauf in der Regel mit Unmut reagieren, weil die anderen Mitglieder ebenfalls zu dem Ergebnis beigetragen haben und sich nun vernachlässigt fühlen.

- **Team – Toll, ein anderer macht's!**: Ein anderes Risiko besteht darin, dass sich einzelne Personen zurücklehnen und hinter der Gemeinschaft des Teams verstecken, weil ihre individuelle Leistung weniger auffällt. Diese Personen verlassen sich darauf, dass das Team die Aufgaben schon erledigen wird. Damit ziehen sie das Gesamtergebnis des Teams nach unten und sorgen außerdem für Konflikte im Arbeitsalltag.

Alle diese Risiken können mit den richtigen Maßnahmen beseitigt und in Chancen für die Entwicklung erfolgreicher Teams umgewandelt werden. Voraussetzung dafür ist natürlich, dass Sie – wie in vielen Stellenausschreibungen gefordert – Teamplayer in Ihrem Unternehmen haben. Menschen mit »Ellenbogen-Mentalität«, die sich nicht in ein Team einfügen können und von der persönlichen Anerkennung ihrer Leistung leben, können ein Team zerstören. Führungskräfte sollten in solchen Fällen eingreifen und beispielsweise als Coach für das Team agieren, um Unmut zu verhindern und um nicht zu riskieren, dass das Verhalten Nachahmer findet, da es dem Anschein nach von »oben« toleriert – wenn nicht sogar gefördert – wird.

Die Veränderung von Denkweisen, Einstellungen und Unternehmenskulturen ist laut diversen Studien die größte Herausforderung in Unternehmen und benötigt in der Regel mehrere Jahre. Und auch ein jedes Team durchläuft laut dem Psychologen und Organisationsberater Bruce Tuckman verschiedene Phasen (*Forming*, *Storming*, *Norming*, *Performing* und *Adjourning*), die von einer Führungskraft aktiv begleitet werden sollten, um eine möglichst gute Zusammenarbeit zu bewirken. Vergessen Sie bei allen Veränderungsmaßnahmen nicht, dass kurzfristige Erfolge sehr wichtig sind, um alle Beteiligten zu motivieren und in ihrem Arbeitsalltag möglichst gut zu unterstützen. Sie werden im weiteren Verlauf dieses Buches anhand vieler Beispiele die in Microsoft 365 angebotenen Möglichkeiten dazu kennenlernen.

1.3 Was bedeutet Collaboration im Vergleich zu Teamwork?

Im vorangegangenen Abschnitt habe ich erläutert, was erfolgreiches Teamwork ausmacht. Dabei handelt es sich um grundsätzlich technologieunabhängige Aspekte. *Collaboration* dagegen ist die Unterstützung von Teamwork unter Nutzung der zur Verfügung stehenden technischen Möglichkeiten.

Zusammenarbeit (der deutsche Begriff für *Collaboration*) hört auch nicht an der Unternehmensgrenze auf, sondern betrifft sämtliche Handlungen in Ihrem Arbeitsalltag. Es geht dabei um Menschen, die zusammenarbeiten, wie zum Beispiel:

- **Intern**: In jedem Unternehmen arbeiten Menschen zusammen, um die Geschäftsziele zu erreichen. Dabei kann die Belegschaft abhängig von der Unternehmensgröße und den Geschäftsprozessen in verschiedene Organisationseinheiten sowie in temporäre Teams (beispielsweise zur Bearbeitung eines Kundenauftrags) unterteilt werden. Es ist auch denkbar, dass Teams für interne Themen (in Form von Arbeitsgruppen) existieren. Die einzelnen Teams benötigen je nach Aufgabengebiet oder den zu erreichenden Zielen unterschiedliche Arten digitaler Unterstützung; und auch für die Team-übergreifende Zusammenarbeit können Tools zur Unterstützung der Kommunikation sowie des Informationsaustauschs hilfreich sein.
- **Kunden**: Ich habe bis jetzt nur das Team betrachtet, das einen Kundenauftrag bearbeitet. Dabei habe ich den Kunden selbst noch nicht berücksichtigt. Durch die Zusammenarbeit mit dem Kunden ergeben sich neue Herausforderungen. So haben wir zusammen zwar das Ziel, das Projekt erfolgreich durchzuführen und abzuschließen. Zusätzlich habe ich aber vielleicht auch das Ziel, mit dem Projekt Geld zu verdienen, Mitarbeitende auszulasten oder eine neue Referenz für meine Leistungen in einer bestimmten Branche zu erhalten. Der Kunde hingegen möchte sein Ansehen innerhalb seines Unternehmens verbessern und zeigen, wie gut er ein solches Vorhaben leiten kann. Diese unterschiedlichen Interessen müssen miteinander verknüpft werden.
- **Partner oder Unterauftragnehmer**: Wenn Sie mit Partnern oder Unterauftragnehmern zusammenarbeiten, werden Sie auch hier auf unterschiedliche Interessen treffen, die in Einklang gebracht werden müssen. Die Zusammenarbeit selbst kann aber auch hier mittels Teamwork erfolgen. Es besteht allerdings mehr oder weniger sichtbar eine Grenze innerhalb des Teams, die die Mitarbeitenden Ihres Unternehmens von den Mitarbeitenden des Partners bzw. Unterauftragnehmers trennt.

Auch wenn das Thema Collaboration meist mit der Frage einhergeht, welche Tools zur Unterstützung der Zusammenarbeit eingesetzt werden sollen, sollten Sie zuerst klären, wie Sie generell zusammenarbeiten möchten. Erst danach sollten Sie sich um eine Tool-Auswahl kümmern, denn nicht das Tool ist ausschlaggebend, sondern vielmehr die Veränderung überholter Arbeitsweisen. Im Rahmen der Digitalisierung sind viele neue Möglichkeiten zur Unterstützung der Zusammenarbeit entstanden, die jedoch an vielen Unternehmen bisher unbemerkt vorübergegangen sind.

1.4 Digitalisierung als Motor von Collaboration

Unter der *Digitalisierung* wird die Veränderung in der Kommunikation sowie die Umwandlung von Instrumenten und Geräten durch die Nutzung neuer technischer Möglichkeiten verstanden (siehe das *Gabler Wirtschaftslexikon* unter *https://wirtschafts-*

lexikon.gabler.de/definition/digitalisierung-54195). Diese Veränderungen ermöglichen auch eine Transformation der bis dahin etablierten Prozesse, können Arbeitsschritte automatisieren und Möglichkeiten für neue Prozessschritte eröffnen.

So haben wir zum Beispiel im privaten Umfeld in den letzten Jahrzehnten im Rahmen der Digitalisierung folgende Veränderungen erlebt:

Alte Technologie	Neue Technologie
CD	Streaming
Filmkamera	Smartphone
Papierformulare	Elektronische Formulare

Tabelle 1.1 Beispiele für Digitalisierung als Wechsel von einer Technologie zu einer anderen (Phase 1)

Ich unterscheide bei der Digitalisierung zwei verschiedene Phasen. In der ersten Phase geht es um den Wechsel von analogen zu digitalen Medien wie beispielsweise um die Veränderungen im Bereich der Fotografie. Früher mussten Sie viele Tage lang warten, um zu sehen, ob ein Foto gut gelungen ist. Ich weiß noch, wie aufgeregt ich jedes Mal war, wenn ich einen Film zum Entwickeln abgegeben hatte und die entwickelten Fotos dann endlich abholen konnte. Durch die digitale Fotografie – am einfachsten direkt über das Smartphone, das Sie stets bei sich tragen – hat sich diese Zeit extrem verkürzt: So können Sie direkt an Ort und Stelle sehen, ob das Foto Ihren Ansprüchen genügt, und im Zweifelsfall sofort ein neues Foto aufnehmen.

In der zweiten Phase der Digitalisierung werden aufbauend auf der ersten Phase die bereits digitalisierten Prozesse weiter optimiert oder automatisiert. Dies kann beispielsweise durch den Einsatz von künstlicher Intelligenz und maschinellem Lernen erfolgen. Beispiele für diese zweite Phase sind unter anderem:

- **Internet of Things (IoT)**: Alltagsgegenstände und Maschinen sind heutzutage bereits in vielen Fällen sowohl untereinander als auch nach außen mit dem Internet verbunden. Dabei werden teils große Datenmengen erhoben, die ausgewertet und zur Prozessoptimierung genutzt werden können.
- **Smart Home**: Sie können Ihr Zuhause mittlerweile komplett fernsteuern und beispielsweise dafür sorgen, dass der Heizkörper ausgeschaltet wird, sobald in dem entsprechenden Raum ein Fenster geöffnet wird.
- **Bild- und Mustererkennung**: Aus Informationen wie Bildern oder Texten können wiederkehrende Bestandteile ermittelt und bewertet werden. So können zum Beispiel Nachrichten auf sozialen Plattformen gesammelt und auf ihre Relevanz bezüglich der Reputation Ihres Unternehmens bewertet werden. Damit haben die

Mitarbeitenden Ihrer Kommunikationsabteilung einen Überblick über das Stimmungsbild Ihrer Kunden und Partner.

Da die Digitalisierung kein abgeschlossener Prozess ist, rechne ich damit, dass sich auch heute etablierte Arbeitsweisen in Zukunft verändern werden. Es geht dabei um Veränderungen, die sich durch neue Technologien ergeben. Die Entwicklung der Digitalisierung müssen wir daher auch in Zukunft beobachten, um daraus neue Arbeitsweisen ableiten zu können.

1.4.1 Beispiel für einen zu digitalisierenden Prozess

Ich möchte Ihnen zeigen, wie sich die Zusammenarbeit zwischen den an einem Prozess beteiligten Personen durch neue Möglichkeiten im Rahmen der Digitalisierung verändern und verbessern kann. Als Beispiel stelle ich Ihnen den Prozess der *Personalauswahl* vor.

Hinter einer Bewerbung kann sich eine lange Prozesskette verbergen, in der Mitarbeitende aus verschiedenen Unternehmensbereichen zusammenarbeiten. Wir betrachten in diesem Abschnitt die verschiedenen Prozessschritte auf fachlicher Ebene und gehen anschließend auf die Veränderungen in der Zusammenarbeit zwischen Fachabteilung und Personalabteilung ein, die sich durch eine Digitalisierung des Prozesses ergeben.

Phase I der Digitalisierung

Die erste Phase der Digitalisierung, die uns in unserem Arbeitsalltag, aber auch im privaten Umfeld häufig begegnet, ist der in Tabelle 1.1 zuunterst aufgeführte Wandel von Papierformularen hin zu elektronischen Formularen. Auch wenn in den letzten Jahren viele Unternehmen bereits aktiv daran gearbeitet haben, Papierakten abzuschaffen und durch Software-Lösungen zu ersetzen, existieren heute trotzdem immer noch viele Prozesse, die nicht ausreichend durch die grundsätzlich zur Verfügung stehenden technischen Mittel unterstützt werden.

Als ein Beispiel für eine Digitalisierung der Phase I betrachten wir in diesem Kapitel den Bewerbungsprozess in einem fiktiven mittelständischen Unternehmen. Dabei werden Sie sehen, welche Veränderung die Digitalisierung (und sei es nur zu einem gewissen Grad) mit sich bringen kann.

Eine gelungene Bewerberauswahl gehört zu den maßgeblichen Erfolgsfaktoren eines Unternehmens. Wer schnell und treffsicher die passende Besetzung findet, vermeidet einen beachtlichen Mehraufwand und verringert das Risiko, dass neue Mitarbeitende in ihren Erwartungen enttäuscht werden und gegebenenfalls das Unternehmen schnell wieder verlassen. Vor dem Hintergrund der demografischen Entwicklung ist es eine Herausforderung, den geeigneten Mitarbeitenden für die Aufgaben im Unternehmen auszuwählen, da bereits heute ein deutlicher Mangel in nahezu allen

Branchen besteht. Mit einem im Unternehmen konsequent eingesetzten Bewerbermanagement kann dieser Herausforderung begegnet werden.

Das Bewerbermanagement umfasst dabei die Feststellung des Personalbedarfs, die interne und externe Stellenausschreibung, den Auswahlprozess einschließlich der Entscheidung für einen Bewerber und dessen Einstellung als neuen Arbeitnehmer.

Der Personalbedarf als Ausgangspunkt des Bewerbungsprozesses

Der betriebliche Ausgangspunkt eines jeden Bewerbungsprozesses ist ein festgestellter Personalbedarf, den das Unternehmen selbst nicht decken kann. Grundsätzlich wird zwischen qualitativem und quantitativem Personalbedarf unterschieden. Qualitativer Bedarf kann entweder anhand von Personalentwicklungsmaßnahmen (z. B. Mitarbeiterschulungen) oder durch den Einkauf von Know-how durch Einstellen von neuen Mitarbeitenden mit entsprechender Qualifikation gedeckt werden.

Ein quantitativer Personalbedarf entsteht, wenn der Ist-Bestand den Soll-Bestand unterschreitet, d. h., es geht hierbei um die zahlenmäßige Unterdeckung. Dieses Defizit kann entstehen durch:

- **Schaffen einer neuen Stelle**: Wenn Ihr Unternehmen wächst, neue Geschäftsfelder entwickeln möchte oder Umstrukturierungen vornimmt, kann das Schaffen sowie Besetzen neuer Stellen erforderlich werden.
- **Wiederbesetzen einer Stelle**: Eine Stelle muss besetzt werden, wenn ein Mitarbeitender das Unternehmen verlässt oder die Stelleninhaberin eine andere Aufgabe innerhalb des Unternehmens übernimmt.

Am Prozessschritt der Stellenbesetzung sind Mitarbeitende aus der Personalabteilung und der entsprechenden Fachabteilung beteiligt. Nach der Ermittlung des Personalbedarfs durch die Fachabteilung werden anhand eines Stellenprofils die Qualifikationen und Spezifikationen für die zu besetzende Stelle analysiert. Anschließend wird die entsprechende Stelle von der Personalabteilung ausgeschrieben, womit der eigentliche Bewerbungsprozess beginnt.

Eine neue Stelle ausschreiben

Sie können eine neue Stelle sowohl intern als auch extern ausschreiben. Bei einer internen Stellenausschreibung wird innerhalb des Unternehmens nach einem passenden Mitarbeitenden gesucht. Entscheidet sich ein Unternehmen für die interne Stellenausschreibung, wird die Stelle in der Regel zum Beispiel auf einem *Schwarzen Brett* oder in einem *Social Intranet* ausgeschrieben.

Die interne Personalbeschaffung bietet den Vorteil, dass auf der Bewerberseite das Unternehmen und auf der Unternehmensseite der Bewerber bekannt ist. Es entstehen im Vergleich zu der externen Personalbeschaffung geringere Informations-, Verhandlungs- und Einarbeitungskosten und damit auch geringere Zeitverluste. Außerdem können dadurch betriebsspezifische Qualifikationen im Unternehmen gehalten werden, wobei intern gebotene Aufstiegschancen motivierend auf die Mitarbeitenden wirken können.

Auf der anderen Seite birgt die interne Stellenausschreibung auch Risiken. So kann eine misslungene interne Bewerbung demotivierend auf den Mitarbeitenden wirken, und das Unternehmen kann durch viele interne Stellenbesetzungen Gefahr laufen, sich die Chance auf den Zugewinn von neuem Wissen und neuen Erfahrungen selbst zu verbauen.

Die externe Personalbeschaffung bietet weitere Auswahlmöglichkeiten. Dem Unternehmen steht dabei vom Prinzip her der gesamte Arbeitsmarkt als »Bewerberpool« zur Verfügung, wodurch die Wahrscheinlichkeit steigt, die vakante Stelle optimal zu besetzen. Die Stellenausschreibung kann dabei über die unterschiedlichsten Medien erfolgen. Durch externe Bewerber können neue Qualifikationen ins Unternehmen gelangen, die sich auf der Basis eigener Mitarbeitender nicht oder nur sehr aufwendig entwickeln lassen würden.

Der Bewerbungseingang

Interessenten bewerben sich entweder auf eine ausgeschriebene Stelle oder initiativ ohne Bezug auf eine ausgeschriebene Stelle. Anhand der Anzahl der eingehenden Bewerbungen erhält der Personalbereich erste Informationen, ob die richtigen Medien und Plattformen für die Stellenausschreibung gewählt wurden.

Sind nur wenige Bewerbungen eingegangen, haben Sie entweder die gewünschten Zielpersonen nur zum Teil erreicht oder es besteht ein Fachkräftemangel in diesem Bereich, da sich alle dem geforderten Profil entsprechenden Personen beworben haben. Gehen zu viele Bewerbungen ein, war die Stellenausschreibung wahrscheinlich zu allgemein oder die eigentliche Zielgruppe wurde verfehlt. Mit diesen Daten kann das Unternehmen bereits erste Analysen seiner Recruiting-Maßnahmen durchführen und diese anschließend optimieren.

Ein Bewerber kann seine Bewerbung auf drei verschiedene Weisen einreichen:

- **Papier**: Der Bewerber kann seine Bewerbungsunterlagen in Papierform mit der Post an das Unternehmen senden.
- **E-Mail**: Der Bewerber kann seine Bewerbungsunterlagen per E-Mail an das Unternehmen senden.
- **Online**: Der Bewerber kann sich über ein Online-Bewerbungsformular auf der Website des Unternehmens bewerben.

Abbildung 1.2 zeigt, dass sich die Verteilung der Bewerbungsarten in den letzten Jahren im Rahmen der digitalen Transformation stark verändert hat. 2008 war der Bereich der Online-Bewerbungen noch am wenigsten vertreten, während er heutzutage den größten Anteil ausmacht. In den kommenden Jahren ist mit einer weiteren Verschiebung zugunsten der Online-Bewerbung zu rechnen. Die Veränderungen haben auch Auswirkungen auf die Zusammenarbeit innerhalb des Unternehmens sowie auf die Kommunikation mit den Bewerbern: So sollte ein Unternehmen beispielsweise auf seiner Website komfortable Online-Bewerbungsformulare und Apps zur Unterstützung der Bewerber anbieten.

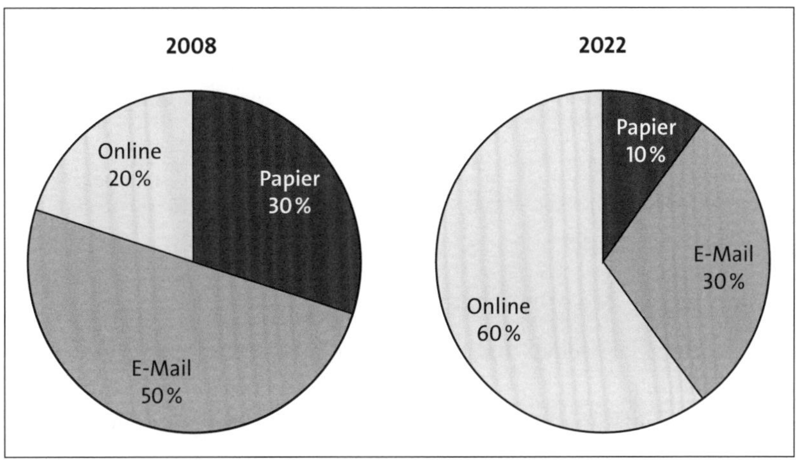

Abbildung 1.2 Im Rahmen der Digitalisierung hat sich der Prozessschritt für den Eingang einer Bewerbung in den letzten Jahren stark verändert.

Der Auswahlprozess

Die Bewerbungen werden in manchen Fällen bis zu einem festgelegten Stichtag gesammelt. Dabei erfolgt bereits – wie bei den übrigen Fällen auch – beim Eingang der Dokumente eine Vorauswahl anhand bestimmter Kriterien, z. B. Aussehen und Inhalt der Bewerbungen, Vollständigkeit, Rechtschreibfehler. Ebenso wird auf direkte Ausschlusskriterien geachtet, z. B. wenn ein geforderter Schulabschluss, Hochschulabschluss oder Berufserfahrung nicht gegeben ist.

Nach dem Stichtag beginnt der Auswahlprozess, in dessen Verlauf die Bewerber daraufhin zu prüfen sind, ob sie über die Qualifikationen verfügen, die für das Aufgabengebiet und das Arbeitsumfeld erforderlich sind. Ob ein Bewerber tatsächlich geeignet ist oder nicht, kann anhand weiterer Verfahren getestet werden. Das Bewerbungsgespräch – und direkt danach das Assessment Center – ist mitunter das wichtigste und effektivste Hilfsmittel bei der Personalauswahl. Es dient dem gegenseitigen Kennenlernen, bei dem die Qualifikationen direkt abgefragt werden können.

Die Anzahl der Kandidaten nimmt im Auswahlverfahren stufenweise ab, wobei die Auswahlmethoden und deren Reihenfolge individuell von dem jeweiligen Unternehmen gestaltet werden können.

Die Entscheidung

Anhand der vorliegenden Bewerbungsunterlagen, der Vorstellungsgespräche sowie der gegebenenfalls vorhandenen Ergebnisse von durchgeführten Tests wird auf Basis von möglichst objektiven Kriterien die Entscheidung für oder gegen einen Bewerber getroffen.

Danach wird dem neuen Arbeitnehmer der Arbeitsvertrag zugesendet, und es werden weitere vorbereitende Maßnahmen initiiert. Der Einstellungsprozess, d. h. die Vertragserstellung, läuft dabei – unabhängig von der Gestaltung des Bewerbungsprozesses – in Papierform ab, da diese Form in Deutschland gesetzlich vorgeschrieben ist. Das heißt, dass auch die Digitalisierung mit all ihren Möglichkeiten durch gesetzliche Vorgaben limitiert ist.

1.4.2 Digitalisierung des Bewerbungsprozesses

Kennzeichnend für den klassischen und noch nicht digitalisierten Bewerbungsprozess ist, dass alle Abläufe in Papierform stattfinden, beispielsweise die Kommunikation zwischen dem Kandidaten und dem Unternehmen oder die anschließende unternehmensinterne Kommunikation.

Abbildung 1.3 stellt den klassischen Bewerbungsprozess detailliert dar. Dabei gehen die Bewerbungsunterlagen mit der Post ein und werden im Verlauf des Personalauswahlverfahrens von der Personalabteilung sowie von den Personalreferenten und Mitarbeitenden der Fachabteilungen begutachtet. Eine Digitalisierung dieser Unterlagen ist hierbei nicht vorgesehen. Somit kann zu einem Zeitpunkt immer nur eine einzige Person die Unterlagen einsehen.

Diese Art ist heute noch vor allem in nicht digitalisierten Unternehmen zu finden und wird durch den Einsatz von Informationstechnologie generell nur marginal unterstützt. Die Erstellung der entsprechenden Schriftstücke erfolgt zwar unter Nutzung einer ausgewählten Textverarbeitungssoftware, der Kernprozess des Bewerbermanagements wird allerdings technologisch nicht weiter unterstützt.

Zusammenarbeit bedeutet in dieser Variante unter anderem, dass die Mitarbeitenden der Personalabteilung und der entsprechenden Fachabteilung im Rahmen von Besprechungen Informationen untereinander austauschen und sich nach Bedarf die Bewerbungsunterlagen per Hauspost zukommen lassen. Eine gemeinsame Ablage von Notizen und Bewertungsinformationen ist nicht vorhanden.

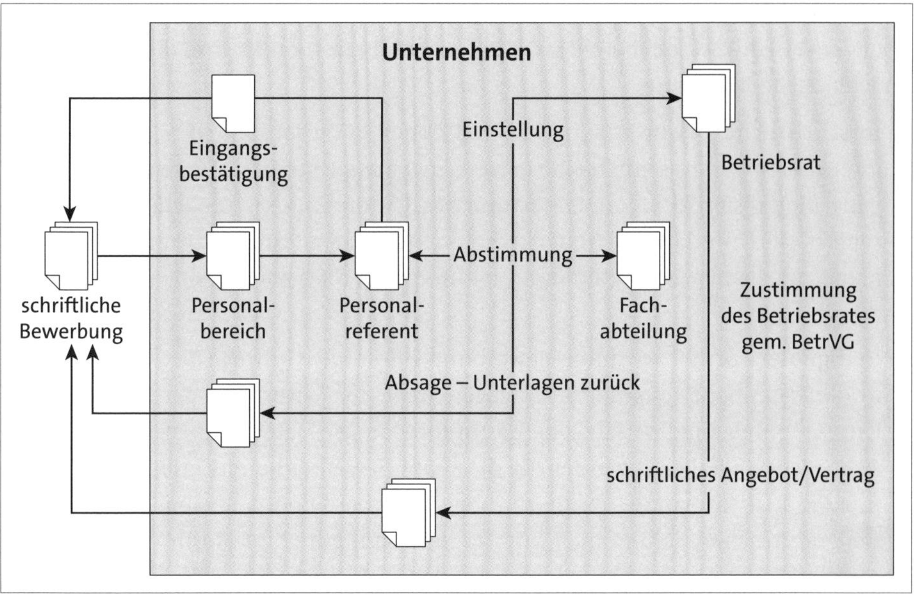

Abbildung 1.3 Bei einem klassischen Bewerbungsprozess werden nahezu alle Informationen in Papierform festgehalten und ausgetauscht.

Wechsel von analogem zu digitalem Personalauswahlverfahren

Der digitale Bewerbungsprozess wird durch den Einsatz von Informationstechnologie charakterisiert. Die digitale Personalbeschaffung kann den bisherigen, traditionellen Prozess ergänzen und einzelne Prozessschritte automatisieren bzw. erheblich erleichtern.

Kernelement dieses Systems ist eine zentrale *Bewerberdatenbank*, auf die alle berechtigten Personen digital Zugriff erhalten. Durch sie stehen die Bewerbungsunterlagen allen Beteiligten jederzeit zur Verfügung. Außerdem können Notizen und Bewertungen zur Bewerbung eingesehen und zentral erfasst werden. Damit verfügen alle über den gleichen Informationsstand und können fundierte Entscheidungen treffen.

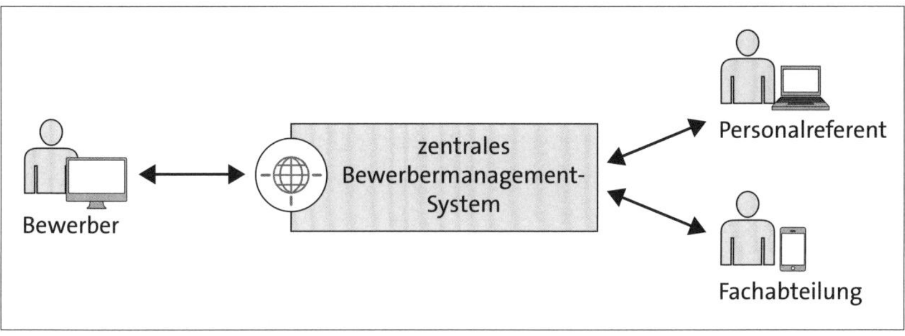

Abbildung 1.4 Veränderung des Bewerbungsprozesses durch den Einsatz von IT-Lösungen

Abbildung 1.4 gibt Ihnen einen Überblick über den Ablauf der digitalen Bewerbung: Nachdem ein Interessent beschlossen hat, sich zu bewerben, kann er dies auf zwei unterschiedliche Arten tun:

- **In schriftlicher Form**: Analog zur traditionellen Bewerbung, d. h., der Bewerber schickt dem Unternehmen eine Bewerbungsmappe per Post. Diese wird nach Eingang digitalisiert und zur Entlastung des Unternehmens umgehend zurückgeschickt. Die Unterlagen befinden sich nun in digitaler Form in der zentralen Datenbank, auf die alle Personalreferenten und auch die beteiligten Fachabteilungen Zugriff haben.
- **In digitaler Form**: Die Online-Bewerbung wird ohne Umwege direkt per Internet in die Datenbank eingespeist. Dagegen stellt die Bewerbung per E-Mail für die Unternehmen einen zusätzlichen Aufwand dar. Die Daten müssen in diesem Fall zwar nicht digitalisiert werden, da dies vom Bewerber bereits erledigt wurde, sie müssen jedoch manuell in die zentrale Bewerberdatenbank eingepflegt werden und verursachen damit einen mit der Bewerbung in Papierform vergleichbaren Aufwand.

Alle eingehenden Bewerbungen werden anschließend jeweils einer ausgeschriebenen Stelle oder Pools zugeordnet, um die Übersicht zu wahren, und der Auswahlprozess beginnt, wobei sich dieser ähnlich wie beim klassischen Bewerbungsprozess gestaltet.

Auswirkungen der Digitalisierung

Sowohl der klassische als auch der digitale Bewerbungsprozess bringen Vor- und Nachteile mit sich. Der Nachteil des digitalen Bewerbungsprozesses besteht darin, dass aufgrund der Nutzung des Internets eine schnelle Reaktion sowohl auf Unternehmens- als auch auf der Bewerberseite erwartet wird. Dieser Nachteil wird mit der Anwendung des klassischen Bewerbungsprozesses umgangen. Dafür kommt das Unternehmen jedoch auch nicht in den Genuss der Vorteile des digitalen Bewerbungsprozesses, die dessen Nachteil überwiegen können.

Der digitale Bewerbungsprozess ermöglicht nämlich eine optimale Unterstützung des Auswahlverfahrens durch eine genauere und automatisierte Selektion der Bewerber, eine generelle Automatisierung der Prozesse, eine einfache Suche in den Bewerberdaten und – bedingt durch die Unterstützung der Zusammenarbeit der Mitarbeitenden verschiedener Geschäftsbereiche – eine schnelle Bearbeitung von Bewerbungen.

Die weitgehende Automatisierung des Bewerbungsprozesses sowie die Kostenersparnis stellen weitere Vorteile dar. Sowohl die Bewerber als auch die Unternehmen sparen unnötige Kosten, die zwingend mit dem klassischen Bewerbungsprozess verbunden sind. Die Bewerber sparen durch die Nutzung eines Online-Bewerbungsformulars die Kosten für den Ausdruck der Bewerbung, die mit deren Versand verbundenen Portokosten und die Kosten für die Bewerbungsmappen. Für den einzelnen Bewerber ist die Ersparnis vermutlich relativ gering, während auf der Unternehmensseite durch die Etablierung eines digitalen Bewerbungsprozesses erhebliche Einsparungen erzielt werden können.

1.4.3 Digitalisierung vs. Modern Workplace

Der im vorigen Abschnitt beschriebene Bewerbungsprozess ist nur ein Beispiel für die vielfältigen Geschäftsprozesse in Ihrem Unternehmen. Hinzu kommen die verschiedenen unterstützenden Prozesse, um die Geschäftsziele Ihres Unternehmens zu erreichen. In diesem Buch zum Thema *Modern Workplace* geht es ja darum, die optimale Arbeitsumgebung zu schaffen, um die Prozesse in Ihrem Unternehmen zu unterstützen und die Zusammenarbeit der verschiedenen Teams zu verbessern. Die *Digitalisierung* legt dabei den Grundstein für Ihren modernen Arbeitsplatz, denn ohne digitale Informationen und darauf aufbauende digitale Prozesse kann Ihnen eine Plattform wie Microsoft 365 nur sehr eingeschränkt helfen.

Durch den Einsatz einer IT-Lösung wird in unserem exemplarischen Prozess des Bewerbermanagements die Zusammenarbeit zwischen Mitarbeitenden der Fachabteilung und den Personalreferenten unterstützt. In der Ausgangssituation war der Informationsaustausch recht schwergängig und fehleranfällig, und es gab Defizite hinsichtlich der Transparenz darüber, wie weit der Prozess für eine bestimmte Bewerbung fortgeschritten ist. Mit dem Einsatz der richtigen Tools können in der neuen Variante die Informationen nun bei Bedarf jederzeit abgerufen werden. Durch die erhöhte Transparenz können die am Prozess beteiligten Personen ihre Aufgaben besser überblicken und somit einfacher bearbeiten.

Wie Sie an dem Beispiel des Bewerbermanagements gesehen haben, ist die Digitalisierung von Prozessen ein wesentlicher Bestandteil eines *modernen Arbeitsplatzes* und wird uns auch im weiteren Verlauf des Buches begleiten. So werden wir viele Möglichkeiten des Cloud-Angebots von *Microsoft 365* als Ergebnis der Digitalisierung nutzen, um Arbeitsweisen zu verändern und unsere Teams möglichst optimal in ihrer täglichen Arbeit zu unterstützen.

In Kapitel 8, »Ausgewählte Unternehmensprozesse unterstützen«, werden wir außerdem ausgewählte Unternehmensprozesse in unseren modernen Arbeitsplatz integrieren und sehen, wie uns Microsoft 365 hierbei helfen kann.

1.5 Wichtige Bereiche der Zusammenarbeit an einem modernen Arbeitsplatz

Bei erfolgreicher Zusammenarbeit geht es vor allem um den Informationsaustausch untereinander. Dabei kann es sich um Dokumente oder um sonstige Informationen handeln, die beispielsweise in Form einer Unterhaltung ausgetauscht werden. Auch die gemeinsame Bearbeitung von Aufgaben und die Unterstützung von im Unternehmen etablierten Prozessen ist elementar. All dies sind wichtige Aspekte, um die Anforderungen an einen modernen Arbeitsplatz zu ermitteln und später in einer Checkliste für die Tool-Auswahl zu berücksichtigen.

1.5.1 Dokumente zusammen bearbeiten

Ich weiß nicht, wie es Ihnen ergeht, aber in unserem Unternehmen werden sehr viele Dokumente erstellt. Früher ist es häufig so gewesen, dass ein Mitarbeitender mit dem Dokument – beispielsweise einem Angebot – begonnen hat und dieses, so weit es ging, fortgeschrieben hat. Danach hat er das Dokument, wie in Abbildung 1.5 dargestellt, per E-Mail an einen zweiten Kollegen (Schritt ❶) gesendet und in einem persönlichen Gespräch weitere Details geklärt.

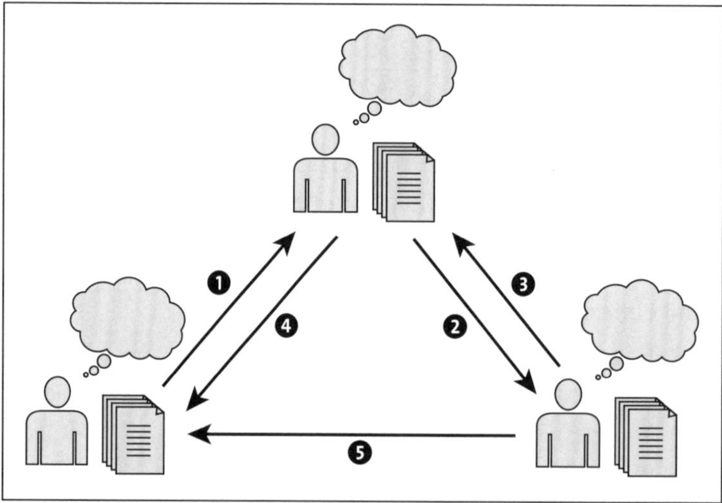

Abbildung 1.5 Zusammenarbeit bei der Erstellung eines Angebots kann ohne die richtigen technischen Mittel schnell zu Unübersichtlichkeit führen.

Dieser zweite Kollege hat versucht, die fehlenden Informationen zu ergänzen, und dabei festgestellt, dass er dies nicht allein kann. Aus diesem Grund hat er das Dokument an einen dritten Kollegen gesendet (Schritt ❷). Dieser konnte die gewünschten Ergänzungen vornehmen, und so kam das Dokument letzten Endes wieder beim ursprünglichen Ersteller (Schritte ❸ und ❹) an. Da der dritte Kollege allerdings noch etwas vergessen hat, schickt er seine überarbeitete Version auch noch einmal dem Ersteller zu (Schritt ❺).

Hatte aber der zweite Kollege noch von diesem Stand abweichende Änderungen vorgenommen? Können Sie die Änderungen einfach erkennen, indem beispielsweise die Änderungsnachverfolgung aktiviert wurde? Wie viel Arbeit haben Sie mit der Zusammenführung der Informationen?

All diese Fragen stellen sich nun für den ursprünglichen Ersteller des Dokuments. Bei zwei Kollegen, die Ihnen bei der Fertigstellung eines Dokuments helfen, mag die Aufgabe noch machbar aussehen. Wie sehen Sie das aber, wenn Sie Ihr Dokument an einen größeren Personenkreis senden, beispielsweise an zehn Personen? Der Aufwand für die Zusammenführung der unterschiedlichen Dokumentenstände steht wahrscheinlich in keinem vernünftigen Verhältnis mehr zu dem Nutzen, den Sie durch die Unterstützung Ihrer Kollegen erfahren.

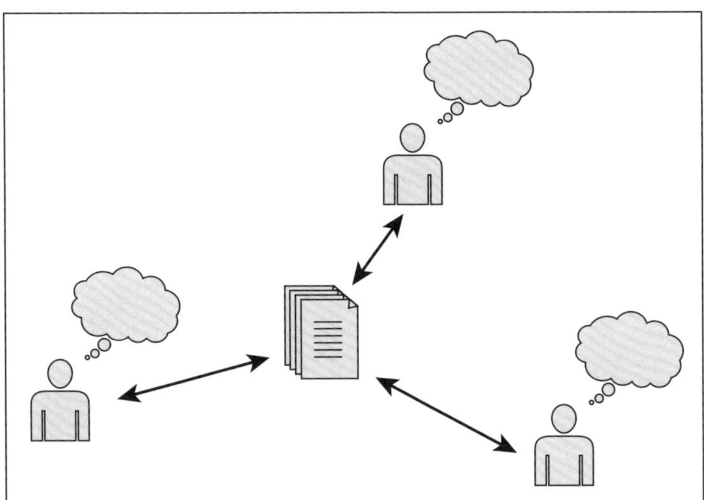

Abbildung 1.6 Wenn Sie Ihr Dokument zentral ablegen und es für Ihr Team freigeben, kann jeder seinen Beitrag leisten, ohne dass zusätzlicher Koordinationsaufwand entsteht.

Wäre es nicht hilfreich, wenn Sie bei Bedarf Ihr Dokument mit Ihrem Team teilen und gemeinsam daran arbeiten könnten? Dazu müssten Sie das Dokument, wie in Abbildung 1.6 dargestellt, zentral ablegen und für die anderen Teammitglieder freigeben. Damit sind Kopien des Dokuments nicht mehr nötig, und nun können alle zeitgleich auf das Dokument zugreifen, ihre Informationen einfügen und ohne Zeitverzögerung die Änderungen der Kollegen sehen.

Ein weiterer positiver Nebeneffekt der zentralen Ablage Ihrer Dokumente ist, dass Sie von nahezu überall auf sie zugreifen können. Darauf aufbauend können Sie weitere Funktionen zur Prozessunterstützung einrichten – beispielsweise für die Freigabe und Veröffentlichung.

Können zeitgleich Änderungen an derselben Stelle im Dokument vorgenommen werden?

Die eingesetzten Tools stellen sicher, dass an einem Absatz nur nacheinander Änderungen vorgenommen werden können. Wenn Sie zu einem Abschnitt gelangen, der gerade von einer anderen Person bearbeitet wird, können Sie dies anhand einer Markierung erkennen und müssen warten, bis die Person den Abschnitt wieder verlassen hat und die Änderungen bei Ihnen sichtbar sind. Sie können dann aufbauend auf dem geänderten Stand Ihre Änderungen vornehmen. In der Regel teilen Sie sich die Bearbeitung eines Dokuments mindestens in Form von Abschnitten oder Kapiteln mit Ihren Kollegen auf und können so gleichzeitig an einem Dokument arbeiten.

1.5.2 Informationen untereinander austauschen

In vielen Unternehmen hat ein Großteil der Mitarbeitenden keinen festen Arbeitsplatz mehr – wir werden immer mobiler. Die interne Kommunikation zum Informationsaustausch ist damit ein wichtiger Teil einer offenen und werteorientierten Unternehmenskultur. Nur durch eine zielgerichtete und transparente Kommunikation erreichen Sie einen Informations- und Wissenstransfer in Ihren Teams.

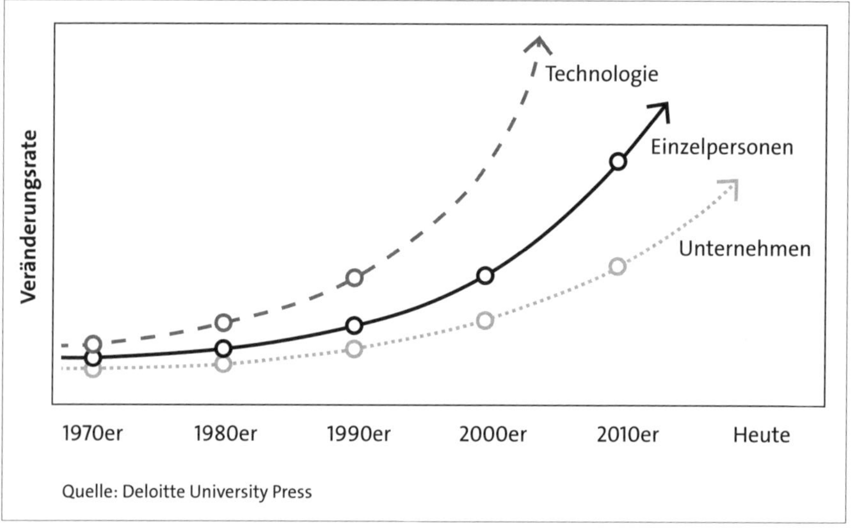

Abbildung 1.7 Die Technologie ändert sich immer schneller. Während die einzelnen Personen versuchen, damit Schritt zu halten, kommen die Unternehmen nur schwer hinterher.

Wie Sie in Abbildung 1.7 erkennen können, stehen Unternehmen tagtäglich vor der Herausforderung, dass sich die Technologie und die Möglichkeiten, die sich durch sie zur Unterstützung der Kommunikation ergeben, wesentlich schneller weiterentwickeln, als ein Unternehmen sich anpassen kann.

Die vier Säulen der Kommunikation

In der internen Kommunikation unterscheiden wir inhaltlich zwischen vier verschiedenen Säulen:

- **Information**: In erster Linie möchten wir mit der Kommunikation im Unternehmen Informationen weitergeben, die für alle bzw. einen Teil der Mitarbeitenden relevant sind. Dieser Säule kommt eine zentrale Bedeutung zu, denn ohne eine erfolgreiche Informationsweitergabe unter den beteiligten Personen können die folgenden drei Säulen nicht existieren.
- **Dialog**: Neben der Information, die ja in eine Richtung abzielt, hat auch der Dialog seinen Platz in der internen Kommunikation. Im Rahmen eines Dialogs erhalten Sie und Ihre Kollegen nicht nur passiv Informationen, sondern können auf vermittelte Inhalte reagieren und treten mit dem Informationsgeber und anderen Kollegen zu den kommunizierten Inhalten in Austausch.
- **Motivation**: Die Mitarbeitermotivation ist ein wichtiges Ziel und unter anderem Ergebnis einer erfolgreichen Kommunikation. Durch transparente und effiziente Kommunikation mit den Mitarbeitenden gelingt es beispielsweise den Führungskräften in Ihrem Unternehmen, ihre Mitarbeitenden zu motivieren, zu ermutigen und zu höheren Leistungen zu bewegen. Auch die Mitarbeiterfluktuation und damit Wissensverlust im Unternehmen können dadurch vermindert werden.
- **Wissenstransfer**: Durch Mitarbeiterfluktuation besteht immer die Gefahr, dass aus dem Unternehmen ausscheidende Mitarbeitende wichtige Informationen und Wissen mitnehmen, ohne beides vorher mit ihren Kollegen geteilt zu haben.

  Mitarbeitende können sich durch die Veröffentlichung und das Teilen ihres Wissens mit den Kolleginnen und Kollegen, also durch Wissenstransfer, deren Anerkennung erarbeiten und das Team voranbringen. Dies fördert wiederum die Motivation der Mitarbeitenden und führt auch hier im Idealfall zu einer geringeren Mitarbeiterfluktuation.

Formelle und informelle Informationen

Die interne Kommunikation bezieht sich zum einen auf die direkte Kommunikation untereinander, zum anderen aber auch auf den Einsatz von Kommunikationsinstrumenten. Wir unterscheiden zwischen formellen und informellen Informationen:

- **Formelle Informationen**: Hierfür werden ganz bestimmte Kommunikationskanäle festgelegt. Diese Art von Informationen hat eine hohe Verbindlichkeit.
- **Informelle Informationen**: Diese Art von Informationen wird beispielsweise über den sogenannten Flurfunk oder im persönlichen Gespräch weitergegeben. Gerade in diesem Bereich sind die Unterschiede zwischen einer räumlich zentrierten und der heute überwiegend vorzufindenden hybriden Zusammenarbeit im Team zu berücksichtigen.

Instrumente und Tools der Kommunikation

In den 2000er-Jahren sowie davor waren vor allem Rund- und Informationsschreiben, Mitarbeiterzeitschriften, das *Schwarze Brett* und natürlich Mitarbeiterversammlungen beliebte Instrumente für die interne Kommunikation.

Durch das rasante Tempo der Digitalisierung hat sich auch im vergangenen Jahrzehnt in der Mitarbeiterkommunikation der Unternehmen viel verändert; zuletzt sogar enorm beschleunigt durch die Pandemie. Folgende Instrumente werden heutzutage typischerweise für die Kommunikation im Unternehmen genutzt:

- **Intranet**: Ein *Intranet* ist ein in sich geschlossenes System, das nur den Mitarbeitenden Ihres Unternehmens zugänglich ist. Das Intranet ist also im Gegensatz zum frei zugänglichen Internet im Hinblick auf den Benutzerkreis eingeschränkt. Hier können Sie alle unternehmensrelevanten Informationen untereinander austauschen und veröffentlichen, sich untereinander vernetzen und Ansprechpersonen zu bestimmten Themen finden.
- **Interner Newsletter**: Ein *interner Newsletter* ist wie das Intranet nur für Mitarbeitende Ihres Unternehmens vorgesehen und wird nur an diese Personen als internes Informationsrundschreiben versendet.
- **Wiki**: Ein *Wiki* ist eine Website, deren Inhalte von Ihnen und Ihren Kollegen gelesen und gleichzeitig auch verändert bzw. ergänzt werden können. Sie können es als Informationsquelle nutzen und mit Ihrem Wissen anreichern, sodass dieses Wissen im Unternehmen und für andere Mitarbeitende nachhaltig gespeichert wird.

  Ich habe in verschiedenen Unternehmen unterschiedliche Ansätze für den Einsatz von Wikis gesehen, die jeweils ihre Vor- und Nachteile mit sich bringen. Sie könnten beispielsweise ein zentrales Wiki in Ihrem Unternehmen etablieren. Damit haben Sie alle Informationen an einem Ort, müssen aber auch dafür sorgen, dass jeder Mitarbeitende die Möglichkeit hat, dort sein Wissen zu erfassen und auf das Wissen der Kollegen zuzugreifen. Stattdessen können Sie auch viele verstreute Wikis nutzen, die beispielsweise speziell für ein bestimmtes Projekt oder ein Team eingerichtet werden. Hierüber können Sie granular steuern, wer diese Informationen sehen darf und wer nicht. Das ist vor allem bei sensiblen Informationen sinnvoll. Bei dieser Option müssen Sie aber eine Lösung dafür finden, wie Sie eine Übersicht über das gesamte Wissen schaffen, das im Unternehmen vorhanden ist. Woher wissen Sie und Ihre Kollegen nämlich, wo sich all diese Wikis befinden und auf welche Wikis Sie Zugriff haben? Außerdem kommt bei jedem Wiki früher oder später die Frage auf, wie eine dauerhafte Pflege der Inhalte gewährleistet werden kann. Hierbei kann künstliche Intelligenz eine Lösungsoption darstellen, da durch sie (teil-)automatisiert Informationen zusammengetragen werden und somit die Aktualität des Wikis erhalten werden kann.

- **Interner Blog**: Ein *Blog* ist ein normalerweise öffentlich zugängliches Tagebuch, das auf der Website Ihres Unternehmens integriert sein kann. Meine Kollegen und ich setzen einen solchen Blog ein, den Sie unter der Adresse *www.conet.de/blog/* finden.

  Im Sinne der internen Kommunikation können Sie einen internen Blog zum Beispiel als Teil Ihres Social Intranets bereitstellen. Sie können dort Ihre Gedanken zu tagesaktuellem Geschehen sowie Informationen und Wissen auf kompakte Art und Weise vermitteln. Idealerweise verwenden Sie ergänzend zu Ihren Informationen Fotos und Videos. Ein Blog kann aber auch bewusst von Ihrer Führungsebene oder der internen Kommunikationsabteilung genutzt werden, um Informationen schnell im Unternehmen zu verbreiten.
- **Chat- bzw. Instant-Messaging-Tools**: Die Tools für Chats oder *Instant Messaging* kennen Sie wahrscheinlich aus dem privaten Umfeld schon wesentlich länger als im Berufsleben. Sie dienen dazu, dass Sie und Ihre Kollegen sich per Textnachrichten miteinander unterhalten und Kurznachrichten unmittelbar erhalten und lesen können.

  Dies verkürzt die Kommunikationswege und vermindert das E-Mail-Aufkommen, gerade dann, wenn Sie unterwegs sind oder während einer Besprechung schnell etwas klären möchten.
- **Social Media**: Social-Media-Kanäle werden im Unternehmenskontext in der Regel für die externe Kommunikation genutzt, beispielsweise zur Mitarbeiterrekrutierung oder zu Marketingzwecken. Genauso können Social-Media-Kanäle – zumindest teilweise – zur internen Kommunikation genutzt werden.

  Sie können im Unternehmen z. B. geschlossene Facebook- oder LinkedIn-Gruppen erstellen und für die Kommunikation nutzen. Hierbei sollten Sie jedoch beachten, dass die Mitarbeitenden dazu verleitet werden könnten, zu viel Zeit auf den Social-Media-Kanälen zu verbringen, die eigentlich eher dem privaten Umfeld zugeordnet werden muss.
- **Tools für Mitarbeiter-Feedback**: Ergänzend zu all diesen Plattformen und Tools haben Sie mit der Nutzung von spezifischen Tools für das Einholen von Feedback die Gelegenheit, die Mitarbeitenden (anonym) zu Wort kommen zu lassen. So können Sie einerseits mögliche Quellen der Unzufriedenheit schnell aufdecken und gezielt gegensteuern. Andererseits erkennen Sie, welche Dinge schon gut im Unternehmen laufen und weiter vorangetrieben werden sollten.

Wählen Sie die richtigen Instrumente und Tools aus

Wie Sie gesehen haben, stehen Ihnen sehr viele verschiedene Möglichkeiten zur Verfügung. Um die Mitarbeitenden in Ihrem Unternehmen aber nicht mit zu vielen Kommunikationswegen zu überfrachten, sollten Sie sich im Unternehmen auf zwei bis drei zentrale Möglichkeiten beschränken. Klar sollte auch sein, welche Informationen über welche Kanäle kommuniziert werden. Dies vereinfacht Ihnen einerseits die Suche nach relevanten Informationen. Andererseits wissen Sie aber auch ganz genau, welchen Kanal Sie für welche Informationsart nutzen.

Wenn Sie einen neuen Kanal im Unternehmen einführen, sollte die Führungsebene die aktive Nutzung der Kanäle vorleben und somit die Mitarbeitenden dazu motivieren, ihrem Beispiel zu folgen. Zudem ist es wichtig, dass alle Mitarbeitenden zu Beginn eine kurze Einführung in die Nutzung der Kanäle zur Mitarbeiterkommunikation erhalten. Diese Maßnahme vermeidet Berührungsängste und fördert die aktive Nutzung der Kanäle durch alle Mitarbeitenden.

Besonders in größeren Unternehmen ist das Intranet ein wichtiger Bestandteil der internen Kommunikation. Hier finden Mitarbeitende auf Anhieb die für sie relevanten Informationen und die Ansprechpartner, die sie bei Fragen kontaktieren können. Ohne diese zentrale Informationsquelle wären die Mitarbeitenden in großen Unternehmen verloren und müssten unnötig viel Zeit für das Suchen von Informationen bzw. Kontakten aufwenden. Das Intranet als internes Kommunikationsmittel wirkt sich also direkt auf die Produktivität der Mitarbeitenden aus. In kleinen Unternehmen haben Sie gegebenenfalls eher keinen Bedarf an einem Intranet und nutzen lediglich ein Wiki für die wichtigsten Informationen.

In der internen Kommunikation ist es weiterhin sehr wichtig, dass Sie und Ihre Kollegen nicht nur Informationen per Push-Prinzip zur Verfügung gestellt bekommen, sondern sich diese auch proaktiv abholen können. Dafür bieten sich als sinnvolle Plattformen wieder das Intranet, aber auch Wikis und interne Blogs an.

Fehler beim Informationsaustausch durch den Einsatz passender Tools vermeiden

Jeder Mensch macht Fehler; so auch bei der Kommunikation im Unternehmen. Folgende exemplarische Fehler sollten Sie durch den geschickten Einsatz von Tools vermeiden, weil andernfalls die Zusammenarbeit in Ihren Teams erheblich gestört werden kann:

- **Unvollständige, verspätete oder intransparente Informationen**: Wenn die Belegschaft eines Unternehmens regelmäßig unvollständig oder zu spät über grundlegende Ereignisse und Neuerungen im Unternehmen informiert wird, können die Mitarbeitenden das Vertrauen in ihre Führungskräfte und das Unternehmen verlieren.

  Auch die Informationsweitergabe an nur einen Teil der Mitarbeitenden führt bei unklar definierten bzw. angewendeten Informationswegen dazu, dass sich der andere Teil ausgeschlossen fühlt und das Vertrauen untereinander gestört wird.

  Beide Szenarien können durch regelmäßige, vollständige und transparente interne Kommunikation vermieden werden. Diese Situation lässt sich auch auf die

Teamebene übertragen. Sorgen Sie immer dafür, dass Informationen rechtzeitig und transparent im Team verteilt werden. Hier gilt es, die richtigen Tools zu wählen, damit Sie auch unter Zeitdruck eine einfache Möglichkeit haben, um schnell Neuigkeiten bereitzustellen.

- **Mangelnde Wertschätzung**: Nur durch gegenseitige Wertschätzung und Respekt in der internen Kommunikation bleiben Sie und Ihre Kollegen motiviert und bringen sich langfristig für den Erfolg des Unternehmens ein. Wenn Ihre Führungskraft Ihnen keine angemessene Wertschätzung für Ihre Leistungen entgegenbringt oder nicht die richtigen Worte findet, wird Ihre Motivation – mitunter sogar unbewusst – darunter leiden.
- **Konkurrenzdenken**: Wenn die Kommunikation im Unternehmen gestört ist oder das Wir-Gefühl fehlt, kann dies zu einem Wettbewerbsdenken zwischen Abteilungen oder Teams führen. Wenn sich Teams als Wettbewerber wahrnehmen, können sie nicht für das Unternehmen und dessen Erfolg an einem gemeinsamen Strang ziehen, obwohl dies eigentlich ihr Ziel sein sollte. Sie können versuchen, das Wettbewerbsdenken untereinander durch eine transparente interne Kommunikation und die gleichermaßen wertschätzende Anerkennung der Leistungen aller Abteilungen und Teams zu vermeiden.
- **Mangelnde Anerkennung von Feedback**: Wenn die Meinung und das Feedback der Mitarbeitenden nicht anerkannt werden, kann dies zu Problemen in der internen Kommunikation und somit auch in der Unternehmenskultur führen. Mitarbeiterfeedback ist ein enorm wichtiges Element, damit Sie frühzeitig Probleme in den Teams erkennen und diese Probleme schnell aus dem Weg räumen können. Durch das Feedback von Mitarbeitenden können Sie zudem die angebotenen Produkte und Dienstleistungen in Ihrem Unternehmen kontinuierlich verbessern – vorausgesetzt, die Unternehmenskultur gibt dies her.

  Wenn auf Ihr Feedback allerdings nicht eingegangen wird, werden vermutlich auch Sie mit Unmut reagieren und wenig motiviert sein, noch einmal eine Rückmeldung zu geben. Damit wird der gegenseitige Informationsaustausch fortan gestört sein. Sie sollten also darauf achten, aufbauend auf einem Feedbackmechanismus auch die Ableitung von Maßnahmen und die Kommunikation über den Fortschritt im Unternehmen zu ermöglichen.
- **Falsche Kanäle oder Instrumente**: Auch die Nutzung der falschen Kanäle oder Instrumente kann zu Verwirrung oder Unmut bei den Mitarbeitenden Ihres Unternehmens führen. Sobald diese das Gefühl haben, dass nicht alle Informationen transparent und an einem einfach und zentral zugänglichen Ort geteilt werden, kommt es zu Missverständnissen in der Kommunikation. Deshalb ist es sehr wichtig, dass die gleiche Art von Informationen und Wissen immer über die ursprünglich festgelegten Instrumente und Kanäle kommuniziert wird und das eingesetzte Tool auf einfache Weise zu verwenden ist.

Alle hier aufgeführten möglichen Fehler in der internen Kommunikation lassen sich laut wissenschaftlichen Erkenntnissen (beispielsweise laut der Studie »Digitale Kommunikation in deutschen Unternehmen« vom Meinungsforschungsinstitut *Kantar Emnid*) durch eine gut durchdachte und transparente interne Kommunikation vermeiden. Holen Sie außerdem regelmäßig proaktiv Feedback von allen Mitarbeitenden ein, um frühzeitig mögliche Probleme zu erkennen und gegebenenfalls gegensteuern zu können.

Interner versus externer Informationsaustausch

Die interne Kommunikation sollte im Einklang mit der externen Kommunikation des Unternehmens stehen. Zur externen Kommunikation gehören alle Kanäle, die direkt auf Kunden, Partner und gegebenenfalls Lieferanten abzielen und diese an das Unternehmen und seine Angebote binden sollen.

Gleichzeitig werden Inhalte der internen Kommunikation teilweise auch über Öffentlichkeitsarbeit und Marketing nach außen transportiert. Dadurch wird wiederum den Kunden, Partnern und Lieferanten eines Unternehmens eine transparente Kommunikation geboten, die nach innen die Unternehmenskultur fördert und diese nach außen gut widerspiegelt.

Im Allgemeinen treffen wir in Projekten bzw. bei Kundenaufträgen beide Formen der Kommunikation an. Innerhalb des unternehmensinternen Teams werden Informationen unterschiedlichster Art untereinander ausgetauscht. Eine Teilmenge dieser Informationen wird auch mit dem Kunden ausgetauscht. Wie hoch der Anteil ist, wird nicht nur durch die Projektart, sondern auch durch das Verhältnis zum Kunden bestimmt. In jedem Fall benötigen Sie aber eine Kommunikationsstrategie für dieses Szenario und Tools, die Sie bei der Trennung zwischen internen und externen Informationen möglichst optimal unterstützen.

1.5.3 Aufgaben gemeinsam bearbeiten

Wir tauschen im Arbeitsalltag viele Informationen untereinander aus, die in der Regel aufgabenbezogen sind. Daher könnte eine IT-Unterstützung, die gemeinsame Aufgaben abbildet, sinnvoll sein.

In den vergangenen Jahren haben sich in vielen Unternehmen zur Aufgabenbewältigung vor allem *agile Methoden* etabliert. Beginnen wir beispielsweise mit unseren eigenen Aufgaben: Ich notiere mir meine Aufgaben gerne auf Post-its und markiere mir E-Mails mit zu erledigenden Tätigkeiten, damit ich weiß, ob ich hierzu bereits eine Aufgabenkarte in Form eines Post-its erstellt habe oder nicht.

So etwas funktioniert recht gut, solange Sie sich immer am selben Ort befinden. Wenn Sie aber öfter unterwegs sind oder an unterschiedlichen Orten arbeiten, kann die Arbeit mit Post-its recht kompliziert werden. So kann es schnell passieren, dass Sie gerade nicht alle Aufgabenkarten dabeihaben und eine wichtige Aufgabe liegen bleibt.

Aber auch, sobald Sie mit einem weiteren Kollegen arbeiten, und erst recht, wenn Sie in einem Team tätig sind, ist die Art der Aufgabenverwaltung mit persönlichen Post-its nicht mehr angemessen. Denn woher wissen Ihre Kollegen, an welchen Aufgaben Sie gerade arbeiten und welche Aufgaben noch anstehen? Selbst wenn Sie sich untereinander gut austauschen, werden sich Ihre Kollegen nicht alle Informationen merken können. Ein gegenseitiges Helfen, wie es bei guten Teams üblich ist, wird so nur schwer möglich.

Ich möchte Ihnen nun zwei Methoden vorstellen, die ich aus meinem Arbeitsalltag kenne. Beide dienen neben anderem zur Verwaltung der im Team anstehenden Arbeiten und bieten einen Überblick über die aktuelle Arbeitslast Ihres Teams.

Scrum einsetzen

Bei *Scrum* handelt es sich um ein Regelwerk, das aus dem Bereich der Software-Entwicklung kommt, aber auch in vielen anderen Szenarien effektiv eingesetzt werden kann. Scrum kennt drei Rollen für die direkt am Prozess beteiligten Personen:

- **Product Owner**: Diese Person trägt die Verantwortung für den Business-Erfolg eines Projektes, stellt fachliche Anforderungen zusammen und priorisiert sie gemeinsam mit den Anforderern. Wenn Sie Scrum nicht einsetzen und nach einem Pendant zu dieser Rolle suchen, lässt sich der Product Owner am ehesten mit den Aufgaben eines Projektleiters und Anforderungsmanagers in Personalunion vergleichen.
- **Scrum Master**: Der Scrum Master nimmt eine wichtige Rolle im Projekt ein. Er achtet auf die Einhaltung des Regelwerks, beispielsweise auf feste Zeiten für bestimmte Aktivitäten. Er agiert dabei als Coach für alle beteiligten Mitarbeitenden, ist erster Ansprechpartner für Probleme, die nicht im Team selbst gelöst werden können, und versucht, diese Hindernisse zu beseitigen. Das ist unabhängig von Scrum in der Regel das Aufgabengebiet einer Projektleitung.
- **Team**: Diese Personen sind die eigentlichen Umsetzer. Sie stimmen sich mit dem Product Owner bezüglich der insgesamt umzusetzenden Anforderungen ab und legen fest, welche Anforderungen in einer kurzen Zeitspanne von beispielsweise jeweils zwei Wochen umgesetzt werden sollen. Ausgehend von den ausgewählten Anforderungen erstellt das Team Aufgaben, die zur Erfüllung der Anforderungen erledigt werden müssen. Die Aufwände für diese Aufgaben werden geschätzt und unter Berücksichtigung der verfügbaren Kapazität des Teams für die festlegte Zeitspanne eingeplant. Ziel ist es, nach Ablauf der Zeitspanne von zwei Wochen möglichst alle eingeplanten Aufgaben erledigt zu haben. Das Team kann während der

Bearbeitung der Aufgaben je nach Bedarf in einem sehr engen Austausch mit dem Product Owner stehen und das Sprintziel nachverhandeln, damit zum Ende der Zeitspanne eine auslieferbare Lösung entstehen kann.

Zusätzlich zu diesen drei Rollen gibt es noch die sogenannten **Stakeholder**, die in dem meisten Fällen Anforderer aus den Fachabteilungen darstellen und sich primär mit dem Product Owner abstimmen.

Wo kann ich mehr über Scrum erfahren?

Dieser kurze Überblick erhebt keinen Anspruch an Vollständigkeit hinsichtlich der Methodik und der Einsatzmöglichkeiten von Scrum. Sie erhalten weitere Informationen unter *https://www.scrum.org*.

Visualisierung der Aufgaben auf einem Board

Wenn Sie schon etwas über Scrum gehört haben, kennen Sie wahrscheinlich das für die Darstellung der Aufgaben genutzte Board, wie es in Abbildung 1.8 zu sehen ist.

So können Sie zusammen mit Ihrem Team Ihre Aufgaben verwalten. Über die einfache Kategorisierung nach dem Bearbeitungsstatus sehen Sie schnell, welche Aufgaben im Team anstehen, welche Aufgaben gerade von welcher Person bearbeitet werden und welche Ergebnisse Sie bereits erzielt haben.

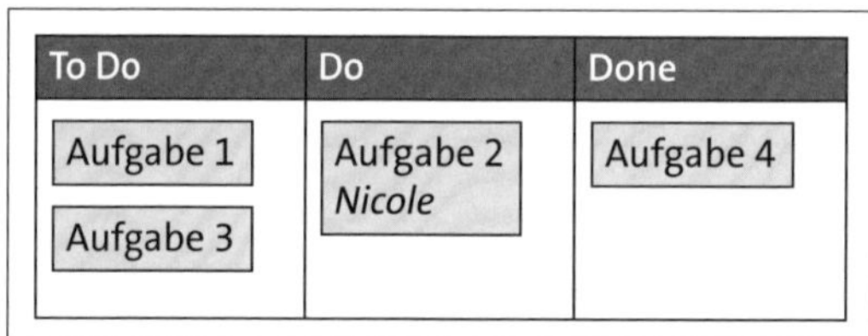

Abbildung 1.8 Auf einem Scrum-Board können Sie die Aufgaben in Ihrem Team visualisieren.

Diese Darstellung ist sowohl für jeden Einzelnen als auch für den Projektleiter und ihre Führungskräfte hilfreich.

Ermitteln und Erfassen von Aufgaben

Die Anforderungen werden in einer Liste, dem sogenannten *Product Backlog*, gepflegt, erweitert und priorisiert. Das Product Backlog unterliegt dabei einer stetigen Veränderung, weil sich bei jeder neuen Anforderung, aber auch mit der Zeit jeweils eine neue Priorisierung der Anforderungsmenge ergeben kann.

Um ein sinnvolles Arbeiten zu ermöglichen, entnimmt das Team in einem im Projekt festgelegten Zeitintervall (z. B. alle zwei Wochen) in Zusammenarbeit mit dem Product Owner ein definiertes Arbeitspaket aus dem oberen, höher priorisierten Ende des Product Backlogs und setzt es komplett in Funktionalität um (inklusive Test und notwendiger Dokumentation). Dieses Arbeitspaket, das *Inkrement*, besteht aus einem Set an Anforderungen. Diese werden während des laufenden Zeitintervalls, des sogenannten *Sprints*, nicht von außen (z. B. vom Product Owner) durch Zusatzanforderungen modifiziert, um die Fertigstellung des Pakets nicht zu gefährden.

Der Product Owner kann aber alle anderen Teile des Product Backlogs in Vorbereitung für den folgenden Sprint verändern bzw. neu priorisieren.

Bearbeitung der Aufgaben

Die Anforderungen werden in einzelne Aufgaben heruntergebrochen und mit einem jeweils zuständigen Bearbeiter und täglich aktualisiertem Restaufwand in einer weiteren Liste, dem *Sprint Backlog*, festgehalten. Während des Sprints arbeitet das Team konzentriert und ohne Störungen von außen daran, die Aufgaben aus dem Sprint Backlog umzusetzen. Das Team gleicht sich in einem täglichen, streng auf maximal 15 Minuten begrenzten Informations-Meeting, dem *Daily Scrum Meeting*, ab, damit jeder weiß, woran der andere zuletzt gearbeitet hat, was er als Nächstes vorhat und welche Probleme möglicherweise existieren.

Abschluss aller Aufgaben nach einem Sprint

Am Ende des Sprints präsentiert das Team dem Product Owner, den Stakeholdern und anderen interessierten Teilnehmern in einem sogenannten *Sprint Review Meeting* live am System die implementierte Funktionalität. Halbfertige Ergebnisse oder PowerPoint-Folien während des Reviews sind verboten. Das Feedback der Teilnehmer und die neuen Anforderungen des Product Owners für den kommenden Sprint fließen dann wieder in das nächste *Sprint Planning Meeting* ein, und der Prozess beginnt von Neuem.

Die Anwendung des Regelwerks sicherstellen

Der Scrum Master sorgt während des gesamten Prozesses dafür, dass die bei dieser Methodik vorgegebenen Regeln eingehalten werden und dass die jeweils zuständigen Team-Mitglieder täglich den Status aller Aufgaben im Sprint Backlog aktualisieren.

Er hilft dem Team, den Projektfortschritt durch einen geeigneten Berichtsmechanismus transparent zu machen: durch die Veröffentlichung sogenannter *Burndown Charts*, die den Fortschritt für den aktuellen Sprint oder auch für das gesamte Projekt jeweils in Form einer Kurve visualisieren. Eingezeichnete Trendlinien erlauben es, mögliche Probleme und Verzögerungen einfach und rechtzeitig zu erkennen.

Fazit zu Scrum

Scrum basiert auf einer inkrementellen Vorgehensweise. Indem Sie ein Projekt in kleine überschaubare Zeiteinheiten unterteilen, beispielsweise einen zweiwöchigen Rhythmus, sinkt das Risiko von Fehlentwicklungen mit großen Auswirkungen. Über das Mittel eines teamweiten Aufgaben-Boards haben Sie einen stets aktuellen Blick auf den Projektfortschritt und können schnell reagieren, wenn Probleme auftreten.

Wenn Sie Scrum anwenden (möchten), sollten Sie bei der Tool-Auswahl darauf achten, inwieweit Sie im Bereich des Aufgabenmanagements digital unterstützt werden können.

Kanban einsetzen

Bei *Kanban* (japanisch *kan* = Signal, *ban* = Karte) handelt es sich um die japanische Adaption der klassischen Aufgabenliste. Diese erfreut sich wachsender Beliebtheit, da sich durch Kanban Ihr Wertschöpfungsprozess besser planen, überwachen und steuern lässt. Das Ziel des sogenannten *Kanban-Boards* besteht darin, Projektabläufe und Aufgaben zu visualisieren – in übersichtlichen Spalten mit einzelnen Einträgen, die der Reihe nach abgearbeitet werden können. Ich erkläre Ihnen nun kurz, wie Kanban funktioniert, welche Vor- und Nachteile damit verbunden sind und wie Sie Kanban im Team und persönlich nutzen können. Weiterführende Informationen erhalten Sie beispielsweise bei der Lean Kanban University unter *https://kanban.university/*.

Was verstehen wir unter Kanban?

Entwickelt wurde Kanban bereits in den 1940er-Jahren, und zwar von dem Automobilkonzern Toyota, um Lagerbestände zu reduzieren und die Fertigungsprozesse in einen gleichmäßigeren Rhythmus zu bringen.

Inzwischen wird das Kanban-Prinzip aber auch zunehmend in anderen Bereichen eingesetzt. Besonders in der IT und im Personalwesen wurden die Vorteile erkannt und werden nun genutzt, um

- den Überblick über die zahlreichen meist parallel ablaufenden Arbeitsschritte zu behalten.
- zu visualisieren, welche Aufgabe sich gerade in welchem Status befindet.

Ziel des Kanban-Boards ist es, die in Ihrem Team gelebte Prozesskette mit ihrem genauen Ablauf und ihren definierten Schnittstellen sichtbar zu machen. So können Sie frühzeitig eventuelle Engpässe erkennen und beheben und die Wertschöpfungskette kostenoptimal lenken.

Der wichtigste Aspekt von Kanban

In unserem Arbeitsalltag landen immer mehr Aufgaben auf unserem Schreibtisch, die wir abarbeiten müssen. Dabei wächst der Stapel immer weiter an, und irgendwann kann der Druck einfach zu groß werden. Mit Kanban entscheiden Sie sich für eine andere Arbeitsweise. Anstatt dass Ihnen Aufgaben immer weiter zugewiesen werden, lassen Sie die Aufgaben in einen Aufgabenpool laufen und »ziehen« sich immer eine maximale Anzahl an Aufgaben auf Ihren Schreibtisch bzw. auf den Schreibtisch Ihres Teams. Durch dieses sogenannte *Pull-Prinzip* arbeiten Sie nun in einem von Ihnen bestimmten System mit einer Obergrenze an Aufgaben, die Sie und Ihr Team zeitgleich bearbeiten können. Mit dieser Art Selbstschutz sorgen Sie dafür, dass Aufgaben priorisiert werden müssen und Sie eine geregelte kontinuierliche Arbeitslast tragen können.

Prinzipien und Praktiken

David Anderson, einer der Begründer agiler Softwareentwicklung, hat

- vier Grundprinzipien und
- sechs Praktiken

beschrieben, die Unternehmen bei der Anwendung von Kanban in ihre Arbeitsweise einbauen sollen.

Die vier Grundprinzipien lauten:

- **»Starte mit dem, was du jetzt machst!«**

  Sie haben auch vor der Einführung von Kanban bereits einen Wertschöpfungsprozess gelebt. Starten Sie genau mit diesem Prozess und wenden Sie die weiter unten angegebenen Praktiken an. Sie werden sehen, dass Sie im Verlauf der nächsten Wochen und Monate Ihren Prozess vielleicht anpassen werden, aber für den ersten Moment bleibt erst einmal alles, wie es bisher war.

- **»Verfolge inkrementelle, evolutionäre Veränderung!«**

  Sie starten zwar mit Ihrem aktuellen Prozess, allerdings legen Sie sich mit der Einführung von Kanban gemeinsam mit Ihrem Team darauf fest, dass Sie zukünftig Ihre Arbeitsweise auf den Prüfstand stellen möchten und grundsätzlich für Veränderungen offen sind. Dieser Punkt ist entscheidend dafür, ob Sie Kanban erfolgreich einführen können oder nicht.

- **»Respektiere gegenwärtige Prozesse, Rollen, Verantwortlichkeiten und Ansprüche!«**

  Bei Scrum beispielsweise werden fest definierte neue Rollen eingeführt, in die Sie und Ihr Team sich einfinden müssen. Da Veränderungen aber grundsätzlich erst einmal schwerfallen, geht Kanban hier anders vor. Unabhängig davon, welche Rollen es bei Ihnen im Unternehmen gibt und wer für welche Bereiche verantwortlich ist, behalten Sie diesen Status quo erst einmal bei. Sie werden vielleicht im Laufe der Zeit Veränderungen vornehmen, aber das wird mehr oder weniger ganz von allein geschehen. Sie und Ihre Kollegen brauchen keine Angst zu haben, dass mit der Einführung von Kanban alle bisherigen Regelungen obsolet werden.

- **»Fördere Leadership auf allen Ebenen in der Organisation – vom einzelnen Mitarbeitenden bis zur Geschäftsleitung!«**

  Auch wenn es in jedem Unternehmen eine mehr oder weniger ausgeprägte Hierarchie gibt, lädt Kanban zur *Selbstorganisation* ein. Im Grunde genommen kann ein Team mit einem funktionierenden Kanban-System eigenständig und ohne eine Führungskraft agieren, weil es über die Zeit gelernt hat, wie es seinen Arbeitsfluss sinnvoll gestalten kann und mit hohem Arbeitsaufkommen umgehen muss. Durch diese Selbstorganisation wird aber auch automatisch gefördert, dass jeder Einzelne, unabhängig von seiner hierarchischen Position im Unternehmen, für das Gesamtergebnis Verantwortung übernimmt. Die Führungsebene sollte das Team dabei unterstützen, indem es ihm die nötigen Freiräume verschafft und die erzielten Ergebnisse wertschätzt.

Von besonderer Bedeutung ist bei diesen Prinzipien der Gedanke, dass vorläufig am Bestehenden nichts geändert werden muss. Zwar versteht sich Kanban als eine evolutionäre Form des *Change Managements*, aber die Veränderungen ergeben sich nach und nach aus der konkreten Anwendung des Kanban-Prinzips.

Die folgenden sechs Praktiken nach Anderson entfalten ihre Wirkung vor allem bei der Umsetzung Ihrer ersten Schritte mit Kanban:

- **Visualisierung**: Häufig werden die einzelnen Prozessschritte der Wertschöpfungskette mit einem Whiteboard sichtbar gemacht. Dieses wird mit Post-its zu einem Kanban-Board gestaltet, auf dem die Spalten die einzelnen Stationen darstellen. (Darauf komme ich weiter unten noch zurück.) Auf den Haftnotizzetteln oder Karten stehen die einzelnen Aufgaben, die im Laufe des Prozesses, d. h. während ihrer Bearbeitung durch 1 – n Stationen, auf dem Kanban-Board von links nach rechts wandern.
- **Begrenzung**: Um einen gleichmäßigen Arbeitsfluss zu gewährleisten, wird die Anzahl der Aufgaben, die zur selben Zeit an einer Station bearbeitet werden dürfen, begrenzt. (Die Aufgaben werden auch als *Tickets* bezeichnet, und man spricht von *Work in Progress* (WiP)). Wenn eine Station gerade an drei Tickets arbeitet und auch auf drei Tickets limitiert wurde, darf sie kein weiteres Ticket annehmen, auch wenn die zuarbeitende Station eines liefern könnte. Dieses Vorgehen wird *Pull-Prinzip* genannt: Jede Station holt ihre Arbeit bei der Vorgängerstation ab, anstatt

fertige Arbeit einfach an die nächste Station weiterzureichen. So hat jede Station auch die Chance, ihre Aufgaben abzuarbeiten. Bei den Stationen kann es sich um Prozessschritte im Allgemeinen oder auch um Mitglieder Ihres Teams handeln, die aufgrund ihrer Spezialisierung immer einen ganz bestimmten Prozessschritt betreuen.

- **Steuerung**: Im gesamten Kanban-Prozess werden einzelne Bereiche wie Warteschlangen, Zykluszeit und Durchsatz überprüft. So können Sie feststellen, an welchen Stellen die Arbeit gut organisiert ist und wo eventuell Verbesserungen notwendig sind. So können Sie besser planen und auch Zusagen besser einhalten.
- **Verdeutlichung**: Um zu gewährleisten, dass sämtliche Beteiligten von denselben Annahmen und Gesetzmäßigkeiten ausgehen, müssen Regeln festgelegt werden. Dazu gehören beispielsweise:
  - Begriffsdefinitionen für Ihren individuellen Wertschöpfungsprozess
  - die Bedeutung der jeweiligen Spalte und eine Festlegung, wann alle Bedingungen für eine Aufgabe erfüllt sind, um in die nächste Spalte zu wechseln
  - Klärung, von wem und unter welchen Bedingungen das nächste Ticket aus der Warteliste gezogen werden darf
- **Feedback**: Kanban ist ein flexibles Modell, daher werden beständig Feedbacks eingeholt und Überprüfungen durchgeführt. Das Ziel beim Einsatz von Kanban ist es, zu erkennen, wo es im Prozess zu Engpässen kommt. Dafür sollten Sie ein Feedback-System einführen. Anhand dieser Feedbacks kann jede Station erkennen, wo gerade Probleme auftreten und wo vielleicht Unterstützung notwendig ist.
- **Verbesserung**: Wie im vorherigen Punkt erläutert, sind Feedbacks ein wichtiger Bestandteil von Kanban. Die eingeführten Feedback-Mechanismen führen zu Verbesserungen, indem zum Beispiel die Regeln für bestimmte Prozessschritte geändert oder auch neue Prozessschritte eingeführt werden.

Sie sehen, dass es bei der Kanban-Methode im Grunde genommen keine festen Anweisungen gibt, wie Sie Ihre Aufgaben im Team bearbeiten sollen. Ihnen wird mit der Methode vielmehr ein Rahmen gegeben, um Ihre Individualität auszuleben und einen kontinuierlichen Verbesserungsprozess einzuführen, an dem sich jeder aus dem Team beteiligen kann.

Wie sieht ein Kanban-Board aus?

Kanban funktioniert recht simpel in Form eines Boards. Das Kanban-Board wird in der Grundversion in drei Spalten unterteilt, in denen jeweils Haftnotizen oder Karteikarten mit der jeweiligen Aufgabe platziert werden. Die Status sind erst einmal dieselben wie bei Scrum, weswegen oft Parallelen zwischen diesen beiden Methoden gezogen werden:

- **To do**: Hier werden zunächst alle zu bearbeitenden Aufgaben erfasst. Dieser Status ähnelt dem der klassischen To-do-Liste.
- **Do**: Sobald erste Arbeiten ausgeführt werden und die Umsetzung begonnen hat, wandert die jeweilige Karte in diesen Bereich.
- **Done**: Hierhin gelangt eine Karte erst dann, wenn die auf ihr stehende Aufgabe wirklich vollständig abgearbeitet wurde.

Das sieht ziemlich leicht aus und ist es auch. Die Einfachheit macht diese Methode aber nicht weniger wirkungsvoll, sondern sorgt dafür, dass sie sich gut in Ihren Arbeitsalltag integrieren lässt.

Passen Sie das Kanban-Board an Ihren Prozess an

Im Gegensatz zu Scrum, das als festes Regelwerk verstanden werden kann, gibt Kanban Ihnen lediglich die passenden Werkzeuge an die Hand, um Sie bei der kontinuierlichen Verbesserung Ihrer Wertschöpfungskette zu unterstützen.

Sehen Sie daher das Board mit den Spalten »To do«, »Do« und »Done« als einen ersten Vorschlag an. Sie können zum Beispiel die mittlere Spalte um diverse Analyse- oder Zwischenschritte erweitern (siehe Abbildung 1.9). Die Karten wiederum – die für die von Ihnen und Ihrem Team bearbeiteten Aufgaben stehen – lassen sich mit Anmerkungen versehen, sodass der gesamte Prozess sowie einzelne Zwischenstände für alle Teammitglieder transparenter werden.

Abbildung 1.9 Beispiel für ein angepasstes Kanban-Board

Überdies können Sie, wie in Abbildung 1.9 dargestellt, einzelnen Teammitgliedern unterschiedliche Post-it-Farben oder Zeilen zuweisen und so bei einem gemeinsamen Projekt relativ schnell am Kanban-Board Folgendes erkennen:

- Wer bearbeitet gerade welche Aufgabe?
- Wo stehen wir aktuell?
- Wer benötigt gerade Hilfe?
- Wer hat Zeit, zu helfen?

Für die Wirksamkeit dieser Methode, die zum *Lean-Management* zählt (weiterführende Informationen finden Sie unter *www.gruenderszene.de/lexikon/begriffe/lean-management*), gibt es eine simple Erklärung: Prozesse können auf einen Blick erfasst werden. Das liegt daran, dass unser Gehirn Bilder wesentlich schneller verarbeiten kann als textuelle Informationen.

Ein weiterer Vorteil besteht darin, dass durch die schnell erfassbare visuelle Darstellung zeitraubende Meetings überflüssig werden. Das Kanban-Board sorgt für Transparenz und zeigt alle relevanten Informationen über den aktuellen Status, denn es ist für alle Mitarbeitenden – und je nach Gestaltung auch für den Kunden – auf einen Blick sichtbar, was an welcher Stelle passiert.

Zusätzlich hilft das Kanban-Board dabei, die Dauer von Prozessen einzuschätzen, sodass Sie bei neuen Aufgaben auch Prognosen für den Liefertermin abgeben können. Bis Sie aber eine durchschnittliche Durchlaufzeit der Prozesse ermitteln können, brauchen Sie genau wie bei Scrum Erfahrungswerte aus den vorangegangenen Wochen. Das heißt, die Nutzung des Kanban-Boards muss sich erst einspielen.

Kontinuierliche Verbesserung: Entwickeln Sie Ihr Board weiter

Wie bei jeder Veränderung müssen Sie sich auch bei der Einführung eines Kanban-Boards erst an die neue Arbeitsweise gewöhnen. Mit der Zeit werden Sie aber feststellen, dass diese Methode die Kommunikation innerhalb Ihres Teams fördert und insgesamt die Bereitschaft zur Veränderung bei allen Teammitgliedern verbessert. Mit wachsender Erfahrung funktioniert die Umsetzung der Methodik immer besser. Sie sollten im Rahmen einer Feedback-Schleife in regelmäßigen Zeitabständen zusammen im Team überlegen, ob der Prozess – so wie er ist – optimal läuft oder ob Sie Änderungsbedarf sehen. So kann sich beispielsweise herausstellen, dass auf den Karten zusätzliche Informationen festgehalten werden müssen oder dass es immer wieder Verzögerungen in einem Prozessschritt gibt, weil in den vorangegangenen Schritten z. B. etwas ausgelassen wurde.

Der Gestaltung und Veränderung Ihres Prozesses sind keine Grenzen gesetzt, wichtig ist jedoch, dass die Impulse aus dem Team selbst kommen. Schließlich sind es diese Menschen, die hauptsächlich mit dem Kanban-Board arbeiten und daher am besten wissen, wie es noch effizienter werden kann.

Vor- und Nachteile von Kanban

Kanban eignet sich vor allem für kleine und mittelgroße Teams. Sie profitieren von den folgenden Vorteilen:

- Durch die Visualisierung des Arbeitsflusses können Sie über Ticket-Häufungen Probleme schnell erkennen.
- Kanban lässt sich mit anderen Methoden kombinieren, zum Beispiel mit Scrum.
- Durch die Beschränkung auf eine Obergrenze an Tickets werden Stauungen vermieden und die Prozesse bleiben überschaubar.
- Ist das Kanban-Board in Büroräumlichkeiten angebracht, bietet es eine Grundlage für den regelmäßigen Austausch des Teams.
- Die Zusammenarbeit im Team wird langfristig gefördert.
- Gleichzeitig regt Kanban zum selbstständigen Arbeiten an, da jeder die eingeplanten Aufgaben sieht und sich eine Aufgabe »ziehen« kann.

Der Einsatz eines physischen Kanban-Boards ist nur für Teams mit fester Präsenz möglich. Bei räumlich getrennten Teams müssen Sie auf digitale Lösungen zurückgreifen. Das ist zwar kein grundsätzlicher Nachteil, muss aber bei der Einführung von Kanban mit berücksichtigt werden und ist damit auch für die Tool-Auswahl bei der Einführung eines modernen Arbeitsplatzes relevant.

Auswirkungen von Kanban, die als Nachteil empfunden werden können, sind:

- Da Kanban Schwachstellen aufdeckt, können Ängste bei Ihrem Team aufkommen, dass seine Leistungen damit bewertet werden und die Teammitglieder in ein schlechtes Licht gerückt werden könnten. Das kann zur Ablehnung der Methode führen.
- Bei großen Teams oder vielen bzw. großen Projekten kann die Übersichtlichkeit leiden.

Für diese Punkte lassen sich – wie ich aus eigener Erfahrung weiß – verschiedenste Lösungen finden. Voraussetzung dafür ist, dass Sie in Ihrem Team vertrauensvoll miteinander umgehen und Probleme oder Ängste offen ansprechen und gemeinsam nach Lösungen suchen können. Wenn Sie diesen Umgang mit Ihrem Team pflegen, können Sie durch die Anwendung dieser Methode neben der reinen Aufgabenverwaltung auch Ihr Team selbst stets weiterentwickeln.

Wie führe ich Kanban am besten in meinem Unternehmen ein, um die Zusammenarbeit in den verschiedenen Teams zu verbessern?

Ich empfehle Ihnen, mit einem kleinen, überschaubaren Team zu beginnen, das grundsätzlich offen für Veränderungen ist. Wenn Sie in diesem Team Kanban erfolgreich eingeführt haben, können Sie den nächsten Schritt gehen und das System auf einen größeren Personenkreis oder – je nach Unternehmensgröße – auf das gesamte Unternehmen ausweiten. Grundsätzlich ist Kanban skalierbar, aber dabei stehen Sie neuen Herausforderungen gegenüber, bei denen Sie die Unterstützung derjenigen Mitarbeitenden benötigen, die bereits durch eigene Erfahrung von Kanban in Ihrem Unternehmen überzeugt sind.

Wenn Sie mit einem Team beginnen, sollten Sie einen sogenannten *STATIK-Workshop* durchführen. STATIK steht dabei für »Systems Thinking Approach to Implementing Kanban« und soll der Gestaltung Ihres individuellen Kanban-Prozesses dienen. Dabei werden folgende Themen behandelt:

- Die Quellen der Unzufriedenheit innerhalb Ihres Teams, aber auch gegebenenfalls bei Ihren Kunden und Auftraggebern, werden analysiert.
- Damit einhergehend betrachten Sie die Arten von Aufgaben, die an Sie als Team gestellt werden, und über welche Fähigkeiten Sie verfügen. Hier stellt sich schnell heraus, ob Sie überhaupt alle Aufgaben, die an Ihr Team herangetragen werden, leisten können. Außerdem erkennen Sie, ob es Aufgaben(-teile) gibt, die eventuell nur von einer bestimmten Person erledigt werden können.
- Darauf aufbauend gestalten Sie Ihren Wertschöpfungsprozess und legen fest, ob er sich für bestimmte Arten von Aufgaben anders darstellt als für das Standardgeschäft. Hierbei definieren Sie auch, welche Ansprüche hinsichtlich der Lieferzeiten und Zusagen Sie für die verschiedenen Arten von Aufgaben berücksichtigen möchten bzw. müssen.
- Anschließend erstellen Sie Ihr Kanban-Board und prüfen, ob die besprochenen Regeln damit eingehalten werden können.

Ich empfehle Ihnen, diesen Workshop in regelmäßigen Abständen zu wiederholen und so Ihr Kanban-System kontinuierlich auf den Prüfstand zu stellen (zum Beispiel jedes Quartal).

1.5.4 Prozesse unterstützen

Die Implementierung von eindeutigen Prozessen im Unternehmen dient der Sicherstellung von reibungslosen Abläufen, einer gesicherten Qualität der Liefererergebnisse und einer Kosten- und Wertschöpfungseffizienz.

Entsprechend dem in der Wissenschaft gängigen *St. Galler Management-Modell* unterteilt man diese Prozesse in folgende drei Gruppen:

- **Managementprozesse**: Diese Kategorie umfasst sämtliche Managementaufgaben zur Gestaltung, Lenkung und Entwicklung des Unternehmens.
- **Geschäftsprozesse**: In diesen Bereich fallen alle marktbezogenen Tätigkeiten. Hierzu gehören alle Prozesse, die am Kundennutzen ausgerichtet sind. Sie dienen

beispielsweise der Leistungserstellung, der Leistungsinnovation sowie zur Erreichung der Kaufentscheidung des Kunden.

- **Unterstützungsprozesse**: In diesen Bereich fallen sämtliche Prozesse, die als eine Art interne Dienstleistung verstanden werden können und (vor allem) die Geschäftsprozesse unterstützen. Hierzu gehören beispielsweise die Themen Informations- und Kommunikationsmanagement, die bereitgestellte Infrastruktur oder auch das Personalmanagement.

Meistens werden die verschiedenen Prozesse bereits durch IT-Lösungen im Unternehmen unterstützt. So werden Sie wahrscheinlich für Ihr Personalauswahlverfahren, das wir in Abschnitt 1.4 als ein Beispiel angesprochen haben, bereits ein System nutzen. Ähnlich wird es für die übrigen Prozesse ebenfalls Lösungen geben, die sich bei Ihnen etabliert haben.

Die große Frage dabei ist, wie viele verschiedene Systeme Sie in Ihrem Arbeitsalltag aufrufen müssen und wie weit der Weg bis zur jeweils gewünschten Information bzw. auszulösenden Handlung ist.

Eine andere Frage lautet: Welche Kosten entstehen Ihnen durch den Einsatz unterschiedlichster Tools, und können Sie im Rahmen der Einführung eines modernen Arbeitsplatzes Kosten einsparen – vorausgesetzt, diese Plattform ermöglicht Ihnen eine Unterstützung dieser Prozesse?

Sollten Sie eine Plattform zur Unterstützung Ihres Alltagsgeschäfts einführen und damit auch den Großteil der unternehmensinternen Prozesse unterstützen können, wäre es für Sie und Ihre Kollegen eine Erleichterung. Endlich gäbe es eine zentrale Anlaufstelle, um zum Beispiel sowohl Ihre Aufgaben zu bearbeiten als auch den Urlaubsantrag für nächste Woche zu stellen! Prozesse, die (zunächst) nicht über die Plattform abgebildet werden, können trotzdem über sie verlinkt und somit schneller aufgerufen werden.

1.6 Allgemeine Einflussfaktoren hinsichtlich der Zusammenarbeit

Nachdem Sie im vorangegangenen Abschnitt verschiedene Bereiche der Zusammenarbeit (unter anderem Bearbeitung von Dokumenten, Informationsaustausch und gemeinsame Verwaltung von Aufgaben) kennengelernt haben, die von einem *modernen Arbeitsplatz* unterstützt werden sollen, betrachten wir nun die Einflussfaktoren, die Sie bei der Tool-Auswahl berücksichtigen müssen.

Entscheidend für die erfolgreiche Einführung eines *Modern Workplace* ist vor allem eine *Unternehmenskultur*, die auf Vertrauen und Zusammenarbeit auf Augenhöhe basiert. Ein Auszubildender soll zum Beispiel keine Angst haben müssen, einen Beitrag einer Führungskraft zu bewerten oder einen Kommentar abzugeben. Wenn die

Bedienung von Komponenten zum *Wissensmanagement* (beispielsweise ein Wiki, ein Forum oder eine *Expertensuche*) auch noch einfach ist und dem einzelnen Mitarbeitenden direkt einen Mehrwert verschafft, dann ist der wichtigste Schritt für die Einführung sozialer Komponenten im Unternehmen getan. Darüber hinaus gibt es weitere Aspekte, die Sie berücksichtigen sollten und die wir uns im weiteren Verlauf dieses Abschnitts genauer anschauen werden.

1.6.1 Teamkonstellationen und Teamgrößen

Heutzutage finden wir uns in unterschiedlichen Teamkonstellationen mit unterschiedlichen Rollen wieder. In einem Team sind Sie vielleicht die Führungskraft, die letzten Endes Entscheidungen fällen muss, aber ihre Mitarbeitenden weitestgehend in die Entscheidungsfindung mit einbinden möchte. In einem anderen Team sind Sie dagegen ein Projektteammitglied, das sich wünscht, alle für die Erledigung seiner Aufgaben nötigen Informationen sowie Anerkennung für die geleistete Arbeit zu erhalten. Und in einem weiteren Team sind Sie ein externer Teilnehmer, der keinen Zugriff auf die internen Informationen des Teams hat und nur mühsam an die für ihn relevanten Informationen kommt, weil seine einzige Ansprechperson nicht immer umgehend reagiert.

Dies ist nur eine Auswahl an denkbaren Teamkonstellationen. Jede Konstellation bringt ihre ganz eigenen Implikationen mit sich. Ein moderner Arbeitsplatz zur Unterstützung der Zusammenarbeit muss flexibel genug sein, um an diese Anforderungen angepasst werden zu können, die sich über die Zeit auch verändern.

Einen weiteren Einflussfaktor stellt auch die Größe des jeweiligen Teams dar. Während kleine Teams die Vorteile eines digitalen Tools in der Regel nicht direkt erkennen können, weil der Informationsaustausch zwischen den einzelnen Mitgliedern ohne größere Reibungsverluste funktioniert, profitieren vor allem größere oder sich schnell verändernde Teams von einer Tool-Unterstützung. In der Wissenschaft wird nach folgenden Teamgrößen unterschieden (siehe auch unter *https://teamworks-gmbh.de/optimaleteamgroesse*):

- **Duo/Tandem**: Hierbei handelt es sich um die optimale Größe eines Leitungsteams, wobei manchmal auch Trios vorkommen. Wenn die einzelnen Mitglieder möglichst unterschiedlich sind, können sie sich optimal ergänzen.
- **Arbeitsteams**: Die Zahl 7 entspricht der Merkfähigkeit des menschlichen Gehirns und wird nach dem Psychologen George Miller auch als die *Magical Seven* bezeichnet. Kleine Teams von 5 bis 9 Personen bilden die optimale Teamgröße für die tägliche Arbeit. Eine ungerade Anzahl der Teammitglieder erleichtert außerdem die Entscheidungsfindung, wenn Entscheidungen nicht durch die Führungskraft, sondern als Konsens im gesamten Team getroffen werden sollen.

- **Kollaborationsteams**: Teams mittlerer Größe von bis zu 15 Mitgliedern können noch eng zusammenarbeiten und familiäre Strukturen leben, sollten jedoch für eine möglichst effektive Zusammenarbeit im Arbeitsalltag in kleinere Arbeitsteams aufgeteilt werden.
- **Große Teams**: Nach dem Anthropologen Robin Dunbar liegt die nächstgrößere Einheit für ein Team bzw. ein Netzwerk bei bis zu 150 Personen. Dabei ist es für Sie noch möglich, alle Mitglieder persönlich zu kennen und eine soziale Beziehung aufzubauen. Im Rahmen der alltäglichen Arbeit sehen Sie sich jedoch einer Reihe von Herausforderungen gegenüber.

Ich gehe nun auf die einzelnen Teamgrößen genauer ein, wobei wir das Duo gemeinsam mit den Arbeitsteams betrachten werden.

Kleine Teams bis zu 9 Personen

Bei kleineren Teams arbeiten im Optimalfall alle Teammitglieder in einem physischen oder digitalen Raum und können sich direkt untereinander austauschen. Durch den gemeinsamen Raum bekommen auch die nicht direkt am Gespräch beteiligten Teammitglieder mit, was besprochen wurde. Falls ein Teammitglied einmal nicht verfügbar ist, kann dann gewöhnlich ein Kollege einspringen, weil er über ein ausreichendes Wissen im Hinblick auf die zu erledigende Aufgabe verfügt.

Es ist zwar auch hier bereits sinnvoll, die besprochenen Inhalte schriftlich zu fixieren, es ist aber nicht zwingend erforderlich. Abhängig von den verfügbaren Räumlichkeiten, der Möglichkeit für Homeoffice oder der Verteilung auf mehrere Standorte kann sich das Team in mehrere Räume aufteilen müssen und bildet somit eventuell schon kleinere Subteams innerhalb des eigentlichen Teams. Bereits in diesem Fall ist eine gemeinsame Plattform zum Informationsaustausch unter Umständen sinnvoll. Hier kann ein Tool helfen, das eine zentrale Ablage von Informationen anbietet, wie beispielsweise ein Wiki und eine Dokumentenablage. In Microsoft 365 wären das *Teams* und *SharePoint*.

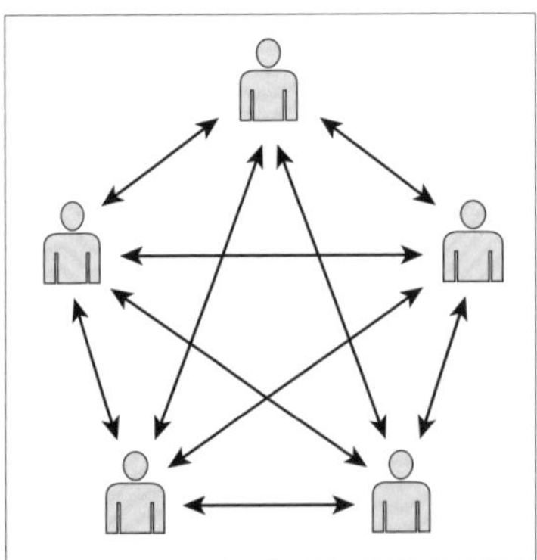

Abbildung 1.10 In kleinen Teams kann die Kommunikation direkt untereinander erfolgen.

Mittlere Teams bis zu 15 Personen

Wenn ein Team die magische Größe von 7 plus/minus 2 überschreitet, sprechen wir von einem Team mittlerer Größe. In einem solchen Team ist es nur schwer möglich, die Kommunikationswege wie bei einem kleinen Team zu nutzen und gleichzeitig zu erwarten, dass alle Teammitglieder über die Vorgänge bzw. Aufgaben der jeweils anderen Mitglieder im Bilde sind.

Meistens wird über regelmäßige Besprechungen versucht, den Informationsaustausch zwischen den Mitgliedern zu ermöglichen. Allerdings ist es für jeden einzelnen Mitarbeitenden äußerst schwer und anstrengend, in dieser komprimierten Zeitspanne einer Besprechung nicht nur darzustellen, was einen selbst gerade beschäftigt, sondern auch all die Informationen der Kollegen aufzunehmen.

Auch wenn die Teammitglieder nach einer solchen Besprechung den Raum mit einem guten Gefühl verlassen und glauben, nun über die aktuellen Herausforderungen und Tätigkeiten des Teams Bescheid zu wissen, hält dieser Zustand meist nur kurze Zeit an. Dann fällt ihnen auf, dass ihnen entweder gewisse Informationen bereits wieder entfallen sind oder dass sie ihnen in dem Meeting gar nicht mitgeteilt wurden.

Auch die Erstellung eines Besprechungsprotokolls führt nicht immer zu einem Mehrwert. Der Protokollant wird in der Regel eine Information nie so genau formulieren können wie der Mitarbeitende, der die Information mit Ihnen und Ihren Kollegen geteilt hat. Warum sollte also nicht er oder sie selbst diese Information schriftlich fixieren? Und bräuchte es dann noch ein Team-Meeting, wenn jeder seine Informationen schriftlich mit dem Team teilte? Oder könnte man Teammeetings generell anders gestalten, weil der bisherige Hauptzweck anders erfüllt werden könnte? Diese Fragen lassen sich mit Blick auf einen modernen Arbeitsplatz ganz anders beantworten als mit den heute im Arbeitsalltag vielleicht eingesetzten Lösungen.

Zusätzlich zu einer zentralen Dokumentenablage und einem Wiki sollte ein Tool auch eine gemeinsame Aufgabenverwaltung sowie eine Unterstützung bei der Planung und Durchführung von Besprechungen anbieten. In Microsoft 365 stellt *Teams* in Kombination mit *SharePoint* und *Planner* diese Funktionen bereit.

Große Teams

Wenn der einzelne Mitarbeitende in einem Teammeeting gar nicht mehr oder nur noch mit Mühe zu Wort kommen kann, spreche ich von einem großen Team.

Um jedem Teammitglied die passenden Informationen zugänglich zu machen und ihm eine Stimme im Team zu geben, teilen sich große Teams meistens in kleinere Teams auf. Die Aufteilung erfolgt dabei beispielsweise nach einem gemeinsamen Aufgabengebiet oder auch nach Sympathie. Diese kleinen Teams können wieder direkte Kommunikationswege nutzen und sind damit schneller in ihrer Entscheidungsfindung. Damit das große Team als Ganzes aber gut funktioniert, muss auch eine Kommunikation zwischen den kleineren Teams gewährleistet werden.

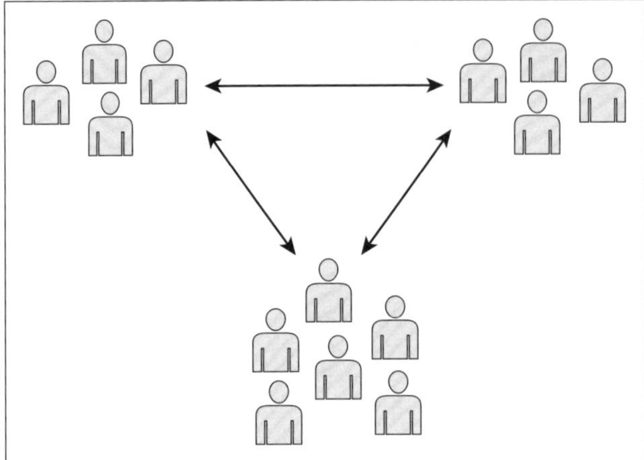

Abbildung 1.11 Große Teams teilen sich meist auf natürliche Weise in kleinere Teams auf, die über Vertreter der Teams Informationen untereinander austauschen.

Auch wenn einzelne Mitarbeitende direkt miteinander Informationen austauschen, so finden sich doch meistens in jedem kleinen Team ein oder zwei Vertreter, die durch den Austausch untereinander das Gesamtziel des großen Teams vorantreiben.

Durch den Einsatz verschiedener Tools kann allerdings auch ohne Benennung eines Vertreters ein Austausch im gesamten Team erfolgen. In Microsoft 365 kann zum Beispiel *Teams* sowohl für die kleinen Teams als auch vom großen Team genutzt werden. Eine Alternative wäre der Einsatz von *Viva Engage* oder die sogenannten *freigegebenen Kanäle* in einem Teamraum für den Austausch innerhalb des großen Teams in Kombination mit *Teams* für die kleinen Teams.

Ein Tool zur Unterstützung

Unabhängig davon, wie Ihre Teams aufgebaut sind, sollten Sie sich Gedanken über Ihre Kommunikationsstrategie machen. Ein Tool kann bei der Umsetzung einer solchen Strategie helfen, aber niemals eine Strategie ersetzen. Daher ist es für Sie elementar, erst einmal festzustellen, welche Anforderungen Sie und Ihre Mitarbeitenden an eine erfolgreiche Zusammenarbeit haben, und dann die Prozesse hierfür festzulegen. Erst danach ist die Auswahl einer geeigneten Plattform sinnvoll.

1.6.2 Teamzusammensetzung (verteilte Teams)

Die Teamzusammensetzung sollten Sie bei der Ausgestaltung Ihrer Kommunikationsstrategie als einen weiteren wichtigen Faktor berücksichtigen. Ich kenne es aus persönlicher Erfahrung, dass es für das Teamgefühl und die Identifikation des Teams besonders wichtig ist, dass jeder Einzelne in die täglichen Aufgaben mit eingebunden wird und einen Überblick darüber hat, welche Herausforderungen das Team gerade bewältigen muss. Die genaue Definition, was ein geografisch verteiltes Team ausmacht, ist dabei zweitrangig und stellt lediglich eine Veränderung des Komplexitätsgrades dar:

- **Mehrere Gebäude am selben Standort**: Gerade in größeren Unternehmen treffe ich häufiger auf Teams, die zwar organisatorisch demselben Standort zugeordnet werden, sich aber entweder in unterschiedlichen Gebäuden oder in recht weit voneinander entfernten Büros bzw. zum Teil im Homeoffice aufhalten. Eine Zusammenarbeit im selben Raum findet in der Regel aus unterschiedlichen Gründen nicht statt.
- **Verschiedene Standorte in einem Land**: Die räumliche Distanz wird bei mehreren Standorten innerhalb eines Landes zwar unter Umständen nicht als besonders groß wahrgenommen, allerdings sind Besuche an einem anderen Standort eher die Ausnahme. Bei solchen Besuchen werden in der Praxis gerne Teambesprechungen angesetzt, weil bestimmte Themen nur in Anwesenheit sämtlicher Teammitglieder erörtert werden sollen. Für eine gemeinsame Bearbeitung von Aufgaben bleibt dadurch meistens nur wenig Zeit.
- **Weltweit verteilte Teams**: Dieses Szenario stellt eine besondere Herausforderung dar. Neben der räumlichen Distanz sind hier auch unterschiedliche Zeitzonen zu berücksichtigen. Eine asynchrone Kommunikationsstrategie ist für diese Art von Teams zwingend erforderlich.

Alle diese Teams verbindet eine gemeinschaftliche Herausforderung: Sie benötigen die passenden Kommunikationsmittel, um gemeinsam an Aufgaben zu arbeiten und sich untereinander abzustimmen.

Welches Tool kann mir bei diesen Herausforderungen helfen?
Mit *Teams* können Sie sich via Chat-Funktion austauschen, gemeinsam E-Mails und Dokumente in *SharePoint* bearbeiten und bei Bedarf Videokonferenzen durchführen.

1.6.3 Unternehmensrichtlinien

Compliance ist für Unternehmen schon lange zu einem wichtigen Thema geworden und sollte bei der Tool-Auswahl für Ihren modernen Arbeitsplatz mitberücksichtigt werden.

Immer häufiger stellt sich durch Untersuchungen im Rahmen verschiedener Studien heraus, dass Mitarbeitende intern aufgestellte Regeln und Regelwerke eventuell gar nicht kennen oder nicht wissen, dass ein solches Regelwerk existiert. Dabei ist Compliance eine Pflicht für Ihr Unternehmen, um insbesondere strafrechtliche Verstöße, Bußgelder und Schadensersatzansprüche vermeiden zu können.

Compliance-Regeln im Unternehmen

Der Begriff *Compliance* bedeutet im engeren Sinne die Einhaltung von Gesetz und Recht durch das Unternehmen und seine Mitarbeitenden. Dieser Prozess kann durch festgelegte Regeln vereinfacht werden.

Wenn Sie ein Compliance-System in Ihrem Unternehmen etablieren bzw. etabliert haben, besteht dieses aus zwei Bereichen:

- gesetzliche Regelungen
- Unternehmensregeln

Im Bereich der Unternehmensregeln können Sie Normen und Vorgehensweisen definieren, die von den Mitarbeitenden Ihres Unternehmens eingehalten werden müssen. Zu diesen Regeln können auch vorgeschriebene Verhaltensmaßnahmen gehören, um beispielsweise die Voraussetzungen für bestimmte Zertifizierungen zu erhalten bzw. zu behalten.

Compliance-Vorschriften und relevante Informationen

Compliance-Vorschriften oder das Compliance-System sollen dazu dienen,

- durch präventive Maßnahmen Regelverstöße zu verhindern,
- erfolgte Regelverstöße schnell zu identifizieren,
- Verstöße im Unternehmen zu kommunizieren und
- ein angemessenes Reaktionsinstrument zu schaffen, zum Beispiel Ermahnungen, Abmahnungen oder auch Kündigung des betreffenden Mitarbeitenden.

Compliance-relevante Informationen sollten sowohl durch den Compliance-Beauftragten als auch über interne Systeme wie Ihr *Social Intranet* im Unternehmen zur Verfügung gestellt werden.

Ein Beispiel aus dem Arbeitsalltag

Vielleicht kennen auch Sie diese Situation: Ein Geschäftspartner möchte Ihnen mit einem kleinen Präsent für Ihre Bemühungen danken. Doch die Annahme eines solchen Präsents kann unter Umständen gravierende Folgen nach sich ziehen. Hier stellt sich für viele die Frage: Wann handelt es sich um eine harmlose Aufmerksamkeit und wann verhalte ich mich durch die Annahme eines Präsents pflichtwidrig? Setze ich mich mit der Annahme eines solchen Präsents dem Verdacht der Bestechlichkeit aus? Mache ich mich durch die Annahme strafbar?

Um solche Fragen schon im Vorfeld klären zu können, empfiehlt es sich, Verhaltensrichtlinien aufzustellen und Regeln festzulegen. Im vorgegebenen Beispiel würde es sich anbieten, dass in dem Arbeitsvertrag oder in einer Betriebsvereinbarung festgelegt wird, wie Sie sich in solchen Situationen verhalten sollen. Außerdem kann eine Wertgrenze für die Annahme von Geschenken festgelegt werden.

Die Einführung einer derartigen Regel kann die Verantwortlichen vor einer Haftung schützen, aber auch für Sicherheit bei Ihnen und Ihren Kollegen sorgen, da Sie durch die feste Regelung wissen, wie Sie mit einer solchen Situation umgehen müssen.

Inhalt einer Compliance-Richtlinie

Das Inhaltsverzeichnis einer Compliance-Richtlinie sollte über die gesetzlichen Vorgaben hinaus mindestens folgende Themen beinhalten, um die Mitarbeitenden im Unternehmen auf Situationen vorzubereiten, mit denen sie im Arbeitsalltag konfrontiert werden könnten:

- Einladungen, Geschenke und andere persönliche Vorteile
- Verhalten gegenüber Wettbewerbern
- Gleichbehandlung
- Konsequenzen bei Verstößen
- allgemeine Verhaltensanforderungen

Eine allgemeine Vorgabe für jedes Unternehmen lässt sich jedoch nicht erstellen. Sie müssen in Ihrem Unternehmen die individuellen branchen- und unternehmensspezifischen Risikobereiche analysieren und auswerten. Dabei kommt es in erster Linie auf die Kenntnis des eigenen Unternehmens, seiner Abläufe und seiner Geschäftsstruktur an.

Einführung einer Compliance-Richtlinie

Die Erstellung und Einführung einer Compliance-Richtlinie erfolgt üblicherweise durch die Unternehmensführung. In erster Linie sollten die Führungskräfte eine Vorbildfunktion darstellen und die eingeführten Regeln »vorleben«. Es ist außerdem darauf zu achten, dass alle Mitarbeitenden umfangreiche Kenntnis über die neuen Regeln erhalten, z. B. durch Schulungs- oder Kommunikationsmaßnahmen.

Ein Compliance-Verstoß kann nämlich strafrechtliche Folgen haben und für die Verantwortlichen zu Freiheitsstrafen führen. Aber auch die Anzahl der Fälle von Bußgeldern wegen Wettbewerbsverstößen steigt stetig an. Neben hohen Bußgeldern könnte Ihrem Unternehmen bei einem Compliance-Verstoß auch ein Schadensersatzprozess drohen. Die Implementierung eines Compliance-Systems ist somit keine Option, sondern Pflicht.

Beispiele für wichtige Aspekte im Bereich Compliance

- Ein Compliance-Verstoß kann strafrechtlich verfolgt werden.
- Alle im Unternehmen – ohne Ausnahme – müssen die bestehenden Compliance-Vorgaben einhalten.
- Auf Daten und relevante Dokumente muss jederzeit zugegriffen werden können. Deshalb muss die Compliance-Ablage systematisch organisiert sein.
- International agierende Unternehmen müssen sich um eventuell benötigte Genehmigungen im Ausland kümmern.

Compliance als Teil der Unternehmenskultur

Compliance ist mehr als die Einhaltung vorgegebener Regeln. Sie sollte vielmehr in Ihre Unternehmenskultur integriert und fester Bestandteil in Ihren geschäftlichen Abläufen sein. Eine besondere Verantwortung kommt dabei den Führungskräften zu, die über die nötige soziale und moralische Kompetenz verfügen müssen, um ihre Mitarbeitenden zur Einhaltung der Regeln zu motivieren. Vor allem müssen sie die rechtlichen und moralischen Regeln vorleben und den Sinn und Zweck der jeweiligen Regelung erläutern können.

Abbildung von Unternehmensrichtlinien in einem modernen Arbeitsplatz

Bei der Konzeption eines modernen Arbeitsplatzes ist neben der Unterstützung der Zusammenarbeit und der Geschäftsprozesse auch wichtig, dass die im Unternehmen geltenden Richtlinien durch die eingesetzten Tools unterstützt werden können.

Dabei sollten die Richtlinien für jeden Mitarbeitenden schnell und einfach einsehbar und im besten Fall für möglichst viele Geschäfts- und Unterstützungsprozesse mindestens durch einen Warnmechanismus umgesetzt sein. So können Sie und Ihre Kollegen sich auf Ihre Kernaufgaben konzentrieren und sich darauf verlassen, dass Sie bei Verstößen gegen die Compliance-Richtlinien vom System darauf aufmerksam gemacht werden.

Der Fokus dieses Buches im Bereich Compliance

Dieses Buch kann Ihnen keine umfassende und auf Ihr Unternehmen zugeschnittene Compliance-Empfehlung geben oder eine Rechtsberatung ersetzen. Der Fokus dieses Buches liegt vielmehr auf den in Microsoft 365 angebotenen Funktionen in diesem Bereich. In Kapitel 9, »Verwalten und Sichern von Informationen«, gehe ich explizit auf diese Möglichkeiten ein.

1.6.4 Informationssicherheit

Unter dem Begriff *Informationssicherheit* versteht man die Vertraulichkeit, Integrität und Verfügbarkeit von Informationen. Dabei können Informationen in unterschiedlichen Formen vorliegen. Im Hinblick auf einen modernen Arbeitsplatz betrachten wir die digitale Form von Informationen. Mit Maßnahmen zur Informationssicherheit wird das Ziel verfolgt, diese Informationen vor Gefahren und Bedrohungen zu schützen und dadurch wirtschaftliche Schäden unterschiedlicher Art von Ihrem Unternehmen abzuwenden.

Vertraulichkeit von Informationen

Der Begriff der *Vertraulichkeit* beschreibt den Umstand, dass Sie genau festlegen und einsehen können, welche Personen Zugriff auf bestimmte Informationen erhalten sollen und ob sie diese Informationen nur lesen, verarbeiten oder auch verändern dürfen. Ein Tool sollte Ihnen die Möglichkeit bieten, unterschiedliche Berechtigungen zu vergeben und sich schnell einen Überblick über die Zugriffsrechte einer Person zu verschaffen.

Eine besondere Rolle kommt hierbei den Administratoren und Betreibern der Plattform zu. Können Sie bei den ausgewählten Tools beispielsweise bestimmen, dass ein Administrator zwar zentrale Einstellungen der Plattform verändern kann, aber nicht auf die auf der Plattform abgelegten Dokumente zugreifen darf? In vielen Fällen können Administratoren oder die Betreiber einer Plattform technisch betrachtet auf die Informationen zugreifen. Hierbei wird in der Regel über Verträge geklärt, wie trotzdem die Vertraulichkeit gewährleistet werden kann.

Integrität von Informationen

Bei der gemeinsamen Verwaltung von Informationen ist es wichtig, dass Veränderungen dieser Informationen nachvollziehbar sind und dass heimliche Änderungen an ihnen verhindert werden. Hierbei kann zum Beispiel eine Versionshistorie helfen, über die Sie genau sehen können, wer wann welche Veränderungen vorgenommen hat. Ihre Anforderungen an diese Nachvollziehbarkeit können die Tool-Auswahl erheblich beeinflussen. So können Sie Änderungen innerhalb eines Dokuments beispielsweise in *Word* sehr granular einsehen, während *SharePoint* Ihnen im Vergleich dazu den Zugriff auf eine bestimmte Version ohne direkten Vergleich mit einer anderen Version anbietet.

Verfügbarkeit von Informationen

Einen weiteren Einflussfaktor stellt Ihr Bedürfnis hinsichtlich der Verfügbarkeit der Informationen dar, die Sie und Ihre Kollegen verwalten. In der Regel sollen Systemausfälle und Datenverlust verhindert werden. Muss die Plattform nach einem Ausfall erneut bereitgestellt werden, muss sie der zugesicherten Art und Weise entsprechen. Für gewöhnlich werden seitens des Betriebs hierfür Wiederherstellungszeiten und maximale Ausfallzeiten definiert.

Wie beeinflussen die vorgestellten Faktoren Ihre Tool-Auswahl?

Die hier vorgestellten Einflussfaktoren können Sie noch um weitere Faktoren ergänzen, die speziell auf Ihr Unternehmen und Ihr Geschäftsmodell zugeschnitten sind. Diese Faktoren sollten Sie bei der Evaluierung und späteren Auswahl einer Plattform bzw. einzelner Tools oder Apps berücksichtigen. Legen Sie fest, welche Priorität die einzelnen Faktoren für Sie haben, und prüfen Sie bei technischen Lösungen, ob unter Berücksichtigung der Rahmenbedingungen, die mit den Einflussfaktoren einhergehen, ein Mehrwert für Sie bzw. die entsprechende Zielgruppe erreicht wird.

1.7 Der Einfluss künstlicher Intelligenz auf den modernen Arbeitsplatz

In der heutigen, schnelllebigen Geschäftswelt spielt die künstliche Intelligenz (KI) eine zunehmend wichtige Rolle. KI existiert zwar schon recht lange und wird beispielsweise seit Jahren in Bereichen wie der Bilderkennung genutzt, aber mit *ChatGPT* ist künstliche Intelligenz nun im Bewusstsein vieler Menschen angekommen und Mainstream-tauglich geworden. Technologien wie *Microsoft Copilot* und *ChatGPT* von *OpenAI* sind nun dabei, den modernen Arbeitsplatz grundlegend zu verändern. Diese KI-gesteuerten Systeme verbessern die Effizienz, unterstützen die Entscheidungsfindung und fördern innovative Ansätze in verschiedenen Arbeitsbereichen.

1.7.1 Die Rolle von künstlicher Intelligenz in der Geschäftswelt

KI-Technologien, insbesondere Microsoft Copilot und *Conversational AI*, werden in vielen Geschäftsbereichen eingesetzt. Sie reichen von der Datenanalyse bis hin zum Kundenmanagement und sind aufgrund ihrer Fähigkeit, große Datenmengen zu verarbeiten und komplexe Probleme zu lösen, von unschätzbarem Wert. KI-Systeme ermöglichen es Unternehmen, schneller und effektiver zu arbeiten, indem sie Routineaufgaben automatisieren und menschliche Fehler reduzieren.

1.7.2 ChatGPT: Ein vielseitiger KI-Assistent

ChatGPT, entwickelt von OpenAI, ist ein weiteres Beispiel für den Einfluss von künstlicher Intelligenz auf unseren Alltag. Diese fortschrittliche KI kann natürliche Sprache verstehen und generieren, wodurch sie in der Lage ist, mit Benutzern in einer natürlichen und intuitiven Weise zu interagieren. Haben Sie vielleicht auch wie viele andere von uns ChatGPT ausprobiert? Ich erinnere mich noch an meine ersten »Unterhaltungen« mit dem Chatbot, der mir bei so mancher Recherche geholfen hat und mich beim Brainstorming für diese Auflage unterstützt hat.

Die Erfahrungen, die wir alle mit ChatGPT gesammelt haben, haben unsere Erwartungen an eine Mensch-Maschine-Kommunikation wahrscheinlich dauerhaft verändert. Kaum etwas erinnert noch an das steife Verhalten früherer Chatbots. Die Einsatzgebiete dieser neuen Generation von Assistenten finden wir in der Kundenkommunikation, beim Verfassen von Texten und sogar bei der Programmierung. Durch ihre Fähigkeit, komplexe Anfragen zu bearbeiten, dienen sie zukünftig als wertvolle Werkzeuge für verschiedene berufliche Anforderungen.

1.7.3 Microsoft Copilot im Geschäftsumfeld

Microsoft Copilot baut auf den Mechanismen von ChatGPT auf und ist im November 2023 veröffentlicht worden. Copilot unterstützt auf der Basis von künstlicher Intelligenz eine Vielzahl von Geschäftsprozessen und wird sich nahtlos in jedes Microsoft-Produkt integrieren. Dieser persönliche Assistent hilft bei der Automatisierung von Aufgaben in Microsoft 365, einschließlich *Teams*, *Word*, *Excel* und *Outlook*. Copilot kann beispielsweise dabei helfen, E-Mails zu verfassen, Meetings effizienter zu gestalten und Dokumente zu analysieren. Dies führt zu einer erheblichen Zeitersparnis und erhöht die Produktivität.

1.7.4 KI-gestützte Effizienzsteigerung

Einer der wichtigsten Vorteile von KI-Technologien am Arbeitsplatz ist die Steigerung der Effizienz. Automatisierte Systeme wie Copilot können repetitive und zeitaufwendige Aufgaben übernehmen, sodass sich Mitarbeitende auf komplexere und wertschöpfendere Aktivitäten konzentrieren können. Dies führt nicht nur zu einer schnelleren Aufgabenerledigung, sondern darüber hinaus auch zu einer höheren Arbeitszufriedenheit.

1.7.5 Was sollten Sie berücksichtigen?

Wenn Sie KI in Ihren Arbeitsplatz integrieren möchten, sollten Sie auch Themen wie den Datenschutz und die Notwendigkeit berücksichtigen, Mitarbeitende in der Nutzung dieser Technologien zu schulen. Unternehmen sollten sicherstellen, dass ihre KI-Systeme ethischen Richtlinien entsprechen und die Privatsphäre der Nutzenden respektieren.

KI-Technologien wie Microsoft Copilot revolutionieren den modernen Arbeitsplatz. Sie bieten nicht nur Effizienzsteigerungen und Zeitersparnis für die einzelnen Mitarbeitenden, sondern eröffnen auch neue Wege für Innovation und Kreativität. Die erfolgreiche Integration dieser Technologien erfordert jedoch ein sorgfältiges Management und ein Verständnis für die sich ständig weiterentwickelnden KI-Fähigkeiten sowie eine Änderungsbereitschaft seitens der Mitarbeitenden. Denn nur dann, wenn Sie Ihren persönlichen Assistenten sinnvoll nutzen und ihm die nötigen Informationsquellen zur Verfügung stellen, kann er Sie von lästigen Routineaufgaben entlasten und Sie mit den erforderlichen Informationen versorgen.

In diesem Buch werde ich auf die verschiedenen Möglichkeiten von künstlicher Intelligenz an einem modernen Arbeitsplatz mit Microsoft 365 eingehen und dabei auch Hinweise auf Lizenzen geben, die gegebenenfalls zusätzlich erforderlich sind. An dieser Stelle möchte ich nämlich schon einmal erwähnen, dass die meisten KI-Funktionen im Microsoft-Umfeld mit zusätzlichen Kosten verbunden sind. So ist für den Microsoft 365 Copilot beispielsweise eine zusätzliche Lizenz für jeden einzelnen Nutzenden erforderlich, während KI-Funktionen für die automatische Extraktion von Daten aus Dokumenten Kosten auf Basis der Anzahl der verarbeiteten Dokumente verursachen. Doch bevor ich auf die KI-Funktionen näher eingehe, starten wir zunächst mit einem Überblick über die Dienste und Apps in Microsoft 365. Anschließend gehe ich auf die wichtigsten Anwendungsfälle im Bereich der Zusammenarbeit ein. Hier wird *Microsoft Teams* den zentralen Dreh- und Angelpunkt darstellen und in Kombination mit anderen Lösungen als eine Basisversion des modernen Arbeitsplatzes fungieren.

Was nehmen Sie aus diesem Kapitel mit?

Sie haben in diesem Kapitel einen Einblick in Anforderungen an moderne Teamarbeit erhalten und die Zusammenhänge zwischen Teamwork, Collaboration und Digitalisierung kennengelernt. Nachdem ich diese Themen in den Themenkomplex des modernen Arbeitsplatzes eingeordnet habe, bin ich auf wichtige Anwendungsbereiche aus der Praxis eingegangen, in denen die Zusammenarbeit innerhalb eines Modern Workplace durch technische Lösungen unterstützt werden kann. Anschließend ging es um mögliche Einflussfaktoren, die Sie bei der Gestaltung des modernen Arbeitsplatzes sowie bei der zu treffenden Tool-Auswahl berücksichtigen sollten. Abschließend bin ich noch auf den gerade sehr präsenten Einflussfaktor künstliche Intelligenz eingegangen, der die aktuelle Arbeitswelt momentan stark verändert.

Im nächsten Kapitel können Sie die hier gewonnenen Informationen nutzen, um die in Microsoft 365 angebotenen technischen Lösungen für Ihr Unternehmen zu bewerten. Doch zunächst stelle ich Ihnen erst einmal die verschiedenen Dienste und Apps genauer vor.

Kapitel 2

Wie finde ich durch den Tool-Dschungel in Microsoft 365?

»Sie sehen den Wald vor lauter Bäumen nicht?«
– Redewendung

Viele Menschen verbinden mit Microsoft 365 zunächst nur die altbekannten Büroanwendungen Word, Excel und PowerPoint sowie gegebenenfalls noch Outlook für die E-Mail-Kommunikation, Termine oder persönliche Aufgaben. Diese Anwendungen sind bereits seit Jahrzehnten in Unternehmen im Einsatz und haben sich im Alltag etabliert. Früher war es normal, dass alle paar Jahre eine neue Version von Microsoft veröffentlicht wurde, die dann neu gekauft und auf den Rechnern der Mitarbeitenden installiert bzw. gegen die Vorgängerversion ausgetauscht werden musste.

Dies ist im Zeitalter der Cloud selbstverständlich nicht mehr der Fall. Heutzutage erscheint es vollkommen normal, dass auch die Office-Produkte in Form eines Abonnements lizenziert werden und somit eine stetige automatische Aktualisierung auf den Rechnern der Mitarbeitenden erfolgt. Zusätzlich erhöht diese Vorgehensweise auch die Flexibilität, um nicht mehr genutzte Lizenzen auch wieder abzugeben und so Kosten einzusparen.

Doch mit dem Abonnement stehen Ihnen bei Microsoft 365 nicht nur die erwarteten Büroanwendungen, sondern eine große Auswahl an weiteren Diensten und Anwendungen zur Verfügung.

In Abbildung 2.1 sehen Sie die mit Microsoft 365 für Sie verfügbaren Dienste, wobei diese große Auswahl eine Herausforderung für Sie darstellen kann. Wofür können oder sollten Sie beispielsweise *Planner* einsetzen und was hat es mit *Viva Insights* auf sich? Auf diese Fragen gehe ich in diesem Kapitel anhand alltäglicher Einsatzszenarien ein und erkläre Ihnen somit an konkreten Beispielen, wie Sie die jeweiligen Dienste sinnvoll einsetzen können.

Wir schauen uns nun zunächst *Microsoft Teams* an, das häufig als *Mitarbeiter-App* bezeichnet wird und als die zentrale Anwendung in einem Microsoft-basierten modernen Arbeitsplatz genutzt werden kann. Sie werden sehen, dass sich nahezu alle Dienste und Apps in Microsoft 365 in *Teams* integrieren und somit nahtlos über dieses Tool nutzen lassen. In diesem Zuge werde ich Ihnen neben *Viva Connections* auch *Loop* vorstellen und auf die möglichen Einsatzszenarien verweisen.

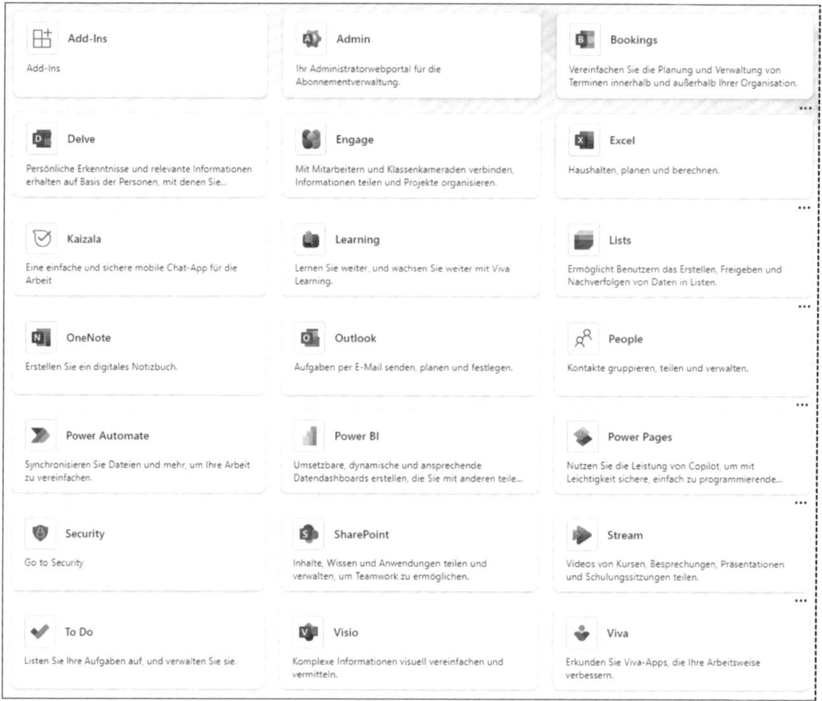

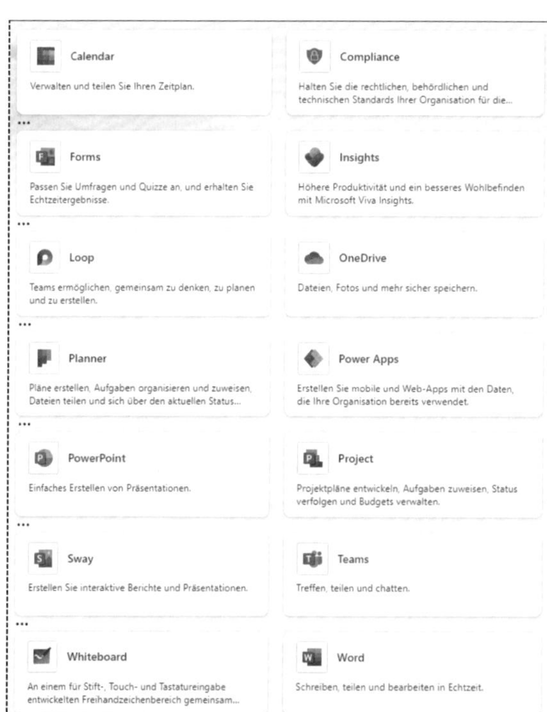

Abbildung 2.1 Übersicht über die verfügbaren Dienste und Apps in Microsoft 365

Anschließend gehe ich auf Themen wie beispielsweise das Aufgabenmanagement mit *Planner* und *Microsoft Listen*, das Informations- und Wissensmanagement mit *Microsoft Viva* und die Verwaltung bzw. gemeinsame Bearbeitung von Dokumenten mit *SharePoint* und *OneDrive* ein. Aber wir werden auch die Möglichkeiten zur Unterstützung von Geschäftsprozessen mit der *Power Platform* oder *Dynamics 365* näher betrachten, und auch die Nutzung persönlicher Assistenten wie *Copilot* darf bei der Vorstellung der Tools nicht fehlen.

Ein besonderes Augenmerk lege ich noch auf die verschiedenen Cloud-Varianten von Microsoft, bevor ich Ihnen abschließend eine Checkliste für die Tool-Auswahl an die Hand gebe. So können Sie die Tool-Landschaft für Ihren modernen Arbeitsplatz definieren und gegebenenfalls sogar die Einführung in Form einer Roadmap zeitlich planen. Auf die Vorgehensweise dazu gehe ich im Detail in Abschnitt 11.5, »Roadmap entwerfen und kontinuierlich aktualisieren«, ein.

2.1 Microsoft Teams als Ihre persönliche Mitarbeiter-App

Microsoft Teams ist mehr als nur der Nachfolger der Instant-Messaging-Lösung *Skype for Business* bzw. *Lync*. Diese Anwendung hat sich nicht zuletzt während der Pandemie weit über eine reine Chat-Lösung hinaus entwickelt und dient als zentrale Anwendung für Kommunikation, Zusammenarbeit und sogar für die Integration weiterer Microsoft-365-Tools. Teams bietet eine Vielzahl von Funktionen, die speziell darauf ausgerichtet sind, die Effizienz und Produktivität von Teams in verschiedenen Arbeitsumgebungen zu verbessern.

2.1.1 Chat und Kommunikation

Teams ermöglicht es Ihnen, sowohl in Gruppen als auch in privaten Chats zu kommunizieren. Sie können über die Software Dateien teilen, Videokonferenzen abhalten und Audioanrufe tätigen.

Über den Menüpunkt CHAT in der linken Navigation können Sie den in Abbildung 2.2 dargestellten Chat-Bereich aufrufen. Hier können Sie sowohl einen 1:1-Chat mit einer Person führen als auch Gruppenchats starten bzw. an Gruppenchats teilnehmen. Innerhalb eines Chats können Sie neben einer gewohnten Textnachricht (inklusive verschiedenster Formatierungsmöglichkeiten) sowohl Dateien mit Ihren Gesprächsteilnehmern teilen als auch eine interaktive Kommunikation über eine *Loop*-Komponente führen (siehe Abschnitt 2.1.5) oder einen Videoclip mit *Clipchamp* aufzeichnen. Das ist gerade in Situationen hilfreich, in denen ein Sachverhalt schwer als reine Textnachricht vermittelt werden kann.

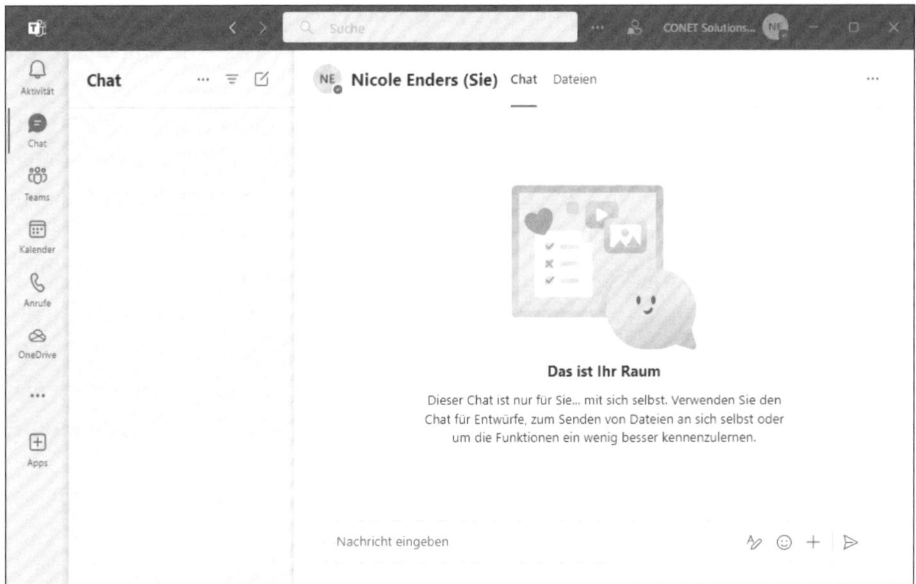

Abbildung 2.2 Chat-Bereich in Microsoft Teams

Neben dem Chat-Bereich steht Ihnen über den Menüpunkt ANRUFE auch ein Bereich zur Verfügung, um Anrufe zu starten. Sie haben hierüber Zugriff auf einen Verlauf mit Ihren bisherigen Anrufen, ein firmeninternes Telefonbuch und Ihre persönliche Kurzwahlliste. Hier können Sie Personen hinterlegen, mit denen Sie häufig telefonieren.

Falls Sie *Teams* auch für die externe Telefonie einsetzen, können Sie diesen Bereich wie Ihr persönliches Telefon betrachten. Sie sehen hier verpasste Anrufe, können zurückrufen oder auch von hieraus externe Telefonnummern anrufen, die vielleicht noch gar nicht in Ihrem firmeninternen Telefonbuch zu finden sind.

Falls Sie einmal nicht erreichbar sein sollten, können die entsprechenden Personen Ihnen auch eine Nachricht hinterlassen, die Ihnen als Voicemail zur Verfügung gestellt wird. Sie erhalten in einem solchen Fall auch eine Benachrichtigung in Teams über den verpassten Anruf und die hinterlassene Nachricht. So können Sie Teams wie ein bisher vielleicht gewohntes externes Telefon betrachten.

Wie Sie Abbildung 2.3 entnehmen können, besteht sogar die Möglichkeit, Anrufe weiterzuleiten, wenn Sie einen Anruf entgegengenommen haben, aber vielleicht nicht die richtige Ansprechperson sind. Außerdem können mit Teams auch sogenannte *Warteschlangen* (auch bekannt als *Queues*) eingerichtet werden. Das ist Ihnen wahrscheinlich aus dem Alltag bekannt, wenn Sie beispielsweise bei Ihrem Telefonanbieter oder Ihrer Werkstatt anrufen und auf die Durchstellung zu einem Mitarbeitenden warten. Im beruflichen Alltag kann diese Möglichkeit für Gruppen interessant sein, die gemeinsam eine Dienstleistung anbieten und sich somit die Anrufe untereinander aufteilen möchten.

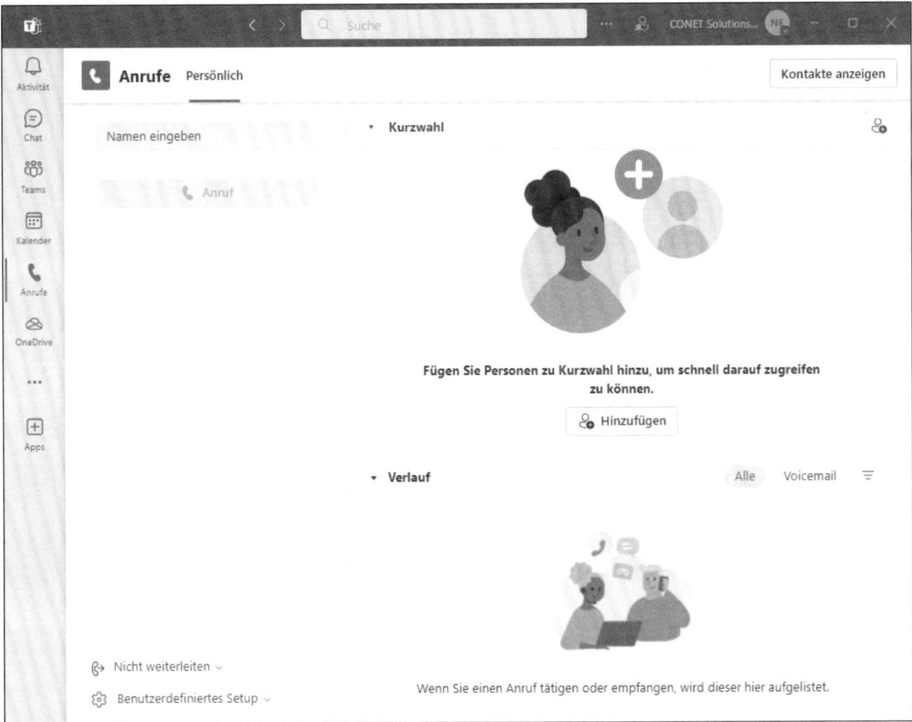

Abbildung 2.3 Anrufe können über Microsoft Teams gestartet, angenommen oder auch weitergeleitet werden.

Mit diesen Funktionen ist die generelle Kommunikation sowohl intern als auch extern über die Mitarbeiter-App sichergestellt, sodass wir uns nun ein paar weitere Möglichkeiten anschauen werden.

2.1.2 Teamwork und Dateifreigabe

Zur Unterstützung der Zusammenarbeit können Sie in *Teams* neben einem Gruppenchat auch Teamräume nutzen. *Teamräume* sind im Vergleich zu Gruppenchats in der Regel auf eine mittel- bis langfristige Zusammenarbeit ausgerichtet, und so mancher Gruppenchat entwickelt sich irgendwann zu einem Teamraum weiter.

Ein Vorteil eines Teamraums ist beispielsweise die Option, diesen mithilfe sogenannter *Kanäle* zu strukturieren, sodass Informationen schneller gefunden und zielgerichteter geteilt werden können. In Abbildung 2.4 sehen Sie einen exemplarischen

Teamraum, der den Austausch rund um Microsoft-basierte Lösungen ermöglicht. Typische Einsatzszenarien für Teamräume sind Organisationseinheiten, Projekte sowie Arbeitsgruppen oder Themen. Immer dann, wenn Menschen ein gemeinsames Ziel verfolgen und einen Ort für den Informationsaustausch sowie eine zentrale Übersicht über Aufgaben und Dokumente benötigen, kann ein Teamraum die perfekte digitale Unterstützung darstellen.

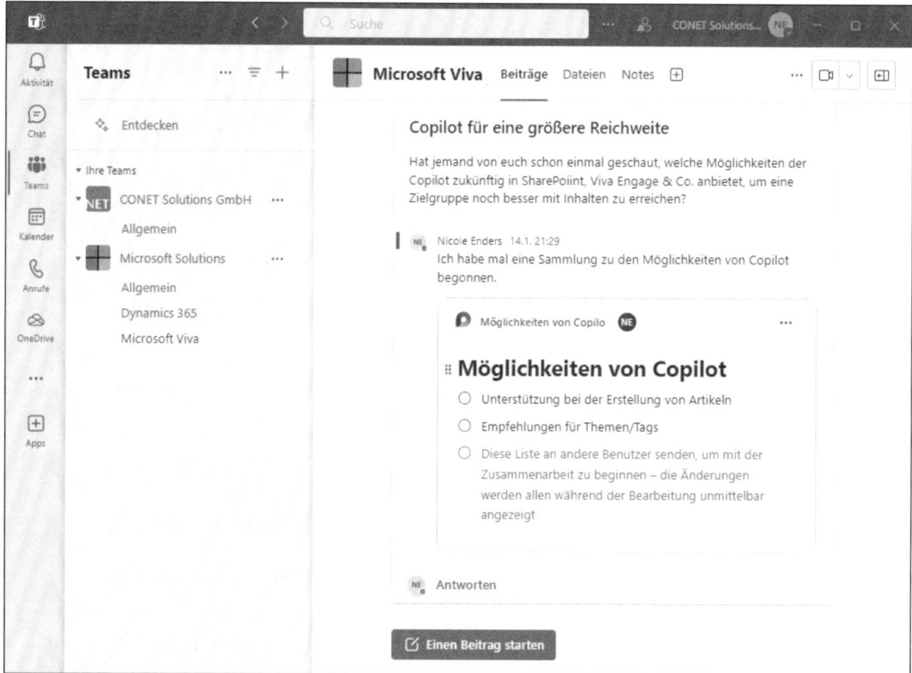

Abbildung 2.4 Teamarbeitsräume können die Zusammenarbeit unterstützen und eine digitale zentrale Anlaufstelle darstellen.

Neben dem bereits bekannten Chat steht Ihnen und den weiteren Teammitgliedern auch eine zentrale Dateiablage zur Verfügung. Sie können dort Dateien in Echtzeit gemeinsam bearbeiten und speichern. *Teams* unterstützt die Integration mit weiteren Microsoft-365-Diensten, wodurch Sie, wie in Abbildung 2.5 dargestellt, Word-, Excel- und PowerPoint-Dateien direkt von hier aus erstellen oder vorhandene Dateien hochladen können.

Wenn Sie eine Datei über den Menüpunkt NEU anlegen, wird standardmäßig erst einmal ein leeres Dokument angelegt. Sie können aber auch eigene Vorlagen hinterlegen, die für den Teamraum benötigt werden. Das können beispielsweise Vorlagen für einen Projektstatusbericht oder ein Konzept sein.

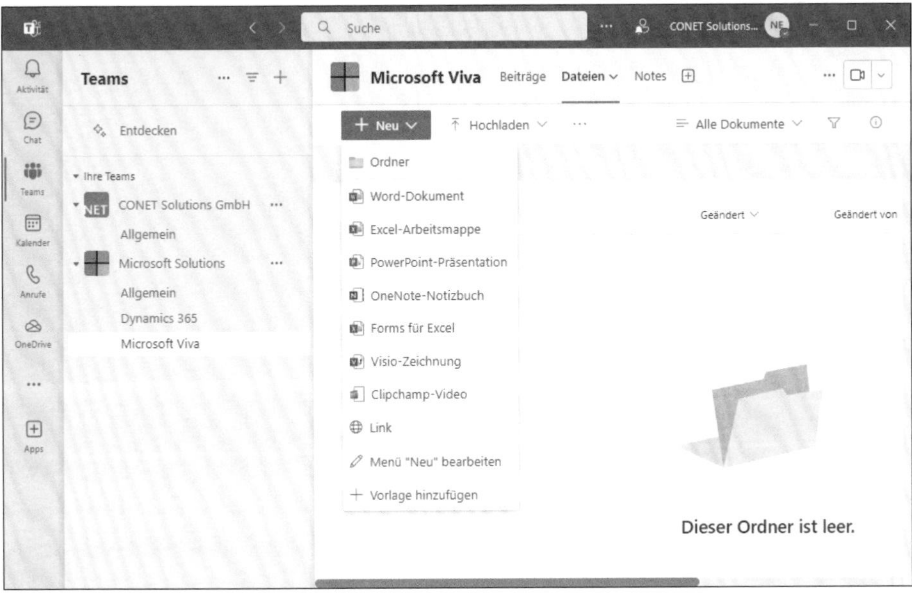

Abbildung 2.5 Jeder Teamraum hat eine zentrale Dateiablage für das Team.

Eine zentrale Dateiablage ist wichtig!

Im vorherigen Abschnitt habe ich Ihnen vorgestellt, dass auch in einem Chat die Möglichkeit besteht, eine Datei mit den Gesprächsteilnehmenden zu teilen. Dabei handelt es sich allerdings nicht um eine zentrale Dateiablage; vielmehr wird Ihr *OneDrive* und somit Ihre persönliche Dateiablage an dieser Stelle genutzt.

In dem Moment, in dem Sie in einem Chat eine Datei von Ihrem System auswählen, wird diese Datei in Ihrem OneDrive hochgeladen und anschließend mit den Mitgliedern des Chats geteilt. Genauso verhält es sich, wenn andere im Chat eine Datei teilen. Falls später einmal alle Dateien zu einem bestimmten Chat benötigt werden, müssen sie aus den verschiedenen persönlichen Dateiablagen gesammelt werden. Bei einem Teamraum haben Sie von Anfang an eine zentrale Dateiablage, da zu einem Teamraum automatisch eine SharePoint-Website im Hintergrund angelegt und eine Dokumentbibliothek für die Dateiablage verwendet wird.

Mit der Zeit können Sie in recht vielen Teamräumen und Chats aktiv sein. In einem Fall erinnern Sie sich vielleicht noch daran, dass Sie beispielsweise eine ganz bestimmte PowerPoint-Präsentation bearbeitet haben, aber Sie wissen nicht mehr genau, ob die Präsentation in einem bestimmten Teamraum zu finden ist oder von jemandem während einer Besprechung geteilt wurde.

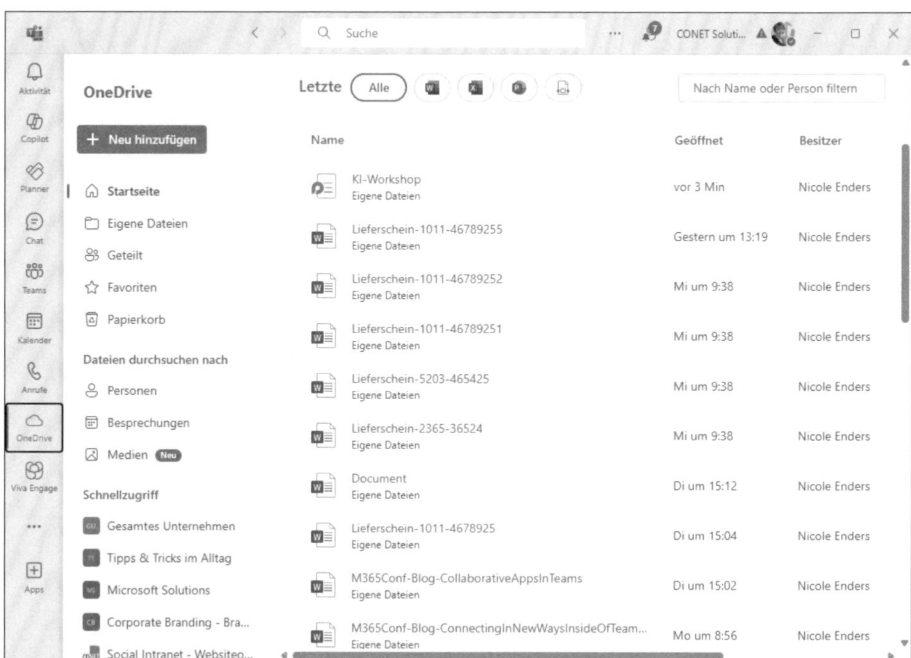

Abbildung 2.6 Über die linke Navigation finden Sie Dateien schnell und unkompliziert.

Manchmal ertappe ich mich selbst dabei, wie ich von einem Teamraum zum nächsten wechsele und zwischendurch nach bestimmten Chats suche, um das gewünschte Dokument zu finden. Dabei könnte ich es mir viel einfacher machen, indem ich den Menüpunkt ONEDRIVE in der linken Navigation auswähle.

Wenn Sie diesen Menüpunkt auswählen, werden Ihnen alle für Sie verfügbaren und zuletzt aufgerufenen Dateien angeboten. Hier können Sie unabhängig vom Speicherort der gewünschten Datei suchen und bei Bedarf nach Kriterien wie einer bestimmten Person oder einer Besprechung filtern.

2.1.3 Besprechungen und Webinare

Besprechungen gehören ebenfalls in nahezu jeden Arbeitsalltag und sollten daher von einer Mitarbeiter-App auch unterstützt werden. In Teams steht Ihnen über den Menüpunkt KALENDER daher direkt Ihr aus *Outlook* bzw. *Exchange* bekannter Terminkalender zur Verfügung (siehe Abbildung 2.7). Ihnen wird standardmäßig die aktuelle Woche angezeigt, sodass Sie sich einen Überblick über die unmittelbar anstehenden Termine verschaffen können.

Bei jedem angezeigten Termin können Sie die Details aufrufen oder im Falle einer Online-Besprechung auch von hier aus direkt an der Besprechung teilnehmen. Ein Wechsel nach Outlook ist somit nicht mehr nötig.

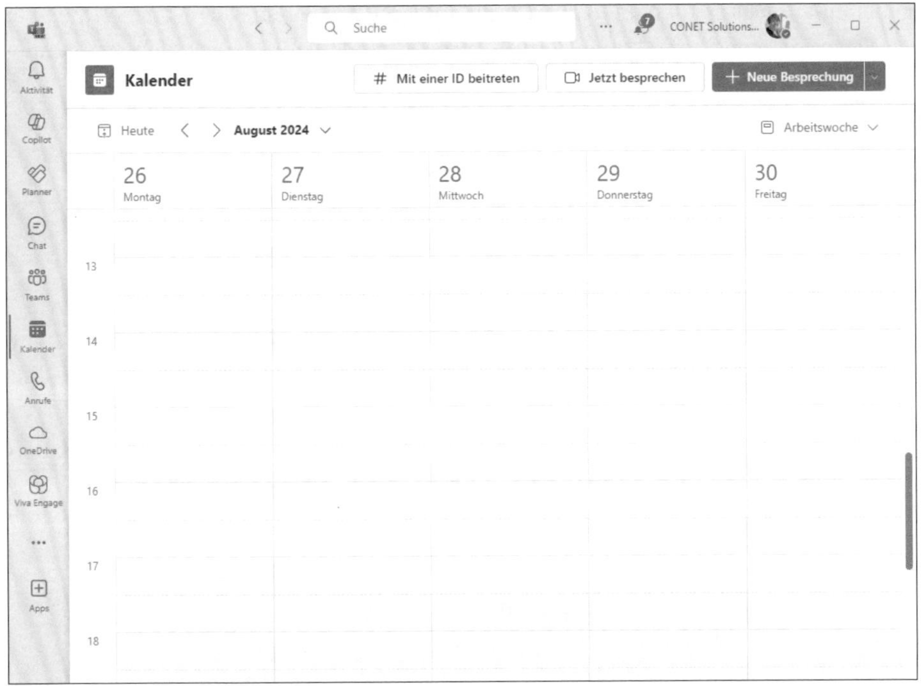

Abbildung 2.7 Ihr Terminkalender ist in der Mitarbeiter-App verfügbar.

Sie können aber auch neue Termine und Besprechungen planen. Entweder führen Sie einen Doppelklick auf dem gewünschten Tag und der gewünschten Uhrzeit aus oder Sie nutzen die Schaltfläche NEUE BESPRECHUNG und eine der in Abbildung 2.8 dargestellten Optionen:

- Webinar
- Versammlung
- Virtueller Termin
- Besprechung mit kontrollierten Inhalten

Auf die Unterschiede der verschiedenen Optionen gehe ich in Abschnitt 5.4, »Besondere Anwendungsfälle«, im Detail ein. An dieser Stelle ist für uns vor allem interessant, dass es neben den klassischen Teams-Besprechungen, die aus dem Arbeitsalltag nicht mehr wegzudenken sind, auch die Möglichkeit gibt, große Veranstaltungen wie beispielsweise Betriebsversammlungen, externe und interne Webinare oder sonstige Informationsveranstaltungen über dieselbe App durchzuführen.

Sie können auch ad hoc eine Besprechung starten, indem Sie die Schaltfläche JETZT BESPRECHEN auswählen. Manchmal lesen Sie eine E-Mail oder hören eine Sprachnachricht ab und möchten spontan mit der entsprechenden Person sprechen und gegebenenfalls weitere Personen direkt mit einladen. In solchen Fällen können Sie über diese Option eine Besprechung starten, ohne vorab Einladungen zu versenden oder eine Uhrzeit und Dauer für die Besprechung auszuwählen.

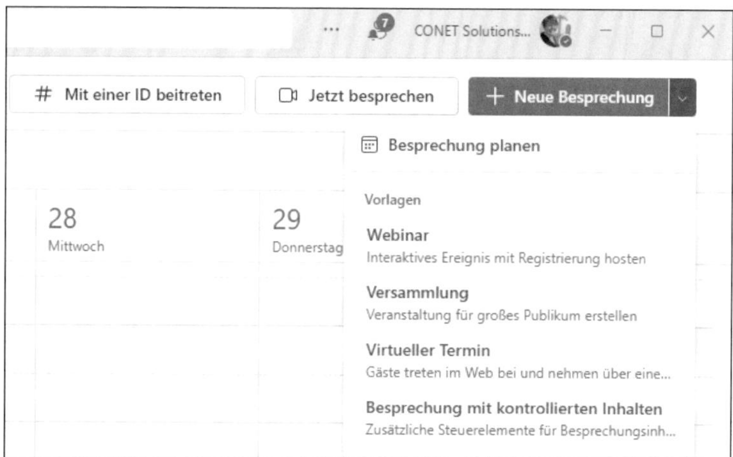

Abbildung 2.8 Neue Besprechungen planen und dabei Vorlagen für die richtige Besprechungskonfiguration nutzen

Als letzte Option möchte ich noch die Schaltfläche MIT EINER ID BEITRETEN ansprechen. Bei dieser Option geht es um Ihre Teilnahme an einem Termin. Sie wurden nicht explizit zu einem Termin eingeladen, sondern haben vom Organisierenden eine ID erhalten. Es gibt bestimmte Fälle, in den die anderen eingeladenen Personen nicht durch die Einladung selbst oder einen Blick in Ihren Kalender sehen sollen, dass Sie ebenfalls an dem Termin teilnehmen. Das kann bei externen Szenarien auf eine Datenschutzthematik zurückzuführen sein, bei internen Szenarien geht es vielleicht um den Überraschungseffekt. Vielleicht fällt Ihnen auch direkt ein gutes Einsatzszenario in Ihrem Arbeitsumfeld ein.

Unabhängig von der verwendeten Vorlage bzw. dem Besprechungstyp sind Sie und die anderen Teilnehmenden einer Besprechung vor, während und nach dem eigentlichen Termin sehr flexibel und können den virtuellen Raum Ihrer Besprechung an Ihre Bedürfnisse anpassen. Dies passiert über Apps wie beispielsweise das *Whiteboard*, das Sie in Abbildung 2.9 sehen können.

Sie können als Organisierender ein Whiteboard für eine Besprechung vorbereiten und wählen entweder eine der vielen angebotenen Vorlagen aus oder starten mit einem leeren Board und können dann neben Post-its und vielen verschiedenen Objekten auch Bilder oder Dateien hinzufügen. Mit dem vorbereiteten Whiteboard können Sie dann in die Besprechung starten und die Zeit einsparen, die sonst gewöhnlich am Anfang eines Termins verstreicht.

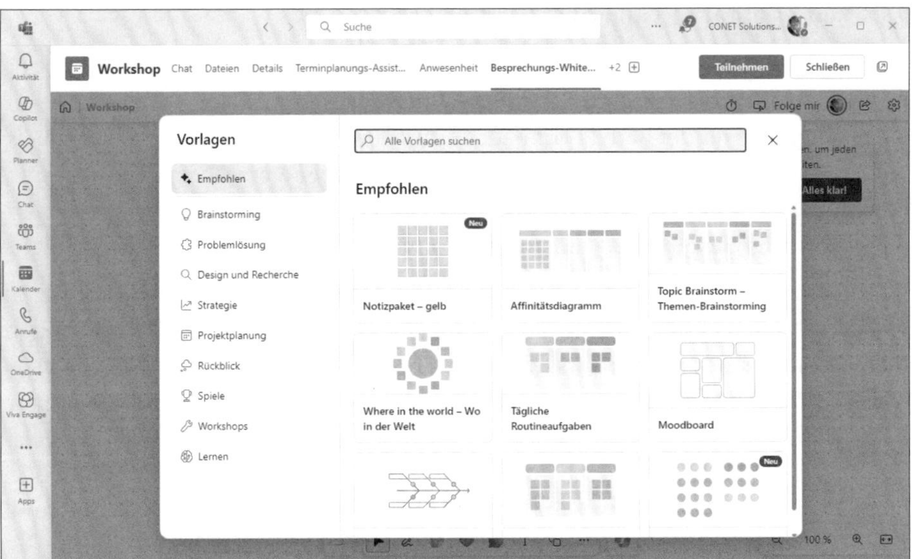

Abbildung 2.9 Nutzen Sie die Whiteboard-App zur Unterstützung während Ihrer Besprechung.

Besprechungen in Präsenz mit Microsoft-Teams-Räumen gestalten

Microsoft Teams Rooms bietet eine effiziente Lösung zur Verbesserung der Zusammenarbeit in Besprechungsräumen jeder Größe. Mit dieser Technologie können Sie sowohl physische als auch virtuelle Besprechungsteilnehmer zusammenbringen, wodurch eine nahtlose Integration von Video-, Audio- und Inhaltsfreigabe ermöglicht wird. Die Personen, die an einer Besprechung teilnehmen, profitieren dabei von HD-Video und klarem Audio, was zu einer verbesserten Kommunikationsqualität führt. Die einfache Benutzeroberfläche von Teams-Räumen unterstützt intuitive Interaktionen, wie das Starten einer Besprechung mit einem einzigen Klick oder das Teilen von Inhalten ohne umständliche Einrichtung. Zudem sind Funktionen wie die automatische Raumkalibrierung und die Gesichtserkennung integriert, um sicherzustellen, dass jede Person im Raum gut zu sehen und zu hören ist.

Administratoren können Konferenzräume verschiedener Größen mit spezialisierten Audio- und Videokonfigurationen einrichten, die optimale Leistung bieten, von kleinen Räumen bis hin zu großen Vorstandssälen. Mit der Integration in Microsoft 365 haben Sie und die anderen Teilnehmenden der Besprechung Zugriff auf gemeinsame Arbeitsbereiche, Dateien und Anwendungen, wodurch die Produktivität gesteigert wird. Sicherheits- und Verwaltungsfunktionen gewährleisten dabei, dass alle Besprechungsdaten sicher sind und die IT-Abteilung volle Kontrolle über die Konferenzraumtechnologie hat. So lassen sich auch hybride Besprechungen effektiv gestalten.

Weitere Informationen finden Sie unter *https://www.microsoft.com/de-de/microsoft-teams/microsoft-teams-rooms*.

2.1.4 Integration von Apps und Workflows

In einer Besprechung können Sie auch weitere Apps nutzen, beispielsweise *Forms*, um eine Umfrage durchzuführen oder eine Entscheidung zu fällen. Auch hier können Sie als Organisierender bereits vor dem Termin eine App hinzufügen und beispielsweise eine Umfrage vorbereiten. Häufig ergibt sich aber erst während einer Besprechung ein bestimmter Bedarf, weshalb Sie auch dann und sogar danach Apps verwenden bzw. zu der Besprechung hinzufügen können.

In Microsoft Teams steht Ihnen ein *App Store* zur Verfügung, in dem Sie alle für Sie verfügbaren Apps finden und diese zu Ihrer Arbeitsumgebung hinzufügen können. Manche Apps sind für den persönlichen Gebrauch gedacht und werden beispielsweise als Menüpunkt in der linken Navigation oder als zusätzliche Funktion innerhalb des Chat-Bereichs für Sie hinzugefügt. Andere Nutzende müssen die App für sich persönlich ebenfalls hinzufügen. Andere Apps lassen sich zu einem Teamraum oder einer Besprechung hinzufügen und stehen damit allen Mitgliedern des Teamraums bzw. allen Personen zur Verfügung, die an der Besprechung teilnehmen.

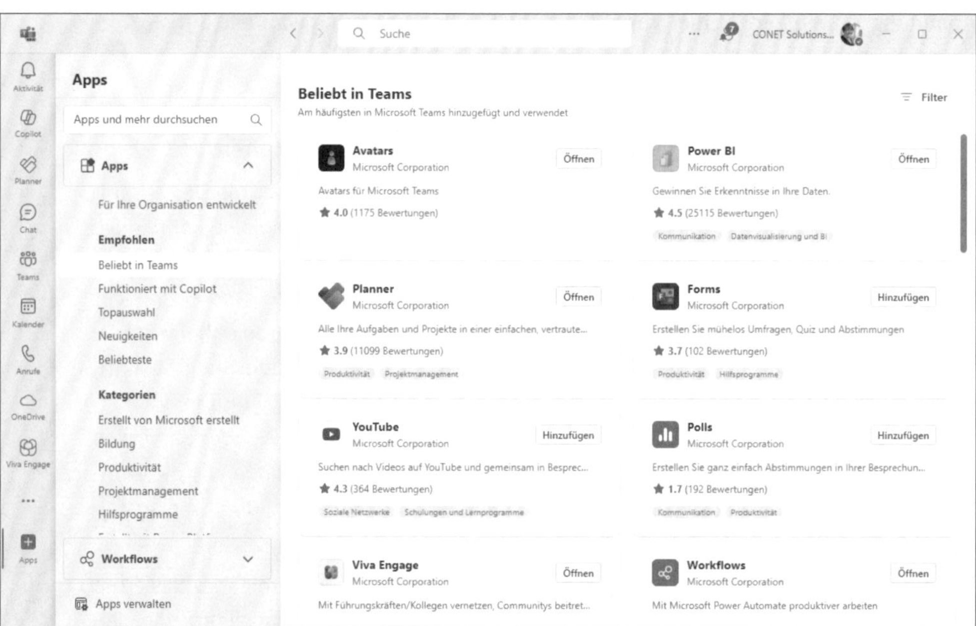

Abbildung 2.10 Sie können Ihre Arbeitsumgebung mithilfe von Apps aus dem App Store individuell anpassen.

Die in Abbildung 2.10 dargestellten Apps können von der Auswahl in Ihrer Microsoft-365-Umgebung abweichen. Standardmäßig sind im App Store alle Apps von Microsoft selbst sowie die Apps verschiedenster anderer Cloud-Anbieter verfügbar. Es empfiehlt sich, lediglich die im Unternehmen geprüften und explizit freigegebenen Apps anzubieten. Denn gerade bei anderen Cloud-Anbietern wissen Sie als Anwenderin oder Anwender nicht, ob in Ihrem Unternehmen überhaupt Lizenzen für diesen Anbieter beschafft wurden und ob mit Blick auf die Datensicherheit die in der App verwalteten Informationen in einem Maße geschützt sind, das zu Ihren Sicherheitsanforderungen passt. Das betrifft auch den Ort der Datenhaltung. Nicht selten werden Informationen anderer Cloud-Anbieter beispielsweise in den USA oder zumindest außerhalb der EU gespeichert, was unter Umständen gegen Ihre Sicherheitsstandards wäre. Aus diesem Grund schränken Administratoren die Auswahl meistens ein und schalten neue Apps nach gemeldeten und begründeten Bedarfen sowie nach einer eingehenden Prüfung dieser Rahmenbedingungen frei.

Microsoft selbst bietet aber auch bereits einige Apps an, die ausschließlich mit den Daten aus Ihrer Microsoft-365-Umgebung arbeiten und daher in der Regel bereits von Anfang an freigeschaltet werden. Dazu gehört unter anderem die App *Genehmigungen* (siehe Abbildung 2.11).

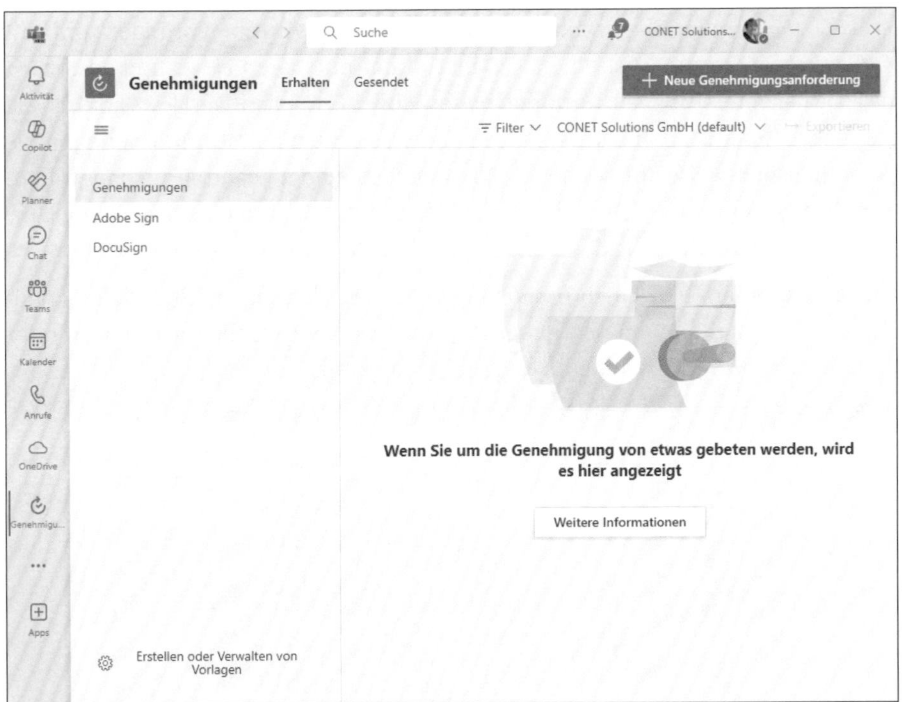

Abbildung 2.11 Mit der App für Genehmigungen können Sie Freigabeprozesse direkt aus Teams heraus starten und durchführen.

In jedem Unternehmen existieren Freigabeprozesse. Manchmal handelt es sich dabei noch um nicht digitalisierte Prozesse, in denen ein Formular ausgefüllt und anschließend über die Hauspost an die entsprechenden Genehmiger gesendet wird. Sobald alle Unterschriften geleistet wurden, gilt dann beispielsweise ein bestimmtes Dokument als freigegeben.

Mit der App *Genehmigungen* können Sie den Freigabeprozess bequem über *Teams* starten, indem Sie die App aus dem App Store auswählen und zu Ihrer Arbeitsumgebung hinzufügen und sie anschließend über den Menüpunkt GENEHMIGUNGEN aufrufen. Hier können Sie eine neue Genehmigungsanforderung erstellen und dabei auch eine digitale Signatur über *Adobe Sign* oder *DocuSign* anfordern.

Wenn jemand eine Genehmigung durch Sie angefordert hat, werden Sie per Push-Benachrichtigung darüber via Teams sowie per E-Mail informiert, können die Informationen prüfen und anschließend die Freigabe erteilen oder den Antrag ablehnen bzw. eine Nachbesserung einfordern.

Der Genehmigungs- bzw. Freigabeprozess ist aber nur eines von vielen Beispielen. So können Sie über die App *Workflows* alle für Sie verfügbaren Prozesse aufrufen oder auch neue digitale Workflows erstellen. Hinter *Workflows* verbirgt sich der Dienst *Power Automate*.

Wenn Sie den Menüpunkt WORKFLOWS in der linken Navigation vorfinden und aufrufen, erhalten Sie zunächst eine Liste aller direkt nutzbaren *Flows* und zusätzlich eine Liste beliebter Vorlagen, um einen neuen Flow zu erstellen. Die Flows können Sie entweder automatisiert ausführen lassen, indem sie auf ein bestimmtes Ereignis reagieren (beispielsweise auf ein neues Dokument in einem Teamraum), oder indem sie zeitlich gesteuert werden und beispielsweise jeden Tag um eine bestimmte Uhrzeit eine Zusammenfassung der letzten 24 Stunden in einem Teamraum posten.

Alternativ kann ein Flow auch manuell gestartet werden, indem Sie, wie in Abbildung 2.12 dargestellt, in einem Chat anstatt durch eine textuelle Nachricht mit der Auswahl eines Workflows auf eine Nachricht reagieren.

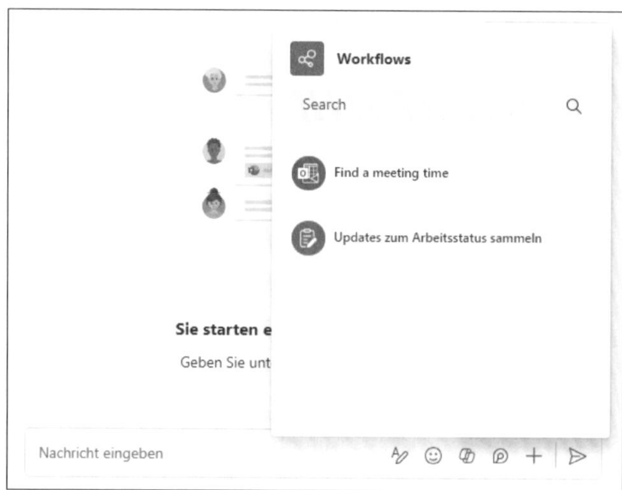

Abbildung 2.12 Rufen Sie einen Workflow manuell aus dem Chat als Reaktion auf eine bestimmte Nachricht auf.

Mit diesen Möglichkeiten können die in Ihrem Unternehmen etablierten Geschäftsprozesse und darüber hinaus auch weitere eher informelle Prozesse des Arbeitsalltags aus der Mitarbeiter-App heraus unterstützt werden. Doch manchmal braucht es noch ein bisschen mehr als einen einfachen Workflow. In manchen Fällen wäre eine individuelle App hilfreich, die, in einen Teamraum integriert, die gemeinsame Arbeit an einem Thema unterstützt. Ihnen stehen zwar bereits standardmäßig viele Apps zur Verfügung, aber für sehr spezifische Anforderungen in Ihrem Unternehmen wird eine Standard-App vermutlich nicht die passende Lösung darstellen.

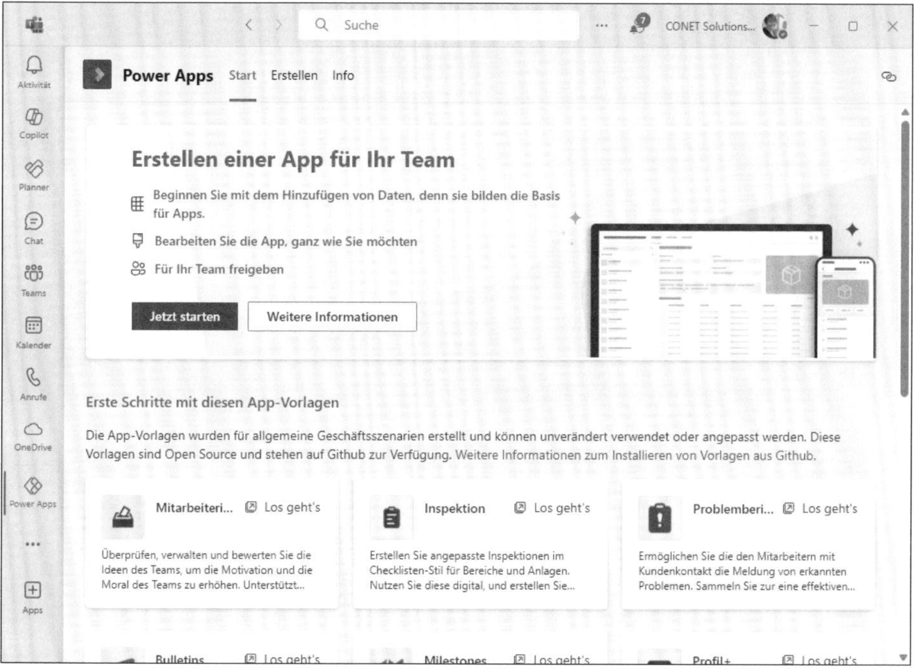

Abbildung 2.13 Nutzen Sie »Power Apps«, um die individuellen Anforderungen im Arbeitsalltag zu bewältigen.

Haben Sie für ein bestimmtes Szenario in Ihrem Arbeitsalltag keine passende App gefunden? Und möchten Sie vielleicht selbst mit wenigen Handgriffen eine App hierfür erstellen? Solange die von Ihnen gewünschte App einen überschaubaren Funktionsumfang hat und somit auch nicht sehr komplex ist, könnten Sie es wagen. Denn für genau diesen Fall bietet Microsoft den Dienst *Power Apps* und die gleichnamige App in *Teams* an. Nachdem Sie die App hinzugefügt haben, können Sie die App über die linke Navigation bzw. bei zu vielen Menüpunkten über die Dreipunkteschaltfläche aufrufen und haben entsprechend der Darstellung in Abbildung 2.13 die Möglichkeit, neue Apps zu erstellen, Vorlagen zu verwenden sowie später die von Ihnen erstellten bzw. mit Ihnen geteilten Apps aufzurufen.

Wenn Sie eine App erstellen, wählen Sie als Erstes einen Teamraum aus, in dem die App später verwendet werden soll. Für diesen Teamraum wird anschließend in Power Apps ein separater Bereich eingerichtet, sodass Ihre App sowie die zukünftigen Apps dieses Teams lediglich für die Teammitglieder zur Verfügung stehen. Das bedeutet, dass Teams auch sehr speziell auf ihren konkreten Bedarf zugeschnittene Lösungen erstellen können, ohne dabei andere Personen im Unternehmen zu beeinträchtigen oder mit ihrer Lösung zu verwirren.

Eine letzte App möchte Ihnen an dieser Stelle noch vorstellen, und zwar die App *Updates*. Sie erzeugt Statusberichte auf täglicher oder wöchentlicher Basis. Wenn Sie beispielsweise eine Alternative für ein Daily-Standup-Meeting suchen oder einen wöchentliches Statusbericht zu einem Projekt benötigen, ist diese App vielleicht hilfreich für Sie.

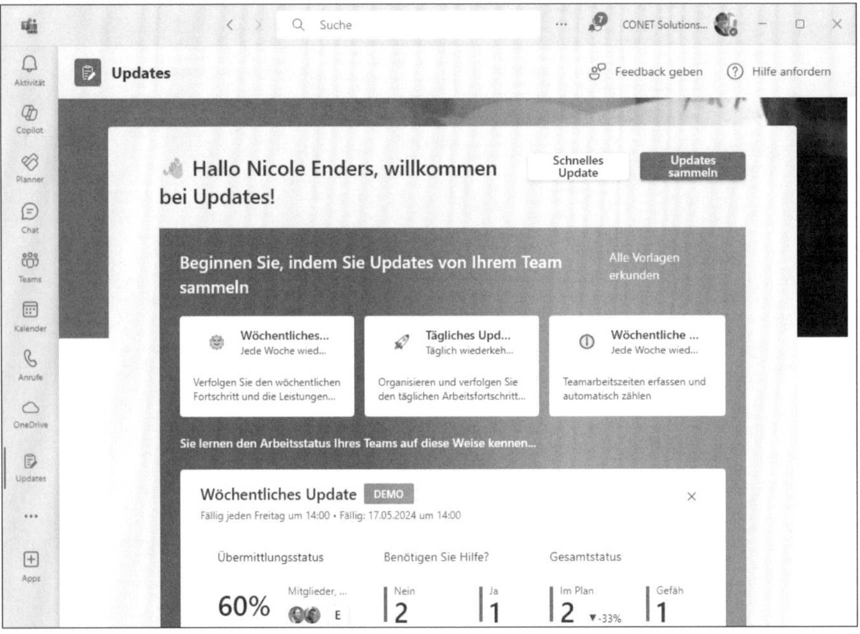

Abbildung 2.14 Fordern Sie Statusberichte auf täglicher oder wöchentlicher Basis an oder geben Sie ein Statusupdate ab.

Wie Sie Abbildung 2.14 entnehmen können, stehen Ihnen sowohl Optionen zum Sammeln von Statusupdates als auch zum Abgeben des Updates zur Verfügung. Ähnlich wie bei der App *Genehmigungen* können Sie je nach Ihrer Rolle bzw. Ihrem Bedarf eine Aufforderung an die von Ihnen ausgewählten Personen senden und erhalten anschließend die Updates dieser Personen über diese App. Wenn jemand ein Update von Ihnen angefordert hat, werden Sie darüber per Push-Benachrichtigung informiert und können aus der Benachrichtigung selbst oder über die App Ihr Update übermitteln.

Mit den in diesem Abschnitt vorgestellten Apps können Sie bereits eine firmenspezifische sowie individuelle Form Ihres modernen Arbeitsplatzes erstellen. Es stehen noch viele weitere Apps zur Verfügung, deren Beschreibung jedoch den Rahmen dieses Buchs sprengen würde. Prüfen Sie aber gerne bei weiteren Bedarfen das Angebot an Apps und passen Sie *Teams* weiter an Ihre Bedürfnisse an, denn der moderne Arbeitsplatz sollte sich wie maßgeschneidert anfühlen.

2.1.5 Zusammenarbeit 2.0 mit Loop-Komponenten und Loop-Arbeitsbereichen

Wenn Teams räumlich verteilt zusammenarbeiten und nicht immer die Möglichkeit besteht, einen Sachverhalt im Rahmen einer Besprechung zu erörtern, wird häufig der Chat in einem Teamraum oder ein Gruppenchat genutzt. In vielen Fällen lassen sich so Fragen klären oder eine Diskussion führen. In bestimmten Situationen ist ein Chat aber weniger gut geeignet. Das kann beispielsweise beim Sammeln von Ideen oder bei der gemeinsamen Pflege einer Checkliste der Fall sein. In diesen Situationen können Loop-Komponenten als Alternative für den gewohnten Chat genutzt werden.

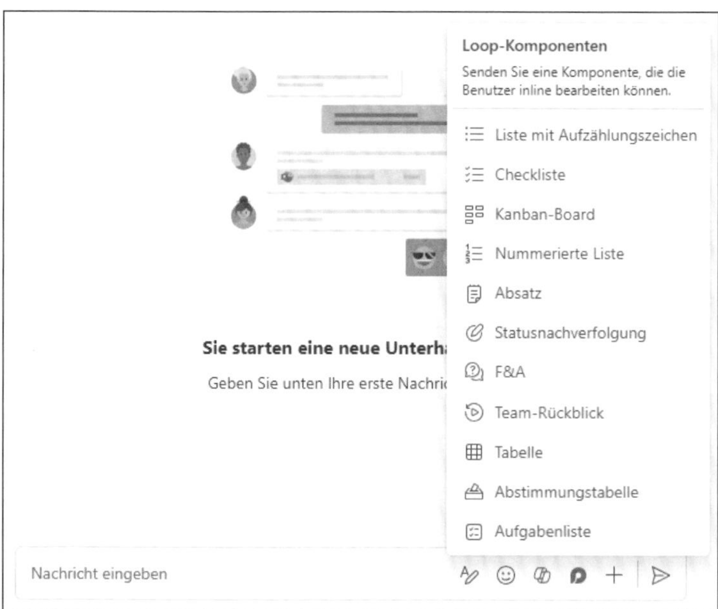

Abbildung 2.15 Nutzen Sie Loop-Komponenten in einem Chat für die gemeinsame Sammlung von Informationen.

Sie können, wie in Abbildung 2.15 dargestellt, aus dem Chat heraus an jeder beliebigen Stelle über das Pluszeichen eine Loop-Komponente hinzufügen und dabei aus verschiedenen Vorlagen wählen. Ich persönlich nutze die Checkliste sehr gerne in meinen Teams, und auch die Vorlagen für die Statusnachverfolgung oder die Aufgabenliste setze ich ein, wenn mir das Anlegen eines Planner-Plans aufgrund der zeitlich sehr eingeschränkten Nutzungsdauer zu aufwendig erscheint. Die Alternative zu einer Loop-Komponente wäre das Anlegen einer Word-, Excel- oder OneNote-Datei. Meistens wird aber nur eine kleine Liste benötigt, wodurch solche Dateien bereits zu »groß« und aufwendig wären.

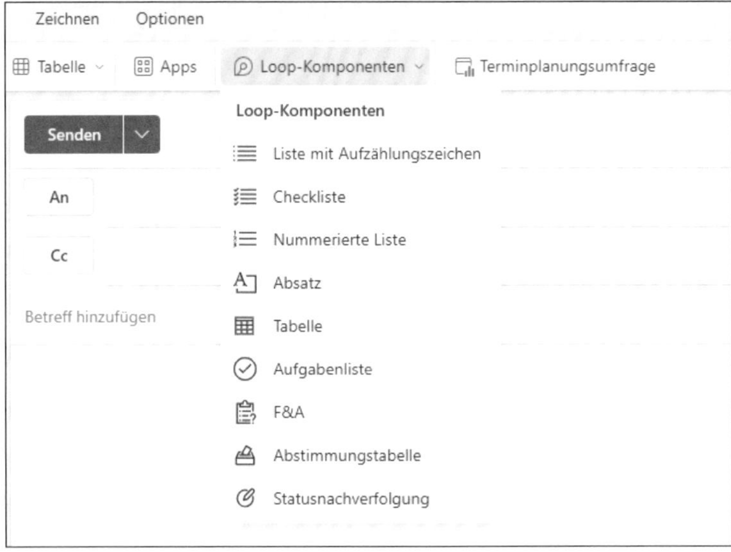

Abbildung 2.16 Nutzen Sie Loop-Komponenten auch in Outlook oder Word.

Was ist Loop nun genau?

Im Endeffekt ist *Loop* eine technische Lösung, um zeitgleich an einer Stelle gemeinsam Informationen zu bearbeiten. Der Chat in Teams unterstützt die asynchrone Kommunikation, sodass alle am Chat beteiligten Personen Nachrichten senden und dadurch Informationen untereinander austauschen können.

Nutzen Sie nun eine Loop-Komponente, können Sie dies am ehesten mit der Einbettung einer Datei in den Chat vergleichen. Damit wird der Teil der Loop-Komponente zu einem synchronen und somit zeitgleich bearbeitbaren Bereich und ermöglicht die schnelle Erarbeitung von Ergebnissen, während der Chat an sich weiterhin der asynchronen Kommunikation dient. So können die unterschiedlichen Bedarfe im Rahmen der Zusammenarbeit abgedeckt werden und auch trotz eines Chats schnell Aufgaben bearbeitet werden, ohne dafür explizit eine Besprechung anzusetzen.

Sie können auch aus anderen Anwendungen heraus, beispielsweise Outlook oder auch Word, Loop-Komponenten nutzen und bestehende Komponenten wiederverwenden. Gerade die Verwendung einer bereits an anderer Stelle erstellten und genutzten Loop-Komponente ist reizvoll. Denn Sie haben vielleicht in einem Gruppenchat eine Loop-Komponente genutzt, um gemeinsam mit Ihren Teammitgliedern den Status der aktuellen Aufgaben zu sammeln. Diese Loop-Komponente können Sie nun in der in Abbildung 2.16 dargestellten E-Mail wiederverwenden, um beispielsweise andere Personen im Unternehmen über den Projektstatus zu informieren.

Sie können Loop auch als separate App nutzen

Loop steht Ihnen auch als separate App zur Verfügung. Diese App ist nicht in *Teams* integriert, sondern ist als zusätzliches Werkzeug zu betrachten. Daher ist eine Abgrenzung zu *Teams* wichtig. Während Sie in einem Teamraum oder einem Chat mit Loop-Komponenten arbeiten und dabei gemeinsam Informationen erarbeiten, nutzen Sie die Loop-App, um dort Informationen zu einem Thema in Form von Arbeitsbereichen zu präsentieren.

Ein *Arbeitsbereich* kann für verschiedene Personen freigegeben werden, die die Inhalte des Arbeitsbereichs gemeinsam gestalten und beispielsweise Informationen auf verschiedene Seiten aufteilen. Auf einer Seite können neben statischen Informationen wie dem Titel der Seite und beschreibenden Texten auch Loop-Komponenten eingefügt und genutzt werden.

Stellen Sie sich einmal vor, dass Sie für die Projekte in Ihrem Unternehmen jeweils während der Projektdurchführung in einem Teamraum arbeiten. Während des Projektverlaufs sammeln Sie mit dem Team fortlaufend Informationen über die Ausgangssituation, Lösungsoptionen sowie aufgetretene Herausforderungen. Hierzu nutzen Sie Loop-Komponenten.

Um voneinander zu lernen, hat eine andere Gruppe in Ihrem Unternehmen einen Loop-Arbeitsbereich eingerichtet und Kontakt mit Ihnen aufgenommen, um die zusammengetragenen Informationen in einer Seite dieses Arbeitsbereichs darzustellen und mit allen im Unternehmen zu teilen. Es handelt sich damit um eine Art Visitenkarte Ihres Projekts und kann später vielleicht sogar als Referenz genutzt werden.

Dieses Beispiel ist nur eines von vielen, das mit Loop-Komponenten und -Arbeitsbereichen umgesetzt werden kann. Probieren Sie die Möglichkeiten in der Praxis aus und entscheiden Sie, inwiefern Loop Ihnen ergänzend zu *Teams* im Alltag helfen kann.

2.1.6 Social Intranet – ein Ort für alle Informationen im Unternehmen

Einen großen Anteil Ihres Arbeitsalltags nimmt die Zusammenarbeit mit Ihren Kolleginnen und Kollegen ein. Über die Mitarbeiter-App *Teams* können Sie sich sowohl per Chat als auch per Telefon oder über Besprechungen austauschen und darüber hinaus in Teamräumen zusammenarbeiten. Ergänzend dazu können Sie, ohne die App zu verlassen, Geschäftsprozesse bedienen und sogar bei Bedarf eigene Workflows und Apps erstellen.

Es fehlt aber noch der Zugriff auf zentrale unternehmensrelevante Informationen, wie man sie in der Regel in einem Intranet vorfindet. Ein klassisches Intranet dient zur Verteilung dieser Informationen. Heutzutage finden Sie allerdings meistens ein sogenanntes *Social Intranet* vor. Dort wird besonderer Wert auf die Interaktion gelegt, indem sich neben zentralen Informationsgebern wie der Geschäftsführung, Personal und interner IT auch alle anderen Mitarbeitenden beteiligen und somit Informationen veröffentlichen, Beiträge liken oder kommentieren können.

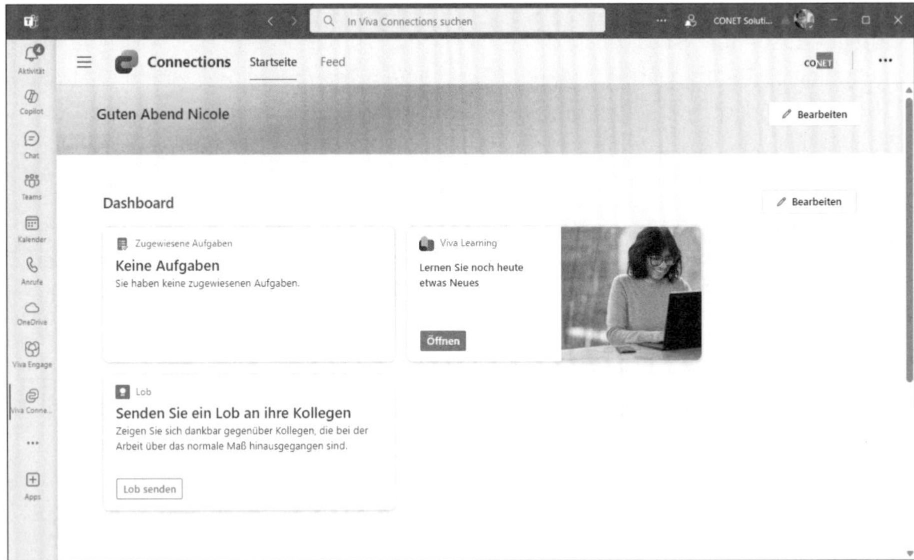

Abbildung 2.17 Integrieren Sie Ihr SharePoint-basiertes Intranet in Microsoft Teams.

Falls Sie nun bereits überlegen, wie Sie einen Teamraum so gestalten können, dass er als Social Intranet fungiert, möchte ich Ihnen eine Alternative vorstellen. Denn in der Regel besteht ein Intranet aus redaktionell aufbereiteten Artikeln, die ein bestimmtes Layout haben sollen und vielleicht sogar über einen Redaktionsplan zeitlich gesteuert veröffentlicht werden sollen. Aus diesem Grund haben viele Unternehmen *SharePoint* als technische Basis für ihr Intranet gewählt und dieses gegebenenfalls um *Viva Engage* ergänzt, um dort Diskussionen zu führen und Communitys zu unternehmensrelevanten Themen zu unterstützen.

Um nun aber nicht zwischen der Teamarbeit in *Teams* und dem Abrufen von Informationen im Intranet die Anwendung wechseln zu müssen, können Sie, wie in Abbildung 2.17 dargestellt, Ihr Intranet in *Teams* integrieren. Hierbei wird *Viva Connections* genutzt.

2.1.7 Best Practices für die Einführung einer Mitarbeiter-App

In diesem Abschnitt haben Sie gelernt, dass *Microsoft Teams* viele Aspekte einer Mitarbeiter-App mitbringt. Die App kann sowohl über den Desktop als auch mobil über ein Smartphone oder Tablet genutzt werden und unterstützt damit verschiedenste Anwendergruppen.

Bei der Einführung einer Mitarbeiter-App sollten Sie aber unbedingt neben dem technischen Aspekt berücksichtigen, dass Sie Ihre Mitarbeitenden von Anfang an mit einbeziehen und bei dieser Veränderung begleiten sollten.

So benötigen Sie beispielsweise klare Richtlinien und Nutzungsvorschriften bzw. -empfehlungen für die verschiedenen Optionen. Etablieren Sie klare Regeln für die Kommunikation und Dateifreigabe in *Teams*, um Missverständnisse oder Unsicherheiten zu vermeiden. Betrachten Sie den Grad der Technikaffinität Ihrer Mitarbeitenden, und stellen Sie sicher, dass alle Mitarbeitenden in der Nutzung von *Teams* geschult sind oder ohne Unterstützung die neuen Möglichkeiten erlernen können. Hierbei hilft ein einmalig eingerichtetes und fortlaufend aktualisiertes Onboarding-Programm. Denn Sie sollten auch an die zukünftigen Mitarbeitenden denken, die noch neu zu Ihrem Unternehmen hinzustoßen werden und gegebenenfalls Unterstützung benötigen.

Vergessen Sie auch nicht das Offboarding!

Auch wenn Sie vermutlich lieber neue Mitarbeitende in Ihrem Unternehmen begrüßen, sollten Sie auch daran denken, welche Schritte zu berücksichtigen sind, wenn Mitarbeitende aus dem Unternehmen ausscheiden. Hierzu gehören unter anderem das Entfernen der Person aus den entsprechenden Berechtigungsgruppen sowie die Sichtung der persönlichen Dateiablage in OneDrive, da dort gegebenenfalls unternehmensrelevante Informationen abgelegt wurden, die gesichert werden müssen.

Sie sollten außerdem von Anfang an auf Feedback und einen kontinuierlichen Verbesserungsprozess setzen. So werden Sie am Anfang vielleicht mit einer repräsentativen Gruppe von Mitarbeitenden die erste Version der Mitarbeiter-App entwerfen und dabei auch unternehmensspezifische Workflows in die App integrieren, die Sie in der Gruppe als elementar identifiziert haben. Nun kann es sein, dass in der Praxis bestimmte Prozesse noch viel häufiger bedient werden und daher auch in die App integriert werden sollten. Über einen Feedback-Prozess erhalten Sie dann diese Information und können die Integration dieser Prozesse für die nächste Anpassung der Mitarbeiter-App einplanen.

Eine Mitarbeiter-App hat somit zwar bestimmte Kernbereiche, die sich auf Themen wie die Kommunikation, Zusammenarbeit und Unternehmensprozesse beziehen, aber keine Mitarbeiter-App gleicht der anderen. Wenn Sie eine Mitarbeiter-App in Ihrem Unternehmen einführen, sie über die Zeit anpassen und diese Anpassungen dokumentieren, werden Sie bei einem Rückblick auf den Verlauf feststellen, was sich alles während dieser Zeit verändert hat. Und genau diese Entwicklung ist etwas vollkommen Normales, denn Bedarfe verändern sich stetig, und Tools, die sich an unsere

Wünsche und Bedarfe anpassen lassen, sind daher besonders wertvoll. In unserem Fall lässt sich die Mitarbeiter-App sogar sowohl an die Bedarfe des Unternehmens als auch an die persönlichen Bedarfe und Vorlieben anpassen, sodass trotz vieler Gemeinsamkeiten Ihre Mitarbeiter-App nicht dieselbe App ist wie die Ihrer Kolleginnen oder Kollegen.

Auch wenn *Microsoft Teams* in der Microsoft-365-Welt einen hohen Stellenwert hat und als Basis für den modernen Arbeitsplatz betrachtet werden kann, stehen Ihnen in Microsoft 365 noch viele weitere Dienste zur Verfügung, auf die ich nun näher eingehen werde. Nahezu alle Dienste können aber auch wieder in *Teams* integriert werden, selbst wenn sie vielleicht in diesem Abschnitt nicht explizit erwähnt wurden. Beachten Sie dabei auch wieder die Best Practices wie die Einbeziehung der Mitarbeitenden, den Umgang mit On- und Offboarding von Mitarbeitenden und die Flexibilität im Hinblick auf die Einsatzmöglichkeiten der Lösungen.

2.2 Aufgabenmanagement mit Planner und Microsoft-Listen

In Microsoft 365 wurden in der Vergangenheit viele verschiedene Optionen zur Verwaltung von Aufgaben angeboten. Da gab es zum einen *To Do* für die persönlichen Aufgaben. Dabei handelte es sich um den Nachfolger der Aufgaben, die Sie in Ihrem Outlook pflegen konnten. Außerdem konnten Sie mit *Planner* sogenannte *Pläne* anlegen, die als Aufgabenliste in einem Teamraum sinnvoll eingesetzt werden können. Und dann gab es noch *Project for the Web*, denn eine Aufgabenliste ohne Abhängigkeiten zwischen den Aufgaben in Form von Vorgänger- oder Nachfolgerbeziehungen ist gerade bei der Projektplanung wenig hilfreich.

Weil aber immer wieder die Frage aufkam, welche der drei Optionen für ein bestimmtes Einsatzszenario die richtige sei, und weil durch die doch recht unterschiedliche Nutzerführung Verwirrung aufkam, hat Microsoft diese Dienste zu einem Dienst zusammengefasst. Dieser neue gemeinsame Dienst heißt *Planner*, enthält aber die Optionen für die anderen beiden Dienste.

Sie müssen zu Beginn auswählen, welche Art von Plan bzw. Aufgabenliste Sie erstellen möchten. In Abbildung 2.18 handelt es sich beispielsweise um eine einfache Aufgabenliste für ein Team. Da die ursprünglich zu *Project for the Web* gehörenden Funktionen eine zusätzliche Lizenzierung benötigen, werden diese Art von Aufgabenlisten auch durch ein Diamantsymbol als Premium-Komponenten gekennzeichnet. Hierauf gehe ich in Abschnitt 2.8.6 genauer ein.

Neben Planner haben Sie aber noch eine weitere Möglichkeit, die einige vielleicht aus dem SharePoint-Umfeld bereits kennen. Mit den *Microsoft-Listen* können Sie Informationen in strukturierter Form verwalten, und zwar in Form einer Liste bzw. einer Tabelle.

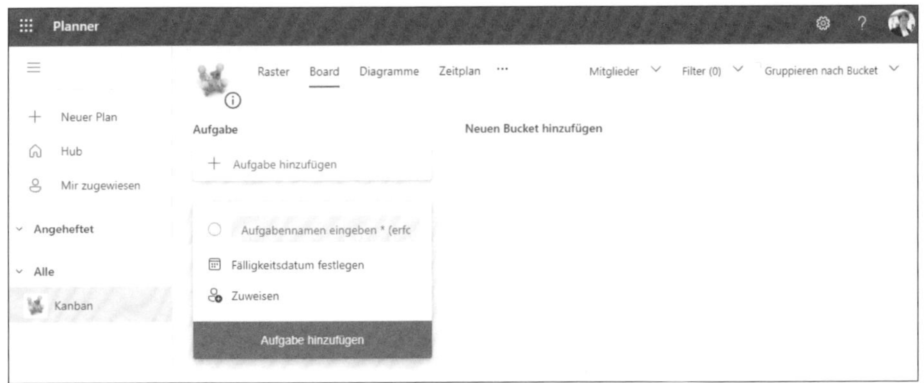

Abbildung 2.18 Nutzen Sie Planner für verschiedenste Formen von Aufgabenlisten.

Wie Sie Abbildung 2.19 entnehmen können, stehen Ihnen bei diesem Dienst verschiedene Vorlagen zur Verfügung. So wird Ihnen beispielsweise der ARBEITSSTATUS-TRACKER angeboten. Sie können auch eine Aufgabenliste ohne Vorlage erstellen oder eine bereits vorhandene Excel-Datei verwenden. Unabhängig von dem Erstellungsprozess besteht anschließend die Möglichkeit, diese Liste mit anderen zu teilen und sie sogar in einem Chat oder einem Teamraum als Registerkarte hinzuzufügen.

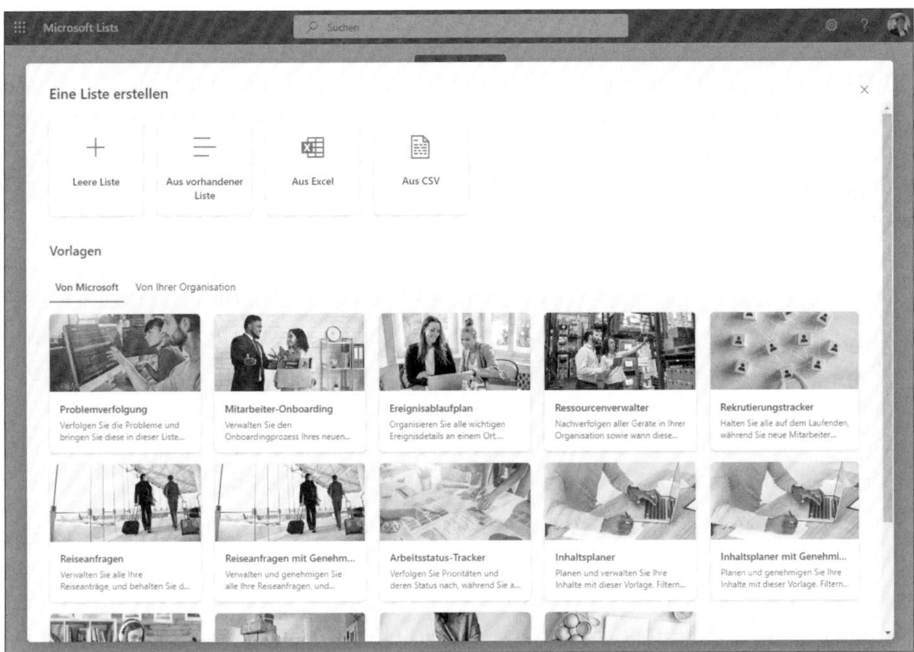

Abbildung 2.19 Nutzen Sie Listen zur Verwaltung strukturierter Informationen wie beispielsweise von Aufgaben.

Auch wenn *Planner* für das Aufgabenmanagement durch seine Integration in *Teams* und *Outlook* in Form von Benachrichtigungen und Erinnerungsfunktionen am besten geeignet ist, kann die Nutzung einer Liste oder auch einer Loop-Komponente in bestimmten Fällen ausreichen. Das kann beispielsweise dann der Fall sein, wenn Sie keine Board-Ansicht, sondern lediglich eine tabellarische Darstellung Ihrer Aufgabenliste nutzen möchten, oder wenn Sie nur eine temporäre Aufgabenliste (wenige Stunden bis Tage) benötigen, wie es bei kurzfristigen Vorhaben der Fall ist. Diese beiden Optionen geben Ihnen darüber hinaus auch die Flexibilität, Planner gegebenenfalls erst später im Unternehmen einzuführen.

2.3 Informations- und Wissensmanagement mit Microsoft Viva

In diesem Abschnitt betrachten wir die technischen Möglichkeiten, um Informationen und insbesondere das Wissen in Ihrem Unternehmen für alle Personen zugänglich zu machen, die an der Erreichung der Geschäftsziele beteiligt sind. Zur Bearbeitung der alltäglichen Aufgaben werden Informationen benötigt, wird bestehendes Wissen angewendet oder neues Wissen generiert. Ein wichtiger Punkt ist dabei, das neue Wissen oder auch Informationen im Allgemeinen mit den Kolleginnen und Kollegen zu teilen.

Sie kennen sicher auch die Situation, dass Sie zwar wissen, dass eine bestimmte für Ihre aktuelle Aufgabe relevante Information im Unternehmen zu finden ist, aber die große Frage lautet: »Wo finde ich die Information?« Vielleicht hat Ihnen jemand davon erzählt. In diesem Fall handelt es sich um *implizites Wissen* im Kopf eines Mitarbeitenden. Diese Art von Wissen birgt das Risiko, dass es ungenutzt bleibt oder sogar verloren ist, wenn die Person vorübergehend abwesend ist oder gar das Unternehmen verlassen hat. *Explizites Wissen* findet sich in schriftlicher Form wieder, wobei dieses Wissen ebenfalls an unterschiedlichen Stellen gespeichert sein kann. Da wären zum einen E-Mails, Chat-Nachrichten oder Besprechungsnotizen und zum anderen Dokumente oder das bereits im Rahmen der Mitarbeiter-App angesprochene Intranet (siehe Abschnitt 2.1.6). Vielleicht nutzen Sie auch ein Unternehmensnetzwerk oder ein Forum. All diese Orte sind bei der Suche nach einer bestimmten Information relevant und müssen in kurzer Zeit durchsucht werden können.

Doch wonach suchen Sie eigentlich? Sie wissen vielleicht noch, dass Sie einmal eine PowerPoint-Präsentation gesehen haben, in der auf einer Folie eine Darstellung verwendet wurde, die Ihnen bei Ihrer Aufgabe helfen würde. Sie kennen aber weder den Namen der Präsentation noch den Speicherort oder den Verfasser. Um nun die Präsentation zu finden, treffen Sie Annahmen bezüglich der mit dieser Präsentation verbundenen Schlagworte. In manchen Fällen haben Sie Glück und finden tatsächlich die gewünschte Information. Oft brechen Mitarbeitende jedoch eine Suche ab, weil sie nicht die richtigen Suchbegriffe finden.

Ich habe in der Vergangenheit bereits viele Projekte begleitet, in denen eine Lösung für diese Thematik gesucht wurde. Das Suchen und Finden von Informationen ist ein elementarer Faktor für die Zufriedenheit mit einer technischen Plattform am modernen Arbeitsplatz. Dabei müssen wir aber noch einmal einen Schritt zurückgehen und uns mit der Verwaltung der Informationen beschäftigen. Denn die Voraussetzung für das Auffinden von Informationen ist die richtige Erfassung und Anreicherung um hilfreiche Beschreibungen und *Metadaten*. Es wird in diesem Zusammenhang häufig sehr schnell von einem Unternehmenswiki oder einer Wissensdatenbank (oder auch *Knowledge Base*) gesprochen.

Beim Aufbau einer *Wissensdatenbank* wird als Erstes die Struktur der zu verwaltenden Informationen sowie der Prozess für die Erfassung und eventuelle Prüfung und Freigabe geklärt. In diesem Zuge taucht in der Regel auch die Frage auf, ob eine neue Rolle im Unternehmen benötigt wird, die für die Prüfung und Freigabe von Wissen verantwortlich sein soll. Außerdem ist es meistens wichtig, dass die Wissensdatenbank auch optisch speziell auf das Unternehmen zugeschnitten ist; und vor einem Go-Live werden dann die verschiedensten Informationen zusammengetragen und in das neue System überführt.

Doch handelt es sich immer noch um manuellen Aufwand, neues Wissen hier zu erfassen oder an bestehenden Informationen Änderungen vorzunehmen. Und so ebbt nach der ersten Begeisterung meistens recht schnell der Schwung ab und die Wissensdatenbank verfügt über kurz oder lang über veraltetes oder zumindest sehr lückenhaftes Wissen. Das hat dann wiederum zur Folge, dass die Wissensdatenbank als unzuverlässig wahrgenommen und nicht mehr genutzt wird. Der Grundgedanke einer Wissensdatenbank ist zwar immer noch der richtige, aber der manuelle Pflegeaufwand ist im Alltag nur schwer umsetzbar.

2.3.1 Rückblick: Viva Topics für ein (teil-)automatisiertes Wissensmanagement

Eine Lösung für dieses Problem konnte bisher *Viva Topics* darstellen. Denn hier werden Informationen aus allen Microsoft-365-Diensten zusammengetragen und über künstliche Intelligenz die im Unternehmen wichtigen Begriffe ermittelt. Das heißt, wenn in Nachrichten, Dokumenten oder Profilinformationen häufig ein bestimmter Begriff auftaucht, wird dieser Begriff vorgeschlagen und kann von sogenannten *Wissensmanagern* angenommen oder abgelehnt werden.

Viva Topics arbeitet mit einem zentralen *Topic Center*, das Sie in Abbildung 2.20 sehen. Es handelt sich um eine SharePoint-Website, auf der für jeden Begriff eine Inhaltsseite angelegt wird. Auf dieser Seite können die Wissensmanager statische Informationen (zum Beispiel eine Beschreibung) pflegen, aber es gibt auch dynamische Elemente, über die alle Dokumente zu dem Begriff, verwandte Themen oder auch die passenden Ansprechpersonen im Unternehmen dargestellt werden.

Durch diese Automatisierung werden Ihnen und Ihren Kolleginnen und Kollegen viele Arbeiten abgenommen, sodass Sie sich darauf fokussieren können, die Begriffe aus *Teams*, *Outlook* und *Office* heraus in Ihren Nachrichten oder Dokumenten in Form von *Hashtags* zu verwenden. Wenn Sie Hashtags nutzen, werden die entsprechenden Begriffe wie ein Hyperlink dargestellt und ermöglichen über ein Pop-up den direkten Zugriff auf die Informationen im Topic Center.

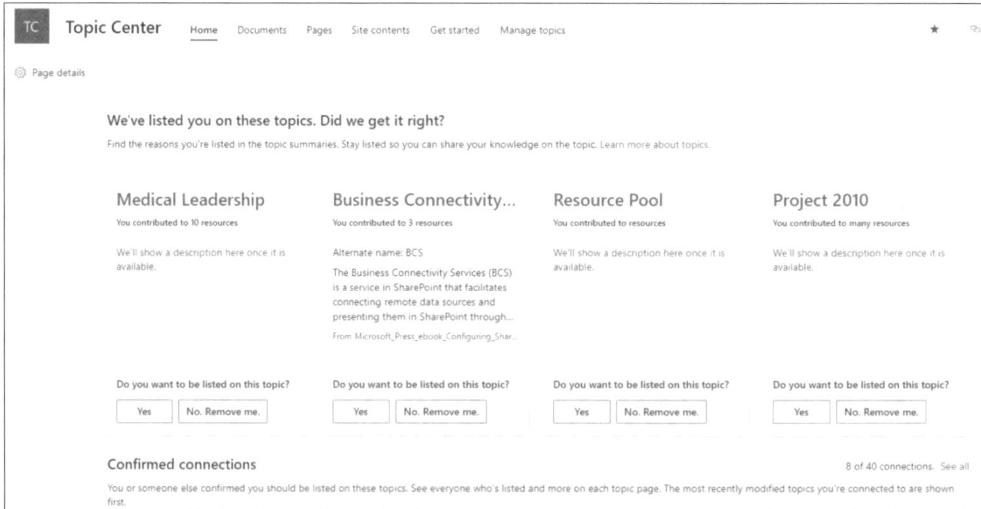

Abbildung 2.20 Automatisches Wissensmanagement mit »Viva Topics«

Damit können Sie anderen Mitarbeitenden bereits bei der Übertragung einer Aufgabe über Hashtags einen Startpunkt für die Suche nach Informationen mitgeben und finden selbst Informationen durch die Verknüpfung mit bestimmten Begriffen schneller wieder.

Achtung: Viva Topics ist abgekündigt!

Mit dem Einzug von *Copilot* und somit einer anderen Form der Interaktion mit Wissen über eine Chat-basierte Konversation hat Microsoft den Invest in eine dedizierte Lösung wie Viva Topics eingestellt und wird die entsprechenden Funktionen ab dem 22.05.2025 nicht mehr zur Verfügung stellen. Falls Sie Viva Topics in Ihrem Unternehmen eingesetzt haben, werden nach dem Stichtag die Seiten in Ihrem Topic Center zu gewöhnlichen SharePoint-Seiten. Somit gehen zwar keine Informationen verloren, aber die Funktionalität über die Verwendung eines Hashtags, über den eine direkte Verlinkung auf die zu dem Begriff gehörende Seite im Topic Center ermöglicht wird, wird nicht mehr angeboten werden. Die aufgebauten Seiten können aber eine Ergänzung zu Microsoft Copilot darstellen und bei Bedarf sogar in einem individuellen Copiloten explizit für die Mitarbeitenden zur Verfügung gestellt werden.

2.3.2 Neues Wissen erwerben mithilfe von Viva Learning

Manches Wissen müssen Sie erst neu erwerben. Dabei kann es sich um eine Art Weiterbildung handeln, über die Sie neue Tools oder Methoden erlernen. Manchmal geht es aber auch um organisatorische Regelungen oder die Erfüllung gesetzlicher Vorgaben.

Mit *Viva Learning* können Sie, wie in Abbildung 2.21 dargestellt, nahtlos aus *Teams* heraus auf die im Unternehmen verfügbaren Lernangebote zugreifen. Standardmäßig stehen Ihnen dort Lerninhalte von Microsoft selbst zur Verfügung, die Sie auch über Ihren Browser aufrufen könnten. Der Vorteil der Integration in *Teams* liegt in der Darstellung der Lerninhalte in Form einer Bibliothek. Diese informiert Sie auch über die Zeit, die Sie für das Lernen einplanen müssen, und gibt anderen Personen im Unternehmen die Möglichkeit, Feedback in Form einer Like-Funktion zu hinterlassen. Sie können Inhalte auch anderen Personen empfehlen und Ihnen einen Link auf den Lerninhalt zukommen lassen.

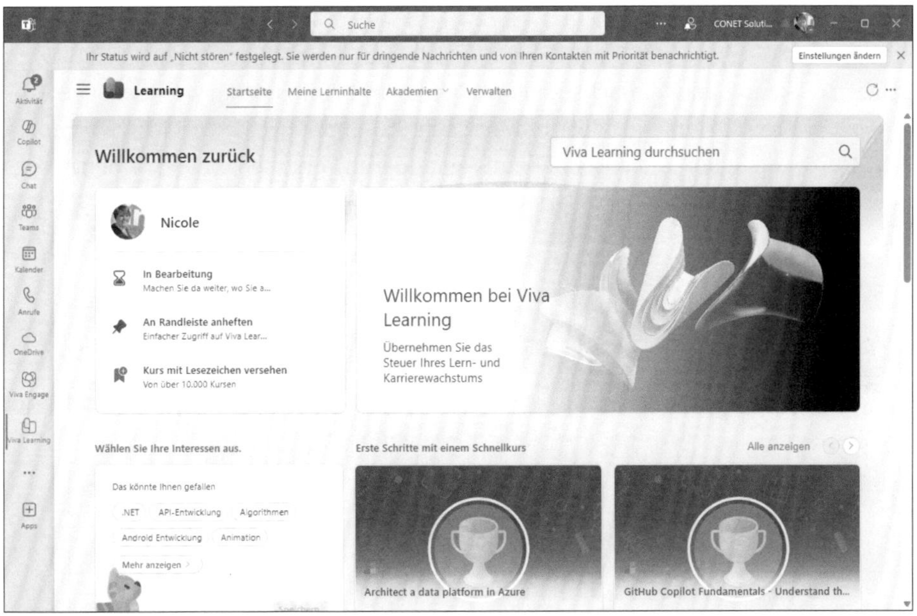

Abbildung 2.21 Aktives Lernmanagement wird mit »Viva Learning« ermöglicht.

Sie können auch eine Vielzahl an weiteren Anbietern von Lerninhalten einbinden, aber besonders interessant ist die Option zur Einbindung individueller Lerninhalte. So können Sie unternehmensspezifische Informationen anbieten und vermitteln.

In einer erweiterten Edition der Lösung können sogar Lernpläne hinterlegt werden, die beispielsweise zwischen den einzelnen Mitarbeitenden und ihren Führungskräften vereinbart wurden und deren Fortschritt regelmäßig überprüft werden kann.

Mit dem so neu erworbenen Wissen können Sie Ihre Aufgaben dann noch besser bearbeiten und im gegebenen Fall auch wieder auf die Wissensdatenbank zugreifen. Vergessen Sie aber bitte nicht, Ihre Kolleginnen und Kollegen beispielsweise in Viva Engage über Ihr neu erworbenes Wissen zu informieren und dabei die passenden Hashtags zu verwenden. So zeigen Sie Ihre Erfahrungen sowie Ihre Expertise für das Themengebiet.

2.4 Die Mitarbeitenden einbeziehen – mit Viva Pulse, Viva Glint, Viva Goals und Microsoft Forms

Mitarbeitende möchten sich in vielen Fällen im Unternehmen engagieren, die Weiterentwicklung des Geschäfts unterstützen und ihre Ideen einbringen. Auch wenn es sich hierbei primär um einen Bereich der Unternehmenskultur handelt, können technische Lösungen Ihnen helfen, die passenden Rahmenbedingungen hierfür zu schaffen.

Sie können beispielsweise Möglichkeiten anbieten, um Feedback einzuholen bzw. zu geben. Das kann in der einfachsten Form bereits mit *Forms* getan werden. Bei Forms handelt es sich um einen Dienst in Microsoft 365, mit dem Sie einfache Formulare oder Quizze erstellen und anschließend mit anderen Personen teilen können.

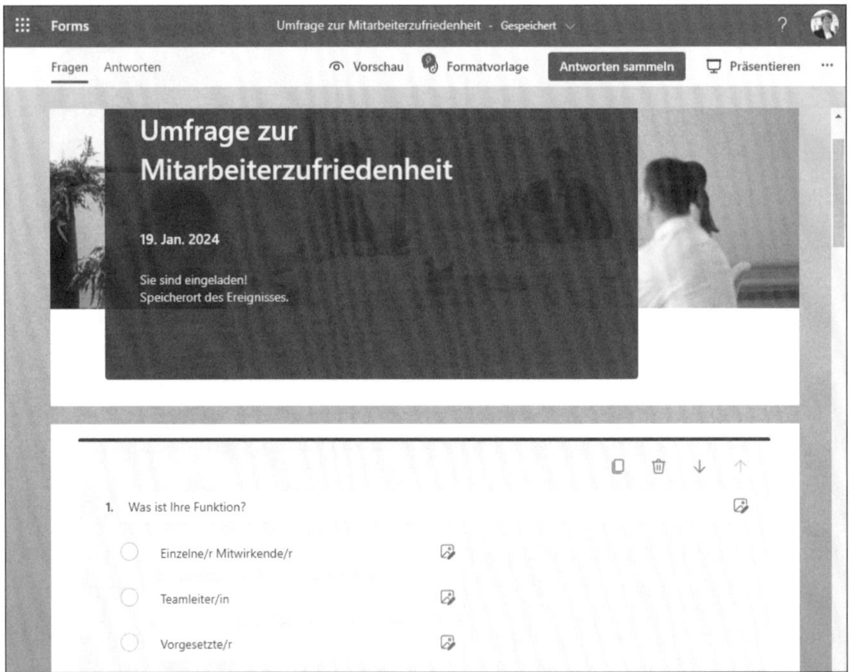

Abbildung 2.22 Mit »Microsoft Forms« können Sie Umfragen, Quizze oder allgemein elektronische Formulare erstellen.

In Abbildung 2.22 sehen Sie ein Beispiel für ein Formular, um Informationen zur Zufriedenheit der Mitarbeitenden zu erhalten. Da Sie mit Forms grundsätzlich beliebige elektronische Formulare erstellen können, obliegt es Ihnen, die passenden Fragen zu formulieren und den Zweck der Umfrage in Form eines Titels und einer Beschreibung klar und deutlich für die Personen zu formulieren, die Sie als Zielgruppe der Umfrage festgelegt haben. Wenn Sie die Umfrage inhaltlich gut vorbereitet haben und der Zeitraum für die Beantwortung passend ausgewählt ist, können Sie mit dieser Vorgehensweise ein aussagekräftiges Bild zur aktuellen Situation in Ihrem Unternehmen oder sogar zu einem ganz bestimmten Sachverhalt erhalten und haben darüber hinaus vielleicht zusätzliche Impulse für mögliche Veränderungen oder Verbesserungen sammeln können.

Viva Pulse und *Viva Glint* stellen zwei Lösungen für ein ähnliches Anwendungsgebiet dar. Während Forms ein Dienst zur Erstellung elektronischer Formulare ist, mit dem unter anderem auch Feedback eingeholt werden kann, geht es bei diesen beiden Modulen aus der Viva-Suite explizit um die Befragung der Mitarbeitenden.

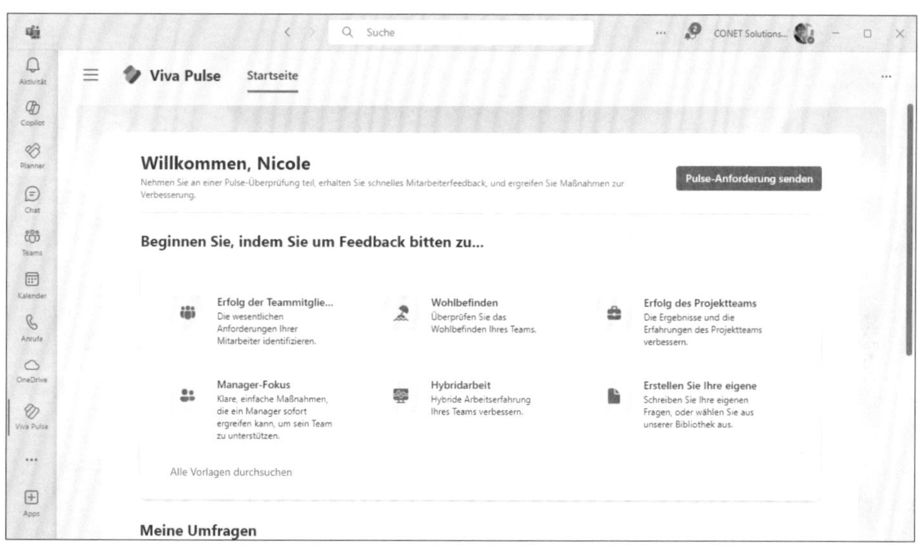

Abbildung 2.23 Mit »Viva Pulse« können Führungskräfte und Projektleiter Feedback ihrer Mitarbeitenden einholen.

Viva Pulse geht dabei insbesondere auf die Beziehung zwischen den Mitarbeitenden und ihren direkten Führungskräften sowie auf Projektteams ein. Eine Projektleitung oder eine Führungskraft kann aus einer Vielzahl an Vorlagen für eine Mitarbeiterbefragung wählen oder ein eigenes Formular entwerfen (siehe Abbildung 2.23). Dabei wird im Hintergrund für das eigentliche Formular der Dienst *Forms* verwendet, weshalb die Führungskraft bzw. die Projektleitung bei der Vorbereitung der Umfrage auch zwingend eine entsprechende Lizenz für diesen Dienst benötigt. Die Mitarbeitenden, die an der Umfrage teilnehmen sollen, benötigen diese Lizenz allerdings nicht zwingend. Sie werden in *Teams* über die an sie gerichtete Umfrage informiert und können ohne Medienwechsel die Fragen beantworten. Die Befragten arbeiten somit nicht bewusst mit Viva Pulse, sondern sehen die Umfragen eher als Teil ihrer Mitarbeiter-App. Als Führungskraft bzw. Ersteller der Umfrage werden Sie Viva Pulse auch für die Auswertung der Umfrage aufrufen und können dort die Antworten weiterverarbeiten.

Mit *Viva Glint* können Sie ebenfalls Umfragen erstellen, durchführen und auswerten. Vielleicht kennen Sie Viva Glint auch bereits unter einem anderen Namen, nämlich als *LinkedIn Glint*.

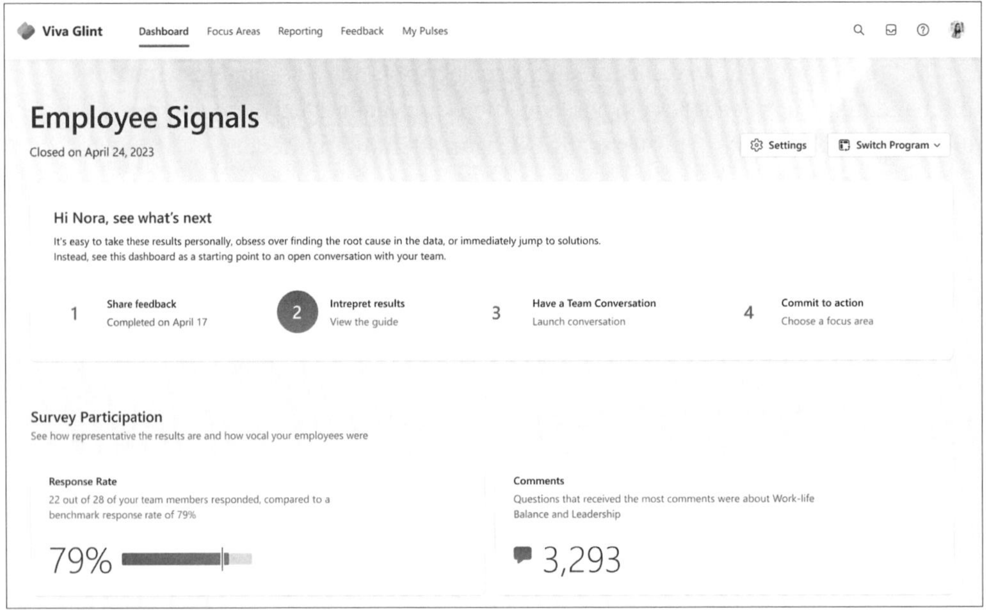

Abbildung 2.24 Sie können »Viva Glint« für Umfragen mit unternehmensweitem Kontext einsetzen.

Microsoft hat den Dienst aus seinem Business-Netzwerk in die Viva-Suite integriert, um Umfragen mit unternehmensweitem Kontext besser zu unterstützen. Dabei liegt der Fokus, wie in Abbildung 2.24 dargestellt, auf kurzen Umfragen, in denen Mitarbeitende ihre Meinung zu verschiedenen Sachverhalten äußern können oder Aussagen mit einer Bewertung zwischen einem und fünf Punkten vornehmen oder wie in einer Art Brainstorming nach dem ersten Begriff gefragt werden, der ihnen spontan zu einer Frage bzw. einem Thema in den Sinn kommt.

Mit Viva Pulse und Glint können verschiedenste Umfragen erstellt und so die Mitarbeitenden in Entscheidungsprozesse einbezogen oder nach ihrer Meinung bzw.

ihrem Befinden gefragt werden. Welche Möglichkeiten Sie einsetzen und wie Sie die Umfragen gestalten, obliegt Ihnen und kann je nach Unternehmensgröße und Unternehmenskultur anders gestaltet werden.

Es hängt auch vom Unternehmen und seinen Mitarbeitenden ab, ob *Viva Goals* eine sinnvolle Ergänzung sein kann. Hierbei geht es um transparentes Zielmanagement im Unternehmen. Ist Ihnen *OKR* als Methode ein Begriff? OKR steht für *Objectives & Key Results* und beschreibt ein Vorgehen, wie Ziele (Objectives) definiert und die Zielerreichung gemessen (Key Results) werden kann (siehe *https://www.microsoft.com/de-de/microsoft-viva/what-is-okr-objective-key-results*). Diese Anwendung dieser Methode kann bei dem Entwurf der Unternehmensstrategie beginnen und anschließend die Ziele für Geschäftsbereiche, Abteilungen und Teams herunterbrechen und bis zu den persönlichen Zielen eines jeden Mitarbeitenden gehen.

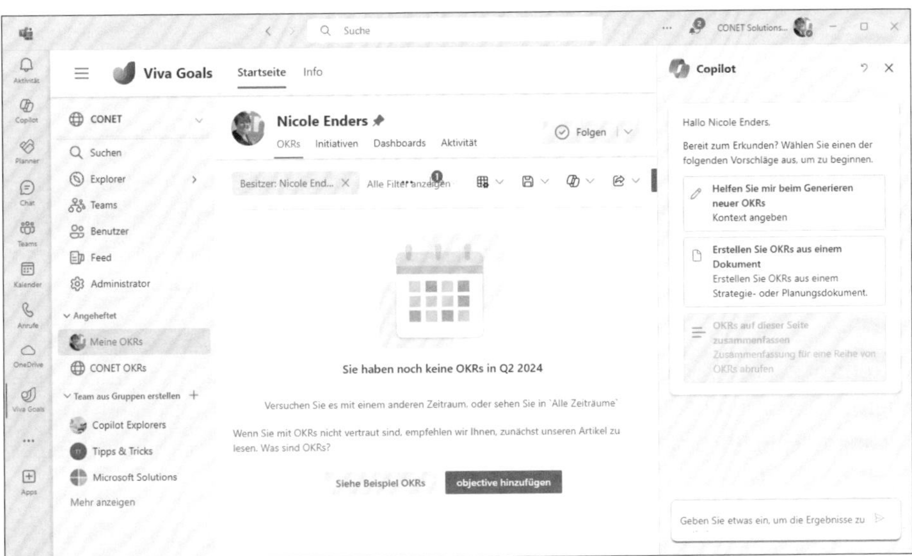

Abbildung 2.25 Mit »Viva Goals« können Sie ein transparentes Zielmanagement im Unternehmen etablieren.

Abbildung 2.25 stellt ein Beispiel für die definierten Ziele in einem Unternehmen dar. Für jedes Ziel wurde festgelegt, wie die Zielerreichung gemessen werden kann und welche Initiativen bzw. Projekte helfen können, dieses Ziel zu erreichen. Durch die Anzeige eines Fortschrittsbalkens können Sie direkt erkennen, ob die Zielerreichung gefährdet ist oder nach Plan läuft. Außerdem können Sie für jedes Ziel auch die verantwortliche Person hinterlegen, sodass jeder schnell erkennen kann, wer sich um welche Themen kümmert.

Dabei kommt ein wichtiger Punkt hinsichtlich der Unternehmenskultur ins Spiel. Wenn Sie ein transparentes Zielmanagement etablieren möchten, muss es in Ordnung sein, dass jeder erkennen kann, wenn ein Ziel noch nicht erreicht wurde oder die Zielerreichung gegebenenfalls sogar gefährdet ist. Optimale Voraussetzungen wären, wenn die für dieses Ziel verantwortliche Person keine negativen Auswirkungen befürchten müsste, sondern sogar im Gegenteil dazu Hilfe von anderen Mitarbeitenden angeboten bekäme. Dieses Vorgehen ist allerdings nur möglich, wenn alle Mitarbeitenden im Interesse des Unternehmens an einem Strang ziehen und sich gegenseitig unterstützen.

Wenn die entsprechenden Voraussetzungen für einen Einsatz von Viva Goals geschaffen wurden, ist dies eine sehr gute Möglichkeit, um die Mitarbeitenden in nahezu alle unternehmensbezogenen Belange einzubeziehen, die Stärken einer jeden Person zu nutzen und zu zeigen, wie sich jeder einbringen und etwas bewirken kann. Dadurch können Informationen und insbesondere das Wissen im Unternehmen für eine möglichst effektive Erreichung der Geschäftsziele genutzt werden.

2.5 Dokumentenmanagement mit SharePoint und OneDrive

Eine besondere Form von Informationen stellen Dokumente dar. Im Arbeitsalltag werden Sie immer wieder mit Dokumenten unterschiedlichster Art konfrontiert werden. Manche dieser Dokumente werden Sie selbst erstellen, andere Dokumente werden Ihnen irgendwann zur Verfügung gestellt bzw. zur weiteren Bearbeitung übergeben.

Es kommt auf den Zweck und die Art des Dokuments an, um den für es richtigen Speicherort auszuwählen. Bei Dokumenten, die von Ihnen erstellt und gegebenenfalls sogar ausschließlich von Ihnen verwendet werden, bietet sich *OneDrive* als Ihre persönliche Dateiablage an.

Sie können OneDrive, wie in Abbildung 2.26 dargestellt, über den Browser aufrufen oder über den Windows Explorer nutzen, denn dort ist Ihre persönliche Dateiablage automatisch integriert. So können Sie jahrelang erlernte und gewohnte Verhaltensweisen beibehalten und dennoch Ihre Daten in der Microsoft-365-Umgebung verwalten, ohne bei Beschädigung oder Verlust Ihres PCs die Dokumente ebenfalls zu verlieren.

Sie können Dateien aus Ihrem OneDrive auch mit anderen Personen teilen und dabei genau festlegen, ob die Person lediglich lesenden oder auch schreibenden Zugriff erhalten soll. Sie können bei Bedarf sogar die Zeitspanne für die Freigabe festlegen oder später auch den Zugriff wieder einschränken.

Auf der Startseite von OneDrive werden Ihnen die zuletzt von Ihnen geöffneten oder bearbeiteten Dokumente angeboten. Dabei kann es sich um Dokumente aus Ihrer persönlichen Dateiablage handeln oder um Dokumente, die eine andere Person mit Ihnen geteilt hat.

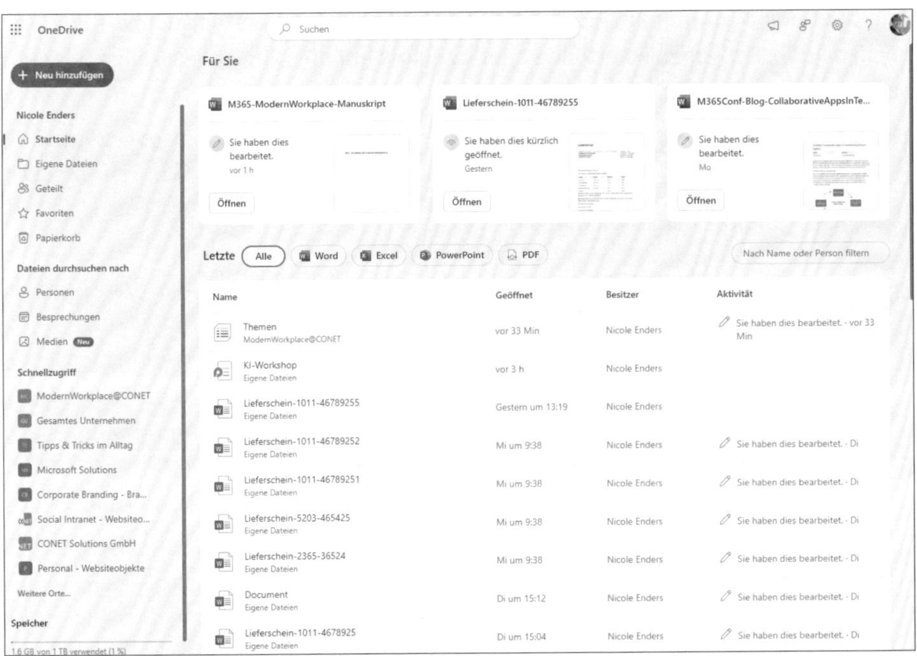

Abbildung 2.26 OneDrive stellt Ihre zentrale Anlaufstelle für alle Ihre Dokumente dar.

Sie können über die linke Navigation aber auch explizit auf Ihre persönliche Dateiablage wechseln oder eine Auflistung der mit Ihnen geteilten Dokumente aufrufen. Dabei ist eine Gruppierung nach den Personen meistens hilfreich, die diese Dateien mit Ihnen geteilt haben. Denn oft erinnert man sich noch, wer ein Dokument mit einem geteilt hat, während der Dateiname nicht mehr so präsent ist und daher eine Suche nach der Datei gegebenenfalls schwerfallen würde.

Im unteren Bereich der linken Navigation werden Ihnen außerdem die Dateiablagen aus Teamräumen bzw. SharePoint angeboten. Dokumente, die hier abgelegt werden, sind von Anfang an für eine Gruppe von Personen gedacht und sollten aus diesem Grund nicht im OneDrive einer Person abgelegt werden.

Stellen Sie sich beispielsweise vor, dass Sie mit anderen Mitarbeitenden an einem Projekt arbeiten oder einen Teamraum für Ihre Abteilung nutzen. Wenn es Dokumente gibt, die für das Projekt bzw. die Abteilung erstellt werden, so kann dies direkt in der gemeinsamen Dateiablage erfolgen. So können Sie auch gemeinsam an den Dokumenten arbeiten, ohne dass noch zusätzliche Freigaben erfolgen müssen.

Wenn Sie in *Teams* einen Teamraum anlegen, wird automatisch auch eine SharePoint-Website erstellt. Die Dokumentbibliothek dieser SharePoint-Websites stellt die Dateiablage des Teamraums dar. Somit können wir sowohl bei Teamräumen als auch bei eigenständigen SharePoint-Websites von derselben Art von Dateiablagen sprechen. Wie Sie Abbildung 2.27 entnehmen können, haben Sie hier sowohl die Möglichkeit, über den Menüpunkt NEU neue Dokumente zu erstellen, als auch vorhandene hochzuladen, Freigaben zu erteilen oder den Link auf die Dateiablage selbst oder ein bestimmtes Dokument weiterzugeben.

Abbildung 2.27 In Teamräumen bzw. auf SharePoint-Websites können Dokumentbibliotheken als gemeinsame Dateiablagen genutzt werden.

Damit sind die Voraussetzungen für die Zusammenarbeit in verschiedenen alltäglichen Situationen geschaffen und es obliegt Ihnen, zu entscheiden, welche Art von Dokument Sie erstellen oder bearbeiten und für welche Zielgruppe dieses Dokument gedacht ist.

SharePoint Premium und SharePoint Embedded

Haben Sie schon einmal einen der beiden Begriffe gehört? Wenn ich in diesem Abschnitt schon über SharePoint als zentrale Dateiablage spreche, sollte ich auch auf diese beiden Sonderfälle eingehen.

Ich beginne mit *SharePoint Premium*, das in den letzten Jahren auch als *SharePoint Syntex* oder *Microsoft Syntex* bezeichnet wurde. Der Name lässt zu Recht vermuten, dass es um die Verwaltung von Dokumenten geht und dass dabei die Funktionen genutzt werden können, die Sie aus SharePoint bereits kennen. Darüber hinaus bietet SharePoint Premium auch noch weitere Funktionen aus dem Bereich der künstlichen Intelligenz an.

So können sogenannte *Dokumentenportale* erstellt werden, in denen die dort verwalteten Dokumente automatisch geprüft werden. Dabei werden Muster sowie bestimmte Inhalte erkannt, und die Dokumente können somit ohne Ihr Zutun klassifiziert und sogar weiterverarbeitet werden. Sie müssen also nicht mehr explizit ein Dokument öffnen, um herauszufinden, ob es sich um eine Rechnung oder ein Konzept handelt. Diese Information finden Sie direkt in den Metadaten in Form von zusätzlichen Spalten der Dateiablage. Falls es sich um eine Rechnung handelt, sind je nach Konfiguration sogar Daten wie die Rechnungssumme und die Kontaktdaten der Person extrahiert worden. die die Rechnung gestellt hat. In einem weiteren Schritt können Sie sogar die Rechnungsdaten an Ihre Buchungsverwaltung weiterleiten lassen und werden somit – gerade bei vielen Dokumenten dieser Art – von einer Routinetätigkeit entlastet.

Ein anderes Beispiel wäre eine automatische Übersetzung von bestimmten Dokumenten. Vielleicht sollen Dokumentationen immer in mehreren Sprachen vorliegen. Mit SharePoint Premium können Sie festlegen, wo fertiggestellte Dokumentationen in deutscher Sprache abgelegt werden sollen, um dann automatisch die Übersetzung vornehmen zu lassen.

Sie sehen, die Anwendungsgebiete sind vielfältig und lassen sich auf Ihre Bedürfnisse zuschneiden. Weitere Beispiele sowie weiterführende Informationen finden Sie unter *https://adoption.microsoft.com/de-de/sharepoint-premium*. Allerdings sollte Ihnen bewusst sein, dass SharePoint Premium zusätzlich zu lizenzieren ist.

Bei *SharePoint Embedded* wird ebenfalls SharePoint zur Verwaltung von Dateien genutzt. Hier geht es aber um die Unterstützung bei der Entwicklung eigener Apps, die beispielsweise in *Teams* integriert werden. Falls Sie eine App benötigen, die neben strukturierten Informationen auch mit Dokumenten arbeitet, können Sie diese Option nutzen. Sie nutzen dann eine SharePoint-Website mit einer dazugehörenden Dokumentbibliothek, ohne dass diese Website sowie sämtliche Inhalte daraus in einer Suche oder im *SharePoint Admin Center* angezeigt werden. Ihre Daten werden sicher in Ihrer Microsoft-365-Umgebung (*Tenant*) verwaltet, ohne dass Sie befürchten müssen, dass jemand außerhalb Ihrer App auf die Daten zugreifen kann. Diesen Mechanismus nutzt Microsoft auch selbst, z. B. mit dem Dienst Loop. Weitere Informationen zu SharePoint Embedded finden Sie unter *https://learn.microsoft.com/de-de/sharepoint/dev/embedded/overview*.

2.6 Prozessunterstützung mit der Power Platform und Dynamics 365

Zur Unterstützung der Management-, Geschäfts- und Unterstützungsprozesse in Ihrem Unternehmen können Sie die bereits in den vorangegangenen Abschnitten vorgestellten Tools nutzen, zum Beispiel *Teams*, SharePoint und Planner. Allerdings benötigen wir im Alltag meistens Lösungen, die etwas mehr auf unsere Bedürfnisse zugeschnitten sind. Für die Unterstützung Ihrer individuellen Prozesse werden Sie daher vielleicht die folgenden Tools interessant finden.

2.6.1 Workflows mit Power Automate unterstützen

Mit *Power Automate* können Sie Prozesse realisieren, zum Beispiel einen Genehmigungsprozess für bestimmte Dokumente inklusive anschließender digitaler Unterzeichnung oder einen automatischen Statuswechsel sowie eine Benachrichtigung bestimmter Personen. In Abbildung 2.28 sehen Sie ein Beispiel für die automatische Benachrichtigung in einem Teamraum, wenn Aufgaben in einem bestimmten Planner-Plan aktualisiert werden.

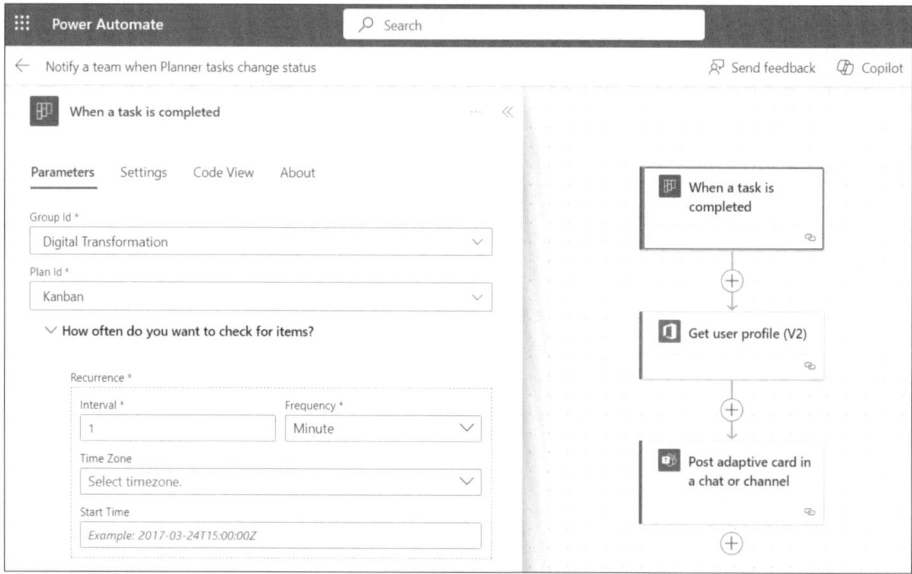

Abbildung 2.28 Nutzen Sie Planner, um Daten zwischen verschiedenen Diensten auszutauschen oder manuelle Tätigkeiten zu automatisieren.

Die Stärke von Power Automate besteht einerseits in der grafischen Konfigurationsmöglichkeit und andererseits in der großen Auswahl an Systemen, die Sie miteinander verbinden können. So können Sie manuelle Tätigkeiten automatisieren. Dadurch reduzieren Sie zum einen Fehlerquellen und schaffen zum anderen Zeit für andere Tätigkeiten.

Benötige ich nun zum Erstellen von Workflows keine Software-Developer mehr?

Mit Power Automate wird die Erstellung von Workflows auf den ersten Blick sehr viel einfacher, und häufig begegnen uns Aussagen wie: »Die Fachabteilung kann nun ihre eigenen Lösungen erstellen und benötigt keine Unterstützung mehr durch Personen mit technischer Expertise.« Doch dies ist nur bedingt der Fall!

Wenn Sie einen Workflow erstellen, der beispielsweise bei einem Dokument lediglich einen einstufigen Freigabeprozess auslöst, dann können Sie dies vermutlich ohne weitere Unterstützung. Doch schnell werden Workflows immer komplexer, und sobald Daten aus verschiedenen Datenquellen geladen oder Daten bzw. Dokumente erzeugt und gespeichert werden sollen, ist ein tiefergehendes technisches Verständnis zwingend erforderlich, um einen dauerhaft funktionsfähigen Workflow bereitstellen zu können. Dieses Wissen bringen Software-Developer mit, und sie können zusätzlich noch in den Fällen helfen, wenn Power Automate bestimmte Schnittstellen oder Aktionen nicht anbietet.

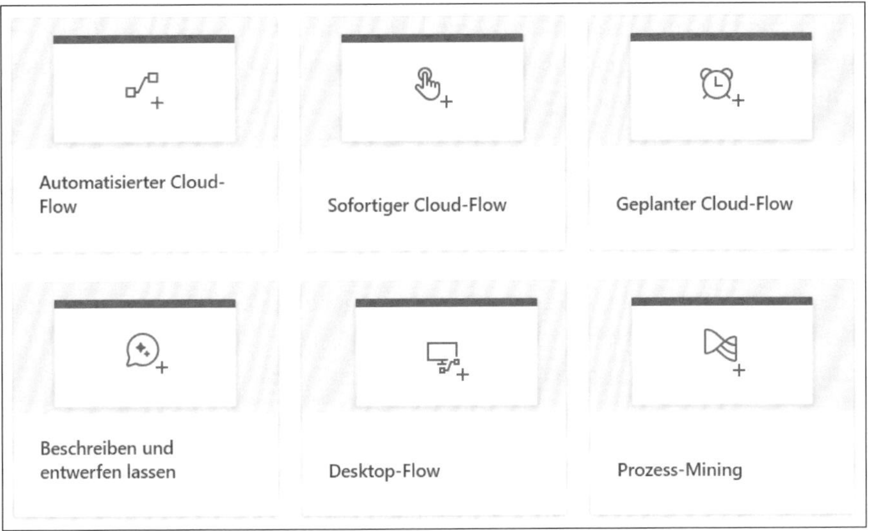

Abbildung 2.29 Mit »Power Automate« können Sie unterschiedliche Typen von Workflows erstellen.

Bei den Workflows, die Sie mit Power Automate erstellen können, unterscheiden wir zwischen den in Abbildung 2.29 dargestellten Typen. An dieser Stelle möchte ich auf die obere Reihe eingehen:

- **Automatisierter Cloud-Flow**: Sie können *Flows* erstellen, die automatisiert auf Basis eines bestimmten Ereignisses (beispielsweise eine neu eingegangene E-Mail in Ihrem Postfach oder einem geänderten Dokument in SharePoint) gestartet werden. Dabei kann der Flow auf die Informationen des auslösenden Ereignisses zugreifen und so beispielsweise die eben eingegangene E-Mail auf bestimmte Inhalte oder den Absender prüfen und anschließend mit diesen Informationen weiterarbeiten.

- **Sofortiger Cloud-Flow**: Diese Art von Flows wird manuell gestartet. Das kann über die mobile App oder die Weboberfläche von Power Automate erfolgen, oder der Flow lässt sich über einen Menüpunkt (beispielsweise in einer SharePoint-Liste oder Dokumentbibliothek) aufrufen. Es wäre sogar denkbar, dass eine Anwendung außerhalb der Microsoft-365-Dienste und -Apps den Flow aufruft. Bei dieser Art von Flows müssen die Informationen übergeben werden, die zur weiteren Bearbeitung im Workflow benötigt werden.
- **Geplanter Cloud-Flow**: Dieser dritte Typ wird nicht durch ein Ereignis oder manuell gestartet, sondern besitzt einen Zeitplan. Sie können einstellen, ab wann und in welchem Intervall der Flow gestartet werden soll. Eine solche zeitliche Steuerung bietet sich vor allem für Hintergrundoperationen an, in denen beispielsweise einmal täglich Daten überprüft und gegebenenfalls eine Zusammenfassung via E-Mail versendet werden soll. Auch Archivierungs- oder Synchronisationsprozesse können hierüber abgebildet werden. Denn oft bietet es sich an, für länger dauernde Vorgänge Zeiten außerhalb der eigentlichen Arbeitszeiten zu wählen, um die Mitarbeitenden nicht zu beeinträchtigen.

Auf die weiteren Flow-Typen gehe ich später näher ein, wenn sich ein entsprechendes Einsatzszenario ergibt. Wenn wir jedoch allein auf die hier vorgestellten Möglichkeiten schauen, wird sehr schnell klar, dass mit *Teams* als Mitarbeiter-App nicht einfach eine Standardlösung angeboten wird. Sie können durch die Power Platform – und insbesondere Power Automate – die vom Standardangebot nicht sofort unterstützten Prozesse für Ihr Unternehmen maßgeschneidert realisieren und zu einem Teil Ihrer individuellen Mitarbeiter-App werden lassen.

2.6.2 Mobile Apps mit Power Apps erstellen

Sie können sogar noch einen Schritt weiter gehen. Sie haben zwar bereits Forms als Dienst für elektronische Formulare kennengelernt, aber in vielen meiner Kundenprojekte war am Ende doch immer die Benutzeroberfläche ein wichtiger Punkt. Es reichte dann nicht aus, dass die Eingabefelder lediglich untereinander und wie bei einem Schritt-für-Schritt-Assistenten auf verschiedene Seiten verteilt werden konnten. Nein, manchmal wären

- ein zwei- oder dreispaltiges Layout,
- unterschiedliche Eingabemöglichkeiten für verschiedene Benutzergruppen oder
- Regeln für die Aktivierung bzw. Deaktivierung bestimmter Schaltflächen (z. B. zum Speichern) hilfreich.

Außerdem soll sich die Lösung für unseren Geschäftsprozess wie eine richtige App verhalten und dementsprechend auch über das Smartphone oder Tablet genutzt werden können. Wenn sich die Lösung dann auch noch in einen Teamraum integrieren ließe, wäre es perfekt.

Genau diese Möglichkeiten bietet der Dienst *Power Apps* mit seinen *Canvas-Apps*. Sie können ausgehend von einer Datenquelle (z. B. Excel, SharePoint oder *Dataverse* bzw. einer Datenbank) oder komplett frei eine mobile App erstellen (siehe Abbildung 2.30). Dabei werden Sie direkt zu Beginn gefragt, ob der primäre Einsatz für ein Smartphone oder für ein Tablet und damit auch für den Desktop vorgesehen ist. Diese Frage ist sehr wichtig, damit Sie von Anfang an die Benutzeroberfläche so gestalten, dass sie möglichst einfach zu bedienen ist. Bei der Nutzung durch ein Smartphone müssen Sie beispielsweise die Schriftgröße und die Größe der Schaltflächen anders planen als für die Nutzung am Desktop. Denn am Smartphone benutzen Sie Ihre Finger und benötigen mehr Platz, als wenn Sie am Desktop mit einer Maus arbeiten.

Abbildung 2.30 Sie können eine Power App basierend auf einer bestehenden Datenquelle, einer Vorlage oder einem Seitendesign erstellen.

Die mobile Nutzung von Geschäftsanwendungen gewinnt in unserem Arbeitsalltag immer mehr Bedeutung. Denn Prozesse können beschleunigt werden, wenn beispielsweise die Genehmigung eines Urlaubsantrags direkt über das Smartphone erfolgen kann. Mit Power Apps können Sie diese Art von mobiler Unterstützung für ausgewählte (Teil-)Prozesse anbieten.

Wenn Sie noch keine Erfahrungen mit Power Apps gesammelt haben, empfehle ich Ihnen, mit einer Vorlage zu starten, wie ich es in Abbildung 2.31 am Beispiel der App *Onboarding Tasks* getan habe. Wenn Sie die verfügbaren Vorlagen aufrufen, werden Sie wahrscheinlich mindestens eine Vorlage finden, die zumindest optisch eine große Ähnlichkeit mit der App aufweist, die Sie gerne erstellen möchten. Wählen Sie diese Vorlage dann aus, geben Sie einen Namen an und lassen Sie sich die App generieren.

Sie können anschließend den Aufbau der App über die STRUKTURANSICHT prüfen und lernen, aus welchen *Komponenten* die App besteht und wie diese konfiguriert wurden. Wenn Sie anschließend Ihre eigene App erstellen, können Sie immer wieder hierher zurückkehren und sich einzelne Details erneut anschauen und diese bei Bedarf adaptieren.

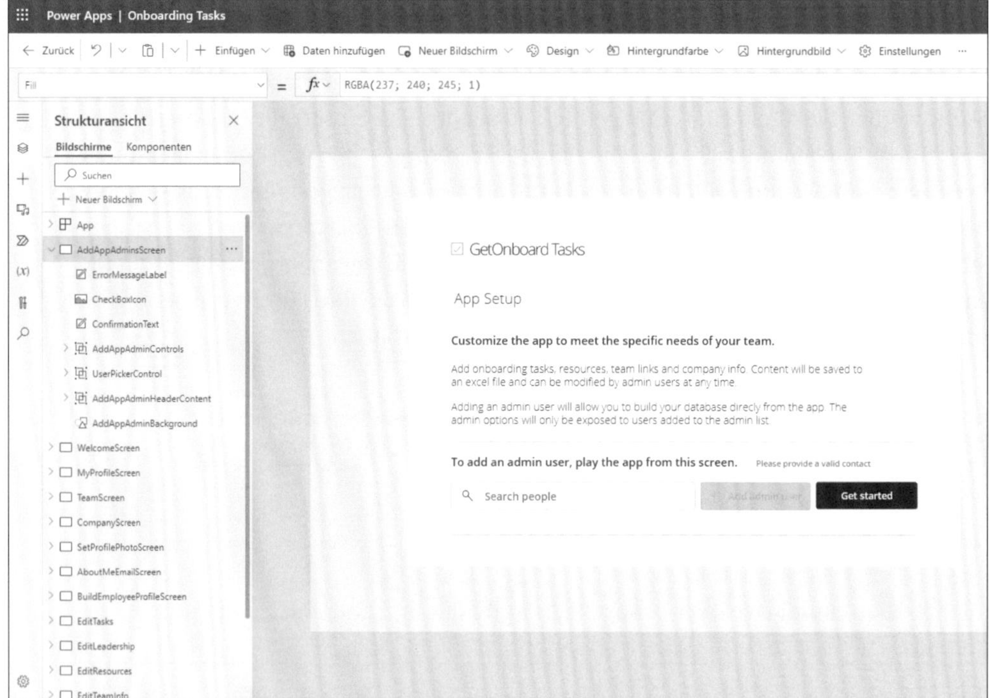

Abbildung 2.31 Vorlagen können Ihnen auch bei der Einarbeitung in Power Apps helfen, um die Möglichkeiten für Ihre eigene App kennenzulernen.

Außer den Canvas-Apps können Sie mit Power Apps auch sogenannte *modellgesteuerte Apps* erstellen. Bei diesen liegt der Fokus besonders stark auf den Geschäftsdaten und den unterstützten Prozessschritten und weniger auf einer individuell zugeschnittenen Benutzeroberfläche. Wenn die Daten bereits in anderen Anwendungen oder Systemen verwaltet werden, dann ist eine solche App mit wenigen Klicks erstellt, sodass Sie sich auf die Abbildung des Geschäftsprozesses konzentrieren können. Mehr zu den verschiedenen Möglichkeiten werden Sie im weiteren Verlauf dieses Buchs erfahren.

Power Pages

Mit Power Apps konnten Sie früher auch sogenannte *Portale* erstellen. Mittlerweile ist aus dieser Option ein separater Dienst in Microsoft 365 entstanden. Mit dem Dienst *Power Pages* können Sie gezielt Informationen aus Ihren internen Geschäftsanwendungen (unter anderem aus einer modellgesteuerten App) in Form eines Extranets für externe Personen zugänglich machen.

Durch diese Möglichkeit können Sie sämtliche Prozesse entlang Ihrer Wertschöpfungskette sowie die unterstützenden Prozesse abbilden und Lösungen bereitstellen, die eine Interaktion zwischen den Mitarbeitenden und Kunden, Lieferanten und Partnern ermöglichen. Dabei werden die Daten zentral in der unternehmensweiten Datenbank *Dataverse* verwaltet, wobei jede Anwendung und jeder Prozess nur auf die Daten zugreifen kann, die für sie bzw. ihn relevant sind.

Die Alternative wären verschiedene Datensilos und in Teilen redundante Daten, die über zu definierende Schnittstellen ausgetauscht werden müssten. Diese Vorgehensweise birgt allerdings das Risiko, dass inkonsistente und perspektivisch verfälschte Daten entstehen, wenn Synchronisationsprozesse fehlschlagen. Aus diesem Grund ist eine zentrale Datenbasis von Vorteil und mit der Power Platform auch aus Sicht der Ersteller einer Lösung sowie der Endanwender attraktiv.

2.6.3 Berichte und Dashboards mit Power BI

Eine zentrale Datenbasis ist für Geschäftsentscheidungen und das Erkennen von Trends besonders wichtig. Da Daten und die damit zusammenhängenden Informationen in der Praxis jedoch meist in verschiedenen Systemen zu finden sind, kommt den Berichten und Dashboards für die Entscheider im Unternehmen besondere Bedeutung zu.

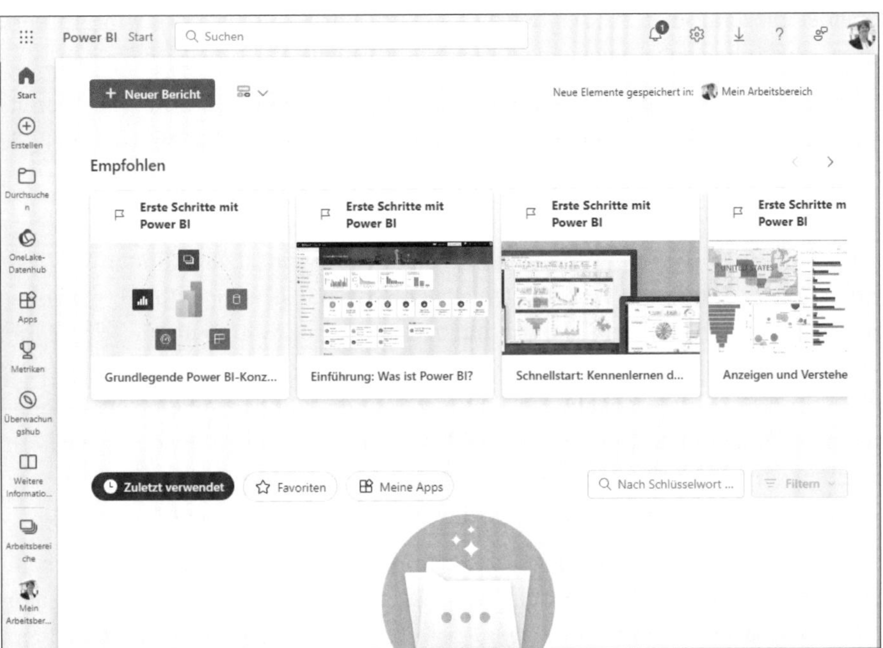

Abbildung 2.32 Mit »Power BI« können Sie Ihr unternehmensweites Berichtswesen umsetzen.

Dabei unterscheiden wir zwischen vordefinierten Berichten und Berichten, die im Rahmen eines Self-Service-BI ad hoc erstellt werden. Mit dem in Abbildung 2.32 dargestellten Dienst *Power BI* können Sie beide Arten von Berichten erstellen und bereitstellen. So können Berichte entstehen, die für einen bestimmten Personenkreis oder auch für das gesamte Unternehmen angeboten werden. Und zusätzlich können Sie Mitarbeitende auch befähigen, mit *Power BI Desktop* ihre persönlichen oder Teambezogenen Berichte zu erstellen. Dabei können Berichte sowohl lokal bei dem jeweiligen Mitarbeitenden gespeichert werden oder für das Team veröffentlicht werden.

2.6.4 Geschäftsprozessunterstützung von der Stange mit Dynamics 365

Mit der Power Platform können Sie, wie in den vorangegangenen Abschnitten beschrieben, Ihre persönlichen Geschäftsprozesse unterstützen, indem Sie Apps erstellen, Workflows entwickeln und die bei der Nutzung der App bzw. des Workflows gewonnenen sowie bearbeiteten Daten über Berichte auswerten. Durch die nahtlose Integration in *Teams* können Sie sogar die Prozesse um Kommunikations- und Kollaborationskomponenten erweitern.

Doch eines sollten Sie unbedingt bedenken, bevor Sie Apps und Flows erstellen: Viele Geschäftsprozesse sind nicht so individuell, wie Sie denken, und unterscheiden sich eher in kleineren Details von denen anderer Unternehmen. Es kommt im Wesentlichen auf die Branche und das Geschäftsmodell an, worin sich die Unterschiede genau widerspiegeln. Aber Ihr Vertriebsprozess und Ihr Kundenservice wird im Kern vermutlich ähnlich ablaufen wie bei Ihren Marktbegleitern.

Mit *Dynamics 365* werden für die Standardprozesse in einem Unternehmen bereits fertige Module angeboten. So werden Sie vermutlich Kunden haben, zu denen Sie verschiedene Informationen verwalten möchten. Zusätzlich verkaufen Sie entweder Produkte oder erbringen Leistungen für Ihre Kunden.

Wenn Sie ein oder mehrere Module aus Dynamics 365 einsetzen, können Sie diese mit den bereits bekannten Werkzeugen aus der Power Platform an Ihre Bedürfnisse anpassen. Dies stellt im Vergleich zu anderen Standardprodukten einen absoluten Vorteil dar. Denn Sie erhalten zum einen ein Standardprodukt, das sofort eingesetzt werden kann. Zum anderen sind Sie aber nicht auf die standardmäßig angebotenen Funktionen beschränkt, sondern können das Datenmodell anpassen oder erweitern, eigene Apps und Workflows realisieren oder auch Eingabeformulare anpassen und selbstverständlich das System um unternehmensspezifische Berichte ergänzen.

Auch wenn Dynamics 365 separat zu lizenzieren ist, sollten Sie unbedingt prüfen, inwiefern sich ein Einsatz für Sie lohnt. Denn alternativ müssten Sie die entsprechenden Prozesse selbst mithilfe der Power Platform unterstützen. Dies kostet Sie beim

Einsatz eigener Mitarbeitender Zeit, und bei einer externen Vergabe kostet es direkt Geld. Wenn Sie bereits während der Planung Ihres Vorhabens die Alternativen gegenüberstellen, kann sich die Lizenzierung von Dynamics 365 je nach Anforderung recht schnell lohnen.

2.6.5 Künstliche Intelligenz mit dem AI Builder

Zum Abschluss des Abschnitts zur Prozessunterstützung darf ein Blick auf die Möglichkeiten im Bereich der künstlichen Intelligenz nicht fehlen. Daher möchte ich noch auf den *AI Builder* eingehen, den Sie sowohl bei Power Apps als auch bei Power Automate über den Menüpunkt KI-Hub in der Navigation finden können (siehe Abbildung 2.33).

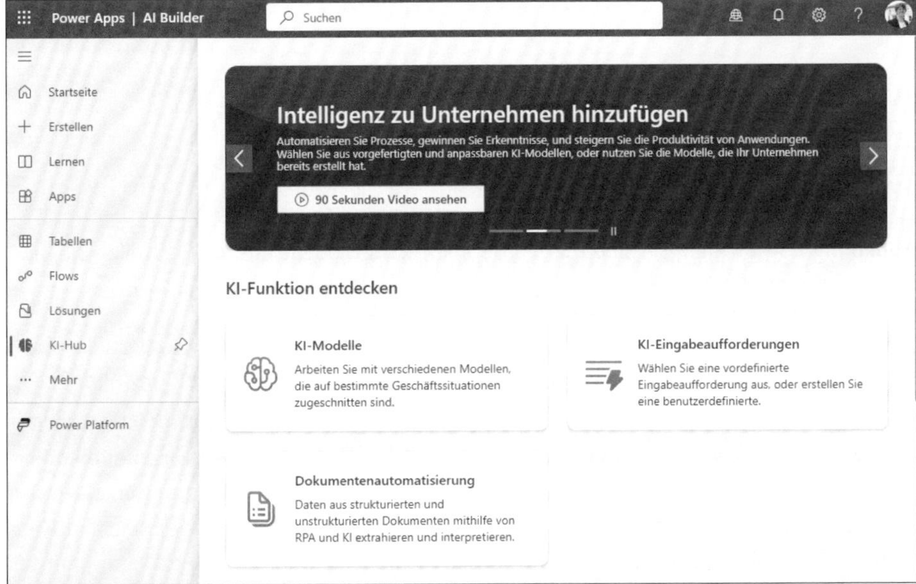

Abbildung 2.33 Mithilfe des »AI Builder« können Sie künstliche Intelligenz in Ihre Apps und Flows integrieren.

Ihnen werden hier viele bereits vordefinierte KI-Modelle angeboten, um beispielsweise die Daten einer Rechnung automatisiert auszulesen oder bei einer Nachricht Ihres Kunden schnell dessen Stimmung zu erkennen. Sie können aber auch eigene Modelle erstellen, denn nicht immer passt eines der vordefinierten Modelle zu Ihren Dokumenten oder Anforderungen. Sie können demnach frei aus den in Abbildung 2.34 aufgeführten Modellen wählen und so die für Ihre Anforderungen optimale Unterstützung auswählen.

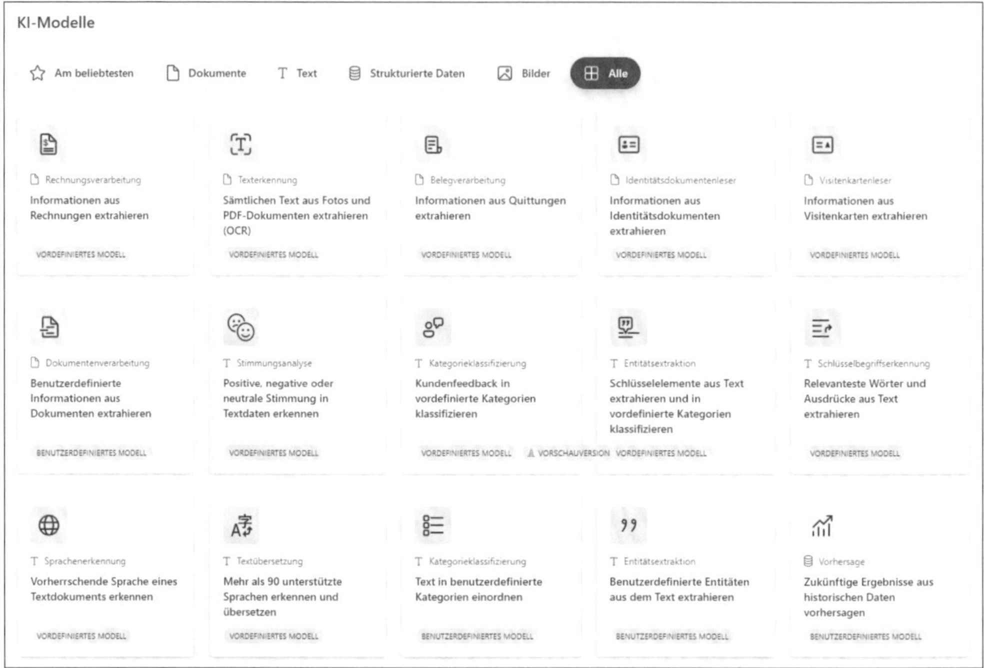

Abbildung 2.34 Wählen Sie eines der vordefinierten KI-Modelle aus oder erstellen Sie Ihr benutzerdefiniertes KI-Modell.

Was ist ein KI-Modell, und warum sollte ich ein eigenes KI-Modell erstellen?

Ein KI-Modell ist eine Art algorithmisches Framework, das darauf trainiert ist, Muster, Daten und Informationen auf eine Weise zu interpretieren und zu verarbeiten, die menschliche Denkprozesse nachahmt. Diese Modelle basieren auf großen Datenmengen und statistischen Methoden, um Vorhersagen zu treffen oder Entscheidungen autonom zu treffen. In der Praxis lernen KI-Modelle durch einen Prozess namens *maschinelles Lernen*, bei dem sie kontinuierlich verbessert werden, indem sie neue Daten analysieren und aus diesen lernen. Diesen Vorgang bezeichnet man auch als *Trainieren*. KI-Modelle werden in vielfältigen Anwendungen eingesetzt, von der Spracherkennung über die Bildanalyse bis hin zu komplexen Entscheidungsfindungsprozessen in verschiedenen Branchen, wie Finanzen, Gesundheitswesen und Automobilindustrie.

So gibt es beispielsweise das KI-Modell zur Extraktion von Daten aus Rechnungsdokumenten. Vermutlich gibt es in Ihrem Unternehmen aber auch eine Vielzahl an sehr spezifischen Dokumenten, zu denen es kein bereits vorbereitetes Modell in der Auswahl gibt. In einem solchen Fall können Sie die zu extrahierenden Informationen für Ihr eigenes KI-Modell definieren und anschließend auch selbst das Training durchführen. So können Sie Ihre Workflows noch weiter automatisieren, da Dokumente nicht mehr durch einen Menschen gesichtet und die Informationen nicht mehr manuell extrahiert werden müssen.

Falls Sie ein eigenes KI-Modell erstellen, müssen Sie anhand einer Vielzahl von Dokumenten oder Bildern die zu extrahierenden Informationen kennzeichnen und das KI-Modell trainieren. Dabei kommt es wie immer bei künstlicher Intelligenz auf die von Ihnen verwendeten Trainingsdaten an, damit das KI-Modell sowohl den Ethik-Prinzipien künstlicher Intelligenz (z. B. Gerechtigkeit) entspricht als auch die gewünschten Daten im praktischen Einsatz korrekt erkennt.

Business Case für künstliche Intelligenz

Da die meisten Funktionen aus dem Bereich künstlicher Intelligenz im Microsoft-Umfeld mit zusätzlichen Kosten verbunden sind, ist die Berechnung eines Business Cases sehr wichtig. Denn auch der AI Builder muss zusätzlich lizenziert werden, wobei hier von einer sogenannten *Kapazität* gesprochen wird. Sie kaufen dabei eine Art Kontingent ein, das Sie sinnvoll ausschöpfen sollten, um das Beste für Ihr Unternehmen herauszuholen. Die Betrachtung eines einzelnen kleinen Szenarios wird höchstwahrscheinlich den Mehrwert der KI-Funktionen nicht erkennen lassen. Ich empfehle Ihnen daher, an dieser Stelle einmal an das sogenannte *Big Picture* zu denken und zu analysieren, an welchen Stellen Ihnen künstliche Intelligenz überall helfen kann. Anschließend können Sie die bei der Analyse ermittelten Punkte priorisieren und die Kosten für die KI-Funktionen den Einsparungen und positiven Auswirkungen gegenüberstellen, die durch die neue Lösung erzielt werden können. Dies sollte Ihnen bei der Entscheidung für eine Lizenzierung weiterhelfen.

2.7 Persönliche Assistenten mit Copilot, Copilot Studio & Co.

Spätestens seit ChatGPT in aller Munde ist, ist auch das Thema der persönlichen Assistenten wieder sehr präsent in den Unternehmen. Dabei sind wir aber weit über das Stadium von Assistenten wie *Karl Klammer* hinaus, den manche von uns noch aus den frühen Versionen von Microsoft Office kennen. Heutige persönliche Assistenten nutzen künstliche Intelligenz, um die jeden Tag zunehmende Menge an Daten effizient zu nutzen und uns mit den richtigen Informationen zur richtigen Zeit zu versorgen.

Microsoft hat meiner Einschätzung nach genau zum richtigen Zeitpunkt in Unternehmen wie OpenAI investiert und konnte mit *Copilot* als erster der großen Anbieter von Business-Lösungen Anwendungsfälle im normalen Arbeitsalltag aufzeigen. Es mag sich anfangs vielleicht befremdlich anfühlen, seinen Copiloten zu bitten,

- alle wichtigen Informationen für das nächste Meeting zusammenzustellen,
- eine Antwort auf eine E-Mail vorzuformulieren,
- ausgetauschte Argumente während einer Besprechung zusammenzufassen und eine Entscheidungsvorlage zu erstellen oder
- Dokumente nach bestimmten Kriterien zu analysieren und in Form einer Präsentation oder eines Berichtes aufzubereiten.

Wenn sich aber der Mehrwert für Sie im Arbeitsalltag dauerhaft bemerkbar macht, werden Sie bereits nach kurzer Zeit Ihren Assistenten nicht mehr missen wollen und sich gegebenenfalls sogar nur noch schwer an die Zeit ohne ihn erinnern können.

Schauen wir uns daher den Copiloten doch einmal genauer an! Als Erstes wäre zu sagen, dass es nicht den einen Copiloten gibt. Microsoft stellt Ihnen verschiedene Copiloten zur Verfügung. Der *Microsoft Copilot*, der vorher auch als *Bing Chat* bezeichnet wurde, erweitert die Suchmaschine von Microsoft um Funktionen, wie wir sie aus ChatGPT kennen. Da Suchanfragen bei vielen auch zum Arbeitsalltag gehören, ist dies bereits ein erster Assistent, den Sie kennen sollten. Über eine Enterprise-Edition können Sie Ihre internen Datenquellen auch anbinden, sodass Ihre Mitarbeitenden über die Suchmaschine neben öffentlich zugänglichen Informationen zeitgleich auch nach den ausschließlich intern verfügbaren Informationen suchen können. Im Verlauf der Konversation mit dem Copiloten können die verschiedenen Informationen dann miteinander verknüpft werden, und vielleicht macht Sie Ihr Assistent auch auf eine Verbindung aufmerksam, die Sie vorher allein nicht erkannt hätten.

Neben verschiedenen anderen Copiloten ist der *Microsoft 365 Copilot* für Sie aber auch besonders interessant, denn er integriert sich nahtlos in die Standardprodukte Word, PowerPoint, Outlook und OneNote wie auch in Teams und Loop. In Teams können Sie ihn beispielsweise über den Chat wie einen gewöhnlichen Chatbot nutzen oder über die linke Navigation aufrufen (siehe Abbildung 2.35) und sich nach einer eventuellen Abwesenheit die Nachrichten der letzten Tage zusammenfassen lassen. Ich stelle mir da beispielsweise die Rückkehr aus dem Urlaub vor, bei der ich mir vom Copiloten einmal meine ungelesenen Nachrichten in Teams sowie die eingegangenen E-Mails zusammenfassen, Antworten vorformulieren und Termine priorisieren lassen kann.

Weitere Informationen zu Microsoft 365 Copilot finden Sie auch unter *https://learn.microsoft.com/de-de/microsoft-365-copilot/microsoft-365-copilot-overview*.

Mit der Zeit werden in nahezu jedem Microsoft-Produkt ein oder mehrere Copiloten angeboten werden. Auch wenn wir die Entwicklungen der künstlichen Intelligenz hinter den Copiloten nur sehr vage abschätzen können, so werden sehr unternehmensspezifische Assistenten immer noch benötigt werden. Diese Assistenten können sich dann jedoch auf eben genau den speziellen Geschäftsprozess bzw. das Spezialthema fokussieren, und auch hierfür bietet Microsoft einen Dienst an.

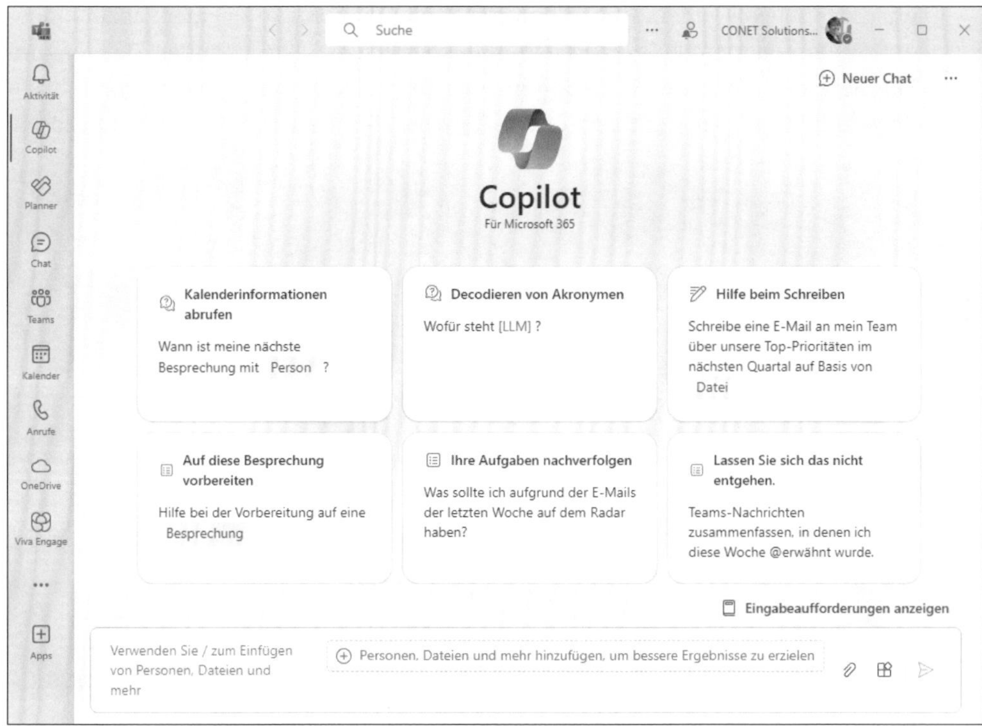

Abbildung 2.35 Nutzen Sie »Microsoft 365 Copilot«, um sich bei alltäglichen Aufgaben unterstützen zu lassen.

Früher hieß dieser Dienst *Power Virtual Agents* und war Teil der Power Platform. Doch mit der neuen Marke Copilot wurde der Dienst umbenannt und zum Teil verändert. Wir sprechen nun vom *Microsoft Copilot Studio*, über das Sie Ihre persönlichen Copiloten erstellen können.

In der Vergangenheit mussten Sie für einen eigenen Chatbot genau überlegen, wie Sie die Konversation steuern wollten. Das bedeutete viel konzeptionelle Arbeit, um die richtigen Worte und Synonyme zum Auslösen eines Bots zu definieren und anschließend die Abfolge von Fragen sowie die möglichen Antworten auf die jeweilige Frage vorzubereiten. In Zeiten von *Generative AI* im Allgemeinen sowie *Generative Answers* und *Generative Actions* müssen Sie diese Vorarbeiten nicht mehr erledigen. Stattdessen übernehmen *Large Language Models* (LLMs) diese Arbeit und steuern die Konversation in natürlicher Sprache – und dies auch in vielen verschiedenen Sprachen der Welt.

Sie können sich stattdessen auf die Prozesse fokussieren, die mit dem Copiloten unterstützt werden sollen, oder speziell für diesen Assistenten verfügbare Informationsquellen hinterlegen. Dies geschieht über sogenannte *Aktionen*, wie Sie in Abbildung 2.36 sehen können. Eine Aktion stellt eine Schnittstelle zu einem anzubindenden System oder einem Prozess dar. In der einfachsten Form können Sie hier zum Beispiel einen mit Power Automate erstellten Flow als Aktion registrieren und so den Prozess zukünftig auch aus der Konversation mit Ihrem Assistenten heraus auslösen.

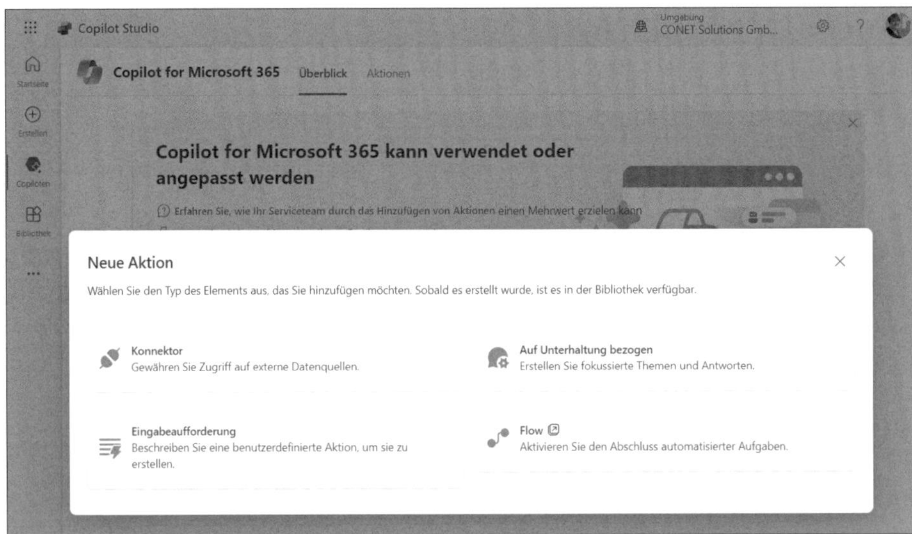

Abbildung 2.36 Erstellen Sie Ihre persönlichen Copiloten mit dem »Microsoft Copilot Studio«.

Während der Registrierung der Aktion geben Sie eine Beschreibung zu dem Flow sowie zu allen erwarteten Eingabewerten an. Diese Informationen werden dann später bei der Nutzung des Copiloten verwendet, um die Konversation mit Ihnen zu steuern. Das heißt, wenn der Copilot erkannt hat, dass Sie den entsprechenden Prozess auslösen möchten, prüft er, welche Informationen zu den erwarteten Eingabewerten bereits während des Gesprächs gesammelt wurden. Falls noch Informationen fehlen, fragt der Copilot nun gezielt nach und kann anschließend den Flow auslösen.

Mit solchen Assistenten können Sie beispielsweise eine FAQ-Liste ablösen und bieten darüber hinaus den Mitarbeitenden eine interaktive Möglichkeit, Antworten auf komplexere Fragestellungen zu finden. Außerdem werden Sie damit Kolleginnen und Kollegen entlasten, die ansonsten diese Fragen häufig von verschiedenen Mitarbeitenden gestellt bekommen. Meistens liegen die Informationen für alle Beteiligten vor, werden aber über die klassischen Suchmechanismen nicht gefunden. Das liegt in der Regel an mangelnden Kenntnissen zu effektiven Suchabfragen. Ein persönlicher Assistent kann dabei eine große Unterstützung darstellen, indem er die eingegebenen Daten nutzt, gegebenenfalls Rückfragen stellt und die Möglichkeit anbietet, Suchanfragen in einem Gespräch zu konkretisieren bzw. zu verändern.

Copilot, persönliche Assistenten und künstliche Intelligenz

Ähnlich wie bei dem AI Builder oder generell bei Funktionen im Bereich der künstlichen Intelligenz müssen Sie auch den Microsoft 365 Copilot oder andere persönliche Assistenten zusätzlich lizenzieren. Im Vergleich zu der Lizenz für Microsoft 365 selbst erscheinen die Kosten hier sehr hoch. Verglichen mit der Produktivitätssteigerung, die ein persönlicher Assistent mit sich bringt, sind die Kosten jedoch sehr schnell amortisiert. Voraussetzung dafür ist selbstverständlich ein effektiver Einsatz der verschiedenen Möglichkeiten. Dabei sollten Sie Themen wie *Change Management* und *User Adoption* auf keinen Fall vernachlässigen, die wir in Abschnitt 11.8 behandeln werden.

2.8 Auswahl des passenden Cloud-Angebots

Nachdem Sie nun die verschiedenen Tools aus der Microsoft-365-Welt kennengelernt haben, möchten Sie bestimmt das ein oder andere gerne einmal ausprobieren, oder? Wenn Sie bereits einen Microsoft-365-Tenant besitzen, können Sie diesen Abschnitt eventuell überspringen. Allerdings können die Informationen zu Premium-Funktionen sowie zu den speziellen Cloud-Angeboten für bestimmte Branchen bzw. in Hinblick auf das Thema *Nachhaltigkeit* dennoch für Sie interessant sein.

Ihre Unternehmensrichtlinien und Ihr persönliches Sicherheitsbedürfnis können einen großen Einfluss auf die Entscheidung für eine Cloud-Plattform haben. In diesem Buch setze ich voraus, dass der Einsatz einer Cloud-Plattform wie Microsoft 365 grundsätzlich für Sie interessant ist. Falls dies nicht der Fall ist, könnte eine lokale Installation von SharePoint in Kombination mit der Microsoft-Office-Produktpalette für Sie eine Alternative sein. Allerdings sind dann die in diesem Buch vorgestellten Möglichkeiten lediglich aus einer fachlichen bzw. konzeptionellen Sicht für Sie hilfreich, da Ihnen die Tools aus Microsoft 365 nicht zur Verfügung stehen.

Was ist der Unterschied zwischen Microsoft 365 und Office 365?

Office 365 ist eine Cloud-Service-Plattform, die Ihnen viele Funktionen zur Unterstützung der Zusammenarbeit in Ihrem Unternehmen anbietet. Wenn Sie Office 365 im Unternehmen einführen, müssen Sie in der Regel auch *Windows 11 Pro* erwerben und sich um die Absicherung Ihrer Informationen kümmern. *Microsoft 365* ist ein All-in-one-Paket, das neben Office 365 auch *Windows 11 Pro* sowie das *Enterprise Mobility + Security-Paket* beinhaltet und Ihnen somit alle im Arbeitsalltag benötigten Dienste zur Verfügung stellt.

Microsoft hat im November 2019 begonnen, den Begriff *Microsoft 365* ebenfalls für Office 365 zu verwenden. Das liegt unter anderem daran, dass das Angebot mit Tools wie *Teams*, *Stream* und *Planner* mehr als die klassischen Office-Produkte (z. B. Word, Excel und PowerPoint) umfasst und die Tools zum Absichern von Informationen nun auch zu einem großen Teil in Office 365 verfügbar sind. Dadurch sind die Grenzen zwischen diesen beiden Angeboten allerdings so verschwommen, dass Microsoft nun einen einheitlichen Begriff verwenden möchte und im April 2020 bereits die ersten Abonnements umbenannt hat. So ist beispielsweise *Office 365 Business Premium* in *Microsoft 365 Business Standard* umbenannt worden.

2.8.1 Cloud versus On-Premises

Wenn Sie die Vor- und Nachteile von Microsoft 365 als Cloud-Option und SharePoint als On-Premises-Alternative abwägen, werden Sie sich an irgendeiner Stelle mit den Kosten befassen müssen, die für die jeweilige Variante entstehen:

- Wie hoch sind die monatlich pro Benutzer anfallenden Kosten?
- Wie viel würden im Vergleich dazu der Betrieb einer eigenen Infrastruktur und die Beschaffung von Lizenzen kosten?
- Welche Variante ist die für Ihr Unternehmen günstigste Option?

Eine pauschale Antwort auf diese Fragen gibt es nicht, weil es von Ihrem Unternehmen, der Anzahl der Nutzer und weiteren individuellen Faktoren abhängt, ob Sie mit der Nutzung von Microsoft 365 anstelle einer On-Premises-Installation Kosten sparen können.

Ein Rechenbeispiel: Cloud versus On-Premises

Wenn Sie sich für eine On-Premises-Lösung entscheiden, müssen Sie einmalig einen bestimmten Betrag entrichten. Um eine Vergleichbarkeit zu ermöglichen, gehen wir davon aus, dass wir für alle Mitarbeitenden folgende Tools bzw. Produkte benötigen:

- **Microsoft Office Business**: Hierfür berechnen wir 200 € pro Benutzer.
- **Exchange**: Für den Server müssen wir einmalig ca. 1.000 € einplanen und zusätzlich 110 € pro Benutzer.
- **SharePoint**: Auch hier müssen wir den Server selbst mit 10.000 € lizenzieren und zusätzlich 160 € pro Benutzer entrichten.

In Microsoft 365 als Cloud-Variante sind die Tools und Dienste ebenfalls enthalten. Hier können wir 11,70 € pro Benutzer einplanen.

Bei allen genannten Preisen handelt es sich lediglich um Größenordnungen. Je nach Angebot und individuellen Vereinbarungen können die Preise unterschiedlich hoch ausfallen.

Für den Vergleich zwischen On-Premises und Cloud sind zwei Faktoren relevant:

- Anzahl der Benutzer
- Dauer der Nutzung

Unter regulären Umständen erscheint ungefähr alle drei Jahre eine neue Version der in unserem Beispiel ausgewählten Produkte. Wenn Sie möglichst schnell immer auf die neueste Version wechseln möchten, wird die Cloud-Variante nahezu immer die günstigere Option sein. Wenn Sie allerdings eine Laufzeit von circa fünf Jahren vorsehen, könnte ab 70 Nutzern eine On-Premises-Lösung für Sie die günstigere Option sein. Sie sollten dabei auch die Kosten für Hardware und Betrieb in einem Rechenzentrum oder bei sich im Unternehmen berücksichtigen. Bei kleineren Unternehmen lohnt sich in der Regel eher Microsoft 365, weil es Ihnen den Aufbau einer eigenen Infrastruktur und eines Betriebsteams erspart.

Datensicherheit

Wenn Sie einen modernen Arbeitsplatz einführen möchten, müssen Sie mindestens folgende Fragen beantworten:

- Wie sichern Sie die erfassten Daten?
- Welche Verfügbarkeit möchten Sie den Nutzern garantieren?
- Wie stellen Sie im Fehlerfall eine Sicherung wieder her?
- Wer ist für den Betrieb verantwortlich?

Mit der offiziellen Beantwortung dieser Fragen geht Verbindlichkeit einher. Sobald Sie definiert haben, dass Ihr Collaboration-Portal beispielsweise werktags stets zur Verfügung steht, werden die Mitarbeitenden diese Verfügbarkeit auch erwarten und bei einem Betrieb On-Premises den für den Betrieb verantwortlichen Kollegen mit Unmut begegnen, falls das Portal aus technischen Gründen einmal nicht zur Verfügung steht. Microsoft garantiert mit Microsoft 365 eine Verfügbarkeit von 99,9 % (siehe *https://www.microsoft.com/de-de/microsoft-365/business/microsoft-365-for-business-support-options*). Diese durch einen Eigenbetrieb zu erreichen, ist unter wirtschaftlichen Gesichtspunkten nahezu unmöglich und auch nicht sinnvoll. Wenn Sie eine Cloud-Lösung wie Microsoft 365 nutzen, sind Sie von vielen Betriebsthemen entlastet und müssen sich weniger Gedanken um die Sicherheit Ihrer Daten machen. Sollten in der Cloud doch einmal Dienststörungen auftreten, haben Sie zwar keinen Einfluss auf deren Behebung, aber solche Ausfälle sind selten und in der Regel innerhalb weniger Stunden gelöst.

Ich muss jederzeit auf meine Daten zugreifen können!

Viele Menschen haben Angst, dass sie im Fehlerfall nicht auf ihre Daten zugreifen können. Bis jetzt lässt sich aus Erfahrung sagen, dass es in der Cloud zu wesentlich weniger Ausfällen als bei einem Eigenbetrieb oder beim Hosting bei einem externen Dienstleister kommt. Um im Fall einer Dienststörung trotzdem auf die benötigten Informationen zugreifen zu können, setzen einige Unternehmen – als eine Art individuelles Backup-System – Drittanbieter-Tools ein und synchronisieren ausgewählte Daten aus ihrer Cloud-Plattform auf Datenspeicher in ihrem Unternehmen.

Cloud-Plattform versus hybride Umgebung

Sie können eine Cloud-Plattform einsetzen, die zum Beispiel in Rechenzentren in den USA oder Europa gehostet wird. Das bedeutet, dass alle an Ihrem modernen Arbeitsplatz verwalteten Informationen in eben diesen Rechenzentren gespeichert werden. Wenn Sie bestimmte Informationen aber nicht dort speichern lassen möchten, können Sie auch eine hybride Umgebung einrichten.

Gerade für kleine Unternehmen ist der Einsatz von Microsoft 365 meistens ideal, weil sie sich eine eigene Infrastruktur und den damit verbundenen Betrieb nicht leisten könnten. Mittlere und große Unternehmen, die aktuell vielleicht noch auf die On-Premises-Variante setzen, werden mehr und mehr die Vorteile der Cloud nutzen wollen, wodurch die hybriden Umgebungen in den nächsten Jahren immer mehr Verbreitung finden werden.

Wenn Sie aktuell eher zu einer Inhouse-Installation tendieren, sind für Sie möglicherweise die Überlegungen über eine hybride Umgebung interessant, die ich Ihnen in Kapitel 10, »Hybride Einsatzmöglichkeiten von Microsoft 365 und SharePoint On-Premises«, vorstellen werde. Wichtige Aspekte bei der Einrichtung einer hybriden Umgebung sind die Entwicklung eines plattformübergreifenden Konzepts und insbesondere die Fragestellung, welche Daten in der Cloud und welche Daten On-Premises gespeichert werden sollen. Ich hoffe, dass ich Ihnen in Kapitel 10 ein paar Tipps mit auf den Weg geben kann, um Ihnen die Entscheidung zu erleichtern.

Wählen Sie den Standort Ihrer Rechenzentren

Sie können bei Microsoft 365 auswählen, in welcher Region Ihre Daten verwaltet werden sollen. Unter *https://products.office.com/de-de/where-is-your-data-located* finden Sie aktuelle Informationen zu den Standorten der für Sie relevanten Dienste. In den folgenden Abschnitten stelle ich Ihnen die wesentlichen Regionen vor.

2.8.2 US-Cloud

Bedingt durch den Hauptsitz von Microsoft in Redmond wurde Microsoft 365 zunächst in den USA angeboten. Mit der Zeit kamen immer mehr Regionen hinzu. In dieser Region stehen Ihnen alle Microsoft-365-Dienste zur Verfügung. In anderen Regionen können Sie gegebenenfalls nur auf eine Teilmenge der Dienste zugreifen – oder Sie beziehen einen Dienst explizit aus der US-Cloud. Für Unternehmen aus

Europa bzw. der D-A-CH-Region kann die Nutzung der US-Cloud je nach Bedarf sehr interessant sein, vorausgesetzt, ihre Unternehmensrichtlinien erlauben die Speicherung ihrer Daten in den USA. Beachten Sie dabei auch die mit der DSGVO einhergehenden Anforderungen, um eine fundierte Entscheidung für oder gegen die US-Cloud zu treffen.

In den USA werden folgende Rechenzentren betrieben:

- Atlanta, Georgia
- Austin, Texas
- Cheyenne, Wyoming
- Chicago, Illinois
- Des Moines, Iowa
- Moses Lake (Quincy), Washington
- Phoenix, Arizona
- Richmond, Virginia
- San Antonio, Texas
- San Francisco, California
- Washington D.C.

Die verschiedenen Dienste von Microsoft 365 speichern Ihre Daten in teilweise unterschiedlichen Rechenzentren, wobei stets darauf geachtet wird, die Daten in mindestens zwei unabhängigen und möglichst weit voneinander entfernten Rechenzentren zu verwalten, um die hohe Verfügbarkeit von 99,9 % gewährleisten zu können.

2.8.3 Europäische Cloud

Wegen der besonderen Vorgaben hinsichtlich des Datenschutzes in der Europäischen Union gibt es für die EU eine separate Region mit eigenen Rechenzentren. Mittlerweile betreibt Microsoft Rechenzentren in den folgenden EU-Ländern:

- Belgien
- Dänemark
- Finnland
- Frankreich
- Deutschland
- Griechenland
- Italien
- Irland
- Niederlande
- Norwegen
- Österreich
- Polen
- Spanien
- Schweden
- Schweiz

Um die hohe Verfügbarkeit von 99,9 % zu gewährleisten, werden auch in Europa die Daten redundant in möglichst weit voneinander entfernten Rechenzentren verwaltet. Ursprünglich bestand die gesamte Region nur aus den Rechenzentren in Irland und den Niederlanden; wenig später kamen Österreich und Finnland sowie zuletzt Frankreich als weitere Optionen hinzu.

Mittlerweile stehen sämtliche Dienste aus Europa heraus zur Verfügung.

2.8.4 Deutsche Cloud

Es gab in der Vergangenheit bereits ein erstes Angebot einer deutschen Cloud in Zusammenarbeit mit der Telekom. Allerdings standen viele Dienste, die Sie aus der US- oder europäischen Cloud kennen, dort nicht zur Verfügung. Da die Benutzerakzeptanz somit recht gering ausfiel und damit auch die Zahl der Kunden nicht den Erwartungen entsprach, hat Microsoft die Deutschland-Cloud in dieser Form abgekündigt.

Um dem besonderen Sicherheitsbedürfnis in Deutschland entgegenzukommen, wurden eigene Rechenzentren eingerichtet. Dieses Vorgehen ist vergleichbar mit den französischen oder kanadischen Rechenzentren, um eine lokale Form der Cloud anzubieten.

Die Rechenzentren stehen unter anderem in Berlin und Frankfurt und bieten Microsoft Azure, Microsoft 365 und Dynamics 365 vollumfänglich an.

2.8.5 Lizenzen für Microsoft 365

Wenn Sie sich dafür entschieden haben, Microsoft 365 zu nutzen, stehen Sie unabhängig von der Datenregion vor der Qual der Wahl, welchen Plan Sie kaufen möchten. Auf der Website unter *https://products.office.com/de-de/compare-all-microsoft-office-products?tab=2* finden Sie eine gute Übersicht über die verschiedenen Pläne, wobei ein *Plan* eine Zusammenstellung an Funktionen und Diensten ist. Die folgenden Pläne werden am häufigsten genutzt:

- **Microsoft 365 Apps for Business**: Dieser Plan enthält die Standard-Office-Anwendungen *Outlook*, *Word*, *Excel* und *PowerPoint*. Zur Verwaltung der Dateien, die mithilfe der Office-Anwendungen erstellt werden, wird außerdem der Dienst OneDrive angeboten.
- **Microsoft 365 Business Standard**: Dieser Plan enthält dieselben Anwendungen und Dienste wie der oben genannte und darüber hinaus die Apps *Clipchamp* und *Loop* sowie die Dienste *Exchange*, *SharePoint* und *Teams*.
- **Microsoft 365 Business Premium**: Dieser Plan erweitert das Angebot des Standardplans um *Defender*, *Intune*, *Entra ID* und *Information Protection*.

Sie können sich auch für eine Testversion registrieren und auf diese Weise zeitlich begrenzt die Möglichkeiten des Produkts erkunden.

Da sich die in der Cloud zur Verfügung gestellten Funktionen und Dienste stetig verändern, womit sich auch der Umfang der verschiedenen Pläne und die damit verbundenen Kosten ändern, kann ich Ihnen an dieser Stelle keine weiteren sinnvollen Informationen geben. Sollten Sie jedoch weitergehende Fragen haben, können Sie mich gern kontaktieren.

Enterprise Agreements

Es gibt sogar sogenannte *Enterprise Agreements*, bei denen Unternehmen direkt mit Microsoft Ihre Preise für die benötigten Lizenzen verhandeln. Dadurch kommen gerade bei großen Unternehmen mit hohen Nutzerzahlen andere Preise heraus als die auf der öffentlichen Website aufgeführten Daten.

2.8.6 Premium-Funktionen

Je nachdem, welche der vorgestellten Tools Sie verwenden, und abhängig von Ihren genauen Anforderungen werden Sie feststellen, dass Sie mit einer Microsoft-365-Lizenz allein nicht auskommen werden. So sind beispielsweise die verschiedenen Viva-Module zusätzlich zu lizenzieren, und auch für Teams wird mittlerweile eine Premium-Edition angeboten, die besondere Funktionen für Besprechungen aller Art sowie besondere Sicherheitsmechanismen anbietet. Und auch in der Power Platform werden werden Sie bei der Erstellung von Apps und Flows immer wieder einzelne Komponenten oder Aktionen entdecken, die mit einem Diamantsymbol als Premium-Komponente gekennzeichnet sind.

Die Kosten für die gewünschten Funktionen variieren je nach Komplexität oder zu erzielendem Mehrwert. Ich empfehle Ihnen hier wie auch schon bei den KI-Funktionen die Berechnung eines Business Cases nach dem *Total Cost of Ownership*-(TCO-) Verfahren und unter Berücksichtigung des *Return of Investment* (ROI). Denn dann können Sie die Kosten für die Erstellung und den Betrieb der Lösung und ihren Nutzen genau gegeneinander abwägen und eine bewusste Entscheidung fällen. Denn nur dann, wenn sich die finanziellen und zeitlichen Investitionen am Ende bezahlt machen (dies kann auch durch nicht finanziell messbare Faktoren geschehen, wie durch eine erhöhte Mitarbeiterzufriedenheit), erzielen Sie damit einen Mehrwert für Ihr Unternehmen.

Schließen Sie bitte nicht von vornherein Premium-Funktionen aus, sondern betrachten Sie sie als eine Funktion, die offensichtlich nicht von jedem benötigt wird und daher kostentechnisch nicht in Ihrer Standardlizenzierung berücksichtigt wurde. Dieser Mechanismus hilft auch, die Preise für die Standardfunktionen dauerhaft auf einem verlässlichen Niveau zu halten.

2.8.7 Branchenangebote

Bevor ich im letzten Abschnitt des Kapitels auf die Checkliste zur Auswahl der geeigneten Tools eingehe, möchte ich Ihnen in diesem und dem folgenden Abschnitt noch ein paar besondere Cloud-Angebote von Microsoft vorstellen.

Microsoft bietet spezielle Branchen-Clouds an, die auf die besonderen Bedürfnisse und Compliance-Anforderungen bestimmter Branchen zugeschnitten sind.

Microsoft Cloud for Healthcare

Diese Cloud-Lösung bietet Funktionen, die auf die Anforderungen des Gesundheitswesens zugeschnitten sind. Sie erleichtert die Interaktion und Zusammenarbeit zwischen Patienten und Gesundheitsdienstleistern, verbessert die klinischen und operationellen Datenauswertungen und fördert die Entwicklung einer sicheren und konformen Gesundheitsumgebung.

Microsoft Cloud for Financial Services

Diese spezialisierte Cloud-Plattform unterstützt Finanzdienstleister dabei, vertrauensvolle Beziehungen zu ihren Kunden aufzubauen. Sie bietet Werkzeuge für ein verbessertes Kundenengagement, Risikomanagement und Compliance, ermöglicht eine gesteigerte Mitarbeiterproduktivität und modernisiert Kernsysteme.

Microsoft Cloud for Manufacturing

Diese Cloud zielt darauf ab, die Fertigungsindustrie bei der Beschleunigung ihrer digitalen Transformation zu unterstützen. Sie unterstützt die Herstellung resilienter Betriebe und Lieferketten, ermöglicht die Innovationsfähigkeit, verbessert die Sicherheit und hilft, eine nachhaltige Zukunft zu schaffen.

Microsoft Cloud for Nonprofit

Diese Lösung richtet sich an gemeinnützige Organisationen und bietet Werkzeuge und Funktionen, die auf deren spezifische Anforderungen ausgerichtet sind. Sie unterstützt bei der Verbesserung der Programm- und Projektmanagementeffizienz, stärkt die Beziehung zu Spendern und Freiwilligen und fördert die Datensicherheit und Compliance.

Microsoft Cloud for Retail

Diese Plattform ist auf die Einzelhandelsbranche ausgerichtet und hilft Einzelhändlern, personalisierte Kundenerlebnisse zu schaffen, die Betriebseffizienz zu steigern, die Lieferkette zu optimieren und den Einblick in Daten zu verbessern, um fundierte Entscheidungen zu treffen.

Microsoft Cloud for Education

Diese Lösung bietet Bildungseinrichtungen die Werkzeuge, um Lernumgebungen zu schaffen, die zugänglich, inklusiv und sicher sind. Sie fördert die Zusammenarbeit und Kreativität bei Schülern und Lehrkräften und bietet Einblicke, die Bildungseinrichtungen bei der Verbesserung ihrer Leistungen unterstützen.

Jede dieser Branchen-Clouds kombiniert spezifische Funktionen, Services und Standards, um den Anforderungen der jeweiligen Branche gerecht zu werden und gleichzeitig die Vorteile der Cloud-Nutzung zu maximieren.

2.8.8 Cloud for Sustainability

Die Microsoft Cloud for Sustainability ist im Gegensatz zu den Branchen-Clouds eine spezialisierte Cloud-Lösung, die darauf abzielt, Organisationen aller Branchen dabei zu unterstützen, ihre Nachhaltigkeitsziele zu erreichen. Diese Lösung bietet Tools und Ressourcen, um den ökologischen Fußabdruck zu verwalten, zu berichten und zu reduzieren.

Datengetriebene Entscheidungen

Die Cloud ermöglicht es Unternehmen, Daten aus einer Vielzahl von Quellen zu sammeln, zu aggregieren und zu analysieren. Dadurch können Organisationen ihren Ressourcenverbrauch und ihre Emissionen genau verstehen und datengesteuerte Entscheidungen treffen, um ihre Nachhaltigkeitsziele zu erreichen.

Emissionsmanagement

Organisationen können ihren Carbon Footprint überwachen und verwalten, indem sie Emissionen aus direkten und indirekten Quellen erfassen. Dies hilft Unternehmen, ihre Klimaauswirkungen zu verstehen und Strategien zur Reduzierung ihrer Treibhausgasemissionen zu entwickeln.

Nachhaltigkeitsberichterstattung

Die Plattform unterstützt standardisierte Berichterstattungsformate und -protokolle, um die Transparenz und Genauigkeit von Nachhaltigkeitsberichten zu gewährleisten. Unternehmen können so ihre Nachhaltigkeitsleistung gegenüber Stakeholdern klar kommunizieren und regulatorische Anforderungen erfüllen.

Integration und Skalierbarkeit

Die Microsoft Cloud for Sustainability ist nahtlos mit anderen Microsoft-Produkten und -Diensten integrierbar, was eine umfassende und skalierbare Lösung für das Nachhaltigkeitsmanagement ermöglicht. Unternehmen können darüber bestehende Systeme und Daten nutzen, um ihre Nachhaltigkeitsbemühungen zu verstärken.

Handlungsempfehlungen und Automatisierung

Durch die Analyse von Nachhaltigkeitsdaten kann die Plattform Handlungsempfehlungen generieren, um die Effizienz zu steigern und den Ressourcenverbrauch zu senken. Automatisierte Workflows und Prozesse unterstützen Unternehmen bei der Implementierung von Nachhaltigkeitsinitiativen.

Partnerschaften und Ökosystem

Microsoft arbeitet mit einer breiten Palette von Partnern zusammen, um spezialisierte Lösungen und Expertise anzubieten, die Organisationen bei der Erreichung ihrer spezifischen Nachhaltigkeitsziele unterstützen.

Die Microsoft Cloud for Sustainability hilft Organisationen, ihre Nachhaltigkeitsbemühungen zu systematisieren und zu beschleunigen, indem sie leistungsstarke Tools zur Überwachung, Berichterstattung und Reduzierung ihres ökologischen Fußabdrucks bereitstellt.

2.9 Checkliste für die Auswahl Ihrer Microsoft-365-Tools

Bei der Zusammenstellung aller Tools für Ihren modernen Arbeitsplatz müssen Sie verschiedene Kriterien berücksichtigen. Zunächst gehe ich auf einige Fragen ein, mit denen Sie sich wahrscheinlich derzeit befassen und die für die Auswahl der passenden Tools in Ihrem Modern Workplace von Bedeutung sind.

2.9.1 Welche Ziele möchten Sie mit einem modernen Arbeitsplatz erreichen?

Haben Sie bereits ein Collaboration-Portal oder ein Intranet im Einsatz? Haben Sie sich dann schon einmal die Frage gestellt, welcher der wesentliche Zweck für den Einsatz dieser Plattform ist?

Bei der Einführung eines Collaboration-Portals sollten der Zweck und die damit verbundenen Ziele für alle Mitarbeitenden des Unternehmens klar und deutlich formuliert und kommuniziert werden.

Sie könnten zum Beispiel folgende Ziele verfolgen:

- Unterstützung der Kommunikation innerhalb der Projektteams durch die einfache Möglichkeit zur Erstellung und Nutzung von Teamarbeitsräumen
- zentrale Anlaufstelle für Unternehmensrichtlinien und unternehmensweite Informationen (beispielsweise von der Geschäftsführung oder der internen Kommunikationsabteilung)

In meinem Unternehmen haben wir zum Beispiel bei der Einführung unseres Collaboration-Portals zuvor in einem kleineren Projektteam die Ziele definiert. Anschließend wurden diese Ziele in Form von einzelnen Workshops für die Mitarbeitenden aller Abteilungen vorgestellt und die Kollegen bei ihren ersten Schritten in der neuen Umgebung unterstützt.

2.9.2 Ist es sinnvoll, Tools von verschiedenen Anbietern einzusetzen?

Wenn Sie sich auf dem Markt umsehen, werden Sie unzählige Tools finden, die Ihnen und Ihren Kollegen im Arbeitsalltag helfen können. Vielleicht hilft es Ihnen weiter, wenn Sie darüber nachdenken, wer sich in Ihrem Unternehmen um den Betrieb, die Aktualisierung und ordnungsgemäße Lizenzierung der verschiedenen Tools kümmern soll. Mit jedem weiteren Tool und jedem unterschiedlichen Anbieter steigt die Komplexität dieser Aufgabe.

Ein anderer Aspekt besteht darin, dass sich die Tools heutzutage nicht mehr so erheblich voneinander unterscheiden, wie es früher noch der Fall war. Die verschiedenen Anbieter analysieren in der Regel die von ihren Konkurrenten angebotenen Funktionen, bieten diese selbst an und verbessern somit stetig ihr Angebot. Gerade im Bereich der Cloud-Dienste ist die Erweiterung des Angebots für die Anbieter besonders schnell und einfach möglich. Wenn Sie dies berücksichtigen, können Sie in vielen Fällen die Anzahl der Anbieter für die in Ihrem Unternehmen einzusetzenden Tools einschränken, ohne dabei auf benötigte Funktionen verzichten zu müssen.

Wenn Sie die Anbieter und ihre Tools hinsichtlich des angebotenen Funktionsumfangs geprüft haben, sollten Sie auch die mit dem Tool verbundenen Kosten mit in Ihre Bewertung einbeziehen. In der Regel sparen Sie Kosten, wenn Sie mehrere Dienste von einem einzigen Anbieter beziehen können. Bei kleineren Anbietern muss dies zwar nicht so sein, aber hier müssen Sie wieder die Personalkosten für Ihre Kollegen im Betrieb mit einkalkulieren, die sich um die Administration und Abstimmung der Dienste untereinander kümmern.

Außerdem sind die Tools eines Anbieters aufeinander abgestimmt. Sie und Ihre Kollegen lernen das grundsätzliche Look-and-feel eines Tools kennen und können damit ohne zusätzlichen Lernaufwand weitere Tools des Anbieters nutzen. Bei unterschiedlichen Anbietern werden Sie sich immer wieder neu auf das jeweils genutzte Tool einstellen müssen.

2.9.3 Wie viele unterschiedliche Tools möchten Sie einsetzen?

Wenn Sie sich für die Toolbox eines Anbieters entscheiden, stehen Ihnen damit (wie beispielsweise bei Microsoft 365) sehr viele Dienste zur Verfügung. Eine zu große Auswahl kann bei den Anwendern jedoch zu Verwirrung und im schlimmsten Fall zur Ablehnung des Modern Workplace führen.

Sie sollten daher im Rahmen eines Einführungsprojekts den jeweiligen Einsatzzweck der ausgewählten Tools klären. Selbst wenn Sie anfangs nur eine begrenzte Auswahl treffen, bedeutet das nicht, dass Sie diese Auswahl später nicht erweitern könnten.

Geben Sie den Mitarbeitenden in Ihrem Unternehmen Zeit, sich an die neuen Arbeitsweisen zu gewöhnen. Durch die Veränderungen werden sich wahrscheinlich von allein weitere Anforderungen ergeben, die den Einsatz anderer Tools sinnvoller erscheinen lassen.

Beginnen Sie beispielsweise mit einem Tool zur Unterstützung der Kommunikation (sowohl ad hoc als auch innerhalb frei definierbarer Teams) und einem Tool zur zentralen Ablage und gemeinsamen Bearbeitung von Dokumenten.

2.9.4 Welche Tools sind die richtigen für das jeweilige Anwendungsgebiet?

Wir werfen nun einen genauen Blick auf die in Microsoft 365 angebotenen Dienste. Dabei möchte ich einmal eine Bewertung aus fachlicher Sicht vornehmen und anschließend die Perspektive wechseln und das Kerneinsatzgebiet für das jeweilige Tool vorstellen.

Bewertung aus fachlicher Sicht

Wenn Sie die Dienste aus fachlicher Sicht bewerten, werden Sie – wie in Tabelle 2.1 dargestellt – sehen, dass für bestimmte Anforderungen durchaus mehrere Tools infrage kommen. Sie sollten in diesen Fällen entscheiden, welches Tool Sie bevorzugen würden. Meine persönliche Empfehlung erkennen Sie an der Reihenfolge der aufgelisteten Tools: Das zuerst genannte Tool entspricht meiner persönlichen Empfehlung für den Aufbau eines modernen Arbeitsplatzes. Falls Sie klare und einfach verständliche Regeln im Unternehmen etablieren, ist sogar der Einsatz mehrerer Tools für ein Einsatzszenario denkbar.

Anforderung an die Zusammenarbeit	Welches Tool ist hierfür am ehesten geeignet?
Unterstützung bei der Teamarbeit	▸ Teams ▸ Loop ▸ SharePoint Online
Gemeinsame Bearbeitung von Dokumenten	▸ SharePoint Online ▸ Teams (inkludiert SharePoint Online, ermöglicht aber Unterhaltung zu einem Dokument)

Tabelle 2.1 Bewerten Sie, welche Anforderungen an die Unterstützung der Zusammenarbeit durch welches Tool am besten erfüllt werden.

Anforderung an die Zusammenarbeit	Welches Tool ist hierfür am ehesten geeignet?
Informationen ad hoc untereinander austauschen	▶ Teams (private Chats) ▶ Viva Engage (private Chats)
Unternehmensweite Informationen verbreiten	▶ Viva Connections und Viva Amplify ▶ SharePoint Online ▶ Viva Engage (öffentliche Gruppe oder gesamtes Unternehmen) ▶ Teams (öffentliche Teams)
Unternehmensnetzwerk und externe Netzwerke aufbauen	▶ Viva Engage ▶ Teams
Aufgabenmanagement	▶ Planner ▶ Microsoft-Listen
Prozessunterstützung	▶ Dynamics 365 ▶ Power Platform (Power Apps, Power Automate, Power BI AI Builder) ▶ Microsoft Copilot Studio
Wissensmanagement	▶ Viva Topics (abgekündigt) ▶ Viva Learning ▶ Stream (Video als Lernmedium) und Clipchamp ▶ SharePoint Online ▶ OneNote Services
Einbeziehen von Mitarbeitenden	▶ Viva Pulse ▶ Viva Glint ▶ Forms ▶ Viva Goals

Tabelle 2.1 Bewerten Sie, welche Anforderungen an die Unterstützung der Zusammenarbeit durch welches Tool am besten erfüllt werden. (Forts.)

Beginnen würde ich mit *Teams* zur Unterstützung der Teamarbeit in unterschiedlichen Konstellationen. Darauf aufbauend könnten Sie dann *SharePoint Online* zur Vernetzung der Teams in einem unternehmensweiten Kontext nutzen.

Microsoft 365 Copilot als ständiger Begleiter

Sie haben vielleicht den Microsoft 365 Copilot in der Auflistung vermisst. Das liegt daran, dass sich Ihr persönlicher Assistent in den verschiedenen Tools wiederfindet und daher bei jedem Punkt hätte mit aufgeführt werden müssen. Deshalb habe ich mich dagegen entschieden und weise Sie hiermit darauf hin, dass Ihr Copilot Ihnen natürlich bei jedem der aufgelisteten Szenarien helfen kann.

Primäre Einsatzmöglichkeiten der verfügbaren Tools

Jedes Tool hat seinen vom Anbieter vorgesehenen Einsatzzweck und entsprechende Stärken und Schwächen. In Tabelle 2.2 stelle ich Ihnen die verschiedenen Microsoft-365-Dienste und das Einsatzgebiet vor, für das sie konzipiert wurden.

Tool	Einsatzgebiet
Exchange Online	▸ E-Mail-Kommunikation ▸ Gemeinsame Postfächer und Gruppenkalender
Teams	▸ Instant-Messaging/Chat ▸ Videokonferenzen/Besprechungen ▸ Teamarbeitsräume ▸ Integration weiterer Tools in die Teamarbeit
OneDrive for Business	▸ Persönliche Verwaltung von Dateien und explizite Freigabe für ausgewählte Personen
SharePoint Online	▸ Dokumentenmanagement ▸ Teamarbeitsräume ▸ Social Intranet
Microsoft-Listen	▸ Strukturierte Verwaltung von Informationen ▸ Aufgabenmanagement
Planner	▸ Aufgabenmanagement ▸ Projektmanagement
Loop	▸ Gemeinsame Erarbeitung von Informationen ▸ Leichtgewichtige Verwaltung von Aufgaben, Ideen und Notizen
OneNote Services	▸ Notizen und Dokumentation ▸ Wissensmanagement
Stream und Clipchamp	▸ Wissensmanagement in Form von Videos

Tabelle 2.2 Setzen Sie die angebotenen Dienste ihren Stärken entsprechend ein.

Tool	Einsatzgebiet
Forms	▶ Elektronische Formulare ▶ Auswertungen von Umfragen
Viva Connections und Amplify	▶ Integration eines Intranets in Teams ▶ Steuern der Informationsveröffentlichung
Viva Engage	▶ Unternehmensnetzwerk ▶ Externe Netzwerke (z. B. für Marketing)
Viva Topics (abgekündigt)	▶ Unterstützung beim Erkennen von Trends und wichtigen Themen im Unternehmen ▶ Zentrale Wissensplattform ▶ Integration von Wissen in Dokumenten und Nachrichten
Viva Learning	▶ Aktives Lernmanagement ▶ Nutzen von freien Zeiten für den Erwerb neuen Wissens ▶ Integration verschiedener externer Lernplattformen
Viva Pulse und Glint	▶ Mitarbeiterbefragungen ▶ Auswertung der Mitarbeiterzufriedenheit und Ableiten von Maßnahmen
Viva Goals	▶ Transparentes Zielmanagement ▶ Anwenden der OKR-Methode
Dynamics 365	▶ Prozessunterstützung
Power Automate	▶ Prozessunterstützung ▶ Integration verschiedener Systeme (auch außerhalb der Microsoft-Welt)
Power Apps	▶ Mobile Lösungen
Power Pages	▶ Externe Unternehmensportale
Power BI	▶ Berichte und Dashboards
AI Builder	▶ Formularverarbeitung ▶ Text- und Spracherkennung ▶ Bildanalyse

Tabelle 2.2 Setzen Sie die angebotenen Dienste ihren Stärken entsprechend ein. (Forts.)

Tool	Einsatzgebiet
Microsoft 365 Copilot	▸ Persönlicher Assistent in verschiedenen Microsoft-365-Tools
Microsoft Copilot Studio	▸ Interaktive Form einer FAQ-Liste ▸ Prozesssteuerung über einen Chat-Bot
Microsoft Purview und Microsoft Defender	▸ Einhaltung von Unternehmensrichtlinien

Tabelle 2.2 Setzen Sie die angebotenen Dienste ihren Stärken entsprechend ein. (Forts.)

Ich kann mich noch nicht entscheiden!

Selbst wenn wir uns in unserem modernen Arbeitsplatz auf Microsoft 365 beschränken, fällt es Ihnen sicher zum jetzigen Zeitpunkt noch schwer, die richtigen Tools für Ihr Unternehmen daraus auszuwählen.

Wir werden im nun folgenden Teil II dieses Buches verschiedene Formen der Zusammenarbeit in *Teams* betrachten. In Kapitel 3, »Zusammenarbeit beginnt bei jedem Einzelnen«, beginne ich mit den Tools, die Ihnen persönlich im Arbeitsalltag sofort eine gute Unterstützung bieten. Darauf aufbauend werde ich in Kapitel 4, »Mit Teamarbeitsräumen die Zusammenarbeit verbessern«, erklären, wie Sie effektiv mit Teamräumen arbeiten können, und ich werde den Zusammenhang zwischen *Teams* und *SharePoint Online* näher beleuchten, bevor ich in Kapitel 5, »Mit Online-Besprechungen den Informationsaustausch fördern«, auf die verschiedenen Besprechungsoptionen von *Teams* eingehe. In Kapitel 6, »Communitys im Unternehmen etablieren«, stelle ich Ihnen dann auch noch einmal detailliert *Viva Engage* vor, indem wir unsere erste eigene Community gründen und die persönliche Storyline erkunden.

Damit ist Teil II dieses Buches zur Unterstützung der verschiedenen Formen von Zusammenarbeit in Teams abgeschlossen, bevor wir mit Kapitel 7, »Collaboration meets Social Intranet«, zum dritten Teil gelangen und Ihren modernen Arbeitsplatz weiter ausbauen.

TEIL II

Verschiedene Formen der Zusammenarbeit in Teams

Kapitel 3
Zusammenarbeit beginnt bei jedem Einzelnen

»Wissen ist die Quelle des Reichtums. Auf Aufgaben angewandt, die wir bereits kennen, wird es zu Produktivität. Auf neue Aufgaben angewandt, wird es zur Innovation.«
– Peter Drucker, Ökonom und Mitbegründer der modernen Managementlehre

Der moderne Arbeitsplatz bedeutet für jede Person etwas anderes, und so werden Sie vermutlich andere Erwartungen und Wünsche an Ihre Arbeitsumgebung haben als Ihre Kolleginnen und Kollegen und auch andere als ich. Es gibt aber gewisse grundlegende Elemente, die jeder von uns für die tägliche Arbeit benötigt und als hilfreich empfindet. In diesem Kapitel gehe ich auf einige dieser Angebote in der Microsoft-365-Welt ein. Dabei lege ich den Fokus ganz bewusst auf das Thema *Produktivität* und auf die für Sie als einzelne Person angebotenen Möglichkeiten, bevor es in Kapitel 4 um die Zusammenarbeit in verschiedenen Teamkonstellationen geht.

So werden Sie neben *Microsoft Teams* als dem Basiswerkzeug für Kommunikation und Zusammenarbeit auch die Interaktion von *Outlook* mit anderen Diensten wie *Bookings* und *To Do* kennenlernen. Dabei geht es um den nahtlosen Übergang von E-Mails, die Sie vielleicht von einer unternehmensexternen Person empfangen haben, hin zu einer Aufgabe oder einer Terminvereinbarung. Denn meistens ist mit einer E-Mail entweder eine Aufgabe oder mehrere Aufgaben verbunden oder es besteht Kommunikationsbedarf und Sie möchten die Kommunikation in einen Chat in Teams verlagern oder einen Termin vereinbaren und dafür mögliche Zeiten vorschlagen.

Falls Sie sich vielleicht sogar zu einem solchen Termin im Büro verabreden möchten oder Sie für Ihr Team gemeinsame Bürotage organisieren möchten, wird Sie vermutlich der Abschnitt über *Microsoft Places* interessieren, da hier eine Art Team-Organizer angeboten wird, der eine Sitzplatz- oder Raumbuchung ermöglicht und zeigt, wer an welchem Platz sitzt. Außerdem können Kollegen gesucht werden oder es kann eine spontane Verabredung für eine gemeinsame Kaffee- oder Mittagspause erfolgen.

Wir werden darüber hinaus auch Möglichkeiten betrachten, wie Sie gemeinsam mit Ihren Kolleginnen und Kollegen Informationen zusammentragen können und dabei *Loop* effektiv nutzen oder wie Sie zeitgleich an Dokumenten arbeiten und sich bei Bedarf mit dem *Microsoft 365 Copilot* durch Ihren persönlichen Assistenten unterstützen lassen und so schneller und einfacher zu den gewünschten Ergebnissen gelangen.

Ich stelle Ihnen abschließend auch *Microsoft Viva Insights* vor, das sich nahtlos in Microsoft Teams integriert und Ihnen über ein Dashboard neben einem Blick auf Ihre anstehenden Termine und Aufgaben auch Unterstützung für ein bewusstes Zeit- und Selbstmanagement bietet. Damit können Sie hoffentlich auch in hektischen Zeiten mit vielen Aufgaben und Terminen Ihr persönliches Wohlergehen im Blick behalten.

3.1 Kommunikation via E-Mail oder mithilfe eines (Gruppen-)Chats

Auch wenn die klassische E-Mail schon länger als veraltetes Instrument für die Firmenkommunikation bezeichnet wird, so ist sie in bestimmten Fällen doch genau das richtige Mittel – beispielsweise, wenn es um die Kommunikation mit unternehmensexternen Personen geht, die kein Microsoft 365 einsetzen.

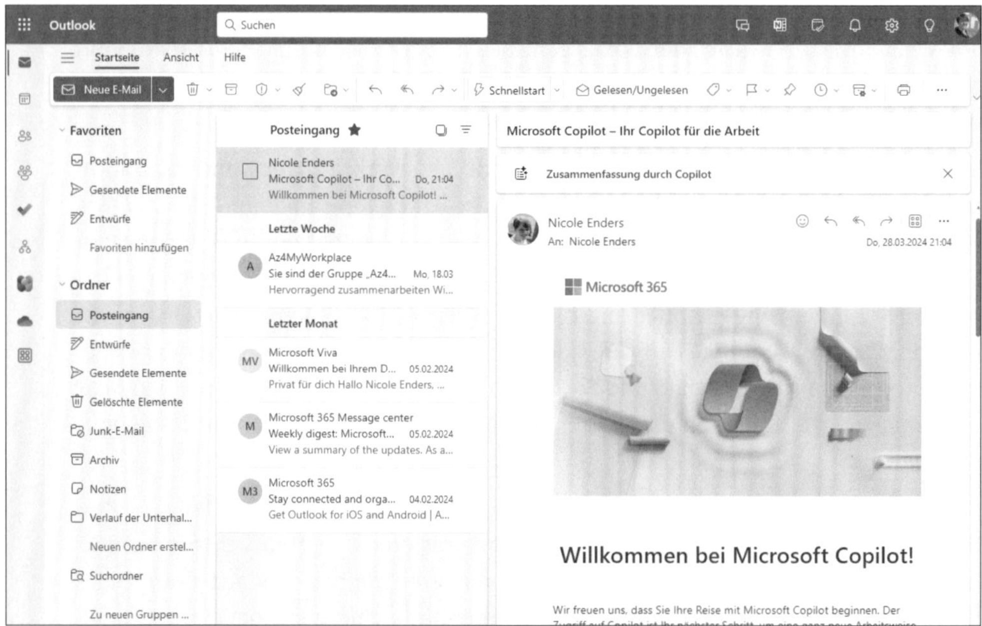

Abbildung 3.1 Outlook ist trotz Microsoft Teams für die Kommunikation ein wichtiges Tool.

In Abbildung 3.1 sehen Sie einen exemplarischen Posteingang in Outlook. Über den Tag hinweg können hier viele verschiedene Arten von Nachrichten zusammenlaufen. Dabei kann es sich unter anderem um Benachrichtigungen aus verschiedenen Systemen wie Teams, Planner oder Loop handeln. Manchmal ist so eine E-Mail relativ lang, sodass Sie nicht ausreichend Zeit haben, diese vollumfänglich zu lesen. Hierbei – und auch bei längeren E-Mails von anderen Personen – kann der *Microsoft 365 Copilot* hilfreich sein. Er ist in Outlook über eine zusätzliche Lizenz verfügbar. Oberhalb der angezeigten E-Mail können Sie durch einen Klick auf ZUSAMMENFASSUNG DURCH COPILOT die Nachricht auf ihre elementaren Informationen reduzieren und so schnell erkennen, welchen Informationsgehalt die Nachricht für Sie hat und ob Sie aktiv werden müssen.

Benachrichtigungen aus Office-Produkten per E-Mail

Nahezu jedes Microsoft-Office-Produkt informiert Sie per E-Mail über wichtige Neuigkeiten. So erhalten Sie beispielsweise bei Word, Excel und PowerPoint eine E-Mail, wenn Sie in einem Kommentar erwähnt wurden oder wenn Ihnen eine Aufgabe zugewiesen wurde – vorausgesetzt, Sie nutzen SharePoint oder OneDrive als Dateiablage. Planner informiert Sie ebenfalls über neue Aufgaben, erinnert Sie darüber hinaus aber auch an bald fällige oder überfällige Aufgaben und sendet Ihnen Zusammenfassungen.

Die Benachrichtigungen von Microsoft Teams sind vielfältiger und können über die Dreipunkteschaltfläche oben rechts in der Anwendung granular konfiguriert werden. Standardmäßig sind die Benachrichtigungen so konfiguriert, dass Sie sowohl über den Aktivitäts-Feed als auch mit etwas zeitlichem Versatz per E-Mail über neue Informationen in Chats und Teamräumen benachrichtigt werden. In Zeiten, in denen die Anzahl an E-Mails reduziert werden sollte, ändern viele Menschen diese Einstellungen recht schnell und lassen sich lediglich in Microsoft Teams selbst über Neuigkeiten informieren.

Sie werden sicher auch solche E-Mails von Kolleginnen und Kollegen erhalten, wie Sie eine exemplarisch in Abbildung 3.2 erkennen können. Hier hat ein Kollege eine E-Mail an ausschließlich unternehmensinterne Personen gesendet und auch noch ein Dokument als Anhang eingefügt.

Als Erstes können Sie sich mit Copilot einen Überblick darüber verschaffen, worum es bei dieser E-Mail geht (siehe Abbildung 3.3). Aus der Zusammenfassung können Sie die wesentlichen Informationen der Nachricht entnehmen, und im unteren Bereich können Sie Feedback geben, ob die Zusammenfassung aus Ihrer Sicht korrekt und hilfreich ist. Damit können Sie der von Copilot genutzten KI helfen, Informationen zukünftig besser zu interpretieren.

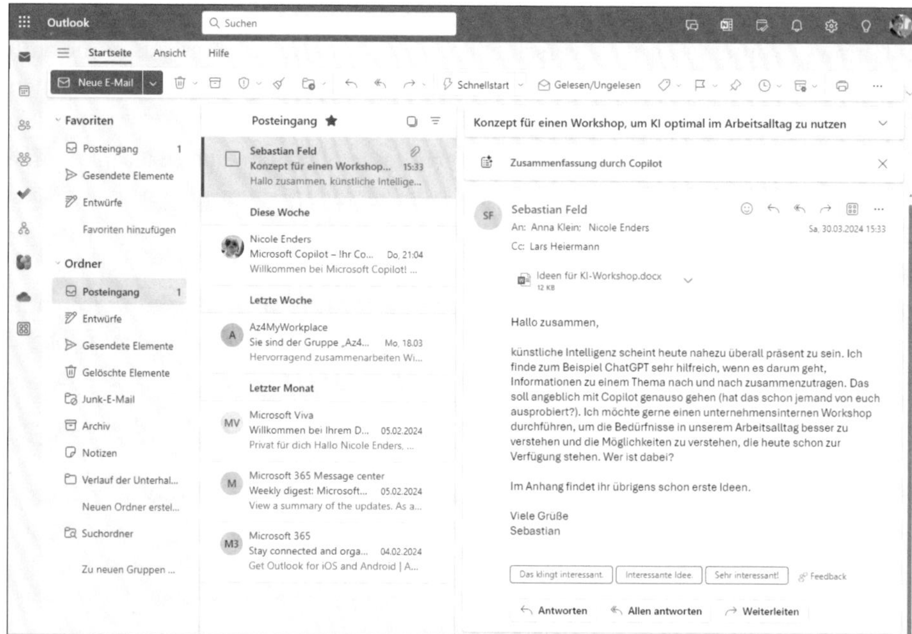

Abbildung 3.2 Sie werden mit E-Mails konfrontiert werden, die Sie eher in einem Chat in Teams erwarten würden.

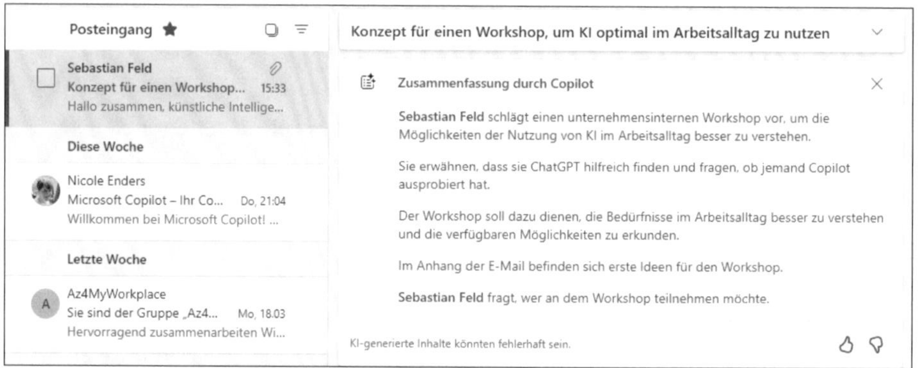

Abbildung 3.3 Copilot fasst Nachrichten zusammen und stellt die wesentlichen Informationen in den Vordergrund.

Außerdem deckt Copilot auch im Rahmen der Zusammenfassung gegebenenfalls auf, wenn keine direkte Ansprache bei Aufgaben verwendet wird, aus der hervorgehen könnte, wer für die Aufgabe zuständig ist. Bei einer E-Mail, die an eine einzige Person gesendet wird, ist die Zuordnung noch implizit erkennbar; bei mehreren Empfängern der E-Mail wird Copilot in der Zusammenfassung gegebenenfalls etwas unklar bleiben, da die Informationen einfach fehlen.

Wenn Sie aber nun einen Eindruck von der Nachricht gewonnen haben, möchten Sie die Konversation nun gerne nach Teams verlagern, um weitere Fragen in einem Gruppenchat zu klären. Wählen Sie hierzu rechts neben den Optionen ANTWORTEN, ALLEN ANTWORTEN und WEITERLEITEN den Menüpunkt APPS aus. Falls Sie direkt ein Teams-Icon an dieser Stelle finden, können Sie auch diesen Menüpunkt auswählen und anschließend IN TEAMS TEILEN bzw. SHARE TO TEAMS (siehe Abbildung 3.4) nutzen, um die E-Mail als Nachricht an einen Kanal in einem Teamraum zu senden oder alternativ an eine Person oder mehrere Personen per Chat. Dabei können Sie direkt eine zusätzliche Information hinzufügen und beispielsweise erläutern, warum Sie die Unterhaltung nicht per E-Mail, sondern als Chat fortführen möchten.

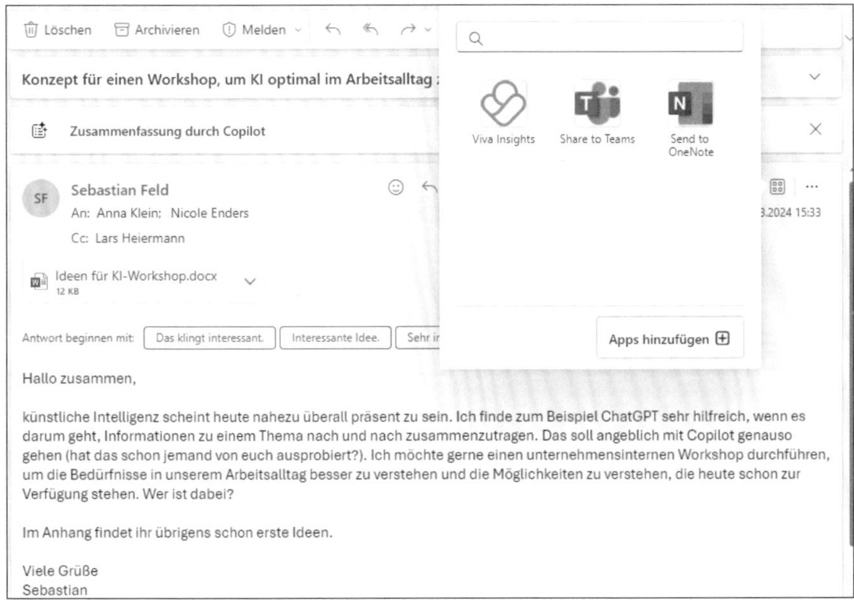

Abbildung 3.4 Sie können eine E-Mail als Chat nach Teams überführen und die Unterhaltung dort fortsetzen.

Abbildung 3.5 zeigt die in einen Chat überführte E-Mail. Dabei ist neben der eigentlichen Nachricht auch der Anhang der E-Mail verfügbar. Die Datei steht Ihnen über die persönliche Dateiablage in Form von OneDrive zur Verfügung und wurde mit allen Teilnehmern des Chats geteilt.

Sie können eine solche Datei entsprechend der Darstellung in Abbildung 3.6 in Teams öffnen oder dafür die entsprechende Online- oder Desktop-Version der Office-Anwendung nutzen. Jede Variante hat ihre Vor- und Nachteile, und daher können Sie Ihre persönliche Vorliebe über die Dreipunkteschaltfläche oben rechts in Teams in der Kategorie DATEIEN UND LINKS hinterlegen. Standardmäßig ist für diese Funktion TEAMS ausgewählt.

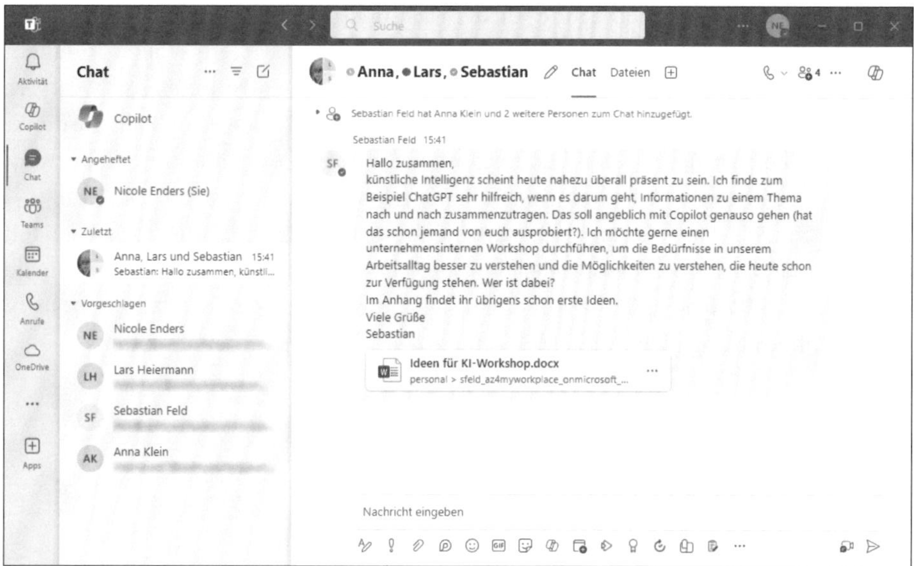

Abbildung 3.5 Dateien stehen Ihnen hier an zentraler Stelle im OneDrive der entsprechenden Person zur Verfügung.

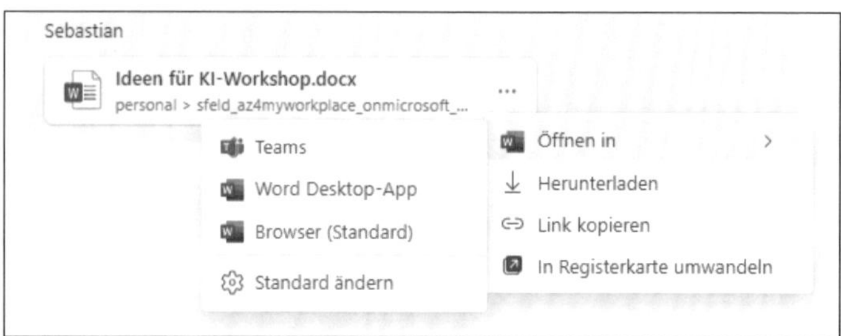

Abbildung 3.6 Öffnen Sie die geteilten Dateien in Teams, über Ihren Browser oder in der entsprechenden Office-Anwendung.

Welche Option könnte die passende für mich sein?

Die drei verfügbaren Optionen unterscheiden sich im Funktionsumfang, in der Performance beim Öffnen von Dateien sowie in ihrem Umgang mit temporär unterbrochener Internetkonnektivität:

- **Teams:** Für eine einfache Bearbeitung oder die lesende Ansicht reichen die Funktionen in Teams aus. Je nachdem, welche Formate oder Vorlagen für das Dokument verwendet wurden, sollten Sie jedoch lieber eine der beiden anderen Optionen wählen. Außerdem kann es Ihnen bei dieser Option im Alltag schnell passieren, dass Sie spontan in einen anderen Teamraum wechseln oder auf eine

Chat-Nachricht reagieren und dass durch den Kontextwechsel das Dokument wieder geschlossen ist.

- **Office Online:** Diese Option ist mit der ersten Option vergleichbar. Dadurch, dass das Dokument in einem neuen Browser-Fenster geöffnet wird, steht auf dem Bildschirm allerdings etwas mehr Platz zur Verfügung und Sie können, auch ohne das Dokument zu schließen, auf Nachrichten in Teams reagieren.
- **Office Desktop:** Dies ist die Option mit dem größten Funktionsumfang. Sie erfordert allerdings auch beim erstmaligen Öffnen eine bessere Datenverbindung. In diesem Fall wird das Dokument temporär heruntergeladen. Im Gegenzug können Sie jedoch auch sämtliche Funktionen aus Word nutzen. Individuelle Vorlagen, Makros oder spezielle Formatierungen im Dokument sind somit verfügbar. Durch die Nutzung von *OneDrive for Business* können Sie sogar die Dokumente offline nutzen und später bei erneuter Internetkonnektivität wieder mit der Online-Version synchronisieren lassen. Dies geschieht ohne Ihr Zutun im Hintergrund, sobald Sie sich einmal für die Synchronisation einer Dateiablage entschieden haben.

3.2 Ein Dokument gemeinsam bearbeiten

Wenn Sie eine Datei zentral ablegen und mit anderen teilen, können Sie zeitgleich dieses Dokument bearbeiten. Dies stellt einen enormen Vorteil zu früher dar, als Dateien noch per E-Mail versendet wurden und so verschiedenste Versionen eines Dokuments entstanden. Nach einiger Zeit wusste dann in der Regel niemand mehr, welche Version die aktuelle war, und der Aufwand zur Konsolidierung der unterschiedlichen Stände war sehr groß.

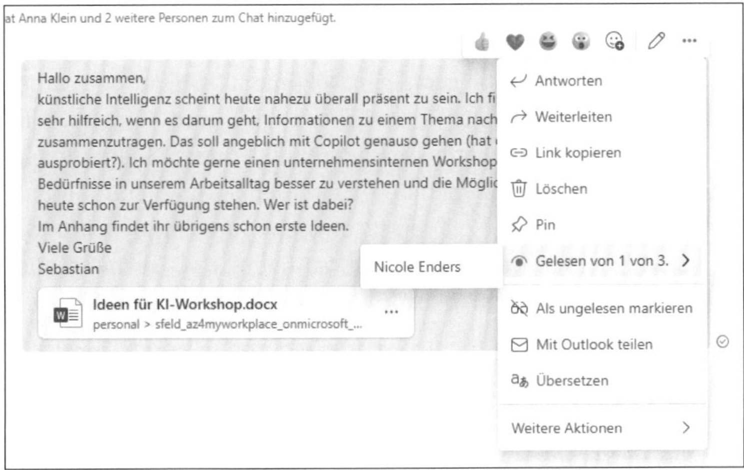

Abbildung 3.7 Prüfen Sie, ob Ihre Nachricht bereits gelesen wurde, bevor Sie die gemeinsame Bearbeitung Ihrer Datei beginnen.

Bei unserem Vorgehen liegt die Datei im OneDrive der Person, die die Chat-Nachricht erstellt hat. Bevor wir nun die Datei öffnen und gemeinsam Änderungen vornehmen, können wir prüfen, ob jeder bereits die Nachricht gelesen hat und somit gleich bereit ist, mit der gemeinsamen Bearbeitung der Datei zu beginnen. Ansonsten würden wir uns gleich doch allein im Dokument befinden und könnten die zeitgleiche Bearbeitung nicht ausprobieren. Wie Sie Abbildung 3.7 entnehmen können, kann der Absender einer Nachricht über die Dreipunkteschaltfläche der Nachricht sehen, wie viele und sogar welche Personen die Nachricht bereits aufgerufen haben.

Im Bereich »Datenschutz« können Sie auch die Lesebestätigungen aktivieren bzw. deaktivieren

Sie können in Ihren persönlichen Einstellungen im Bereich DATENSCHUTZ die sogenannten Lesebestätigungen aktivieren bzw. deaktivieren. Legen Sie fest, ob Sie Lesebestätigungen erhalten und versenden möchten.

Sie sollten allerdings wissen, dass es sich hierbei um eine Einstellung handelt, die sich sowohl bei Ihnen als auch bei Ihren Gesprächspartnern auswirkt. Wenn Sie demnach eine Bestätigung erhalten möchten, dass Ihr Gesprächspartner Ihre Nachricht gelesen hat, müssen Sie im Gegenzug auch Ihrem Gesprächspartner erlauben, zu sehen, wann Sie eine Nachricht von ihm gelesen haben.

Falls Sie nicht wünschen, dass jemand sehen kann, ob Sie eine Nachricht gelesen haben, müssen Sie die Option deaktivieren und damit zurechtkommen, dass Sie nun auch nicht mehr sehen können, ob eine Ihrer Nachrichten bereits gelesen wurde.

Wenn Sie nun die Datei gemeinsam mit Ihren Kolleginnen und Kollegen öffnen, sehen Sie oberhalb der Menüleiste durch die Profilbilder (oder alternativ die Initialen der entsprechenden Person), welche Personen die Datei genau in diesem Moment ebenfalls geöffnet haben. Wie Sie Abbildung 3.8 entnehmen können, sehen Sie sogar, an welcher Stelle sich die jeweilige Person gerade im Dokument befindet. So bearbeitet Sebastian Feld anscheinend gerade die Überschrift des nächsten Absatzes, während sich zwei weitere Personen weiter unten im Dokument befinden. Sollten andere Personen Änderungen am Dokument vornehmen, so werden Sie diese mit minimalem Zeitversatz automatisch sehen. Der Zeitversatz entsteht durch die Synchronisation zwischen den verschiedenen Bearbeitern des Dokuments und ist maßgeblich von Ihrer Internetverbindung abhängig.

Sie können nun gemeinsam an Ihrem Dokument arbeiten und in unserem Beispiel ein Konzept für einen Workshop fertigstellen. Dabei können Sie sich die Arbeit aufteilen und verschiedene Abschnitte schreiben oder sogar im selben Abschnitt Änderungen vornehmen. Bei der Arbeit im selben Abschnitt sollten Sie sich gut abstimmen, damit Sie sich nicht gegenseitig Texte überschreiben oder Änderungen einer anderen Person aus Versehen rückgängig machen.

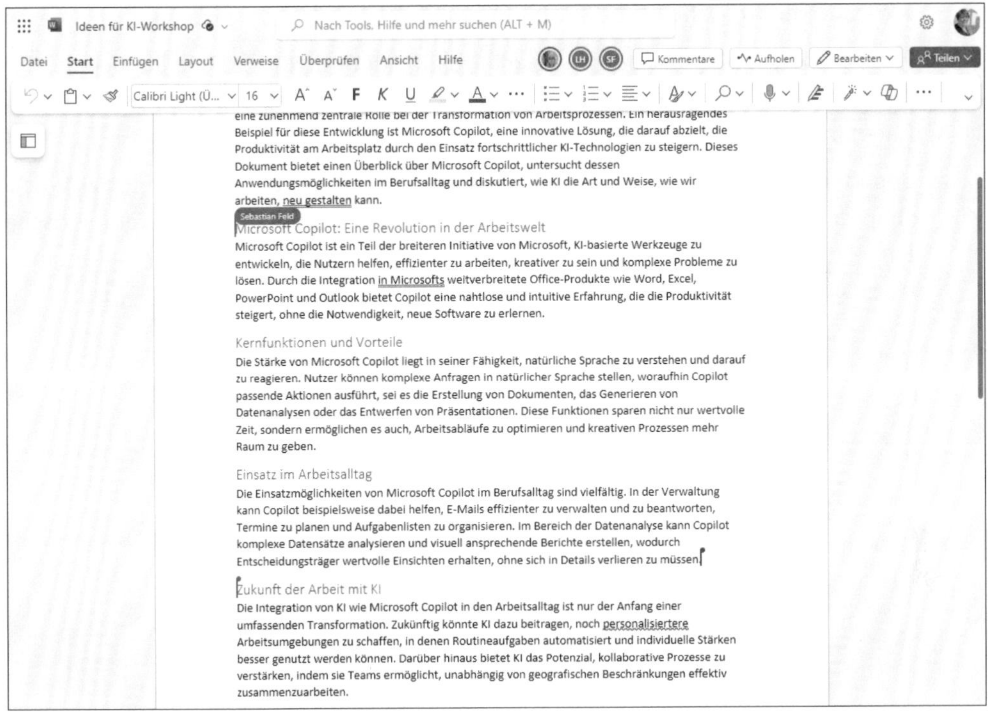

Abbildung 3.8 Sie erkennen schnell, wenn sich andere Personen im selben Dokument aufhalten.

Zeitgleiche Bearbeitung von Office-Dokumenten

Die zeitgleiche Arbeit an einem Dokument beschränkt sich nicht nur auf Word. Sie können auch in anderen Office-Produkten gemeinsam arbeiten. So steht Ihnen diese Funktion beispielsweise auch in PowerPoint und Excel zur Verfügung.

Bei *Excel* ist die gemeinsame Bearbeitung ebenfalls sehr hilfreich. So können Sie hier genau sehen, in welcher Zelle sich jede Person gerade aufhält, und Änderungen sind genau wie bei Word nahezu sofort für alle sichtbar. So können Auswertungen und Dashboards gemeinsam erarbeitet und Daten als Grundlage für die Berichte schnell erfasst werden.

In *PowerPoint* können Sie auf diese Weise recht einfach eine gemeinsame Präsentation erstellen und sich die zu erstellenden oder anzupassenden Folien aufteilen. Sobald Änderungen von einer anderen Person vorgenommen wurden, werden die Folien in der Navigation für Sie entsprechend optisch hervorgehoben. Falls Sie gemeinsam an derselben Folie arbeiten, sollten Sie beachten, dass Sie erst dann Änderungen sehen, wenn die Person das Textfeld verlässt, in dem die Änderung vorgenommen wurde.

3.2.1 Copilot in Office-Produkten nutzen

Wenn Sie eine Lizenz für den *Microsoft 365 Copilot* besitzen, können Sie sich bei der Erstellung von Dokumenten und Präsentationen bzw. bei der Interpretation von Daten in Excel und bei der Erstellung von Auswertungen unterstützen lassen.

Copilot ist sozusagen Ihr persönlicher Assistent, der Sie bei der Erstellung des Workshop-Konzeptes unterstützen kann. In Abbildung 3.9 sehen Sie eine exemplarische Eingabe (einen sogenannten *Prompt*), um mithilfe von Copilot ein Konzept für einen bis zu vierstündigen Workshop zu erhalten.

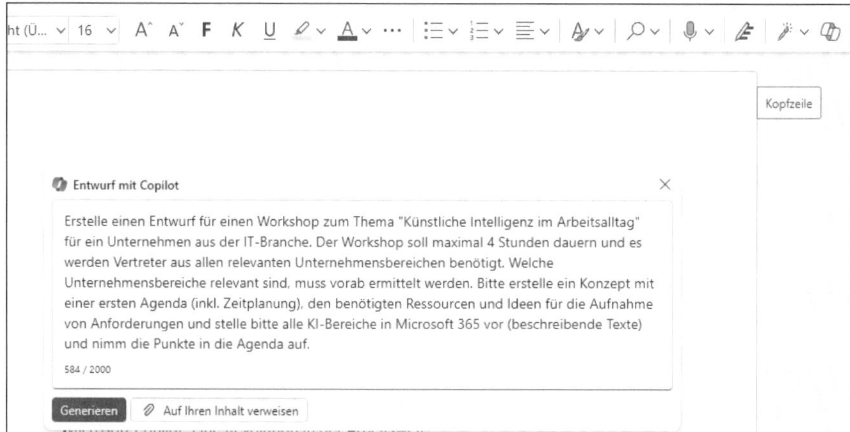

Abbildung 3.9 Nutzen Sie Ihren persönlichen Assistenten als weiteres Teammitglied, um Dokumente schneller zu erstellen.

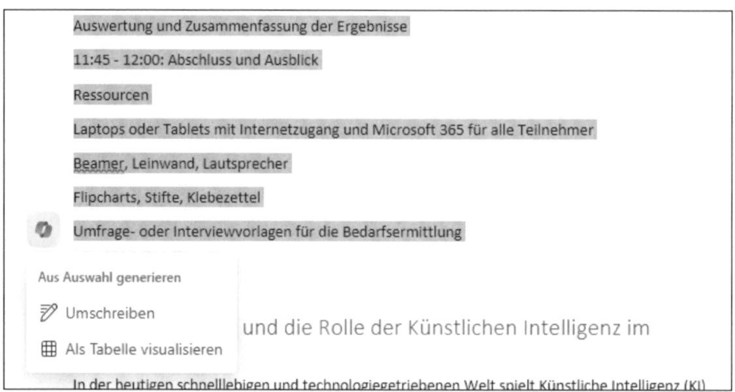

Abbildung 3.10 Lassen Sie Informationen umformulieren oder als Tabelle formatiert darstellen.

Sie könnten sogar über die Schaltfläche AUF IHREN INHALT VERWEISEN ein bereits bestehendes Dokument als Grundlage verwenden. In vielen Fällen werden Sie bereits Notizen besitzen,

- die Sie vorab erstellt haben,
- die aus einem Termin stammen (beispielsweise das Transkript einer Besprechung, ein manuell erstelltes Besprechungsprotokoll oder Ihre persönlichen Notizen) oder
- die Sie bei einer Recherche gefunden haben.

Diese Informationen führen in Kombination mit Ihrer Anweisung an Copilot zu einem hoffentlich guten Ergebnis. Sie erhalten nach Betätigen der Schaltfläche GENERIEREN einen Vorschlag von Copilot, den Sie übernehmen oder durch Anpassen Ihrer Eingabe erneut generieren lassen können.

Sie können, wie in Abbildung 3.10 dargestellt, auch jederzeit Bereiche in Ihrem Dokument markieren und über das links vom markierten Bereich erscheinende Copilot-Icon den Abschnitt umformulieren lassen oder die Informationen als Tabelle formatieren lassen.

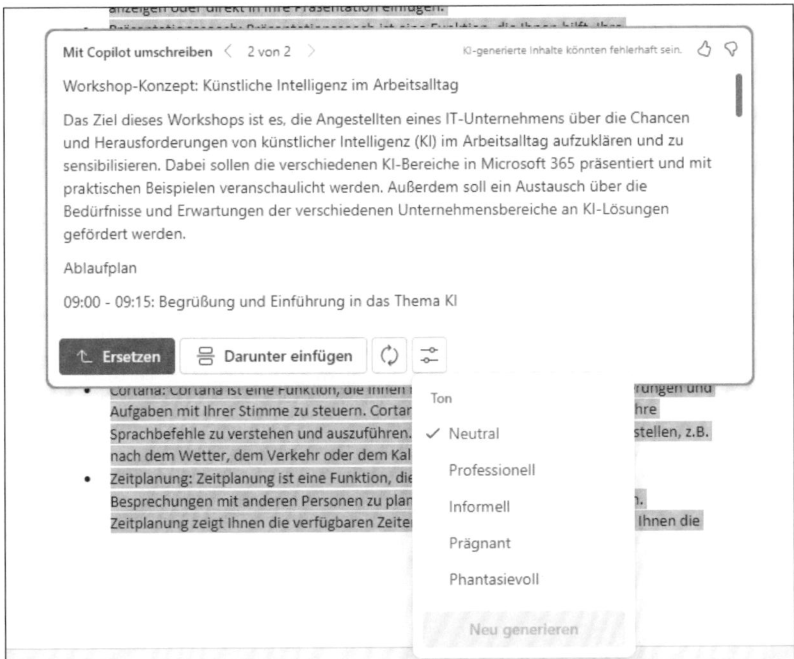

Abbildung 3.11 Wenn Sie einen Text umformulieren möchten, können Sie sich auch für eine Tonalität entscheiden.

Wenn Sie die Option UMSCHREIBEN ausgewählt haben, erscheint der in Abbildung 3.11 dargestellte Dialog, über den Sie die von Copilot vorgeschlagenen Optionen prüfen und sich für eine entscheiden können. Dabei können Sie wählen, ob der markierte ursprüngliche Text ersetzt werden soll oder ob die Änderungen darunter eingefügt werden kann.

Der Ton macht die Musik

Sie können auch neue Vorschläge generieren lassen, indem Sie sich für eine andere Tonalität entscheiden. Diese Möglichkeit ist hilfreich, um die Informationen passgenau auf Ihre Zielgruppe abzustimmen. Wenn Sie mit Copilot beginnen, sollten Sie die verschiedenen Optionen ausprobieren, um ein Gefühl für die in Ihrem Kontext passenden Varianten zu entwickeln.

Diese Möglichkeit kann beispielsweise dann hilfreich sein, wenn Sie mal verärgert sind und es Ihnen schwerfällt, Ihren Unmut zu verbergen, während Sie eine E-Mail schreiben. In diesem Fall können Sie Copilot bitten, den Unmut herauszufiltern und auf die Sachebene zurückzukehren, indem neutrale bzw. konstruktive Formulierungen verwendet werden.

3.2.2 Dateien in OneDrive speichern und mit Kolleginnen und Kollegen teilen

Unterstützt durch Ihre Kolleginnen und Kollegen und gegebenenfalls auch durch Copilot, haben Sie nun das Konzept für den Workshop erstellt. Doch wo ist die Datei noch einmal gespeichert? Das lässt sich schnell über den Dateinamen ganz oben in der Office-Anwendung (in unserem Fall Word) herausfinden. Wenn Sie auf den Dateinamen klicken, erhalten Sie eine mit Abbildung 3.12 vergleichbare Ansicht. Wenn sich die Datei in Ihrem OneDrive oder auf einer zentralen Ablage wie SharePoint befindet, auf der Sie schreibenden Zugriff haben, können Sie den Dateinamen ändern. In unserem Fall liegt die Datei im OneDrive einer anderen Person, weshalb das Eingabefeld für den Dateinamen deaktiviert ist. Sie können aber in jedem Fall den Speicherort der Datei sehen und sogar dorthin wechseln und somit gegebenenfalls weitere für Sie freigegebene Dateien aufrufen.

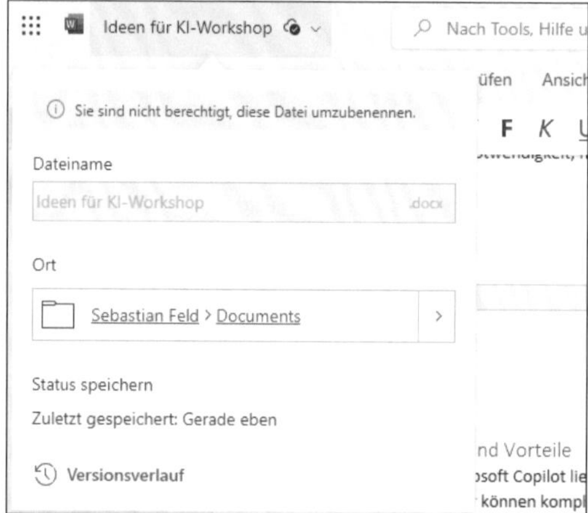

Abbildung 3.12 Über den Dateinamen ganz oben in der Office-Anwendung finden Sie auch den Speicherort der Datei.

Sie müssen aber auch nicht zwingend wissen, wo die einzelnen Dateien Ihrer Konversation gespeichert sind, denn über die Registerkarte DATEIEN im Chat können Sie direkt auf alle im Chat miteinander geteilten Dateien zugreifen (siehe Abbildung 3.13).

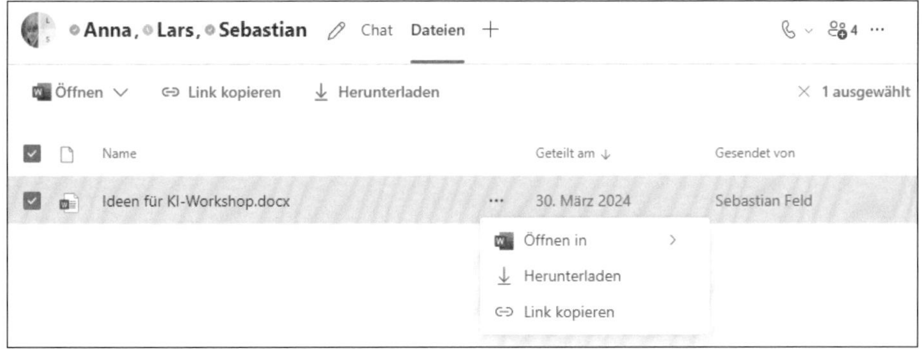

Abbildung 3.13 Über die Registerkarte »Dateien« können Sie auf alle im Chat geteilten Dateien zugreifen.

Dabei sehen Sie in der Spalte GESENDET VON auch, aus wessen OneDrive die entsprechende Datei freigegeben wurde. Wenn Sie eine Datei mit anderen Personen geteilt haben, sehen Sie entsprechend der Darstellung in Abbildung 3.14 im Kontextmenü noch den zusätzlichen Menüpunkt IN REGISTERKARTE UMWANDELN.

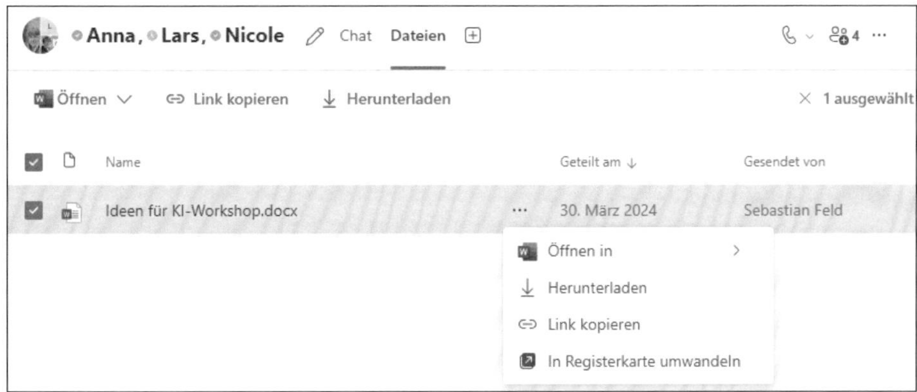

Abbildung 3.14 Falls sich die Datei in Ihrem OneDrive befindet, stehen Ihnen sogar weitere Optionen im Kontextmenü zur Verfügung.

Über diesen Menüpunkt können Sie eine besonders wichtige oder häufig benötigte Datei als Registerkarte neben CHAT und DATEIEN hinzufügen und somit einen schnelleren Zugriff für alle am Chat beteiligten Personen ermöglichen (siehe Abbildung 3.15).

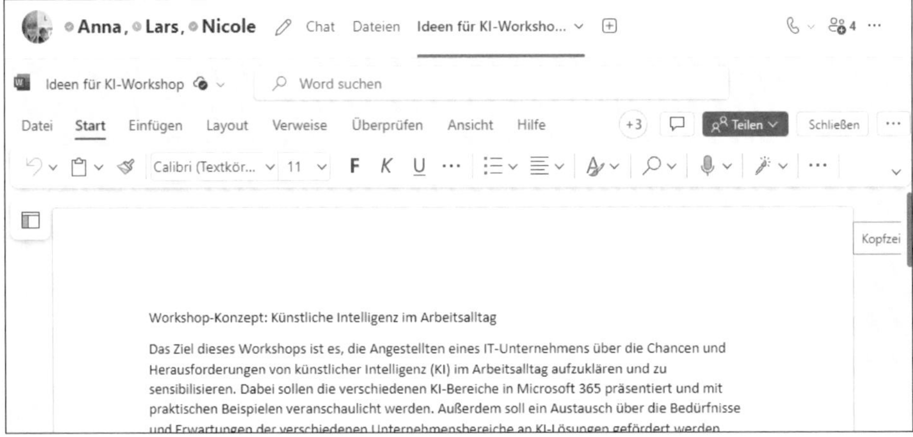

Abbildung 3.15 Besonders wichtige oder häufig benötigte Dateien können Sie als Registerkarte einrichten.

3.3 Microsoft Loop für den schnellen Informationsaustausch nutzen

Bei der zeitgleichen Bearbeitung des Word-Dokuments haben Sie bereits erlebt, wie andere Personen dargestellt werden, die sich zur selben Zeit im Dokument aufhalten wie Sie (siehe Abbildung 3.8). Im Arbeitsalltag gehört eine gemeinsame Be- oder Erarbeitung von Informationen zur Tagesordnung. Dabei kann eine Datei wie ein Word-Dokument aber vielleicht schon zu »groß« sein, wenn es eigentlich nur darum geht,

- ein paar Punkte in Form einer Checkliste oder Aufgabenliste zu sammeln und nach und nach abzuarbeiten,
- eine gemeinsame Nachricht auszuformulieren, die später per Chat oder E-Mail versendet werden kann,
- Ideen zu sammeln und zu bewerten oder
- Fragen zu sammeln und nach und nach die Antworten auf diese Fragen zu finden.

Immer dann, wenn für einen begrenzten Zeitraum ein Ort benötigt wird, um solche Arbeiten zu unterstützen, oder wenn an verschiedenen Orten (z. B. in einem Chat, einem Dokument und später in einer E-Mail) dieselben Informationen zur Verfügung gestellt werden und auch dort jeweils bearbeitbar sein sollen, ist *Microsoft Loop* eine gute Wahl.

Loop wird als eigenständige Anwendung und integriert in die Office-Anwendungen angeboten. Am häufigsten findet sich Loop innerhalb eines Teams-Chats. Sie können dort über das Loop-Icon aus einer Liste von Vorlagen wählen (siehe Abbildung 3.16).

Wenn Sie beispielsweise eine AUFGABENLISTE auswählen, die dann so wie in Abbildung 3.17 dargestellt wird, können Sie nun die Aufgaben für die Vorbereitung und die Durchführung des Workshops verwalten. Technisch betrachtet, handelt es sich bei der Loop-Komponente um eine Datei, die in Ihrem OneDrive abgelegt und mit den anderen Teilnehmenden des Chats geteilt wird.

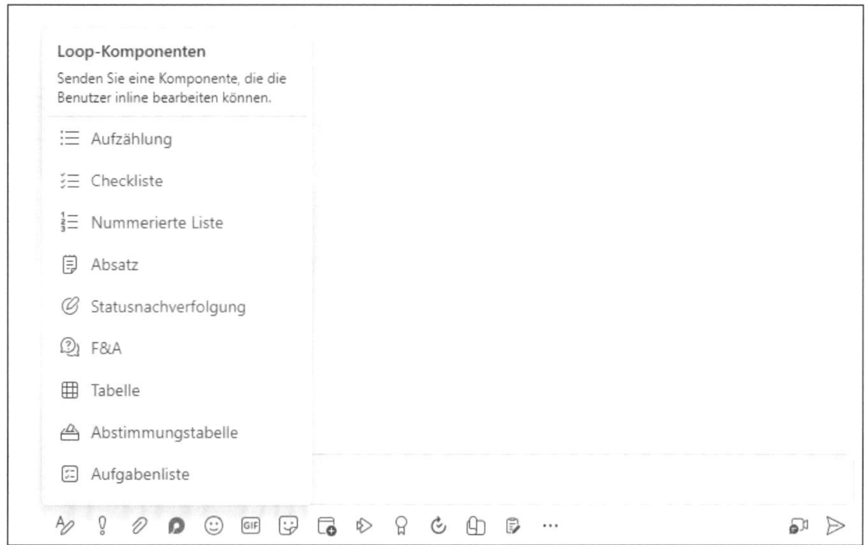

Abbildung 3.16 Sie können aus einem Chat heraus eine Loop-Komponente erstellen.

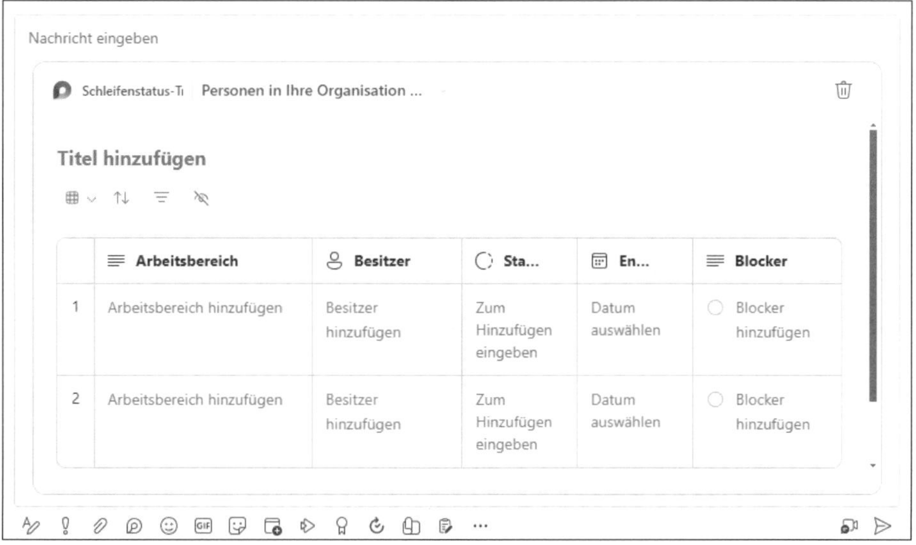

Abbildung 3.17 Eine Aufgabenliste bietet sich für eine kurzfristige Verteilung und Bearbeitung von Aufgaben an.

Warum nutzen wir nicht Planner für die Aufgabenverwaltung?

Wir können auch Planner für die Vorbereitung und Durchführung des Workshops nutzen. Ein Planner-Plan ist allerdings eher für eine mittel- bis langfristige Nutzung ausgelegt und gehört eher in den Kontext eines Teams. Teamräume (und in diesem Zusammenhang auch Planner) werden wir uns im nächsten Kapitel genauer anschauen.

Achten Sie bitte unbedingt darauf, dass Sie die Nachricht mit Ihrer Loop-Komponente auch versenden. Denn erst beim Versenden der Nachricht wird die Loop-Komponente auch mit den anderen Personen im Chat geteilt und die Personen über die Existenz dieser Komponente informiert. Wenn Sie dann noch so, wie in Abbildung 3.18 dargestellt, eine Nachricht hinzufügen, können Sie erklären, warum Sie die Komponente erstellt haben und wie Sie sich die Nutzung vorstellen.

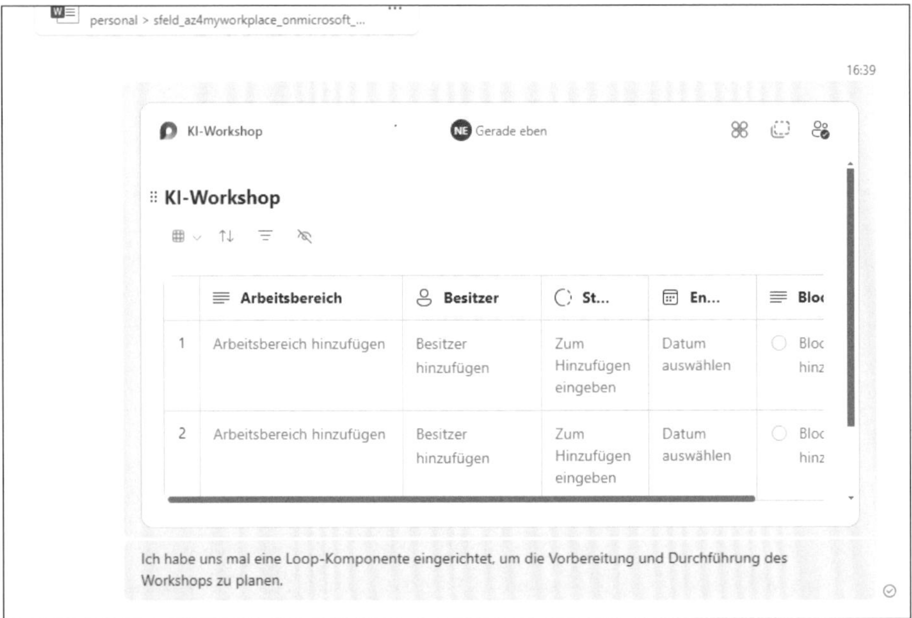

Abbildung 3.18 Erst wenn Sie die Nachricht mit der Loop-Komponente versenden, wird diese mit den anderen Personen geteilt.

Jede der als Vorlage verfügbaren Loop-Komponenten bietet unterschiedliche Funktionalitäten an. So können Sie mit einer Aufgabenliste neben einer tabellarischen Darstellung auch die Option BOARD aufrufen (siehe Abbildung 3.19) und dadurch wie bei einem Kanban-Board die Aufgaben visualisieren und den Status ändern, indem Sie die Karten in die gewünschte Spalte verschieben (siehe Abbildung 3.20).

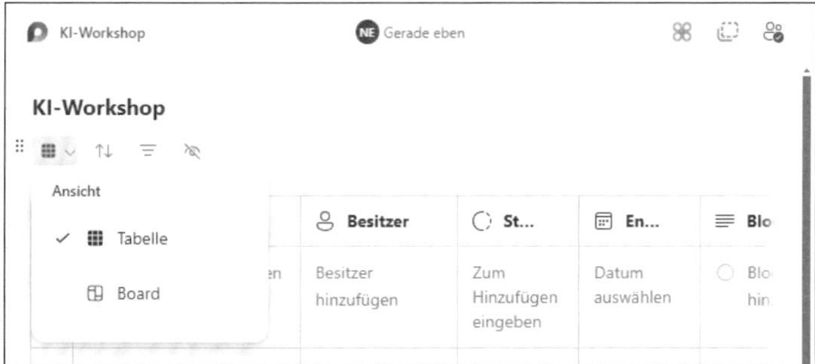

Abbildung 3.19 Wechseln Sie die Ansicht Ihrer Aufgabenliste bei Bedarf.

Abbildung 3.20 Über die »Board«-Ansicht können Sie den Status von Aufgaben durch Verschieben der Aufgabenkarte ändern.

Die tabellarische Ansicht bietet sich für eine schnelle Erfassung vieler Aufgaben an. Es handelt sich hierbei auch nicht um eine einfache Tabelle, wie Sie sie vielleicht aus Word oder anderen Anwendungen erwarten. Im Feld BESITZER werden Sie bei der Eingabe durch ein Personenauswahlfeld unterstützt, und beim STATUS können Sie aus vordefinierten Statuswerten auswählen oder auch über OPTION HINZUFÜGEN eigene Werte hinterlegen (siehe Abbildung 3.21).

Mir fehlt eine Vorlage für eine Loop-Komponente

Ihnen wird standardmäßig bereits eine große Auswahl an Vorlagen für Loop-Komponenten angeboten. Diese Vorlagen orientieren sich an typischen Herausforderungen im Arbeitsalltag. Falls Ihnen dennoch Vorlagen fehlen oder Sie eine Idee für eine unternehmensspezifische oder auf Sie persönlich zugeschnittene Vorlage haben, lässt sich auch diese Anforderung technisch umsetzen. Allerdings wird in diesem Fall die Entwicklung einer eigenen Loop-Komponente erforderlich. Hierzu werden Software-Entwicklungs-Skills benötigt.

Abbildung 3.21 Loop-Komponenten können Sie bei der Erfassung von Informationen gezielt unterstützen.

Wenn Ihnen in der Aufgabenliste eine Aufgabe zugewiesen wird, ist dies mit der Erwähnung in einer beliebigen anderen Loop-Komponente, einem Teams-Chat oder einem Office-Dokument gleichzusetzen. Da Sie sich mit der Loop-Komponente in Teams befinden, werden Sie über den AKTIVITÄT-Feed in Teams benachrichtigt (siehe Abbildung 3.22). Abhängig von Ihren persönlichen Einstellungen in Teams erhalten Sie gegebenenfalls sogar eine Benachrichtigung per E-Mail, wie Sie sie in Abbildung 3.23 sehen können.

Abbildung 3.22 Sie werden über den »Aktivität«-Feed über neue Erwähnungen in Loop-Komponenten informiert ...

Wenn wir uns nun die Aktionsleiste im oberen Bereich der Loop-Komponente anschauen, so beginnt diese links mit dem Dateinamen der Komponente und bietet rechts drei Menüpunkte an. Wenn Sie den ersten Menüpunkt von links aufrufen, werden Ihnen wie in Abbildung 3.24 die Orte aufgelistet, an denen die Komponente genutzt wird. In unserem Fall ist dies zum einen der Teams-Chat und zum anderen die E-Mail, mit der wir eben über die Erwähnung innerhalb der Aufgabenliste informiert wurden. Wenn wir den mittleren Menüpunkt nutzen würden, könnten wir die Komponente kopieren und beispielsweise in einem Word-Dokument oder einer PowerPoint-Präsentation einfügen oder andere Personen in einem separaten Chat oder über eine E-Mail über den Aufgabenstatus informieren. Mit wem die Loop-Komponente geteilt wurde, können Sie dann über den Menüpunkt ganz rechts einsehen.

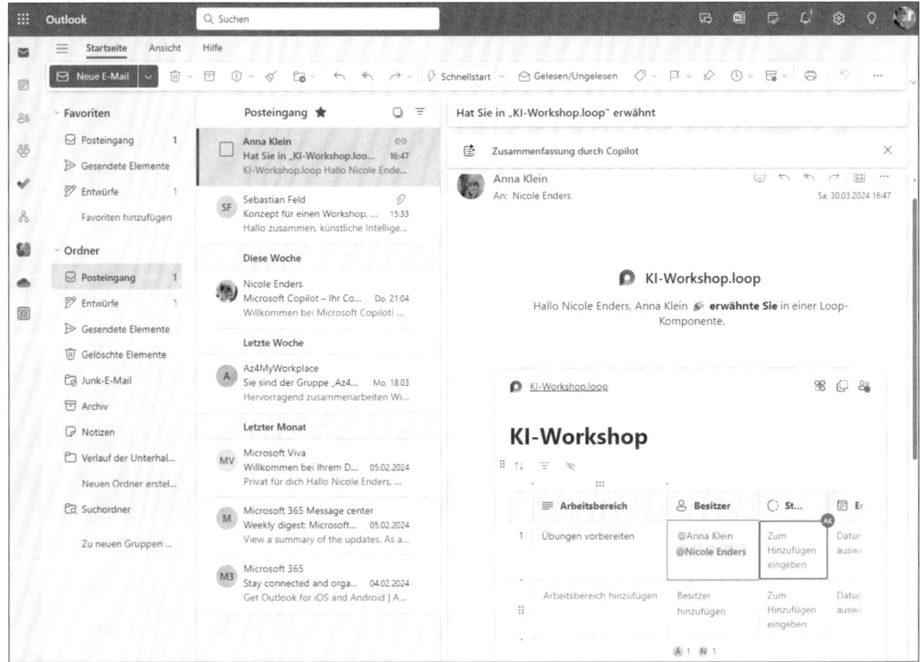

Abbildung 3.23 ... und erhalten gegebenenfalls sogar eine Benachrichtigung per E-Mail.

Abbildung 3.24 Verschaffen Sie sich einen Überblick, an welchen Orten die Loop-Komponente verwendet wird.

Wenn Sie in der Registerkarte DATEIEN nachschauen, werden Sie dort nun wie in Abbildung 3.25 die Loop-Komponente als Datei finden. Da ich die Loop-Komponente erstellt und mit den anderen Personen im Chat geteilt habe, werde ich in der Spalte GESENDET VON benannt. Das bedeutet, dass die Datei in meinem OneDrive abgelegt und mit den Teilnehmenden des Chats geteilt wurde.

Abbildung 3.25 Die Loop-Komponente wird als Datei im OneDrive der Person gespeichert, die die Komponente erstellt hat.

Ist Ihnen in Abbildung 3.24 der Menüpunkt ZUM ARBEITSBEREICH »LOOP« HINZUFÜGEN aufgefallen? Hier geht es nun darum, dass wir uns die Anwendung *Loop* anschauen. Während Sie bis eben lediglich in einem Teams-Chat oder in einem Office-Dokument bzw. einer E-Mail mit einer einzelnen Komponente gearbeitet haben, können Sie in der Loop-Anwendung Arbeitsbereiche einrichten und dort Seiten erstellen, die wiederum neben statischen Inhalten auch Loop-Komponenten enthalten.

Wozu benötige ich Arbeitsbereiche in Loop? Ich kann doch Teamräume in Teams nutzen!

Diese Frage stellen sich viele Menschen, wenn sie Loop kennenlernen. In der Tat hört es sich erst einmal wie eine Dopplung an, wenn neben einem Teamraum in Teams auch von Arbeitsbereichen in Loop gesprochen wird. Daher möchte ich Ihnen an dieser Stelle eine Hilfestellung geben.

Teamräume in Teams sollen Sie und Ihr Team bei der Erfüllung einer Aufgabe unterstützen. Das kann beispielsweise die Bearbeitung eines Kundenauftrags sein. In diesem Zusammenhang benötigen Sie einen Ort für die Kommunikation, eine zentrale Dateiablage und eine Aufgabenverwaltung. Sie erarbeiten Informationen und tauschen sich untereinander aus. Eventuell nutzen Sie auch neben Dokumenten die ein oder andere Loop-Komponente, um schnell und einfach Ergebnisse zu erzielen.

Einen *Arbeitsbereich* in Loop legen Sie an, um Informationen zu präsentieren. Stellen Sie sich den Arbeitsbereich wie eine Art Wiki vor. Aber anstatt nur statische Informationen zu verwalten, wie Sie es von einem Wiki vielleicht gewohnt sind, können Sie Loop-Komponenten in Seiten einfügen und so die Pflege von Informationen auch von außerhalb ermöglichen.

Wenn Sie Teamräume in Teams nutzen, werden Sie vermutlich keinen Arbeitsbereich in Loop erstellen. Es wäre aber denkbar, dass Sie für übergreifende Themen einen Arbeitsraum in Loop nutzen und Informationen aus mehreren Teamräumen oder Chats in Form von Loop-Komponenten dort einbinden und so an zentraler Stelle präsentieren. Was sinnvoll ist und was nicht, hängt von Ihrer Arbeitsweise und Ihren Bedürfnissen ab. Probieren Sie einfach aus, wie Loop Ihnen am besten im Arbeitsalltag helfen kann.

Rufen Sie die Website *https://loop.microsoft.com* auf, um die Loop-Anwendung zu starten. Sie werden direkt über Ihren Browser darüber informiert, dass Sie die Anwendung auch als Desktop-App herunterladen und anschließend in Ihrer Taskleiste anheften können. Dies ermöglicht Ihnen zukünftig einen schnelleren Zugriff auf die Loop-Anwendung. Wenn wir uns die Anwendung aber erst einmal im Browser anschauen, so werden Sie eine mit Abbildung 3.26 vergleichbare Ansicht vorfinden.

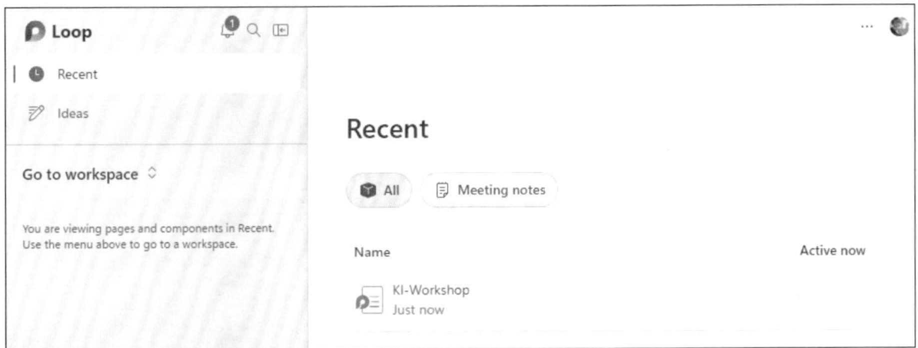

Abbildung 3.26 Im Bereich »Recent« finden Sie die Loop-Komponenten, die Sie zuletzt erstellt oder bearbeitet haben.

Da Sie zu Beginn noch keine Arbeitsbereiche besitzen, lohnt sich als Erstes ein Blick in den Bereich RECENT. Hier sollten Sie die im vorherigen Verlauf erstellte und bearbeitete Loop-Komponente finden. Die Loop-Anwendung ist somit die zentrale Anlaufstelle für alle Loop-Komponenten, die für Sie relevant sind. Außerdem finden Sie hier auch den AKTIVITÄT-Feed wieder und können über das Glockensymbol Ihre Benachrichtigungen aufrufen.

Über den Menüpunkt GO TO WORKSPACE können Sie als Nächstes Ihren ersten Arbeitsbereich in Loop anlegen. Wählen Sie dafür in dem Menü, das Sie in Abbildung 3.27 sehen, den Menüpunkt NEW WORKSPACE aus. Sie werden nun von einem Assistenten unterstützt und Schritt für Schritt durch das Anlegen des Arbeitsbereichs begleitet. So werden Sie nach einem Namen für den Arbeitsbereich gefragt, sollen ein Icon angeben und die Personen auswählen, mit denen der Arbeitsbereich geteilt werden soll (siehe Abbildung 3.28).

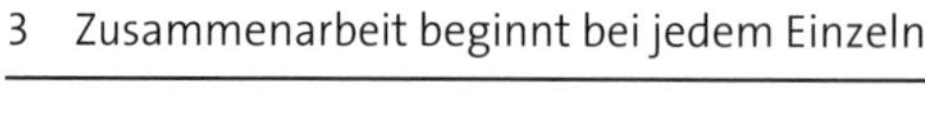

Abbildung 3.27 Legen Sie einen neuen Arbeitsraum an oder rufen Sie einen bestehenden Arbeitsraum auf.

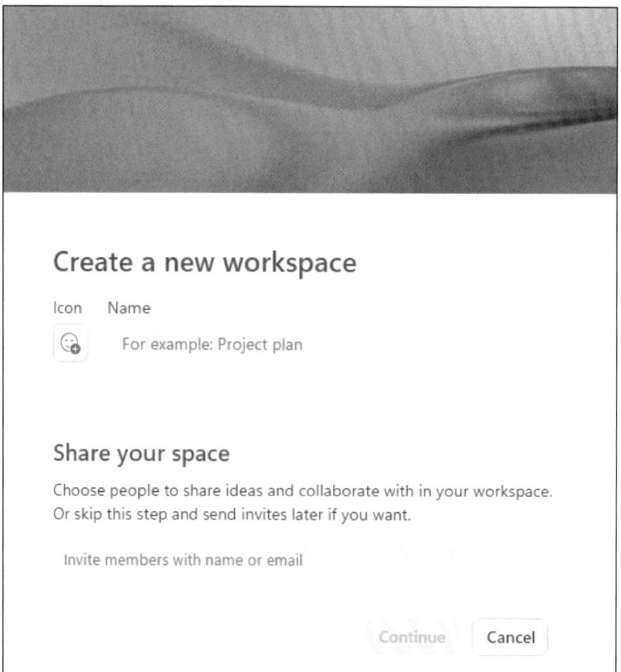

Abbildung 3.28 Geben Sie einen Namen für den neuen Arbeitsbereich an, wählen Sie ein Icon aus und geben Sie die Personen an, mit denen Sie den Arbeitsbereich teilen möchten.

Anschließend können Sie noch Dateien auswählen und direkt im Arbeitsbereich hinterlegen oder Keywords angeben, über die der Arbeitsbereich bei Suchanfragen möglichst leicht gefunden werden kann (siehe Abbildung 3.29).

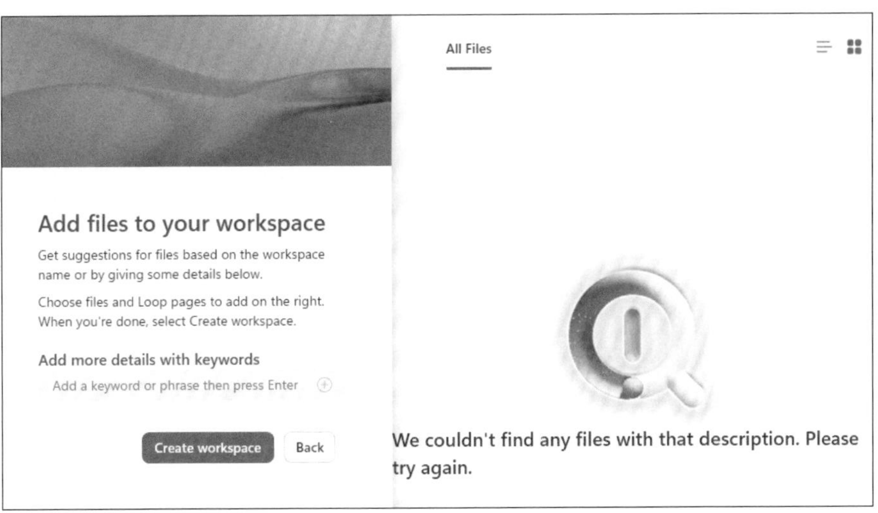

Abbildung 3.29 Fügen Sie Dateien zu Ihrem Arbeitsbereich hinzu und hinterlegen Sie Keywords, um den Arbeitsbereich später möglichst einfach wiederzufinden.

Innerhalb des angelegten Arbeitsbereichs sehen Sie genau wie innerhalb einer einzelnen Komponente, welche Personen sich zeitgleich im Arbeitsbereich oder sogar auf derselben Seite wie Sie befinden. Die Seiten selbst können Sie frei gestalten. In Abbildung 3.30 sehen Sie, welche Komponenten Ihnen zur Verfügung stehen. Sie können neben normalen Absätzen auch mit Auflistungen, Tabellen oder Checklisten arbeiten.

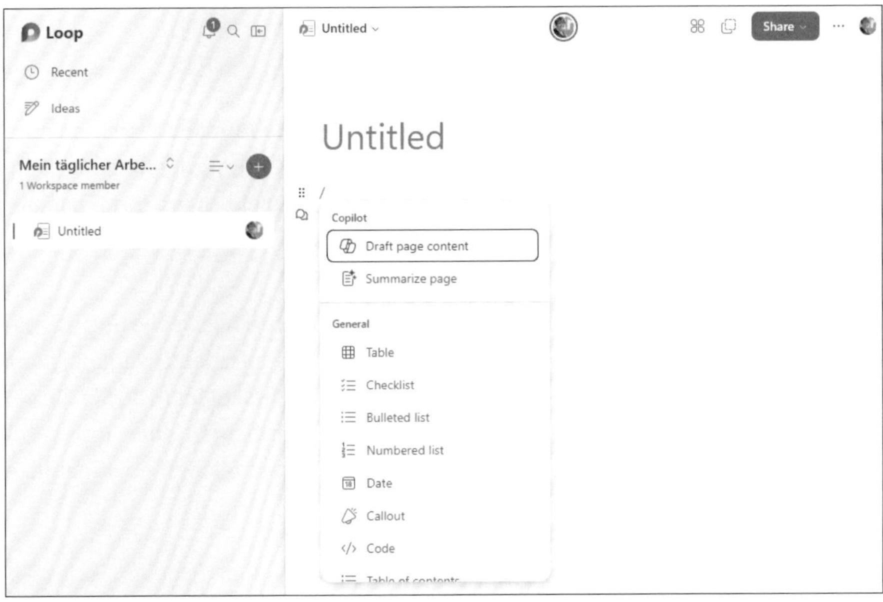

Abbildung 3.30 Fügen Sie Seiten zu Ihrem Arbeitsbereich hinzu und gestalten Sie diese frei nach Ihren Anforderungen.

Um den Charakter eines Wikis zu unterstützen, können Sie sogar ein automatisch erzeugtes Inhaltsverzeichnis hinzufügen, das sich an den in der jeweiligen Seite verwendeten Überschriften orientiert. Diese Funktion werden Sie beispielsweise in Teams nicht finden.

Sie könnten über den in Loop auch verfügbaren *Microsoft 365 Copilot* den Menüpunkt DRAFT PAGE CONTENT nutzen, um sich Inhalte für eine Seite generieren zu lassen. Hier kommt es ähnlich wie zuvor bei unserem Word-Dokument auf die Genauigkeit Ihrer Eingabe an, um ein möglichst gutes Ergebnis zu erzielen.

Ist ein Loop-Arbeitsbereich eine Alternative zu OneNote?

In Schulungen kommt neben dem Vergleich der Loop-Arbeitsbereiche mit Teamräumen in Teams meistens auch recht schnell die Frage nach den Unterschieden zwischen Loop und einem OneNote-Notizbuch. Nach dem heutigen Stand können beide Lösungen sinnvoll nebeneinander verwendet werden. Während OneNote-Notizbücher beispielsweise eine dynamische Gliederung durch Abschnitte, Unterabschnitte und Seiten ermöglichen, liegen in einem Loop-Arbeitsbereich sämtliche Seiten auf derselben Ebene innerhalb eines Arbeitsbereichs. Auch die Formatierungsoptionen sind bei OneNote wesentlich ausgeprägter. Dafür können in OneNote nicht so einfach Loop-Komponenten eingebunden werden, was eine Pflege von Teilinformationen von außerhalb ermöglicht. Diese Unterschiede können sich in der Zukunft gegebenenfalls verändern, weshalb Sie die Änderungen im Auge behalten sollten.

3.4 Verwalten Sie Ihre persönlichen Aufgaben

Sie kennen nun bereits die Möglichkeit, wie Sie schnell eine Aufgabenliste als Loop-Komponente erstellen. Dabei sollte es sich aber in der Regel um Aufgaben handeln, die außer Ihnen auch weitere Personen betreffen. Doch wie sieht es mit Ihren persönlichen Aufgaben aus? Dies sind meist Aufgaben, die aus einer E-Mail, einer Chat-Nachricht oder einem persönlichen Gespräch entstehen.

Bei einer Nachricht in Teams können Sie über die Dreipunkteschaltfläche und das daraufhin erscheinende Menü den Menüpunkt AUFGABE ERSTELLEN auswählen (siehe Abbildung 3.31). In dem nun folgenden Dialog können Sie entscheiden, ob Sie die gesamte Nachricht als Aufgabenbeschreibung übernehmen möchten oder Anpassungen vornehmen. Die Aufgabe wird anschließend in Ihrer persönlichen Aufgabenliste (auch bekannt als *To Do*) gespeichert.

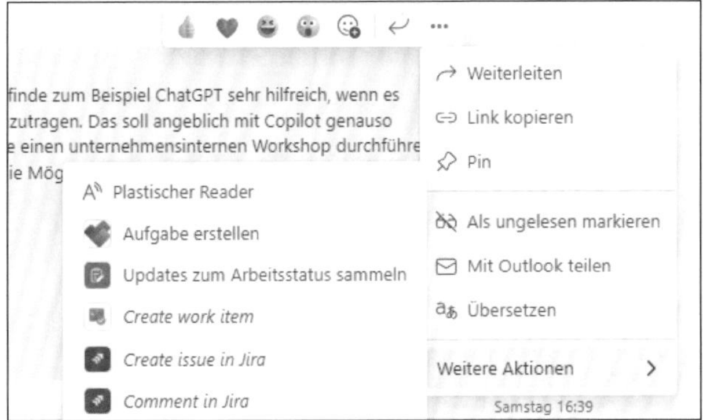

Abbildung 3.31 Erstellen Sie aus einer Nachricht in Teams eine persönliche Aufgabe, um den Überblick über noch zu erledigende Tätigkeiten zu behalten.

E-Mails als Termine oder Aufgaben verwalten

Sie können auch E-Mails als Aufgaben speichern und später bearbeiten. Wenn Sie die Webversion von Outlook nutzen, können Sie einfach über den Menüpunkt MEIN TAG die in Abbildung 3.32 dargestellte rechte Leiste aufrufen und die entsprechenden E-Mails mit Drag-and-drop dorthin ziehen und aus ihnen entweder einen Termin oder eine Aufgabe erstellen.

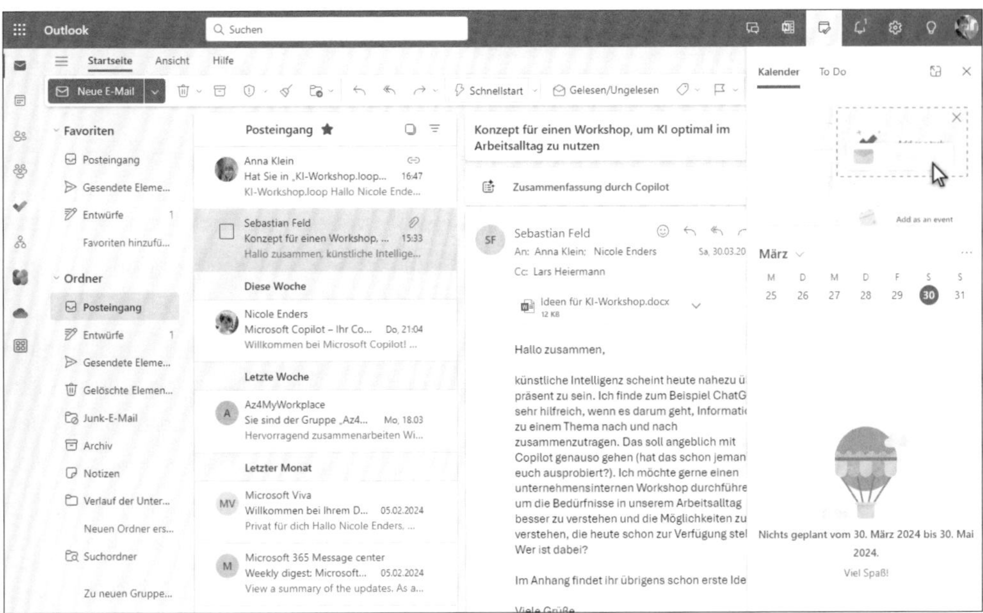

Abbildung 3.32 Öffnen Sie die rechte Leiste, um aus E-Mails Termine oder Aufgaben zu erzeugen.

Sehen Sie die beiden in Abbildung 3.33 gestrichelt umrandeten Bereiche? Wenn Sie Ihre E-Mail im oberen Bereich »fallen lassen«, wird ein Termin erzeugt. Im unteren Bereich werden die Informationen der E-Mail verwendet, um eine Aufgabe zu erstellen.

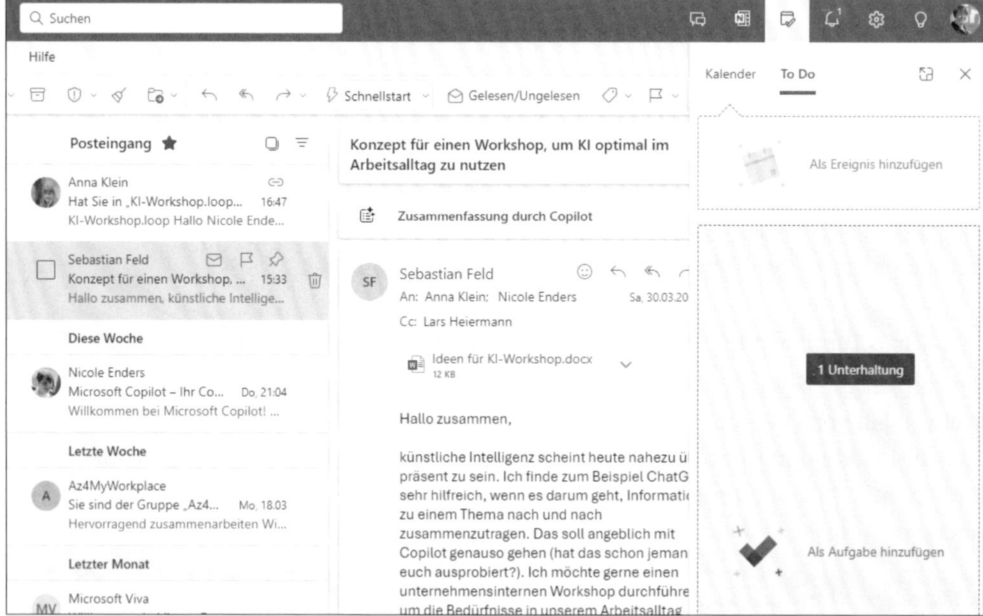

Abbildung 3.33 Sie entscheiden, ob aus Ihrer E-Mail ein Termin oder eine Aufgabe erstellt wird, indem Sie den Bereich wählen, in dem Sie die E-Mail »fallen lassen«.

Wenn Sie sich für den unteren Bereich entscheiden, sehen Sie anschließend im rechten Bereich wie in Abbildung 3.34 auch Ihre eben erstellte Aufgabe und können diese nun bearbeiten, gegebenenfalls mit einem Fälligkeitsdatum versehen und auch später abschließen.

Sie können über die Schaltfläche AUFGABE HINZUFÜGEN auch manuell eine Aufgabe erstellen. Oder Sie wechseln über den Menüpunkt ALLE AUFGABEN VERWALTEN unten rechts in Ihre persönliche Aufgabenliste, wie Sie sie in Abbildung 3.35 sehen können.

Wie Sie oben links erkennen können, befinden Sie sich immer noch in Outlook und können nun Ihre Aufgaben einsehen, mit weiteren Informationen versehen und letztendlich abschließen.

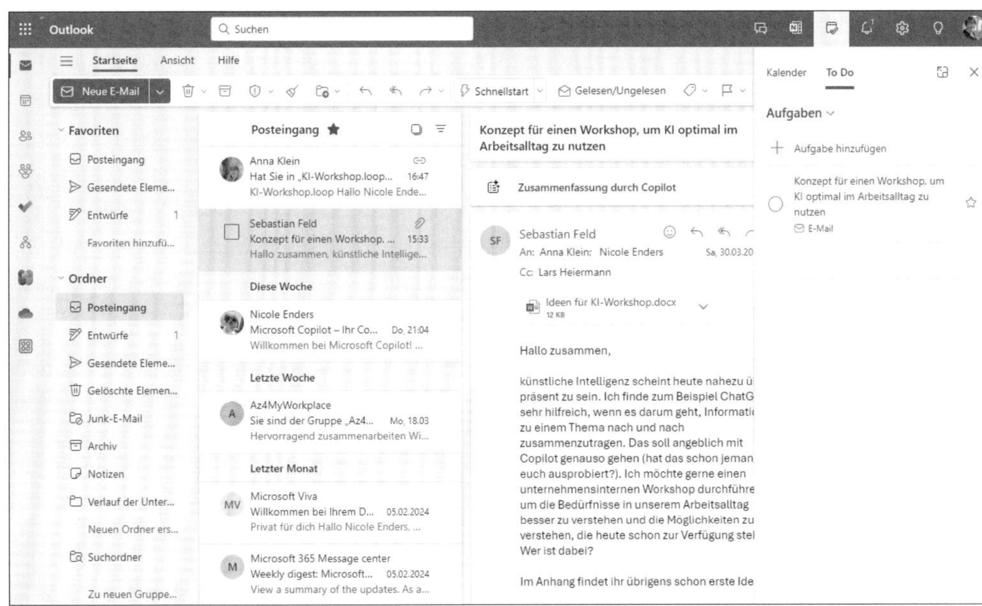

Abbildung 3.34 Ihre eben erstellte Aufgabe wird im rechten Bereich aufgelistet.

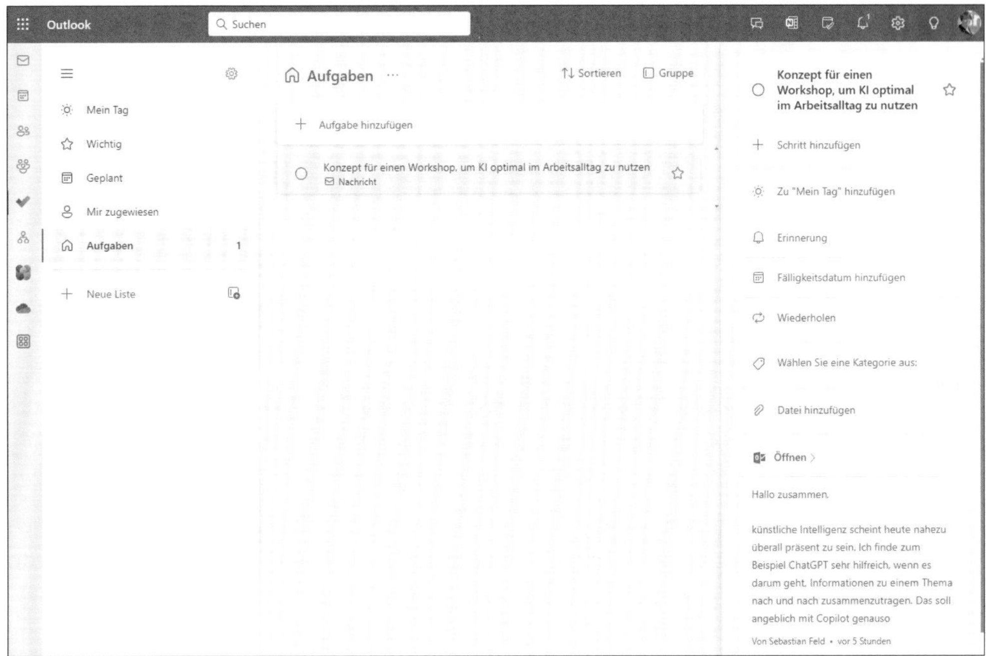

Abbildung 3.35 Sie können Ihre Aufgaben aus Outlook heraus aufrufen und bearbeiten.

Persönliche Aufgaben mit Planner verwalten

Ich möchte Ihnen nun aber *Planner* in Teams zeigen, denn hier werden Ihnen Ihre persönlichen Aufgaben auch angezeigt. Ebenfalls sehen Sie sämtliche Aufgaben, die Ihnen im späteren Verlauf im Rahmen von Teamkonstellationen zugewiesen werden. Sie haben hier also einen Gesamtüberblick. Rufen Sie dazu in der linken Navigation den Menüpunkt APPS auf und suchen Sie nach PLANNER. Sobald Sie die App geöffnet haben, erhalten Sie eine mit Abbildung 3.36 vergleichbare Ansicht. Falls Sie vorher eine Nachricht oder eine E-Mail als Aufgabe gespeichert haben, sollte auch diese im Bereich MEINE AUFGABEN aufgelistet werden.

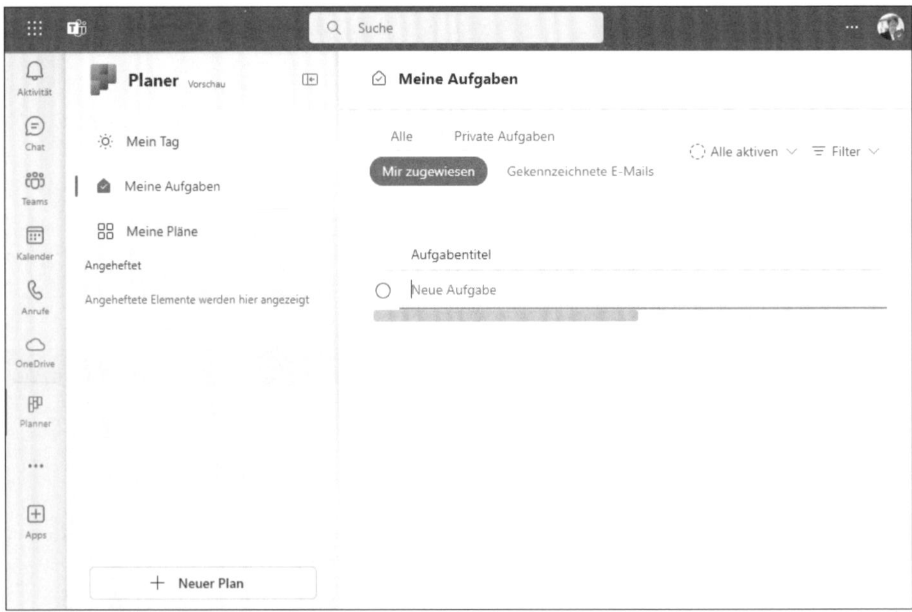

Abbildung 3.36 Sie können aus Teams heraus sämtliche Aufgaben aufrufen und bearbeiten, die Ihnen zugewiesen wurden.

Falls Sie mehrere Aufgabenlisten benötigen, können Sie über die Schaltfläche NEUER PLAN auch eine neue Aufgabenliste erstellen. Sie erhalten in diesem Fall erst einmal eine Auswahl an Vorlagen (siehe Abbildung 3.37).

Wählen Sie die für Sie passende Vorlage aus. Achten Sie dabei bitte darauf, ob es sich um eine Vorlage mit einem Diamantensymbol oben rechts handelt. Dann benötigen Sie nämlich unter Umständen eine zusätzliche Lizenz und müssen dies mit ihrer IT-Abteilung absprechen. Sie haben zwar die Möglichkeit, eine Testversion zu starten, aber so ein Testzeitraum ist schnell vorbei, und je nach den in Ihrem Unternehmen etablierten Prozessen für die Lizenzbeschaffung ist der Testzeitraum schneller vorbei, als die Lizenz vorliegt, und Sie können nicht mehr mit den dann gegebenenfalls schon gewohnten Funktionen der Vorlage arbeiten.

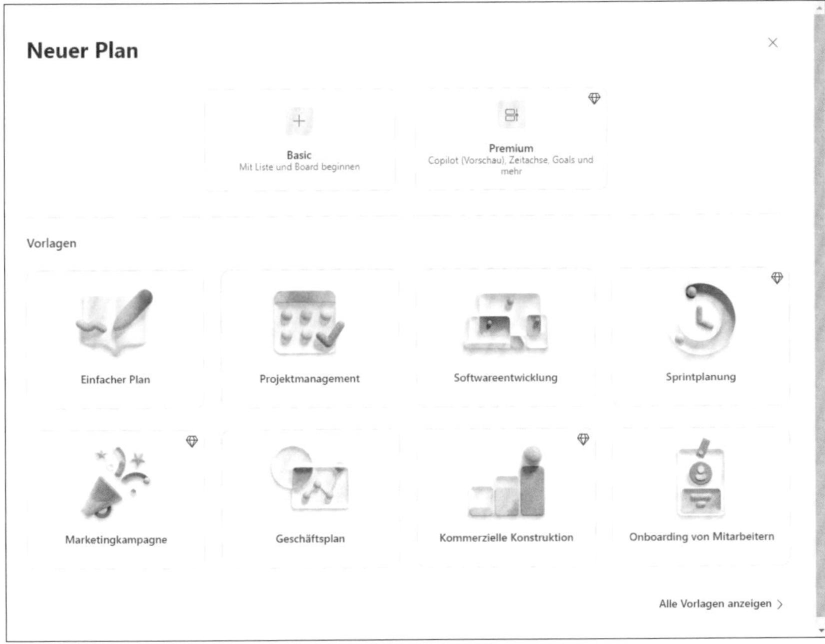

Abbildung 3.37 Erstellen Sie neue Aufgabenlisten nach Bedarf.

Nachdem Sie eine Vorlage ausgewählt haben, können Sie einen Namen angeben, die Liste in Ihrer linken Navigation anheften und den Plan gegebenenfalls sogar einer bestehenden Gruppe hinzufügen, beispielsweise einem bereits bestehenden Team (siehe Abbildung 3.38). Wenn Sie keine Gruppe auswählen, handelt es sich um Ihre persönliche Aufgabenliste.

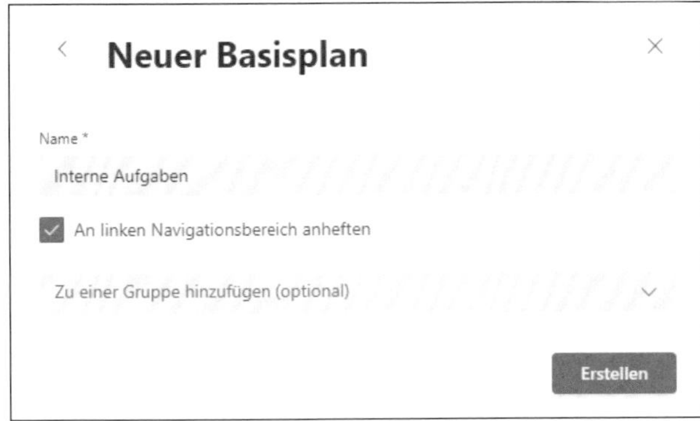

Abbildung 3.38 Geben Sie einen Namen für Ihre Aufgabenliste an.

Wie Sie Abbildung 3.39 entnehmen können, steht Ihnen sofort die neue Aufgabenliste zur Verfügung, sodass Sie erste Aufgaben direkt erfassen können, indem Sie die Schaltfläche AUFGABE HINZUFÜGEN betätigen.

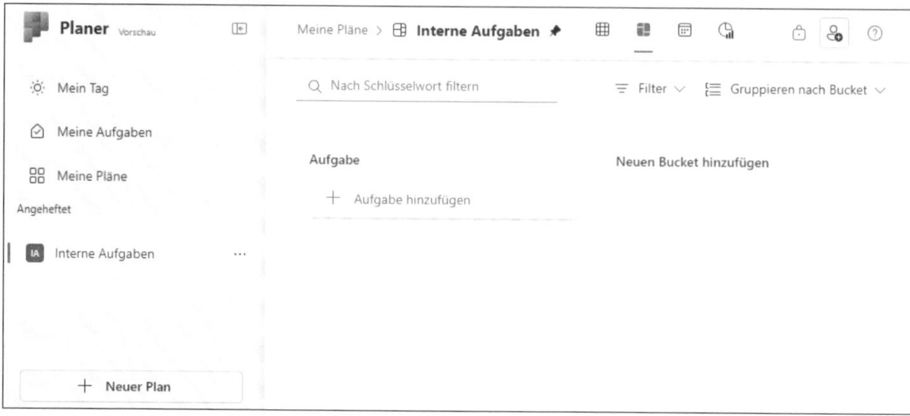

Abbildung 3.39 Sie können direkt mit Ihrer neuen Aufgabenliste arbeiten.

Über die Board-Ansicht können Sie mit einem Titel und optional einem Fälligkeitsdatum sowie den Personen, die für die Bearbeitung vorgesehen sind, bereits eine Aufgabe erfassen. Doch wenn Sie anschließend einmal auf die erstellte Aufgabe klicken, sehen Sie entsprechend der Darstellung in Abbildung 3.40, dass Sie noch viele weitere Informationen zu einer Aufgabe pflegen können.

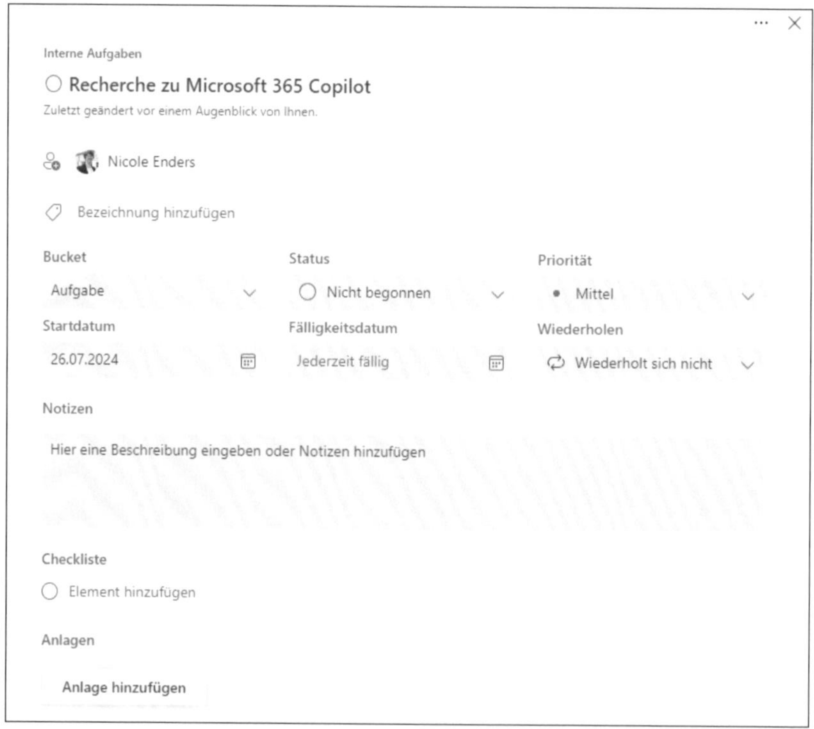

Abbildung 3.40 Zu einer Aufgabe können Sie viele Informationen pflegen, die im Rahmen der Aufgabenbearbeitung relevant sind.

Beginnen wir aber ganz oben mit dem Menü, das sich hinter der Dreipunkteschaltfläche verbirgt. Hier können Sie, wie in Abbildung 3.41 dargestellt,

- eine Aufgabe kopieren (dies kann bei sehr ähnlichen oder mehrfach benötigten Aufgaben innerhalb derselben Aufgabenliste hilfreich sein),
- eine Aufgabe in eine andere Aufgabenliste verschieben,
- den Link zu einer Aufgabe kopieren, um jemanden per Chat oder E-Mail darüber zu informieren, oder
- die Aufgabe löschen, weil sie nicht benötigt wird.

Diese Aktionen können Ihnen helfen, die Aufgaben in der jeweiligen Aufgabenliste einfach zu verwalten.

Abbildung 3.41 Über die Dreipunkteschaltfläche können Sie Ihre Aufgabe anpassen, verteilen oder löschen.

Arbeiten Sie in Outlook vielleicht schon mit den Kategorien? Die *Bezeichnungen* in Planner stellen das Pendant zu ihnen dar. Denn wie Sie in Abbildung 3.42 sehen können, stehen Ihnen verschiedene Bezeichnungen zur Verfügung, die in jeder Aufgabenliste anfangs nach der jeweiligen Farbe benannt sind.

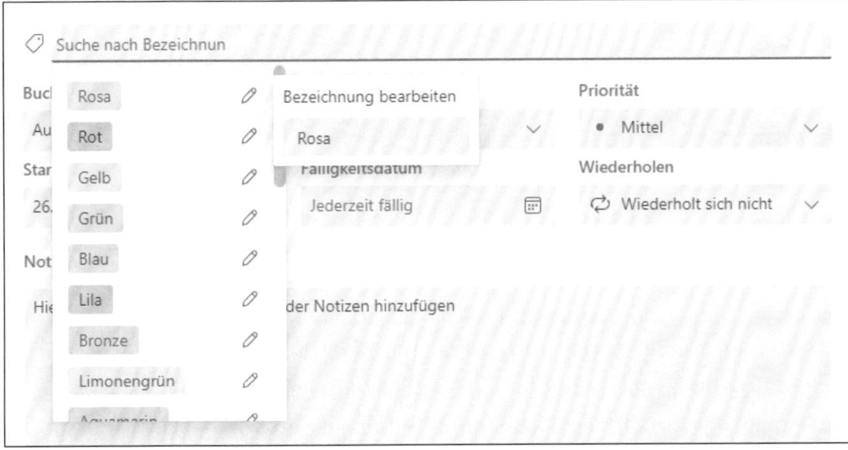

Abbildung 3.42 Nutzen Sie Bezeichnungen (auch bekannt als »Labels«), um Ihre Aufgaben in Kategorien einzuteilen.

Sie können die Bezeichnungen in jeder Aufgabenliste frei nach Ihren Bedürfnissen anpassen und so eine Kategorisierung der in der Liste verwalteten Aufgaben vornehmen. In Ihrer persönlichen Aufgabenliste werden dies vermutlich andere Kategorien sein als bei einem Kundenauftrag.

Im unteren Bereich des Dialogs finden Sie auch eine Checkliste, bei der Sie über die Option AUF KARTE ANZEIGEN bestimmen können (siehe Abbildung 3.43), ob die Punkte in der Board-Ansicht in der Aufgabenkarte angezeigt werden (siehe Abbildung 3.44).

Abbildung 3.43 Fügen Sie Unteraufgaben als Checkliste zur Ihrer Aufgabe hinzu.

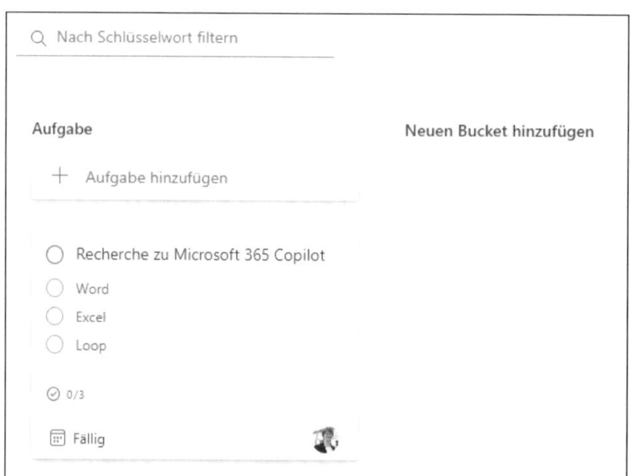

Abbildung 3.44 Haken Sie die Aufgaben nach und nach ab.

Die Checkliste bietet sich in der Regel für Unteraufgaben an, wobei Sie allerdings keine individuellen Fälligkeitsdaten für die Elemente der Checkliste hinterlegen können.

Buckets können zur Einteilung von Aufgaben auf dem Board genutzt werden

Neben den *Bezeichnungen* stellen die sogenannten *Buckets* eine weitere Möglichkeit dar, Ihre Aufgaben einzuordnen. Standardmäßig nutzt die Board-Ansicht die Buckets, um die Aufgaben in Spalten darzustellen. Über die Schaltfläche NEUEN BUCKET HINZUFÜGEN können Sie beliebig viele Buckets erstellen. Sie können auch bestehende

Buckets umbenennen, indem Sie auf den Namen des Buckets klicken und die Änderung vornehmen.

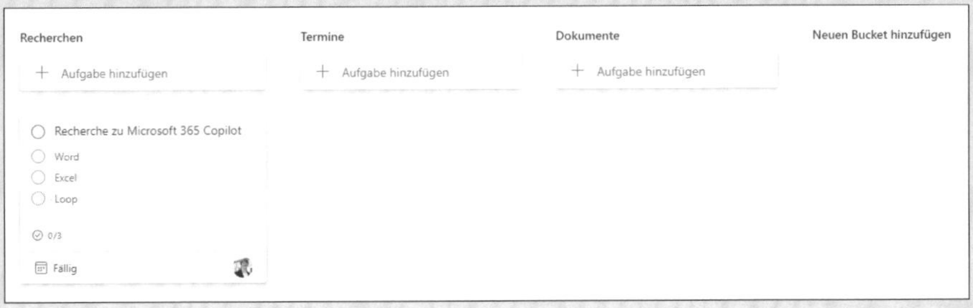

Abbildung 3.45 Über Buckets können Sie die Aufgaben in Ihrer Aufgabenliste in verschiedene Bereiche einteilen, die standardmäßig auf der Board-Ansicht durch Spalten visualisiert werden.

Neben der Board-Ansicht stehen Ihnen auch eine Rasteransicht bzw. eine tabellarische Darstellung und ein Kalender zur Verfügung. Wenn Sie den Menüpunkt ZEITPLAN auswählen, können Sie Ihre Aufgabe in einem Kalender organisieren (siehe Abbildung 3.46) und so potenzielle Terminkonflikte schneller erkennen.

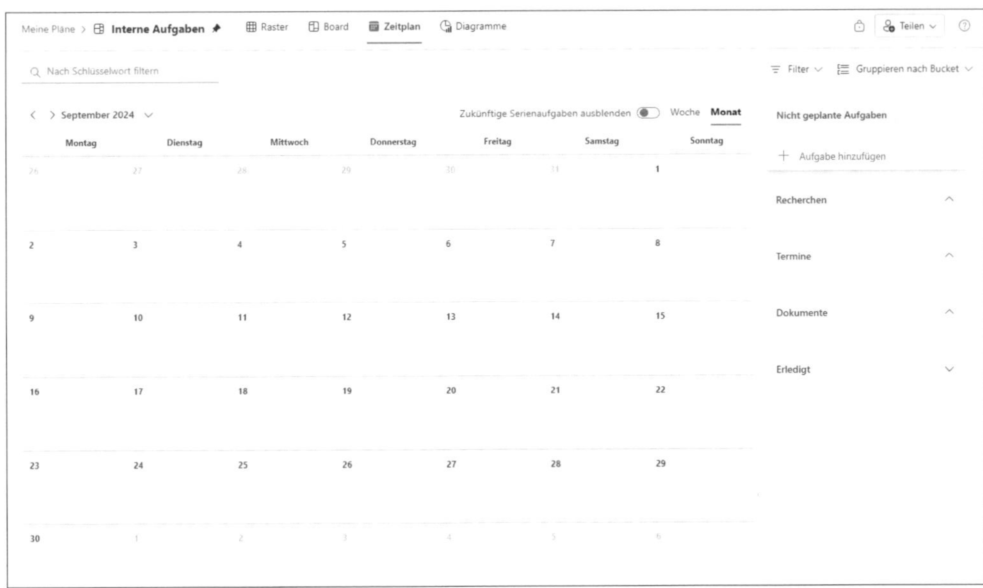

Abbildung 3.46 Nutzen Sie die Kalenderansicht, um Terminkonflikte schnell zu erkennen.

Es handelt sich hierbei lediglich um eine Kalenderansicht. Daher werden Sie hier auch keine Termine aus Ihrem Kalender in Exchange bzw. Outlook finden. Bei dem Erkennen von Terminkonflikten geht es also um terminliche Überschneidungen zwischen den in dem Planner-Plan verwalteten Aufgaben.

Sind meine Aufgaben auch in meinem Kalender sichtbar?

Sie können Ihre Aufgabenliste über Outlook aufrufen und Sie können mit der Funktion MEIN TAG auch die entsprechenden Aufgaben für den aktuellen Tag planen, aber eine automatische Zuordnung zu Ihrem Kalender erfolgt derzeit nicht. In Planner werden für das Start- und das Fälligkeitsdatum aktuell nur Datumswerte ohne Uhrzeit verwaltet, wodurch die Aufgaben auch bei einer zukünftigen Änderung höchstens als ganztägiger Termin angezeigt werden könnten.

Aktuell müssen Sie für das gewünschte Ergebnis die Aufgabe selbst in Ihren Kalender überführen und sie bei einer Anpassung des Fälligkeits- oder Startdatums manuell aktualisieren.

3.5 Zeitliche Verfügbarkeiten über Bookings anbieten

Da wir schon einmal bei Ihrem Terminplan sind, möchte ich Ihnen eine Möglichkeit vorstellen, wie Sie freie Termine in Ihrem Kalender anbieten können. Denn kennen Sie das auch, wenn jemand Sie nach einem Terminvorschlag fragt und Sie in Ihrem Kalender auf die Suche gehen? Schnell vergeht eine Minute nach der anderen, und das gerade dann, wenn Sie sowieso einen vollen Terminplan haben und Zeit somit eine sehr eingeschränkte Ressource darstellt.

Mit *Bookings* können Sie Abhilfe schaffen und den zeitlichen Aufwand für die Suche nach einem geeigneten Termin komplett in die Hände der Personen legen, die einen Termin mit Ihnen vereinbaren möchten – und das sowohl intern als auch extern. Über diesen Dienst, den Sie unter *https://outlook.office.com/bookings/homepage* erreichen, können Sie für einen bestimmten Zweck Zeiten auswählen und diese zum freien Buchen von beispielsweise halbstündigen Terminen anbieten.

Wenn Sie Bookings das erste Mal aufrufen, erhalten Sie wie in Abbildung 3.47 eine E-Mail, in der Sie über die Möglichkeiten dieses Dienstes informiert werden. In meinem Fall habe ich Copilot genutzt, um mir diese E-Mail zusammenfassen zu lassen und mir somit einen schnellen Überblick zu verschaffen. Wir werden nun unsere eigene Buchungsseite einrichten und daher Schritt für Schritt die in der E-Mail beschriebenen Optionen erkunden.

Wenn Sie sich auf Homepage von Bookings befinden (siehe Abbildung 3.48), werden Ihnen direkt die Optionen für 15- oder 30-minütige Terminangebote vorgeschlagen. Diese beiden Vorschläge werden in der Praxis mittlerweile recht häufig genutzt, weil in Zeiten der hybriden Zusammenarbeit und der räumlichen Distanz unter Umständen selbst zur Klärung einzelner Fragen ein Termin in Form einer Teams-Besprechung erforderlich wird. Um Zeit für spontane Fragen oder akuten Gesprächsbedarf anzubieten, könnten Sie nun eine Buchungsseite einrichten.

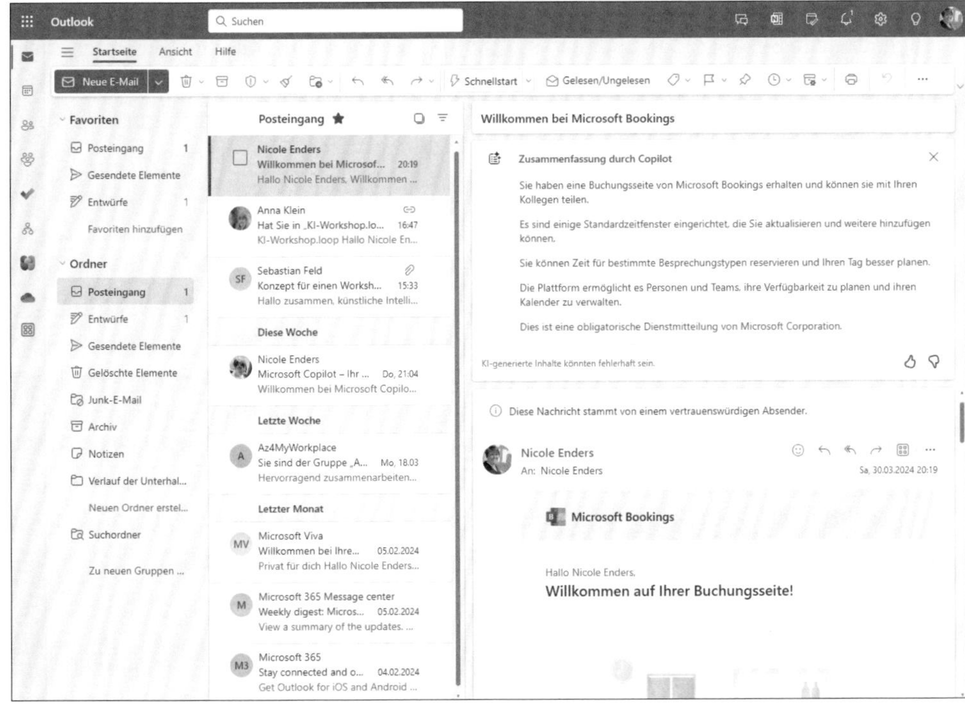

Abbildung 3.47 Sie erhalten eine Willkommensnachricht, wenn Sie »Bookings« zum ersten Mal aufrufen.

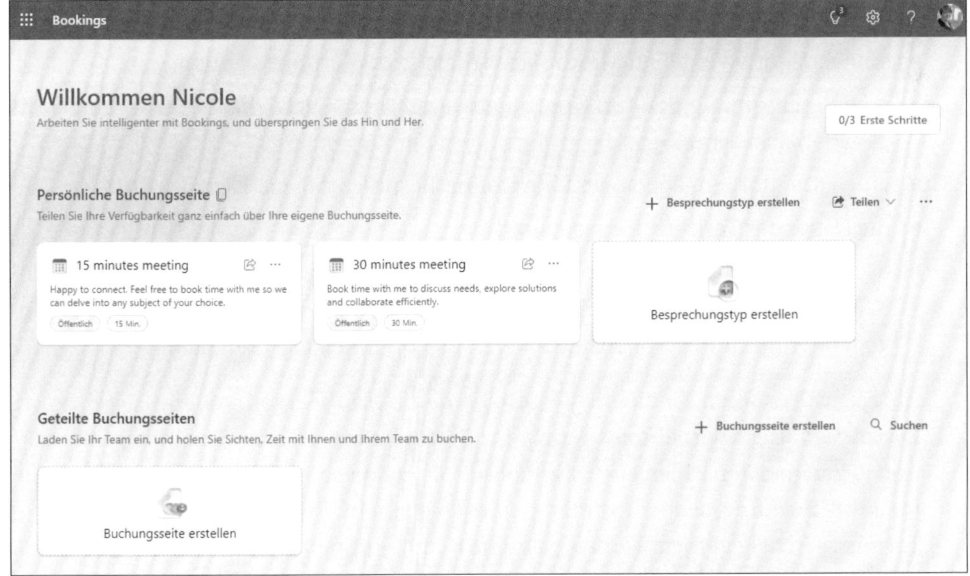

Abbildung 3.48 Richten Sie Ihre persönliche Buchungsseite ein. Wählen Sie dazu entweder eine der vorbereiteten Vorlagen oder erstellen Sie eine individuelle Buchungsseite.

Falls die beiden Vorlagen nicht zu Ihren Anforderungen passen, können Sie über die Schaltfläche BESPRECHUNGSTYP ERSTELLEN auch einen individuellen Besprechungstyp erstellen. Der Dialog für die Konfiguration ist derselbe wie bei den beiden Vorlagen, aber die einzelnen Felder sind nicht mit Standardwerten vorkonfiguriert. Wenn Sie Ihre Konfiguration abspeichern, können Sie diese auch zukünftig bei der Erstellung einer Buchungsseite verwenden.

Erstellen Sie Buchungsseiten für ein Team

Unterhalb der Besprechungstypen sehen Sie auch einen Bereich GETEILTE BUCHUNGSSEITEN. Hierbei handelt es sich um Buchungsseiten, die Sie für ein Team erstellen. Wenn Sie beispielsweise in einem Team von mehreren Personen Coaching-Termine für Fragen rund um Microsoft 365 anbieten, können Sie für Ihre Kunden eine Buchungsseite anbieten, über die diese einen Termin auswählen und sich gegebenenfalls sogar eine bestimmte Person aussuchen können. Steht die gewünschte Person nicht zur Verfügung, kann der Kunde bzw. die Kundin auch jemand anderen auswählen oder den Termin wechseln. Solche Art von Buchungsseiten kennen Sie vielleicht von Autowerkstätten oder Bürgerbüros.

Wählen Sie nun die Option 30 MINUTES MEETING aus, um eine erste persönliche Buchungsseite zu erstellen. Sie befinden sich nun entsprechend der Darstellung in Abbildung 3.49 auf einer Seite, die im oberen Teil an die Maske für einen neuen Termin erinnert. So können Sie beispielsweise den Titel des Termins festlegen, der mit dem Standardwert »30 minutes meeting« belegt ist. Sie könnten den Titel nun in »Spontane Besprechung« oder »Coaching« ändern. Des Weiteren können Sie

- eine Kategorie vergeben, wie Sie sie vielleicht aus Outlook kennen,
- eine Beschreibung des Termins angeben, um den Zweck dieses Terminangebots genauer zu beschreiben,
- einen Standort angeben oder eine Online-Besprechung via Teams vorsehen,
- die Dauer des Termins festlegen und
- bestimmen, ob diese Buchungsseite für jeden erreichbar sein soll (das wäre bei der Nutzung durch externe und Ihnen vorab unbekannte Personen eventuell sinnvoll) oder nur für Personen, die einen Link von Ihnen erhalten haben.

Als Nächstes sollten Sie überlegen, ob Sie den Link auf Ihre Buchungsseite in Ihre E-Mail-Signatur übernehmen möchten. Diese Option ist standardmäßig aktiviert und in den meisten Fällen auch sinnvoll, da Sie auf diese Weise jede Gesprächsperson über Ihre Buchungsseite informieren und gegebenenfalls gar nicht mehr nach einem Terminvorschlag gefragt werden, der eine manuelle Suche für Sie bedeuten würde.

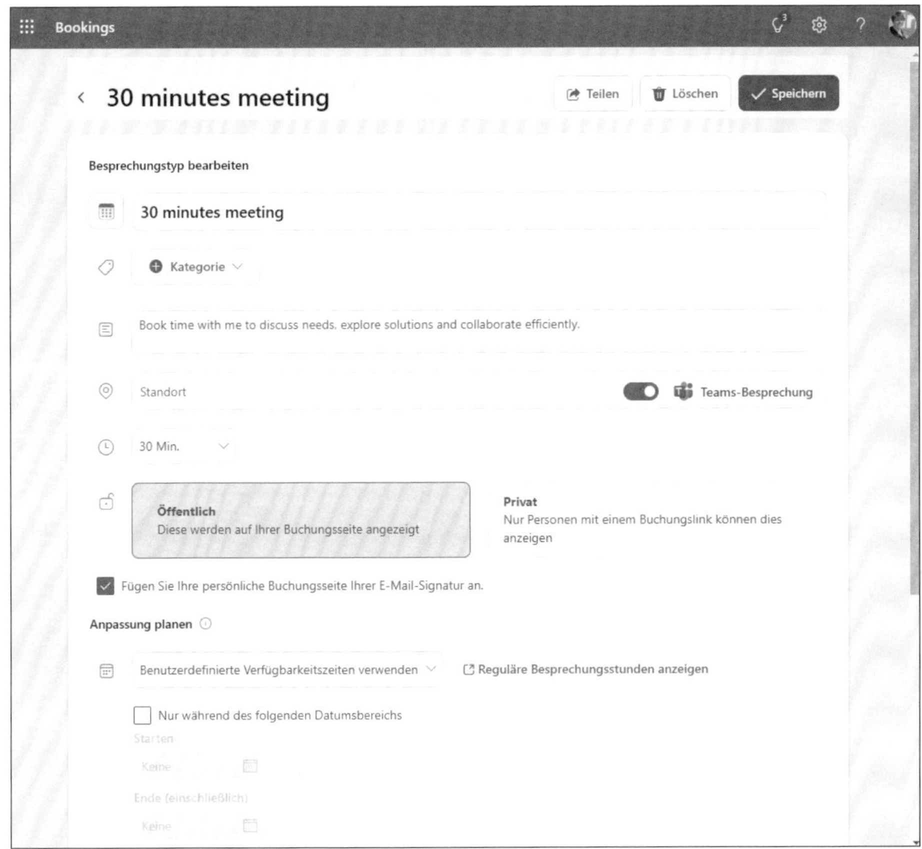

Abbildung 3.49 Erstellen Sie eine Buchungsseite für 30-minütige Termine.

Sollte Bookings zentral im Unternehmen eingeführt werden?

Die Flexibilität der Terminvereinbarung durch Bookings ist ein Mehrwert für alle Mitarbeitenden und kann sehr gut zentral in einem Unternehmen eingeführt werden. Vermutlich wird anfangs eine Evaluierung in einem kleineren Personenkreis erfolgen. Anschließend kann das Angebot dann zentral freigeschaltet und die E-Mail-Signatur für alle Mitarbeitenden durch die IT-Abteilung entsprechend angepasst werden.

Nach diesen ersten Informationen müssen Sie nun angeben, an welchen Wochentagen und in welchen Zeiträumen pro ausgewähltem Wochentag Sie Termine anbieten möchten (siehe Abbildung 3.50). In Zeiträumen außerhalb dieser Konfiguration werden Personen keine Termine über Ihre Buchungsseite buchen können. Außerdem legen Sie fest,

- wie viele Minuten Puffer Sie vor bzw. nach einem so gebuchten Termin vorsehen und
- wie kurzfristig bzw. mit welchem maximalen Vorlauf ein Termin gebucht werden kann.

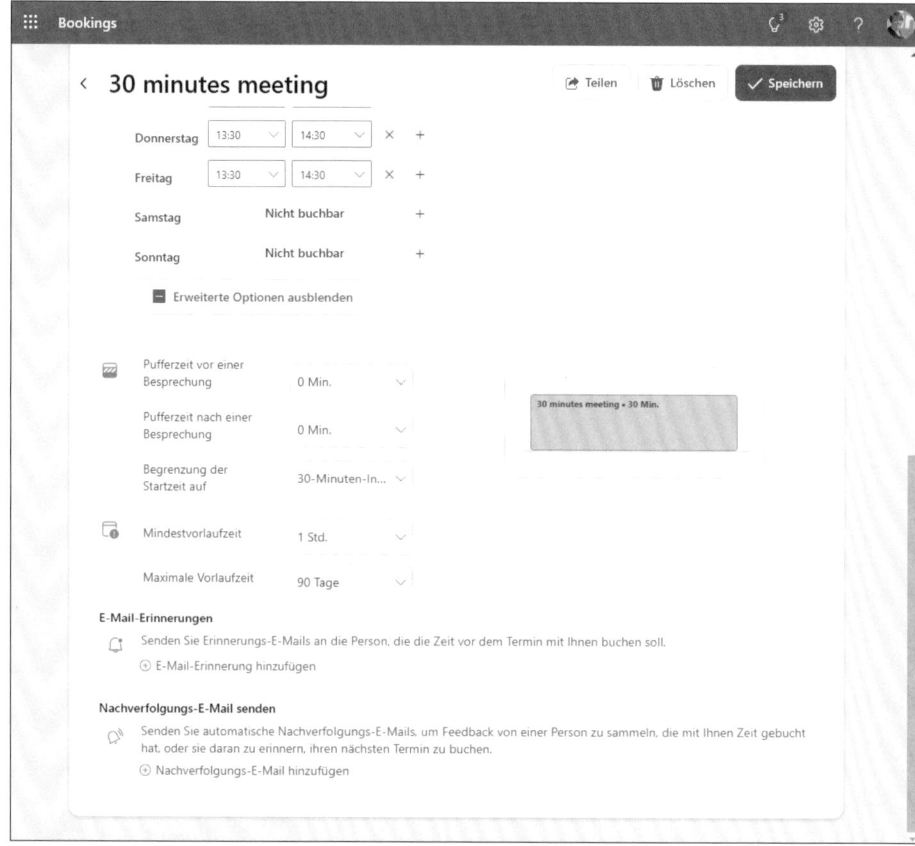

Abbildung 3.50 Geben Sie an, zu welchen Zeiten Sie Termine anbieten möchten und welche Pufferzeiten Sie zwischen Terminen einplanen.

Mit der Pufferung stellen Sie sicher, dass durch Termine, die über die Buchungsseite hereinkommen, keine Terminkollision entstehen kann. Denn durch die direkte Verknüpfung mit Ihrem Terminkalender in Outlook werden die von Ihnen manuell erstellten Termine ebenso berücksichtigt wie Besprechungen, zu denen Sie eingeladen werden.

Im unteren Bereich der Maske können Sie die in Abbildung 3.51 und Abbildung 3.52 gezeigten E-Mails konfigurieren. Stellen Sie ihr Timing ein und legen Sie die eigentliche Nachricht fest.

E-Mail-Erinnerungen
Senden Sie Erinnerungs-E-Mails an die Person, die die Zeit vor dem Termin mit Ihnen buchen soll.
E-Mail-Erinnerung hinzufügen
Timing
15 Minuten vorher
Nachricht
Hier Erinnerungsnachricht eingeben (optional)
Verwerfen
Änderungen speichern

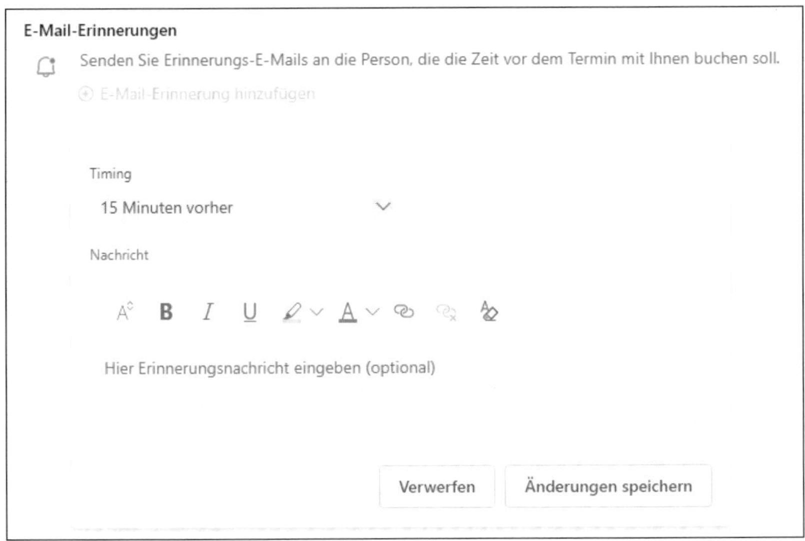

Abbildung 3.51 Konfigurieren Sie das Timing und den Inhalt der Nachricht für Erinnerungs-E-Mails ...

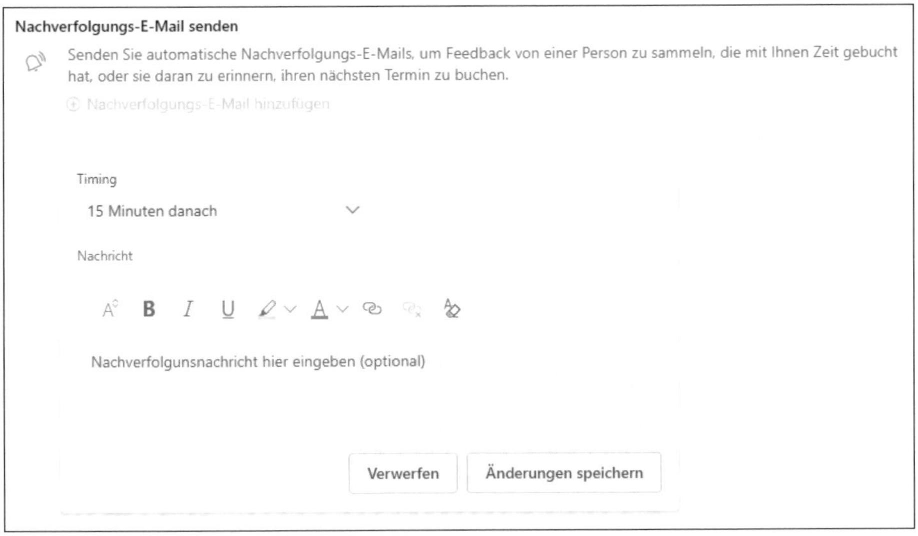

Nachverfolgungs-E-Mail senden
Senden Sie automatische Nachverfolgungs-E-Mails, um Feedback von einer Person zu sammeln, die mit Ihnen Zeit gebucht hat, oder sie daran zu erinnern, ihren nächsten Termin zu buchen.
Nachverfolgungs-E-Mail hinzufügen
Timing
15 Minuten danach
Nachricht
Nachverfolgunsnachricht hier eingeben (optional)
Verwerfen
Änderungen speichern

Abbildung 3.52 ... und für die E-Mails, um Feedback zu dem durchgeführten Termin einzuholen.

Wenn Sie mit der Konfiguration so weit zufrieden sind, können Sie über die Schaltfläche SPEICHERN oben rechts die Konfiguration abschließen. Daraufhin erscheint der Dialog aus Abbildung 3.53.

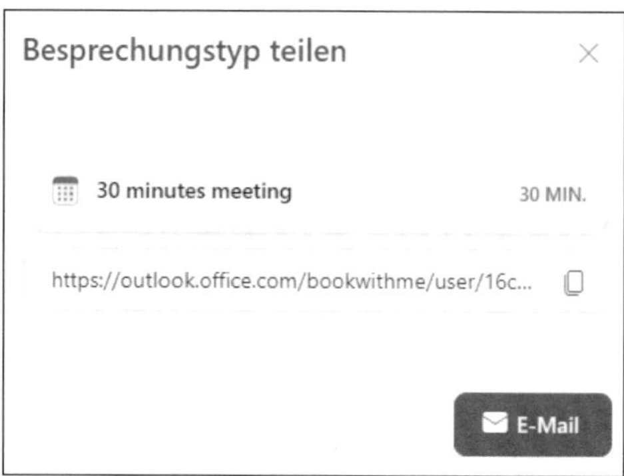

Abbildung 3.53 Teilen Sie Ihre Buchungsseite direkt über den Link oder versenden Sie eine E-Mail.

Sie können Ihre Buchungsseite nun mit anderen Personen teilen, indem Sie den Link kopieren und über den von Ihnen gewünschten Weg, beispielsweise auf einer Website, zur Verfügung stellen oder über eine Chat-Nachricht in Teams versenden.

Sie können aber auch die Schaltfläche E-MAIL betätigen und in dem Dialog aus Abbildung 3.54 die Empfänger der Nachricht angeben und die Nachricht einfügen. Durch Betätigen der Schaltfläche SENDEN schließen Sie den Vorgang ab und versenden die E-Mail.

Abbildung 3.54 Legen Sie die Empfänger und den Inhalt Ihrer Nachricht fest und versenden Sie die E-Mail.

Wenn Sie sich für diese Option entscheiden, erhalten die von Ihnen angegebenen Empfänger die in Abbildung 3.55 dargestellte E-Mail. Neben dem eigentlichen Link auf Ihre Buchungsseite erhalten die Empfänger so auch generelle Informationen zu Bookings und werden so gegebenenfalls motiviert, selbst eine Buchungsseite zu erstellen.

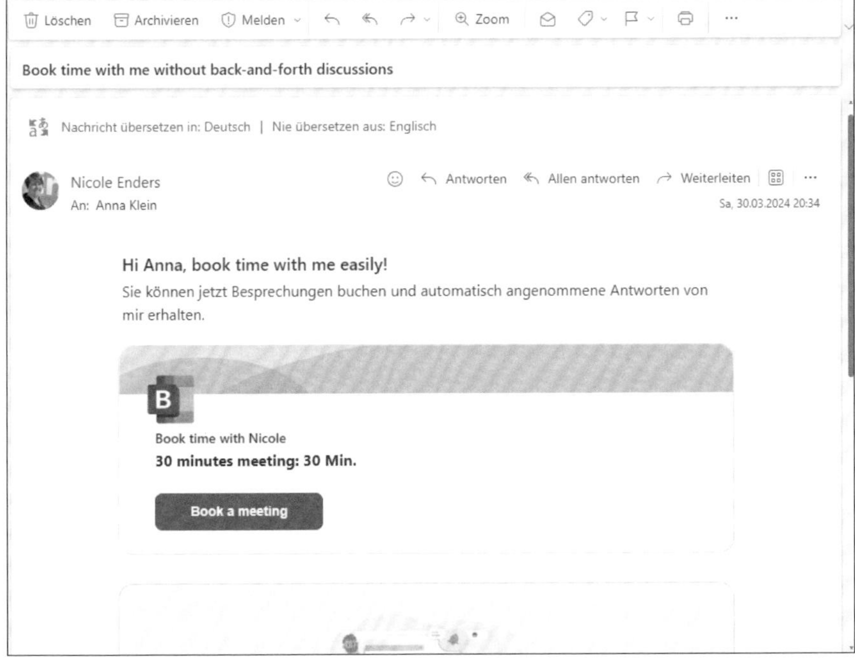

Abbildung 3.55 Wenn jemand eine Buchungsseite mit Ihnen teilt, erhalten Sie gegebenenfalls eine E-Mail mit zusätzlichen Informationen.

Wann kann Bookings auch sinnvoll sein?

Wenn Sie einen sehr vollen Terminkalender haben und von anderen die Rückmeldung erhalten, dass sie einfach keinen gemeinsamen Termin mit Ihnen finden können, werden Sie diesen Zustand vermutlich nicht sofort verbessern können. Aber mit ein bisschen Vorlauf können Sie sich Zeiten in Ihrem Terminkalender reservieren, beispielsweise einen bestimmten Nachmittag. Diesen Zeitraum können Sie dann für Ihre Buchungsseite verwenden und so anderen Personen zur freien Buchung anbieten.

Sie müssen sich nur überlegen, wie Sie in Ihrem Kalender kennzeichnen, dass Sie in den Zeiten, die für die Buchungsseite reserviert sind, keine anderen Termine wahrnehmen werden. Falls Sie die Kennzeichnung als Termin in Ihrem Kalender benötigen, achten Sie bitte darauf, dass dieser Termin als »Frei« gekennzeichnet ist. Ansonsten werden nämlich auf Ihrer Buchungsseite keine Termine mehr angeboten, weil Ihr Termin zur Kennzeichnung den Zeitraum blockiert.

Wenn jemand eine Buchungsseite mit Ihnen geteilt hat, können Sie entweder direkt den Link aufrufen oder die Schaltfläche BOOK A MEETING aus der E-Mail betätigen.

Wie Sie Abbildung 3.56 entnehmen können, haben Sie hier alle von der entsprechenden Person freigegebenen Besprechungstypen zur Auswahl. In unserem Fall ist dies aktuell lediglich die eine Option 30 MINUTES MEETING; diese Option ist auch automatisch ausgewählt worden.

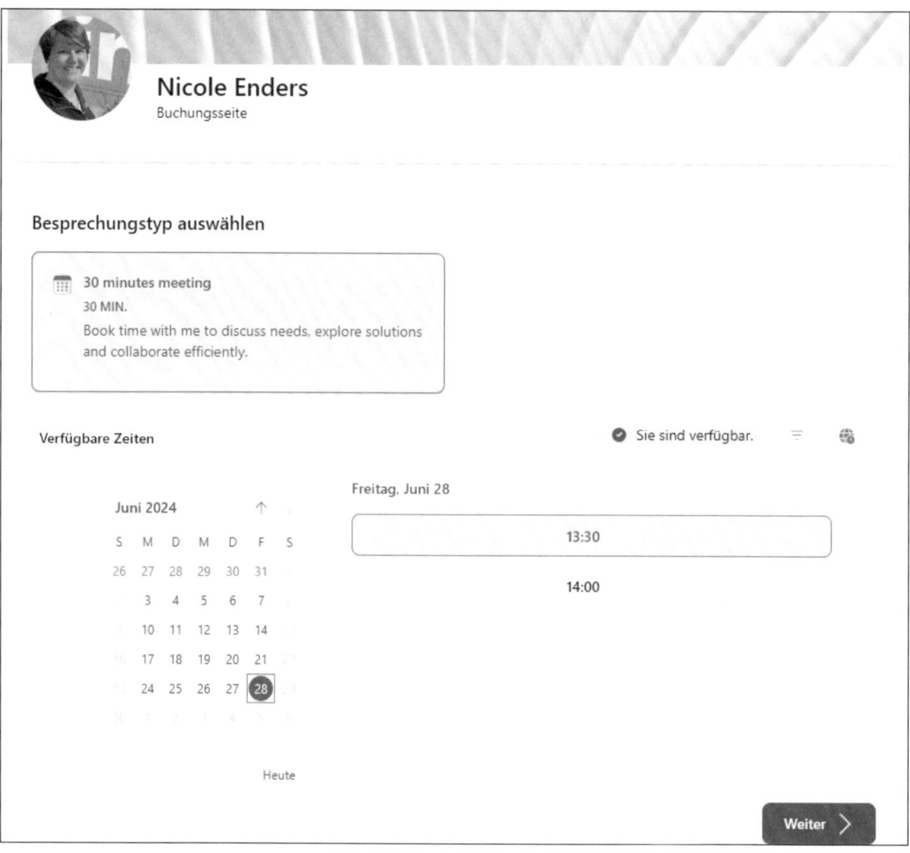

Abbildung 3.56 Buchen Sie einen passenden Termin.

Sie können nun im Kalender einen Tag auswählen und erhalten anschließend alle verfügbaren Zeiträume für diesen Tag zur Auswahl. Wenn Sie einen passenden Termin gefunden haben, können Sie über die Schaltfläche WEITER fortfahren. In einem Dialog können Sie nun Ihre Auswahl überprüfen und bei Bedarf eine zusätzliche Nachricht hinzufügen. Nach Überprüfung Ihrer Angaben erhalten Sie eine Bestätigung, die so wie in Abbildung 3.57 aussieht.

Während Sie eine Termineinladung erhalten, wenn Sie bei jemandem einen Termin gebucht haben, erhalten Sie eine E-Mail, wenn jemand einen Termin über Ihre Buchungsseite bei Ihnen gebucht hat (siehe Abbildung 3.58). In dieser E-Mail ist auch die optionale zusätzliche Nachricht der buchenden Person enthalten. Der gebuchte Termin ist selbstverständlich auch in Ihrem Kalender zu finden, aber ohne diese zusätzliche E-Mail wären Sie sonst unter Umständen überrascht über den Termin, der plötzlich in Ihrem Kalender erscheint.

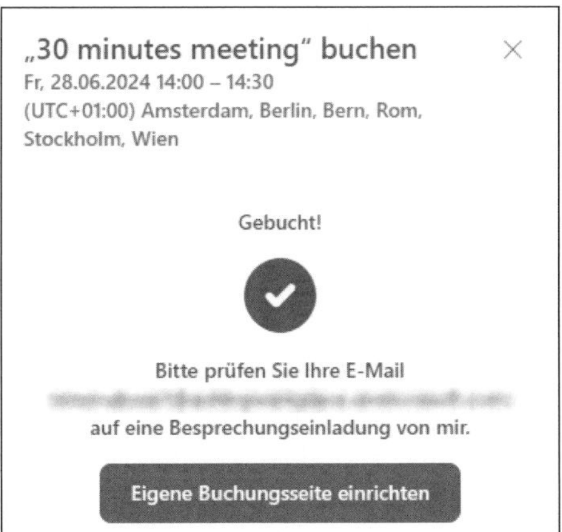

Abbildung 3.57 Sie erhalten nun eine Termineinladung in Outlook.

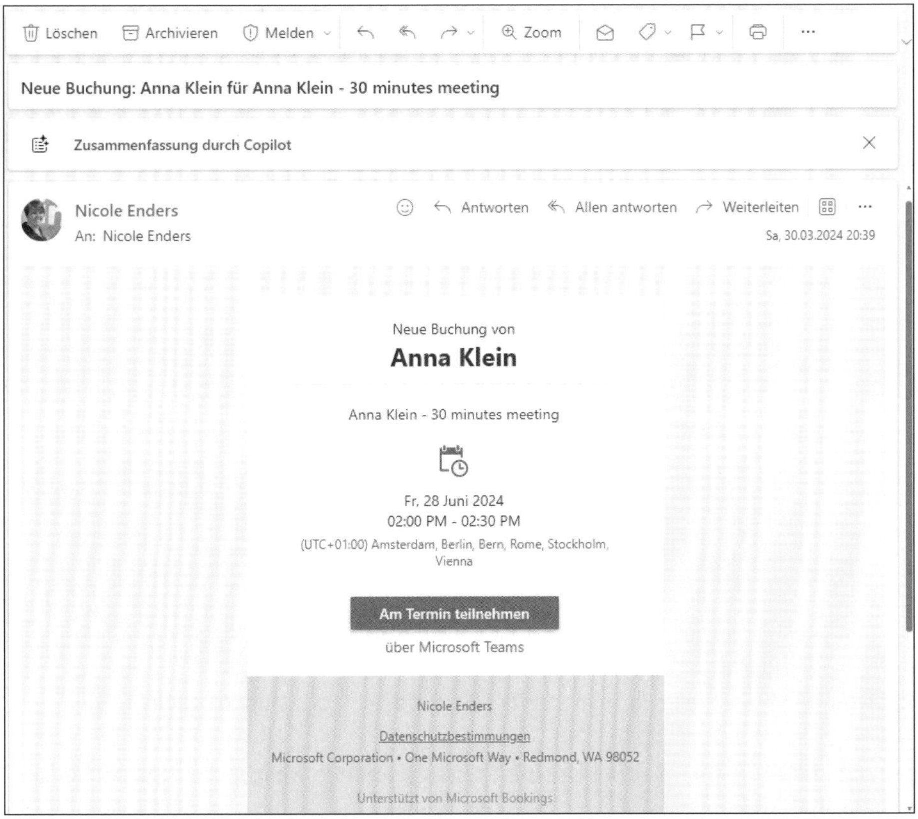

Abbildung 3.58 Sie erhalten ebenfalls eine Information per E-Mail, wenn jemand einen Termin über Ihre Buchungsseite gebucht hat.

Wie Sie sehen, können Sie mit Bookings Ihren Terminkalender mit flexibel buchbaren Zeiträumen ausstatten und im Gegenzug dazu auch Zeiten vorsehen, in denen Sie bewusst keine Termine wahrnehmen und Aufgaben bearbeiten. Wie Sie diese Zeiten für Termine und Aufgabenbearbeitung verteilen, liegt komplett bei Ihnen.

3.6 An einer Besprechung teilnehmen

Online-Besprechungen werden vermutlich einen guten Anteil Ihres Arbeitsalltags darstellen. Dabei ist es nicht wichtig, wie der Termin entstanden und somit in Ihren Kalender gelangt ist. Der nächste Termin steht schon an, und Sie können entweder über Outlook den Link zu einer Online-Besprechung aufrufen und damit die Besprechung in Teams starten oder, wie in Abbildung 3.59 dargestellt, über den Kalender in Teams an der Online-Besprechung teilnehmen.

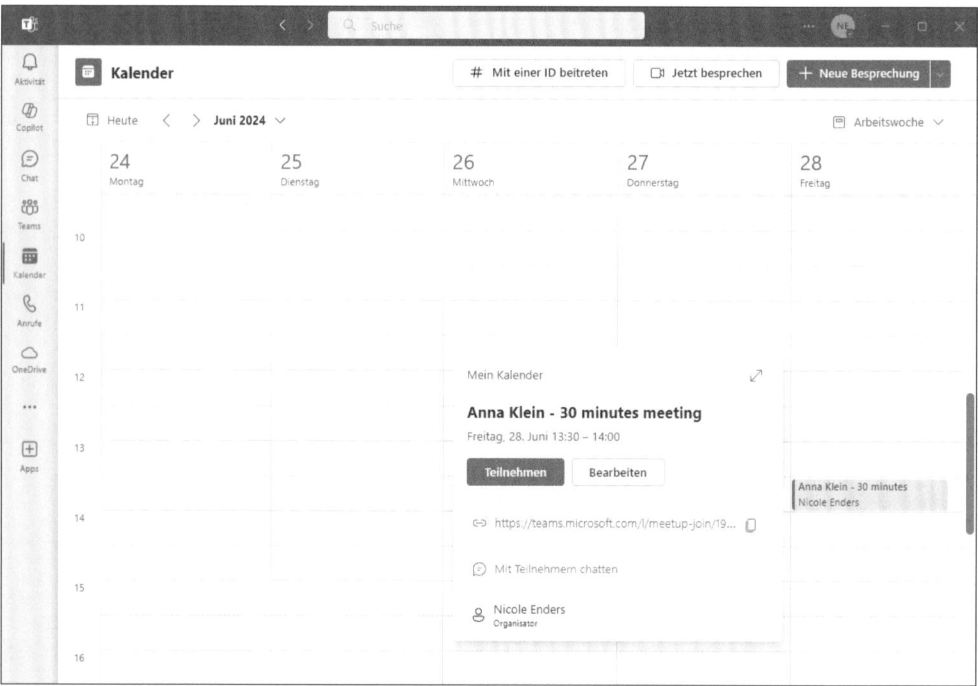

Abbildung 3.59 Sie finden in Teams den Kalender, den Sie aus Outlook gewohnt sind.

Rufen Sie dazu in Teams über die linke Navigation den Menüpunkt KALENDER auf. Standardmäßig wird Ihnen die aktuelle Woche angezeigt, sodass Sie sich einen schnellen Überblick verschaffen können. Wenn Sie nun auf den anstehenden Termin klicken, erhalten Sie die wesentlichen Informationen zu dem Termin und können, falls es sich um eine Teams-Besprechung handelt, über die Schaltfläche TEILNEHMEN der Besprechung beitreten.

Sie können über die Option MIT TEILNEHMERN CHATTEN auch vor dem eigentlichen Termin eine Unterhaltung mit allen eingeladenen Personen führen und so bei Bedarf bestimmte Fragen vorab klären.

Wenn Sie sich nun aber erst einmal für die Teilnahme an der Besprechung entscheiden, erscheint der Dialog aus Abbildung 3.60. Hier können Sie festlegen, welches Mikrofon und welche Lautsprecher Sie verwenden, und auch entscheiden, ob Sie Ihre Kamera aktivieren möchten oder alternativ mit einem digitalen *Avatar* oder ohne ihn teilnehmen möchten.

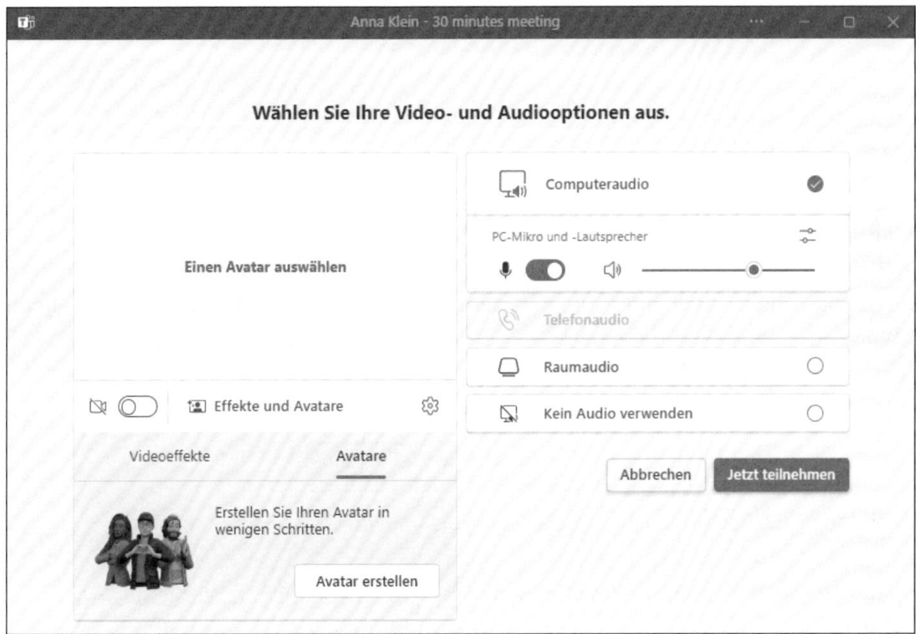

Abbildung 3.60 Entscheiden Sie, mit welchem Audio- und Videosignal Sie an einer Besprechung teilnehmen möchten.

Sie können diese Einstellung bei jeder Besprechung neu wählen, wobei die Einstellungen der vorherigen Besprechung erst einmal als Vorschlag übernommen werden.

Was sind Avatare und warum sollte ich einen Avatar nutzen?

In Kapitel 5 tauchen wir tiefer in die Möglichkeiten der Online-Besprechungen ein und werden dabei auch über Avatare sprechen. Sicher eignet sich eine digitale Version von uns nicht in jedem Fall, aber Sie werden einige Anwendungsfälle kennenlernen, in denen unser »digitaler Zwilling« eine gute Alternative zu einer Kameraübertragung darstellt.

Neben den geplanten Besprechungen werden Sie öfter auch spontan eine Besprechung beginnen wollen. Wenn Sie sich unseren Gruppenchat von vorhin noch einmal in Erinnerung rufen, so könnte es erforderlich werden, dass wir uns einmal direkt austauschen und so das Konzept für den Workshop wirklich final abschließen. Dafür rufen Sie im Chat den Menüpunkt AUDIOANRUF oder VIDEOANRUF auf, den Sie in Abbildung 3.61 sehen.

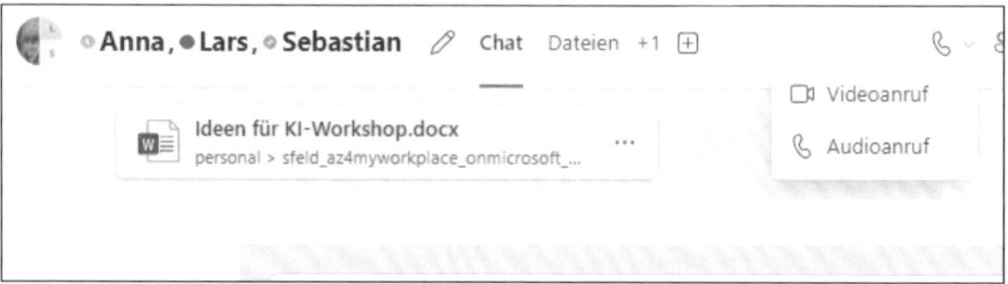

Abbildung 3.61 Rufen Sie alle Personen in einem Gruppenchat an.

Wenn es sich um einen Chat mit einer einzelnen Person handeln würde, würde nun sofort eine Verbindung aufgebaut. Bei einem Gruppenchat erhalten Sie jedoch eine Rückfrage, ob Sie tatsächlich alle Personen aus der Gruppe anrufen möchten (siehe Abbildung 3.62).

Abbildung 3.62 Bestätigen Sie, dass Sie alle Personen im Chat anrufen möchten.

Spätestens jetzt klingelt es bei allen Personen im Gruppenchat. Wenn Sie angerufen werden, sehen Sie allerdings nur so, wie in Abbildung 3.63 dargestellt, dass Sie von einer bestimmten Person aus einem Gruppenchat angerufen werden. Sie wissen aber leider nicht, um welchen Gruppenchat es sich handelt. Dabei könnte diese Information gerade bei einem engen Terminplan hilfreich sein, um zu entscheiden, ob Sie an dem Gespräch teilnehmen können oder nicht.

Abbildung 3.63 Nun klingelt es bei jedem Mitglied des Gruppenchats.

Nehmen wir einmal an, Sie nehmen erst verspätet an dem Gespräch teil, weil Sie zum Zeitpunkt des ursprünglichen Anrufs an einem anderen Termin teilgenommen haben. Wenn Sie der Besprechung beitreten, müssen Sie sich erst einmal orientieren und herausfinden,

- welche Informationen bereits ausgetauscht wurden,
- ob bereits Entscheidungen getroffen wurden und
- welche Aufgaben Ihnen gegebenenfalls sogar in Ihrer Abwesenheit zugewiesen wurden.

Falls dies nicht manuell von einer anderen teilnehmenden Person festgehalten wurde, können Sie mit der entsprechenden Lizenz für den *Microsoft 365 Copilot* auch über die Dreipunkteschaltfläche den Menüpunkt COPILOT ÖFFNEN auswählen und Ihren persönlichen Assistenten nach einer Zusammenfassung des bisherigen Besprechungsverlaufs fragen (siehe Abbildung 3.64). Voraussetzung dafür ist, dass automatisch ein Transkript der Besprechung erstellt wurde, denn dieses wird von Copilot für die Zusammenfassung verwendet. Wenn Sie dann einen Überblick über den aktuellen Stand der Besprechung haben, können Sie sich aktiv beteiligen.

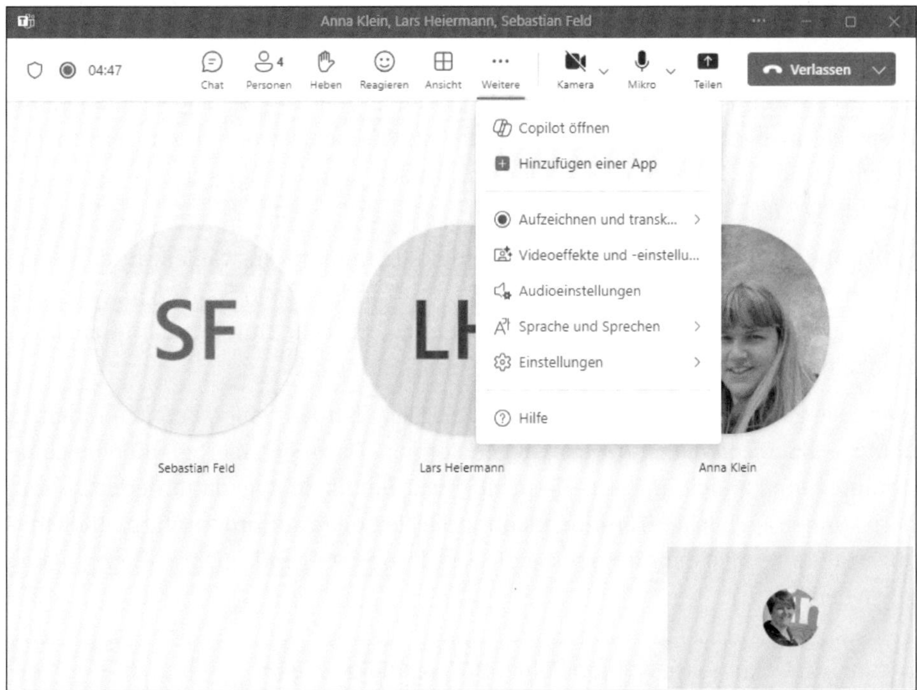

Abbildung 3.64 Wenn Sie an einer Besprechung verspätet teilnehmen, können Sie »Microsoft 365 Copilot« nutzen, um sich den bisherigen Gesprächsverlauf zusammenfassen zu lassen.

Unter Umständen möchten Sie im weiteren Verlauf der Besprechung auch eine App wie *Forms* nutzen, um schnell eine Entscheidung zu einem besprochenen Thema zu erwirken. Rufen Sie hierzu den Menüpunkt HINZUFÜGEN EINER APP auf und wählen Sie anschließend die gewünschte App aus. Falls Sie die entsprechende App nicht direkt sehen, können Sie über das Suchfeld die Ergebnismenge einschränken.

Es hängt nun von der jeweiligen App ab, wie sie sich in die Teams-Besprechung einfügt. Bei Forms wird ähnlich wie beim Besprechungs-Chat der rechte Bereich des Besprechungsfensters genutzt. Hier werden alle Umfragen aufgelistet, die Sie oder eine andere teilnehmende Person erstellen. Wenn dann die Umfrage aktiviert wird, erscheint sie als Popup in der Mitte des Bildschirms und fordert jeden zur Beantwortung auf. Die Auswertung der Umfrage steht anschließend sowohl im rechten Bereich als auch später über den eigentlichen Termin im Kalender zur Verfügung.

Nutzen Sie Forms in Terminen, um Entscheidungen nicht nur während der Besprechung zu unterstützen, sondern automatisch auch für später zu dokumentieren. Die erstellten und durchgeführten Umfragen werden zusammen mit der Besprechung gespeichert und können von Ihnen über den Kalender in Teams bzw. in der Detailansicht des Termins mit einem Klick auf die Registerkarte UMFRAGEN aufgerufen werden.

Als letzte Option möchte ich noch auf die geplanten Besprechungen eingehen. Sie können sowohl aus einem Chat heraus als auch über den Kalender eine Teams-Besprechung planen. Dabei können Sie wie aus Outlook gewohnt Ihren Termin vorbereiten und die Personen auswählen, die an den Termin teilnehmen sollen (siehe Abbildung 3.65).

Sie können zusätzlich einen *Kanal* in einem Teamraum auswählen, in dem eine Nachricht gepostet werden soll, um auf diesen Termin aufmerksam zu machen. Das ist bei Besprechungen im Kontext eines Teams oft recht sinnvoll, damit auch die nicht eingeladenen Mitglieder des Teams informiert sind.

Wenn Sie ganz nach unten scrollen, werden Sie außerdem einen Bereich finden, in dem Sie die *Agenda* des Termins pflegen können. Da es sich hierbei um eine Loop-Komponente handelt, müssen Sie nicht direkt die finale Agenda hinterlegen, sondern können auch in der Termineinladung alle Personen auffordern, die Agenda mitzugestalten. So liegt der Aufwand für die Erstellung der Agenda nicht mehr zwingend allein bei Ihnen.

Kann ich Dokumente während einer Besprechung teilen?

Wenn wir in unserer Teams-Besprechung am Konzept für den geplanten Workshop arbeiten möchten, müssen Sie dazu keine App innerhalb der Besprechung nutzen. Die Office-Anwendungen (in unserem Fall Word) stellen bereits sämtliche Funktionen zur

Verfügung, sodass alle die Datei zeitgleich öffnen können und die Änderungen der anderen Personen nahezu sofort sehen.

Sie können über den Menüpunkt TEILEN aber auch Ihren Bildschirm teilen oder mit *PowerPoint Live* bzw. *Excel Live* eine PowerPoint-Präsentation bzw. eine Arbeitsmappe in Excel mit den anderen Personen teilen. Bei PowerPoint geht es darum, dass Sie eine Präsentation mit anderen teilen und ihnen je nach Konfiguration auch anbieten, selbstständig zwischen den Folien zu wechseln. Bei Excel geht es darum, dass für den Zeitraum der Nutzung dieser Funktion jede Person Änderungen an der Arbeitsmappe vornehmen kann, ohne dass diese permanent gespeichert werden. Dies kann bei der Suche nach Fehlern oder bei Simulationen hilfreich sein.

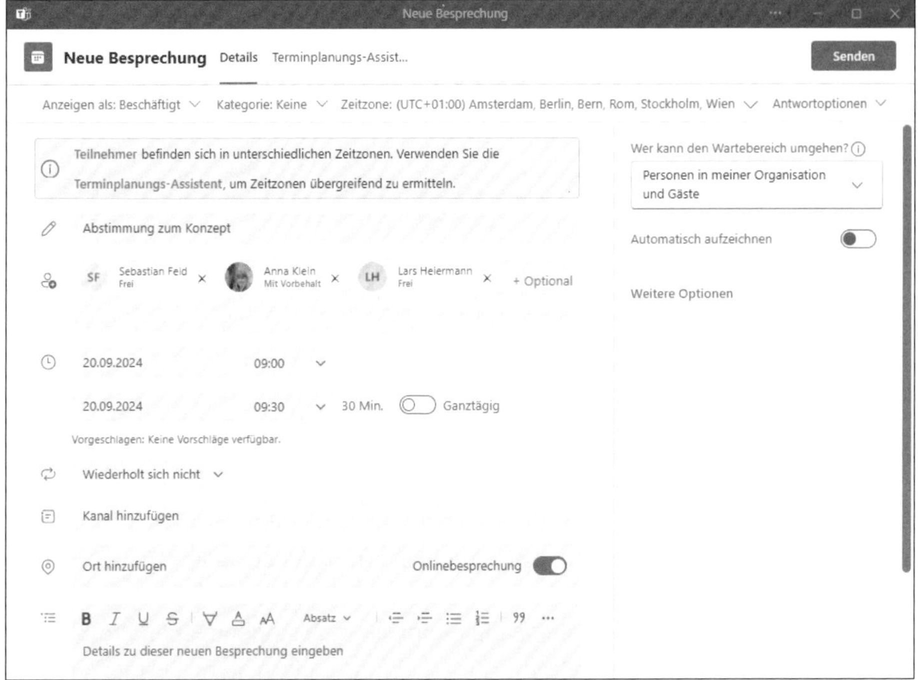

Abbildung 3.65 Sie können auch Besprechungen planen.

3.7 Mit Microsoft Places die Team-Zusammenkünfte unterstützen

Vieles ist mit Online-Besprechungen bereits möglich, aber für einige Aufgaben ist das Zusammentreffen im Büro zielführender. So hat in unserem Beispiel aus Abschnitt 3.1 Sebastian mit einer E-Mail begonnen, die anschließend in einen Chat nach Teams übertragen wurde. Wir haben gemeinsam an einer Datei für ein Workshop-Konzept gearbeitet und im Verlauf auch die eine oder andere Teams-Besprechung durchgeführt. Doch nun merken wir, dass uns ein paar zündende Ideen fehlen, wie wir methodisch in unseren Workshop vorgehen möchten. Deshalb möchten wir uns nun im Büro treffen. Doch woher wissen wir, wann wer im Büro sein wird?

Wir könnten uns nun auf einen gemeinsamen Termin einigen und damit festlegen, dass an diesem Tag jeder von uns im Büro ist. Das ist die einfachste Lösung. Vielleicht möchten Sie aber auch lieber nach einem Termin suchen, an dem ohnehin alle aus dem Team im Büro sind.

Hierbei kann *Microsoft Places* helfen. Wie Sie Abbildung 3.66 entnehmen können, wählen Sie genau wie Ihre Kolleginnen und Kollegen aus, an welchem Tag Sie im OFFICE arbeiten werden und an welchen Tagen Sie REMOTE verfügbar sind.

Abbildung 3.66 Wählen Sie aus, wann Sie vor Ort sind und wann Sie remote verfügbar sind.

Sie können sehen, wann wer im Büro sein wird, und sich ohne großen Aufwand abstimmen und hiermit persönliche Begegnungen ermöglichen. Auch Office Days von verschiedenen Teams im Unternehmen lassen sich so organisieren, da sich schnell Tendenzen abzeichnen, an welchem Tag die meisten Personen planen, im Büro zu sein. So können Sie gegebenenfalls Ihre Entscheidung ändern, wenn Sie merken, dass die meisten Kolleginnen und Kollegen einen anderen Tag präferieren.

Wie Sie Abbildung 3.67 entnehmen können, unterstützt Microsoft Places Sie auch bei der Buchung eines Sitzplatzes. In vielen Unternehmen hat sich Desk-Sharing etabliert, wodurch es keine feste Zuordnung mehr von Sitzplätzen zu Mitarbeitenden gibt. Das bedeutet, dass sich jeder Mitarbeitende einen Sitzplatz buchen muss, wenn er oder sie ins Büro kommt. Mit Microsoft Places können Sie Standorte, Gebäude, Etagen und Räume frei gestalten und festlegen, welche Sitzplätze gebucht werden können. Anschließend können die Mitarbeitenden Ihren Sitzplatz buchen und als Team versuchen, möglichst nah beieinander liegende Sitzplätze zu finden.

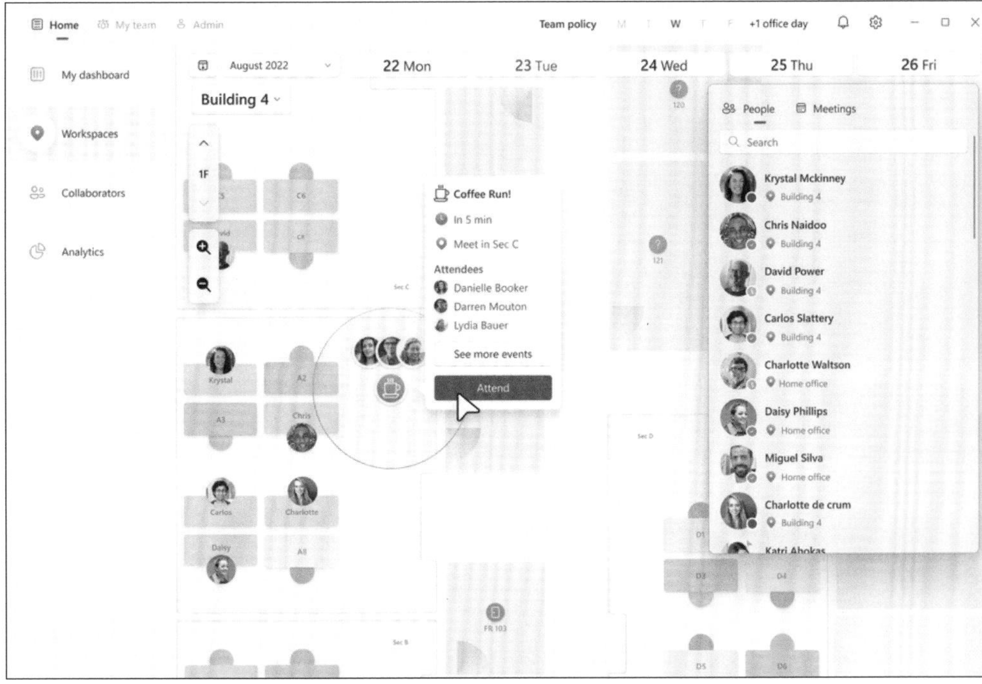

Abbildung 3.67 Microsoft Places ermöglicht auch eine Sitzplatzbuchung sowie eine Verabredung zur gemeinsamen Pause.

Falls Sie über verschiedene Räume oder vielleicht sogar Etagen versetzt sitzen, können Sie sich auch für eine gemeinsame Pause verabreden. Das kann eine Kaffeepause oder je nachdem auch eine Mittagspause sein. Die von einer Person vorgeschlagene Pause wird Ihnen angezeigt, wenn Sie den Raumplan aufrufen, und Sie können bestätigen, ob Sie teilnehmen werden oder nicht.

Neben der Unterstützung der Planung Ihrer Anwesenheit im Büro ist es aus unternehmerischer Sicht auch interessant, zu sehen, welche bereitgestellten Räumlichkeiten bevorzugt genutzt werden und welche in der Regel leer stehen (siehe Abbildung 3.68). Bei leer stehenden Räumlichkeiten lohnt es sich, nach den Ursachen zu forschen und Vergleiche mit den gut genutzten Räumlichkeiten herzustellen. So lassen sich unter Umständen Mängel erkennen und beseitigen.

Manchmal kann es aber auch sein, dass einfach nicht der gesamte zur Verfügung gestellte Raum benötigt wird. Als Administrator können Sie in Microsoft Places verschiedene Auswertungen nutzen, um die Informationen zusammenzutragen, die für eine Entscheidung benötigt werden, um gegebenenfalls Ihr Raumkonzept zu ändern und zu verbessern.

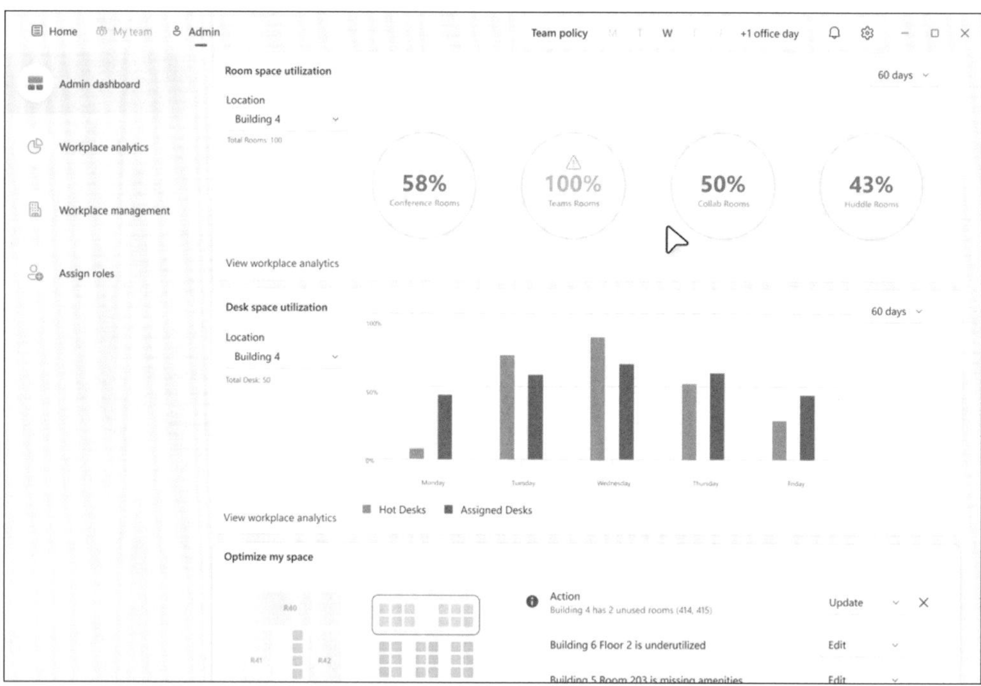

Abbildung 3.68 Über Auswertungen können Sie Verbesserungen für Ihr Raumkonzept bewirken.

3.8 Ihr persönliches Dashboard als zentrale Anlaufstelle mit Viva Insights

Nachdem Sie nun Aufgaben und Dokumente bearbeitet, Besprechungen geplant und durchgeführt haben und neue Möglichkeiten für die Vereinbarung von Terminen und gemeinsamen Anwesenheiten im Büro kennengelernt haben, möchte ich Ihnen zum Schluss dieses Kapitels mit *Viva Insights* noch eine Möglichkeit vorstellen, um achtsam mit sich und Ihrer Arbeitszeit umzugehen.

Viva Insights finden Sie als App in Teams integriert. Wählen Sie dazu den Menüpunkt APPS in der linken Navigation aus und suchen Sie nach VIVA INSIGHTS. Sie werden vermutlich auch andere Apps der Produktsuite Viva finden, aber diese werden wir uns nach und nach in späteren Kapiteln anschauen. Wenn Sie nun Viva Insights auswählen und öffnen, sollten Sie eine mit Abbildung 3.69 vergleichbare Ansicht vorfinden.

Sie werden aufgefordert, Zeiten für verschiedene Themenbereiche zu reservieren, beispielsweise

- einen Tag ohne Besprechungen,
- *Fokuszeiten,*
- ruhige Zeiten,
- Zeiten für die Bearbeitung von E-Mails und Chat-Nachrichten,
- Zeiten zum Lernen und
- Pausen.

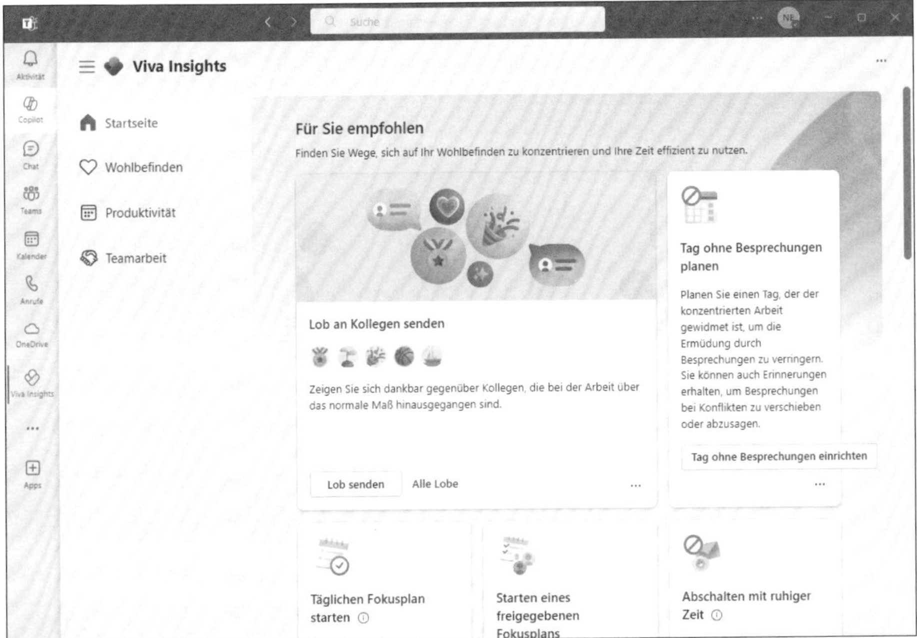

Abbildung 3.69 Mit »Viva Insights« können Sie sicherstellen, dass Sie sich ausreichend Zeit für die wichtigen Themenbereiche nehmen.

Wenn Sie die Schaltfläche TAG OHNE BESPRECHUNGEN EINRICHTEN auswählen, erscheint der Dialog aus Abbildung 3.70. Hier wählen Sie als Erstes die Personen aus, mit denen Sie einen Tag in der Woche vereinbaren möchten, an denen keine Besprechungen zwischen Ihnen stattfinden. Anschließend wählen Sie den Wochentag aus und legen die Häufigkeit fest, die standardmäßig auf WÖCHENTLICH eingestellt ist.

Sie können durch die Angabe eines Start- und Enddatums auch temporär einen solchen Tag festlegen und so testen, ob diese Idee in Ihrem Arbeitsalltag erfolgreich umgesetzt werden kann. Ich empfehle Ihnen aber, den Zeitraum nicht zu kurz anzusetzen, da Veränderungen Zeit benötigen und wahrscheinlich nicht direkt alles von Anfang an funktionieren und zu einer Verbesserung Ihres Arbeitsalltags führen wird. Denn der Tag ohne Besprechungen soll Ihnen Zeit für die Bearbeitung von Aufgaben verschaffen. Doch dafür müssen die Aufgaben auch im Hinblick auf ihre Dringlichkeit und Priorität überhaupt bis zu diesem Tag warten können. Das müssen Sie bei der Bewertung Ihres besprechungsfreien Tages berücksichtigen.

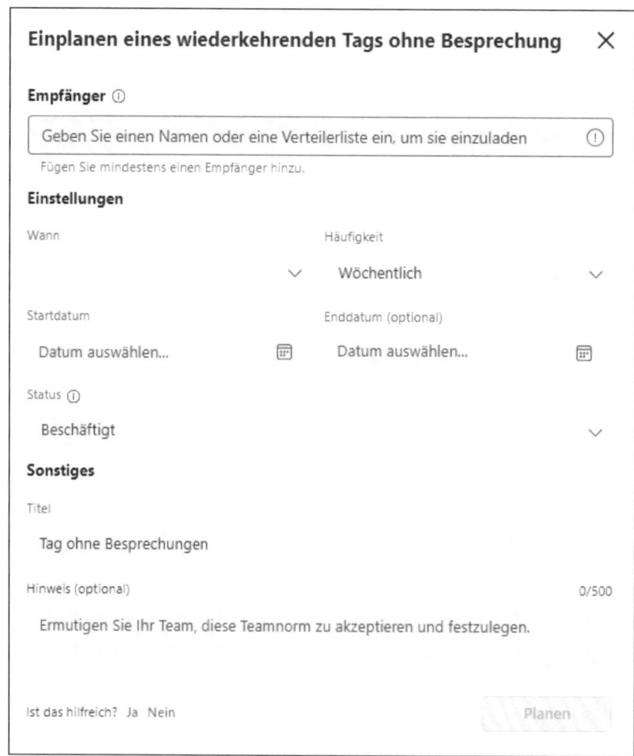

Abbildung 3.70 Konfigurieren Sie einen Tag, an dem keine Besprechungen stattfinden sollen.

Für die störungsfreie tägliche Bearbeitung von Aufgaben können Sie auch *Fokuszeiten* vorsehen. Auch hierfür gibt es einen Menüpunkt auf der Startseite von Viva Insights. Sie können zum einen die Dauer der Fokuszeit auswählen und bestimmen, ob Sie eher vormittags oder nachmittags diese Zeiten einplanen möchten (siehe Abbildung 3.71). Viva Insights wird anhand Ihres Terminkalenders dann nach freien Zeiten suchen und diese für fokussierte Arbeiten reservieren. Je nach Konfiguration werden Sie in den entsprechenden Zeiträumen auch nicht über Neuigkeiten im Aktivitäts-Feed oder durch ein Pop-up benachrichtigt, denn nur so bleiben Sie auf Ihre Arbeit fokussiert.

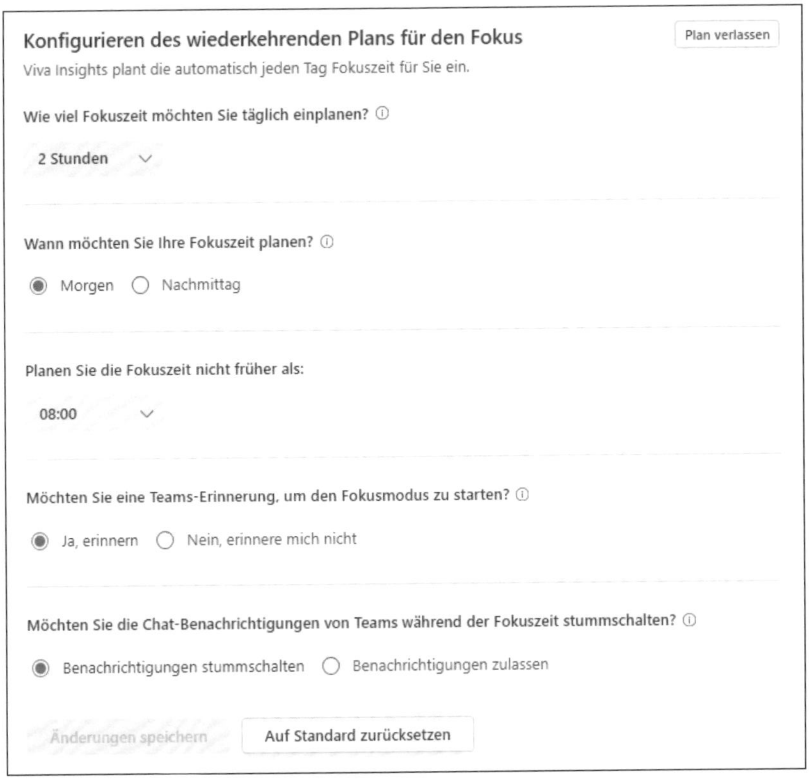

Abbildung 3.71 Legen Sie regelmäßige Fokuszeiten fest, um Aufgaben unter der Woche bearbeiten zu können.

Wenn Sie einmal mit der Konfiguration begonnen haben, werden Ihnen nach und nach auch die anderen Themenbereiche angeboten, die in einem typischen Arbeitsalltag relevant sind (siehe Abbildung 3.72). Sie müssen nicht für alle diese Vorschläge Zeiten reservieren. Doch manchmal reicht auch schon ein solcher Vorschlag aus, damit Sie sich bewusst darüber werden, dass Sie beispielsweise in Ihrem Alltag nicht ausreichend oder überhaupt keine Zeit für ein bestimmtes Thema eingeplant haben. Vielleicht erklärt sich damit auch, warum Sie manchmal Mühe haben, eine bestimmte Art von Aufgaben zeitgerecht abzuschließen. Denn nur, wenn Sie Zeit für diese Aufgaben haben, können Sie Fortschritte erzielen und die Aufgaben letztendlich abschließen.

Hinweis: Warum ist Achtsamkeit wichtig?

Achtsamkeit im Arbeitsalltag zu praktizieren, ist wichtig, weil es dazu beitragen kann, Stress zu reduzieren, die Konzentration zu verbessern und das allgemeine Wohlbefinden zu steigern. Durch achtsame Praktiken wie Meditation, bewusstes Atmen oder gezielte Pausen können Sie Ihre Gedanken klären und Ihre emotionale Resilienz stärken. Dies fördert eine tiefere Konzentration und verbessert die Entscheidungsfindung, was insgesamt zu einer produktiveren und harmonischeren Arbeitsumgebung führen kann. Zudem kann Achtsamkeit dabei helfen, das Bewusstsein für den Moment zu schärfen, wodurch Sie präsenter und engagierter bei Ihrer Arbeit sind. Dies kann nicht nur Ihre persönliche Leistung verbessern, sondern auch die Teamdynamik positiv beeinflussen, da achtsamere Interaktionen oft zu effektiverer Kommunikation und verbesserten Beziehungen am Arbeitsplatz führen.

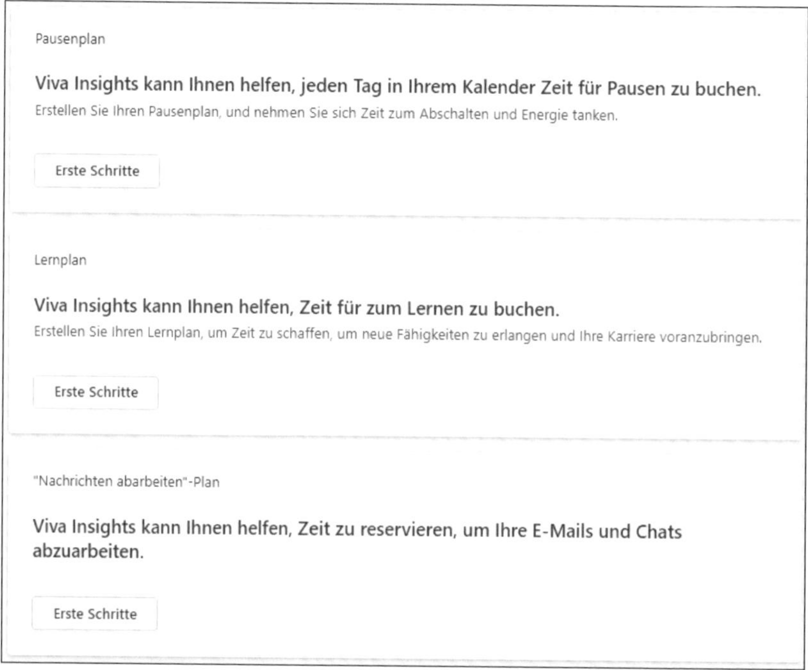

Abbildung 3.72 Bestimmen Sie auch, wie viel Zeit Sie für Pausen, das Lernen und organisatorische Aufgaben wie die Bearbeitung von E-Mails und Chat-Nachrichten vorsehen möchten.

Wenn Sie Viva Insights nutzen und Ihre Arbeitszeit mit dieser App strukturieren, verändert sich auch nach und nach Ihre Startseite. So werden Ihnen – aufbauend auf Ihren Einstellungen sowie auf den gesammelten Informationen über die Organisation Ihres Terminkalenders – weitere Vorschläge unterbreitet, wie Sie Ihren Arbeitsalltag noch besser unterstützen können (siehe Abbildung 3.73).

Wenn Sie auf der Homepage weiter herunterscrollen, werden Sie eine mit Abbildung 3.74 vergleichbare Ansicht vorfinden. Sie können hier granular die vorgenommenen Einstellungen einsehen und bei Bedarf anpassen.

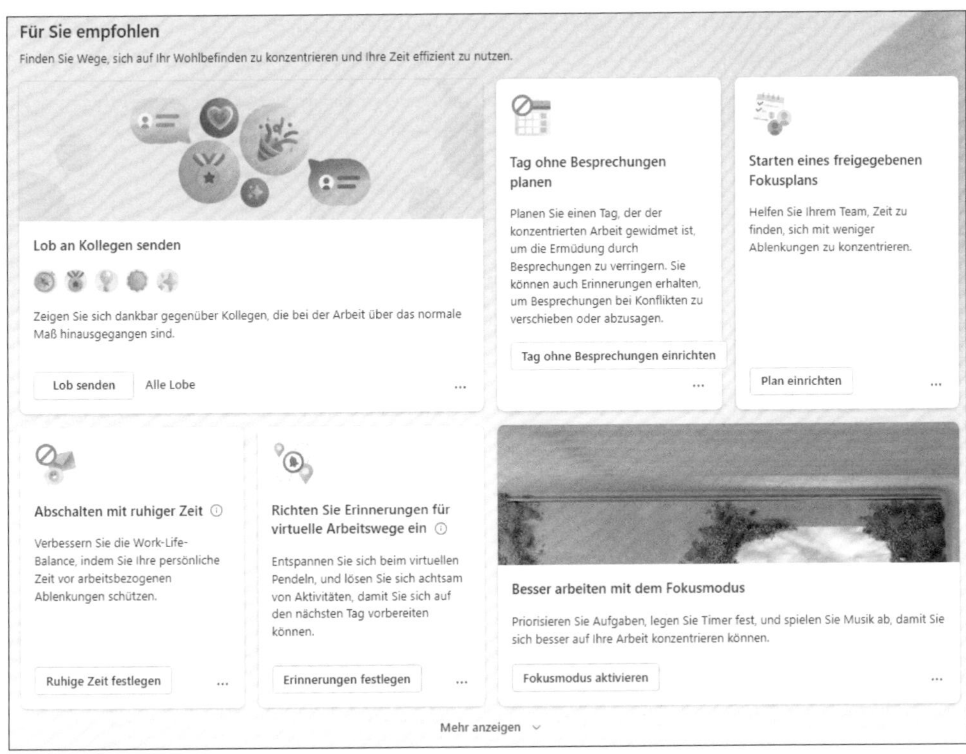

Abbildung 3.73 »Viva Insights« verändert sich gemeinsam mit Ihnen.

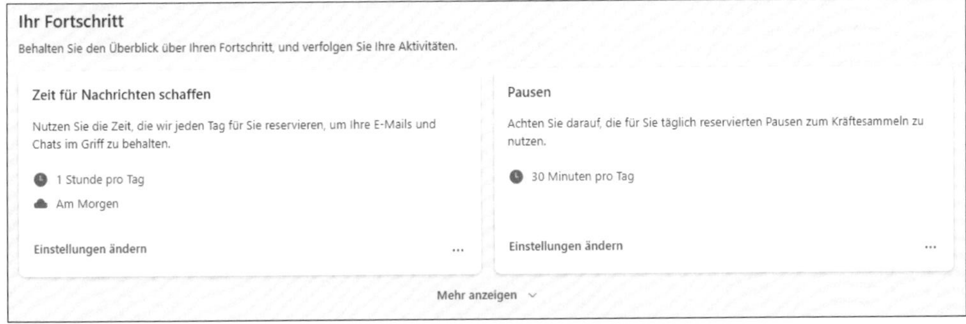

Abbildung 3.74 Sie können Ihren Fortschritt granular einsehen.

Über das Hamburger-Menü ☰ oben links können Sie neben der Homepage auch weitere Seiten mit zusätzlichen Details aufrufen. So wird Ihnen im Bereich PRODUKTIVITÄT (siehe Abbildung 3.75) beispielsweise Ihre Konfiguration im Hinblick auf Besprechungen gezeigt und werden Auswertungen zur Effektivität von Besprechungen unterschiedlichster Größe angeboten. Im Bereich TEAMARBEIT (siehe Abbildung 3.76) hingegen erfahren Sie, wie lange Sie gemeinsam mit welchen anderen Personen Aufgaben bearbeiten und wie Sie in der Regel kommunizieren. Das kann Ihnen helfen, um die Zusammenarbeit mit Ihren Kolleginnen und Kollegen zu reflektieren und bei Bedarf zu verbessern.

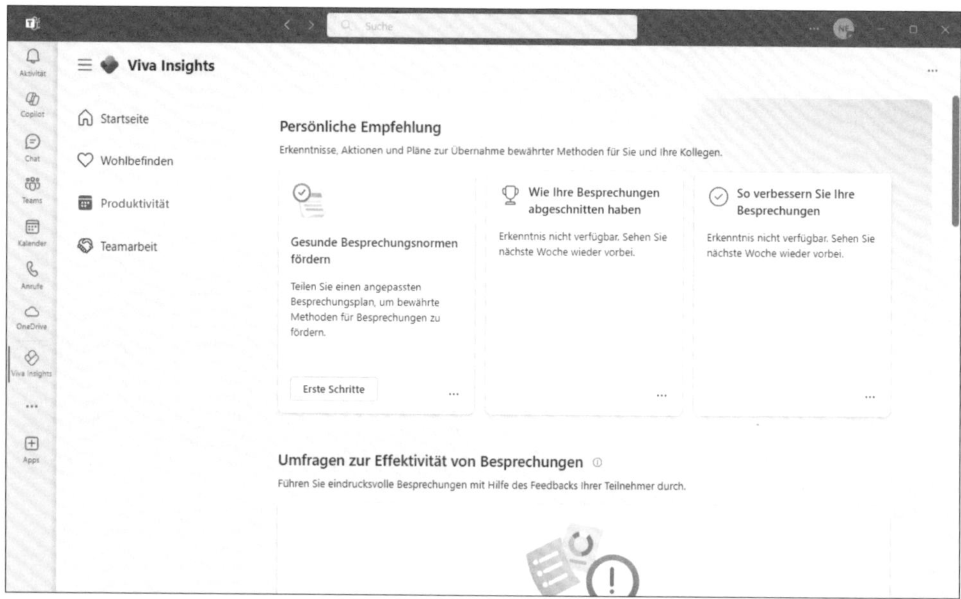

Abbildung 3.75 Neben der Konfiguration können Sie durch persönliche Auswertungen auch neue Erkenntnisse über die Effektivität Ihrer Maßnahmen gewinnen.

Abbildung 3.76 Sie können auch den Grad der Zusammenarbeit mit anderen Personen ermitteln lassen.

Sie können auch andere Personen loben!

Auf den ersten Blick scheint ausgerechnet die erste Sektion in Ihrem Dashboard nicht in das Gesamtbild zu passen. Was hat Lob an Kollegen senden mit der Organisation Ihres Arbeitsalltags zu tun? Auf den ersten Blick vielleicht tatsächlich nichts.

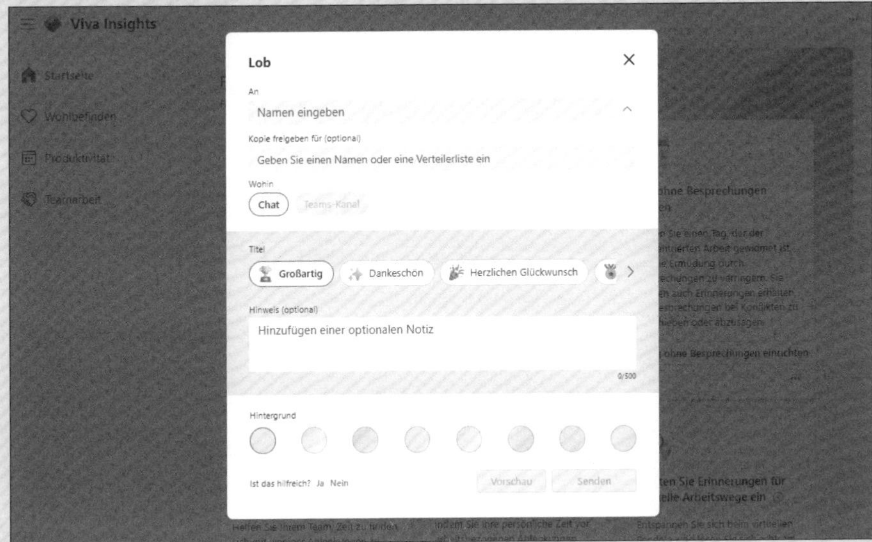

Abbildung 3.77 Loben Sie andere Personen für ihre Leistungen.

Auf den zweiten Blick ermuntert diese Frage Sie aber, zu überlegen, mit wem Sie zusammenarbeiten und was im Rahmen dieser Zusammenarbeit positiv von Ihnen wahrgenommen wird und vielleicht auch einmal ausgesprochen werden sollte. Denken Sie einmal in Ruhe darüber nach, ob Ihnen nicht jemand bei einer Aufgabe geholfen hat oder Sie gemeinsam ein gutes Ergebnis erzielt haben. Vielleicht hat Ihnen die Zusammenarbeit auch großen Spaß gemacht oder Sie sind eine Führungskraft und möchten Mitarbeitende für ihre Arbeitsergebnisse loben. In all diesen Fällen können Sie die Funktion nutzen, denn auch die Erkenntnis über die positiven Erlebnisse in Ihrem Arbeitsalltag gestaltet diesen maßgeblich mit.

Rufen Sie daher ruhig auf der Startseite den Menüpunkt Lob senden auf und gestalten Sie Ihr Lob über den in Abbildung 3.77 dargestellten Dialog frei nach Ihren Vorstellungen. Sobald Sie alle erforderlichen Felder ausgefüllt und die Schaltfläche Senden betätigt haben, erhält die von Ihnen bedachte Person eine Benachrichtigung und freut sich vermutlich sehr über Ihr Feedback. Sie können auch mehrere Personen gemeinsam loben.

Wenn Sie nach und nach über Viva Insights Zeiten für die verschiedenen Themenbereiche vorsehen, sollten Sie auch einen Blick in Ihren Kalender werfen und prüfen, ob damit das aus Ihrer Sicht gewünschte Ergebnis erzielt wird.

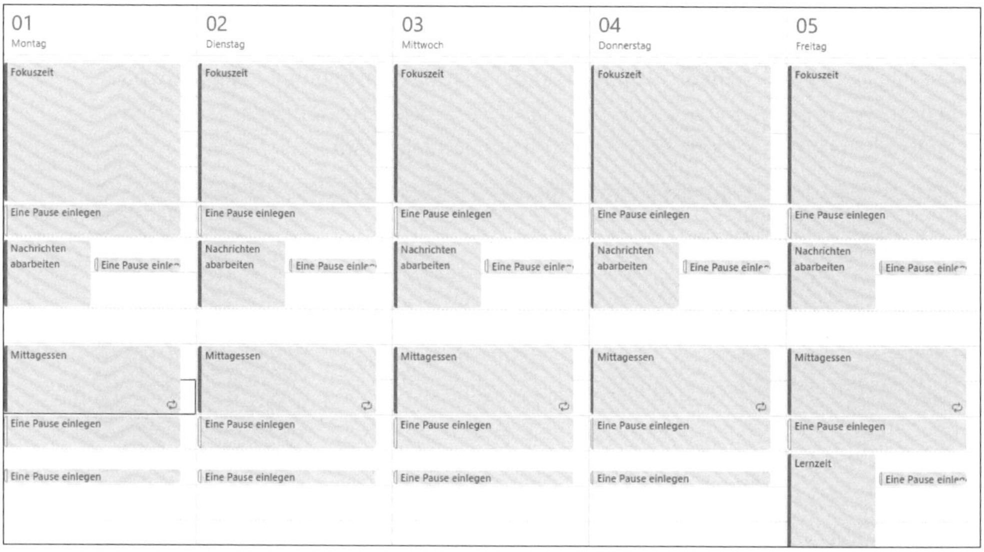

Abbildung 3.78 Ihr Kalender wird sich nach und nach mit den Terminen füllen, die aus »Viva Insights« stammen.

Wie Sie an Abbildung 3.78 sehen, nehmen die von mir vorgenommenen Einstellungen bereits einen großen Teil meiner verfügbaren Arbeitszeit ein. Damit würde nur noch ein sehr begrenzter Zeitraum für Besprechungen zur Verfügung stehen. Das kann je nach Position und Aufgabenbereich richtig sein, muss es aber nicht sein. Wenn Sie eine Position bekleiden, die hauptsächlich aus dem persönlichen Austausch mit anderen Personen besteht, werden Sie nicht in dem hier dargestellten Maß Fokuszeiten, Pausen und Lernzeiten einplanen können. Sie müssen hier für sich persönlich die passenden Optionen ausprobieren, finden und bei Bedarf wieder anpassen.

Was nehmen Sie aus diesem Kapitel mit?

Sie haben in diesem Kapitel verschiedene Möglichkeiten kennengelernt, die Ihnen helfen, sich und Ihren Arbeitsalltag noch besser zu strukturieren. Sie haben dabei auch gesehen, dass es an nahezu jeder Stelle auch bei Ihren persönlichen Aufgaben um die Zusammenarbeit mit anderen Personen geht. Entweder erarbeiten Sie mit mehreren Personen zusammen ein Arbeitsergebnis oder eine andere Person nutzt Ihr Arbeitsergebnis für ihre Aufgaben.

Deshalb ist es wichtig, dass die Übergänge von Ihrer Arbeit hin zu der Arbeit anderer Personen möglichst nahtlos erfolgen. Dies können Sie über einen gemeinsamen Zugang zu Informationen erreichen, zum Beispiel durch zentral abgelegte und miteinander geteilte Dokumente, Loop-Komponenten bzw. Arbeitsbereiche oder auch durch eine gemeinsame Aufgabenliste.

Zur Unterstützung der Kommunikation habe ich neben E-Mails und Chats auch die verschiedenen Optionen für Besprechungen vorgestellt, und Sie haben mit Microsoft Places auch eine Möglichkeit kennengelernt, wie Sie sich als Team im Büro verabreden und dies zu einem Ort der Begegnung machen können, um kreative Arbeiten zu fördern.

Im nächsten Kapitel gehe ich nun intensiv auf die Zusammenarbeit in verschiedenen Teamkonstellationen ein.

Kapitel 4
Mit Teamarbeitsräumen die Zusammenarbeit verbessern

»Zusammenkommen ist ein Anfang, Zusammenbleiben ist ein Fortschritt, und Zusammenarbeiten ist Erfolg.«
– Henry Ford

In diesem Kapitel lernen Sie, wie Sie mit *Teams* schnell einen Teamarbeitsraum bereitstellen können, um die Zusammenarbeit mit Ihren Kolleginnen und Kollegen sowie mit externen Personen zu unterstützen. Dabei werde ich kurz das Konzept der *Microsoft-365-Gruppen* näher beleuchten, damit Sie deren Hintergründe und Funktionsweisen besser verstehen. Nach der Erstellung des Teamarbeitsraums werden Sie diesen in seiner standardmäßigen Form nutzen und anschließend um zusätzliche Komponenten erweitern. Sie können dabei auch die Lösungen nutzen, die Sie in Kapitel 3 für Ihre persönliche Produktivität kennengelernt haben, und beispielsweise Planner effektiv für Ihr Team einsetzen.

4.1 Vom Gruppenchat zum virtuellen Teamraum

An dieser Stelle möchte ich Ihnen meine persönliche Empfehlung weitergeben, unter welchen Bedingungen ein Chat ausreicht und wann ein Team die bessere Option ist. Meiner Erfahrung nach entwickelt sich die Zusammenarbeit über die Zeit. Es beginnt meist mit einem Chat mit einer einzelnen Person, und nach und nach kommen weitere Personen hinzu, sodass man sich in Form eines Gruppenchats austauscht, bis man dann zu der Erkenntnis gelangt, dass man eigentlich bereits ein Team darstellt, das neben dem Chat weiterer Unterstützung bedarf, beispielsweise durch eine gemeinsame Dateiablage oder Aufgabenverwaltung. Sobald Sie zu dieser Erkenntnis gelangt sind, sollten Sie von einem Gruppenchat zu einem Team wechseln.

Es gibt leider kein Patentrezept, wie man zu dieser Erkenntnis gelangt, denn jeder findet seine individuellen Entscheidungskriterien. Diese können auch davon beeinflusst werden, wie einfach und wie schnell neue Teams angelegt werden können. Wenn aus irgendwelchen Gründen Teamräume nur durch einen eingeschränkten Personenkreis (z. B. durch die IT-Abteilung) angelegt werden können und der Prozess zur Beantragung eines neuen Teamraums zu viel Zeit für den Antragssteller in Anspruch nimmt, dann kann das ein Grund dafür sein, eher auf Gruppenchats zu setzen.

Ich persönlich unterscheide zwischen einem kurzfristigen Informationsaustausch in Form eines Chats bzw. Gruppenchats und einem mittel- bis langfristig angelegten Informationsaustausch in Form von Teamräumen. Chatnachrichten dienen meiner Meinung nach nur zur schnellen Klärung von Fragen und müssen später auch nicht mehr aufrufbar sein, während die Informationen, die im Rahmen der Zusammenarbeit mit anderen Personen entstehen, auch in Zukunft wie in einer Art Archiv benötigt werden könnten.

4.2 Teamarbeitsräume in 5 Minuten einrichten

In diesem Abschnitt zeige ich Ihnen, wie Sie schnell und unkompliziert einen Arbeitsraum zur Unterstützung der Teamarbeit anlegen und an die individuellen Bedürfnisse des Teams anpassen können.

4.2.1 Das Konzept der Microsoft-365-Gruppen

In Microsoft 365 stellen die sogenannten *Microsoft-365-Gruppen* das technische Gerüst zur Unterstützung der Teamarbeit dar. Was fällt Ihnen zum Beispiel als Erstes ein, wenn Sie an die Teams bzw. Gruppen in Ihrem Unternehmen denken? Ich persönlich denke dabei an die Menschen, mit denen ich in der Gruppe zusammenarbeite. Danach fallen mir die unterschiedlichen Rollen und Verantwortlichkeiten sowie die zur Unterstützung der Teamarbeit verwendeten Tools ein.

Genauso können Sie sich auch das Konzept der Microsoft-365-Gruppen vorstellen:

1. Sie erstellen eine Gruppe (dies ist technisch betrachtet eine Microsoft-365-Gruppe), geben ihr einen Namen und legen fest, wer zu dieser Gruppe gehört.
2. Sie legen die Rolle bzw. Verantwortlichkeiten für die einzelnen Teammitglieder fest.
3. Sie wählen die zur Unterstützung der Teamarbeit benötigten Tools aus.

Welche Tools benötigt eine Gruppe normalerweise?

Die Anforderungen an die Unterstützung der Zusammenarbeit können von Gruppe zu Gruppe variieren. Beispielsweise benötigt die eine Gruppe ein gemeinsames E-Mail-Postfach, einen Gruppenkalender und einen Ort, um gemeinsam an Dokumenten zu arbeiten, während eine andere Gruppe Themen diskutieren und Aufgaben verwalten möchte. Eine Microsoft-365-Gruppe bietet genau diese Flexibilität, indem die benötigten Komponenten individuell der jeweiligen Gruppe hinzugefügt werden können.

Wie Abbildung 4.1 zeigt, stehen Ihnen die verschiedensten Microsoft-365-Dienste zur Verfügung. Sie dienen unter anderem zur Unterstützung der Kommunikation, des Wissensmanagements oder auch der Aufgabenverwaltung.

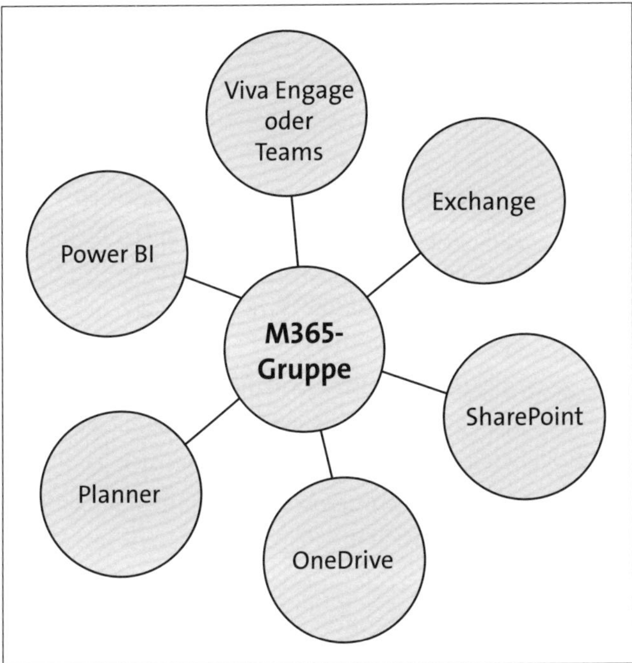

Abbildung 4.1 Mithilfe einer Microsoft-365-Gruppe können genau die für die Teamarbeit benötigten Microsoft-365-Dienste miteinander kombiniert und eingesetzt werden.

Beispiel für eine Gruppe mit einem gemeinsamen E-Mail-Postfach

Früher bestand der erste Schritt zur Unterstützung der Zusammenarbeit in einem Team darin, manuell eine gemeinsame Dateiablage anzulegen sowie einen E-Mail-Verteiler oder ein gemeinsames Postfach.

Wenn Sie nun eine Microsoft-365-Gruppe erstellen, werden Ihnen automatisch die für die Kommunikation im Team benötigten Tools und eine gemeinsame Dateiablage eingerichtet. Darüber hinaus kann sich ein Team auch aus den in Microsoft 365 angebotenen Diensten wie aus einem Werkzeugkasten bedienen und so auf seine individuellen Bedürfnisse eingehen.

Mit einem konkreten Fall lässt sich dies besser verdeutlichen. Wenn Sie beispielsweise einen Arbeitsraum in SharePoint erstellen, stehen Ihnen und Ihrem Team folgende Komponenten direkt zur Verfügung:

- **Teamwebsite mit zentraler Dateiablage**: Die Teamwebsite selbst kann bei Bedarf mit den bekannten SharePoint-Bausteinen individuell an die Bedürfnisse der Gruppe angepasst werden. Sollen beispielsweise Links zentral zur Verfügung gestellt werden, so kann eine Hyperlink-Liste hinzugefügt werden. Außerdem wird diese Website – die im technischen Sinne einer Websitesammlung entspricht – auch in *SharePoint Home* aufgelistet. (Das ist die zentrale Übersichtsseite über alle Teamarbeitsräume in SharePoint.)

- **Gemeinsamer Posteingang**: Dieser Posteingang ist vergleichbar mit einer herkömmlichen Verteilerliste. Über die E-Mail-Adresse dieses gemeinsamen Posteingangs können Nachrichten an das gesamte Team gesendet und gemeinschaftlich bearbeitet werden.
- **Gruppenkalender**: Bei der Terminverwaltung werden Ihnen die Kalender sämtlicher Mitglieder der Gruppe angezeigt, um schnell einen gemeinsamen Termin zu finden und diesen in den Kalendern der entsprechenden Personen sowie im Gruppenkalender anzulegen. So lassen sich gemeinsame Termine planen und dokumentieren.
- **Gemeinsame Notizen**: Ein gemeinsames *OneNote*-Notizbuch kann als Teil der Teamwebsite direkt über die Gruppe aufgerufen und gepflegt werden. So können Ideen und Notizen unkompliziert erfasst und weiterverarbeitet werden.
- **Gemeinsame Aufgabenverwaltung**: Mit dem Microsoft-365-Dienst *Planner* können die Aufgaben, die Sie in der Gruppe bearbeiten müssen, ähnlich wie mit einem Kanban-Board verwaltet werden.

Private und öffentliche Gruppen

Beim Erstellen einer Gruppe müssen Sie entscheiden, ob es sich dabei um eine private oder eine öffentliche Gruppe handeln soll, wobei Sie diese Einstellung auch wieder verändern können:

- **Öffentlich**: Die Inhalte einer öffentlichen Gruppe sind für alle Anwender in Ihrem Unternehmen sichtbar. Außerdem kann jeder Mitarbeitende in Ihrer Organisation eigenständig der Gruppe beitreten. Auch wenn die Bezeichnung »öffentlich« es anders vermuten lässt, so sind die Inhalte dieser Gruppe bzw. die Gruppe selbst nicht für Personen außerhalb Ihrer Organisation zugänglich, es sei denn, Sie haben explizit externe Personen als Gäste zu der entsprechenden Gruppe eingeladen.
- **Privat**: Die Inhalte einer privaten Gruppe sind dagegen nur für die Mitglieder der Gruppe sichtbar, und Personen, die einer privaten Gruppe beitreten möchten, müssen erst von einem Gruppenbesitzer dazu berechtigt werden.

Falls sensible Informationen ausgetauscht werden, die nur einem eingeschränkten Personenkreis zugänglich sein dürfen, sollte die Option *Privat* gewählt werden. Ansonsten empfehle ich Ihnen, die Option *Öffentlich* zu wählen. Wenn Mitarbeitende die Möglichkeit haben, sich an Diskussionen zu beteiligen und sich dadurch über die ursprüngliche Teamkonstellation hinaus Menschen zu bestimmten Themen zusammenfinden, so kann dies erheblich zum Unternehmenserfolg beitragen.

4.2.2 Ein Anwendungsfall aus dem Arbeitsalltag

Ich arbeite in einem neunköpfigen Team, das sich hinsichtlich der anstehenden Aufgaben untereinander sehr eng abstimmen muss. Hinzu kommt, dass wir räumlich verteilt sind und es häufig vorkommt, dass viele von uns an unterschiedlichen Orten arbeiten. Eine Besprechung in einem gemeinsamen Raum ist somit nur schwer möglich, und manche Kolleginnen und Kollegen sehe ich mehrere Wochen lang nicht persönlich.

Wir haben in der Phase des Teambuildings überlegt, wie wir uns untereinander am besten austauschen und organisieren können. Dazu haben wir unsere wesentlichen Anforderungen erfasst und für die Auswahl geeigneter Tools genutzt:

- **Gemeinsame Chatfunktion**: Gerade weil wir uns nicht immer persönlich treffen können und teilweise zu unterschiedlichen Zeiten arbeiten, wollten wir eine einfache Möglichkeit haben, uns in Form eines Gruppenchats schnell und einfach auszutauschen, Themen zu diskutieren oder die Kollegen über Neuigkeiten zu informieren.
- **Zentrale Verwaltung von Dateien**: Zu unserer Arbeit gehört unter anderem die Erstellung von Dokumenten. Wir wollten diese Dateien zentral ablegen und gemeinsam an ihnen arbeiten können, um uns gegenseitig unterstützen und Feedback zu Arbeitsergebnissen einholen zu können.
- **Gemeinsames Aufgaben-Board**: Ich hatte in der Vergangenheit bereits im Rahmen anderer Projekte ein physisches Aufgaben-Board in einem unserer Büros genutzt, um einen Überblick über die in meinen Teams anstehenden Aufgaben und deren jeweiligen Status zu erhalten. Aufgrund unserer Teamkonstellation suchten wir aber nun nach einer digitalen Variante.
- **Interne und externe Teilnehmer**: Zu unserem Team gehören auch zwei Mitarbeitende eines Partnerunternehmens. Diese Kollegen verfügen über keinen grundsätzlichen Zugriff auf unsere unternehmensinternen Informationen, sollten aber in unserem Teamarbeitsraum genau wie die anderen Teammitglieder agieren können.
- **Videokonferenzen**: Als Ergänzung zu persönlichen Besprechungen war es uns besonders wichtig, dass wir eine Möglichkeit finden, auch ortsunabhängig Besprechungen in Form von Videokonferenzen durchführen zu können. Da nicht immer alle Teammitglieder an einer Besprechung teilnehmen können, suchten wir außerdem nach einer Option, diese Besprechungen aufzeichnen und bei Bedarf abrufen zu können.
- **Mobile Unterstützung**: Einige von uns sind häufig bei Kunden vor Ort oder auf Dienstreise. Aus diesem Grund wünschten wir uns eine Lösung, die sowohl mittels eines gewöhnlichen PCs oder Notebooks als auch mit einem Smartphone oder Tablet genutzt werden kann.

Auf der Suche nach einem passenden Tool setzten wir als Erstes auf *Teams* zur Unterstützung der Teamarbeit und wurden nicht enttäuscht. Wir setzen inzwischen *Teams* für die unterschiedlichsten Szenarien ein. So habe ich beispielsweise während der Erstellung meiner verschiedenen Bücher ein Team genutzt, in dem ich mich mit Kollegen über die möglichen Einsatzszenarien der verschiedenen Microsoft-365-Dienste ausgetauscht habe. Im weiteren Verlauf dieses Buches möchte ich Ihnen aufzeigen, welche Funktionen sich aus der Sicht dieses Teams im Arbeitsalltag bewährt haben.

4.2.3 Ein Team in Microsoft Teams erstellen

Sie können *Teams* über verschiedene Wege aufrufen. Eine Möglichkeit stellt Ihre persönliche Startseite von Microsoft 365 dar, die Sie unter *https://office.com* bzw. *https://microsoft365.com* aufrufen können.

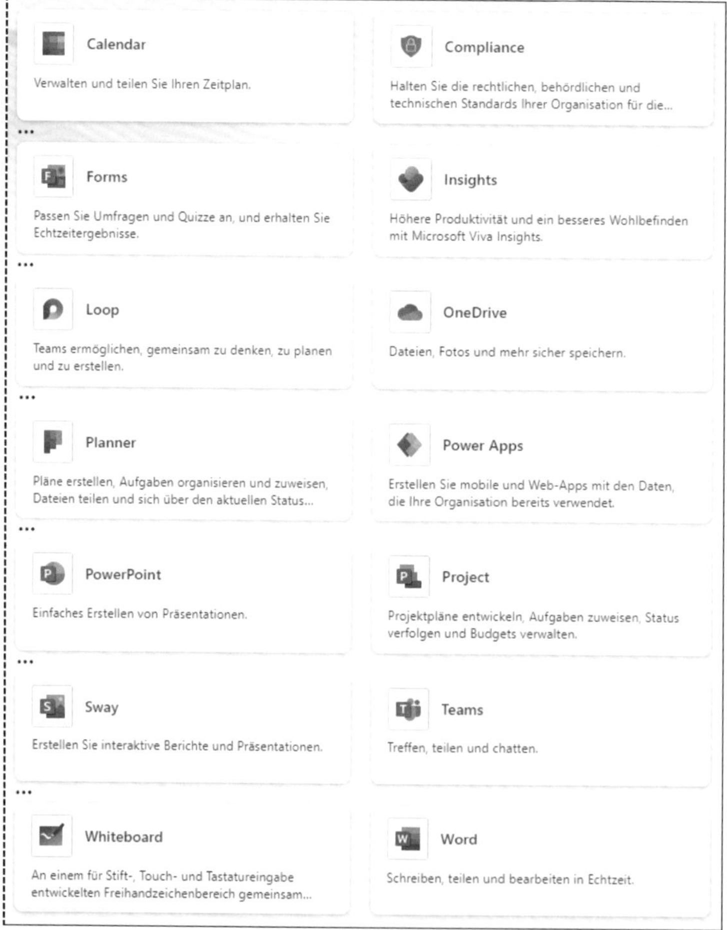

Abbildung 4.2 Die Startseite von »Microsoft 365« mit Zugriff auf die im Unternehmen freigegebenen Dienste und Apps sowie auf die zuletzt bearbeiteten Dokumente

Wenn Sie dort den Menüpunkt TEAMS auswählen (siehe Abbildung 4.2), gelangen Sie mit Ihren aktuellen Anmeldedaten auf die Seite *https://teams.microsoft.com*. Ich empfehle Ihnen, dem nun erscheinenden Hinweis zu folgen und die Desktop-App von *Teams* herunterzuladen. Falls Sie den Hinweis nicht finden oder geschlossen haben, finden Sie links im Menü einen gesonderten Menüpunkt APP HERUNTERLADEN. Nach der Installation erscheint die Desktop-App nun immer automatisch nach dem Start Ihres Rechners und stellt Ihnen somit direkt die benötigten Kommunikationsmittel für die Teamarbeit zur Verfügung.

Wenn Sie *Teams* aufrufen, finden Sie sich zunächst in dem Teamraum wieder, den Sie zuletzt aufgerufen haben. Sie können somit nahtlos mit Ihrer Arbeit fortfahren, falls Sie einmal unterbrochen wurden. Sie können die Reihenfolge Ihrer Teamräume individuell festlegen und so die für Ihren Arbeitsalltag passenden Rahmenbedingungen schaffen.

Ein Team anlegen

Wenn Sie *Teams* noch nicht gut kennen, sollten Sie als Erstes ein neues Team erstellen, und zwar über das Pluszeichen oberhalb der Auflistung Ihrer Teamräume. Daraufhin erhalten Sie die drei Optionen, die Sie in Abbildung 4.3 sehen:

- **Kanal erstellen**: Sie können über einen Dialog einen Ihrer bestehenden Teamräume auswählen und dort einen neuen Kanal anlegen, um den Teamraum besser zu strukturieren.
- **Team erstellen**: Sie können über einen Dialog einen neuen Teamraum anlegen und dabei sogar eine Vorlage verwenden.
- **Team beitreten**: Sie können nach öffentlichen Teamräumen suchen und einem solchen Team beitreten oder einen Teamcode verwenden.

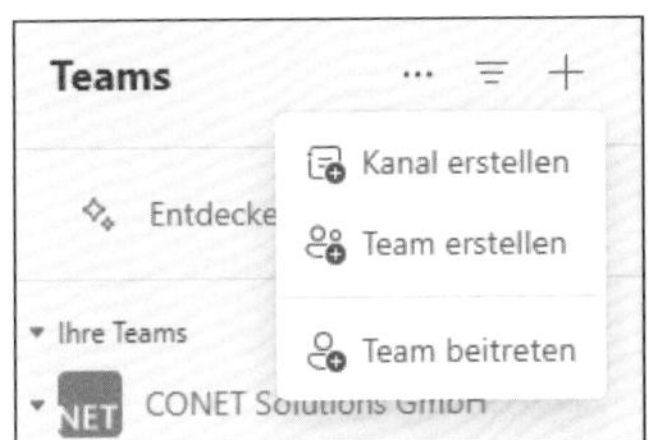

Abbildung 4.3 Erstellen Sie neue Teamräume oder Kanäle oder treten Sie alternativ einem bestehenden Team bei.

Vor dem Erstellen eines neuen Teamraums empfiehlt es sich, erst einmal zu prüfen, ob nicht bereits ein Teamraum für den entsprechenden Zweck angelegt wurde. Wenn Sie den Menüpunkt TEAM BEITRETEN ausgewählt haben, werden Ihnen neben der Auflistung der öffentlichen Teams auch die in Abbildung 4.4 dargestellten Optionen angeboten:

- **Neues Team erstellen**: Über das Pluszeichen [+] oben links können Sie einen neuen Teamraum anlegen. Hier wird eine neue Microsoft-365-Gruppe mit den für die Teamzusammenarbeit benötigten Funktionen (z. B. einer SharePoint-Website) sowie einem gemeinsamen E-Mail-Postfach erstellt.
- **Einem Team mit einem Code beitreten**: In diesem Fall existiert bereits ein Team, und Sie haben vom Besitzer dieser Gruppe einen Teamcode erhalten, um ohne weitere Prüfung ein neues Mitglied dieses Teams zu werden. Diese Option ist bei privaten Teams sinnvoll; bei öffentlichen Teams können Sie, wie bereits erwähnt, Mitglied werden, ohne dass der Gruppenbesitzer weitere Schritte unternehmen muss.

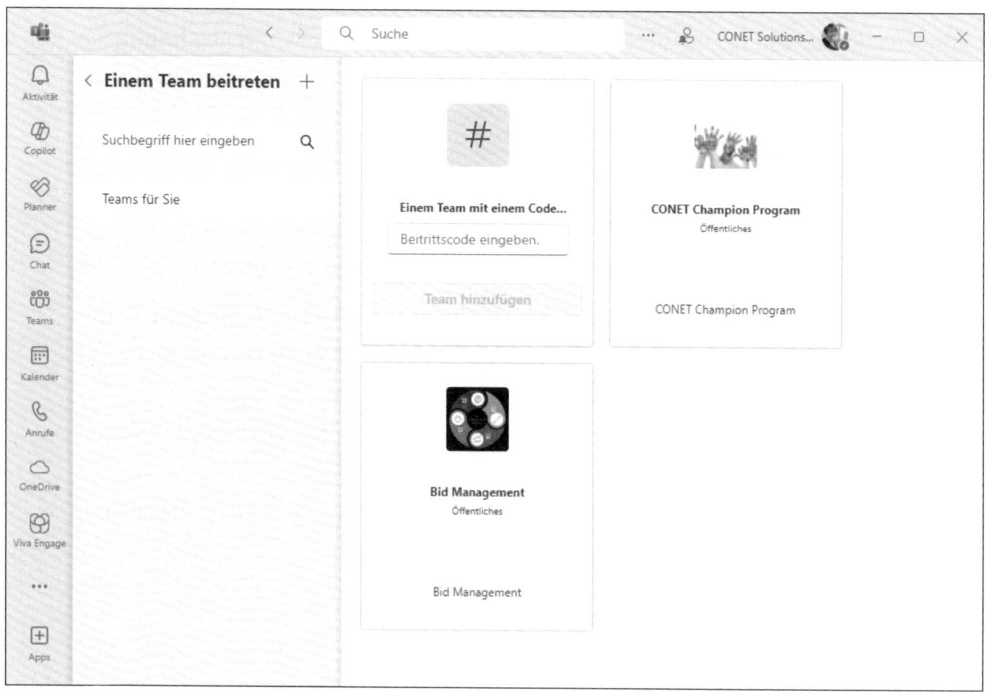

Abbildung 4.4 Sie haben die Möglichkeit, ein neues Team zu erstellen oder einem bestehenden Team beizutreten.

Wählen Sie im aktuellen Beispiel die erste Option und erstellen Sie ein neues Team. Sie können ein bestehendes Team als Vorlage nutzen oder ein ganz neues Team anlegen. Wählen Sie die obere Option VON ANFANG AN aus (siehe Abbildung 4.5).

Nun müssen Sie sich entscheiden, ob Ihr Team PRIVAT oder ÖFFENTLICH sein soll. In Abbildung 4.6 sehen Sie, welche Auswirkungen die jeweilige Option hat. Wichtig ist dabei, zu wissen, dass Sie diese Einstellung später noch ändern können. Da ich in meinem Fall erst einmal mit einem kleinen, überschaubaren Team starten und die Inhalte dieses Buches diskutieren möchte, wähle ich die Option PRIVAT aus. Später werde ich die Einstellung ändern und somit die Inhalte allen Kollegen zugänglich machen.

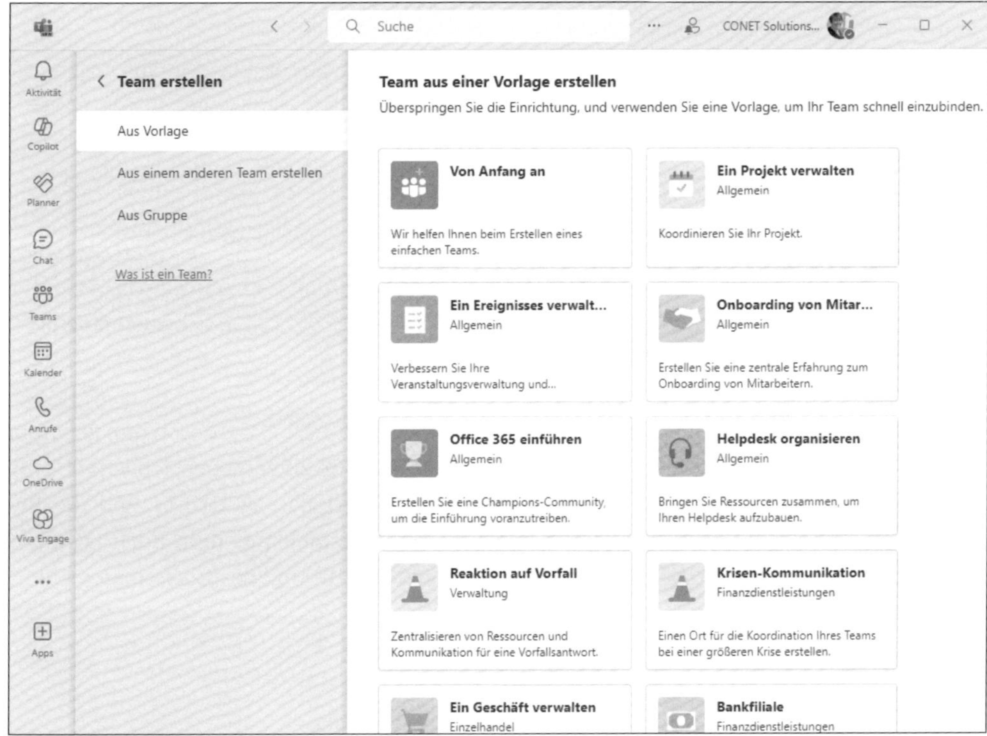

Abbildung 4.5 Wenn Sie ein neues Team erstellen, können Sie auch ein bestehendes Team als Vorlage nutzen.

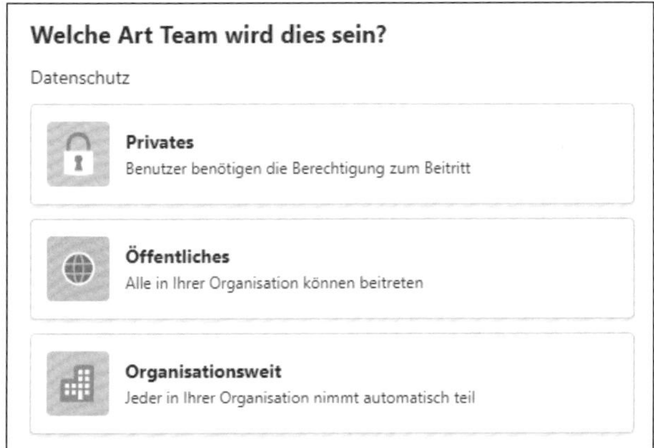

Abbildung 4.6 Wie möchten Sie die Mitglieder Ihres Teams verwalten? Bei einem öffentlichen Team kann jeder Mitarbeitende frei beitreten. Bei privaten Teams liegt die Verwaltung der Mitglieder in der Verantwortung des Gruppenbesitzers.

Ich sehe beim Erstellen eines neuen Teams noch eine dritte Option

Es gibt auch noch eine weitere Option beim Erstellen eines neuen Teams. Hierbei handelt es sich um die sogenannten *organisationsweiten Teams*.

Diese Teams sind mit öffentlichen Teams vergleichbar; nur dass von Anfang an jeder Nutzer mit einer gültigen Lizenz innerhalb Ihrer Microsoft-365-Umgebung dort Mitglied ist. Somit können organisationsweite Teams beispielsweise zur Ergänzung eines Intranets eingesetzt werden, da Sie hierüber alle Mitarbeitenden des Unternehmens erreichen können.

Allerdings sollten Sie vor der Einrichtung eines solchen Teams bei Microsoft prüfen, ob Sie mit der Anzahl Ihrer Mitarbeitenden die Limitierung für die maximale Anzahl an Teammitgliedern in *Teams* überschreiten. Sollte dies der Fall sein, können organisationsweite Teams in Ihrem Kontext nicht eingesetzt werden.

In dem daraufhin erscheinenden Dialog (siehe Abbildung 4.7) werde ich nun gebeten, einen Namen und eine Beschreibung für das neue Team zu vergeben. Ich vergebe für mein Collaboration-Team den Namen »ModernWorkplace@CONET« und die Beschreibung »In dieser Arbeitsgruppe werden die Beispiele aus dem Buch ›Modern Workplace mit Microsoft 365‹ von Nicole Enders geprüft und besprochen.«

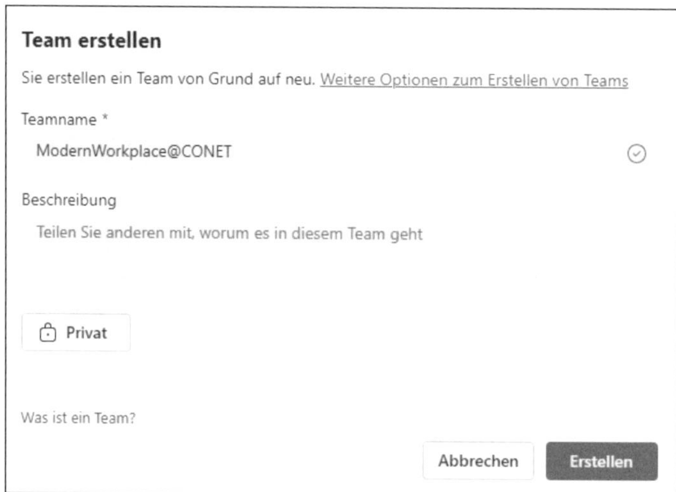

Abbildung 4.7 Ein neues Team erstellen: Ein aussagekräftiger Name und eine Beschreibung erleichtern es neuen Teammitgliedern, schnell den Zweck dieser Gruppe zu verstehen.

Bei einem öffentlichen Team wäre die Erstellung nun bereits abgeschlossen und Sie würden zu einer mit Abbildung 4.8 vergleichbaren Darstellung Ihres neuen Teams weitergeleitet. Bei einem privaten Team gelange ich jedoch nahtlos zur Verwaltung der Berechtigungen meines Teams (siehe Abbildung 4.9).

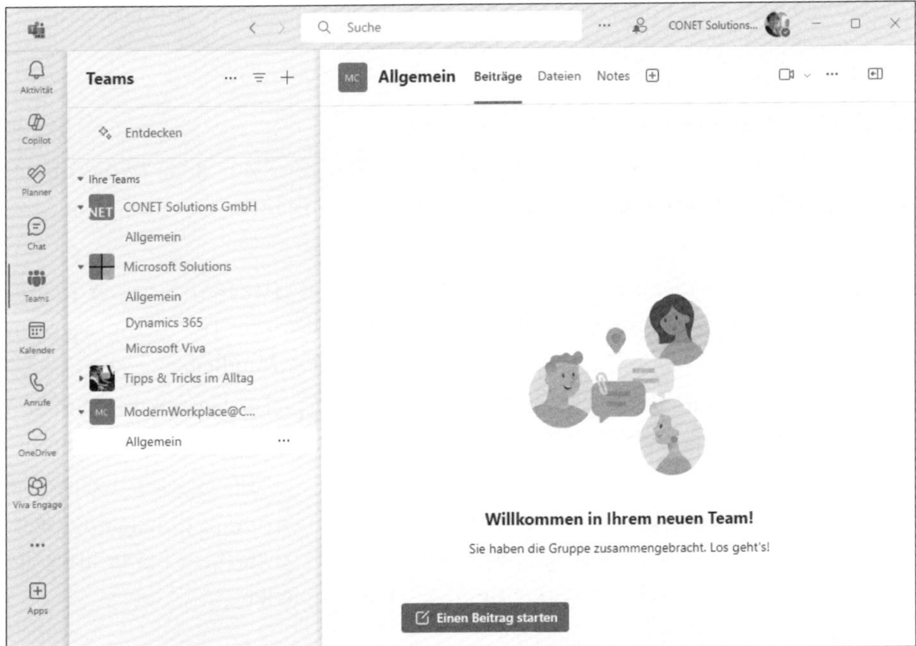

Abbildung 4.8 Das neue Team ist erstellt und wurde automatisch zur Liste Ihrer Teamräume hinzugefügt.

4.2.4 Mitglieder einladen (interne und externe)

In dem Dialog, der beim Erstellen von privaten Teams automatisch erscheint, können Sie die Mitglieder hinzufügen (siehe Abbildung 4.9). Dabei werden Sie automatisch bei der Eingabe unterstützt, indem Ihnen die Mitarbeitenden vorgeschlagen werden, deren Namen zu den von Ihnen eingegebenen Zeichen passen.

Abbildung 4.9 (Fast) beliebig viele Mitglieder können zu einem Team hinzugefügt werden.

Ich habe die entsprechenden Kollegen ausgewählt und über die Schaltfläche HINZUFÜGEN als Mitglieder in mein Team aufgenommen.

Welche Rollen gibt es in Teams?

Wenn Sie bereits mit SharePoint gearbeitet haben, müssen Sie sich bei *Teams* umgewöhnen, denn es gibt in einem unternehmensinternen Team nur zwei verschiedene Rollen:

- **Besitzer**: Der Ersteller eines Teams ist automatisch der erste Besitzer eines Teams. Er fügt neue Mitglieder hinzu und kann die Konfiguration des Teams anpassen. Im Arbeitsalltag agiert er aber in der Regel wie jedes andere Mitglied.
- **Mitglied**: Jedes Mitglied des Teams kann sich zum Beispiel an Unterhaltungen und Videokonferenzen beteiligen, Dateien teilen und sie gemeinsam mit anderen bearbeiten.
- **Gast**: Externe Personen können ebenfalls zu einem Teamraum hinzugefügt werden und verfügen je nach Konfiguration Ihres Tenants sowie Ihres Teamraums gegebenenfalls über dieselben Berechtigungen wie Mitglieder.

Die Rolle der *Leser*, die Sie vielleicht aus SharePoint kennen, ist in einem Team nicht vorgesehen. Jeder hat hier die gleichen Möglichkeiten, um sich aktiv an der Zusammenarbeit zu beteiligen. Lediglich die Besitzer haben etwas weitreichendere Berechtigungen. Es kann sogar mehrere Besitzer eines Teams geben, um auch die Verwaltungsaufgaben auf mehrere Personen zu verteilen.

Externe Teammitglieder hinzufügen

Die hohe Flexibilität von *Teams* zeigt sich auch darin, dass externe Teilnehmer zu einem Team hinzugefügt werden können. Diese Möglichkeit ist für mich und mein Team sehr wichtig, weil wir dadurch zusammen mit unseren Kunden häufig einen gemeinsamen Ort für unsere Teamarbeit nutzen können.

Wenn ich von »externen Teammitgliedern« spreche, kann es sich dabei um unterschiedliche Ausprägungen handeln; wie zum Beispiel:

- **Unterauftragnehmer und Partner**: Egal ob es um einen einzelnen Freiberufler oder um ein größeres Team geht, das mit Mitarbeitenden Ihres Unternehmens zusammenarbeitet – mit einer gemeinsamen Kommunikationsplattform inklusive zentraler Dokumentenablage gehören E-Mails, die in unterschiedlicher Konstellation untereinander versendet werden, der Vergangenheit an.
- **Kunden**: Um den Kunden optimal in die Bearbeitung eines Auftrags einzubeziehen, ist ein transparenter Informationsaustausch unerlässlich. Fragen können

ohne Reibungsverluste direkt zwischen dem Team und den Ansprechpartnern auf Kundenseite geklärt werden.

Um externe Benutzer einem Team hinzufügen zu können, müssen administrative Tätigkeiten ausgeführt werden. Informationen hierzu finden Sie bei Microsoft unter *https://docs.microsoft.com/de-de/microsoftteams/guest-access*. Sobald die Konfiguration erfolgt ist, können Sie die gewünschten externen Personen über ihre E-Mail-Adresse dem Team hinzufügen. Diese Personen erhalten die Rolle »Gast«, die für die tägliche Zusammenarbeit vollkommen ausreicht.

Mitglieder und Besitzer verwalten

Es kommt in der Praxis häufiger vor, dass Sie im späteren Verlauf die Liste der Mitglieder und Besitzer Ihres Teams bearbeiten möchten. So habe ich beispielsweise meinen Fachlektor als zusätzlichen Besitzer des Teams hinzugefügt. Gehen Sie in solchen Fällen folgendermaßen vor:

1. Rufen Sie die Dreipunkteschaltfläche rechts neben dem Namen Ihres Teams auf (siehe Abbildung 4.10). In dem daraufhin erscheinenden Kontextmenü wählen Sie den Menüpunkt TEAM VERWALTEN aus.

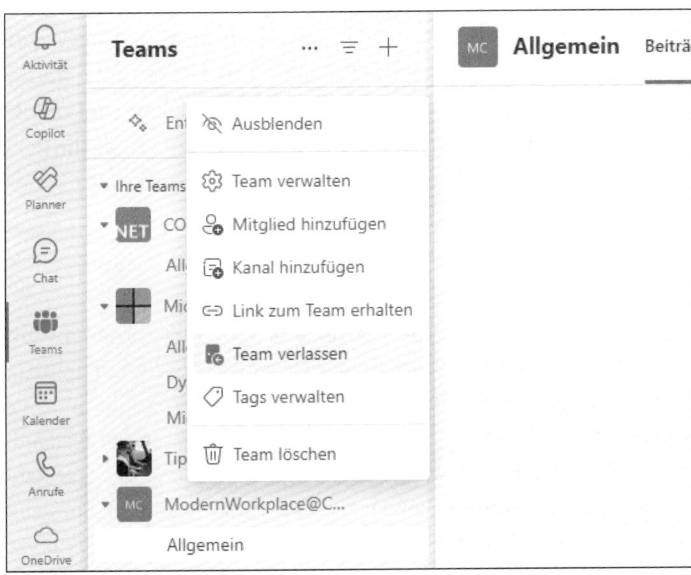

Abbildung 4.10 Über die Dreipunkteschaltfläche lassen sich verschiedenste Aktionen für Ihr Team ausführen.

2. Betätigen Sie die Schaltfläche MITGLIED HINZUFÜGEN. Nun erscheint derselbe Dialog wie bei der Einrichtung (siehe Abbildung 4.9).

3. In meinem Fall wähle ich nun für das neue Mitglied »Anna Klein« aber die Rolle BESITZER aus (siehe Abbildung 4.11).

Abbildung 4.11 Hinzufügen eines weiteren Mitglieds mit der Rolle »Besitzer«

Dabei fällt auf, dass Besitzer nicht aus der Mitgliederliste entfernt werden können. Zuvor muss der entsprechenden Person erst die Rolle *Besitzer* wieder entzogen werden. Dafür müssen Sie lediglich auf den Pfeil nach unten [∨] klicken und die Rolle MITGLIED auswählen. Erst danach erscheint das [X] in der Zeile, sodass Sie die Person aus dem Team entfernen können.

Kann ich selbst entscheiden, dass ich nicht mehr Teil eines Teams sein möchte?

Es mag Gründe geben, warum man nicht mehr an einem Team teilnehmen möchte oder darf. Ein Beispiel hierfür kann ein Wechsel der Organisationseinheit sein. Sie werden Mitglied in einem neuen Team und verlassen das alte Team. Es gibt nun zwei Möglichkeiten, wie die Mitgliedschaft in dem bisherigen Team beendet werden kann. Die erste Variante haben Sie bereits kennengelernt. Hierbei muss der Besitzer aktiv werden und Sie aus dem Team entfernen. Bei der zweiten Variante können Sie selbst aktiv werden: Sie nutzen dafür die Dreipunkteschaltfläche, die auch der Besitzer verwenden würde. Nur können Sie in diesem Fall über das Kontextmenü den Menüpunkt TEAM VERLASSEN auswählen, und nach einer Sicherheitsabfrage sind Sie fortan kein Mitglied mehr.

4.2.5 Informationen untereinander austauschen

Wie wäre es, wenn wir in der Zusammenarbeit im Team auf E-Mails verzichten könnten? Wäre es nicht eine Erleichterung, wenn Sie sich keine Gedanken mehr darum machen müssten, ob Sie alle relevanten Personen als Empfänger ausgewählt haben? Mit einem gemeinsamen Kommunikationskanal, auf den jedes Teammitglied Zugriff hat, wird der Informationsaustausch transparenter und vor allem viel einfacher.

Selbst wenn Sie gerade nicht aktiv an einer Unterhaltung beteiligt sind, können Sie trotzdem an ihr teilhaben und sich gegebenenfalls einbringen – entweder, weil Sie eine Idee zu dem gerade behandelten Thema haben oder weil Sie explizit durch ein anderes Mitglied mittels einer Erwähnung (@-Mention) darauf aufmerksam gemacht wurden, dass diese Unterhaltung für Sie interessant sein könnte.

Beginnen wir mit einer Unterhaltung

Im neu erstellten Team gibt es einen Unterpunkt ALLGEMEIN. Hier können wir unsere erste Unterhaltung mit dem Team beginnen.

Ich habe beispielsweise immer dann eine neue Nachricht im Team geteilt, wenn ich gerade an einem Einsatzszenario gearbeitet habe oder ein bestimmtes Kapitel abgeschlossen hatte. So konnte ich Feedback hinsichtlich der über unser Unternehmen und unser Kundenumfeld hinausgehenden Praxisrelevanz in Bezug auf bestimmte Microsoft-365-Dienste einholen. Im Gegenzug haben mir die anderen Teammitglieder Fragen zu verschiedenen Themen gestellt, die ich sowohl für alle transparent im Chat-Bereich beantworten konnte als auch für mich als Inspiration für einzelne Abschnitte dieses Buches genutzt habe.

In Abbildung 4.12 sehen Sie beispielsweise meine erste Nachricht an das Team, in der ich mich für die angebotene Unterstützung der Kollegen bedanke und erkläre, welchen Fokus ich mir für dieses Team überlegt habe.

Wenn Sie nun in einem Ihrer Teams eine Nachricht verfassen möchten, klicken Sie in das Eingabefeld oder betätigen die Schaltfläche EINEN BEITRAG STARTEN und geben entweder direkt eine Nachricht ein oder klicken auf das Icon [icon], um weitere Formatierungsmöglichkeiten zu nutzen. Sie können Ihre Nachricht zum Beispiel mit einer Überschrift versehen und einzelne Textbestandteile, wie in meinem Fall ein Zitat, optisch hervorheben.

Unterhalb eines Beitrags können Sie sich auch aktiv an einer Unterhaltung beteiligen. In Abbildung 4.12 können Sie sehen, dass Antworten auf einen Beitrag eingerückt dargestellt werden. So können Sie schnell erkennen, ob ein neues Thema besprochen wird oder ob die Diskussion zu einem älteren Beitrag gehört.

Neben reinem Text stehen Ihnen einige weitere inhaltliche Gestaltungsmöglichkeiten zur Verfügung.

Abbildung 4.12 Eine neue Unterhaltung beginnen, auf Beiträge antworten und auf Dateien verweisen

Auf Dateien verweisen

Sie können innerhalb einer Unterhaltung auch auf Dokumente verweisen. In meinem Fall habe ich das Manuskript in meinem Beitrag verlinkt, damit die anderen Teammitglieder auf die darin enthaltenen Informationen zugreifen können. Wenn Sie auf das Pluszeichen [+] klicken und anschließend den Menüpunkt DATEI ANFÜGEN auswählen (siehe Abbildung 4.13), erscheint ein Dialogfeld, in dem Sie die Datei, die Sie in Ihrem Beitrag verlinken wollen, aus verschiedenen Datenquellen auswählen können.

- **Zuletzt verwendet**: Im oberen Bereich des Dialogs werden die zuletzt von Ihnen geöffneten oder bearbeiteten Dokumente zur Auswahl angeboten. Dabei spielt der Speicherort der Dateien keine Rolle, d. h., es kann sich dabei um Dokumente aus einem Team, einer beliebigen SharePoint-Website oder OneDrive handeln. Je nach Konfiguration Ihrer Microsoft-365-Umgebung können Sie hier sogar Dokumente von einer On-Premises-SharePoint-Umgebung finden. In der Regel ist diese Option die beste, da Sie vorher wahrscheinlich an dem Dokument gearbeitet haben und dieses nun in die Diskussion mit einbringen möchten.

- **Clouddateien anfügen**: Sie können auch Dokumente aus Ihrer persönlichen Dateiablage in OneDrive verlinken. Auch hier sollten Sie darauf achten, welche Freigabe Sie für das entsprechende Dokument vergeben haben.
- **Teams und Kanäle durchsuchen**: Für Dokumente, die in der Auflistung unter ZULETZT VERWENDET nicht mit aufgeführt werden, besteht die Möglichkeit, in den für Sie verfügbaren Teams und Kanälen zu navigieren und das gewünschte Dokument auszuwählen. Achten Sie bei der Auswahl eines Dokuments aus einem anderen Team bitte darauf, dass gegebenenfalls nicht jeder Zugriff darauf besitzt.
- **Vom Computer hochladen**: Bei dieser Option können Sie eine Datei von Ihrem Rechner auswählen, in die Dateiablage des Teams hochladen und anschließend verlinken.

Abbildung 4.13 Fügen Sie eine Datei zu Ihrer Nachricht hinzu, indem Sie sie von Ihrem PC auswählen oder durch Einfügen des Links direkt im Text verlinken.

Die neuen Möglichkeiten, die sich aus einer Kombination der gemeinsamen Bearbeitung von Dokumenten sowie den Chat-Möglichkeiten mit Verweis auf ein Dokument ergeben, betrachten wir nach der Vorstellung der übrigen inhaltlichen Gestaltungselemente noch genauer.

Emojis

Vielen sind Emojis aus dem privaten Umfeld bereits bekannt, und auch im Chat-Bereich werden sie gerne zur Unterstützung der Kommunikation genutzt. Über den Menüpunkt können Sie sowohl Emojis als auch GIFs und Aufkleber aufrufen und für Ihre Nachricht auswählen (siehe Abbildung 4.14).

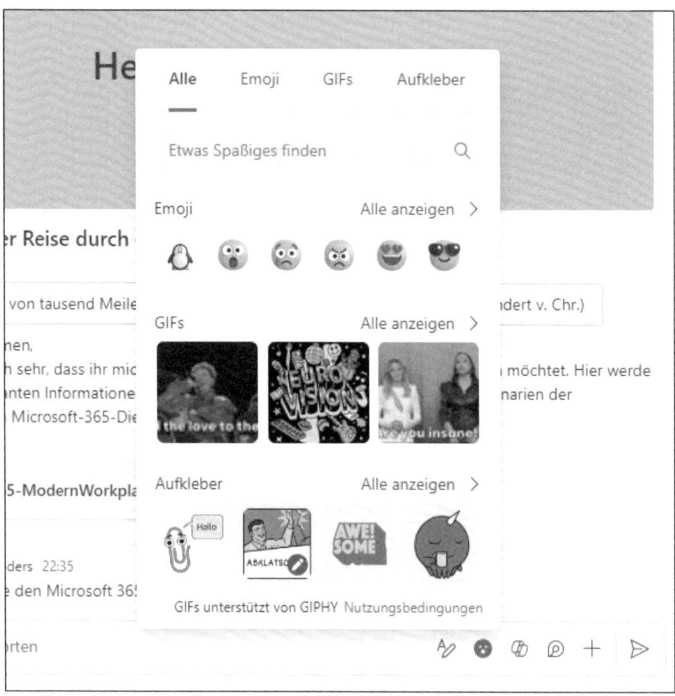

Abbildung 4.14 Fügen Sie Emojis, GIFs oder Aufkleber zu Ihrer Nachricht hinzu, um ihr eine persönliche Note zu geben.

Über diese gemeinsame Ansicht können Sie vielleicht schon ein passendes Element finden, indem Sie eines der angebotenen Bilder verwenden oder die Suchfunktion nutzen. Manchmal werden Sie aber auch gezielt suchen, z. B. nach einem bestimmten Emoji, und können dann die Suche über die Auswahl der entsprechenden Registerkarte einschränken.

Wenn Sie die Registerkarte Emoji ausgewählt haben, wird die Auswahl auf das in Abbildung 4.15 dargestellte Angebot eingeschränkt. Emojis lassen sich einfach an beliebiger Stelle in den Fließtext integrieren, sodass Sie zusätzlich zur textuellen Nachricht auch mit einem Kleeblatt beispielsweise betonen können, dass Sie jemandem viel Glück wünschen.

Emojis bieten darüber hinaus eine schnelle und einfache Möglichkeit, um auf eine Unterhaltung zu reagieren. Mit Emojis können Sie beispielsweise Ihre Freude über eine bestimmte Nachricht ausdrücken.

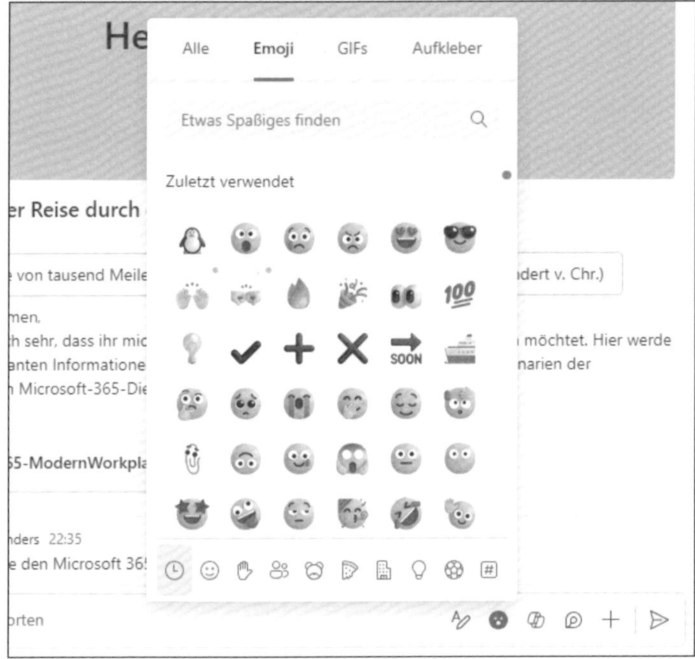

Abbildung 4.15 Emojis als gestalterische Komponente der Unterhaltung

GIFs

Eine andere Option stellen sogenannte GIFs (häufig animierte Grafiken) dar. Sie erfüllen den gleichen Zweck wie ein Emoji, können jedoch über die Animation mehr Inhalt transportieren. Die Grafiken werden von der Plattform *Giphy* bereitgestellt (siehe *https://giphy.com*), die sogar die Erstellung personalisierter GIFs ermöglicht. In der Regel bedienen sich die Anwender jedoch aus der recht großen Auswahl an verfügbaren GIFs. In Abbildung 4.16 sehen Sie eine erste Auswahl der angebotenen GIFs. Über das Suchfeld oberhalb der GIFs können Sie einen bestimmten Begriff eingeben und erhalten anschließend die dazu passenden Grafiken.

Achtung: Datenschutz!

Bedenken Sie unbedingt, dass Sie bei der Suche nach einem passenden GIF Suchbegriffe eingeben, die ungefiltert an den externen Dienst *Giphy* gesendet werden. Solange es sich um allgemeine Begriffe wie »Guten Morgen«, »Sonne« oder »Viel Erfolg« handelt, mag das nicht weiter kritisch sein. Die Gefahr besteht aber in der nahtlosen Integration dieser Funktion in Teams, sodass Sie im Alltag vielleicht vergessen, dass die eingegebenen Begriffe die Unternehmensgrenze verlassen. Im Rahmen einer *Datenschutzfolgeabschätzung* wird deshalb häufig diese Funktion deaktiviert, weil nicht sichergestellt werden kann, dass doch einmal vertrauliche Daten hier eingegeben und für eine Suche verwendet werden.

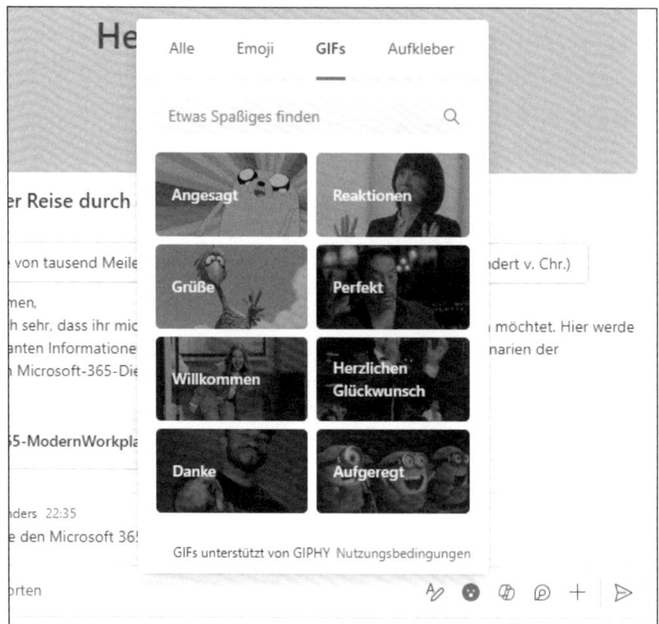

Abbildung 4.16 Ein Bild sagt mehr als tausend Worte – wie viele Worte stehen dann für ein GIF?

Aufkleber

Aufkleber stellen eine weitere Möglichkeit der inhaltlichen Gestaltung innerhalb einer Unterhaltung dar. Während Emojis und GIFs im Wesentlichen vordefiniert sind, liegt der Fokus bei Aufklebern auf der Personalisierung der auszudrückenden Botschaft.

Nach Auswahl eines Aufklebers erscheint als Nächstes ein Konfigurationsbereich. So können Sie beispielsweise nach Auswahl des Motivs oben links in Abbildung 4.17 die Nachricht »ABKLATSCHEN« nach Belieben verändern.

Was hat die Verwendung von Emojis, GIFs und Aufklebern im Arbeitsalltag verloren?

Auch wenn wir die Verwendung von lustigen Grafiken eher aus dem privaten Umfeld kennen und sie im Büro erst einmal als unpassend erachten, so haben sich die genannten Elemente in der Praxis doch als förderlich für die Kommunikation erwiesen. Wenn Menschen Freude bei der Arbeit haben, identifizieren sie sich intensiver mit ihren Aufgaben. Dies wurde in verschiedenen Studien ermittelt, zum Beispiel bereits in der Studie »Arbeitsmotivation 2019« von der ManpowerGroup Deutschland. Das spielerische Element von Emojis und anderen Optionen hilft dabei, die im Arbeitsalltag anstehenden Aufgaben mit mehr Spaß und Begeisterung zu erfüllen. Sollte sich dies in Ihrem Fall als ungeeignet erweisen oder sollte zu große Besorgnis in Hinblick auf den Einsatz bestehen, so können Sie die Verwendung zentral über das Microsoft-365-Admin-Center unterbinden.

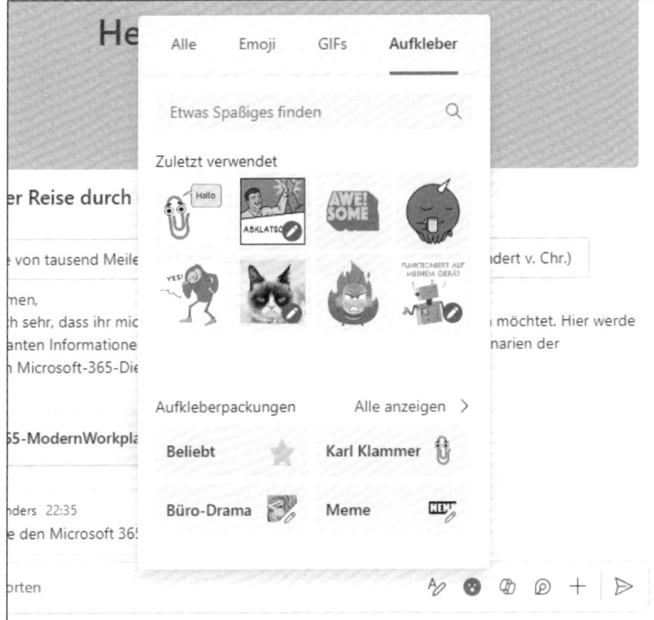

Abbildung 4.17 Aufkleber sind personalisierbare »Botschafter«.

Zusammen an Dokumenten arbeiten

Bisher haben wir uns im Reiter BEITRÄGE aufgehalten, der die Chat-Funktionen unseres Teams darstellt. Nun gehen wir zum nächsten Reiter, DATEIEN, und schauen uns die Möglichkeiten der gemeinsamen Bearbeitung von Dokumenten näher an. Dieser Bereich war für mein Team und mich im Rahmen der Evaluierung von *Teams* ebenfalls sehr wichtig (siehe Abbildung 4.18).

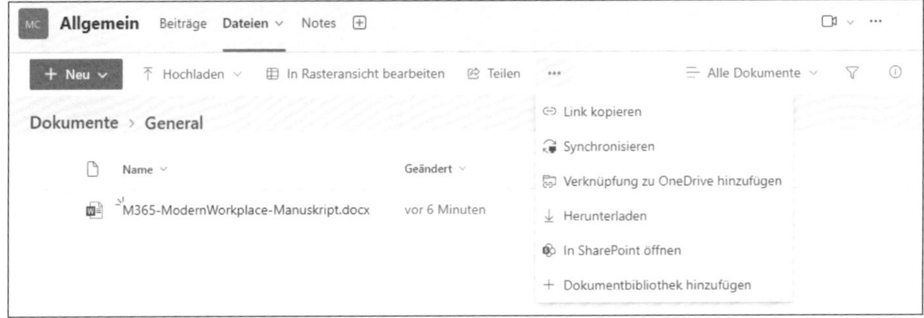

Abbildung 4.18 Die gemeinsame Ablage von Dateien ist der erste Schritt für die gleichzeitige Arbeit an einem Dokument.

Neue Dokumente erstellen

Um die Zusammenarbeit an Dokumenten zu unterstützen, beginne ich im ersten Schritt mit einer gemeinsamen Dateiablage. Hier können Dateien über den Menüpunkt NEU direkt in der Ablage erstellt werden. Zur Auswahl stehen eine auf der Standardvorlage basierende Word-, Excel-, PowerPoint-, OneNote- bzw. Visio-Datei. Außerdem lassen sich hier Forms-Formulare, beliebige Links sowie neue Ordner als strukturierendes Element der Ablage hinzufügen.

Bereits erstellte Dokumente hochladen und zukünftig in Teams verwalten

In vielen Fällen werden Sie und die anderen Teammitglieder bereits Dokumente an anderen Speicherorten abgelegt haben. Sie haben daher auch die Möglichkeit, diese Dateien über den Menüpunkt HOCHLADEN oder mittels Drag-and-drop künftig in *Teams* zu verwalten. Wichtig dabei ist, dass Sie hiermit lediglich eine Kopie anlegen. Um Verwirrung zu vermeiden und die Bearbeitung des Dokuments am früheren Speicherort (und somit inkonsistente Informationsstände) zu verhindern, sollten Sie die Datei von ihrem ursprünglichen Speicherort entfernen und zukünftig hier weiterbearbeiten.

Teilen

Über den Menüpunkt TEILEN können Sie die Dateiablage auch mit Personen außerhalb des Teamraums teilen. Falls Sie ein oder mehrere Dokumente ausgewählt haben, können Sie sogar nur diese Dokumente mit einem anderen Personenkreis teilen. Alternativ können Sie auch als Besitzer eines Teamraums hierüber den Zugriff einschränken, sodass nicht mehr alle Mitglieder des Teamraums Zugriff auf bestimmte Ordner oder Dateien besitzen.

Link auf Dateiablage verteilen

Um Ihre Kollegen explizit auf die Dateiablage aufmerksam zu machen, verwenden Sie den Menüpunkt LINK KOPIEREN. Gerade, wenn Sie mehrere Dateien hinzugefügt oder einen neuen Ordner erstellt haben, ist dieser Link hilfreich, um das Team im Chat-Bereich über die neuen Informationen in der Dateiablage zu informieren. Während der Recherche zu bestimmten Microsoft-365-Diensten habe ich beispielsweise interessante Präsentationen und weiterführende Informationen gefunden und in einem separaten Bereich unseres Teams abgelegt.

Synchronisieren

Sie können über den Menüpunkt SYNCHRONISIEREN mithilfe von OneDrive for Business die Dateiablage Ihres Teamraums auch auf Ihr lokales Laufwerk synchronisieren und anschließend die Dateien sogar offline nutzen. Außerdem können Sie bei Bedarf die Bearbeitung der Dokumente einfach über den Windows Explorer vornehmen, da im Hintergrund Ihre Änderungen wieder in den Teamraum bzw. die dahinterliegende Dateiablage in SharePoint synchronisiert werden.

Verknüpfung zu OneDrive hinzufügen

Über den Menüpunkt VERKNÜPFUNG ZU ONEDRIVE HINZUFÜGEN können Sie auch aus OneDrive heraus die Dateiablage Ihres Teamraums zukünftig einfach erreichen.

Herunterladen aller oder einzelner Dokumente und Ordner

In manchen Fällen müssen Sie den Inhalt Ihrer Dateiablage oder Teile davon schnell herunterladen, um diese in ein Archiv zu überführen oder einem Personenkreis zur Verfügung zu stellen, dem Sie keinen Zugriff über die Standardmöglichkeiten erteilen können oder dürfen. Über den Menüpunkt HERUNTERLADEN können Sie auch diese Anforderung erfüllen.

Dateiablage in SharePoint öffnen

Wenn Sie den Menüpunkt IN SHAREPOINT ÖFFNEN auswählen, wird die entsprechende Bibliothek in der SharePoint-Website geöffnet, und Sie finden sich in einer mit Abbildung 4.19 vergleichbaren Ansicht wieder. Falls Sie den Menüpunkt nicht direkt angezeigt bekommen, finden Sie ihn unter der Dreipunkteschaltfläche.

Abbildung 4.19 Bei der Dateiablage handelt es sich um eine Dokumentbibliothek innerhalb der SharePoint-Website, die zu dem Team gehört.

Da Sie mit Microsoft 365 SharePoint zur Ablage der Dateien nutzen, stehen Ihnen viele Funktionen zur Verwaltung der Dokumente zur Verfügung. Dazu gehören beispielsweise die automatische Versionierung, die Nutzung von Workflows sowie das Erstellen von Ansichten, um gerade bei vielen Dateien weiterhin eine Übersichtlichkeit gewährleisten zu können.

Dokumentbibliothek hinzufügen

Zu der bereits automatisch bereitgestellten Bibliothek zur Ablage von Dateien können auch weitere Dokumentbibliotheken hinzugefügt werden. Dabei kann es sich um weitere Bibliotheken innerhalb derselben SharePoint-Website für unser Team oder auch um Bibliotheken in anderen SharePoint-Websites handeln.

Gemeinsame Bearbeitung von Dokumenten

Kernstück der Dateiablage ist die Möglichkeit, gemeinsam Dokumente zu bearbeiten und dabei einen Kommentarbereich zu nutzen. Wenn Sie ein Dokument aus der Dateiablage auswählen, können Sie es in *Teams* im ersten Schritt lesen. Das reicht in vielen Fällen bereits aus, um schnell das richtige Dokument zu finden.

Für die Bearbeitung stehen Ihnen drei Optionen zur Verfügung:

- **In Teams bearbeiten**: Für eine einfache Bearbeitung oder das bloße Lesen reichen die Funktionen in *Teams* aus. Je nachdem, welche Formate oder Vorlagen für das Dokument verwendet wurden, sollten Sie lieber eine der beiden anderen Optionen wählen.
- **Im Browser öffnen**: Diese Option ist vergleichbar mit der ersten Option. Dadurch, dass das Dokument in einem neuen Browser-Fenster geöffnet wird, steht auf dem Bildschirm lediglich etwas mehr Platz für die Darstellung des Dokuments zur Verfügung.
- **In der App öffnen**: Diese Option stellt die stabilste Option dar, erfordert allerdings auch eine bessere Datenverbindung. In diesem Fall wird das Dokument temporär heruntergeladen. Dafür können Sie sämtliche Funktionen aus Word, Excel & Co. nutzen. Individuelle Vorlagen, Makros oder spezielle Formatierungen im Dokument sind somit verfügbar.

In jedem Fall haben Sie mit *Teams* die passenden Werkzeuge zur Hand, um sich im Team untereinander zu informieren, gemeinsam Dokumente zu erstellen sowie Diskussionen zu Themen zu führen.

4.2.6 Die erste Besprechung durchführen

Als letzte wichtige Komponente zur Unterstützung der Zusammenarbeit im Team und als eine absolute Stärke von *Teams* kann die Möglichkeit der Videokonferenzen inklusive der optionalen Aufzeichnung der Besprechung genannt werden. Gerade was diese Funktionen betraf, waren wir im CONET-Team gespannt, ob wir durch sie die nötige technische Unterstützung für unsere Teamarbeit erhalten würden.

Eine Sofortbesprechung starten

Gerade dann, wenn Sie feststellen, dass eine persönliche Unterhaltung in einer Situation effektiver wäre als ein Austausch weiterer Chat-Nachrichten, hätten Sie früher zum Telefonhörer gegriffen und den Kollegen angerufen. Wäre es aber nicht noch besser, wenn alle an der Unterhaltung beteiligten Kollegen die Chance hätten, sich an diesem persönlichen Gespräch zu beteiligen, oder zumindest im Nachhinein auf die Inhalte zugreifen könnten, die im Rahmen der persönlichen Unterhaltung besprochen wurden? Über den Menüpunkt können Sie aus jeder beliebigen Unterhaltung heraus einen Video-Chat starten. Sobald Sie diesen Menüpunkt ausgewählt haben, erscheint eine mit Abbildung 4.20 vergleichbare Darstellung.

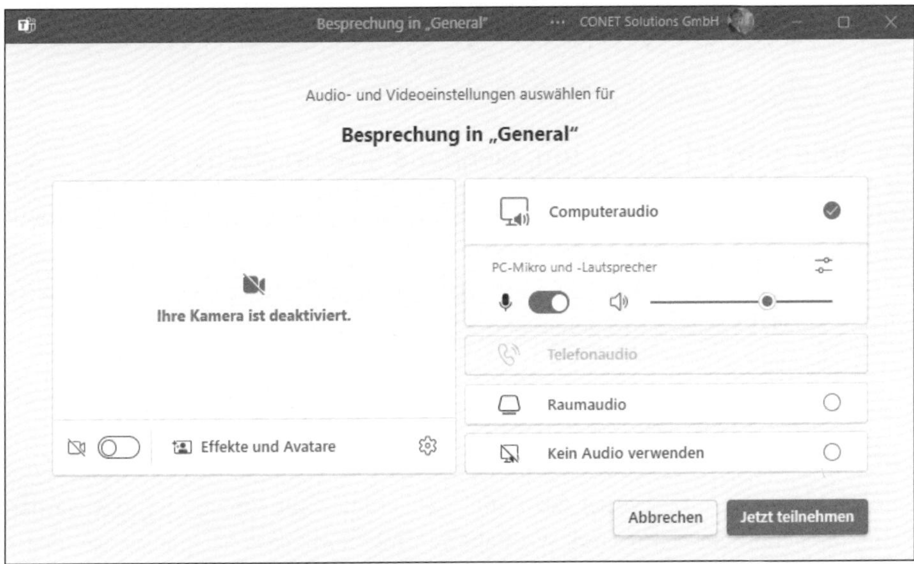

Abbildung 4.20 Eine neue Besprechung starten

Sie sollten nun einen Titel für die Besprechung angeben, damit die anderen Teammitglieder wissen, worum es in der Besprechung gehen soll. In meinem Fall möchte ich die Funktion der Sofortbesprechungen zusammen mit dem Team ausprobieren und wähle daher den Titel »Sofortbesprechungen ausprobieren«. Die eigene Kamera wird für die Besprechung aktiviert, wenn Sie in der vorherigen Besprechung auch die Kamera aktiviert hatten. Sollte die Bandbreite nicht ausreichend sein oder eine Verwendung der Kamera nicht erwünscht sein, so kann die Kamera über die Option AUS im unteren Bildschirmbereich deaktiviert werden. Betätigen Sie nach der Eingabe des Titels die Schaltfläche JETZT TEILNEHMEN, um die Besprechung zu starten.

Teilnehmer zur Besprechung einladen

Sie sind nun der erste Teilnehmer. Die anderen Teammitglieder können eigenständig zu der Besprechung hinzukommen, weil sie von Ihnen von der Besprechung erfahren haben oder das Kamerasymbol neben dem Kanal ALLGEMEIN entdeckt haben. Sie können die gewünschten Teilnehmer aber auch direkt zu der Besprechung einladen.

Achten Sie auf Hinweise zu Lautsprecher und Mikrofon

Teams macht Sie darauf aufmerksam, falls Ihre Lautsprecher oder Ihr Mikrofon ausgeschaltet sind. Wenn Sie auf diese Hinweise achten, steht einem Video-Chat nichts mehr im Wege. Nichts ist ärgerlicher, als wenn das eigene Mikrofon ausgeschaltet ist und man erst nach einigen Sätzen merkt, dass die anderen Teilnehmer nichts hören können und man noch einmal von vorne beginnen muss.

4.3 Wie gehe ich damit um, wenn mein Team wächst?

Bisher haben wir *Teams* so genutzt, wie es uns automatisch zur Verfügung gestellt wird. Dabei bin ich auf ein wichtiges Strukturierungselement bisher nicht genauer eingegangen. Sie haben sich im Bereich ALLGEMEIN aufgehalten, vielleicht ohne zu wissen, um was es sich dabei genau handelt.

4.3.1 Was ist ein Kanal?

In *Teams* werden die sogenannten *Kanäle* zur Strukturierung und Organisation der Informationen genutzt, wobei der Kanal »Allgemein« für Inhalte genutzt werden kann, die genereller Natur sind. Wir haben in meinem Team beispielsweise relativ schnell realisiert, dass wir eine Trennung zwischen unseren verschiedenen Kundenaufträgen und teaminternen Themen wie »Weiterbildung« und »Teamorganisation« benötigen. Bei der Einführung neuer Kanäle hat es sich allerdings als besonders wichtig herausgestellt, dass der Zweck eines Kanals klar definiert und im Team kommuniziert sein muss. Durch die Strukturierung in Form von Kanälen sollte es für jedes einzelne Teammitglied einfacher werden, Informationen zielgerichtet im Team auszutauschen. Die Frage nach dem richtigen Kanal für eine zu postende Nachricht sollte sich also möglichst nicht stellen. Das bedeutet auch, dass Sie in einem Team nicht zu viele Kanäle anlegen sollten.

Wenn Sie einen Kanal als mögliches Strukturierungselement in Ihrem Team genauer betrachten, finden Sie in ihm folgende Komponenten vor:

- **Beiträge**: Jeder Kanal hat seinen eigenen Chat-Bereich. So können Diskussionen zielgerichtet zu einer bestimmten Thematik geführt werden. Da im Rahmen dieses Werks verschiedene Microsoft-365-Dienste im Hinblick auf ihre Einsatzmöglichkeiten betrachtet werden, würde sich beispielsweise ein Kanal pro Dienst anbieten.
- **Dateien**: Da neben der Diskussion zu den verschiedenen Themen auch Dokumente gemeinsam erarbeitet bzw. für einen bestimmten Zweck erstellt und miteinander geteilt werden sollen, ist eine separate Ablage sinnvoll. So finden Sie Dokumente schneller wieder.
- **Notizen**: Hier wird Ihnen Gelegenheit gegeben, sich relativ unstrukturiert über ein OneNote-Notizbuch Notizen zu machen. Informationen, die noch nicht reif sind,

um in einem Dokument festgehalten zu werden, können hier bereits in einem frühen Stadium mit dem Team geteilt werden.

- **Weitere Apps und Dienste**: Falls Ihnen für die Teamzusammenarbeit in einem Kanal noch etwas fehlen sollte, so können Sie über das [+]-Zeichen weitere Apps und Dienste hinzufügen und den Kanal an Ihre Bedürfnisse anpassen. Ich werde im weiteren Verlauf dieses Kapitels genauer darauf eingehen.

4.3.2 Einen neuen Kanal erstellen

Doch zunächst erstellen Sie Ihren ersten eigenen Kanal. Dafür nutzen Sie erneut die Dreipunkteschaltfläche neben dem Namen des Teams und wählen im daraufhin erscheinenden Kontextmenü den Menüpunkt KANAL HINZUFÜGEN aus.

In meinem Fall erstelle ich nun einen Kanal, um die Einsatzmöglichkeiten von *Teams* zu diskutieren. Aus diesem Grund vergebe ich den Namen »Microsoft Teams« und eine entsprechende Beschreibung.

Sobald Sie einen Namen angegeben haben, wird die in Abbildung 4.21 noch deaktiviert dargestellte Schaltfläche ERSTELLEN aktiviert.

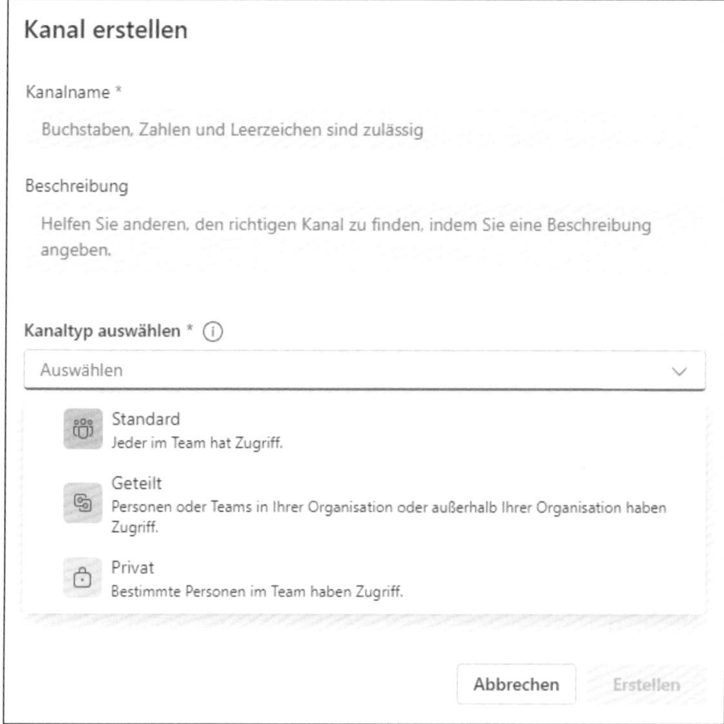

Abbildung 4.21 Ein Kanal sollte einen kurzen und prägnanten Namen sowie eine gute Beschreibung seines Einsatzzwecks erhalten.

Was ist ein privater Kanal?

Alle Kanäle des Typs *Standard* sind für sämtliche Mitglieder und Besitzer eines Teams zugänglich. Das bedeutet, dass jede dieser Personen dort neue Nachrichten posten kann oder auch auf die Dateien und Notizen sowie weitere hinzugefügten Dienste zugreifen kann.

In einem Kanal vom Typ *Privat* können Sie einzelne Personen aus Ihrem Team berechtigen. Sie können sogar die Besitzer des Teams ausschließen, falls dies erforderlich ist. Der primäre Fokus eines privaten Kanals liegt auf dem Informationsaustausch in Form eines Chats sowie auf einer gemeinsamen Dateiablage. In der Praxis werden private Kanäle unter anderem für die Unterstützung eines Teamverantwortlichen oder eines Projektleiters eingesetzt oder sie dienen im Rahmen der Zusammenarbeit mit externen Personen zur Abgrenzung eines internen Informationsbereichs von einem gemeinsamen öffentlichen Informationsbereich.

Ein Kanal vom Typ *Geteilt* nutzt dieselbe technische Basis wie ein privater Kanal. Während Sie bei einem privaten Kanal jedoch nur eine Teilmenge der Teammitglieder berechtigen, können Sie bei einem geteilten Kanal auch Personen oder ganze Teams außerhalb Ihres Teams berechtigen. Mit dieser Möglichkeit müssen Sie nicht mehr Nachrichten an mehreren Orten veröffentlichen oder Personen zu einem Team zulassen, auf das sie nur in ganz bestimmten Fällen Zugriff haben sollten.

Bevor Sie allerdings diese Schaltfläche betätigen, möchte ich kurz über die Option DIESEN KANAL AUTOMATISCH IN DER KANALLISTE ALLER BENUTZER ANZEIGEN sprechen, die nach Auswahl des Kanaltyps angeboten wird. Gerade wenn Sie im späteren Verlauf viele verschiedene Kanäle in Ihrem Team verwenden, sollten Sie sich Gedanken darüber machen, wie Sie wichtige und häufig genutzte Kanäle von eher selten genutzten Kanälen optisch trennen können. Dafür können Sie, wie bereits bei den Teams selbst, die Ein- und Ausblendenfunktion nutzen. Ein Kanal, der zur Anzeige ausgewählt wurde, wird immer direkt in der alphabetisch sortierten Auflistung der Kanäle erscheinen. Ein Kanal, der nicht zur Anzeige markiert wurde, taucht unter einem Sammelpunkt unterhalb der automatisch angezeigten Kanäle auf und kann dort in einem Untermenü ausgewählt werden. Die Funktion des Ein- und Ausblendens kann von jedem einzelnen Teammitglied genutzt und somit zur Gestaltung einer personalisierten Ansicht verwendet werden. Sie als Besitzer des Teams können bei Bedarf aber zentrale Einstellungen vorgeben.

Nachdem Sie den neuen Kanal erstellt haben, befinden Sie sich, wie in Abbildung 4.22 zu sehen ist, automatisch im Chat-Bereich dieses Kanals und können mit einer Unterhaltung beginnen.

Abbildung 4.22 Ein neuer Kanal ist in weniger als einer Minute erstellt. Überlegen Sie sich aber bitte genau, wofür Sie einen Kanal anlegen. Es sollte allen Teammitgliedern klar sein, in welchem Kanal welche Themen behandelt werden.

Wie werden Dokumente einem Kanal zugeordnet?

Jeder Kanal hat seinen separaten Reiter DATEIEN, in dem ausschließlich die Dokumente verwaltet werden, die zu dem Kanal gehören. Aus *Teams* heraus gibt es keine übergreifende Ansicht über die Dokumente des gesamten Teams. Sie haben allerdings in Abschnitt 4.2.5 erfahren, dass die Dokumente in einer Bibliothek in SharePoint abgelegt werden.

Wenn wir nun einen Blick in die Bibliothek wagen, sehen wir, wie in Abbildung 4.23 dargestellt, die zwei Ordner GENERAL und MICROSOFT TEAMS.

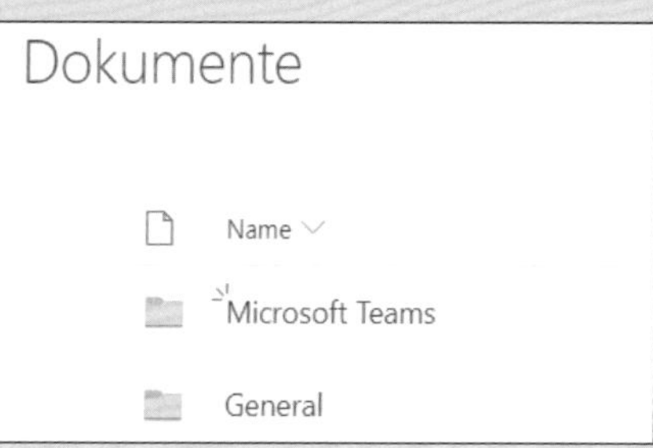

Abbildung 4.23 Ein Blick in die Dokumentbibliothek in SharePoint offenbart das technische Konstrukt für die Dateiablage in Microsoft Teams.

Technisch gesehen, stellt ein Kanal für die Verwaltung der Dateien somit einen Ordner in der Bibliothek *Dokumente* dar. In *Teams* selbst werden demnach immer die Dateien aus demjenigen Ordner angezeigt, dessen Name dem Namen des Kanals entspricht.

4.3.3 Kommunikationswege verwalten

Aus anderen Tools, beispielsweise SharePoint, ist man es gewohnt, dass Änderungen an der Struktur eines Arbeitsraums nur durch einen Besitzer vorgenommen werden können. Das ist in *Teams* jedoch nicht der Fall.

Das bedeutet, dass das gesamte Team beispielsweise einen neuen Kanal anlegen und den Arbeitsraum schnell und unkompliziert an seine individuellen Bedürfnisse anpassen kann.

Sie und Ihre Teammitglieder können über die Dreipunkteschaltfläche und den Menüpunkt TEAM VERWALTEN die Konfiguration Ihres Teams aufrufen. Abbildung 4.24 stellt dar, wie Sie über den Reiter KANÄLE einen Überblick über die im Team verfügbaren Kanäle erhalten. Auch hier können Sie neue Kanäle erstellen, aber auch bestehende Kanäle bearbeiten oder gelöschte Kanäle wiederherstellen.

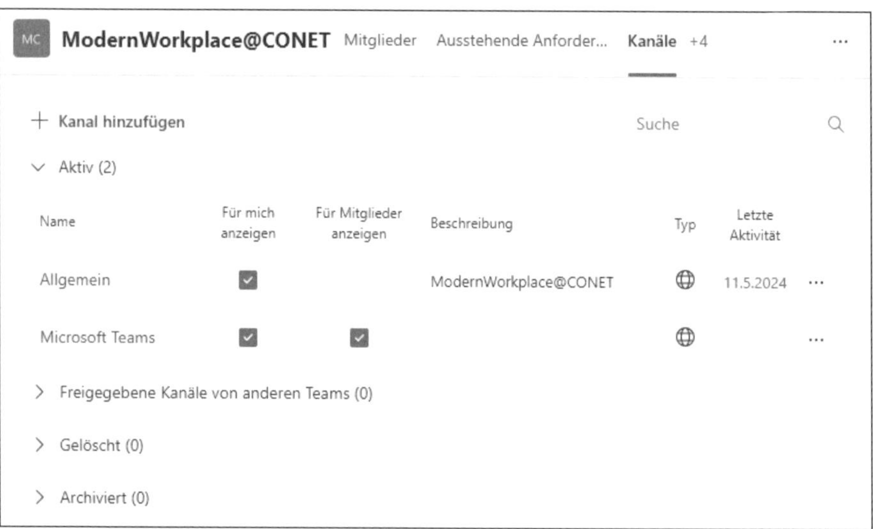

Abbildung 4.24 Zentrale Verwaltung der Kanäle in Ihrem Team

Außerdem erhalten Sie an dieser Stelle auch die Information, wann ein Kanal zum letzten Mal genutzt wurde. Wir haben in meinem Team beispielsweise einen Kanal nach einigen Wochen wieder gelöscht, weil er uns als Strukturierungselement nicht wie geplant geholfen hat.

E-Mail-Kommunikation unterstützen

Eine besondere Funktion stellt die E-Mail-Adresse eines Kanals dar (siehe Abbildung 4.25). Falls Sie in Ihrer Organisation beispielsweise gemeinsame Exchange-Postfächer nutzen, ist diese Option besonders interessant für Sie. Für mein Team war diese Funktion eine positive Überraschung, weil wir mit ihrer Hilfe Aufgaben im Team durch eine einfache Weiterleitung von E-Mails teilen konnten, die wir zunächst in unseren persönlichen Postfächern empfangen hatten.

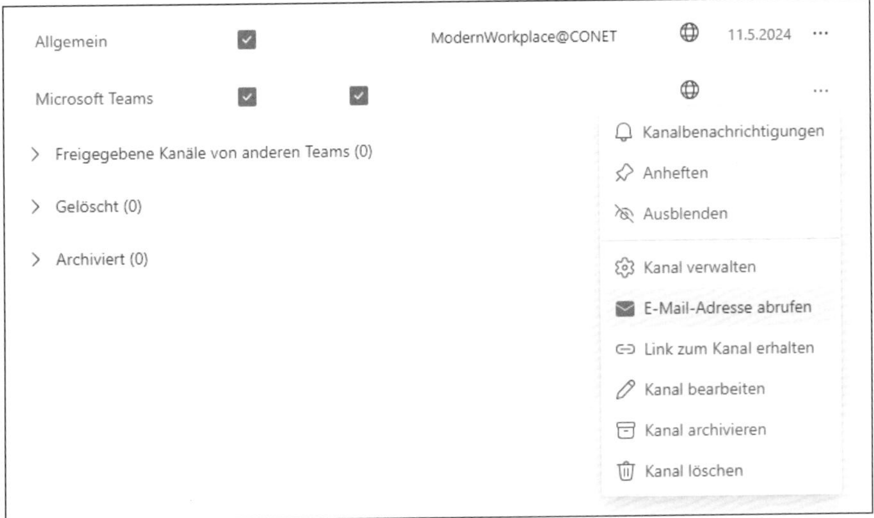

Abbildung 4.25 Kanäle können bei Bedarf bearbeitet werden. Neben dem Namen, einer Beschreibung und der Favoriten-Markierung kann ein Kanal auch eine E-Mail-Adresse besitzen.

Sie können E-Mails an einen Kanal senden, doch zunächst rufen Sie über die Dreipunkteschaltfläche des gewünschten Kanals den Menüpunkt E-MAIL-ADRESSE ABRUFEN auf.

Einsatzszenario: Support-Tickets melden und bearbeiten

Wir haben in unserem Team einige Kundenaufträge, die Ähnlichkeiten mit einem Supportvertrag aufweisen. Das bedeutet, dass unsere Kunden sich per Telefon oder E-Mail bei uns melden und wir dann umgehend die entsprechende Anfrage bearbeiten müssen. Das Teammitglied, das die E-Mail mit einer Anfrage in seinem persönlichen Postfach erhalten hat, ist aber unter Umständen gerade nicht verfügbar, um diese Anfrage zu bearbeiten.

Im ersten Schritt haben wir jeder für sich die entsprechenden E-Mails an den für den Kundenauftrag angelegten Kanal weitergeleitet. So stehen die Informationen (unter anderem der Ansprechpartner auf Kundenseite und die Anfrage selbst) dem gesamten Team zur Verfügung. Damit war es nun möglich, dass ein anderes Teammitglied die Aufgabe übernimmt.

Im zweiten Schritt haben wir die E-Mail-Adresse des entsprechenden Kanals an den Kunden weitergegeben und so dafür gesorgt, dass Anfragen nun direkt im gesamten Team verfügbar sind. So geht keine Zeit mehr verloren wie zuvor durch die manuelle Weiterleitung durch das einzelne Teammitglied.

Mit dieser Funktion wird natürlich kein Ticketsystem mit seinen vielfältigen Möglichkeiten ersetzt, aber für unseren Einsatzzweck in einem überschaubaren Kontext stellen diese Möglichkeiten eine große Arbeitserleichterung dar.

Abbildung 4.26 zeigt, dass automatisch eine E-Mail-Adresse für Ihren Kanal vergeben wurde. Über die Schaltfläche KOPIEREN können Sie die Adresse in die Zwischenablage übernehmen und beispielsweise als sogenannten *QuickStep* in Outlook einrichten, um schnell E-Mails aus Ihrem Posteingang weiterleiten zu können (siehe *https://support.microsoft.com/de-de/office/schnelle-schritte-in-outlook-d8efbdbd-5098-491b-9d2e-8c7b6f45a9b4*).

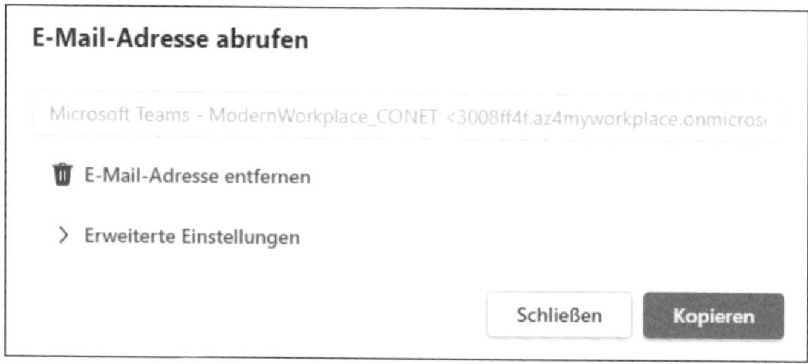

Abbildung 4.26 Ein Kanal besitzt standardmäßig eine eigene E-Mail-Adresse.

Sollten Sie aber keine E-Mail-Kommunikation für den Kanal wünschen, so können Sie über den Menüpunkt E-MAIL-ADRESSE ENTFERNEN die Funktion deaktivieren. Das kann zum Beispiel der Fall sein, wenn Sie in Ihrem Unternehmen weitgehend auf E-Mail-Kommunikation verzichten möchten.

Erweiterte Einstellungen

Ein Blick in die weiteren Einstellungsmöglichkeiten lohnt sich ebenfalls für uns, wenn wir festlegen möchten, wer Nachrichten an diese E-Mail-Adresse und somit an den entsprechenden Kanal senden darf.

Um auf die in Abbildung 4.27 dargestellte Konfigurationsseite zu gelangen, klicken Sie auf den Menüpunkt ERWEITERTE EINSTELLUNGEN.

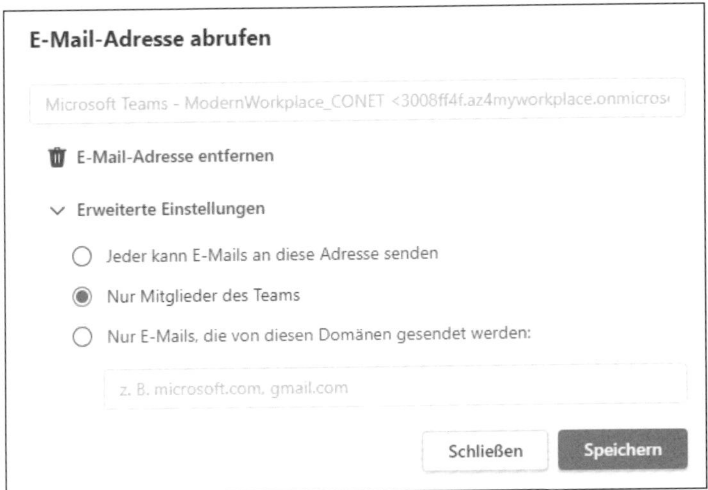

Abbildung 4.27 Sie können festlegen, welche Absender für die eingehende E-Mail-Kommunikation akzeptiert werden.

Standardmäßig werden sämtliche Absender für die eingehende E-Mail-Kommunikation akzeptiert.

Falls Sie absehen können, wer Ihnen bzw. dem Team E-Mails senden wird, empfehle ich Ihnen, eine der beiden anderen Optionen zu wählen:

- **Nur Mitglieder des Teams**: Bei dieser Option entscheiden Sie sich für einen rein internen Einsatz der E-Mail-Funktion. Denkbar wäre hierbei, dass die Teammitglieder E-Mails in ihren persönlichen Exchange-Postfächern erhalten und diese via Weiterleitung mit dem Team teilen und gemeinsam die Bearbeitung vornehmen.
- **Nur E-Mails, die von diesen Domänen gesendet werden**: Bei dieser Option schränken Sie den Kreis der Absender explizit ein. Sie können hier sowohl das Team als auch externe Personen wie beispielsweise Kunden und Partner zulassen.

Praxisbeispiel: Nutzung eines Kanals als Posteingang für E-Mails

Ein Vorteil eines gemeinsamen Postfachs besteht darin, dass eingehende E-Mails nicht mehr vom einzelnen Mitarbeitenden allein bearbeitet werden müssen, sondern dem gesamten Team zur Verfügung stehen und die Arbeit daher untereinander aufgeteilt werden kann.

Wie Sie in Abbildung 4.28 sehen, wird die im Kanal empfangene E-Mail im Bereich der Unterhaltungen angezeigt. Der Absender, das Empfangsdatum, der Betreff sowie ein Teil der Nachricht werden direkt angezeigt.

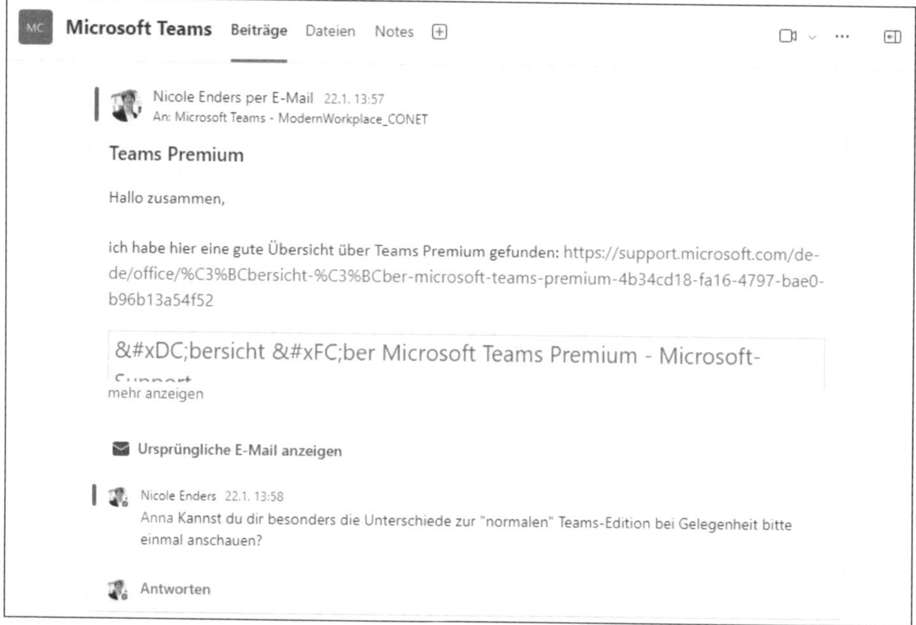

Abbildung 4.28 E-Mails werden in die Teamarbeit eingebunden.

Die gesamte E-Mail kann über den Menüpunkt Ursprüngliche E-Mail anzeigen von jedem Teammitglied aufgerufen werden. Hierbei erfolgt ein Download der E-Mail, die daraufhin beispielsweise in *Microsoft Outlook* geöffnet wird und beantwortet werden kann.

Bis dahin unterscheidet sich die Funktion nicht von einem gewöhnlichen gemeinsamen Postfach. Wie Sie aber auch in Abbildung 4.28 erkennen können, hat das Team hier über die Chat-Funktionen die Möglichkeit, sich zu der empfangenen Nachricht auszutauschen.

So können Fragen geklärt und bereits Teile der zu sendenden Antwort vorbereitet werden. Sogar eine Videokonferenz inklusive Aufzeichnung (siehe Abschnitt 4.2.6) wäre denkbar. Damit wird die Last von den Schultern des einzelnen Mitarbeitenden genommen und Teamarbeit erlebbar gemacht.

Für Fortgeschrittene: Wo werden die empfangenen E-Mails gespeichert?

Sobald Sie die erste E-Mail in einem Kanal empfangen haben, lohnt sich ein Blick in den Reiter Dateien. Hier wurde nun ein Ordner EmailMessages mit einem Suffix für den Monat und das Jahr angelegt, in dem die E-Mails empfangen und gespeichert werden.

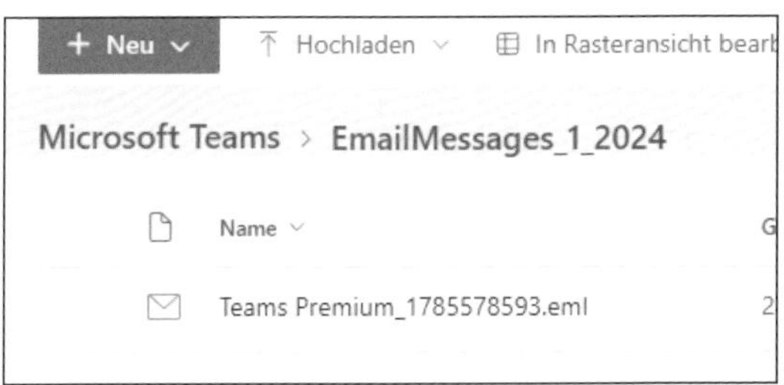

Abbildung 4.29 E-Mails werden in einem separaten Ordner in der Dateiablage des Kanals gespeichert.

4

Wenn Sie die Dateiablage aufrufen, können Sie die E-Mail direkt aus *Teams* heraus lesen, sie aus SharePoint heraus im Browser anzeigen lassen oder zur Bearbeitung herunterladen.

Was ist das Besondere an dieser E-Mail-Funktion? Sind E-Mails nicht aus der Mode?

Viele Unternehmen versuchen heutzutage, auf E-Mails zu verzichten. Gerade aber bei der Kommunikation mit externen Personen wie Kunden, Auftragnehmern und Partnern besteht meistens eine Barriere, die den Einsatz von E-Mail als Kommunikationsmittel zumindest in Teilen erforderlich macht.

Dabei treten die gewohnten Herausforderungen auf: Eine E-Mail wird an einen bestimmten Empfängerkreis gesendet. Wenn diese Personen gerade keine Zeit für eine Antwort haben oder zuerst Informationen von anderen Personen einholen müssen, bleibt die E-Mail für eine Weile unbeantwortet.

An dieser Stelle kann eine neue Form der Zusammenarbeit Abhilfe schaffen. Wenn Sie die E-Mail direkt an ein Team anstatt an eine einzelne Person senden, haben Sie folgende Vorteile:

- Die Wahrscheinlichkeit erhöht sich, dass eines der Teammitglieder Zeit für die Beantwortung der E-Mail hat.
- Fragen, die von verschiedenen Personen beantwortet werden müssen, können schneller geklärt werden, weil jeder Zugriff auf die Nachricht hat, auch wenn er ursprünglich vielleicht gar nicht von Ihnen als Empfänger ausgewählt wurde.
- Dadurch, dass das gesamte Team wahrnimmt, welche Anfragen an die einzelnen Teammitglieder gestellt werden, und sich aktiv an der Bearbeitung der Aufgaben beteiligen kann, steigen Motivation und Identifikation mit dem Team.

Sie sehen hier, dass Sie mit dieser E-Mail-Funktion das Beste aus beiden Welten herausholen und die Zusammenarbeit in Ihrem Team verbessern können.

4.4 Anpassungen zur Unterstützung geografisch verteilter Teams vornehmen

Bei kleinen und überschaubaren Teams, wie es beispielsweise in einem Start-up oder einem sehr kleinen Unternehmen der Fall ist, höre ich häufig die Frage, wozu dieses Team denn eine Plattform wie *Teams* zur Unterstützung der Zusammenarbeit benötige. Diese Frage haben wir in Abschnitt 1.6, unter anderem mit den besonderen Anforderungen unterschiedlicher Teamgrößen, Tool-unabhängig geklärt. Ein dort ebenfalls behandelter Einflussfaktor war die Teamzusammensetzung, insbesondere dann, wenn es sich um geografisch verteilte Teams handelt.

4.4.1 Besprechungen online durchführen

Teams entfaltet gerade dann seine Stärken, wenn sich das Team nicht mehr oder nur noch sehr selten an einem gemeinsamen Ort zusammenfinden kann. Für Besprechungen steht links in der Hauptnavigation ein separater Menüpunkt KALENDER zur Verfügung. Wenn Sie diesen aufrufen, können Sie nicht nur Ihre persönlichen Termine aus Outlook, sondern auch die für Sie oder von Ihnen geplanten Besprechungen und insbesondere die heute stattfindenden Termine sehen.

Wenn Sie gerade mit der Nutzung von Microsoft 365 beginnen und demnach auch noch keine Termine in Outlook Online existieren, ist die Ansicht wie in Abbildung 4.30 zunächst leer. Daher planen Sie nun Ihre erste Besprechung, indem Sie die Schaltfläche NEUE BESPRECHUNG betätigen.

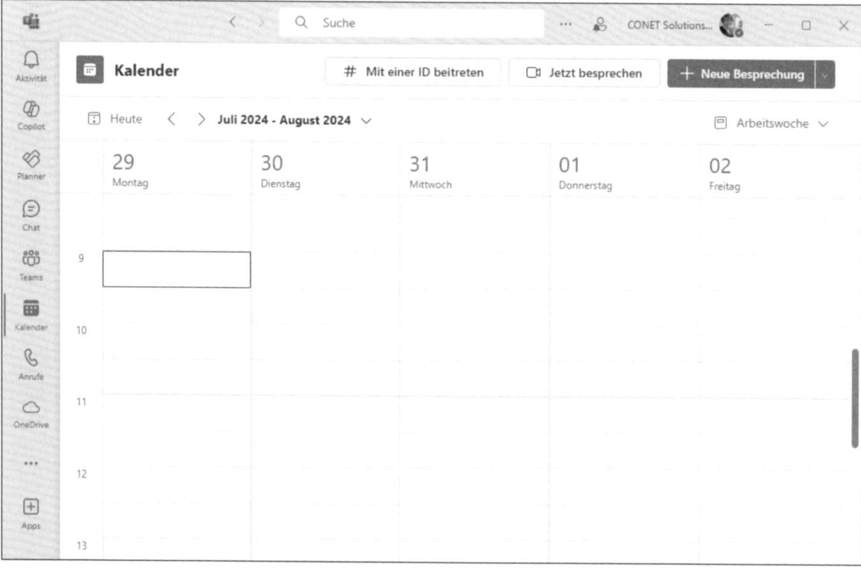

Abbildung 4.30 In Microsoft Teams haben Sie eine zentrale Übersicht über alle Ihre anstehenden Termine.

Daraufhin erscheint der in Abbildung 4.31 dargestellte Dialog, um eine Besprechung zu planen. Da Sie Ihr geografisch verteiltes Team mit drei unterschiedlichen Standorten in der gleichen Zeitzone zukünftig besser unterstützen möchten, laden Sie nun das Team zu einem morgendlichen Meeting ein, das Sie für die Besprechung der Aufgaben nutzen, die am jeweiligen Tag anstehen. Die Terminplanung selbst erfolgt wie aus Outlook heraus.

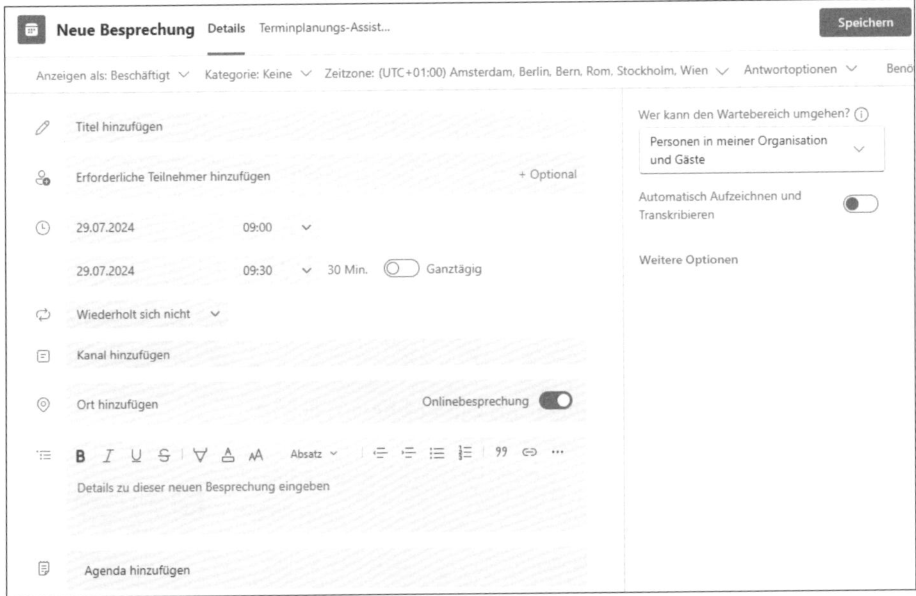

Abbildung 4.31 Eine neue Onlinebesprechung in Microsoft Teams planen

Outlook können Sie natürlich ebenfalls für die Terminplanung nutzen, wie Sie in Abbildung 4.32 sehen können. Indem Sie beim Aufsetzen eines neuen Termins den Menüpunkt TEAMS-BESPRECHUNG anklicken, wird der Termin für eine Onlinebesprechung vorbereitet.

In Abbildung 4.33 sehen Sie Ihre geplante Besprechung und können nun daran teilnehmen, sobald der Termin ansteht. Falls Sie die Desktop-App von Outlook nutzen, werden Sie sogar an anstehende Besprechungen erinnert und können auch ohne den Aufruf dieser Ansicht teilnehmen.

Online-Besprechungen zur Unterstützung der Teamzusammenarbeit

In einer hybriden Arbeitswelt finden sich Teams nicht mehr zwingend in einem physischen Raum zusammen. Um auch über räumliche Distanzen hinweg eine gemeinsame Anlaufstelle zu haben, kann ein virtueller Raum in Form einer Onlinebesprechung hilfreich sein. Diese Besprechung sollte nicht das persönliche Treffen im Team ersetzen, sondern sollte vielmehr als eine Ergänzung angesehen werden.

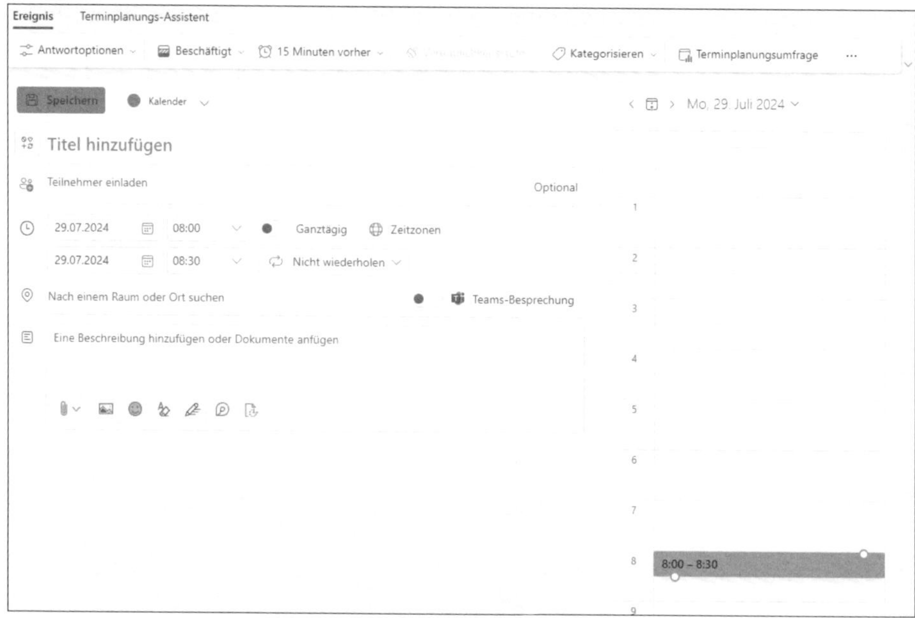

Abbildung 4.32 Onlinebesprechungen aus Outlook heraus planen

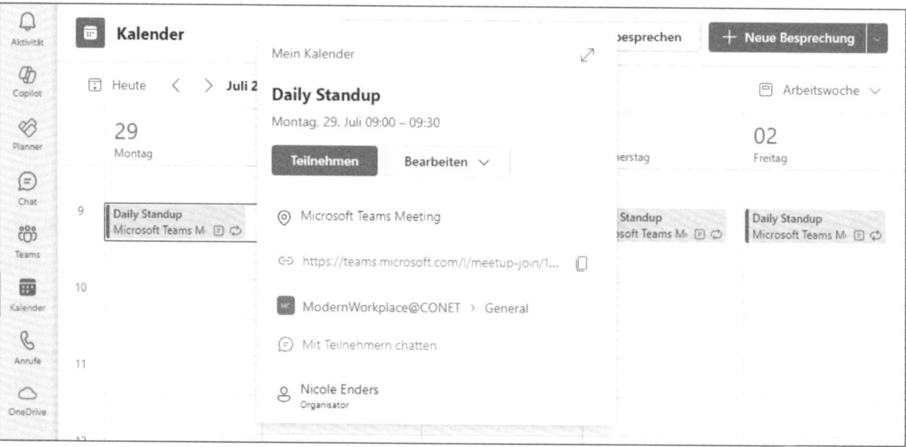

Abbildung 4.33 An einer Onlinebesprechung teilnehmen

4.4.2 Strukturierung des Teams nach standortspezifischen Themen

Sie haben bereits das Strukturierungselement der Kanäle kennengelernt. Um den Mitarbeitenden der verschiedenen Standorte einen Raum für ihre standortspezifischen Themen zu geben, bietet sich die Einrichtung eines Kanals an. Ähnlich wie bei großen Teams, die aus kleineren Teams bestehen, bilden sich auch bei geografisch verteilten Teams kleinere Teams je Standort. Diese haben in ihrem eigenen Kanal die

Möglichkeit zum gegenseitigen Informationsaustausch. Teammitglieder eines anderen Standorts können sich an den Unterhaltungen zwar beteiligen bzw. die Informationen einsehen, müssen aber nicht aktiv werden.

Mit diesen Optionen können Sie die verschiedenen Bedürfnisse erfüllen und sowohl den einzelnen Mitarbeitenden an seinem Standort unterstützen als auch das gesamte Team an einem virtuellen Ort zusammenbringen.

4.4.3 Wie sieht es mit mehrsprachigen Teams aus?

Neben der geografischen Verteilung eines Teams stellen die Zusammensetzung aus verschiedenen Nationalitäten und somit die verschiedenen Sprachen eine weitere Herausforderung für die Zusammenarbeit dar. Als wir bei CONET zu einem multilingualen Team wurden, haben wir hierüber diskutiert und uns – wie wahrscheinlich viele Teams vor uns – für die gemeinsame Sprache »Englisch« entschieden. Die Umstellung auf diese Fremdsprache mag zwar in unserer heutigen globalisierten Gesellschaft nicht als besonders groß erscheinen, stellt aber nichtsdestotrotz eine Hürde dar. Um diese Hürde möglichst niedrig zu halten, bietet *Teams* eine Übersetzungshilfe an. Unter *https://docs.microsoft.com/de-de/microsoftteams/inline-message-translation-teams* finden Sie für Ihren Administrator eine Anleitung, wie die Funktion in Ihrer Umgebung aktiviert werden kann.

Sobald diese Aktivierung erfolgt ist, erhalten Sie bei allen Nachrichten hinter der Dreipunkteschaltfläche einen weiteren Menüpunkt ÜBERSETZEN. So kann rein theoretisch jeder weiterhin in seiner Muttersprache schreiben und trotzdem Informationen mit den übrigen Teammitgliedern austauschen. Die Qualität des Übersetzungsdienstes hat dabei einen großen Einfluss darauf, als wie hilfreich die Funktion wahrgenommen wird. Wenn sich das Team wie in unserem Fall auf eine gemeinsame Sprache einigen kann, ist der Mehrwert der automatischen Übersetzung nicht mehr so hoch. Sollten Sie aber in Teams arbeiten, in denen es keine Sprache gibt, in der sich alle Mitglieder ausdrücken können, so ist diese Option wahrscheinlich ratsam für Ihr Team.

Ansonsten können Sie in multilingualen Teams genauso agieren wie in einem geografisch verteilten Team oder in einem Team an einem Standort. Wichtig ist lediglich, dass Sie die zur Verfügung stehenden Tools so einsetzen, dass sich jedes Teammitglied gleichberechtigt und aktiv an der Teamarbeit beteiligen kann.

4.5 Aufgaben im Team gemeinsam bearbeiten

Zur Unterstützung der modernen Teamarbeit haben sich Methoden wie Scrum oder Kanban bewährt. In Abschnitt 1.5.3 bin ich auf die jeweiligen Vorgehensweisen und die entsprechenden Anforderungen an mögliche Tools eingegangen. In meinem Team hatten wir bereits in der Vergangenheit ein Kanban-Board im Einsatz und waren bei der Evaluierung gespannt, ob in *Teams* nun auch die Möglichkeit besteht, ein digitales Aufgaben-Board zu nutzen. Der Vorteil bei dieser digitalen Variante bestand für uns darin, dass alle Teammitglieder gleichermaßen darauf zugreifen und den Status ihrer Aufgaben aktualisieren können.

4.5.1 Erstellung eines Aufgaben-Boards für ein Team

Zur Aufgabenverwaltung können Sie in Microsoft 365 den Dienst *Planner* verwenden. Dieser steht Ihnen auch aus *Teams* heraus zur Verfügung und bietet neben den in Kapitel 3 vorgestellten Möglichkeiten für die persönliche Aufgabenverwaltung auch Aufgaben-Boards zur Verwaltung von Teamaufgaben an.

Wenn Sie in einem Kanal neben dem Reiter WIKI auf das [+]-Zeichen klicken, erscheint eine Auswahl verfügbarer Apps und Dienste, die Sie dem Kanal hinzufügen können. An dieser Stelle fokussieren wir uns darauf, Planner zu integrieren. Dazu gehen Sie folgendermaßen vor:

1. KLicken Sie auf das [+]-Zeichen neben dem Reiter NOTES im Kanal ALLGEMEIN.
2. Wählen Sie im daraufhin erscheinenden Dialog die Kachel PLANNER aus. In Abbildung 4.34 ist sie in der obersten Zeile zu finden.

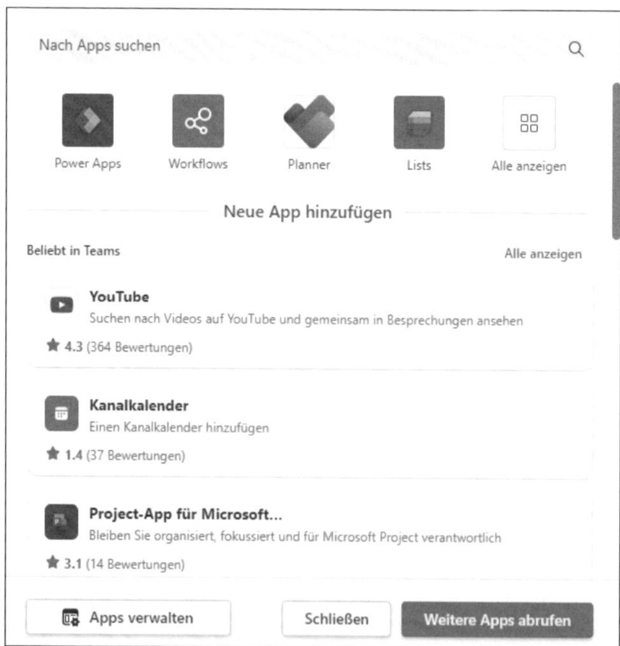

Abbildung 4.34 Wählen Sie eine App oder einen Dienst aus, der als neue Registerkarte in dem aktuellen Kanal hinzugefügt werden soll.

3. Sie können nun entscheiden, ob Sie, wie in Abbildung 4.35 gezeigt, einen neuen Plan erstellen oder einen bereits bestehenden Plan in Ihr Team integrieren möchten. In unserem Fall erstellen Sie einen neuen Plan und wählen als Namen für die Registerkarte die Bezeichnung »Aufgaben«.

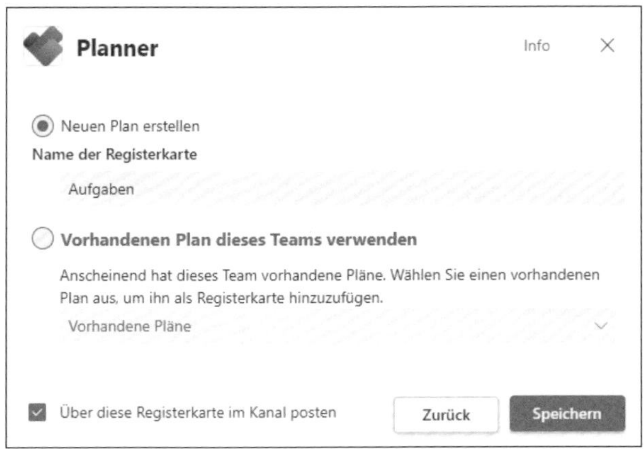

Abbildung 4.35 Geben Sie einen Namen für die Registerkarte an.

4. Nachdem Sie die Schaltfläche SPEICHERN betätigt haben, finden Sie die neue Registerkarte und können nun mit der Gestaltung Ihres Aufgaben-Boards und der Erfassung erster Aufgaben beginnen (siehe Abbildung 4.36).

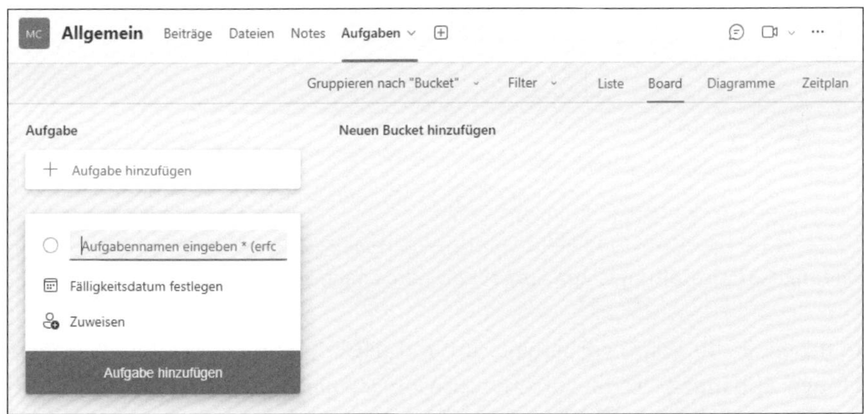

Abbildung 4.36 Nun kann die Gestaltung Ihres Aufgaben-Boards beginnen.

4.5.2 Konfiguration des Aufgaben-Boards

Beginnen wir mit einem sehr einfach gehaltenen Aufgaben-Board, auf dem es drei Rubriken gibt:

- **To do**: Hier werden alle anstehenden Aufgaben gesammelt. Wichtig ist, dass Sie in diesem Status alle für die Bearbeitung erforderlichen Informationen sammeln.

- **In Progress**: Aufgaben in diesem Status werden gerade vom Team bearbeitet. Die Aufgaben sollten so definiert sein, dass sie in einer vertretbaren Zeit an einem Stück bearbeitet und abgeschlossen werden können. Während der Bearbeitung ist ersichtlich, wer eine Aufgabe gerade bearbeitet und bis wann sie spätestens abgeschlossen sein muss.
- **Done**: Sobald eine Aufgabe erledigt wurde, ist sie für eine begrenzte Zeit noch im Status »Done« auf dem Board abrufbar, damit das Team besser erkennen kann, welche Fortschritte gemacht werden. Dann wird sie vom Board genommen.

Dieses Aufgaben-Board entspricht einem Scrum-Board. Bei Kanban liegt der Fokus unter anderem auf der Visualisierung des Arbeitsflusses. Daher splittet sich die Spalte »In Progress« in der Regel in weitere Prozessschritte auf. Die Konfiguration erfolgt allerdings auf dem gleichen Weg.

Die Prozessschritte können in Planner über sogenannte *Buckets* abgebildet werden. Standardmäßig wird ein Bucket »Aufgabe« bereitgestellt. Für Ihr in Abbildung 4.37 dargestelltes Board gehen Sie folgendermaßen vor:

1. Klicken Sie auf den Namen des Buckets »Aufgabe«. Daraufhin wird dieser editierbar. Ändern Sie den Namen in »To Do« und verlassen Sie das Eingabefeld.
2. Klicken Sie im Anschluss auf den Menüpunkt NEUEN BUCKET HINZUFÜGEN und vergeben Sie den Namen »In Progress«.
3. Wählen Sie erneut den Menüpunkt aus und geben Sie den Namen »Done« an.

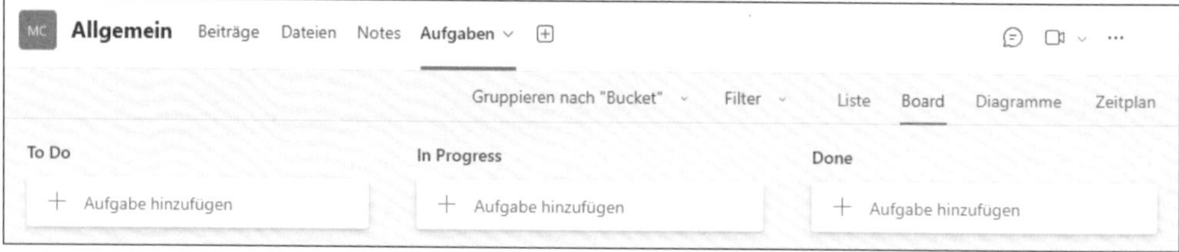

Abbildung 4.37 Gestaltung eines Aufgaben-Boards nach Scrum

Nun haben Sie Ihr Board vorbereitet, um mit der Erfassung der ersten Aufgaben zu beginnen. Es handelt sich hier aber nur um ein Beispiel unter vielen. So verwende ich unter anderem gerne auch Teilprojekte oder technische Kategorien als Buckets, um so die Aufgabenliste unterteilen zu können.

4.5.3 Erfassung und Bearbeitung von Aufgaben

Über das Pluszeichen [+] können Sie eine Aufgabe zu dem gewünschten Bucket hinzufügen. Dabei lassen sich auch Teilaufgaben in Form einer Checkliste hinzufügen und bei Bedarf auf der Aufgabenkarte sichtbar machen.

Abbildung 4.38 stellt ein Beispiel für ein Aufgaben-Board dar. Wenn wir an unser Beispiel mit der E-Mail-Kommunikation zur Unterstützung von Support-Fällen zurückdenken, stünde nach dem Empfang einer Anfrage als Erstes die Erstellung einer neuen Aufgabe auf unserem Board an. Diese Aufgabe befindet sich zunächst im Status »To Do«. Sobald ein Teammitglied die Aufgabe übernimmt, weist sich die Person selbst als Bearbeiter zu, und die Aufgabe wechselt in den Status »In Progress«. Damit wissen alle anderen Teammitglieder, dass sich der Kollege bereits um die Anfrage kümmert und sie somit nach Abschluss ihrer aktuellen Aufgabe (Status »Done« setzen) andere Aufgaben übernehmen können.

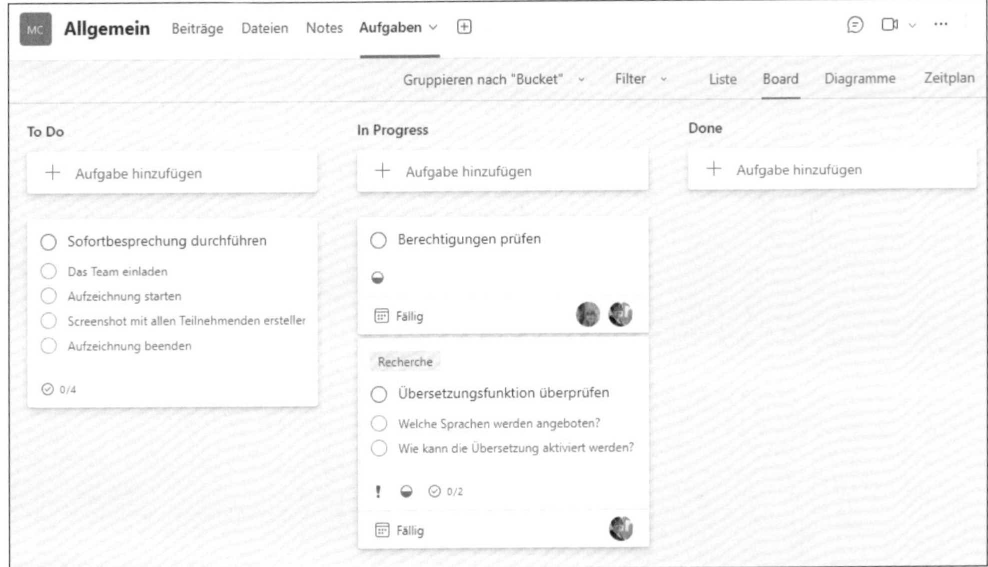

Abbildung 4.38 Beispiel für ein Aufgaben-Board mit aktiven Aufgaben

4.5.4 Auswertungs- und Planungsmöglichkeiten für das Team

Bis jetzt haben wir uns im Rahmen der Aufgabenbearbeitung auf das Aufgaben-Board fokussiert. Für die Teamleitung, aber auch für das Team selbst kann es interessant sein, das Arbeitsaufkommen nach unterschiedlichen Aspekten gruppiert auszuwerten. Mit den daraus gewonnenen Erkenntnissen können Sie beispielsweise fundiertere Entscheidungen hinsichtlich der Gestaltung von Arbeitsprozessen treffen.

Klicken Sie auf den Menüpunkt DIAGRAMME, um die Auswertungen von Planner aufzurufen. Sie erhalten eine grafische Darstellung der in diesem sogenannten *Plan* verwalteten Aufgaben (siehe Abbildung 4.39). Dabei werden unterschiedliche Perspektiven betrachtet:

- **Status**: In diesem Kreisdiagramm wird das Verhältnis zwischen noch nicht begonnenen, aktuell bearbeiteten, überfälligen und abgeschlossenen Aufgaben dargestellt.
- **Bucket**: In diesem Säulendiagramm werden die Aufgaben unabhängig von ihrem Status nach Buckets gruppiert.
- **Mitglied**: Dieses Balkendiagramm stellt die Aufgabenverteilung unter den Teammitgliedern dar.

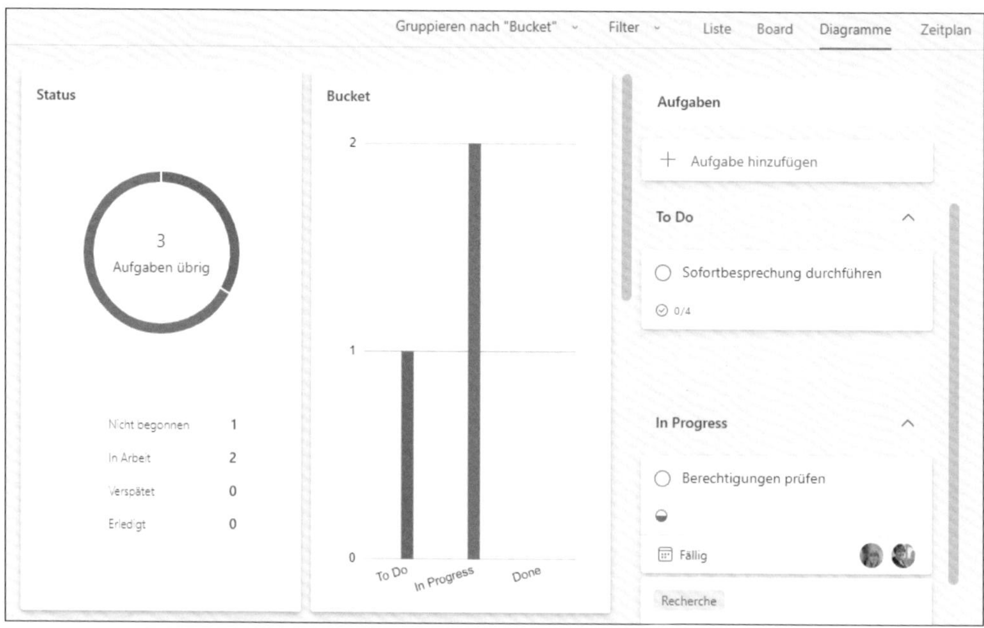

Abbildung 4.39 Auswertungen in Form von verschiedenen Diagrammen

Neben diesen Auswertungsmöglichkeiten können die Aufgaben auch in Form eines Kalenders oder als Liste dargestellt und geplant werden. Für die Kalenderansicht rufen Sie den Menüpunkt ZEITPLAN auf und erhalten eine mit Abbildung 4.40 vergleichbare Ansicht.

So können Sie Terminkonflikte im Team schneller erkennen und Ihre Aufgaben besser planen. Gerade bei einem hohen Arbeitsaufkommen ist diese Planungsansicht sehr hilfreich.

Aber auch die in Abbildung 4.41 dargestellte Listenansicht kann Ihnen bei der Verwaltung vieler Aufgaben helfen und bietet sich vor allem bei Statusberichten an, da Sie über die verschiedenen Sortier- und Filtermöglichkeiten schnell auf die relevanten Informationen zugreifen können. Diese Informationen wären bei der Board-Ansicht nicht so einfach zu erkennen.

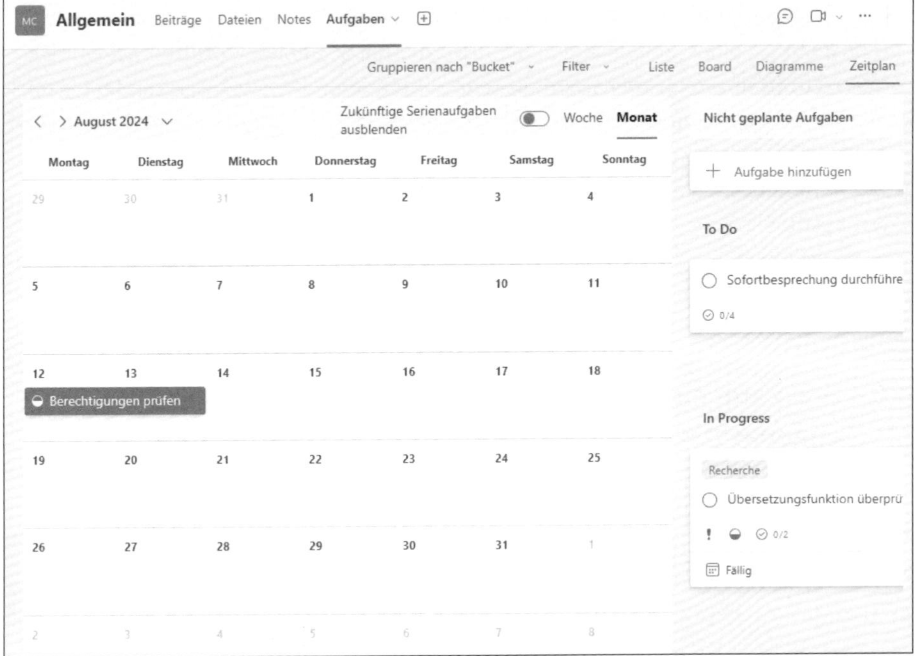

Abbildung 4.40 Aufgabenplanung über einen Kalender

Aufgabentitel		Zugewiesen an	Priorit...	Fällig	Bucket ↓
Neue Aufgabe			•		To Do
Sofortbesprechung durchführen	0/4				To Do
Übersetzungsfunktion überprüfen	0/2	NE Nicole Enders	!		In Progress
Berechtigungen prüfen		AK NE			In Progress

Abbildung 4.41 Nutzen Sie die Listenansicht, wenn Sie einen schnellen Überblick über Ihre Aufgaben und ihren Status erhalten möchten.

Was mache ich, wenn ich bereits ein anderes Tool zur Aufgabenplanung und -verwaltung einsetze?

Planner ist der von Microsoft angebotene Dienst zur Verwaltung von Aufgaben. Falls Sie bereits ein anderes Tool wie zum Beispiel Azure DevOps oder JIRA einsetzen, so können Sie auch diese Dienste in *Teams* integrieren.

Mein Team und ich haben beispielsweise im Rahmen der Evaluierung festgestellt, dass sich unser Kanban-System nicht vollumfänglich mit Planner abbilden lässt. JIRA bot uns dagegen alle für uns wichtigen Funktionen an. Da *Teams* verschiedene Cloud-Dienste unter einer gemeinsamen Benutzeroberfläche anbietet, prüften wir, ob sich JIRA nicht in unseren Arbeitsraum in *Teams* integrieren lässt. Wir stellten fest, dass hierfür eine App angeboten wird, sodass wir in unseren Unterhaltungen auf JIRA-Tickets verweisen, nach ihnen suchen und sogar unser Aufgaben-Board direkt aus *Teams* heraus nutzen können. Im nächsten Abschnitt gehe ich genauer auf die Erweiterungsmöglichkeiten ein, die eine Integration verschiedenster Dienste und Systeme ermöglichen.

4.6 Wie kann ein Teamraum an die Bedürfnisse des Teams angepasst werden?

Teams kann für Sie der zentrale Hub für die Zusammenarbeit von modernen Teams werden. Es ist daher umso wichtiger, die bestehenden Unternehmensapplikationen sowie weitere im Arbeitsalltag genutzte Dienste mit in dieses Tool zu integrieren.

In Abbildung 4.42 sehen Sie ein Beispiel für die in unserem Unternehmen verfügbaren Apps. Sollten bei einem Klick auf den Menüpunkt APPS in der linken Menüleiste keine Apps aufgelistet werden, sollten Sie sich an Ihren Administrator wenden. In einem solchen Fall wurde aus bestimmten Gründen das Hinzufügen von Apps zu einem Team zentral durch Ihre Administratoren unterbunden.

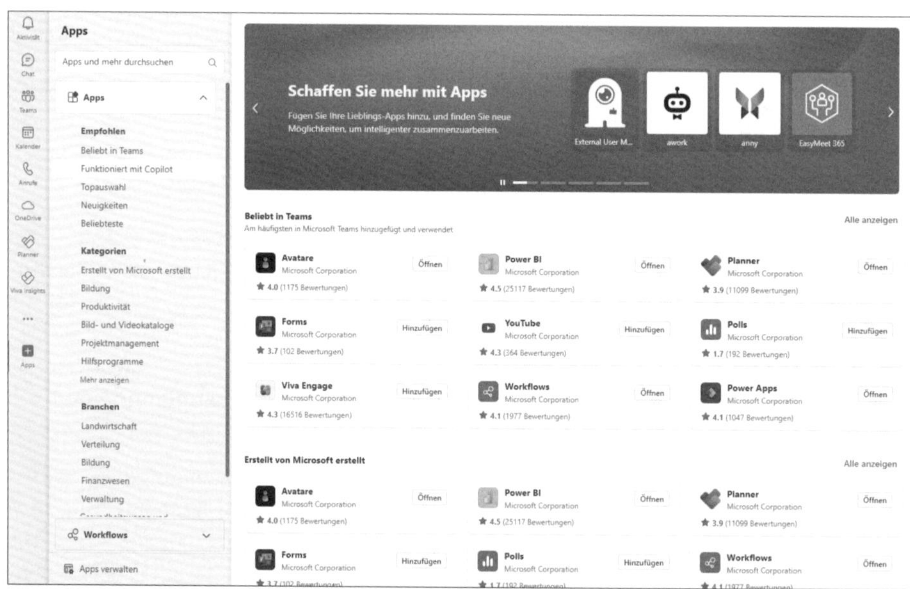

Abbildung 4.42 Über den Menüpunkt Apps können Sie auf die für Sie verfügbaren Apps zugreifen (inklusive Bots, Registerkarten und Konnektoren).

Ich gehe nun auf die verschiedenen Möglichkeiten zur Erweiterung und Individualisierung Ihrer Teamräume und Kanäle ein. Dabei betrachten wir die Registerkarten, die Sie bereits im Rahmen des Aufgabenmanagements mit Planner kurz kennengelernt haben. Außerdem schauen wir uns an, wie Sie mit Bots und Konnektoren Ihre Teams besser unterstützen können.

4.6.1 Registerkarten für weitere Funktionen in einem Kanal

Registerkarten (sogenannte *Tabs*) können in einem Kanal hinzugefügt werden. Durch sie können Sie einem Team genau die Informationen bzw. Werkzeuge zur Verfügung stellen, die es braucht. In unserem Fall möchten wir eine Liste zur Verwaltung von Themen einrichten, anstatt im Teamchat über kurz oder lang den Überblick zu verlieren.

Sie können über das [+]-Zeichen neben der letzten Registerkarte in einem beliebigen Kanal den Dialog zum Hinzufügen einer neuen Registerkarte aufrufen. Wählen Sie die Option LISTS aus, nachdem Sie die Anzeige über die Schaltfläche ALLE ANZEIGEN erweitert haben (siehe Abbildung 4.43).

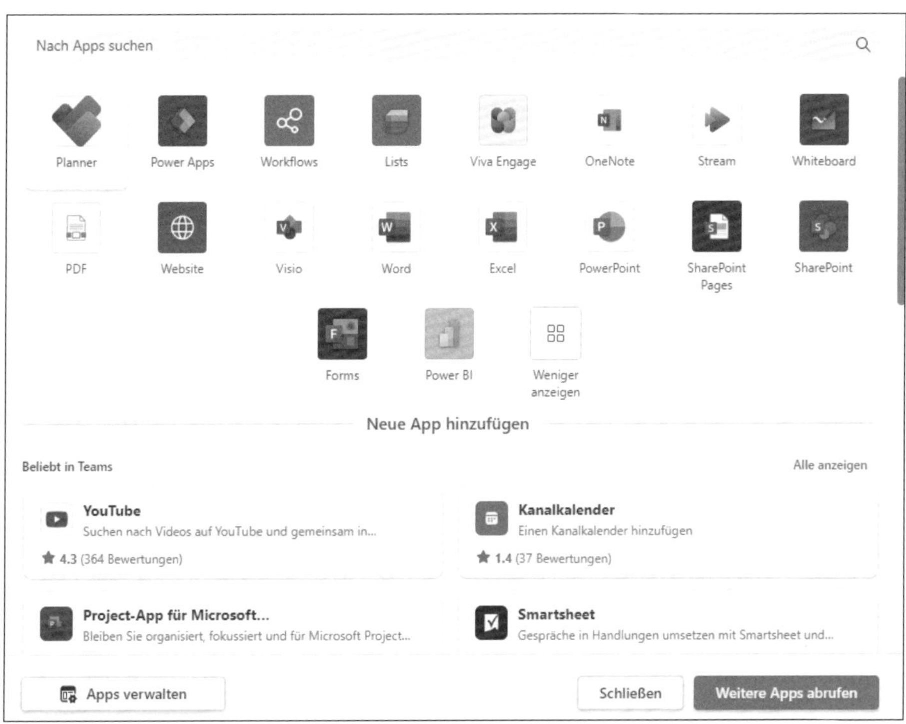

Abbildung 4.43 Hinzufügen einer neuen Registerkarte für eine strukturierte Sammlung von Themen

Bei den meisten Arten von Registerkarten müssten Sie nun als Erstes einen Namen für die neue Registerkarte vergeben. Bei einer Microsoft-Liste ist dies anders. Wie Sie Abbildung 4.44 entnehmen können, stehen Ihnen lediglich die Schaltflächen ZURÜCK und SPEICHERN zur Verfügung. Da Sie eine Liste zur Verwaltung von Themen einrichten möchten, wechseln Sie nicht zurück zur Auswahl der Typen von Registerkarten, sondern betätigen die Schaltfläche SPEICHERN.

Abbildung 4.44 Fügen Sie die neue Registerkarte für Ihre zukünftige Themenliste hinzu.

Der Dialog wird damit geschlossen, und die Registerkarte wird für Sie angelegt. Sie wird »Lists« genannt und könnte nun von Ihnen direkt umbenannt werden. Da Sie aber im weiteren Verlauf noch die gewünschte Liste anlegen werden und damit automatisch die Registerkarte umbenannt wird, können Sie die Benennung erst einmal so belassen.

Warum ist der Dialog für eine Registerkarte für eine Microsoft-Liste anders als beispielsweise für einen Planner-Plan?

Nahezu alles, das Sie in *Teams* konfigurieren oder hinzufügen können, ist eine App. So ist auch die Integration von Planner eine App genauso wie die Integration einer Microsoft-Liste. Da Apps auch bei Microsoft selbst unabhängig voneinander entwickelt werden und meistens auch unterschiedliche Anforderungen an die jeweilige App gestellt werden, kann es zu solchen Unterschieden kommen.

Wie Sie in Abbildung 4.45 erkennen können, hätten Sie auch die Möglichkeit, eine bestehende Liste in Ihren Teamraum zu integrieren. Das kann sehr hilfreich sein, wenn Sie bereits mit Microsoft-Listen oder mit Listen in SharePoint arbeiten und diese auch aus einem Teamraum heraus nutzen möchten. Sie haben über diese Option sogar die Möglichkeit, ein und dieselbe Liste in mehrere Teamräumen zu integrieren.

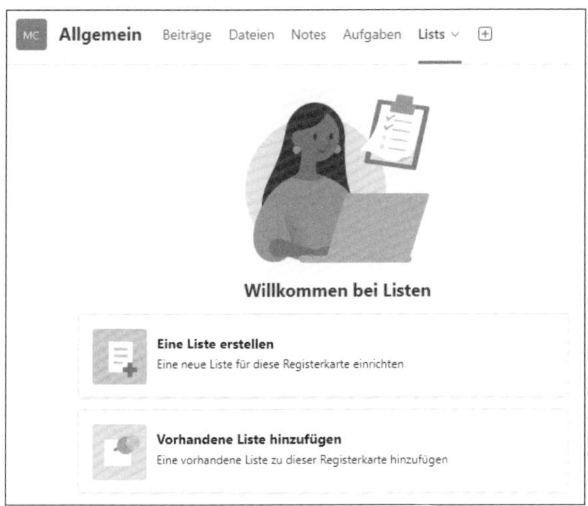

Abbildung 4.45 Erstellen Sie eine neue Liste oder binden Sie eine vorhandene Liste ein.

Wählen Sie für unser Szenario die Option EINE LISTE ERSTELLEN aus, womit Sie zu der Auswahl gelangen,die Sie in Abbildung 4.46 sehen. Sie können nun aus verschiedenen Vorlagen auswählen oder eine bestehende Liste bzw. eine Excel-Datei oder CSV-Datei verwenden, um daraus Ihre Liste generieren zu lassen. Gerade dann, wenn auch Daten automatisch mit übernommen werden sollen, stellen die Optionen für Excel- oder CSV-Dateien eine große Hilfe dar.

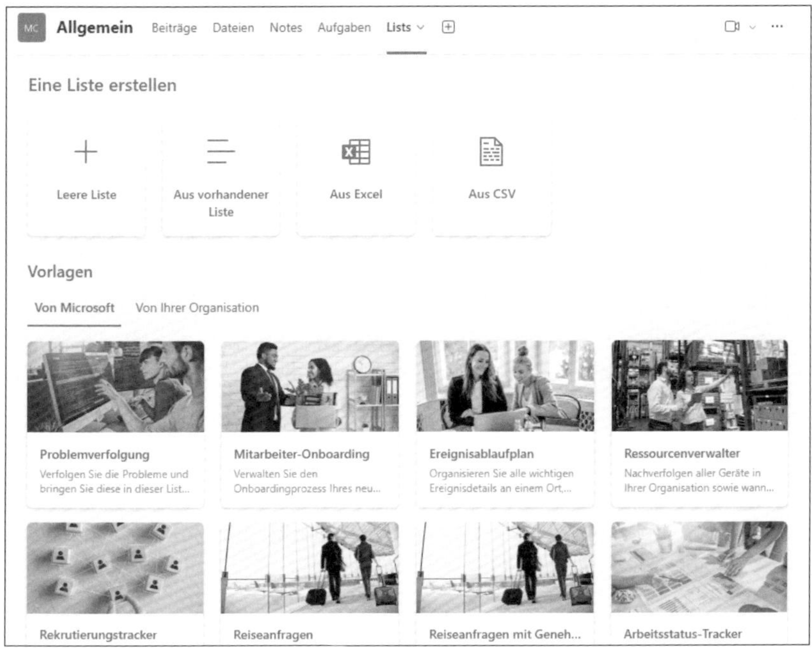

Abbildung 4.46 Definieren Sie die Struktur Ihrer Liste oder wählen Sie eine Vorlage aus.

Da unser Team erst einmal Ideen sammeln möchte, gibt es noch keine Datenquelle, die Sie verwenden können. Auch von den Vorlagen scheint keine so richtig zu passen. Daher wählen Sie die Option LEERE LISTE aus und können nun neben einem Namen und einer Beschreibung auch eine Farbe und ein Icon für die neue Liste festlegen (siehe Abbildung 4.47).

Abbildung 4.47 Legen Sie einen Namen und eine Beschreibung für Ihre Liste fest und wählen Sie ein Icon sowie eine Farbe aus.

Nachdem Sie die Angaben gemacht haben, wird die Schaltfläche ERSTELLEN aktiviert. Betätigen Sie diese Schaltfläche, und schon wird Ihre Registerkarte umbenannt und Ihnen steht eine Liste mit einer Spalte namens »Titel« zur Verfügung (siehe Abbildung 4.48). Über die Schaltfläche SPALTE HINZUFÜGEN rechts neben dieser Spalte können Sie weitere Spalten hinzufügen, und auch sonst stehen Ihnen die vielleicht aus SharePoint bekannten Möglichkeiten wie das Erstellen von verschiedenen Ansichten oder ein Export nach Excel oder Power BI zur Verfügung.

Sie können über die Microsoft-Listen nun Ihre Teamräume erweitern, um strukturiert Informationen zu sammeln bzw. zu verwalten, wenn Dokumente keine passende Option sind. So entlasten Sie Ihren Teamchat oder Ihr Notizbuch, die ansonsten als Alternative verwendet würden.

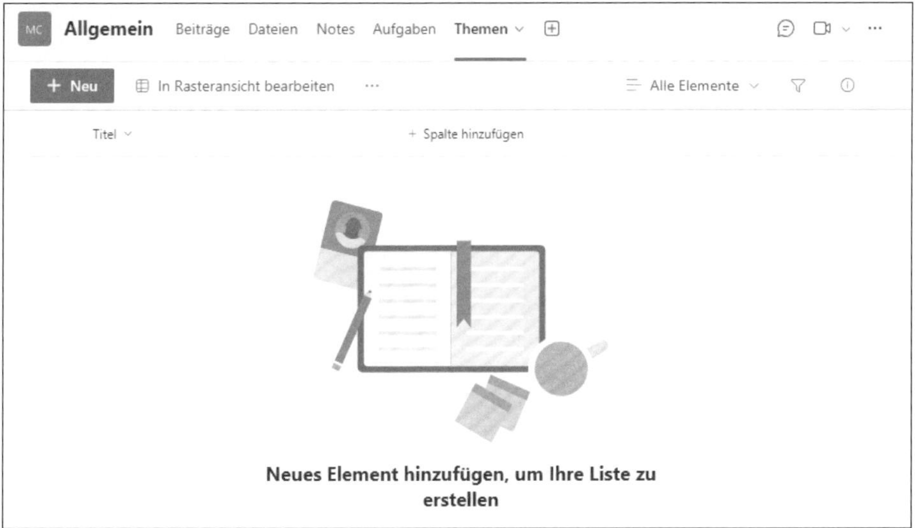

Abbildung 4.48 Ihre neue Liste steht Ihnen zur Verfügung und kann um eventuell benötigte zusätzliche Spalten erweitert werden.

Worin besteht der Unterschied zwischen einer App und einer Registerkarte?

Solange wir uns im Bereich der von Microsoft angebotenen Dienste befinden, können wir die gewünschten Funktionen direkt als Registerkarten hinzufügen. Möchten Sie jedoch Dienste von Drittanbietern nutzen und in *Teams* integrieren, so müssen Sie zunächst die entsprechende App installieren. Eine App dient sozusagen als Verpackungsmaterial für Registerkarten, Bots oder Konnektoren. Was eine App genau enthält, hängt dabei vom Anbieter ab. In der Regel erfolgt mit der Installation einer App auch die Registrierung, um so die Verbindungsinformationen für den Zugriff auf den externen Dienst zu hinterlegen und die Verbindung für das Team herzustellen.

4.6.2 Bots zur Unterstützung der Kommunikation

Bei Bots denken Sie vielleicht genau wie ich gerade an *Microsoft Copilot* (siehe Abbildung 4.49). Denn in Zeiten generativer KI hat sich das allgemeine Verständnis und damit auch die Erwartungshaltung an Bots sehr stark verändert. Wir möchten eine Unterhaltung mit einem Bot führen, der im Zweifelsfall noch einmal nachfragt und Informationen einholt, die er für die Beantwortung einer Frage benötigt oder für das Auslösen eines Prozesses.

Sie können mit dem *Microsoft Copilot Studio* auch sogenannte *Aktionen* für den Microsoft Copilot sowie weitere individuelle Bots erstellen und diese in *Teams* integrieren.

Sie werden aber auch über den App Store Bots von Microsoft selbst oder von Drittanbietern finden.

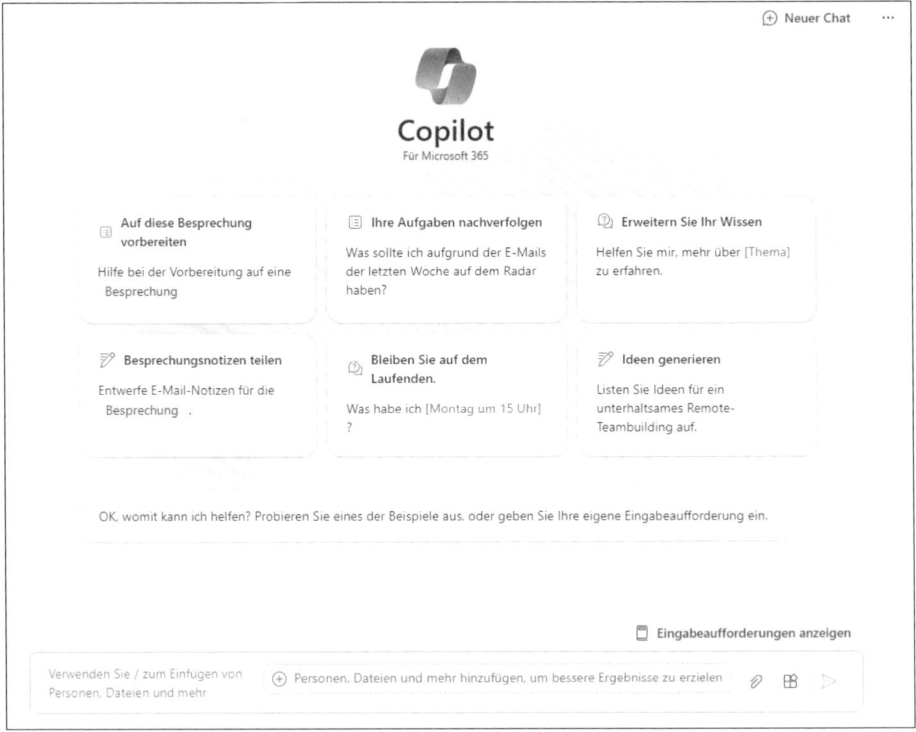

Abbildung 4.49 Mit »Microsoft Copilot« können Sie aus »Teams« heraus Informationen einholen oder Aktionen ausführen, beispielsweise die Erstellung einer Nachricht.

So habe ich beispielsweise vor einigen Jahren den Bot *Who* entdeckt, als ich die verschiedenen Shortcuts im Suchfeld ganz oben in der Menüleiste erprobt habe. Die *Befehle* (sogenannte *Commands*) beginnen mit einem »/« und sind sehr hilfreich, um zum Beispiel schnell seinen Status zu ändern, in ein anderes Team bzw. in einen anderen Kanal zu navigieren oder einen Chat mit einer Person zu beginnen. Über Ihre persönlichen Einstellungen in *Teams* können Sie eine Übersicht über die verfügbaren Befehle aufrufen. In der Praxis werden folgende Befehle häufig genutzt:

- **/chat**: Schicken Sie einem Kollegen schnell eine Nachricht, ohne beispielsweise dafür eine Besprechung verlassen zu müssen.
- **/anruf**: Rufen Sie einen Kollegen an, während Sie gerade ein Dokument bearbeiten.
- **/gehezu**: Wechseln Sie reibungslos in einen anderen Kanal oder in ein anderes Team.

Bei jedem Befehl müssen Sie nach der Eingabe des Befehls selbst (z. B. »/chat«) zunächst [↵] betätigen. Anschließend werden Sie je nach Befehl aufgefordert, im Rahmen weiterer Schritte wie bei einem Assistenten zusätzliche Informationen anzugeben (z. B. die Person, der Sie eine Nachricht senden möchten, und anschließend die Nachricht selbst). Die einzelnen Schritte werden jeweils über [↵] abgeschlossen.

Der Who-Bot brachte seinen eigenen Befehl »/wer« mit und hat mir in vielen Situationen geholfen, wenn ich nach Informationen über eine Kollegin oder einen Kollegen gesucht habe. Mittlerweile können Sie diese Informationen über den Microsoft Copilot wesentlich besser finden, weshalb dieser Bot nicht mehr angeboten wird.

Bei einer Suche nach Bots sollten Sie eine mit Abbildung 4.50 vergleichbare Darstellung erhalten und können so *Teams* als Ihren modernen Arbeitsplatz um weitere Funktionen ergänzen. Achten Sie dabei aber bitte darauf, dass auch die hier angebotenen Bots gegebenenfalls Cloud-Dienste außerhalb der Microsoft-365-Umgebung verwenden und eine separate Lizenzierung erfordern könnten. Hierfür sollten Sie immer unbedingt die für die Umgebung verantwortliche IT-Abteilung mit einbinden.

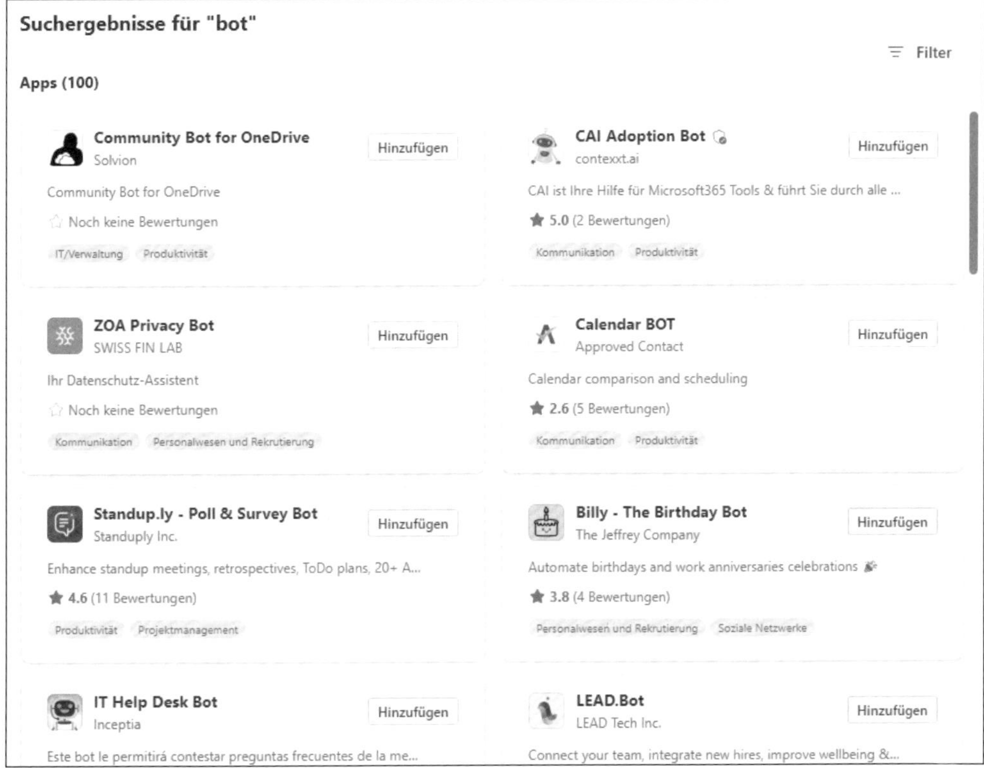

Abbildung 4.50 Verschiedene Anbieter stellen Ihnen eine große Auswahl an Bots zur Verfügung.

4.6.3 Konnektoren zur Integration externer Tools und Prozesse

Konnektoren sind in der Regel mit einem Team oder einem Kanal verknüpft, im Gegensatz zu Bots. Wir nutzen in meinem Team beispielsweise einen Konnektor zu JIRA (siehe Abbildung 4.51), um aus unserem Arbeitsraum in *Teams* auf Tickets in JIRA zuzugreifen und diese zu bearbeiten, ohne in das andere Tool wechseln zu müssen.

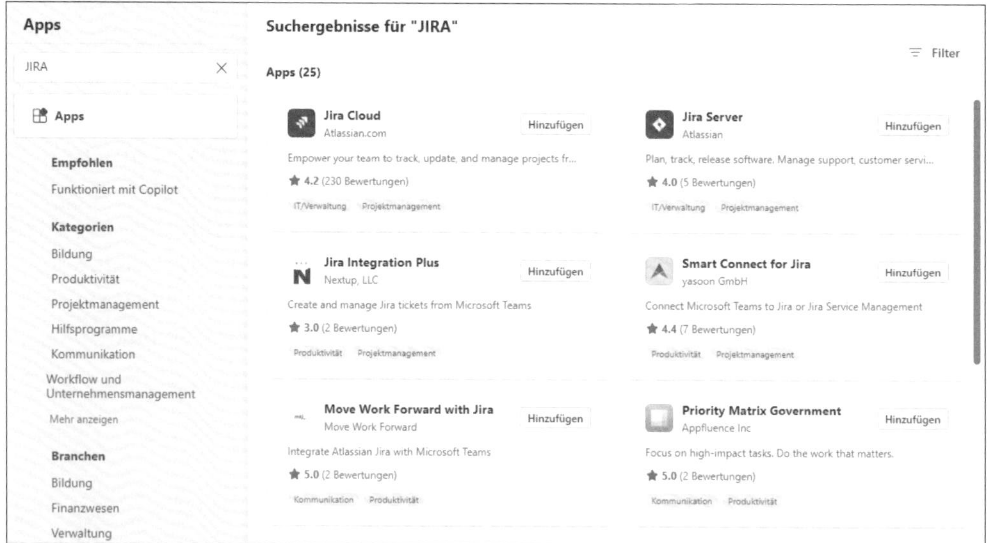

Abbildung 4.51 Im App Store stehen viele verschiedene Konnektoren zur Auswahl.

Wenn Sie nach Apps suchen, werden Ihnen im unteren Bereich der Suchergebnisseite unter Umständen (wie in diesem Beispiel) auch passende Workflows angeboten. In diesem Fall können Sie beispielsweise einen Flow nutzen, um automatisch in einem Teamraum darüber benachrichtigt zu werden, wenn sich Änderungen in JIRA ergeben.

Wenn Sie im App Store nach »connectors« suchen, werden Sie bestimmt auch den einen oder anderen Dienst finden, den Sie in Ihr Team integrieren möchten. In Abbildung 4.52 sehen Sie eine exemplarische Suchergebnismenge, die sich je nach Konfiguration sowie abhängig von zukünftig erscheinenden Apps durchaus verändern und sich somit anders für Sie darstellen kann.

Über das Suchfeld oben links im App Store können Sie nach Konnektoren suchen. Klicken Sie, nachdem das Ergebnis eingeblendet wird, einfach auf die entsprechende Kachel und Sie werden anschließend durch die weitere Konfiguration geführt. Mit der Option der Konnektoren können Sie Daten aus anderen Systemen oder Cloud-Diensten nahtlos in Ihre Teamräume integrieren und somit Medienbrüche vermeiden. Denn so müssen Sie und Ihre Mitarbeitenden nicht mehr explizit ein anderes System aufrufen, sondern können direkt aus *Teams* heraus agieren.

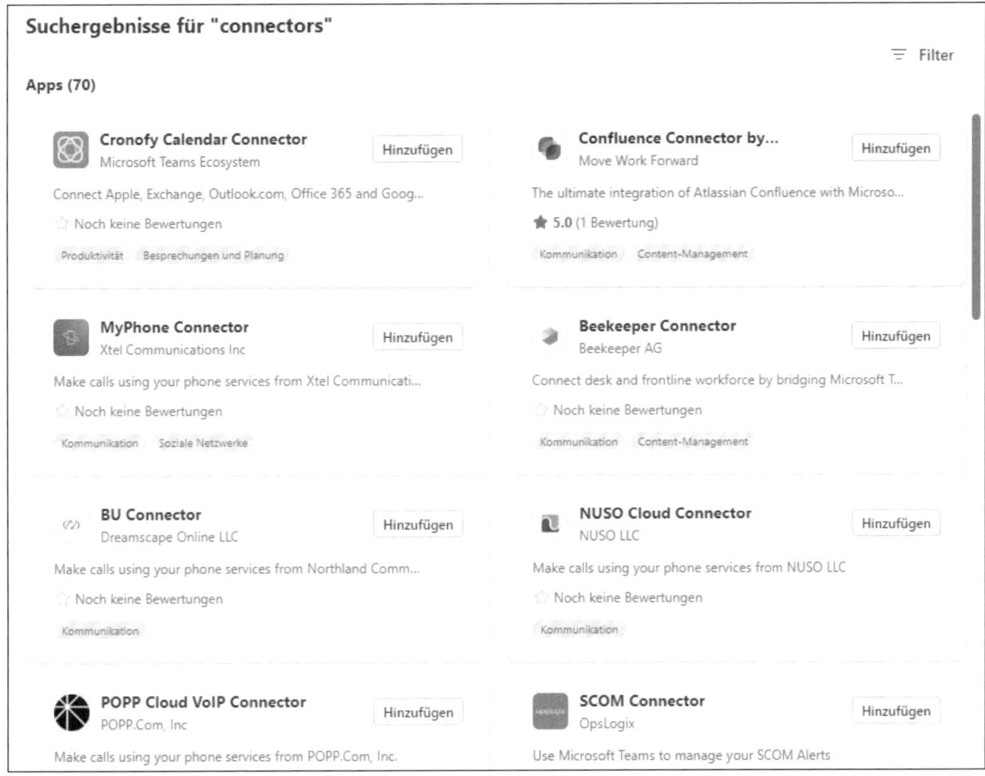

Abbildung 4.52 Suchen Sie nach dem Begriff »connectors«, um schnell Apps zu finden, die Sie als Konnektoren zur Integration von Daten aus anderen Systemen oder Diensten verwenden können.

4.6.4 Individuelle Erweiterungen

Sie können bereits viele Apps zur Unterstützung Ihrer Teamarbeit verwenden. An dieser Stelle verzichte ich bewusst auf eine Darstellung des vielfältigen Angebots, da sich dieses stetig ändert. Ich empfehle Ihnen, von Zeit zu Zeit zu prüfen, ob sich das Angebot verändert hat.

Sie werden neben Microsoft 365 wahrscheinlich auch weitere Tools oder Anwendungen einsetzen. Wenn Sie diese in Ihre Arbeitsumgebung in *Teams* integrieren möchten, werden hierfür möglicherweise keine Apps, Konnektoren oder Bots angeboten. Sollten Sie in diesem Fall trotzdem eine Integration wünschen, so besteht die Möglichkeit, eigene Erweiterungen in *Teams* bereitzustellen. Mithilfe von *Microsoft Copilot Studio* können Sie zum Beispiel eigene Bots erstellen oder mithilfe des *SharePoint Frameworks* (SPFx) oder des *Teams-Toolkits* Registerkarten anlegen und somit auf die individuellen Bedürfnisse in Ihrem Unternehmen reagieren.

4.7 Mit Kunden, externen Mitarbeitenden und Partnern zusammenarbeiten

Die unternehmensinterne Zusammenarbeit haben wir nun aus verschiedenen Blickwinkeln betrachtet. Nun werden wir uns mit externen Beteiligten beschäftigen, also mit Kunden und Partnern. Externe Mitarbeitende, die als Teil des internen Projektteams betrachtet werden, können Sie als Gäste zu Ihrem Team hinzufügen. Dies habe ich in Abschnitt 4.2.4 bereits näher beleuchtet. Während diese externen Teammitglieder in den meisten Fällen auf sämtliche Informationen zugreifen und somit dieselben Berechtigungen wie Ihr internes Projektteam erhalten dürfen, wird es in der Regel Projektbeteiligte wie Kunden, Stakeholder, Auftragnehmer oder Partner geben, denen Sie nur bestimmte Informationen zugänglich machen möchten. Auf der anderen Seite möchten Sie aber auch die lästige E-Mail-Flut und die Frage hinter sich lassen, welches Excel-Sheet nun das aktuelle ist und ob Ihnen gerade dieselben Informationen vorliegen wie beispielsweise Ihrem Kunden.

4.7.1 SharePoint Online zur Unterstützung der Kundenkommunikation

Um die Kommunikation während eines Kundenauftrags oder generell im Rahmen der Zusammenarbeit mit anderen (gegebenenfalls unternehmensexternen) Personen zu unterstützen, können Sie als Alternative zu einem Teamraum auch einen Arbeitsraum in *SharePoint Online* einrichten. Wahrscheinlich lassen sich auch Ihre Kundenaufträge in verschiedene Kategorien einteilen. In meinem Szenario gibt es Aufträge, bei denen eine Lösung entwickelt werden muss und der Kunde aktiv in die Phase der Qualitätssicherung eingebunden wird. Bei anderen Aufträgen steht die Beratung zu einem bestimmten Thema im Fokus. Dort geht es hauptsächlich darum, dass der Kunde Fragen ins System einstellen soll, die daraufhin den jeweiligen Experten im Projektteam zugeordnet werden. Außerdem werden Dokumente erstellt und untereinander ausgetauscht.

Für jede Art von Kundenauftrag können Sie jeweils eine Vorlage erstellen, die bei der Einrichtung eines Arbeitsraums ausgewählt werden kann. So besteht die Einrichtung lediglich aus der Auswahl der jeweiligen Vorlage und daraus, Zugriff für die Mitglieder des Projektteams sowie für die jeweiligen Ansprechpartner aufseiten des Kunden zu erteilen.

Geteilte Kanäle für die Kommunikation mit externen Beteiligten nutzen

Sie können selbstverständlich auch einen Teamraum nutzen und für die externen Personengruppen jeweils mit einem Kanal vom Typ »Geteilt« arbeiten. Sie wissen mittlerweile, dass ein Teamraum immer im Hintergrund eine SharePoint-Website besitzt, in der die Dokumente aus dem allgemeinen Kanal sowie aus allen weiteren Kanälen vom Typ »Standard« verwaltet werden.

Bei privaten und geteilten Kanälen werden separate SharePoint-Websites angelegt, um sicherzustellen, dass nur der gewünschte Personenkreis Zugriff auf die relevanten Informationen erhält. Wenn Sie bei der Erstellung eines neuen Kanals die Option GETEILT auswählen (siehe Abbildung 4.53), können Sie mit Ihren Kolleginnen und Kollegen im Teamraum grundsätzlich intern zusammenarbeiten und in diesem neuen Kanal gezielt die Kommunikation und den Austausch von Dokumenten mit externen Personen wie beispielsweise Ihrem Kunden abbilden.

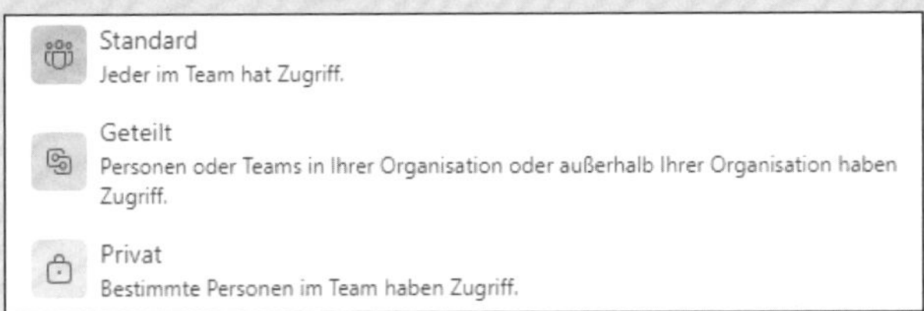

Abbildung 4.53 Sie können externe Personen gezielt zu einem bestimmten Kanal zulassen, indem Sie einen geteilten Kanal erstellen, anstatt die Optionen »Standard« oder »Privat« zu wählen.

In diesem Kapitel betrachten wir einmal die Möglichkeiten, die SharePoint Online Ihnen bereits anbietet. Sie können diese Möglichkeiten selbstverständlich mit einem geteilten Kanal kombinieren und so den kommunikativen Part in Form des Teamchats ergänzen.

4.7.2 Für Fortgeschrittene: Eine Vorlage für den Arbeitsraum erstellen

In SharePoint gab es früher die Möglichkeit, eine bestehende Website als Vorlage zu speichern. Wenn Sie heutzutage diese Funktion in SharePoint Online suchen, werden Sie sie nicht mehr finden. Damit ist eine sehr beliebte Funktion entfernt worden. Microsoft bietet uns allerdings eine Alternative an, die jedoch nicht für Anwender geeignet ist.

Websitevorlagen können Sie im Alltag bei der schnellen und zielgerichteten Einrichtung einer SharePoint-Website unterstützen. Wie soll beispielsweise die Dateiablage für die Zusammenarbeit mit Ihren Kunden aussehen? Benötigen Sie vielleicht eine gemeinsame Übersicht über Termine mit Ihren Lieferanten und externen Mitarbeitenden? Oder möchten Sie automatisch benachrichtigt werden, wenn ein Dokument hochgeladen wird oder in einen bestimmten Status wechselt? Diese und alle weiteren Fragen zu Ihrem Arbeitsraum bedeuten letzten Endes eine Menge manueller Schritte, um den Arbeitsraum vorzubereiten. Geschieht dies häufiger, so empfiehlt sich ein Automatismus wie das Erstellen und Nutzen von Vorlagen. Sie können, wie in diesem Abschnitt betrachtet wird, eine Vorlage für eine SharePoint-Website erstellen; Sie können aber auch Vorlagen für Teamräume konfigurieren und so auch bei der Erstellung eines Teamraums einen erhöhten Nutzerkomfort anbieten. Doch beginnen wir erst einmal mit einer Websitevorlage für SharePoint.

Zielgruppe dieses Abschnitts

Für die Erstellung einer Websitevorlage benötigen Sie einen technischen Berater oder Entwickler. Dieser Abschnitt hat daher einen starken technischen Fokus. Sie können den Abschnitt überfliegen und mit Abschnitt 4.7.3 fortfahren, um zu lernen, wie Sie eine Vorlage nutzen können.

Website-Entwurf definieren

Die Gestaltung einer Vorlage erfolgt mittels JSON. Unter *https://docs.microsoft.com/en-us/sharepoint/dev/declarative-customization/site-design-overview* finden Sie eine gute Übersicht über die Möglichkeiten von sogenannten *Website-Entwürfen* (auch bekannt als *Site Designs*).

Um Ihnen die Vorgehensweise zu erläutern, erstelle ich nun einen solchen Website-Entwurf. Dabei handelt es sich um eine Art Bauanleitung, welche Inhalte der zukünftige Arbeitsraum enthalten soll. Sie können zum Beispiel folgende Aspekte definieren:

- **Listen, Bibliotheken und Felder**: Sie können genau festlegen, welche Informationsstrukturen in einem Arbeitsraum dieses Typs zur Verfügung stehen sollen.
- **Design**: Wenn Sie Arbeitsräume eines bestimmten Typs direkt durch eine primäre Farbe kennzeichnen, machen Sie es Ihren Kollegen leichter, den Unterschied zwischen einem Arbeitsraum mit externen Personen (z. B. Kunden) und einer internen Arbeitsgruppe sofort zu erkennen.
- **Formatierungen**: Sie können besondere Formatregeln für ausgewählte Felder hinterlegen und beispielsweise bei Aufgaben einen Fortschrittsbalken anzeigen lassen anstelle des üblichen Prozentwerts, der die Vervollständigung anzeigt. Für geografische Informationen wäre mit geeigneter Formatierung auch eine Kartendarstellung denkbar.
- **Weitere Anpassungen:** Es sind viele weitere Anpassungen Ihres Arbeitsraums vorstellbar. Diese kann ein Entwickler mithilfe verschiedener Werkzeuge wie *Azure Functions* und *Power Automate* umsetzen. Die Ausführung eines Flows wird dann in den Website-Entwurf integriert und erlaubt somit die Ausführung von Hintergrundaktionen, die bei der Anwendung des Website-Entwurfs ausgelöst werden.

Ich definiere nun einen ersten Website-Entwurf und schaue mir gemeinsam mit Ihnen die Bereitstellung in SharePoint Online sowie deren Auswirkung genauer an. Hierzu erstelle ich als Erstes eine JSON-Datei, wie in Listing 4.1 dargestellt:

```
{
    "$schema": "schema.json",
    "actions": [{
            "verb": "applyTheme",
            "themeName": "Externer Arbeitsraum"
        },
        {
            "verb": "createSPList",
            "listName": "Projektstatus",
            "templateType": 100,
            "subactions": [{
                    "verb": "SetDescription",
                    "description": "Hier werden die regelmäßigen
                                    Statusmeldungen erfasst"
                },
                {
                    "verb": "addSPField",
                    "fieldType": "Text",
                    "displayName": "Status",
                    "addToDefaultView": true,
                    "isRequired": true
                },
                {
                    "verb": "addSPField",
                    "fieldType": "User",
                    "displayName": "Projektleiter",
                    "addToDefaultView": true,
                    "isRequired": true
                },
                {
                    "verb": "addSPField",
                    "fieldType": "Note",
                    "displayName": "Anmerkungen",
                    "isRequired": false
                }
            ]
        }
    ],
    "bindata": {},
    "version": 1
}
```

Listing 4.1 Dieses Beispiel soll den Aufbau eines Website-Entwurfs veranschaulichen.

Auf einige der im Listing enthaltenen Befehle möchte ich näher eingehen:

- `applyTheme`: Mit diesem Befehl können Sie eine Farbpalette in Ihrem Arbeitsraum zur Anwendung bringen. In SharePoint heißen Farbpaletten *Themes* oder *Designs*.
- `createSPList`: Sie können genau definieren, welche Listen und Bibliotheken Sie in Ihrem Arbeitsraum benötigen.
- `addSPField`: Dieser Befehl wird als untergeordnete Aktion bei der Erstellung einer Liste ausgeführt und fügt der Liste weitere Felder hinzu.

In Tabelle 4.1 sehen Sie die in einem Website-Entwurf zu verwendenden Werte für den Vorlagentyp der meistverwendeten Listen und Bibliotheken:

Liste	Vorlagentyp
Benutzerdefinierte Liste	100
Dokumentbibliothek	101
Links	103
Kontakte	105
Aufgaben	107
Diskussionsrunde	108
Bildbibliothek	109
Websiteseiten	119
Problemverfolgung	1100

Tabelle 4.1 Über die ID des Vorlagentyps können Sie die gewünschten Listen und Bibliotheken in Ihren Website-Entwurf integrieren.

Da es sich in unserem Fall um ein sehr einfaches Beispiel mit lediglich einer zu erstellenden Liste inklusive einiger Felder handelt, fehlen einige wichtige Befehle, die ich kurz erwähnen möchte:

- `triggerFlow`: Hiermit können Sie Flows in Ihren Website-Entwurf integrieren und somit Hintergrundaktionen wie beispielsweise die Ausführung eines Webdienstes oder einer Azure Function auslösen.
- `setSPFieldCustomFormatter`: Mit diesem Befehl definieren Sie, wie ein bestimmtes Feld formatiert werden soll. In der Regel werden solche Formatierungen für Statusmeldungen oder die Kennzeichnung besonderer Informationen genutzt.

Ausgehend von dem Listing könnte ich nun weitere Listen und Felder definieren, mit denen ich die Anforderungen an einen Arbeitsraum zum Informationsaustausch mit externen Nutzern noch besser unterstützen kann. Zum Abschluss speichere ich den Website-Entwurf als JSON-Datei ab.

Website-Entwurf bereitstellen

Die Bereitstellung eines Website-Entwurfs erfolgt über die *Windows-PowerShell-Konsole*. Sie benötigen für die Installation globale Administrationsrechte in Ihrer Microsoft-365-Umgebung. Als Erstes navigiere ich in das Verzeichnis, in dem die JSON-Datei gespeichert wurde. Anschließend führe ich folgenden Befehl aus, um eine Verbindung zu einem Microsoft-365-Tenant herzustellen. Ersetzen Sie dabei den Platzhalter `<IhrSharePoint>` durch den Namen Ihres Tenants.

```
Connect-SPOService -Url https://<IhrSharePoint>-admin.sharepoint.com/
```

Nachdem ich mich durch meine Anmeldedaten authentifiziert habe, kann ich den Inhalt der JSON-Datei als sogenanntes *Site Script* registrieren:

```
Get-Content .\SiteDesign.json -Raw | Add-SPOSiteScript -Title "Externer
Projektraum (Standard)" -Description "Stellt einen gemeinsamen Arbeitsraum
für die Zusammenarbeit mit Kunden bereit."
```

Ich erhalte nun eine Ausgabe, der ich die ID des soeben registrierten Scripts entnehmen kann. Diese ID benötige ich für den nächsten Schritt. Ich kann nicht die im Listing abgebildete ID nutzen, sondern muss sie aus meiner Ausgabe kopieren.

```
Id          : c8158a4c-1368-4def-9908-dd4e3e525ad0
Title       : Externer Projektraum (Standard)
Description : Stellt einen gemeinsamen Arbeitsraum für die Zusammenarbeit
              mit Kunden bereit.
Content     :
Version     : 0
```

Ich dachte, wir erstellen einen Website-Entwurf. Was sind denn nun Site Scripts?

Ein *Site Script* ist der Hauptbestandteil eines Website-Entwurfs. In einem Site Script hinterlegen Sie eine genaue Anweisung, welche Schritte bei der Anwendung eines Website-Entwurfs ausgeführt werden sollen. Dabei spielt auch die Reihenfolge der Schritte eine wichtige Rolle. Sie können das Site Script mit einem Drehbuch vergleichen, in dem der genaue Ablauf für die Anwendung geskriptet wurde.

Der Website-Entwurf nutzt ein Site Script und ist für einen bestimmten Typ von Websites vorgesehen. So können Site Scripts beispielsweise ausschließlich für Teamwebsites oder Kommunikationswebsites oder für beide genutzt werden.

Ich erstelle in diesem Szenario einen Website-Entwurf für Teamwebsites (das entspricht dem Template »64«) und führe daher folgenden Befehl aus:

```
Add-SPOSiteDesign -Title "Externer Projektraum (Standard)" -WebTemplate "64"
  -SiteScript "c8158a4c-1368-4def-9908-dd4e3e525ad0"
  -Description "Stellt einen gemeinsamen Arbeitsraum für die
     Zusammenarbeit mit Kunden bereit." -PreviewImageUrl "<LinkZuAbbildung>"
  -PreviewImageAltText "Vorschau auf den externen Arbeitsraum"
```

Achten Sie dabei darauf, den Platzhalter `<LinkZuAbbildung>` durch den Link auf ein Bild zu ersetzen, das für alle Nutzer verfügbar ist. Sobald der Befehl erfolgreich ausgeführt wurde, erhalten Sie eine Bestätigung hierfür:

```
Id                  : f6f4782e-2b60-4b1d-b9ec-3fba2aedf046
Title               : Externer Projektraum (Standard)
WebTemplate         : 64
SiteScriptIds       : {c8158a4c-1368-4def-9908-dd4e3e525ad0}
Description         : Stellt einen gemeinsamen Arbeitsraum für die
                      Zusammenarbeit mit Kunden bereit.
PreviewImageUrl     :
PreviewImageAltText : Vorschau auf den externen Arbeitsraum
IsDefault           : False
Version             : 1
```

4.7.3 Einen Arbeitsraum mit Ihrer Vorlage einrichten

Der technische Teil ist nun erledigt. Schauen wir uns an, wie sich diese Änderungen in SharePoint auswirken. Wenn Sie in Microsoft 365 den Dienst SharePoint aufrufen, finden Sie sich in *SharePoint Home* wieder, der Übersicht über alle Arbeitsräume Ihres Unternehmens. Dort können Sie über den Menüpunkt WEBSITE ERSTELLEN bei Bedarf einen neuen Arbeitsraum anlegen.

Als Erstes müssen Sie entscheiden, ob Sie eine *Teamwebsite* oder eine *Kommunikationswebsite* erstellen möchten (siehe Abbildung 4.54). Für die Unterstützung der Zusammenarbeit im Allgemeinen und mit externen Personen im Besonderen bietet sich eine Teamwebsite an. Eine Kommunikationswebsite wird eher für die Präsentation von Informationen verwendet und kommt daher eher bei einem Social Intranet oder einer Informationsplattform zum Einsatz.

Sobald Sie die Option TEAMWEBSITE gewählt haben, erscheint die Auswahl an Vorlagen, die Sie in Abbildung 4.55 sehen. Microsoft bietet Ihnen eine Reihe an Vorlagen an, die für die gängigen Anforderungen in Unternehmen erstellt wurden. Über die Registerkarte VON IHRER ORGANISATION können Sie aber auch auf die unternehmensspezifischen Vorlagen zugreifen. Das kann eine Vorlage sein, wie wir sie im vorangegangenen Abschnitt erstellt haben; oder ein Administrator hat eine Vorlage über das Admin Center hinzugefügt.

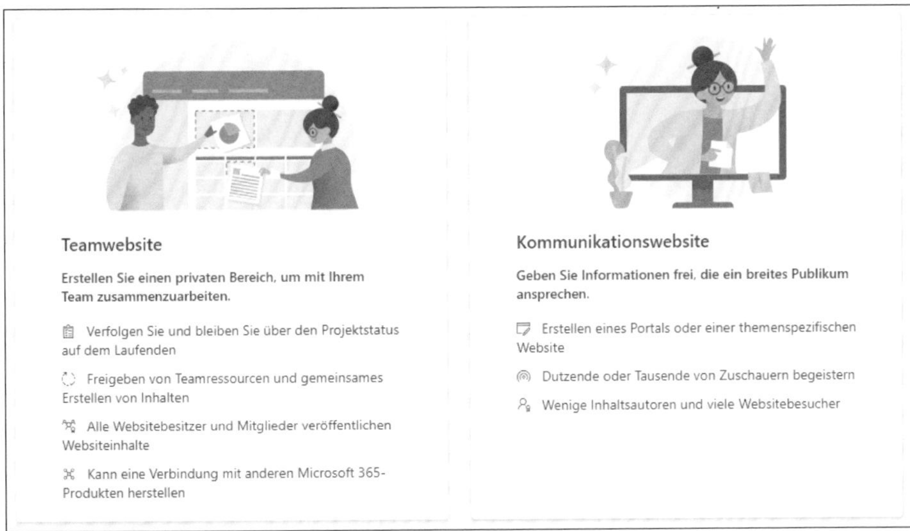

Abbildung 4.54 Sie können zwischen zwei Typen von Räumen auswählen – Teamwebsites und Kommunikationswebsites.

Abbildung 4.55 Wählen Sie eine von Microsoft zur Verfügung gestellte oder eine von Ihnen bzw. Ihrem Unternehmen angebotene Vorlage für Ihre Website aus.

In meinem Szenario möchte ich einen Arbeitsraum für die Zusammenarbeit mit externen Personen in einem Projekt erstellen und wähle daher aus den allgemein verfügbaren Vorlagen die Option PROJEKTMANAGEMENT aus. Entsprechend der Darstellung in Abbildung 4.56 erhalten Sie weitere Informationen zu der ausgewählten Vorlage und können über die Schaltfläche VORLAGE VERWENDEN mit der Erstellung Ihres Arbeitsraums fortfahren (siehe Abbildung 4.57).

Abbildung 4.56 Prüfen Sie, ob die ausgewählte Vorlage zu Ihren Anforderungen passt.

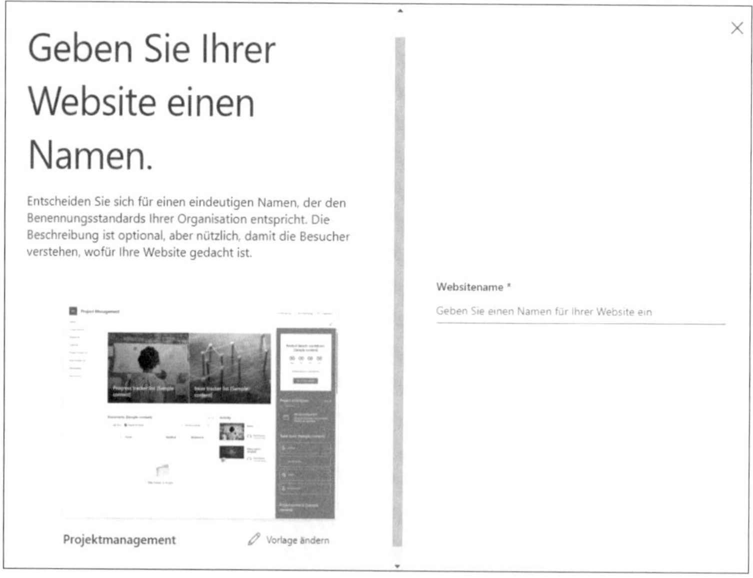

Abbildung 4.57 Geben Sie einen Namen für Ihren Arbeitsraum an.

Sobald Sie einen Namen für Ihren Arbeitsraum eingeben, verändert sich der Dialog so, wie in Abbildung 4.58 dargestellt. Sie können nun auch eine Beschreibung eingeben und bei Bedarf die automatisch vorgeschlagene E-Mail-Adresse und Websiteadresse für Ihren Arbeitsraum anpassen. Das ist insbesondere bei langen Arbeitsraumnamen sinnvoll, damit der Link einfach aufgerufen werden kann.

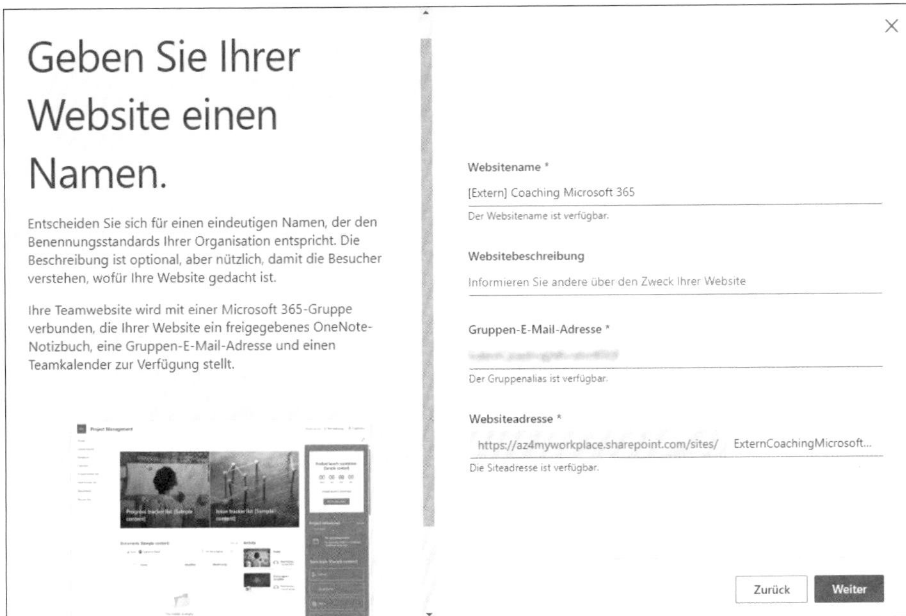

Abbildung 4.58 Geben Sie einen Namen und eine Beschreibung für Ihren Arbeitsraum an und passen Sie bei Bedarf E-Mail-Adresse und Websiteadresse an.

Wofür benötigt der Arbeitsraum eine E-Mail-Adresse?

Am Anfang dieses Kapitels habe ich Ihnen das Konzept der Microsoft-365-Gruppen vorgestellt. Dieses Konzept bezieht sich nicht nur auf *Teams*, sondern auch auf SharePoint. Das heißt, wenn Sie einen Arbeitsraum in SharePoint anlegen, wird für die Verwaltung der Personen eine Gruppe angelegt und ein E-Mail-Postfach sowie ein gemeinsamer Kalender angelegt. Diese E-Mail-Adresse kann für die Kommunikation mit den beteiligten Personen genutzt werden und bietet sich anstelle eines manuell zu verwaltenden E-Mail-Verteilers an.

Nachdem Sie auf die Schaltfläche WEITER geklickt haben, müssen Sie noch die Sprache für Ihren Arbeitsraum auswählen und festlegen, ob es sich um einen privaten Arbeitsraum oder um einen öffentlichen Arbeitsraum handeln soll (siehe Abbildung 4.59). Bei einem privaten Arbeitsraum werden Sie nach dem Betätigen der Schaltfläche SITE ERSTELLEN automatisch gefragt, welche Personen Sie für den Arbeitsraum berechtigen möchten (siehe Abbildung 4.60).

Abbildung 4.59 Wählen Sie die Privatsphäre-Einstellungen und die Sprache aus.

Abbildung 4.60 Fügen Sie Mitglieder zu Ihrem Arbeitsraum hinzu.

Im Hintergrund wird bereits der Arbeitsraum für Sie angelegt. Sobald der Vorgang abgeschlossen ist, wird die Schaltfläche FERTIG STELLEN aktiviert, über die Sie den neuen Arbeitsraum aufrufen können.

Wie Sie in Abbildung 4.61 sehen können, wurde der Arbeitsraum durch die ausgewählte Vorlage vorkonfiguriert und optisch angepasst. So können Sie für die verschiedenen Typen an Arbeitsräumen einen gemeinsamen Standard gewährleisten, indem Sie passende Vorlagen zur Verfügung stellen und nutzen.

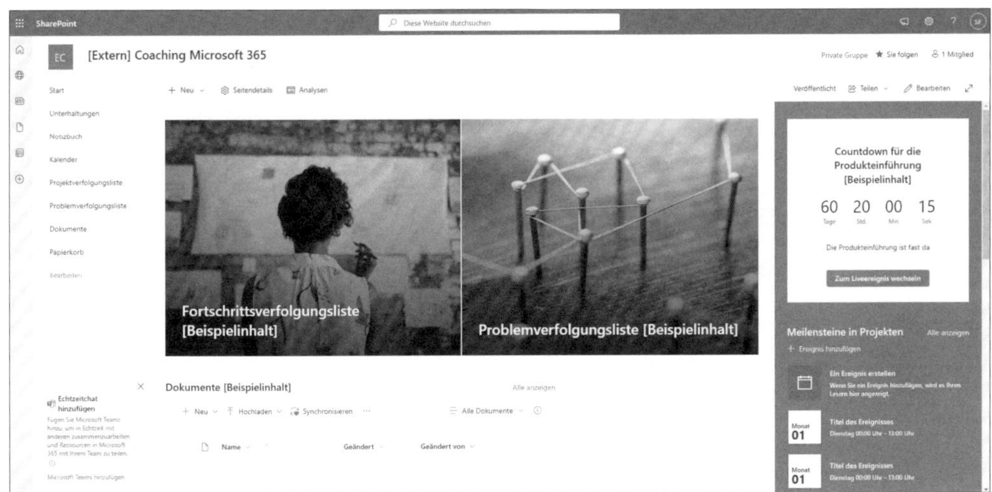

Abbildung 4.61 Ihr neuer Arbeitsraum wurde auf Basis einer Vorlage angelegt und für Sie eingerichtet.

In diesem Arbeitsraum können Sie nun mit den gewünschten externen Personen zusammenarbeiten. Dabei stehen Ihnen sämtliche Möglichkeiten zur Verwaltung bzw. zum Austausch von Informationen aus SharePoint zur Verfügung. Falls Sie während der Zusammenarbeit jedoch merken, dass Sie zusätzlich Bedarf an einer Kommunikationsunterstützung in Form eines Chats haben, so können Sie aus der SharePoint-Website einen Teamraum generieren.

Wählen Sie dazu unten links auf der Startseite Ihres Arbeitsraums die Option ECHTZEITCHAT HINZUFÜGEN aus (siehe Abbildung 4.61). Entsprechend der Darstellung in Abbildung 4.62 erscheint im rechten Bereich ein Dialog, der Sie darüber informiert, dass Sie diese SharePoint-Website nun um Funktionalitäten aus *Teams* erweitern und anschließend einen Teamraum in *Teams* mit dem Namen der SharePoint-Website finden werden. Nachdem Sie auf die Schaltfläche WEITER geklickt haben, werden Ihnen die Listen und Bibliotheken sowie einzelne Seiten vorgeschlagen, die Sie nun in den neuen Teamraum integrieren und somit dort zum Aufruf anbieten können (siehe Abbildung 4.63).

Nach Betätigen der Schaltfläche TEAMS HINZUFÜGEN wird der Teamraum angelegt, und anschließend werden die von Ihnen ausgewählten SharePoint-Inhalte in den Teamraum integriert. Somit können Sie von diesem Moment an über *Teams* mit Ihren Kunden, externen Mitarbeitenden oder Partnern zusammenarbeiten, während diese Personen gegebenenfalls weiterhin mit der Benutzeroberfläche in SharePoint interagieren.

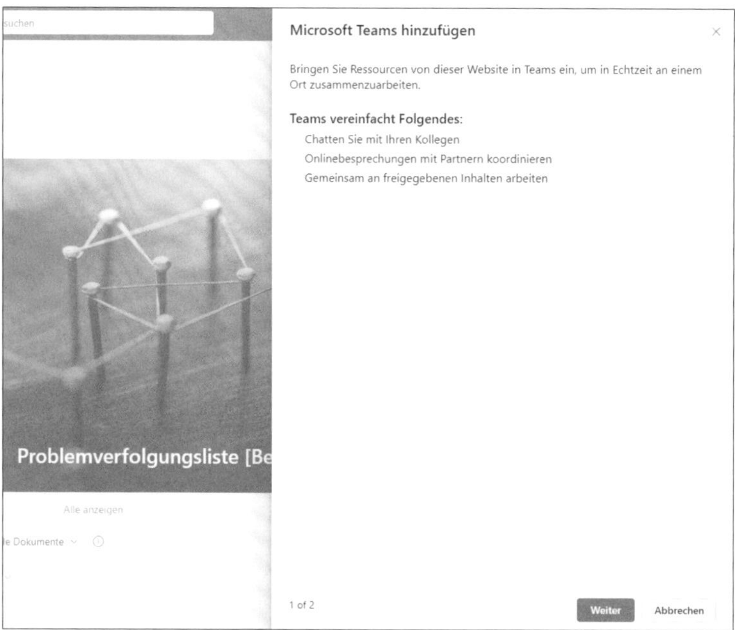

Abbildung 4.62 Möchten Sie Ihren SharePoint-basierten Arbeitsraum wirklich um einen Echtzeitchat in Teams erweitern?

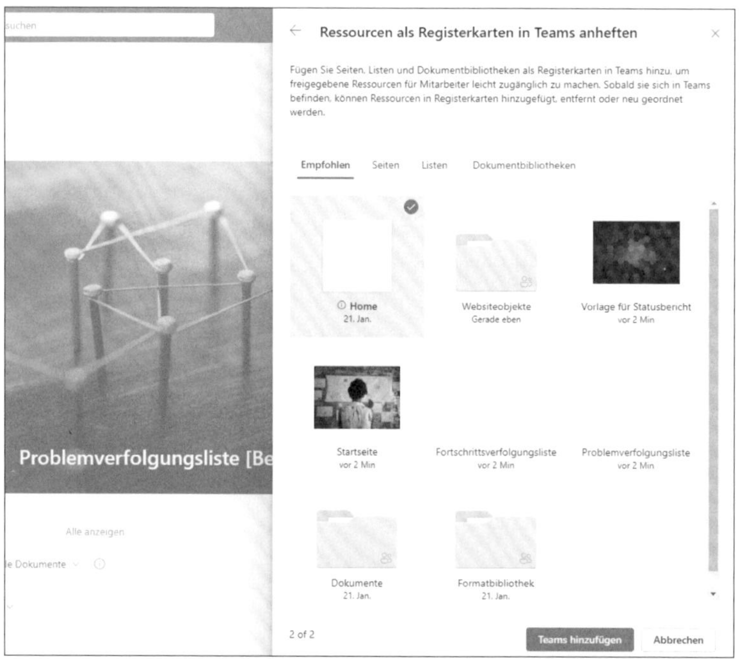

Abbildung 4.63 Wählen Sie die Inhalte Ihres Arbeitsraums aus, die im Teamraum integriert werden sollen.

Ein Kanal oder ein separater Teamraum?

Mit dem in diesem Abschnitt beschriebenen Weg legen Sie einen separaten Teamraum bzw. zuvor eine separate SharePoint-Website an. Dieses Vorgehen kann hilfreich sein, um eine auch optisch einfach erkennbare Trennung zwischen unternehmensinternen Informationen und den potenziell extern zugänglichen Dokumenten und Informationen zu erzielen.

Bei einem geteilten Kanal haben Sie den Vorteil, dass sowohl der interne Bereich als auch der mit externen Personen verwaltete Bereich trotzdem in einem gemeinsamen Team aufrufbar sind. Im Hintergrund wird auch hier eine separate SharePoint-Website verwendet, sodass in diesem Punkt die Unterschiede in der Datenhaltung und der Verwaltung der Berechtigungen nicht so groß sind. Der wesentliche Punkt ist lediglich die Frage, ob die Nutzenden lieber in getrennten Teamräumen oder einem gemeinsamen Teamraum arbeiten möchten.

4.7.4 Weitere Einsatzmöglichkeiten von Vorlagen

Wenn Sie noch keine SharePoint-Websites im Einsatz haben, können Sie bei der Erstellung neuer Arbeitsräume von Anfang an auf Website-Entwürfe zugreifen. Doch was passiert, wenn Sie bereits Arbeitsräume nutzen oder bei der Erstellung vergessen haben, eine Vorlage auszuwählen? Können Sie diesen Schritt noch nachholen?

Ja – wenn Sie sich in einem Arbeitsraum befinden, können Sie über das Zahnradsymbol oben rechts den Menüpunkt Eine Websitevorlage anwenden auswählen. Daraufhin erscheint im rechten Bereich der Seite der Dialog aus Abbildung 4.64, in dem Sie die gewünschte Vorlage auswählen können.

Abbildung 4.64 Wählen Sie bei bestehenden Arbeitsräumen auch später noch eine Websitevorlage aus, um diese ohne großen manuellen Aufwand zu gestalten.

Websitevorlagen eröffnen Ihnen verschiedenste Optionen. Sie können beispielsweise wiederverwendbare Komponenten in Ihrem Unternehmen bereitstellen. Damit kommen Websitevorlagen einer App sehr nahe, wobei der Fokus ganz klar auf den Datenstrukturen (Listen, Bibliotheken sowie der Navigation) liegt. Durch die Anwendung einer Farbpalette können Sie Kategorien von Arbeitsräumen bilden (zum Beispiel Projekte, Organisationseinheiten, Communitys und externe Zusammenarbeit) und diese farblich kennzeichnen.

4.7.5 Externe Personen für den Arbeitsraum berechtigen

Zum Abschluss erteilen Sie den externen Personen wie beispielsweise einem Kunden noch Zugriffsrechte. Hierzu können Sie in Ihrer SharePoint-Website oben rechts neben der Darstellung der Teammitglieder auf den Link MITGLIEDER klicken (siehe Abbildung 4.65).

Abbildung 4.65 Oben rechts auf Ihrer SharePoint-Website sehen Sie Ihre Teammitglieder und können unter anderem weitere Mitglieder hinzufügen.

Daraufhin erscheint im rechten Bereich ein Dialog, in dem Sie wie in Abbildung 4.66 neue Mitglieder hinzufügen oder bestehende Mitglieder aus der Gruppe entfernen bzw. ihnen eine andere Rolle zuweisen können.

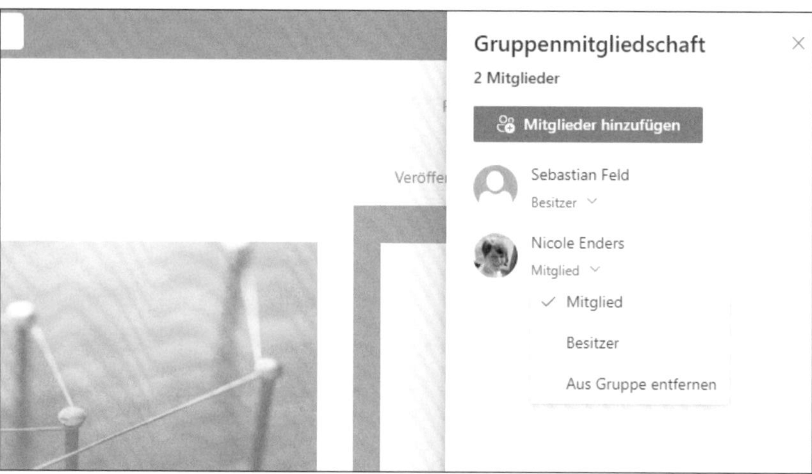

Abbildung 4.66 Sie können Mitglieder in Ihrem Arbeitsraum schnell und einfach verwalten.

Betätigen Sie die Schaltfläche MITGLIEDER HINZUFÜGEN und wählen Sie im folgenden Dialog den Menüpunkt ZU OUTLOOK WECHSELN aus (siehe Abbildung 4.67).

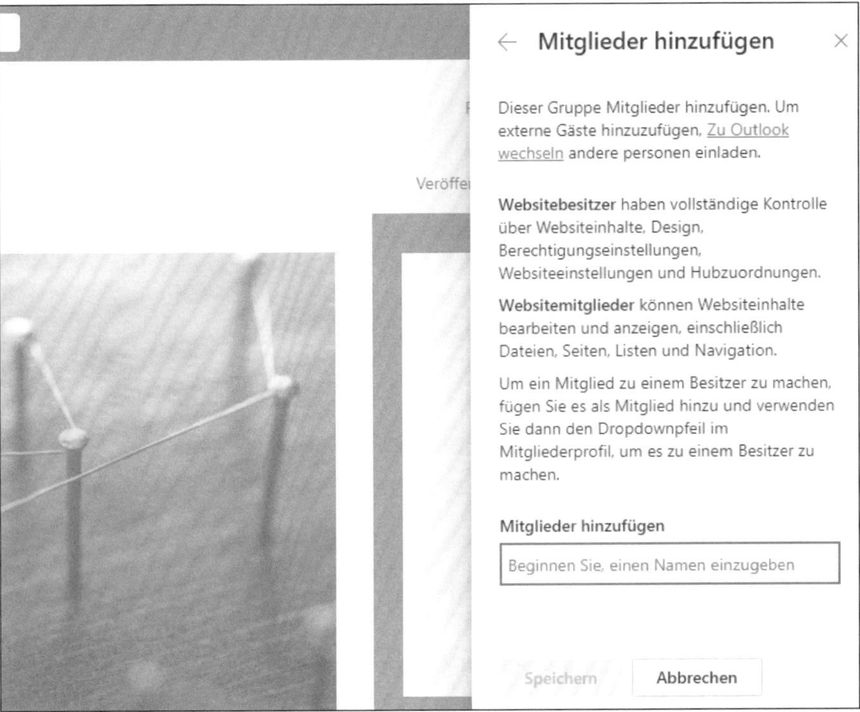

Abbildung 4.67 Externe Benutzer können in SharePoint nicht direkt hinzugefügt werden. Sie müssen hierzu nach Outlook wechseln.

Die Option, schnell neue Mitglieder hinzufügen zu können, ist nur für interne Anwender verfügbar. Wenn Sie, wie in unserem Beispiel, jedoch einen Kunden berechtigen möchten, müssen Sie zum Microsoft-365-Dienst Outlook wechseln. Hinter einer SharePoint-Website verbirgt sich genau wie bei einem Team in *Teams* eine Microsoft-365-Gruppe mit einem Outlook-Postfach. Diese Gruppe wird über Outlook verwaltet.

Nachdem Sie über den Menüpunkt aus SharePoint nach Outlook gewechselt sind, können Sie in der linken Navigation den Menüpunkt GRUPPEN aufrufen und anschließend die entsprechende Gruppe auswählen. Wählen Sie anschließend den Menüpunkt MITGLIEDER HINZUFÜGEN aus, um den Eingabedialog für ein neues Mitglied zu öffnen.

Geben Sie die E-Mail-Adresse Ihres Kunden an und speichern Sie die Eingabe (siehe Abbildung 4.68). Dadurch wird Ihr Kunde als Gast zu Ihrer Gruppe hinzugefügt und erhält anschließend eine E-Mail mit einem Link auf die Gruppe.

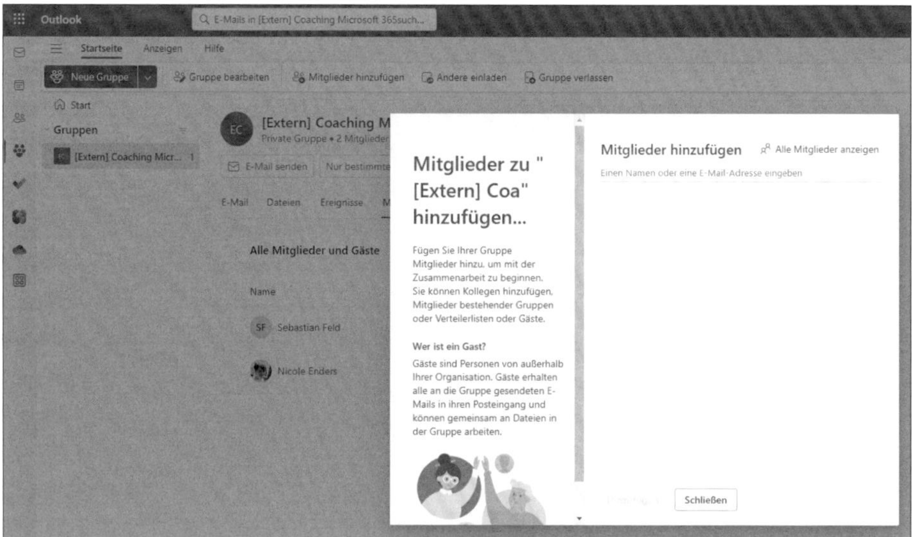

Abbildung 4.68 Fügen Sie neue Mitglieder aus Outlook heraus zu Ihrer Gruppe und somit zu Ihrem Arbeitsraum in SharePoint hinzu.

Mit der Rolle *Gast* kann Ihr Kunde nun mit Ihnen und Ihrem Team zusammenarbeiten. Ein großer Teil der E-Mail-Kommunikation kann durch den Arbeitsraum abgelöst werden, beispielsweise mit folgenden Komponenten:

- **Dokumente bearbeiten und freigeben**: Sie können gemeinsam an Dokumenten arbeiten oder Ihrem Kunden zentral eine bestimmte Version zur Prüfung oder Freigabe vorlegen.
- **Themen besprechen**: Ihr Kunde kann Ihnen Fragen stellen und mit Ihnen gemeinsam diskutieren, um eine Lösung zu finden. Auch wenn sich der Kunde nicht aktiv an der Diskussion beteiligen möchte, kann er über den Zugriff auf den Diskussionsverlauf den Weg der Lösungsfindung nachvollziehen.
- **Aufgaben verwalten**: Die anstehenden Arbeiten können zum Beispiel in Form einer Aufgabenliste gemeinsam verwaltet werden. Ihr Kunde kann sich zügig einen Überblick über den aktuellen Stand des Projekts verschaffen oder sogar selbst Aufgaben einstellen.

Die Auflistung dieser Komponenten erhebt keinen Anspruch auf Vollständigkeit. Abhängig von Ihren persönlichen Anforderungen an die Zusammenarbeit in Ihren Projektteams können weitere Komponenten relevant sein. Nehmen Sie aus diesem Kapitel bitte mit, dass Sie aus Microsoft 365 immer diejenigen Dienste auswählen und miteinander kombinieren können, die Ihnen in Ihrem konkreten Szenario am besten helfen.

Kann ich mit einer SharePoint-Website starten und mich später für Teams entscheiden?

Wenn Sie einen Arbeitsbereich in SharePoint anlegen, wird eine Microsoft-365-Gruppe angelegt. Diese Gruppe verfügt über folgende Komponenten:

- SharePoint-Website
- Outlook-Postfach und -Kalender
- OneNote-Notizbuch
- Plan in Planner

Diese Gruppe können Sie später auch für die Erstellung eines Teams verwenden. In *Teams* wählen Sie dafür bei der Erstellung eines neuen Teams den Menüpunkt ERSTELLEN AUS ... aus. Sie sollten anschließend Ihre Gruppe in der Auswahl finden. Eine andere Option kann Ihnen bereits aus SharePoint heraus angeboten werden. Achten Sie einmal darauf, ob Ihnen unten links unterhalb der linken Navigation nicht die Option angeboten wird, Ihre Website in ein Team umzuwandeln und damit um die Chat-Funktionen in *Teams* zu ergänzen.

4

4.8 Netiquette für eine harmonische Zusammenarbeit am modernen Arbeitsplatz

Lassen Sie uns zum Abschluss dieses Kapitels noch auf ein allgemeines Thema im Umfeld der Zusammenarbeit eingehen. Denn jede gute Zusammenarbeit benötigt mehr oder weniger formale Regeln, damit alle Beteiligten wissen, was sie erwarten können und was von ihnen erwartet wird.

Wenn Sie es noch nicht gewohnt sind, kann die Zusammenarbeit über räumliche Distanz hinweg eine große Herausforderung darstellen. Wie schaffen Sie es dennoch, ein Teamgefühl entstehen zu lassen? Und welche Regeln braucht diese Art der Zusammenarbeit vielleicht?

Während Sie früher vielleicht überlegt haben, wie Sie die Arbeitsräume gestalten, Sitzmöglichkeiten schaffen oder auch welche Personen im selben Raum arbeiten, bringt *Microsoft Teams* eine Lösung hierfür, aber auch eine Reihe neuer Fragen mit sich.

Ich kann Ihnen kein Patentrezept mitgeben, weil vieles davon abhängt, wie Sie miteinander umgehen und wie viel Vertrauen Sie sich gegenseitig schenken. Gerade für Führungskräfte stellt die räumliche Distanz erst einmal eine Herausforderung dar. Sie bekommen unter Umständen nicht mehr direkt mit, wie es Ihren Mitarbeitenden geht und woran sie gerade arbeiten.

Und auch die Mitarbeitenden untereinander vermissen bei dieser Form der Zusammenarbeit vielleicht bewusst oder auch unbewusst den Austausch mit ihren Kollegen und auch die Gespräche mit ihrer Führungskraft, die sich ansonsten teilweise automatisch ergaben, weil man sich auf dem Flur begegnete.

Ich möchte in diesem Abschnitt ein paar Ideen mit Ihnen teilen, die ich mit meinem Team ausprobiert habe bzw. die uns eine Zusammenarbeit über verschiedene Standorte hinweg sowie aus dem Homeoffice ermöglichen und uns trotz der räumlichen Distanz als ein Team agieren lassen.

4.8.1 Wofür benötigen Sie einen Teamraum?

Bevor Sie in *Teams* einen Teamraum anlegen, sollten Sie besprechen, wofür Sie ihn nutzen möchten. Möchten Sie beispielsweise die Zusammenarbeit eines Projektteams unterstützen? Ein Projekt ist per Definition ein zeitlich begrenztes Vorhaben. Im Vergleich dazu ist ein Team im Sinne einer Organisationseinheit eher langfristig angelegt. Außerdem sollten Sie klären, welche Unterstützung Sie sich im Team von einem Teamraum erhoffen.

Wenn Sie diese ersten Fragen geklärt haben, können Sie den Teamraum anlegen und die Teammitglieder einladen. Erfassen Sie in der Beschreibung des Teamraums den Zweck bzw. die Zielsetzung des Teams, und erstellen Sie eine erste Nachricht im Teamchat, um das Team zu begrüßen.

Neuzugänge und Abgänge im Team ankündigen

Wenn neue Menschen zu einem bestehenden Team hinzustoßen oder ein bisheriges Mitglied das Team verlässt, bedeutet das eine Veränderung für das gesamte Team. Nehmen Sie sich daher bitte die Zeit, um neben dem Verändern der Berechtigungen auch eine Ankündigung im Teamchat zu veröffentlichen und gegebenenfalls weitere Informationen zu verteilen (z. B. Gründe für den Abgang oder die Aufgaben des neuen Teammitglieds).

4.8.2 Wie unterhalten Sie sich im Teamchat?

In einer persönlichen Unterhaltung von Angesicht zu Angesicht ist es selbstverständlich, dass man einander ausreden lässt, und zu einer guten Diskussion gehört auch, dass man die Meinung des anderen respektiert und versucht, konstruktive Lösungen für aktuelle Probleme oder Herausforderungen zu finden. Erhalten Sie sich diese Eckpfeiler einer guten Kommunikation auch in einem Teamchat (sowie in persönlichen Chats oder Gruppenchats). Schaffen Sie ein Umfeld, in dem sich jedes einzelne Teammitglied aktiv an der Unterhaltung im Teamchat beteiligen kann und weiß, dass seine Meinung wertgeschätzt wird.

Über diese wesentliche Frage hinaus sollten Sie im Team auch folgende Fragen klären:

- **Reaktionen:** Sie können mit verschiedenen Emojis bzw. *Gefällt mir* auf eine Nachricht reagieren. Sprechen Sie im Team darüber, was es bedeutet, wenn jemand statt des Daumens nach oben beispielsweise ein Herz oder ein Einhorn verwendet. Jeder in Ihrem Team sollte die Bedeutung kennen, um so auch schnell auf Nachrichten reagieren zu können.
- **Nachträgliches Bearbeiten oder Löschen:** Sie können standardmäßig Ihre Nachrichten nachträglich bearbeiten oder auch löschen – und das selbst dann, wenn bereits Antworten auf Ihre Nachricht existieren. Es wird eventuell Fälle geben, in denen eine Nachricht vielleicht schnell wieder entfernt werden muss. Sie sollten im Team aber klären, ob Sie die Möglichkeit im Normalfall nutzen möchten oder nicht bzw. wie Sie mit dieser Möglichkeit umgehen möchten. Eine nachträglich bearbeitete oder gelöschte Nachricht kann eine Unterhaltung ganz anders aussehen lassen, als sie tatsächlich stattgefunden hat.
- **Sprache:** Falls Sie wie ich in einem multilingualen Team arbeiten, sollten Sie außerdem festlegen, in welcher Sprache der Teamchat geführt werden soll, damit sich möglichst alle Teammitglieder aktiv beteiligen können. Denken Sie bitte daran, dass gegebenenfalls auch kulturelle Unterschiede zu berücksichtigen sein könnten. Hier sollten sich die Teammitglieder untereinander möglichst gut kennen, um auch in einem Teamchat aufeinander Rücksicht nehmen zu können.

Es kann natürlich beliebig viele weitere Regeln geben, die Sie untereinander vereinbaren. Die hier von mir aufgeführten Beispiele sind als ein erster Vorschlag zu verstehen.

4.8.3 Wie arbeiten Sie gemeinsam an Dokumenten?

Sie sollten sich innerhalb Ihres Teams abstimmen, wie Sie mit der Dateiablage umgehen möchten. Möchten Sie mit Ordnerstrukturen arbeiten, und wer ist für die Verwaltung dieser Strukturen verantwortlich? In der einen Teamkonstellation können vielleicht alle Teammitglieder die Dateiablage strukturieren, und in anderen Teamkonstellationen obliegt dies der Führungskraft bzw. dem Besitzer des Teams. Bei der eigentlichen Bearbeitung von Dokumenten empfehle ich Ihnen, die Chat-Funktion zu nutzen, um sich schnell zu Themen abstimmen zu können.

Löschen Sie keine Dateien von anderen Personen!

Jedes Teammitglied kann neue Dateien erstellen bzw. hochladen sowie bestehende Dateien bearbeiten und auch löschen, und zwar unabhängig davon, ob die Person die Datei ursprünglich erstellt hat oder jemand anderes. Legen Sie auch hierfür fest, in welchen Fällen Dateien wieder gelöscht werden und ob Sie den ursprünglichen Ersteller zuvor kontaktieren sollen.

4.8.4 Wie bleiben Sie auch bei räumlicher Distanz in Kontakt?

Selbst wenn sich viele Informationen in Form eines Teamchats austauschen lassen, sollte der persönliche Kontakt auch bei räumlicher Distanz einen Eckpfeiler Ihrer Teamarbeit ausmachen. In Kapitel 5 gehe ich im Detail auf die Möglichkeiten von Online-Besprechungen ein, aber Sie kennen nun schon die Sofortbesprechungen aus dem Teamchat heraus.

Wenn Sie diese Funktion nutzen und sich mit Ihrem Team austauschen möchten, achten Sie bitte darauf, dass Sie die gewünschten Personen zur Teilnahme auffordern. Nicht jeder wird automatisch das Kamerasymbol am Kanal sehen und von allein an der Besprechung teilnehmen. Schalten Sie außerdem nach Möglichkeit die Kamera an, sodass Sie sich gegenseitig sehen können. So bekommen Sie auch die Gestik und Mimik der anderen mit und können sich wesentlich leichter verstehen als bei einem reinen Audiogespräch.

4.8.5 Zum Abschluss ein paar Tipps aus meinem Arbeitsalltag

Ich habe ein paar Tipps für Sie, die sich in meinem Arbeitsalltag bewährt haben, den Austausch in meinem Team fördern und unser Teamgefühl weiter gestärkt haben:

- **Daily Stand-up:** Wir führen eine tägliche Besprechung durch, in der wir uns zu unseren aktuellen Aufgaben abstimmen und uns gegenseitig bei Problemen helfen. Ich freue mich jedes Mal, wenn ich meine Kollegen sehen kann (Voraussetzung dafür ist die aktivierte Kamera) und mich mit ihnen unterhalten kann. Meist kann man aus der Mimik auch Rückschlüsse darauf ziehen, ob es der jeweiligen Person gut oder schlecht geht. Das sind für mich dann Indizien, um nach dem Termin gegebenenfalls ein separates Gespräch zu führen.
- **Virtuelles Büro:** Bei der Arbeit aus dem Homeoffice heraus vermisst der eine oder andere Kollege den Austausch über den Tag hinweg mit den Kollegen, die sonst mit ihm in einem Raum arbeiten würden. Dafür nutzen wir eine Teams-Besprechung, an der jeder aus dem Team teilnehmen kann, aber nicht teilnehmen muss. Wenn ich in dieser Besprechung bin, kann ich mich stummschalten, wenn ich möchte, oder die Kollegen hören, wie ich die Tastatur benutze, und wir können einfach mal eine Frage in den Raum stellen, und die Kollegen können antworten. Damit steht ein Ersatz für das tatsächliche Büro zur Verfügung.
- **Bildschirm teilen:** Innerhalb des virtuellen Büros kann jeder spontan seinen Bildschirm teilen und so mit den Kollegen eine Lösung entwickeln oder ihnen ein Problem auf seinem Rechner zeigen und sich helfen lassen.

  Wenn Sie sich im selben Raum aufhalten und somit keine Online-Besprechung benötigen, um sich gegenseitig zu sehen bzw. hören zu können, ist es manchmal dennoch praktischer, wenn Sie zum Beispiel auf einem Monitor den geteilten Inhalt sehen können und gleichzeitig über den zweiten Monitor etwas nachschlagen und so dem Kollegen schnell helfen können.

Für einen solchen Fall können Sie in einem persönlichen Chat oder Gruppenchat die Möglichkeit nutzen, Ihren Bildschirm zu teilen. Alternativ nutzen Sie eine Online-Besprechung, in der Sie alle stummgeschaltet sind, und teilen hierüber Ihren Bildschirm.

Was nehmen Sie aus diesem Kapitel mit?

Nachdem wir uns in Kapitel 3 auf die Unterstützung Ihrer persönlichen Produktivität konzentriert hatten, haben Sie in diesem Kapitel gelernt, wie Sie die Zusammenarbeit in verschiedenen Teamkonstellationen optimal gestalten können. Dabei haben wir mit einem neuen Teamraum begonnen und nach und nach die Möglichkeiten betrachtet, die im Laufe der Zeit benötigt werden. Das können weitere Kanäle zur Strukturierung des Teamraums sein oder auch weitere Apps bzw. Registerkarten. Sie haben auch gesehen, wie die Zusammenarbeit mit unternehmensinternen und externen Personen optimal gestaltet werden kann. Zum Abschluss bin ich im Rahmen der Netiquette auch auf virtuelle Büros und damit einhergehende Teams-Besprechungen eingegangen sind.

Im nächsten Kapitel werden wir die vielfältigen Möglichkeiten von Online-Besprechungen im Detail erforschen, und Sie werden lernen, für welche Art von Termin Sie diesen oder jenen Besprechungstyp auswählen sollten.

Kapitel 5

Mit Online-Besprechungen den Informationsaustausch fördern

»Hier sind wir versammelt zu löblichem Tun.«
– Johann Wolfgang von Goethe

Im Zeitalter der hybriden Zusammenarbeit und geografisch verteilter Teams kommt den Möglichkeiten von Online-Besprechungen eine besondere Bedeutung zu. Im Rahmen von persönlichen Chats, Gruppenchats sowie innerhalb der Teamräume habe ich Ihnen gezeigt, wie Sie sich mit Ihren Kolleginnen und Kollegen über einen Audio- oder Videoanruf austauschen können. In diesem Kapitel werden Sie darüber hinaus die verschiedenen Funktionen zur Unterstützung von Online-Besprechungen Schritt für Schritt kennenlernen.

5.1 Grundlagen einer Besprechung anhand eines spontanen Anwendungsfalls

Ich möchte mit dem Szenario einer spontanen Besprechung beginnen, die sich aus einer Unterhaltung in einem Teamchat ergibt. Wenn Sie sich spontan mit Ihren Teammitgliedern abstimmen möchten, können Sie den Menüpunkt JETZT BESPRECHEN im oberen Bereich des Bildschirms auswählen. Sie werden dann wie in Abbildung 5.1 aufgefordert, einen Betreff für die Besprechung anzugeben. Klicken Sie in die Zeile mit dem Platzhaltertext BESPRECHUNG IN »GENERAL«, und geben Sie den Anlass für die spontane Besprechung an, damit Ihre Kollegen einschätzen können, ob sie an dieser Besprechung teilnehmen möchten. Wenn Sie keinen Betreff angeben, wird stattdessen der Name des Kanals verwendet, aus dem Sie die Besprechung starten.

Sie können vor Beginn der Besprechung außerdem festlegen, ob Sie Ihre Kamera aktivieren oder erst einmal nur per Audio teilnehmen möchten. Ich werde in einem späteren Abschnitt noch auf die Möglichkeit eingehen, den Hintergrund einer Videoübertragung zu verändern oder einen Avatar zu nutzen und so Ihre Privatsphäre zu schützen.

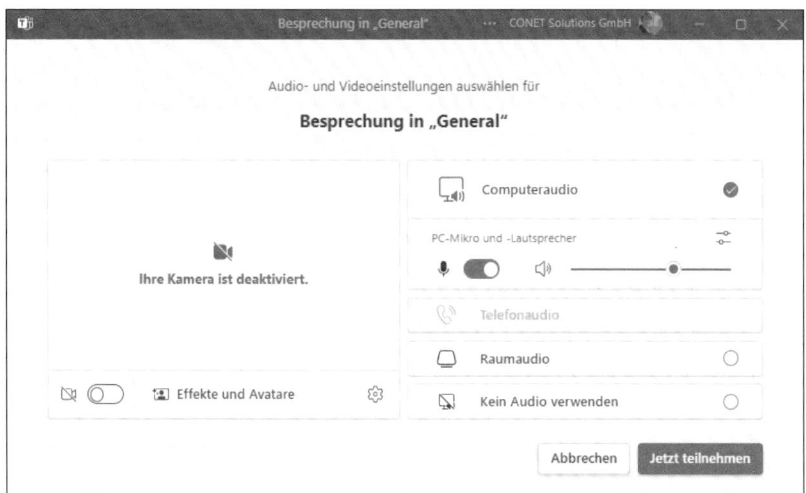

Abbildung 5.1 Geben Sie einen Betreff für die spontane Besprechung an, und entscheiden Sie, ob Sie die Kamera aktivieren möchten.

Wenn Sie so weit sind, können Sie durch Betätigen der Schaltfläche JETZT TEILNEHMEN die Besprechung starten (siehe Abbildung 5.2).

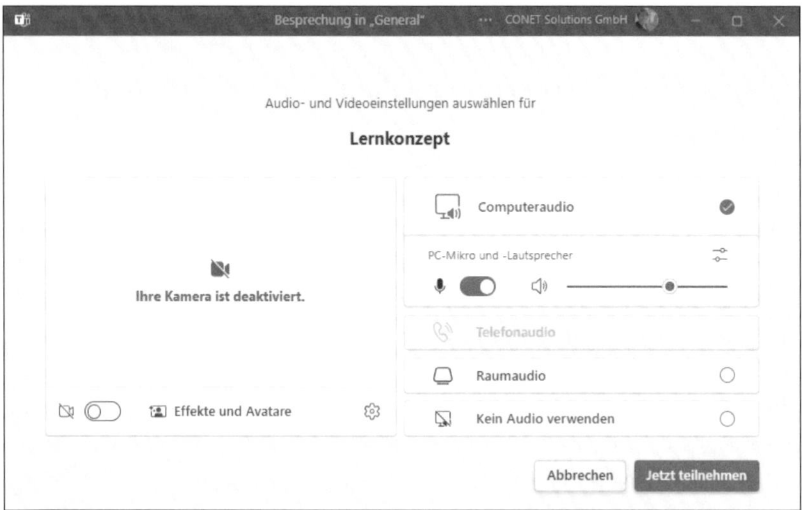

Abbildung 5.2 Wenn Sie so weit sind, können Sie die Besprechung starten.

5.1.1 Teilnehmer auswählen und anrufen

Nachdem die Besprechung gestartet wurde, sind Sie die erste Person in dieser Adhoc-Besprechung und können nun warten, ob die anderen Teammitglieder von allein an dieser Besprechung teilnehmen. Alternativ können Sie auch eine der in Abbildung 5.3 dargestellten Optionen nutzen, um auf die Besprechung aufmerksam zu machen. So können Sie den Link auf die Besprechung entweder per E-Mail oder über eine Chat-Nachricht versenden. Meistens werden Sie vermutlich jedoch die Option TEILNEHMER*INNEN HINZUFÜGEN wählen, um Personen direkt per Anruf zu dieser Besprechung hinzuzuziehen.

Abbildung 5.3 Informieren Sie andere Personen über die Besprechung.

Als Nächstes werden Sie gegebenenfalls noch gefragt, welche Sprache vermutlich in der Besprechung gesprochen wird. Das ist für die automatische Generierung des Transkripts sowie für die Übersetzungsfunktion hilfreich, da so nicht erst die gesprochene Sprache durch *Teams* ermittelt werden muss, sondern direkt die Protokollierung bzw. gegebenenfalls eine individuell gewünschte Übersetzung erfolgen kann.

Wenn Sie niemanden explizit zur Teilnahme an der Besprechung auffordern, warten Sie nun, wie in Abbildung 5.4 dargestellt, auf die weiteren Teilnehmer. Denn in der Liste der Teamräume wird für alle Teammitglieder rechts neben dem entsprechenden Kanal ein Kamerasymbol angezeigt (siehe Abbildung 5.5), und wenn Sie den Kanal aufrufen, sehen Sie im Teamchat, dass eine Besprechung gestartet wurde, wie lange die Besprechung schon läuft und wer bereits an der Besprechung teilnimmt. Über die Schaltfläche TEILNEHMEN können Ihre Kolleginnen und Kollegen dann selbstständig an der Besprechung teilnehmen und erscheinen danach in der Teilnehmerliste im Bereich IN DIESER BESPRECHUNG.

Wenn Sie doch nicht warten möchten, bis Ihre Kollegen von allein gemerkt haben, dass eine Besprechung gestartet wurde, und dann überlegen, ob sie daran teilnehmen sollen oder nicht, können Sie die Kollegen auch zur Teilnahme auffordern. In Abbildung 5.6 sehen Sie, dass Ihnen die anderen Teammitglieder bereits vorgeschlagen werden. Wenn Sie mit der Maus über den Namen der entsprechenden Person fahren, erscheint der Menüpunkt TEILNAHME ANFRAGEN, den Sie nun hierfür aufrufen können.

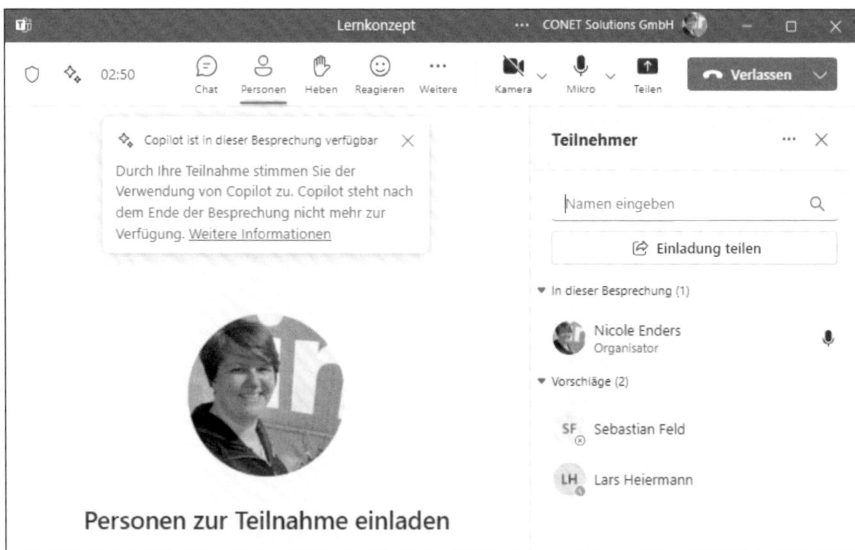

Abbildung 5.4 Warten Sie darauf, dass die anderen Teammitglieder von allein an dieser Besprechung teilnehmen, oder rufen Sie sie an.

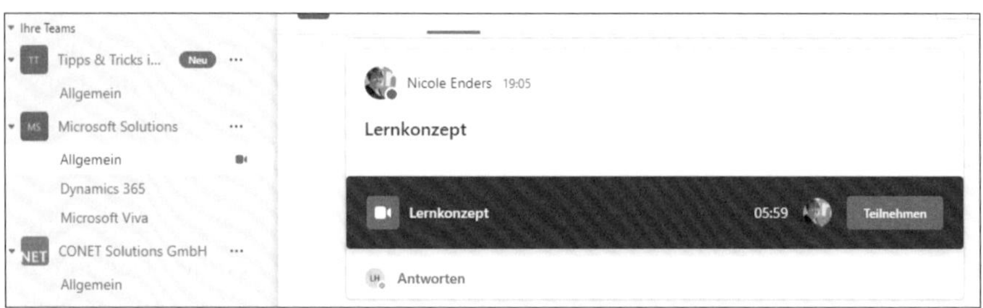

Abbildung 5.5 Ihre Kollegen sehen, dass eine Besprechung gestartet wurde.

Abbildung 5.6 Fordern Sie Ihre Kollegen explizit zur Teilnahme an dieser Besprechung auf.

Bei größeren Teams kann es sein, dass Ihnen nicht alle Kollegen vorgeschlagen werden. Nutzen Sie in diesem Fall das Eingabefeld mit der Beschreibung NAMEN EINGEBEN, und tippen Sie dort den Namen der gewünschten Person ein. Alternativ können Sie über die Schaltfläche EINLADUNG TEILEN auch den Link zur Besprechung erhalten und diesen per Chat versenden oder eine E-Mail-Einladung versenden.

Bei den ersten beiden Varianten werden die von Ihnen ausgewählten Personen angerufen und erhalten entsprechend der in Abbildung 5.7 dargestellten Meldung die Option, den Anruf anzunehmen oder abzulehnen. Durch Betätigen der Schaltfläche ANNEHMEN treten sie nicht direkt der Besprechung bei, sondern erhalten (wie in Abbildung 5.8 dargestellt) genau wie der Initiator der Besprechung die Möglichkeit, zu entscheiden, ob sie ihre Kamera aktivieren möchten und ob sie stummgeschaltet der Besprechung beitreten möchten.

Abbildung 5.7 Wenn Sie zur Teilnahme an einer Besprechung aufgefordert werden, erhalten Sie einen Anruf.

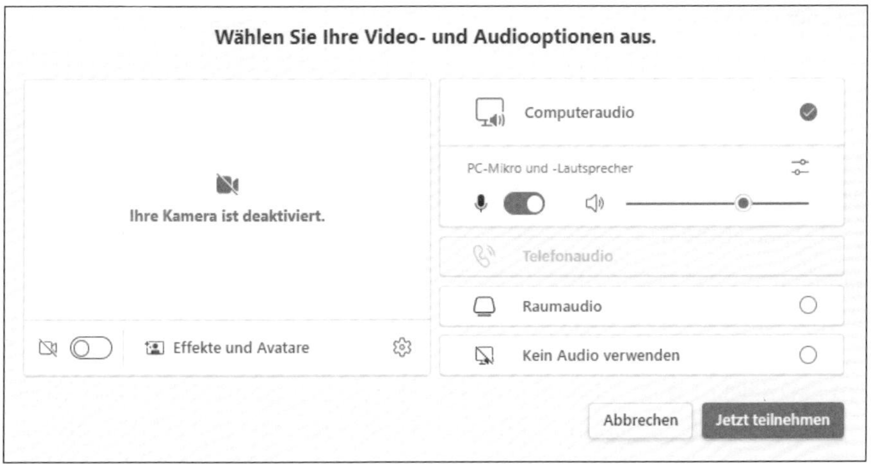

Abbildung 5.8 Wählen Sie aus, ob Sie mit aktivierter Kamera und ob Sie stummgeschaltet an der Besprechung teilnehmen möchten.

Durch Betätigen der Schaltfläche JETZT TEILNEHMEN treten Sie der Besprechung bei. In meinem Beispiel aus Abbildung 5.9 ist Anna der Besprechung beigetreten und taucht somit in der Teilnehmerliste im Bereich IN DIESER BESPRECHUNG auf.

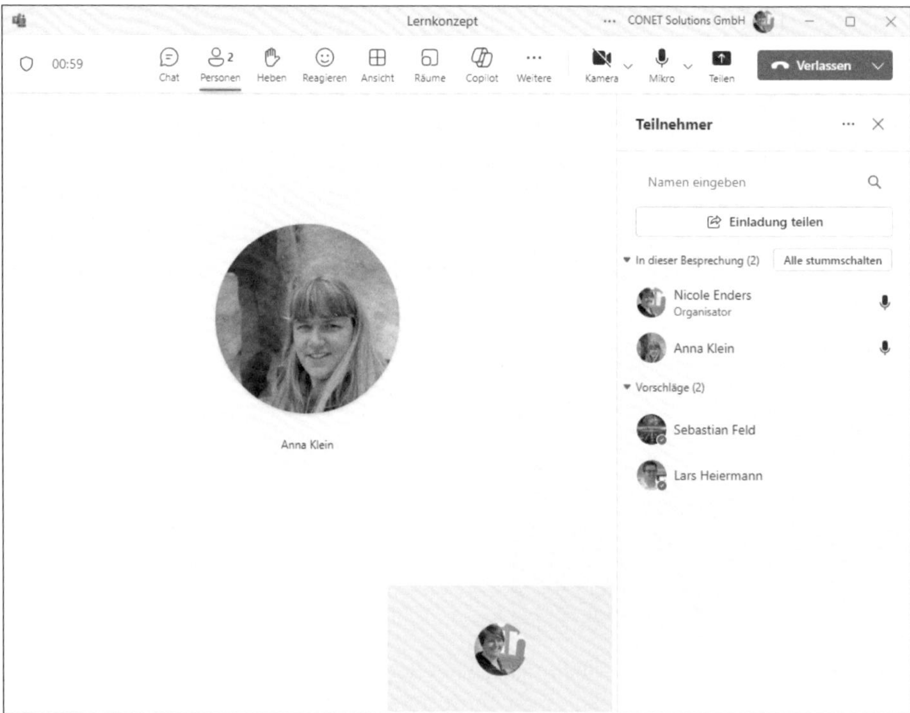

Abbildung 5.9 Anna ist die erste Teilnehmerin in meiner Besprechung und wird mit ihrem Profilbild dargestellt.

Anna hat ihre Kamera nicht aktiviert und erscheint daher mit ihrem Profilbild. Da es noch keine weiteren Teilnehmer gibt, nimmt Anna die gesamte Oberfläche ein (siehe Abbildung 5.9). Sobald aber weitere Personen zu der Besprechung hinzukommen, verändert sich die Darstellung, wie Sie es exemplarisch in Abbildung 5.10 und Abbildung 5.11 sehen können.

Sie können in der Teilnehmerliste übrigens auch sehen, ob gerade versucht wird, jemanden zur Teilnahme aufzufordern. So sehen Sie beispielsweise in Abbildung 5.10 bei Lars Heiermann die Anmerkung ANRUFEN. Sie kennzeichnet, dass Lars noch nicht reagiert hat und dass weiterhin versucht wird, ihn zur Teilnahme zu bewegen. Direkt darunter sehen wir die Situation, wenn jemand offline ist oder nicht auf den Anruf reagiert hat. In einem solchen Fall wird kurze Zeit später die Meldung KEINE ANTWORT angezeigt, und danach wird die Person aus der Liste der aktiven Teilnehmer wieder entfernt.

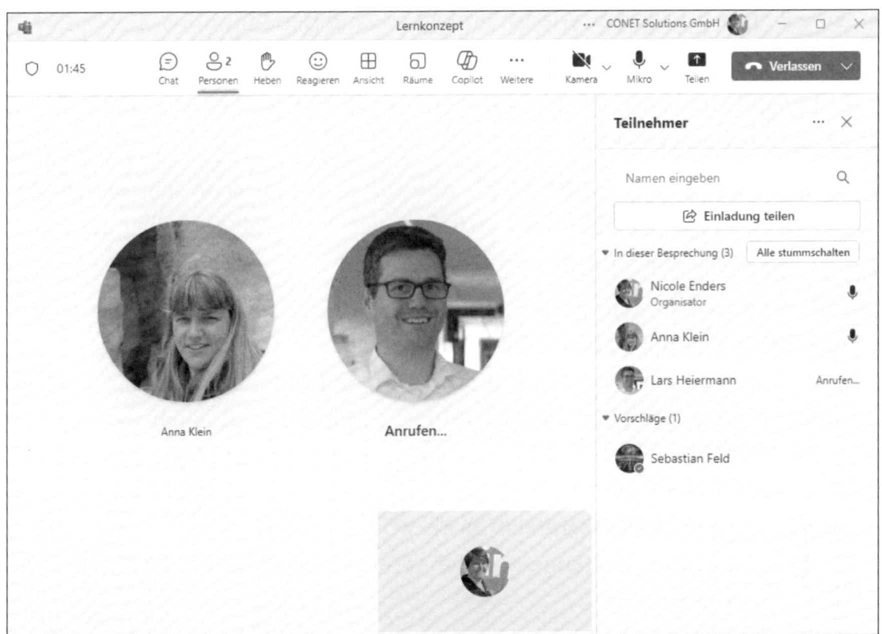

Abbildung 5.10 Die Teilnehmer werden mit ihrem Profil angezeigt oder erhalten eine Kachel für die Übertragung ihres Kamerasignals.

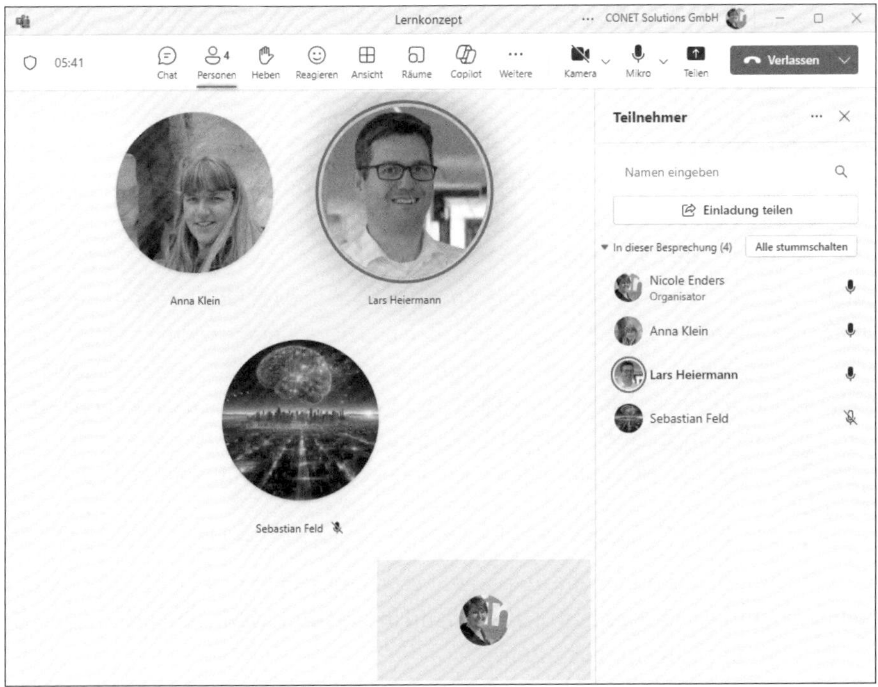

Abbildung 5.11 Die Anzeige ändert sich abhängig von der Personenanzahl.

5.1.2 Eine Besprechung moderieren und »die Hand heben«

Bei Online-Besprechungen ist es noch wichtiger als in einer Besprechung vor Ort, dass Sie Verhaltensregeln aufstellen, die allen Teilnehmenden bekannt sein und von ihnen akzeptiert werden sollten.

Eine wichtige Regel ist zum Beispiel, sich stummzuschalten, wenn man gerade keinen aktiven Redeanteil hat. Das kann man über sein Mikrofon oder über die Steuerungsleiste in der Besprechung tun.

Manchmal vergessen die Teilnehmenden aber, sich stummzuschalten, und für die in dem Moment sprechende Person kann es irritierend sein, wenn sie Hintergrundgeräusche oder (je nach verwendeten Lautsprechern und Mikrofonen) sogar ein Echo wahrnimmt. In diesem Fall können Sie sowohl als Teilnehmer als auch als Organisator über die Teilnehmerliste den Menüpunkt ALLE STUMMSCHALTEN oberhalb der Liste aller Teilnehmenden nutzen. Sie erhalten dann entsprechend der Darstellung in Abbildung 5.12 eine Sicherheitsabfrage, ob Sie wirklich alle anderen Teilnehmenden stummschalten möchten. Bestätigen Sie die Abfrage, indem Sie auf die Schaltfläche STUMMSCHALTEN klicken.

Abbildung 5.12 Schalten Sie alle Teilnehmer stumm.

Die anderen Teilnehmenden erhalten eine Meldung in Form eines Banners im Kopfbereich, in der sie über die Stummschaltung informiert werden.

Jeder Teilnehmende kann alle stummschalten!

Achten Sie bitte bei Verwendung dieser Funktion darauf, dass Sie diese nur nutzen, wenn Sie gerade einen aktiven Redeanteil haben und die anderen Teilnehmenden nur zuhören sollen. Wenn Sie alle außer sich stummschalten und gerade jemand anderes redet, würden Sie ihn ebenfalls stummschalten. Versuchen Sie, sich dieses Vorgehen in einer Besprechung in einem gemeinsamen Raum vorzustellen. Das wäre so, als ob Sie dem Vortragenden »Sei still, jetzt bin ich dran« zuflüstern würden und dann einfach anfangen zu reden.

In der Teilnehmerliste können Sie übrigens auch sehen, wer gerade stummgeschaltet ist (siehe Abbildung 5.13). Das ist vor allem dann interessant, wenn Personen erst später zu einer Besprechung hinzustoßen.

Abbildung 5.13 Schauen Sie nach, wer stummgeschaltet ist und wer gegebenenfalls durch Hintergrundgeräusche die Besprechung beeinträchtigt.

In der Teilnehmerliste sehen Sie außerdem, wer gerade spricht bzw. mit Hintergrundgeräuschen die Besprechung beeinträchtigt. Diese Person wird, solange Ton übertragen wird, fett markiert hervorgehoben. Das kann Ihnen helfen, die richtige Person zu ermitteln, die Sie stummschalten möchten.

Bestimmen Sie eine Person für die Einhaltung der Regeln

In der Praxis hat es sich bewährt, dass eine Person auf die Teilnehmerliste achtet und gegebenenfalls einzelne Personen stummschaltet, wenn sie dies nicht von selbst tun und gerade keinen aktiven Redeanteil haben. Die Person, die diese Aufgabe übernimmt, sollte keine geplanten Redeanteile haben und sich auf diese Aufgabe fokussieren können. Eventuell kann diese Person sogar weitere Aufgaben übernehmen, auf die ich gleich eingehen werde.

Wenn Sie die Teilnehmenden zu Beginn des Termins auffordern, sich stummzuschalten, sollten Sie aber auch klären, wie sich die Kolleginnen und Kollegen zu Wort melden können. Ihnen stehen zwei Möglichkeiten zur Verfügung: das *Handheben* oder der *Besprechungschat*.

In Abbildung 5.14 sehen Sie, dass zwei Personen die Hand gehoben haben. Dabei wird die entsprechende Person optisch hervorgehoben (wie zum Beispiel Lars). Sie können in Ihrer Besprechung beispielsweise die Regel aufstellen, dass jemand die Hand heben soll, wenn er etwas sagen möchte. Der Moderator kann darauf achten, wann jemand die Hand hebt, und dann dieser Person das Wort erteilen. Falls sich mehrere Personen auf diese Weise melden, wird Ihnen sogar angezeigt, in welcher Reihenfolge sie die Hand gehoben haben. So können Sie nacheinander den Personen das Wort erteilen und die entsprechende Person kann dann die Stummschaltung aufheben und sprechen. Sobald die Person nichts mehr sagen möchte, schaltet sie sich wieder stumm und nimmt die Hand herunter. Bei einem längeren Redebeitrag blendet *Teams* die Hand automatisch wieder aus.

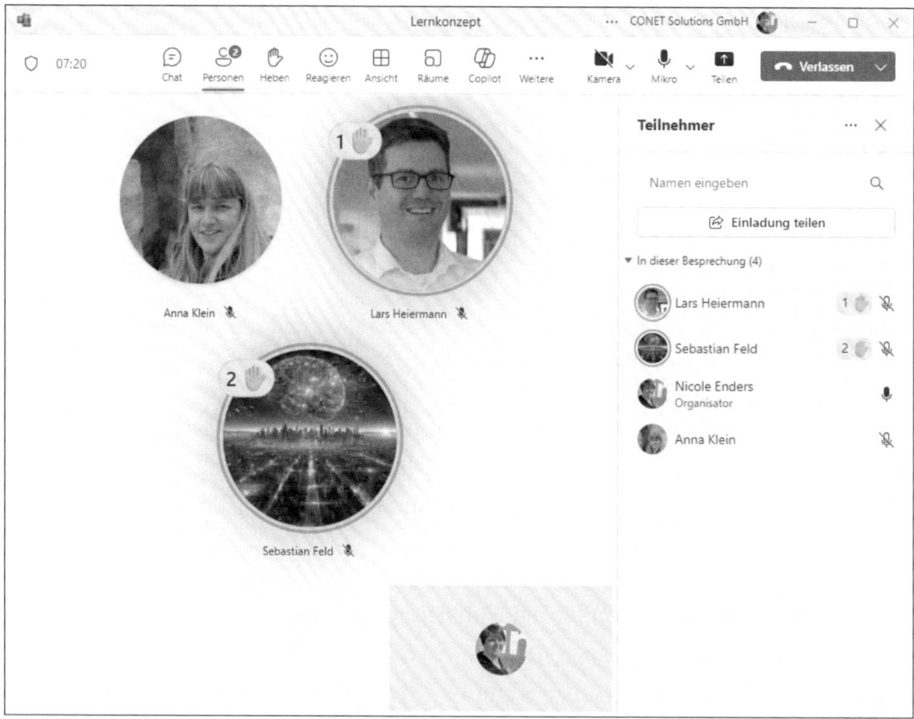

Abbildung 5.14 Nutzen Sie die Möglichkeit des »Handhebens«, um sich zu Wort zu melden.

Wenn Sie sich zu Wort melden möchten, können Sie in der Aktionsleiste den Menüpunkt HEBEN SIE IHRE HAND aufrufen. Daraufhin wird wie bei Sebastian und Lars in Abbildung 5.14 sowohl in der Teilnehmerliste (die auch mal geschlossen sein kann) als auch an der Person selbst ein Handsymbol angezeigt.

Wenn Sie sich ganz auf Ihre Gesprächspartner fokussieren möchten, werden Sie vielleicht die Teilnehmerliste über das X oben rechts geschlossen haben. Sie können die Teilnehmerliste aber jederzeit wieder über die Aktionsleiste öffnen und sehen dort bereits, wenn Personen die Hand gehoben haben. In dem Beispiel aus Abbildung 5.15 haben zwei Personen die Hand gehoben.

Abbildung 5.15 In der Aktionsleiste sehen Sie am Menüpunkt für die Teilnehmerliste bereits, dass (in diesem Beispiel) zwei Personen die Hand gehoben haben.

Wenn Sie dann mit der Maus über eine der Personen fahren, erscheint eine Dreipunkteschaltfläche (siehe Abbildung 5.16). Über diese können Sie verschiedene Aktionen aufrufen, zum Beispiel das Senken der Hand.

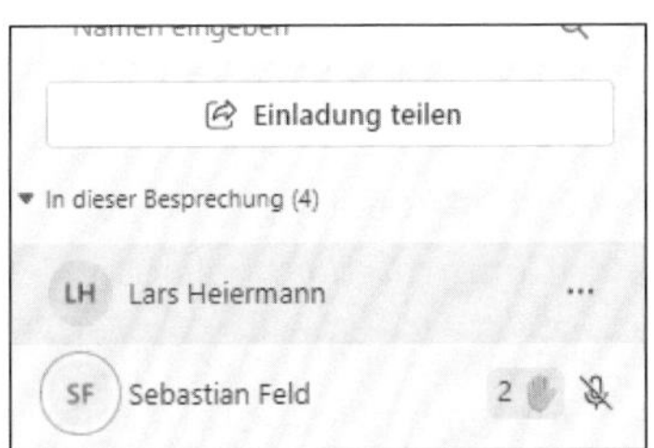

Abbildung 5.16 Schauen Sie nach, welche Aktionen Sie für einen Teilnehmer aufrufen können.

Jeder Teilnehmende kann selbst seine Hand wieder senken, indem er erneut den Menüpunkt [✋] in der Aktionsleiste aufruft. Wenn Ihre Teilnehmer dies jedoch nicht selbstständig tun, können Sie diesen Schritt über den in Abbildung 5.17 dargestellten Menüpunkt HAND SENKEN übernehmen, nachdem die Person gesprochen hat.

Abbildung 5.17 Senken Sie die Hand einer Person, falls sie es vergessen hat.

Eine andere Option für die Beteiligung der Teilnehmenden an der Besprechung stellt der Besprechungschat dar (siehe Abbildung 5.18), den Sie ebenfalls über die Aktionsleiste erreichen können. Hier können Sie sich untereinander während der Besprechung wie in einem Teamchat austauschen.

Besprechungschat vs. Hand heben

Wenn Sie eine Besprechung führen, die primär einen Diskussionscharakter aufweist, sollten Sie auf den Besprechungschat verzichten und stattdessen die Möglichkeit des Handhebens nutzen, damit Sie sich nicht aus Versehen gegenseitig ins Wort fallen. Dieses Format benötigt allerdings einen Moderator, der den einzelnen Personen jeweils das Wort erteilt.

Bei einem Training beispielsweise, in dem eine Person Wissen vermittelt und über längere Zeit hinweg den aktiven Redeanteil hat, kann der Besprechungschat allerdings ein probates Mittel sein, um Verständnisfragen zu sammeln. Ein Moderator kann auf den Chat achten, gegebenenfalls bereits Fragen beantworten oder diese an einer passenden Stelle an den Redner richten. Bei dieser Option können die Teilnehmer auf die Möglichkeit des Handhebens verzichten und stummgeschaltet bleiben.

Es wird auch sicher Situationen geben, in denen Sie beide Möglichkeiten miteinander kombinieren bzw. in verschiedenen Teilen der Besprechung sinnvoll einsetzen können. Sie sollten nur vorab mit den Teilnehmenden besprechen, dass im Besprechungschat nicht eine Parallelunterhaltung erfolgen soll, die gegebenenfalls von der Person ablenkt, die gerade spricht.

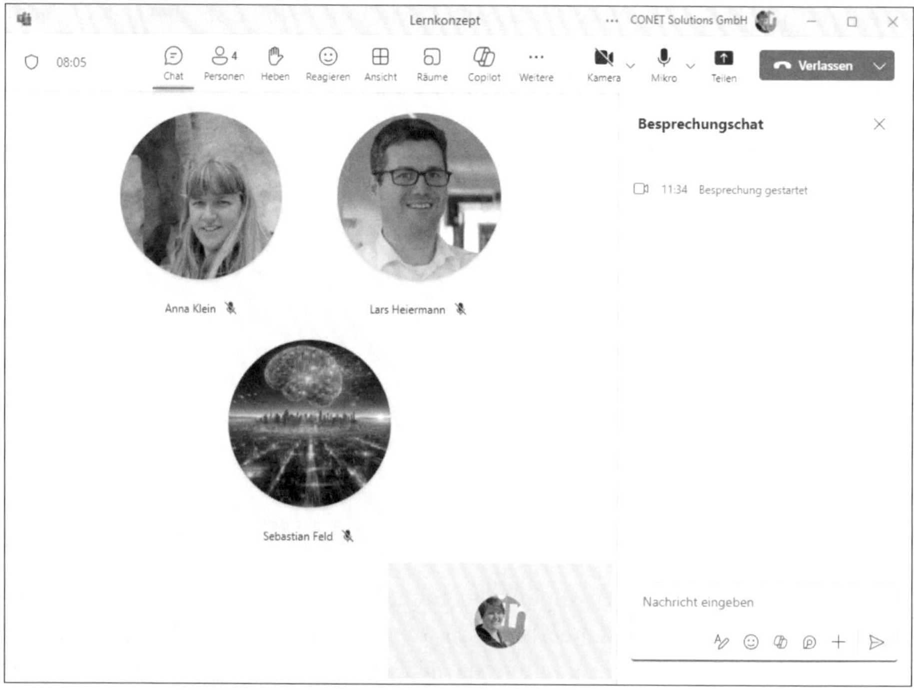

Abbildung 5.18 Nutzen Sie den Besprechungschat, um Fragen zu stellen.

5.1.3 Kamera aktivieren und den persönlichen Hintergrund auswählen

Bisher haben Sie mit deaktivierter Kamera an der Besprechung teilgenommen. Bei räumlicher Distanz ist es aber ein entscheidender Faktor für eine gute Kommunikation, dass Sie sich auch gegenseitig sehen können, wie es ja auch in einer Besprechung vor Ort der Fall wäre.

Daher werden Sie gleich Ihre Kamera aktivieren. Das können Sie direkt über die Aktionsleiste mit dem Menüpunkt KAMERA AKTIVIEREN tun. Dann wird das von Ihrer Kamera erfasste Videosignal ohne Filterung an Ihre Kollegen übertragen. Wenn Sie

Ihre Privatsphäre schützen und anstelle des tatsächlichen Hintergrunds lieber ein Bild übertragen oder Ihren Hintergrund weichzeichnen möchten, sollten Sie anders vorgehen.

Kann es noch weitere Gründe für die Nutzung eines virtuellen Hintergrunds geben?

Neben dem Schutz der Privatsphäre kann ein virtueller Hintergrund auch hilfreich sein, um sich auf die Besprechung fokussieren zu können. Denn wenn im Hintergrund einer teilnehmenden Person Bewegungen zu erkennen sind, lassen sich Menschen doch recht schnell ablenken und können sich nicht mehr hundertprozentig auf das eigentliche Gespräch konzentrieren. Aus diesem Grund werden virtuelle Hintergründe auch sehr häufig genutzt, wenn man sich nicht allein im Raum aufhält.

5

Rufen Sie in diesem Fall über die Dreipunkteschaltfläche den Menüpunkt VIDEOEFFEKTE UND -EINSTELLUNGEN auf (siehe Abbildung 5.19). Daraufhin erscheint der in Abbildung 5.20 dargestellte Bereich für die Konfiguration Ihres Videosignals.

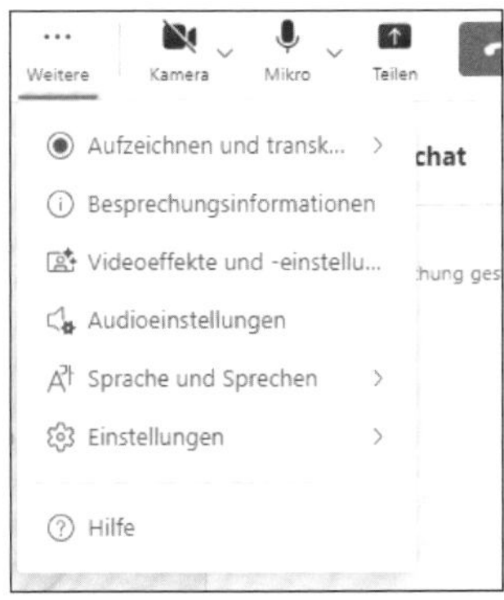

Abbildung 5.19 Wählen Sie einen Hintergrund aus, der anstelle Ihres tatsächlichen Hintergrunds angezeigt werden soll, wenn Sie die Kamera aktivieren.

Ihnen wird neben verschiedenen virtuellen statischen oder animierten Hintergründen auch eine große Auswahl an Filtern angeboten, wie Sie sie vielleicht aus dem privaten Umfeld im Social-Media-Bereich oder von der Kamera in Ihrem Smartphone kennen. So werden Sie beispielsweise Kategorien wie *Snapchat* und *Maybelline* finden.

Doch beginnen wir mit einem virtuellen Hintergrund. Mit einem Klick auf einen der vorgeschlagenen Hintergründe können Sie diesen auswählen. Wenn Ihnen keiner zusagt, können Sie über die Schaltfläche NEUEN HINZUFÜGEN ein Bild von Ihrem Rechner hochladen und dieses als eigenen Hintergrund verwenden. Über die Schaltfläche VORSCHAU können Sie, wie in Abbildung 5.21 dargestellt, erst einmal prüfen, ob Ihnen der ausgewählte Hintergrund gefällt.

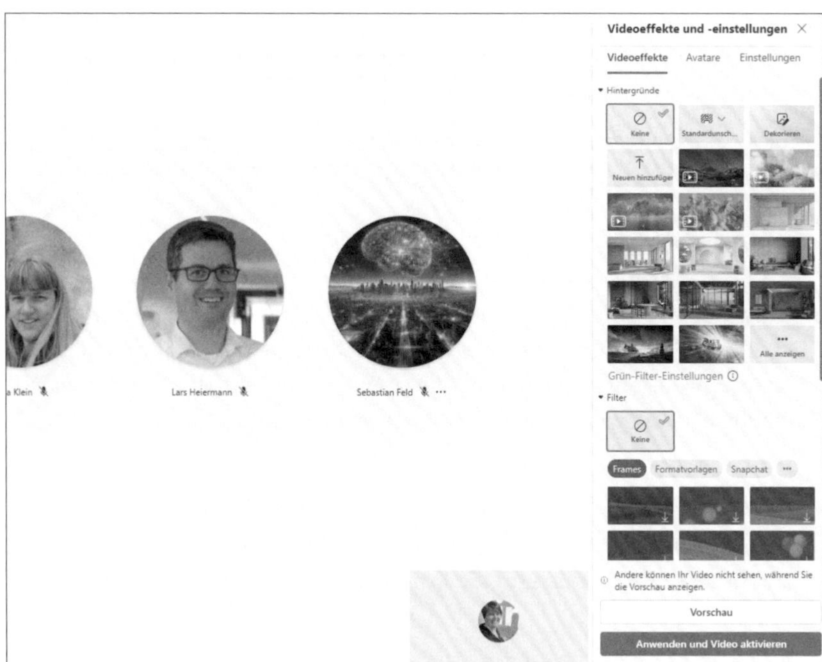

Abbildung 5.20 Wählen Sie einen Hintergrund aus oder laden Sie eines Ihrer Bilder hoch.

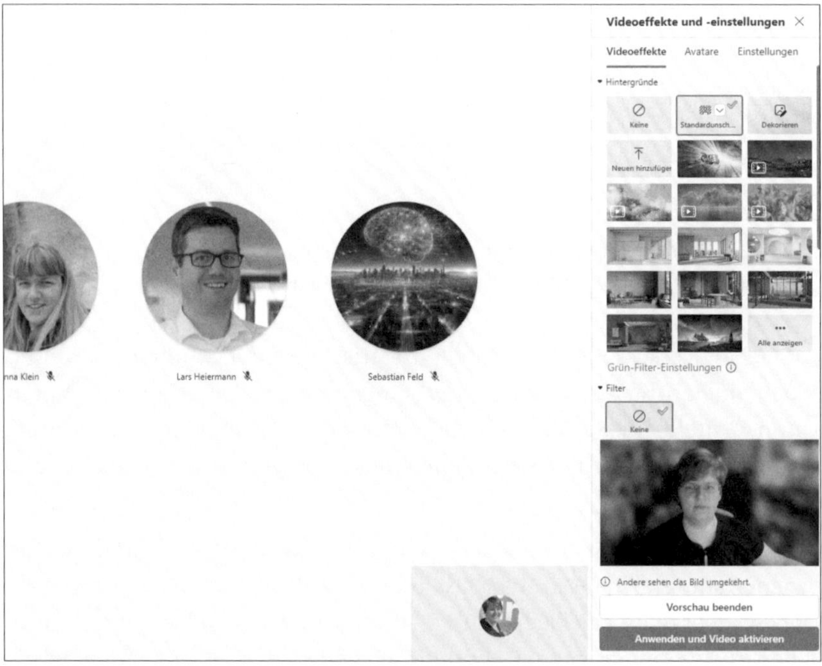

Abbildung 5.21 Sie können in der Vorschau prüfen, ob Sie mit dem ausgewählten Bild zufrieden sind.

Wenn Sie zufrieden sind, können Sie durch Betätigen der Schaltfläche Anwenden und Video aktivieren die Kamera aktivieren und das Videosignal an die anderen Personen in der Besprechung übertragen.

Sobald Ihre Kamera aktiviert ist, sehen Sie sich selbst je nach Anzeigeeinstellung unten rechts unterhalb der Kacheln mit Ihren Gesprächspersonen oder gemeinsam in der Menge der anderen Personen. So wissen Sie stets, welches Bild übertragen wird.

Sie können den Hintergrund nach Belieben auch wieder ändern, indem Sie erneut den Menüpunkt Videoeffekte und -einstellungen auswählen. Nach Auswahl eines neuen Hintergrunds können Sie mit diesem Hintergrund durch Betätigen der Schaltfläche Übernehmen den bisherigen Hintergrund ersetzen (siehe Abbildung 5.22). Achten Sie aber bitte darauf, dies nicht innerhalb einer Besprechung mehrmals zu tun, da auch dies zu Ablenkung der anderen Personen führt, wodurch die Konzentration auf das Gespräch leidet.

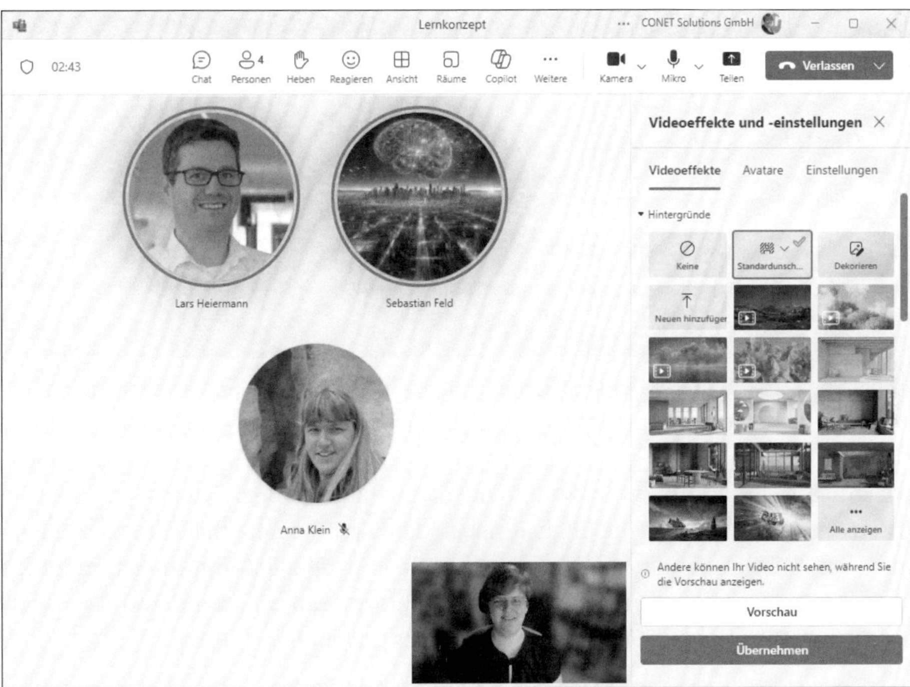

Abbildung 5.22 Sie sehen sich selbst unten rechts. Ihre Gesprächspartner werden in größeren Kacheln dargestellt.

Für Ihre Gesprächspartner hat sich ebenfalls etwas geändert: Sie sehen aktuell ihre Gesprächspartner als runde Profilbilder. Keiner Ihrer Gesprächspartner hat bisher die Kamera aktiviert. Wenn Sie nun die Kamera aktivieren, wäre es denkbar, dass einfach in dieser einen Kachel nun das Videosignal übertragen wird. So ist es aber nicht: In Abbildung 5.23 sehen Sie die Ansicht aus Lars' Perspektive. Er sieht nun mich auf der gesamten Bildschirmbreite, während die Personen mit deaktivierter Kamera oben dargestellt werden. Wenn weitere Personen ihre Kamera aktivieren, wird der Bildschirm in verschiedene Kacheln aufgeteilt.

Abbildung 5.23 Es wird zwischen Personen mit aktivierter Kamera und Personen mit deaktivierter Kamera unterschieden.

Ich empfehle Ihnen, die Kamera nur in Ausnahmefällen zu deaktivieren. So geben Sie Ihren Gesprächspartnern die Chance, neben dem, was Sie inhaltlich zu sagen haben, auch auf Ihre Gestik und Mimik zu achten. Die nonverbale Kommunikation macht einen großen Teil in unseren persönlichen Gesprächen aus und kann (wenn sie fehlt) zu einem vollkommen anderen Verständnis des Gegenübers führen.

Behalten Sie Ihre Gesprächspartner im Blick!

Je nachdem wie viele Personen an einer Besprechung teilnehmen und ihre Kamera aktiviert haben, können unterschiedliche Ansichten sinnvoll sein. In Abbildung 5.24 sehen Sie die angebotenen Möglichkeiten. Standardmäßig wird die Option Galerie ausgewählt. Diese ist für Besprechungen bis zu zehn Personen inklusive Ihnen geeignet. Wenn Sie Besprechungen mit mehr Personen durchführen, können Sie die Option Grosse Galerie verwenden. Hiermit können bis zu 50 Personen inklusive Ihnen dargestellt werden.

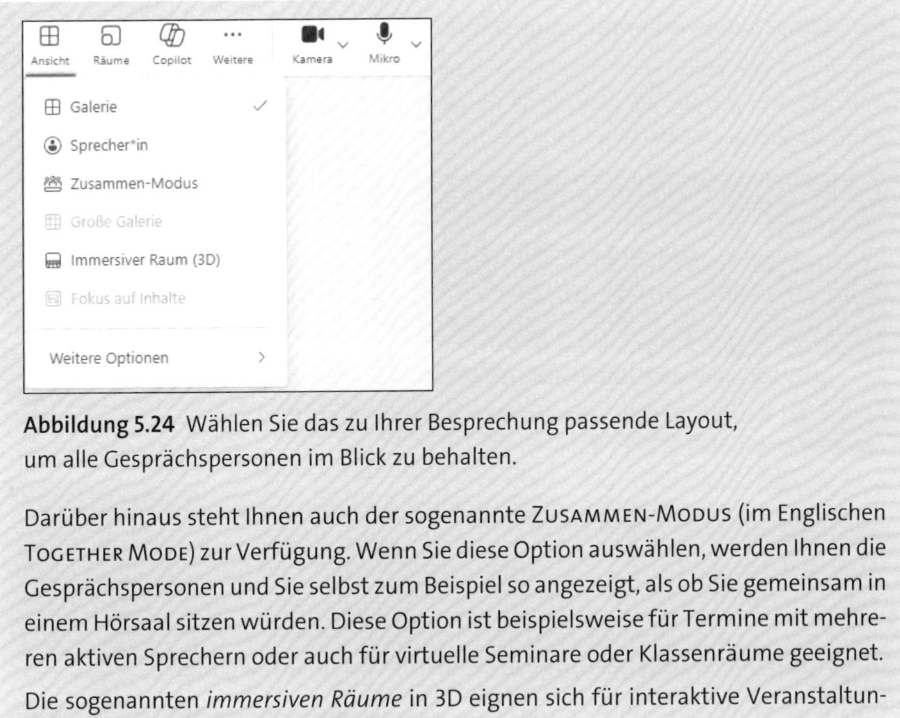

Abbildung 5.24 Wählen Sie das zu Ihrer Besprechung passende Layout, um alle Gesprächspersonen im Blick zu behalten.

Darüber hinaus steht Ihnen auch der sogenannte ZUSAMMEN-MODUS (im Englischen TOGETHER MODE) zur Verfügung. Wenn Sie diese Option auswählen, werden Ihnen die Gesprächspersonen und Sie selbst zum Beispiel so angezeigt, als ob Sie gemeinsam in einem Hörsaal sitzen würden. Diese Option ist beispielsweise für Termine mit mehreren aktiven Sprechern oder auch für virtuelle Seminare oder Klassenräume geeignet.

Die sogenannten *immersiven Räume* in 3D eignen sich für interaktive Veranstaltungen gegebenenfalls sogar noch besser und bieten Raum für informelle Kommunikation im digitalen Raum. Auf diese Option gehe ich in Abschnitt 5.4.3 genauer ein.

Wenn Sie einmal für einen kurzen Moment die Kamera ausschalten möchten, können Sie dies schnell über die Aktionsleiste tun (siehe Abbildung 5.25).

Abbildung 5.25 Über die Aktionsleiste können Sie schnell die Kamera deaktivieren.

Das kann zum Beispiel dann sinnvoll sein, wenn Sie sich in einer längeren Besprechung befinden und kurz Ihren Platz verlassen müssen und Ihren Rechner sperren. Wenn Sie wieder zu Ihrem Platz zurückkehren, sich setzen und Ihr Kennwort eingeben, sind Sie gedanklich vielleicht noch nicht wieder in der Besprechung zurück, weil Sie die Benutzeroberfläche von *Microsoft Teams* und die anderen Teilnehmenden noch nicht sehen. Ihr Videosignal wird zwar mittlerweile bei gesperrtem Bildschirm nicht mehr übertragen, aber vielleicht möchten Sie kurz noch auf eine Nachricht antworten und sind daher noch nicht mit voller Aufmerksamkeit wieder bei der Besprechung. Darum spricht einiges dafür, vor dem Sperren des Rechners die Kamera zu deaktivieren und sie erst nach der Rückkehr zur Besprechung wieder zu aktivieren.

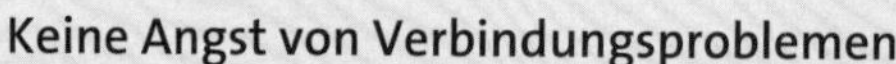

Keine Angst von Verbindungsproblemen

Wenn die Qualität Ihrer Internetverbindung schwankt oder ein Verbindungsproblem auftritt, kann es sein, dass Sie die Meldung aus Abbildung 5.26 erhalten. Warten Sie dann einfach ab, bis die Verbindung automatisch wieder für Sie hergestellt wurde.

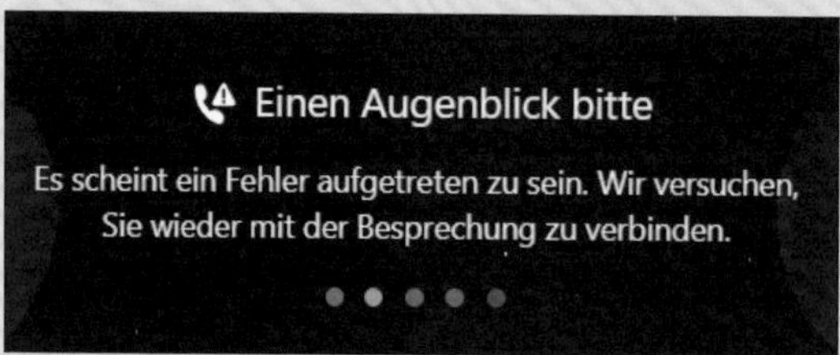

Abbildung 5.26 Bei Verbindungsproblemen werden Sie automatisch wieder mit Ihrer Besprechung oder Ihrem Anruf verbunden.

Im Gegensatz zu anderen Tools müssen Sie hier nicht selbst aktiv werden und können anschließend das Gespräch fortführen.

5.1.4 Protokolle waren gestern – eine Besprechung aufzeichnen

Erstellen Sie von einer Besprechung ein Protokoll? Wie legen Sie fest, wer das Protokoll schreiben soll? In meinem Arbeitsumfeld kenne ich niemanden, der besonders gerne diese Aufgabe übernimmt. Daher würde jeder bei uns die Möglichkeit nutzen, wenn es eine automatisierte Variante der Protokollierung einer Besprechung gäbe. Und tatsächlich steht sie Ihnen in Form einer Aufzeichnung der Besprechung zur Verfügung.

Rufen Sie dazu den Menüpunkt AUFZEICHNEN UND TRANSKRIBIEREN • AUFZEICHNUNG BEGINNEN über die Dreipunkte-Schaltfläche in der Aktionsleiste auf. Danach erhalten Sie eine Bestätigung oberhalb der Teilnehmeranzeige und sehen einen roten Punkt links in der Aktionsleiste (siehe Abbildung 5.27). Vorher müssen Sie allerdings mit Ihren Gesprächspartnern geklärt haben, ob jemand nicht in der Aufzeichnung erscheinen möchte.

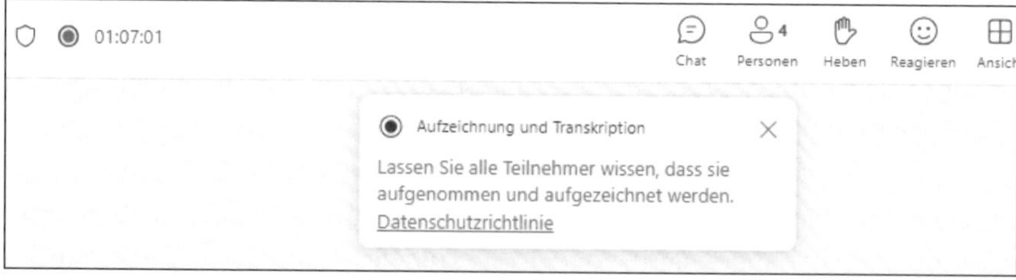

Abbildung 5.27 Sie erhalten eine Bestätigung darüber, dass Sie die Aufzeichnung gestartet haben.

Ihre Gesprächspartner erhalten zwar die in Abbildung 5.28 dargestellte Meldung, sobald Sie die Aufzeichnung gestartet haben. Falls jemand aber nicht mit der Aufzeichnung einverstanden ist, könnte er nun keinen Einspruch mehr einlegen, ohne dabei in der Aufzeichnung aufzutauchen.

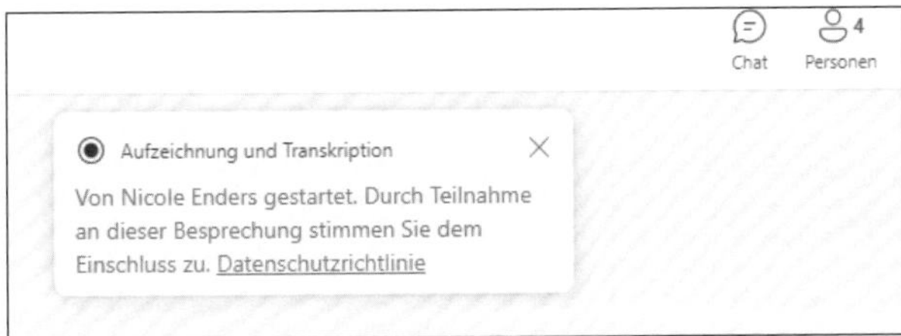

Abbildung 5.28 Alle Teilnehmer erhalten eine Mitteilung darüber, dass Sie die Aufzeichnung gestartet haben.

In der Aufzeichnung erscheinen die Teilnehmenden so, wie Sie sie sehen, sowie das Audiosignal. Sollten Sie oder einer Ihrer Gesprächspartner während der Aufzeichnung die Möglichkeit nutzen, den Bildschirm zu teilen, so wird auch dies in der Aufzeichnung zu sehen sein.

Wenn Sie die Aufzeichnung beenden möchten, rufen Sie über die Dreipunkteschaltfläche den Menüpunkt AUFZEICHNUNG BEENDEN auf (siehe Abbildung 5.29).

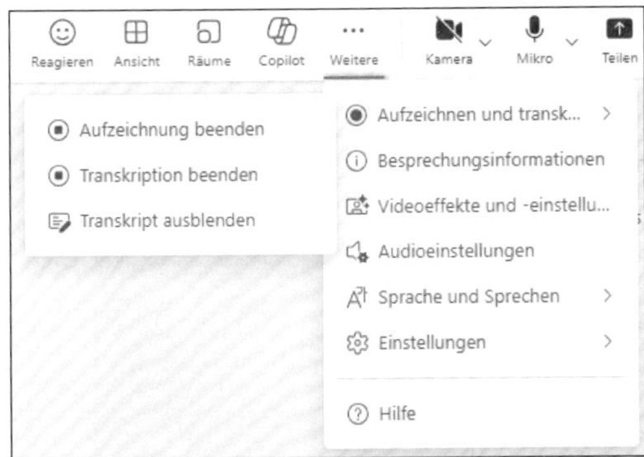

Abbildung 5.29 Beenden Sie die Aufzeichnung über die Aktionsleiste.

Nach dem Beenden der Besprechung können Sie im Teamchat nun so wie in Abbildung 5.30 sehen, wie lange die Besprechung insgesamt gedauert hat, wer daran teilgenommen hat und dass es eine Aufzeichnung hierzu gibt.

Da die Verarbeitung der Aufzeichnung einige Minuten in Anspruch nehmen kann, sehen Sie hier eine vorläufige Meldung, dass das Video später an dieser Stelle zu finden sein wird. Wenn Sie zu einem späteren Zeitpunkt hierher zurückkehren, sollten Sie nun das Video von hier aus aufrufen können. Mit einem Klick auf das Vorschaubild öffnet sich das Video (siehe Abbildung 5.31) und wird automatisch gestartet.

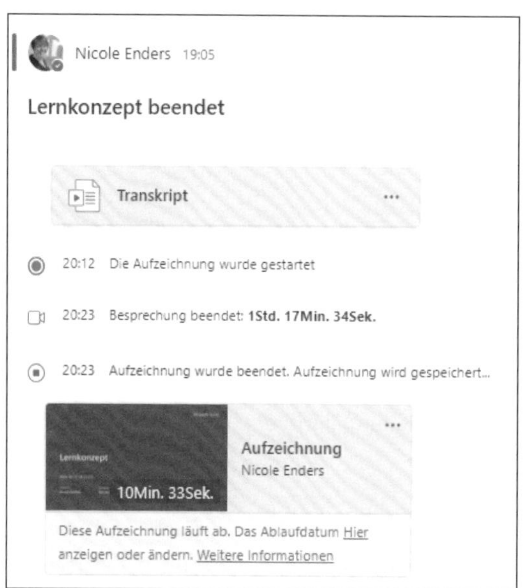

Abbildung 5.30 Im Teamchat finden Sie Informationen zu der spontan durchgeführten Besprechung.

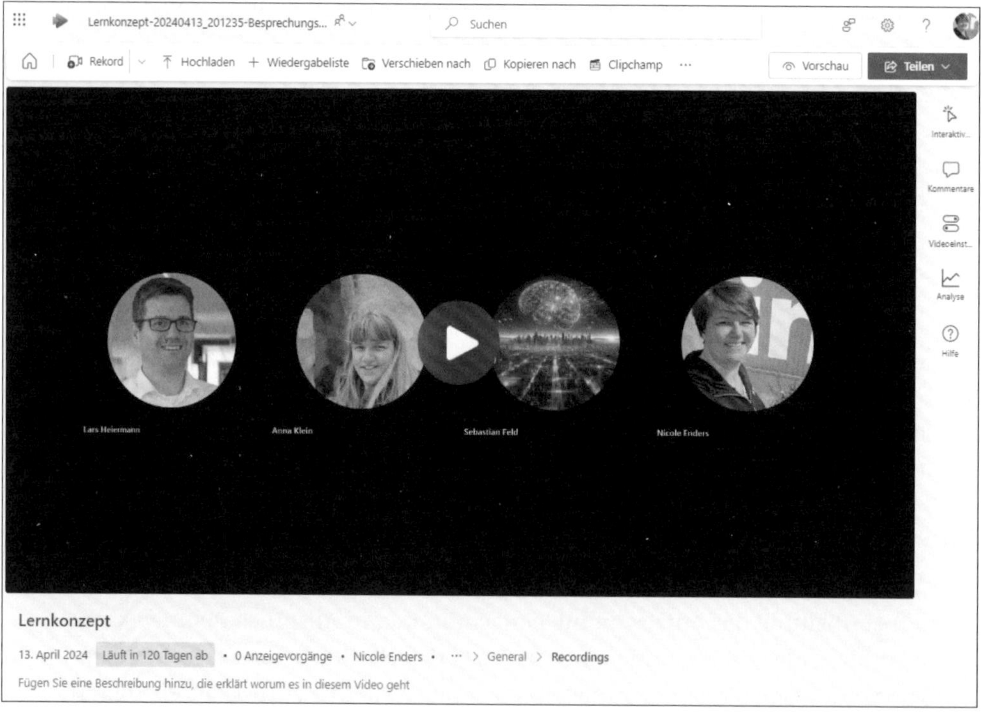

Abbildung 5.31 Sie können die Aufzeichnung direkt aus dem Teamchat heraus in »Stream« aufrufen.

Die Aufzeichnung wird im Microsoft-365-Dienst *Stream* gespeichert, der das zentrale Videoportal in Ihrem modernen Arbeitsplatz darstellt. Sie können daher das Video bewerten oder zu Ihrer Watchlist hinzufügen. Sie finden das Video somit nicht nur hier im Teamchat, sondern auch in Ihrem Videoportal. Dort wird zu einem Video automatisch ein durchsuchbares Transkript erstellt. Wenn Sie also Besprechungen aufzeichnen, können Sie je nach den bei Ihnen geltenden Vorgaben zukünftig auf ein Protokoll verzichten.

Teams Premium und Microsoft 365 Copilot bieten noch mehr Komfort!

Mit der entsprechenden Lizenzierung können Sie sogar noch einen Schritt weiter gehen. Gerade in der hybriden Zusammenarbeit sind viele aufeinander folgende Teams-Besprechungen keine Seltenheit. Je nach Thema kann es dann schon einmal vorkommen, dass Sie nicht rechtzeitig aus dem vorherigen Termin kommen und damit an der nächsten Besprechung verspätet teilnehmen.

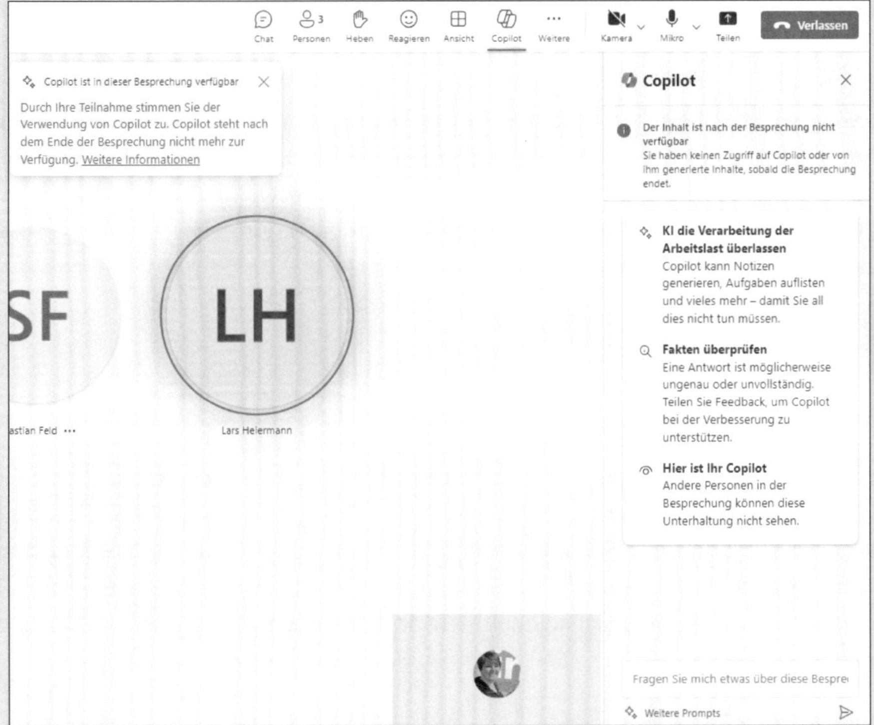

Abbildung 5.32 Nutzen Sie Copilot in Teams, um sich die bisherige Besprechung zusammenfassen zu lassen, Informationen zu recherchieren oder ein Protokoll zu erstellen.

Die typischen Vorgehensweisen wären nun, dass Sie entweder erst einmal als stiller Zuhörer agieren und herauszufinden versuchen, was Sie bisher verpasst haben. Oder

Sie unterbrechen das Gespräch und melden sich und fragen an, ob jemand das bisher Besprochene für Sie kurz zusammenfassen kann. Mit *Microsoft 365 Copilot* können Sie jedoch direkt aus dem Chat heraus um eine Zusammenfassung bitten, ohne das Gespräch zu unterbrechen. Ihr persönlicher Assistent Copilot gibt Ihnen einen schnellen Überblick über den bisherigen Verlauf und lässt Sie so möglichst schnell in das Gespräch einsteigen.

5.1.5 Eine Besprechung beenden

Wenn Sie eine Besprechung beenden möchten, liegt es nahe, dass Sie den rot hinterlegten Menüpunkt VERLASSEN in der Aktionsleiste verwenden. Damit verlassen Sie die Besprechung. Die anderen Teilnehmer können die Besprechung dann ohne Sie fortführen. Das kann in vielen Fällen sehr hilfreich sein, zum Beispiel wenn Sie zu einem anderen Termin wechseln müssen. Ihre Gesprächspartner sehen, wenn Sie die Besprechung verlassen, und nach einigen Sekunden wird Ihre Kachel bzw. Ihr Profilbild komplett ausgeblendet.

Es kann jedoch Fälle geben, in denen Sie die Besprechung für alle Teilnehmer gleichzeitig beenden möchten (z. B. wenn externe Personen an dem Termin teilnehmen und Sie keinen Austausch ohne Ihre Anwesenheit wünschen). Rufen Sie in diesem Fall den Menüpunkt BESPRECHUNG BEENDEN in der Aktionsleiste auf (siehe Abbildung 5.33).

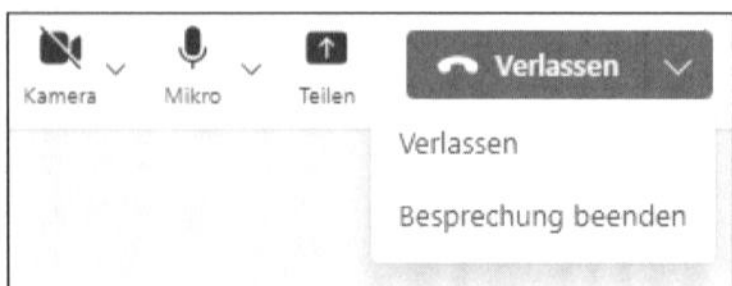

Abbildung 5.33 Sie können eine Besprechung für alle Teilnehmer beenden.

Nachdem Sie dann im Dialog aus Abbildung 5.34 die Schaltfläche BEENDEN betätigt haben, wird die Besprechung für alle Teilnehmer beendet, sodass weitere Gespräche zwischen einzelnen Gesprächsteilnehmern in Form separater Anrufe oder Besprechungen erfolgen müssen.

Abbildung 5.34 Bestätigen Sie, dass Sie die Besprechung für alle Teilnehmer beenden möchten.

5.2 Eine Besprechung planen, durchführen und nachbereiten

Spontaneität ist wichtig, aber normalerweise werden Sie Termine mit Ihren Kolleginnen und Kollegen oder externen Personen im Voraus planen. Rufen Sie dazu in der linken Menüleiste von *Microsoft Teams* den Menüpunkt KALENDER auf. Sie befinden sich daraufhin in einer mit Abbildung 5.35 vergleichbaren Wochenansicht Ihres persönlichen Kalenders, wie Sie ihn auch aus Outlook heraus aufrufen könnten, denn es handelt sich um denselben Kalender.

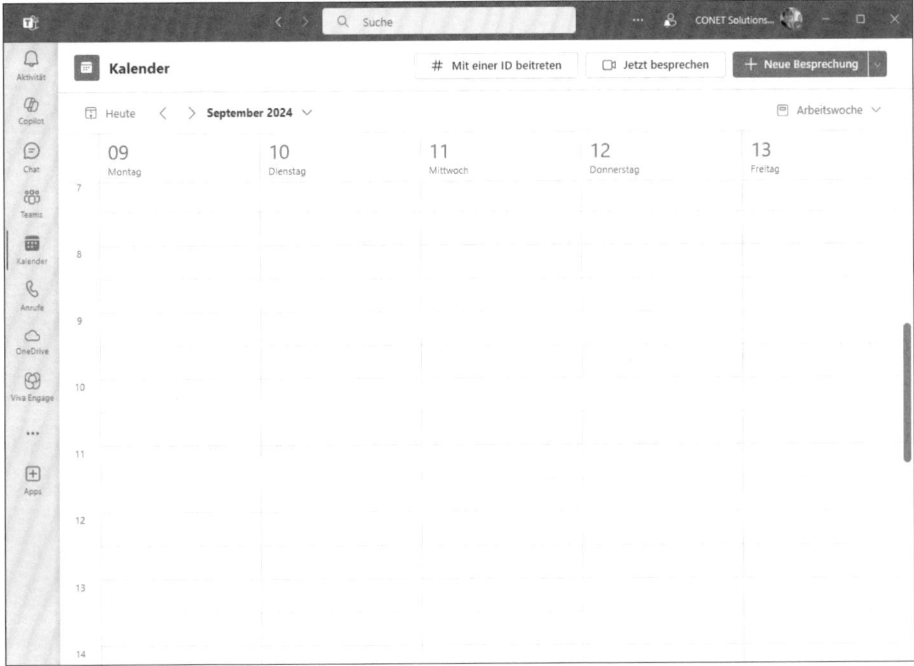

Abbildung 5.35 Öffnen Sie aus »Microsoft Teams« heraus Ihren persönlichen Kalender, den Sie bereits aus Outlook kennen.

5.2.1 Eine Besprechung zeitlich planen und eine Einladung versenden

Über die Schaltfläche NEUE BESPRECHUNG oder mit einem Doppelklick auf den entsprechenden Tag sowie die gewünschte Uhrzeit können Sie die Eingabemaske für einen neuen Termin aufrufen (siehe Abbildung 5.36). Sie können nun in *Teams* anstatt über *Outlook* Ihre Termine planen und weitere Personen einladen.

Nach Eingabe eines Titels können Sie die gewünschten Besprechungsteilnehmer auswählen (siehe Abbildung 5.36). Wenn Sie dann nach einem geeigneten Termin suchen, können Sie, wie Sie es aus Outlook gewohnt sind, über die Registerkarte TERMINPLANUNGS-ASSISTENT die Verfügbarkeit der einzelnen Personen überprüfen (siehe Abbildung 5.37).

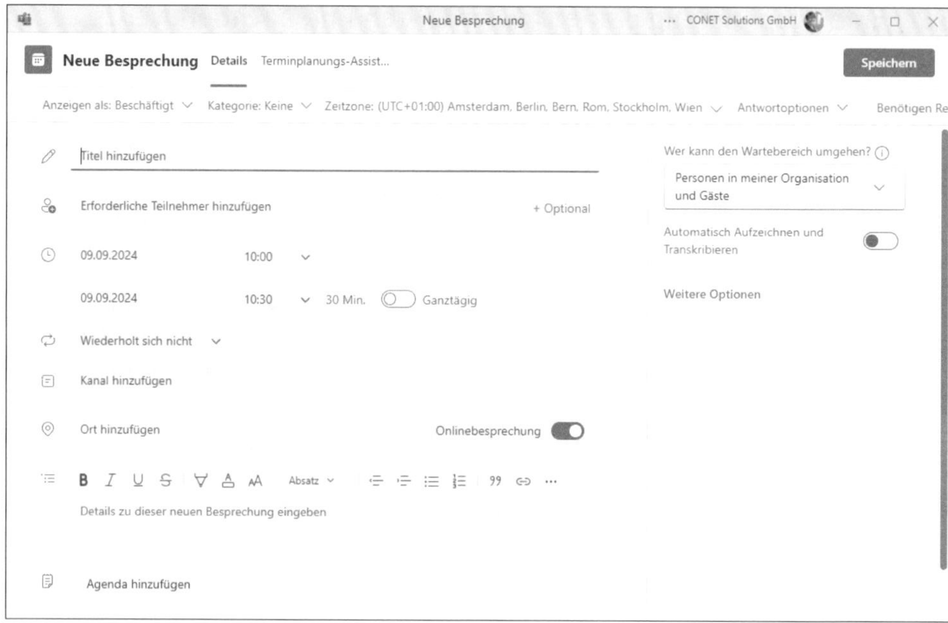

Abbildung 5.36 Erstellen Sie einen neuen Termin, und laden Sie weitere Personen ein.

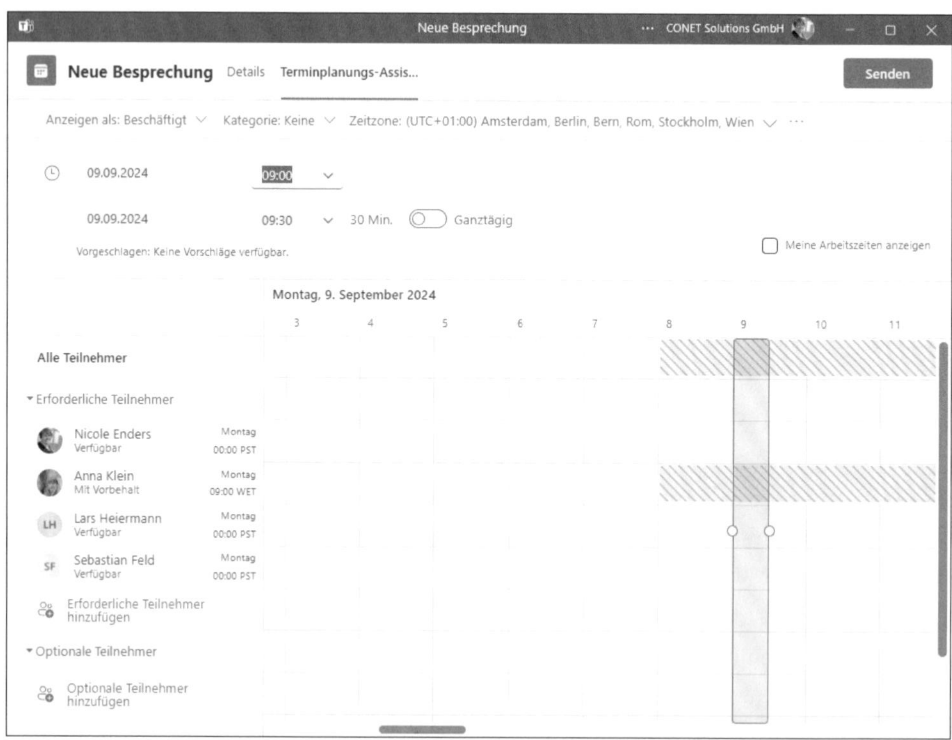

Abbildung 5.37 Finden Sie über den Terminplanungs-Assistenten einen geeigneten Termin.

Sie könnten den Termin nun bereits speichern und die Einladung versenden. Wenn Sie beispielsweise einen Teamraum für die Zusammenarbeit nutzen und nun eine Besprechung mit genau den Personen planen, mit denen Sie in diesem Teamraum zusammenarbeiten, können Sie (wie in Abbildung 5.38 dargestellt) einen Kanal auswählen, wodurch im entsprechenden Teamchat eine Benachrichtigung erstellt wird.

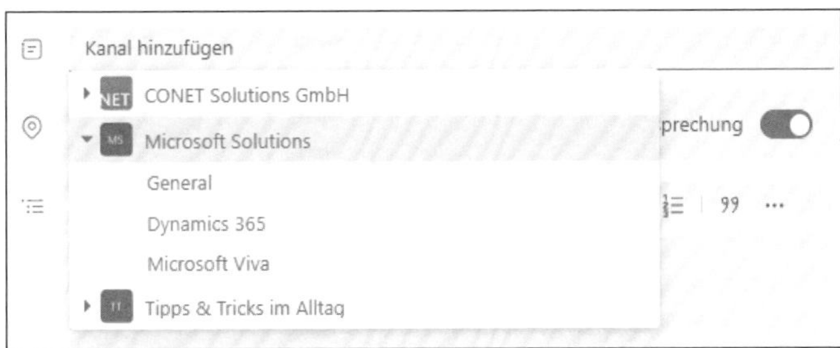

Abbildung 5.38 Wählen Sie einen Kanal aus, in dem Sie Ihre Kollegen über die Besprechung informieren möchten.

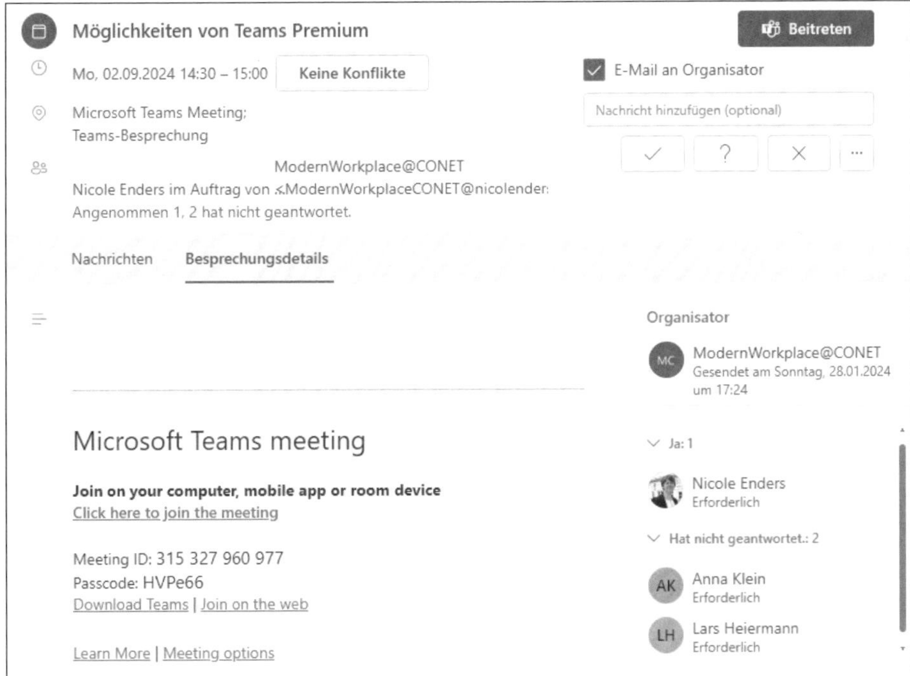

Abbildung 5.39 Ihre Kollegen erhalten eine Einladung aus dem ausgewählten Teamraum heraus.

Sobald Sie alle Einstellungen vorgenommen haben, können Sie die Schaltfläche SENDEN betätigen. Die von Ihnen eingeladenen Personen erhalten nun eine E-Mail, wie

Sie sie in Abbildung 5.39 sehen können, und können zu- oder absagen. Anschließend finden die Personen genau wie Sie den Termin in ihrem Kalender in Outlook sowie im Kalender in *Microsoft Teams* (siehe Abbildung 5.40).

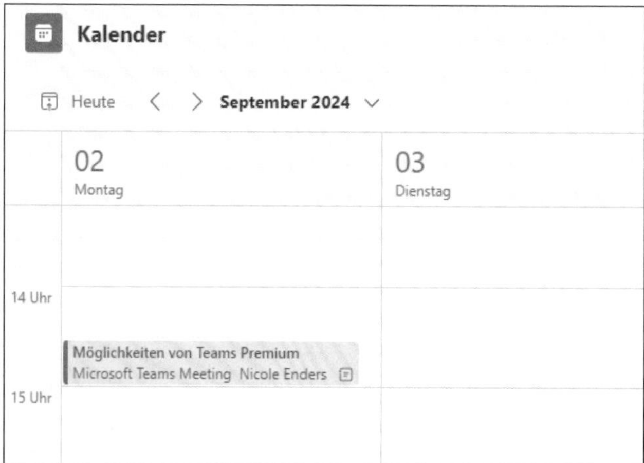

Abbildung 5.40 Sie finden die Besprechung in Ihrem Kalender in Outlook und Microsoft Teams.

Wenn Sie in den Teamraum wechseln und dort den Kanal aufrufen, den Sie bei der Terminerstellung ausgewählt haben, finden Sie entsprechend der Darstellung in Abbildung 5.41 die bereits von mir angekündigte Benachrichtigung.

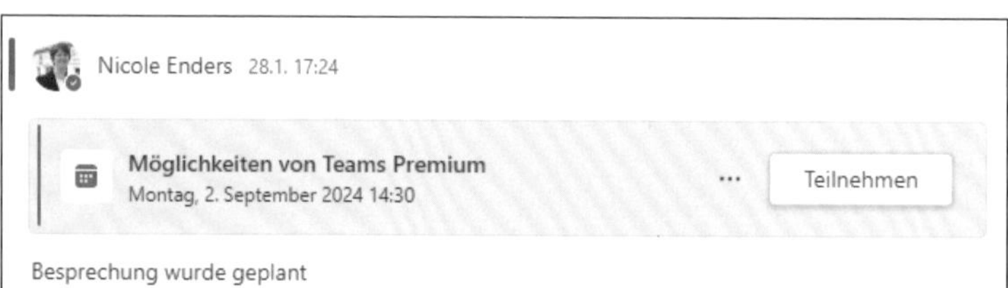

Abbildung 5.41 Im Teamchat können Sie die Details der Besprechung aufrufen, ohne in den Kalender wechseln zu müssen.

Wenn Sie den Termin auswählen, öffnet sich die Detailansicht, wie Sie sie aus dem Kalender bereits kennen. Zusätzlich finden Sie außerdem eine Registerkarte CHAT. Hier können Sie bereits vor dem eigentlichen Datum des Termins Informationen untereinander per Chat austauschen und den Termin inhaltlich vorbereiten (siehe Abbildung 5.42).

In Abbildung 5.43 sehen Sie ein Beispiel dafür, wenn Sie oder eine andere eingeladene Person den Termin vorbereitet; in diesem Fall wurde ein Whiteboard eingerichtet, das bei jedem Termin zur Verfügung steht.

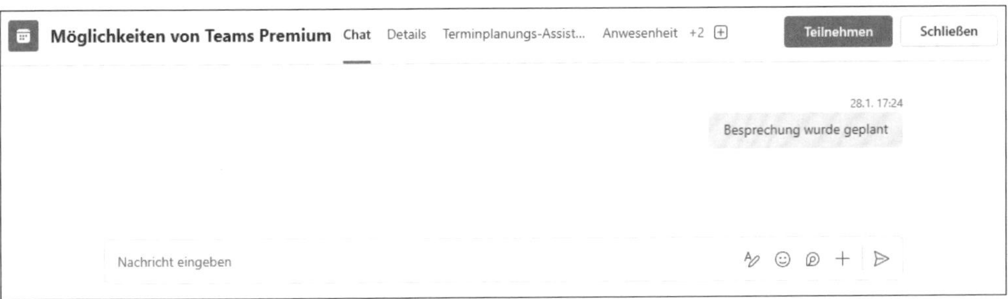

Abbildung 5.42 Zu einer Besprechung steht Ihnen auch ein Chat (z. B. zur Vorbereitung) zur Verfügung.

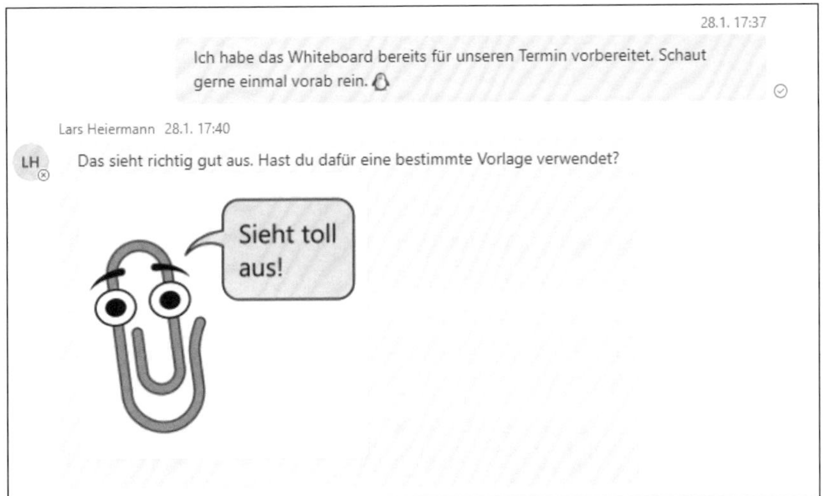

Abbildung 5.43 Beispiel für einen Austausch zur Vorbereitung des Termins.

Können Sie auf diese Weise auch die Agenda des Termins vorbereiten?

Natürlich können Sie auch per Chat die Agenda für Ihren Termin vorbereiten, aber Ihnen steht hierfür noch eine ganz andere Möglichkeit zur Verfügung. Wenn Sie den Termin organisiert haben (siehe Abbildung 5.36), haben Sie vielleicht im unteren Bereich der Terminkonfiguration gesehen, dass Sie dort eine Agenda angeben könnten (siehe Abbildung 5.44).

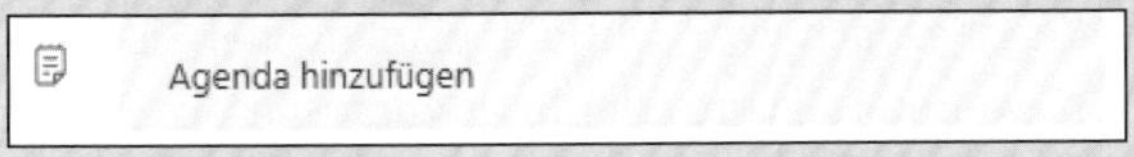

Agenda hinzufügen

Abbildung 5.44 Geben Sie direkt im Rahmen der Termineinladung eine erste Agenda an.

Wenn Sie die Schaltfläche AGENDA HINZUFÜGEN betätigen, wird für diesen Termin eine Loop-Komponente erstellt, die Sie jederzeit wieder über den Besprechungschat aufrufen können.

Die Loop-Komponente stellt Ihnen eine interaktive Form der Agenda, der zukünftigen Besprechungsnotizen sowie der aus der Besprechung vermutlich folgenden Aufgaben zur Verfügung (siehe Abbildung 5.45). Sie können gemeinsam die Agenda vorbereiten und auch während bzw. nach dem Termin die besprochenen Inhalte dokumentieren und Aufgaben nachverfolgen.

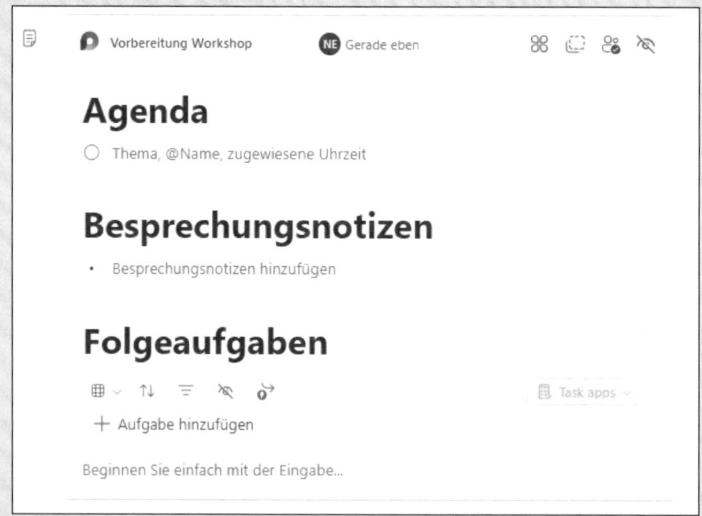

Abbildung 5.45 Über eine Loop-Komponente steht Ihnen und allen eingeladenen Personen eine interaktive Form der Agenda sowie einer Protokollfunktion zur Verfügung.

Falls Sie *Copilot* für die Dokumentation einer Besprechung nutzen, müssen Sie Stand heute (Juli 2024) die durch Copilot noch innerhalb der eigentlichen Besprechung erstellte Zusammenfassung manuell in die Loop-Komponente übertragen. Es ist aber denkbar, dass dieser manuelle Schritt in Zukunft entfallen könnte.

5.2.2 Alternative: Besprechungen über Outlook planen

Sie können Besprechungen auch über Outlook planen. So können Sie eine Teams-Besprechung bequem über die Weboberfläche von Outlook planen, oder Sie nutzen die Desktop-App von Outlook. Im zweiten Fall wird allerdings vorausgesetzt, dass Sie ebenfalls die Desktop-App von *Microsoft Teams* nutzen und dass diese gestartet wurde, bevor Sie Outlook gestartet haben. Denn nur dann wird Ihnen in Outlook neben den gewohnten Optionen der Menüpunkt NEUE TEAMS-BESPRECHUNG angeboten (siehe Abbildung 5.46).

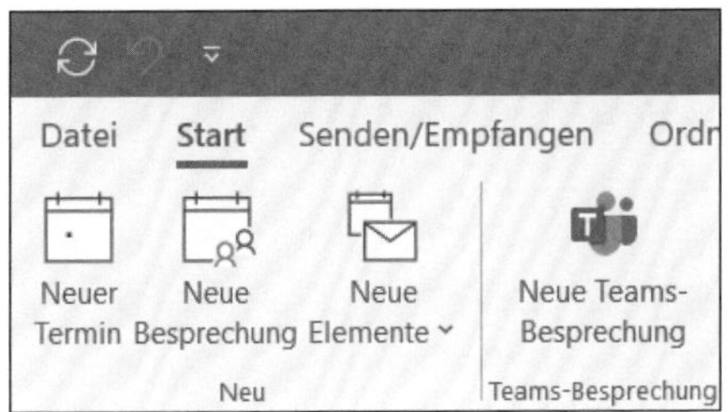

Abbildung 5.46 Aus Outlook heraus können Sie auch eine Teams-Besprechung planen.

Wenn Sie diesen Menüpunkt auswählen, öffnet sich die Maske für eine neue Besprechung (siehe Abbildung 5.47). Alternativ können Sie auch einen normalen Termin oder eine Besprechung planen und dann, wie in Abbildung 5.48 dargestellt, den Menüpunkt TEAMS-BESPRECHUNG aufrufen und nachträglich aus dem Termin eine Teams-Besprechung machen.

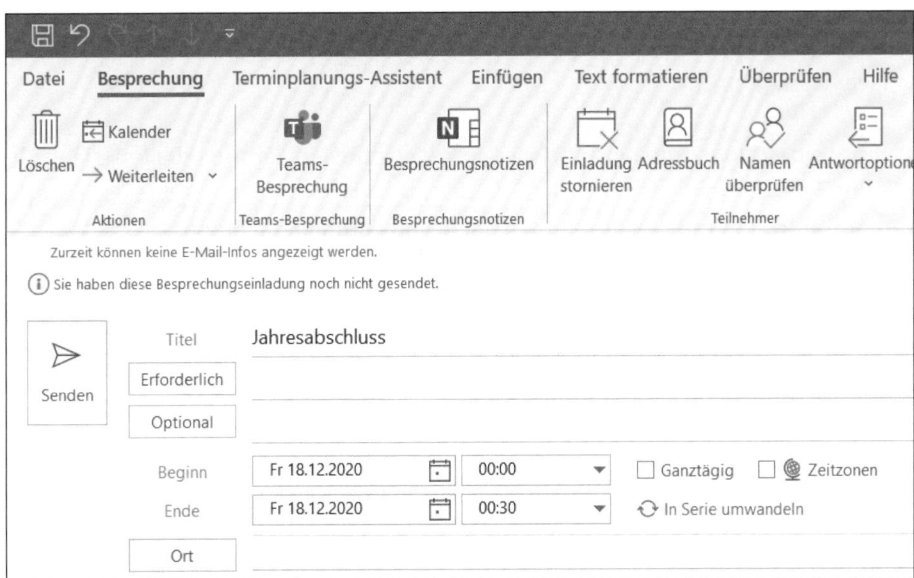

Abbildung 5.47 Wandeln Sie einen Termin in eine Teams-Besprechung um.

Über den Link in der Besprechung können Sie aus Outlook heraus an der Besprechung teilnehmen. Abhängig vom Absender und den hinterlegten Besprechungsoptionen öffnet sich zunächst eine Seite in Ihrem Browser, und anschließend können Sie entscheiden, ob Sie die Desktop-App nutzen oder im Browser fortfahren möchten. Bei anderen Besprechungen wird eventuell auch sofort die Desktop-App von *Teams* geöffnet.

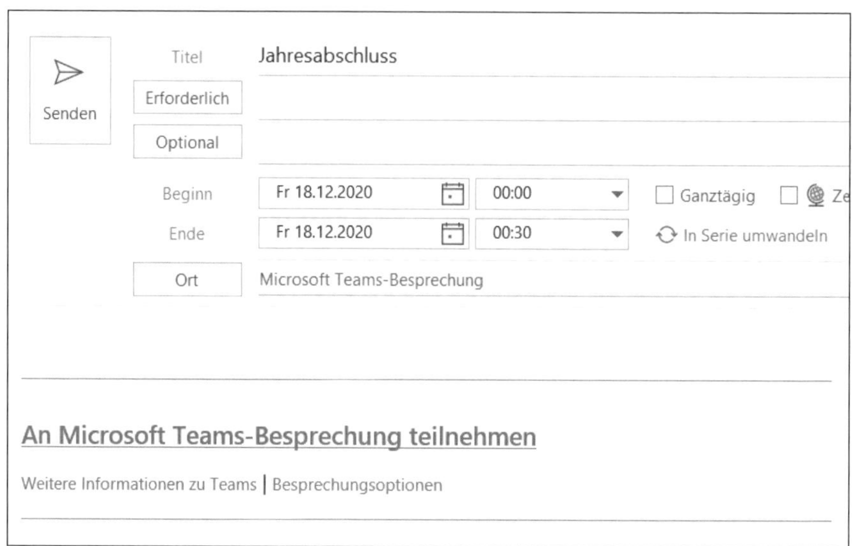

Abbildung 5.48 In einer Teams-Besprechung finden Sie einen Link, um an der Besprechung teilnehmen zu können.

Wenn Sie in Outlook zum Beispiel eine Erinnerung für den Termin erhalten (siehe Abbildung 5.49), können Sie über die Schaltfläche ONLINE BEITRETEN direkt die Desktop-App aufrufen und von dort aus an der Besprechung teilnehmen.

Abbildung 5.49 Nutzen Sie die Erinnerungsfunktion, und nehmen Sie an der Besprechung teil.

Welcher Weg ist besser?

Sie können sowohl über Teams als auch über Outlook neue Teams-Besprechungen planen. Welche dieser beiden Optionen als besser bewertet werden kann, hängt stark von Ihrer persönlichen Arbeitsweise ab. Wenn Sie die meiste Zeit in Teams arbeiten, spricht vieles für die Planung der Besprechungen aus Teams heraus. Sie erhalten allerdings hier keine Nachrichten darüber, dass Sie zu einer Besprechung eingeladen wurden, denn in Teams werden Ihnen Ihre E-Mails nicht angezeigt und Termineinladungen erfolgen per E-Mail.

Daher kann es sinnvoll sein, Termine über Outlook zu verwalten. Hier können Sie außerdem mit farblichen Kategorien Ihre Termine in Gruppen einteilen und so im Kalender schneller abschätzen, welche Art von Besprechungen oder Aufgaben anstehen.

5.2.3 Eine geplante Besprechung durchführen und nachbereiten

Wenn Sie gerade in *Microsoft Teams* aktiv sind und den Weg nicht über Outlook wählen möchten, können Sie auch den Kalender in *Teams* aufrufen und über die Schaltfläche TEILNEHMEN an der Besprechung teilnehmen (siehe Abbildung 5.50). Die Schaltfläche erscheint allerdings erst, wenn der Termin ansteht. Wenn Sie sich bereits früher einwählen möchten, müssen Sie zuerst auf den Termin klicken und finden dann in der Detailansicht eine solche Schaltfläche.

Abbildung 5.50 Nehmen Sie direkt aus dem Kalender heraus an einem Termin teil.

Wenn Sie der Besprechung beigetreten sind, haben Sie dieselben Möglichkeiten wie bei einer spontanen Besprechung, wie wir sie im vorangegangenen Abschnitt betrachtet haben. Auch hier können Sie die Teilnehmerliste über die Menüleiste aufrufen. Im Vergleich zu einer Sofortbesprechung sehen Sie hier außerdem, ob die eingeladenen Personen zu- oder abgesagt haben. Sie können auch spontan weitere Personen über das Eingabefeld oben einladen und so auf unvorhergesehene Situationen reagieren, in denen Sie Informationen von einer bestimmten Person benötigen.

Wenn Sie externe Personen eingeladen haben, kann es sein, dass diese in einem sogenannten *Wartebereich* darauf warten, zu der Besprechung zugelassen zu werden. Ob ein solcher Wartebereich für Ihre Besprechung existiert oder nicht, hängt von den gewählten Einstellungen ab. Ein Wartebereich kann bei Bedarf auch für interne Besprechungen eingerichtet werden, sodass nur der Organisator die Besprechung starten kann. Rufen Sie dazu aus der Besprechung den Menüpunkt EINSTELLUNGEN • BESPRECHUNGSOPTIONEN auf.

Daraufhin wird rechts in Ihrem Besprechungsfenster der Konfigurationsbereich geöffnet, den Sie in Abbildung 5.51 sehen. Sie können hier definieren, wer den Wartebereich umgehen darf und ob Sie einschränken möchten, wer Inhalte während der Besprechung mit den anderen Teilnehmern teilen darf. Auf das Teilen von Inhalten gehe ich im folgenden Abschnitt näher ein.

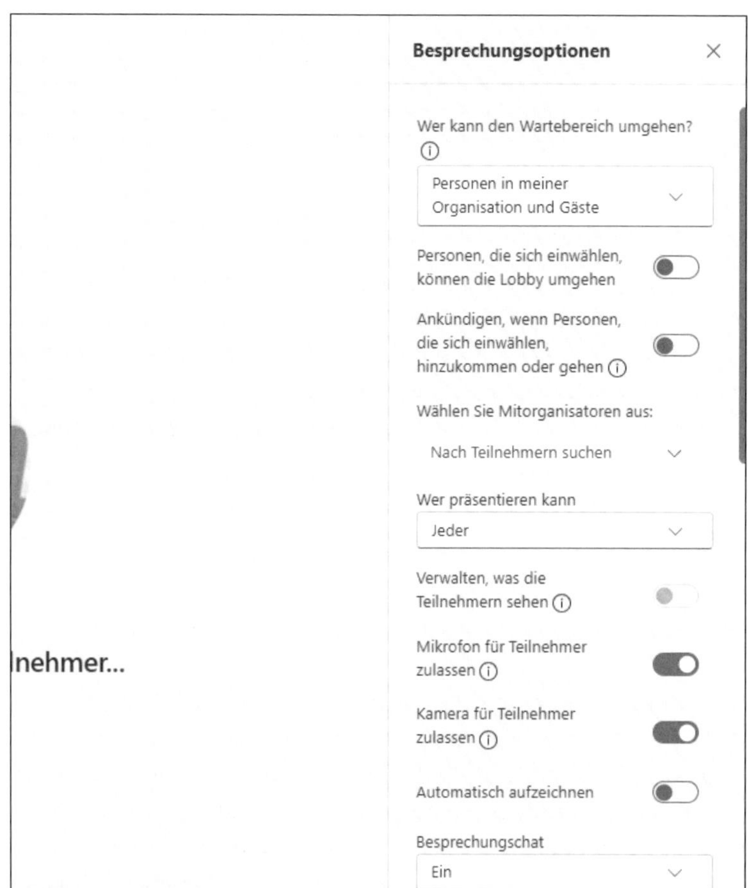

Abbildung 5.51 Sie können für Ihre Besprechung bestimmen, ob es für unternehmensexterne Personen einen Wartebereich geben soll und wer Inhalte mit den anderen Teilnehmern teilen darf.

Benötigen Sie manchmal die Information, wer tatsächlich an einer Besprechung teilgenommen hat?

In manchen Fällen möchten oder müssen Sie sogar nachweisen, wer von den eingeladenen Personen tatsächlich an einer Besprechung teilgenommen hat. Bei einer Besprechung vor Ort könnten Sie sich einfach im Raum umschauen und würden auch mitbekommen, wenn jemand die Besprechung vor dem offiziellen Ende verlässt.

Bei Online-Besprechungen kann dies etwas schwieriger sein. Solange Sie sich in der Besprechung befinden, können Sie als Organisator über den Menüpunkt ANWESENHEITSLISTE HERUNTERLADEN einen Teilnahmebericht herunterladen. Teilnehmer können den Bericht nicht aufrufen oder herunterladen.

Hier finden Sie die Information, wann die einzelnen Teilnehmer der Besprechung beigetreten sind und wann sie die Besprechung verlassen haben (siehe Abbildung 5.52). Sollte jemand während der Besprechung diese verlassen und später wieder hinzustoßen, werden Sie auch das in dem Bericht finden.

	A	B	C
1	Vollständiger Name	Benutzeraktion	Zeitstempel
2	Nicole Enders	Beigetreten	4.7.2020, 15:13:52
3	Anna Klein	Beigetreten	4.7.2020, 15:17:40
4	Anna Klein	Verlassen	4.7.2020, 15:39:13

Abbildung 5.52 In der heruntergeladenen Datei finden Sie die Information, wann welcher Teilnehmer der Besprechung beigetreten ist und wann er sie verlassen hat.

Achten Sie aber bitte darauf, dass Sie den Bericht nur abrufen können, solange Sie sich noch in der Besprechung befinden. Sobald die Besprechung beendet wurde, steht diese Option nicht mehr zur Verfügung. Ich empfehle Ihnen daher, den Bericht abzurufen, sobald der letzte Teilnehmer die Besprechung verlassen hat.

5.2.4 Inhalte teilen und ein gemeinsames Whiteboard nutzen

Während einer Besprechung können Sie, genauso wie auch bei einem Audio- oder Videoanruf mit einzelnen Kollegen, Inhalte mit den anderen Teilnehmern teilen. Rufen Sie dazu den Menüpunkt TEILEN in der Aktionsleiste auf.

Ihnen werden daraufhin wie in Abbildung 5.53 die auf Ihren verschiedenen Bildschirmen geöffneten Anwendungen sowie die Bildschirme selbst vorgeschlagen. Ich empfehle Ihnen, in der Regel ausschließlich ausgewählte Anwendungen zu teilen, um so das Risiko zu vermeiden, dass Sie aus Versehen vertrauliche oder sensible Informationen teilen.

PowerPoint Live für interaktive Präsentationen

Sie können auch mit *PowerPoint Live* PowerPoint-Präsentationen teilen, die Sie in einem Teamraum oder in OneDrive gespeichert haben.

Wie Sie Abbildung 5.54 entnehmen können, wird Ihnen die Präsentation wie in PowerPoint im Referentenmodus angezeigt. Für alle anderen Personen in der Besprechung wird die Präsentation allerdings wie zu erwarten im Präsentationsmodus angezeigt. Sie können nun während der Präsentation mit dem Laserpointer oder Textmarkern arbeiten und so spontan Inhalte hervorheben.

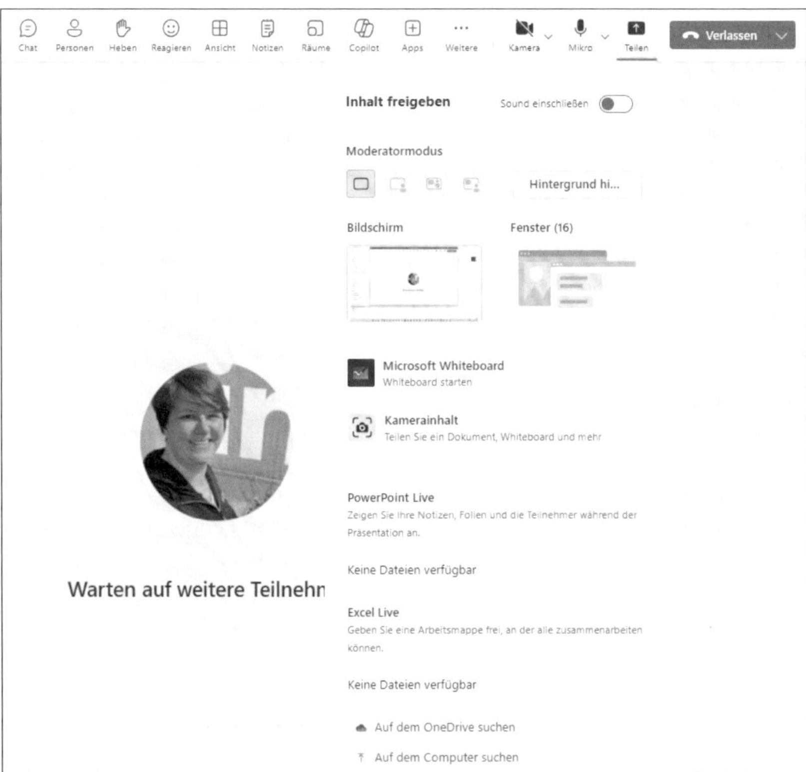

Abbildung 5.53 Teilen Sie Inhalte auf Ihrem Rechner oder nutzen Sie ein digitales Whiteboard, um gemeinsam während der Besprechung Inhalte zu erarbeiten.

Abbildung 5.54 Nutzen Sie »PowerPoint Live«, wenn Sie eine PowerPoint-Präsentation mit den anderen Personen teilen möchten.

Sie können auch einstellen, ob die anderen Personen während Ihres Vortrags selbstständig zwischen den Folien wechseln können. Wenn Sie dies erlauben, können Personen bei Bedarf auch länger als Sie auf einer Folie verweilen oder auch schon einmal ein wenig nach vorne navigieren und sich einen Überblick darüber verschaffen, welche Inhalte noch präsentiert werden. Dies ist bei Schulungen oder Informationsveranstaltungen sehr hilfreich. Eine besonders hilfreiche Funktion ist auch noch, dass alle in den Folien enthaltenen Links anklickbar sind und Ihr Publikum nicht warten muss, bis Sie die Links oder die Präsentation selbst bereitstellen.

Falls Sie Ihre Kamera aktiviert haben und in Ihrer Präsentation mit dem *Cameo-Feature* gearbeitet haben, können Sie über den Menüpunkt LAYOUT oberhalb der Präsentation entscheiden, ob Sie Ihr Kamerasignal aus Teams an PowerPoint übertragen: So werden Sie gegebenenfalls innerhalb der Bereiche angezeigt, die Sie in den Folien definiert haben. Sie können aber auch den Fokus nur auf den Inhalt der Folien legen und werden dann weiterhin, wie die anderen Personen auch, außerhalb des geteilten Bildes dargestellt.

Was ist Cameo?

Wenn Sie mit PowerPoint arbeiten, ist es für Sie wahrscheinlich selbstverständlich, dass Sie für die Präsentation Ihrer Inhalte dort mit Folien arbeiten und auf einer Folie verschiedene Komponenten hinzufügen können.

Sie können aber auch über das Menüband den Menüpunkt EINFÜGEN • CAMEO auswählen und damit einen Bereich auf Ihrer Folie oder sämtlichen Folien der Präsentation vorsehen (siehe Abbildung 5.55), der für die Übertragung Ihres Kamerasignals verwendet wird. Diese Funktion steht Ihnen auch unabhängig von Microsoft Teams zur Verfügung.

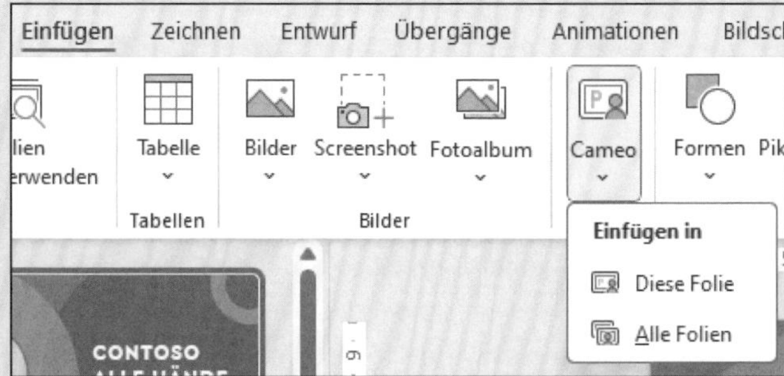

Abbildung 5.55 Nutzen Sie die Cameo-Komponente, um sich selbst während der Präsentation innerhalb der Folien anzeigen zu lassen.

Wenn Sie ein Beispiel für eine solche Präsentation sehen möchten, können Sie die von Microsoft bereitgestellte Vorlage *Cameo-All-Hands-Präsentation* aufrufen und die Einstellungen der Cameo-Komponenten erforschen.

Excel Live für gemeinsame Kalkulationen

Sie können mit *Excel Live* auch eine Excel-Arbeitsmappe mit den anderen Personen in der Besprechung teilen. Auch hier wird vorausgesetzt, dass sich die entsprechende Datei bereits in Ihrem OneDrive oder in einem Teamraum bzw. in einer SharePoint-Website befindet. Damit wird sichergestellt, dass grundsätzlich alle Beteiligten Zugriff auf die Datei erhalten können. Falls Sie eine Datei auswählen, auf die nicht alle Personen in der Besprechung Zugriff haben, werden Sie in einem Dialog darum gebeten, der Freigabe mit Bearbeitungsrechten für diese Personen zuzustimmen.

Sobald Sie die Datei geteilt haben, erscheint die Excel-Arbeitsmappe im Hauptbereich Ihrer Besprechung (siehe Abbildung 5.56). Alle Teilnehmer können nun in der Excel-Arbeitsmappe agieren oder (falls sie sich sogar auf anderen Arbeitsblättern befinden) wieder zur Ansicht der Person zurückkehren, die die Datei gerade teilt – das wären in diesem Fall Sie.

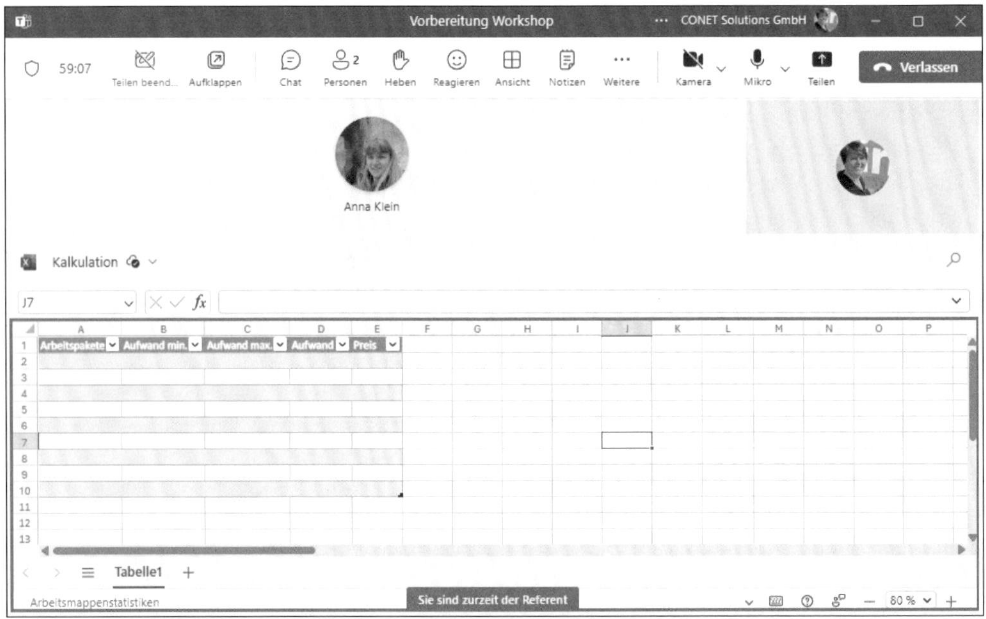

Abbildung 5.56 Nutzen Sie »Excel Live«, um gemeinsam eine Kalkulation durchzuführen.

So können Sie beispielsweise gemeinsam Aufwände für Vorhaben kalkulieren oder gemeinsam eine Tabelle ausfüllen, ohne dass jeder die Datei separat öffnen muss.

> **Achtung bei Makros**
>
> Falls in Ihrer Excel-Arbeitsmappe Makros enthalten sind, können Sie die Möglichkeiten von *Excel Live* leider nicht nutzen. Dasselbe gilt für die Online-Version von Excel selbst.

Seien Sie kreativ mithilfe eines Whiteboards und Copilot

Wählen Sie die Option MICROSOFT WHITEBOARD aus, um gemeinsam mit Ihren Gesprächspartnern Inhalte zu erarbeiten. Wie Sie Abbildung 5.57 entnehmen können, können Sie neben Texten auch gemeinsame Bilder malen oder auch Sticky Notes (Post-its) hinzufügen. Optimale Ergebnisse erzielen Sie, wenn Sie über ein Notebook mit einem Touchscreen bzw. einen Stift verfügen.

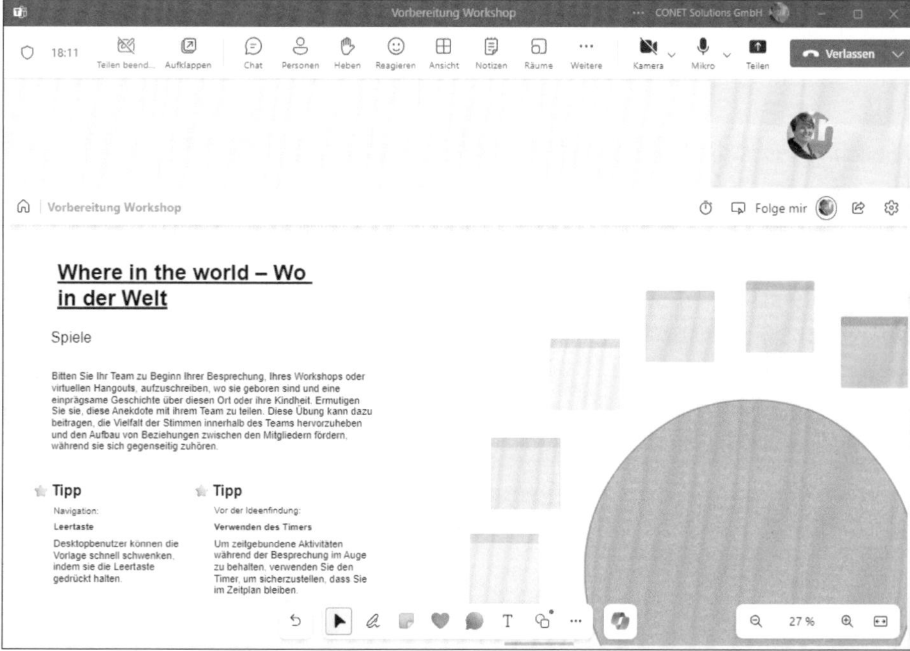

Abbildung 5.57 Nutzen Sie die Whiteboard-App, um wie auf einem wirklichen Whiteboard ein gemeinsames Bild zu »malen«, oder nutzen Sie Post-its.

Ist Ihnen in der Menüleiste unten vielleicht auch das Icon für Copilot aufgefallen? In Abbildung 5.58 schauen wir uns einmal genauer an, welche Möglichkeiten uns der Microsoft 365 Copilot in einem Whiteboard bietet.

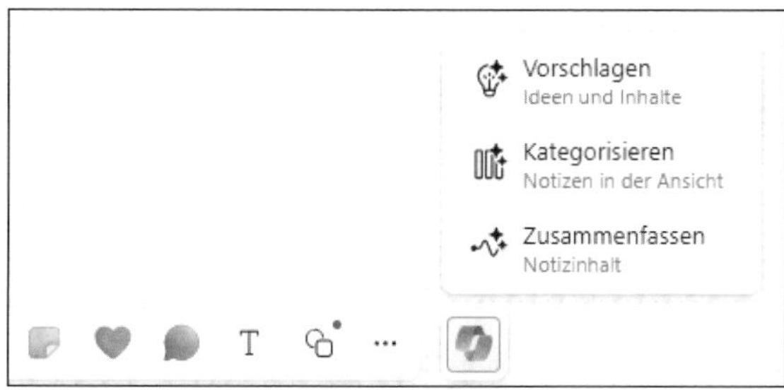

Abbildung 5.58 Nutzen Sie Copilot, um Ihr Whiteboard vorzubereiten, aufzuräumen oder zusammenzufassen.

Ihnen werden drei Optionen angeboten. Wenn Sie sich für die Option VORSCHLAGEN entscheiden, erscheint der Dialog aus Abbildung 5.59. Hier müssen Sie so genau wie möglich beschreiben, welche Art von Vorschlägen Sie benötigen. Benennen Sie das Thema möglichst konkret und ebenso den Detaillierungsgrad der Vorschläge.

Abbildung 5.59 Geben Sie an, wofür Sie Vorschläge benötigen.

Nach Betätigen der Taster [↵] erhalten Sie die Vorschläge (siehe Abbildung 5.60). Sie können nun die Vorschläge prüfen, Ihre Eingabe bei Bedarf anpassen und einen neuen Entwurf generieren lassen. Wenn der Entwurf schließlich steht, übernehmen Sie mit der Schaltfläche EINFÜGEN die Vorschläge als Post-it in Ihr Whiteboard.

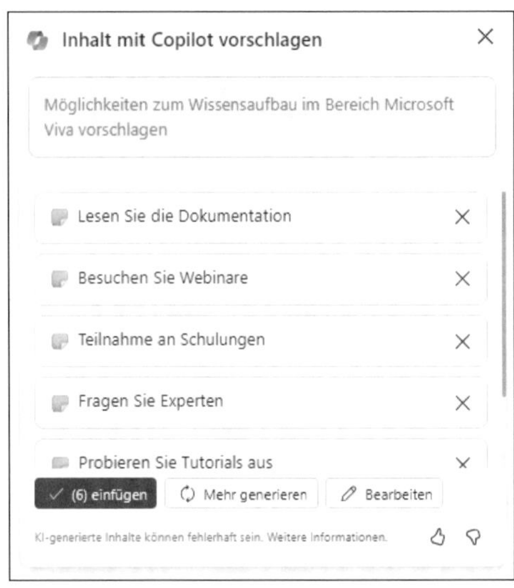

Abbildung 5.60 Prüfen Sie die generierten Vorschläge.

Wenn Sie ein wenig mit dem Whiteboard gearbeitet und gemeinsam einen guten Stand erarbeitet haben, können auf dem Whiteboard unter Umständen sehr viele Informationen erfasst worden sein. Falls Sie nicht sicher sind, ob die gesammelten Informationen nicht besser noch in Kategorien zusammengefasst werden sollten (ein sogenanntes *Clustering*), können Sie die Option KATEGORISIEREN von Copilot aufrufen. Copilot ermittelt zunächst einen Bereich, der kategorisiert werden kann, und nimmt nach einer Bestätigung durch Sie die Kategorisierung vor (siehe Abbildung 5.61), wobei

Sie auch hier erst einmal den Vorschlag prüfen und bestätigen müssen, bevor die Inhalte auf Ihrem Whiteboard verändert werden.

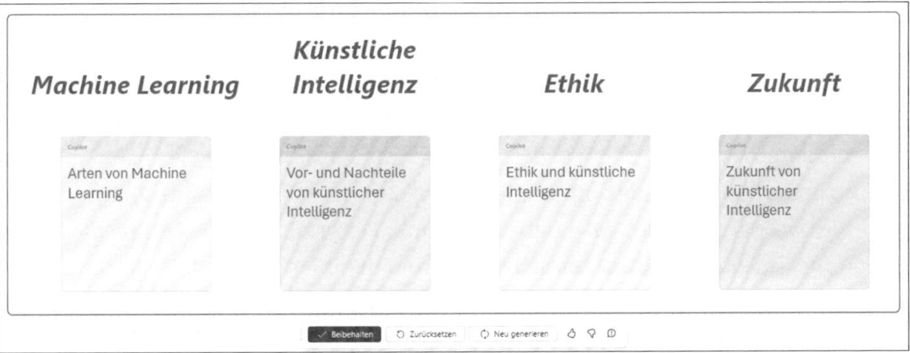

Abbildung 5.61 Clustern Sie Inhalte auf Ihrem Whiteboard, unterstützt durch Ihren persönlichen Assistenten.

Zum Abschluss einer guten Whiteboard-Session ist es wichtig, dass Sie ein gemeinsames Bild des erarbeiteten Ergebnisses haben. Dabei kann die Option ZUSAMMENFASSEN von Copilot Sie unterstützen. Wie in Abbildung 5.62 zu sehen ist, generiert Copilot den Entwurf einer Loop-Komponente, in der die wesentlichen Inhalte des Whiteboards aufgenommen werden.

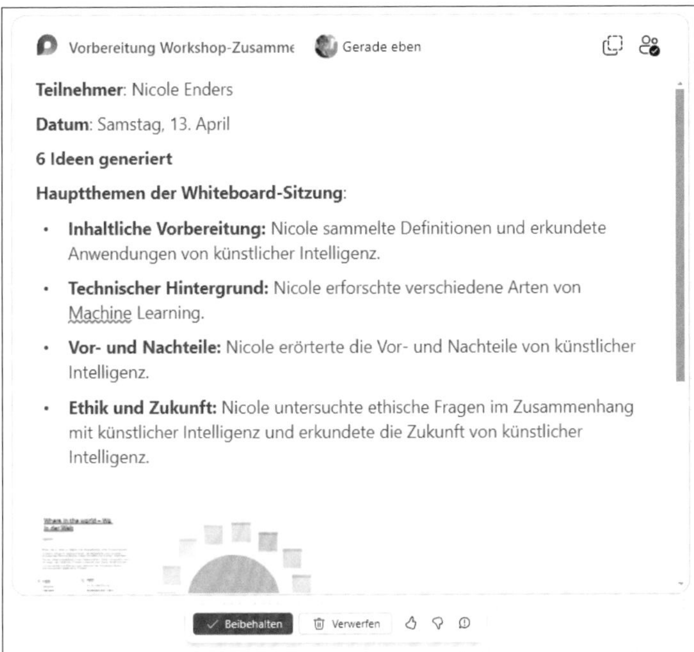

Abbildung 5.62 Lassen Sie sich das Ergebnis Ihrer gemeinsamen Arbeit von Copilot zusammenfassen.

In meinem Beispiel habe ich sämtliche Inhalte des Whiteboards erstellt, wodurch nur mein Name in der Zusammenfassung auftaucht. Wenn Sie aber gemeinsam an dem Whiteboard gearbeitet haben, werden die entsprechenden Inhalte natürlich den jeweiligen Personen zugeordnet. So erhalten Sie eine Art Protokoll Ihres Whiteboards, das Sie entweder tatsächlich als Besprechungsprotokoll nutzen können oder in einem Chat, einer E-Mail oder einem Word-Dokument weiterverwenden.

Das erarbeitete Ergebnis in Form des Whiteboards selbst können Sie später aus dem Termin heraus aufrufen, da dort dann eine Registerkarte WHITEBOARD zu finden sein wird. Sie können aber auch über den Menüpunkt EINSTELLUNGEN oben rechts den in Abbildung 5.63 dargestellten Bereich öffnen und den Menüpunkt EXPORTIEREN nutzen, um das gemeinsam erstellte Bild zu speichern und anschließend vielleicht in die Dateiablage im Teamraum hochzuladen.

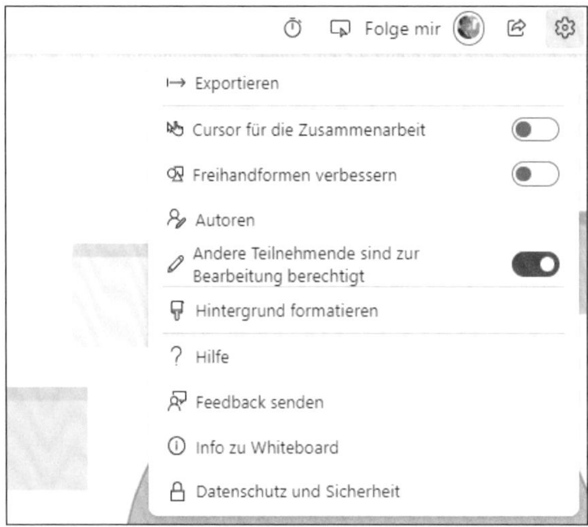

Abbildung 5.63 Exportieren Sie das auf dem Whiteboard erarbeitete Ergebnis, um es an andere Personen zu verteilen oder zentral abzulegen.

Wenn Sie die gemeinsame Arbeit am Whiteboard abgeschlossen haben und beispielsweise noch im Rahmen der Teams-Besprechung ein Dokument mit Ihren Gesprächspartnern teilen möchten, betätigen Sie die Schaltfläche TEILEN BEENDEN (siehe Abbildung 5.64).

Abbildung 5.64 Beenden Sie die Whiteboard-App, wenn Sie die Arbeit an einem gemeinsamen Bild abgeschlossen haben.

Danach können Sie weitere Inhalte mit den anderen Teilnehmern teilen oder sich einfach weiter unterhalten und die Besprechung fortführen.

Ist das geteilte Bild vielleicht zu klein?

Wenn jemand seinen Bildschirm mit Ihnen teilt und Ihnen das Bild zu klein ist, können Sie den Menüpunkt AUFKLAPPEN aufrufen (siehe Abbildung 5.64) und somit den Fokus auf die geteilten Informationen legen. Die Kamerabilder der anderen Teilnehmer können Sie sich dann auf einem zweiten Monitor anzeigen lassen.

5.2.5 Gleichzeitig an mehreren Besprechungen teilnehmen

Während Sie an einer Online-Besprechung teilnehmen, müssen Sie vielleicht auch einmal eine Information in einem Teamraum nachschlagen oder gerade auf eine Nachricht in einem persönlichen Chat oder Gruppenchat reagieren. Dies ist einfach möglich, da sich die Online-Besprechung in einem separaten Fenster öffnet und Sie somit während des Termins einfach in das Hauptfenster wechseln und dort auf die gewünschten Informationen zugreifen können.

Sie können aber auch an mehreren Besprechungen und Anrufen gleichzeitig teilnehmen. Gehen wir einmal davon aus, dass Sie während einer Besprechung einen Anruf erhalten und diesen annehmen. In einem solchen Fall wird das Gespräch mit der Besprechung gehalten, und Sie können mit dem Anrufer sprechen. In Abbildung 5.65 sehen Sie die Besprechung, die nun gehalten wird, und Sie sehen außerdem, wie lange das Gespräch bereits gehalten wird.

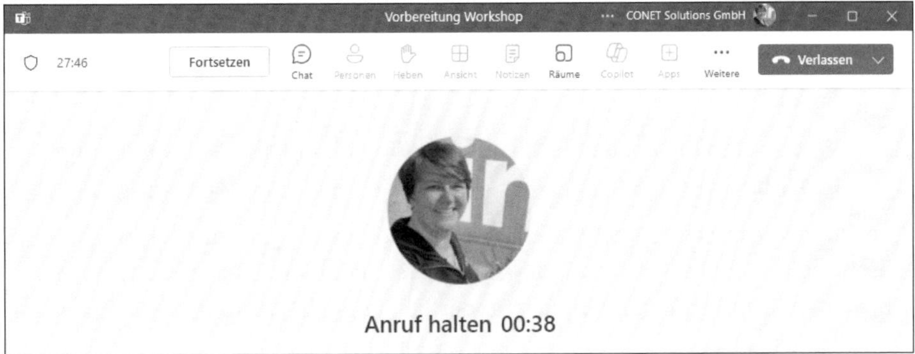

Abbildung 5.65 Sie können auch den Anruf halten und der Besprechung wieder beitreten.

Indem Sie die Schaltfläche FORTSETZEN betätigen, können Sie der Besprechung wieder beitreten. Dadurch würde der Anruf, den Sie während der Besprechung angenommen haben, gehalten. Wie Sie sehen, können Sie somit auch bei Anrufen und Besprechungen flexibel auf die Anforderungen Ihres Arbeitsalltags reagieren.

5.3 Knigge für produktive Online-Besprechungen

Wenn Sie häufig Online-Besprechungen durchführen, sollten Sie (falls noch nicht geschehen) in Ihrem Unternehmen einen Knigge dafür vereinbaren. Auch wenn Sie bereits Regeln für gewöhnliche Besprechungen vor Ort haben, sollten Sie dies tun. Denn Online- und persönliche Besprechungen unterscheiden sich doch sehr voneinander. In diesem Abschnitt finden Sie einen Entwurf für Ihren unternehmensspezifischen Knigge mit den wesentlichen Fragen, die Sie klären sollten.

5.3.1 Wie stellen Sie die Aufmerksamkeit der Teilnehmer sicher?

Bei einer Online-Besprechung können Sie in Versuchung geraten, während der Besprechung etwas anderes zu tun oder sich ablenken zu lassen. Wenn alle Teilnehmenden jeweils ihre Kamera aktivieren, müssen sie sich auf die Besprechung fokussieren. Die aktivierte Kamera ist außerdem sehr wertvoll, weil Sie dann auch gegenseitig die nonverbalen Signale (Gestik und Mimik) wahrnehmen können und dadurch die Kommunikation einfacher wird. Außerdem sollte eine Online-Besprechung möglichst interaktiv sein und die Teilnehmer einbinden, damit sie sich aktiv einbringen und nicht nur konsumieren.

5.3.2 Welche Regeln gelten für Ihre Besprechung?

Klären Sie zu Beginn der Besprechung, wie Sie mit den Möglichkeiten des Handhebens oder dem Besprechungschat umgehen möchten. Außerdem sollten Sie festlegen, ob sich alle stummschalten sollen, solange sie keine aktiven Redeanteile haben. Falls Sie einen Moderator in der Besprechung einsetzen, sollte allen Teilnehmern klar sein, wer der Moderator ist und welche Aufgaben er wahrnimmt.

5.3.3 Was sollten Sie bei der zeitlichen Planung einer Online-Besprechung beachten?

Eine Online-Besprechung kann wesentlich anstrengender als eine Besprechung in Präsenz sein. Achten Sie darauf, dass Sie ausreichend lange Pausen zwischen verschiedenen Besprechungen einplanen oder bei längeren Terminen (z. B. bei einem Workshop) spätestens nach 90 Minuten eine Pause vorsehen.

5.3.4 Was sollten Sie bei der Wahl Ihres Raums beachten?

Wenn Sie zum Beispiel aus dem Homeoffice an einer Besprechung teilnehmen, sollten Sie schauen, dass Sie einen ruhigen Raum wählen. So werden die anderen Gesprächsteilnehmer nicht durch Hintergrundgeräusche oder andere Personen gestört.

Außerdem sollten Sie sicherstellen, dass die Lichtverhältnisse stimmen, da Sie ansonsten trotz aktivierter Kamera möglicherweise nicht gut zu erkennen sind.

5.3.5 Welche Geräte sollten Sie einsetzen?

In einer Online-Besprechung sollten Sie gut zu verstehen sein und auch die anderen Teilnehmer gut verstehen können. Das heißt, Sie benötigen ein gutes Mikrofon und entsprechende Lautsprecher oder alternativ ein gutes Headset. Außerdem sollten Sie eine Kamera verwenden, die Sie auch bei durchschnittlichen Lichtverhältnissen gut einfängt und die Aufnahme in einer guten Qualität überträgt. Wenn Sie sich in einem Besprechungsraum aufhalten, sollte auch hier eine gute Ausstattung zu finden sein, die sich im optimalen Fall bereits in *Microsoft Teams* integriert.

Unter *www.microsoft.com/de-de/microsoft-365/microsoft-teams/across-devices/devices* finden Sie die von Microsoft empfohlenen Geräte.

5.3.6 Welche Art von Besprechung planen Sie, und wie viele Teilnehmer erwarten Sie?

Möchten Sie eine Besprechung durchführen, in der sich grundsätzlich jeder aktiv an einer Diskussion beteiligen kann, und nehmen nicht mehr als 250 Personen an der Besprechung teil? Dann können Sie eine Teams-Besprechung planen. Möchten Sie eher eine Veranstaltung durchführen, bei der die meisten Teilnehmer stille Zuschauer sind und es nur wenige Redner gibt? Dann sind *Town-Hall-Meetings* die bessere Wahl; zu ihnen können Sie auch bis zu 10.000 Teilnehmer einladen.

5.3.7 Möchten Sie die Besprechung aufzeichnen?

Wenn Sie eine Besprechung aufzeichnen möchten, müssen Sie vor Beginn der Aufzeichnung klären, ob alle damit einverstanden sind. Personen, die nicht in der Aufzeichnung enthalten sein möchten, haben dann noch die Gelegenheit, beispielsweise ihre Kamera zu deaktivieren oder sogar die Besprechung für die Zeit der Aufzeichnung zu verlassen.

Ist diese Liste vollständig?

Es handelt sich bei dieser Liste an Fragen lediglich um einen Vorschlag. Sie können Teile daraus für sich übernehmen oder sie um weitere Punkte ergänzen, die auf Ihr Unternehmen zugeschnitten sind. Verwenden Sie meinen Vorschlag vielleicht einfach als ersten Entwurf für Ihren persönlichen Knigge für Online-Besprechungen.

5.4 Besondere Anwendungsfälle

Sie haben in diesem Kapitel bisher die wesentlichen Funktionen und Möglichkeiten von Teams in Bezug auf Besprechungen kennengelernt und können somit Besprechungen verschiedener Größe sowohl ad hoc als auch zeitlich geplant durchführen. In diesem Abschnitt gehe ich nun noch auf ein paar besondere Anwendungsfälle ein: Webinare, Town-Hall-Meetings und immersive Meetings.

5.4.1 Webinare als besondere Form von Teams-Besprechungen

Wenn Sie über Ihren Kalender in Teams eine neue Besprechung planen, finden Sie folgende Optionen zur Auswahl (siehe Abbildung 5.66):

- **Besprechung planen:** Hierbei handelt es sich um eine gewöhnliche Teams-Besprechung. Diese Option wählen Sie auch automatisch, wenn Sie die Schaltfläche NEUE BESPRECHUNG betätigen, ohne das Untermenü zu öffnen.
- **Webinar:** Diesen Besprechungstyp schauen wir uns in diesem Abschnitt genauer an. Ein Webinar ist eine Besprechung, die auf die Organisatoren und die Referenten ausgerichtet ist und einen Registrierungsprozess für die Teilnehmer des Webinars vorsieht.
- **Versammlung:** Versammlungen sind für besonders große Teilnehmerzahlen vorgesehen und werden auch als *Town-Hall-Meetings* bezeichnet. Diese Art von Besprechung schauen wir uns im nächsten Abschnitt genauer an.
- **Virtueller Termin:** Diese Art von Besprechung eignet sich vor allem für Besprechungen mit externen Personen, die gegebenenfalls Teams nicht nutzen und über ihren Browser an der Besprechung teilnehmen. Normalerweise sind damit Einschränkungen verbunden. Durch die Konfiguration der Besprechung wird aber ein möglichst hoher Nutzerkomfort erzielt.

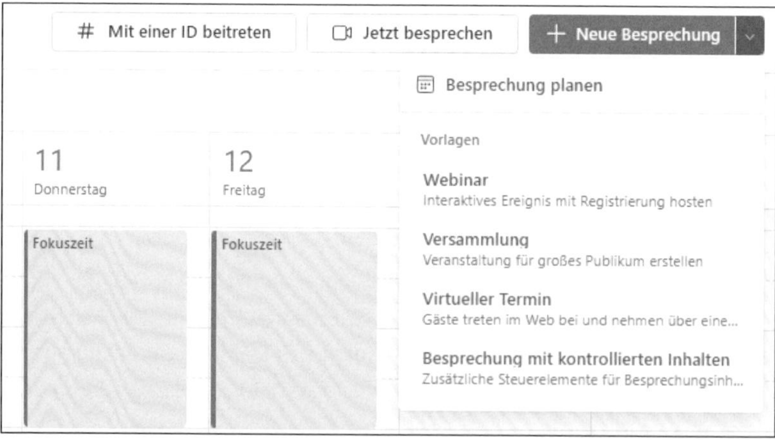

Abbildung 5.66 Wählen Sie den Besprechungstyp »Webinar« aus.

▶ **Besprechung mit kontrollierten Inhalten:** Bei dieser Option werden sehr restriktive Einstellungen vorgenommen, damit Informationen vertraulich behandelt werden können und ausschließlich Inhalte von ausgewählten Personen geteilt werden können.

Wenn Sie die Option WEBINAR ausgewählt haben, werden Sie nicht wie bei den anderen Optionen auf eine andere Seite innerhalb Ihrer Teams-Anwendung weitergeleitet, sondern es öffnet sich der Dialog aus Abbildung 5.67.

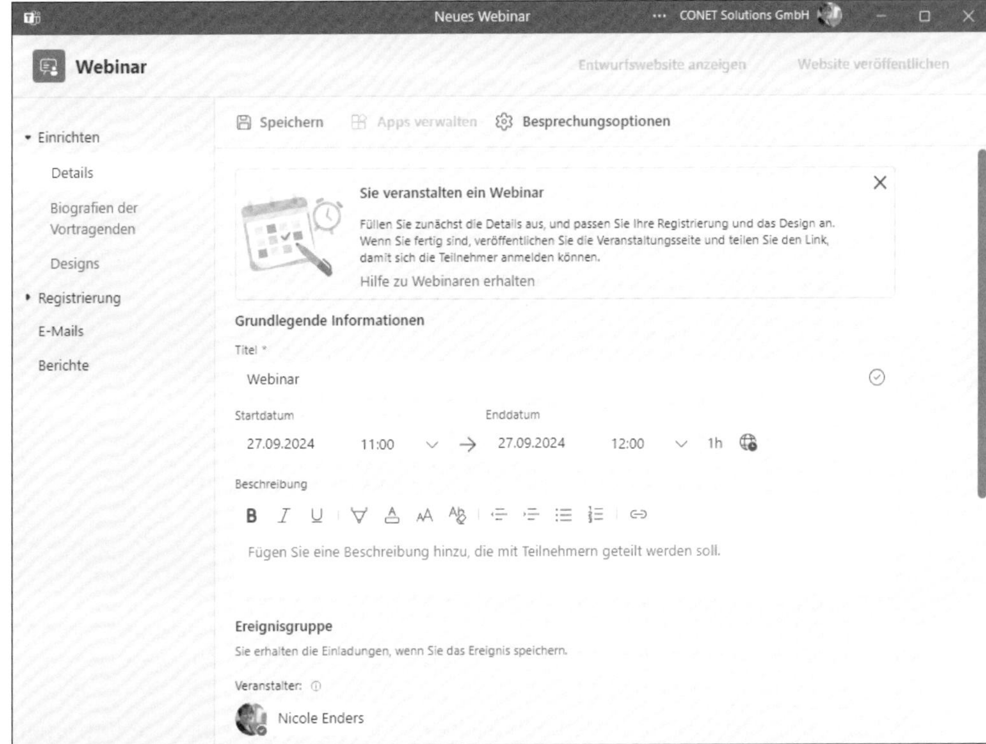

Abbildung 5.67 Planen Sie den Termin für Ihr Webinar ...

Sie geben zunächst den Titel sowie eine Beschreibung für das Webinar an und wählen ein Datum und eine Uhrzeit aus. Im unteren Bereich des Dialogs (siehe Abbildung 5.68) legen Sie fest, welche Personen außer Ihnen das Webinar organisieren und auf die Teilnehmerliste sowie die organisatorischen Bereiche der Webinarplanung Zugriff erhalten. Außerdem wählen Sie die Referenten aus, wobei es sich bei diesen sowohl um interne als auch um externe Personen handeln kann.

Abschließend können Sie auch noch auswählen, ob das Webinar unternehmensintern angeboten wird, oder ob sich auch externe Personen als Teilnehmer registrieren können.

Wenn Sie sich unsicher sind, welche Einstellungen mit der Webinarvorlage verbunden sind, können Sie diese über den Menüpunkt BESPRECHUNGSOPTIONEN oben auf der Seite prüfen.

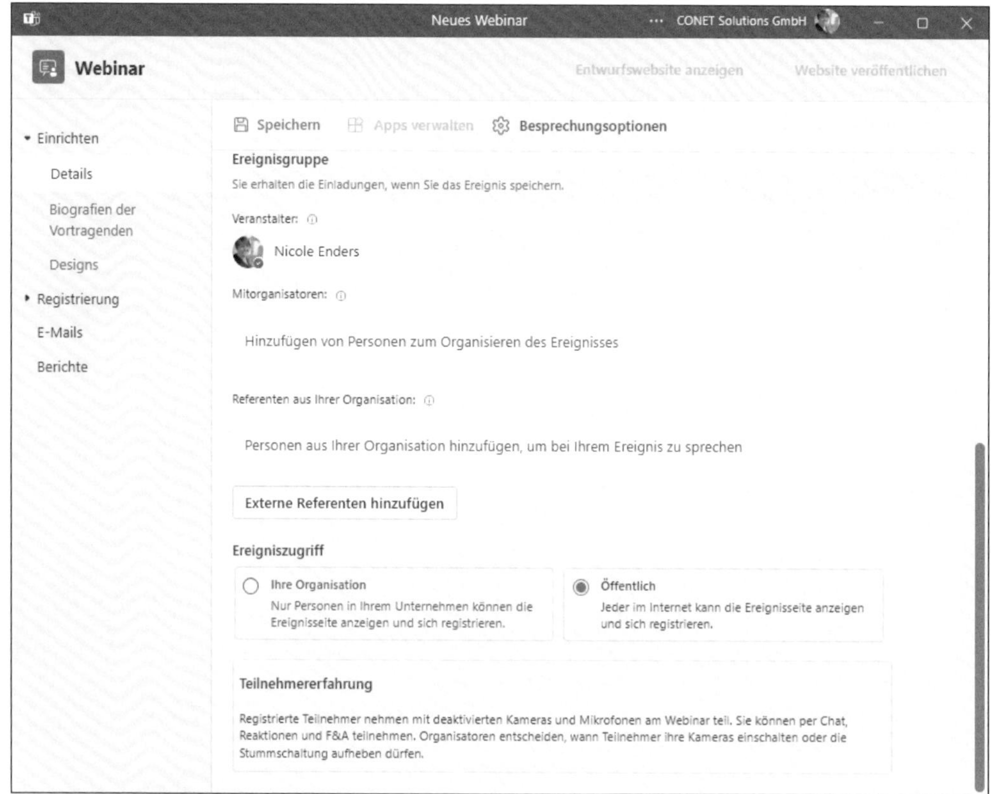

Abbildung 5.68 ... und bestimmen Sie die Organisatoren und Referenten.

In dem Dialog, der daraufhin erscheint (siehe Abbildung 5.69), können Sie zum einen die Einstellungen prüfen und zum anderen auch bei Bedarf die Konfiguration für Ihr Webinar ändern. So könnte es eventuell sinnvoll sein, die dritte Option von oben (TEILNEHMER MIT EINEM REGISTRIERUNGSLINK KÖNNEN DEN WARTEBEREICH UMGEHEN) zu deaktivieren. Denn so können Sie als Organisator bzw. Ihre Co-Organisatoren und die Referenten bewusst entscheiden, wann Sie die Teilnehmer aus dem Wartebereich zulassen und das Webinar beginnen möchten.

Wenn Sie nun die Einstellungen speichern, können Sie in der linken Navigation den Menüpunkt BIOGRAFIEN DER VORTRAGENDEN aufrufen. Wie in Abbildung 5.70 zu sehen ist, werden hier alle von Ihnen angegebenen Referenten aufgelistet. Über die Schaltfläche BEARBEITEN können Sie für jeden Referenten Informationen hinterlegen (siehe Abbildung 5.71).

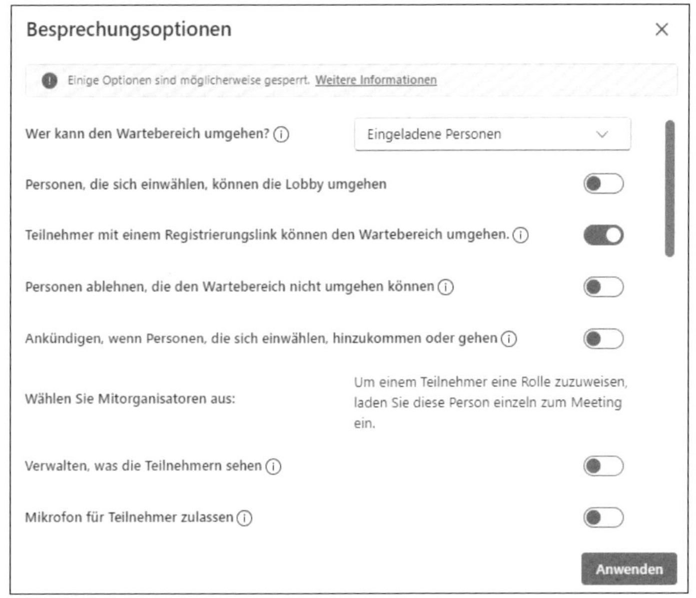

Abbildung 5.69 Konfigurationsmöglichkeiten für ein Webinar

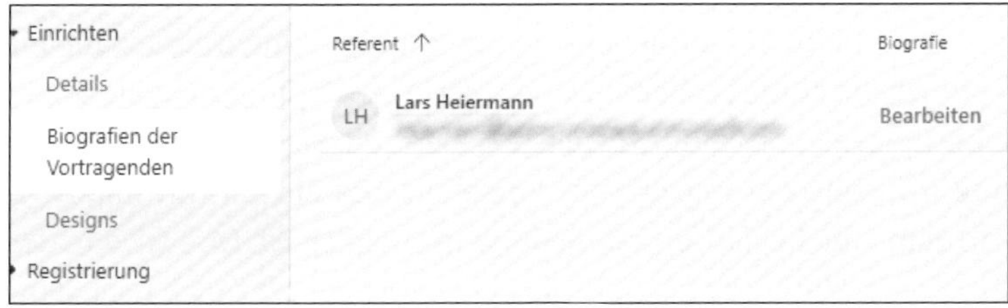

Abbildung 5.70 Prüfen Sie die Liste Ihrer Vortragenden ...

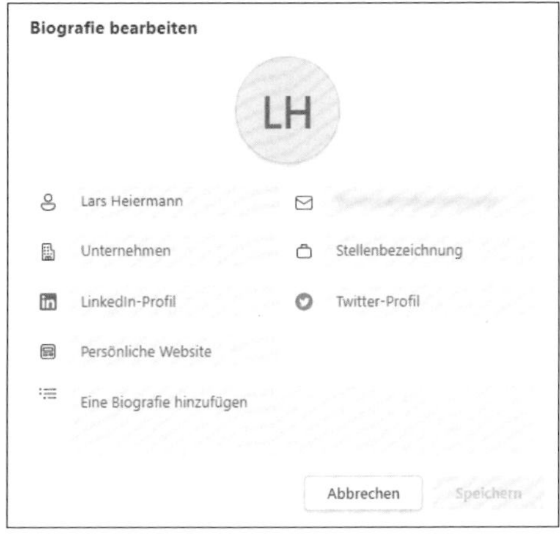

Abbildung 5.71 ... und pflegen Sie deren Biografie und Kontaktdaten.

Registrierung vorbereiten

Nachdem Sie das Webinar geplant und die Vortragenden erfasst haben, sollten Sie nun die Registrierung vorbereiten. Wählen Sie dazu den Menüpunkt REGISTRIERUNG • KONFIGURATION aus (siehe Abbildung 5.72).

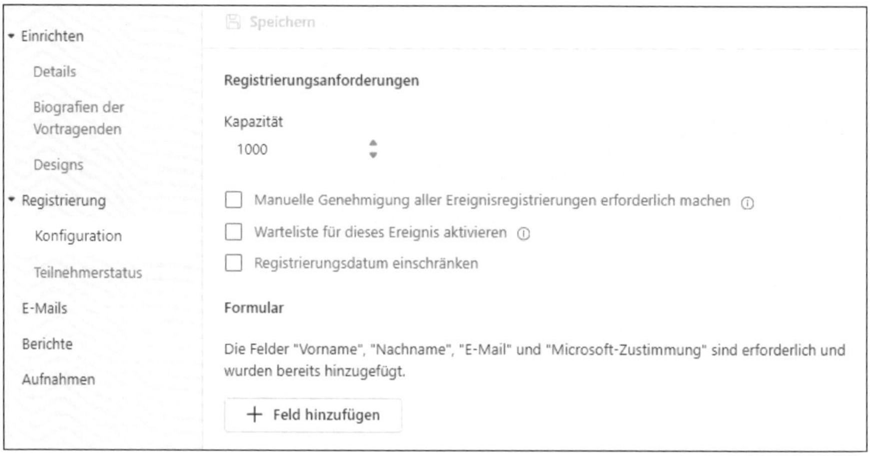

Abbildung 5.72 Geben Sie die maximale Teilnehmerzahl an ...

Wie Sie Abbildung 5.72 entnehmen können, ist die maximale Teilnehmeranzahl auf 1000 Personen begrenzt. Sie können aber auch eine geringere Teilnehmerzahl angeben und zusätzlich festlegen, ob es eine Warteliste geben soll. Sie können auch eine Genehmigungsstufe im Registrierungsprozess vorsehen und ein Datum inklusive Uhrzeit angeben, ab dem eine Registrierung nicht mehr möglich ist. Dies wird in der Praxis häufig genutzt, da in Hinblick auf eine gute Betreuung vor und auch nach dem Webinar etwas Vorlauf benötigt wird.

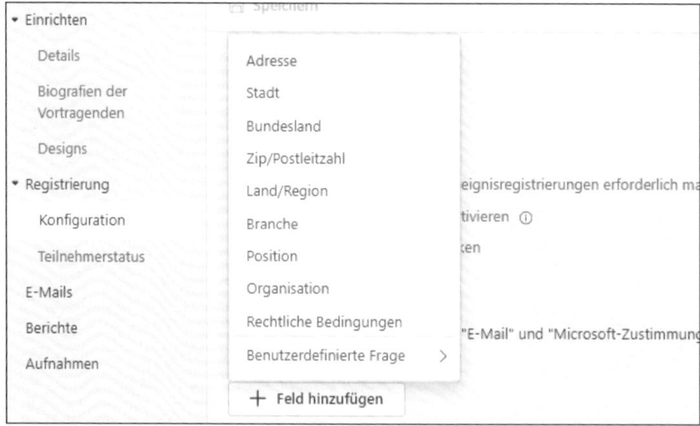

Abbildung 5.73 ... und bestimmen Sie, welche Informationen Sie von den interessierten Personen im Rahmen der Registrierung erfragen möchten.

Wenn Sie vor dem eigentlichen Webinar bereits ein paar Informationen über die Teilnehmer sammeln möchten, können Sie die Schaltfläche FELD HINZUFÜGEN nutzen und entweder, wie in Abbildung 5.73 dargestellt, eines der standardmäßig angebotenen Felder auswählen (beispielsweise POSITION) oder eine benutzerdefinierte Frage stellen, die Ihnen bei der Vorbereitung Ihres Webinars hilft und selbstverständlich auch etwas über die Zusammensetzung des Teilnehmerkreises verrät.

Vorlagen für die E-Mail-Kommunikation prüfen

Bevor Sie gleich die Registrierungsseite für die interessierten Personen freischalten, sollten Sie unbedingt prüfen, ob die hinterlegten E-Mail-Vorlagen für Ihr Webinar geeignet sind oder angepasst werden müssen.

Rufen Sie dazu den Menüpunkt E-MAILS auf, um zu der Auflistung aus Abbildung 5.74 zu gelangen. Über die Schaltfläche BEARBEITEN können Sie jede einzelne Vorlage einsehen und bei Bedarf anpassen.

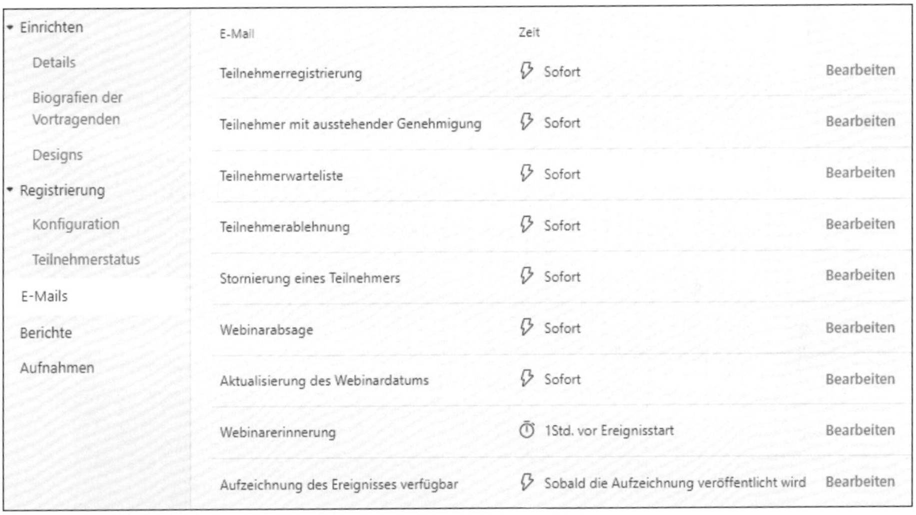

Abbildung 5.74 Prüfen Sie die standardmäßig bereitgestellten E-Mail-Vorlagen.

Website für die Registrierung veröffentlichen

Nun haben Sie die nötigen Vorbereitungen getroffen und können über die Schaltfläche WEBSITE VERÖFFENTLICHEN oben rechts im Dialog die Website für die Registrierung bereitstellen. Sie werden dabei zur Sicherheit noch einmal gefragt, ob Sie die Veröffentlichung wirklich vornehmen möchten (siehe Abbildung 5.75).

Sobald Sie die Schaltfläche VERÖFFENTLICHEN betätigt haben, ist die Website für alle verfügbar und Sie erhalten in einer Bestätigungsmeldung auch noch einmal explizit den Link auf die Seite, um diesen gegebenenfalls per Chat oder E-Mail zu versenden oder ihn auf Ihrer öffentlichen Website anzubieten (siehe Abbildung 5.76).

Abbildung 5.75 Bestätigen Sie, dass Sie die Website veröffentlichen möchten.

Abbildung 5.76 Nun können Sie den Link zur Registrierung verteilen.

Sie können den Link auch selbst aufrufen und sehen nun, wie die Webinaranmeldung für interessierte Personen aussieht (siehe Abbildung 5.77). Sie sehen hier neben dem eigentlichen Termin auch die Auflistung der Referenten und können auf ihre Biografie zugreifen.

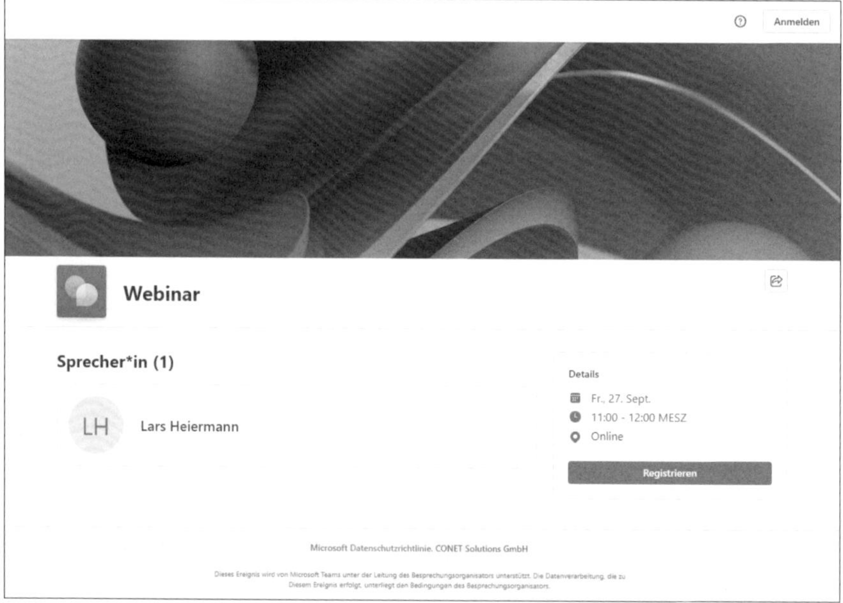

Abbildung 5.77 Schauen Sie sich die Website selbst einmal an.

> **Woher stammen die Bilder?**
>
> Sie können bei der Konfiguration Ihres Webinars auch in der linken Navigation den Menüpunkt DESIGNS auswählen und dort das Bannerbild, das Logo und die Themenfarbe definieren. Auch wenn diese Möglichkeiten sehr eingeschränkt sind, können Sie so dennoch einen großen Teil Ihres Corporate Designs umsetzen.

Für ein Webinar registrieren

Wir wechseln nun die Perspektive und rufen die Registrierungsseite als eine Person auf, die sich für das Webinar interessiert. Nach einem ersten Blick auf die in Abbildung 5.77 bereitgestellten Informationen betätigen Sie die Schaltfläche REGISTRIEREN und befinden sich nun in dem Dialog, den Sie in Abbildung 5.78 sehen.

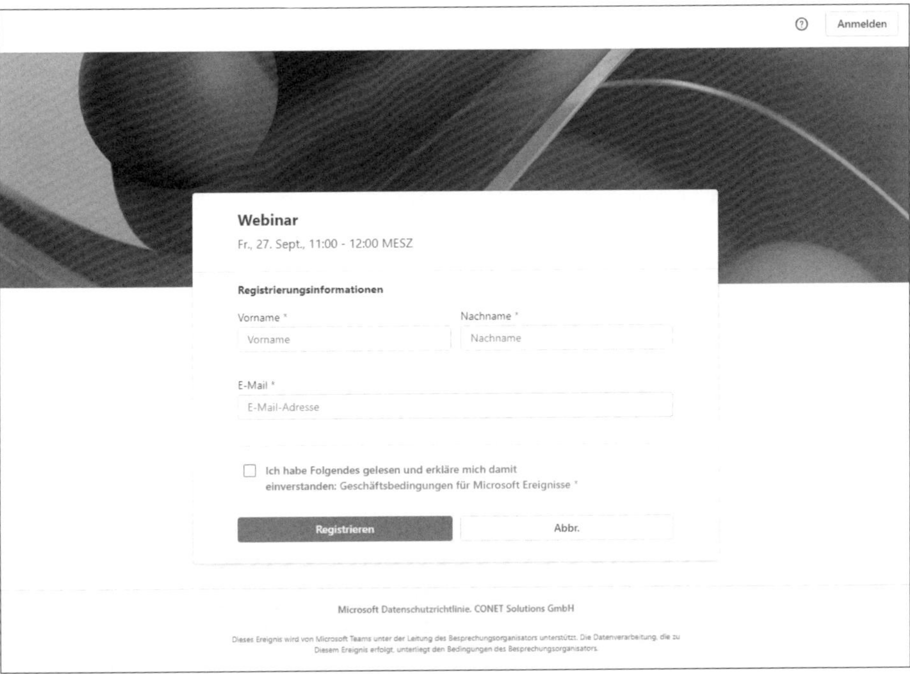

Abbildung 5.78 Geben Sie die erforderlichen Informationen an, um sich für das Webinar zu registrieren.

Sie werden hier nach Ihren Kontaktdaten sowie den weiteren Informationen gefragt, die Sie zuvor als Felder hinzugefügt haben. Nachdem Sie alle Informationen angegeben haben, können Sie die Registrierung über die Schaltfläche REGISTRIEREN abschließen.

Sie erhalten entweder automatisch oder nach erfolgter Genehmigung eine Bestätigungsmail, in der auch eine Termineinladung enthalten ist. Darüber hinaus erhalten

Sie auch, wie in Abbildung 5.79 zu sehen, eine Bestätigung, dass Ihre Registrierung erfolgreich war.

Abbildung 5.79 Ihre Registrierung war erfolgreich.

Webinar durchführen bzw. an einem Webinar teilnehmen

Wenn Sie als Teilnehmer zu früh dem Webinar beitreten, erhalten Sie eine mit Abbildung 5.80 vergleichbare Ansicht.

Abbildung 5.80 Warten Sie, bis das Webinar beginnt.

Sie befinden sich noch im Wartebereich, denn die Organisatoren und Referenten haben das Webinar noch nicht gestartet. Wenn Sie als Organisator oder Referent der Besprechung beitreten, sollte die Ansicht mit der Darstellung in Abbildung 5.81 vergleichbar sein.

Abbildung 5.81 Ein Webinar hat einige weitere Funktionen im Vergleich zu einer »normalen« Teams-Besprechung.

Ihnen sollten direkt ein paar Unterschiede im Vergleich zu anderen Teams-Besprechungen auffallen. So wird in der Menüleiste oben ganz links angezeigt, dass Sie das Webinar noch nicht begonnen haben. Die eigentliche Besprechung haben Sie schon gestartet, aber sie dient momentan zur Abstimmung zwischen Ihnen und den Referenten. Die Teilnehmer bekommen von diesem Austausch nichts mit. Das ist bei Webinaren auch gängige Praxis, da kurz vor Beginn des Termins noch schnell geprüft wird, ob alle technischen Voraussetzungen erfüllt sind und der Durchführung des Webinars nichts im Wege steht.

So werden Sie vermutlich warten, bis alle Referenten an der Besprechung teilnehmen und sowohl Kamera als auch Mikrofon funktionieren. Meistens möchten die Referenten auch Inhalte teilen, wie in unserem Beispiel ein Whiteboard (siehe Abbildung 5.82). Es könnte sich aber auch um einen beliebigen anderen Inhalt handeln, beispielsweise um eine Präsentation oder um den gesamten Bildschirm eines Referenten.

Sie sehen außerdem, wie viele Teilnehmer schon online sind, und können so auch abwarten, falls Sie eine Mindestanzahl an Personen für den Start des Webinars vorgesehen haben. Wenn Sie so weit sind, können Sie die Schaltfläche BESPRECHUNG BEGINNEN betätigen. Damit beginnt die Übertragung – genauso wie die Aufzeichnung, die später den Teilnehmern zur Verfügung gestellt werden kann. Wie Sie Abbildung 5.83 entnehmen können, werden Sie auch hier zur Sicherheit gefragt, ob Sie die Übertragung wirklich starten möchten.

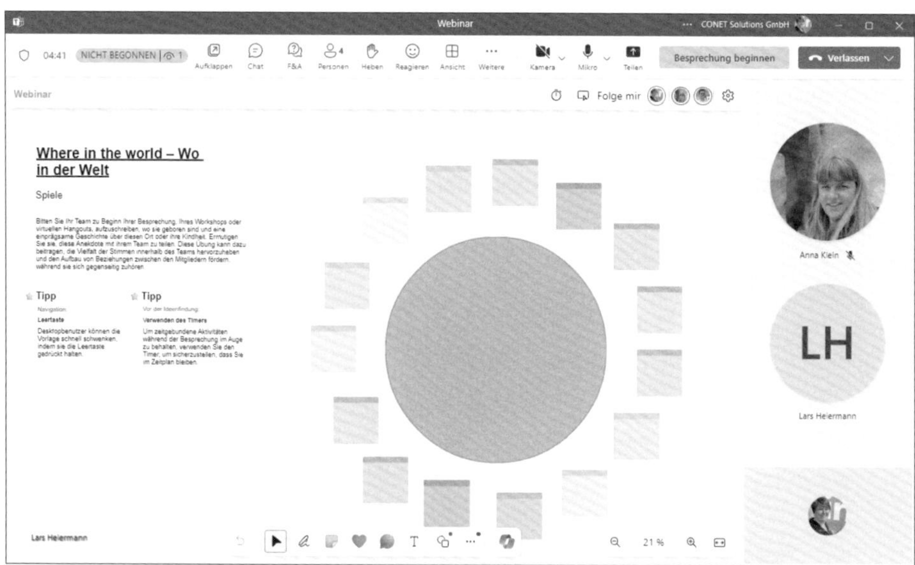

Abbildung 5.82 Bereiten Sie sich vor Beginn der Übertragung vor, teilen Sie die gewünschten Inhalte und stimmen Sie ab, wer die Teilnehmer begrüßt.

Abbildung 5.83 Bestätigen Sie, dass Sie die Übertragung starten möchten.

Sobald die Übertragung läuft, ist ein Webinar fast identisch mit einer gewöhnlichen Teams-Besprechung (siehe Abbildung 5.84), nur dass Sie einen großen, stillen Zuhörerkreis haben. Achten Sie aber unbedingt darauf, dass die Teilnehmer alle Organisatoren und Referenten hören können, sofern sie nicht stummgeschaltet sind. Das heißt, ähnlich wie bei einer Teams-Besprechung müssen hier Regeln beachtet werden, damit Sie sich nicht gegenseitig ins Wort fallen und so das Erlebnis für die Teilnehmer negativ beeinträchtigen.

Für die Teilnehmer ist ein Webinar vergleichbar mit einer Live-Übertragung (siehe Abbildung 5.85), bei der sie keine Möglichkeit zur interaktiven Teilnahme haben, außer im Frage- und Antwortenbereich bzw. im Chat. Teilnehmer können auf diese Weise Fragen stellen, die von Ihnen als Organisator bzw. den Referenten beantwortet werden können. Die Fragen und gegebenen Antworten sind später auch verfügbar, wenn Sie das Webinar erneut über den Kalender aufrufen. Sie können aber auch bei Bedarf die Einstellungen für einzelne Teilnehmer ändern und es ihnen damit ermöglichen, ihr Mikrofon sowie ihre Kamera zu aktivieren und somit live ihre Frage zu stellen bzw. mit Ihnen und den Referenten zu diskutieren. So wird aus einer Live-Übertragung auf Wunsch ganz schnell eine interaktive Veranstaltung

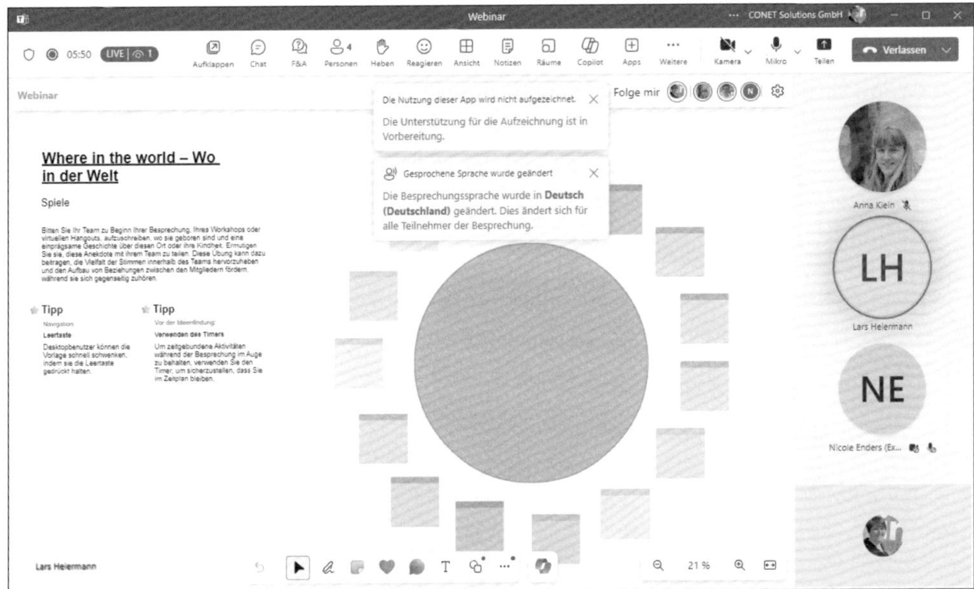

Abbildung 5.84 Für Organisatoren und Referenten verhält sich ein Webinar wie eine Teams-Besprechung.

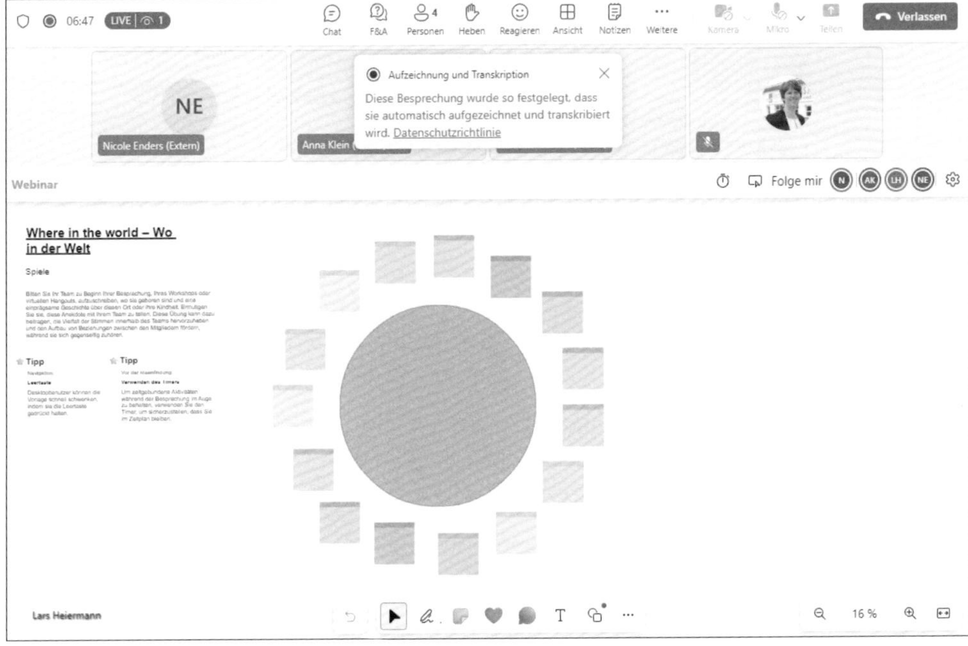

Abbildung 5.85 Für die Teilnehmenden wirkt ein Webinar mehr wie eine Live-Übertragung.

Das Webinar nachbereiten

Nach Abschluss des Webinars werden die ersten E-Mails im Zuge der Nachbereitung versendet. Da Sie bereits zu Beginn alle E-Mail-Vorlagen geprüft haben, müssen Sie nun hierfür nicht aktiv werden.

Wenn Sie das Webinar beendet haben, finden Sie einen Teilnehmerbericht, der Ihnen Aufschluss darüber gibt, wie Ihr Webinar angenommen wurde (siehe Abbildung 5.86). So sehen Sie beispielsweise die Anzahl der Teilnehmer sowie wann die jeweilige Person der Veranstaltung beigetreten ist und wann sie die Veranstaltung wieder verlassen hat.

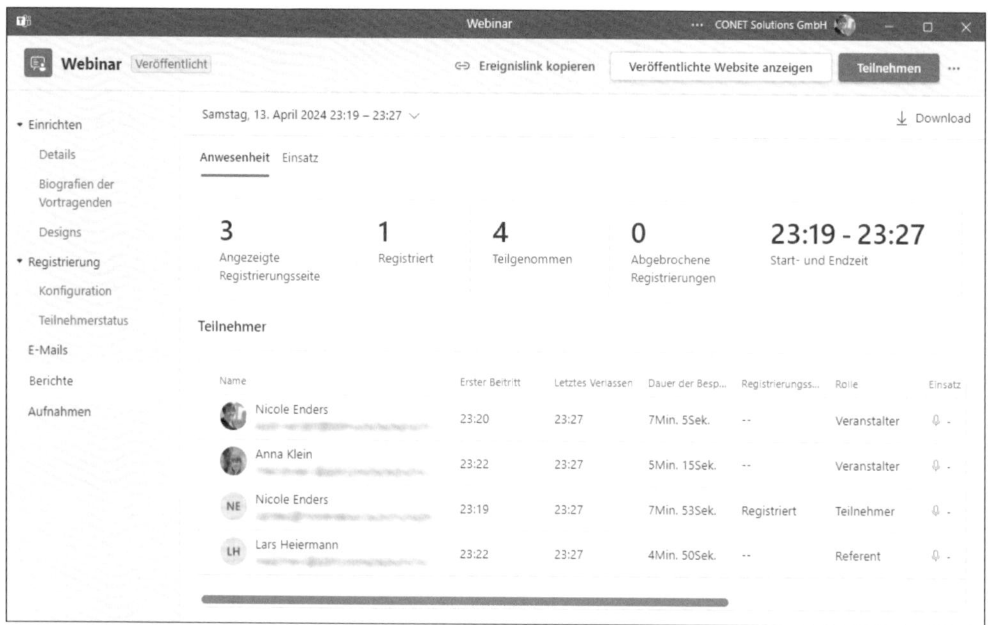

Abbildung 5.86 Rufen Sie den Teilnehmerbericht auf, um den Erfolg Ihres Webinars zu prüfen.

Sie sehen hier auch, wie hoch der Anteil von Registrierungen zu Teilnehmern ist, und können zusätzlich im Reiter EINSATZ einsehen, wie aktiv sich die Teilnehmer an dem Webinar beteiligt haben.

Sie können über den Menüpunkt AUFNAHMEN nun auch die Aufzeichnung aufrufen und diese entweder veröffentlichen (beispielsweise in *Stream*) oder herunterladen und auf anderem Weg veröffentlichen (siehe Abbildung 5.87).

In welchen Fällen werden Webinare eingesetzt?

Wie Sie gesehen haben, ist der Besprechungstyp *Webinar* gar nicht so verschieden von den gewöhnlichen Teams-Besprechungen. Der wesentliche Unterschied ist, dass es eine bewusste Unterscheidung zwischen den Vortragenden und dem Publikum gibt. Daher eignen sich Webinare besonders für Informationsveranstaltungen. Webinare zeigen durch die öffentlich zugängliche Registrierungsseite eine besondere Stärke im Umgang mit externen Personen, da diese nicht zwingend eine Microsoft-365-Lizenz benötigen.

Abbildung 5.87 Veröffentlichen Sie die Aufzeichnung Ihres Webinars.

5.4.2 Town-Hall-Meetings (früher als Live-Ereignisse bezeichnet)

Wenn Sie bisher größere Versammlungen mit *Teams* technisch unterstützen wollten, haben Sie dafür eventuell die Live-Ereignisse (engl. *Live Events*) genutzt. Nun sind die Live-Ereignisse allerdings abgekündigt (Enddatum 30.09.2024), sodass es einer Alternativ bedarf. Dies sind die sogenannten *Versammlungen*, die Sie bei Internet-Recherchen auch als *Town-Hall-Meetings* oder je nach Übersetzung auch als *Rathäuser* finden werden.

Microsoft hat im Bereich der Besprechungen und Online-Veranstaltungen sehr viel Wert auf eine einheitliche Nutzung gelegt, und so finden Sie auch eine Ähnlichkeit zu den Webinaren wieder, wenn Sie im Dialog aus Abbildung 5.66 den Besprechungstyp VERSAMMLUNG gewählt haben und sich daraufhin in der Maske aus Abbildung 5.88 wiederfinden.

Sie legen bei einer Versammlung genau wie bei einem Webinar den Termin fest und wählen die Organisatoren und Referenten aus. Im unteren Bereich der Maske können Sie dann auswählen, ob Sie eine öffentliche Veranstaltung planen oder eine unternehmensinterne oder ob die Veranstaltung sogar nur für einen bestimmten eingeschränkten Personenkreis gedacht ist (siehe Abbildung 5.89). Wenn Sie die Versammlung so weit geplant haben, können Sie über die Schaltfläche VERÖFFENTLICHEN die Veranstaltung öffentlich verfügbar machen – natürlich erst, nachdem Sie die Sicherheitsabfrage bestätigt haben (siehe Abbildung 5.90).

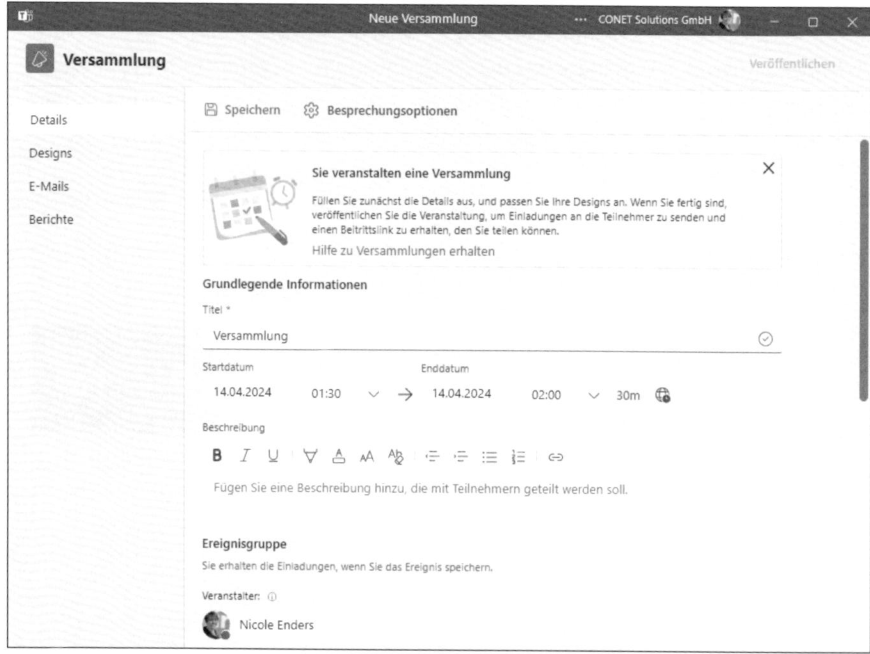

Abbildung 5.88 Wählen Sie den Termin für die Versammlung aus …

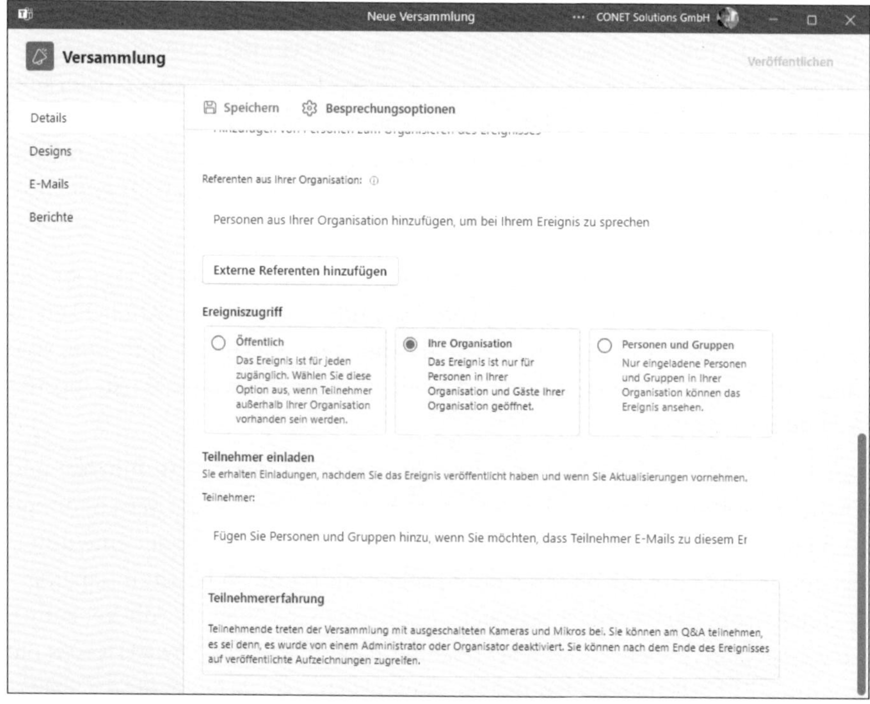

Abbildung 5.89 … und legen Sie den grundsätzlichen Personenkreis fest.

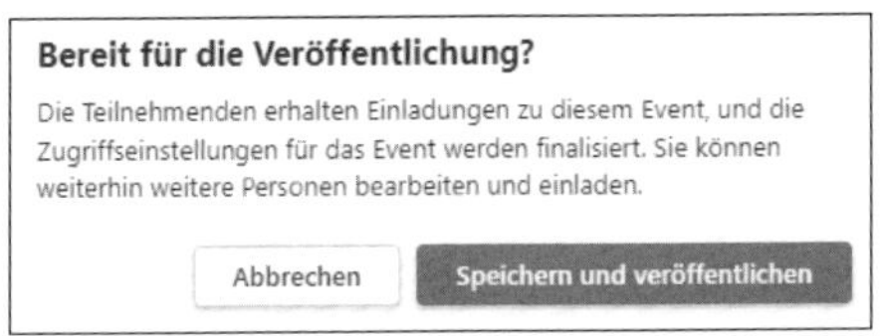

Abbildung 5.90 Bestätigen Sie, dass die Versammlung veröffentlicht werden kann.

Wenn Sie die Bestätigungsmeldung erhalten (siehe Abbildung 5.91), können Sie den Link beispielsweise in Ihrem Social Intranet veröffentlichen oder bei einer öffentlichen Versammlung sogar auf Ihre Unternehmenswebsite stellen.

Abbildung 5.91 Verteilen Sie den Link an die geplanten Teilnehmer.

Wenn dann die Versammlung ansteht, treten Sie und die weiteren Organisatoren und die Referenten wie bei einem Webinar der Besprechung bei. Während ein Referent die gewohnte Ansicht wie bei anderen Teams-Besprechungen auch erhält, haben Sie als Organisator die Ansicht, die Abbildung 5.92 zeigt.

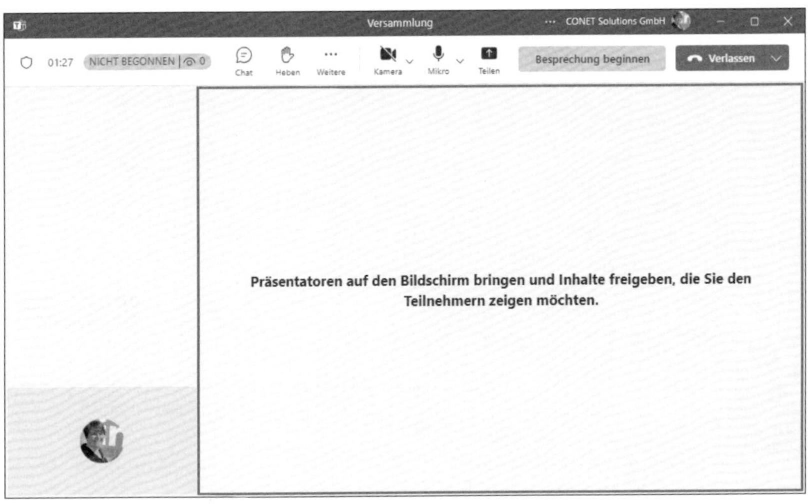

Abbildung 5.92 Als Organisator sind Sie sozusagen der Produzent der Veranstaltung.

Sie sind sozusagen der Produzent (so hieß die frühere Rolle bei Live-Ereignissen) und können genau steuern, wann welcher geteilte Inhalt und wann welcher Referent für die Zuschauer übertragen wird. Während sich bei einem Webinar die Referenten untereinander abstimmen müssen, wer gerade den Bildschirm teilt, können bei einer Versammlung alle Referenten schon einmal den entsprechenden Inhalt teilen, und Sie als Organisator bestimmen, welcher Inhalt wann übertragen wird. So können Sie große Versammlungen technisch unterstützen, beispielsweise eine Betriebsversammlung oder Konferenzen.

5.4.3 Immersive Räume mit Mesh for Teams

Zum Abschluss kommen wir noch zu den *immersiven Räumen* in Teams. Wenn Sie an einer Teams-Besprechung teilnehmen, können Sie entscheiden, ob Sie Ihre Kamera aktivieren oder sie deaktiviert lassen. Falls Sie Ihre Kamera aber nicht aktivieren, werden Sie nur mit Ihrem Profilbild dargestellt und sind bei Terminen mit vielen Personen gegebenenfalls unsichtbar. Denn alle Personen mit aktivierter Kamera werden bevorzugt dargestellt und »verdrängen« damit die Personen, die nur durch ein kleines Profilbild sichtbar sind.

Wie Sie Abbildung 5.93 entnehmen können, haben Sie aber auch die Möglichkeit, mit einem *Avatar* an der Besprechung teilzunehmen. Wählen Sie dazu den Menüpunkt EFFEKTE UND AVATARE aus und betätigen Sie die Schaltfläche AVATAR ERSTELLEN, falls Sie nicht schon einen Avatar für sich eingerichtet haben.

Abbildung 5.93 Sie können auch mit einem Ihrer Avatare an einer Besprechung teilnehmen.

Sie werden nun zur App *Avatars* weitergeleitet, die in Teams verfügbar ist und Ihnen die Konfiguration von bis zu drei Avataren ermöglicht. Ein Assistent unterstützt Sie bei der Konfiguration, und Sie können das Aussehen Ihres Avatars vollkommen frei gestalten. Wenn Sie mindestens einen Avatar erstellt haben, können Sie zur Besprechung zurückkehren und nun, wie in Abbildung 5.94 dargestellt, Ihren Avatar auswählen und auch einen virtuellen Hintergrund festlegen.

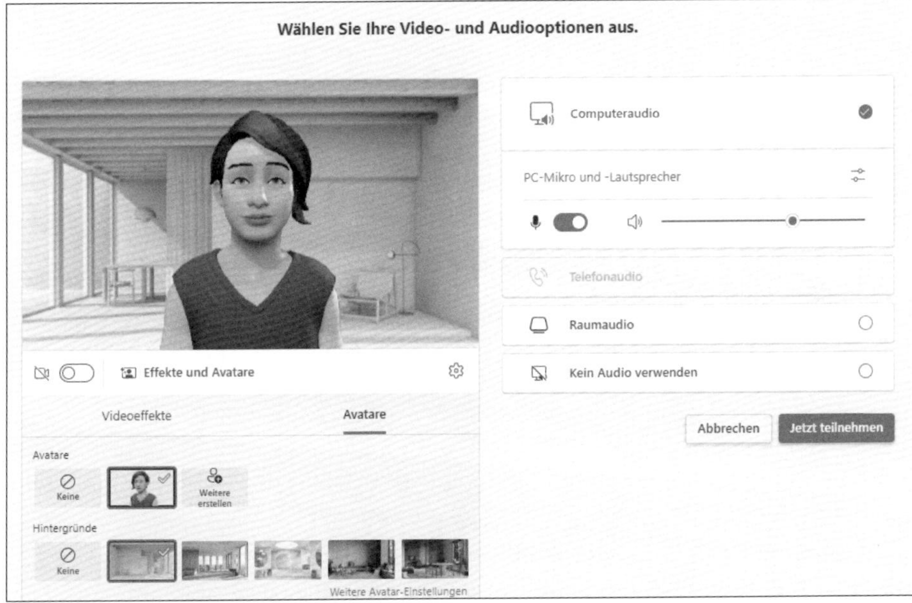

Abbildung 5.94 Wählen Sie Ihren Avatar und einen virtuellen Hintergrund aus.

Sie werden nun genauso prominent mit Ihrem Avatar angezeigt, wie es bei aktivierter Kamera der Fall wäre (siehe Abbildung 5.95). Da Ihren Gesprächspartnern nun aber die visuellen Signale fehlen, die bei einer aktivierten Kamera durch Gestik und Mimik automatisch gesendet würden, suchen wir nun einmal nach den Möglichkeiten, die für Avatare angeboten werden.

Wenn Sie den Menüpunkt VIDEOEFFEKTE UND -EINSTELLUNGEN auswählen und dann die Registerkarte AVATARE, können Sie verschiedene Gesten für Ihren Avatar auswählen (siehe Abbildung 5.96). Sie können außerdem weiter unten bestimmen, wie gut gelaunt Ihr Avatar sein soll. Doch diese Möglichkeiten sind sehr eingeschränkt und durch die manuelle Auswahl so zeitversetzt zu Ihrer spontanen Reaktion auf eine Situation, dass sie nicht mit der direkten zwischenmenschlichen Interaktion vergleichbar sind.

Mit *Mesh for Teams* wird aber etwas weitaus Reizvolleres angeboten als nur die Möglichkeit der Avatare. Durch die Pandemie haben wir alle gelernt, auf räumliche Distanz zusammenzuarbeiten, und sicher ist vieles mit einer Teams-Besprechung umsetzbar. So können Informationen ausgetauscht werden, man kann gemeinsam an Aufgaben arbeiten und schnell Fragen klären – doch das Zusammengehörigkeitsgefühl und die informelle Kommunikation sind so nicht im selben Maß gegeben, als wenn wir uns persönlich am selben Ort befänden. Nur sind nach der Pandemie hybrides Arbeiten und über mehrere Standorte verteilte Teams sowie teilweise sogar Unternehmen ohne dedizierte Bürogebäude zum neuen Normalzustand geworden.

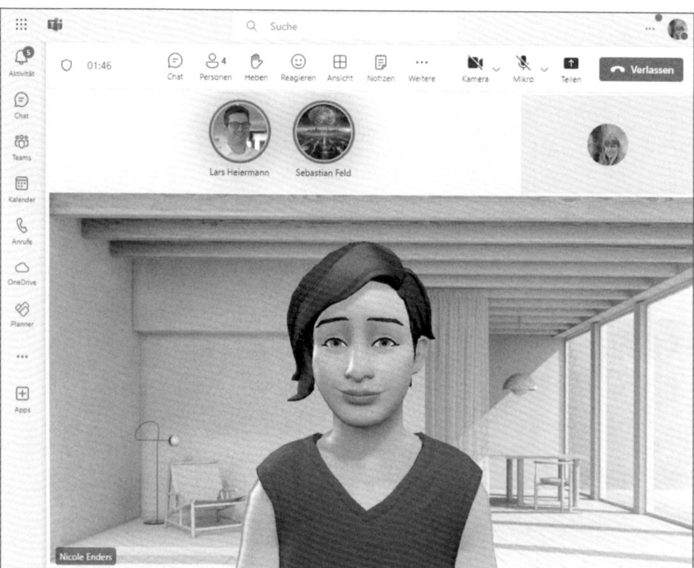

Abbildung 5.95 Sie erscheinen für andere Personen nun mit Ihrem Avatar.

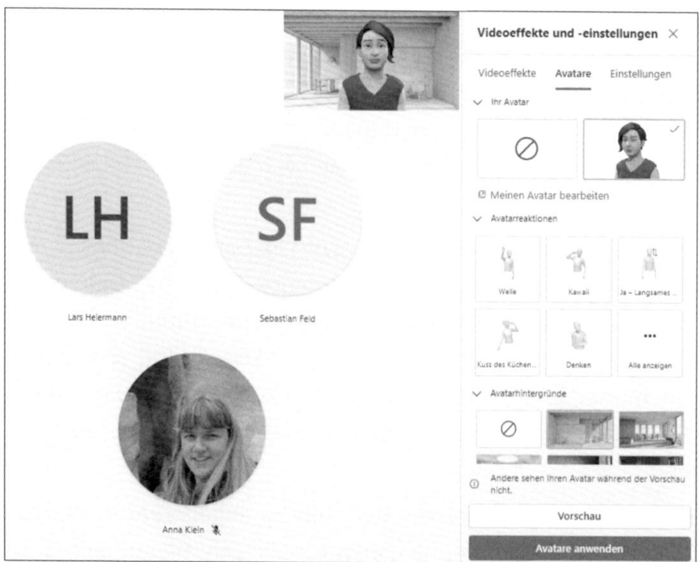

Abbildung 5.96 Sie können Gesten für Ihren Avatar auswählen.

Um nun für die soziale Bindung zum Unternehmen sowie zu einem Team bzw. unter den Mitarbeitenden im Allgemeinen zu sorgen, werden die sogenannten *immersiven Räume* angeboten. So können Sie in einer beliebigen Teams-Besprechung den Menüpunkt ANSICHT • IMMERSIVER RAUM (3D) auswählen und so in eine virtuelle Welt eintauchen (siehe Abbildung 5.97).

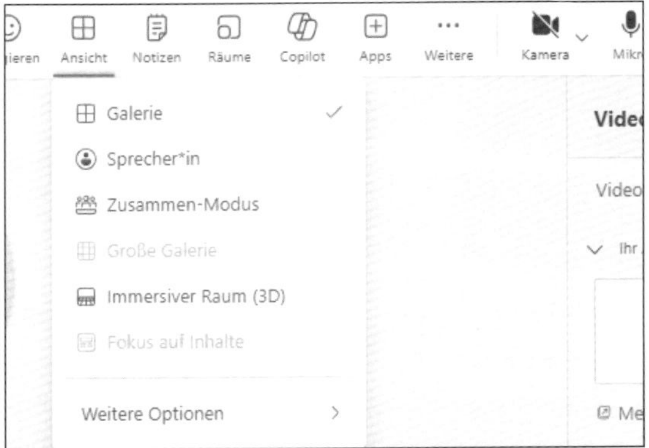

Abbildung 5.97 Wechseln Sie die Ansicht und tauchen Sie in einen immersiven Raum ein.

Wenn Sie das erste Mal einen immersiven Raum aufrufen, müssen Sie Mesh den Zugriff auf Ihre Kamera und Ihr Mikrofon erlauben (siehe Abbildung 5.98), da Sie diese Geräte auch im virtuellen Raum für die Kommunikation mit den anderen Personen in der Besprechung benötigen.

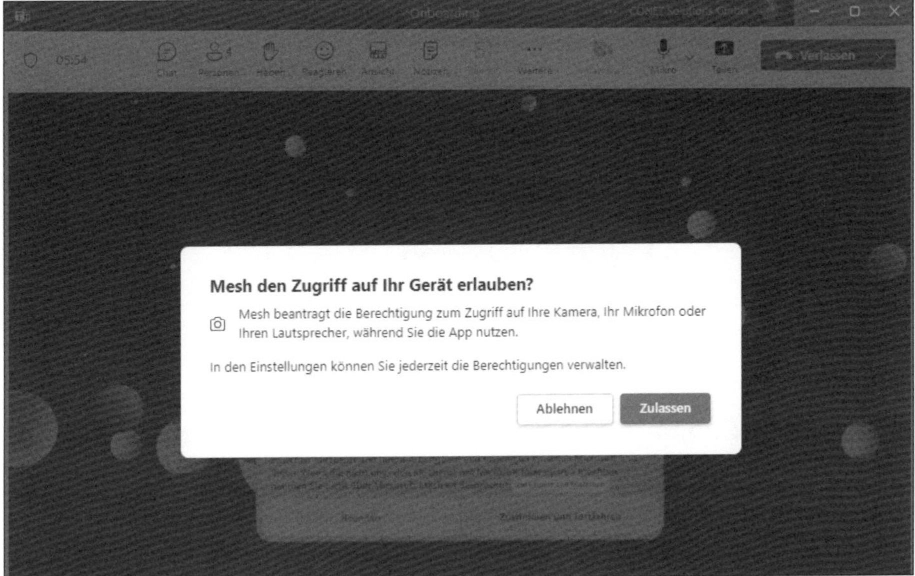

Abbildung 5.98 Erlauben Sie Mesh den Zugriff auf Ihre Kamera und Ihr Mikrofon.

Im weiteren Verlauf müssen Sie auch der Lizenzvereinbarung zustimmen, indem Sie die Schaltfläche ZUSTIMMEN UND FORTFAHREN betätigen (siehe Abbildung 5.99).

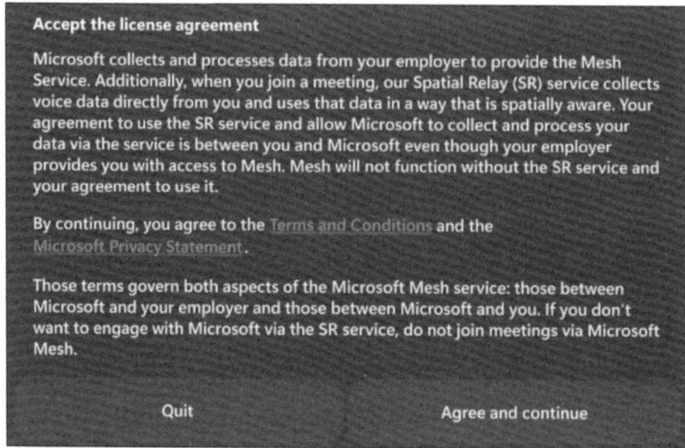

Abbildung 5.99 Stimmen Sie der Lizenzvereinbarung von Mesh zu.

Sobald der immersive Raum für Sie geladen wurde, erscheint der Dialog aus Abbildung 5.100. Hier können Sie bei Bedarf Ihren Avatar wechseln und anschließend über die Schaltfläche JETZT ÖFFNEN dem Raum beitreten.

Abbildung 5.100 Wählen Sie Ihren Avatar und treten Sie dem Raum bei.

Sie können sich nun mit den Pfeiltasten oder der Maus frei im Raum bewegen. Anfangs befinden Sie sich in unmittelbarer Nähe zur Anzeige der anderen Personen aus der Besprechung. Dabei werden die Teilnehmer, die nicht mit einem Avatar an der Besprechung teilnehmen, wie auf Monitoren an der Wand abgebildet (siehe Abbildung 5.101). Sollte jemand seinen Bildschirm teilen, so würde dieser oberhalb der Anzeige der Teilnehmer übertragen.

Abbildung 5.101 Willkommen in einem immersiven Raum!

In unserem Beispiel wird gerade kein Bildschirm geteilt, sodass Sie sich nun im Raum umschauen können. Sollten andere Personen auch mit ihrem Avatar an der Besprechung teilnehmen, können Sie diese im immersiven Raum finden und mit ihnen sprechen. Es ist sogar möglich, dass Sie sich im Raum so weit weg von der Gruppe entfernen, dass Sie eine Meldung erhalten, die Abbildung 5.102 entspricht.

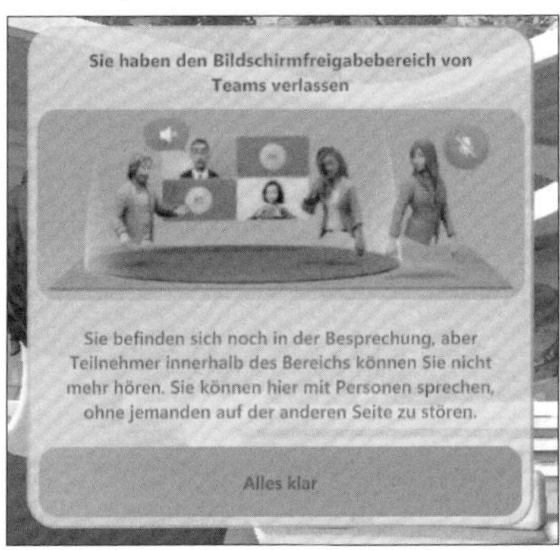

Abbildung 5.102 Führen Sie Nebengespräche durch virtuelle räumliche Distanz.

Nebengespräche oder das Aufteilen in kleinere Gruppen ist ganz einfach möglich!

Diese Möglichkeit stellt einen großen Vorteil gegenüber normalen Teams-Besprechungen dar. Denn nun sind Nebengespräche möglich, indem Sie sich, wie im normalen Leben auch, räumlich von der Gruppe entfernen und anschließend mit einer Person oder auch einer kleinen Gruppe über etwas anderes sprechen als das Hauptthema im Termin. Dies wird auch als *Spatial Audio* bezeichnet. So sind beispielsweise auch Gruppenarbeiten als Teil eines längeren Termins einfach umsetzbar.

Ihnen stehen verschiedene immersive Räume zur Auswahl, zwischen denen Sie auch während einer Besprechung wechseln können. Sie nehmen die Änderung bei einem Wechsel immer für alle Personen in der Besprechung vor. Dies ist sinnvoll, damit Sie sich auch im immersiven Raum wieder treffen und weiter austauschen können.

Wie Sie Abbildung 5.103 entnehmen können, existieren in den Räumen verschiedene Bereiche, die neben dem formellen Austausch (beispielsweise durch einen Tisch für eine Besprechung) auch Gelegenheiten für den informellen Austausch bieten (beispielsweise eine Feuerschale und das Grillen von Marshmallows).

Abbildung 5.103 Die vorbereiteten immersiven Räume bieten Möglichkeiten zum informellen Austausch.

Es gibt selbstverständlich auch wieder Bereiche, in denen, wie in Abbildung 5.104 dargestellt, gemeinsam Aufgaben bearbeitet und Informationen ausgetauscht werden können. Wenn Sie im immersiven Raum einen geteilten Bildschirm vorfinden, können Sie diesen auch aus der virtuellen Welt als zusätzliches Fenster auf Ihren Bildschirm holen und so bei zwei verfügbaren Monitoren einen Monitor für den immersiven Raum und den zweiten Monitor für die Bildschirmübertragung nutzen.

Abbildung 5.104 Führen Sie eine Besprechung, als ob Sie im selben physischen Raum säßen.

Sie können mit diesen Möglichkeiten Besprechungen so führen, als ob Sie sich alle im selben Raum befänden.

Wie kann ich eigene immersive Räume gestalten?

Wenn Sie über eine Teams-Premium-Lizenz verfügen, können Sie über das Mesh-Portal unter *https://mesh.cloud.microsoft* auch selbst immersive Räume gestalten und eigene Veranstaltungen planen und durchführen. Auf diese Weise können Sie Veranstaltungen mit bis zu 200 Personen in einem immersiven Raum organisieren.

Zusammengehörigkeitsgefühl durch ein VR-Headset erzeugen

Vielleicht haben Sie sich gefragt, wie nun das Zusammengehörigkeitsgefühl der Mitarbeitenden gefördert wird, wenn Sie immer noch bei einer Besprechung auf Ihren Bildschirm schauen und nun zusätzlich noch wie bei einem älteren Computerspiel einen Avatar über den Bildschirm bewegen. Auch wenn hiermit schon ein anderes Gefühl des Miteinanders entsteht als bei einer normalen Teams-Besprechung, so entfaltet diese Option ihr Potenzial erst, wenn Sie ein VR-Headset nutzen, beispielsweise eine *Meta Quest 2* oder ein neueres Modell. Denn so tauchen Sie vollkommen in die virtuelle Welt des immersiven Raums ein und fühlen, wie Sie in der Besprechung miteinander agieren. Dabei tritt das Gefühl für die tatsächliche physische Distanz in den Hintergrund, wodurch Ihnen eine ganz andere, nähere Art der Zusammenarbeit ermöglicht wird.

In manchen Unternehmen werden die immersiven Räume beispielsweise bei Onboarding-Veranstaltungen für neue Mitarbeitende genutzt. Und auch für Unternehmen ohne ein dediziertes Bürogebäude ist diese Möglichkeit sehr gut geeignet, um den Kontakt zwischen den Mitarbeitenden herzustellen und den Austausch untereinander zu fördern.

Was nehmen Sie aus diesem Kapitel mit?

Sie haben in diesem Kapitel viele verschiedene Varianten von Besprechungen kennengelernt. Jede Variante hat ihre Stärken und Schwächen und setzt einen Fokus auf ganz bestimmte Anwendungsfälle. Sie verfügen nun über das Wissen über all diese Optionen und können somit, auf Ihre Anforderungen zugeschnitten, die passenden Lösungen auswählen.

Im nächsten Kapitel gehe ich auf die Zusammenarbeit innerhalb von Communitys ein, und Sie werden lernen, wie hilfreich ein Unternehmensnetzwerk sein kann und wie wichtig das Teilen von Wissen ist.

Kapitel 6
Communitys im Unternehmen etablieren

»Es ist unglaublich, was man erreichen kann, wenn man sich nicht darum schert, wer die Anerkennung dafür bekommt.«
– Harry S. Truman

Teams kann sehr gut zur Unterstützung der Zusammenarbeit in Organisationseinheiten und Projekten eingesetzt werden. Daneben gibt es andere Formen der Zusammenarbeit in Ihrem Unternehmen, indem sich z. B. Kolleginnen und Kollegen abteilungsübergreifend für bestimmte Themen zusammenfinden, wodurch sich potenziell sogar neue Geschäftsideen ergeben können. In diesem Kapitel werde ich diese Form der Zusammenarbeit näher beleuchten und dabei *Viva Engage* als Ergänzung zu *Teams* vorstellen. Außerdem werden Sie einen Blick auf *Stream* und *Clipchamp* zur Unterstützung des unternehmensweiten Wissensmanagements werfen und zuletzt auch die öffentlich zugänglichen *Teams-Communitys* kennenlernen.

6.1 Netzwerke zwischen Kollegen aufbauen

Viva Engage ist Teil der Viva-Produktsuite und ist in Microsoft 365 in der Regel direkt für Sie im Rahmen einer Lizenzierung von Office, Teams & Co. verfügbar. Viva Engage ist für den Aufbau eines unternehmensinternen Netzwerks bestens geeignet und wird am besten dann zur Unterstützung der Kommunikation eingesetzt, wenn der Fokus mehr auf einem Informationsaustausch und weniger auf der gemeinsamen Bearbeitung von Dokumenten und Aufgaben liegt.

Wenn Sie mit der Nutzung von Viva Engage beginnen, existiert lediglich die in Abbildung 6.1 dargestellte Gruppe *All Company* bzw. *Gesamtes Unternehmen*. In dieser Gruppe können Sie Informationen mit allen Mitarbeitenden Ihres Unternehmens teilen und damit jeden zu einer Unterhaltung über das entsprechende Thema einladen.

In der Regel sind Informationen jedoch nur für eine kleinere Gruppe von Personen relevant. Daher können Sie separate Gruppen in Viva Engage erstellen und dort Ihre Themen platzieren. Die Gruppen stellen somit ein Strukturierungselement dar. In einer Gruppe können sich Mitarbeitende verschiedenster Organisationseinheiten zusammenfinden und gemeinsam Themen diskutieren.

Über die linke Navigation (siehe Abbildung 6.1) können Sie schnell auf Ihre Gruppen zugreifen. Die Gruppen werden dabei nach ihrer Aktualität sortiert, das heißt nach dem Zeitpunkt der letzten Beiträge.

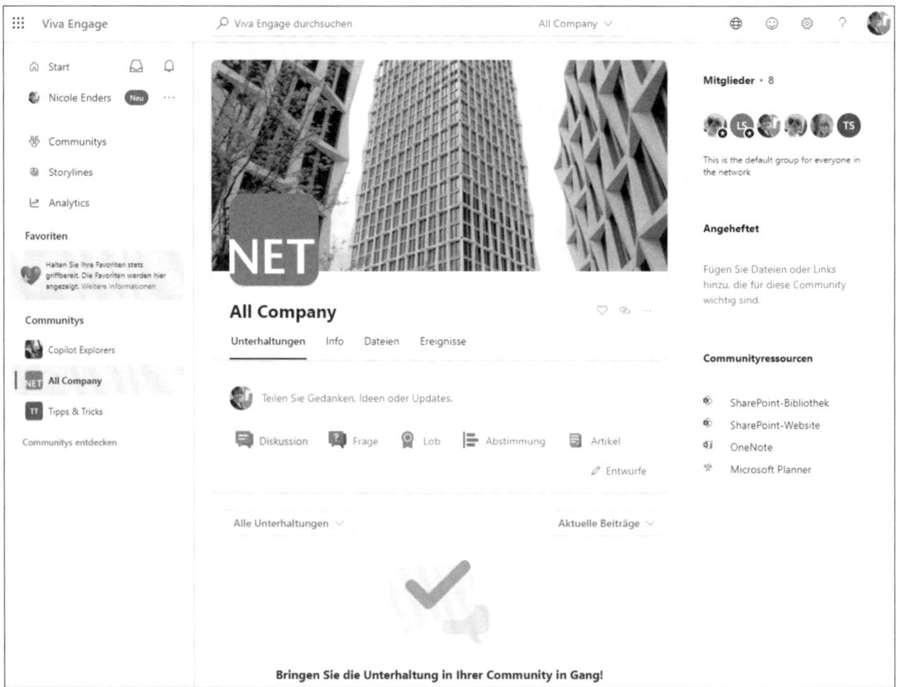

Abbildung 6.1 Über Viva Engage können Sie Informationen mit dem gesamten Unternehmen teilen.

Die Anzahl der neuen ungelesenen Beiträge in einer Gruppe erscheint rechts neben dem Gruppennamen. Außerdem erhalten Sie eine Benachrichtigung, sobald Sie in einem Beitrag erwähnt werden oder jemand auf einen Ihrer Beiträge reagiert. So bleiben Sie informiert und können umgehend auf Neuigkeiten reagieren.

Viva Engage hieß früher Yammer

Microsoft führt nicht nur stetig neue Dienste und Apps ein, sondern benennt bestehende Lösungen auch des Öfteren um. Viele Jahre kannte man den Dienst für die Unterstützung beim unternehmensinternen Netzwerken als *Yammer*. Mit Einführung der Produktsuite *Viva*, die sich auf eine möglichst gute Unterstützung der Mitarbeitererfahrung fokussiert, wurde Yammer in die Produktsuite aufgenommen und umbenannt. Der Funktionsumfang von Yammer wurde dabei übernommen, und nach und nach wurden weitere Funktionen hinzugefügt.

6.2 Eine Community gründen und Kollegen einladen

Bevor Sie eine neue Community gründen, sollten Sie zunächst prüfen, ob Sie nicht eine bestehende Community für Ihr Anliegen nutzen können. Gerade wenn Ihr Unternehmensnetzwerk bereits eine gewisse Größe angenommen hat, kann der Überblick schnell verloren gehen.

Rufen Sie daher zunächst unterhalb der Auflistung Ihrer Communitys links den Menüpunkt COMMUNITYS ENTDECKEN auf. Hierüber gelangen Sie auf die in Abbildung 6.2 dargestellte Übersichtsseite.

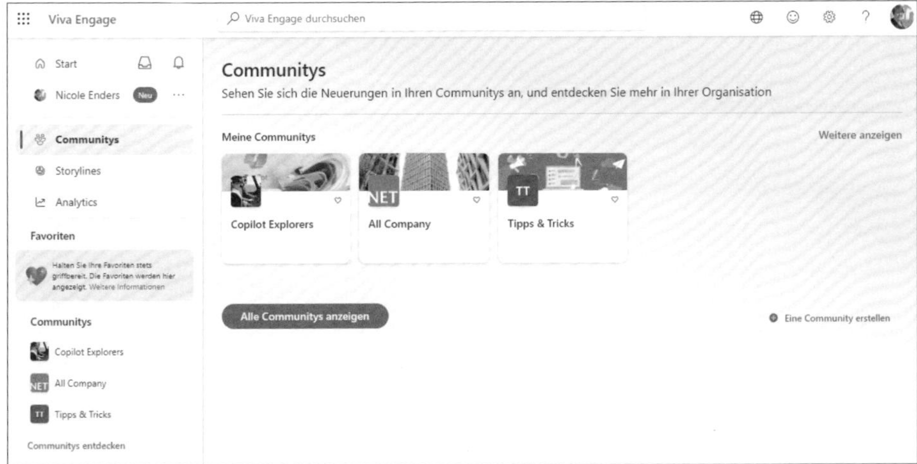

Abbildung 6.2 Entdecken Sie neue Communitys und werden Sie Mitglied.

Hier können Sie herausfinden, welche Communitys in Ihrem Unternehmensnetzwerk existieren, in welchen Sie bereits Mitglied sind und in welchen nicht. Über die Schaltfläche ALLE COMMUNITYS ANZEIGEN können Sie die Liste auch erweitern.

Vielleicht entdecken Sie auf diesem Wege die eine oder andere Community und werden ein neues Mitglied. Aber gehen wir einmal davon aus, dass Ihnen eine andere Community vorschwebt und Sie diese nun immer noch erstellen möchten. In diesem Fall wählen Sie nun rechts den Menüpunkt EINE COMMUNITY ERSTELLEN aus.

Wie aus Abbildung 6.3 ersichtlich wird, können Sie dabei folgende Einstellungen vornehmen:

- den Namen und eine Beschreibung der Community festlegen
- die ersten Mitglieder hinzufügen
- die Sichtbarkeit der Community festlegen
- den Standardtyp für Nachrichten in der Community auswählen (Diskussion oder Frage)

Die Sichtbarkeit ist standardmäßig auf die Option ÖFFENTLICH eingestellt. Das heißt, dass jede Person im Unternehmen bei einer Suche die Community finden und selbstständig Mitglied werden kann. Damit fördern Sie die Vernetzung der Mitarbeitenden Ihres Unternehmens.

Es wird aber auch Gründe geben, warum Sie eine Community bewusst auf die Option PRIVAT einstellen möchten. Dabei können Sie, wie in Abbildung 6.3 zu sehen ist, durch Abwahl der Option ALLEN NETZWERKBENUTZERN DAS VERSCHIEBEN VON UNTERHALTUNGEN IN DIESE COMMUNITY GESTATTEN entscheiden, ob die Community trotzdem in Ihrem Netzwerk aufgelistet werden soll. In diesem Fall können Mitarbeitende die Community zwar finden, aber nicht auf die darin ausgetauschten Informationen zugreifen.

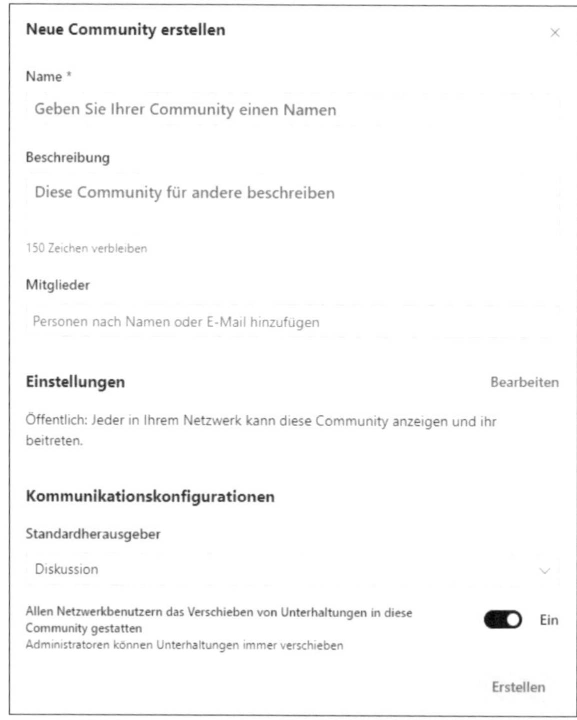

Abbildung 6.3 Erstellen Sie Communitys nach Möglichkeit immer mit der Option »Öffentlich«.

6.2.1 Unterhaltungstypen wie Diskussionen und Fragen

Nachdem Sie eine Community erstellt haben, sollte eine Ansicht wie in Abbildung 6.4 erscheinen. Sie können nun mit einer Unterhaltung beginnen. Die Formatierungsmöglichkeiten sind vergleichbar mit denen, die Sie in Kapitel 4 bei *Teams* kennengelernt haben. Während in *Teams* die Unterhaltung in Form eines Chats erfolgt, gibt es in Viva Engage folgende Typen von Unterhaltungen, die als Menüpunkte zur Erfassung neuer Inhalte angeboten werden:

- Diskussion
- Frage
- Lob
- Abstimmung
- Artikel

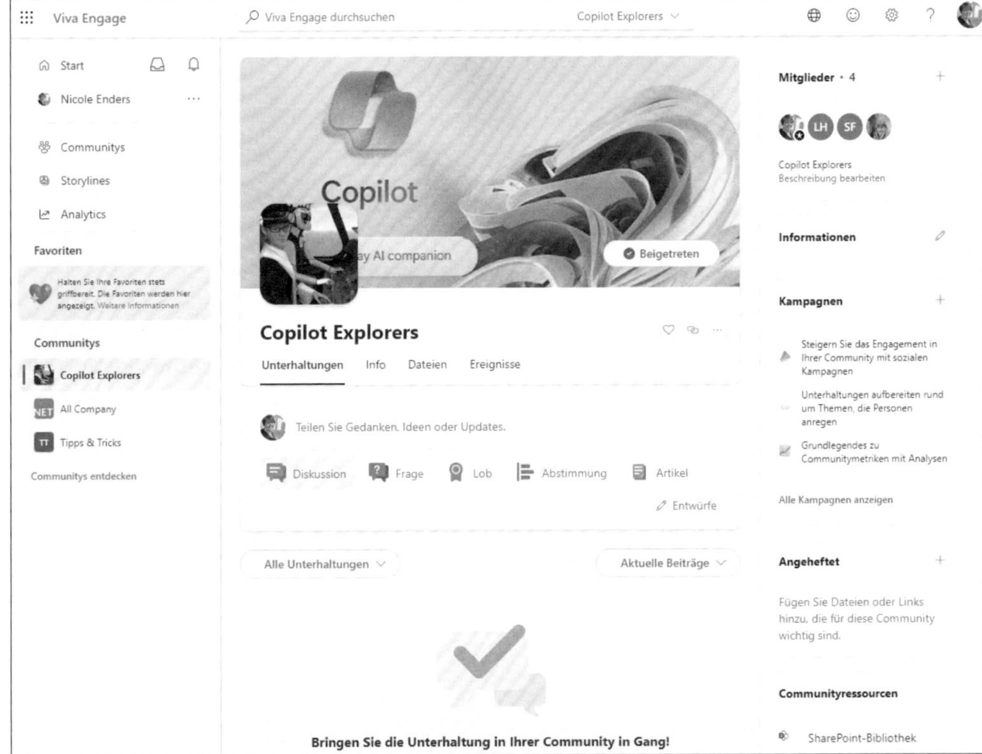

Abbildung 6.4 So sieht Ihre neue Community aus. Sie können nun mit der Unterhaltung beginnen.

Unabhängig vom ausgewählten Typ können Sie Ihre Nachricht als Ankündigung kennzeichnen und so sicherstellen, dass alle Mitglieder Ihrer Community über die neue Nachricht informiert werden. Ich gehe nun explizit auf jeden einzelnen Informationstyp ein und kläre, wofür er am besten geeignet ist.

Diskussion

Diese Kategorie entspricht einem gewöhnlichen Post. So können Sie schnell Informationen untereinander austauschen.

Wie Sie der Menüleiste in Abbildung 6.5 entnehmen können, stehen Ihnen neben gewöhnlichen Formatierungsoptionen auch die Möglichkeit für einen Bilder- oder Datei-Upload zur Verfügung oder Sie können anstatt einer Textnachricht auch ein kurzes Video aufnehmen und mit der Community teilen. Ihre Kolleginnen und Kollegen können anschließend auf Ihren Beitrag antworten und ihn mit »Gefällt mir« markieren.

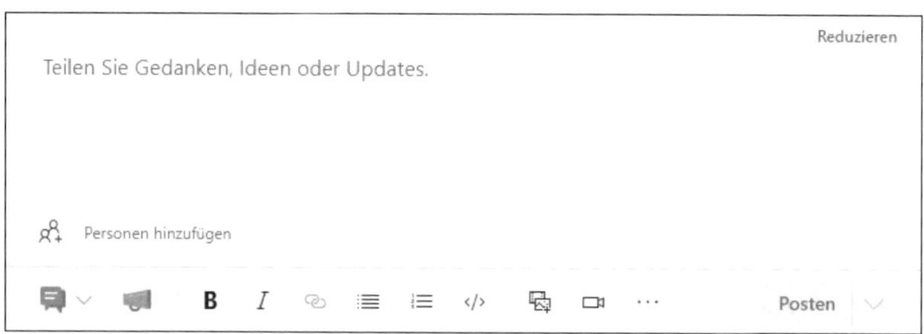

Abbildung 6.5 Starten Sie eine neue Diskussion in Ihrer Community.

Frage

Sie können Ihr Unternehmensnetzwerk auch nutzen, um sich von anderen Personen unterstützen zu lassen. Haben Sie eine Frage, auf die Sie einfach keine Antwort finden? Oder möchten Sie die Community etwas fragen? Dann ist der Typ FRAGE für Sie genau richtig.

Wie Sie Abbildung 6.6 entnehmen können, ist eine Frage sehr schnell erstellt. Geben Sie dazu einfach die Frage selbst und optional eine Beschreibung an, um die Frage für Ihre Kolleginnen und Kollegen einzuordnen oder ein paar zusätzliche Informationen mitzugeben.

Abbildung 6.6 In Ihrer Community finden Sie sicher schnell Antworten auf Ihre Fragen.

Die Mitglieder der Community können nun auf Ihre Frage antworten, und Sie können eine der Antworten als beste Antwort markieren und die Frage letztendlich als beantwortet markieren.

Fragen in Viva Engage können ein elementarer Bestandteil Ihres unternehmensinternen Wissensmanagements sein!

Bei einem Unternehmensnetzwerk denken Sie vielleicht zuerst an eine Möglichkeit, sich untereinander auszutauschen und Kontakt zu Personen herzustellen, die Sie unter Umständen im gewohnten Arbeitsalltag nicht oder nur sehr selten treffen würden. Durch die Option FRAGE geht Viva Engage aber noch einen Schritt weiter: Mit ihr haben Sie und Ihre Kolleginnen und Kollegen die Möglichkeit, voneinander zu lernen und sich auf einfachem Weg der Schwarmintelligenz des Unternehmens zu bedienen. Ohne eine unternehmensweite Lösung wie Viva Engage würden Sie vermutlich eine aufkommende Frage an eine Auswahl von Personen richten, und dies vielleicht sogar zeitlich versetzt. Bei Viva Engage können Sie sofort auch alle potenziellen Wissensträger fragen und erhalten unter Umständen eine passende Antwort von einer Person, die Sie ansonsten niemals gezielt gefragt hätten. So knüpfen Sie gegebenenfalls neue Kontakte im Unternehmen und fördern die Zusammenarbeit untereinander.

6

Lob aussprechen

Zu einem wertschätzenden Umgang miteinander gehört unter anderem auch, dass Sie sich bei Kolleginnen und Kollegen bedanken oder sie für ihre Leistung loben. Das könnte beispielsweise angebracht sein, wenn Ihnen jemand eine Frage beantwortet hat und Sie dadurch eine Aufgabe abschließen konnten. Um ein solches Lob in einem Beitrag entsprechend kennzeichnen zu können, wird die Option LOB angeboten.

Wählen Sie für einen neuen Beitrag die Option LOB in der Menüleiste aus. Sie bekommen daraufhin, eine Erfassungsmaske wie in Abbildung 6.7 gezeigt. Hier wählen Sie die zu lobende Person bzw. die Personen aus und geben eine Nachricht ein. Bei der Nachricht sollten Sie erläutern, wofür Sie die Person(en) loben.

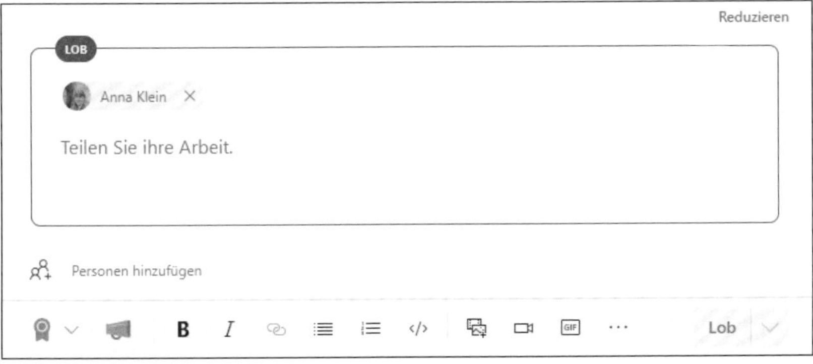

Abbildung 6.7 Sie können Personen für ihre Leistungen loben oder sich besonders bei ihnen bedanken.

Die von Ihnen gelobten Personen erhalten außerdem eine Benachrichtigung, weil sie in dem Beitrag erwähnt wurden. So erfahren diese Kolleginnen und Kollegen recht schnell von Ihrem Lob und können darauf reagieren. Alle anderen Personen können diesen Beitrag selbstverständlich ebenfalls lesen und darauf reagieren.

Abstimmung

Viva Engage unterstützt Sie auch bei der Durchführung von Umfragen. Über eine Diskussion in Viva Engage die Meinung des Teams zu einem bestimmten Thema zu ermitteln und anschließend eine entsprechende Auswertung durchzuführen, kann mitunter recht schwierig sein.

Wählen Sie für einen neuen Beitrag die Option ABSTIMMUNG aus, um auf die in Abbildung 6.8 dargestellte Konfiguration zu gelangen. Sie können dort Ihre Frage sowie die möglichen Antworten erfassen. Standardmäßig werden drei Antwortpositionen vorgeschlagen. Sollten Sie nur zwei Antworten anbieten wollen, so lassen Sie die dritte Position leer; sie wird dann automatisch gelöscht. Benötigen Sie stattdessen mehr als drei Antwortpositionen, so erscheint nach der Erfassung der dritten Antwortmöglichkeit eine weitere Antwortposition. Sobald Sie mit der Vorbereitung fertig sind, können Sie die Umfrage in Form eines Beitrags veröffentlichen, indem Sie die Schaltfläche FRAGE betätigen.

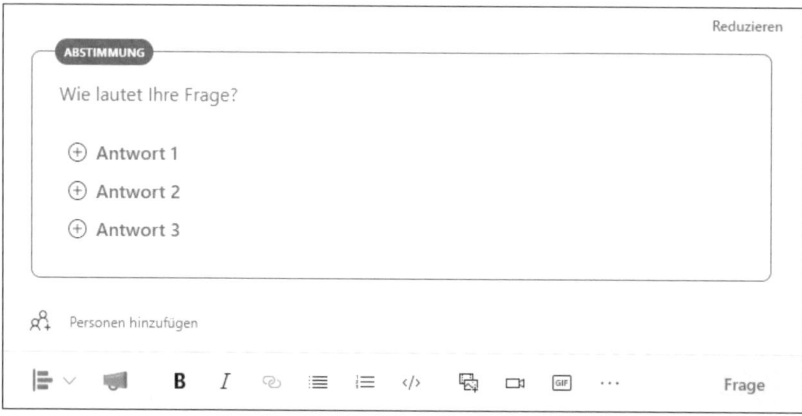

Abbildung 6.8 Erstellen Sie eine neue Umfrage und veröffentlichen Sie diese in Ihrer Gruppe. Benachrichtigen Sie bei Bedarf noch weitere Personen.

Abbildung 6.9 stellt eine solche Umfrage innerhalb einer Community dar. Sie nehmen durch Auswahl einer Antwort an der Abstimmung teil und erhalten nach Betätigen der Schaltfläche ABSTIMMEN zukünftig die Ansicht aus Abbildung 6.10.

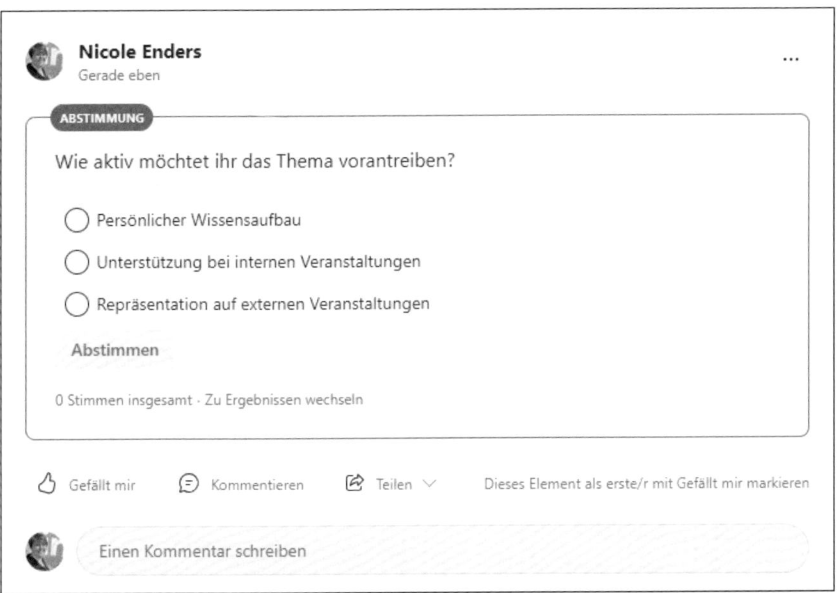

Abbildung 6.9 Wenn Sie die Community aufrufen, können Sie an der Abstimmung teilnehmen.

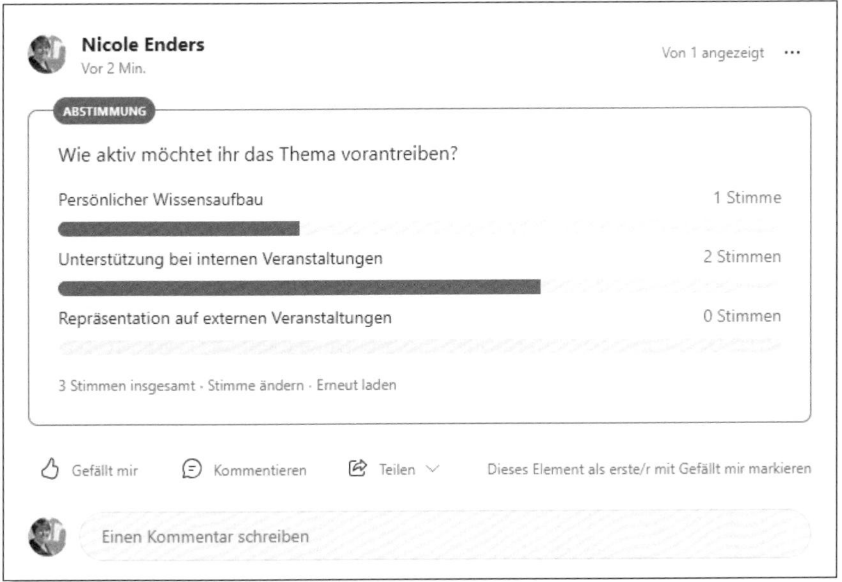

Abbildung 6.10 Nach der Teilnahme können Sie eine Auswertung der Abstimmung aufrufen.

Auf diese Weise können Sie zu ausgewählten Fragestellungen ein Stimmungsbild Ihres Teams einholen. Diese Art von Umfragen lässt keine Rückschlüsse auf die Abstimmungsergebnisse der einzelnen Personen zu.

Artikel

Wenn Sie eine Nachricht veröffentlichen möchten, die durch eine Kopfzeile mit einem Hintergrundbild sowie durch einen Titel und einen beliebig langen Textteil mehr nach einem Artikel aussieht, ist die gleichnamige Option ARTIKEL die richtige Wahl für Sie. Wie Sie Abbildung 6.11 entnehmen können, werden Sie im Gegensatz zu den anderen Optionen auf eine separate Seite weitergeleitet und können nun hier Ihren Artikel frei gestalten.

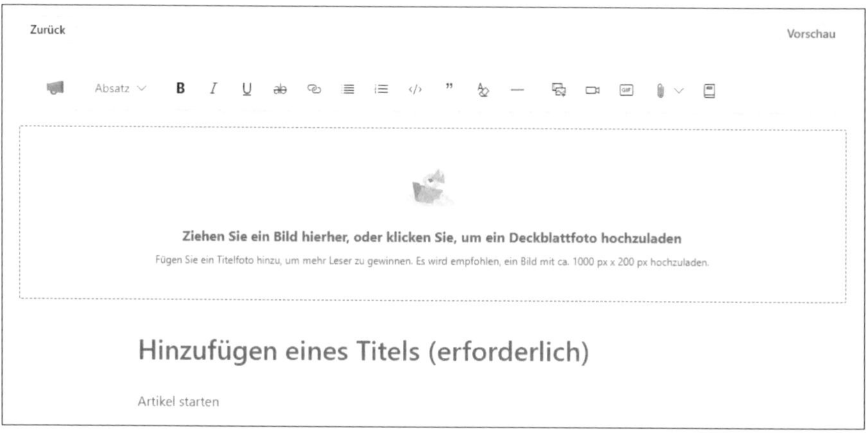

Abbildung 6.11 Gestalten Sie Ihren Artikel, indem Sie zunächst ein Deckblattfoto auswählen und anschließend einen Titel angeben.

Als Erstes können Sie ein Deckblattfoto auswählen, das Sie entweder per Drag-and-drop in den dafür vorgesehenen Bereich ziehen, oder Sie klicken in den Bereich ZIEHEN SIE EIN BILD HIERHER, ODER KLICKEN SIE, UM EIN DECKBLATTFOTO HOCHZULADEN. Dieses Bild wird im Kopfbereich des Artikels verwendet werden.

Anschließend geben Sie den Titel des Artikels an, bevor Sie den eigentlichen Artikel schreiben. Sie können hierbei auch wieder die gleichen Formatierungsoptionen nutzen, die Sie bereits aus den vorherigen Optionen kennen, beispielsweise von der DISKUSSION.

Wenn Sie den Artikel fertiggestellt haben, können Sie über die Schaltfläche VORSCHAU oben rechts auf der Seite die Vorschaufunktion aufrufen (siehe Abbildung 6.12) und Ihren Artikel überprüfen.

Wenn Sie mit der Vorschau zufrieden sind, können Sie die Schaltfläche REVIEW betätigen. Sie befinden sich nun in dem Dialog aus Abbildung 6.13 und können oberhalb des Artikels die Empfänger auswählen. Standardmäßig ist die Community angegeben, in der Sie sich gerade befinden. Sie können die Auswahl allerdings auch um zusätzliche Communitys erweitern oder eine vollkommen andere Community bzw. Personengruppe auswählen.

Abbildung 6.12 Überprüfen Sie Ihren Artikel in der Vorschau.

Abbildung 6.13 Veröffentlichen Sie Ihren Artikel oder speichern Sie einen Entwurf.

Zuletzt müssen Sie noch entscheiden, wie die Veröffentlichung erfolgen soll. Wenn Sie rechts in der Schaltfläche POSTEN den Pfeil nach unten betätigen, erscheinen zwei weitere Optionen. Sie können somit

- den Artikel als Entwurf speichern und später veröffentlichen,
- ihn sofort veröffentlichen oder
- die Veröffentlichung für einen bestimmten Zeitpunkt planen.

Falls Sie sich für eine geplante Veröffentlichung entscheiden, wird ein zusätzlicher Schritt erforderlich. In dem Dialog aus Abbildung 6.14 können Sie nun das Datum und die Uhrzeit der gewünschten Veröffentlichung angeben. So können Sie Artikel vorbereiten und müssen nicht zwingend zum gewünschten Veröffentlichungstermin aktiv werden.

Abbildung 6.14 Planen Sie die Veröffentlichung eines Artikels zeitlich.

Sobald Sie die Veröffentlichung entweder geplant haben und der Zeitpunkt erreicht ist oder wenn Sie eine sofortige Veröffentlichung vorgenommen haben, ist der Artikel in Ihrer Community verfügbar und sollte ähnlich wie der Artikel aussehen, den Abbildung 6.15 zeigt.

Ein Intranet mit Viva Engage

Wir gehen im nächsten Kapitel zwar erst intensiv auf das Thema Intranet ein, aber die Option der Artikel in Viva Engage stellt bereits eine Möglichkeit dar, auch mit diesem Mittel ein Intranet zu realisieren. Es wird letzten Endes von Ihren Anforderungen abhängen, ob die Funktionen in Viva Engage für Sie bereits ausreichen oder ob Sie weitere Optionen benötigen (beispielsweise einen redaktionellen Freigabeprozess), bevor ein Artikel im Intranet veröffentlicht werden darf. In diesem Fall wäre SharePoint die bessere Basis; mehr dazu erfahren Sie in Kapitel 7.

In der Praxis werden Sie in den meisten Fällen die einfachste Form, die *Diskussionen*, nutzen, weil sie dem Standard entsprechen und eine sehr schnelle Form der Informationsverteilung darstellen. *Fragen* können ebenfalls ein wichtiger Bestandteil Ihrer

Unternehmenskommunikation werden und einen wichtigen Beitrag zu Ihrem unternehmensweiten Wissensmanagement liefern.

Abbildung 6.15 Ein veröffentlichter Artikel kann ebenfalls kommentiert, bewertet und mit weiteren Personen und Communitys geteilt werden.

Wenn Sie Abstimmungen und Lob auch gezielt für ausgewählte Anlässe einsetzen, können Sie damit die Kommunikation innerhalb Ihres Unternehmens auflockern und die Mitarbeitenden zu einer besseren Zusammenarbeit anregen.

6.2.2 Konfigurationsmöglichkeiten einer Community

Sie können als Administrator einer Community einige Einstellungen an Ihrer Community vornehmen. Hierzu gehören unter anderem das große Titelfoto und das kleine Profilbild. Klicken Sie hierzu auf das Kamerasymbol bzw. die Schaltfläche TITELFOTO AKTUALISIEREN (siehe Abbildung 6.16) und wählen Sie anschließend den Menüpunkt TITELFOTO HOCHLADEN aus.

Die weiteren Einstellungen finden Sie im rechten Bereich der Seite. Zuoberst werden in dieser Spalte die Mitglieder der Community angezeigt (siehe Abbildung 6.17). Über das Pluszeichen in der oberen rechten Ecke können Sie weitere Personen hinzufügen oder Mitglieder aus der Community entfernen. Sie können an dieser Stelle auch weitere Personen zu Administratoren der Community ernennen. Standardmäßig sind nur Sie als Ersteller der Community mit Administrationsrechten ausgestattet. Sie sollten aber mindestens immer eine weitere Person als Administrator benennen, da Sie vermutlich nicht immer verfügbar sein werden.

Abbildung 6.16 Als Administrator oder Ersteller einer Community können Sie das Titelfoto und Profilbild der Community konfigurieren.

Abbildung 6.17 Sie können in der Marginalspalte neben den Mitgliedern auch eine Beschreibung pflegen sowie weitere Informationen hinterlegen.

Neben den Mitgliedern können Sie hier auch eine Beschreibung für Ihre Community hinterlegen und weitere Informationen pflegen. Diese Informationen sind wichtig, um den Zweck und die Art der Zusammenarbeit in dieser Community für alle Mitglieder sowie für interessierte Kolleginnen und Kollegen darzustellen. Wenn Sie sich mit der Beschreibung und den weiteren Informationen entsprechend viel Mühe geben, werden höchstwahrscheinlich wesentlich seltener Fragen aufkommen, wozu diese Community dient und unter welchen Umständen man Mitglied werden sollte.

Wenn Sie auf das Stiftsymbol in der Box für INFORMATIONEN klicken, werden Sie auf eine andere Seite weitergeleitet und können dort mithilfe eines Rich-Text-Editors die

Informationen erfassen, die nach dem Betätigen der Schaltfläche SPEICHERN in der Box angezeigt werden.

Bei der Beschreibung der Community müssen Sie den Menüpunkt BESCHREIBUNG BEARBEITEN in der oberen Box auswählen, wodurch sich der Dialog aus Abbildung 6.18 öffnet. Dieser Dialog ist vergleichbar mit dem für das Anlegen einer Community. Sie können über ihn alle Einstellungen verändern, die Sie während des Anlegens vorgenommen haben, und die Beschreibung anpassen, die standardmäßig den Namen der Community übernommen hat.

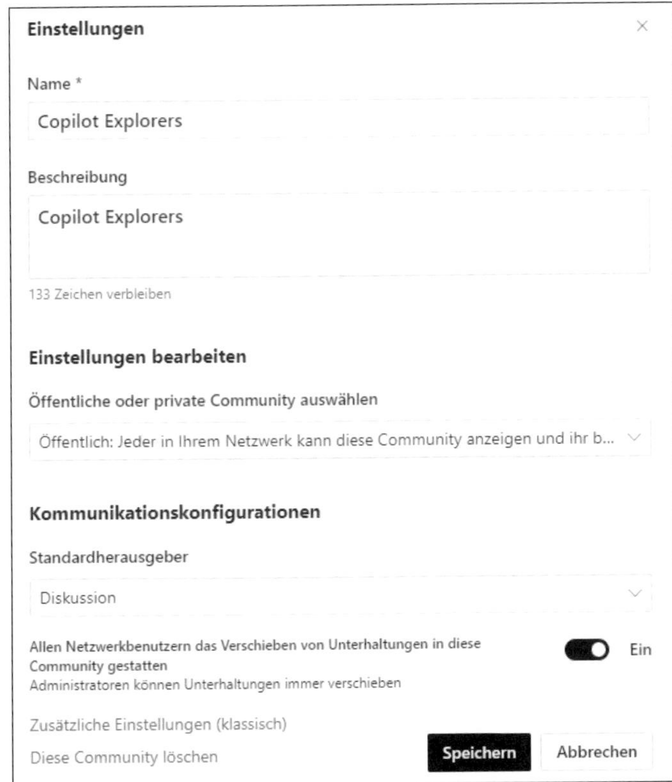

Abbildung 6.18 Sie können alle beim Erstellen der Community vorgenommenen Einstellungen auch später ändern.

Sie können auch die Sichtbarkeit der Community von *Öffentlich* auf *Privat* ändern oder einen anderen Unterhaltungstyp auswählen. Das kann zum Beispiel interessant sein, wenn Sie feststellen, dass in Ihrer Community fast ausschließlich Fragen gestellt werden und Sie durch diese Standardeinstellung den meisten Mitgliedern einen zusätzlichen Klick ersparen könnten.

Neben der Beschreibung und den weiteren Informationen haben Sie noch eine dritte Möglichkeit, Informationen für die Community anzugeben. Sie können über die Box

ANGEHEFTET auch Links hinzufügen (siehe Abbildung 6.19). Klicken Sie dafür auf das Pluszeichen oben rechts in der Box, wodurch der in Abbildung 6.20 dargestellte Dialog erscheint.

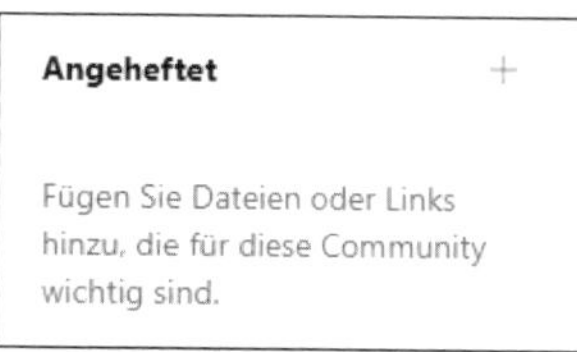

Abbildung 6.19 Sie können für Ihre Community auch weitere Links anbieten.

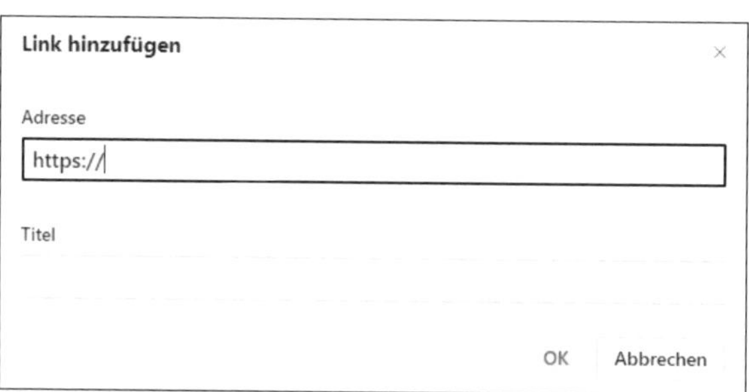

Abbildung 6.20 Es kann sich sowohl um interne als auch um externe Links handeln.

Sie müssen neben dem eigentlichen Link auch einen Titel angeben, der für die Anzeige des Links in der Box verwendet wird. Bei den Links selbst können Sie sowohl Ressourcen innerhalb Ihrer Microsoft-365-Umgebung als auch weitere unternehmensinterne sowie auch öffentlich zugängliche und somit externe Links verwenden. So können Sie hilfreiche Informationen oder häufig verwendete Applikationen in Ihrer Community verlinken und so die Mitglieder möglichst gut unterstützen.

6.2.3 Interaktion von Viva Engage mit anderen Microsoft-365-Diensten

Da ich oben bereits Verlinkungen zu anderen Ressourcen in der Microsoft-365-Umgebung angesprochen habe, möchte ich Ihnen nun einen Überblick darüber verschaffen, wie die Communitys in Ihren auf Microsoft 365 basierenden modernen Arbeitsplatz einzuordnen sind.

Nutzen Sie Community-Ressourcen

Bei den Communitys handelt es sich genau wie bei Teamräumen in *Teams* um Microsoft-365-Gruppen. Somit werden beim Erstellen einer Community im Hintergrund automatisch weitere Komponenten bereitgestellt. Dazu gehören beispielsweise eine SharePoint-Website und ein Plan in Planner.

Um einen schnellen und einfachen Wechsel zwischen den verschiedenen Diensten zu ermöglichen, erscheint in der rechten Marginalspalte der Seite für Ihre Community eine Rubrik COMMUNITYRESSOURCEN mit folgenden Menüpunkten (siehe Abbildung 6.21):

- SHAREPOINT-BIBLIOTHEK
- SHAREPOINT-WEBSITE
- ONENOTE
- MICROSOFT PLANNER

Communityressourcen

SharePoint-Bibliothek
SharePoint-Website
OneNote
Microsoft Planner

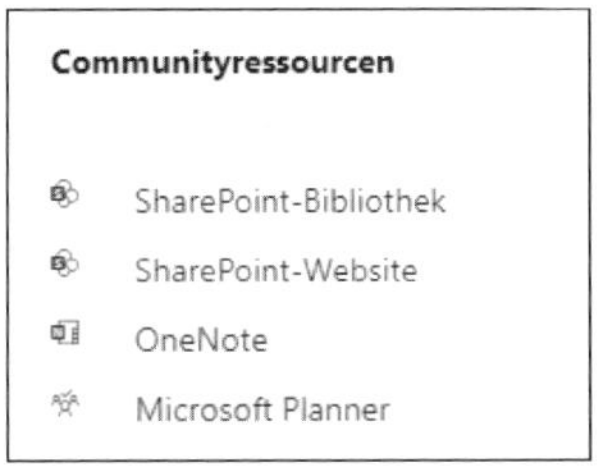

Abbildung 6.21 Sie können aus Viva Engage heraus auf weitere Ressourcen zugreifen, die zur Community gehören.

Das bedeutet, dass Sie neben dem schnellen Informationsaustausch innerhalb der Community auch Dateien zentral verwalten und bei Bedarf auch zeitgleich bearbeiten können. Außerdem steht Ihnen mit einem OneNote-Notizbuch auch automatisch ein Ort zur Verfügung, an dem Sie Informationen festhalten können, die Sie vielleicht (noch) nicht als Post oder Frage in der Community veröffentlichen möchten. Und mit Microsoft Planner können Sie bei Bedarf sogar gemeinsam Aufgaben verwalten und den Status der Aufgabenbearbeitung im Blick behalten. Sicher werden Sie diese Funktionen nicht bei jeder Community benötigen, aber wenn dies einmal der Fall sein sollte, sind Sie somit bestens gerüstet.

Entscheidungshilfe: Wie kann ich Viva Engage und Teams miteinander verbinden?

Sie sollten sich in Ihrem Team entscheiden, ob Sie für die Kommunikation *Teams* oder Viva Engage verwenden möchten. Wenn Sie allerdings eine Community verwenden, die thematische Berührungspunkte mit einem Team in *Teams* hat, so können Sie die Community auch als zusätzliche Registerkarte zu Ihrem Team hinzufügen und so aus *Teams* heraus Nachrichten aus der Community lesen, kommentieren oder eigene Beiträge veröffentlichen. Mit dieser Möglichkeit lässt sich Ihr Unternehmensnetzwerk ganz nach Ihren Bedürfnissen gestalten.

Veranstalten Sie Liveereignisse

Vielleicht ist Ihnen bereits die Schaltfläche LIVEEREIGNIS ERSTELLEN unterhalb der Box COMMUNITYRESSOURCEN aufgefallen (siehe Abbildung 6.22).

Abbildung 6.22 Sie können auch Live-Veranstaltungen für Ihre Community planen und durchführen.

Sie können ähnlich wie in Teams (siehe Town-Hall-Meetings in Abschnitt 5.4.2) auch Veranstaltungen für Ihre Community planen und so neben den doch eher asynchronen und unter Umständen zeitlich versetzten Unterhaltungen live zu Ihrer Community sprechen und die Stimmung der teilnehmenden Personen einfangen. Wie Sie eine solche Veranstaltung planen und durchführen, haben Sie bereits in Kapitel 5 zu Online-Besprechungen gesehen.

6.3 Kampagnen

Ein wichtiges Instrument für die Steuerung Ihres Unternehmensnetzwerks stellen die sogenannten *Kampagnen* dar. Wenn Sie für die Unternehmenskommunikation verantwortlich sind oder über administrative Berechtigungen in Viva Engage oder sogar in der gesamten Microsoft-365-Umgebung verfügen, dann können Sie globale Kampagnen erstellen und durchführen, die keine direkte Zuordnung zu einer einzelnen Community benötigen.

Schritt 1: Erstellen Sie eine Kampagne und bestimmen Sie das Hashtag

Wir betrachten an dieser Stelle die Kampagnen für eine bestimmte Community, wobei sich die Konfiguration und die Verwaltung nur geringfügig unterscheiden. Wenn Sie eine Community aufrufen, in der Sie Administrationsrechte besitzen, können Sie in der Box KAMPAGNEN in der rechten Marginalspalte über das Pluszeichen in der oberen rechten Ecke (siehe Abbildung 6.23) den Dialog aus Abbildung 6.24 aufrufen.

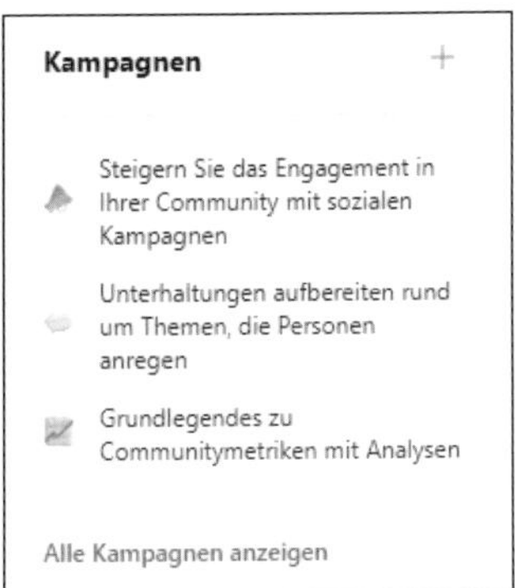

Abbildung 6.23 In der Marginalspalte der Communityseite können Sie die zur Community gehörenden Kampagnen aufrufen oder als Administrator neue Kampagnen erstellen.

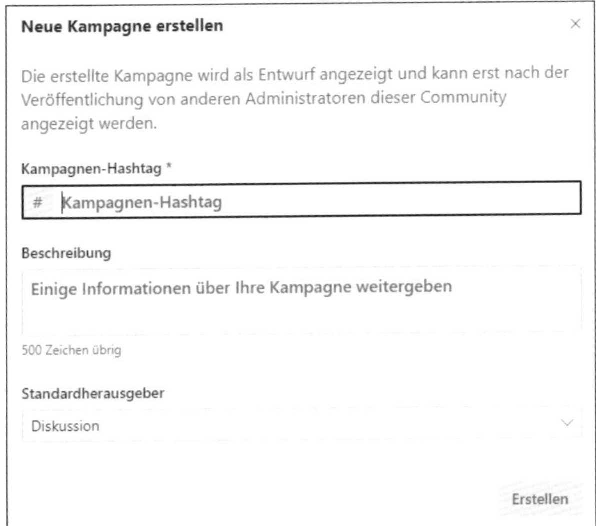

Abbildung 6.24 Eine Kampagne ist durch ein sprechendes und leicht verständliches Hashtag gekennzeichnet.

Was verstehen wir unter einer Kampagne?

Eine *Kampagne* ist im Allgemeinen eine gemeinschaftliche Aktion, die zeitlich begrenzt ist und mit der ein bestimmtes Ziel verfolgt wird. Im Unternehmenskontext könnte dies zum Beispiel die Veränderungsbegleitung bei der Einführung eines modernen Arbeitsplatzes sein, denn die neue Software und geänderte organisatorische Regeln sind sicher erklärungsbedürftig. Vielleicht handelt es sich aber auch um eine Aktion im Bereich des Gesundheitsmanagements, um die Mitarbeitenden mehr in Bewegung zu versetzen und damit ihre Gesundheit zu unterstützen. Oder Sie engagieren sich als Unternehmen für die Umwelt oder im sozialen Umfeld und möchten die Mitarbeitenden einbinden.

Eine Kampagne benötigt zwingend ein Hashtag. Das könnte beim Beispiel des Gesundheitsmanagements **#WirBewegenUns** sein oder bei der Unterstützung einer Umweltinitiative **#WirPflanzenBäume**. Sie sollten bei dem Hashtag darauf achten, dass es leicht zu verstehen und nicht zu lang ist, da ansonsten die Nutzung nicht mehr so leicht von der Hand geht.

Nachdem Sie noch ein paar weitere Informationen angegeben haben und gegebenenfalls anstatt des Typs DISKUSSION einen anderen Typ als Standardeinstellung für neue Beiträge innerhalb der Kampagnenseite ausgewählt haben, können Sie über die Schaltfläche ERSTELLEN die Kampagne anlegen.

Schritt 2: Erkunden Sie die angelegte Kampagnenseite

Wie Sie Abbildung 6.25 entnehmen können, ist der grundsätzliche Aufbau einer Kampagnenseite mit dem einer Community vergleichbar. Im Hauptbereich der Seite werden Sie später die Beiträge sehen, die das Hashtag der Kampagne nutzen.

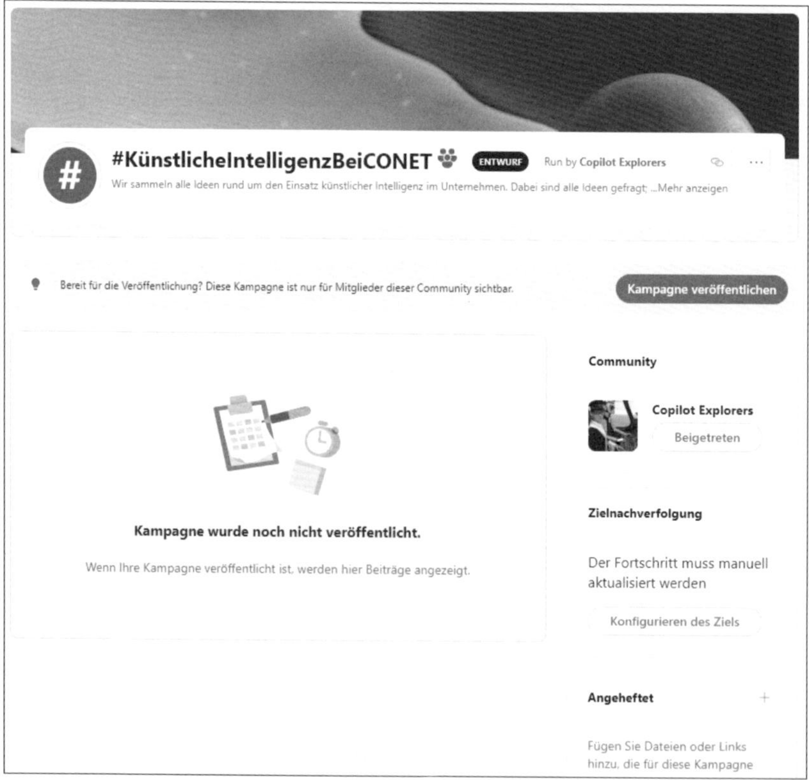

Abbildung 6.25 Die neu angelegte Kampagne befindet sich im Entwurfsmodus.

Doch momentan ist die Kampagne noch im Entwurfsmodus und sollte von Ihnen inhaltlich eingerichtet werden, bevor Sie sie veröffentlichen.

Als Erstes schauen wir uns den Kopfbereich der Seite an und rufen die Dreipunkteschaltfläche oben rechts auf. Hier werden Ihnen wie in Abbildung 6.26 die Menüpunkte KAMPAGNE VERÖFFENTLICHEN, EINSTELLUNGEN und TITELFOTO HOCHLADEN angeboten. Wenn Sie EINSTELLUNGEN wählen, gelangen Sie zu dem Dialog zurück, den Sie eben beim Anlegen der Kampagne genutzt haben. Solange sich die Kampagne noch im Entwurfsmodus befindet, können Sie neben der Beschreibung und dem Standardtyp für neue Unterhaltungen auch das Hashtag der vorbereiteten Kampagne ändern.

Abbildung 6.26 Bereiten Sie Ihre Kampagne vor, indem Sie neben dem Hashtag und der Beschreibung der Kampagne auch ein aussagekräftiges Titelfoto hinterlegen.

Wenn Sie den Menüpunkt TITELFOTO HOCHLADEN auswählen, können Sie das standardmäßig für diese Kampagne generierte Bild gegen ein von Ihnen ausgewähltes Bild austauschen und so der Kampagne das gewünschte Aussehen verpassen.

Schritt 3: Ziele für eine Kampagne definieren und nachverfolgen

Sie können optional ein Ziel für eine Kampagne hinterlegen und dieses im weiteren Verlauf auch nachverfolgen. Wie Sie Abbildung 6.27 entnehmen können, stehen Ihnen dabei folgende Optionen zur Verfügung:

- WÄHRUNG: Gerade bei einer Kampagne im sozialen Umfeld kann ich mir gut vorstellen, dass Sie einen bestimmten Betrag erzielen möchten. Wenn beispielsweise Spenden gesammelt werden, könnten Sie sich ein persönliches Ziel im Unternehmen setzen und dann im Verlauf prüfen, welcher Betrag bereits zusammengekommen ist.
- ZEIT: Vielleicht geht es aber auch darum, die Zeit zu messen, die für eine bestimmte Aktion aufgewendet wurde. Wenn Sie beispielsweise ehrenamtlich Menschen unterstützen und die investierte Zeit der Mitarbeitenden sichtbar machen möchten, könnte diese Option interessant sein.
- BENUTZERDEFINIERT: Wenn Sie ein Ziel vor Augen haben, das weder mit einem Geldbetrag noch mit Zeit zu tun hat, können Sie diese Option wählen.

Abbildung 6.27 Wenn Sie ein Ziel für Ihre Kampagne definieren möchten, können Sie aus diesen Optionen wählen.

Wie Sie in Abbildung 6.28 sehen, können Sie bei der Option BENUTZERDEFINIERT die Einheit für Ihr Ziel frei angeben. In meinem Beispiel möchte ich mit einer Kampagne für den Einsatz von künstlicher Intelligenz im Unternehmen 100 Ideen sammeln. Daher gebe ich als EINHEIT »Ideen« und als MENGE »100« an und klicke anschließend auf die Schaltfläche BESTÄTIGEN.

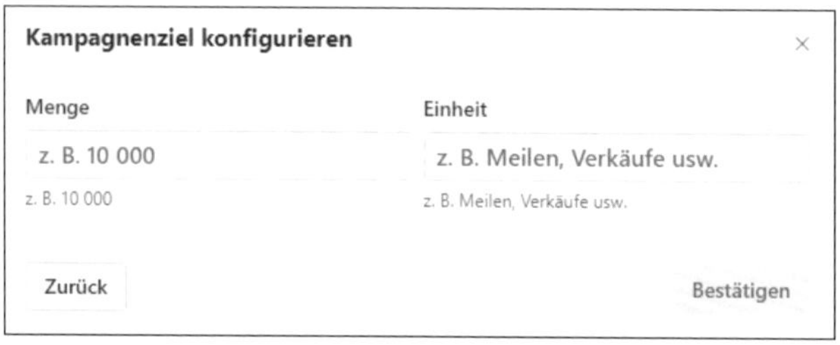

Abbildung 6.28 Geben Sie bei Ihren Zielen eine beliebige Einheit an.

Das eingegebene Ziel wird anschließend auf der Kampagnenseite angezeigt (siehe Abbildung 6.29). Logischerweise ist zum aktuellen Zeitpunkt noch keine Idee eingereicht worden, weshalb der Zielerreichungsgrad auch bei 0% liegt.

Abbildung 6.29 Das gerade gesetzte Ziel wird unter »Zielnachverfolgung« in der rechten Marginalspalte der Kampagnenseite dargestellt.

6

Ein kurzer Blick in die Zukunft?

Doch wie wird die Zielerreichung nun im weiteren Verlauf nach der Veröffentlichung der Kampagne ermittelt?

Einen Automatismus für die Aktualisierung des Status der Zielerreichung kann es nicht geben. Sie können über das Stiftsymbol oben rechts in der Box den Bereich aufrufen, den Abbildung 6.30 zeigt. Hier können Sie zum einen über den Menüpunkt ZIEL BEARBEITEN die Zieldefinition ändern und zum anderen den aktuellen Status der Kampagne protokollieren.

Abbildung 6.30 Aktualisieren Sie den Status der Zielerreichung über das Stiftsymbol oben rechts in der Box »Zielnachverfolgung«.

Wenn beispielsweise mittlerweile 5 Ideen zur Kampagne eingereicht wurden, können Sie den Wert hier eingeben und den Vorgang durch Betätigen der Schaltfläche SPEICHERN abschließen. Und schon sehen Sie, dass sich der Status in der Box ZIELNACHVERFOLGUNG verändert hat und nun 5% Zielerreichung angezeigt werden (siehe Abbildung 6.31).

Abbildung 6.31 Sie sehen direkt nach der manuellen Aktualisierung den aktuellen Status der Zielerreichung.

Schritt 4: Veröffentlichen und Bewerben Ihrer Kampagne

Doch eigentlich sind wir für die Zielerreichung noch ein wenig zu früh, denn die Kampagne befindet sich immer noch im Entwurfsmodus. Damit auch andere Personen die Kampagne sehen und sich an ihr beteiligen können, sollten Sie unbedingt die Schaltfläche KAMPAGNE VERÖFFENTLICHEN betätigen.

Wie Sie Abbildung 6.32 entnehmen können, werden Sie in einem modalen Dialog darauf aufmerksam gemacht, dass gleich jeder im Unternehmen die Kampagne entdecken könnte und dass Sie das Hashtag der Kampagne nach der Veröffentlichung nicht mehr ändern können. Da Sie gut vorbereitet sind und daher keine Anpassungen mehr erforderlich sind, können Sie nun die Schaltfläche VERÖFFENTLICHEN betätigen. Anschließend befinden Sie sich auf einer mit Abbildung 6.33 vergleichbaren Seite für Ihre nun veröffentlichte Kampagne.

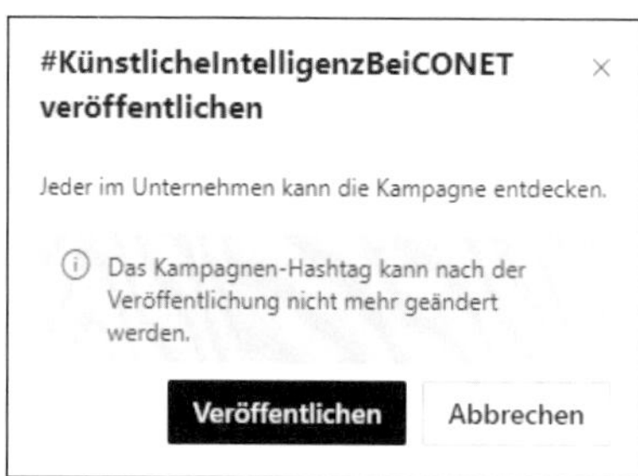

Abbildung 6.32 Bestätigen Sie die Veröffentlichung der Kampagne.

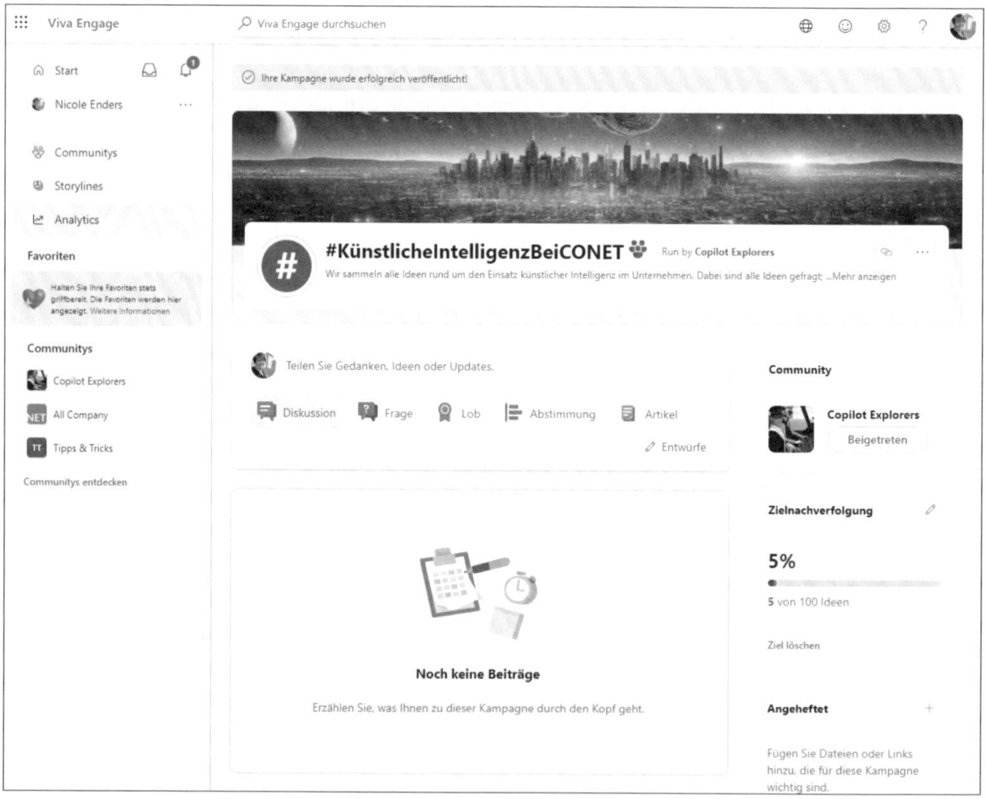

Abbildung 6.33 Ihre Kampagne ist nun veröffentlicht und kann beworben werden.

Über die Informationsleiste oberhalb des Titelfotos werden Sie über die erfolgreiche Veröffentlichung der Kampagne informiert. Sie können nun neue Beiträge aus der Kampagnenseite heraus erstellen oder die Community nutzen, für die Sie die Kampagne erstellt haben. In beiden Fällen wird der eigentliche Beitrag in der Community gespeichert und mit dem Hashtag der Kampagne (in unserem Fall *#KünstlicheIntelligenzbeiCONET*) versehen.

Im Kopfbereich der Kampagnenseite finden Sie auch einen Menüpunkt KAMPAGNENLINK KOPIEREN, um den Link auf die Kampagne in die Zwischenablage zu kopieren. So können Sie in Teams, Ihrem Social Intranet oder auch per E-Mail die neue Kampagne bewerben und die Kolleginnen und Kollegen zur Teilnahme auffordern.

In Ihrer Community sehen Sie nun in der rechten Marginalspalte in der Box KAMPAGNEN auch die neue Kampagne und wie viele Beiträge bereits mit dem Hashtag versehen wurden (siehe Abbildung 6.34). So können Sie auch ohne Analyseoptionen bereits erkennen, ob eine Kampagne erfolgreich verläuft oder eventuell noch etwas mehr beworben werden muss.

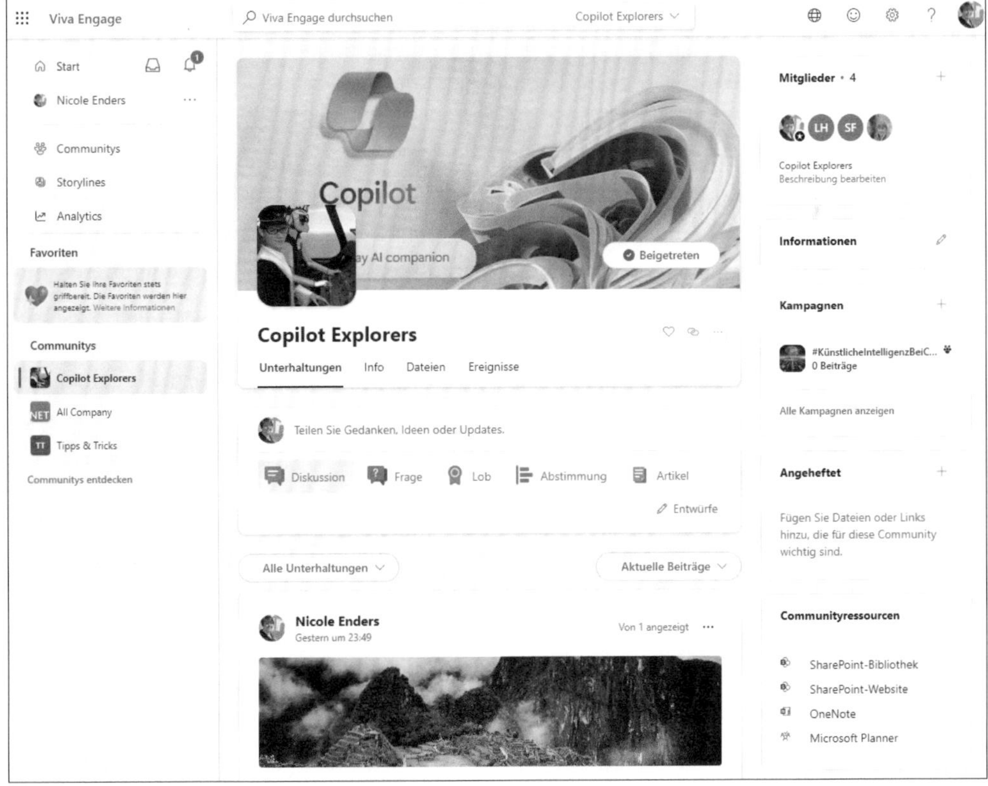

Abbildung 6.34 Sie können Communitykampagnen immer auch über die Community selbst erreichen.

Wofür benötige ich Kampagnen in meinem Unternehmen?

Kampagnen fördern den interaktiven Austausch unter den Mitarbeitenden und motivieren durch ihre zeitliche Begrenzung und den mit der Themensetzung verbundenen Fokus zusätzlich. Sie können durch eine Kampagne die Mitarbeiterbindung erhöhen und ein Gefühl von Gemeinschaft und Zusammengehörigkeit schaffen.

Nutzen Sie Kampagnen, um gemeinsame Ziele über das Unternehmensnetzwerk zu verfolgen und die Mitarbeitenden zusammenzuschweißen. Außerdem können Sie mit Kampagnen den Informationsaustausch fördern und die Mitarbeitenden an die Nutzung von Hashtags heranführen. Durch diese Aktivitäten fördern Sie die Zusammenarbeit auch ganz generell, wodurch sich Ihre Geschäftsziele noch besser erreichen lassen.

6.4 Informationen auch außerhalb einer einzelnen Community teilen

Im Alltag kann es je nach Arbeitslast unter Umständen schnell geschehen, dass Sie nicht so viel Zeit für das Teilen von Informationen und den Austausch mit Ihren Kolleginnen und Kollegen haben, wie Sie es sich wünschen würden. Haben Sie vielleicht gerade eine neue Erkenntnis gewonnen, die Sie gerne mit anderen Personen teilen möchten, aber Sie finden nicht auf Anhieb die richtige Community? Wenn Sie keine Zeit haben, um lange zu überlegen und eventuell nach der passenden Community zu suchen, könnten Sie in Versuchung geraten, die unternehmensweite Option GESAMTES UNTERNEHMEN bzw. ALL COMPANY zu nutzen. Aber stellen Sie sich bitte einmal vor, das würden nicht nur Sie, sondern auch Ihre Kolleginnen und Kollegen als beste Lösung betrachten: In diesem Fall wären am Ende viel zu viele unkategorisierte Posts in dieser Community zu finden und die Übersichtlichkeit würde darunter leiden.

6.4.1 Ihre persönliche Storyline

Eine Lösung für diese Herausforderung ist Ihre persönliche *Storyline*. Sie können Ihre Storyline wie eine Art persönlichen Blog betrachten und Neuigkeiten auch ohne direkten Bezug zu einer Community posten.

Wie Sie Abbildung 6.35 entnehmen können, erkennen Sie durch Ihr Profilbild sofort, dass Sie sich auf Ihrer Storyline befinden. Sie können auch ein Titelfoto hinterlegen und so Ihre Storyline personalisieren. Im Kopfbereich sehen Sie außerdem,

- wie viele Beiträge Sie bereits veröffentlicht haben,
- wie viele Personen Ihnen folgen und
- wie vielen Personen Sie folgen.

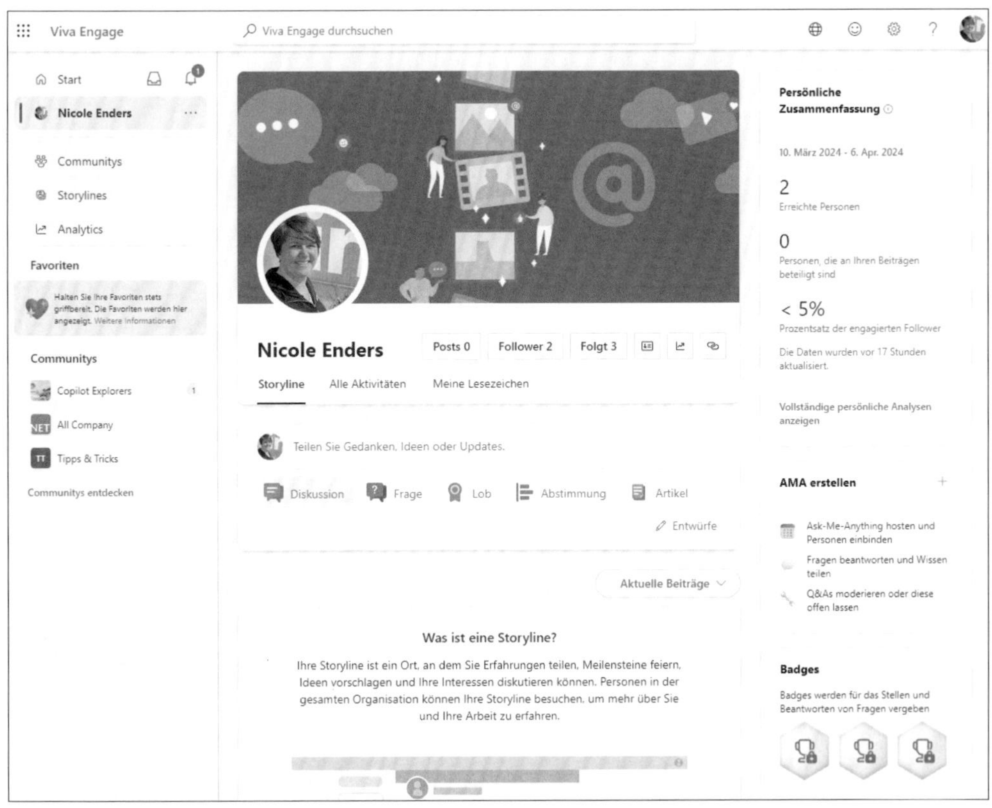

Abbildung 6.35 Ihre Storyline stellt Ihren persönlichen Blog dar.

Wenn Sie die Storyline einer anderen Person aufgerufen haben, können Sie an dieser Stelle auch durch Betätigen der Schaltfläche FOLGEN bzw. NICHT MEHR FOLGEN entscheiden, ob Sie der Person folgen und damit im Newsfeed ihre Beiträge sehen möchten.

Auf Ihrer eigenen Storyline können Sie nun aber vor allem schnell und unkompliziert neue Diskussionen starten, Fragen stellen, Abstimmungen anlegen oder auch Kolleginnen und Kollegen loben sowie Artikel schreiben und veröffentlichen. Bei jedem Beitrag können Sie Personen erwähnen oder auch Communitys auswählen, in denen der Beitrag veröffentlicht werden soll. Der Vorteil gegenüber der direkten Veröffentlichung in einer Community ist, dass Sie die Zuordnung zu einer Community auch später im Rahmen einer Bearbeitung des Beitrags vornehmen können. So können Sie erst einmal Ihre Nachricht verteilen und die Kolleginnen und Kollegen ohne Zeitverlust informieren. Und sollte einmal dennoch später keine Zeit bleiben, um eine nachträgliche Zuordnung zu einer Community vorzunehmen, so ist zumindest die eigentliche Information nicht verloren gegangen.

Wissen in einer Ask-Me-Anything-Veranstaltung (AMA) teilen

Ihre Storyline kann zusätzlich auch dazu dienen, Ihre Expertise in einem bestimmten Themen- oder Aufgabenbereich zu zeigen. So können Sie regelmäßig Informationen zu Ihrem Wissensgebiet mit den Kolleginnen und Kollegen teilen. Das kann entweder in textueller Form oder mit kurzen Videos geschehen, wobei wir die Option der Videos in Abschnitt 6.5 noch genauer betrachten werden.

Sie können darüber hinaus auch Termine planen, in denen die Kolleginnen und Kollegen Sie alles Mögliche aus Ihrem Wissensgebiet fragen können. Dabei kann es sich um Ihr Expertenwissen handeln, diese Termine können aber auch von Führungskräften im Allgemeinen und von der Geschäftsführung im Besondern genutzt werden, um den aktiven Austausch mit der Belegschaft zu suchen. Solche Termine werden auch als *Ask Me Anything (AMA)* bezeichnet.

In Viva Engage können Sie diese Art von Veranstaltung auch über Ihre Storyline planen. Sehen Sie im rechten Bereich der Seite die Box AMA ERSTELLEN? In dieser Box werden die nächsten von Ihnen angebotenen AMA-Veranstaltungen angezeigt. Im Moment ist dieser Bereich noch leer, aber wenn Sie nun auf Ihrer Storyline das Pluszeichen in der oberen rechten Ecke auswählen (siehe Abbildung 6.36), dann gelangen Sie auf die Konfigurationsseite aus Abbildung 6.37, auf der Sie eine neue AMA-Veranstaltung planen können. Der obere Bereich entspricht den Möglichkeiten einer gewöhnlichen Termineinladung, und der Termin selbst wird später auch über Microsoft Teams durchgeführt.

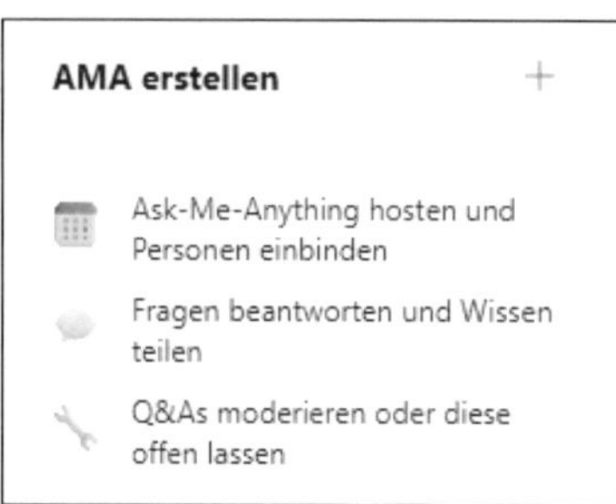

Abbildung 6.36 Möchten Sie in einer AMA-Veranstaltung Ihr Wissen mit Ihren Kolleginnen und Kollegen teilen oder den aktiven Austausch suchen?

Sie können entscheiden, ob alle Mitarbeitenden im Unternehmen Ihre Veranstaltung sehen und teilnehmen können sollen (SICHTBARKEIT • ALLGEMEIN) oder ob Sie den Kreis der Teilnehmenden selbst definieren möchten (SICHTBARKEIT • PRIVAT). Das wird vermutlich vom Anlass der Veranstaltung und vom Thema abhängen.

Anschließend wählen Sie die HOSTS und ORGANISATOREN aus. Beide Rollen können den Termin bearbeiten und unterscheiden sich nur darin, dass Organisatoren nicht in der Beschreibung der Veranstaltung aufgeführt werden. Ich empfehle Ihnen, mindestens eine weitere Person auszuwählen, damit Sie bei der Beantwortung der Fragen durch einen Moderator unterstützt werden und so besser den Überblick behalten, wenn nahezu zeitgleich mehrere Fragen gestellt werden.

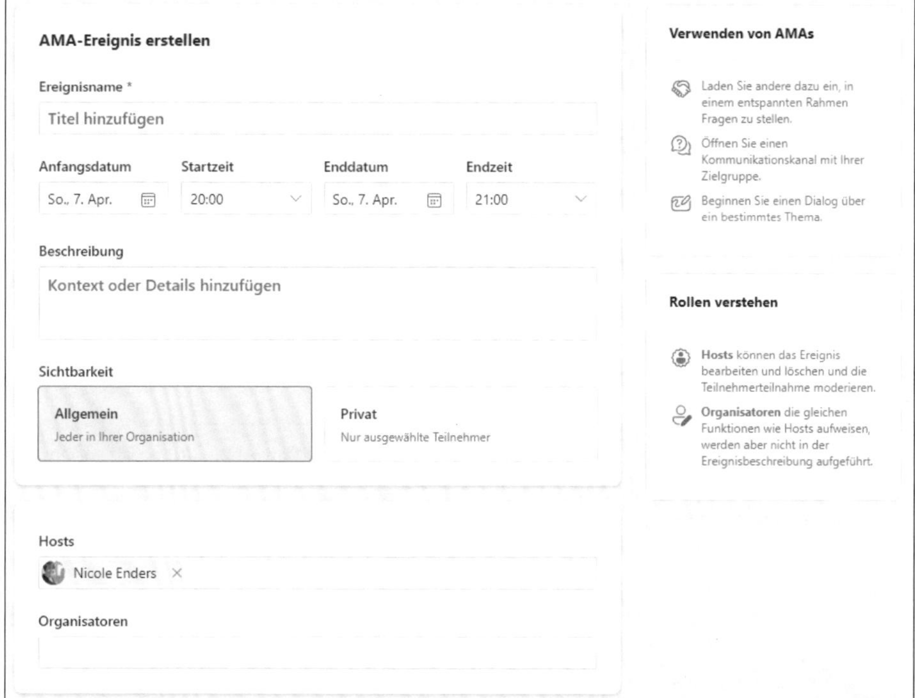

Abbildung 6.37 Legen Sie den Termin für die AMA-Veranstaltung fest.

Abbildung 6.38 zeigt den unteren Bereich der Seite für die Terminplanung. Hier legen Sie fest, welche Interaktionsmöglichkeiten Sie bei dieser AMA-Veranstaltung zur Verfügung stellen möchten. So können Sie beispielsweise auch erlauben, dass anonyme Fragen gestellt werden können. Das kann je nach Personenkreis ein interessantes Instrument sein, um auch Menschen zu Fragen zu motivieren, die eher dazu neigen, Fragen nicht zu stellen, wenn alle sehen könnten, wer sie sind.

Wenn Sie die gewünschten Einstellungen vorgenommen haben, können Sie die Schaltfläche ERSTELLEN betätigen. Sie gelangen so auf die Seite für die Veranstaltung (siehe Abbildung 6.39).

Sie können auf dieser Seite auch bereits vor der Veranstaltung mit Ihren Kolleginnen und Kollegen diskutieren und Fragen sammeln. Während der Veranstaltung werden sich nach und nach hier die Fragen sammeln und später auch mit den entsprechenden Antworten aufrufbar sein.

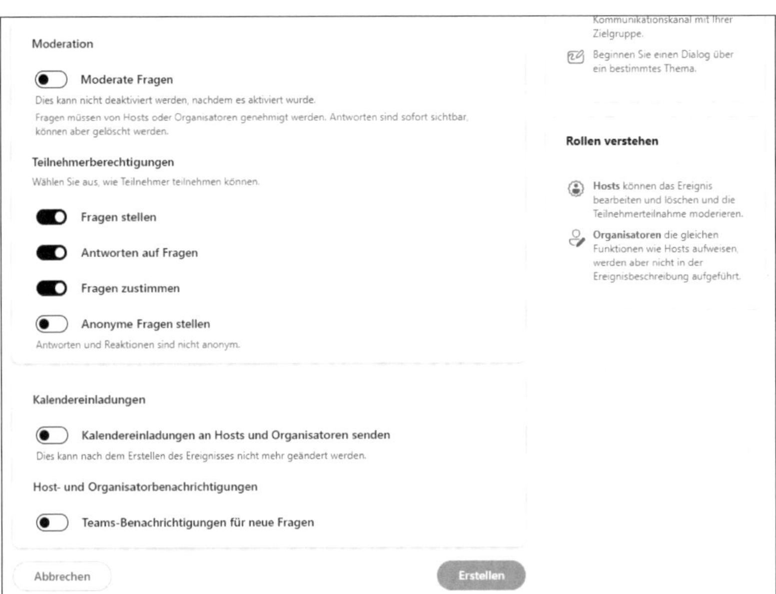

Abbildung 6.38 Entscheiden Sie, welche Interaktionsmöglichkeiten Sie zulassen möchten.

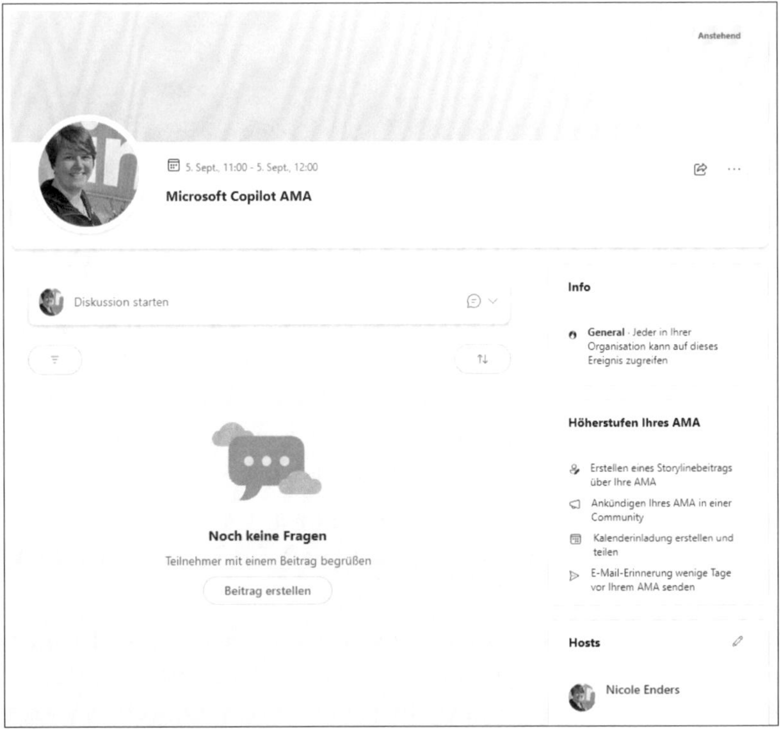

Abbildung 6.39 Ihre AMA-Veranstaltung ist nun für die Kolleginnen und Kollegen auffindbar.

Wenn Sie nun zu Ihrer Storyline zurückkehren, werden Sie wie in Abbildung 6.40 sehen, dass es eine von Ihnen geplante AMA-Veranstaltung gibt.

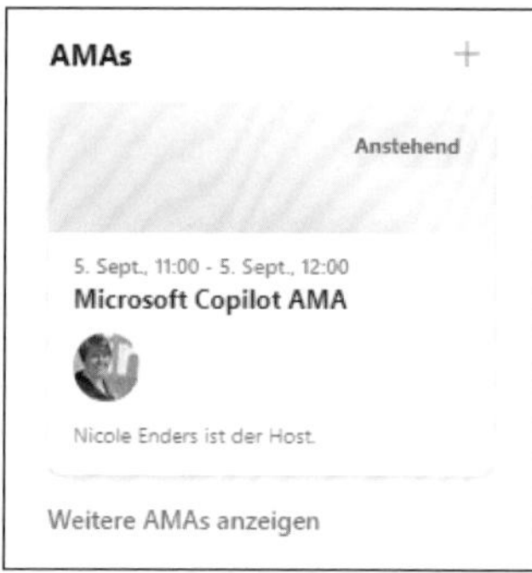

Abbildung 6.40 In Ihrer Storyline sehen Sie, ob und wann die nächste AMA-Veranstaltung mit Ihnen geplant ist.

Gamification über Badges

Sie können sich für Ihre Teilnahme am Unternehmensnetzwerk auch Badges verdienen. Anfangs sollte die Box BADGES in der rechten Marginalspalte so aussehen wie in Abbildung 6.41. Über den Menüpunkt ALLE BADGES ANZEIGEN gelangen Sie zu der in Abbildung 6.42 dargestellten Seite.

Abbildung 6.41 Sehen Sie die Badges, die Sie erhalten haben.

Wie Sie sehen können, erhalten Sie Badges sowohl für das Teilen Ihres Wissens in Form von gegebenen Antworten, die als gut bewertet wurden, als auch für das Stellen von Fragen. Denn gerade in der heutigen Zeit, in der uns nicht mehr zwingend die vertraute Kollegin oder der vertraute Kollege im selben Raum gegenübersitzt, kann das Stellen einer Frage schwerfallen. Schließlich könnten durch das Unternehmensnetzwerk nun alle Personen im Unternehmen sehen, dass Sie etwas fragen müssen und demnach nicht wissen. Doch das sollte in einem Unternehmen mit einer guten Unternehmenskultur und einem vertrauensvollen Umgang miteinander keine Hürde darstellen! Und spätestens mit den Badges werden Sie noch einmal gezielt motiviert, Ihre Fragen auch zu stellen.

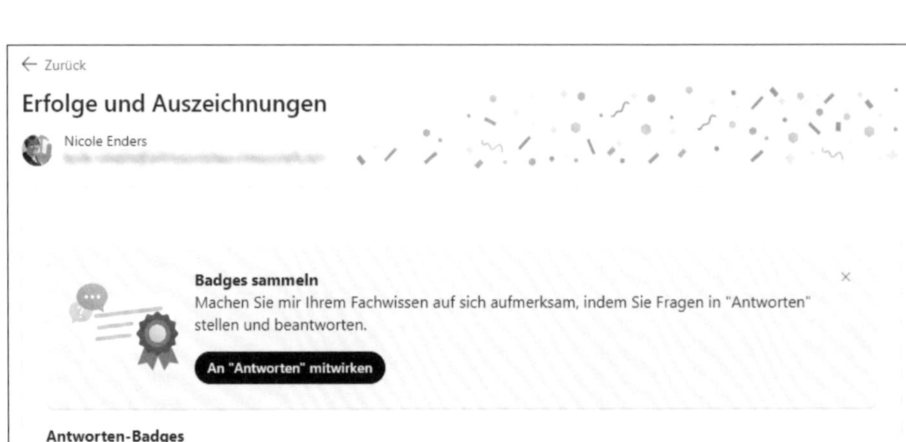

Abbildung 6.42 Sie erhalten Badges auf Basis gestellter Fragen und gegebener Antworten.

Was sind eigentlich Themen im Kontext von Viva Engage?

Bei *Themen* handelt es sich um sogenannte *Tags*, d. h. um Stichwörter, die Sie und Ihre Kolleginnen und Kollegen frei angeben können. Sie können für jeden Beitrag beliebig viele Tags vergeben. Diese dienen als eine Art Kategorisierung des Inhalts und erhöhen die Auffindbarkeit des Beitrags. Wenn zum Beispiel alle Beiträge mit Informationen zu Microsoft 365 mit dem Tag »M365« versehen würden, könnten Sie nach diesem Tag suchen und würden damit die relevanten Beiträge wiederfinden.

In welchen Communitys sind Sie Mitglied?

Sie finden zuunterst in der Marginalspalte Ihrer Storyline auch eine Auflistung der Communitys, denen Sie beigetreten sind (siehe Abbildung 6.43). In Viva Engage finden Sie zwar links in der Navigation auch eine Liste der für Sie relevanten oder sogar von Ihnen als Favorit gespeicherten Communitys, aber auf Ihrer Storyline können Ihre Kolleginnen und Kollegen auch sehen, welche Communitys für Sie relevant sind. Natürlich sehen sie keine Communitys, die privat sind und auf die sie keinen Zugriff haben sollen. Doch bei den öffentlichen Communitys könnte die Anzeige Sie inspirieren, einer Community beizutreten, in der ein Kollege, der ähnliche Interessen wie Sie hat, bereits Mitglied ist.

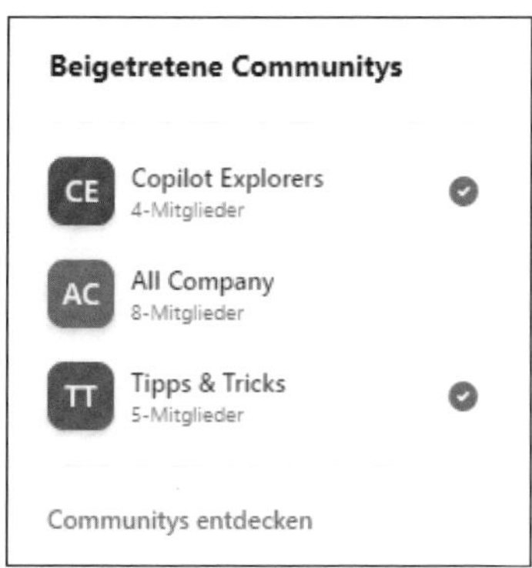

Abbildung 6.43 Sie können auf der Storyline auch die Communitys sehen, in denen die Person Mitglied ist, deren Storyline Sie sich gerade anschauen.

Analysen zu Reichweite und Beteiligung

Oben rechts auf Ihrer Storyline finden Sie auch Ihre persönliche Zusammenfassung, die sich auf die letzten vier Wochen bezieht. Sie erhalten in der Box PERSÖNLICHE ZUSAMMENFASSUNG Informationen darüber,

- wie viele Personen Sie mit Ihren Beiträgen erreicht haben,
- wie viele Personen sich an Ihren Beiträgen beteiligt haben (durch Kommentare oder Bewertungen) und
- wie hoch der Anteil an Followern an dieser Beteiligung ist.

Über den Menüpunkt VOLLSTÄNDIGE PERSÖNLICHE ANALYSEN ANZEIGEN (siehe Abbildung 6.35) können Sie weitere Auswertungen aufrufen und gelangen zu der Seite aus Abbildung 6.44. Hier können Sie zwischen Ihrer Storyline und den Communitys wählen oder auch einen Fokus auf die von Ihnen gegebenen Antworten legen.

Was mache ich, wenn meine Reichweite zu gering ist?

Wenn Sie Ihre Reichweite als zu gering bewerten, müssen Sie als Nächstes die Ursache ermitteln. Eine geringe Reichweite kann eventuell daran liegen, dass Ihre Kolleginnen und Kollegen vielleicht nicht wissen, dass Sie Beiträge veröffentlichen, die ihnen helfen können. Vielleicht engagieren Sie sich in Communitys mit sehr wenigen aktiven Mitgliedern oder Sie nutzen nicht die passenden Hashtags. Es könnte auch sein, dass Ihre Beiträge nicht so geschrieben sind, dass andere Personen sie unbedingt lesen möchten.

Bei der Formulierung Ihrer Beiträge und bei den Hashtags kann Ihnen wieder einmal Copilot helfen und Vorschläge unterbreiten – vorausgesetzt, Sie verfügen über eine entsprechende Lizenz für *Microsoft 365 Copilot*. Durch die Vorschläge, die Sie annehmen, anpassen oder verwerfen können, werden Sie mit der Zeit immer bessere Beiträge erstellen und damit hoffentlich eine höhere Reichweite erzielen können.

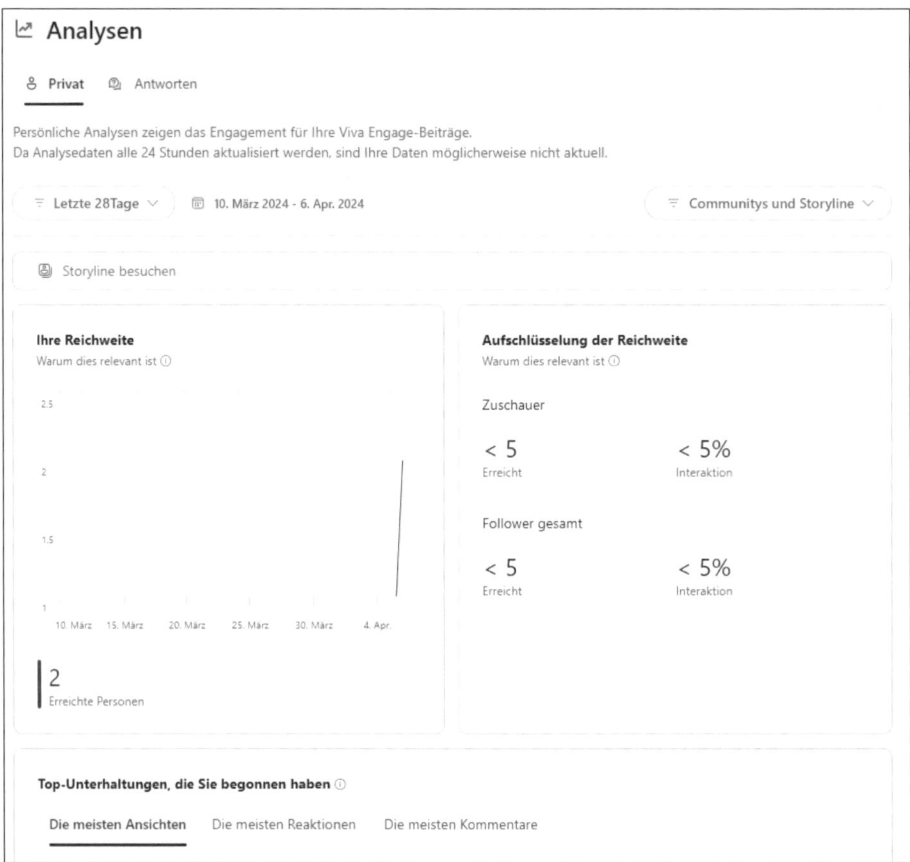

Abbildung 6.44 Nutzen Sie die Auswertungen, um herauszufinden, welche Reichweite Ihre Beiträge haben.

6.4.2 Führungsecke

Zuletzt möchte ich Ihnen noch kurz die sogenannte *Führungsecke* vorstellen. Bei ihr handelt es sich um eine Premium-Funktion; sie ist somit zusätzlich zu lizenzieren. Die Führungsecke bietet den Führungskräften im Unternehmen einen Ort, an dem Sie im virtuellen Raum Nähe zu den Mitarbeitenden aufbauen können.

In Unternehmen ab einer bestimmten Größe kennen die Mitarbeitenden nicht mehr alle Führungskräfte persönlich. Meistens besteht eine enge Beziehung zwischen den Mitarbeitenden und der direkten Führungskraft und vielleicht auch noch mit der Ebene darüber. Aber die anderen Führungskräfte und somit auch die Kolleginnen und Kollegen aus den anderen Teams oder Bereichen sind weitestgehend unbekannt.

Dadurch wird ein großes Potenzial nicht genutzt, denn wenn die Mitarbeitenden nicht wissen, welche Produkte oder Leistungen in den anderen Teams oder Bereichen angeboten werden, werden sie vermutlich diese auch nicht in die Bearbeitung ihrer Aufgaben mit einbinden.

Die Führungskräfte könnten nun in ihrer Storyline regelmäßig über die Fähigkeiten, Erfolge sowie über gemachte Fehler und die daraus resultierenden Lernerfahrungen berichten und so ihr Wissen über die Teams und Bereiche allen im Unternehmen zugänglich machen. Damit nun aber nicht jeder Mitarbeitende jeder Führungskraft folgen und diese auch erst einmal finden muss, wird die Führungsecke angeboten (siehe Abbildung 6.45).

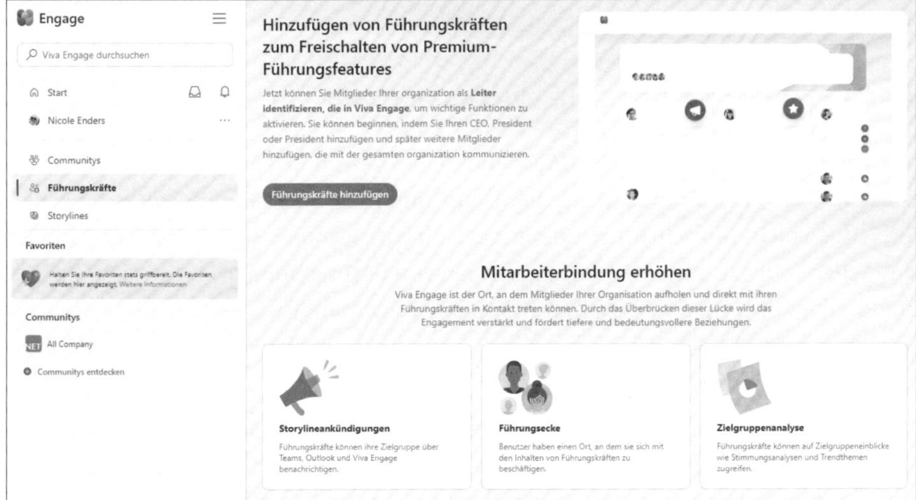

Abbildung 6.45 Die Führungsecke ist die Anlaufstelle für Informationen von Führungskräften für Mitarbeitende.

In ihr werden alle Personen berücksichtigt, die als Führungskraft für mindestens eine andere Person in der Microsoft-365-Umgebung hinterlegt sind. Ein Administrator kann die Gruppe der Führungskräfte auch manuell anpassen, falls nicht alle auf diesem Weg ermittelten Personen in der Führungsecke gewünscht sind. Das könnte beispielsweise bei der Einführung dieser Option hilfreich sein, um beispielsweise zunächst die Geschäftsführung und nach und nach die Geschäftsbereiche oder die verschiedenen Hierarchieebenen mit hinzuzuziehen.

Als Führungskraft können Sie auch Zielgruppen hinterlegen, um beispielsweise die Ihnen direkt zugeordneten Mitarbeitenden über etwas zu informieren, während in anderen Fällen vielleicht auch die weiteren Hierarchieebenen relevant sind.

Wozu benötigen wir einen separaten Bereich für Führungskräfte?

Es wird von der Größe und Unternehmenskultur Ihres Unternehmens abhängen, ob die Führungsecke für Sie hilfreich ist. Wenn es ausreicht, dass die Führungskräfte ihre

Storyline nutzen und wissen, wann eine Neuigkeit in eine bestimmte Community gepostet werden sollte, dann ist die Funktion vielleicht nicht erforderlich.

In großen Unternehmen jedoch ist die Führungsecke die perfekte Anlaufstelle, um über den Tellerrand hinauszublicken und durch die Führungskräfte anderer Bereiche das Leistungsportfolio des Unternehmens besser erfassen zu können. So finden Sie gegebenenfalls heraus, dass Sie einfach nur eine bestimmte Kollegin zu einem Thema fragen müssen, bei dem Sie vorher vielleicht einen Freelancer oder ein Partnerunternehmen gesucht hätten.

6.5 Communitys teilen Ihr Wissen mithilfe von Videos

Wir verlassen nun Viva Engage und wenden uns dem zentralen Videoportal in Ihrer Microsoft-365-Umgebung zu: *Stream*. Denn innerhalb Ihrer Communitys tauschen Sie Wissen nicht nur schriftlich oder innerhalb von Besprechungen aus. Das Erstellen von Videos oder zumindest das Aufzeichnen von Besprechungen ist ein wichtiger Bestandteil im unternehmensweiten Wissensmanagement.

Im privaten Umfeld haben sich Videos als Mittel zum Wissenstransfer längst bewährt. Auch im Unternehmenskontext kann es sinnvoll sein, diese Möglichkeit im Rahmen des Wissensmanagements zu nutzen. Microsoft 365 bietet Ihnen mit dem Dienst *Stream* bereits die Möglichkeit zum Aufbau eines unternehmensinternen Videoportals an.

Wenn Sie Stream zum ersten Mal unter *https://www.microsoft365.com/launch/stream* aufrufen, könnte Sie eine ähnlich leere Seite erwarten wie mich in Abbildung 6.46. Hier wird aktuell nur ein Video angezeigt, das aus einer aufgezeichneten Besprechung stammt.

Wenn weitere für Sie relevante Besprechungen aufgezeichnet werden, Sie Videos veröffentlichen oder Videos mit Ihnen geteilt werden, wird sich die Seite immer weiter füllen, sodass Sie bald die Suchfunktion oder Copilot nutzen müssen, um schnell ein gesuchtes Video zu finden.

Im oberen Bereich der Startseite können Sie, wie in Abbildung 6.47 zu sehen ist,

- ein bereits aufgezeichnetes Video hochladen,
- Ihren Bildschirm oder sich selbst mit einer Kamera aufzeichnen oder
- die für Sie relevanten Videos in einer Wiedergabeliste organisieren.

Wenn Sie den Menüpunkt HOCHLADEN auswählen, erscheint ein klassischer Upload-Dialog, über den Sie das Video in Ihrem OneDrive speichern können.

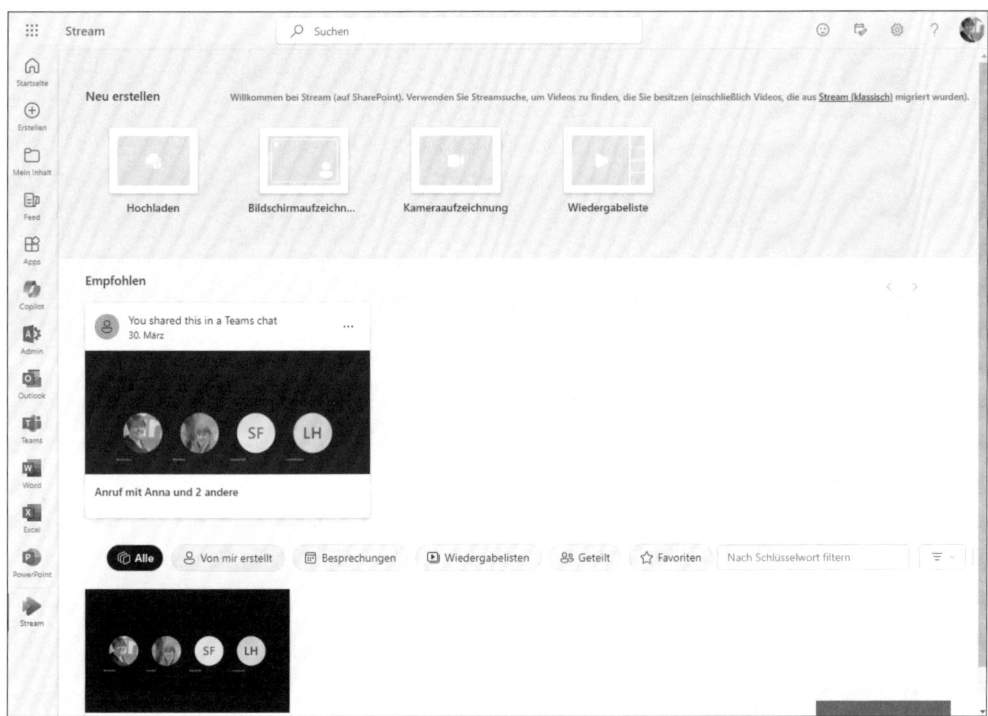

Abbildung 6.46 Die Startseite von Stream zeigt die für Sie relevanten Videos inklusive der Besprechungsaufzeichnungen an.

Abbildung 6.47 Sie können Videos hochladen, eine neue Aufzeichnung vornehmen oder eine Wiedergabeliste nutzen.

Über die mittleren Menüpunkte BILDSCHIRMAUFZEICHNUNG und KAMERAAUFZEICHNUNG können Sie auch selbst neue Videos aufnehmen und Ihren Kolleginnen und Kollegen zur Verfügung stellen. Wenn Sie sich für eine Bildschirmaufzeichnung entscheiden, können Sie sogar sich selbst in einem kleinen Bereich des Bildschirms unten links aufnehmen. Daher werden Sie sofort nach Auswahl des Menüpunkts aufgefordert, Ihre Kamera und Ihr Mikrofon zu aktivieren (siehe Abbildung 6.48).

Wenn Sie die Kamera aktiviert haben, sehen Sie sich bereits vor Beginn der eigentlichen Aufnahme unten links im Bildschirm. Als Nächstes können Sie auswählen, ob Sie den gesamten Bildschirm, eine einzelne Anwendung oder einen Tab Ihres Browsers für die Aufzeichnung nutzen möchten (siehe Abbildung 6.49).

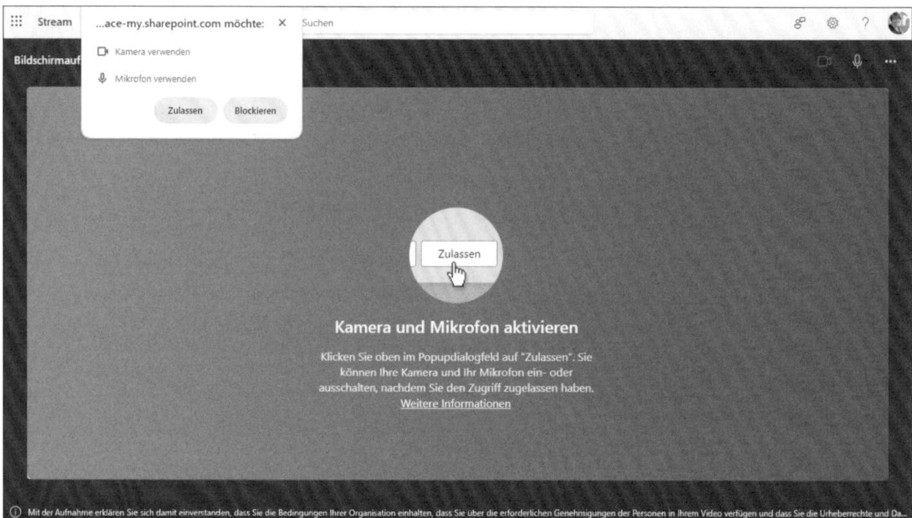

Abbildung 6.48 Aktivieren Sie Ihre Kamera und Ihr Mikrofon, wenn Sie neben dem Bildschirm auch sich selbst aufnehmen möchten.

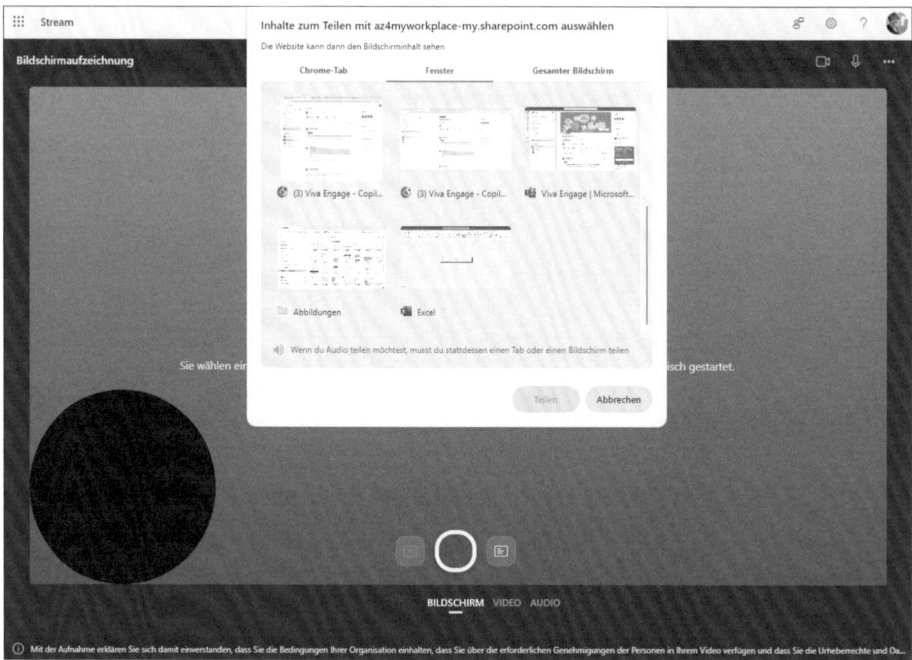

Abbildung 6.49 Wählen Sie nun den gesamten Bildschirm, eine Anwendung oder einen Tab Ihres Browsers für die Aufnahme aus.

Nachdem Sie Ihre Wahl getroffen und die Schaltfläche TEILEN betätigt haben, können Sie beispielsweise ein Trainingsvideo aufnehmen. Dabei können Sie auch jederzeit über die Schaltfläche FREIGABE BEENDEN (siehe Abbildung 6.50) das Teilen des Bildschirms rückgängig machen und nur noch Ihr Kamerasignal weiter übertragen. Wenn Sie mit der Aufnahme fertig sind, können Sie über das Stoppsymbol den Vorgang abschließen. Sie befinden sich damit in dem Dialog aus Abbildung 6.51.

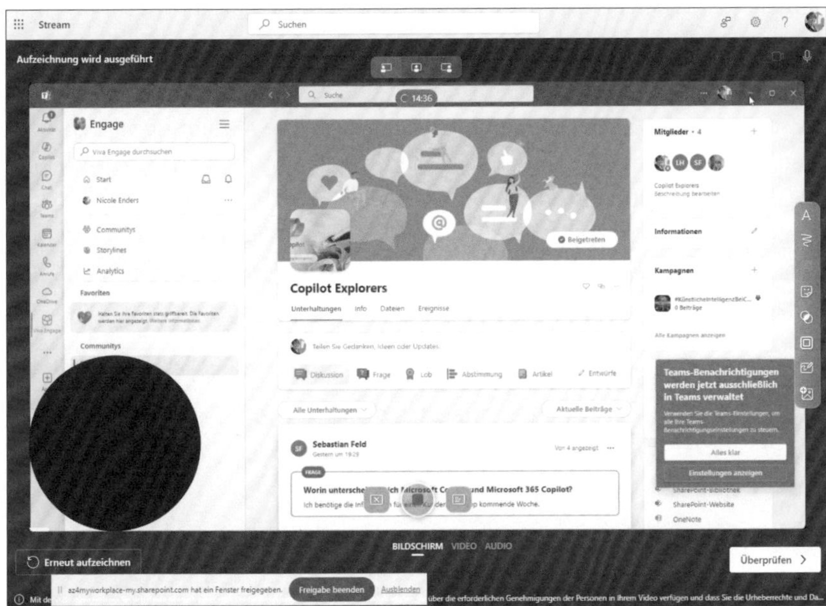

Abbildung 6.50 Zeichnen Sie Ihr Video auf ...

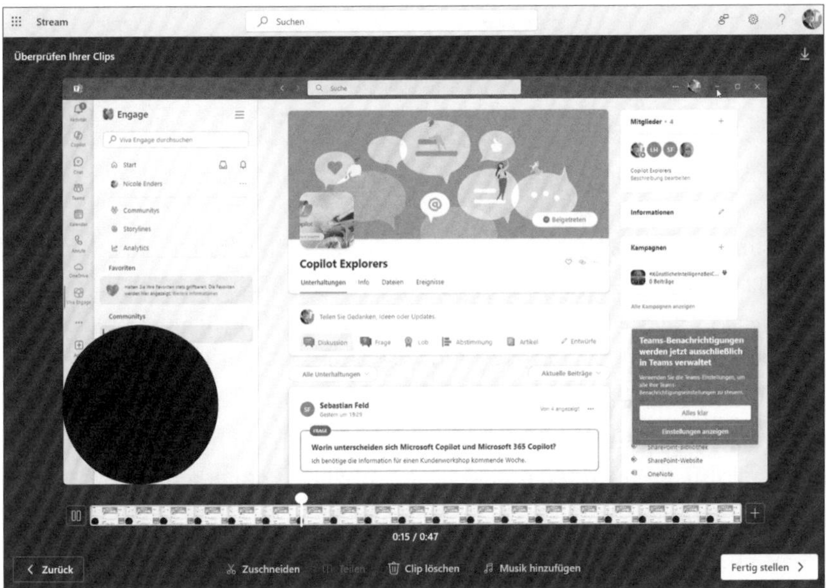

Abbildung 6.51 ... und prüfen Sie die Aufzeichnung.

Sie können nun Ihr Video prüfen und gegebenenfalls zuschneiden. Dies bietet sich zum Beispiel an, wenn bei der Aufzeichnung lange Pausen entstanden sind oder wenn Sie sich versprochen haben bzw. Ihnen ein Fehler unterlaufen ist. Achten Sie aber beim Zuschneiden unbedingt darauf, dass die Übergänge zwischen den zugeschnittenen Videoanteilen dennoch flüssig erscheinen. Sie benötigen hierfür eventuell etwas Übung, doch Sie werden sehen, dass Sie mit der Zeit immer schneller bei der Erstellung von Videos werden.

Sie können sogar Musik zu Ihrem Video hinzufügen. Wie Sie Abbildung 6.52 entnehmen können, wird Ihnen nach Auswahl des Menüpunkts MUSIK HINZUFÜGEN eine große Auswahl an Musikstücken vorgeschlagen. Diese sind bereits lizenziert, sodass Sie sie für interne Zwecke nutzen können. Für die externe Veröffentlichung oder bei eigener Musik sollten Sie unbedingt noch klären, ob Sie auch die erforderlichen Rechte besitzen.

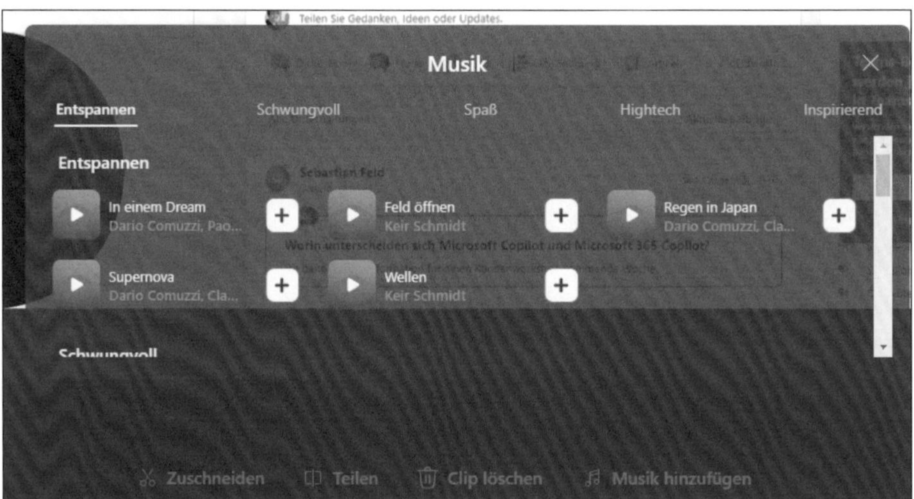

Abbildung 6.52 Sie können Ihr Video »zuschneiden« oder auch Musik hinterlegen.

Wenn Sie mit Ihrem Video zufrieden sind, können Sie durch Betätigen der Schaltfläche FERTIG STELLEN das Video speichern. Sie werden nun auf eine mit Abbildung 6.53 vergleichbare Seite weitergeleitet. Rechts neben dem Video finden Sie sehr viele Einstellungsmöglichkeiten, die Sie für jedes Video separat konfigurieren können. Dazu gehören folgende Optionen:

- MINIATURANSICHT: Welches Bild soll bei der Auflistung von Videos verwendet werden, damit Ihre Kolleginnen und Kollegen möglichst gut erkennen, worum es bei dem Video geht?
- INFOS ZUM VIDEO: Geben Sie eine Beschreibung für Ihr Video an, in der Sie erläutern, welche Informationen mit diesem Video vermittelt werden.

- KAPITEL: Sie können Ihr Video auch in Kapitel unterteilen und auf diese Weise strukturieren. Dadurch lassen sich auch bei längeren Videos Informationen schnell wiederfinden.
- KOMMENTARE: Sie können entscheiden, ob Ihr Video kommentiert werden kann.
- TRANSKRIPT UND UNTERTITEL: Für eine möglichst gute Auffindbarkeit sollten Sie unbedingt ein Transkript erstellen. Öffnen Sie dafür die Sektion, die Sie in Abbildung 6.54 sehen, und betätigen Sie entweder die Schaltfläche GENERIEREN oder laden Sie ein manuell erstelltes Transkript hoch.

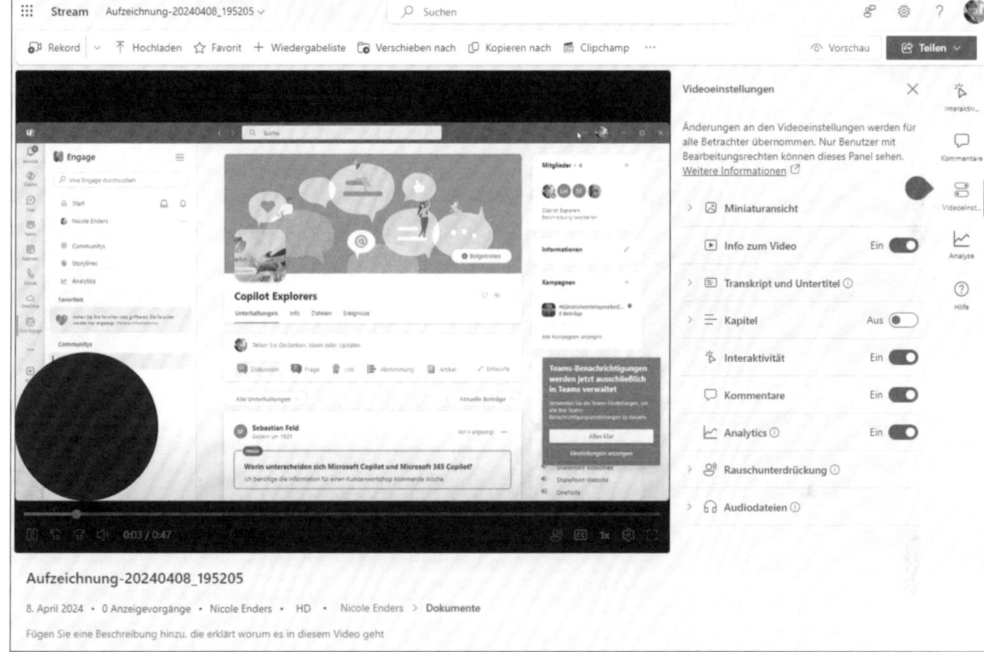

Abbildung 6.53 Konfigurieren Sie Ihr Video vor der Veröffentlichung.

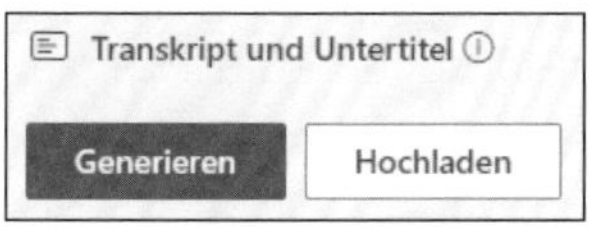

Abbildung 6.54 Erstellen Sie ein Transkript für Ihr Video, um es schnell wiederzufinden.

Ein Transkript ist Voraussetzung für eine gute Auffindbarkeit

Wenn Sie Copilot auch für die Suche nach Informationen in Videos nutzen möchten, benötigen Sie ein Transkript. Denn für die Suche und Indizierung wird nicht das Video selbst, sondern seine schriftliche Ausprägung in Form des Transkripts verwendet.

Wenn Sie alle gewünschten Einstellungen vorgenommen haben, können Sie das Video mit Ihren Kolleginnen und Kollegen teilen. Doch manchmal merkt man bei der Überprüfung des Videos, dass doch ein paar Anpassungen erforderlich sind. Sie können dann über die Menüleiste oberhalb des Videos den Menüpunkt CLIPCHAMP aufrufen. Dann betätigen Sie die Schaltfläche JETZT KOPIEREN und können das Video im daraufhin erscheinenden Dialog (siehe Abbildung 6.55) nachträglich mit *Clipchamp* bearbeiten.

Abbildung 6.55 Sie können Ihr Video auch mithilfe von Clipchamp bearbeiten.

Bei Clipchamp handelt es sich um einen Dienst in Ihrer Microsoft-365-Umgebung, der Ihnen hilft, Videos zu erstellen. Sie können Clipchamp entweder über den App Launcher oder direkt unter *https://www.microsoft365.com/launch/Clipchamp* erreichen. So können Sie nicht nur Videos in Stream bearbeiten, sondern auch eigene Videos erstellen. Wenn Sie nun einmal Clipchamp aufrufen, befinden Sie sich auf einer mit Abbildung 6.56 vergleichbaren Startseite.

Wählen Sie auf der Startseite den Menüpunkt LEERES VIDEO aus, um auf die in Abbildung 6.57 dargestellte Seite zu gelangen. Sie können entweder ein bestehendes Video oder eine Auswahl an Bildern über die Schaltfläche MEDIEN IMPORTIEREN hochladen und anschließend bearbeiten bzw. in eine Reihenfolge bringen. Bei der Auswahl der Medien können Sie entsprechend der Darstellung in Abbildung 6.58 sowohl Dateien aus Ihrem OneDrive auswählen als auch Dateien von Ihrem PC hochladen.

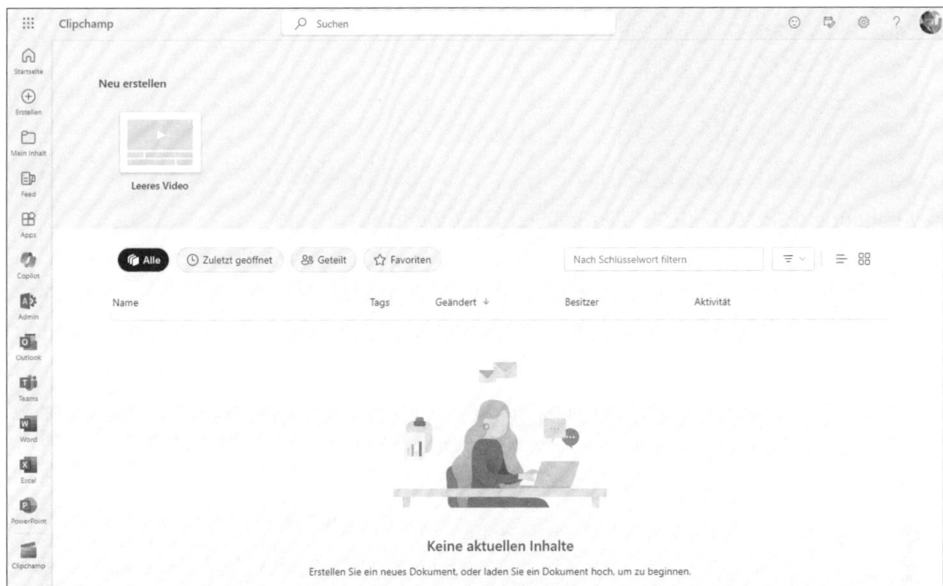

Abbildung 6.56 Auf der Startseite von Clipchamp finden Sie die von Ihnen erstellten Videos.

Abbildung 6.57 Clipchamp bietet Ihnen verschiedene Möglichkeiten, um ein Video zu erstellen.

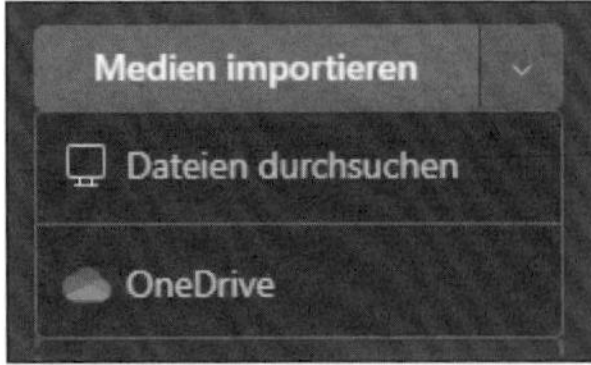

Abbildung 6.58 Wählen Sie die Medien für Ihr Video aus.

Sie können in der linken Navigation den Menüpunkt AUFNEHMEN UND KREIEREN auswählen, um entweder ein Video aufzunehmen oder einen Text in Sprache umzuwandeln (siehe Abbildung 6.59).

Abbildung 6.59 Sie können auch ein Video aufnehmen oder einen Text in Sprache umwandeln lassen.

Wenn Sie sich für eine Aufzeichnung Ihres Bildschirms entscheiden, werden Sie ähnlich wie bei Stream auch hier gefragt, welchen Bildschirm Sie aufzeichnen möchten (siehe Abbildung 6.60). Sie können sich ebenfalls auch für die Aufzeichnung einer bestimmten Anwendung oder eines Tabs Ihres Browsers entscheiden.

Abbildung 6.60 Wählen Sie aus, welchen Bildschirm Sie aufzeichnen möchten.

Wenn Sie die Schaltfläche BILDSCHIRM ZUM AUFZEICHNUNG AUSWÄHLEN betätigt haben, erscheint ein Dialog für die Auswahl, und nachdem Sie Ihre Wahl getroffen haben, beginnt die Aufzeichnung. Abbildung 6.61 zeigt Clipchamp kurz nach Beginn der Aufzeichnung, die maximal 30 Minuten umfassen kann. Durch Betätigen der Schaltfläche AUFZEICHNUNG BEENDEN schließen Sie die Aufnahme ab und gelangen auf die Seite zur Überprüfung, die Sie in Abbildung 6.62 sehen.

Abbildung 6.61 Schließen Sie die Aufzeichnung ab ...

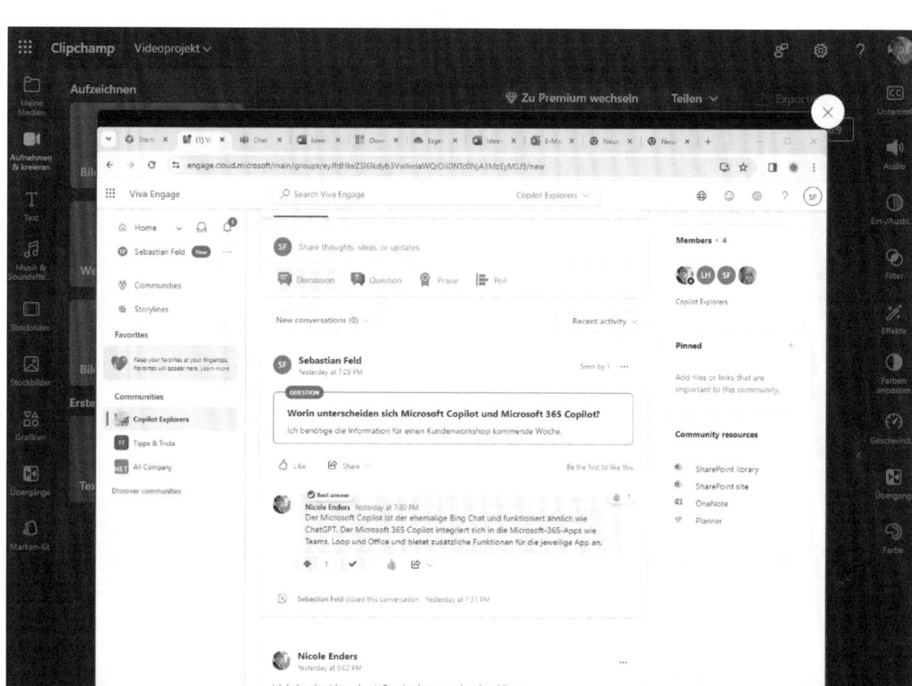

Abbildung 6.62 ... und prüfen Sie das Ergebnis.

Wenn Sie mit dem Ergebnis nicht zufrieden sind, können Sie über die Schaltfläche Erneut aufnehmen die Aufzeichnung verwerfen und eine neue Aufzeichnung starten. Doch irgendwann werden Sie hoffentlich eine zufriedenstellende Version aufgezeichnet haben und gelangen durch Betätigen der Schaltfläche Speichern und bearbeiten zu der Maske aus Abbildung 6.63.

Wenn Sie sich die Menüleiste rechts genauer anschauen, können Sie verschiedene Aktionen vornehmen, die Sie vielleicht aus anderen Videobearbeitungsprogrammen kennen. Dazu gehören unter anderem:

- Verändern des Audiosignals
- Ein- und Ausblenden von Elementen im Video
- Verwenden von Filtern
- Effekte und Farben
- Übergänge zwischen Bildern oder Videozuschnitten

Vergessen Sie bitte nicht, ein Transkript für Ihr Video zu hinterlegen, um eine gute Auffindbarkeit sicherzustellen. Wie Sie Abbildung 6.63 entnehmen können, werden

Sie dabei durch künstliche Intelligenz unterstützt und müssen daher das Transkript nicht manuell erstellen.

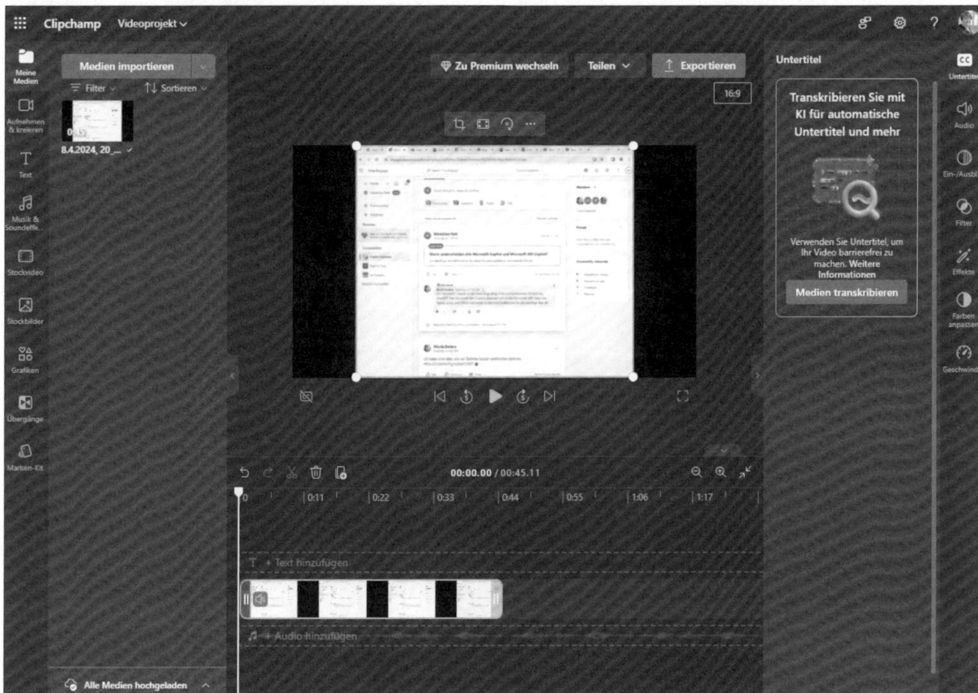

Abbildung 6.63 Bearbeiten Sie Ihr Video und erstellen Sie ein Transkript.

Zum Abschluss können Sie die Schaltfläche EXPORTIEREN oberhalb des Videos betätigen. In dem Dialog, der daraufhin erscheint (siehe Abbildung 6.64), legen Sie außer dem Dateinamen und einer Beschreibung auch den Speicherort und die Auflösung des Videos fest.

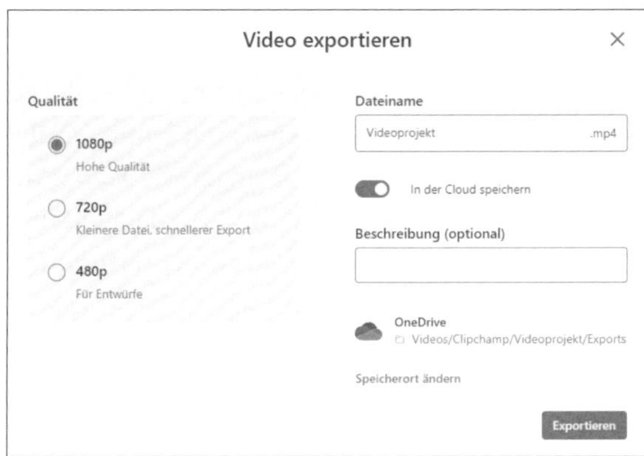

Abbildung 6.64 Exportieren Sie Ihr Video und legen Sie die Auflösung, den Dateinamen und den Speicherort fest.

Als Speicherort ist standardmäßig Ihr OneDrive ausgewählt. Sie können über die Schaltfläche SPEICHERORT ÄNDERN auch einen alternativen Speicherort wählen. Das könnte beispielsweise ein Teamraum oder eine zentrale SharePoint-Website sein. Und damit schließt sich der Kreis, denn nun können Sie Ihr Video auch in einer Ihrer Communitys oder auf Ihrer Storyline veröffentlichen bzw. Ihre Kolleginnen und Kollegen auf das Video aufmerksam machen.

Betätigen Sie nun die Schaltfläche EXPORTIEREN und warten Sie, bis sich die vorläufige Statusmeldung aus Abbildung 6.65 hin zu der Bestätigung in Abbildung 6.66 verändert und die Schaltflächen freigegeben werden.

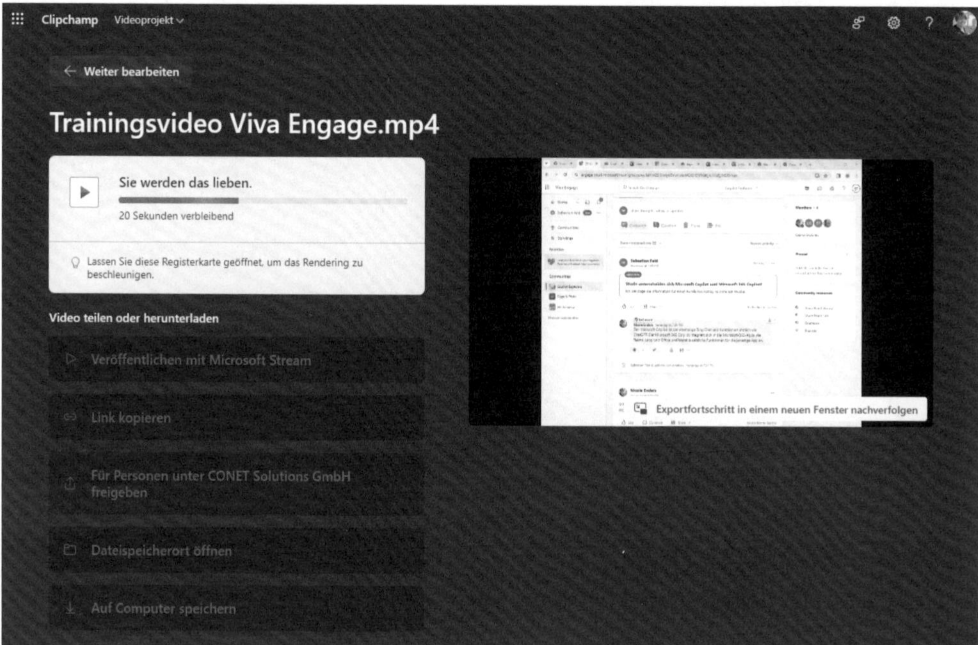

Abbildung 6.65 Ihr Video wird vorbereitet ...

Sie können nun entscheiden, wie Sie das Video mit Ihren Kolleginnen und Kollegen teilen möchten. In unserem Fall wählen wir die oberste Option und betätigen die Schaltfläche VERÖFFENTLICHEN MIT MICROSOFT STREAM. So gelangen Sie wieder zurück zu Microsoft Stream und dem bekannten Bildschirm, der Ihr Video darstellt und Ihnen die Konfiguration wie beispielsweise die Aktivierung der Kommentarfunktion ermöglicht (siehe Abbildung 6.67).

Abbildung 6.66 ... und kann anschließend veröffentlicht werden.

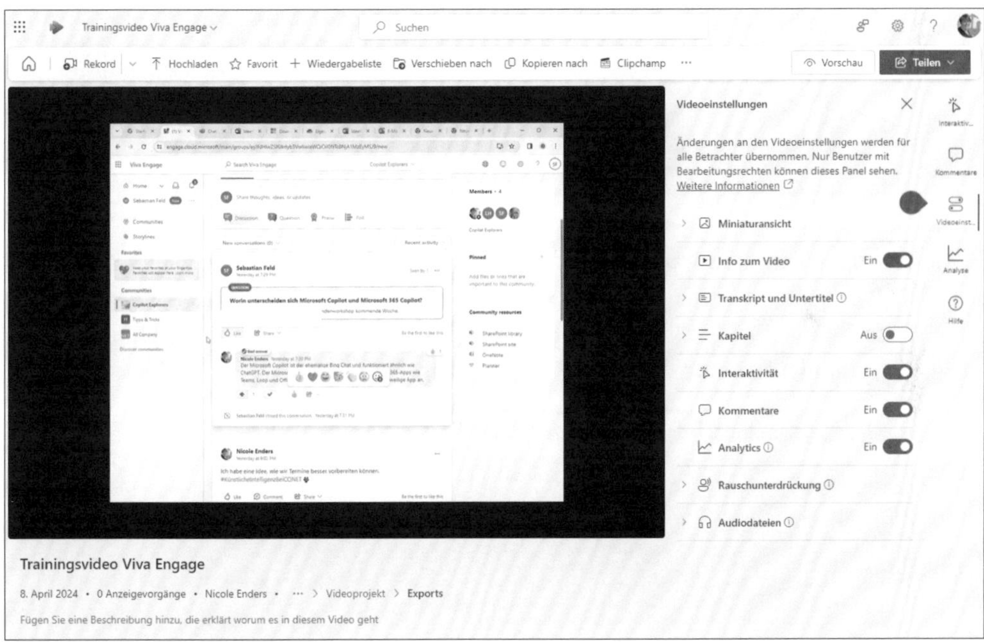

Abbildung 6.67 Sie können auch ein mit Clipchamp erstelltes Video in Stream konfigurieren.

Wie Sie Abbildung 6.68 entnehmen können, füllt sich die Startseite Ihres Videoportals zunehmend. Mit der Zeit kann es geschehen, dass Sie nicht mehr so schnell die passenden Videos im Zugriff haben. Sie können die Suche oder Copilot verwenden, doch für häufig genutzte Videos wäre eine Liste vielleicht hilfreich. Über den Menüpunkt WIEDERGABELISTE oben auf der Startseite können Sie eine solche Liste anlegen und pflegen.

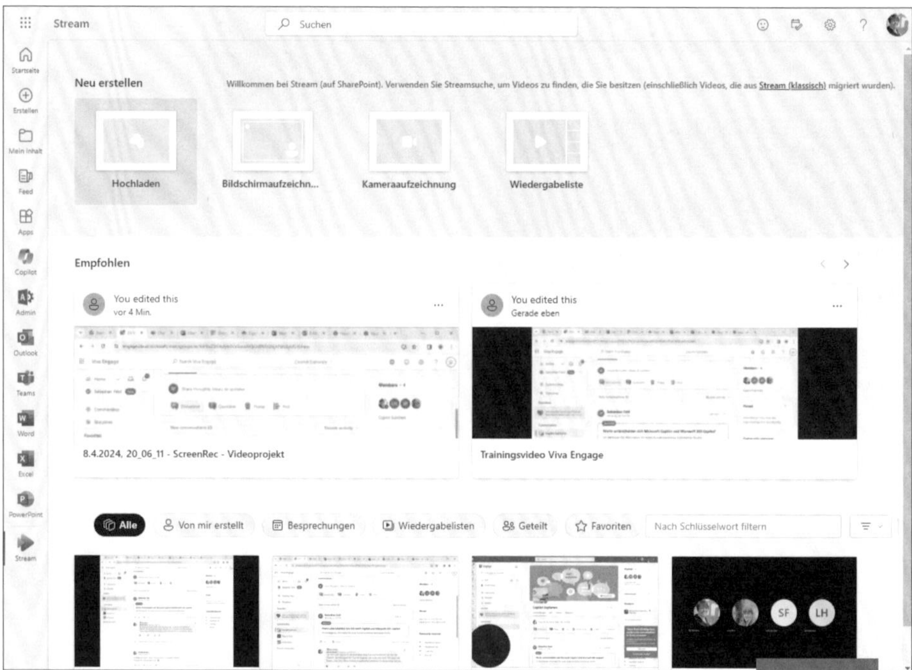

Abbildung 6.68 Die Startseite Ihres Videoportals in Stream füllt sich nach und nach.

Wenn Sie den Menüpunkt zum ersten Mal aufrufen, können Sie, wie in Abbildung 6.69 zu sehen ist, eine Microsoft-Liste mit dem Titel *Wiedergabeliste* anlegen. Diese Liste steht ausschließlich Ihnen zur Verfügung und ist nach ihrer Erstellung selbstverständlich erst einmal leer (siehe Abbildung 6.70).

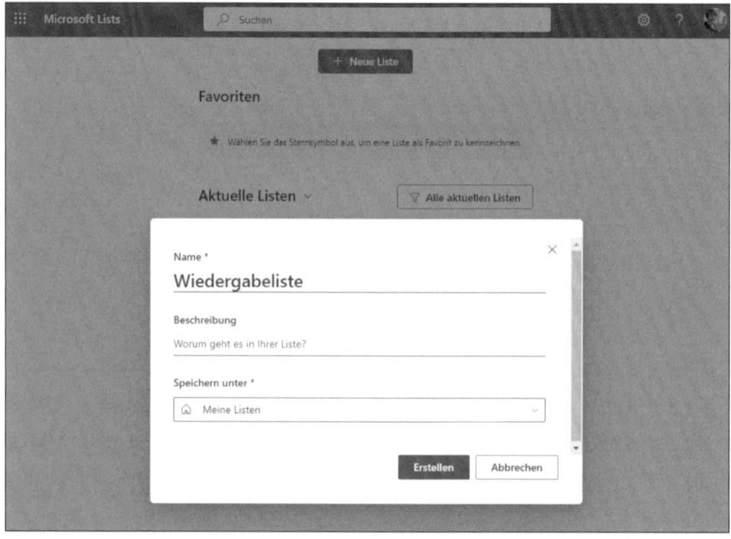

Abbildung 6.69 Legen Sie bei Bedarf eine Wiedergabeliste an.

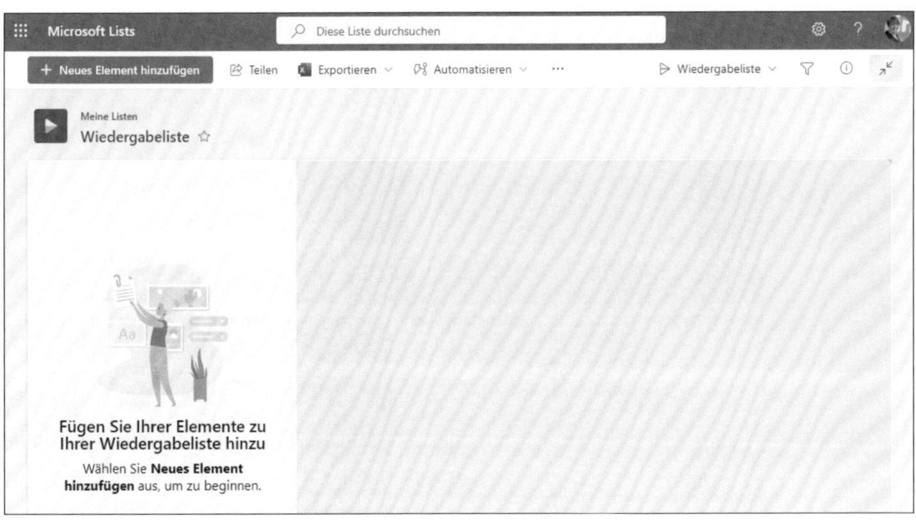

Abbildung 6.70 Ihre Wiedergabeliste ist nun für Sie bereit.

Wenn Sie hier den Menüpunkt NEUES ELEMENT HINZUFÜGEN auswählen, erscheint der Dialog aus Abbildung 6.71. Über ihn können Sie ein beliebiges Video aus Ihrem OneDrive oder einem anderen Speicherort auswählen, beispielsweise aus einem Teamraum. Sie können auch über die Option ZULETZT VERWENDET die letzten von Ihnen aufgerufenen oder erstellten Videos anzeigen lassen (siehe Abbildung 6.72). Wenn Sie Ihre Wahl getroffen haben, bestätigen Sie die Auswahl über die Schaltfläche SELECT und können nun zukünftig diese Videos in Ihrer Wiedergabeliste entsprechend der Darstellung in Abbildung 6.73 aufrufen.

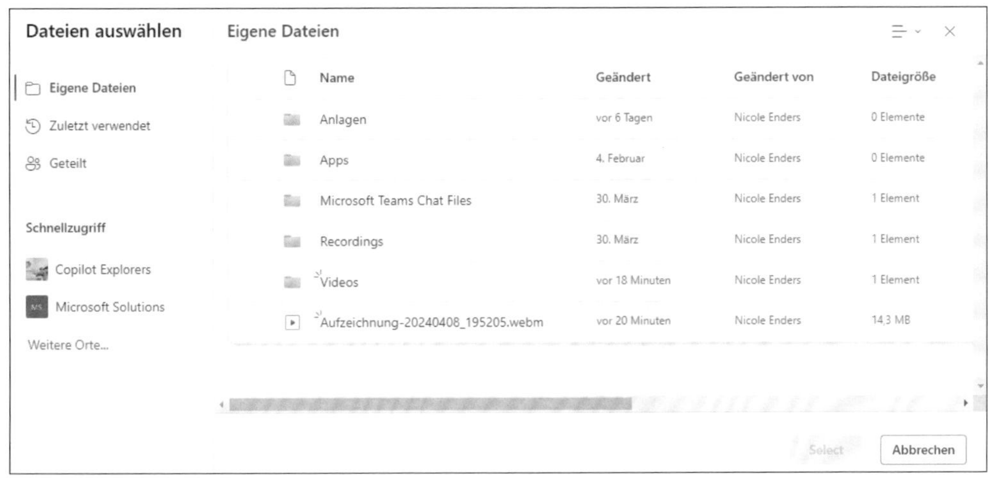

Abbildung 6.71 Wählen Sie ein beliebiges Video aus ...

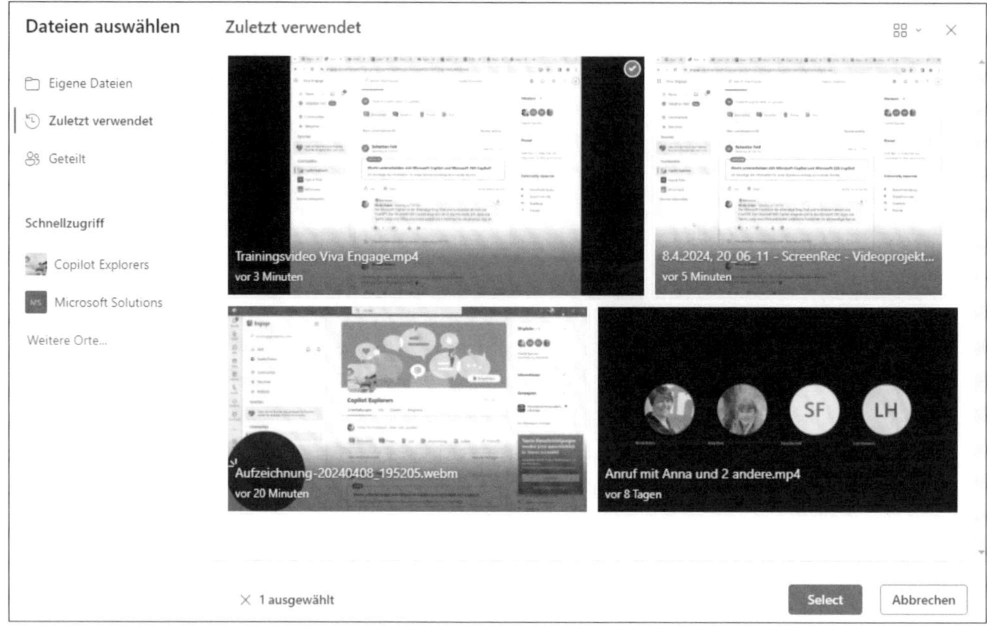

Abbildung 6.72 ... oder wählen Sie aus den zuletzt verwendeten Videos.

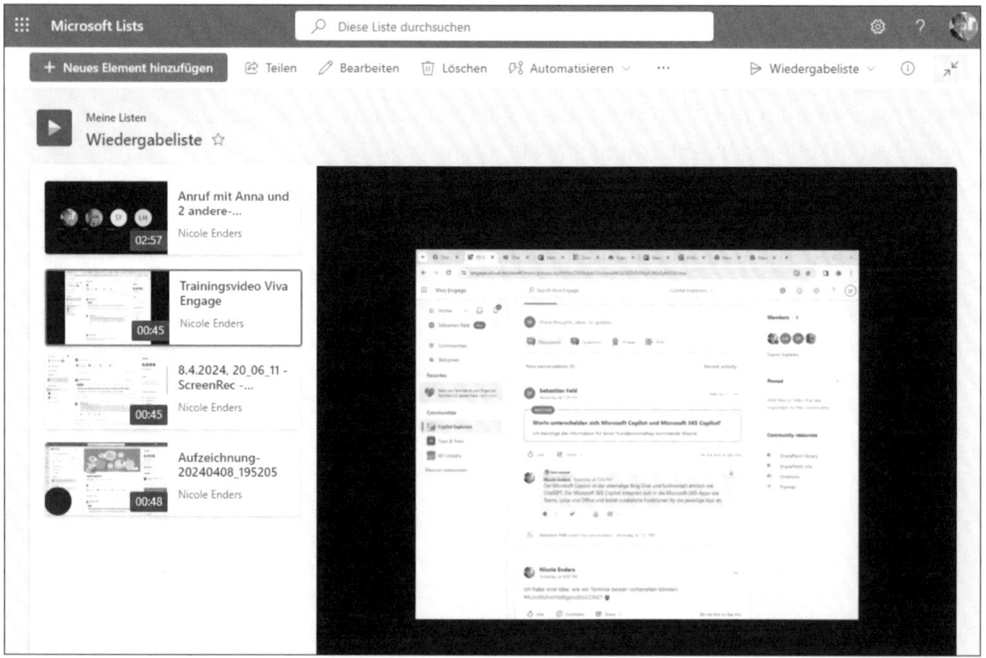

Abbildung 6.73 Ihre Wiedergabeliste ist nun mit den ersten Videos ausgestattet.

Sie sind nun bestens für das videobasierte Wissensmanagement vorbereitet!

Sie haben gerade neben *Viva Engage* eine wichtige Möglichkeit kennengelernt, Ihr Wissen mit Ihren Kolleginnen und Kollegen zu teilen. Mit den Möglichkeiten von *Stream* und *Clipchamp* können Sie Videos aufzeichnen und diese sogar in Communitys teilen und so Diskussionen zu einem Thema unterstützen. Auch Webinare oder kürzere Erklärvideos können auf diese Weise erstellt und verteilt werden. Nutzen Sie diese Optionen, um Ihr Wissen auf die für Sie passende Art möglichst einfach zu teilen und um neues Wissen zu erwerben.

6.6 Teams für Communitys nutzen

Nachdem wir uns in diesem Kapitel primär mit den Möglichkeiten in Viva Engage, Stream und Clipchamp beschäftigt haben, möchte ich noch einmal wieder auf *Microsoft Teams* zu sprechen kommen. Sie können, wie es in Abbildung 6.74 zu sehen ist, *Viva Engage* als App zu Ihrer linken Navigation hinzufügen und so auch aus Teams heraus nutzen. Sie erhalten damit auch die Benachrichtigungen aus Ihren Communitys direkt hier in Teams und können ohne Medienbruch Nachrichten lesen oder neu erstellen.

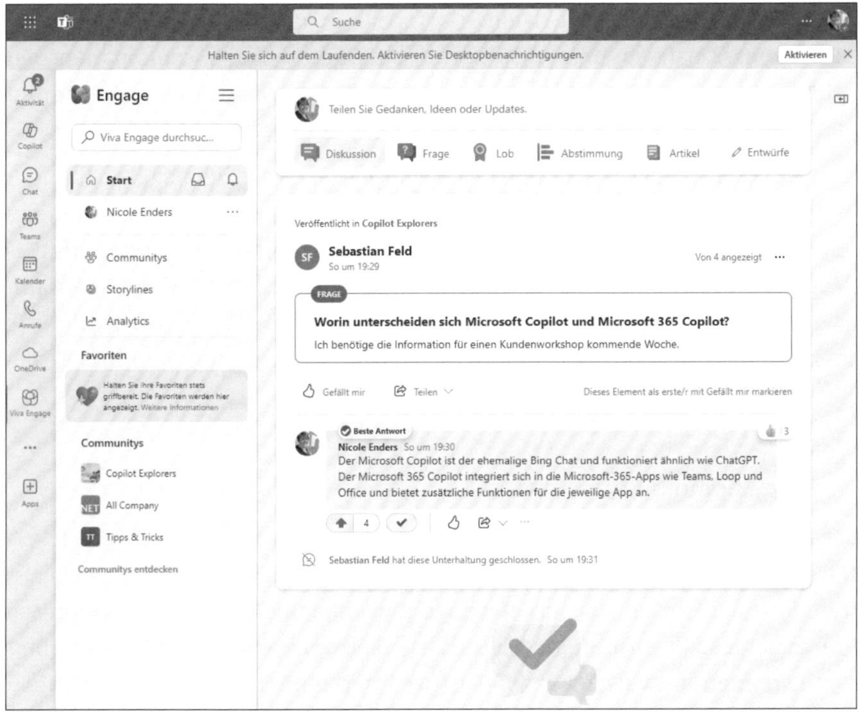

Abbildung 6.74 Sie erreichen »Viva Engage« bequem auch aus »Teams« heraus.

In manchen Fällen kann es auch hilfreich sein, eine bestimmte Community oder ein Thema (Hashtag) in einem Teamraum zu verlinken. Dies können Sie ebenfalls sehr einfach umsetzen, indem Sie in dem gewünschten Kanal eines Teamraums eine neue Registerkarte vom Typ VIVA ENGAGE hinzufügen und die entsprechende Community bzw. das Thema auswählen. Sie können über die neue Registerkarte anschließend die für Sie relevanten Informationen sehen und auch neue Beiträge erstellen bzw. auf Beiträge antworten.

6.6.1 Interne Communitys in Teams

Sie können Communitys auch ohne Viva Engage in Ihrem Unternehmen anbieten, indem Sie in Teams öffentlich sichtbare Teamräume anlegen. Öffentlich bedeutet, dass jeder Mitarbeitende in Ihrem Unternehmen diese Teamräume sehen und sich für die Teilnahme an der Community entscheiden kann.

Wenn Sie neben Teams keinen weiteren Dienst im Unternehmen einführen möchten, kann diese Option für Sie interessant sein. Sie haben zwar mit Teams nicht die Möglichkeit, mit Hashtags oder Kampagnen zu arbeiten, und auch eine persönliche Storyline und nicht zuletzt die Führungsecke und das Anreizsystem in Form von Badges fehlen, aber in manchen Fällen werden diese Funktionen nicht benötigt und stellen daher nicht den entscheidenden Vorteil dar.

Wenn Sie mit Communitys lediglich einen Ort schaffen möchten, an dem sich Personen in Form eines Chats untereinander austauschen können, und wenn in manchen Fällen eine gemeinsame Dateiablage hilfreich sein könnte, dann sollten Sie zumindest über Teams als Option für Ihre Communitys nachdenken.

In größeren und geografisch verteilten Unternehmen ist dies in der Regel nicht mehr der Fall, da hier Mitarbeitende bewusst über ein Unternehmensnetzwerk zusammengebracht werden müssen. Denn unter diesen Rahmenbedingungen finden im persönlichen Miteinander meistens nicht mehr die richtigen Mitarbeitenden zusammen. Hier werden Kampagnen und gemeinsame Themen (Hashtags) wichtig und helfen, sich und die Themen im Unternehmen besser kennenzulernen und Beziehungen zueinander aufzubauen.

6.6.2 Externe Communitys anbieten

Betreuen Sie eine User Group oder eine Community mit unternehmensexternen Personen? Ich habe dies bei verschiedenen Unternehmen schon gesehen, dass beispielsweise Kunden oder Partner zusammengebracht werden und bewusst der Austausch unter ihnen hergestellt wird. Stellen Sie sich beispielsweise vor, Sie sind Produkthersteller und arbeiten mit verschiedenen Partnerunternehmen zusammen, die Ihnen helfen, Ihr Produkt zu vertreiben. Vorausgesetzt, Ihre Partner dürfen voneinander wissen, dann können Sie nun alle Beteiligten in einer Community zusammenbringen und gemeinsam Strategien für einen optimalen Produktvertrieb besprechen. Ihre Community könnte sich nun regelmäßig treffen, und bei vielen dieser Treffen erzählen Sie bzw. eine Kollegin oder ein Kollege, welche Neuerungen es in Ihrem Produktportfolio gibt. Anschließend erhalten Sie Feedback und gehen in den weiteren Austausch. Bei manchen Treffen erzählt vielleicht auch ein Partner etwas über seine Vertriebserfolge und tauscht seine Erfahrungen mit den anderen Partnern aus.

Sie können auch beschließen, dass Sie Ihr Wissen über ein bestimmtes Thema gerne mit anderen Menschen teilen und auch von ihrem Wissen profitieren möchten. In diesem Fall gründen Sie eine User Group (beispielsweise zu »Microsoft 365 Tipps & Tricks«) und bringen so Gleichgesinnte zusammen. Auch in diesem Fall können Sie wieder Treffen organisieren und sich auch zwischen den Treffen untereinander austauschen.

Wie Sie Abbildung 6.75 entnehmen können, kann es sich aber auch um private Themen wie Sport, Nachbarschaftshilfe oder Schule handeln. Sie benötigen nämlich nicht zwingend eine geschäftliche E-Mail-Adresse für die Teams-Communitys. Sie müssen sich lediglich bei Microsoft mit einer E-Mail-Adresse registrieren.

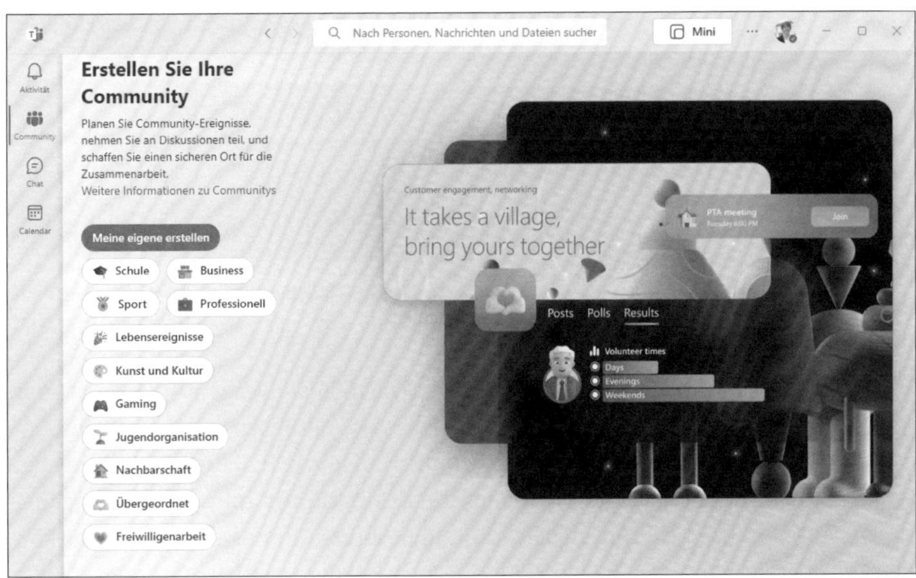

Abbildung 6.75 Nutzen Sie Teams-Communitys für alle möglichen Arten von Gemeinschaften.

Welche E-Mail-Adresse Sie verwenden, ist dabei irrelevant. Anschließend können Sie unter *https://www.microsoft.com/en-us/microsoft-teams/communities* die Community-Edition von Teams herunterladen. Früher hieß diese Version *Family & Friends* und wurde mit Windows 11 automatisch ausgerollt. Vielleicht erkennen Sie sie auch wieder, wenn Sie den Menüpunkt MINI oben links neben Ihrem Profilbild aufrufen. Dann wird nämlich eine sehr kompakte Version von Teams aufgerufen, die damals die einzige Option der mit Windows 11 ausgelieferten Teams-Anwendung darstellte.

Eine Community erstellen

Wenn Sie nun im Dialog aus Abbildung 6.75 die Schaltfläche MEINE EIGENE ERSTELLEN betätigen, erscheint der Dialog aus Abbildung 6.76, in dem Sie ein Icon und einen Namen sowie eine Beschreibung für Ihre Community angeben können.

Abbildung 6.76 Legen Sie eine neue Community an.

Unterhalb des Beschreibungsfelds finden Sie ein paar Einstellungen, die Sie im Unternehmenskontext noch nicht kennen. So können und sollten Sie *Richtlinien* (einen sogenannten *Code of Conduct*) für Ihre Community angeben. In diesen Richtlinien halten Sie schriftlich fest, wie die Mitglieder Ihrer Community miteinander umgehen sollen: Was ist erwünscht und welche Aktionen sollten unterlassen werden? Sie können auch beschreiben, welche Konsequenzen ein Zuwiderhandeln hat.

Sie entscheiden außerdem, ob interessierte Personen die Teilnahme an Ihrer Community anfragen und ein Besitzer der Community diese Anfrage genehmigen muss. Und zu guter Letzt bestimmen Sie auch noch, ob Ihre Community für andere Personen in der Suche sichtbar sein soll oder als »privat« gilt. Im zweiten Fall fügen Sie als Besitzer die Mitglieder hinzu. Die entsprechenden Personen können nun die Community auf ihrem Bildschirm sehen.

Begrüßen Sie die Mitglieder Ihrer Community

Wenn Sie die gewünschten Einstellungen vorgenommen haben, stoßen Sie durch Betätigen der Schaltfläche ERSTELLEN die Einrichtung Ihrer Community an. Nach Abschluss des Vorgangs befinden Sie sich in Ihrer neu angelegten Community (siehe Abbildung 6.77) und können nun grundsätzlich vieles von dem, das Sie bereits in den vorangegangenen Kapiteln kennengelernt haben. Ich gehe nun auf die Besonderheiten der Community-Edition ein:

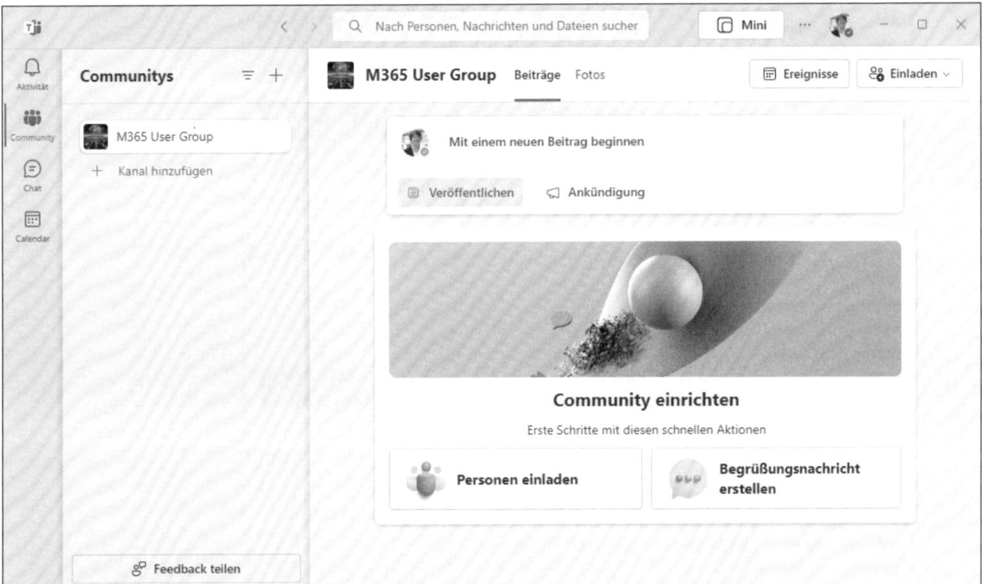

Abbildung 6.77 In einer neuen Community können Sie eine Begrüßungsnachricht erfassen und Personen einladen.

- **Begrüßungsnachricht:** Sie können über die Schaltfläche BEGRÜSSUNGSNACHRICHT ERSTELLEN den Dialog aus Abbildung 6.78 aufrufen. Das automatisch für Sie generierte Bild können Sie nach Bedarf austauschen. Anschließend erfassen Sie einen Titel und eine Nachricht zur Begrüßung der zukünftigen Mitglieder Ihrer Community.

  Wenn Sie sich unsicher sind, wie die Nachricht wohl später aussehen mag, können Sie die Schaltfläche VORSCHAU nutzen, um sich einen ersten Eindruck zu verschaffen. Zum Abschluss betätigen Sie die Schaltfläche SPEICHERN und veröffentlichen damit Ihre Nachricht.

- **Mitglieder hinzufügen:** Als Nächstes können Sie über die Schaltfläche PERSONEN EINLADEN den Dialog aus Abbildung 6.79 aufrufen. Auf den ersten Blick sieht er dem gewohnten Dialog zum Hinzufügen neuer Team-Mitglieder sehr ähnlich.

Allerdings können Sie hier neben einem Namen oder einer E-Mail-Adresse auch eine Telefonnummer angeben. Das ist in den Fällen hilfreich, in denen Sie entweder keine anderen Kontaktdaten besitzen oder wenn die entsprechende Person bisher keine E-Mail-Adresse bei Microsoft registriert hat.

Abbildung 6.78 Wie möchten Sie Ihre Community-Mitglieder begrüßen?

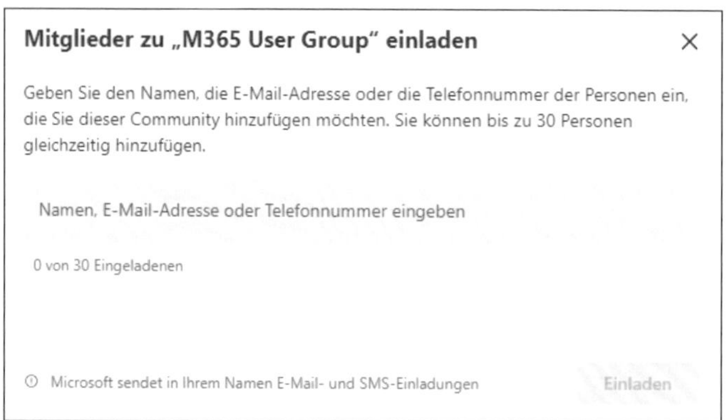

Abbildung 6.79 Geben Sie an, wen Sie zu Ihrer Community hinzufügen möchten.

Falls Sie über Ihren Namen oder Ihre E-Mail-Adresse zu einer Community hinzugefügt wurden, werden Sie wie gewohnt per E-Mail benachrichtigt und erhalten die benötigten Informationen, um die Community zu erreichen. Wurde allerdings Ihre Telefonnummer verwendet, so erhalten Sie eine mit der Darstellung in Abbildung 6.80 vergleichbare SMS, die Ihnen neben den Informationen zur Community selbst auch erläutert, wie Sie die Teams-App installieren können.

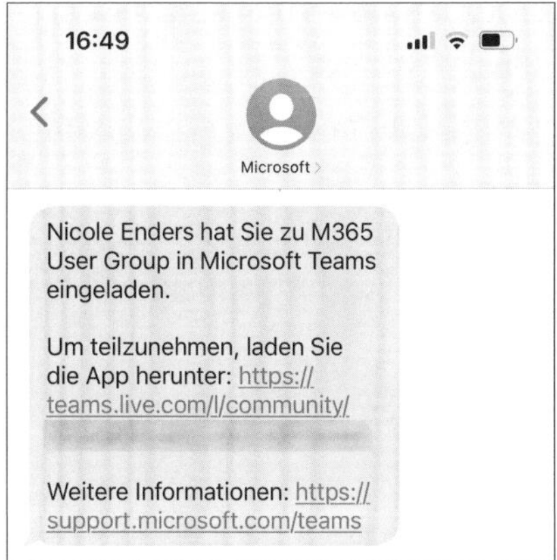

Abbildung 6.80 Wenn Sie über Ihre Telefonnummer hinzugefügt wurden, erhalten Sie eine SMS.

Kanäle in Ihrer Community nutzen

Sie können nun Ihre Community nach Belieben gestalten. So können Sie beispielsweise weitere Kanäle hinzufügen, indem Sie die Schaltfläche KANAL HINZUFÜGEN unterhalb des Namens Ihrer Community oben links betätigen.

Wie Sie Abbildung 6.81 entnehmen können, besteht bei der Community-Edition von Teams sogar die Möglichkeit, neben dem eigentlichen Namen auch ein Emoji auszuwählen.

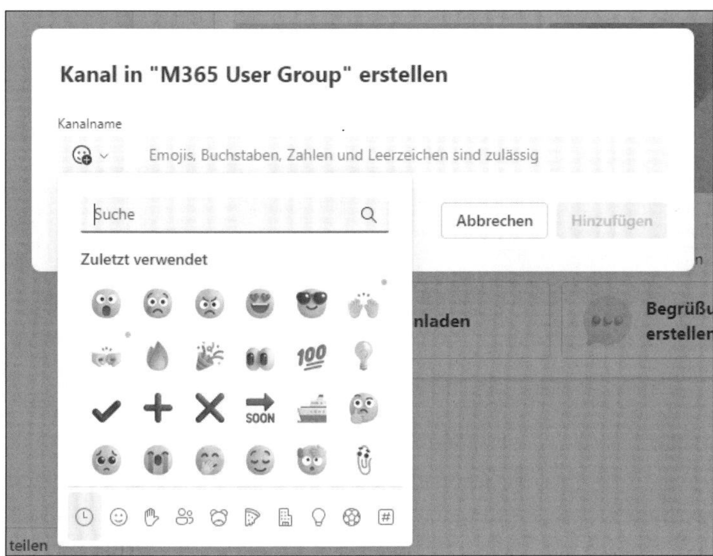

Abbildung 6.81 Beim Anlegen von Kanälen sind auch Emojis möglich.

Damit können Sie Ihre Community nach Belieben strukturieren und erhalten bei jedem Kanal die beiden Registerkarten BEITRÄGE und FOTOS:

- BEITRÄGE: Hier können sich alle Community-Mitglieder in einem gemeinsamen Chat austauschen.
- FOTOS: Alle Bilder, die in den Chat-Nachrichten enthalten sind und bei denen es sich bei persönlichen Treffen auch oft um Fotos oder Bildschirmaufnahmen handeln wird, werden hier gesammelt dargestellt.

So können Sie sich auch zwischen den persönlichen Treffen sehr gut untereinander austauschen.

Community-Ereignisse planen

Doch eine Community lebt davon, dass Sie sich auch persönlich treffen und austauschen können. Wenn Sie in Ihrer Community oben rechts die Schaltfläche EREIGNISSE betätigen, werden Sie anschließend auf die Seite weitergeleitet, die Sie in Abbildung 6.82 sehen.

Abbildung 6.82 Sie können sämtliche zu Ihrer Community geplanten Termine an einem zentralen Ort einsehen.

Selbstverständlich ist die Liste zu diesem Zeitpunkt noch leer. Daher planen wir nun das erste Treffen Ihrer Community. Betätigen Sie dazu die Schaltfläche EREIGNIS ERSTELLEN. Sie können nun entsprechend der Darstellung in Abbildung 6.83 den Termin planen. Auch hier wird ähnlich wie bei der Begrüßungsnachricht ein Bild für Ihre Einladung vorgeschlagen, das Sie aber nach Belieben austauschen können.

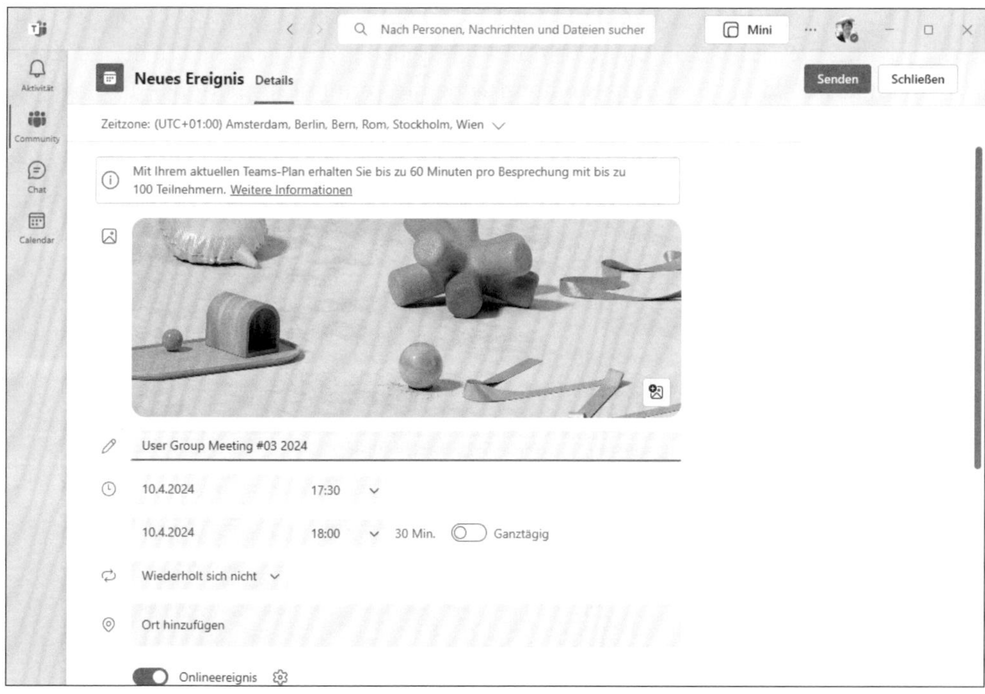

Abbildung 6.83 Legen Sie den Termin für Ihr Community-Treffen fest ...

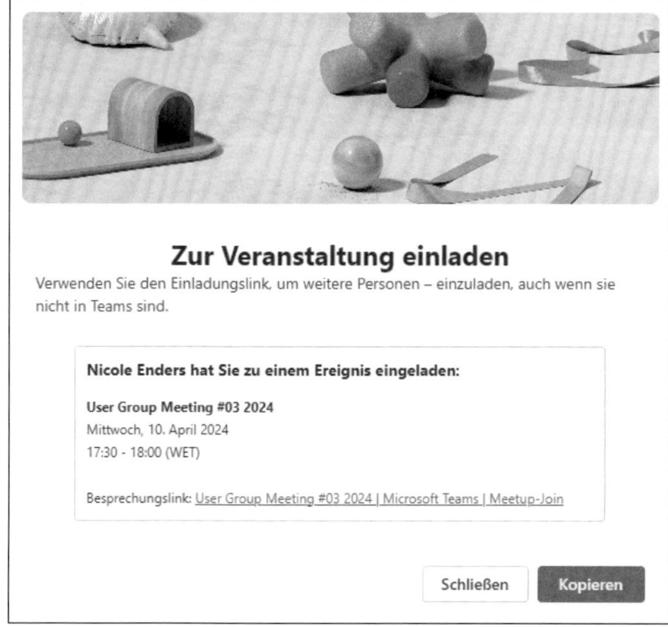

Abbildung 6.84 ... und laden Sie die Mitglieder ein.

Wenn Sie die Termineinladung so weit vorbereitet haben, können Sie sie über die Schaltfläche Senden an Ihre Community-Mitglieder verteilen. Sie erhalten dazu in dem in Abbildung 6.84 dargestellten Dialog die Termininformationen in einer optisch aufbereiteten Form, um sie beispielsweise auf Ihrer öffentlichen Website bereitzustellen. Durch Betätigen der Schaltfläche Kopieren übernehmen Sie die Informationen inklusive Formatierung in Ihre Zwischenablage und können den Termin veröffentlichen.

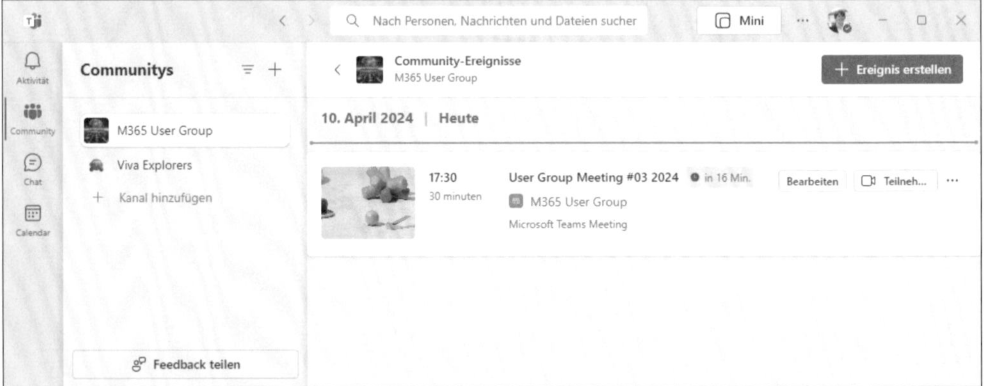

Abbildung 6.85 Die Termine Ihrer Community werden Ihnen in Teams angezeigt.

Die Termine werden für die jeweilige Community so aufgelistet, wie Sie es in Abbildung 6.85 sehen. Dazu müssen Sie lediglich innerhalb der Community erneut die Schaltfläche Ereignisse aufrufen, die Sie vorhin noch auf eine leere Seite weitergeleitet hat.

Nun sehen Sie hier den von Ihnen geplanten Termin und können diesen als Besitzer der Community bearbeiten. Alternativ nehmen Sie wie alle anderen Mitglieder der Community an dem Termin teil.

Der Kalender zeigt Ihnen alle Termine an

Sie haben auch in der Community-Edition von Teams links einen Menüpunkt Kalender, der Ihnen den Zugriff auf Ihren Terminkalender ermöglicht. Hier sehen Sie über alle Ihre Communitys hinweg die anstehenden Termine und können so eventuell Terminkonflikte erkennen oder auch ohne Aufruf der entsprechenden Community direkt einen Termin öffnen und an ihm teilnehmen.

Es handelt sich hierbei aber nicht um Ihren Kalender in Exchange bzw. Outlook: Die Community-Edition ist im Vergleich zur Business-Edition nicht mit Ihrem persönlichen Kalender verknüpft!

Damit die Mitglieder auch möglichst schnell über den neuen Termin informiert werden, wird außerdem eine Nachricht im Chat veröffentlicht. Abbildung 6.86 zeigt ein Beispiel.

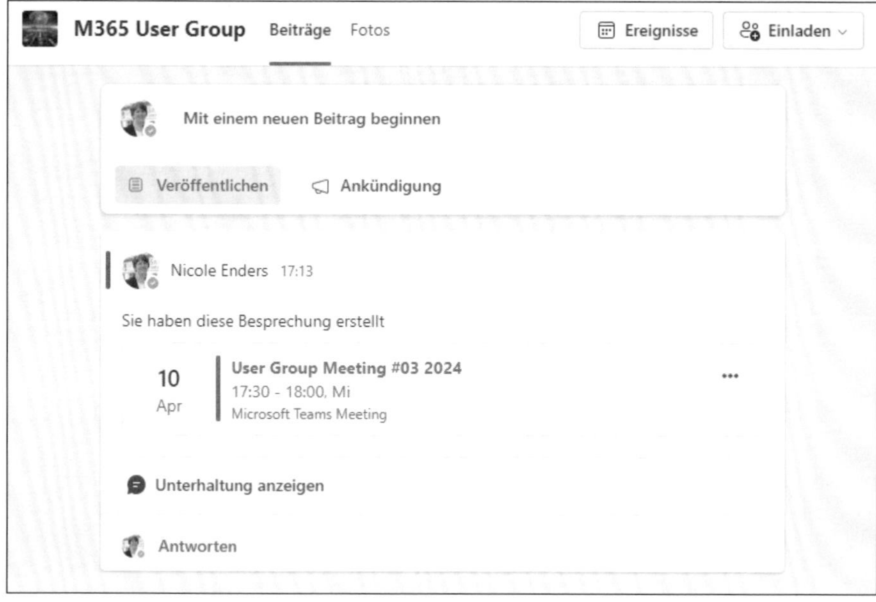

Abbildung 6.86 Sie werden auch im Chat über neue Termine der Community informiert.

Wie Sie gesehen haben, können Sie mit der Community-Edition von Teams sowohl im privaten als auch im beruflichen Kontext Communitys mit einem auch größeren Personenkreis technisch unterstützen. Wenn Sie sich dafür aus einem Unternehmenskontext heraus interessieren, können Sie sogar Ihre geschäftliche E-Mail-Adresse verwenden und so eine Art Extranet aufbauen, das nicht wie bei anderen Optionen voraussetzt, dass Ihr Gegenüber ebenfalls über eine geschäftliche Teams-Lizenz verfügt. Sobald Sie allerdings gemeinsam an Dokumenten arbeiten oder eine Aufgabenliste oder Ähnliches benötigen, ist dies ein Indiz dafür, dass Sie den Einsatzbereich der Communitys verlassen und über die gewohnte Teams-Edition nachdenken sollten.

Jeder Topf findet seinen Deckel!

Sie haben in den letzten drei Kapiteln verschiedenste Formen der Zusammenarbeit kennengelernt. Dabei haben Sie Dienste wie Teams, Planner, SharePoint, Power Automate, Viva Engage und Stream in Kombination mit Clipchamp eingesetzt. Jedes Tool hat seine Stärken und Schwächen, aber Sie haben gesehen, wie Sie durch eine geschickte Kombination dieser Tools die Zusammenarbeit von Teams möglichst gut unterstützen können.

In den folgenden Kapiteln wechseln Sie die Perspektive und lernen, wie Sie auf Unternehmensebene die Zusammenarbeit fördern können, die zukünftig in Ihren kleineren Teams gut funktionieren sollte. Dazu stelle ich Ihnen in Kapitel 7 die Möglichkeiten eines Social Intranets vor, bevor wir in Kapitel 8 die Unterstützung von Unternehmensprozessen betrachten und Sie das Zusammenspiel von Prozessen und Collaboration in unserem Modern Workplace kennenlernen.

TEIL III

Konzeption und Aufbau eines modernen Arbeitsplatzes

Kapitel 7
Collaboration meets Social Intranet

»Wenn alle zusammenarbeiten, kommt der Erfolg von selbst.«
– Henry Ford

Bisher haben wir einzelne Möglichkeiten der Zusammenarbeit betrachtet. Gerade auf Ebene der Entscheider bzw. des Managements sowie der internen Kommunikationsabteilung kommen in der Praxis schnell Bedenken hinsichtlich der Übersichtlichkeit auf. Wo kann ich sehen, welche Teams, Projekte und Communitys bereits gegründet wurden? Die Übersicht kann durch eine Verbindung des in Teil II beleuchteten Collaboration-Bereichs mit Teilen eines klassischen Intranets geschaffen werden. Das Intranet stellt die Navigations- und Suchmöglichkeit zur Verfügung und erlaubt es dem Management und der Kommunikationsabteilung, zentrale Informationen beizusteuern. Durch eine Integration des Intranets in die für die Zusammenarbeit genutzte Umgebung werden die Mitarbeitenden dann genau an der Stelle informiert und können nach Informationen suchen, an der sie sich die meiste Zeit des Arbeitstages aufhalten.

In diesem Kapitels zeige ich Ihnen, wie Sie mit wenigen Schritten ein solches *Social Intranet* aufbauen und nutzen. Dabei werden Sie unter anderem die Dienste *Viva Connections*, *Viva Amplify* und *Viva Learning* sowie *OneDrive*, *Forms*, *Viva Pulse* und *Viva Glint* kennenlernen.

7.1 Aufbau eines Social Intranets und Integration in Microsoft Teams mit Viva Connections

Solange wir innerhalb unserer Teams arbeiten und alle für den Arbeitsalltag benötigten Informationen erhalten, fällt es uns schwer, aus der Vogelperspektive auf unsere unternehmensweite Kommunikation zu blicken. Das Management und die für die interne Kommunikation verantwortlichen Mitarbeitenden jedoch werden sich bei den Möglichkeiten, die ich in Kapitel 4, Kapitel 5 und Kapitel 6 vorgestellt habe, bereits mehrfach die Frage gestellt haben, ob dies wirklich das richtige Vorgehen ist. Schaffen wir dadurch nicht wieder Informationssilos? Können alle Mitarbeitenden des Unternehmens diese Möglichkeiten nutzen, oder vergessen wir bestimmte Benutzergruppen?

Es wird in nahezu jedem Unternehmen auch Mitarbeitende geben, die die meiste Zeit ihres Arbeitstages in einem Drittsystem arbeiten bzw. keinen klassischen Büroarbeitsplatz besitzen, beispielsweise in der Produktion oder im Außendienst. Diese Mitarbeitenden haben somit gar nicht die Möglichkeit, die Vorteile von *Teams*, *SharePoint* und *Viva Engage* zu nutzen. Sie haben zu wenige Gelegenheiten, um aktiv an einem Projekt oder in einem Team mitzuwirken.

Da die Rolle des lesenden Mitglieds in diesen Szenarien nicht vorgesehen ist, werden die im vorangegangenen Absatz beschriebenen Mitarbeitenden höchstwahrscheinlich auch nicht in die Teams oder Communitys eingeladen. Wie können wir aber dennoch dafür sorgen, dass auch diese Kolleginnen und Kollegen erfahren, was im Unternehmen geschieht? Wie können sie sich spontan an einer Diskussion zu einer Neuigkeit beteiligen?

Ein anderer wichtiger Aspekt sind Neuigkeiten mit unternehmensweiter Relevanz. Wie kann zum Beispiel die Personalleitung die Mitarbeitenden über neue organisatorische Regeln informieren? Und wo findet man die Ankündigung, dass wir in Kürze ein Webinar zu unserem neuesten Produkt für unsere Kunden durchführen werden?

Alle diese Fragen lassen sich mit dem Aufbau eines Social Intranets auf Basis von SharePoint leicht beantworten. Sie haben durch Ihre Teams und die damit genutzten Arbeitsräume bereits eine gute Basis geschaffen. Nun müssen Sie lediglich den Rahmen dafür bereitstellen. Das Social Intranet sollte zu Ihrer zentralen Anlaufstelle für den unternehmensweiten Informationsaustausch werden. Ein Social Intranet besteht sinnvollerweise aus folgenden Komponenten:

- **Arbeitsräume für Organisationseinheiten**: Diese Arbeitsräume dienen zur Unterstützung der Zusammenarbeit des jeweiligen Teams. Außerdem kann sich das Team aber auch mit seinem Aufgabengebiet und seinen Fähigkeiten im Unternehmen präsentieren. Wenn eine Person den Arbeitsraum einer anderen Organisationseinheit aufruft, sollte sie möglichst schnell herausfinden können, wer die richtige Ansprechperson für ein bestimmtes Themen ist.
- **Projektarbeitsräume**: Diese Arbeitsräume unterstützen ein Team bei der gemeinsamen Bearbeitung von Dokumenten und bei der Verwaltung der durchzuführenden Tätigkeiten.
- **Communitys und Arbeitsgruppen**: Communitys stellen die individuellste Form der Zusammenarbeit dar. In Kapitel 6 haben Sie unterschiedliche Möglichkeiten zur Unterstützung dieser Teams kennengelernt.
- **Zentraler Hub für Informationen**: Ihr Social Intranet benötigt einen zentralen Einstiegspunkt für alle unternehmensweiten Informationen. Außerdem sollten Sie von hier zu Ihren Teams (Organisationseinheiten, Projekten und Communitys) navigieren können.

Haben wir nicht schon mit Viva Engage eine Möglichkeit zum unternehmensweiten Informationsaustausch?

Ja, mit Viva Engage können Sie Informationen mit dem gesamten Unternehmen teilen und Diskussionen zu Themen führen. Über Communitys zu einzelnen Themen können sich Mitarbeitende unterschiedlicher Organisationseinheiten zusammenfinden und durch ihre Diversität in der Gruppe Themen besser vorantreiben als innerhalb ihrer festen Organisationsstrukturen.

Mit einem Social Intranet verfolgen Sie aber darüber hinaus das Ziel, gezielt Informationen aus verschiedenen Arbeitsbereichen – beispielsweise das Erreichen eines wichtigen Meilensteins in einem Projekt – im gesamten Unternehmen zu publizieren und so den Informationsaustausch zu fördern (gegebenenfalls sogar mit anschließender Diskussion zu dem Thema). Dazu schaffen Sie einen Rahmen, der eine einfache Navigation zwischen den unterschiedlichen Bereichen anbietet und es den Mitarbeitenden ermöglicht, bereits auf der Startseite die für sie wichtigen Informationen einzuholen und Feedback zu geben.

7

Sie werden nun eine solche Startseite einrichten und Ihre Teams mit ihr verknüpfen. Dafür sind eine sogenannte *Hubwebsite* mit globaler Navigation sowie Räume für die Organisationseinheiten zu erstellen und zu konfigurieren.

7.1.1 Zentraler Hub als Einstiegspunkt für unternehmensweite Informationen

Erstellen Sie zunächst eine neue Website, indem Sie in Microsoft 365 die App *SharePoint* aufrufen und dort den Menüpunkt WEBSITE ERSTELLEN auswählen.

In dem Dialog, der nun erscheint, wählen Sie für die Startseite Ihres Social Intranets die Option KOMMUNIKATIONSWEBSITE aus (siehe Abbildung 7.1). Sie können nun aus verschiedenen Vorlagen wählen (siehe Abbildung 7.2).

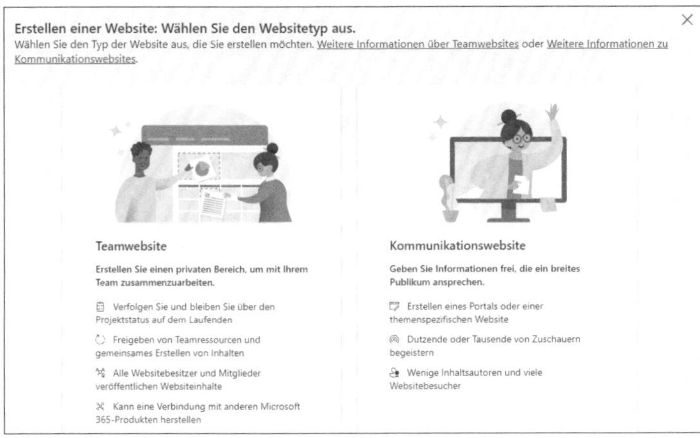

Abbildung 7.1 Sie können aus zwei grundlegenden Typen von Websites auswählen.

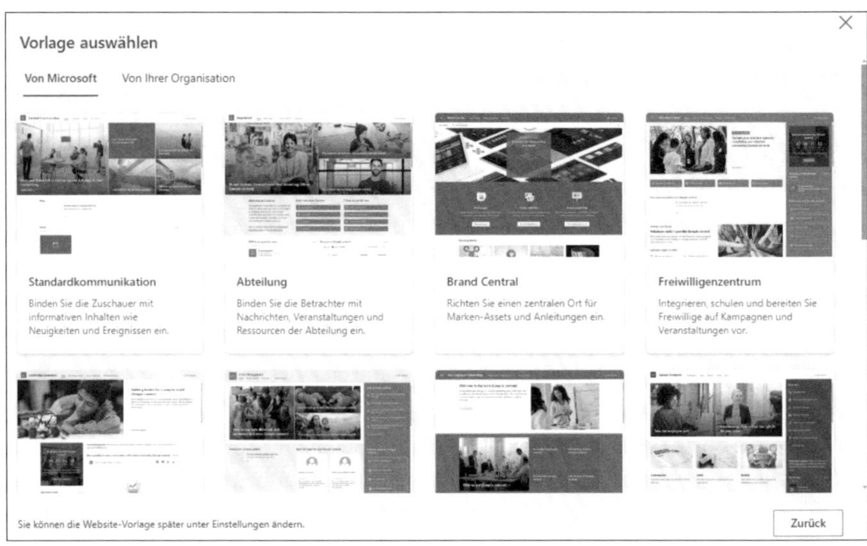

Abbildung 7.2 Wählen Sie eine passende Vorlage für Ihre Website aus.

Sie können dabei aus einer von Microsoft bereitgestellten Liste mit Vorlagen wählen oder auch unternehmensinterne Vorlagen verwenden – vorausgesetzt, Ihr Administrator hat solche Vorlagen erstellt und für Sie freigegeben. Es gibt bereits eine Vorlage von Microsoft, die sich sehr gut als Startseite eines Intranets eignet. Wenn Sie in der Auswahl VON MICROSOFT etwas nach unten scrollen, finden Sie die Vorlage STARTSEITE DER ORGANISATION, und nach einem Klick auf diese Vorlage gelangen Sie zu der Vorschau aus Abbildung 7.3.

Abbildung 7.3 In der Vorschau können Sie die Vorlage prüfen.

Hier können Sie prüfen, wie die zukünftige Website ausschauen wird und welche Konfiguration automatisch für Sie vorgenommen wird. Wenn Sie die Vorlage nun verwenden möchten, betätigen Sie die Schaltfläche VORLAGE VERWENDEN. Nun werden Sie nach einem Namen für die neue Website gefragt (siehe Abbildung 7.4).

Abbildung 7.4 Geben Sie einen Namen für die neue Website an.

An dieser Stelle sollten Sie einen Namen für Ihr Social Intranet bestimmen, denn neben dem Namen geben Sie auch die Websiteadresse an, unter der Ihr Intranet zukünftig zu erreichen ist. In der Regel wird der Name eines Intranets von den Mitarbeitenden der internen Kommunikation festgelegt oder im Rahmen eines Ideenwettbewerbs durch die Belegschaft bestimmt. Für den Fall, dass Sie zu dem Zeitpunkt, zu dem Sie die Website anlegen, noch keinen Namen gefunden haben: Sowohl der Name als auch der Link lassen sich im Nachhinein noch anpassen.

Sobald Sie in das Eingabefeld für den Namen der Website klicken, verändert sich der Dialog entsprechend der Darstellung in Abbildung 7.5. Wie Sie sehen, wird der von Ihnen eingegebene Websitename auch als Vorschlag für die Websiteadresse verwendet. Er kann allerdings auch von Ihnen geändert werden. Sie können außerdem eine Beschreibung angeben, die wie bei jeder anderen Website auch für die Suche herangezogen wird und den Mitarbeitenden hilft, den Zweck der Website schnell zu erfassen.

Nachdem Sie die Schaltfläche WEITER betätigt haben, müssen Sie im Dialog aus Abbildung 7.6 noch abschließend die Sprache auswählen. Wenn Sie dann die Schaltfläche SITE ERSTELLEN betätigen, wird die Website für Ihr Social Intranet angelegt.

Abbildung 7.5 Geben Sie neben dem Namen auch noch eine Beschreibung und Websiteadresse an.

Abbildung 7.6 Wählen Sie die Sprache der Website aus.

Wenn das Anlegen erfolgreich abgeschlossen wurde, werden Sie auf die Startseite Ihres Social Intranets weitergeleitet (siehe Abbildung 7.7). Wie Sie bereits bei der Prüfung der Vorlage erkennen konnten, beinhaltet die Startseite neben einem großen Bild und einem darunter angeordneten Nachrichten-Bereich rechts auch eine Marginalspalte mit Orten und Zeiten (dies ist beispielsweise bei weltweit verteilten Unternehmen interessant) sowie einem Countdown für die nächste anstehende Mitarbeiterversammlung.

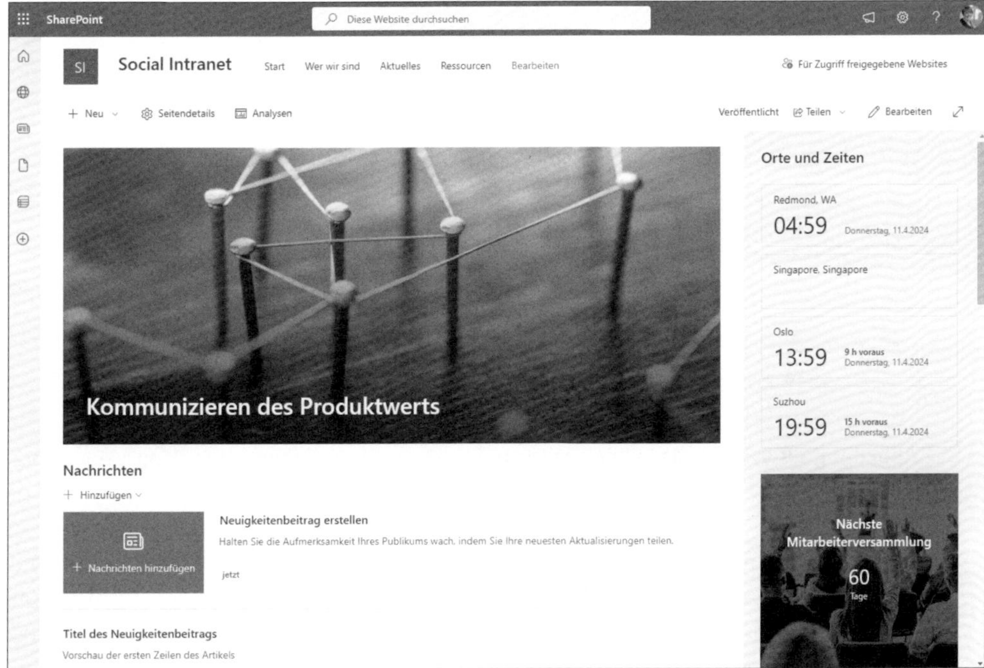

Abbildung 7.7 Die Startseite Ihres Social Intranets steht nun bereit.

Bevor wir uns mit der Anpassung der Website beschäftigen, werden wir sie aber zunächst als sogenannte *Hubwebsite* registrieren. Denn wir möchten später auch die Websites der schon eingerichteten Teamräume diesem Hub zuordnen und so eine Verknüpfung zwischen den hinter den Teamräumen versteckt existierenden SharePoint-Websites und unserer zentralen Informationsplattform in Form eines Intranets herstellen.

Für Fortgeschrittene: Eine Kommunikationswebsite in eine Hubwebsite umwandeln

Für die Registrierung unserer Website als Hubwebsite benötigen Sie administrative Berechtigungen. Als SharePoint-Administrator können Sie das *SharePoint Admin Center* aufrufen und dort den Menüpunkt AKTIVE WEBSITES auswählen.

In der Liste, die Sie in Abbildung 7.8 sehen, werden Sie alle SharePoint-Websites in Ihrer Microsoft-365-Umgebung finden. Es kann sich dabei um diejenigen SharePoint-

Websites handeln, die automatisch mit einem Teamraum in Teams angelegt werden. Es kann aber auch eine Website vorhanden sein, die explizit aus SharePoint heraus angelegt wurde oder die zu einer Anwendung bzw. einem Dienst gehört.

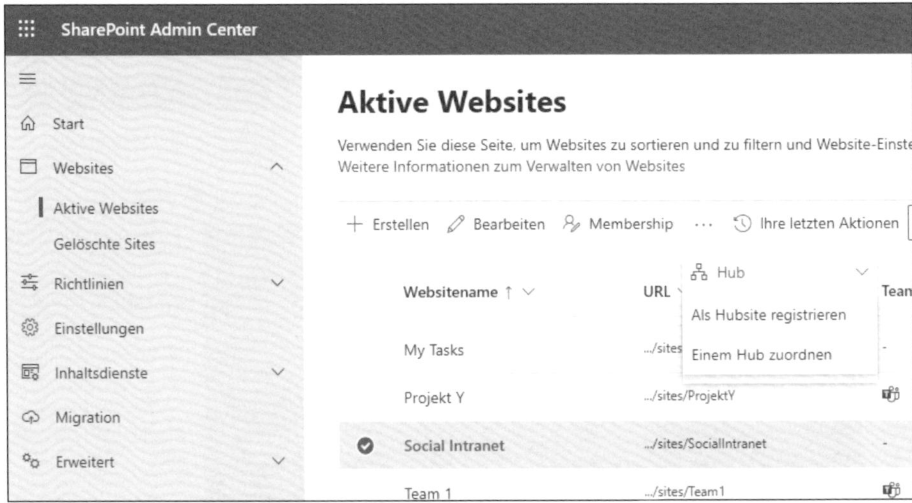

Abbildung 7.8 Wählen Sie Ihre Website aus und rufen Sie im Aktionsmenü den Menüpunkt Hub auf.

Wenn Sie Ihre eben angelegte Website gefunden haben, wählen Sie diese aus und suchen im Aktionsmenü oberhalb der Auflistung nach dem Menüpunkt HUB. Dieser Menüpunkt kann sich je nach Auflösung auch hinter der Dreipunktschaltfläche verbergen. Im Untermenü können Sie aus folgenden Optionen wählen:

- ALS HUBSITE REGISTRIEREN: Hiermit markieren Sie eine Website als Hub und erlauben, dass andere Websites ihr zugeordnet werden. Diese Website bildet somit zukünftig eine Art inhaltliche Klammer über die Websites, die ihr zugeordnet sind.
- EINEM HUB ZUORDNEN: Über diese Option ordnen Sie später die Websites der entsprechenden Teamräume unserem Social Intranet zu.

Wählen Sie die Option ALS HUBSITE REGISTRIEREN aus, um zu dem Dialog aus Abbildung 7.9 zu gelangen.

Als Name des Hubs wird standardmäßig der Websitename vorgeschlagen. Sie können aber auch einen alternativen Namen angeben. Außerdem können Sie bestimmen, welche Personen zukünftig Websites diesem Hub zuordnen dürfen. Ein SharePoint-Administrator wird dies in jedem Fall können. Wenn Sie aber auch Personen ohne administrative Berechtigungen ermächtigen möchten, können Sie diese Personen hier angeben. Zum Abschluss betätigen Sie die Schaltfläche SPEICHERN. Dadurch wird die Registrierung Ihrer Hubwebsite vorgenommen, sodass wir sie im nächsten Schritt einrichten können.

Als Hubsite registrieren

Wandeln Sie diese Site in eine Hubsite um, um verwandte Sites zu verbinden und sie mit einer geteilten Erfahrung zu versehen.

Weitere Informationen zum Zuordnen von Hubs

Hubname *

Social Intranet

Personen, die diesem Hub Sites zuordnen können

Speichern | Schließen

Abbildung 7.9 Geben Sie einen Namen für den Hub an und bestimmen Sie, wer diesem Hub Websites zuordnen darf.

Hubwebsite einrichten

Nach ihrem Aufruf sollte Ihre frisch konfigurierte Hubwebsite der Darstellung in Abbildung 7.10 ähneln.

Abbildung 7.10 Herzlich willkommen auf Ihrer Hubwebsite!

Als Erstes verbinden wir unseren Hub mit den Teams und Communitys, die wir in den vorangegangenen Kapiteln eingerichtet haben. Betätigen Sie dafür die Schaltfläche LINK HINZUFÜGEN in der oberen Navigationsleiste (rechts neben dem einzigen Navigationselement SOCIAL INTRANET).

Wie Sie in Abbildung 7.11 erkennen können, wird der Link auf den Hub selbst nicht mit aufgelistet und kann daher an dieser Stelle nicht editiert werden. Erstellen Sie nun zwei neue Links über das Pluszeichen:

- **Teams**: Hier verlinken Sie auf die Übersichtsseite in *Teams*. So können Sie alle für Sie relevanten Gruppen (zum Beispiel für die Projektarbeit) sofort erreichen.
- **Communitys**: Für diesen Menüpunkt geben Sie den Link auf *Viva Engage* an, um zukünftig schnell zu Ihrem Unternehmensnetzwerk wechseln zu können.

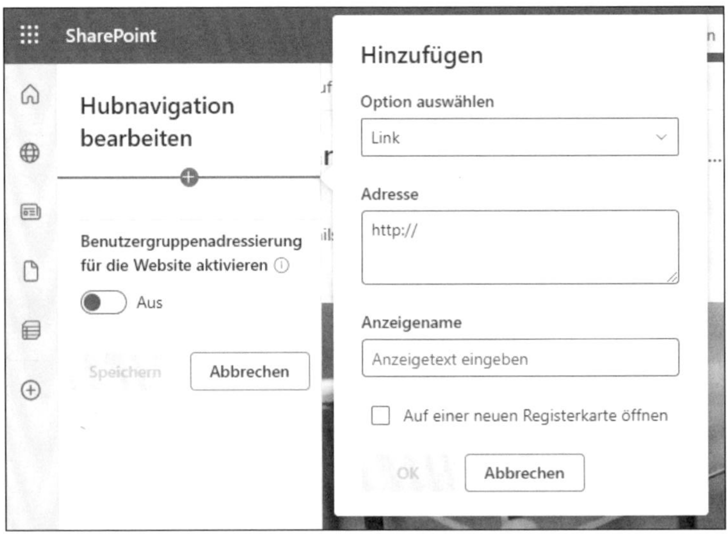

Abbildung 7.11 Fügen Sie über das Pluszeichen Links zur Navigation hinzu und legen Sie deren Reihenfolge von links nach rechts fest.

Es sind weitere Menüpunkte denkbar, zum Beispiel Ihre Wissensplattform in *Stream*. Für den Anfang möchte ich es jedoch bei diesen beiden belassen. An dieser Stelle möchte ich Ihnen empfehlen, sich bei der Menüstruktur auf die im Alltag häufig benötigten Links zu beschränken und somit Übersichtlichkeit zu wahren.

Wenn Sie die Navigation später bearbeiten möchten, betätigen Sie die Schaltfläche BEARBEITEN. Abbildung 7.12 stellt die verschiedenen Optionen dar, die Ihnen neben dem Hinzufügen weiterer Links angeboten werden. Sie können beispielsweise einen Link einem anderen zuordnen und somit Untermenüs einrichten.

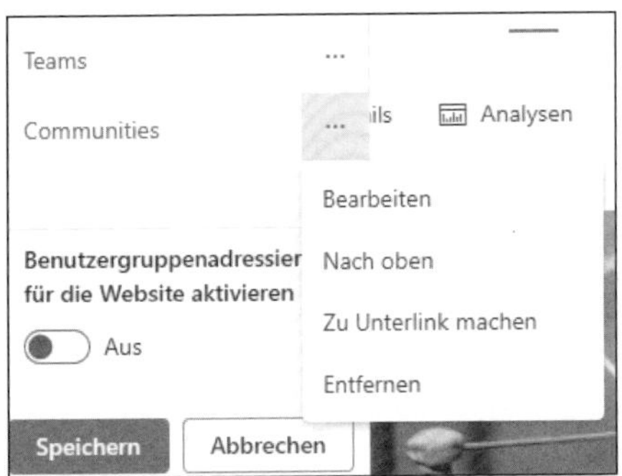

Abbildung 7.12 Sie können das Menü bei Bedarf später bearbeiten.

Die hier erstellte Navigation werden Sie im nächsten Abschnitt auch in anderen Websites wie ein Bindeglied zwischen den verschiedenen Websites Ihres Social Intranets wiederverwenden. Sie sollten daher allgemeingültige Links verwenden, die aus jedem Arbeitsraum heraus sinnvoll sind. Passen Sie außerdem bitte die Bezeichnung des ersten Links an, der Sie auf die Startseite Ihres Hubs und damit auf Ihr Social Intranet führt. In der Regel wird ein solcher Menüpunkt »Home« oder »Start« genannt.

Wählen Sie über das Zahnradsymbol ⚙ oben rechts den Menüpunkt HUB-WEBSITEEINSTELLUNGEN aus (siehe Abbildung 7.13). Dieser Menüpunkt erscheint nur für Hubwebsites; bei Teamwebsites und Kommunikationswebsites wird er ihnen nicht angeboten.

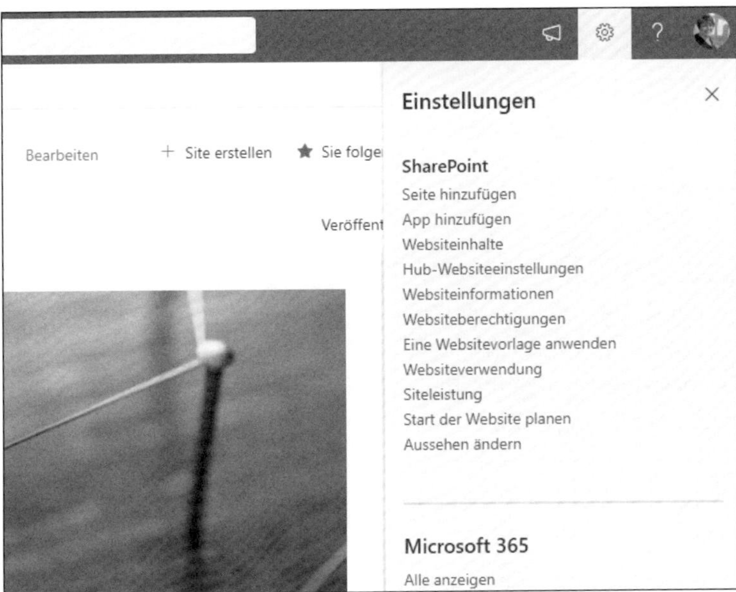

Abbildung 7.13 Sie können zentrale Einstellungen für Ihre Hubwebsite vornehmen.

Abbildung 7.14 zeigt Ihnen die drei Aspekte, die zur Konfiguration zur Verfügung stehen:

- **Logo**: Der Menüpunkt für den Hub wird immer ganz links dargestellt. Sie können links davon ein Icon anzeigen lassen. Das kann zum Beispiel Ihr Unternehmenslogo sein oder ein speziell für Ihr Social Intranet erstelltes Logo.
- **Name des Links**: Hier können Sie die Bezeichnung des Links ändern. Ich ändere ihn zum Beispiel in »Home«. So weiß jeder unabhängig vom aktuellen Ort, dass er darüber auf die Startseite des Social Intranets gelangen kann.
- **Genehmigung für den Beitritt von zugeordneten Sites anfordern**: Sie können hier konfigurieren, dass beispielsweise ein Workflow gestartet wird, um die Zuordnung einer Site zum Hub zu prüfen. So können Sie grundsätzlich erlauben, dass andere Personen die eigentliche Zuordnung vornehmen, aber Sie entscheiden letztendlich als Intranetverantwortliche, ob die Zuordnung durch andere korrekt und sinnvoll ist.

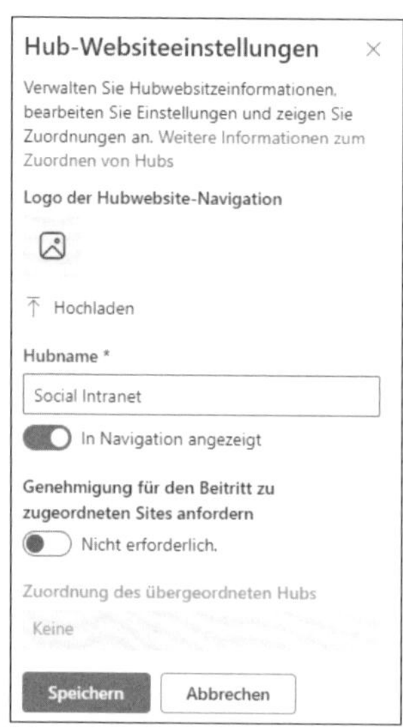

Abbildung 7.14 Bestimmen Sie grundlegende Einstellungen für Ihre Hubwebsite.

Nachdem Sie die Anpassungen vorgenommen haben, sollte sich Ihre Navigation wie in meinem Beispiel in Abbildung 7.15 verändert haben.

Abbildung 7.15 Die globale Navigation Ihres Social Intranets nach Abschluss der Konfiguration

7.1.2 Kommunikationswebsites für die zentralen Informationsgeber

Ich bin mir sicher, dass es auch in Ihrem Unternehmen neben den einzelnen Teams Organisationseinheiten geben wird, die neben dem alltäglichen Teamwork zudem für die Erarbeitung und Veröffentlichung allgemeingültiger Informationen verantwortlich sind.

Ich möchte mit Ihnen beispielhaft folgende Unternehmensbereiche betrachten:

- **Gesamtes Unternehmen**: Hier werden Informationen wie Veränderungen der Organisationsstruktur, die aktuellen Geschäftszahlen oder die Themen der letzten Mitarbeiterversammlung veröffentlicht.
- **Human Resources (Personal)**: In diesem Bereich werden zum Beispiel neue Mitarbeitende vorgestellt, Tipps im Bereich des Gesundheitsmanagements verteilt sowie für die Mitarbeitenden verbindliche Richtlinien angekündigt.
- **Vertrieb**: Wenn Sie Ihre vertrieblichen Aktivitäten unternehmensweit bündeln, können Sie über Ihr Team Nachrichten publizieren, wenn ein neuer Kunde gewonnen wurde oder beispielsweise neue Pressemitteilungen vorliegen.
- **Zentrale IT**: Hier werden Neuigkeiten veröffentlicht, wie zum Beispiel, ob es bei Ihnen standardisierte Arbeitsplatzausstattungen gibt oder ob Sie eine Bring-Your-Own-Device-Strategie verfolgen. Geben Sie den für die IT verantwortlichen Mitarbeitenden eine Stimme, um über Neuerungen der unternehmensinternen IT zu informieren.

Jeder dieser Unternehmensbereiche erhält von Ihnen seine eigene Website. In unserem Szenario haben wir für den Vertrieb bereits ein Team und somit eine Website, die Sie lediglich mit Ihrer Hubwebsite verbinden müssen. Für die anderen Unternehmensbereiche werden Sie allerdings jeweils eine neue Website anlegen, und zwar eine Kommunikationswebsite.

Anlegen einer Kommunikationswebsite

Dafür wählen Sie den Menüpunkt SITE ERSTELLEN oben rechts auf der Startseite aus (siehe Abbildung 7.15). Wählen Sie als Vorlage eine Kommunikationswebsite aus und geben Sie den entsprechenden Namen für die primär zur Informationsverteilung vorgesehene Website an, beispielsweise:

- Gesamtes Unternehmen
- Human Resources (Personal)
- Zentrale IT

Die auf diesem Weg erstellten Websites sind automatisch immer bereits der Hubwebsite zugeordnet. Die Website für den Vertrieb müssen Sie jedoch manuell zuordnen.

Auf diesem Weg lernen Sie auch, wie Sie die übrigen Websites bei Bedarf einer anderen Hubwebsite zuordnen oder die Verbindung komplett lösen können.

Wählen Sie dazu in der gewünschten Website über das Zahnradsymbol ⚙ oben rechts den Menüpunkt WEBSITEINFORMATIONEN aus. Wie aus Abbildung 7.16 ersichtlich wird, können Sie in dem daraufhin erscheinenden Dialog unten eine Hubwebsite auswählen. Über die Schaltfläche SPEICHERN bestätigen Sie Ihre Auswahl.

Abbildung 7.16 Ordnen Sie eine Website zu, indem Sie den Hub in den Websiteinformationen auswählen.

Eine erste Neuigkeit veröffentlichen

Im nächsten Abschnitt werden Sie die Startseite Ihres Portals gestalten. Um aber Ihre Einstellungen richtig testen zu können, benötigen Sie in jeder Ihrer vier Websites ein paar Neuigkeiten. Wir werden hier exemplarisch einen solchen Beitrag erstellen, um beispielsweise darüber zu informieren, dass sich die Mitarbeitenden ab einem bestimmten Stichtag ihr Firmennotebook frei auswählen können. Durch die Veröffentlichung dieser Information können die Mitarbeitenden bereits in einem frühen Stadium auftretende Fragen stellen, gemeinsam mit den Kolleginnen und Kollegen aus der IT-Abteilung über begleitende Themen diskutieren und Feedback geben, das wiederum im Rahmen der nächsten Schritte von den Mitarbeitenden der IT-Abteilung genutzt werden kann.

Wählen Sie innerhalb der jeweiligen Website den Menüpunkt NEU • NEUIGKEITENBEITRAG auf der Startseite aus (siehe Abbildung 7.17).

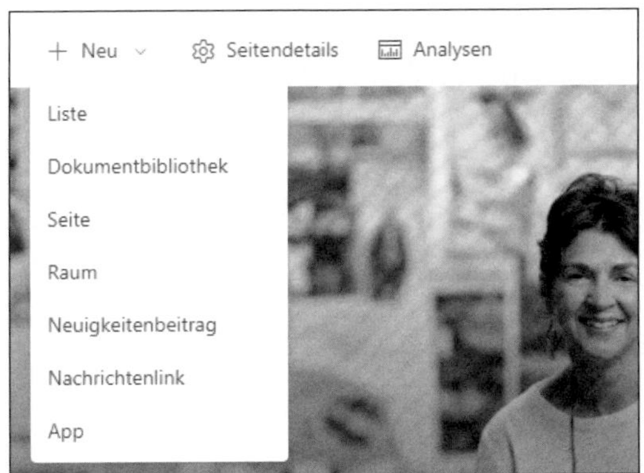

Abbildung 7.17 Erstellen Sie einen neuen Beitrag, um Ihre Mitarbeitenden über eine Neuigkeit zu informieren.

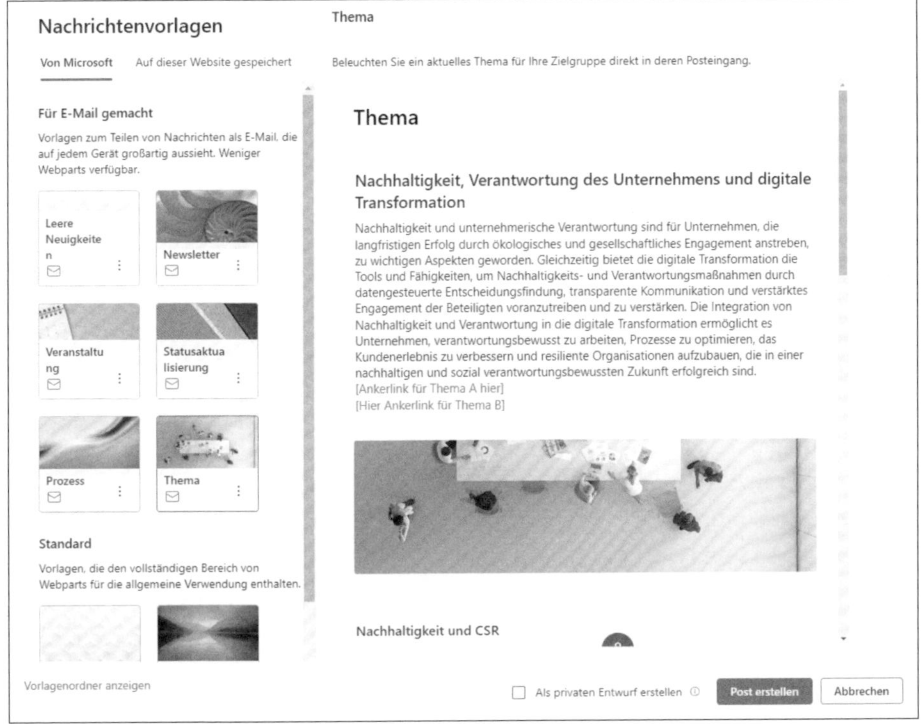

Abbildung 7.18 Wählen Sie bei Bedarf eine passende Vorlage für Ihre Neuigkeit aus.

Wie Sie Abbildung 7.18 entnehmen können, stehen Ihnen automatisch einige Vorlagen zur Verfügung. Sie können entweder eine dieser Vorlagen verwenden oder über die Option LEERE NEUIGKEITEN Ihren Neuigkeitenbeitrag selbst erstellen. Nachdem Sie sich entschieden und die Schaltfläche POST ERSTELLEN betätigt haben, können Sie Ihren Beitrag frei gestalten und anpassen:

1. Geben Sie einen Titel für Ihren Beitrag an.
2. Standardmäßig sind Sie als Autor oder Autorin des Beitrags hinterlegt. Sie können aber auch eine andere Person auswählen und so Beiträge im Namen einer Kollegin oder eines Kollegen erstellen.
3. Klicken Sie auf das Stiftsymbol, das links vom Titel erscheint, wenn Sie mit der Maus über den Titel fahren.
4. In dem Konfigurationsdialog aus Abbildung 7.19 wählen Sie nun ein LAYOUT für den Titelbereich aus. Probieren Sie die unterschiedlichen Vorlagen aus.

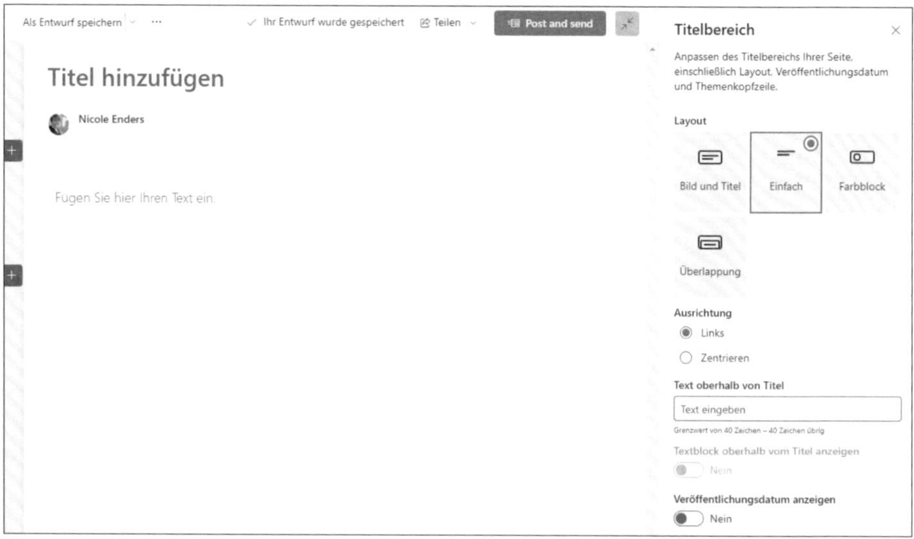

Abbildung 7.19 Legen Sie das grundsätzliche Layout für Ihren Beitrag fest.

5. Sie können dort außerdem bestimmen, ob Sie oberhalb des Titels einen zusätzlichen Text anzeigen lassen möchten. Das könnte beispielsweise eine Kennzeichnung für besonders wichtige Nachrichten oder für bestimmte Kategorien von Informationen sein.
6. Zuletzt entscheiden Sie in dem Dialog noch, ob Sie das VERÖFFENTLICHUNGSDATUM ANZEIGEN lassen möchten.

Diese Änderungen sind direkt wirksam und müssen daher nicht explizit gespeichert werden.

Der Inhalt Ihres Beitrags kann ebenfalls sehr individuell gestaltet werden. Wie Sie in Abbildung 7.20 sehen, steht Ihnen ein Pluszeichen zur Verfügung, um einen oder mehrere Abschnitte hinzuzufügen. Über Abschnitte können Sie Ihren Beitrag optisch ganz nach Wunsch gestalten. Innerhalb der Abschnitte können Sie ebenfalls über ein Pluszeichen Inhalte wie formatierbaren Text, Bilder oder auch eingebettete Dateien oder Videos hinzufügen (siehe Abbildung 7.21).

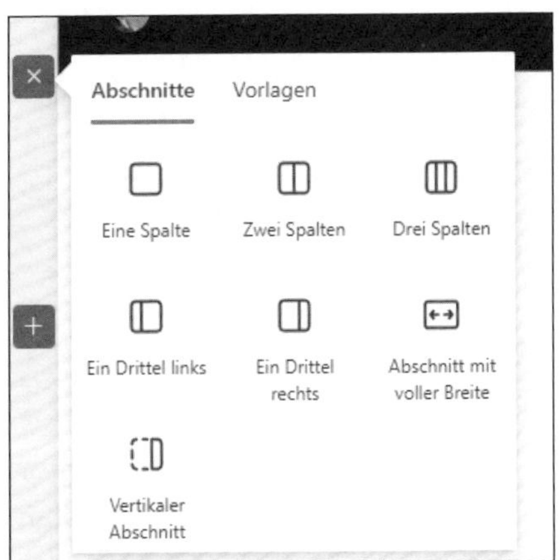

Abbildung 7.20 Gliedern Sie Ihren Beitrag in Abschnitte, um Informationen optisch voneinander abzugrenzen.

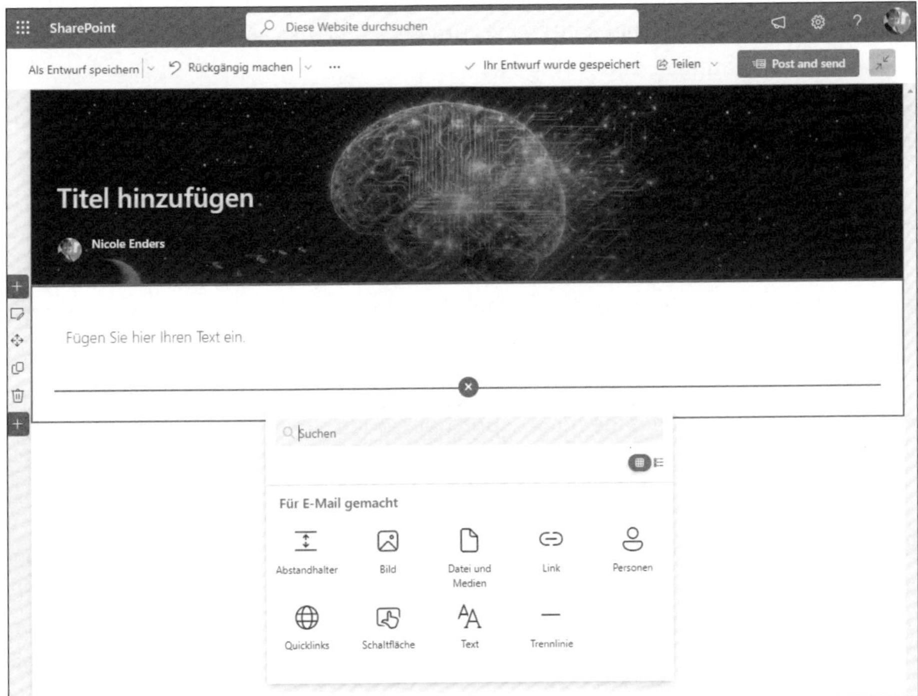

Abbildung 7.21 Der Inhalt Ihres Beitrags kann von Ihnen frei gestaltet werden.

Über die Schaltfläche ALS ENTWURF SPEICHERN können Sie Ihren Beitrag zwischenspeichern, um ihn später zu veröffentlichen. Sie finden den Beitrag über den Menüpunkt SEITEN wieder. Wenn Sie mit Ihrem Beitrag jedoch zufrieden sind, können Sie ihn über die optisch hervorgehobene Schaltfläche POST AND SEND veröffentlichen.

Genehmigungsprozess mit Power Automate

In dieser Einstellung können die Mitglieder der entsprechenden Website direkt und ohne weitere Prüfung Beiträge veröffentlichen. Einen Freigabeprozess für die Veröffentlichung können Sie mithilfe eines Flows in *Power Automate* einrichten. Power Automate werden Sie in Kapitel 8 näher kennenlernen.

7.1.3 Die Startseite Ihres Social Intranets gestalten

Kehren wir nun zu unserer Hubwebsite zurück, um die Startseite als zentrale Informationsplattform für unser Unternehmen einzurichten. Auf der Startseite sind standardmäßig folgende Webparts vorhanden, wenn Sie keine besondere Vorlage verwenden:

- **Hero**: Dieses Webpart stellt die prominenteste Komponente der Seite dar und kann bis zu fünf Links mit einem prägnanten Bild sowie einem Titel und einer Beschreibung anzeigen. Hier sollten Sie zum Beispiel Links auf besonders häufig genutzte Anwendungen unterbringen.
- **Neuigkeiten**: In diesem Bereich werden in aggregierter Form die Beiträge aus allen mit der Hubwebsite verbundenen Websites angezeigt. Die Sortierung erfolgt dabei absteigend nach dem Veröffentlichungsdatum.
- **Ereignisse**: Hier können Sie für das Unternehmen relevante Termine verwalten. Ein Beispiel wären die Termine für Betriebsversammlungen.
- **Quicklinks**: Links, die zwar für die Mehrheit der Mitarbeitenden relevant, jedoch nicht so bedeutend sind, als dass sie in das Hero-Webpart aufgenommen werden sollten, werden im unteren Bereich der Seite zur Verfügung gestellt.
- **Personen**: Hier können Sie die Ansprechpersonen für Ihr Intranet angeben. Das könnten beispielsweise Mitarbeitende aus der Abteilung für die interne Kommunikation sein.

Je nach Vorlage können die bereits für Sie hinzugefügten Webparts variieren, wobei die hier nun exemplarisch vorgestellten Webparts am häufigsten auch in der Praxis eingesetzt werden. Wir sehen uns nun der Reihe nach die einzelnen Seitenbestandteile genauer an. Betätigen Sie dafür die Schaltfläche BEARBEITEN oben rechts in der Aktionsleiste.

Hero-Webpart

Das Hero-Webpart dient der Darstellung von wichtigen Links oder der Auflockerung des Seiteninhalts durch eine unübliche Darstellung. Sie können dabei zwischen einer Darstellung in Form von KACHELN (siehe Abbildung 7.22) oder in Form von EBENEN (jeder Link wird in einer separaten Zeile dargestellt) wählen. Für jeden Link können Sie URL, Titel, Beschreibung und ein Hintergrundbild festlegen.

Abbildung 7.22 Sie können bis zu fünf Kacheln oder Ebenen anzeigen lassen.

Neuigkeiten

Das Webpart für Neuigkeiten kann so eingestellt werden, dass es sämtliche Beiträge aus allen Websites anzeigt, die der Hubwebsite zugeordnet wurden.

In Abbildung 7.23 sehen Sie, wie Sie die Quelle der anzuzeigenden Beiträge ändern können. So werden beispielsweise lediglich die Beiträge aus der aktuellen Website (Standardeinstellung in Teamwebsites und Kommunikationswebsites) oder die Beiträge aus explizit ausgewählten Websites angezeigt. Wenn Sie die Option WEBSITES AUSWÄHLEN selektieren, werden Ihnen die in Ihrer Microsoft-365-Umgebung verfügbaren Websites zur Auswahl präsentiert.

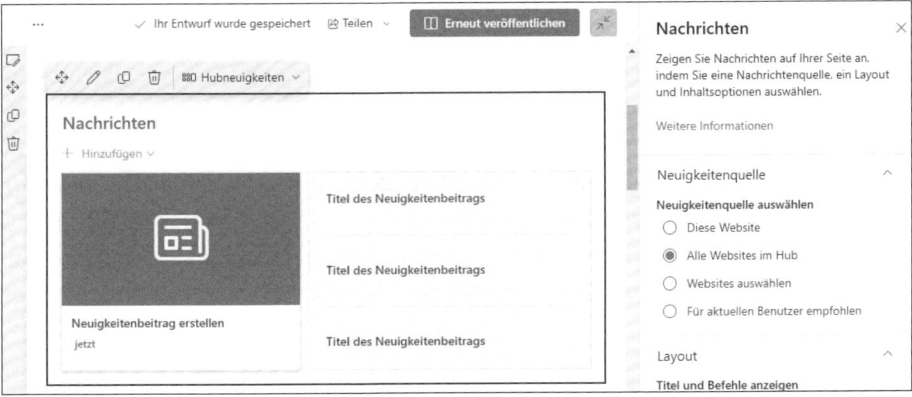

Abbildung 7.23 Lassen Sie alle Neuigkeiten aus dem Hub anzeigen, um Informationen von Personal, IT, Vertrieb und Geschäftsführung anzuzeigen.

Eine Idee zur Gestaltung der Startseite

Wir werden bei der ursprünglichen Einstellung der Quelle der anzuzeigenden Beiträge bleiben. Damit werden die Neuigkeiten aus dem Vertrieb mit denen aus IT und Personal gemeinsam angezeigt. Sie könnten die Startseite aber auch mit weiteren Abschnitten versehen (zum Beispiel mit einem zweispaltigen Layout) und das Webpart für die Neuigkeiten mehrmals bereitstellen. In jedem dieser Webparts würden wir dann als Quelle eine bestimmte Website auswählen. Mit dieser Konfiguration könnten die Mitarbeitenden nun schneller auf die Nachrichten der Personalabteilung zugreifen und eine bestimmte Information zügiger finden.

Nach der Quelle können Sie das Layout des Webparts definieren. Sie können die Option HUBNEUIGKEITEN auswählen (siehe Abbildung 7.24), wodurch die neuesten Beiträge nebeneinander dargestellt werden. Dadurch sind diese Nachrichten allein durch ihre Darstellung gleichrangig im Fokus. Wenn Sie stattdessen den Fokus immer allein auf die neueste Nachricht legen möchten, ist die Option SCHLAGZEILEN besser geeignet.

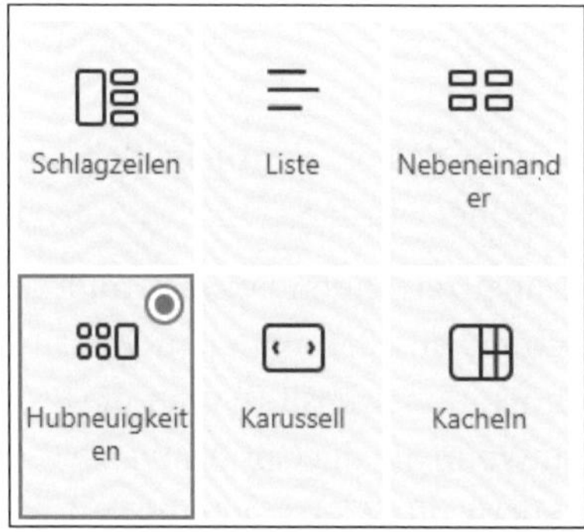

Abbildung 7.24 Wählen Sie eine Option für die Darstellung der anzuzeigenden Beiträge aus.

Wenn Sie im Konfigurationsdialog weiter nach unten navigieren, finden Sie außerdem noch die Option ORGANISIEREN aus Abbildung 7.25, um besondere Beiträge explizit auszuwählen und ganz vorne zu positionieren. Das ist vor allem dann relevant, wenn eine Nachricht aufgrund ihres Veröffentlichungsdatums oder der Frequenz neuer Beiträge schnell aus der Anzeige der neuesten Beiträge zu verschwinden droht, dafür aber eine zu hohe Relevanz besitzt. Über diese Option können Sie sicherstellen, dass der Beitrag genau so lange auf der Startseite Ihres Intranets erscheint, wie Sie es wünschen.

Rufen Sie dazu die Schaltfläche ZU ORGANISIERENDE NEUIGKEITEN AUSWÄHLEN auf und wählen Sie anschließend den gewünschten Beitrag aus. Dieser wird dann in der obersten Zeile erscheinen, in der in Abbildung 7.25 momentan noch 1. AUTOMATISCH steht. Wenn Sie weitere Beiträge auf diese Art hinzufügen, können Sie über die Pfeile nach oben bzw. nach unten rechts neben dem jeweiligen Beitrag die Reihenfolge festlegen. Beiträge, die nicht hier aufgeführt werden, werden erst nach den ausgewählten Beiträgen im Webpart aufgelistet.

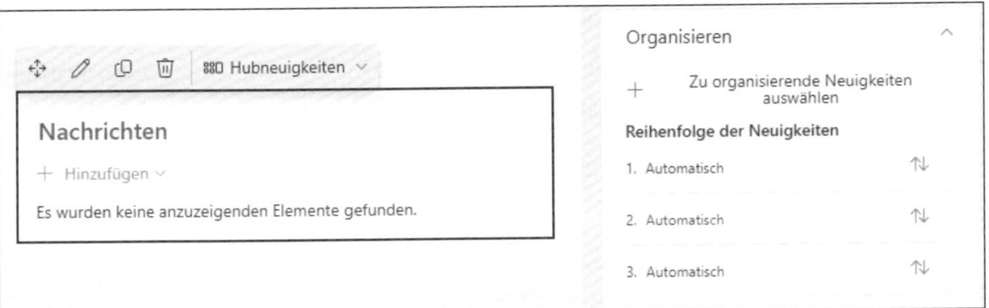

Abbildung 7.25 Positionieren Sie ausgewählte Beiträge als zentrale Nachrichten ganz vorn.

Ereignisse

Unterhalb der Neuigkeiten finden Sie die Termine, die im Unternehmen als Nächstes anstehen (siehe Abbildung 7.26). Hierbei kann es sich um Mitarbeiterversammlungen, Schulungen oder Kundenveranstaltungen handeln.

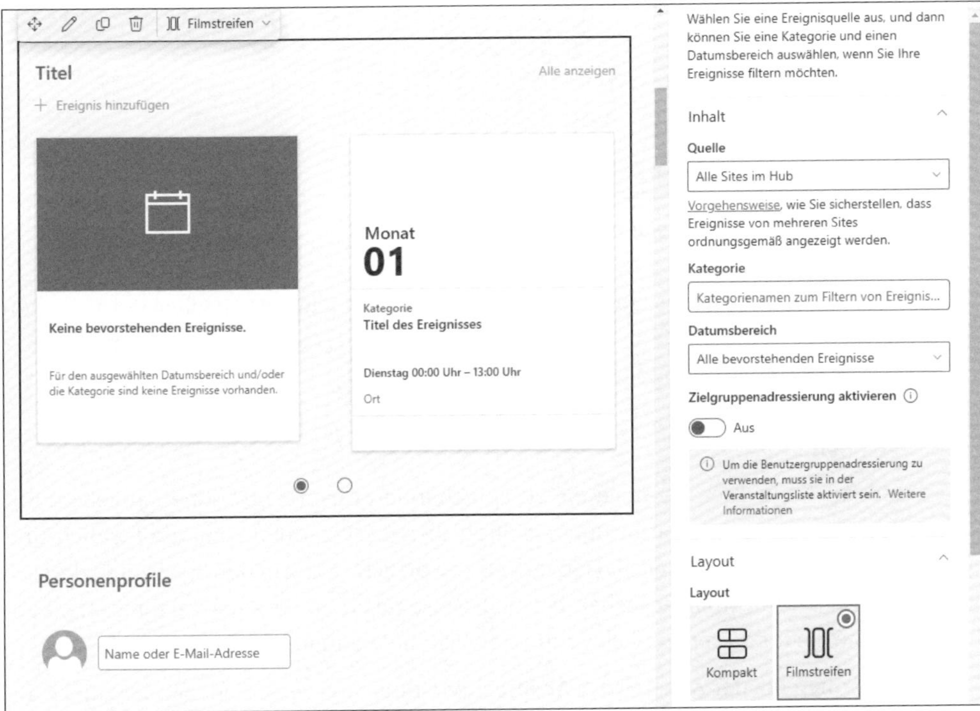

Abbildung 7.26 Unternehmensweite Termine, beispielsweise anstehende Mitarbeiterversammlungen, können zentral verwaltet werden.

Standardmäßig werden Ihnen alle Termine aus dem Hub angezeigt. Damit sind unter anderem folgende Szenarien möglich:

- Ihre IT-Abteilung kann Wartungsfenster für verschiedenste Anwendungen und Systeme ankündigen.
- Der Vertrieb kann Sie über anstehende Konferenzen informieren.
- Die für das Gesundheitsmanagement verantwortlichen Mitarbeitenden können Sie über geplante Informationsveranstaltungen in Kenntnis setzen.

Die Liste der Beispiele lässt sich sicher beliebig ergänzen; an dieser Stelle soll sie aber vorerst ausreichen.

Quicklinks

Als vorletzte standardmäßig eingerichtete Komponente sind die sogenannten *Quicklinks* zu erwähnen (siehe Abbildung 7.27). Vielleicht möchten Sie auf weitere Unternehmensanwendungen oder auf ein bestimmtes Video in *Stream* verweisen.

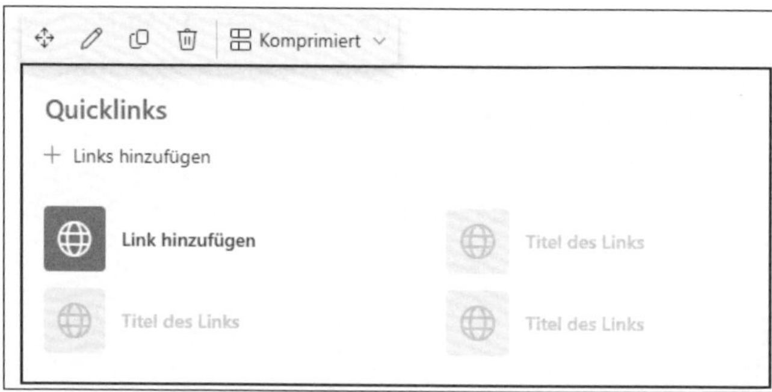

Abbildung 7.27 Fügen Sie unten auf der Startseite wichtige Links als Quicklinks hinzu.

Indem Sie einen solchen Link ganz unten auf der Startseite bereitstellen, ermöglichen Sie, ähnlich wie beim Hero-Webpart (siehe oben), einen schnellen Zugriff auf die entsprechende Applikation oder Information.

Personen

Und zuletzt können Sie noch die entsprechenden Ansprechpersonen angeben. Auf der Startseite des Social Intranets sollten dies die Personen sein, die fachlich und technisch für das Intranet als Ganzes verantwortlich sind. Auf den Startseiten der verschiedenen Informationsgeber, beispielsweise der IT- oder Personalabteilung, können Sie die für diesen Bereich verantwortlichen Personen angeben.

Sie können bei der Anzeige der Ansprechpersonen aus verschiedenen Layouts wählen (siehe Abbildung 7.28) und so für eine optimale Integration dieser Informationen in Ihre Seite sorgen.

Abbildung 7.28 Geben Sie die für das Social Intranet verantwortlichen Personen an.

Wie sollte ich die Startseite meines Social Intranets gestalten?

Die hier vorgestellten Webparts werden in der Praxis häufig eingesetzt, stellen aber keine abschließende Liste der Möglichkeiten dar. Sie können bei der Gestaltung Ihrer Startseite sowie einer jeden weiteren Seite bzw. weiteren Neuigkeitenbeitrags aus dieser Auswahl schöpfen.

Das Wichtigste ist meiner Erfahrung nach, dass Sie nicht zu viele Komponenten bereitstellen und nur diejenigen Webparts verwenden, die Ihnen auch einen Mehrwert schaffen.

Wenn Sie beispielsweise Schwierigkeiten haben, sich zu entscheiden, ob Sie Links auf Ihre Unternehmensapplikation im Hero-Webpart oder bei den Quicklinks verwalten sollen, dann sollten Sie möglicherweise nur eines der beiden Webparts nutzen und das andere von der Startseite entfernen. Sie könnten zum Beispiel das Hero-Webpart (das einen nicht unerheblichen Platz auf der Startseite belegt) von der Seite entfernen und dafür die Quicklinks weiter oben positionieren.

Außerdem sollten Sie davon ausgehen, dass Sie die Startseite im Verlauf der Zeit diverse Male an geänderte Anforderungen Ihres Unternehmens anpassen werden. So könnten Sie beispielsweise feststellen, dass nur selten Termine mit unternehmensweiter Relevanz eingestellt werden und somit der Platz besser durch eine andere Komponente genutzt werden sollte. Überlegen Sie auch, eine weitere Seite zu erstellen, auf der das Webpart für die Termine verwendet wird, und diese Seite als Quicklink auf der Startseite zu verlinken.

Zusätzlich können Sie selbstverständlich auch alle übrigen Webparts zur Gestaltung nutzen. In meinen Kundenprojekten ist beispielsweise eine Darstellung des aktuellen Wetters an einer prominenten Stelle der Startseite sehr beliebt, und bei einem Einsatz von Viva Engage wird ebenfalls sehr häufig eine unternehmensweit genutzte Gruppe über das Webpart *Unterhaltungen* oder *Highlights* auf der Startseite bereitgestellt. Dadurch wird explizit zu Diskussionen eingeladen.

Brand Center

Vielleicht ist Ihnen bei der Erstellung der einzelnen Websites unseres Social Intranets auch eine Vorlage für ein sogenanntes *Brand Center* aufgefallen. Sie können diese Vorlage nutzen, um einen zentralen Ort für Ihre Unternehmensmarke und insbesondere für die zu verwendenden Schriften, Farben und Unterlagen zu schaffen. Sie können auch bei dieser Vorlage in einer Vorschau prüfen, ob die Vorlage für Sie die richtige ist (siehe Abbildung 7.29).

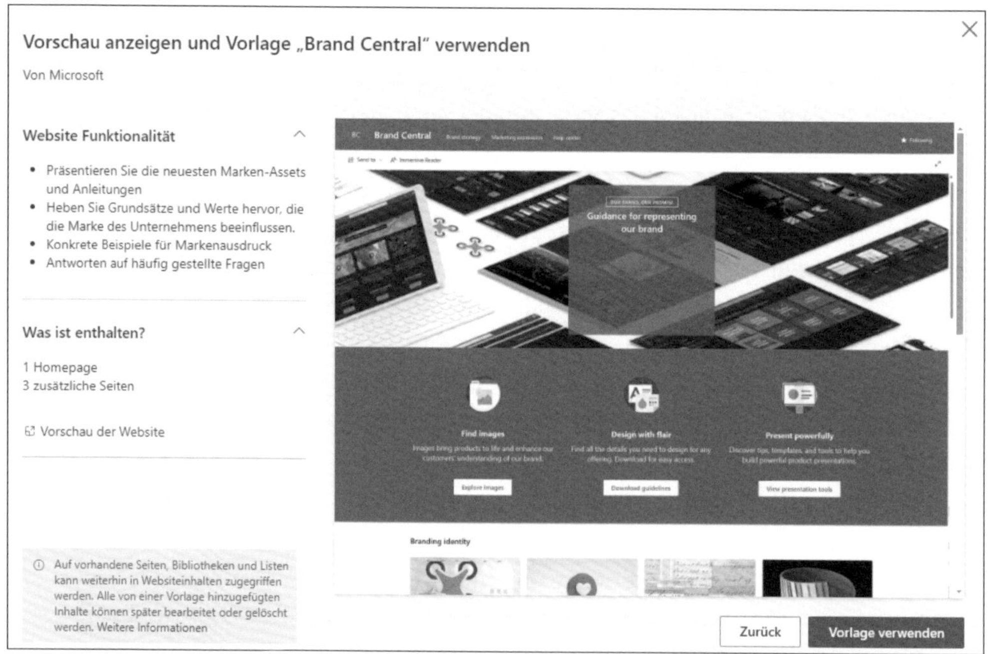

Abbildung 7.29 Mit der Vorschau können Sie prüfen, ob die Vorlage zu Ihrem Vorhaben passt.

Sobald Sie die Vorlage ausgewählt haben und die Schaltfläche VORLAGE VERWENDEN betätigen, wird die neue Website angelegt. Sie werden nach Abschluss des Vorgangs auf die Startseite Ihrer neuen Website weitergeleitet und können nun die einzelnen mit Platzhaltern vorbereiteten Bereiche nach und nach mit Informationen füllen (siehe Abbildung 7.30).

Allein die Startseite dieser Website umfasst viele verschiedene Bereiche, beispielsweise Richtlinien für die Verwendung von Bildern, Designs oder Präsentationen. Wenn Sie auf der Seite weiter herunterscrollen, können Sie auch auf einzelne Ressourcen zugreifen, zum Beispiel auf die vom Unternehmen bereitgestellten Logos und Symbole, Schriftarten und Farben sowie auf sämtliche für den Alltag relevanten Vorlagen (siehe Abbildung 7.31).

Abbildung 7.30 Sie können Ihre Unternehmensmarke innerhalb dieser Website in allen Facetten für die Mitarbeitenden präsentieren.

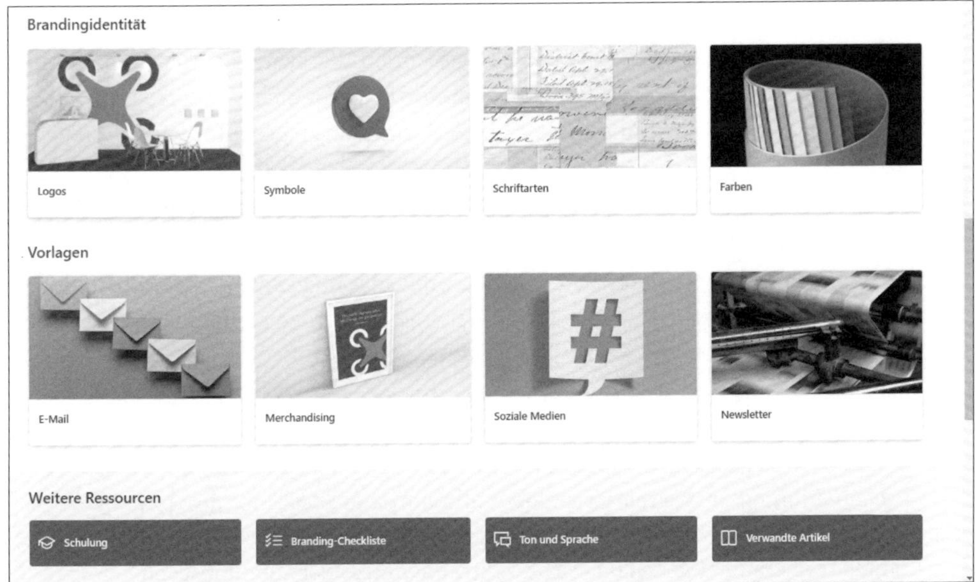

Abbildung 7.31 Hinterlegen Sie relevante Ressourcen wie Vorlagen, Logos oder Schriftarten und Farben im Brand Center.

In der Regel wird ein solches Brand Center von der internen Unternehmenskommunikation oder einer Marketingabteilung gepflegt. Es stellt eine zentrale Anlaufstelle für alle Mitarbeitenden dar, wenn es um die Form geht, in der Arbeitsergebnisse präsentiert oder dokumentiert werden sollen.

Achtung: Es gibt noch ein Brand Center für SharePoint!

Während die in diesem Abschnitt vorgestellte Vorlage für ein Brand Center eine gewöhnliche SharePoint-Website darstellt, über die Sie mit den erlernten Mitteln wie Seiten und Webparts Informationen über Ihre Unternehmensmarke bereitstellen können, gibt es in SharePoint selbst ebenfalls ein Brand Center.

Bei dem Brand Center von SharePoint handelt es sich allerdings um einen administrativen Bereich, in dem Sie Schriftarten, Farben und Bilder pflegen und für die SharePoint-Websites in Ihrer Microsoft-365-Umgebung bereitstellen bzw. diesen Websites zuweisen können. So müssen Sie nicht mehr in jeder einzelnen Website das Aussehen verändern, sondern können dies für eine, mehrere oder alle Websites zentral über das Brand Center umsetzen.

7.1.4 Das Social Intranet in Microsoft Teams integrieren

Sie haben nun gesehen, dass es von der Unterstützung der Zusammenarbeit einzelner Teams hin zu einem Social Intranet gar kein so großer Schritt ist. Wichtig ist nur, die beiden Welten aus Teamarbeit und zentralen Informationen aus der Zeit klassischer Intranets miteinander zu verbinden.

Sie verfügen mit Microsoft 365 über die passenden Werkzeuge, um innerhalb Ihres modernen Arbeitsplatzes ein Collaboration-Portal (denn nichts anderes ist ja ein Social Intranet) aufzubauen und nach Ihren Bedürfnissen zu gestalten.

Worin besteht in diesem Szenario der Unterschied zu einem klassischen Intranet?

Ein *Social Intranet* zeichnet sich dadurch aus, dass die Inhalte nicht mehr von nur wenigen ausgewählten Personen, beispielsweise einer internen Kommunikationsabteilung, sondern von grundsätzlich allen Mitarbeitenden veröffentlicht werden können.

Dadurch vermischen sich die Informationen aus den einzelnen Organisationseinheiten, Projektteams und Communitys mit den Informationen, die unmittelbar unternehmensweite Relevanz haben, z. B. Infos von der Personalabteilung oder der Geschäftsführung. Ein weiteres wichtiges Kriterium eines Social Intranets besteht in der Option, auf die veröffentlichten Nachrichten in Form von »Gefällt mir« und Kommentaren reagieren zu können und sich so aktiv untereinander auszutauschen.

Da jedes Team (unabhängig davon, ob Sie nun Teams, SharePoint oder Viva Engage nutzen) über eine SharePoint-Website und damit über einen Neuigkeitenbereich verfügt, stehen allen Mitarbeitenden die gleichen Informations- und Kommunikationsmöglichkeiten zur Verfügung.

Sie werden im weiteren Verlauf dieses Kapitels ein paar weitere Microsoft-365-Dienste kennenlernen, die Sie im Arbeitsalltag noch weiter unterstützen können und Ihr Social Intranet ergänzen. Doch zunächst werden wir das Social Intranet noch über *Viva Connections* in die für die Kommunikation und Zusammenarbeit genutzte Umgebung *Microsoft Teams* integrieren.

Sie benötigen für die nächsten Schritte administrative Berechtigungen, da wir nun in das *Microsoft 365 Admin Center* wechseln und dort den Menüpunkt EINSTELLUNGEN • VIVA aufrufen (siehe Abbildung 7.32).

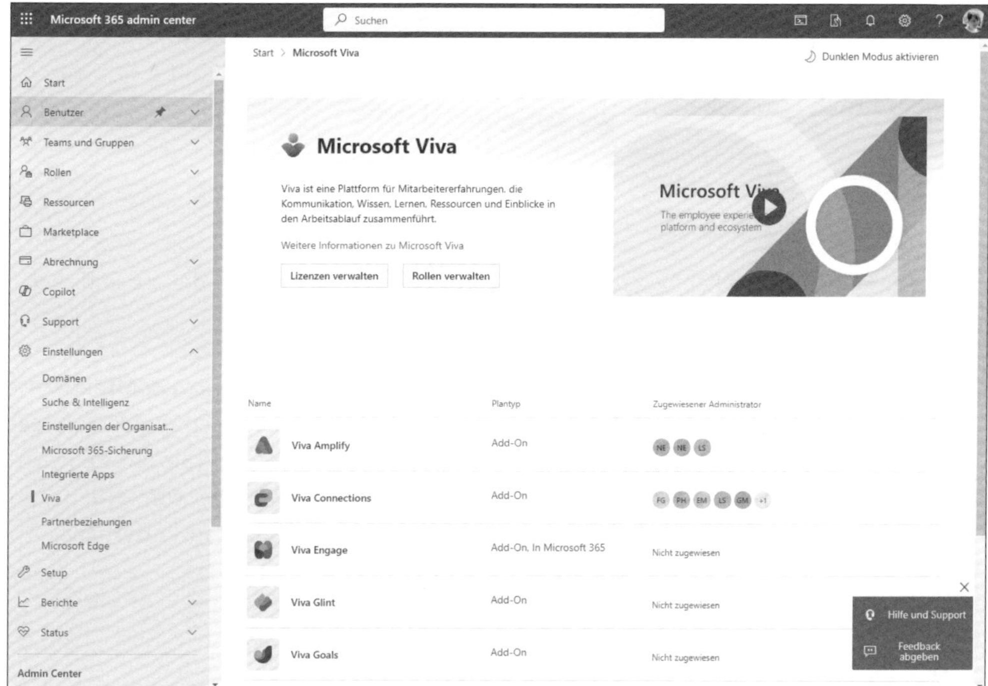

Abbildung 7.32 Über das »Microsoft 365 Admin Center« erreichen Sie die Konfigurationsseiten aller Viva-Module.

Hier werden Ihnen alle Module der Produktsuite aufgelistet und ermöglichen Ihnen die Konfiguration des jeweiligen Moduls. Sie wählen den Menüpunkt VIVA CONNECTIONS aus, um auf die Übersicht zu gelangen, die Sie in Abbildung 7.33 sehen. Die Konfiguration von Viva Connections besteht im Wesentlichen aus drei Schritten:

- **Erstellen einer Viva-Connections-Umgebung:** In diesem Schritt registrieren Sie eine bestehende oder im selben Zug neu angelegte SharePoint-Website als Startseite für Viva Connections.
- **Installation von Viva Connections in Teams:** An dieser Stelle wird die App *Viva Connections* in Teams installiert und den Nutzerinnen und Nutzern grundsätzlich zur Verfügung gestellt.
- **Anheften der App in Teams:** Abschließend wird die App in Teams über eine Richtlinie für die Mitarbeitenden angeheftet, sodass ohne weiteres Zutun die Integration des Social Intranets für alle zeitgleich erfolgt.

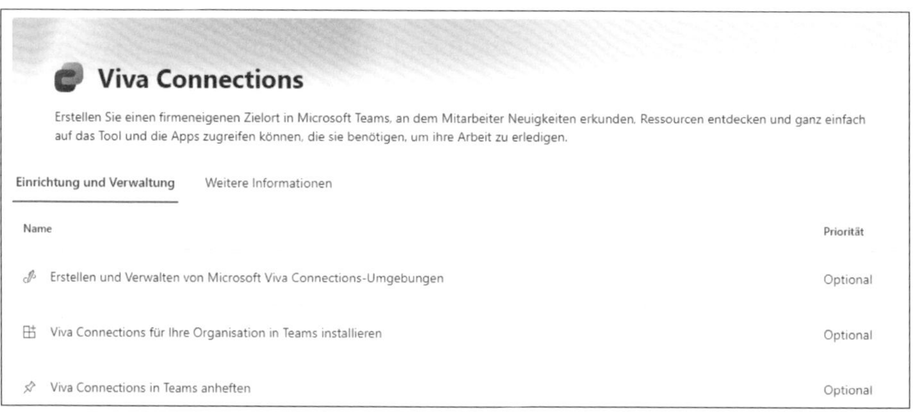

Abbildung 7.33 Die Konfiguration von »Viva Connections« besteht aus drei wesentlichen Schritten.

Wählen Sie den obersten Menüpunkt ERSTELLEN UND VERWALTEN VON MICROSOFT VIVA CONNECTIONS-UMGEBUNGEN aus und anschließend den Menüpunkt NEU ERSTELLEN (siehe Abbildung 7.34). Sie werden nun zwar gewarnt, dass Sie ohne eine zusätzliche Lizenz nicht mehr als eine Umgebung nutzen dürfen, aber wir werden zum Abschluss die standardmäßig eingerichtete Umgebung aus der Liste entfernen.

Abbildung 7.34 Legen Sie eine neue Viva-Connections-Umgebung an ...

In dem Dialog aus Abbildung 7.35 müssen Sie nun entscheiden, ob Sie eine neue Website anlegen oder eine bestehende Website nutzen und registrieren möchten. Sie entscheiden sich für die Option AUS EINEM VORHANDENEN PORTAL ERSTELLEN, UM EINE STARTSEITE FESTZULEGEN.

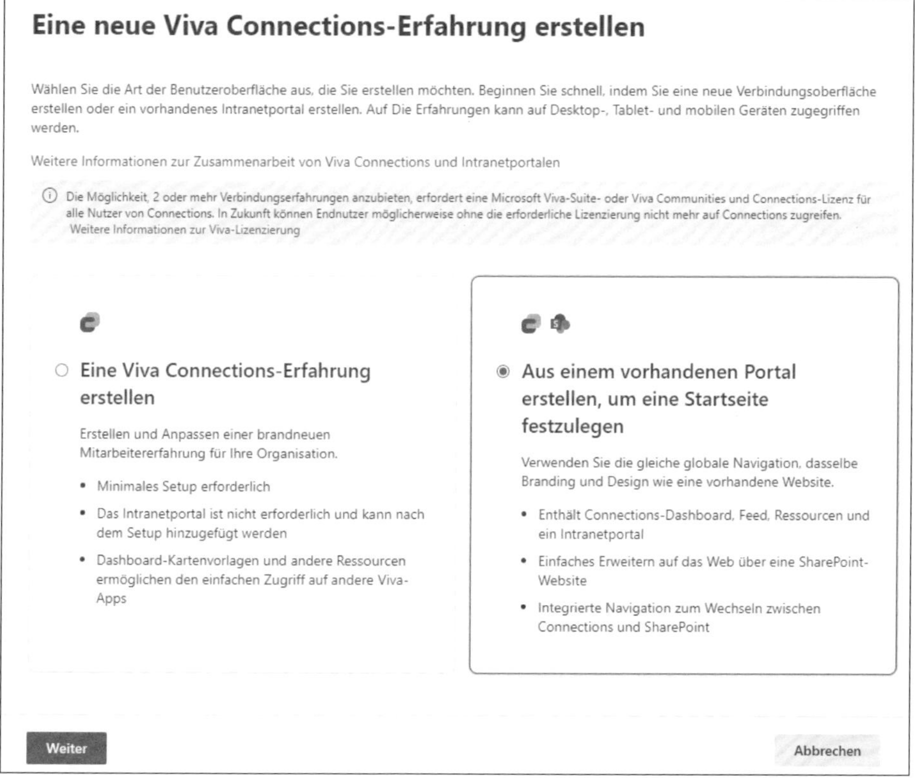

Abbildung 7.35 ... und wählen Sie dabei die rechte Option aus.

Nachdem Sie die Schaltfläche WEITER betätigt haben, geben Sie im nächsten Schritt (siehe Abbildung 7.36) die Websiteadresse des Social Intranets an und gelangen über die Schaltfläche WEITER zum letzten Schritt. Hier können Sie Ihre Angaben überprüfen (siehe Abbildung 7.37). Zurück in der Liste der eingerichteten Viva-Connections-Umgebungen, können Sie nun die ursprünglich automatisch eingerichtete Umgebung entweder löschen oder deaktivieren.

Die Deaktivierung und Aktivierung einer Umgebung erfolgen über den gleichen Weg. Da Sie die neue Umgebung auf jeden Fall aktivieren müssen, zeige ich Ihnen diese Variante, die Sie für die Deaktivierung adaptieren können. Mit einem Klick auf den Listeneintrag Ihrer Umgebung öffnen Sie den Dialog aus Abbildung 7.38. Hier finden Sie alle Einstellungen zu Ihrer Umgebung.

Abbildung 7.36 Geben Sie die Websiteadresse des Social Intranets an ...

Abbildung 7.37 ... und überprüfen Sie Ihre Angaben.

Abbildung 7.38 Sie können die Einstellungen Ihrer Umgebung durch einen Klick auf den Listeneintrag aufrufen.

Rufen Sie den Menüpunkt BEARBEITUNGSSTATUS auf, um die Maske zu erreichen, die Sie in Abbildung 7.39 sehen. Hier können Sie durch Auswahl der Option AKTIVIEREN DER ERFAHRUNG und Betätigen der Schaltfläche SPEICHERN weiter unten die Umgebung für Viva Connections aktivieren.

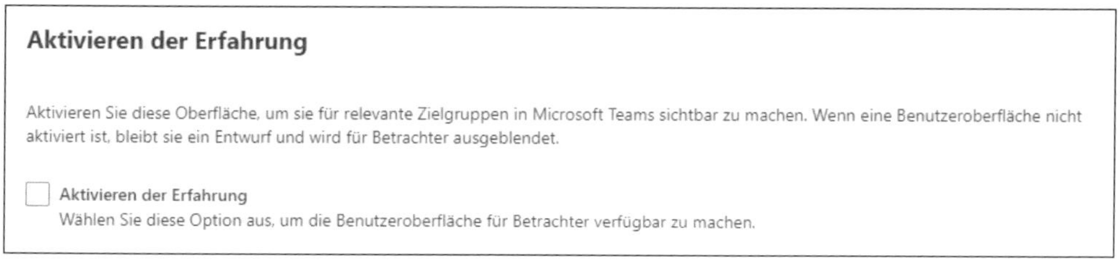

Aktivieren der Erfahrung

Aktivieren Sie diese Oberfläche, um sie für relevante Zielgruppen in Microsoft Teams sichtbar zu machen. Wenn eine Benutzeroberfläche nicht aktiviert ist, bleibt sie ein Entwurf und wird für Betrachter ausgeblendet.

☐ Aktivieren der Erfahrung
Wählen Sie diese Option aus, um die Benutzeroberfläche für Betrachter verfügbar zu machen.

Abbildung 7.39 Aktivieren Sie Ihre Umgebung.

Als Nächstes können Sie die App *Viva Connections* in *Teams* installieren und für die gewünschte Zielgruppe ausrollen. Ihnen stehen dabei viele Möglichkeiten zur Verfügung – beispielsweise ein Ausrollen der App für alle Nutzerinnen und Nutzer inklusive Anheften der App in der linken Navigation von Teams, wobei Sie sogar die Reihenfolge der Menüpunkte in der Navigation bestimmen können. Sie könnten allerdings auch Viva Connections erst einmal für einen kleineren, fest definierten Personenkreis bereitstellen, wie dies beispielsweise bei Pilotgruppen getan wird. Ich empfehle Ihnen, eine kurze Pilotphase mit einem solchen Personenkreis durchzuführen, Feedback einzuholen und nach der Umsetzung des Feedbacks das Social Intranet für alle Mitarbeitenden bereitzustellen.

In Abbildung 7.40 sehen Sie ein Beispiel für eine bereitgestellte Viva-Connections-App. In diesem Fall ist der Name der App nicht verändert worden, sodass in der linken Navigation und auch bei einer Suche im App Store der Name *Viva Connections* zu finden ist. Über das *Teams Admin Center* könnten Sie den Namen auch verändern, sodass er beispielsweise dem Namen Ihres Social Intranets entspricht. Danach finden Sie Ihr Social Intranet in der linken Navigation von Teams auch unter dem Namen Ihres Social Intranets und müssen nicht daran denken, dass sich Viva Connections technisch hinter dieser Integration verbirgt.

Wenn Sie Viva Connections aufrufen, befinden Sie sich erst einmal auf einem Dashboard, das Ihnen Informationen über Ihre anstehenden Aufgaben sowie zukünftige Termine anbietet und weitere Viva-Module integriert, beispielsweise *Viva Learning*. Über einen Menüpunkt oben rechts mit dem Site-Logo Ihres Social Intranets (in diesem Fall »CONET«) gelangen Sie zu der Startseite Ihres Social Intranets, die Sie in Abbildung 7.41 sehen.

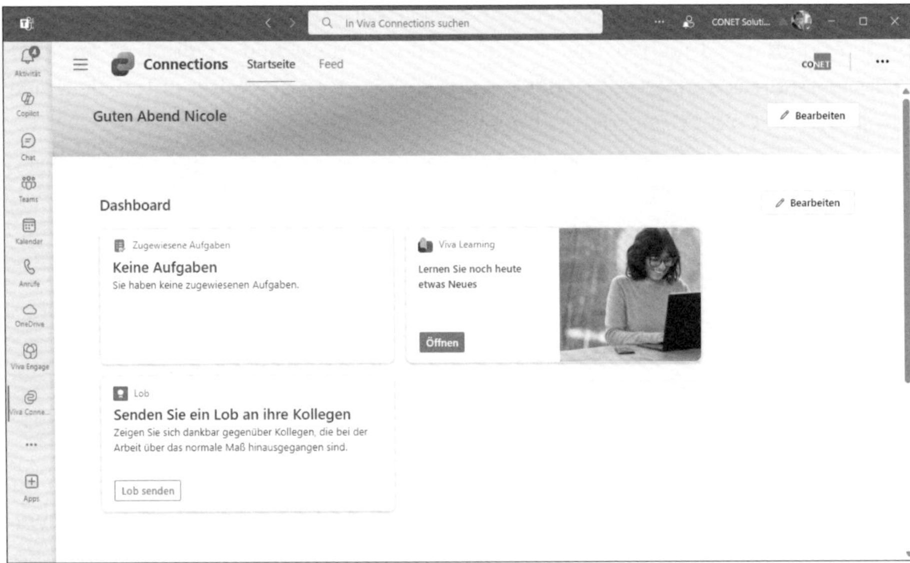

Abbildung 7.40 Sie sehen eine exemplarische Konfiguration von Viva Connections mit einem Dashboard ...

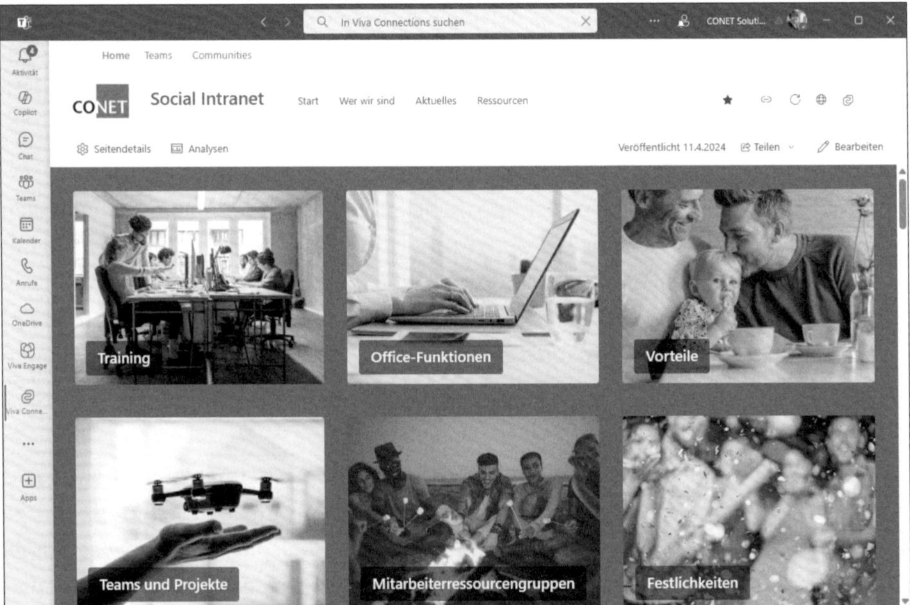

Abbildung 7.41 ... sowie mit dem eingebundenen Social Intranet.

Sie müssen nun also zukünftig nicht mehr zwischen Ihrem Browser und Microsoft Teams wechseln, um neben der Arbeit mit den Kolleginnen und Kollegen in Teamräumen und Chats auch auf Informationen im Intranet zuzugreifen. Sie haben stattdessen alles aus einer Hand – und ähnlich wie bei *Viva Engage* erhalten Sie bei dieser Art der Integration zukünftig auch die Benachrichtigungen aus dem Intranet im Aktivitäts-Feed von *Teams*, sodass alle für Sie relevanten Benachrichtigungen an einem Ort zusammenlaufen.

Gibt es nicht auch noch ein Viva-Connections-Dashboard?

Sobald Sie eine SharePoint-Website mit Viva Connections in Teams integriert haben, erscheinen unter dem Zahnradsymbol oben rechts auf der SharePoint-Website zwei weitere Menüpunkte:

- **Globale Navigation:** Sie können bestimmen, welche Menüpunkte angeboten werden, wenn Sie aus Teams heraus Viva Connections aufgerufen haben und erneut auf den Menüpunkt in der linken Navigation klicken.
- **Verwalten von Viva Connections:** Hierüber können Sie neben den Berichten und Ankündigungen auch ein Dashboard gestalten, das sich als Webpart auf einer Seite in Ihrer Website hinzufügen lässt. Vor allem ist es aber bei einer mobilen Nutzung hilfreich, weil Sie damit die wichtigsten Links für Personen zur Verfügung stellen können, die eventuell sogar überhaupt keine Möglichkeit haben, das Social Intranet über einen Desktop-PC zu nutzen. Diese Personen werden auch häufig *Frontline Worker* genannt.

Wie Sie Abbildung 7.42 entnehmen können, stehen Ihnen viele sogenannte *Karten* für die Konfiguration Ihres Dashbaords zur Verfügung. So können Sie beispielsweise den Aufruf einer bestimmten Teams-App ermöglichen, die offenen Aufgaben oder anstehende Termine anzeigen oder auch externe Webseiten anzeigen.

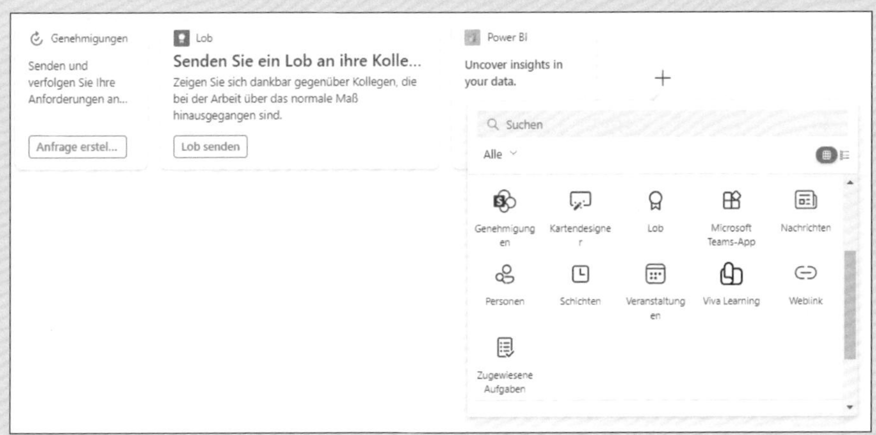

Abbildung 7.42 Fügen Sie wichtige Informationen und Links zu Ihrem Dashboard hinzu.

7.2 Informationsverteilung mit Viva Amplify

Nachdem Sie nun ein Social Intranet aufgebaut und in Teams integriert haben, können wir noch einmal einen Schritt zurückgehen und auf die zentralen Informationsgeber Ihres Intranets eingehen. Wir haben im vorangegangenen Abschnitt SharePoint-Websites für Personal, IT und die Geschäftsleitung eingerichtet und auch die Website des Vertriebs als wichtigen Informationsgeber identifiziert.

Diese Personengruppen werden regelmäßig Informationen für die Mitarbeitenden des Unternehmens veröffentlichen. Über die Standardfunktionen von SharePoint können Sie Neuigkeitenbeiträge erstellen und entweder sofort veröffentlichen oder zeitlich planen. Doch wenn Sie einen Gesamtüberblick über die geplanten Veröffentlichungen benötigen – und das gegebenenfalls auch über die verschiedenen Informationsgeber hinweg –, dann werden Sie mit den Standardfunktionen nicht ans Ziel gelangen.

Hierfür können Sie aber *Viva Amplify* einsetzen. Sie können Viva Amplify unter *https://<IhrTenant>.sharepoint.com/_layouts/15/viva-amplify.aspx* erreichen, wobei Sie *<IhrTenant>* durch den Namen Ihres Tenants ersetzen müssen. Bei Viva Amplify handelt es sich technisch betrachtet um eine besondere Seite innerhalb Ihres SharePoint-Dienstes. Wie Sie Abbildung 7.43 entnehmen können, organisieren Sie die Informationsverteilung in Amplify über *Kampagnen*. Es handelt sich dabei aber um andere Kampagnen als die in Viva Engage. Kampagnen in Viva Amplify nutzen Sie als Intranetverantwortliche oder Mitarbeitende der internen Kommunikation, um Informationen über verschiedene Kommunikationskanäle zu veröffentlichen und die Effektivität dieser Kanäle zu messen.

Abbildung 7.43 Erstellen Sie eine neue Kampagne ...

Sie können über die Schaltfläche KAMPAGNE ERSTELLEN und ein erneutes Betätigen einer solchen Schaltfläche im daraufhin erscheinenden Dialog (siehe Abbildung 7.44) eine Kampagne anlegen. Eine Kampagne sollte für ein bestimmtes Thema stehen und ein Ziel verfolgen. So könnten Sie beispielsweise bei organisatorischen Änderungen das betreffende Thema als Kampagne verpacken und dazu im nächsten Schritt (siehe Abbildung 7.45) den Kampagnennamen erfassen und um eine Beschreibung ergänzen.

Abbildung 7.44 ... und bestätigen Sie die Aktion im nächsten Dialog.

Abbildung 7.45 Geben Sie einen Namen sowie eine Beschreibung für die Kampagne an.

Sie können anschließend auch die Sprache der Kampagne auswählen und eine Farbe bestimmen, die Ihnen später hilft, bei vielen weiteren Kampagnen schnell die gewünschte Kampagne zu finden.

Nachdem Sie die Schaltfläche WEITER betätigt haben, können Sie im Dialog aus Abbildung 7.46 weitere Personen angeben, die mit Ihnen gemeinsam die Kampagne betreuen werden. Sie können folgende Rollen für die Personen vergeben (siehe Abbildung 7.47):

- Besitzer*in
- Genehmigende Person
- Editor

Abbildung 7.46 Wählen Sie alle beteiligten Personen für die Kampagne aus ...

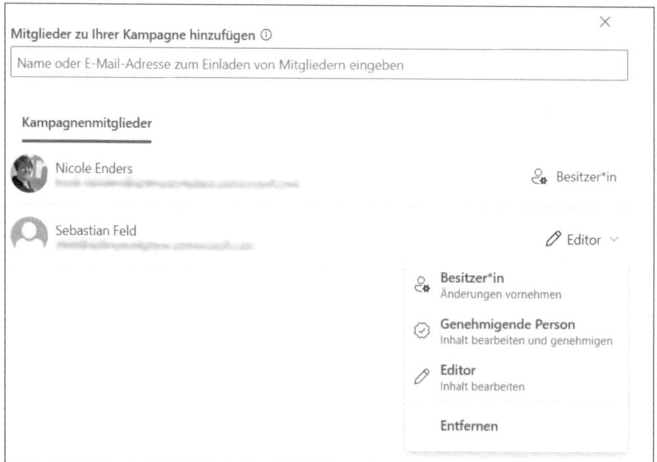

Abbildung 7.47 ... und weisen Sie ihnen die entsprechende Rolle zu.

Wenn Sie alle beteiligten Personen hinzugefügt und ihnen die passende Rolle zugewiesen haben, können Sie über die Schaltfläche KAMPAGNE ERSTELLEN den Erstellungsprozess für die neue Kampagne auslösen.

Sobald die Kampagne angelegt worden ist, finden Sie sich in einer mit Abbildung 7.48 vergleichbaren Ansicht wieder. Über die Schaltfläche CHAT IN TEAMS können Sie in den Teamraum wechseln, der automatisch für die Kampagne angelegt wurde. Dieser Teamraum dient Ihnen und den weiteren an der Kampagne beteiligten Personen zum schnellen Informationsaustausch und zur Ablage gemeinsamer Dokumente.

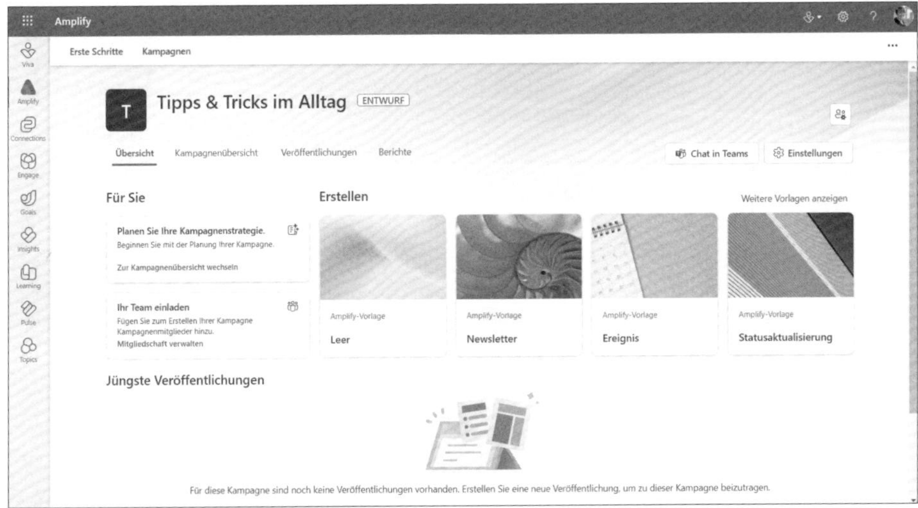

Abbildung 7.48 Ihre neue Kampagne kann nun konfiguriert und inhaltlich vorbereitet werden.

Über die Schaltfläche EINSTELLUNGEN können Sie den Namen der Kampagne sowie die Beschreibung im Nachhinein anpassen.

Sie können aber auch über die Registerkarte KAMPAGNENÜBERSICHT zu der Seite gelangen, die in Abbildung 7.49 und Abbildung 7.50 dargestellt ist, und dort die Ziele (*Objectives*) und Schlüsselbotschaften hinterlegen, die Sie an Ihre Zielgruppe senden wollen. Diese Informationen helfen den Editoren in Ihrer Kampagne, die entsprechenden Artikel, E-Mails oder Nachrichten im Allgemeinen besser auf die Zielgruppe und das Thema zuzuschneiden.

Für beide Informationsbereiche können Sie das jeweilige Eingabefeld mit einem Rich-Text-Editor nutzen. Sie speichern Ihre Änderungen über die Schaltfläche SPEICHERN oberhalb des Eingabefeldes.

Wenn Sie nun zur Registerkarte VERÖFFENTLICHUNGEN navigieren, sollte diese zu Beginn leer sein, wie in Abbildung 7.51 gezeigt. Doch über den Menüpunkt NEU können Sie dies schnell ändern.

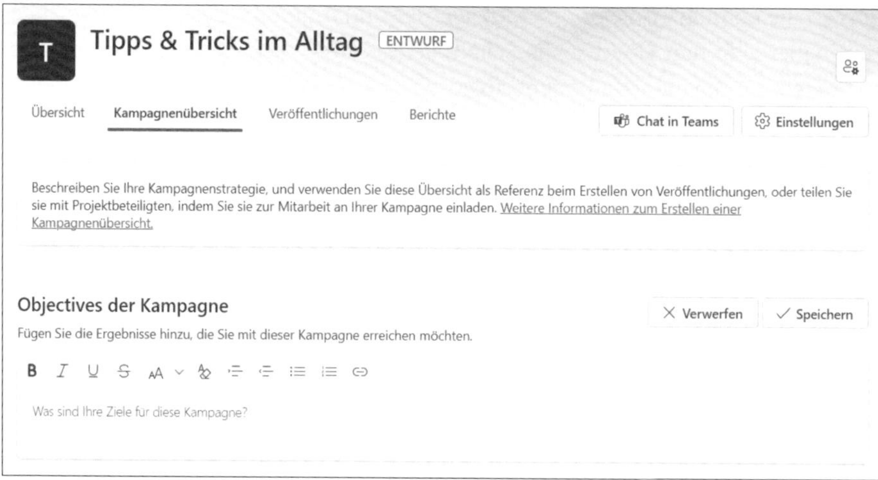

Abbildung 7.49 Erfassen Sie die Ziele und ...

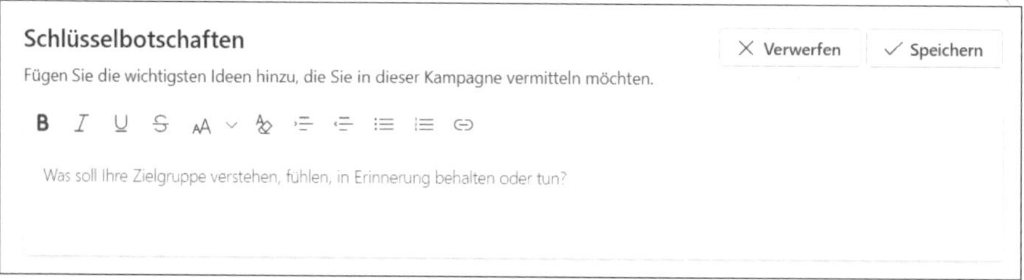

Abbildung 7.50 ... die Schlüsselbotschaften Ihrer Kampagne.

Abbildung 7.51 Planen Sie eine neue Nachricht bzw. einen Artikel.

Wie Sie Abbildung 7.52 entnehmen können, befinden Sie sich nun in einer neu für Sie angelegten Seite, die im Hinblick auf die Bedienung sowie im Hinblick auf die Komponenten, die zur Strukturierung der Seite verfügbar sind, an eine SharePoint-Seite erinnert. Und genau so können Sie nun die Nachricht gestalten, die Sie gleich über verschiedene Kanäle mit Ihrer Zielgruppe teilen möchten.

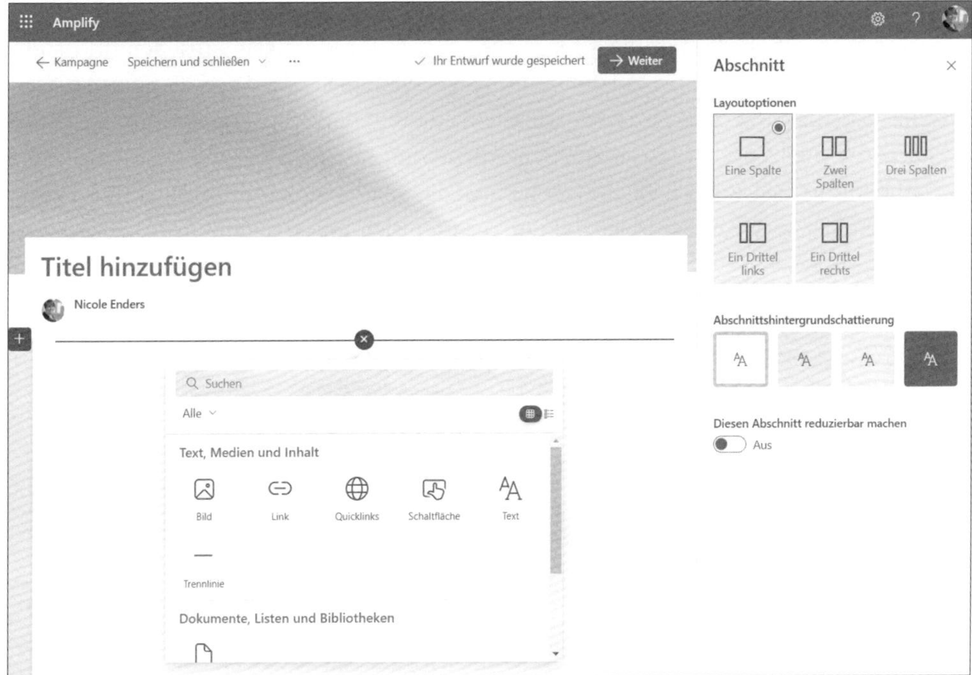

Abbildung 7.52 Sie können die Nachricht mit gewohnten Mitteln gestalten.

Ihre Nachricht wird automatisch regelmäßig gespeichert, sodass Sie sie nicht explizit speichern müssen. So können Sie in der Aktionsleiste beispielsweise ohne Bedenken den Menüpunkt LEITFADEN ZUM SCHREIBEN auswählen (siehe Abbildung 7.53).

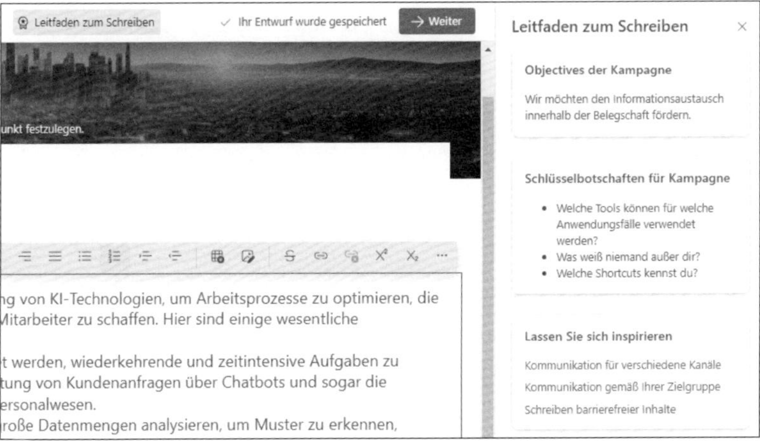

Abbildung 7.53 Nutzen Sie den Leitfaden, um den Inhalt Ihrer Nachricht an die Zielgruppe und das Thema anzupassen.

Er zeigt Ihnen die eben noch von Ihnen für die Kampagne hinterlegten Ziele und Schlüsselbotschaften an und hilft Ihnen dadurch, Ihre Nachricht noch besser auf diese Ziele und Botschaften abzustimmen.

Wenn Sie mit der Gestaltung Ihrer Nachricht bzw. Ihres Artikels zufrieden sind, steht einer Veröffentlichung nichts mehr im Wege. Wählen Sie dazu den Menüpunkt VERBREITUNGSKANÄLE aus und selektieren Sie in dem Bereich, der daraufhin rechts erscheint (siehe Abbildung 7.54), die gewünschten Kanäle. Über die Vorschau (siehe Abbildung 7.55) können Sie für jeden Kanal das spätere Ergebnis prüfen und so gegebenenfalls noch Anpassungen vor der Veröffentlichung vornehmen.

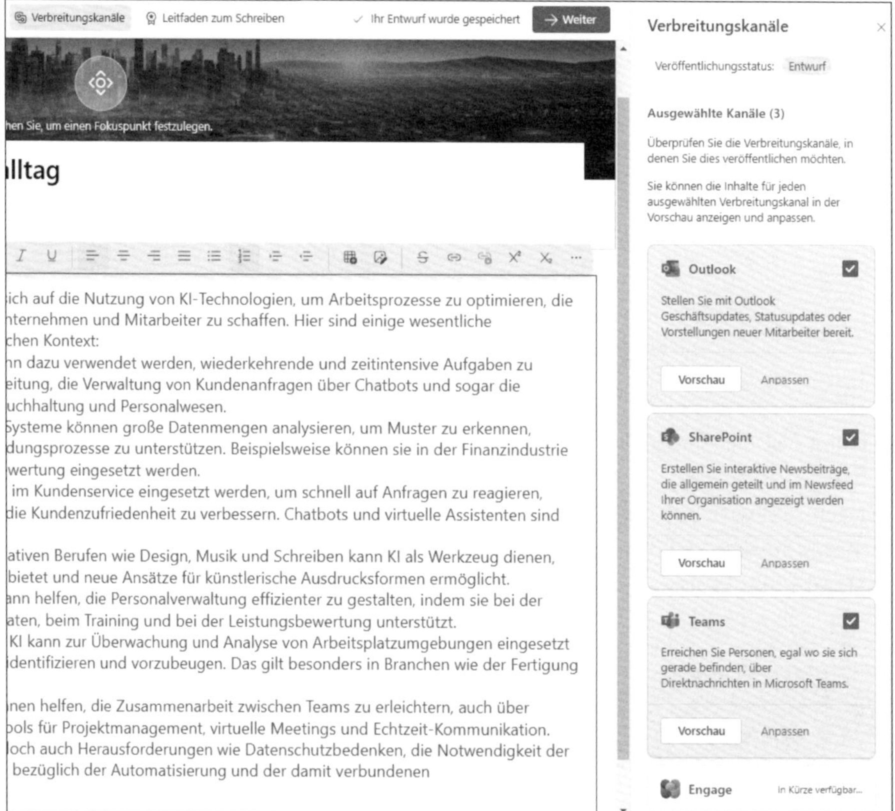

Abbildung 7.54 Wählen Sie die passenden Kanäle für die Veröffentlichung.

Wenn Sie mit der Vorschau zufrieden sind, können Sie die Schaltfläche VERÖFFENTLICHEN betätigen oder (wie in Abbildung 7.56 zu sehen ist) ein Untermenü öffnen und eine der folgenden Optionen auswählen:

- JETZT VERÖFFENTLICHEN
- VERÖFFENTLICHUNG PLANEN
- GENEHMIGUNG ANFORDERN

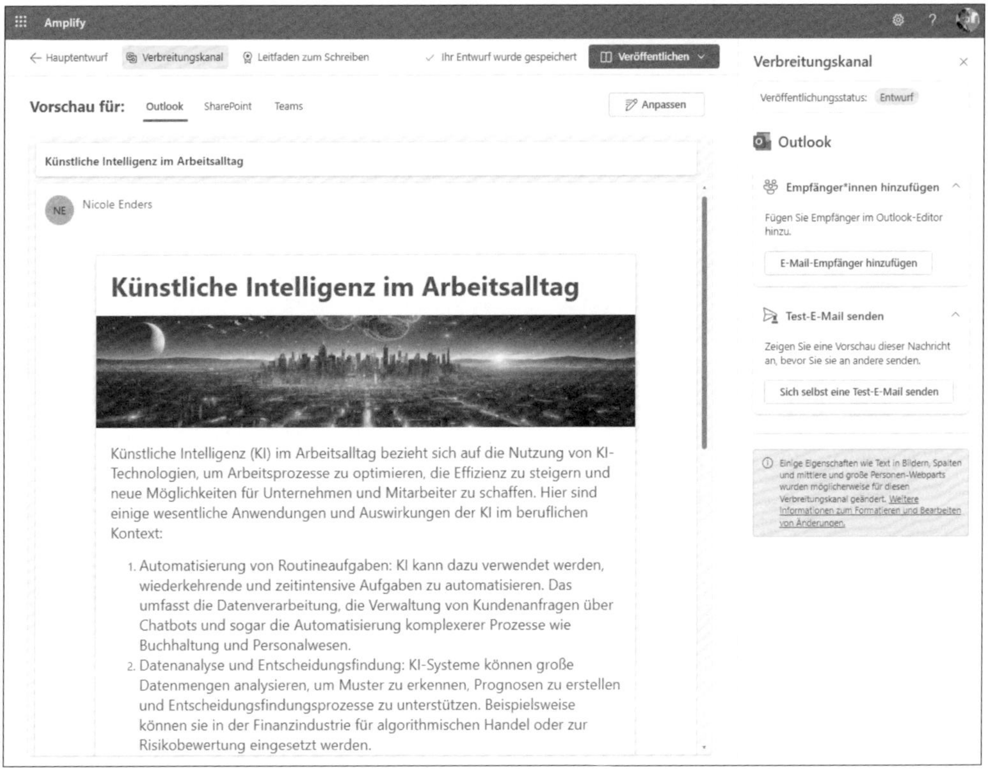

Abbildung 7.55 Prüfen Sie in der Vorschau, ob Ihre Nachricht bzw. Ihr Artikel für den Kanal optimal vorbereitet ist.

Abbildung 7.56 Wählen Sie eine Veröffentlichungsoption aus ...

Bei der dritten Option können Sie als genehmigende Person die Kolleginnen und Kollegen auswählen, denen Sie die entsprechende Rolle für die Kampagne zugewiesen haben. Wir gehen nun aber von einer direkten oder zeitlich geplanten Veröffentlichung ohne zusätzliche Genehmigung aus. Wir werden dann wie in Abbildung 7.57 aufgefordert, die Ziele für die Veröffentlichung anzugeben.

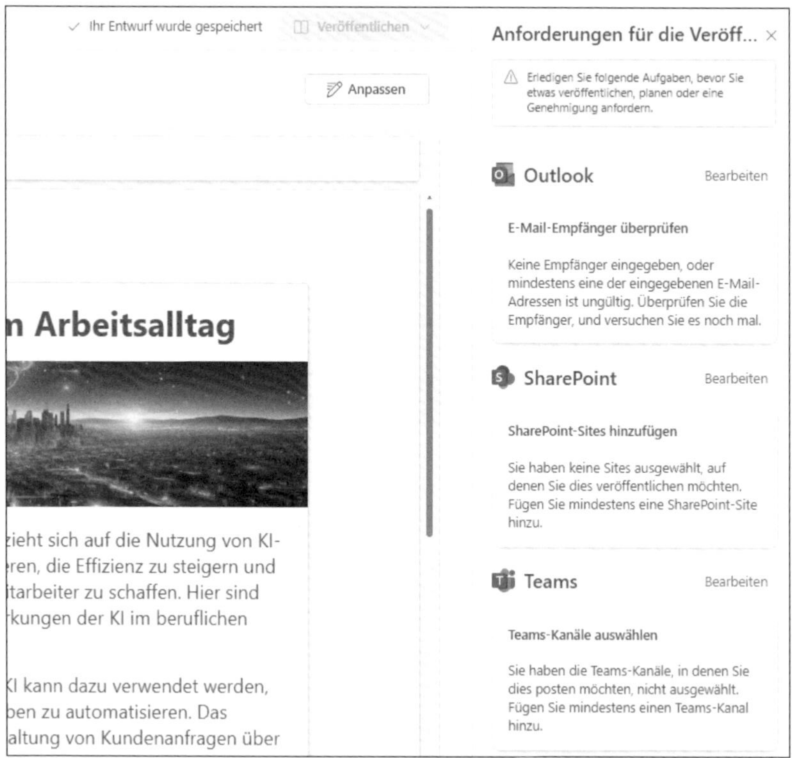

Abbildung 7.57 ... und legen Sie die Ziele für die Veröffentlichung fest.

Bei Outlook wählen Sie die gewünschten E-Mail-Empfänger aus (siehe Abbildung 7.58), während es sich bei SharePoint um die gewünschte Website handelt (siehe Abbildung 7.59).

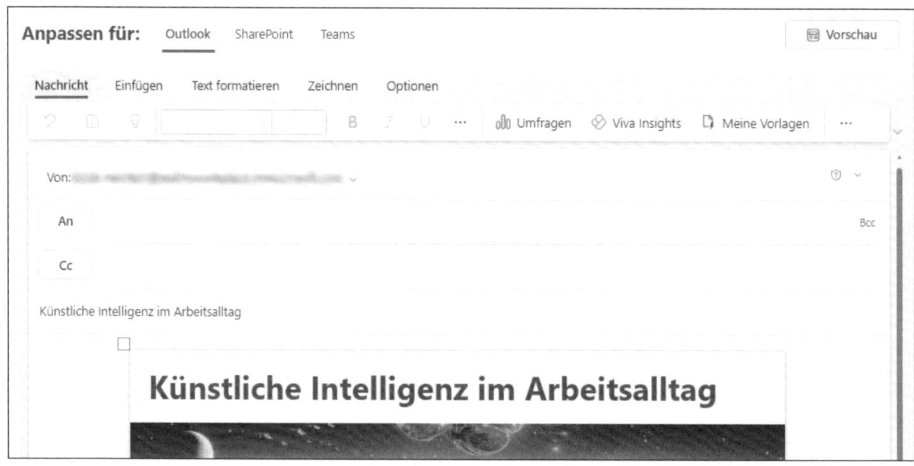

Abbildung 7.58 Wählen Sie die Empfänger für eine E-Mail aus.

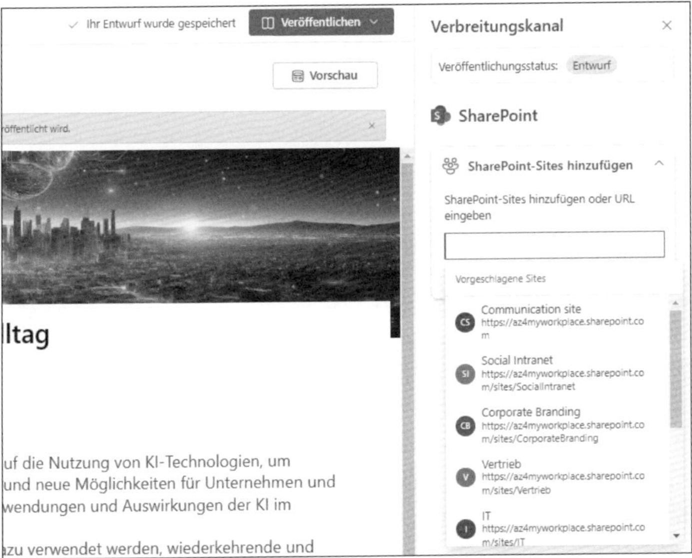

Abbildung 7.59 Geben Sie an, in welchen SharePoint-Websites die Nachricht veröffentlicht werden soll.

In Teams können Sie entweder eine Testnachricht an den Teamraum für die Kampagne senden oder direkt die gewünschten Kanäle für die Veröffentlichung auswählen (siehe Abbildung 7.60 und Abbildung 7.61).

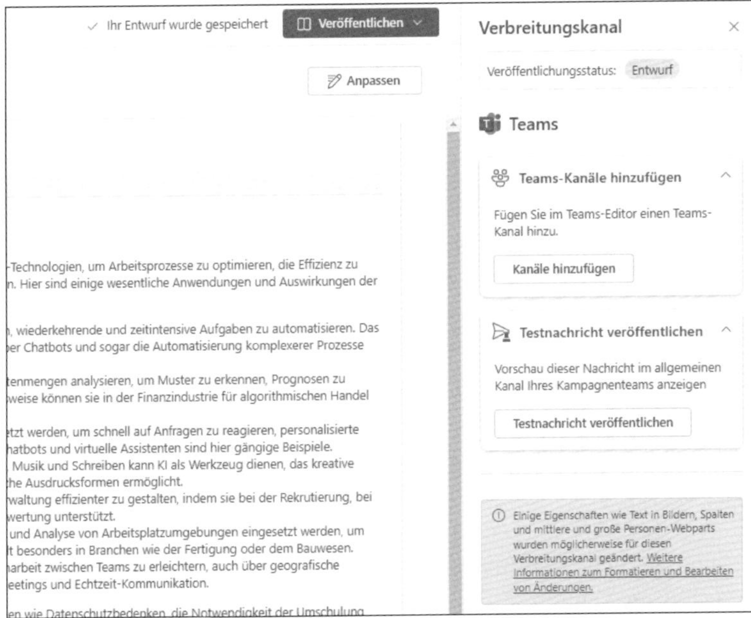

Abbildung 7.60 Senden Sie eine Testnachricht an Ihren Kampagnen-Teamraum ...

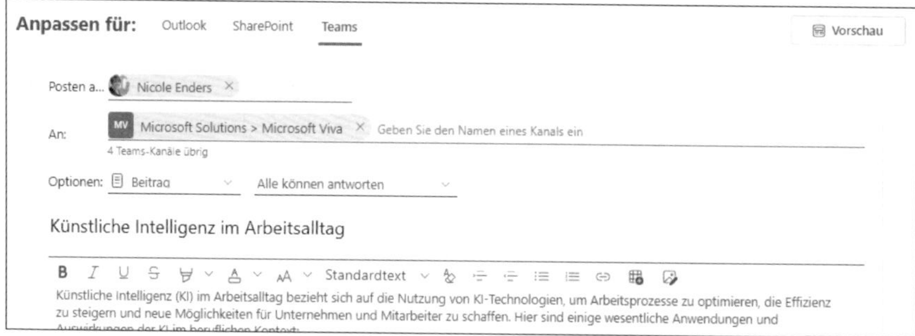

Abbildung 7.61 ... oder wählen Sie die Kanäle für die Veröffentlichung aus.

Wenn Sie für jeden ausgewählten Kanal entsprechende Ziele bzw. Empfänger ausgewählt haben, erhalten Sie eine Übersicht zur Bestätigung (siehe Abbildung 7.62). So können Sie noch einmal prüfen, ob die vorgenommenen Einstellungen korrekt sind, bevor Sie über die Schaltfläche WEITER fortfahren.

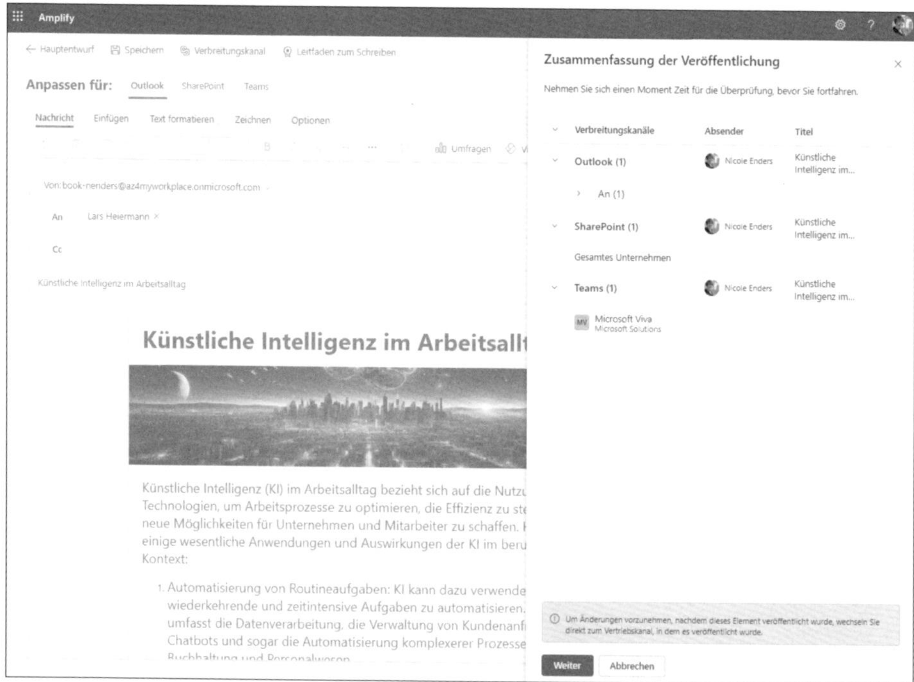

Abbildung 7.62 Prüfen Sie die hinterlegten Ziele und Empfänger, bevor Sie mit der Veröffentlichung fortfahren.

Falls Sie sich für eine zeitliche Planung der Veröffentlichung entschieden haben, steht nun wie im Dialog aus Abbildung 7.63 die Auswahl des gewünschten Datums inklusive Uhrzeit an. Dabei können Sie selbstverständlich nur Termine in der Zukunft auswählen.

Abbildung 7.63 Planen Sie den Termin für die Veröffentlichung.

Nachdem Sie die Veröffentlichung vorgenommen haben, wird Ihre Nachricht über die gewünschten Kanäle bereitgestellt und kann von Ihrer Zielgruppe konsumiert werden. Unter normalen Umständen hätten Sie nun wenige Möglichkeiten, um die Effektivität der von Ihnen ausgewählten Kanäle zu messen. Doch mit Viva Amplify erhalten Sie neben dem zentralen Steuerungsinstrument für die Planung und Veröffentlichung von Nachrichten bzw. Artikeln auch ein sogenanntes *Berichtscenter* (siehe Abbildung 7.64).

Der hier dargestellte Bericht stellt Ihnen vielfältige Informationen bereit. So können Sie genau erkennen,

- welche Kanäle wie häufig aufgerufen wurden,
- über welchen Kanal wie häufig die entsprechende Nachricht mit weiteren Personen geteilt wurde,
- wie viele Kommentare oder Reaktionen (positive oder negative) im jeweiligen Kanal erzeugt wurden und
- wie die Verteilung der Aufrufe der entsprechenden Kanäle ausschaut.

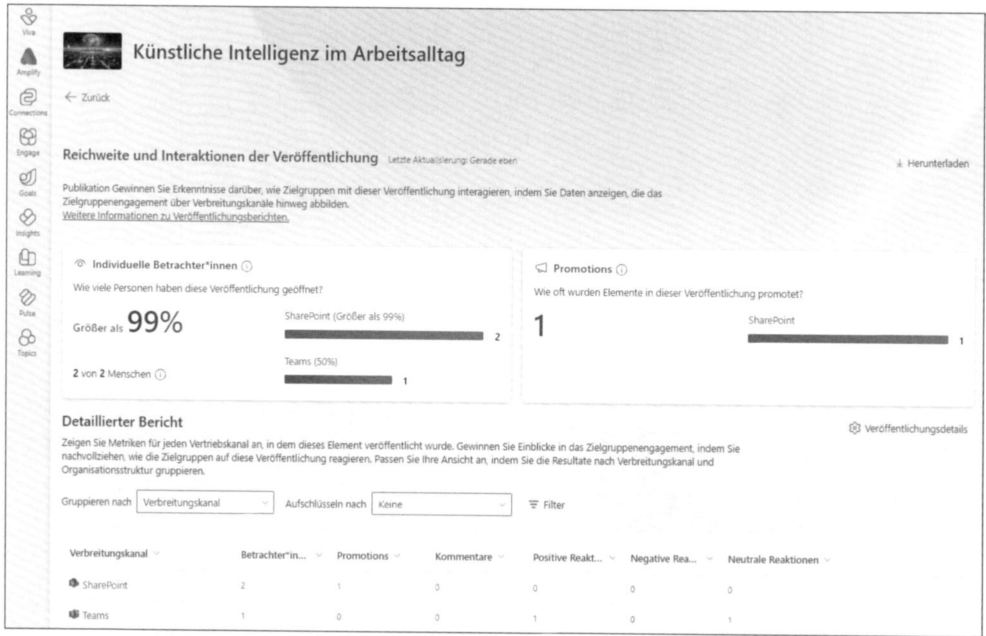

Abbildung 7.64 Das Berichtscenter zeigt die Effektivität der von Ihnen ausgewählten Kanäle auf.

Mit diesen Informationen können Sie ermitteln, welche Kanäle effektiv für Ihre Nachricht waren und welche Kanäle keinen Mehrwert geschaffen haben. Wenn Sie diese Auswertungen regelmäßig bei Veröffentlichungen prüfen, werden Sie einen guten Überblick über die Kanäle erhalten, die in Ihrem Unternehmen je nach Thema effektiv sind, und können damit Ihre Informationsverteilung optimieren.

7.3 Aktives Lernmanagement mit Viva Learning

Wir haben bisher einen großen Fokus auf die Verteilung von Informationen gelegt und auf diese Weise ein Social Intranet aufgebaut, dieses in Teams integriert und eine Möglichkeit kennengelernt, Informationen zeitgleich über mehrere Kanäle zu verteilen. Nun möchte ich auf einen komplett anderen Bereich in Form des Lernmanagements eingehen. Denn auch, wenn das Lernen erst einmal etwas für Sie persönlich ist, so entfaltet sich das volle Potenzial erst, wenn wir uns untereinander helfen, Wissen teilen und uns beim Lernen neuer Themengebiete unterstützen.

Mit *Viva Learning* können Sie allein oder gemeinsam mit Ihren Kolleginnen und Kollegen aus *Teams* heraus auf die Lerninhalte zugreifen, die für Ihr Unternehmen freigegeben sind (siehe Abbildung 7.65). Dabei kann es sich um Lerninhalte öffentlich zugänglicher Plattformen handeln (wie von Microsoft) oder um die Angebote von externen Lernplattformen sowie um unternehmenseigene Inhalte, die Sie in einer SharePoint-Website verwalten.

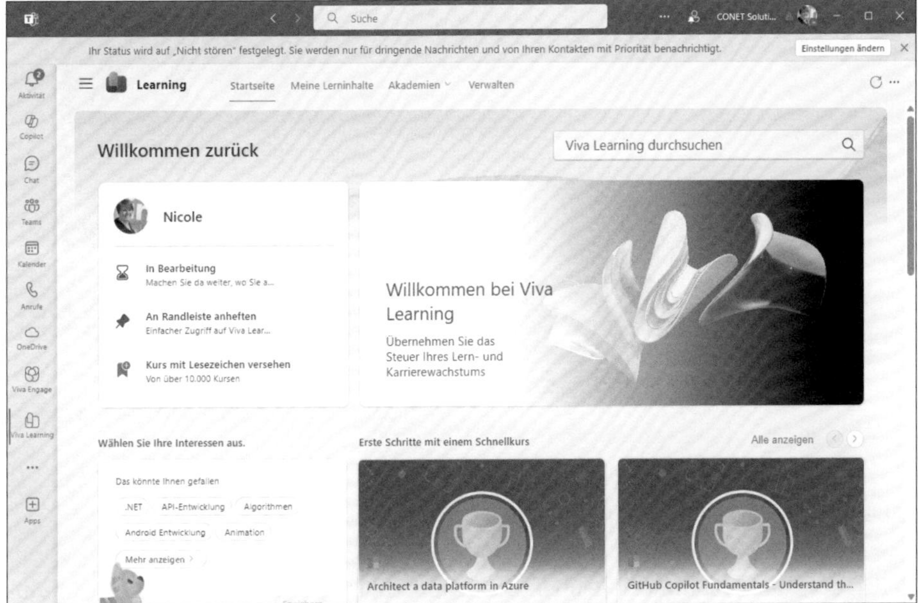

Abbildung 7.65 Viva Learning integriert sich in Ihre Teams-Umgebung.

Sie können auf der Startseite von Viva Learning im Bereich WÄHLEN SIE IHRE INTERESSEN AUS durch Auswahl der Option MEHR ANZEIGEN den Dialog aus Abbildung 7.66 aufrufen. Hier können Sie die Themen auswählen, die für Sie persönlich in Ihrem Arbeitsalltag relevant sind, und erhalten anschließend wie in Abbildung 7.67 die auf Ihre Interessen zugeschnittenen Lerninhalte bereits auf der Startseite zur Auswahl.

Abbildung 7.66 Wählen Sie die Themen aus, die Sie persönlich interessieren.

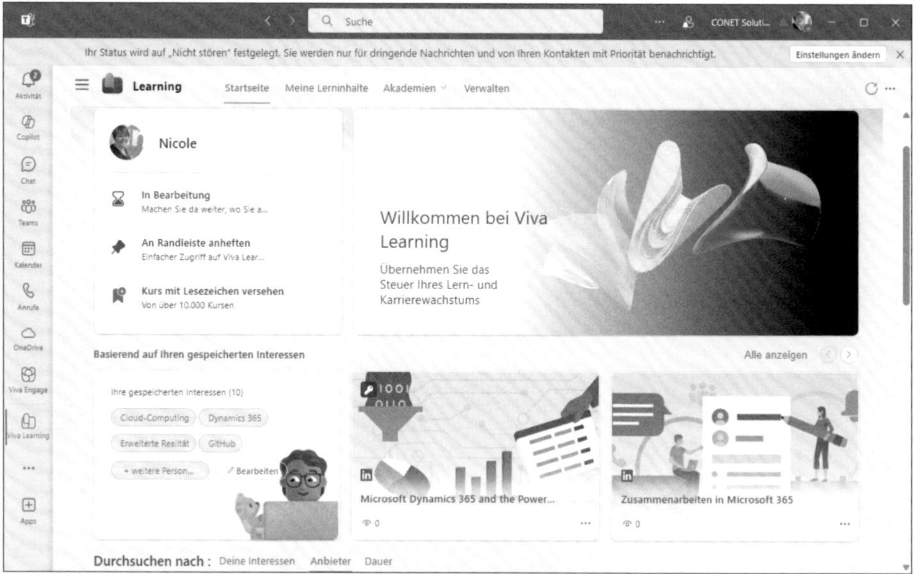

Abbildung 7.67 Die Startseite passt sich an Ihre Interessen an.

Neben der Startseite finden Sie über die Navigation im oberen Bereich weitere Menüpunkte:

- MEINE LERNINHALTE: Wenn Sie Lerninhalte für später speichern, können Sie sie über diesen Menüpunkt jederzeit aufrufen. Damit sparen Sie Zeit, die Sie ansonsten für eine erneute Suche nach dem Lerninhalt aufwenden müssten.
- AKADEMIEN: Hier finden Sie beispielsweise zu Copilot weiterführende Informationen, die von Microsoft bereitgestellt werden. Diese Informationen werden nicht in Form eines Lerninhalts bereitgestellt, sondern verweisen auf externe Seiten.
- EINSTELLUNGEN: Dieser Menüpunkt verbirgt sich hinter der Dreipunkteschaltfläche und ermöglicht es Ihnen, die für Sie persönlich verfügbaren Anbieter von Lerninhalten zu konfigurieren. Denn in der Regel werden Sie von Ihren Windows-Anmeldedaten abweichende Anmeldedaten für einen externen Anbieter von Lernmaterial haben. Abbildung 7.68 zeigt den Einstellungsdialog am Beispiel des Anbieters *LinkedIn Learning Premium*.

Abbildung 7.68 Sie können sich über den Einstellungsdialog bei den verschiedenen externen Anbietern von Lerninhalten anmelden.

Rufen Sie nun einmal einen Lerninhalt auf der Startseite auf und schauen Sie sich die Optionen auf der Detailseite näher an, die mit Abbildung 7.69 vergleichbar sein sollte. Der eigentliche Lerninhalt wird in Form eines Videos angeboten. Rechts daneben sind sein Titel und eine Beschreibung die wesentlichen Bestandteil der Seite.

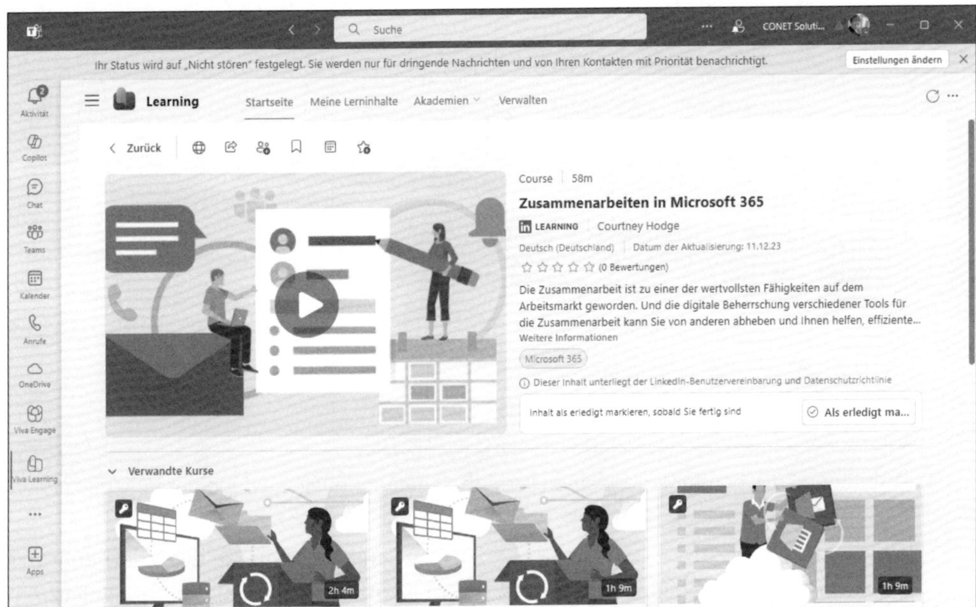

Abbildung 7.69 Die Detailseite eines Lerninhalts bietet viele verschiedene Optionen an.

Darunter werden weitere Lerninhalte empfohlen, die Ähnlichkeiten mit dem von Ihnen ausgewählten Lerninhalt aufweisen. Diese Inhalte können sowohl Basisthemen als auch weiterführende Themen darstellen.

Oberhalb des eigentlichen Lerninhalts finden Sie eine Reihe von Optionen, von denen ich Ihnen ein paar ausgewählte vorstellen möchte. Da wäre zum einen der Menüpunkt EMPFEHLEN, der den Dialog aus Abbildung 7.70 öffnet.

Sie können die Personen auswählen, die Sie über diesen Lerninhalt informieren möchten, und können sogar eine zusätzliche Nachricht angeben und ein Fälligkeitsdatum auswählen. Durch diese beiden Felder können Sie die Möglichkeit sowohl für die Empfehlungen unter den Mitarbeitenden selbst als auch für die Empfehlung durch eine Führungskraft an Ihre Mitarbeitenden nutzen. Achten Sie dabei bitte darauf, dass die entsprechende Person auch Zugriff auf den Lerninhalt haben muss; das kann bei externen Anbietern nicht vorausgesetzt werden.

Die Empfehlung selbst erfolgt über eine Chat-Nachricht und ermöglicht es den Personen, denen Sie den Lerninhalt empfehlen, Rückfragen zu stellen und Ihre Meinung zu dem Lerninhalt persönlich einzuholen.

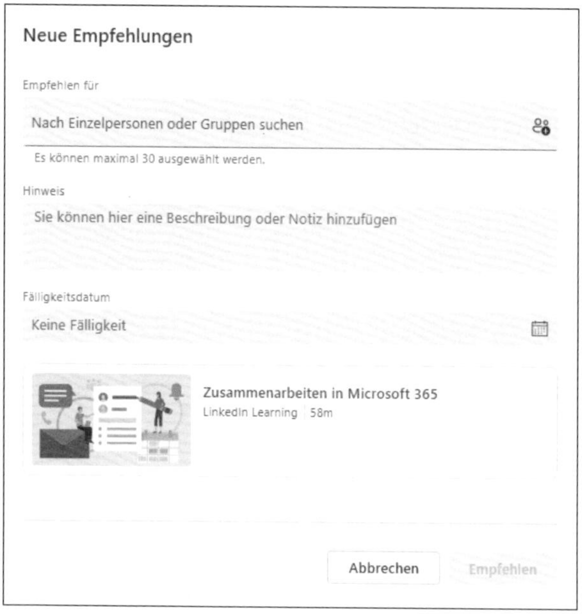

Neue Empfehlungen

Empfehlen für

Nach Einzelpersonen oder Gruppen suchen

Es können maximal 30 ausgewählt werden.

Hinweis

Sie können hier eine Beschreibung oder Notiz hinzufügen

Fälligkeitsdatum

Keine Fälligkeit

Zusammenarbeiten in Microsoft 365

LinkedIn Learning | 58m

Abbrechen Empfehlen

Abbildung 7.70 Empfehlen Sie einen Lerninhalt einem Kollegen oder einer Kollegin.

Über den Menüpunkt ZUM KALENDER HINZUFÜGEN können Sie das Erlernen eines bestimmten Themas auch bewusst in Ihrem Terminkalender planen. Vielleicht haben Sie bereits mithilfe von *Viva Insights* Zeit zum Lernen in Ihrem Arbeitsalltag reserviert und können nun etwas von dieser Zeit für genau diesen Lerninhalt verwenden. Wählen Sie in dem Dialog aus Abbildung 7.71 die für Sie passende Zeit aus, um diese Zeit für sich zu reservieren und das neue Wissen zu erwerben.

Abbildung 7.71 Planen Sie das Erlernen eines neuen Themas in Ihrem Kalender.

Vergessen Sie bitte auch nicht, den Lerninhalt nach Abschluss des Videos zu bewerten, wie Sie es in Abbildung 7.72 sehen können. Ihre Kolleginnen und Kollegen erhalten genau wie Sie zu einem Lerninhalt auch die durchschnittliche Bewertung und werden vermutlich eher zu einem Lerninhalt mit fünf Sternen tendieren, anstatt einen Lerninhalt ohne Bewertungen oder mit nur einem Stern auszuwählen.

Abbildung 7.72 Bewerten Sie Lerninhalte, damit Ihre Kolleginnen und Kollegen diese Information bei der Auswahl von Lerninhalten nutzen können.

Teilen Sie Ihr erworbenes Wissen

Wenn Sie etwas Neues gelernt haben, können Sie zum einen den Lerninhalt mit anderen Personen teilen bzw. diesen empfehlen. Sie können aber auch in *Viva Engage* oder über *Teams* über Ihr neu erworbenes Wissen berichten. Dabei können Sie entweder die schriftliche Form wählen und einen Post veröffentlichen oder Sie nutzen *Clipchamp* bzw. die Videoaufnahmefunktion in Viva Engage oder Stream, um ein kurzes Video von sich zu erstellen und dieses anschließend zu veröffentlichen, beispielsweise in Ihrer Storyline.

Durch das geteilte Wissen werden Sie als Team leistungsfähiger und können gemeinsam die Aufgaben im Arbeitsalltag besser bewältigen. Damit tragen Sie zum Unternehmenserfolg bei.

7.4 Umfragen und ein Quiz zur Einbindung der Mitarbeitenden

In *Viva Engage* haben Sie bereits die Funktion der Umfragen kennengelernt, mit denen Sie die Meinung der Mitarbeitenden zu bestimmten Fragestellungen einholen und die Antworten auswerten können. In Microsoft 365 wird Ihnen mit *Forms* aber auch ein zentraler Dienst für Umfragen und Quizze angeboten, den Sie über den *App Launcher* aufrufen können.

7.4.1 Eine Umfrage erstellen

Sie beginnen mit dem Erstellen einer neuen Umfrage (um beispielsweise Feedback zum letzten Gesundheitstag einzuholen), indem Sie *Forms* über den *App Launcher* oder über die Websiteadresse *https://forms.office.com* aufrufen und anschließend den Menüpunkt NEUES FORMULAR auswählen (siehe Abbildung 7.73).

Abbildung 7.73 Microsoft Forms ist der zentrale Dienst für Umfragen in Microsoft 365 und kann in SharePoint integriert werden.

Abbildung 7.74 und Abbildung 7.75 zeigen eine neue Umfrage. Welche der beiden Ansichten verwendet wird, hängt davon ab, wie Sie Forms aufgerufen haben und wie häufig Sie bereits Formulare erstellt haben. Als Erstes sollten Sie einen Namen für Ihre Umfrage angeben. Dabei handelt es sich um eine Überschrift, die den Zweck der in der Umfrage enthaltenen Fragen beschreibt. Um den Namen anzugeben, klicken Sie lediglich auf den Platzhaltertext UNBENANNTES FORMULAR und wechseln damit in den Bearbeitungsmodus, den Sie in Abbildung 7.75 sehen.

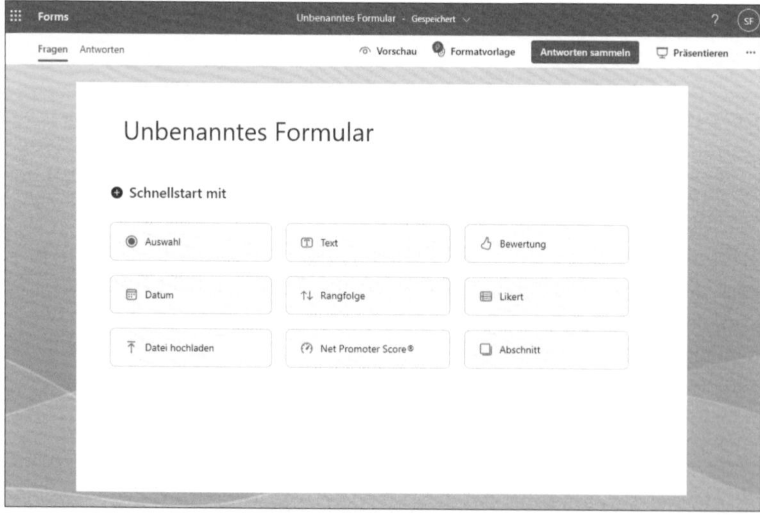

Abbildung 7.74 Bei einer neuen Umfrage wird als Erstes ein Name für die Umfrage angegeben.

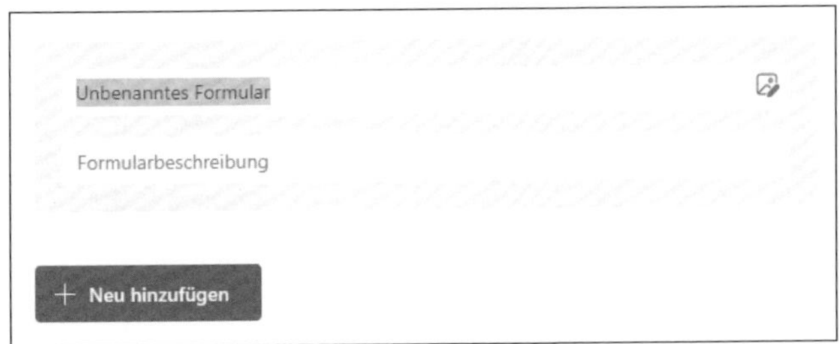

Abbildung 7.75 Klicken Sie bei dieser Ansicht auf den Text »Unbenanntes Formular«, um den Bearbeitungsmodus aufzurufen und einen Namen anzugeben.

Neben dem Namen können Sie auch eine Beschreibung angeben sowie ein Bild auswählen, indem Sie rechts im Eingabefeld für den Namen auf das Icon klicken, ein Bild auswählen und dieses hochladen (siehe Abbildung 7.76 und Abbildung 7.77).

Abbildung 7.76 Wählen Sie ein Bild für die Umfrage aus.

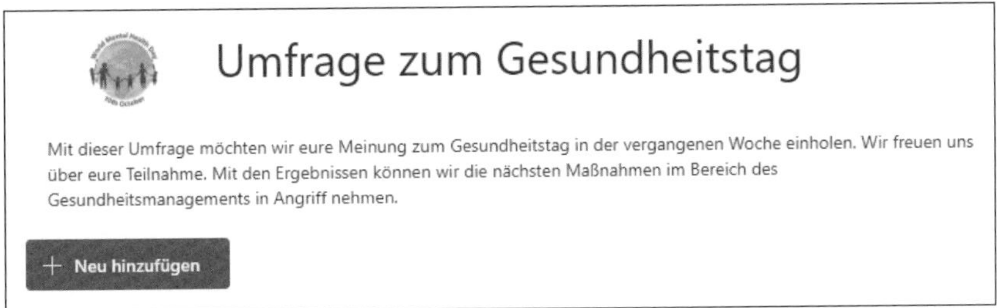

Abbildung 7.77 Das Bild für die Umfrage wird links von ihrem Namen angezeigt.

Fragen hinzufügen

Über den Menüpunkt FRAGE HINZUFÜGEN lassen sich nun beliebig viele Fragen für Ihre Umfrage konfigurieren. Abbildung 7.78 stellt die verschiedenen Fragetypen dar.

Abbildung 7.78 Sie können aus unterschiedlichen Fragetypen auswählen.

Sie werden exemplarisch für eine Umfrage eine Auswahl dieser Fragetypen verwenden, um die Charakteristika des jeweiligen Typs kennenzulernen.

Fragetyp »Bewertung«

Bei diesem Fragetyp formulieren Sie die Frage, geben einen Untertitel (beschreibenden Text) an und stellen ein, ob die Bewertung in Form von Sternen oder Punkten erfolgen soll. Außerdem legen Sie die Maximalpunktzahl fest.

Abbildung 7.79 Fügen Sie eine Frage vom Typ »Bewertung« hinzu.

Abbildung 7.80 Für die Nutzer und Nutzerinnen sieht eine Frage vom Typ »Bewertung« so aus.

Fragetyp »Likert«

Bei diesem Fragetyp können Sie viele von Ihnen frei definierte »Aussagen« (siehe Zeilen in Abbildung 7.81) nach denselben Kriterien (siehe Spalten) bewerten lassen.

In dem von mir gewählten Beispiel handelt es sich um Schulnoten. Sie können aber mit einem Klick auf die Spaltenüberschrift auch die Kriterien frei editieren (siehe Abbildung 7.82).

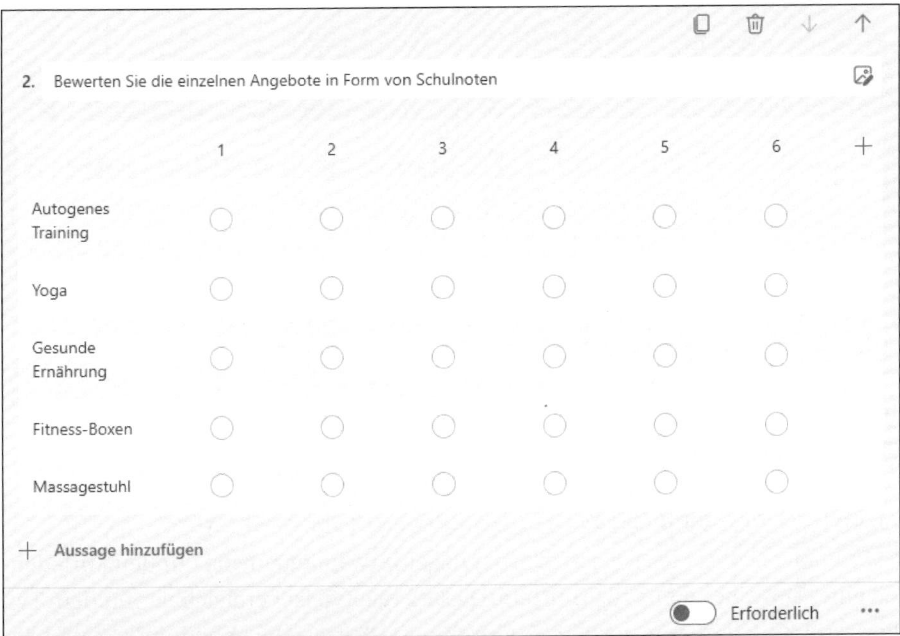

Abbildung 7.81 Konfigurieren Sie eine Frage vom Typ »Likert«, um verschiedene Aspekte nach denselben Kriterien zu bewerten.

2. Bewerten Sie die einzelnen Angebote in Form von Schulnoten

	1	2	3	4	5	6
Autogenes Training	○	○	○	○	○	○
Yoga	○	○	○	○	○	○
Gesunde Ernährung	○	○	○	○	○	○
Fitness-Boxen	○	○	○	○	○	○
Massagestuhl	○	○	○	○	○	○

Abbildung 7.82 Später wird eine Frage vom Typ »Likert« so angezeigt.

Fragetyp »Rangfolge«

Hier formulieren Sie Fragen, deren hinterlegte Antworten in eine Reihenfolge gebracht werden sollen. Diese Fragen können unter anderem zur Priorisierung genutzt werden. In dem Beispiel aus Abbildung 7.83 lasse ich die Mitarbeitenden entscheiden, welche Obstsorte ihnen am liebsten ist.

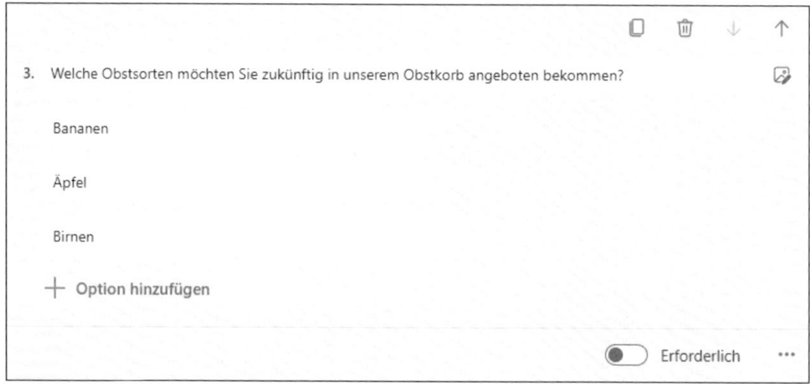

Abbildung 7.83 Konfigurieren Sie eine Frage, mit der Sie die Mitarbeitenden zu einer Priorisierung der verfügbaren Antworten auffordern.

Fragetyp »Net Promoter Score«

Net Promoter Score (auch *NPS*) wird in der Regel verwendet, um die Kundenzufriedenheit eines Unternehmens zu ermitteln. Dieser Fragetyp ist vergleichbar mit dem Typ »Bewertung«, falls dieser auf zehn Stufen eingestellt ist (siehe Abbildung 7.84 und Abbildung 7.85). Der Unterschied offenbart sich erst bei der Auswertung der Umfrage. Die Auswertungsfunktionen betrachten wir jedoch erst in Abschnitt 7.4.5.

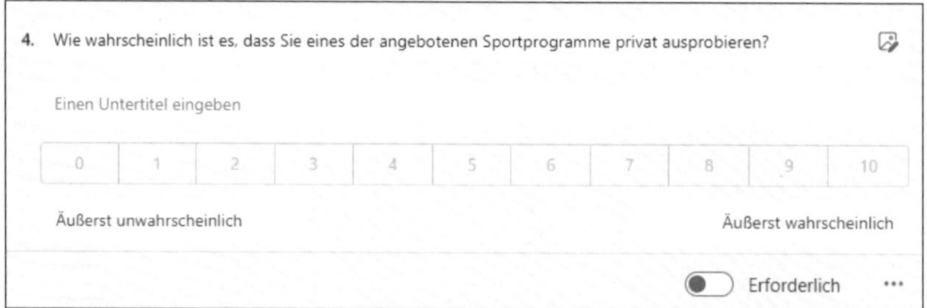

Abbildung 7.84 Nutzen Sie den Typ »NPS« anstelle des Typs »Bewertung«.

Abbildung 7.85 Späteres Aussehen einer Frage vom Typ »Net Promoter Score«

Fragetyp »Text«

In vielen Umfragen werden zum Schluss in einem Freitextfeld zusätzliche Anmerkungen erfasst. Um diese Gelegenheit auch in Ihrer Umfrage bereitzustellen, wählen

Sie den Fragetyp TEXT aus und aktivieren wie in Abbildung 7.86 die Option LANGE ANTWORT.

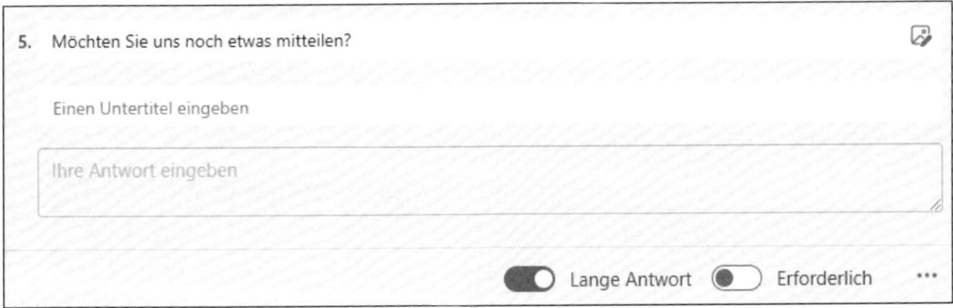

Abbildung 7.86 Konfigurieren Sie eine Frage mit einem Freitextfeld für die Antwort.

Abbildung 7.87 Späteres Aussehen einer Frage vom Typ »Text«

Kann ich auch Abhängigkeiten zwischen Fragen konfigurieren?

Sie können mit den verschiedenen Fragetypen bereits eine Vielzahl an unterschiedlichen Umfragen erstellen, um das Meinungsbild der Mitarbeitenden zu bestimmten Themen abzufragen. Manchmal werden Sie eine Frage aber nur dann stellen wollen, wenn auf die vorherige Frage eine ganz bestimmte Antwort gegeben wurde.

Klicken Sie dafür bei einer Frage, nach der Sie abhängig von der gegebenen Antwort den weiteren Verlauf der Umfrage variieren möchten, auf die Dreipunkteschaltfläche und wählen Sie im daraufhin erscheinenden Menü den Menüpunkt VERZWEIGUNG HINZUFÜGEN aus (siehe Abbildung 7.79). Sie befinden sich nun im Bereich der sogenannten *Verzweigungsoptionen* und können bei jeder Antwortmöglichkeit die nächste anzuzeigende Frage auswählen. Damit sind Sie bei der Gestaltung Ihrer Umfragen noch flexibler.

7.4.2 Eine Umfrage mit Unterstützung Ihres Copiloten erstellen

Falls Sie *Microsoft 365 Copilot* einsetzen, steht Ihnen auch in Forms Ihr persönlicher Assistent zur Verfügung. Und so werden Sie nach dem Betätigen der Schaltfläche NEUES FORMULAR unter *https://forms.office.com* auch mit einem Eingabefenster für Ihre Anweisungen begrüßt (siehe Abbildung 7.88).

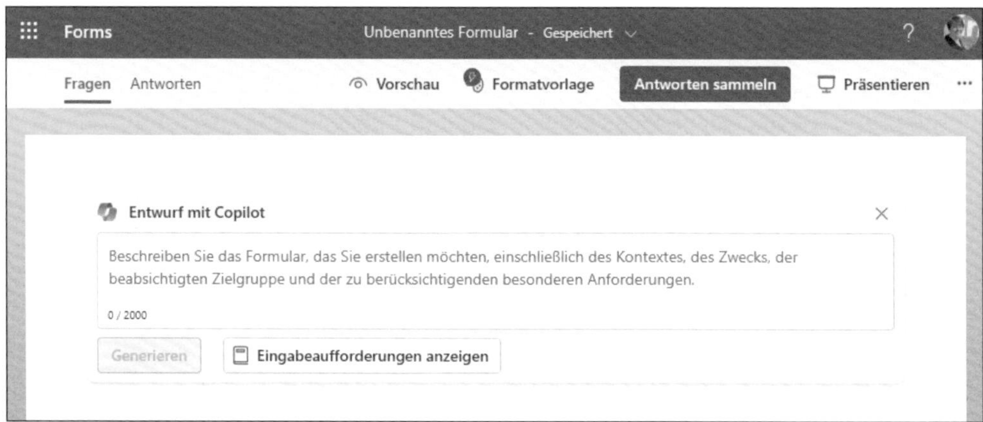

Abbildung 7.88 Copilot kann einen ersten Entwurf für Ihr Formular erstellen und somit Ihren zeitlichen Aufwand reduzieren.

Wenn Sie noch nicht viele Erfahrungen mit Copilot bzw. generativer KI im Allgemeinen gesammelt haben, können Sie die Schaltfläche EINGABEAUFFORDERUNGEN ANZEIGEN nutzen und sich ein paar exemplarische Eingabeaufforderungen für Anwendungsfälle aus der Praxis anschauen. So entwickeln Sie ein Gefühl dafür, wie viele Informationen in Ihrer Anweisung enthalten sein sollten, damit Sie auch ein für Sie passendes Ergebnis erhalten. Dies ist überhaupt der wichtigste Aspekt bei Copilot – denn die Qualität des von Copilot erzeugten Ergebnisses hängt maßgeblich von dem Detaillierungsgrad und der Genauigkeit Ihrer Eingabeaufforderung ab, die auch als *Prompt* bezeichnet wird.

Wenn Sie das Beispiel aus dem vorangegangenen Abschnitt einmal aufgreifen, können Sie nun in Ihrer Anweisung beschreiben, welche Art von Formular Sie erstellen möchten und welche Fragen enthalten sein sollen. Wenn wir das Beispiel des Gesundheitstags verwenden, könnte die vermutlich im Intranet veröffentlichte Agenda oder eine Beschreibung der Veranstaltung für den Prompt hilfreich sein.

Was kann ich tun, wenn ich Copilot in einem bestimmten Fall nicht nutzen möchte?

Falls Ihnen *Microsoft 365 Copilot* zur Verfügung steht, Sie diesen aber aus einem bestimmten Grund nicht nutzen möchten, können Sie über das X oben rechts im Eingabebereich von Copilot (siehe Abbildung 7.88) diesen Bereich schließen. Sie befinden sich dann in der Ansicht aus Abbildung 7.89.

Über die Schaltfläche ERSTELLEN SIE IHRE ERSTE FRAGE können Sie so, wie im vorangegangenen Abschnitt beschrieben, nach und nach selbst die Fragen zu Ihrem Formular hinzufügen.

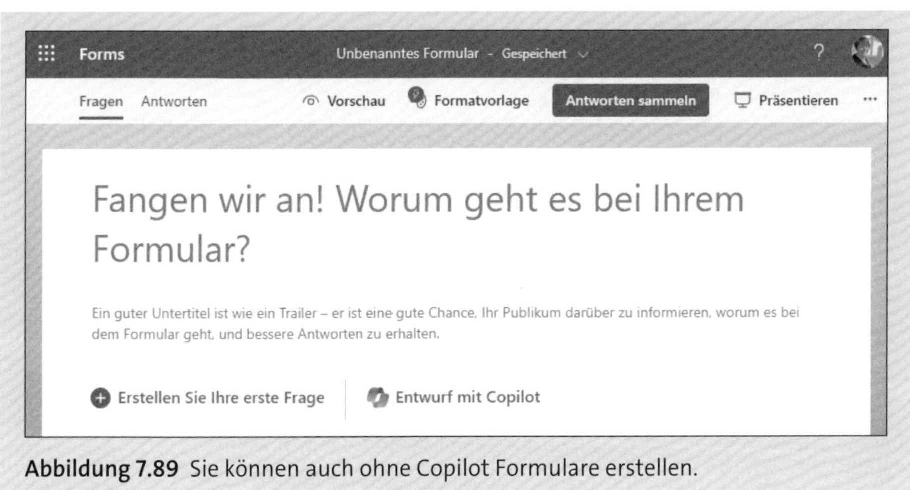

Abbildung 7.89 Sie können auch ohne Copilot Formulare erstellen.

Vermutlich werden Sie gerade zu Beginn ein paar Versuche benötigen, um den für Ihre Anforderungen richtigen Detaillierungsgrad zu finden. Ich möchte Ihnen hier eine mögliche Variante der Anweisung vorstellen, die keinen Anspruch erhebt, einen typischen Gesundheitstag vollständig zu beschreiben. Sie soll Ihnen aber ein Gefühl dafür vermitteln, welche Informationen Sie Copilot mitgeben können, um ein gutes Feedback-Formular zu erhalten:

»Erstelle ein Formular, um Feedback zu dem Gesundheitstag einzuholen, der letzte Woche stattgefunden hat. Das Kernthema des Gesundheitstags lautete ›Mental Health‹ und es wurden verschiedene Schnupperkurse angeboten, z. B. Yoga, Autogenes Training, Progressive Muskelentspannung und Fitness-Boxen. Die Mitarbeitenden konnten sich auch bei verschiedenen externen Anbietern zu Gesundheitsprogrammen informieren. Das unternehmensinterne Team für Gesundheitsmanagement hatte in der Ausstellung auch einen Stand und hat über seine Angebote für die Mitarbeitenden informiert. Über das Formular möchte das Team für Gesundheitsmanagement erfahren, welche Angebote positiv bewertet wurden und welches Angebot nicht so gut angenommen wurde. Außerdem können die Mitarbeitenden hier bestimmen, welche Obstsorten zukünftig vom Unternehmen zur Verfügung gestellt werden und wie die Pausenzeiten geregelt werden.«

Mit dieser Eingabe erzeugt Copilot nach dem Betätigen der Schaltfläche GENERIEREN einen Entwurf, den Sie in Abbildung 7.90 sehen können. An dieser Stelle können Sie den Vorschlag prüfen und bei Bedarf über das Papierkorbsymbol Fragen entfernen, die Sie nicht in die Umfrage aufnehmen möchten. Falls Sie mit dem Ergebnis noch nicht zufrieden sind, können Sie Ihre Anweisung auch über das Eingabefeld unterhalb des Vorschlags konkretisieren und einen neuen Vorschlag generieren lassen.

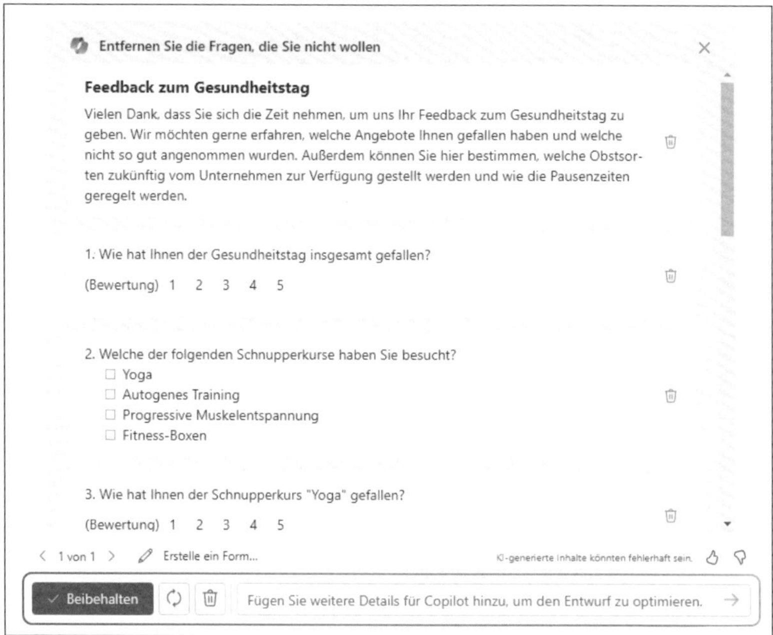

Abbildung 7.90 Sie erhalten einen ersten Entwurf von Copilot zur Prüfung.

Wenn Sie allerdings mit einem Vorschlag zufrieden sind, können Sie die Schaltfläche BEIBEHALTEN betätigen. Nun wird Ihr Formular in wenigen Sekunden für Sie erstellt und Ihnen zur weiteren Bearbeitung zur Verfügung gestellt (siehe Abbildung 7.91).

Abbildung 7.91 Ihr Feedback-Formular wurde in Sekundenschnelle für Sie generiert.

Bei der weiteren Bearbeitung, beispielsweise beim nachträglichen Hinzufügen oder Bearbeiten von Fragen, können Sie wieder auf die Möglichkeiten zurückgreifen, die ich im vorangegangenen Abschnitt vorgestellt habe. Doch für das initiale Erstellen von größeren Formularen (also Formularen mit mehr als einer Handvoll Fragen) stellt Copilot eine große Arbeitserleichterung für Sie dar – vorausgesetzt, Sie wissen, wie Sie Ihre Anforderungen genau ausdrücken, denn Übung macht bekanntlich den Meister.

7.4.3 Ein Quiz erstellen

Mit *Forms* können Sie neben Umfragen auch Quizze erstellen. In einigen Unternehmen habe ich schon erlebt, dass beispielsweise im Rahmen eines Firmenjubiläums für die Mitarbeitenden ein Quiz erstellt und Preise ausgelobt wurden. Darüber wurde erreicht, dass sich die Mitarbeitenden detaillierter mit der Firmengeschichte auseinandersetzen. Aber auch für das Beispiel des Gesundheitstages ist ein Quiz vorstellbar, über das die Mitarbeitenden beispielsweise ihr Wissen rund um gesunde Lebensmittel testen können.

Die Konfiguration eines Quiz ist nahezu identisch mit der Konfiguration einer Umfrage. Der einzige Unterschied besteht darin, dass Sie beim Quiz für jede Frage die richtige Antwort bzw. die richtigen Antworten angeben und eine Punktzahl für die richtige Beantwortung der Frage festlegen können.

In Abbildung 7.92 und Abbildung 7.93 sehen Sie jeweils eine Frage vom Typ AUSWAHL. Bei einer Mehrfachauswahl können auch mehrere Antworten als richtig markiert werden. Die an der Umfrage teilnehmende Person erhält nur dann die für die Frage angegebene Punktzahl, wenn sie alle richtigen Antworten auswählt. Eine Teilmenge gilt nicht als teilweise richtige Beantwortung und führt zu 0 Punkten für diese Frage.

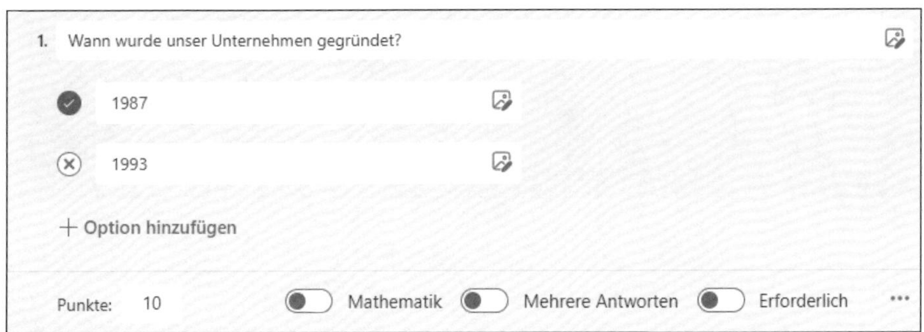

Abbildung 7.92 Bei einem Quiz geben Sie die richtige Antwort und eine Punktzahl für die richtige Beantwortung der Frage an.

Sie können auch über die Sprechblase rechts neben einer Antwort (siehe Abbildung 7.93) einen Hinweistext angeben, der nach dem Beantworten der Frage angezeigt wird und erklärt, warum diese Antwort richtig bzw. falsch ist. So können Sie das Quiz auch nutzen, damit die teilnehmenden Personen im Zweifelsfall noch etwas Neues lernen und nicht nur ihr Wissen überprüfen.

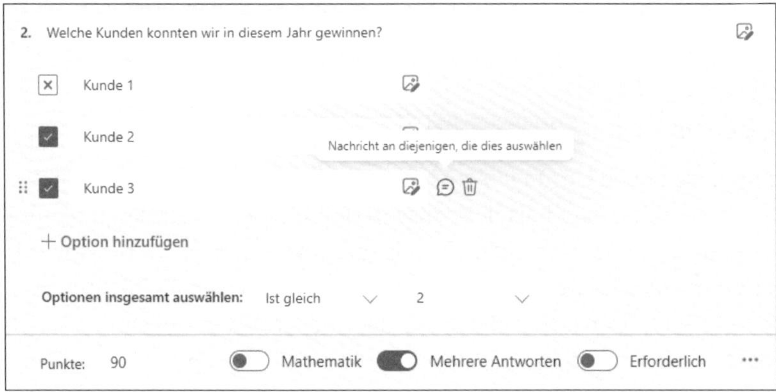

Abbildung 7.93 Bei einer Mehrfachwauswahl können auch mehrere Antworten richtig sein.

7.4.4 Eine Umfrage oder ein Quiz bereitstellen

Sie können nun Ihre Umfrage oder Ihr Quiz in Ihrem Social Intranet bereitstellen. Legen Sie dazu beispielsweise eine neue Seite innerhalb Ihrer Hubwebsite (siehe Abschnitt 7.1.1) an und fügen Sie so, wie Ihnen Abbildung 7.94 zeigt, das *Microsoft Forms*-Webpart hinzu.

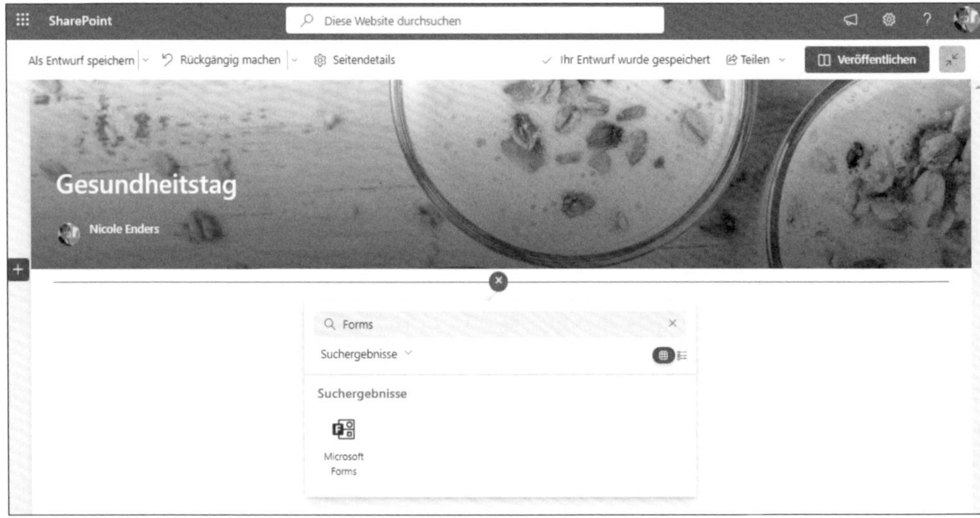

Abbildung 7.94 Fügen Sie das »Microsoft Forms«-Webpart einer Seite hinzu.

Betätigen Sie anschließend die Schaltfläche VORHANDENES FORMULAR HINZUFÜGEN (in Abbildung 7.95), um den Konfigurationsdialog zu öffnen, den Sie in Abbildung 7.96 sehen. Als Erstes geben Sie den Link auf die Umfrage in Forms an.

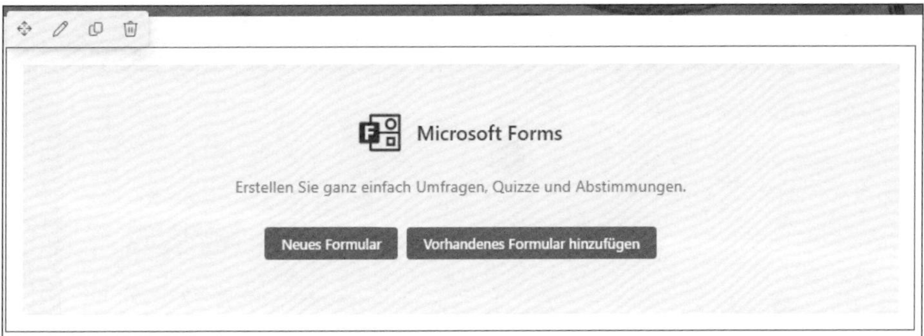

Abbildung 7.95 Sie können aus dem Webpart heraus ein neues Formular erstellen oder ein bestehendes auswählen.

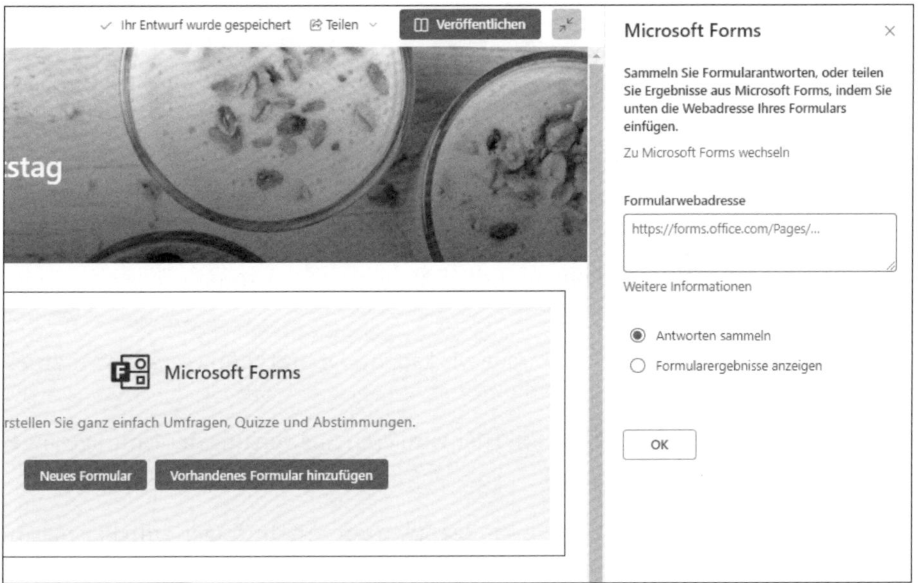

Abbildung 7.96 Geben Sie den Link zu Ihrer Umfrage oder Ihrem Quiz an.

Weil Sie die Umfrage erstellen, können Sie in *Forms* über die Schaltfläche ANTWORTEN SAMMELN oberhalb des eigentlichen Formulars den Dialog aus Abbildung 7.97 aufrufen. Hier können Sie ganz genau einstellen, wie das Formular ausgefüllt werden kann, wie viele Antworten möglich sind und wie Sie das Formular verteilen möchten. Wir benötigen für die Integration in unser Social Intranet den Link, der im rechten Bereich des Dialogs bereits angeboten wird. Über die Schaltfläche LINK KOPIEREN übernehmen Sie den Link in Ihre Zwischenablage und können ihn, zurück in der *SharePoint*-Seite, mit Strg + V einfügen.

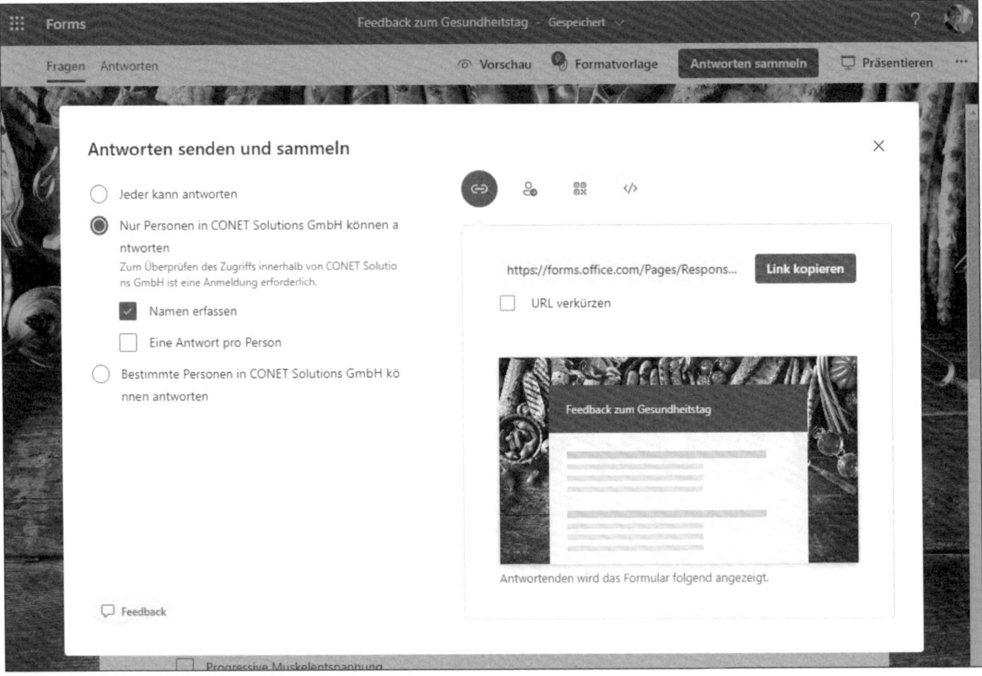

Abbildung 7.97 Kopieren Sie den Link auf die Umfrage.

Unterhalb des Eingabefelds stehen für die Darstellung der Umfrage folgende Optionen bereit (siehe Abbildung 7.98):

- ANTWORTEN SAMMELN: Die Umfrage wird angezeigt und kann von allen Mitarbeitenden beantwortet werden.
- FORMULARERGEBNISSE ANZEIGEN: Hier wird eine Auswertung der Umfrage angezeigt (siehe nächster Abschnitt).

Mithilfe dieser Optionen können Sie das Beantworten von Umfragen zum Beispiel innerhalb des HOME-Bereichs in Ihrem Social Intranet erlauben und die Auswertung der jeweiligen Umfragen innerhalb der Arbeitsräume der Personengruppe bereitstellen, die diese Umfragen ursprünglich erstellt hat oder die die Umfrageergebnisse weiterverarbeiten soll.

Werfen wir noch kurz einen Blick auf die fertige Konfiguration. Sobald Sie die Seite veröffentlicht haben, können die Mitarbeitenden Ihres Unternehmens die Umfrage beantworten (siehe Abbildung 7.99). Nachdem sie alle Fragen beantwortet haben, können sie die Ergebnisse über die Schaltfläche ABSENDEN an Forms versenden.

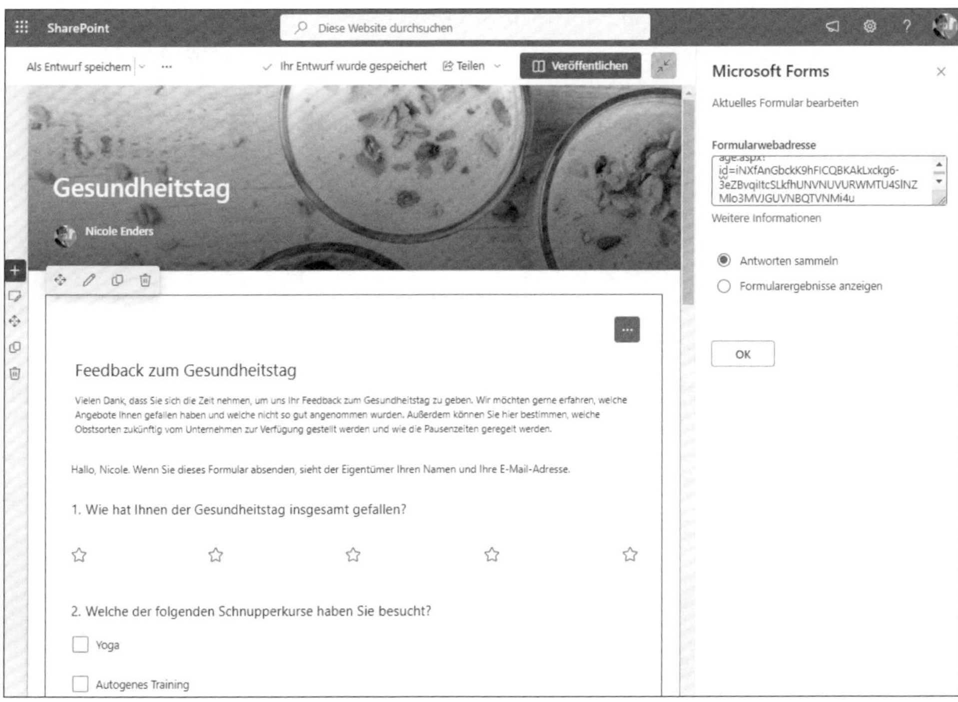

Abbildung 7.98 Nach Angabe des Links erhalten Sie bereits eine Vorschau und können prüfen, ob Sie die richtige Umfrage ausgewählt haben.

Abbildung 7.99 Füllen Sie Ihre Umfrage aus und senden Sie das Ergebnis an Forms.

Sobald Sie die Umfrage beantwortet haben, erhalten Sie die in Abbildung 7.100 dargestellte Bestätigung mit der Option, erneut an der Umfrage teilzunehmen.

Abbildung 7.100 Sobald Sie eine Umfrage beantwortet haben, erhalten Sie eine Bestätigung.

Wie oft kann ich teilnehmen und geht es auch anonym?

Sie können bei einer Umfrage oder einem Quiz verschiedene Einstellungen vornehmen. Dabei können Sie auch festlegen, ob eine Person mehrmals teilnehmen kann. Wenn Sie sicherstellen möchten, dass eine Person nur einmal teilnehmen kann, benötigen Sie unbedingt die Information, um welche Person es sich handelt. Somit ist die Umfrage oder das Quiz in diesem Fall nicht anonym.

Wenn Sie eine anonyme Umfrage durchführen möchten, können Sie auch eine entsprechende Einstellung vornehmen. In diesem Fall wird nicht automatisch die Information über die gegebenenfalls angemeldete Person gespeichert, und Sie können das Formular auch extern zur Verfügung stellen.

7.4.5 Auswertungen

Forms bietet Ihnen eine Auswertungsfunktion für Umfragen und Quizze an. Öffnen Sie eine Umfrage und dort, wie in Abbildung 7.101 zu sehen ist, die Registerkarte ANTWORTEN. Im oberen Bereich der Auswertung erhalten Sie eine Zusammenfassung mit einer Information zur Anzahl der bereits abgegebenen Antworten sowie zu der Zeit, die die Mitarbeitenden im Durchschnitt für das Ausfüllen der Umfrage benötigt haben.

Sie können über die Schaltfläche ERGEBNISSE ANZEIGEN weitere Details aufrufen oder die Daten über die Schaltfläche ERGEBNISSE IN EXCEL ÖFFNEN herunterladen und in Excel weiterverarbeiten.

Wie Sie Abbildung 7.102 entnehmen können, hängt die Darstellung der Auswertung von dem gewählten Fragetyp ab. So erhalten Sie bei einer Frage des Typs AUSWAHL ein Tortendiagramm, solange nur eine Antwort ausgewählt werden kann. Bei einer Mehrfachauswahl werden Sie eine Darstellung als Balkendiagramm erhalten, die Sie auch bei einer Frage des Typs RANGFOLGE sehen können.

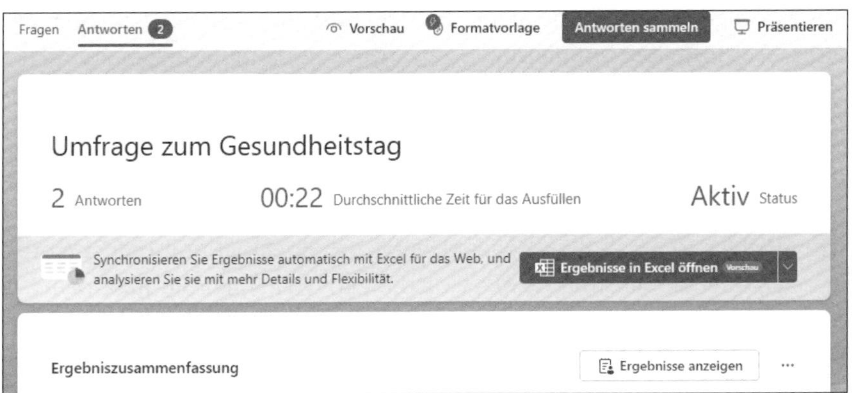

Abbildung 7.101 Im oberen Bereich der Auswertung sehen Sie eine Zusammenfassung der Umfrage.

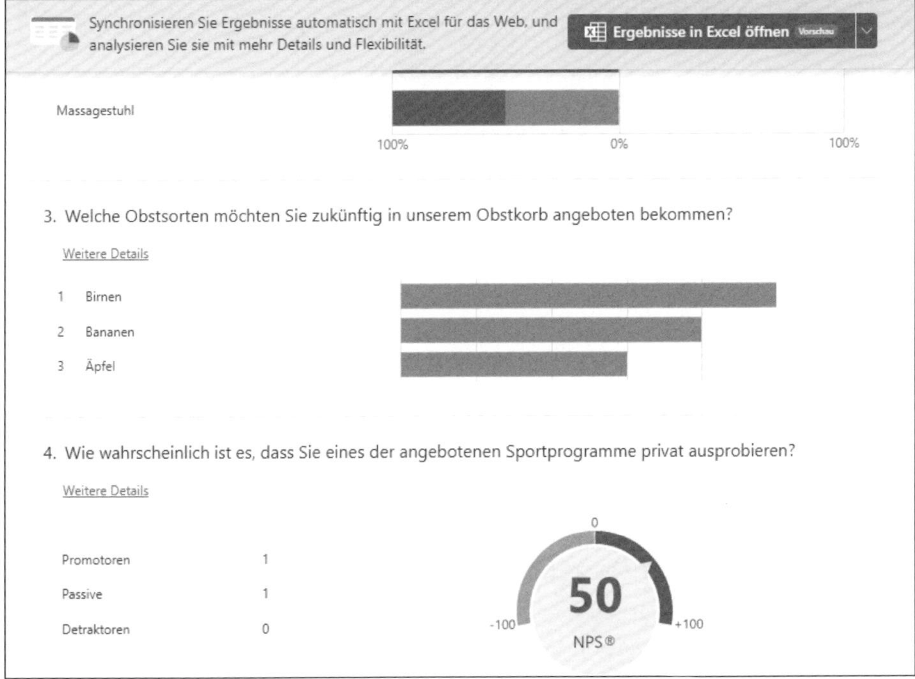

Abbildung 7.102 Sie können die abgegebenen Antworten abhängig vom Fragetyp auswerten.

Die Darstellung des NET PROMOTER SCORE (siehe Frage 4) sieht sogar noch einmal anders aus und unterteilt die gegebenen Antworten in verschiedene Kategorien, sodass Sie hier bereits erkennen können, ob Sie viele Unterstützer Ihrer Maßnahme »Gesundheitstag« haben oder ob die Belegschaft der Maßnahme eher skeptisch gegenübersteht.

Diese Auswertungen sind für eine erste Übersicht oder eine schnelle Berichterstattung sehr hilfreich. Sollten Sie allerdings weitergehende Anforderungen an ein Reporting haben, so müssen Sie die Möglichkeiten von Excel nutzen oder in einem weiteren Schritt die Fähigkeiten von *Power BI* (siehe Abschnitt 8.3.3).

Bei einem Quiz sieht die Auswertung ein wenig anders aus (siehe Abbildung 7.103). Hier wird Ihnen nicht die durchschnittliche Dauer der Beantwortung, sondern die durchschnittlich erreichte Punktzahl der bisherigen Teilnehmer und Teilnehmerinnen angezeigt. Über die Schaltfläche ANTWORTEN PRÜFEN können Sie außerdem das ausgefüllte Formular für einen ausgewählten Teilnehmer aufrufen und prüfen, welche Antworten er gegeben hat.

Abbildung 7.103 Die Auswertung wird bei einem Quiz anders durchgeführt als bei einer Umfrage.

Umfragen und Quizze stellen einen gangbaren Weg zu einem auswertbaren Meinungsaustausch innerhalb Ihres Unternehmens dar. Setzen Sie diese Möglichkeiten ein, um beispielsweise gezieltes Feedback zu wichtigen Veränderungen in Ihrem Unternehmen zu erhalten oder um die Mitarbeiterzufriedenheit zu messen.

Ein Thema für den Betriebsrat und den Datenschutzbeauftragten

Wenn Sie über den Einsatz solcher Funktionen nachdenken, sollten Sie – wie bei vielen anderen Möglichkeiten von Microsoft 365 auch – von Anfang an Ihren Personal- bzw. Betriebsrat und die für den Datenschutz verantwortlichen Personen einbinden. Denn es sollte sichergestellt werden, dass über die Tools am modernen Arbeitsplatz keine Leistungsmessung der Mitarbeitenden erfolgt.

7.4.6 Viva Pulse und Viva Glint

Zum Abschluss dieses Abschnitts zur Einbindung der Mitarbeitenden mithilfe von Umfragen möchte ich auch auf die mit der Produktsuite *Viva* angebotenen Möglichkeiten eingehen. Hierbei sind zwei Module zu nennen, die sich in ihrem Zweck jedoch unterscheiden:

- **Viva Glint:** Diese Lösung richtet sich an Personalabteilungen und Führungskräfte, die die gelebte Unternehmenskultur verstehen und verbessern möchten. Durch sehr kurze Umfragen mit der Option für detailliertes Feedback können sie Einblicke in die Mitarbeiterzufriedenheit und das Mitarbeiterengagement gewinnen.
- **Viva Pulse:** Mit dieser Lösung können Führungskräfte und Projektleitungen die Kommunikation im Team verbessern, bei Bedarf Feedback einholen und so das Wohlbefinden der Mitarbeitenden und die Teamdynamik fördern.

Viva Pulse nutzt für die Formulare im Hintergrund den Dienst *Forms*, weshalb Sie auch über eine entsprechende Forms-Lizenz verfügen müssen, wenn Sie eine Umfrage über Viva Pulse erstellen möchten: Sollte Forms aus irgendeinem Grund für Sie nicht verfügbar sein, können Sie auch mit Viva Pulse keine Umfragen erstellen. Für das Beantworten einer Umfrage wird hingegen weder eine Forms-Lizenz noch Viva Pulse benötigt, da Sie die Umfrage ausschließlich über Teams und Ihren Aktivität-Feed beantworten.

Abbildung 7.104 zeigt die Startseite von Viva Pulse. Hier können Sie aus einer Reihe von Vorlagen wählen und so Umfragen zu Themen wie Hybridarbeit, Projekterfolge oder zum Wohlbefinden der Mitarbeitenden erstellen. Über die Schaltfläche PULSE-ANFORDERUNG SENDEN erhalten Sie sogar eine noch bessere Übersicht über die Vorlagen. So sehen Sie bereits vor der Auswahl, wie viele Fragen die Vorlage beinhaltet und wie viel Zeit die Beantwortung der Umfrage schätzungsweise in Anspruch nehmen wird.

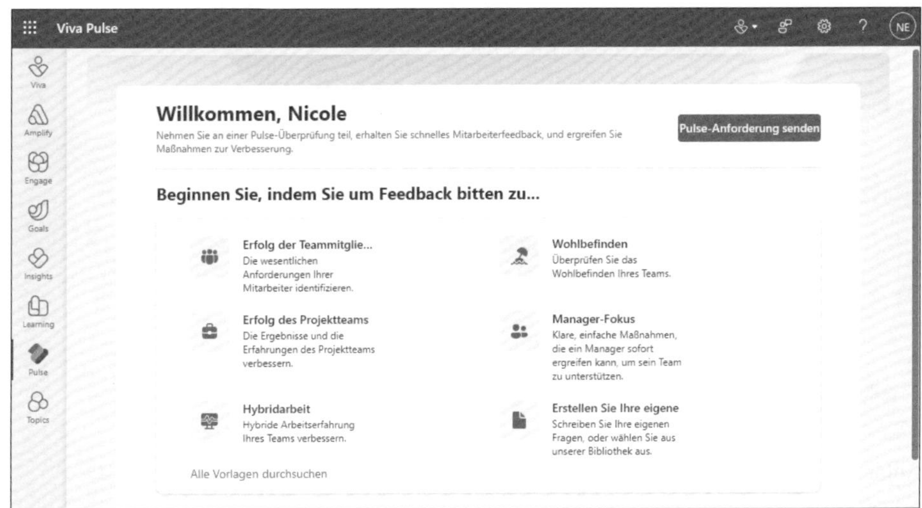

Abbildung 7.104 Auf der Startseite von »Viva Pulse« können Sie aus einer Reihe von Vorlagen wählen oder Ihre individuelle Umfrage erstellen.

Wenn Sie nun eine Vorlage auswählen, finden Sie sich in einer Ansicht wieder, die mit Abbildung 7.105 vergleichbar ist.

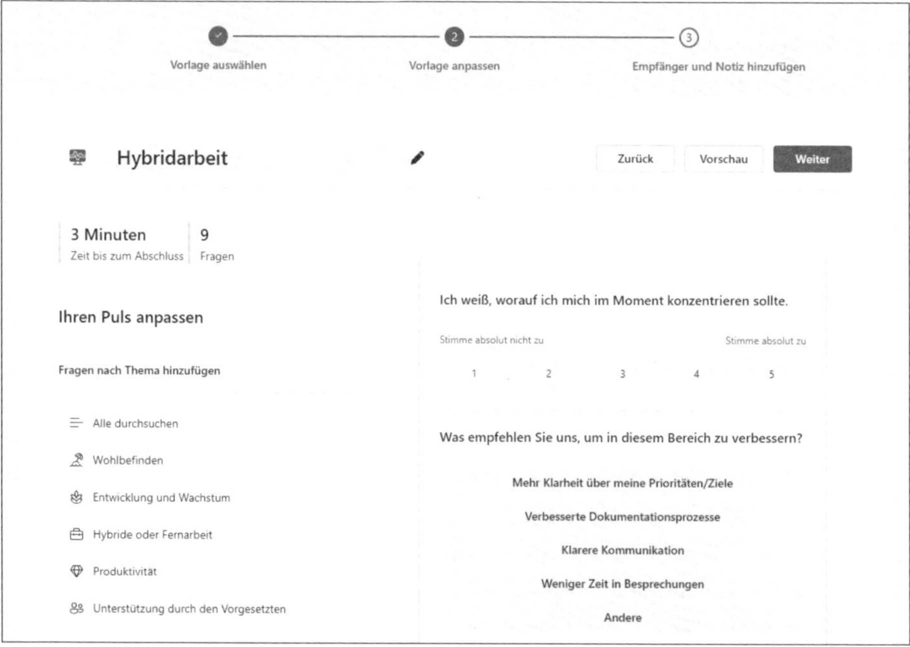

Abbildung 7.105 Wählen Sie eine Vorlage aus und passen Sie sie an Ihre Bedürfnisse an.

Sie können nun die durch die Vorlage bereitgestellten Fragen prüfen und bei Bedarf anpassen oder sogar löschen. Sollten Sie darüber hinaus auch eigene Fragen hinzufügen wollen, so können Sie nach unten scrollen und dort die Schaltfläche FRAGE HINZUFÜGEN betätigen (siehe Abbildung 7.106).

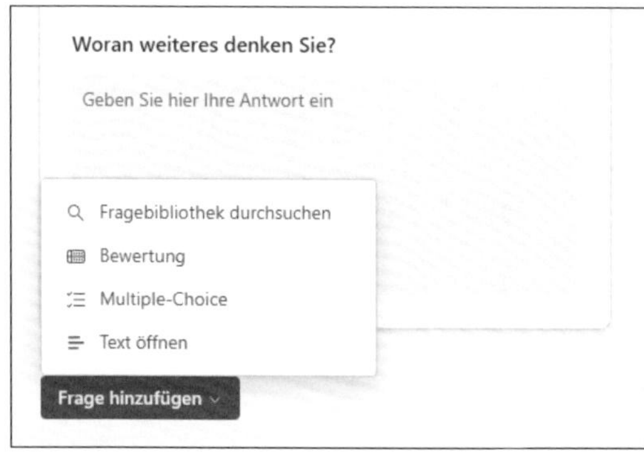

Abbildung 7.106 Fügen Sie bei Bedarf weitere Fragen hinzu.

Wenn Sie beispielsweise den Typ BEWERTUNG für eine neue Frage auswählen, wird wie in Abbildung 7.107 eine neue Frage hinzufügt. Tragen Sie bei FRAGETEXT die eigentliche Frage ein. Beim niedrigsten und höchsten Wert der Bewertung können Sie auch den Text anpassen.

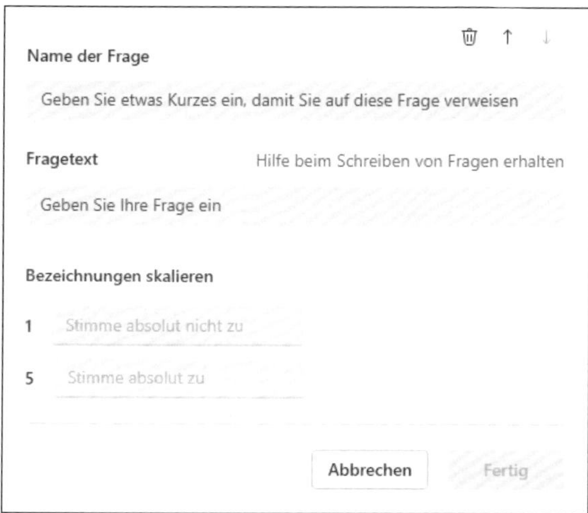

Abbildung 7.107 Sie können zum Beispiel eine neue Frage zur Bewertung hinzufügen. In »Forms« wurde hierfür eine Sternebewertung genutzt.

Was hat es mit dem Namen der Frage auf sich?

Als erstes Eingabefeld ist Ihnen vielleicht auch der NAME DER FRAGE aufgefallen. Hier sollten Sie einen kurzen, sprechenden Begriff eingeben, der Ihnen bei Verzweigungen hilft, Fragen möglichst einfach zu erkennen und so den Ablauf der Fragenbeantwortung zu definieren. In Forms müssen Sie die Verzweigungen anhand der eigentlichen Fragetexte konfigurieren, was bei sehr langen Fragen eine Herausforderung darstellen kann.

Wenn Sie die Umfrage so weit vorbereitet haben, können Sie über die Schaltfläche WEITER zum letzten Konfigurationsschritt wechseln und wie in Abbildung 7.108 die Personen auswählen, die Ihre Umfrage beantworten sollen. Sie können dabei auch ein Enddatum für die Umfrage setzen und eine zusätzliche Nachricht angeben. Sobald die erforderlichen Informationen erfasst sind, können Sie die Umfrage über die Schaltfläche PULSUMFRAGE SENDEN versenden.

Doch vielleicht nutzen Sie auch die Schaltfläche VORSCHAU, um einmal vorab zu prüfen, welche Nachricht gleich bei den von Ihnen ausgewählten Personen ankommen wird (siehe Abbildung 7.109). Wenn Sie die Umfrage erst einmal versendet haben, erscheint im Aktivität-Feed in Teams der entsprechenden Personen eine neue Benachrichtigung, die genau dieser Vorschau entspricht und den Zugriff auf die Umfrage ermöglicht. Sie können anschließend, wie Sie es von Forms gewohnt sind, die Auswertung vornehmen und die Ergebnisse bei Bedarf in Excel weiterverarbeiten.

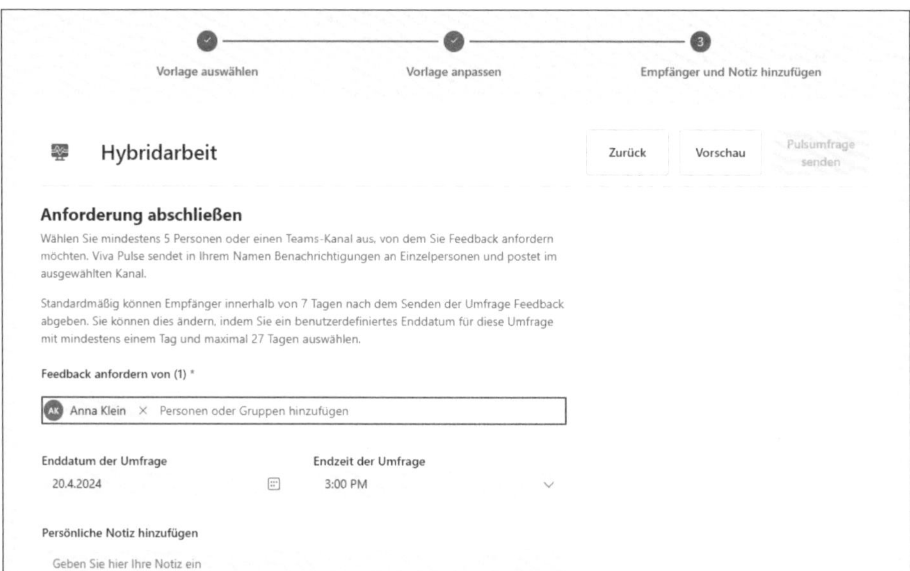

Abbildung 7.108 Legen Sie die Empfänger Ihrer Umfrage fest ...

Abbildung 7.109 ... und prüfen Sie in der Vorschau, ob Sie das gewünschte Ergebnis erzielt haben.

Welchen Mehrwert bietet Viva Pulse im Vergleich zu Forms?

Viva Pulse baut auf Forms auf und nutzt die Formular- und Auswertefunktionen. Zusätzlich zu Forms bietet Ihnen *Viva Pulse* aber eine zentrale Übersicht über die von

Ihnen erstellten Umfragen und eine Auswahl an Vorlagen, die auf den Themenbereich Mitarbeiterzufriedenheit und Wohlbefinden zugeschnitten sind.

Mit *Forms* werden Sie vermutlich auch viele weitere elektronische Formulare erstellen, die thematisch eher in den Bereich der Geschäftsprozessunterstützung fallen. Da Sie in Forms aber nicht zwischen den verschiedenen Einsatzzwecken unterscheiden können, kann unter Umständen die Übersichtlichkeit darunter leiden. Bei Viva Pulse besteht dieses Risiko nicht, weil der Einsatzzweck fest definiert ist.

7.5 Ihre persönlichen Informationen verwalten

Nachdem ich bisher immer über das Thema Zusammenarbeit gesprochen habe, ist es nun an der Zeit, dass wir uns mit Ihnen und Ihren persönlichen Informationen beschäftigen. Sie haben in Microsoft 365 ein eigenes Profil, und Sie erreichen es über den Menüpunkt MEIN MICROSOFT 365-PROFIL nach einem Klick auf Ihr Profilbild oben rechts auf jeder Seite in Microsoft 365 (siehe Abbildung 7.110).

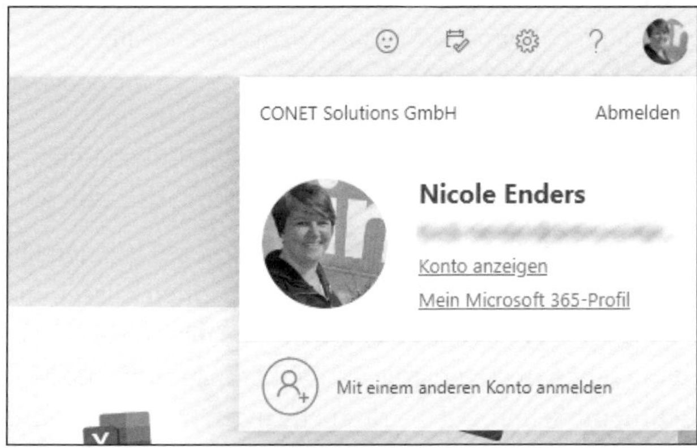

Abbildung 7.110 Aus jeder Anwendung in »Microsoft 365« können Sie oben rechts Ihr Profil aufrufen.

7.5.1 Ihre Profilinformationen in Delve

Ihr Profil wird durch den Dienst *Delve* dargestellt (siehe Abbildung 7.111) und ist Ihre digitale Visitenkarte im Unternehmen. Wenn Kolleginnen oder Kollegen Ihre Profilseite aufrufen, sollten sie schnell einen Überblick darüber erhalten, wer Sie sind und über welche Expertise Sie verfügen. Um das für alle Profilseiten zu gewährleisten, empfehle ich Ihnen und Ihren Kolleginnen und Kollegen, Ihr Profil zu pflegen und regelmäßig zu aktualisieren. Erst dann werden die Vorteile erkennbar, beispielsweise die Möglichkeit einer Expertensuche und eine themenbezogene Vernetzung von Personen untereinander.

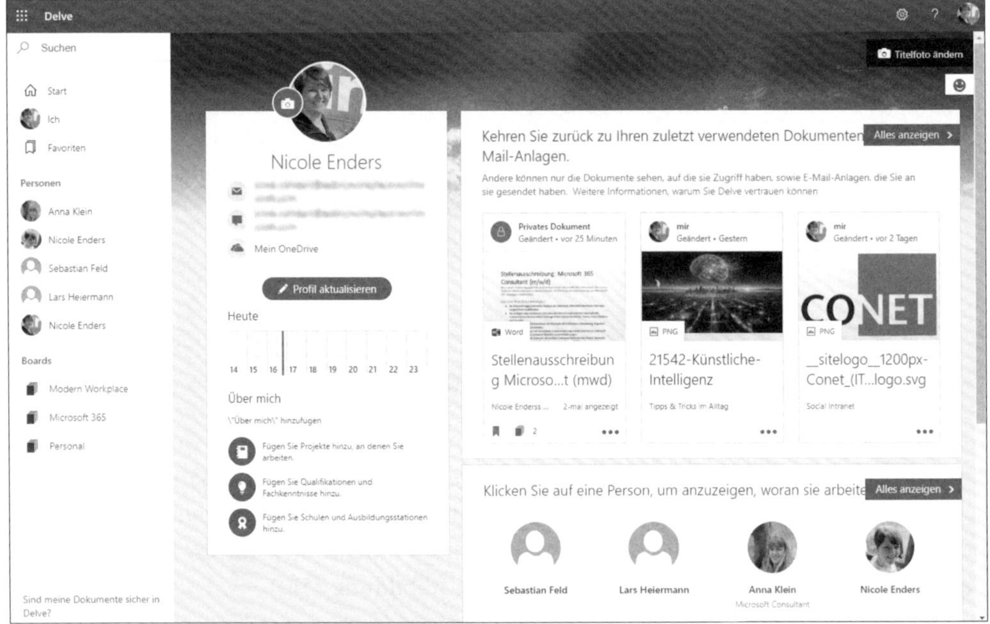

Abbildung 7.111 Über Delve können Sie Ihre Profilinformationen verwalten und die Dokumente aufrufen, die Sie zuletzt bearbeitet haben.

Auch hier sollten Sie jedoch darauf achten, bereits sehr früh Ihren Betriebsrat einzubinden. Die Erfassung von Profilinformationen muss auf freiwilliger Basis erfolgen.

Ähnlich wie bei anderen sozialen Plattformen (beispielsweise *Facebook*) können Sie hier ein Profil- und ein Titelbild (Hintergrund) festlegen und sehen einen Ausschnitt Ihrer Profilinformationen sowie rechts daneben die Dokumente, an denen Sie zuletzt gearbeitet haben. Die Dokumente sehen in erster Linie Sie. Ihre Kolleginnen und Kollegen werden lediglich die Dokumente sehen, auf die sie auch Zugriff haben. Das wird in der Regel eine Teilmenge der Dokumente sein, die Sie sehen können.

Ihre Profilinformationen werden auch in anderen Anwendungen genutzt

Die automatisch durch Ihre IT oder hier von Ihnen persönlich vergebenen Informationen werden auch in anderen Anwendungen genutzt, beispielsweise in Teams, Viva Engage oder SharePoint. Die Synchronisation kann ein wenig dauern, aber so wird zum Beispiel Ihr Profilbild übertragen, sodass Sie es nur an einer zentralen Stelle ändern müssen und anschließend überall das neue Bild angezeigt wird.

Ihr Profil bearbeiten

Beginnen wir damit, dass Sie Ihr Profil aktualisieren und angeben, dass Sie sich zum Beispiel nun mit *Teams* auskennen. Sobald Sie die Schaltfläche PROFIL AKTUALISIE-

REN betätigt haben, können Sie Ihre Profilinformationen pflegen und neben Ihren Kontaktinformationen auch angeben, an welchen Projekten Sie arbeiten, über welche Qualifikationen Sie verfügen und welche Hobbys Sie verfolgen.

Zusammenarbeit mit den Kollegen fördern

In Delve sehen Sie im linken Bereich auch die Namen der Personen, deren Profilseite Sie kürzlich aufgerufen haben. Wenn Sie auf den Namen oder das Profilbild einer Person klicken, erscheint eine ähnliche Darstellung wie die Ihrer eigenen Profilseite. Dabei werden Ihnen folgende Informationen zur Verfügung gestellt:

- die Profilinformationen des Kollegen mit folgenden weiteren Funktionen:
  - Sie können einen Chat mit dem Kollegen starten,
  - eine E-Mail an den Kollegen senden oder
  - die Dokumente aus OneDrive aufrufen, die der Kollege freigegeben hat.
- die zuletzt von diesem Kollegen verwendeten Dokumente (lesender und schreibender Zugriff)
- eine Auflistung von Personen, die in einer Beziehung zu dem Kollegen stehen (Kollegen und Führungskräfte)
- Dokumente von Personen aus dem Umfeld des Kollegen

Dabei sehen Sie aber auch nur diejenigen Dokumente und Seiten, für die Sie mindestens Leseberechtigungen besitzen bzw. die Ihr Kollege für Sie freigegeben hat.

Boards für kategorisierte Dokumente und Seiten

Zusätzlich zu den Profilseiten können Sie auch sogenannte *Boards* erstellen. Boards werden zentral verwaltet, sodass Ihre Kolleginnen und Kollegen ebenfalls Zugriff auf die von Ihnen angelegten Boards haben und Sie im Gegenzug Zugriff auf die von anderen Personen angelegten Boards besitzen. Über Delve lässt sich jedes angezeigte Dokument kategorisieren und somit einem bestehenden Board zuordnen. Sie können auch ein neues Board erstellen, um darüber schnell die für Sie wichtigen Informationen zu finden. Die Boards rufen Sie im linken Bereich unterhalb der Auflistung Ihrer Kollegen auf.

Die Boards nutzen Sie gemeinsam mit Ihren Kolleginnen und Kollegen, um Informationen zu einem Thema zusammenzutragen und sich detailliert zu einem Themengebiet informieren zu können. Für den Fall, dass Sie Kollegen über ein neu erstelltes Board informieren möchten, finden Sie im oberen Bereich des Boards stets die Schaltfläche LINK SENDEN. Wenn Sie auf sie klicken, öffnet sich eine neue E-Mail mit dem Link auf das Board. Sie wählen die Empfänger aus, passen bei Bedarf die Nachricht an und versenden sie anschließend.

Außerdem können Sie ein Board zu den *Favoriten* hinzufügen. Die von Ihnen erstellten Boards zählen automatisch zu Ihren Favoriten und müssen von Ihnen explizit wieder aus den Favoriten entfernt werden, falls Sie sie nicht mehr auf Ihrer Startseite in Delve sehen möchten.

Habe ich nicht bereits in Teams einen Ort, an dem Dokumente verwaltet werden?

In *Teams* können Sie innerhalb eines Teams bzw. Kanals Dokumente verwalten. Dadurch sind diese Dokumente in der Regel auch einem bestimmten Kontext zugeordnet. Die Boards in Delve sind allerdings unabhängig von den einzelnen Teams zu betrachten. So könnten beispielsweise in einem Unternehmen an verschiedenen Stellen Dokumente zum Thema *Collaboration* erstellt werden. Eines der Teams hat vielleicht einen technologischen Fokus auf Microsoft 365, während sich ein anderes Team eher technologieneutral mit den Veränderungen von Arbeitsweisen beschäftigt. Diese Dokumente können über ein Board als gemeinsame Anlaufstelle aufgerufen werden, wobei die Zuordnung zu einem Board manuell erfolgen muss.

Office Delve als zentrales Suchcenter

Die wohl wichtigste Funktion von Delve – neben den Vorschlägen für Dokumente, die für Sie interessant sein könnten – ist die Suchfunktion. Über das Suchfeld oben links können Sie nach beliebigen Begriffen suchen und erhalten ähnlich wie bei einem Board eine Darstellung der zu diesem Suchbegriff passenden Dokumente und Seiten. Dabei wird der Suchbegriff optisch hervorgehoben, damit Sie schnell erkennen können, warum ein Dokument bzw. eine Seite unter den Suchergebnissen aufgeführt wird.

Jede »Kachel« für ein gefundenes Dokument oder eine Seite stellt Ihnen folgende Funktionen zur Verfügung:

- Vorschau auf den Inhalt mit der Möglichkeit, das Dokument oder die Seite in einem weiteren Browsertab aufzurufen
- Link per E-Mail versenden oder Link kopieren
- Berechtigungen einsehen und den Inhalt für weitere Personen freigeben, falls Sie selbst die entsprechenden Berechtigungen besitzen
- Information zu den Favoriten hinzufügen, damit Sie Änderungen an diesem Dokument direkt auf Ihrer Startseite verfolgen können
- Zuordnung von Boards verwalten

So können Sie Ihren gesamten modernen Arbeitsplatz nach den von Ihnen benötigten Informationen durchsuchen. Außerdem werden Ihnen bei Ihrer Suche auch die zu dem Suchbegriff passenden Boards und Personen aufgelistet. Wenn ein Kollege zum Beispiel als Qualifikation »Teams« angegeben hat, wird er Ihnen bei einer Suche nach diesem Thema vorgeschlagen.

Der erhebliche Vorteil im Vergleich zu einer normalen Suche mit SharePoint ist die (manuelle) Zuordnung der gefundenen Dokumente zu einem oder mehreren Boards. Durch dieses *Tagging* (Kategorisierung) finden Sie die Dokumente bei weiteren Suchen schneller wieder, weil sie nun einen Filter verwenden können. So verbessern Sie Ihre Suche stetig.

7.5.2 Verwaltung persönlicher Dokumente

In Abbildung 7.111 ist Ihnen eventuell das Schlosssymbol an einer der zuletzt von mir bearbeiteten Dateien aufgefallen. Dieses Kennzeichen besagt, dass diese Datei in meiner persönlichen Ablage in *OneDrive* gespeichert ist und somit standardmäßig zunächst nur mir zur Verfügung steht.

Mit OneDrive können Sie Dateien, die Sie früher lokal auf Ihrem PC gespeichert haben, nun in der Cloud ablegen, also auch von einem beliebigen anderen Rechner aus und vor allem von unterwegs aufrufen. Über eine Synchronisationsfunktion können Sie Ihre Dateien weiterhin wie gewohnt mit dem Windows Explorer verwalten. Die Speicherung in der Cloud erfolgt für Sie im Hintergrund.

OneDrive als zentrale Dateiablage

Sie können Ihre persönliche Ablage über den Menüpunkt OneDrive im App Launcher aufrufen und werden in eine Ansicht geleitet, die mit Abbildung 7.112 vergleichbar ist.

Sie erhalten auf der Startseite von OneDrive einen Überblick über alle für Sie relevanten Dateien, wie Sie es aus Delve kennen. Dabei kann und wird es sich in vielen Fällen um Dateien aus Ihrer persönlichen Dateiablage handeln. Sie erhalten aber in dieser Übersicht auch die mit Ihnen geteilten Dateien oder die Dateien aus Teamräumen oder SharePoint-Websites. So müssen Sie nicht zwingend wissen, wo Sie eine Datei abgelegt haben oder wer sie mit Ihnen geteilt hat. OneDrive stellt somit Ihre zentrale Anlaufstelle dar, wenn es um die Arbeit mit Dateien geht.

Um explizit Ihre persönliche Dateiablage aufzurufen, wählen Sie den Menüpunkt Eigene Dateien in der linken Navigation aus und gelangen so auf die Übersicht aus Abbildung 7.113.

Sie können hier Ordner anlegen und Dateien erstellen oder hochladen. Sogar die Unterstützung verschiedenster Prozesse mittels *Power Automate* ist, wie in SharePoint Online, hier möglich.

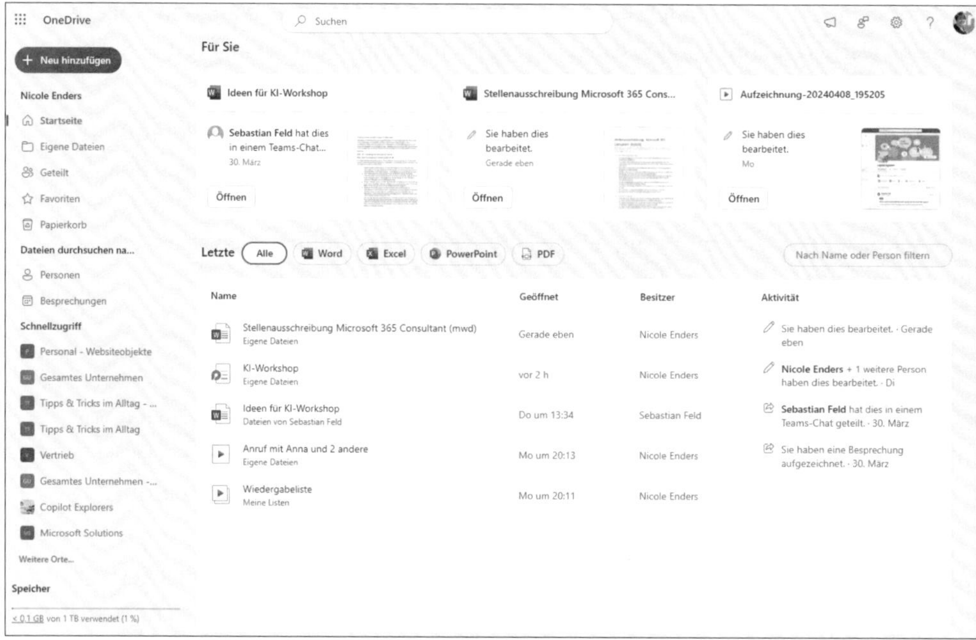

Abbildung 7.112 Herzlich willkommen in Ihrer persönlichen Ablage in OneDrive!

Neu hinzufügen

Eigene Dateien

Nicole Enders
Startseite
Eigene Dateien
Geteilt
Favoriten
Papierkorb
Dateien durchsuchen na...
Personen
Besprechungen
Schnellzugriff
Personal - Websiteobjekte

Name	Geändert	Geändert v...	Dateigröße
Anlagen	2. April	Nicole Enders	0 Elemente
Apps	4. Februar	Nicole Enders	0 Elemente
Microsoft Teams Chat Files	30. März	Nicole Enders	1 Elemente
Recordings	30. März	Nicole Enders	1 Elemente
Videos	Montag um 10:...	Nicole Enders	1 Elemente
Aufzeichnung-20240408_195205.webm	Montag um 10:...	Nicole Enders	14.3 MB
Stellenausschreibung Microsoft 365 Cons...	Vor ungefähr ei...	Nicole Enders	12.8 KB

Abbildung 7.113 Rufen Sie Ihre persönliche Dateiablage über die linke Navigation auf.

Dateien mit Ihrem PC synchronisieren und offline nutzen

Um die Arbeit mit Dateien möglichst gut in Ihren Arbeitsalltag zu integrieren, sollten sie über den Windows Explorer erreichbar sein. Für Ihre persönliche Dateiablage erfolgt dies automatisch; Sie können aber auch jede Dateiablage in einem Teamraum oder aus einer SharePoint-Website mit Ihrem PC synchronisieren und so die darin enthaltenen Dokumente sogar offline verfügbar halten und bei einer späteren Online-Verbindung wieder mit der Ablage in der Cloud synchronisieren.

Wir wollen uns dies einmal am Beispiel der Website »Brand Center« anschauen, die in Abschnitt 7.1.3 erstellt wurde. Wenn Sie dort eine Dokumentbibliothek aufrufen und den Menüpunkt SYNCHRONISIEREN in der Aktionsleiste auswählen (siehe Abbildung 7.114), erscheint der in Abbildung 7.115 dargestellte Hinweis, der Sie auffordert, den OneDrive-Client zu öffnen.

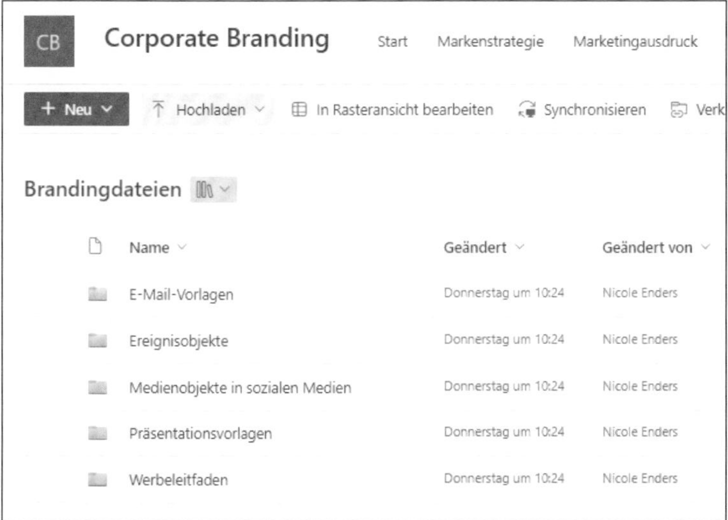

Abbildung 7.114 Sie können Dateiablagen auch mit Ihrem PC synchronisieren und so offline nutzen.

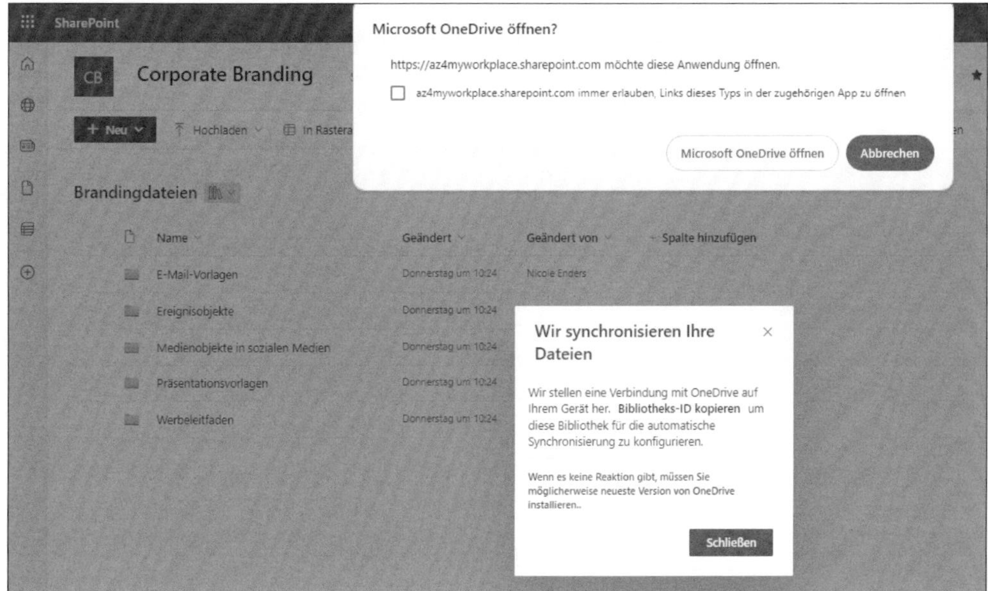

Abbildung 7.115 Öffnen Sie den OneDrive-Client für die Synchronisation.

Nachdem Sie die Schaltfläche MICROSOFT ONEDRIVE ÖFFNEN betätigt haben, erscheint ein Dialog, der Sie gegebenenfalls zur Eingabe Ihrer Anmeldeinformationen auffordert und Sie anschließend mithilfe eines Assistenten (siehe Abbildung 7.116) durch die erforderlichen Konfigurationsschritte leitet.

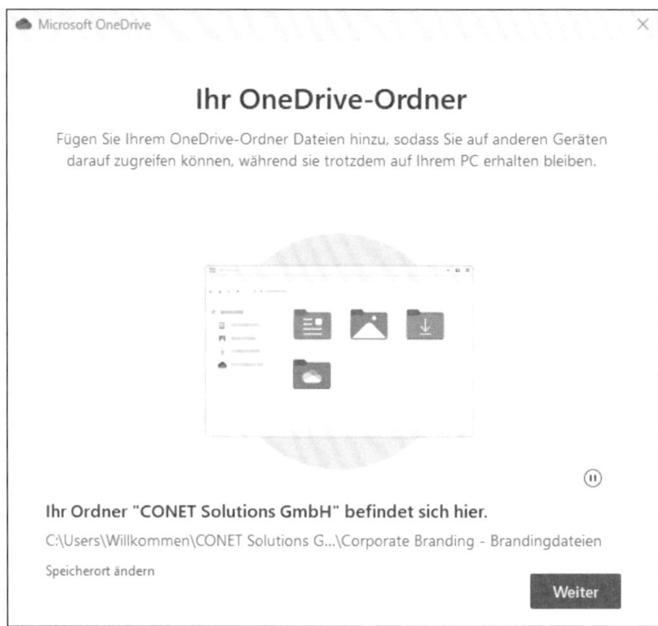

Abbildung 7.116 Sie werden von einem Assistenten durch die Konfiguration der Synchronisation geführt.

Nach dem Abschluss der Konfiguration steht Ihnen wie in Abbildung 7.117 die Dateiablage aus dem Windows Explorer heraus zur Verfügung.

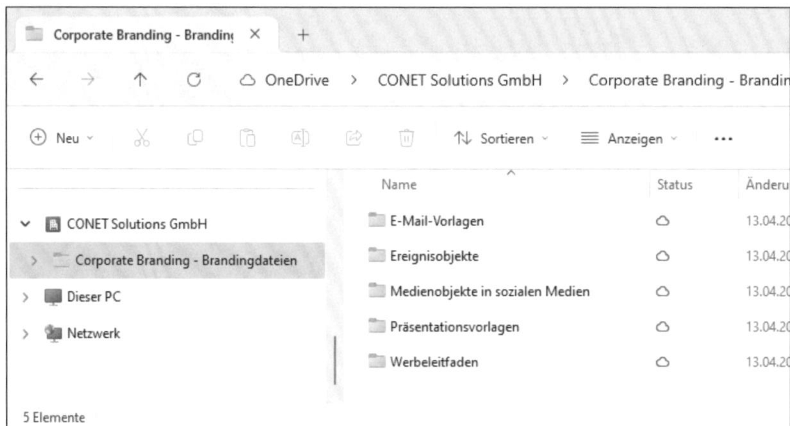

Abbildung 7.117 Anschließend können Sie über den Windows-Explorer auf Ihre Dateiablage zugreifen und aus gewohnter Umgebung mit den Dateien arbeiten.

Sie können nun auf die Dateien zugreifen, die in Ihrer Microsoft-365-Umgebung und damit in der Cloud liegen. Ist Ihnen vielleicht das Wolkensymbol rechts neben den einzelnen Ordnern aufgefallen? Dieses Symbol zeigt, dass der Ordner (dies trifft genauso auch auf Dateien zu) noch nicht lokal auf Ihren PC synchronisiert wurde, sondern nur in der Cloud existiert. Wenn Sie eine Datei mindestens einmal geöffnet haben, so wird für die Datei und den Ordner, der die Datei verwaltet, ein anderes Symbol in Form eines nicht ausgefüllten Kreises mit einem Haken in diesem Kreis verwendet: . Und falls Sie eine Datei oder einen Ordner explizit für eine Offline-Verfügbarkeit heruntergeladen haben, ist der Kreis ausgefüllt und der Haken wird weiß dargestellt: .

Zugriff für Dateien und Ordner verwalten

Kommen wir zu einem letzten wichtigen Punkt im Zusammenhang mit Ihrer persönlichen Ablage: Wie teilen Sie eine Datei mit anderen Personen? In einer Zeit vor dem modernen Arbeitsplatz habe ich eine E-Mail geschrieben und meinen Kolleginnen und Kollegen eine Datei darin als Anhang gesendet. Sobald ich eine bearbeitete Version per E-Mail zurückgesendet bekam, fing die Arbeit erst richtig an. Mit SharePoint konnte ich bereits eine Verbesserung erzielen, indem ich mit ihm nur noch einen Link auf Dokumente versendet habe. Dabei musste ich aber sicherstellen, dass die entsprechenden Kollegen auch über die nötigen Berechtigungen in SharePoint verfügten.

Mit OneDrive können Sie Dateien wesentlich einfacher teilen. Wählen Sie dazu im Kontextmenü einer im Windows Explorer ausgewählten Datei den Menüpunkt TEILEN. Sie gelangen dann zu dem Dialog aus Abbildung 7.118. Geben Sie die Namen der gewünschten Empfänger und gegebenenfalls eine persönliche Nachricht ein. Danach können Sie bereits die Schaltfläche SENDEN betätigen. Die Kollegen erhalten sowohl Zugriffsrechte als auch eine E-Mail mit dem Link auf die Datei in einem.

Abbildung 7.118 Teilen Sie eine Datei oder einen Ordner mit anderen Personen.

Wie Sie dem Stiftsymbol neben den ausgewählten Empfängern in Abbildung 7.118 ferner entnehmen können, erhalten die von Ihnen angegebenen Personen standardmäßig Bearbeitungsrechte auf die Datei. Das muss aber nicht zwingend der Fall sein. Sie können die Zugriffsrechte sehr granular gestalten.

Klicken Sie dafür zunächst auf das Zahnradsymbol rechts neben der Schaltfläche LINK KOPIEREN, um zu den erweiterten Einstellungen zu gelangen, die Sie in Abbildung 7.119 sehen.

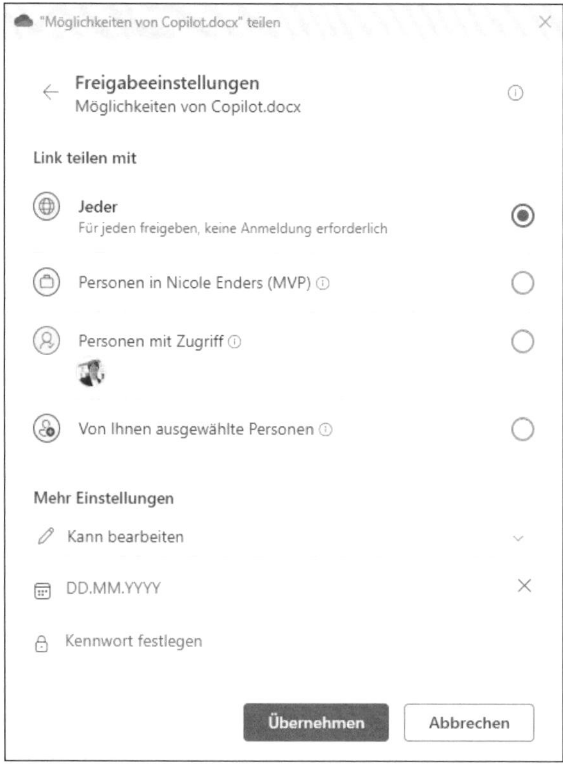

Abbildung 7.119 Stellen Sie genau ein, wie Sie die Datei oder den Ordner teilen möchten.

Dort haben Sie unter anderem folgende Möglichkeiten, um Zugriff zu erteilen:

- Zugriff für alle, die den direkten Link kennen, oder für ausgewählte Personen
- Beschränkung auf Personen Ihres Unternehmens (Externe Personen wie Kunden oder Partner sind ausgeschlossen.)
- Lesender Zugriff anstelle von Bearbeitungsrechten
- Zeitlich begrenzter Zugriff unter Angabe eines Ablaufdatums

Durch diese einfache Möglichkeit können Sie nun Dateien und Ordner nach Belieben mit anderen Personen teilen. Damit Sie aber den Überblick nicht verlieren, können Sie aus dem Windows Explorer heraus auch im Kontextmenü den Menüpunkt ZUGRIFF VERWALTEN nutzen und dann im Dialog aus Abbildung 7.120 prüfen, welche

Berechtigungen bisher erteilt worden sind. An dieser Stelle können Sie auch die Berechtigungen für Personen oder Gruppen wieder entziehen.

Abbildung 7.120 Prüfen Sie die eingerichteten Freigaben für eine Datei oder einen Ordner.

Sie können somit genau einstellen, mit wem Sie welche Informationen teilen möchten. Das Thema »Sicherheit« werden wir später in Kapitel 9 detailliert betrachten. Dort lernen Sie beispielsweise, wie Sie verhindern, dass eine Information an Dritte weitergegeben wird.

Eine Symbiose aus Individualität und Gemeinschaft

In diesem Abschnitt haben wir uns näher mit Ihren persönlichen Informationen beschäftigt. Dabei haben Sie gelernt, dass Microsoft 365 Sie sowohl bei Ihren individuellen Anforderungen als auch im Bereich der Zusammenarbeit innerhalb Ihrer Teams unterstützt und Ihnen dazu mit *Delve* auch noch eine gemeinsame Plattform anbietet. Über sie lässt sich Individualität mit Gemeinschaftsgefühl im Arbeitsalltag vereinen.

Mit der App *Personen in Viva* werden Sie zukünftig eine noch bessere Integration der Personen in Teams erleben und damit auch den Nachfolger bzw. die Ablösung von *Delve* kennenlernen. Neben einer Suche, die Ihnen schnell und einfach die richtigen Ansprechpersonen für ein bestimmtes Thema liefern kann, erhalten Sie auch eine Einordnung der Personen in die Organisationsstruktur. So können Sie im Zweifelsfall auch auf Kolleginnen und Kollegen oder die Führungskraft der eigentlich gesuchten Person zugehen.

Falls Sie weitere Module von Viva einsetzen, werden auch diese Informationen für die Suche herangezogen, und spätestens mit der Filterfunktion nach Personen, die im Büro oder remote arbeiten (dies ist eine Information, die Sie täglich für sich pflegen können), können Sie auch schnell Personen finden, mit denen Sie sich zu einem persönlichen Termin verabreden können.

Wie Sie sehen, sind die Möglichkeiten nahezu grenzenlos, und auch in Zukunft werden sich die Dienste in Ihrer Microsoft-365-Umgebung weiter verändern und neue Optionen anbieten.

Im nächsten Kapitel legen wir den Fokus auf die digitale Unterstützung Ihrer Geschäftsprozesse. Behalten Sie dabei aber stets im Hinterkopf, dass für einen modernen Arbeitsplatz eine nahtlose Integration aller Bereiche angestrebt wird, die für den Arbeitsalltag relevant sind. Daher sollten auch die Geschäftsprozesse in Ihrer Collaboration-Plattform bzw. in Ihrem Social Intranet ihren Platz finden.

8

Kapitel 8
Ausgewählte Unternehmensprozesse unterstützen

»Wenn Du immer wieder das tust, was Du immer schon getan hast, dann wirst Du immer wieder das bekommen, was Du immer schon bekommen hast. Wenn Du etwas anderes haben willst, musst Du etwas anderes tun!«
– Paul Watzlawick

Wenn Sie sich mit dem Thema Collaboration beschäftigen, treffen Sie sehr schnell auch auf das Thema Unternehmensprozesse: Wenn Mitarbeitende eine Weiterbildungsmaßnahme anfragen, einen Fehler bei der internen IT melden oder einen neuen Monitor bestellen möchten, bedeutet das eine Zusammenarbeit mit Kolleginnen und Kollegen aus der Personal-, IT- oder Einkaufsabteilung. Zur Unterstützung der Unternehmensprozesse können Sie die Prozessplattform *Dynamics 365* nutzen, die Ihnen bereits standardmäßig Lösungen für die typischen Geschäftsprozesse in einem Unternehmen anbietet. Sie können mithilfe der *Power Platform* diese Lösungen an Ihre Bedürfnisse anpassen oder auch unabhängig von Dynamics 365 eigene Geschäftsprozessanwendungen umsetzen.

In diesem Kapitel stelle ich Ihnen die bekanntesten Module von Dynamics 365 vor und gehe anschließend auf die Möglichkeiten der Power Platform und insbesondere von *Power Automate, Power Apps* und *Power BI* ein. Abschließend betrachten wir die Möglichkeiten von künstlicher Intelligenz in der Geschäftsprozessunterstützung, und Sie lernen *SharePoint Premium*, den *AI Builder* und Copilot bzw. *Copilot Studio* kennen.

Das Ziel dieses Kapitels ist es, Ihnen einen ersten Überblick über die verschiedenen Möglichkeiten zu geben. Das Angebot ist allerdings so umfassend, dass eine detaillierte Betrachtung von Dynamics 365 allein ein ganzes Buch umfassen könnte; dasselbe gilt für die Power Platform. Verstehen Sie daher dieses Kapitel als Einführung in die Welt der Geschäftsprozesse auf Basis von Microsoft 365 – mit Blick auf die Interaktion mit den bereits vorgestellten Apps und Diensten wie beispielsweise Teams.

8.1 Standard, Low-Code-Lösung oder Individuallösung?

Sie sollten sich die Frage stellen, wie die Unterstützung Ihrer Unternehmensprozesse durch IT genau aussehen soll. Dabei sind unter anderem folgende Aspekte zu berücksichtigen:

- Wie sieht der aktuell bei Ihnen gelebte Prozess aus?
- Soll der Prozess optimiert, also geändert werden?
- Muss der Prozess vollumfänglich durch eine auf dem Markt erhältliche IT-Lösung unterstützt werden, oder können Sie Ihren Prozess an die Rand- und Rahmenbedingungen der IT-Lösung anpassen?
- Suchen Sie nach einem Standardprodukt, das sämtliche Anforderungen abdeckt, oder möchten Sie auf einem bereits vorhandenen Produkt aufbauend weitere Anpassungen vornehmen bzw. eine Individuallösung entwickeln lassen?

Die Antworten auf diese Fragen sind entscheidend für die Auswahl der richtigen Option zur Abbildung Ihrer Unternehmensprozesse. In Microsoft 365 wird Ihnen eine Vielzahl an Diensten in Form von Standardprodukten angeboten. Sie können diese Dienste direkt nutzen.

Da es sich dabei jedoch jeweils um ein standardisiertes Produkt handelt, wird es Ihre individuellen Anforderungen meistens nicht komplett abdecken. Sie haben in dieser Situation zwei Optionen:

1. Sie ändern Ihren Prozess, damit er unter Einsatz des Standardprodukts abgebildet werden kann.
2. Sie erweitern das Standardprodukt um die fehlende Funktion und unterstützen Ihren Prozess, ohne ihn anzupassen.

Sie sollten sorgfältig abwägen, welche Option Sie wählen. Meistens sind mit der Anpassung eines Standardprodukts zusätzliche Kosten verbunden. So muss nicht nur die Anpassung oder Erweiterung erstellt, getestet und bereitgestellt werden – Sie sollten außerdem weitere Aufwände für den Betrieb und die Weiterentwicklung der Lösung einplanen.

Ferner ist auch die Tatsache nicht zu vernachlässigen, dass Sie mit der ersten Anpassung an einem Ihrer Standardprodukte Tür und Tor für weitere Anpassungswünsche öffnen. Denn nun haben Sie gezeigt, dass Änderungen grundsätzlich möglich sind.

Schnell werden verschiedene Stellen in Ihrem Unternehmen Änderungswünsche anmelden. Damit haben Sie eine zusätzliche Aufgabe: Anforderungen müssen priorisiert, eingeplant oder auch bewusst abgelehnt werden. Solange Sie ein Standardprodukt ohne Anpassungen einsetzen, können Sie immer damit argumentieren, dass das Produkt eine bestimmte Anforderung eben nicht erfüllt.

Die Anpassung eines Standardproduktes kann weiterhin über zwei verschiedene Ansätze erfolgen:

- **Low-Code- bzw. No-Code-Lösung**: Auf dem Markt werden viele Lösungen angeboten, mit deren Hilfe Sie ohne tiefgehende Programmierkenntnisse Anpassungen vornehmen können. Die Zielgruppe dieser Produkte sind nicht zuletzt Mitarbeitende der Fachabteilungen, damit die Bedarfsträger zur eigenständigen Abbildung ihrer Prozesse befähigt werden.
- **Software-Entwicklung**: Die Microsoft-365-Dienste bieten verschiedene Schnittstellen (sogenannte APIs) an, die zur Entwicklung individueller Komponenten genutzt werden können. Damit sind die meisten Anforderungen umsetzbar.

Microsoft bietet mit *Power Automate* und *Power Apps* selbst Low-Code-Lösungen an. Während Power Apps zur Erstellung eigener Formulare sowie zur Bereitstellung mobiler Apps genutzt werden kann, haben Sie mit Power Automate die Möglichkeit, Workflows abzubilden (unter anderem Statusänderungen, Benachrichtigungen und Berechtigungen). Diese Dienste sind sowohl für die Fachabteilung als auch für technische Berater nützlich und verfügen über eine mit Excel vergleichbare sogenannte *Expression Language*, um Regeln zu hinterlegen und Aktionen auszulösen.

Sie werden auf dem Markt viele andere Low-Code- und No-Code-Lösungen finden. Sie sollten diese Lösungen im Hinblick auf Ihre Anforderungen sowie auf die mit der Einführung verbundenen Kosten prüfen und anschließend die für Sie passende Lösung auswählen. Die meisten Produkte bieten eine Testversion an, mit der Sie einen Proof of Concept durchführen können, dessen Ergebnis Sie für Ihre Entscheidung nutzen können.

Neben einer Low-Code-Lösung können Sie mithilfe eines Software-Entwicklers auch Anpassungen an einem Standardprodukt (z. B. SharePoint Online) vornehmen und Erweiterungen hinzufügen lassen. Hierzu benötigen Sie einen Software-Entwickler, der Ihnen hilft, die im Standardprodukt bestehende Lücke zu schließen. Ein Entwickler könnte Ihnen auch eine Individuallösung erstellen, die ausschließlich auf Ihre Anforderungen zugeschnitten ist. Die Entwicklung einer solchen Lösung ist allerdings im Vergleich zu einem (angepassten) Standardprodukt grundsätzlich mit einem wesentlich höheren Aufwand verbunden.

Sie sollten daher individuell für jeden Prozess bewerten, welche Variante für Sie die beste Option ist. In den folgenden Abschnitten betrachten wir mehrere Beispiele für unterschiedliche Unternehmensprozesse und ihre IT-Unterstützung.

8.2 Unternehmensweite Prozesse mit Dynamics 365

Sie haben unter Umständen schon viele Ideen, wie Sie mit den Werkzeugen, die Sie bereits kennengelernt haben, Ihre Unternehmensprozesse zukünftig besser unterstützen können. Ich möchte Ihnen nun eine Prozesslösung vorstellen, die Sie mit *Microsoft 365* zusammen einsetzen können. (Natülich kann es sich hierbei nur um einen groben Überblick handeln.) *Dynamics 365* erlaubt es Ihnen, viele Ihrer Unternehmensprozesse mit bereits fertigen Basislösungen auf einer gemeinsamen Plattform zu verwalten. Diese Lösungen basieren auf der *Power Platform* (inklusive Power Apps und Power Automate) und können an Ihre Bedürfnisse angepasst werden.

Mit unternehmensweiten Anwendungen vermeiden Sie Datensilos, wie sie bei einzelnen kleineren Lösungen unweigerlich entstehen. Stellen Sie sich beispielsweise ein mittelständisches Unternehmen vor, das für die Kundenakquise eine interne Anwendung als *Customer-Relationship-Management-System (CRM)* einsetzt. Sämtliche Kunden- und Kontaktinformationen werden darin verwaltet. Wenn sich eine neue *Opportunity* oder ein *Lead* ergibt, wird diese Information im System erfasst und kann dort weiterverfolgt werden. Sobald aber die Erstellung eines Angebots im Fokus steht, kann es sinnvoll sein, zu einem Arbeitsraum in SharePoint zu wechseln, da dort die Möglichkeiten zur gemeinsamen Bearbeitung des Angebots einfach besser sind.

Um eine Zuordnung zwischen der Information im CRM-System und dem Dokument in SharePoint vorzunehmen, müssen Sie mindestens eine Verknüpfung einrichten. Um die Arbeit im Arbeitsraum auch ein wenig komfortabler zu gestalten, übertragen Sie (manuell) weitere Metadaten, beispielsweise den Namen des Kunden bzw. Kontakts und die Information, was sich der Kunde in dem Angebot wünscht. Und schon haben Sie Informationen redundant gespeichert und hatten zusätzlichen manuellen Aufwand. Sie können jetzt natürlich prüfen, ob sich dieser Prozessschritt nicht automatisieren lässt, aber gehen wir noch ein paar Schritte weiter.

Stellen wir uns vor, der Kunde nimmt unser Angebot an, und ein Projekt entsteht daraus. In diesem Fall werden Sie Ihr Team zusammenstellen und hierfür in *Teams* einen Teamraum einrichten. Im Rahmen des Projekt-Kick-Offs – aber vielleicht auch später, etwa dann, wenn neue Teammitglieder hinzukommen – wird die Frage gestellt, welche Leistungen ursprünglich im Angebot vereinbart wurden und für welchen Kunden die Leistungen erbracht werden sollen. Außerdem kann es während des Projekts auch hilfreich sein, zu wissen, welche anderen Aktivitäten zurzeit bei dem Kunden laufen. Dann sind Sie nicht überrascht, wenn der Kunde Sie auf eine andere *Opportunity* anspricht, die von Kollegen einer anderen Abteilung betreut wird und die gegebenenfalls Auswirkungen auf Ihre Tätigkeiten bei diesem Kunden haben könnte.

In der Regel haben Sie nicht auf alle Systeme innerhalb Ihres Unternehmens Zugriff. Das führt dazu, dass Informationen redundant in verschiedenen Applikationen gespeichert werden, damit Sie beispielsweise aus Ihrem Projektarbeitsraum heraus auf die Kontaktdaten der relevanten Ansprechpartner aufseiten des Kunden zugreifen können. Damit sind Sie scheinbar unabhängig vom CRM-System. Was geschieht allerdings, wenn sich die Kontaktinformationen Ihrer Ansprechperson ändern? Wenn Sie hiervon als erste Person erfahren, werden Sie vermutlich die Informationen in Ihrem Projektarbeitsraum aktualisieren und nicht bedenken, dass die Daten auch im CRM-System geändert werden müssen. Ihre Kollegen aus dem Vertrieb arbeiten auf diese Weise zunächst mit veralteten Daten weiter. Bis diese Tatsache auffällt, kann bereits eine Beeinträchtigung in den Arbeitsabläufen zu bemerken sein, weil beispielsweise der Kollege aus dem Vertrieb nicht mit dem Kunden über eine neue *Opportunity* sprechen konnte.

Sie sehen, Datensilos führen zu fehlenden oder falschen Informationen oder zu erhöhten Aufwänden für die Synchronisation der Daten. Sie benötigen in Ihrem Unternehmen aber stets einen aktuellen Informationsstand und sollten die Zusammenarbeit in Ihrem Unternehmen über die gesamte Wertschöpfungskette hinweg unterstützen – von den vertrieblichen Aktivitäten über die eigentliche Leistungserbringung bis hin zu Marketing-Aktivitäten.

Dabei kann eine *Prozesslösung* wie *Dynamics 365* helfen. Sie bietet Ihnen verschiedene Module an, die sich an dem Bedarf und den Prozessen eines durchschnittlichen Unternehmens orientieren. Sie können direkt mit den angebotenen Lösungen starten oder sie an Ihre Prozesse anpassen. Denken Sie dabei wieder daran, wie hoch der Nutzen wäre, würden Sie die Lösungen exakt an Ihren bestehenden Prozess anpassen. Unter Umständen ist die Einführung einer neuen Prozesslösung auch eine Gelegenheit, um Ihre Prozesse nachhaltig zu verändern und dadurch Ihren Arbeitsalltag zu vereinfachen.

Ich möchte Ihnen nun kurz die einzelnen Module vorstellen und sie voneinander abgrenzen, bevor ich im weiteren Verlauf im Detail auf sie eingehe:

- **Sales**: Hierbei handelt es sich um das klassische Customer-Relationship-Management. Viele Menschen denken übrigens bei Dynamics 365 direkt an das CRM-System, weil dieses die bekannteste Komponente in dem Angebot repräsentiert. Hier finden Sie Dienste zur Unterstützung einer zentralen Datenbasis für Kunden- und Kontaktdaten und können darauf aufbauend Ihren Vertriebsprozess bis hin zum Abschluss eines Auftrags verwalten.
- **Customer Insights**: Dieses Modul ist eng mit dem Modul *Sales* verzahnt, und wir werden es daher im weiteren Verlauf auch zusammen mit ihm betrachten. *Customer Insights* erlaubt die gesamtheitliche Betreuung eines Kunden, aber auch die Planung und Durchführung von Veranstaltungen, beispielsweise von Messeauftritten, Webinaren oder Kundenumfragen. So können Sie die Zufriedenheit Ihrer

Kunden ermitteln und Ihren Kundenservice noch besser an die Kundenbedürfnisse anpassen.

- **Customer Service und Field Service**: In diesem Bereich geht es um die Unterstützung Ihres Kundenservice und um die Projektabwicklung. Sorgen Sie dafür, dass die Mitarbeitenden im Kundenservice auch von unterwegs auf die relevanten Informationen zugreifen können. Verändern Sie sogar Ihr Leistungsspektrum, indem Sie mittels IoT-Daten Probleme bereits vor ihrem Auftreten erkennen und beheben können und dadurch den Techniker nur bei tatsächlichem Bedarf einsetzen. Wie wäre es außerdem, wenn Sie die Zusammenarbeit zwischen einem Techniker vor Ort und dem Team im Backoffice gezielter unterstützen könnten?
- **Supply Chain Management**: Wenn Sie innerhalb Ihrer Wertschöpfungskette auf externe Ressourcen zugreifen, ist eine nachhaltige und transparente Lieferkette für Sie elementar. Dieses zusätzliche Modul unterstützt Sie bei der Planung, Überwachung und Analyse von Lieferkettenaktivitäten, um Effizienz und Produktivität zu verbessern.
- **Finance und Project Operations**: In diesen Bereich fallen sämtliche Prozesse, bei denen die Finanzleistung Ihres Unternehmens, Lager und Logistik, Ressourcenplanung oder Lieferketten betroffen sind.
- **Human Resources**: Hier handelt es sich um ein Modul, das HR-Teams bei der Verwaltung von Mitarbeiterdaten, Leistungsbeurteilungen, Urlaubs- und Abwesenheitsmanagement sowie bei der Gewinnung und Bindung von Mitarbeitenden unterstützt. Ihnen werden unter anderem umfassende Analysefunktionen und Personal-Insights angeboten, die es Ihnen ermöglichen, datengesteuerte Entscheidungen zu treffen und das Mitarbeiterengagement zu verbessern.

Der Dienst *Dynamics 365* ist zwar außerhalb von *Microsoft 365* anzusiedeln, nutzt aber viele Dienste von Microsoft 365 und wird daher meistens in Kombination eingesetzt. So werden Sie im weiteren Verlauf unter anderem *SharePoint, Teams, Power Apps, Power Automate* und *Power BI* kennenlernen.

»Ich werde Dynamics 365 wahrscheinlich nicht einsetzen«

Wenn Sie den Einsatz von *Dynamics 365* aktuell nicht planen, überfliegen Sie diesen Abschnitt nur. Sie erhalten so einen groben Überblick über die möglichen Einsatzszenarien sowie über die Anwendung der verschiedenen Microsoft-365-Dienste. Im nächsten Abschnitt gehe ich dann wieder auf Funktionen aus *Microsoft 365* und insbesondere auf die *Power Platform, SharePoint Premium* sowie *Copilot* und *Copilot Studio* ein.

8.2.1 Kurzvorstellung: Sales zur Entwicklung von Leads und Verkaufschancen

Beginnen wir mit der bekanntesten Komponente, dem CRM-System, zur Unterstützung der vertrieblichen Aktivitäten. Rufen Sie dazu im App Launcher die App Dynamics 365 auf. Sie gelangen daraufhin in eine mit Abbildung 8.1 vergleichbare Ansicht. Sie können auch jederzeit über einen Klick auf das gerade verwendete Modul rechts neben dem App Launcher das Menü erneut öffnen und auf diese Weise schnell zwischen den Modulen navigieren. Die Anzahl der Ihnen angezeigten Kacheln kann von der hier gezeigten Darstellung abweichen; sie hängt davon ab, welche Module Sie lizenziert haben.

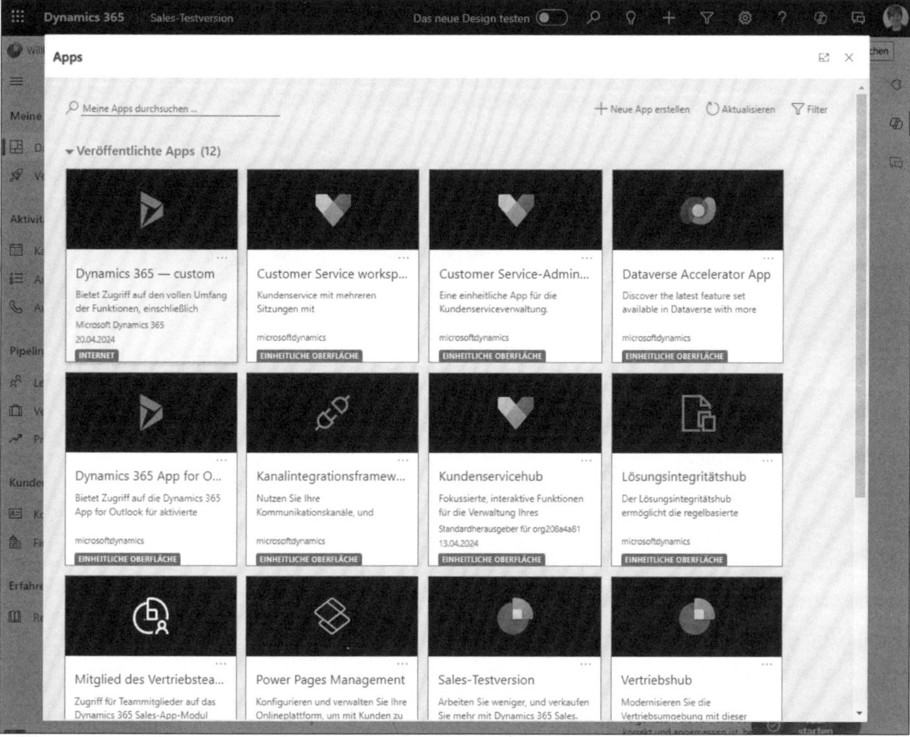

Abbildung 8.1 Willkommen bei »Dynamics 365«! Sie haben auf der Startseite und aus jedem Modul heraus Zugriff auf die von Ihnen lizenzierten Module.

»Ich finde die App für Dynamics 365 nicht im App Launcher!«

In diesem Fall sollten Sie als Erstes mit Ihrem Administrator klären, ob Dynamics 365 bei Ihnen im Unternehmen bereits lizenziert ist. Ist dies der Fall, fehlt Ihnen persönlich unter Umständen nur die Lizenz, und der Kollege bzw. die Kollegin kann sie Ihnen zuweisen. Alternativ können Sie auch die Website für Dynamics 365 unter *https://dynamics.microsoft.com/de-de/* aufsuchen und sich für eine Testversion registrieren.

Hierfür müssen Sie das gewünschte Modul auswählen. Diese Vorgehensweise bietet sich auch dann an, wenn Sie nur auf ein bestimmtes Modul nicht zugreifen können.

Wählen Sie die App SALES (bzw. SALES-TESTVERSION) aus, und Sie befinden sich anschließend auf einem Dashboard mit einer Übersicht über Ihre Vertriebsaktivitäten (siehe Abbildung 8.2). Sie erkennen in der oberen Navigationsleiste schnell, in welchem Modul Sie sich gerade befinden. Hier ist es das Sales-Modul.

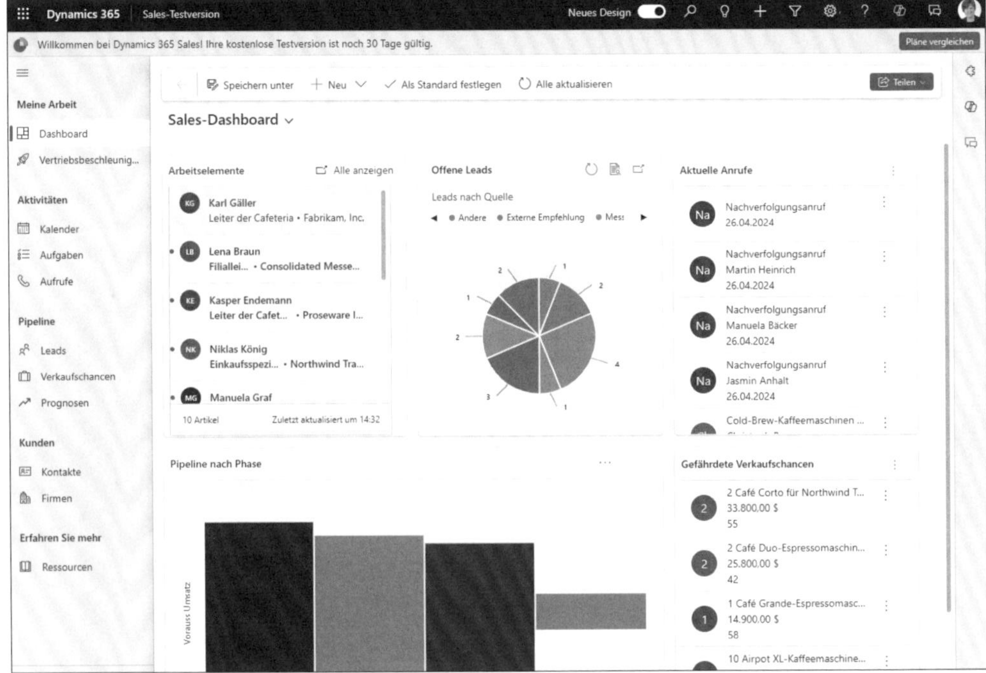

Abbildung 8.2 Willkommen in Microsoft Dynamics! Werfen Sie einen Blick auf Ihre vertrieblichen Aktivitäten im Unternehmen.

Geschäftsbereichsübergreifende Zusammenarbeit fördern

Auch wenn wir in unserem aktuellen Beispiel vielleicht eine Person aus dem Vertrieb sind und damit in unserem Arbeitsalltag einen klaren Fokus auf die Betreuung unserer Kunden legen, sollten wir trotzdem eng mit den Kolleginnen und Kollegen aus dem Marketing zusammenarbeiten.

Die Kollegen planen und führen Kampagnen durch, die auch unsere Bestandskunden erreichen können oder uns helfen, neue Kunden für uns zu gewinnen. Daher benötigen beide Teams Zugriff auf die Kundeninformationen.

Mit einem reinen Zugriff auf die Informationen des anderen Geschäftsbereichs ist es aber noch nicht getan. Erst, wenn beide Geschäftsbereiche an einer gemeinsamen

Datenbasis, beispielsweise einer Kundendatenbank, arbeiten und dort untereinander Informationen austauschen, ist die Zusammenarbeit nutzbringend für beide Seiten. Dynamics bietet genau diese Möglichkeiten, fördert somit den Informationsaustausch über organisatorische Grenzen hinweg und sorgt für möglichst reibungslose Prozessabläufe.

Neuen Kunden im System erfassen

Wenn Sie gerade mit der Arbeit in Dynamics beginnen oder eine Testversion nutzen, sollten Sie einige Daten im System erfassen, um die Möglichkeiten der Plattform besser kennenzulernen. Wählen Sie daher im Menü den Menüpunkt KUNDEN • FIRMEN aus.

Wie Sie in Abbildung 8.3 sehen können, ist die Liste bei einer Testversion nicht leer, sondern mit einigen Beispieldaten gefüllt. Falls Sie Dynamics 365 bereits einsetzen, sollten auch hier bereits einige Einträge zu finden sein. Achten Sie auch darauf, dass Sie automatisch eine gefilterte Ansicht aufgerufen haben. Hier werden Sie nur diejenigen Firmen aufgelistet bekommen, die Ihnen als verantwortlichem Kontakt zugewiesen wurden. Um alle Firmen zu sehen, klicken Sie auf den Pfeil nach unten neben MEINE AKTIVEN FIRMEN und wählen eine andere Ansicht.

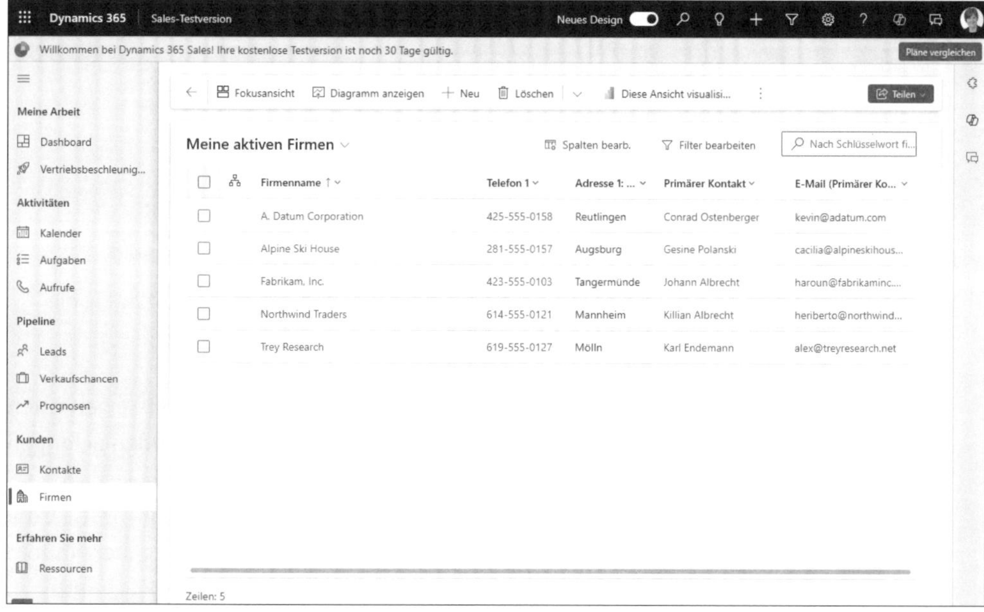

Abbildung 8.3 Firmen sind die Unternehmen Ihrer Kunden, Partner, Mitbewerber und Dienstleister oder Lieferanten.

Sie legen nun eine neue Firma an und wählen dafür in der Aktionsleiste oben den Menüpunkt NEU aus. Sie gelangen nun in die Erfassungsmaske aus Abbildung 8.4. Geben Sie zuerst den Namen der Firma und die allgemeinen Kontaktinformationen ein, wie die Adresse, die zentrale Telefonnummer oder auch den Jahresumsatz oder die Anzahl der Mitarbeitenden. Standardmäßig müssen Sie nur den Firmenname angeben, bevor Sie durch das erste Betätigen der Schaltfläche SPEICHERN UND SCHLIESSEN die Firma anlegen können.

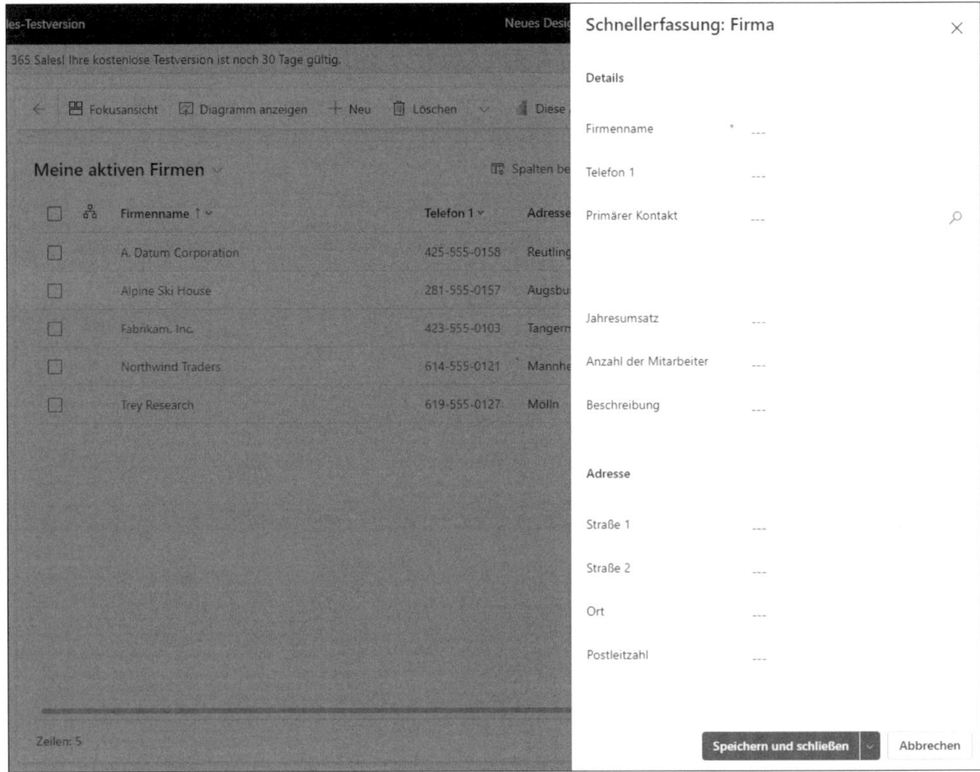

Abbildung 8.4 Erfassen Sie die Firma Ihres neuen Kunden mit allen Informationen, die Ihnen vorliegen.

Nach der Schnellerfassung befinden Sie sich erst einmal wieder in der Liste der Ihnen zugeordneten Firmen. Mit einem Klick auf den soeben angelegten Kunden gelangen Sie in die Bearbeitungsmaske, die Sie in Abbildung 8.5 sehen. Weil Sie diese Firma erfasst haben, sind Sie nun automatisch als die Person hinterlegt, die für diese Firma verantwortlich ist. Sie können bei Bedarf jedoch eine andere Person angeben, indem Sie oben rechts in das Feld BESITZER klicken und eine andere Person auswählen.

Doch warum sollten Sie die Firma nur sich selbst zuweisen, wenn Sie doch lieber in einem Team arbeiten möchten? In der Aktionsleiste im oberen Bereich des Bildschirms finden Sie einen Menüpunkt ZUWEISEN. Wenn Sie diesen Menüpunkt auswählen, erscheint der Dialog aus Abbildung 8.6. In ihm können Sie bei der Einstellung ZUWEISEN ZU durch einen Klick auf MIR auch die Einstellung BENUTZER ODER TEAM auswählen. Anschließend müssen Sie nur noch das Team auswählen und die Schaltfläche ZUWEISEN betätigen.

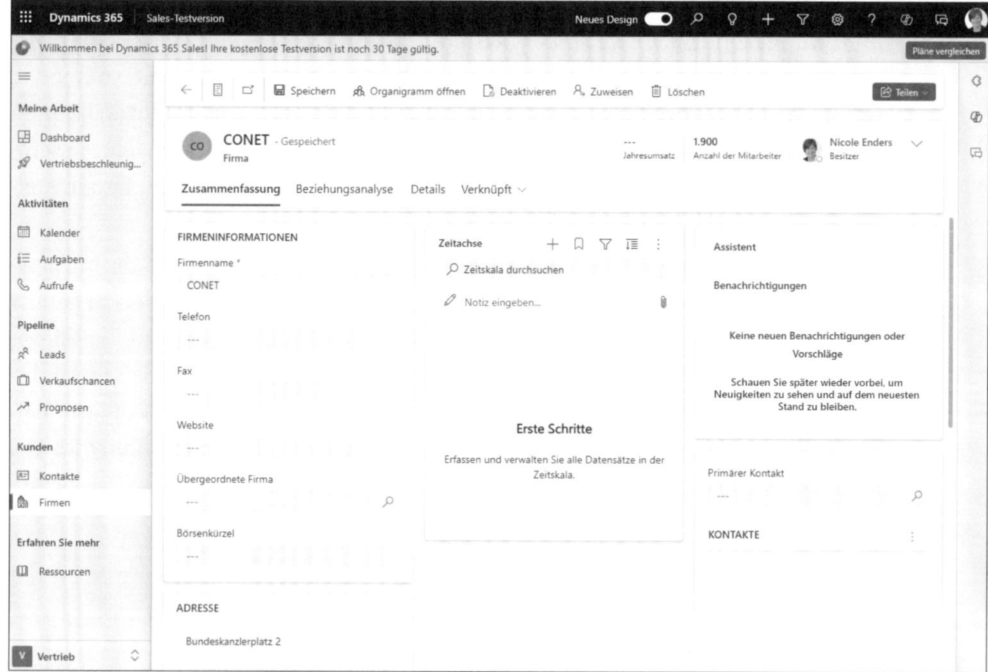

Abbildung 8.5 Sie können wesentlich mehr Daten zu der Firma pflegen.

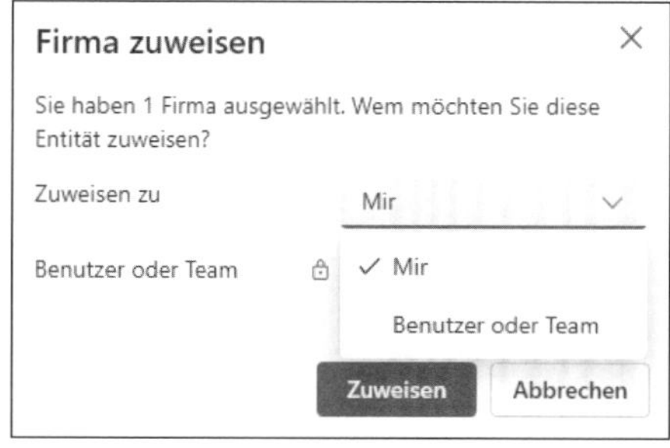

Abbildung 8.6 Weisen Sie die Firma einem Team zu.

Kontaktvoreinstellungen konfigurieren

Wechseln Sie nun von der Registerkarte ZUSAMMENFASSUNG auf die Registerkarte DETAILS, um in den Bereich mit Detailinformationen zu gelangen, den Sie in Abbildung 8.7 sehen. Hier können Sie folgende Informationen hinterlegen:

- **Branche**: Wenn Sie für Ihren neuen Kunden die zugehörige Branche festlegen, können Sie später danach filtern und beispielsweise alle Kunden aus der Metallindustrie ermitteln. Das ist vor allen Dingen im Bereich des Marketings für die Planung von Kampagnen relevant. Aber auch in Bezug auf die Ausrichtung Ihres Unternehmens werden damit vielschichtige Auswertungen möglich.

- **Kontaktmethode**: Sie können festlegen, über welchen Kommunikationsweg Sie Ihren Kunden normalerweise kontaktieren. Wenn Sie beispielsweise genau wissen, dass der neue Kunde sich lieber per E-Mail mit Ihnen austauscht, sollten Sie diese Information im System hinterlegen. Ihre Kolleginnen und Kollegen können dadurch den richtigen Kommunikationskanal wählen, wenn sie einmal für Sie einspringen. Wenn Sie sich nicht sicher sind, können Sie auch die Standardeinstellung BELIEBIG belassen.
- **Kontaktmöglichkeiten**: Sie können außerdem festlegen, welche Kommunikationskanäle überhaupt bei diesem Kunden genutzt werden können. Dazu gehört auch die Angabe, ob dieser Kunde für Massen-E-Mails infrage kommt. Bei dieser Art von Nachrichten verwenden Sie standardisierte Texte, die um die Kontaktinformationen Ihres Kunden ergänzt werden. Wenn Ihr Kunde aber dafür zum Beispiel nicht empfänglich ist und lieber eine individuelle Nachricht erhalten möchte, dann sollten Sie die Option MASSEN-E-MAIL deaktivieren.

Abbildung 8.7 Tragen Sie ein, wie Sie am besten den Kontakt zu Ansprechpartnern in diesem Unternehmen herstellen können.

Diese Einstellungen sind auch für Ihre Kollegen aus dem Marketing relevant, um ihre Kampagnen zielgruppengerecht zuschneiden zu können. Beachten Sie, dass diese Einstellungen als Standardeinstellung für alle Kontakte der Firma verwendet werden. Sie können die Einstellungen jedoch für den einzelnen Kontakt verändern.

Ansprechpersonen erfassen

In vielen Fällen werden Sie die Firma bereits im System erfasst haben und möchten nur einen neuen Kontakt anlegen. Das können Sie entweder direkt aus dem Firmeneintrag in der Registerkarte ZUSAMMENFASSUNG und dort im Bereich KONTAKTE tun (siehe Abbildung 8.8), oder Sie rufen im Menü unter VERTRIEB den Menüpunkt KUNDEN • KONTAKTE auf. Sie gelangen so zur Auflistung der Kontakte, die Ihnen zugeordnet sind. Klicken Sie nun auf den Menüpunkt NEU in der Aktionsleiste.

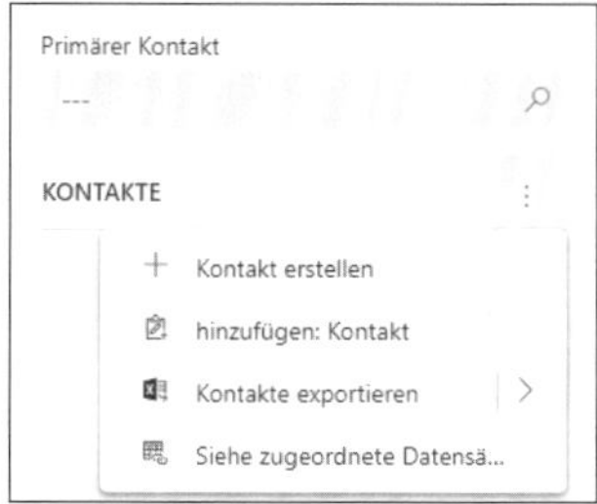

Abbildung 8.8 Erstellen Sie einen neuen Kontakt direkt aus einem geöffneten Firmendatensatz heraus.

In Abbildung 8.9 sehen Sie die Schnellerfassungsmaske für einen neuen Kontakt. Als Erstes habe ich die Firma ausgewählt, der ich den Kontakt zuordnen möchte.

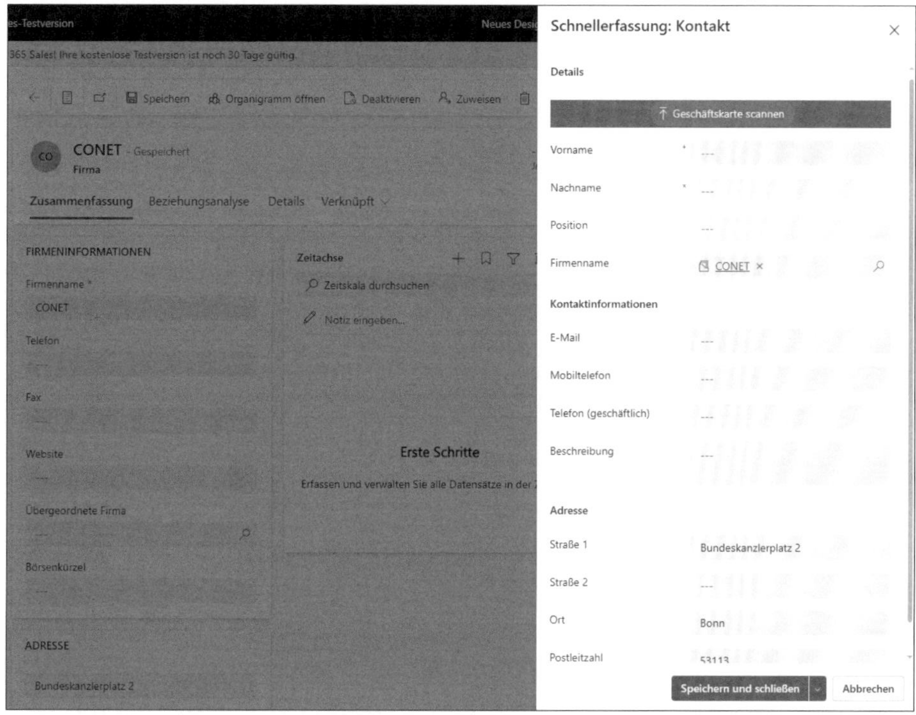

Abbildung 8.9 Legen Sie einen neuen Kontakt für Ihre Ansprechperson an.

Danach können Sie die Kontakt- und Adressinformationen hinterlegen, bevor Sie die Schaltfläche SPEICHERN UND SCHLIESSEN betätigen. Sie können alternativ auch den Pfeil nach unten an der Schaltfläche verwenden und stattdessen die Option SPEICHERN UND NEU ERSTELLEN wählen, falls Sie direkt einen weiteren Kontakt zu der Firma hinzufügen möchten. Sie haben außerdem ganz oben im Dialog die Möglichkeit, eine eingescannte oder digitale Visitenkarte auszuwählen und die entsprechenden Informationen automatisch erfassen zu lassen.

Über die linke Navigation können Sie nun mithilfe des Menüpunktes KUNDEN • KONTAKTE zu der Liste Ihrer Kontakte navigieren und den gewünschten Kontakt selektieren oder innerhalb eines Firmendatensatzes den Kontakt auswählen.

Ähnlich wie bei der Firma können Sie in der Registerkarte DETAILS weitere Informationen zu Ihrer Ansprechperson hinterlegen (siehe Abbildung 8.10). Hier können Sie unter anderem auch sehr persönliche Informationen zu Ihrem Kontakt hinterlegen. Wenn Sie beispielsweise in einem persönlichen Gespräch erfahren, dass die Person verheiratet ist und sie Ihnen vielleicht sogar den Namen Ihres Partners oder Ihrer Partnerin nennt, so könnten Sie diese Information im System speichern. Dann können Sie bei einer anderen Gelegenheit, wenn Sie mit ihr telefonieren, auf diese Information zurückgreifen und sich beispielsweise nach dem Befinden der Partnerin oder des Partners erkundigen. Durch dieses persönliche Element können Sie dann die Kundenbindung erhöhen und auf diese Weise die Geschäftsanbahnung potenziell erleichtern.

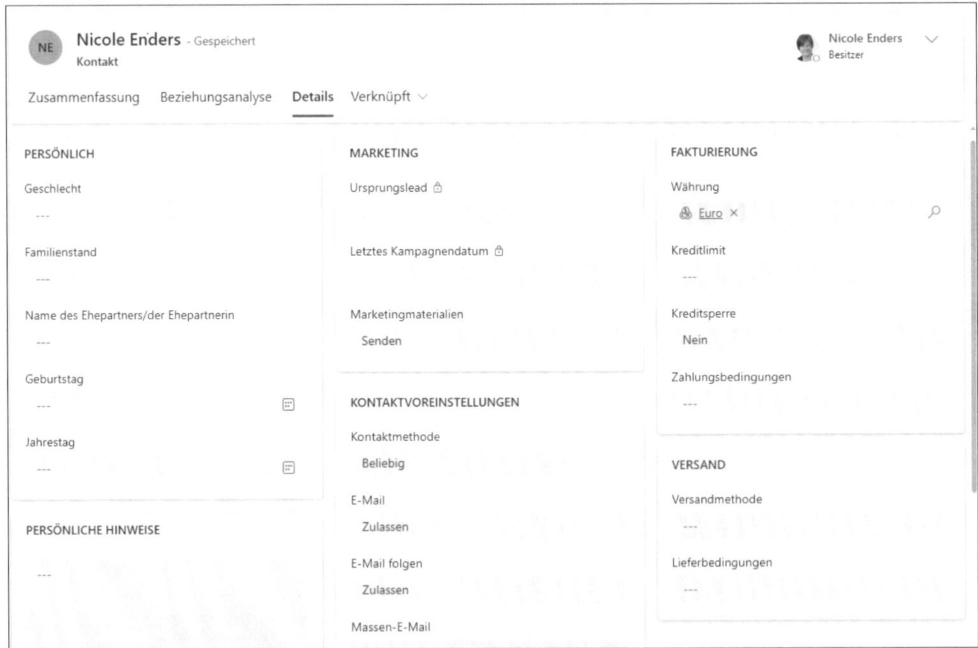

Abbildung 8.10 Geben Sie weitere Informationen zu dem Kontakt an.

Auch weitere persönliche Informationen wie Geburtstag oder Jahrestag Ihres Kontakts können hinterlegt werden. Aus Sicht des Marketings sind zusätzlich die Zuordnung des Ursprungsleads sowie das Datum der letzten Kampagne relevant, die den Kontakt betraf. Da Sie den Kontakt aber gerade erst angelegen, sind diese Felder noch leer. Ich komme aber an späterer Stelle darauf zurück.

Sie können nun erneut die Kontaktliste aus Abbildung 8.11 aufrufen und finden dort alle Ihnen zugeordneten Kontakte; wobei Sie auch auf eine andere Ansicht wechseln können, um sämtliche erfassten Kontakte einzusehen. Wenn Ihr Kontakt nun zukünftig anruft oder der nächste Termin ansteht, können Sie über die Kontaktliste in Erfahrung bringen, welche Aktivitäten in der letzten Zeit stattgefunden haben. Diese Information ist vor allem dann besonders hilfreich, wenn Sie in einem Vertriebsteam arbeiten.

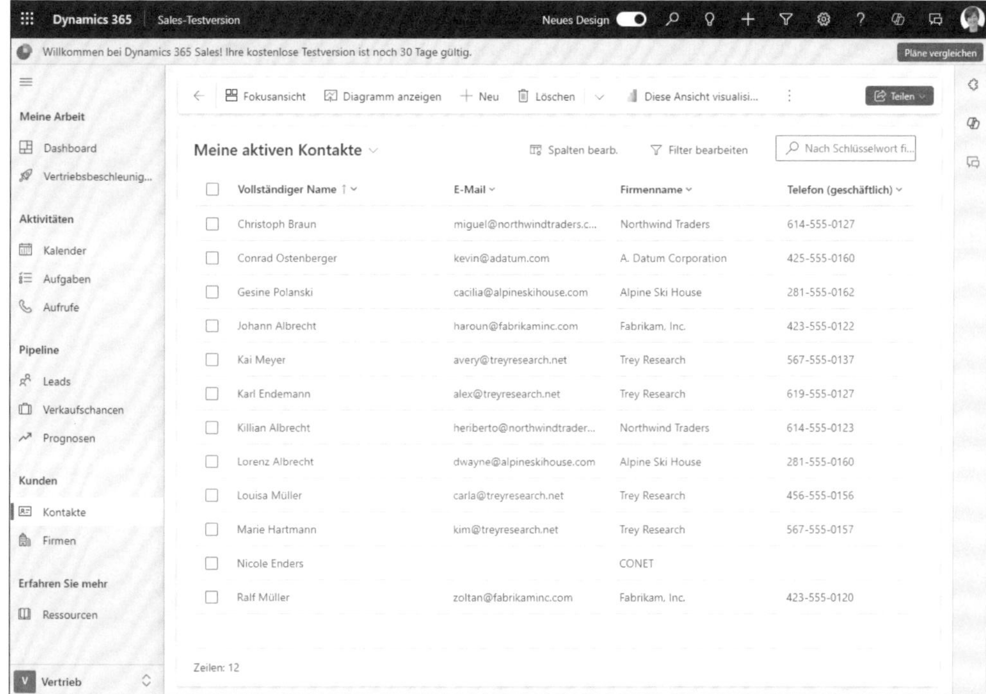

Abbildung 8.11 Über die zentrale Kontaktliste können Sie jederzeit Informationen zu einem Kontakt einholen oder ihn aktualisieren bzw. ergänzen.

Leads verwalten

Wahrscheinlich haben Sie, als Sie Ihren neuen Kunden kennengelernt haben, über eine mögliche Zusammenarbeit gesprochen. Je nachdem, wie viele Informationen Ihnen zum jetzigen Zeitpunkt bereits vorliegen, handelt es sich entweder noch um einen nicht qualifizierten *Lead* oder bereits um eine *Verkaufschance*.

Was ist der Unterschied zwischen einem Lead und einer Verkaufschance oder Opportunity?

Der Prozess des *Lead-Managements* umfasst die Kundenqualifizierung und den Übergang eines Leads in den Vertrieb zur Kundengewinnung. Wenn Sie einen vielversprechenden Lead an den Vertrieb weitergeben, beginnt das *Opportunity-Management*. Eine Opportunity stellt eine überprüfte und qualifizierte Verkaufschance dar.

Wenn Sie feststellen, dass eine Opportunity noch nicht in ausreichendem Maße qualifiziert ist, muss sie in den Status eines zu qualifizierenden Leads zurückgestuft werden. Falls bei Ihnen das Marketing für die Qualifizierung der Leads zuständig ist, wechselt an dieser Stelle daher auch die Verantwortlichkeit vom Vertrieb wieder zurück zum Marketing.

Auch in diesem Fall könnten Sie direkt aus Ihrem Kontakt heraus einen neuen Lead oder eine Verkaufschance erfassen. Sie rufen aber stattdessen über die linke Navigation den Menüpunkt PIPELINE • LEADS auf. Aktuell liegen für Sie wahrscheinlich keine Leads vor. Wählen Sie wie im Dialog aus Abbildung 8.12 über die Dreipunkteschaltfläche den Menüpunkt NEU aus, um zur Erfassungsmaske aus Abbildung 8.13 zu gelangen.

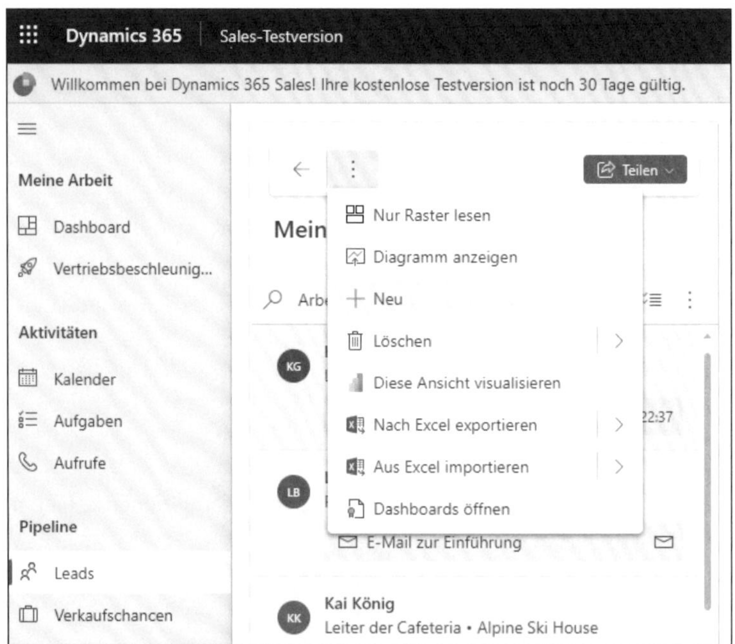

Abbildung 8.12 Möchten Sie einen neuen Lead erfassen?

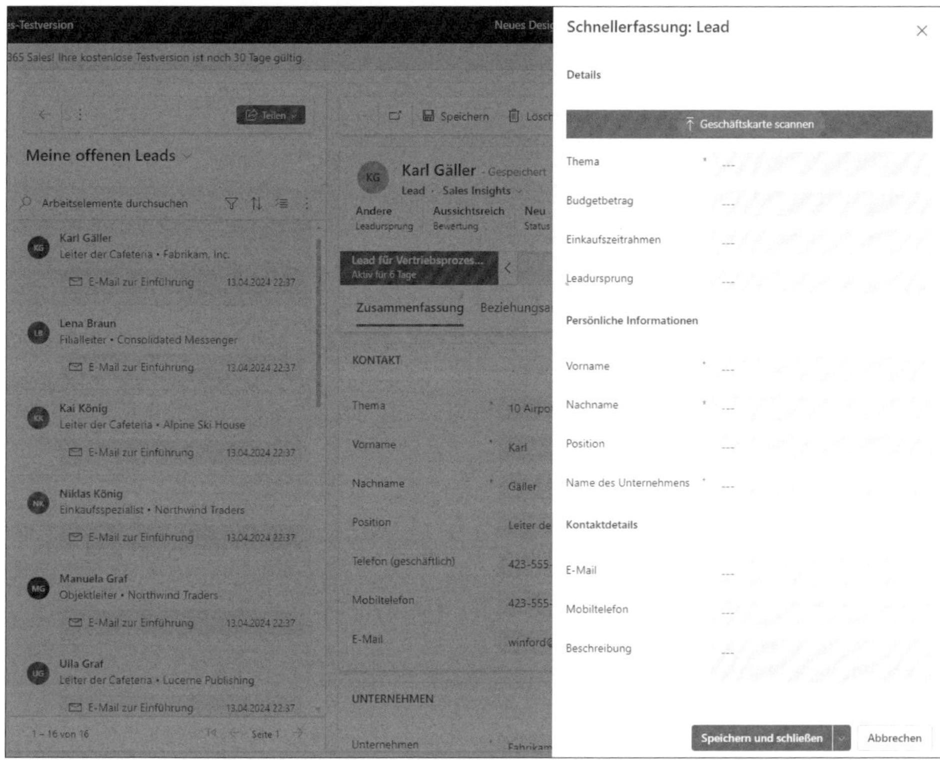

Abbildung 8.13 Über die Schnellerfassung können Sie erste Informationen zum Lead hinterlegen.

Sie können in dieser Maske alle für den Lead relevanten Informationen erfassen. Dazu gehören folgende Angaben:

- **Leadursprung**: Wie sind Sie mit Ihrem Ansprechpartner ins Gespräch gekommen? Sie können aus einer Liste an möglichen Auslösern wählen, wie beispielsweise eine Messe, externe Empfehlung oder das Internet.
- **Thema**: Worum geht es bei der möglichen Zusammenarbeit? Vielleicht hat Ihnen Ihr Ansprechpartner über ein anstehendes Projekt zur Modernisierung seiner IT-Infrastruktur berichtet.
- **Kontakt**: Ein Lead muss einem Kunden und somit einer Firma und einem Kontakt zugeordnet werden. Ihr Kontakt sollte nach Möglichkeit diejenige Person sein, die kundenseitig über eine Zusammenarbeit entscheidet.
- **Einkaufszeitrahmen**: Ist bereits bekannt, in welchem Zeitraum sich Ihr Kontakt für oder gegen die Zusammenarbeit entscheiden wird? Diese Angabe hilft Ihnen bei der Priorisierung und der Zeitplanung für die Bearbeitung Ihrer Leads.
- **Geschätztes Budget**: Neben dem zeitlichen Rahmen ist das ungefähre Budget des Kunden ein wichtiger Indikator zur Einordnung des Leads.

Wenn Sie alle erforderlichen Informationen zusammengetragen haben, können Sie den Lead über die Schaltfläche SPEICHERN UND SCHLIESSEN anlegen. Wählen Sie Ihren Lead nun in der Liste aus und tragen Sie die weiteren Informationen zusammen. Sobald Sie sicher sind, dass es sich bei dem Lead mittlerweile um eine Verkaufschance handelt, klicken Sie in der Prozessleiste oben auf QUALIFIZIEREN und betätigen die Schaltfläche NÄCHSTE PHASE (siehe Abbildung 8.14).

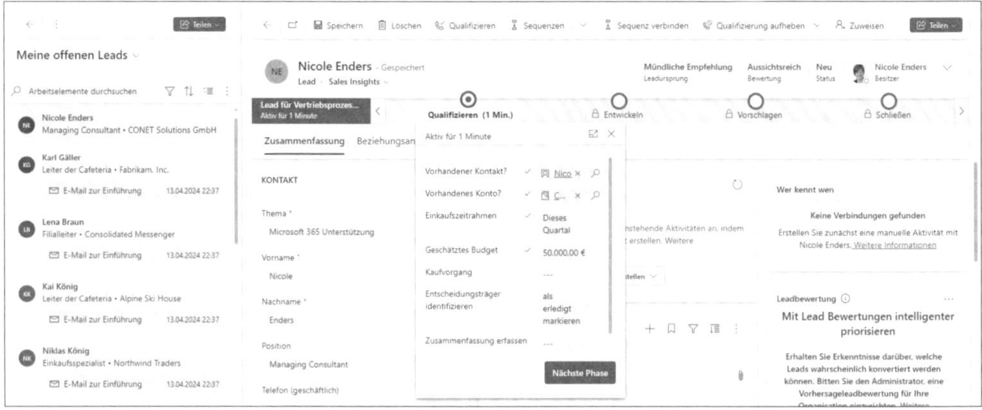

Abbildung 8.14 Erstellen Sie aus einem Lead eine Verkaufschance bzw. eine Opportunity.

Wie in Abbildung 8.15 zu sehen ist, können Sie nun sehr einfach aus dem Lead heraus eine neue Verkaufschance erstellen. Denn nun handelt es sich nicht mehr nur um einen losen Kontakt und eine Idee, was Sie dem Kunden gegebenenfalls irgendwann einmal anbieten können. Es ist nun ein konkreter Anlass eingetreten, sodass im weiteren Verlauf auch ein Angebot erstellt werden soll.

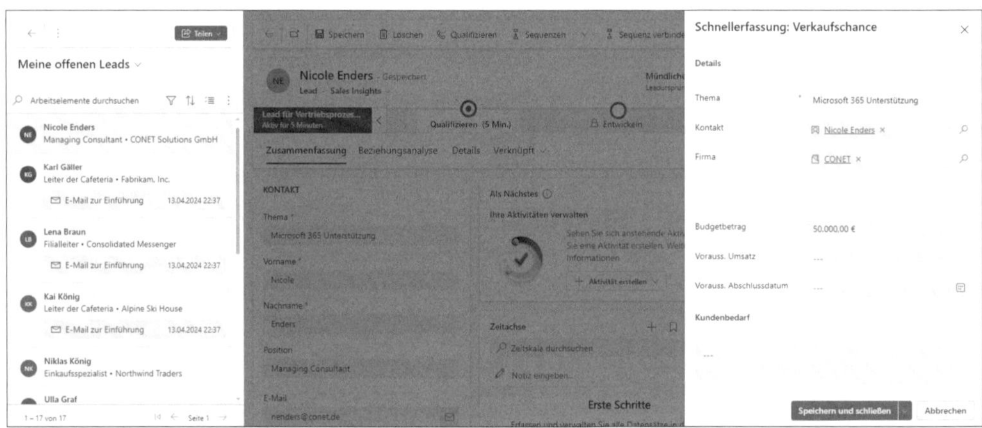

Abbildung 8.15 Erfassen Sie eine neue Verkaufschance.

Nachdem Sie die erforderlichen Daten erfasst und die Schaltfläche SPEICHERN UND SCHLIESSEN betätigt haben, verändert sich auch die Ansicht (siehe Abbildung 8.16). Sie befinden sich nun im Prozessschritt ENTWICKELN.

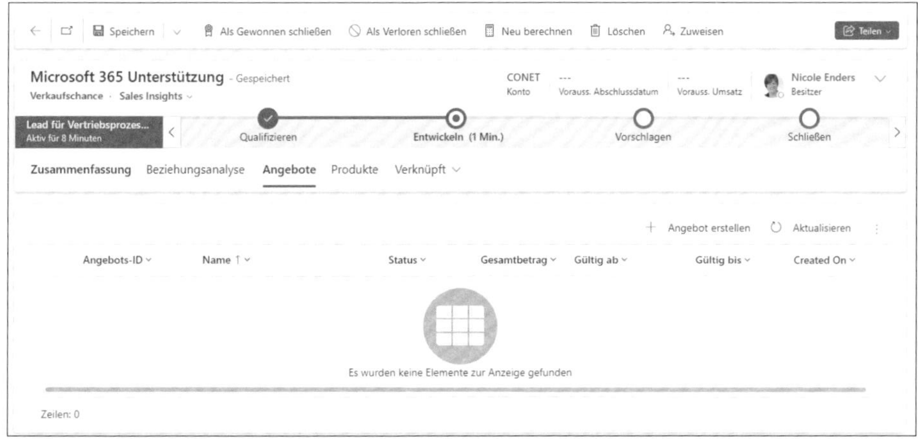

Abbildung 8.16 Entwickeln Sie Ihre Verkaufschance bis hin zu einem Angebot.

Aufbauend auf den bisher gesammelten Informationen können Sie spätestens an dieser Stelle prüfen, welche Mitbewerber Sie haben, und ermitteln, wer Ihre Stakeholder sind. Außerdem tragen Sie mit der Zeit immer mehr Informationen zusammen, um anschließend eines oder mehrere Angebote für Ihren Kunden zu erstellen.

Angebotserstellung

Gehen Sie dazu in der aufgerufenen Verkaufschance auf die Registerkarte ANGEBOTE und wählen Sie dort den Menüpunkt ANGEBOT ERSTELLEN oben rechts aus.

Sie gelangen damit in die Ansicht zur Erfassung aller angebotsrelevanten Informationen (siehe Abbildung 8.17). Zu diesen Informationen zählen zum Beispiel:

- **Angebots-ID**: Eine eindeutige, automatisch generierte ID zur Kennzeichnung des Angebots. Über diese ID können Sie im System nach dem Angebot suchen.
- **Name**: Der Name ist standardmäßig die Bezeichnung Ihrer Verkaufschance. Bei Bedarf können Sie die Bezeichnung anpassen. Das kann zum Beispiel dann sinnvoll sein, wenn Sie während der Angebotserstellung festlegen, was Sie genau anbieten möchten.
- **Gesamtbetrag**: Dieser Wert berechnet sich automatisch aus der Anzahl der angebotenen Produkte und ihren Einzelpreisen.
- **Gültigkeitszeitraum**: Hier wird angegeben, von wann bis wann das Angebot gültig sein soll.
- **Produkte**: Im mittleren Bereich der Maske können Sie die Angebotspositionen (z. B. Produkte) erfassen, die Sie dem Kunden anbieten möchten.

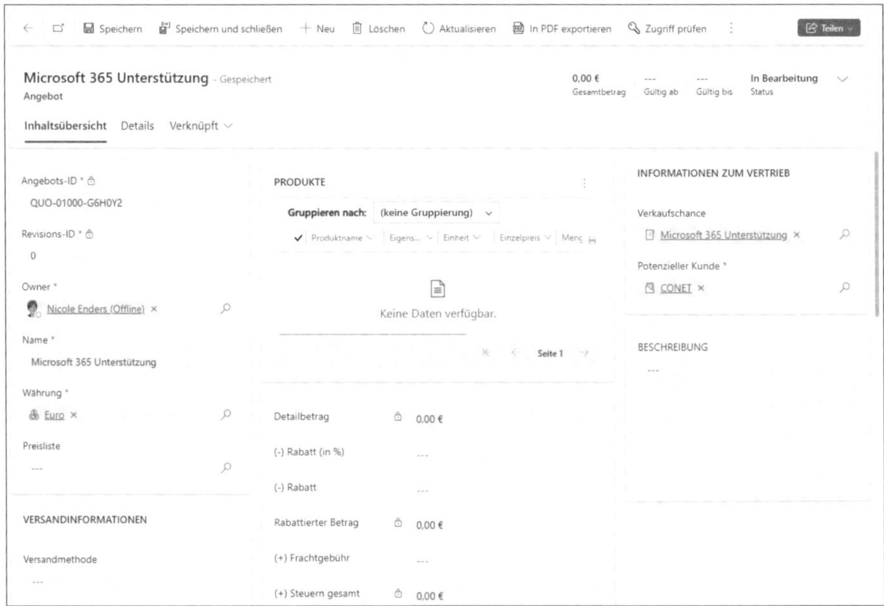

Abbildung 8.17 Erstellen Sie ein Angebot inklusive der anzubietenden Produkte und Rabatte.

- **Rabatte**: Sie können bereits für jede einzelne Angebotsposition einen Rabatt einräumen. Sie können aber auch in Summe, in Form eines Prozentsatzes oder eines absoluten Betrags, eine Rabattierung vornehmen.
- **Aktivitäten**: Hier können Sie alle für das Angebot relevanten Tätigkeiten und Ereignisse verwalten (siehe Abbildung 8.18).

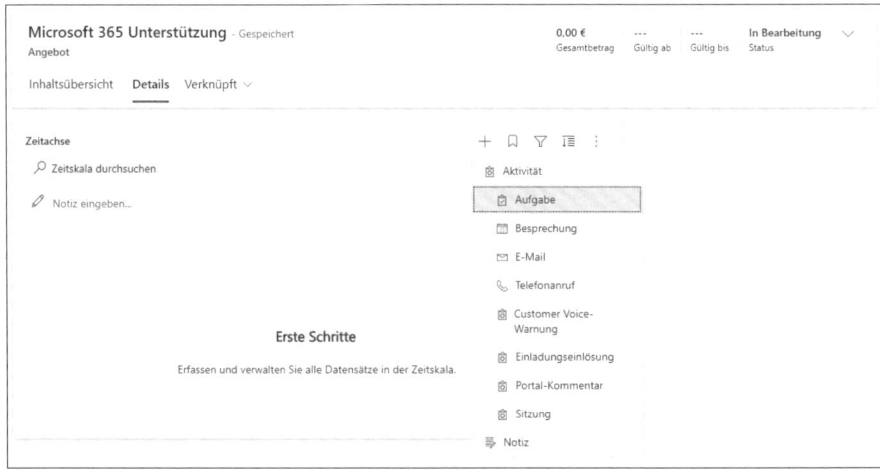

Abbildung 8.18 Verwalten Sie sämtliche Aktivitäten während der Angebotsphase, damit Ihre Kollegen Sie jederzeit unterstützen können.

Ein Angebotsdokument in SharePoint erstellen und bearbeiten

Bisher haben wir uns ausschließlich in Dynamics 365 aufgehalten, aber gerade im Bereich der Angebotserstellung könnten Sie von den Möglichkeiten von SharePoint profitieren. Dort könnten Sie gemeinsam mit Kollegen aus den Fachabteilungen an dem Angebotsdokument und gegebenenfalls an weiteren Dokumenten (wie einer Angebotspräsentation) oder weiteren Begleitdokumenten arbeiten. Durch die automatische Versionierung und die Option, bewusst eine Datei auschecken zu können und sie damit temporär gegen Veränderungen durch andere Personen zu sperren, könnten Sie schnell ans Ziel gelangen.

Damit die Zusammenarbeit aber solchermaßen funktioniert, müssen Sie zuvor Ihre Umgebung dafür einrichten. Unter der Website-Adresse *https://docs.microsoft.com/de-de/dynamics365/customer-engagement/admin/set-up-dynamics-365-online-to-use-sharepoint-online* finden Sie die für die Einrichtung erforderlichen Informationen.

Nachdem die Einrichtung durch einen Administrator durchgeführt wurde, können Sie über SharePoint und über Dynamics auf die Angebotsdokumente zugreifen.

Entwickeln eines Leads

Während der Erstellung eines Angebots entwickeln Sie auch gleichzeitig Ihren Lead oder Ihre Verkaufschance. Über die Prozessleiste im oberen Bereich der Seite sehen Sie den jeweiligen Fortschritt (siehe Abbildung 8.19).

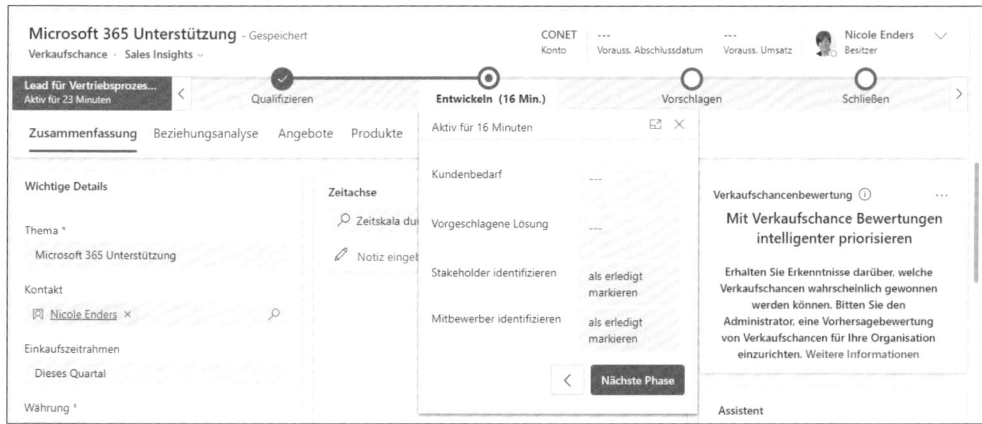

Abbildung 8.19 Dieser Lead wurde bereits zur Verkaufschance entwickelt.

Während Sie im Status *Entwickeln* noch prüfen, ob Sie ein Angebot abgeben werden (Sie können hier bereits mit der Angebotserstellung beginnen), haben Sie sich im Status *Vorschlagen* bewusst für die Abgabe eines Angebots entschieden (siehe Abbildung 8.20).

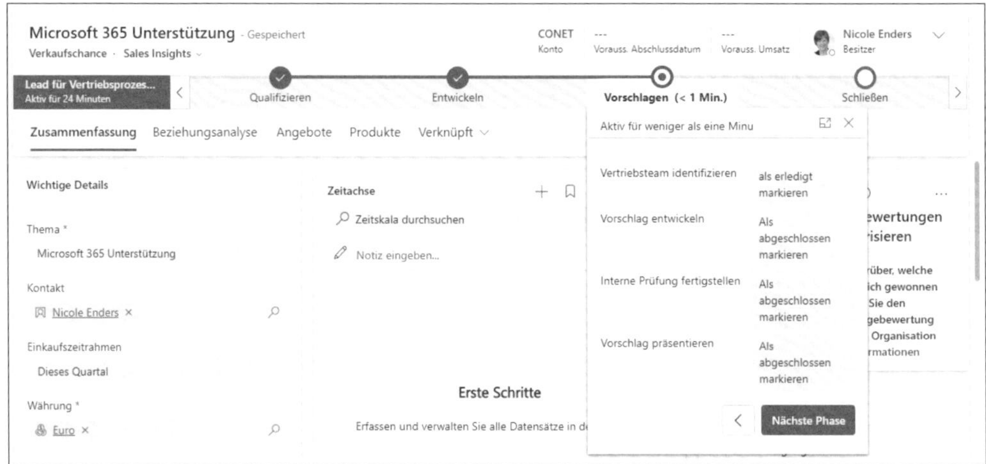

Abbildung 8.20 Entwickeln Sie Ihre Verkaufschance weiter bis hin zu einem Angebot.

Zuvor haben Sie den Statuswechsel immer über die Schaltfläche NÄCHSTE PHASE vorgenommen. Zum Abschluss betätigen Sie nun aber die Schaltfläche FERTIG STELLEN (siehe Abbildung 8.21) und gelangen so zu der Ansicht aus Abbildung 8.23.

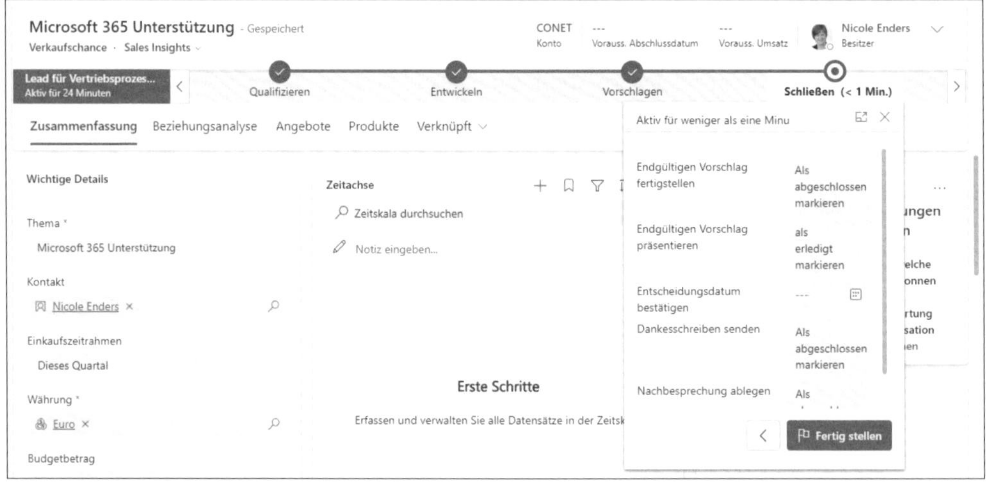

Abbildung 8.21 Schließen Sie den Lead ab, sobald Ihr Angebot angenommen oder abgelehnt wurde.

Schließen eines Leads

Sie können auch bereits in einem früheren Stadium Ihren Lead schließen. Nutzen Sie dazu in der oberen Aktionsleiste die Menüpunkte ALS »GEWONNEN« SCHLIESSEN oder ALS »VERLOREN« SCHLIESSEN.

Abbildung 8.22 Schließen Sie den Lead, sobald Sie eine Zusage oder Absage vom Kunden erhalten haben.

Unerheblich, für welchen Weg Sie sich entscheiden, wird Ihnen in jedem Fall in der Prozessleiste angezeigt, wie viel Zeit der Vertriebsprozess verbraucht hat. In unserem Beispielfall ist die Dauer relativ gering (siehe Abbildung 8.23). In Ihrem Arbeitsalltag können Sie so die Effektivität Ihres Vertriebsprozesses überprüfen.

Abbildung 8.23 Über die Prozessleiste können Sie genau sehen, wo im Vertriebsprozess Sie sich gerade befinden. Sie bekommen auch angezeigt, wie lange der Prozess gedauert hat.

8.2.2 Kurzvorstellung: Customer Insights für eine Vertiefung der Kundenbeziehungen

Wir kommen nun zu einem Bereich, in dem Vertriebsteams eng mit ihren Kolleginnen und Kollegen aus dem Marketing zusammenarbeiten, um die bestehenden Kundenbeziehungen zu vertiefen und ebenso neue Kundenbeziehungen aufzubauen. Mit dem Modul *Customer Insights* nutzen Sie die eventuell bereits im Rahmen der Lead-Entwicklung gewonnenen Informationen über Ihre Kunden und insbesondere über Ihre Kontakte.

So können Sie auf die Bedürfnisse der verschiedenen Personen zugeschnittene Angebote schaffen und Ihre Marketingmaßnahmen zielgerichtet planen und durchführen. Wenn Sie in der Übersicht der verfügbaren Module von Dynamics die Kachel CUSTOMER INSIGHTS – JOURNEYS auswählen, gelangen Sie zu einer mit Abbildung 8.24 vergleichbaren Ansicht. In der linken Navigation finden Sie auch die bereits im vorangegangenen Abschnitt genutzten Menüpunkte für Kontakte und Leads wieder. Hier zeigt sich sehr deutlich, dass Sie für Ihre Unternehmensprozesse eine zentrale gemeinsame Datenbasis verwenden. Auch wenn Sie als Mitarbeitende des Marketing-Teams einen anderen Fokus und ein anderes Aufgabengebiet jemand aus dem Vertrieb, so können Sie doch gemeinsam die Kontakte und Leads einsehen und Daten pflegen.

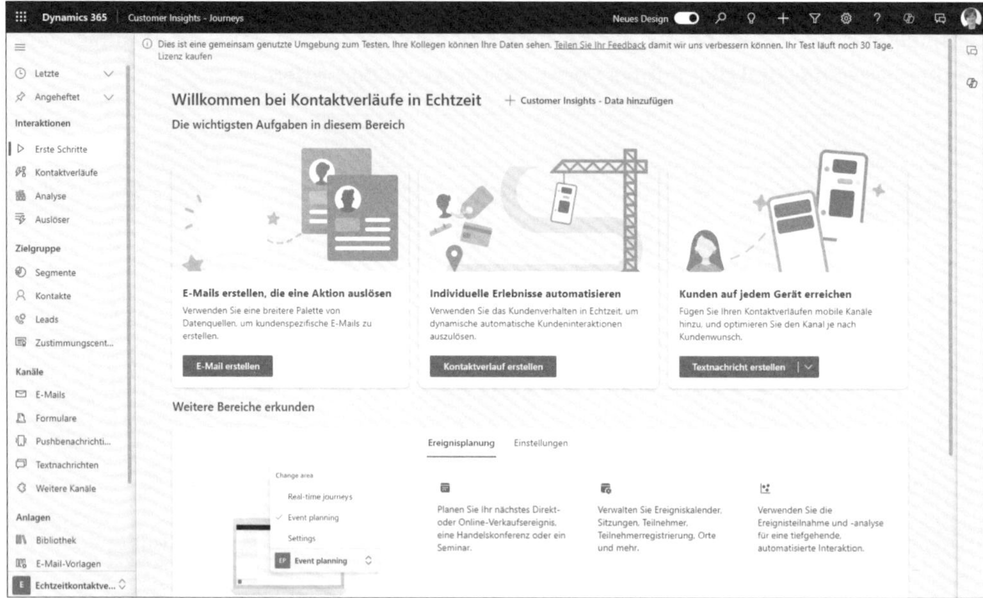

Abbildung 8.24 Nutzen Sie die bereits vorhandenen Daten für Ihre Arbeit.

Sie können über den Menüpunkt unten links auch zwischen den verschiedenen Untermodulen von Customer Insights wechseln. Diese Einstellung steht Ihnen auch bei den anderen Modulen zur Verfügung – auch wenn ich im vorangegangenen Abschnitt nicht auf sie eingegangen bin. Wenn Sie nun über diesen Menüpunkt das Untermodul OUTBOUND-MARKETING auswählen, können Sie sämtliche Interaktionen mit Ihren aktuellen und zukünftigen Kunden planen und durchführen (siehe Abbildung 8.25).

Kundenkontaktverläufe

Bevor Sie Marketing-Maßnahmen planen, kann sich ein Blick in die bisherigen Kundenkontaktverläufe lohnen. Über den entsprechenden Menüpunkt können Sie beispielsweise für eine Marketingkampagne die Ansicht aus Abbildung 8.26 aufrufen. Hier sehen Sie, welche Marketing-Instrumente Sie im Rahmen der Kampagne genutzt und miteinander kombiniert haben, und sogar der zeitliche Ablauf wird detailliert abgebildet.

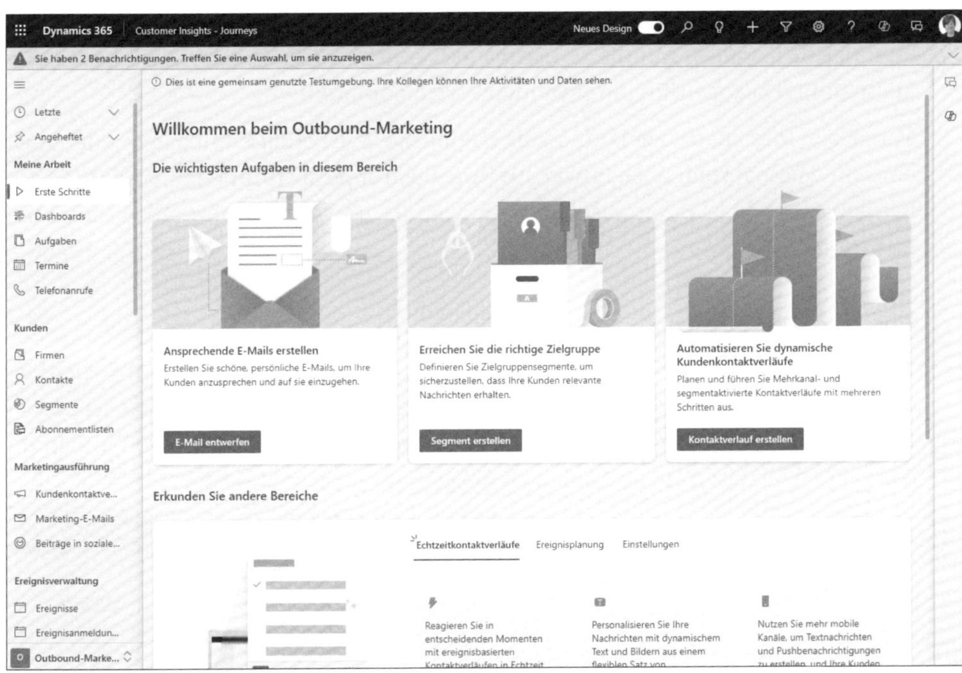

Abbildung 8.25 Planen Sie externe Marketing-Aktivitäten.

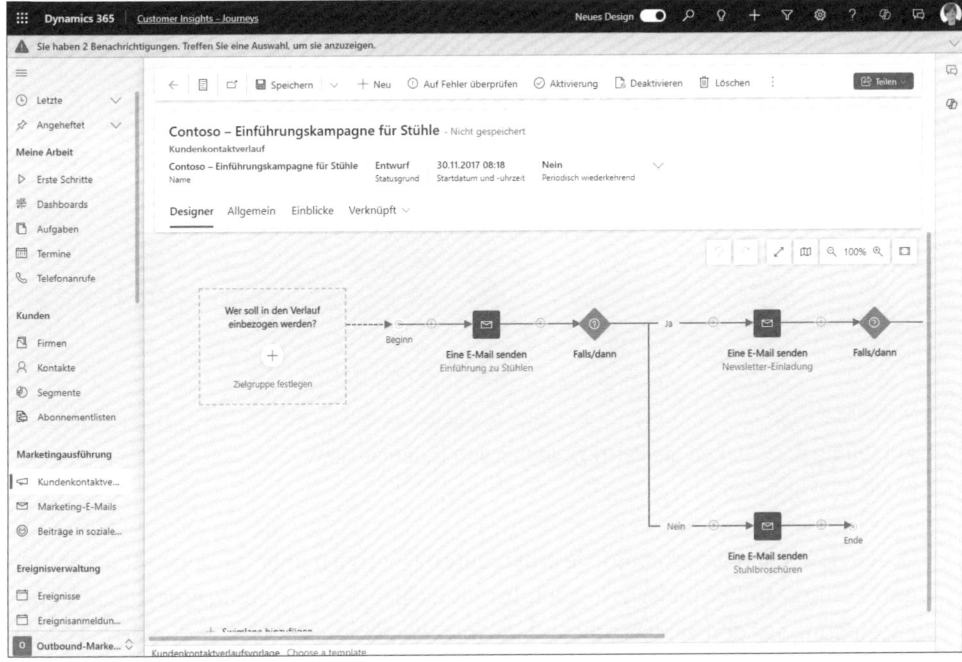

Abbildung 8.26 Nutzen Sie Kundenkontaktverläufe, um zukünftige Maßnahmen auf die Bedürfnisse Ihrer Zielgruppe abzustimmen.

Über die Registerkarte EINBLICKE (im Englischen INSIGHTS) können Sie nun ermitteln, welche Kontakte mit dieser Kampagne erreicht wurden und wie erfolgreich die Maßnahmen bezogen auf die einzelnen Personen waren.

Mit diesen Informationen können Sie zukünftige Marketing-Kampagnen oder auch einzelne Maßnahmen noch besser auf Ihre Zielgruppe abstimmen und erfahren außerdem mehr über Ihren ausgewählten Kontakt und können ihn besser betreuen und weiterentwickeln.

Einsatz von Social Media

Teil einer Marketing-Kampagne werden vermutlich auch Aktivitäten auf Social-Media-Plattformen sein. Deshalb können Sie über den Menüpunkt BEITRÄGE IN SOZIALEN MEDIEN auch die von Ihnen in den sozialen Medien geplanten Veröffentlichungen zeitlich festlegen (siehe Abbildung 8.27).

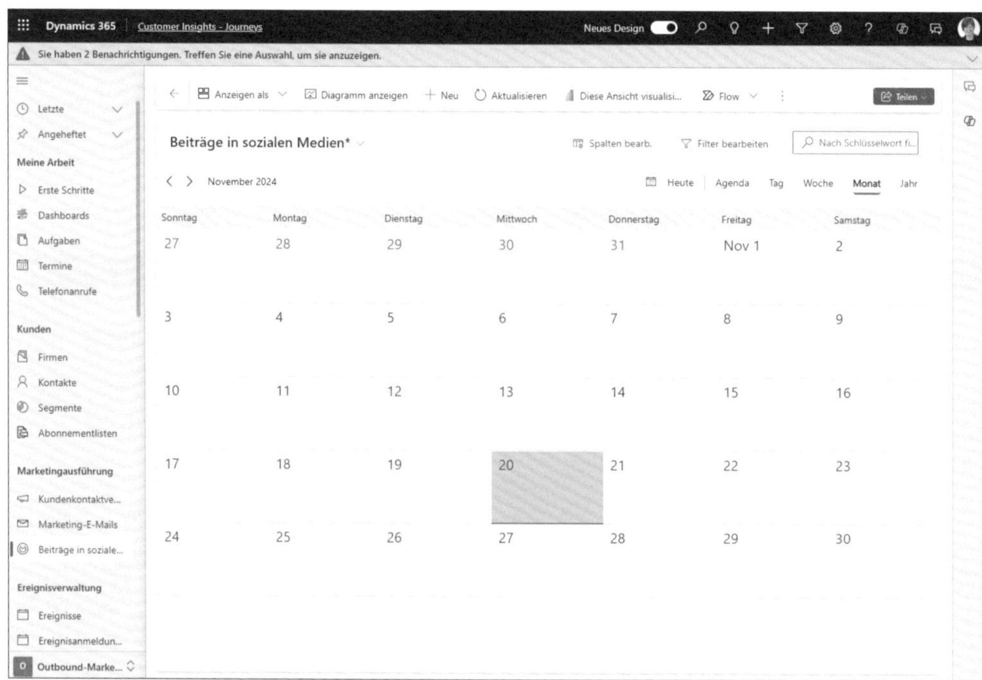

Abbildung 8.27 Planen Sie Beiträge in den von Ihnen ausgewählten sozialen Medien über einen Kalender.

Durch den Kalender erhalten Sie einen guten Überblick über die geplanten Beiträge und können so beispielsweise auch für einen Beitrag eine zeitlich versetzte Veröffentlichung auf den verschiedenen Plattformen planen. So wäre es denkbar, dass Sie zunächst einen Beitrag auf Ihrer Unternehmenswebsite veröffentlichen und ihn dann zwei Tage später in einem Beitrag auf LinkedIn vorstellen und wiederum einen oder zwei Tage später die Information noch auf einer anderen Social-Media-Plattform verteilen.

Sie können so aber auch gerade bei mehreren Beiträgen zu unterschiedlichen Themen sicherstellen, dass nicht alle Beiträge zur selben Zeit veröffentlicht werden, sondern dass eine zeitversetzte Verteilung erfolgt. Durch die regelmäßige und nicht übermäßige Veröffentlichung von Informationen erhöhen Sie die Aufmerksamkeit Ihrer Zielgruppe. Bei zu vielen Informationen oder zeitgleich veröffentlichten Beiträgen bestünde sonst das Risiko, dass diese ähnlich wie Spam eingeordnet würden, wodurch sogar eher ein Schaden für Sie bzw. Ihr Unternehmen entstünde.

E-Mail-Kommunikation planen

Dasselbe gilt für den Versand von E-Mails: Sie sollten E-Mails nur an Personen versenden, die dies explizit als Kommunikationskanal angegeben haben. Doch für die Personen mit dieser Präferenz können Sie, wie in Abbildung 8.28 zu sehen ist, E-Mails zu den entsprechenden Anlässen vorbereiten und diese Mails entweder zeitlich gesteuert, manuell oder beim Eintreten eines bestimmten Ereignisses versenden.

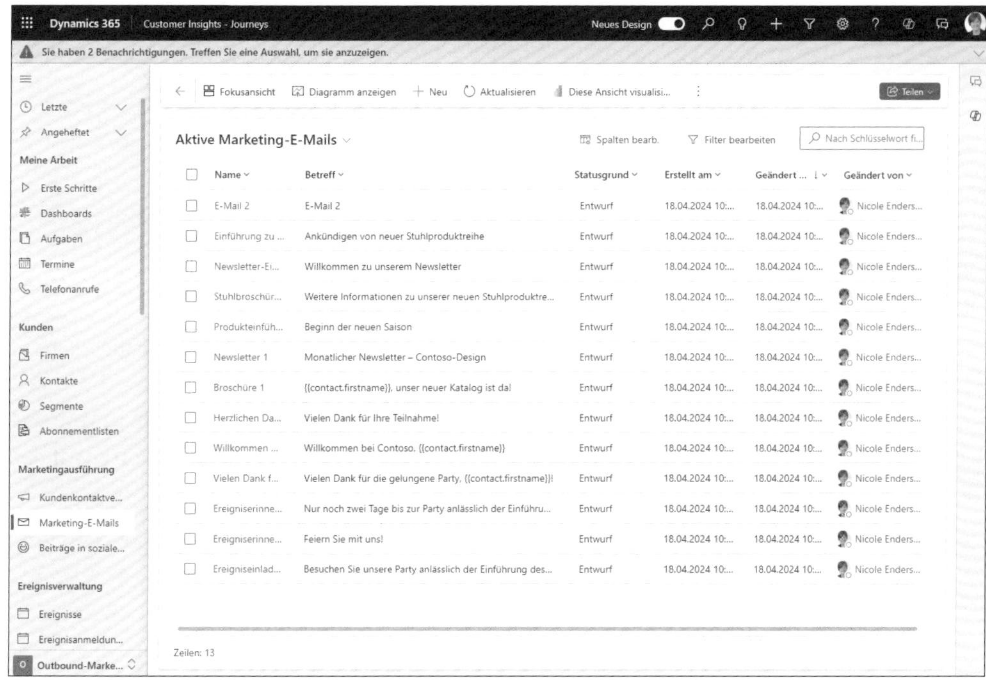

Abbildung 8.28 Bereiten Sie E-Mails für Ihre Kommunikation vor.

Events planen

Ereignisse können in unterschiedlicher Form auftreten. Bei ihnen handelt es sich meistens um das Erreichen eines bestimmten Datums – beispielsweise, wenn Sie Ihr neues Produkt präsentieren. Es kann aber auch eine Veranstaltung sein, beispielsweise eine Messe oder ein Webinar.

Wenn Sie die Einführung Ihres neuen Produkts aus Marketingsicht planen möchten, können Sie dies über den Menüpunkt EREIGNISSE tun. In Abbildung 8.29 sehen Sie ein Beispiel hierfür. Sie können dabei wählen, ob das Event online und sogar über Microsoft Teams erfolgen soll. In diesem Fall könnten Sie bei Bedarf auch ein Webinar planen, wie Sie es in Abschnitt 5.4.1 kennengelernt haben.

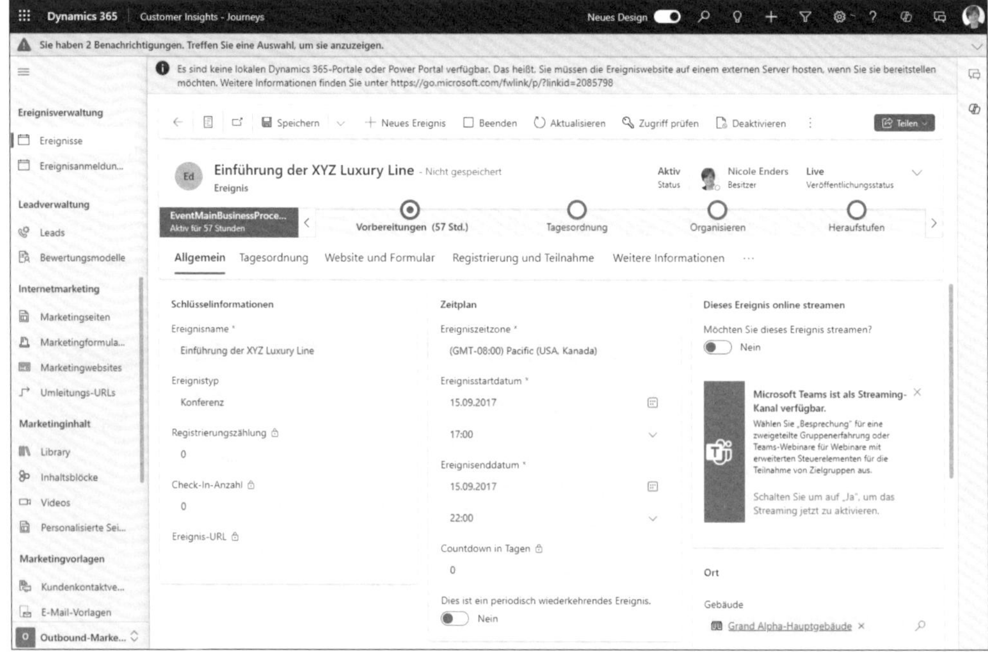

Abbildung 8.29 Planen Sie ein Event, um beispielsweise Ihr neues Produkt vorzustellen.

Neben dem eigentlichen Event könnten Sie auch Ihren Newsletter nutzen und so wie in Abbildung 8.30 Informationen über Ihr Produkt verteilen und gleichzeitig auf das Event hinweisen.

Sie können auch über den Menüpunkt unten links in das Untermodul EREIGNISPLANUNG wechseln und so weitere Optionen zur Planung und Durchführung von Events nutzen. Wie Sie der Navigation in Abbildung 8.31 entnehmen können, haben Sie in diesem Bereich auch die Möglichkeit, Veranstaltungen in Präsenz zu planen.

Nutzen Sie sämtliche verfügbaren Informationen

Während Sie Events oder Marketing-Maßnahmen im Allgemeinen planen und durchführen, können Sie jederzeit auf die Informationen und Erkenntnisse früherer Maßnahmen zugreifen und so effektiv planen.

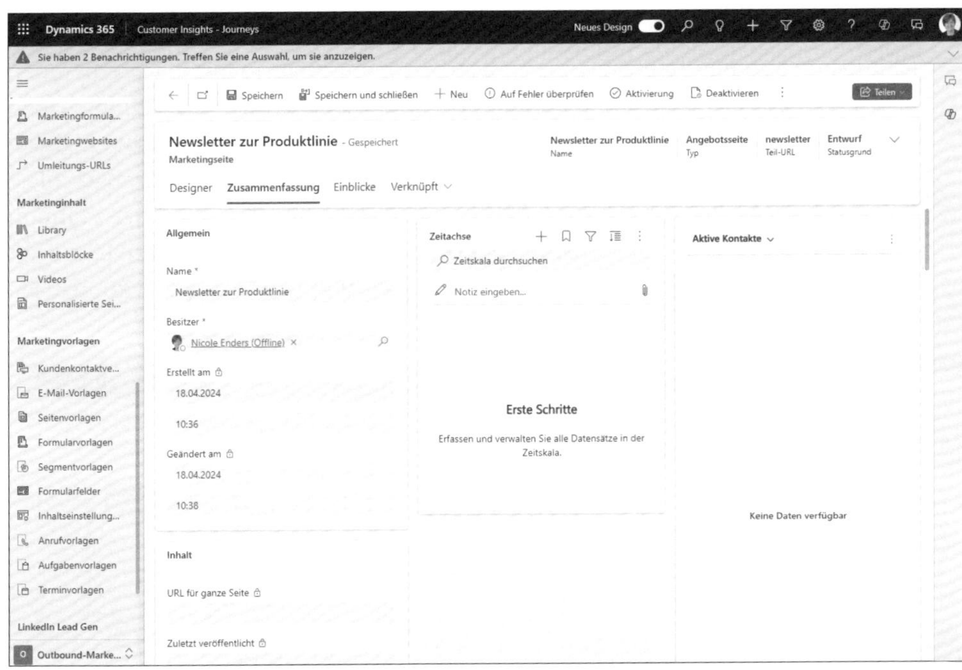

Abbildung 8.30 Informieren Sie Ihre Kunden auch über Ihren Newsletter.

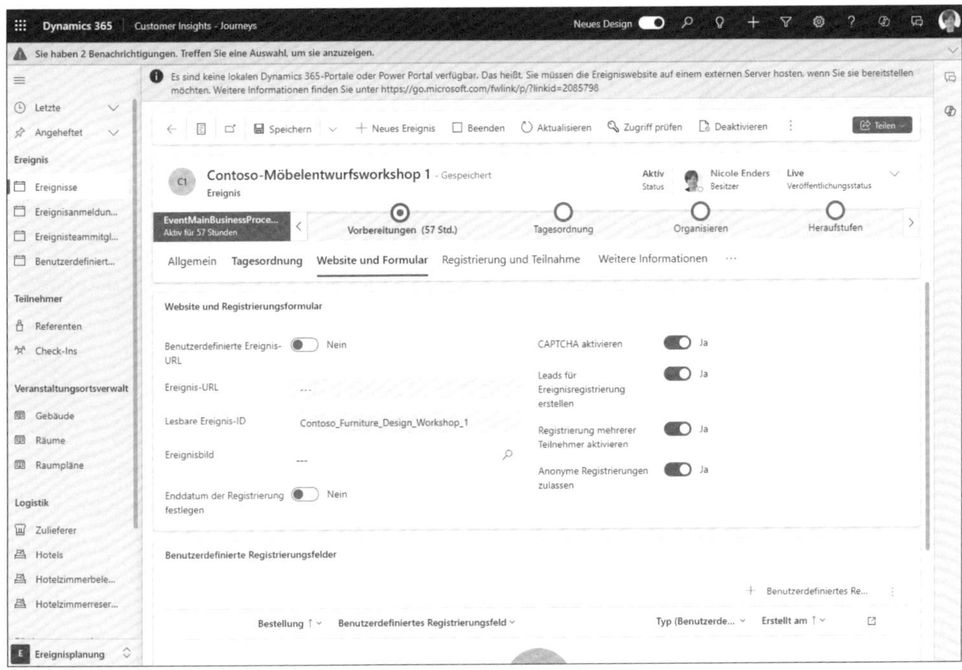

Abbildung 8.31 Planen Sie Events in Präsenz mit den entsprechenden Räumlichkeiten sowie Zulieferern und der Unterbringung der teilnehmenden Personen in Hotels.

8.2.3 Kurzvorstellung: Customer Service und Field Service

Ich möchte nun mit Ihnen auf eine andere Personengruppe in Ihrem Unternehmen eingehen. Das Vertriebsteam war erfolgreich und die Marketing-Maßnahmen haben unterstützend gewirkt, sodass nun verschiedene Kundenaufträge bei Ihnen eingegangen sind. Einige davon werden noch bearbeitet, andere sind bereits abgeschlossen. Und jetzt meldet sich ein Kunde bei Ihnen und hat entweder eine Frage zu Ihrem Produkt oder der erhaltenen Leistung oder es gibt ein Problem, bei dessen Lösung er Ihre Hilfe benötigt. Um diese Anforderung möglichst gut zu bearbeiten, können Sie das Modul *Customer Service* nutzen.

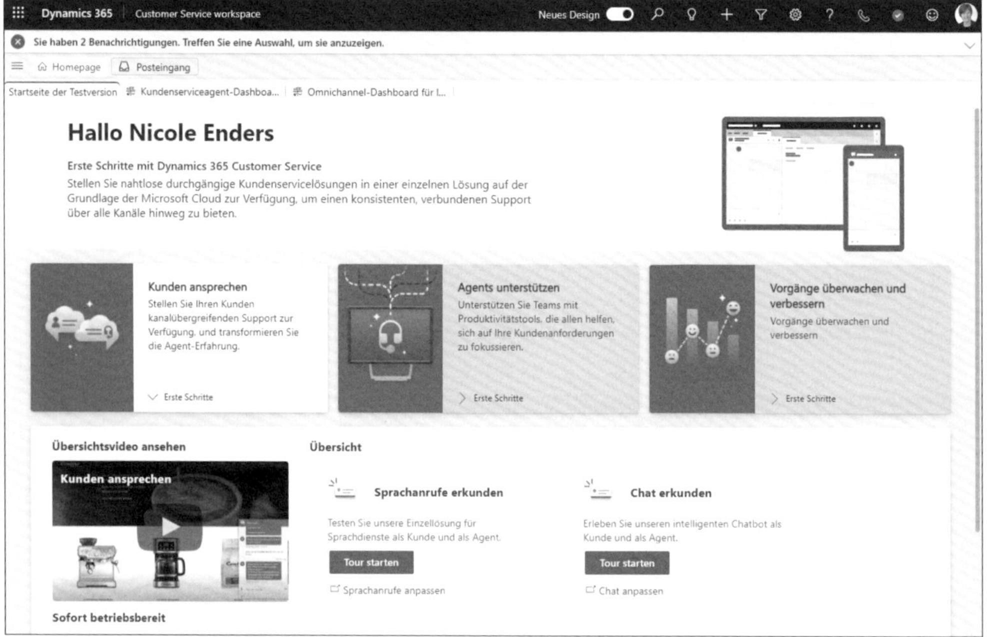

Abbildung 8.32 Auf der Startseite von »Customer Service« können Sie sowohl zu Kundenvorgängen navigieren als auch virtuelle Agenten einrichten.

Wie Sie Abbildung 8.32 entnehmen können, stehen Ihnen auf der Startseite dieses Moduls unter anderem folgende Optionen zur Verfügung:

- **Vorgänge überwachen und verbessern**: Sie können sämtliche Kundenvorgänge einsehen und über eine Wissensdatenbank nach passenden Lösungen für die Frage oder das Problem des Kunden suchen. Sie können auch mithilfe von Copilot schnell die passende Antwort oder Lösung ermitteln und bei einer Kommunikation via Chat oder E-Mail sogar den Antworttext vorbereiten lassen.
- **Agents unterstützen**: Falls Sie virtuelle Agenten (d. h. mit *Copilot Studio* erstellte Chatbots) einsetzen, können Sie diese über die Startseite aufrufen und bei Bedarf anpassen.

- **Kunden ansprechen**: Legen Sie hier fest, über welche Kommunikationskanäle die Kunden mit ihren Fragen und Problemen auf Sie und Ihre Kolleginnen und Kollegen zukommen können. An dieser Stelle sollten Sie abwägen, wie viel Flexibilität Sie Ihren Kunden bei der Wahl eines passenden Kommunikationskanals (z. B. Telefon, E-Mail oder virtueller Agent) anbieten möchten und wie viele Kanäle Sie und Ihr Team in der Praxis dauerhaft unterstützen können.

Wenn Sie den Menüpunkt VORGÄNGE ÜBERWACHEN UND VERBESSERN auswählen, gelangen Sie zu einer mit Abbildung 8.33 vergleichbaren Ansicht.

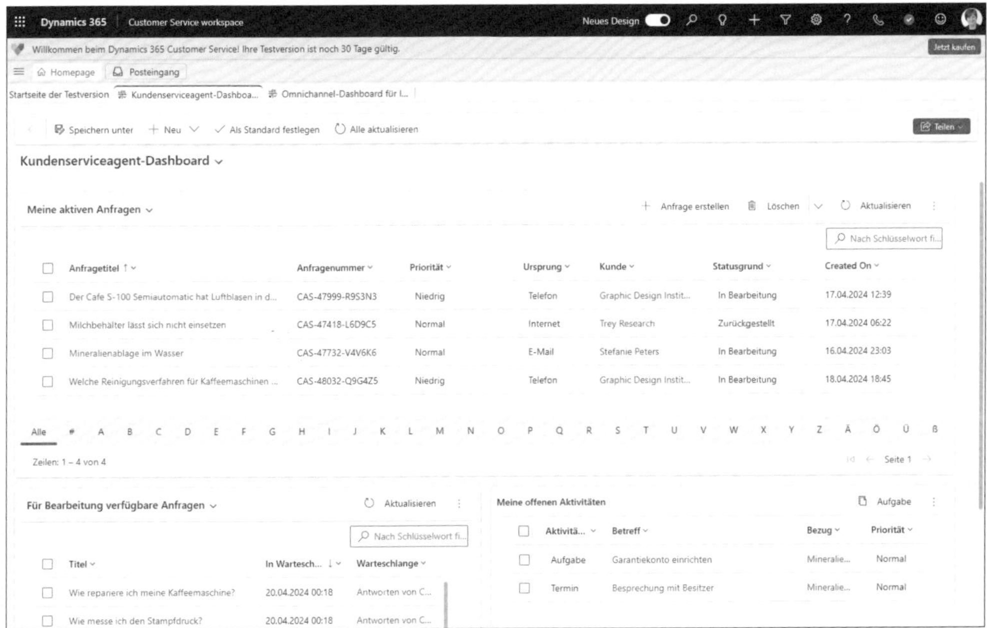

Abbildung 8.33 Hier erhalten Sie einen Überblick über alle Kundenvorgänge..

Bevor Sie einen Vorgang öffnen, wählen Sie bitte die Registerkarte POSTEINGANG aus, um auf die Ansicht zu gelangen, die Sie in Abbildung 8.34 sehen. In dieser mit Ihrem Posteingang in Outlook vergleichbaren Ansicht finden Sie sämtliche eingegangenen Kundenanfragen wieder und können anhand des Alters und der Kritikalität der Anfrage entscheiden, wie Sie mit ihr verfahren möchten.

Wenn Sie eine Anfrage aus dem POSTEINGANG oder aus der Auflistung in der Registerkarte HOMEPAGE auswählen, befinden Sie sich entsprechend der Darstellung in Abbildung 8.35 in der Bearbeitungsmaske.

Sie finden im Hauptbereich der Maske sämtliche Informationen, die entweder vom Kunden selbst erfasst worden sind, oder nach und nach von Ihnen und Ihren Kolleginnen und Kollegen zusammengetragen wurden. Sollte der Kunde gerade mit Ihnen telefonieren oder einen virtuellen Agenten nutzen, so würde links ein weiterer Bereich eingeblendet, in dem Sie das Transkript Ihres Gesprächs oder den Chatverlauf des virtuellen Agenten einsehen könnten.

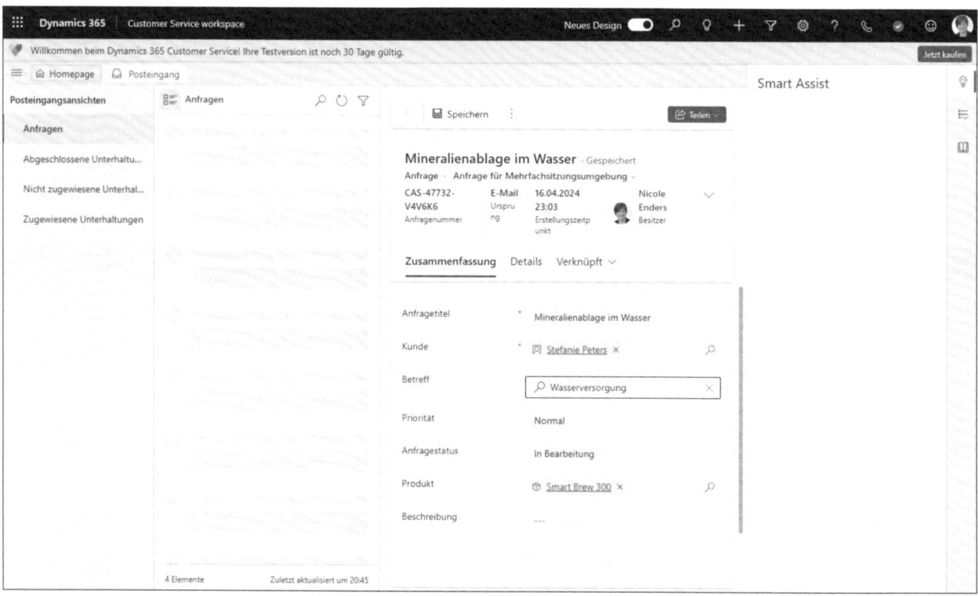

Abbildung 8.34 Prüfen Sie Ihren Posteingang, um Kundenanfragen mit hoher Priorität zu ermitteln.

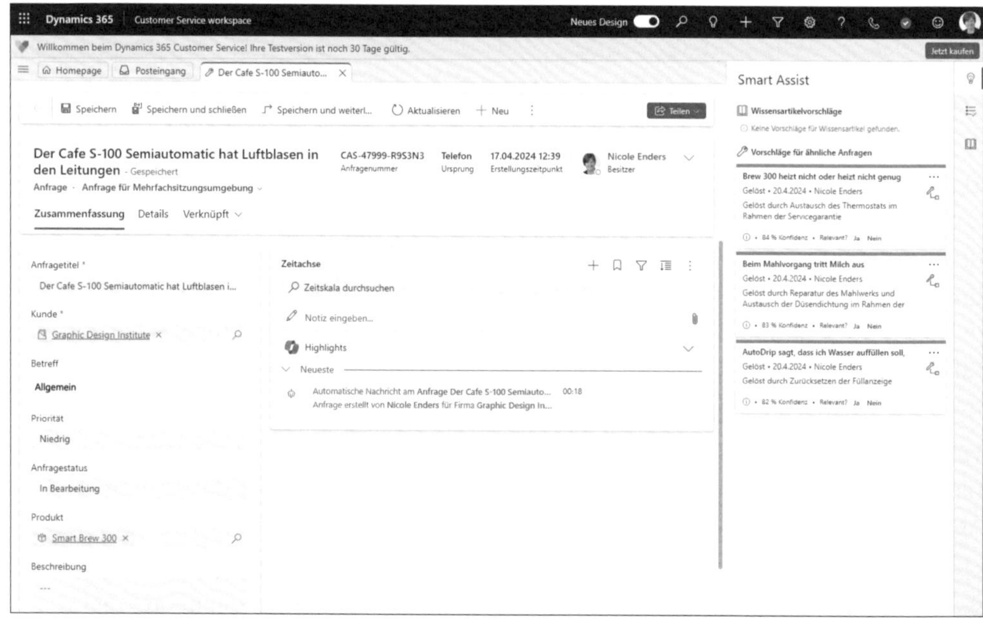

Abbildung 8.35 Bearbeiten Sie eine Anfrage mit Unterstützung Ihrer zentralen Wissensdatenbank und mithilfe von Copilot.

Wenn Sie nun nach einer Antwort oder einer Lösung für den Kunden suchen, kann Ihnen der Bereich SMART ASSIST im rechten Teil der Seite helfen. Über diesen Bereich haben Sie Zugriff auf die Wissensdatenbank Ihrer Prozessplattform und können unter Umständen die benötigten Informationen direkt abrufen und an den Kunden weitergeben. Manchmal wird es aber nicht so einfach sein, sodass Sie entweder mithilfe von Copilot nach den entsprechenden Informationen suchen oder sogar über einen Menüpunkt links neben Ihrem Profilbild Microsoft Teams aufrufen und einen Chat bzw. eine spontane Besprechung mit ein paar Ihrer Kolleginnen und Kollegen starten und auf diese Weise nach den erforderlichen Antworten suchen.

Teilen Sie Ihr Wissen

Denken Sie bitte immer daran, Ihr Wissen auch in der Wissensdatenbank festzuhalten. Wenn Sie eine Antwort oder eine Lösung für ein Problem gefunden haben und diese Informationen noch nicht an dieser zentralen Stelle zu finden sind, gehört das Festhalten Ihrer Erkenntnisse mit zu einem erfolgreichen Abschluss der Kundenanfrage. So können Sie und Ihre Kolleginnen und Kollegen bei zukünftigen Kundenanfragen auf dieses Wissen zugreifen und einen noch besseren Service anbieten.

Zu einem guten Kundenservice gehört je nach Geschäftsmodell auch, dass Mitarbeitende aus Ihrem Unternehmen zum Kunden fahren und bestimmte Probleme oder Störungen vor Ort lösen. Für die Bearbeitung dieser Aufträge und die Einsatzplanung der Mitarbeitenden können Sie das Modul *Field Service* nutzen.

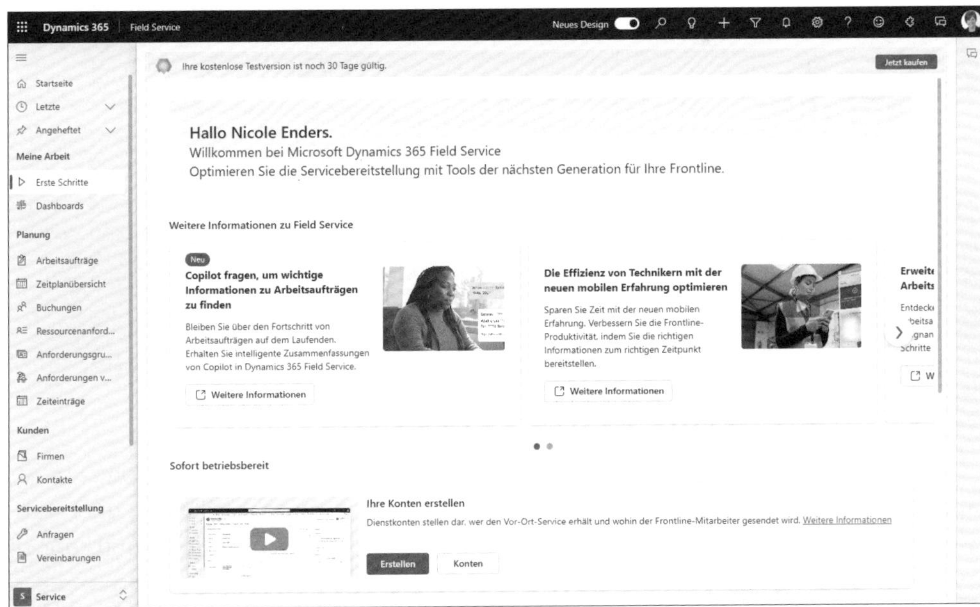

Abbildung 8.36 Mithilfe von »Field Service« können Sie Vor-Ort-Einsätze beim Kunden planen und durchführen.

Wie Sie Abbildung 8.36 entnehmen können, besteht auch hier wieder ein nahtloser Übergang zu den Informationen aus den bisher vorgestellten Modulen. So greifen Sie in *Field Service* ebenfalls auf Firmen- und Kontaktinformationen zu und können damit Arbeitsaufträge auch den entsprechenden Kunden zuordnen, die vielleicht gerade auch von Vertriebskollegen betreut werden.

Wenn Sie den Menüpunkt ARBEITSAUFTRÄGE aufrufen, erhalten Sie wie in Abbildung 8.37 einen Überblick über die anstehenden Aufträge. Hier gilt es zu ermitteln, um welche Art von Auftrag es sich handelt, welche Fähigkeiten für den Auftrag benötigt werden und wie viel Zeit für die Bearbeitung des Auftrags schätzungsweise benötigt wird. Mit diesen Informationen können Sie anschließend über den Menüpunkt ZEITPLANÜBERSICHT die Einsatzplanung Ihrer Kolleginnen und Kollegen vornehmen (siehe Abbildung 8.38).

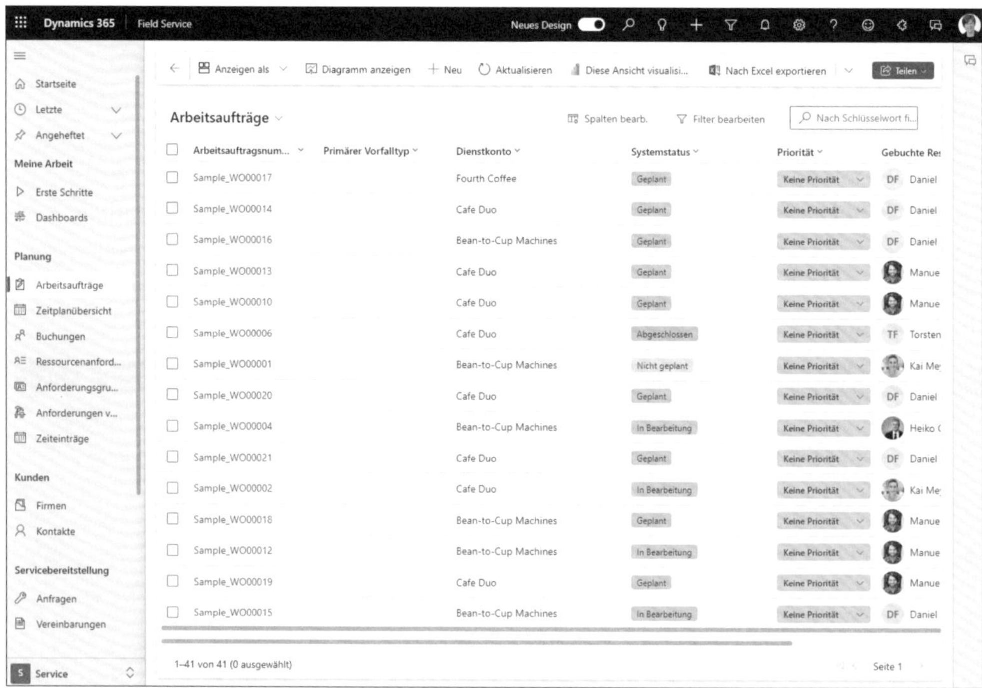

Abbildung 8.37 Verschaffen Sie sich einen Überblick über die anstehenden Arbeitsaufträge.

Wenn der Auftrag bearbeitet und das Problem des Kunden gelöst ist, kann der Arbeitsauftrag abgeschlossen und die aufgewendete Zeit erfasst werden. Für diese Aktivität finden Sie in der linken Navigation den Menüpunkt ZEITEINTRÄGE und können anschließend wie in Abbildung 8.39 die entsprechenden Informationen erfassen.

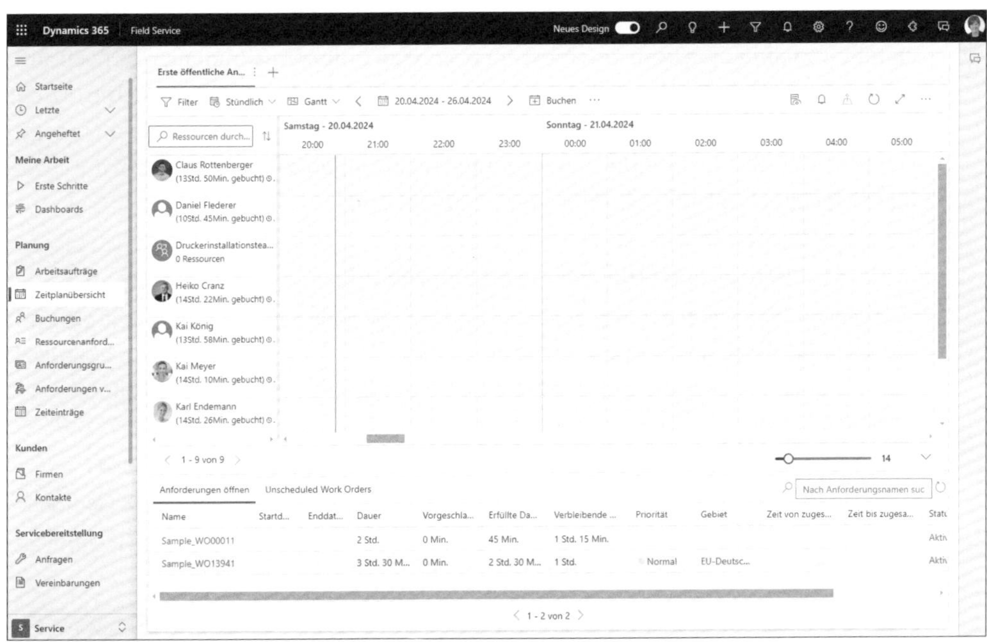

Abbildung 8.38 Planen Sie die Einsätze der Kolleginnen und Kollegen.

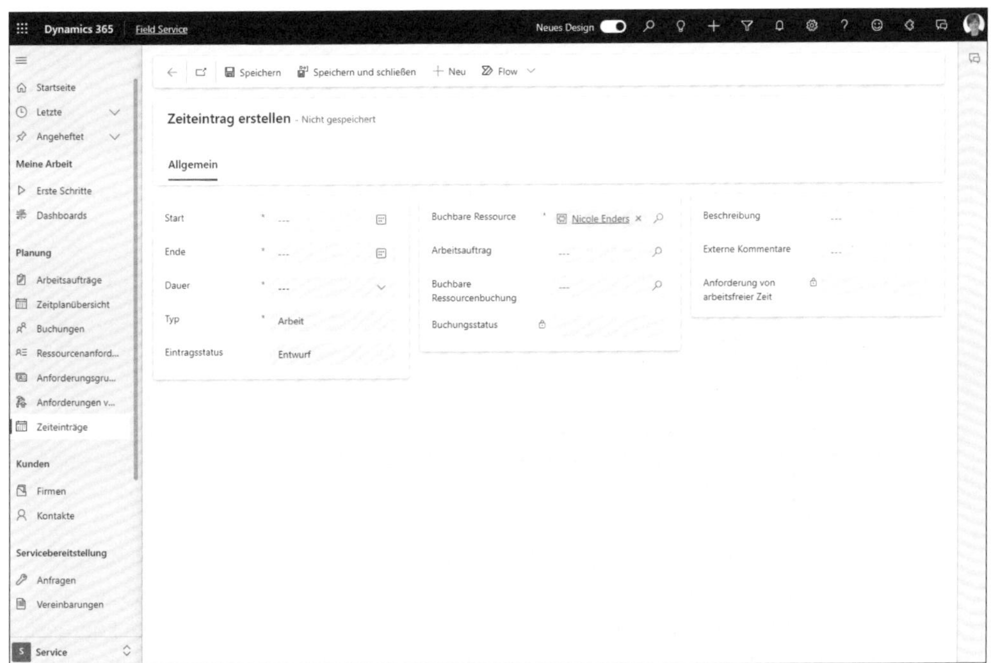

Abbildung 8.39 Erfassen Sie die für die Auftragsbearbeitung benötigte Zeit.

Damit können wiederum Auswertungen hinsichtlich der Qualität des Kundenservice erstellt und abhängig vom geschlossenen Vertrag unter Umständen auch Rechnungen für die Leistungserbringung geschrieben werden. Sie sehen, dass auch trotz der Aufteilung in verschiedene Module *Dynamics 365* als eine große Prozessplattform zu verstehen ist und die Module im Wesentlichen Lösungen darstellen, die auf die jeweilige Zielgruppe im Unternehmen zugeschnitten sind.

Wie erfahren Sie von Problemen oder Störungen?

In vielen Fällen werden Ihre Kolleginnen und Kollegen aus dem Kundenservice (z. B. in einem *Call Center*) von einem Problem bzw. einer Störung erfahren. Das heißt, der Kunde ruft an oder nutzt einen anderen Kommunikationskanal wie E-Mail oder einen virtuellen Agenten.

Wie Sie Abbildung 8.40 entnehmen können, haben Sie aber auch die Möglichkeit, mithilfe von *IoT* (auch bekannt als *Internet of Things*) Daten aus internetfähigen Geräten zu sammeln, automatisiert zu analysieren und bei Über- bzw. Unterschreiten eines Schwellenwerts eine Störung oder eine angehende Störung zu erkennen.

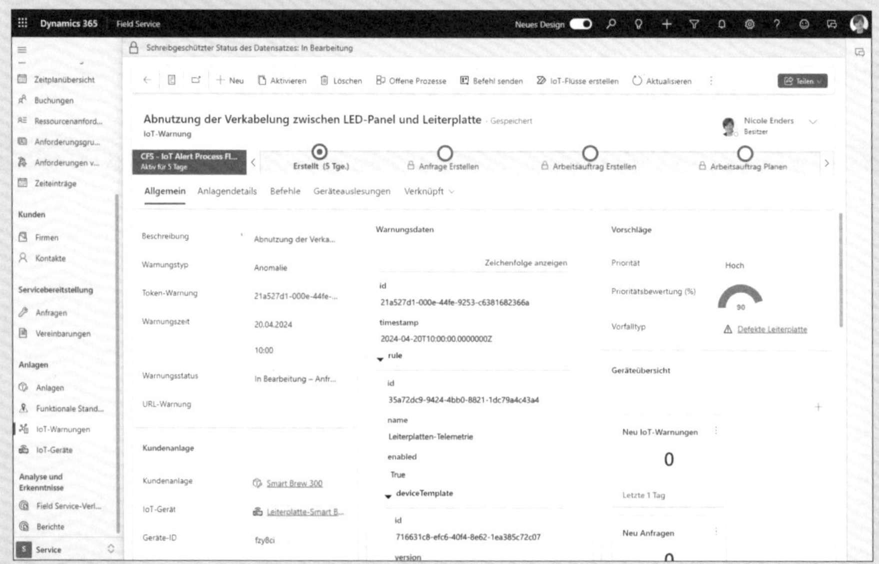

Abbildung 8.40 Erkennen Sie Probleme mithilfe von IoT, bevor der Kunde das Problem wahrnimmt.

Wenn Sie zum Beispiel durch eine Veränderung der Messwerte an einer Anlage bereits sehr früh erkennen können, dass in absehbarer Zukunft eine Störung die Folge sein wird, können Sie den Austausch eines abgenutzten Teils der Anlage im Rahmen einer routinemäßig geplanten Wartung vorsehen. So sparen Sie den gegebenenfalls teuren Einsatz eines Technikers für eine Störungsbeseitigung und sorgen für eine höhere Kundenzufriedenheit, da eine Störung erst gar nicht auftritt.

8.2.4 Kurzvorstellung: Finanzwesen, Fertigung und Supply Chain Management

Um die zentrale Steuerung der Unternehmensfinanzen zu unterstützen, und für den gesamtheitlichen Blick auf Ihre Wertschöpfungskette ist eine zentrale Prozesslösung empfehlenswert. Durch die Auflösung von Datensilos und Einrichtung einer gemeinsamen Datenbasis für beispielsweise Kunden, Leads und Projekte können Sie auf alle unternehmensrelevanten Informationen zugreifen und Querverbindungen herstellen, die vorher nahezu unmöglich waren.

Zu den Vorteilen, die sich Ihnen mit einer unternehmensweiten Prozesslösung bieten, zählen unter anderem:

- **Mitarbeiterproduktivität erhöhen**: Sie sind produktiver, wenn die Arbeitsumgebung auf Ihre Rolle zugeschnitten ist und intelligente Automatismen bietet und wenn bereits das System Ihre Aufgaben priorisiert. Mit der Integration in Microsoft 365 wird Ihnen außerdem eine nahtlose Zusammenarbeit mit Ihren Kollegen erlaubt.
- **Qualität steigern**: Verbessern Sie die Produktqualität und erhöhen Sie damit die Kundenzufriedenheit, indem Sie Probleme anhand von Echtzeitdaten und *Predictive Intelligence* identifizieren und lösen.
- **Kundenanforderungen individuell umsetzen**: Sie können schneller auf Kundenanforderungen reagieren, wenn Sie Ihre Prozesse automatisieren.
- **Arbeitsabläufe verbessern**: Sie können die Fertigungsparameter für jede Produktfamilie – einschließlich Lagerfertigung, Auftragsfertigung und weiterer Verfahren – anpassen und optimieren.
- **Unternehmenslogistik optimieren**: Optimieren Sie den Warenfluss für Rohmaterialien und Ihre Fertigungserzeugnisse durch eine an Ihre individuellen Bedürfnisse angepasste Lager- und Logistikverwaltung. Optimieren Sie darüber die Auftragserfüllung und senken Sie Kosten, indem Sie die Logistik an allen Standorten und Lagern sowie für alle Transportarten synchronisieren.
- **Einheitliches Warenwirtschaftssystem aufbauen**: Vernetzen Sie Verkauf und Einkauf nahtlos mit Logistik, Produktion und Lagerverwaltung und erhalten Sie einen umfassenden Überblick über Ihre Lieferkette.
- **Betriebsausgaben senken**: Sie können die Betriebskosten aller Geschäftsbereiche und Standorte reduzieren, indem Sie Ihre Finanzprozesse sowie die Budgetplanung und Budgetkontrolle automatisieren.

Wie Sie sehen, handelt es sich hierbei weniger um ein einzelnes Modul als vielmehr um die Vorteile, die mit dem Einsatz einer unternehmensweiten Prozesslösung verbunden sind. Durch die an einer zentralen Stelle zusammenfließenden Informationen können an leitender Stelle im Finanzwesen oder operativen Geschäft wesentlich fundiertere Entscheidungen gefällt werden.

8.2.5 Kurzvorstellung: Human Resources für Recruiting und Personalverwaltung

Im Rahmen der Projektplanung haben wir bereits über die Mitarbeitenden und die Zusammenarbeit mit der Personalabteilung gesprochen. An dieser Stelle betrachten wir die Möglichkeiten von Dynamics etwas genauer.

Rekrutierung neuer Mitarbeitender

Wir beginnen mit dem Rekrutierungsprozess inklusive des Personalauswahlverfahrens. Das Modul *Human Resources* erlaubt es Ihnen, den Bewerbungsprozess nach Ihren Bedürfnissen auszurichten. So können Sie beispielsweise auf einer gemeinsamen Plattform eng mit Personalvermittlern zusammenarbeiten und auf diese Weise möglichst die besten Talente anwerben.

Ihnen werden dabei folgende relevante Funktionen angeboten:

- Konfiguration der Phasen und Aktivitäten des Rekrutierungsprozesses
- Verfassen von Stellenausschreibungen
- Veröffentlichen von Stellenausschreibungen auf Ihrer Website und auf Jobvermittlungsportalen
- Verknüpfung mit *LinkedIn Recruiter* mittels der Integration *Recruiter-System vernetzen* (RSC)
- Standardisierung von Kandidatenprofilen, -pools und -pipelines
- Vereinfachung von Interviews
- Optimierung der Angebotserstellung

Mit der automatisierten Veröffentlichung Ihrer Stellenausschreibungen können Sie auch Ihren Kolleginnen und Kollegen aus der Personalabteilung viel Arbeit ersparen. Sind die Ausschreibungen einmal im System hinterlegt, ist es kinderleicht, potenzielle Kandidaten über eine neue Vakanz zu informieren.

Neben der Veröffentlichung von Stellenausschreibungen ist es heutzutage sehr wichtig, einen sogenannten *Talentpool* zu pflegen. Hier stehen Sie bereits mit potenziellen Kandidaten in Kontakt, auch wenn aktuell keine für sie passende Stelle im Unternehmen verfügbar ist. Hier kann das Talentportal *LinkedIn Talent Solutions* hilfreich sein, weil Sie dort zusätzliche Informationen zu den Kandidaten einholen können. So lässt sich hier z. B. bereits prüfen, über welche Qualifikationen der Kandidat verfügt, ob er sich bereits schon einmal bei Ihnen beworben hat und bis zu welchem Punkt im Personalauswahlverfahren er gelangt ist.

Falls Sie bisher kein zentrales System für das Personalauswahlverfahren eingesetzt haben, können Sie mit diesem Modul auch für eine Standardisierung der erfassten Informationen sorgen. Dadurch lassen sich Kandidatinnen und Kandidaten besser miteinander vergleichen. Auf diese Weise wird Ihnen die Auswahl für die Besetzung einer Stelle erleichtert.

Eine weitere Aufgabe im Personalauswahlverfahren ist die Vereinbarung von Interview-Terminen. Gewöhnlich kümmert sich darum ein Mitarbeitender der Personalabteilung, der oft in den Kalendern der Beteiligten mühsam nach einem gemeinsamen freien Termin suchen muss. Durch die enge Verbindung zu Microsoft 365 können Sie die Terminvereinbarung automatisieren und sich dadurch auf die eigentliche Kernaufgabe konzentrieren.

Kommen wir zum Schluss auf eine weitere wesentliche Anwendergruppe zu sprechen: die Bewerberinnen und Bewerber. Vermutlich haben Sie selbst auch schon einmal eine Bewerbung bei einem Unternehmen eingereicht und mussten von diesem Moment an auf Informationen warten. Mögliche Fragen, die Sie sich Ihnen stellten, lauteten sicher: »Ist meine Bewerbung eingegangen? Werde ich zu einem Vorstellungsgespräch eingeladen oder wartet das Unternehmen noch, ob sich jemand bewirbt, der besser als ich zu der Stelle passt?« Wenn Sie nicht länger warten mochten, half nur noch der Griff zum Telefon, um bei dem Unternehmen nachzufragen. Mit *Dynamics* können Sie nun etwas für diese Zielgruppe tun. Erstellen Sie ein Portal, über das nicht nur die Bewerbungen eingereicht werden können, sondern über das in einer Art Self-Service auch wesentliche Informationen zum Status der Bewerbung verfügbar sind. Damit sind die Zeiten von hin und her gesendeten E-Mails vorbei. Auch die Vereinbarung von Terminen oder der Austausch von Dokumenten wird deutlich vereinfacht.

Onboarding

Wenn Sie einen neuen Mitarbeitenden für sich gewinnen konnten, steht irgendwann sein erster Arbeitstag an. Viele Kandidaten stellen bereits im Rahmen ihres Interviews die Frage, wie sie sich auf die neue Stelle vorbereiten können. Haben Sie hierfür bereits einen Prozess in Ihrem Unternehmen etabliert? Falls nicht, sollten Sie die Möglichkeiten dieses Moduls ausprobieren.

Sie können damit individuelle Onboarding-Leitfäden erstellen, die Sie dem neuen Mitarbeitenden entweder vorab über ein *Portal* oder am ersten Arbeitstag zur Verfügung stellen. Auch die intern in Ihrem Unternehmen erforderlichen Vorbereitungen auf den neuen Mitarbeitenden können so abgebildet und zum Teil automatisiert werden.

Die Erstellung eines Onboarding-Leitfadens kann von Ihnen allein oder auch gemeinsam in einem Team durchgeführt werden. Auch wenn Sie einen Leitfaden vollkommen individuell erstellen können, werden Sie wahrscheinlich abhängig von der jeweiligen Stelle oder Rolle immer wieder ähnliche Leitfäden benötigen. Daher können Sie den ersten Leitfaden als Vorlage speichern und bei Leitfäden für neue Mitarbeitende jeweils bereits auf einer Auswahl an zu erledigenden Punkten aufbauen.

Bei den Informationen, die Sie in dem Leitfaden erfassen, muss es sich nicht zwingenderweise um reinen Text handeln. Sie können auch Videos, Abbildungen und Verlinkungen integrieren und den Leitfaden gleichzeitig mit einer Willkommensnachricht ausstatten. So kann sich der neue Kollege direkt bei Ihnen wohlfühlen.

Zusätzlich sollten Sie den neuen Kollegen auch mit den wichtigen Ansprechpersonen im Unternehmen vernetzen und den Austausch untereinander fördern. Auch dazu können Sie Vorbereitungen treffen, sodass der neue Mitarbeitende direkt auf einen Blick sieht, wer für welche Bereiche im Unternehmen verantwortlich ist.

Mitarbeiterverwaltung

Wie sieht es aber mit den bereits eingestellten Mitarbeitenden aus? Das Modul bietet den Mitarbeitenden im Rahmen eines Self-Service einige Funktionen an, die ihnen mehr Freiraum geben und gleichzeitig die Personalabteilung entlasten. So können Führungskräfte beispielsweise Änderungen (wie den Abteilungswechsel eines Mitarbeitenden) selbst vornehmen, ohne dass die Personalabteilung involviert werden muss. Mitarbeitende dagegen können ihre persönlichen Daten verändern, z. B. nach einem Umzug. Mit den neuen Möglichkeiten können Sie also einige Zeit sparen. Dies betrifft neben diesem Beispiel noch viele weitere Prozesse.

Als eine weitere wichtige Komponente in diesem Bereich sind noch die möglichen Feedback-Prozesse zu nennen. Richten Sie einen Bereich ein, in dem schnell und unkompliziert Feedback ausgetauscht werden kann. Sie können beispielsweise der Kollegin aus der Personalabteilung mitteilen, wie hilfreich ihre Antwort auf eine von Ihnen gestellte Frage war. Durch den persönlichen Austausch untereinander verbessern Sie ganz allgemein die Zusammenarbeit in Ihrem Unternehmen.

Sorgen Sie außerdem dafür, dass jeder Mitarbeitende seine Fähigkeiten pflegen und mit möglichen Karrierewegen abgleichen kann, um so seine nächsten Weiterbildungsmaßnahmen selbst planen zu können. Ermutigen Sie damit die Mitarbeitenden zur aktiven Förderung ihrer Karriere. Wenn in Ihrem Unternehmen transparent mit den möglichen Entwicklungsschritten umgegangen wird, können Sie ein Expertenportal aufbauen. Die hier erfassten Informationen helfen Ihnen wiederum im Bereich der Projektdurchführung, sobald Sie nach einem Experten für ein bestimmtes Thema suchen.

Kann ich mit Dynamics 365 weitere Geschäftsprozesse unterstützen?

Die in diesem Kapitel vorgestellten Module von Dynamics 365 sollen Ihnen lediglich ein Gefühl dafür vermitteln, was mit einer zentralen und unternehmensweisen Prozessplattform möglich ist: Die Liste der verfügbaren Funktionen ist keinesfalls vollständig. Prüfen Sie daher in jedem Fall genau, was Ihnen alles zur Verfügung steht, wenn Sie Dynamics 365 in Ihrem Unternehmen einsetzen möchten. Unter *https://www.microsoft.com/de-de/dynamics-365* erhalten Sie weitere Informationen und können unter anderem sowohl interaktive Produktdemos als auch Testversionen der einzelnen Module aufrufen.

8.3 Quick Wins mit der Power Platform erzielen

Wir haben bisher ausschließlich die bereits im Standard angebotenen Funktionen von *Dynamics* betrachtet. In vielen Fällen wird diese Konfiguration bereits ausreichen. Die große Stärke des Dienstes besteht aber in seiner Anpassungsfähigkeit: Sie können nahezu jedes Formular individuell anpassen, neue Prozesse einrichten und automatisieren, eigene Dashboards erstellen oder auch Schnittstellen zu externen Systemen schaffen.

Sie können aber auch unabhängig von Dynamics 365 mithilfe der *Power Platform* Lösungen entwickeln und so Geschäftsprozesse in Ihrem Unternehmen unterstützen. Die Power Platform stellt eine Low-Code-Plattform dar und besteht aus den folgenden Diensten und Add-ons:

- **Power Automate**: Sie können Workflows erstellen, die entweder automatisiert im Hintergrund ausgeführt werden oder eine Nutzerinteraktion erfordern, wie dies beispielsweise bei einem Genehmigungsprozess der Fall ist. Die sogenannten *Flows* können entweder manuell ausgelöst werden oder über eine zeitliche Steuerung sowie durch ein bestimmtes Ereignis, beispielsweise durch den Eingang einer E-Mail in einem bestimmten Postfach.
- **Power Apps**: Sie können eine per Smartphone oder Tablet bzw. Desktop nutzbare App entwickeln, die einen Geschäftsprozess unterstützt und sowohl lesenden als auch schreibenden Zugriff auf die hierfür benötigten Datenquellen ermöglicht.
- **Dataverse**: Sie können die für Ihren Workflow oder Ihre App benötigten Daten nahezu überall speichern. *Dataverse* stellt jedoch Ihre zentrale Unternehmensdatenbank dar und wird beispielsweise auch von Dynamics zur Datenhaltung verwendet. Hier können Sie für Ihren Geschäftsprozess auf bereits existierende Tabellen (Kunden, Firmen usw.) zugreifen oder Ihre anwendungsspezifischen Tabellen und Ansichten erstellen.

- **Power BI**: Wenn Sie Geschäftsprozesse abbilden und dadurch Daten generieren, werden Sie auch Auswertungen erstellen und die Daten analysieren. Dies können Sie mithilfe von *Power BI* ermöglichen. Sie können mehrere Datenquellen miteinander verbinden und so die passenden Daten verwenden, um Berichte und Dashboards für Ihre Bedarfe zu erstellen und der entsprechenden Zielgruppe zur Verfügung zu stellen.
- **Power Pages**: Sie können für externe Personen zugängliche Websites erstellen und so teilweise Daten von diesen externen Personen sammeln und diese direkt in Dataverse speichern. Es ist auch möglich, einzelne Daten aus Ihrer Unternehmensdatenbank den externen Personen auf Basis eines von Ihnen definierten Berechtigungsmodells zur Verfügung stellen.
- **AI Builder**: Sie können Ihre Lösungen auch mit Funktionen aus dem Bereich der künstlichen Intelligenz ausstatten. Das kann unter anderem das automatisierte Auslesen von Informationen aus Dokumenten sein oder die Kategorisierung von Nutzereingaben.
- **Copilot Studio**: Sie können auch virtuelle Agenten mithilfe von *Copilot Studio* (ehemals *Power Virtual Agents*) erstellen und in Ihrer Lösung als Alternative zu einer klassischen Benutzeroberfläche anbieten.

Nutzen Sie die für Ihre Anforderungen passenden Dienste, um eine möglichst weitgehende Unterstützung Ihres Geschäftsprozesses zu erreichen. Dabei können Sie auf eine sehr große Auswahl an *Datenkonnektoren* setzen, die Ihnen Zugriff auf die verschiedenen Dienste in Ihrer Microsoft-365-Umgebung geben, beispielsweise SharePoint, Planner und Teams. Sie werden darüber hinaus aber auch Konnektoren zu anderen Cloud-Diensten finden und können bei besonders spezifischen Anforderungen auch eigene Konnektoren (sogenannte *Custom Connectors*) entwickeln und bereitstellen.

8.3.1 Workflows mit Power Automate unterstützen

Sie können *Power Automate* über die Websiteadresse *https://make.powerautomate.com* oder über den *App Launcher* erreichen. Wie Sie Abbildung 8.41 entnehmen können, steht Ihnen auch hier wieder ein *Copilot* als Unterstützung zur Seite. Sie können direkt durch eine Eingabe in natürlicher Sprache angeben, welchen Prozess Ihr neuer Workflow unterstützen soll. Dabei sollten Sie möglichst genau die einzelnen Prozessschritte sowie eventuell Verzweigungen beschreiben. Wenn Sie jedoch noch nicht so genau wissen, welche einzelnen Schritte in Ihrem Workflow sinnvoll sind, kann ein Blick in die Liste der Vorlagen hilfreich sein.

Wenn Sie den Menüpunkt VORLAGEN in der linken Navigation auswählen, gelangen Sie zu der Ansicht aus Abbildung 8.42 und können dort nach einer Vorlage suchen, die zu Ihren Anforderungen passt.

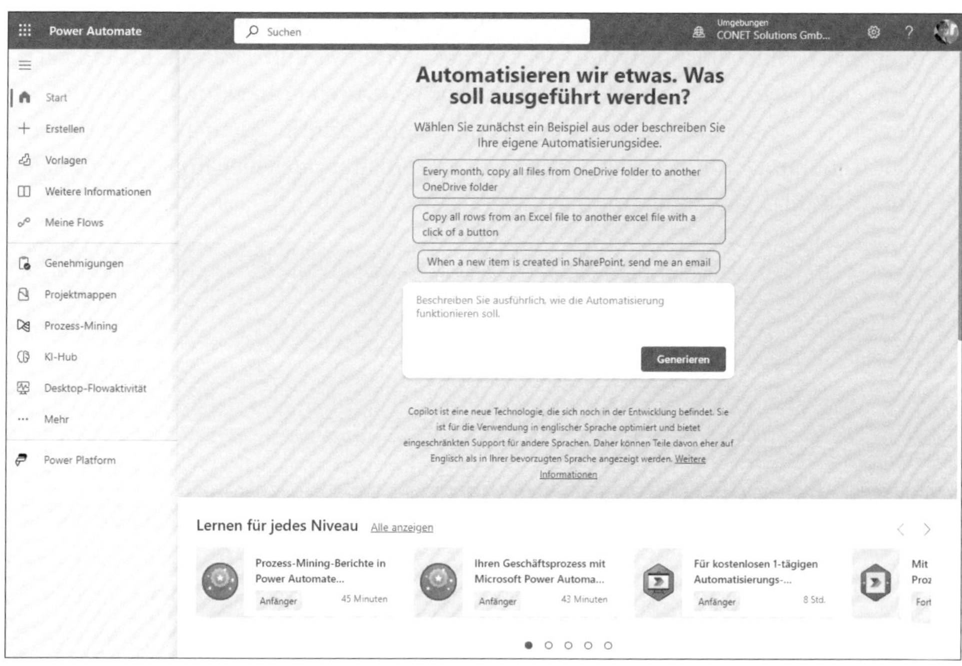

Abbildung 8.41 Nutzen Sie Copilot, um den Entwurf eines Flows zu generieren.

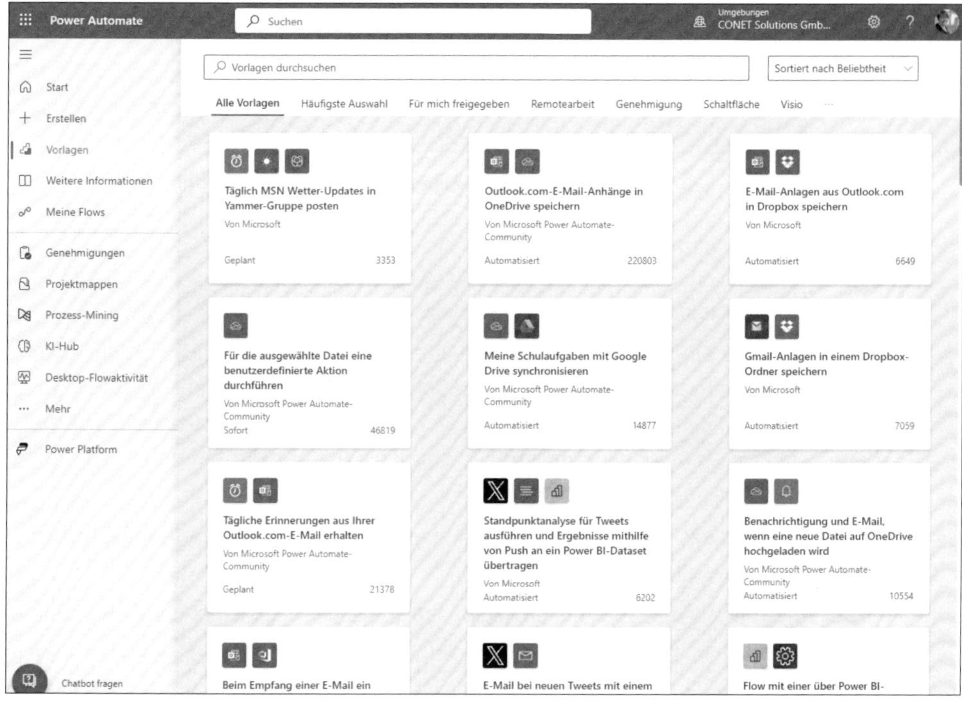

Abbildung 8.42 Oder wählen Sie eine der vielen Vorlagen aus.

Ich persönlich achte bei der Auswahl einer Vorlage außer auf den Namen der Vorlage (der bereits Aufschluss über den Auslöser des Workflows und die ausgeführten Aktionen gibt) insbesondere auf die in der Vorlage genutzten Konnektoren, die durch die Logos der entsprechenden Dienste gekennzeichnet sind. Sie können alternativ auch den Menüpunkt MEINE FLOWS auswählen und erhalten auch hier einige der Vorlagen zur Auswahl (siehe Abbildung 8.43).

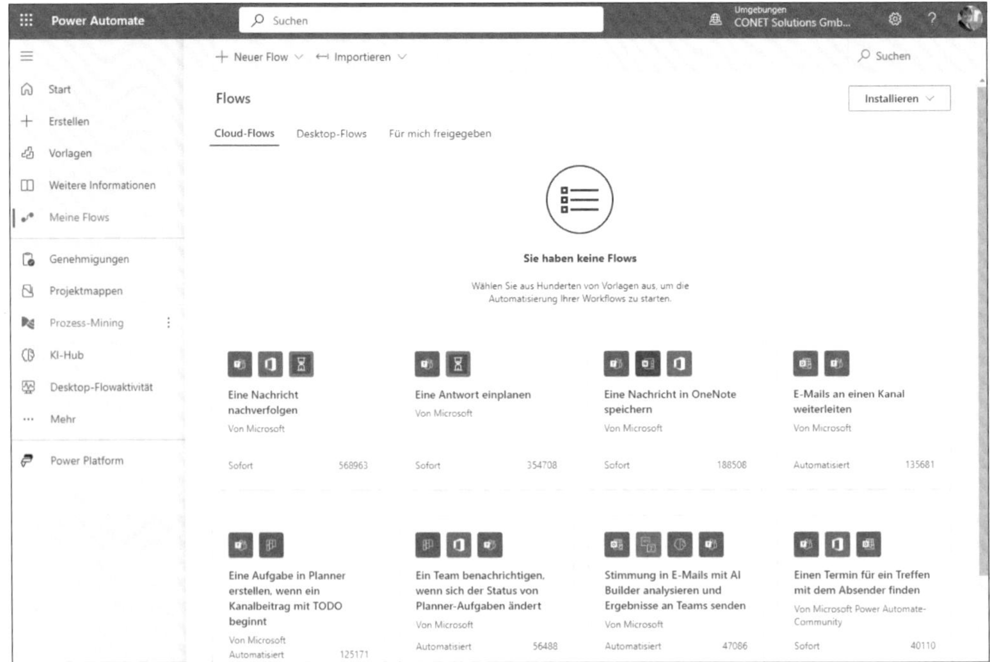

Abbildung 8.43 Nutzen Sie eine Vorlage, um Arbeit bei der Konfiguration Ihres Flows einzusparen.

Was ist ein Konnektor?

Ein Konnektor ist eine definierte Schnittstelle zu einem Dienst in Microsoft 365 oder auch zu externen Systemen. In Microsoft 365 wird bereits eine Vielzahl an Konnektoren angeboten, die Sie für die Erstellung eigener Lösungen mit der *Power Platform*, aber auch beispielsweise in *Teams* nutzen können. Ein Konnektor definiert, wie mit einem System interagiert werden kann.

Schauen wir uns das am Beispiel von Teams einmal genauer an. Der Konnektor für Teams kann verwendet werden,

- um einen Workflow auszulösen, wenn beispielsweise eine neue Nachricht in einem Chat oder einem bestimmten Teamraum bzw. Kanal empfangen wurde, und

- um innerhalb eines Workflows neue Nachrichten in einem Chat bzw. Kanal zu posten, Teamräume zu erstellen, Mitglieder in einem Teamraum zu verwalten oder Apps zu einem Teamraum hinzuzufügen.

Konnektoren stellen somit das Herzstück für die digitale Unterstützung von Geschäftsprozessen dar und können sofort verwendet werden. Falls für spezielle Anforderungen keiner der vorhandenen Konnektoren genutzt werden kann, könnten Sie auch benutzerdefinierte Konnektoren erstellen und in Ihre Microsoft-365-Umgebung einbinden.

Vorlagen stellen eine sehr gute Möglichkeit dar, um Zeit bei der Konfiguration Ihres Flows zu sparen oder auch um den Umgang mit Power Automate und insbesondere die vielen verfügbaren Aktionen und Trigger kennenzulernen.

Wenn Sie eine Vorlage ausgewählt haben, erscheint eine mit Abbildung 8.44 vergleichbare Ansicht. Sie erhalten spätestens an dieser Stelle einen Überblick über die im zukünftigen Flow verwendeten Konnektoren. In diesem Fall handelt es sich dabei um *Teams* und *Planner*.

Abbildung 8.44 Legen Sie die Datenverbindung zu den entsprechenden Diensten fest.

Sie können für jeden Konnektor auswählen, mit welchem Konto die Zugriffe erfolgen. Wenn Sie keine Änderungen vornehmen, wird Ihr Konto verwendet. Ich empfehle Ihnen aber, bei produktiv eingesetzten Flows über die Verwendung zentraler Konten (vergleichbar mit einem technischen Konto) nachzudenken, da ansonsten die Funktionsfähigkeit Ihres Flows von Ihrem Konto abhängt. Das bedeutet, wenn Ihr Konto beispielsweise gesperrt ist, kann auch der Flow nicht mehr ausgeführt werden.

Wenn Sie die gewünschten Konten für die Konnektoren ausgewählt haben und die Schaltfläche WEITER betätigen, erscheint unter Umständen ein weiterer Dialog. In unserem Beispiel aus Abbildung 8.45 müssen wir nun einen Teamraum und einen Planner-Plan für den Flow auswählen.

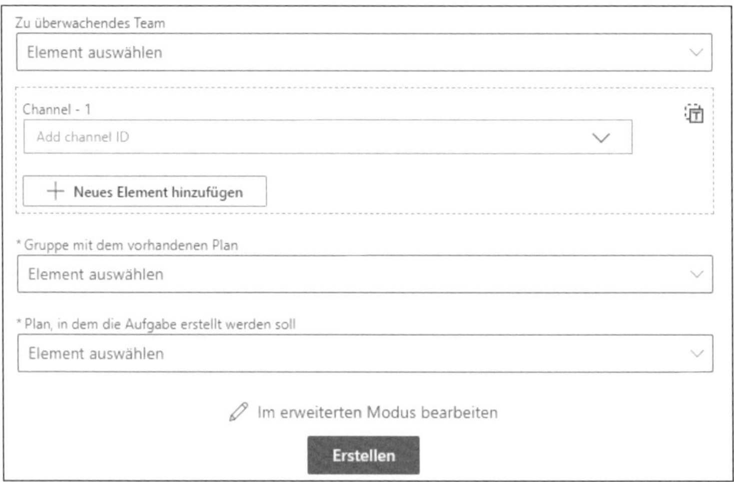

Abbildung 8.45 Nehmen Sie gegebenenfalls erforderliche Konfigurationen vor.

Zu guter Letzt gelangen Sie in die Entwurfsansicht Ihres Flows (siehe Abbildung 8.46) und können diesen nun nach Belieben anpassen. Momentan wird der Flow immer ausgelöst, wenn eine neue Nachricht in einem bestimmten Kanal eines Teamraums gepostet wird. Anschließend werden die Detailinformationen zu dem Post geladen, und falls der Post mit »TODO« beginnt, wird in dem hinterlegten Planner-Plan eine Aufgabe mit den Informationen aus dem Post erzeugt. Sie könnten nun noch eine Aktion hinzufügen, um beispielsweise auf den Post zu antworten und dort den Link auf die erzeugte Aufgabe in Planner zu hinterlegen.

Nutzen Sie dazu an einer beliebigen Stelle im Flow das Pluszeichen und fügen Sie weitere Aktionen hinzu. Bestehende Aktionen oder auch den Trigger ganz oben können Sie mit einem Klick auswählen und in einem Bereich links auf der Seite bearbeiten, der nach dem Klick erscheint. So können Sie beispielsweise auch im Nachhinein einen anderen Teamraum auswählen, in dem auf neue Nachrichten gewartet wird, um daraus Aufgaben in Planner zu erstellen.

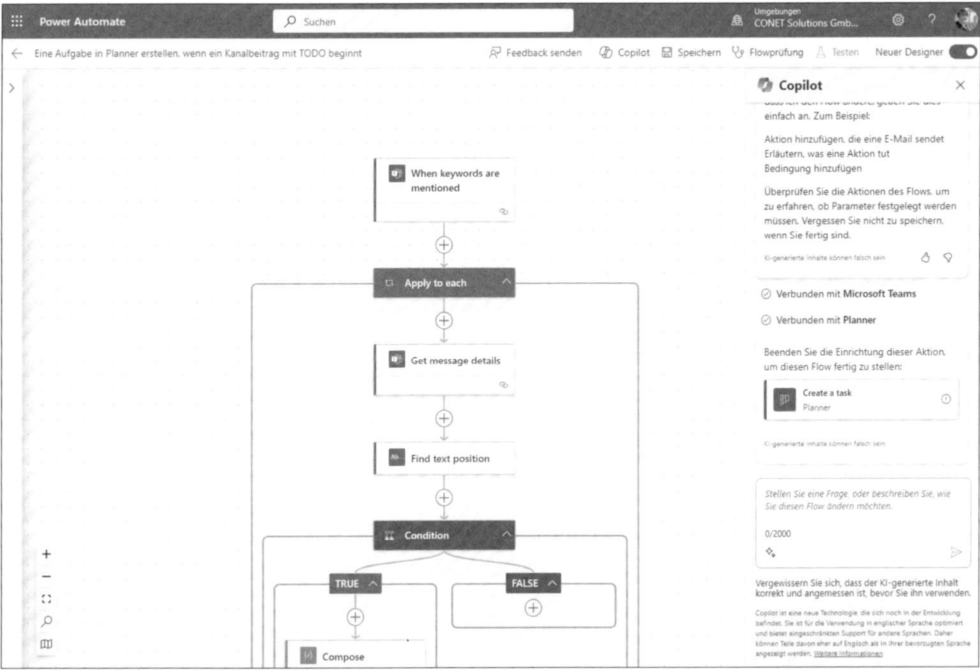

Abbildung 8.46 Sie können über den Designer Ihren Flow nach Belieben anpassen.

Sie können auch Copilot im rechten Bereich der Seite verwenden, um Änderungen an Ihrem Flow vorzunehmen und sich damit unter Umständen viel Klickarbeit ersparen.

Wo kann ich einen Workflow nutzen?

Sie können beliebig viele Workflows über *Power Automate* erstellen. Einige Flows werden Sie vielleicht manuell über Power Automate selbst starten, während andere zeitgesteuert ausgeführt werden. Aber viele Flows werden vermutlich durch Nutzeraktionen ausgelöst werden. In unserem Beispiel war dies eine neue Nachricht in einem Teamraum; es kann aber auch ein Dokument in einer SharePoint-Bibliothek sein oder eine geänderte Aufgabe in Planner. Schauen Sie sich in Ruhe die verschiedenen Trigger im Entwurfsmodus eines Flows an, um einen Überblick über die verschiedenen Möglichkeiten zu erhalten.

8.3.2 Eine mobile App mit Power Apps erstellen

Neben Workflows können Sie auch mobile Apps erstellen und in diesen Apps auch wieder Workflows aufrufen und so Ihre App mit weiterer Logik ausstatten. Wenn Sie Power Apps unter *https://make.powerapps.com* aufrufen, finden Sie sich auf der Startseite wieder, die Sie in Abbildung 8.47 sehen.

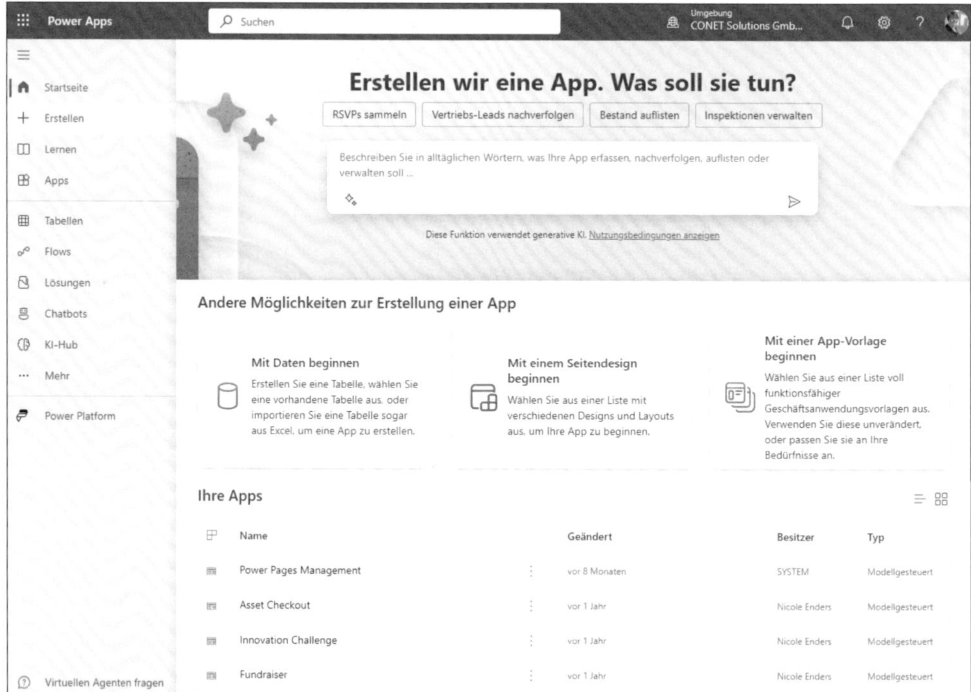

Abbildung 8.47 Nutzen Sie Copilot, um auf einfachem Wege eine neue App zu erstellen.

Genau wie im *Maker Portal* von Power Automate können Sie auch hier direkt auf der Startseite mithilfe von Copilot eine neue App erstellen. Sie sollten allerdings ganz genau beschreiben können, welchen Geschäftsprozess Sie mit der App unterstützen möchten und wie die Benutzeroberfläche und die Datenhaltung aussehen sollen.

Sie können über den Menüpunkt ERSTELLEN auch die Ansicht aus Abbildung 8.48 aufrufen. Wählen Sie eine Datenquelle wie *Dataverse*, *SharePoint*, *Excel* oder *SQL* aus, die die Basis für Ihre App bilden soll und auch bereits existieren sollte. Alternativ können Sie aber auch mithilfe des sogenannten *Express Designs* ein Bild oder ein UI-Design in *Figma* auswählen. Bei Figma handelt es sich um eine Anwendung, mit der Sie unter anderem Benutzeroberflächen für Software-Lösungen entwerfen.

Wenn Sie sich für Figma entscheiden, hat vermutlich jemand ein UI-Design Ihrer zukünftigen App erstellt. Wählen Sie daher den Menüpunkt FIGMA aus, und schon können Sie wie im Dialog aus Abbildung 8.49 neben dem Namen der App auch die Zugangsinformationen zu dem UI-Design in Figma angeben. Nach Eingabe dieser Informationen wählen Sie noch das gewünschte Format für Ihre App aus (Smartphone oder Tablet) und betätigen die Schaltfläche ERSTELLEN. Die App wird nun auf Basis der entworfenen Bildschirme generiert und kann im weiteren Verlauf von Ihnen angepasst und um die erforderlichen Datenverbindungen und Workflows erweitert werden.

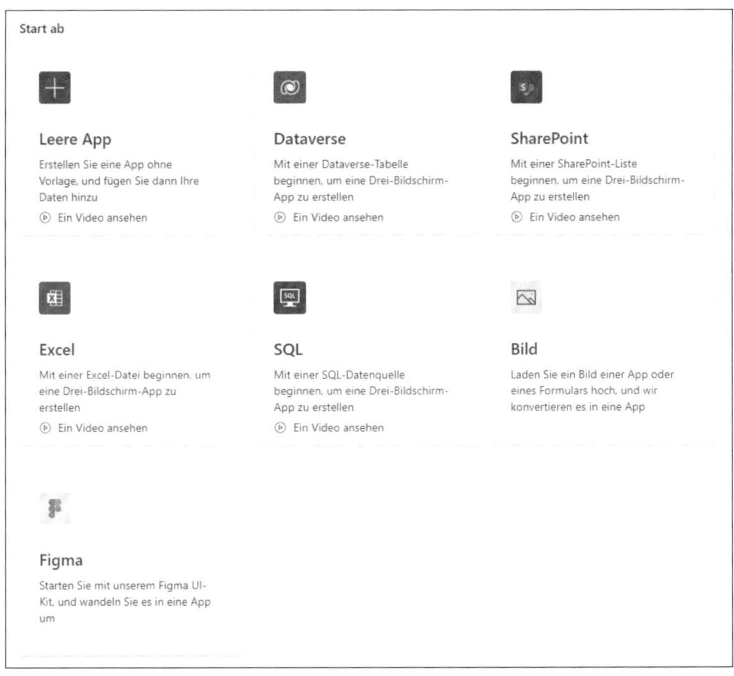

Abbildung 8.48 Erstellen Sie eine neue App auf Basis der entsprechenden Datenquelle.

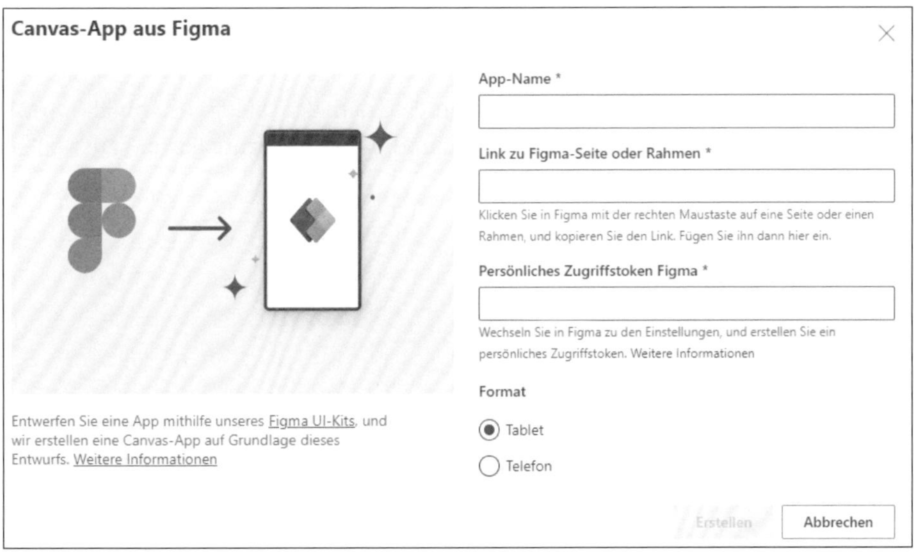

Abbildung 8.49 Nutzen Sie ein mit Figma erstelltes UI-Design, um Zeit bei der Entwicklung Ihrer App zu sparen.

Sie können alternativ aber auch die Option LEERE APP (siehe Abbildung 8.48) nutzen und anschließend aus verschiedenen Optionen wählen, die Abbildung 8.50 zeigt.

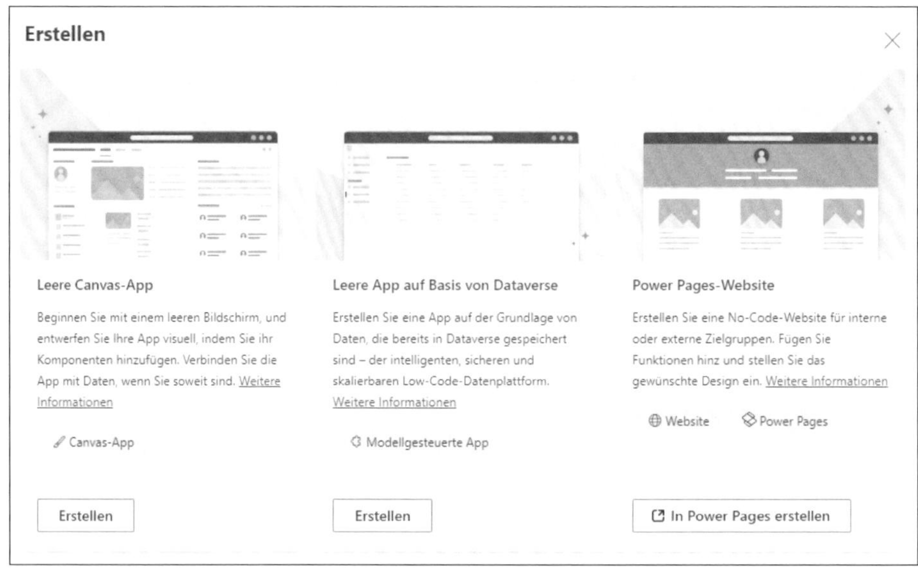

Abbildung 8.50 Wählen Sie, wie Sie mit einer leeren App beginnen möchten.

Sie können hier außer mit einer komplett leeren App auch mit einer leeren App beginnen, in der bereits eine Verbindung zu Dataverse angelegt wurde. Oder vielleicht möchten Sie gar keine mobile App entwickeln, sondern ein für externe Personen benötigtes Portal aufbauen? In diesem Fall können Sie von hier aus zu *Power Pages* wechseln und dort die entsprechende Website erstellen.

Wenn Sie sich für eine leere App entscheiden, erscheint der Dialog aus Abbildung 8.51, in dem Sie lediglich einen Namen angeben und das gewünschte Format auswählen müssen.

Abbildung 8.51 Geben Sie einen Namen für die App ein und wählen Sie das Format aus.

Doch bevor Sie eine leere App erstellen, lohnt sich – ähnlich wie bei den *Flows* in Power Automate – ein Blick auf die verfügbaren Vorlagen. Wählen Sie daher in der linken Navigation den Menüpunkt APPS aus, betätigen Sie die Schaltfläche MIT EINER APP-VORLAGE BEGINNEN (siehe Abbildung 8.52) und prüfen Sie die angebotenen Vorlagen (siehe Abbildung 8.53).

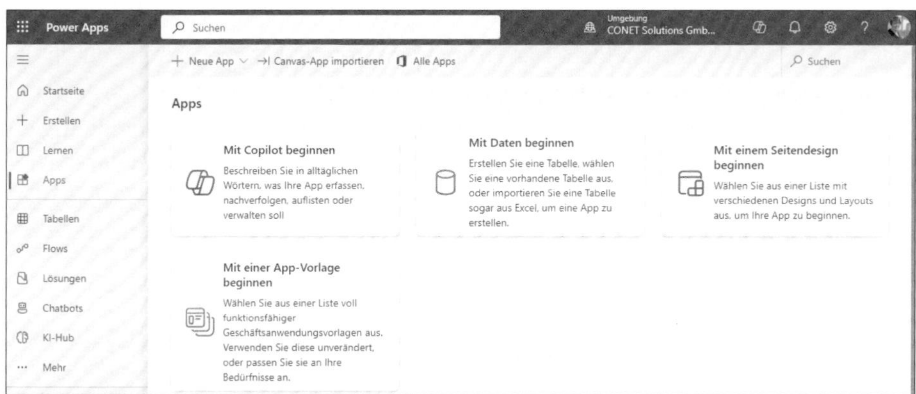

Abbildung 8.52 Sie können auch eine Vorlage für Ihre App nutzen.

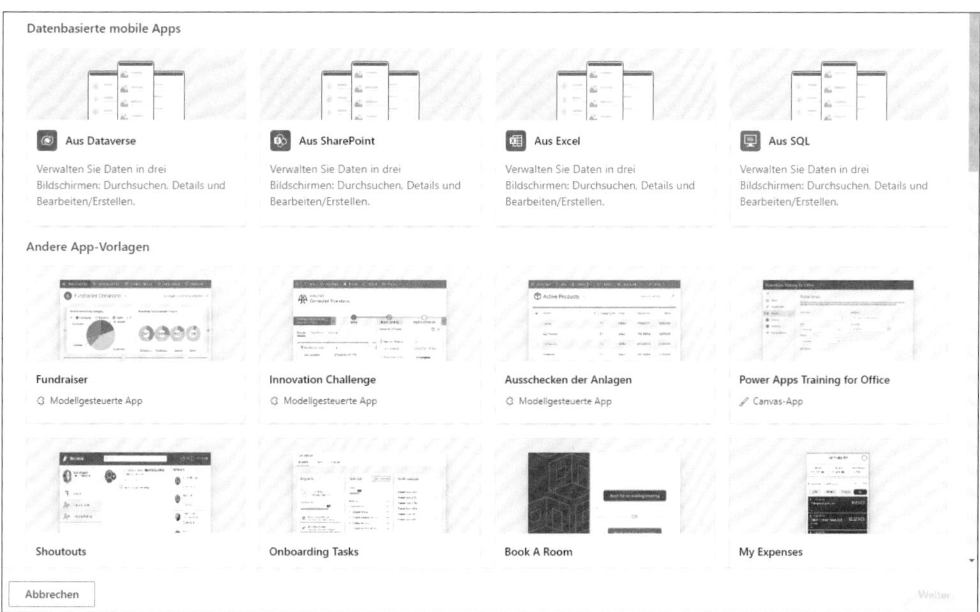

Abbildung 8.53 Suchen Sie nach einer Vorlage, die Ihren Anforderungen hinsichtlich der Benutzeroberfläche sehr nahekommt.

Ihnen steht bereits eine große Auswahl an Vorlagen zur Verfügung. Suchen Sie nach einer Vorlage, die Ihren Anforderungen hinsichtlich der Benutzeroberfläche möglichst gut entspricht. Denn bei der Verwendung der Vorlage geht es vor allem darum, dass Sie Zeit bei der Einrichtung und Konfiguration der einzelnen Seiten sparen. (Die Seiten werden auch als »Bildschirme« oder »Screens« bezeichnet.)

Wenn Ihnen eine Vorlage gefällt, können Sie diese per Klick auswählen und erhalten wie in Abbildung 8.54 eine Vorschau der App, die Sie mithilfe dieser Vorlage erstellen werden. Sie müssen nur noch den vorgeschlagenen Namen anpassen und sich auch hier für ein Format entscheiden. Das Format ist in der Regel aber bereits durch die Vorlage bedingt. Denn wenn die Vorlage für eine Nutzung per Smartphone geeignet ist, werden Sie dies in den meisten Fällen auch bereits in der Vorschau eindeutig erkennen können. Sobald Sie die Schaltfläche WEITER betätigt haben, wird die App erstellt und Sie befinden sich im *App Solution Studio* und können Ihre App bearbeiten (siehe Abbildung 8.55).

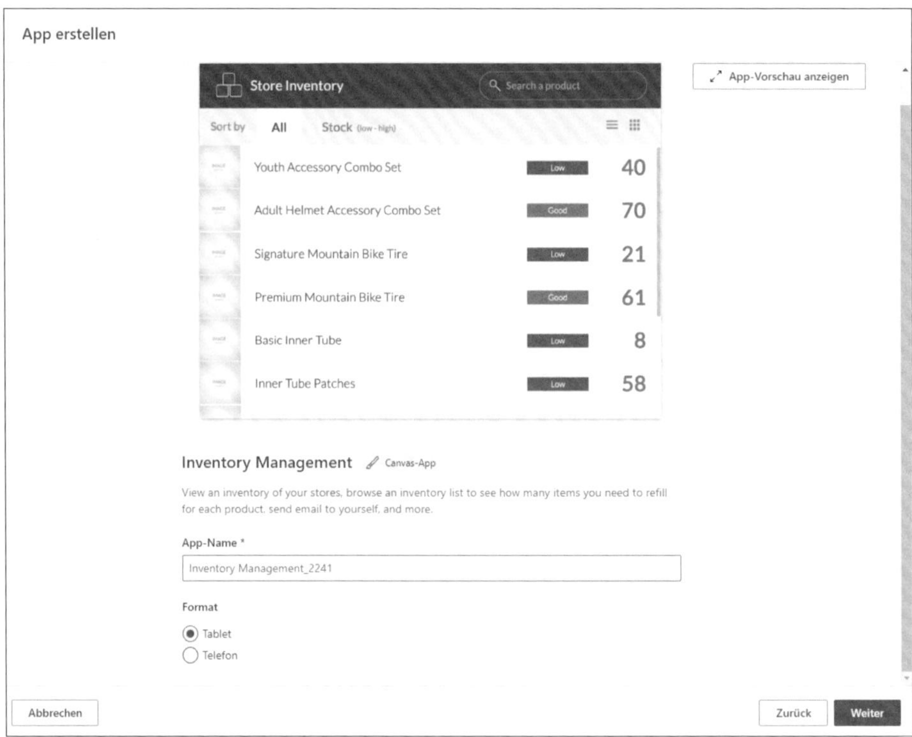

Abbildung 8.54 Legen Sie den Namen und das Format für Ihre App fest.

Sie können Ihre App nun nach Belieben anpassen, indem Sie beispielsweise weitere Eingabefelder oder sogar komplette Bildschirme hinzufügen. Sie können auch Schaltflächen in Ihrer App um Logik erweitern, indem Sie einen Flow aufrufen oder direkt über Konnektoren Daten in andere Systeme übertragen.

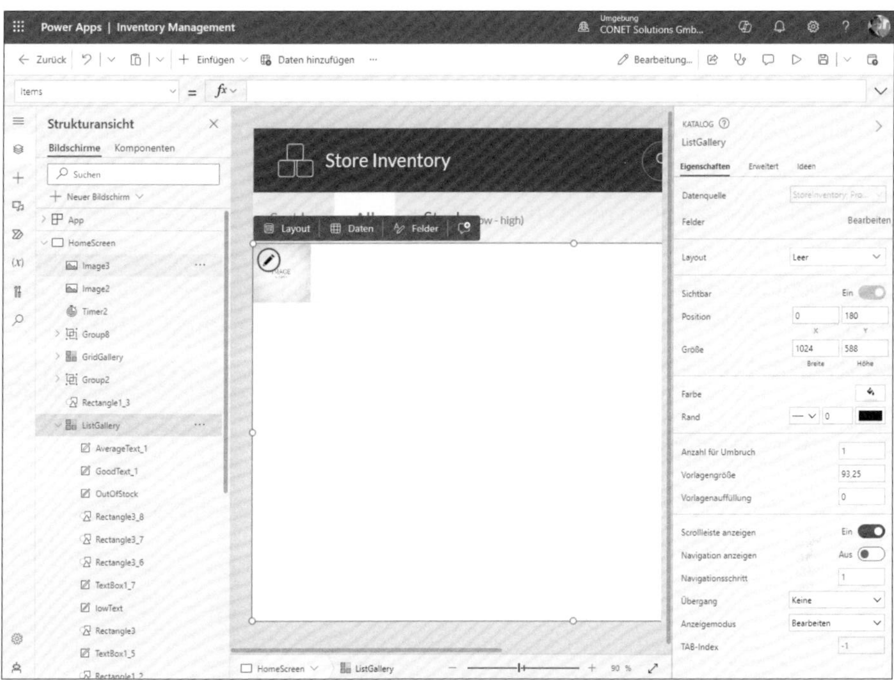

Abbildung 8.55 Sie können nun Ihre App anpassen und testen.

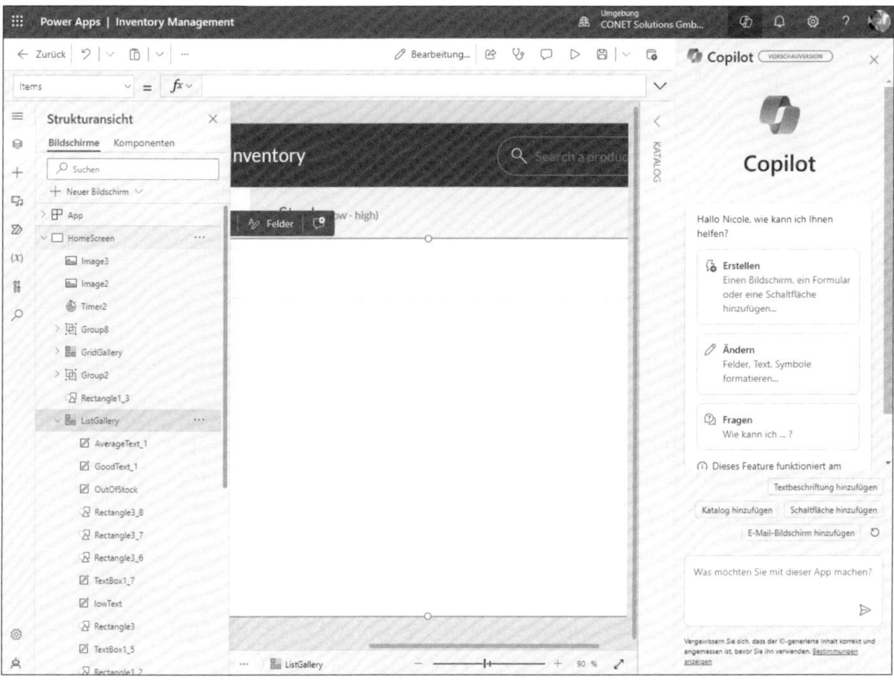

Abbildung 8.56 Sie können auch Copilot zur Bearbeitung Ihrer App nutzen.

Für die Bearbeitung steht Ihnen, wie Sie in Abbildung 8.56 sehen, auch wieder *Copilot* zur Verfügung. So können Sie Formatierungen einzelner Komponenten schnell ändern oder auch Unterstützung bei komplexen Formeln erhalten. Das kann vor allem bei Filterungen, beim dynamischen Nachladen von Daten oder bei der Aufbereitung von Daten für die Übertragung in andere Systeme hilfreich sein.

Über das Play-Symbol oben rechts im App Solution Studio können Sie Ihre App jederzeit testen (siehe Abbildung 8.57) und dabei nach Bedarf auch zwischen den Formaten für Smartphone und Tablet wechseln. Diese Option benötigen Sie, wenn Sie eine App entwickeln, die trotz eines gewählten Formats beide Varianten unterstützen soll.

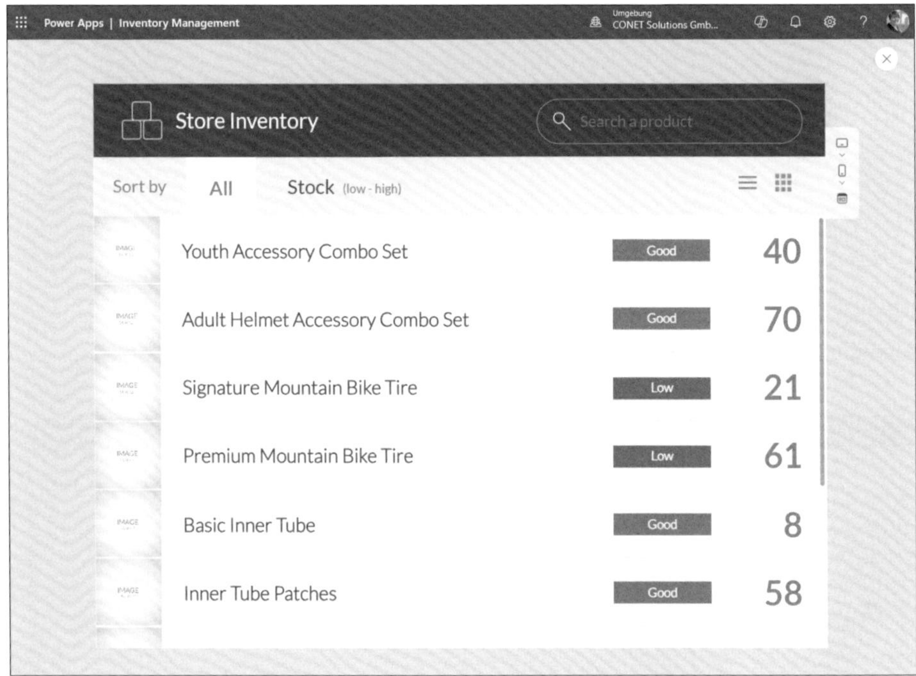

Abbildung 8.57 Testen Sie Ihre App aus der Entwurfsansicht heraus.

Zum Abschluss sollten Sie Ihre App aus dem App Solution Studio heraus veröffentlichen und anschließend freigeben. Wie Sie Abbildung 8.58 entnehmen können, können Sie dabei Personen entweder die Berechtigung erteilen, die App lediglich zu nutzen, oder Sie ernennen sie zu Mitbesitzern, sodass sie mit Ihnen gemeinsam die App weiterentwickeln können.

Wo kann ich die App nun aufrufen?

Sie können die App nun über den Menüpunkt APPS in der linken Navigation des Maker Portals von Power Apps unter *https://make.powerapps.com* erreichen. Wenn Sie von dort aus die App aufrufen, können Sie den Link verwenden, um die App per URL in andere Lösungen einzubinden.

Sie können Ihre App auch über die mobile App *Power Apps* von Microsoft nutzen. Hierfür sollte Ihre App aber sinnvollerweise für die Nutzung per Smartphone oder Tablet optimiert sein.

Und natürlich können Sie Ihre App auch aus Teams heraus nutzen und sie entweder als Registerkarte in einen Teamraum einbinden oder sie über die App *Power Apps* aufrufen, die Sie im App Store finden und in Ihrer linken Navigation anheften können.

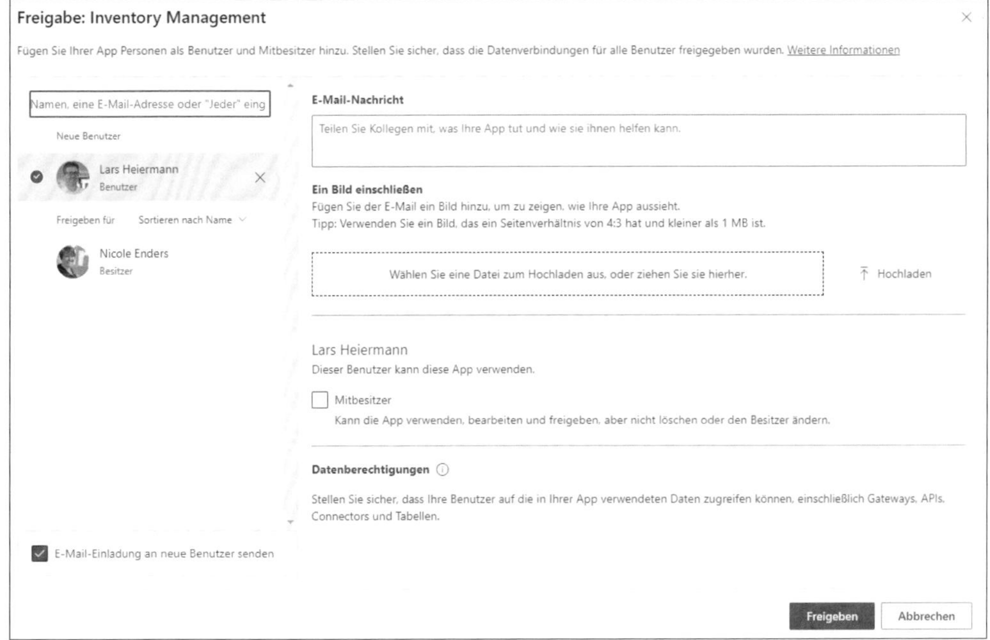

Abbildung 8.58 Veröffentlichen Sie Ihre App und geben Sie sie frei.

8.3.3 Dashboards und Berichte mithilfe von Power BI realisieren

Wenn Sie nun mithilfe von Flows und Apps Ihre Geschäftsprozesse unterstützen, werden Sie neben den bisher schon zugänglichen Daten weitere Daten generieren, die ausgewertet werden können.

Für Auswertungen können Sie *Power BI* nutzen. Sie können mit der Desktop-Anwendung *Power BI Desktop* sowohl lokale Berichte für sich selbst erstellen als auch Berichte, die Sie über den Power-BI-Dienst zentral zur Verfügung stellen und mit der gewünschten Zielgruppe teilen. Über die Websiteadresse *https://app.powerbi.com* können Sie den Dienst aufrufen und gelangen zu der Ansicht aus Abbildung 8.59.

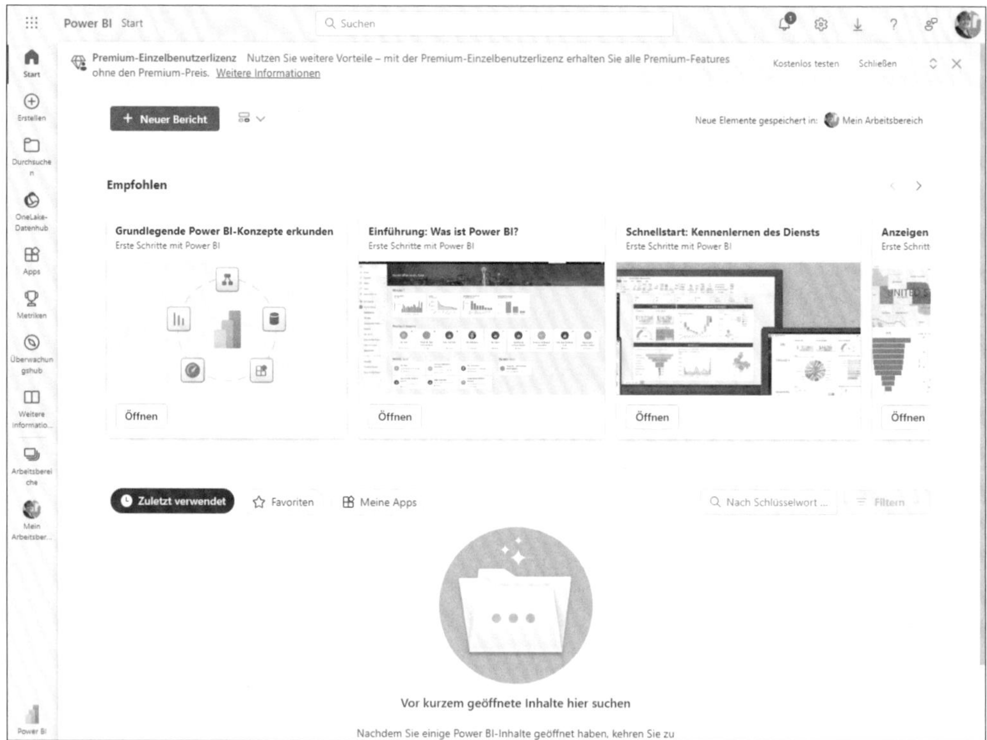

Abbildung 8.59 Auf der Startseite des Power-BI-Dienstes erhalten Sie erste Informationen zu den Möglichkeiten von Power BI.

Sie können hier sowohl bereits lokal erstellte Berichte hochladen als auch neue Berichte erstellen. Wenn Sie beispielsweise die Schaltfläche NEUER BERICHT betätigen, können Sie wie im Dialog aus Abbildung 8.60 nun die Datenquelle(n) auswählen und einen Bericht beginnen.

Über den Power-BI-Dienst stehen Ihnen noch viele weitere Möglichkeiten zur Verfügung. So können Sie die Berichte in Arbeitsräumen organisieren, die mit Teamräumen oder SharePoint-Websites vergleichbar sind. Denn auch bei den Arbeitsräumen in Power BI können Sie genau festlegen, wer Zugriff auf den Arbeitsraum und damit auf die enthaltenen Datenquellen und Berichte erhält.

Sie können außerdem konfigurieren, wie oft Datenquellen aktualisiert werden und in welcher Form die Berichte genutzt werden können. Sie können beispielsweise Teile eines Berichtes in ein Dashboard einbinden und eine Auswahl an Berichten in Form einer App veröffentlichen und sie auf diese Weise einer Zielgruppe anbieten, die keinen Zugriff auf den Arbeitsraum hat, in dem diese Berichte zur Bearbeitung liegen.

Abbildung 8.60 Erstellen Sie einen neuen Bericht, der auf einer ausgewählten Datenquelle basiert.

Erweitern Sie Ihr Collaboration-Portal um eine Prozessplattform

Sie haben in diesem Kapitel bisher einen Überblick über die vielfältigen Möglichkeiten der Prozessunterstützung sowie über die enge Verbindung zwischen dem Collaboration- und dem Prozessbereich erhalten. Sie können Ihren modernen Arbeitsplatz ganz nach Ihren Bedürfnissen gestalten und Ihre Arbeitsabläufe optimieren, damit Sie und Ihre Kolleginnen und Kollegen von administrativen Aufgaben bzw. Routineaufgaben entlastet werden und mehr Freude bei der Bearbeitung Ihrer Kernaufgaben haben.

Die letzten beiden Abschnitte sollten Ihnen lediglich einen Überblick über die verschiedenen Funktionen geben und sind daher nicht als vollständige Einführung in die vielfältigen Möglichkeiten zu verstehen. Weiterführende und detailliertere Informationen finden Sie unter:

- **Dynamics 365**: *https://learn.microsoft.com/de-de/dynamics365*
- **Power Platform**: *https://learn.microsoft.com/de-de/power-platform*
- **Power Automate**: *https://learn.microsoft.com/de-de/power-automate*
- **Power Apps**: *https://learn.microsoft.com/de-de/power-apps*
- **Power BI:** *https://learn.microsoft.com/de-de/power-bi*

Wir werden im verbleibenden Teil dieses Kapitels nun noch ein paar Möglichkeiten aus dem Bereich der künstlichen Intelligenz betrachten.

8.4 Mit SharePoint Premium und dem AI Builder Informationen extrahieren, verarbeiten oder generieren

Wenn Sie in Ihrem Unternehmen mit vielen Informationen in Form von Dokumenten und Bildern arbeiten, kann künstliche Intelligenz Ihnen bei der (teil-)automatisierten Verarbeitung helfen. Wie wäre es zum Beispiel, wenn Sie Dokumente nur an einer bestimmten Stelle ablegen müssten und das System automatisch erkennen würde, dass es sich bei dem einen Dokument um eine Rechnung und bei dem anderen Dokument um ein Konzept handelt? Wenn dann noch Daten aus den Dokumenten extrahiert und als Metadaten automatisch zu dem jeweiligen Dokument hinzugefügt werden, können auch weitere Prozesse in Form von Flows ausgelöst werden und für die weitere Verarbeitung des Dokuments sorgen. Diese Funktionen werden Ihnen mit *SharePoint Premium* (früher bekannt als *Microsoft Syntex*) angeboten. Sie finden weitere Informationen zu dem Angebot unter *https://adoption.microsoft.com/de-de/sharepoint-premium*.

Auch wenn SharePoint Premium bereits viele für den Alltag wichtige Funktionen für die Arbeit mit großen Mengen an Dokumenten mitbringt, möchte ich Ihnen eine Alternative vorstellen, mit der Sie auch Lösungen erstellen können, die speziell auf Ihre Bedürfnisse zugeschnitten sind. Der *AI Builder* würde es Ihnen sogar ermöglichen, in Kombination mit den anderen Diensten aus der Microsoft-365-Umgebung den gesamten Funktionsumfang von SharePoint Premium umzusetzen. Bevor Sie dies aber planen, sollten Sie mit Blick auf die Kosten genau prüfen, ob nicht in diesem Fall die Lizenzierung von SharePoint Premium letzten Endes günstiger ist. Und außerdem müssen Sie das sprichwörtliche Rad nicht neu erfinden, sondern den AI Builder wirklich für die Spezialanforderungen nutzen.

Abbildung 8.61 Der »AI Builder« ist in »Power Automate« ...

Abbildung 8.62 ... und »Power Apps« verfügbar.

Wie Sie Abbildung 8.61 und Abbildung 8.62 entnehmen können, ist der AI Builder über den Menüpunkt KI-Hub in der linken Navigation verfügbar und Ihnen stehen folgende drei Optionen zur Auswahl:

- **KI-Modelle**: Sie können aus einer Auswahl an vordefinierten Modellen wählen und diese direkt in Ihrer App oder Ihrem Flow verwenden. Alternativ können Sie auch eigene Modelle mithilfe eines Assistenten erstellen und diese anschließend in Ihre App oder Ihren Flow integrieren.
- **KI-Eingabeaufforderungen** (Prompts): Wenn Sie Erfahrungen mit modernen Chatbots haben, wissen Sie vermutlich, dass Ihre Eingabe dort als *Prompt* bezeichnet wird. Sie können mithilfe des AI Builders Prompts vorbereiten und mit Platzhaltern versehen, die später in Ihrem Flow oder in Ihrer App durch konkrete Werte ersetzt werden. Damit können Sie generative KI in Ihren Lösungen verwenden und Funktionen bereitstellen, wie Sie sie bei Copilot bereits kennengelernt haben.
- **Dokumentenautomatisierung**: Dieser Bereich kommt am nächsten an das Angebot von SharePoint Premium heran und ermöglicht die Extraktion von Daten aus einer Vielzahl an Dokumenten. Hierbei kann auch *RPA* (*Robotic Process Automation*) eingesetzt werden, falls die Dokumente nicht über standardisierte Schnittstellen erreicht werden können.

Sie können alle vordefinierten KI-Modelle auch direkt aus einem Flow oder einer App heraus nutzen. Wenn Sie beispielsweise einen beliebigen Flow im Entwurfsmodus öffnen und wie in Abbildung 8.63 über das Pluszeichen eine neue Aktion hinzufügen möchten und dabei die Kategorie AI Builder auswählen, werden Ihnen alle verfügbaren Aktionen angeboten.

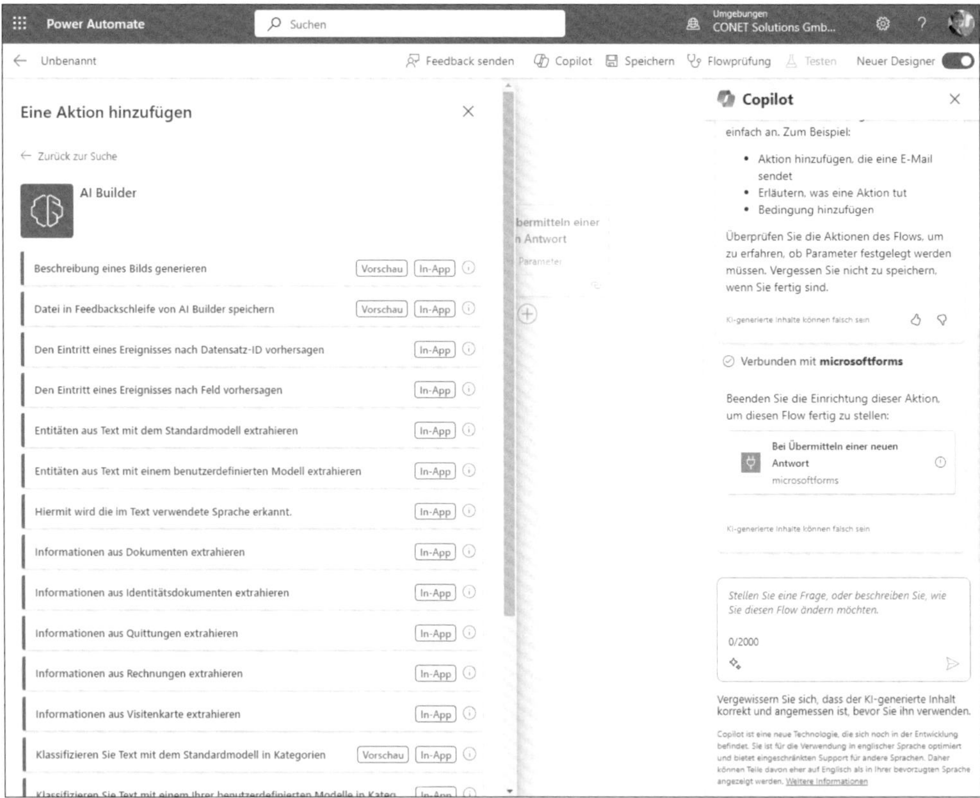

Abbildung 8.63 Wählen Sie eine Aktion aus der Kategorie »AI Builder« aus.

Nehmen wir an, Sie haben ein Feedback-Formular mit Forms erstellt, über das Kunden Ihr Unternehmen bewerten und in einem Freitextfeld eine Anmerkung hinzufügen können. Dann könnte die Aktion »Klassifizieren Sie Text mit dem Standardmodell in Kategorien« Ihnen helfen, die eingegebenen Informationen schnell einzuordnen. Sie würden so – unterstützt durch den Flow – wissen, ob der Kunde gerade ein Problem hat, eine Anmerkung zu Ihrer Dokumentation gemacht oder Sie gelobt hat. Sie könnten alternativ auch eine sogenannte *Sentiment Analysis* mithilfe des AI Builders vornehmen und so explizit die Stimmung des Kunden aus dem eingegebenen Text ermitteln.

Die Sentiment Analysis finden Sie auch wieder, wenn Sie wie in Abbildung 8.64 im KI-Hub den Menüpunkt KI-MODELLE auswählen.

Darüber hinaus werden Ihnen aber auch viele weitere Modelle angeboten. Ein paar Modelle möchte ich Ihnen an dieser Stelle vorstellen, um Ihnen die verschiedenen Möglichkeiten aufzuzeigen.

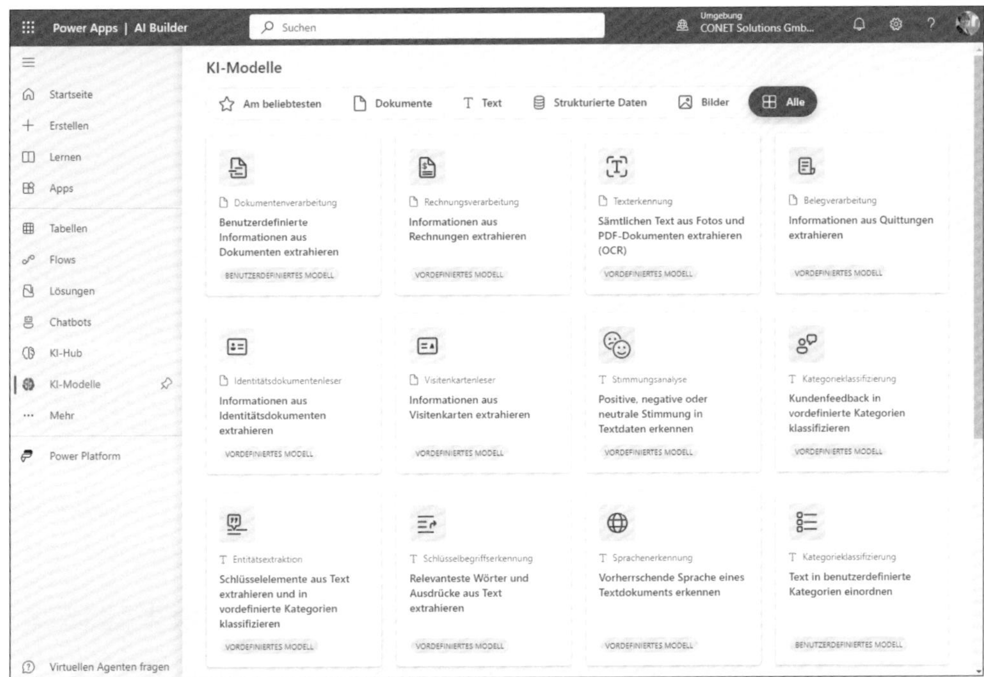

Abbildung 8.64 Wählen Sie ein vordefiniertes KI-Modell aus, das zu Ihren Anforderungen passt, oder erstellen Sie ein benutzerdefiniertes KI-Modell.

Beginnen möchte ich mit einem benutzerdefinierten KI-Modell, und zwar mit der Option BENUTZERDEFINIERTE INFORMATIONEN AUS DOKUMENTEN EXTRAHIEREN. Wenn Sie diese Option auswählen, gelangen Sie zu der Ansicht aus Abbildung 8.65, die in einer Vorschau zeigt, dass Sie einen beliebigen Dokumententyp verwenden können, um zukünftig aus allen Dokumenten dieses Typs bzw. mit diesem Aufbau Daten extrahieren zu können. Sie müssen dafür als Erstes definieren, welche Daten für Sie relevant sind. In der Regel enthalten Dokumente einen oder mehrere Datumswerte, Kontaktinformationen und Zahlen bzw. Geldbeträge. Diese Informationen lassen sich einfach extrahieren, und auch aus im Dokument enthaltenen Tabellen können Sie Informationen ermitteln.

Nachdem Sie definiert haben, welche Informationen Sie extrahieren wollen, wählen Sie ein paar Dokumente aus, die dem Dokumententyp entsprechen. Sie benötigen mindestens fünf Dokumente, um das KI-Modell zu trainieren, wobei weitere Dokumente die Qualität Ihres Modells erhöhen. Sie müssen allerdings in einem weiteren Schritt jedes ausgewählte Dokument annotieren. Das heißt, Sie müssen in jedem Dokument den Bereich markieren, der eine zu extrahierende Information enthält, und Sie müssen auch angeben, welche Information an dieser Stelle steht. Je mehr Dokumente Sie zum Training verwenden, desto mehr Zeit sollten Sie für das Annotieren einplanen.

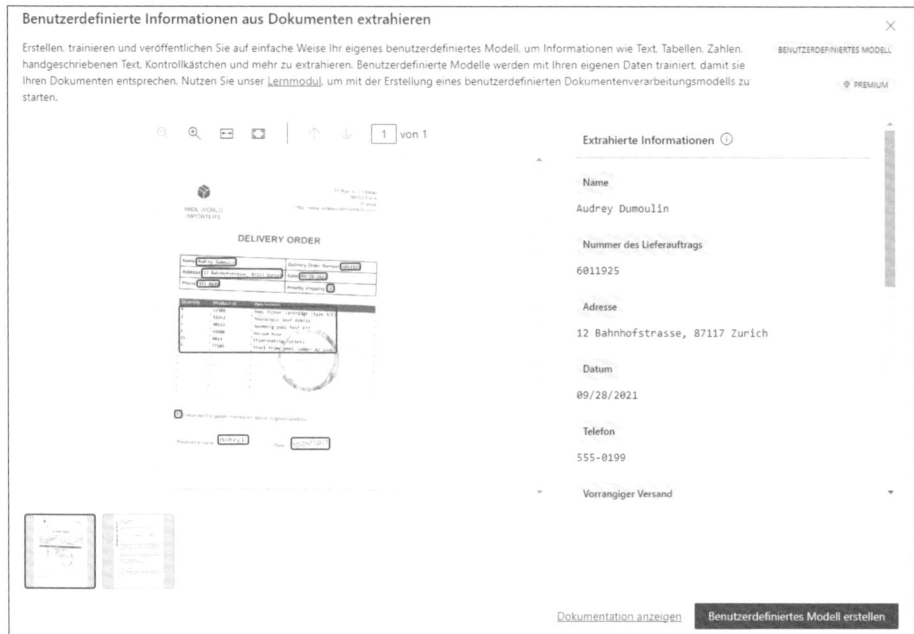

Abbildung 8.65 Erstellen Sie ein benutzerdefiniertes KI-Modell, um Informationen aus Dokumenten mit einem besonderen Layout zu extrahieren.

Nach dem Ende des anschließenden Trainings können Sie das KI-Modell veröffentlichen, sodass Sie es nun in jedem beliebigen Flow bzw. in einer App nutzen können. So können Sie beispielsweise einen Flow erstellen, der auf neue Dokumente in einem Teamraum wartet und das KI-Modell nutzt, um automatisiert Metadaten für das Dokument zu vergeben. Es wäre auch denkbar, dass bei bestimmten im Dokument enthaltenen Werten eine Benachrichtigung an einen Genehmiger erfolgt oder eine Aufgabe für Sie generiert wird.

Neben der Möglichkeit, eigene KI-Modelle zu erstellen, können Sie aber auch beispielsweise das vordefinierte Modell nutzen, um einem Bild automatisch eine Beschreibung hinzuzufügen (siehe Abbildung 8.66).

Wie die Vorschau bereits erkennen lässt, können Sie auf diesem Weg Informationen aus dem Bild entnehmen und neben einer textuellen Beschreibung auch Stichworte für das Bild generieren lassen. Diese Informationen sind vor allem später bei einer Suche interessant, da Sie anhand von ihnen das Bild schneller wiederfinden können.

Als drittes Beispiel möchte ich Ihnen die Stimmungsanalyse (*Sentiment Analysis*) vorstellen. Wie Sie Abbildung 8.67 entnehmen können, wird hier die im Text verwendete Sprache benötigt, um die Stimmung ermitteln zu können. Wenn Sie nicht wissen, in welcher Sprache die Nachricht verfasst wird, können Sie zuvor die Sprache ermitteln lassen und das Ergebnis dann in der Aktion bzw. dem Aufruf nutzen. Über dieses Modell erhalten Sie nach Angabe der verwendeten Sprache eine Einteilung in positive, neutrale oder negative Stimmungen. Diese Information können Sie dann in Ihrer Lösung verwenden, um gegebenenfalls abhängig von der Stimmung eines Kunden unterschiedliche Prozesse auszulösen. So können Sie beispielsweise bei einem Kunden mit schlechter Stimmung einen erfahrenen Mitarbeitenden einsetzen, während bei Kunden mit guter Stimmung vielleicht nicht so viel Erfahrung seitens der Mitarbeitenden erforderlich ist.

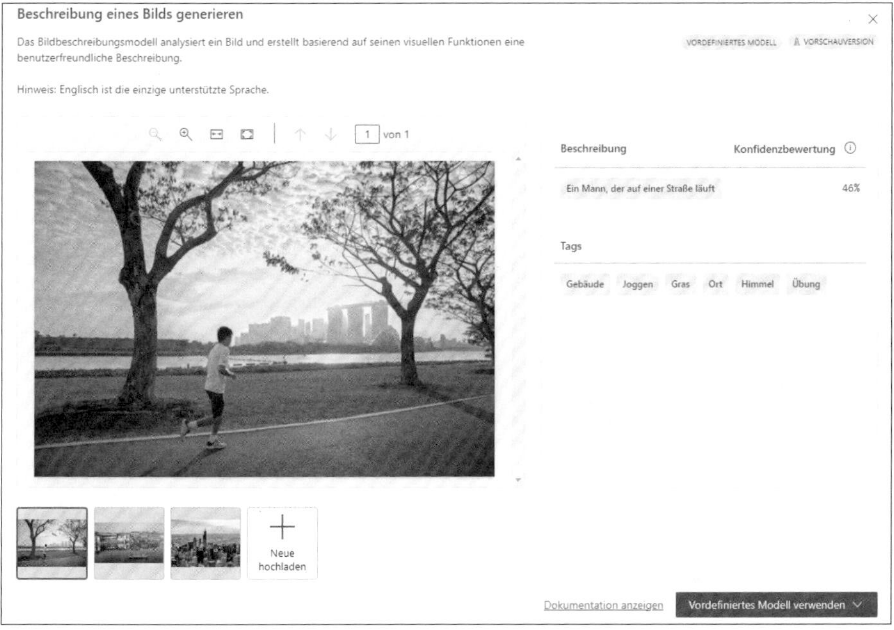

Abbildung 8.66 Sie können Bildern automatisiert eine Beschreibung geben.

Abbildung 8.67 Analysieren Sie die im Text mitschwingende Stimmung.

Zum Schluss wagen wir noch einen Blick in den Bereich der KI-Eingabeaufforderungen und wählen das durch ChatGPT bekannteste Beispiel aus. Wenn Sie die Option TEXT MIT GPT MITHILFE EINER EINGABEAUFFORDERUNG ERSTELLEN auswählen, sehen Sie in der Vorschau wie in Abbildung 8.68 die verschiedenen Möglichkeiten. Sie können hier einen Prompt vorbereiten, der verschiedene Platzhalter enthält, die später in Ihrer App oder Ihrem Flow durch konkrete Werte ersetzt werden. So entsteht der schließlich der Prompt, der für die Generierung von Text verwendet wird. Das Ergebnis des Prompts kann dann ebenfalls in Ihrer Lösung weiterverarbeitet werden.

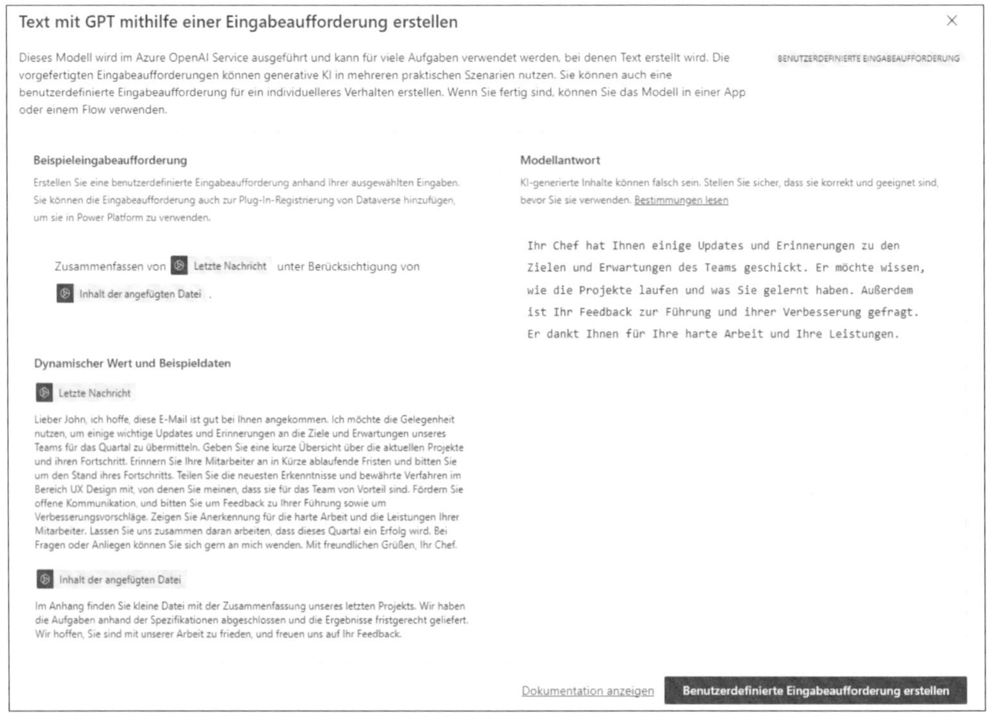

Abbildung 8.68 Bereiten Sie Prompts für Ihre Lösung vor.

Sie haben gesehen, dass Sie mithilfe von *AI Builder* Ihre Lösungen um zusätzliche Funktionen aus dem Bereich der künstlichen Intelligenz erweitern und so einen noch höheren Nutzerkomfort schaffen können. Über die Websiteadresse *https://learn.microsoft.com/de-de/ai-builder/overview* finden Sie ausführlichere Informationen zu den weiteren Möglichkeiten sowie zu den Rand- und Rahmenbedingungen, beispielsweise zur Lizenzierung.

8.5 Copilot und generative KI nutzen und so Informationen schneller finden und Prozesse steuern

Bevor wir dieses Kapitel abschließen, sollten wir explizit noch einmal über *Copilot* sprechen. Sie haben auch im Bereich der Geschäftsprozesse gesehen, wie Sie durch verschiedene Copiloten unterstützt werden können. Da gibt es die einzelnen Copiloten in den verschiedenen *Dynamics 365*-Modulen, um beispielsweise möglichst schnell eine Lösung für eine Kundenanfrage zu finden oder um sich bei der Formulierung von Antworten bzw. bei der Zusammenfassung von Nachrichten unterstützen zu lassen. Wenn dann noch automatisch die Stimmung des Kunden für Sie analysiert wird und Sie mit dieser Information die passenden Service-Mitarbeitenden mit den für die Auftragsbearbeitung erforderlichen Fähigkeiten für die Interaktion mit dem Kunden auswählen können, steht einem exzellenten Kundenservice nichts mehr im Wege.

Aber auch unabhängig von Dynamics 365 haben Sie gesehen, dass Copilot als persönlicher Assistent bei der Unterstützung von Geschäftsprozessen nicht mehr wegzudenken ist. So finden Sie Copiloten bereits auf den Startseiten von *Power Automate* und *Power Apps*. Und auch wenn wir ihn nicht explizit gesehen haben, so steht Ihnen auch bei der Erstellung Ihrer Berichte in *Power BI* ein schlagkräftiger Assistent zur Verfügung. Der Copilot in Power BI ist ähnlich wie der in Excel deshalb besonders hilfreich, weil Sie nun nicht mehr alle Formeln und Einstellungsmöglichkeiten bis in die Tiefe kennen müssen, um Ihre Berichte zu erstellen. Copilot hilft Ihnen, die Daten aus den ausgewählten Datenquellen zu analysieren, zu transformieren und optisch aufzubereiten.

Doch verlassen wir für einen Moment die *Power Platform*. Sie haben im Verlauf dieses Buchs auch noch weitere Copiloten kennengelernt, beispielsweise die Copiloten für *Word*, *PowerPoint*, *Whiteboard*, *Teams* und *Forms*. In Zukunft werden Copiloten zu einem ganz normalen Bestandteil unserer Apps und Software-Lösungen werden, und wenn die Standard-Apps und -Dienste bereits Copilot nutzen, kommt spätestens jetzt die Frage auf, wie Sie auch in Ihren Lösungen individuelle Copiloten bereitstellen können. Denn die standardmäßig bereitgestellten Copiloten bieten zwar Unterstützung im Hinblick auf die Produktivität, sind jedoch auf die jeweilige Anwendung fokussiert, in die sie integriert sind. Ihre unternehmensspezifischen Systeme und Datenquellen werden damit aber nicht erreicht. Genau hier kommen eigene Copiloten oder Aktionen als Erweiterung der vorhandenen Copiloten ins Spiel.

Für die Erstellung individueller Copiloten können Sie das *Copilot Studio* nutzen, das Sie unter *https://web.powerva.microsoft.com* erreichen. Die Websiteadresse lässt noch auf den früheren Namen des Dienstes schließen, denn vor der Bereitstellung von *Microsoft 365 Copilot* hieß dieser Dienst noch *Power Virtual Agents* (PVA). Wenn Sie sich im *Copilot Studio* befinden, können Sie über den Menüpunkt COPILOTEN eine Auflistung der bisher in Ihrer Umgebung erstellten Copiloten aufrufen und über die Schaltfläche NEUER COPILOT zu dem Dialog aus Abbildung 8.69 gelangen.

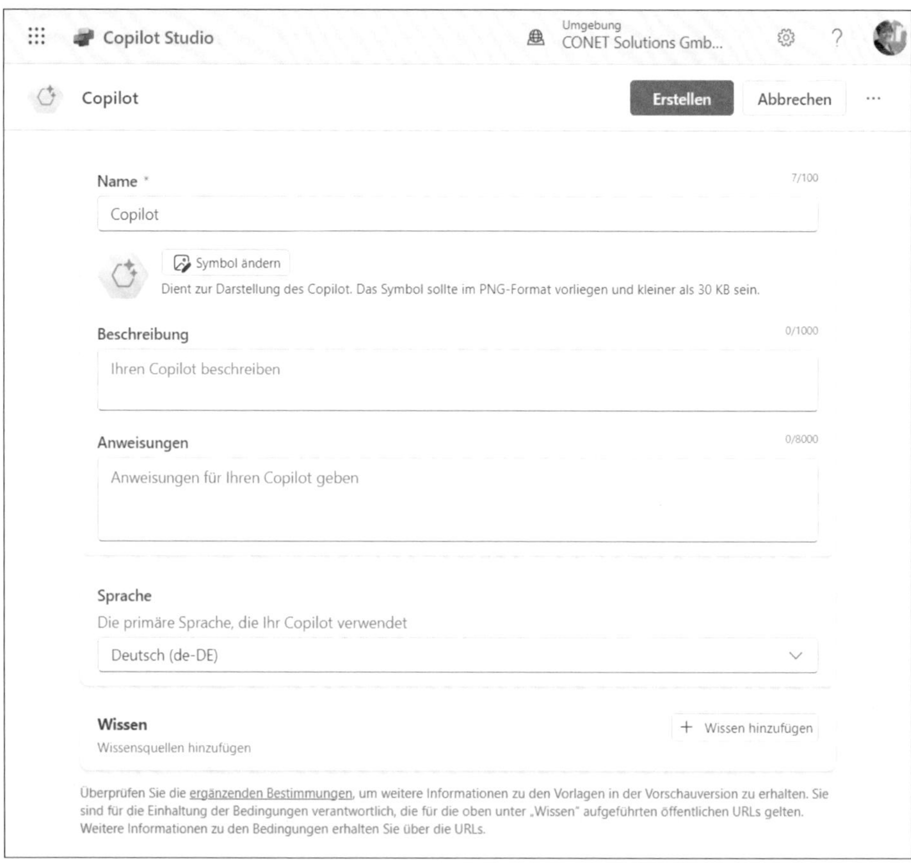

Abbildung 8.69 Erstellen Sie mithilfe von generativer KI einen Copiloten, der die Daten einer Website als Quelle für die Konversation verwendet.

Früher mussten Sie beim Erstellen eines Chatbots vor der eigentlichen technischen Umsetzung viel Zeit in das Design der Konversation investieren. Sie mussten also sehr genau in Form eines Entscheidungsbaums spezifizieren, welche Fragen wann vom Chatbot gestellt werden und wie Sie mit den Antworten der Nutzer und Nutzerinnen umgehen. Im Endeffekt sah die entworfene Konversation wie ein sehr großer Workflow aus, und natürlich konnten Sie auch ganz genau bestimmen, wann Sie alle erforderlichen Informationen gesammelt haben, um einen Flow auszuführen oder ein anderes System anzusprechen.

Mit generativer KI hat sich dies elementar verändert. Nun geben Sie bei der Erstellung eines Copiloten lediglich den Namen des zukünftigen Copiloten, die von ihm verwendete und verstandene Sprache sowie einen Link zu einer Datenquelle an. Das kann eine öffentliche Website oder auch eine Datenquelle in Ihrem Unternehmen sein, beispielsweise eine SharePoint-Website.

Sobald Sie die Schaltfläche ERSTELLEN betätigt haben, wird Ihr Copilot für Sie generiert. Wenn die Erstellung abgeschlossen ist, befinden Sie sich in der Bearbeitungsmaske für Ihren Copilot (siehe Abbildung 8.70). Sollten Sie in erster Linie einen Chatbot für die Beantwortung von Fragen erstellen wollen, sind Sie vielleicht schon fertig. Nutzen Sie zum Testen den rechten Bereich, in dem Ihnen ein Chatfenster für das Erproben angeboten wird. Wenn Sie die angebundenen Datenquellen überprüfen oder weitere Datenquellen hinzufügen möchten, rufen Sie die Registerkarte WISSEN und dort die Schaltfläche WISSEN HINZUFÜGEN auf. 8

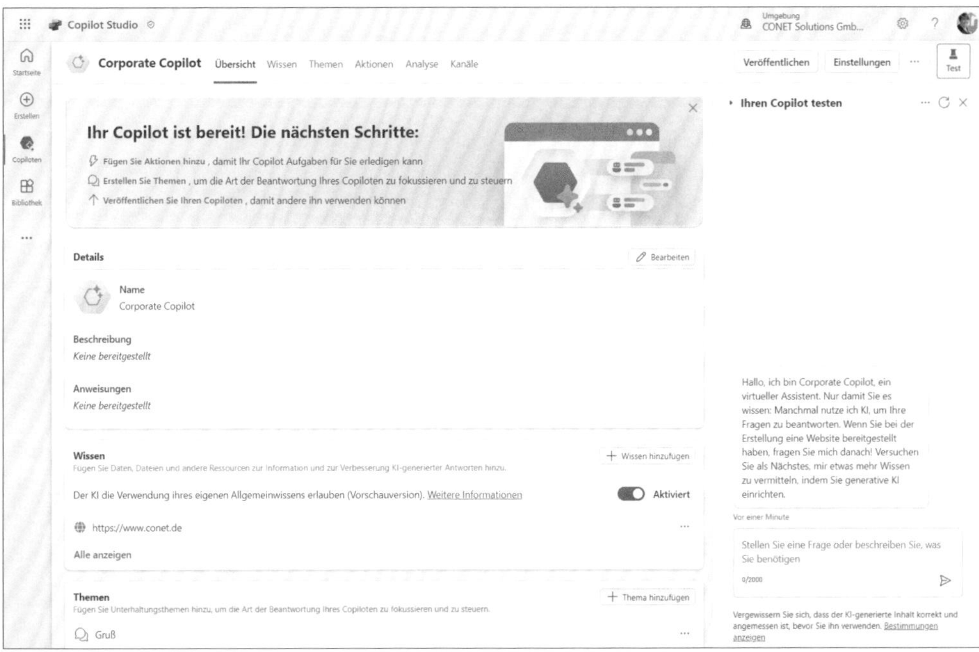

Abbildung 8.70 Ihr Copilot ist für Sie eingerichtet und kann verwendet werden.

Wie Sie Abbildung 8.71 entnehmen können, ist hier die Websiteadresse hinterlegt, die Sie beim Erstellen des Copiloten angegeben haben. Sie können nun bei Bedarf weitere Websiteadressen ergänzen oder auch Dokumente hochladen, falls Ihr Copilot nur auf ganz bestimmte Informationen zugreifen soll, die in einem Dokument oder in einer sehr kleinen Auswahl an Dokumenten zu finden sind. Damit können Sie den Fokus des Chatbots sehr genau bestimmen.

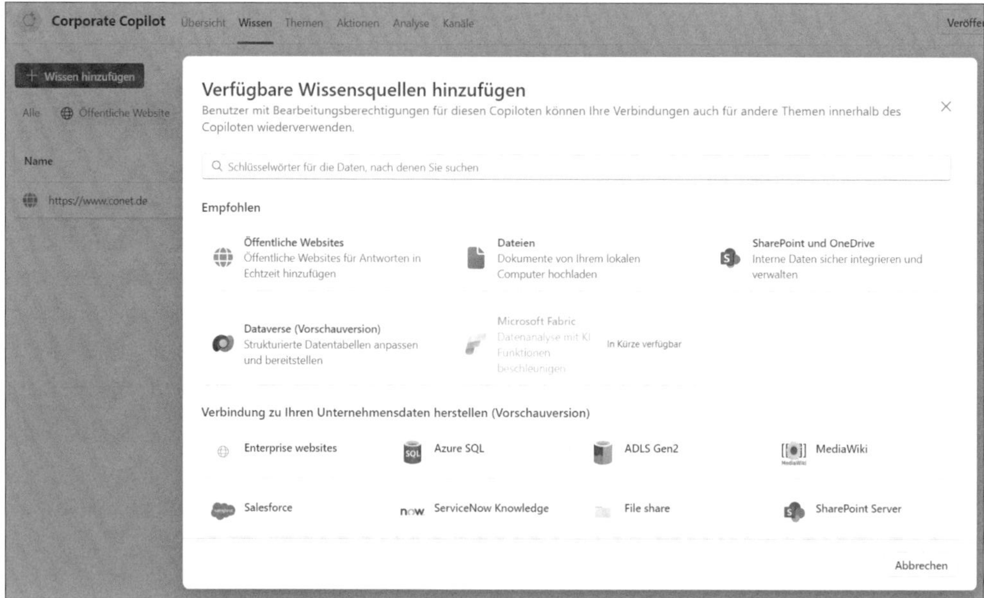

Abbildung 8.71 Legen Sie die Datenquellen für Ihren Copiloten fest.

Über die Registerkarte KANÄLE gelangen Sie zu der in Abbildung 8.72 dargestellten Übersicht. Hier wählen Sie aus, wo Ihr Copilot später verfügbar sein soll.

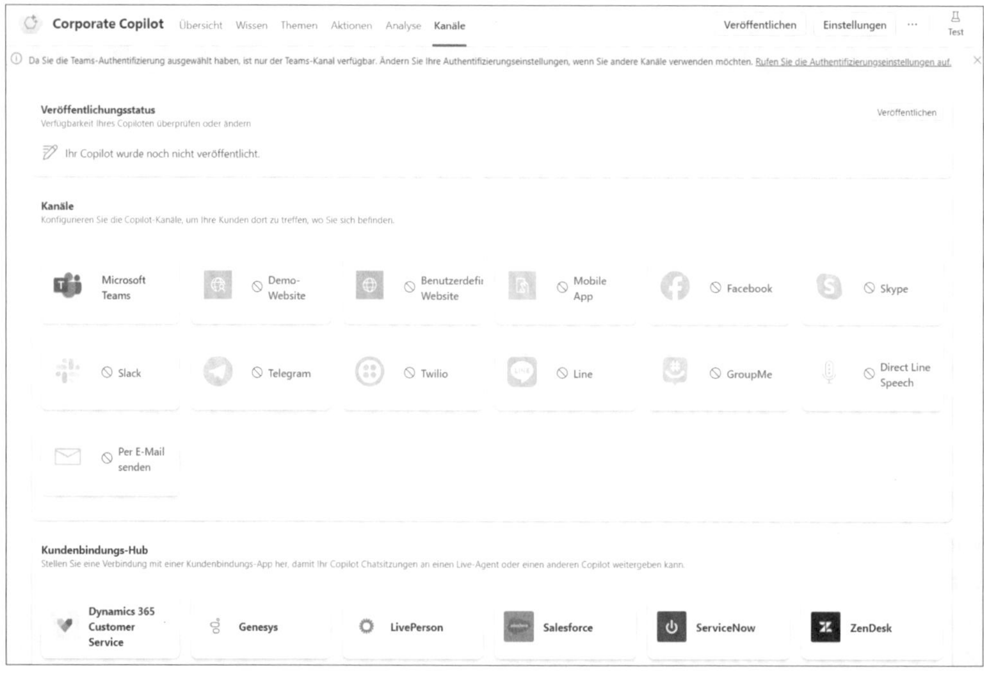

Abbildung 8.72 Entscheiden Sie, wo Ihr Copilot verfügbar sein soll.

So könnte Ihr Copilot als Teil des *Microsoft Copilot* bereitgestellt werden. In diesem Fall würden die Anwender und Anwenderinnen Ihren Copiloten nicht explizit aufrufen, sondern im Rahmen der Nutzung des standardmäßig verfügbaren Copiloten auch auf die Informationen Ihres Copiloten zugreifen können.

Sie können Ihren Copiloten auch explizit als App beispielsweise in Teams bereitstellen oder als Ergänzung für Ihre öffentliche Website nutzen. Die öffentliche Nutzung (wie beispielsweise auch auf Social-Media-Plattformen) ist allerdings nur so lange möglich, wie Sie nicht auf unternehmensinterne Daten zugreifen. Sollte dies der Fall sein, so werden – wie Sie in Abbildung 8.72 an den blassen Icons erkennen – die entsprechenden Kanäle gesperrt, damit diese potenziell sensiblen Informationen nicht das Unternehmen verlassen können.

Kann ein Copilot auch mehr, als nur Fragen zu beantworten?

Auf diese Frage kann ich mit einem ganz klaren »Ja« antworten. Sie können die standardmäßig zur Verfügung gestellten und Ihre zusätzlichen eigenen Copiloten als Ihre persönlichen Assistenten betrachten, die alles für Sie im Blick behalten können. Sie können Ihnen Informationen zusammenstellen, Fragen beantworten und auch Aufgaben übernehmen, wenn Sie es wünschen.

Sie können auch wie früher eine Konversation für Ihren Copiloten planen und so für bestimmte Teile die genaue Abfolge von Fragen, Antworten und Aktionen bestimmen. Dies geschieht über die sogenannten *Themen*. Einige Themen kennt jeder Chatbot, beispielsweise eine Begrüßung oder Verabschiedung.

Sie können aber auch außer mit diesen festen Abläufen mit sogenannten *Aktionen* arbeiten. Bei diesen handelt es sich in der Regel um Flows, die Sie für Ihren Copiloten registrieren und mit zusätzlicher Beschreibung sowohl für den Flow selbst als auch für alle erwarteten Eingabewerte versehen. Mit diesen Informationen arbeitet die generative KI nun während der Nutzung des Copiloten und löst den entsprechenden Flow aus, sobald sie erkannt hat, dass die Person den Prozess auslösen möchte und alle erforderlichen Informationen angegeben hat. Sollte die Absicht zum Auslösen des Flows bereits erkannt worden sein, aber noch ein Eingabewert (oder mehrere) fehlen, so fragt der Copilot nun selbstständig nach.

Das könnte zum Beispiel ein Genehmigungsprozess sein: Wenn Sie bereits einen Flow besitzen, der manuell gestartet werden kann, so wird er vermutlich neben den Genehmigern auch einen Link auf das zu genehmigende Dokument benötigen. Sie können den Flow als Aktion registrieren, und wenn Sie nun in der Unterhaltung mit Ihrem Copiloten davon sprechen, dass ein Dokument zu genehmigen ist, dann wird der Copilot Sie ganz von allein nach dem Link fragen und Sie um die Angabe der Genehmiger bitten.

Stellen Sie sich nun vor, dass Sie einen Copiloten erstellen, der auf die für Ihren Arbeitsalltag relevanten Informationen zugreifen und die wichtigsten Prozesse über Aktionen auslösen kann. Ohne weiteres Zutun können Sie sich in einer normalen Unterhaltung mit dem Copiloten nun unterstützen lassen und gewinnen damit Zeit für komplexere Aufgabenstellungen.

Was nehmen Sie aus diesem Kapitel mit?

In diesem Kapitel haben Sie gelernt, dass für die typischen Prozesse in einem Unternehmen mit *Dynamics 365* bereits fertige Lösungen angeboten werden, die Sie bei Bedarf mithilfe der *Power Platform* an Ihre Bedürfnisse anpassen können. Sie können darüber hinaus mit der Power Platform auch eigene Lösungen erstellen und dabei die Unternehmensdatenbank *Dataverse* nutzen, um Datensilos und unnötige Schnittstellen zwischen den potenziellen Insellösungen zu vermeiden. Abschließend haben Sie ein paar Lösungen aus dem Bereich der künstlichen Intelligenz kennengelernt, die sich nahtlos in Ihre bestehenden Lösungen integrieren lassen und so Ihren modernen Arbeitsplatz sinnvoll ergänzen können.

Bisher haben Sie in diesem Buch nach und nach die verschiedenen Dienste und Apps in Microsoft 365 kennengelernt, um damit die Zusammenarbeit sowie das Informations- und Wissensmanagement und nicht zuletzt die Unterstützung Ihrer Geschäftsprozesse zu verbessern. Im nächsten Kapitel werden wir nun prüfen, wie Sie die Informationen, die dadurch in Ihrer Microsoft-365-Umgebung liegen, sicher verwalten können.

Kapitel 9

Verwalten und Sichern von Informationen

»Vertrauliche Informationen sind heutzutage tatsächlich der Ursprung eines jeden großen Vermögens.«
– Oscar Wilde

9

Wenn Sie Informationen untereinander austauschen und dafür Microsoft 365 und somit die Cloud als Plattform nutzen, ist eine sichere Verwaltung dieser Informationen unverzichtbar. In diesem Kapitel betrachten wir einzelne Möglichkeiten von *Microsoft Purview* und *Microsoft Defender* von *Microsoft 365* und klären dabei unter anderem folgende Fragen:

- **Sicherheit**: Sind meine Informationen sicher?
- **Aufbewahrung**: Was soll geschehen, wenn Mitarbeitende das Unternehmen verlassen?
- **Governance und Auditing**: Wie verwalten wir unsere Informationen?
- **Berechtigungen**: Wer hat Zugriff auf die Informationen?
- **Berichte und Benachrichtigungen**: Wie weiß ich, was mit den Informationen passiert?

Dabei behandele ich zunächst Themen wie die *Klassifizierung* von Informationen sowie die Einrichtung von *Aufbewahrungs- und Löschrichtlinien*. Anschließend schauen wir uns die Möglichkeiten zur Umsetzung und Unterstützung der *Datenschutz-Grundverordnung* (DSGVO) genauer an, bevor ich abschließend auf die Themen *Secure Score, Bedrohungsmanagement* sowie auf die Nutzung von *Berichten* und *Benachrichtigungen* eingehe.

Aspekte wie die grundsätzliche Absicherung Ihres Microsoft-365-Tenants, die Verwaltung der mobilen und stationären Endgeräte oder die Sicherung und Wiederherstellung von Daten (Backup und Restore) werde ich nicht betrachten.

Mit den hier vorgestellten Möglichkeiten sollten Sie (falls das noch nicht geschehen ist) in Ihrem Unternehmen ein Team von *Compliance-Managern* aufbauen und mit den passenden Werkzeugen ausstatten, denn Compliance ist ein elementarer Faktor für Ihren Unternehmenserfolg.

Copilot for Security

Auch für die Absicherung Ihres Tenants können Sie einen dedizierten Copiloten nutzen. Der *Copilot for Security* nutzt die von Microsoft bereitgestellten Informationen und bietet eine Schritt-für-Schritt-Unterstützung für verschiedenste Szenarien an. Weitere Informationen finden Sie unter *https://www.microsoft.com/de-de/security/business/ai-machine-learning/microsoft-copilot-security*.

9.1 Informationen suchen und untersuchen

Die Suche nach Informationen ist die Grundlage für sämtliche in diesem Kapitel behandelten Komponenten. Als Erstes gehe ich daher kurz auf die Suchfunktion ein, die Ihnen und Ihren Kollegen innerhalb des modernen Arbeitsplatzes mit Microsoft 365 tagtäglich zur Verfügung steht. Danach behandele ich im weiteren Verlauf des Kapitels die Möglichkeiten des *Microsoft-Purview-Complianceportals*.

9.1.1 Globale Suche in Ihrer Microsoft-365-Umgebung

Seit es die Copiloten gibt, hat sich das Thema »Suche« scheinbar elementar verändert. Aber auch der beste Copilot wird Informationen nicht finden können, wenn Berechtigungen falsch gesetzt sind oder Informationen zu einem Thema in vielen verschiedenen Varianten vorliegen und nicht auf eine Versionierung geachtet wurde. Selbst mit Unterstützung künstlicher Intelligenz kann in diesem Fall nicht sichergestellt werden, dass die aktuelle Information als Suchergebnis angeboten wird. Aus diesem Grund ist es für Sie im Alltag wichtig, möglichst einfach auf die Dokumente zugreifen zu können, die Sie gemeinsam mit Ihren Kolleginnen und Kollegen bearbeiten. So vermeiden Sie von Anfang an, dass mehrere Varianten eines Sachverhalts in Ihrer Umgebung entstehen, sondern ändern die Information an der zentralen Stelle ab.

Hierbei können sowohl die Startseite Ihrer Microsoft-365-Umgebung unter *https://www.microsoft365.com* als auch die Startseite in *OneDrive* hilfreich sein. Ihnen werden die zuletzt von Ihnen aufgerufenen bzw. bearbeiteten Dateien angeboten – und dies ohne Unterscheidung des Speicherortes. Das heißt, es kann sich um eine Datei in Ihrer persönlichen Dateiablage in OneDrive oder auch um Dokumente aus einem Arbeitsraum oder einer Besprechung handeln.

Außerdem können Sie über OneDrive auch auf die Dateien zugreifen, die andere Personen mit Ihnen geteilt haben. Meistens erinnern wir uns noch daran, welche Person eine Präsentation oder eine Word- oder Excel-Datei mit uns geteilt hat, aber den genauen Namen der Datei kennen wir vielleicht nicht mehr. In diesem Fall hilft die Übersicht schnell weiter.

Und wenn Ihnen doch einmal diese Möglichkeiten nicht weiterhelfen, können Sie immer noch das Suchfeld in der Kopfleiste nutzen und nach einem entsprechenden Begriff suchen, der in dem Dokument oder vielleicht auch in einem News-Artikel, einer Seite im Intranet oder einem Arbeitsraum enthalten ist.

9.1.2 Suche im Intranet oder in Ihren Arbeitsräumen

Sie und Ihre Kollegen können jederzeit in Ihren Arbeitsräumen oder auch in Ihrem Social Intranet nach Informationen suchen.

Suche in SharePoint Home und Delve

Wir beginnen mit der Suchfunktion, die Ihnen in SharePoint Online von Anfang an zur Verfügung steht, noch vor der Einrichtung des ersten Arbeitsraums. Rufen Sie dazu in Microsoft 365 die App *SharePoint* oder *Delve* im App Launcher auf.

Sie befinden sich damit auf der Übersicht *SharePoint Home*. Dort werden Ihnen die neuesten Nachrichten sowie von Ihnen häufig besuchte Websites aufgelistet. Wenn Sie eine bestimmte Information suchen, können Sie dafür das Suchfeld oben links auf der Seite nutzen. Klicken Sie einfach in das Suchfeld mit dem Platzhaltertext In SharePoint suchen und geben Sie den gewünschten Suchbegriff ein. Für Abbildung 9.1 habe ich zum Beispiel den Suchbegriff »Collaboration« eingegeben.

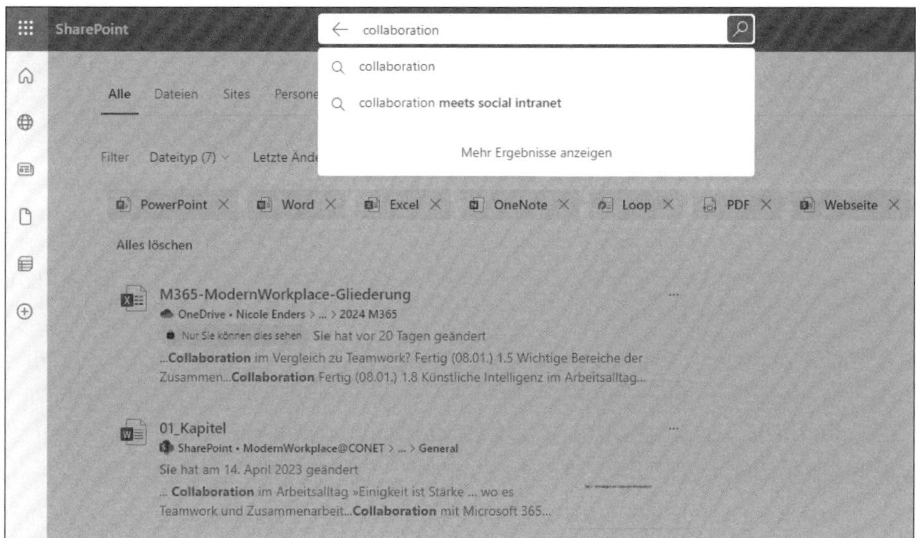

Abbildung 9.1 In »SharePoint Home« nach Informationen suchen

Wie Sie dort sehen können, werden Ihnen bereits bei der Eingabe eines Suchbegriffs mögliche passende Suchergebnisse vorgeschlagen. Falls einer der vorgeschlagenen Suchbegriffe für Sie interessant ist, können Sie mit einem Klick auf den Begriff direkt dorthin navigieren. Falls Sie jedoch nach allen zu dem Suchbegriff passenden Informationen suchen möchten, klicken Sie auf den Link MEHR ERGEBNISSE ANZEIGEN oder lösen die Suche mit [↵] aus.

Darstellung der Suchergebnisse

Abbildung 9.2 zeigt Ihnen, wie Suchergebnisse in SharePoint Online dargestellt werden. Die zu dem Suchbegriff passenden Informationen werden einfach untereinander aufgelistet.

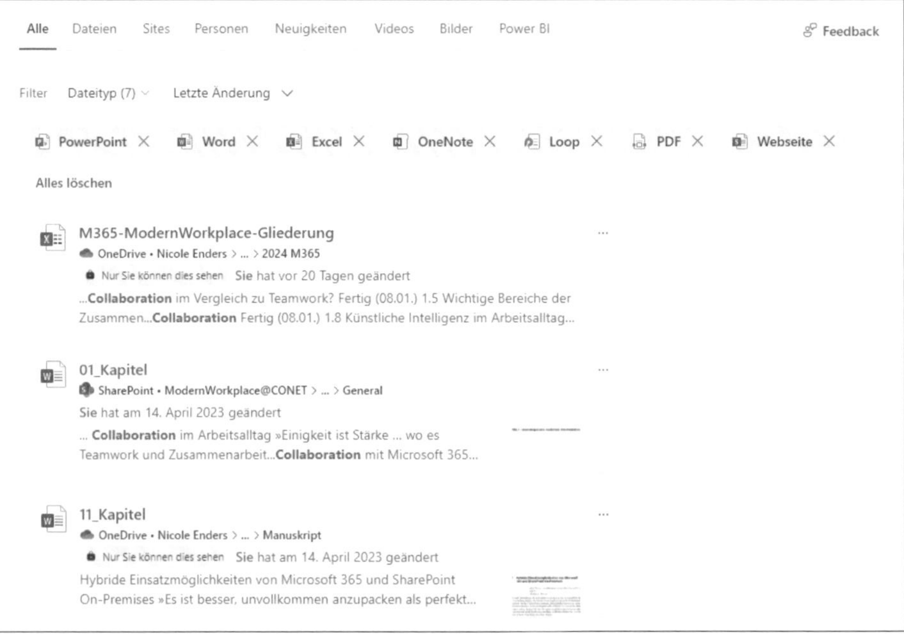

Abbildung 9.2 Darstellung der Ergebnisse einer Suche

Sie können anhand des für das einzelne Suchergebnis angezeigten Icons erkennen, worum es sich dabei handelt:

- **Office-Dokument**: Bei einem Word-Dokument oder einer PowerPoint-Präsentation sowie sämtlichen anderen Office-Dokumenten wird das jeweils zugehörige Produkt-Icon verwendet. PDFs werden mit ihrem typischen Symbol dargestellt.
- **SharePoint-Website**: Bei einer Website in SharePoint, wie beispielsweise einem Arbeitsraum, wird das für die entsprechende Website konfigurierte Website-Logo angezeigt.
- **SharePoint-Liste**: Bei einer Liste oder Bibliothek innerhalb einer Website wird das SharePoint-Logo genutzt.
- **OneDrive**: Liegt die gefundene Datei in einem OneDrive-Verzeichnis, so wird das OneDrive-Logo verwendet.

- **Loop**: Eine Loop-Komponente wird mit dem Loop-Logo gekennzeichnet.
- **Medien**: Bilder werden durch ein spezielles Icon markiert, während für Videos das Symbol von Stream verwendet wird.
- **Neuigkeiten**: Für alle in SharePoint veröffentlichten Neuigkeiten wird ein gemeinsames Icon zur Darstellung des Suchergebnisses verwendet.

Bei Dokumenten und Neuigkeiten wird außerdem im rechten Bereich der Suchergebnis-Darstellung ein Einblick in das Dokument gegeben.

Suchergebnisse filtern

Gerade bei einer großen Anzahl von Suchergebnissen ist es hilfreich, die Ergebnismenge einschränken zu können (siehe Abbildung 9.3 und Abbildung 9.4). Klicken Sie dazu unterhalb des Suchfeldes auf eine der angebotenen Kategorien:

- ALLE
- DATEIEN
- SITES
- PERSONEN
- NEUIGKEITEN
- VIDEOS
- BILDER
- POWER BI

So werden Ihnen beispielsweise bei Auswahl von DATEIEN nur Dateien angezeigt. Zusätzlich können Sie oberhalb der Suchergebnisse im Bereich FILTER die Optionen DATEITYP und LETZTE ÄNDERUNG verwenden.

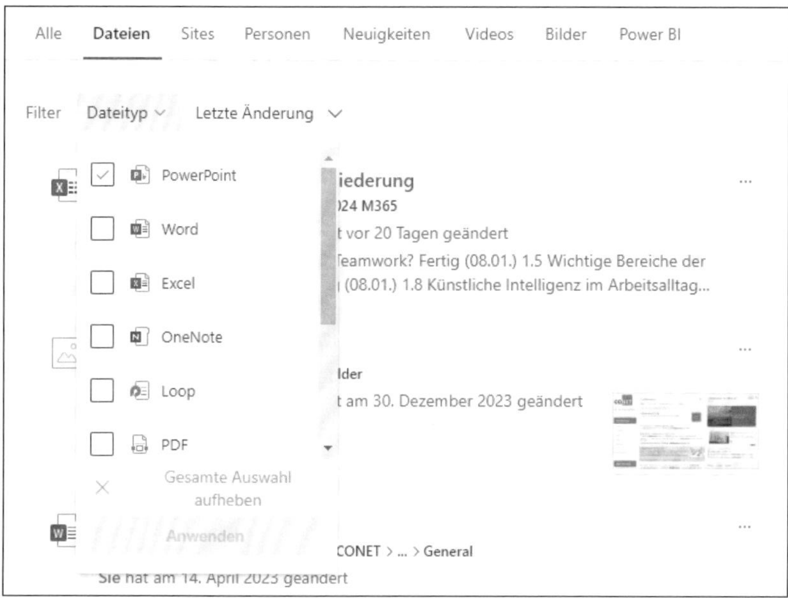

Abbildung 9.3 Nutzen Sie die angebotenen Filteroptionen, um schneller zur gesuchten Information zu navigieren.

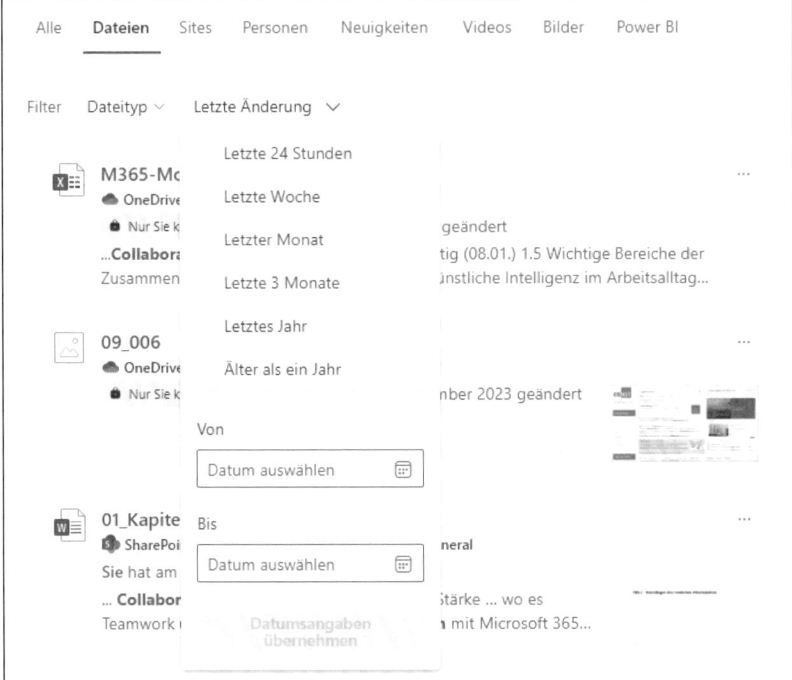

Abbildung 9.4 Und filtern Sie neben dem Dateityp auch nach dem Zeitraum, in dem die gesuchte Information veröffentlicht wurde.

Über diesen Filterbereich können Sie beispielsweise nur Word-Dateien anzeigen lassen, die im letzten Monat geändert wurden. Damit können Sie die gewünschte Information wesentlich schneller finden.

Nach Ansprechpartnern zu einem Thema suchen

Außer nach Informationen in Dateien oder Arbeitsräumen können Sie auch nach Personen in Ihrem Unternehmen suchen, die sich mit einem bestimmten Thema auskennen. So würden Ihnen beispielsweise bei der aktuellen Suchanfrage die Personen angezeigt, die aufgrund ihres Profils (z. B. Job-Titel oder Skills) für das Thema »Collaboration« als Ansprechpartner infrage kommen.

Innerhalb einer Teamwebsite oder Kommunikationswebsite suchen

In SharePoint Home suchen Sie in Ihrer gesamten Microsoft-365-Umgebung. Wenn Sie nur in einem Arbeitsraum suchen möchten, können Sie dafür das innerhalb der Website angebotene Suchfeld in der Kopfleiste nutzen (siehe Abbildung 9.5).

Die Suchfunktion selbst sowie die Anzeige der Suchergebnisse entsprechen der von SharePoint Home (siehe Abbildung 9.1).

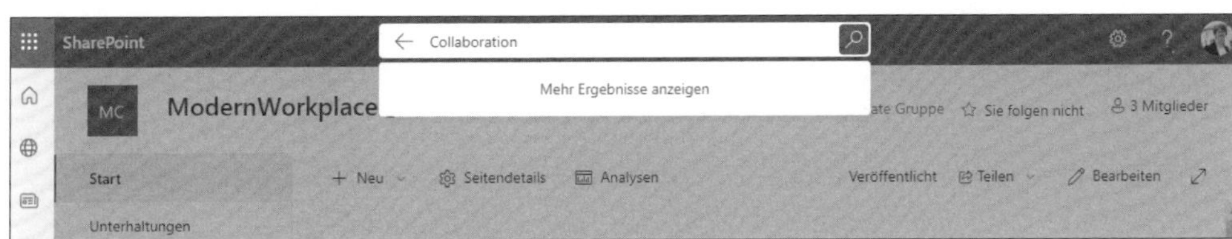

Abbildung 9.5 Sie können auch in einer bestimmten SharePoint-Website nach Informationen suchen.

Der Bereich der zu durchsuchenden Informationsmenge ist allerdings auf die einzelne Website eingeschränkt, was Sie unter anderem an der Navigationshierarchie oberhalb der Suchergebnismenge erkennen können. Sie sehen diese Hierarchie ganz oben in Abbildung 9.6.

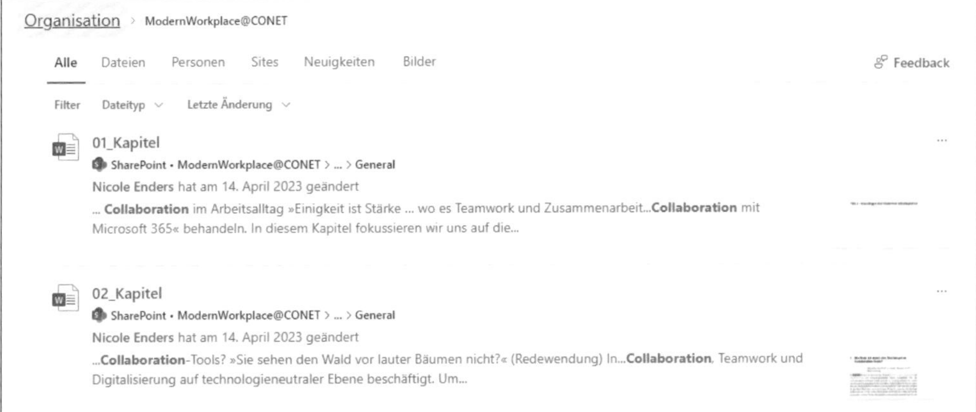

Abbildung 9.6 Sie können über die Navigationshierarchie oberhalb der Suchergebnismenge erkennen, ob Sie Ihre Suche auf eine bestimmte Website eingeschränkt haben.

Mit einem Klick auf ORGANISATION in der Navigationshierarchie können Sie auch schnell zur globalen Suche wechseln, falls die gesuchte Information über diese Option nicht zu finden ist.

Websiteübergreifend in einer Hubwebsite suchen

Falls Sie für Ihr Social Intranet zum Beispiel eine *Hubwebsite* nutzen, können Sie auch websiteübergreifend nach Informationen in allen mit der Hubwebsite verbundenen Websites suchen.

9.1.3 eDiscovery

Eine besondere Form der Suche stellt das sogenannte *eDiscovery-Center* dar. Mit ihm können Sie Informationen suchen, »halten« (d. h. vor der Löschung schützen) und die gefundenen Ergebnisse exportieren. Mögliche Einsatzszenarien können Audits, sonstige Untersuchungen oder im schlimmsten Fall auch ein Rechtsstreit sein.

Das eDiscovery-Center ist Teil des *Microsoft Purview Complianceportals*. Rufen Sie über den App Launcher die App COMPLIANCE auf und wählen Sie anschließend wie in Abbildung 9.7 den Menüpunkt EDISCOVERY • STANDARD aus.

Abbildung 9.7 Im »Purview Complianceportal« können Sie mithilfe der eDiscovery-Funktionen gezielt nach Informationen suchen.

Ursprünglich wurden diese Funktionen zur Unterstützung bei Rechtsstreitfällen entwickelt und bereitgestellt. Da hiermit aber die Suche nach gezielten Informationen ermöglicht wird – beispielsweise sämtlichen Dokumenten mit einer bestimmten Bezeichnung (z. B. einem Kundennamen oder einer Auftragsbezeichnung) –, sind sie in nahezu jedem Unternehmenskontext sinnvoll einsetzbar.

Betätigen Sie die Schaltfläche FALL ERSTELLEN, um mit der Konfiguration Ihrer ersten Suche zu beginnen. (Der Name der Schaltfläche lässt die ursprüngliche Intention noch erkennen.)

Neuen Fall erstellen

Als Erstes müssen Sie einen Namen und eine Beschreibung für den neuen Fall angeben. Ich habe beispielsweise eine bereits bestehende Auftragsbezeichnung gewählt (siehe Abbildung 9.8).

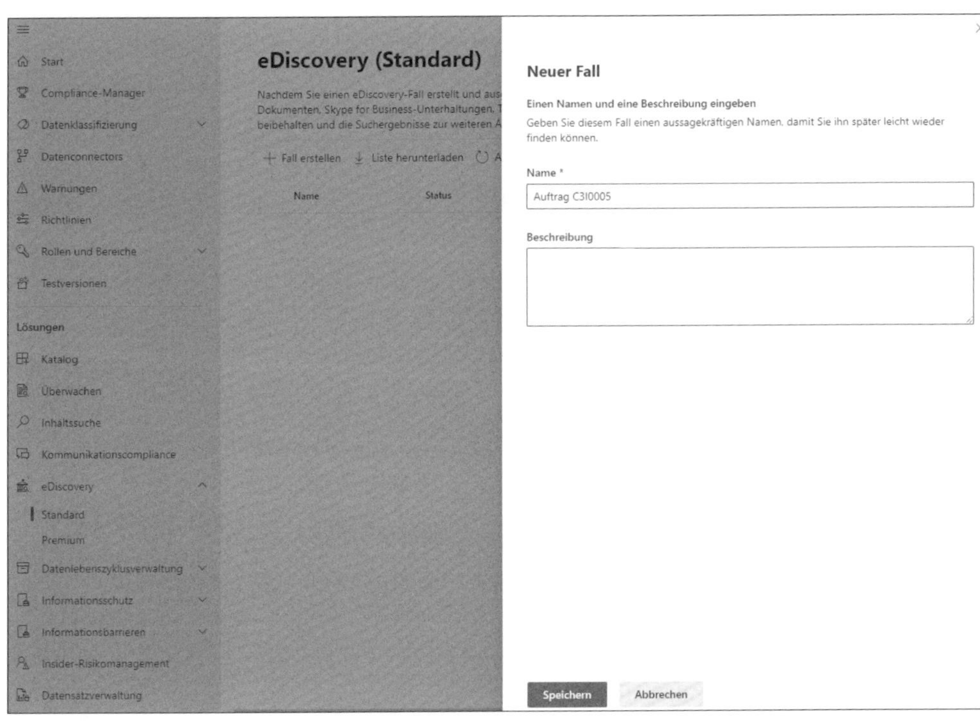

Abbildung 9.8 Legen Sie einen neuen Fall an, um alle Informationen zu einem bestimmten Kundenauftrag zusammenzutragen.

Nachdem Sie die Schaltfläche SPEICHERN betätigt haben, wird der Fall im eDiscovery-Center aufgelistet (siehe Abbildung 9.9), und Sie können ihn über die Schaltfläche ÖFFNEN zur weiteren Konfiguration aufrufen. Wie Sie in Abbildung 9.10 sehen, erhalten Sie über die Registerkarte STARTSEITE zunächst allgemeine Informationen wie den Namen und die Beschreibung Ihres Falls, aber auch das Erstellungsdatum und den Status.

Abbildung 9.9 Nach dem Anlegen des Falls können Sie diesen zur weiteren Konfiguration öffnen.

Abbildung 9.10 Konfigurieren Sie Ihren Fall oder rufen Sie die zu dem Fall gehörenden Informationen ab, um sie gegebenenfalls zu exportieren.

Suchvorgänge konfigurieren

Nun können Sie nach den Informationen suchen, die für diesen Fall relevant sind. Wählen Sie dazu die Registerkarte SUCHEN aus und betätigen Sie anschließend die Schaltfläche NEUE SUCHE (siehe Abbildung 9.11).

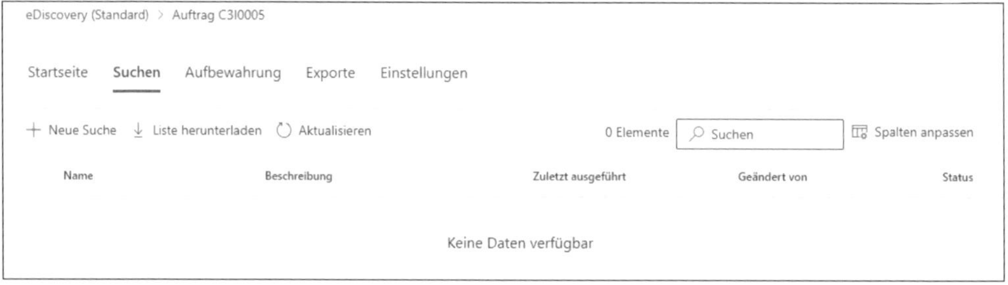

Abbildung 9.11 Sie können alle für den Fall relevanten Suchanfragen hier konfigurieren.

Nun erscheint der Dialog aus Abbildung 9.12, in dem Sie zunächst einen Namen und eine Beschreibung für die Suchanfrage eingeben und anschließend über die Schaltfläche WEITER zu dem in Abbildung 9.13 dargestellten Schritt wechseln.

In diesem Schritt legen Sie fest, an welchen Speicherorten Sie nach Informationen suchen. Standardmäßig ist kein Speicherort ausgewählt. Sie können aber beispielsweise die Option SHAREPOINT-SITES aktivieren und anschließend die gewünschten Websites auswählen. So führen Sie eine Suche durch, die auf einen Speicherort eingeschränkt ist.

Abbildung 9.12 Geben Sie einen Namen für die Suchanfrage an ...

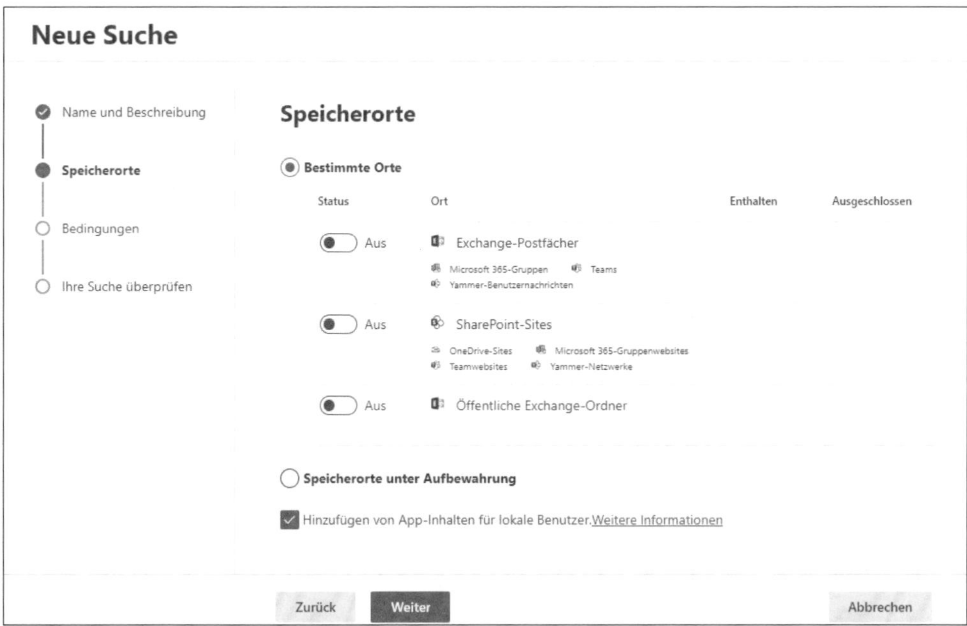

Abbildung 9.13 ... und wählen Sie anschließend die Speicherorte aus, die Sie durchsuchen wollen.

Wenn Sie die Option für eine Suche in bestimmten SharePoint-Websites ausgewählt haben (siehe Abbildung 9.14), können Sie über die Schaltfläche WEBSITES AUSWÄHLEN eine Auflistung aller verfügbaren SharePoint-Websites aufrufen. Aus der Liste in Abbildung 9.15 können Sie die gewünschten Websites selektieren und über die Schaltfläche HINZUFÜGEN als Speicherort für die Suchanfrage festlegen.

Abbildung 9.14 Sie können einzelne SharePoint-Websites für die Suche auswählen.

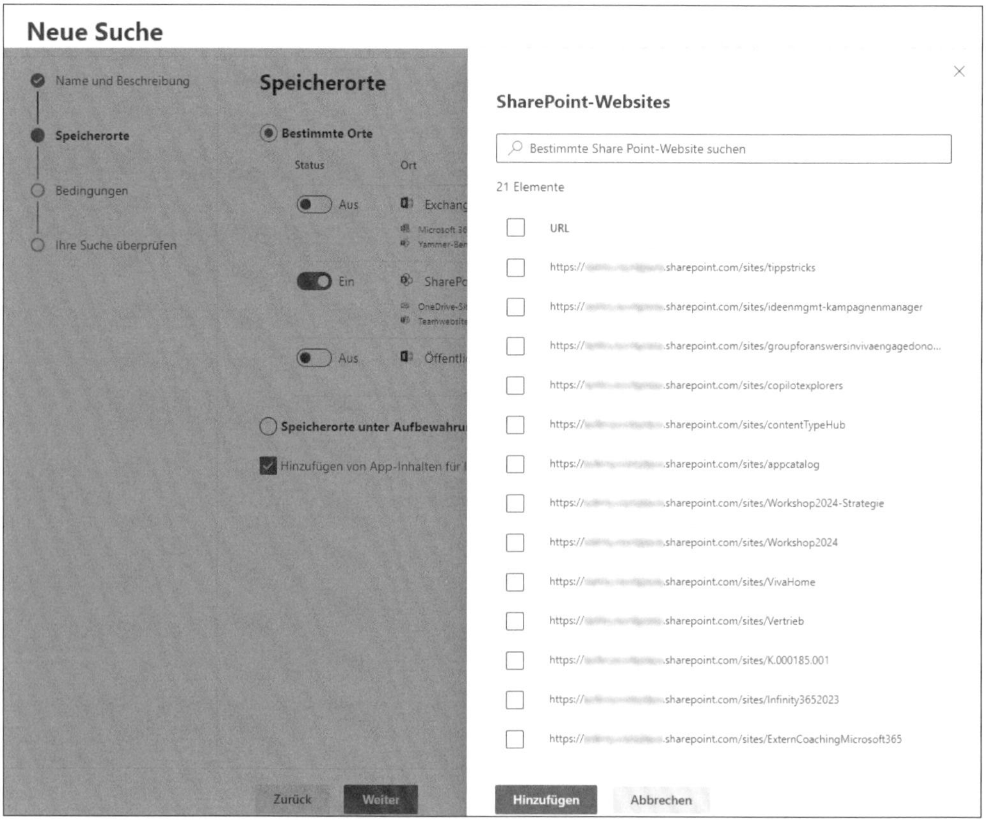

Abbildung 9.15 Die verfügbaren SharePoint-Websites werden Ihnen zur Auswahl angeboten.

Nach Betätigen der Schaltfläche WEITER geht es nun im nächsten Schritt wie in Abbildung 9.16 um die eigentliche Suchanfrage. Sie können hier die Suchbegriffe in Form von Schlüsselwörtern angeben und so die gewünschten Informationen für den Fall zusammentragen.

Wie Sie Abbildung 9.17 entnehmen können, haben Sie außerdem die Möglichkeit, Ihre Suchanfrage näher zu spezifizieren und die Suchergebnismenge mithilfe von Bedingungen einzuschränken. So wäre es denkbar, dass Sie nach allen Informationen zu einem Kundenauftrag suchen, die in einem bestimmten Zeitraum erfasst wurden. Der Zeitraum wäre dann die Bedingung, die Sie angeben würden.

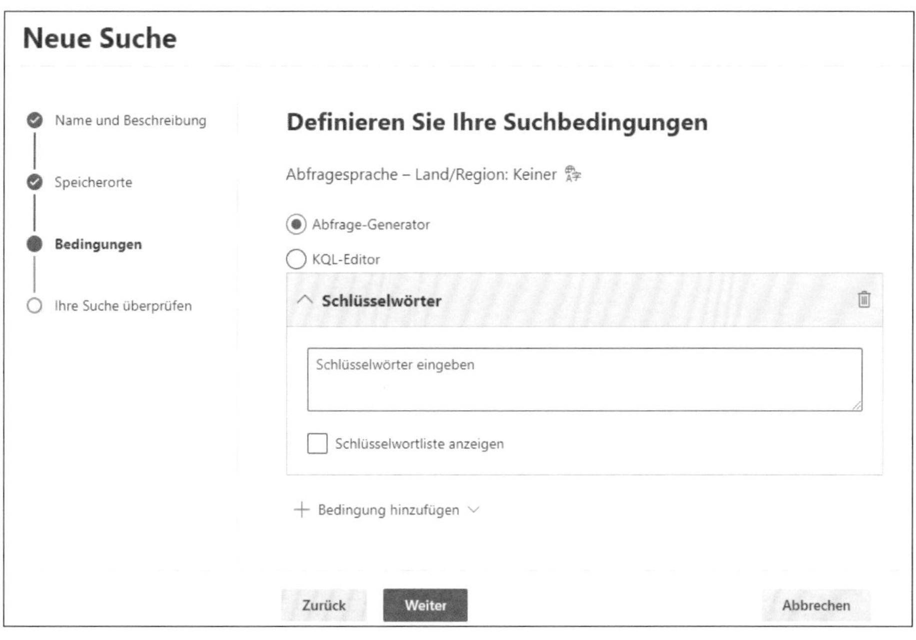

Abbildung 9.16 Geben Sie die Suchbegriffe für Ihren Fall an.

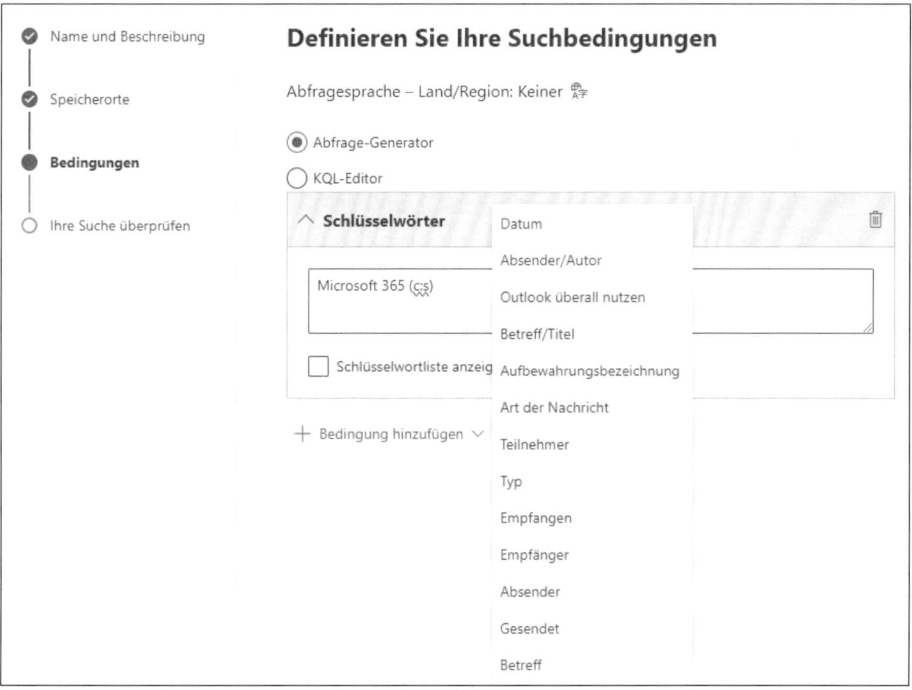

Abbildung 9.17 Schränken Sie die Suchergebnismenge mithilfe von Bedingungen ein.

Zum Abschluss erhalten Sie eine Zusammenfassung Ihrer Konfiguration (siehe Abbildung 9.18) und können diese durch Betätigen der Schaltfläche ABSENDEN speichern.

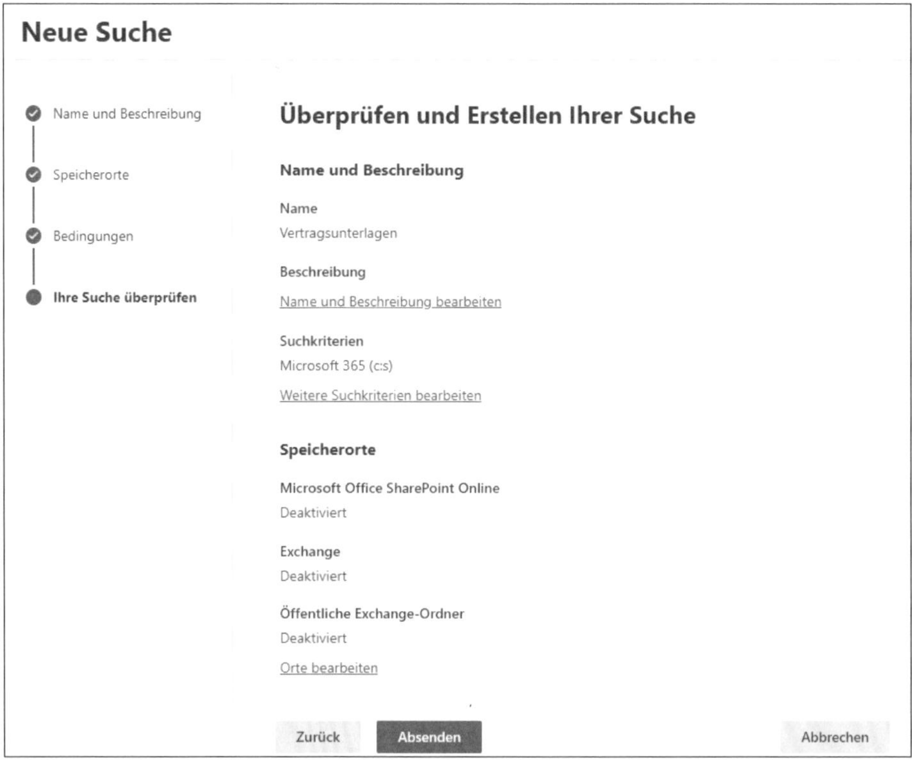

Abbildung 9.18 Prüfen Sie die Konfiguration, bevor Sie die Suchanfrage speichern.

Die Suchanfrage steht Ihnen zukünftig zur Verfügung, um die gewünschten Informationen schnell aufzurufen. Sie haben damit aber noch nicht festgelegt, dass die Informationen auch gegen Veränderungen geschützt werden.

Aufbewahrung definieren

Diese Einstellung nehmen Sie erst über die Registerkarte AUFBEWAHRUNG vor. Wie Sie Abbildung 9.19 entnehmen können, finden Sie eine mit den Suchanfragen vergleichbare Ansicht vor. Auch hier können Sie über die Schaltfläche ERSTELLEN einen Dialog mit einem Assistenten aufrufen (siehe Abbildung 9.20).

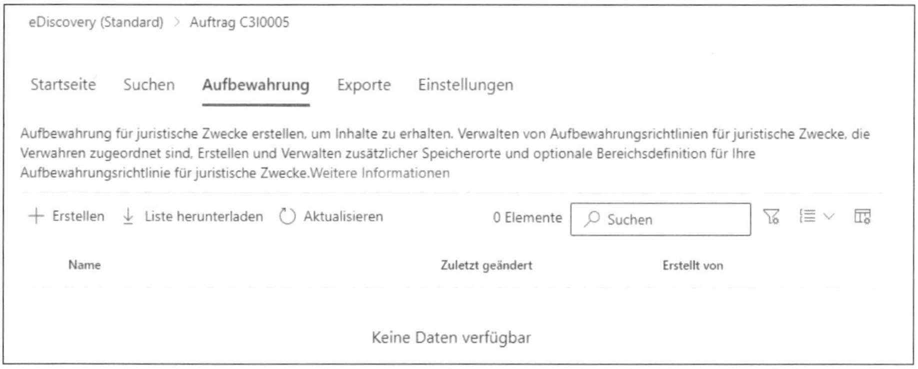

Abbildung 9.19 Definieren Sie, welche Informationen vor Veränderungen geschützt werden sollen.

Abbildung 9.20 Geben Sie einen Namen und eine Beschreibung für die Aufbewahrungsrichtlinie an.

Sie beginnen auch hier mit der Angabe eines Namens und einer Beschreibung für die Aufbewahrungsrichtlinie, bevor Sie über die Schaltfläche WEITER zu dem Auswahldialog für die zu berücksichtigenden Speicherorte gelangen, den Sie in Abbildung 9.21 im Überblick sehen.

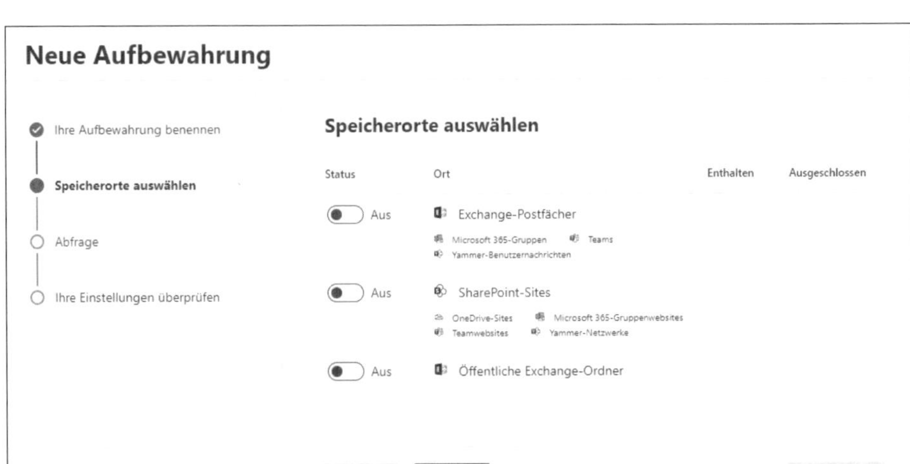

Abbildung 9.21 Wählen Sie die zu berücksichtigenden Speicherorte aus ...

Genau wie bei den Suchanfragen geben Sie nach der Auswahl der zu berücksichtigenden Speicherorte die Suchbegriffe ein (siehe Abbildung 9.22). Alle Informationen (insbesondere Dokumente), die über diese Schlüsselwörter gefunden werden, werden damit vor Veränderungen geschützt.

Abbildung 9.22 ... und legen Sie die Suchbegriffe fest.

Wenn Sie Ihre Konfiguration auf der Übersicht aus Abbildung 9.23 überprüft haben, können Sie den Vorgang über die Schaltfläche ABSENDEN abschließen.

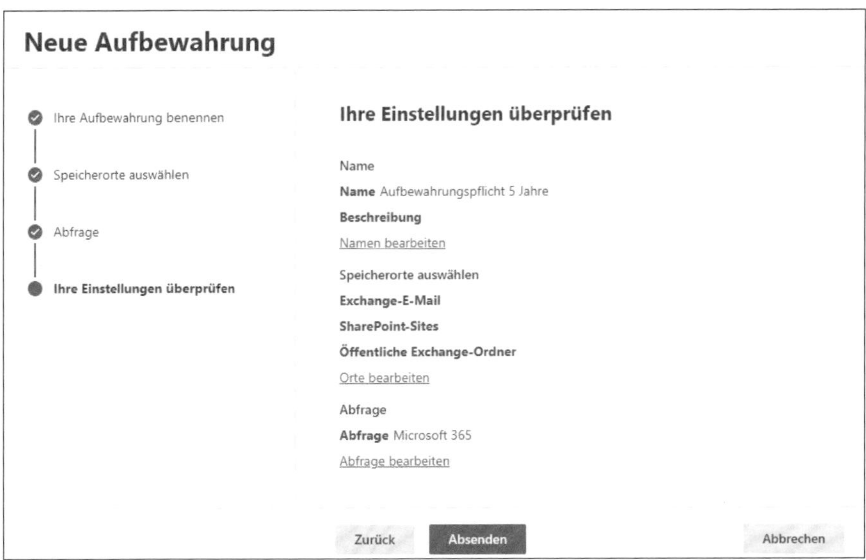

Abbildung 9.23 Schließen Sie die Konfiguration nach einer Überprüfung Ihrer Angaben ab.

Was ist der Unterschied zwischen einer Suche und einer Aufbewahrung?

Während Sie bei einer *Suche* immer den gerade aktuellen Stand der Informationen als Suchergebnis erhalten und weiterhin mit den entsprechenden Dokumenten und Informationen gearbeitet werden kann, bedeutet eine *Aufbewahrung* eine sofortige Sperrung der Informationen. Das heißt, sobald Sie eine Aufbewahrungsrichtlinie eingerichtet haben, können die Dokumente und Informationen nicht mehr verändert werden. Dies ist beispielsweise bei einem Rechtsstreit eine wichtige Anforderung.

Daten exportieren

In manchen Situationen werden Sie die zu dem Fall gehörenden Informationen exportieren und weiteren Personen zur Verfügung stellen müssen. Das könnte beispielsweise bei einem tatsächlichen Rechtsstreit die Übergabe der für den Fall relevanten Informationen an einen Anwalt sein.

Wenn Sie eine Suchanfrage per Klick auf die entsprechende Zeile aufrufen, erhalten Sie eine mit Abbildung 9.24 vergleichbare Ansicht. Hier können Sie verschiedene Aktionen ausführen, unter anderem auch den Export der Daten. Betätigen Sie dafür die Schaltfläche ERGEBNISSE EXPORTIEREN, um den Dialog aufzurufen, den Sie in Abbildung 9.25 sehen. In diesem Dialog können Sie definieren, in welchem Format Sie die in Exchange oder SharePoint gefundenen Informationen exportieren möchten, und über die Schaltfläche EXPORTIEREN starten Sie den Export.

Abbildung 9.24 Exportieren Sie die Ergebnisse einer Suchanfrage.

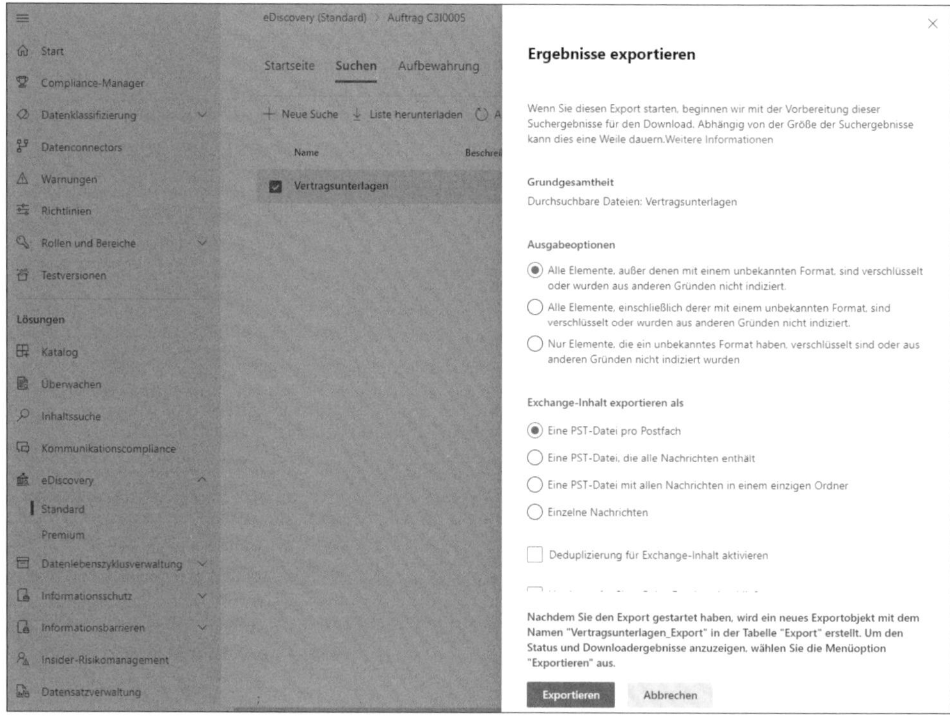

Abbildung 9.25 Legen Sie das Format für den Export fest.

Der Export selbst wird nun vorbereitet und steht Ihnen nach Abschluss des Vorgangs in der Registerkarte EXPORTE zur Verfügung.

Einstellungen ändern

Um den Fall zu verwalten, können Sie auch weitere Personen hinzufügen (siehe Abbildung 9.26).

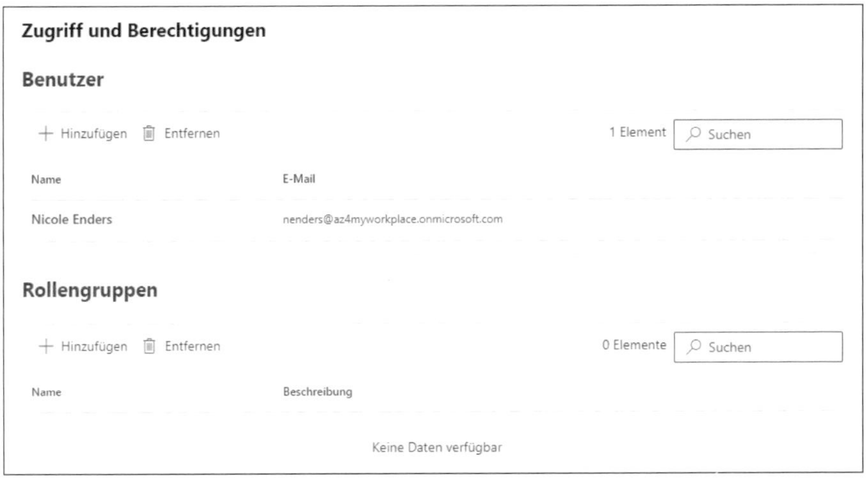

Zugriff und Berechtigungen

Benutzer

+ Hinzufügen 🗑 Entfernen 1 Element Suchen

Name	E-Mail
Nicole Enders	nenders@az4myworkplace.onmicrosoft.com

Rollengruppen

+ Hinzufügen 🗑 Entfernen 0 Elemente Suchen

Name	Beschreibung

Keine Daten verfügbar

Abbildung 9.26 Fügen Sie Personen für die Verwaltung des Falls hinzu.

Sie können sich damit – gerade bei besonders wichtigen Fällen oder Fällen mit einer sehr umfangreichen Informationslage – Arbeiten aufteilen und stellen außerdem sicher, dass jederzeit jemand Zugriff auf den Fall hat und auskunftsfähig ist bzw. einen Export erstellen kann.

9.2 Klassifizierung von Informationen

Im Rahmen von Compliance kommt der Klassifizierung von Informationen eine besondere Bedeutung zu. Alle Mitarbeitenden in Ihrem Unternehmen sollten sich darüber im Klaren sein, mit welcher Art von Informationen sie in Berührung kommen und wie diese Informationen zu behandeln sind. In der Praxis wird mindestens zwischen unternehmensinternen Informationen, Kunden- bzw. auftragsbezogenen Informationen und extern veröffentlichten Informationen unterschieden.

Doch woher wissen Sie, um welche Art der Information es sich bei dem Dokument handelt, das Sie beispielsweise gerade bearbeiten? Und wissen Sie auch, ob Sie das Dokument an Dritte weitergeben oder ausdrucken dürfen? Microsoft bietet mit *Azure Information Protection* die passende Antwort auf diese Fragen.

Mit diesem Tool können Sie beispielsweise jedes Dokument mit einer *Bezeichnung* (engl. *Label*) versehen oder auf Basis bestimmter Regeln sogar automatisch kennzeichnen lassen. Anhand der Bezeichnung erkennen Sie schnell, ob Sie beispielsweise gerade eine unternehmensinterne Information verarbeiten, die auf keinen Fall das

Unternehmen verlassen darf. Da es in unserem Arbeitsalltag aber häufig anstrengend werden kann und Menschen bedingt durch Zeitmangel Fehler unterlaufen können, bietet Microsoft auch hier Unterstützung an. So können Sie für eine Bezeichnung zusätzlich Regeln hinterlegen, wodurch es beispielsweise technisch nicht mehr möglich ist, als unternehmensintern gekennzeichnete Informationen mit externen Personen zu teilen. Durch diese Schutzmechanismen können Sie sich ganz auf Ihre Kernaufgaben konzentrieren und sich trotzdem sicher sein, dass Informationen stets ausschließlich dem gewünschten Personenkreis zur Verfügung stehen.

9.2.1 Klassifizierer verwalten

Beginnen wir mit der Verwaltung der für Ihr Unternehmen relevanten Klassifizierer, die, unterstützt durch künstliche Intelligenz, automatisch Ihren Informationen hinzugefügt werden.

Rufen Sie im *Microsoft Purview-Complianceportal* den Menüpunkt DATENKLASSIFIZIERUNG • KLASSIFIZIERER auf, um zur Übersicht aller für Ihr Unternehmen eingerichteten Klassifizierer zu gelangen (siehe Abbildung 9.27).

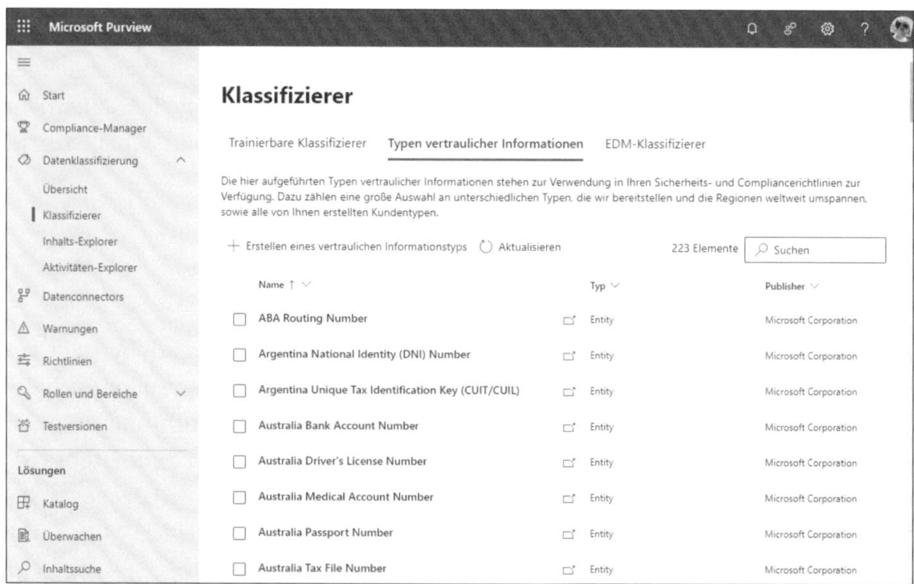

Abbildung 9.27 Verwalten Sie die für Ihr Unternehmen relevanten Bezeichnungen zur Klassifizierung Ihrer Informationen.

Legen Sie nun einen eigenen vertraulichen Informationstyp für die automatische Klassifizierung an. Hierzu betätigen Sie die Schaltfläche ERSTELLEN EINES VERTRAULICHEN INFORMATIONSTYPS, die Sie in Abbildung 9.27 oberhalb der Auflistung sehen. Daraufhin erscheint der Dialog aus Abbildung 9.28. Tragen Sie hier einen aussagekräftigen Namen und eine kurze Beschreibung ein, damit Sie und Ihre Kolleginnen und Kollegen schnell einen Eindruck davon bekommen, wofür der Klassifizierer steht.

Abbildung 9.28 Geben Sie einen Namen und eine Beschreibung für die neue Bezeichnung an.

Im nächsten Schritt geben Sie dann das Muster an, anhand dessen Informationen erkannt und dem Klassifizierer zugeordnet werden (siehe Abbildung 9.29).

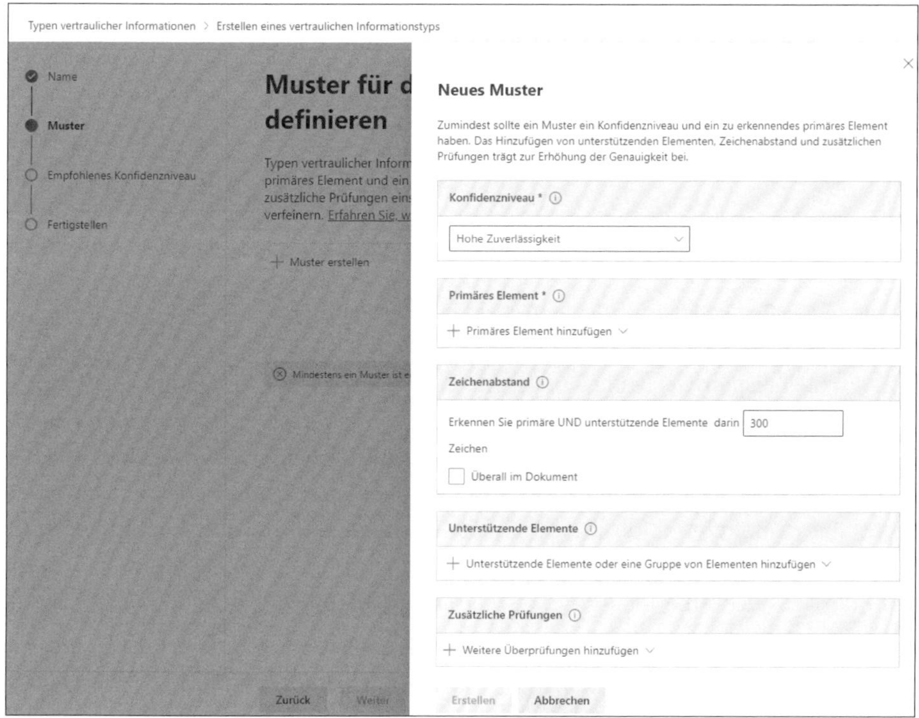

Abbildung 9.29 Definieren Sie ein Muster für die automatische Identifizierung von Informationen dieses Typs.

Durch das Muster können Sie die Klassifizierung automatisieren, sodass Sie sich nicht manuell um die Zuordnung kümmern müssen. So vermeiden Sie es, im Alltagsstress Informationen aus Versehen gar nicht oder gegebenenfalls sogar falsch zu klassifizieren.

9.2.2 Richtlinien konfigurieren

Wenn Sie den Menüpunkt RICHTLINIEN in der linken Navigation aufrufen, gelangen Sie auf die Seite, die Sie in Abbildung 9.30 sehen. An dieser Stelle können Sie Aufbewahrungsrichtlinien, Warnungen und Richtlinien zur Verhinderung von Datenverlust einrichten.

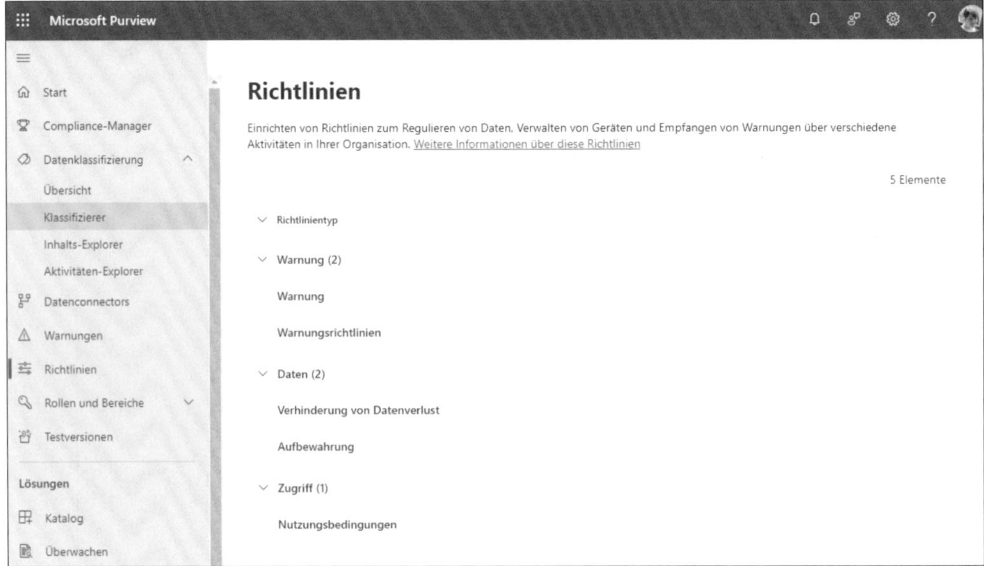

Abbildung 9.30 Legen Sie die für Sie relevanten Richtlinien fest.

Wählen Sie beispielsweise die Option AUFBEWAHRUNG aus, um zu der Ansicht aus Abbildung 9.31 zu gelangen. Hier können Sie *Bezeichnungen* (auch bekannt als *Labels*) festlegen, die einer Information und insbesondere Dokumenten zugeordnet werden können. Diese Bezeichnungen können anschließend verwendet werden, um in einer Richtlinie zu definieren, ob diese Information zwingend für eine bestimmte Zeitspanne aufbewahrt werden muss und daher nicht gelöscht werden kann. Alternativ könnten Sie auch eine Richtlinie definieren, die eine automatische Lösung unter bestimmten Bedingungen vornimmt. Mit diesen beiden Varianten können Sie die allein schon durch den Gesetzgeber vorgeschriebenen Vorgaben verbindlich und unkompliziert umsetzen.

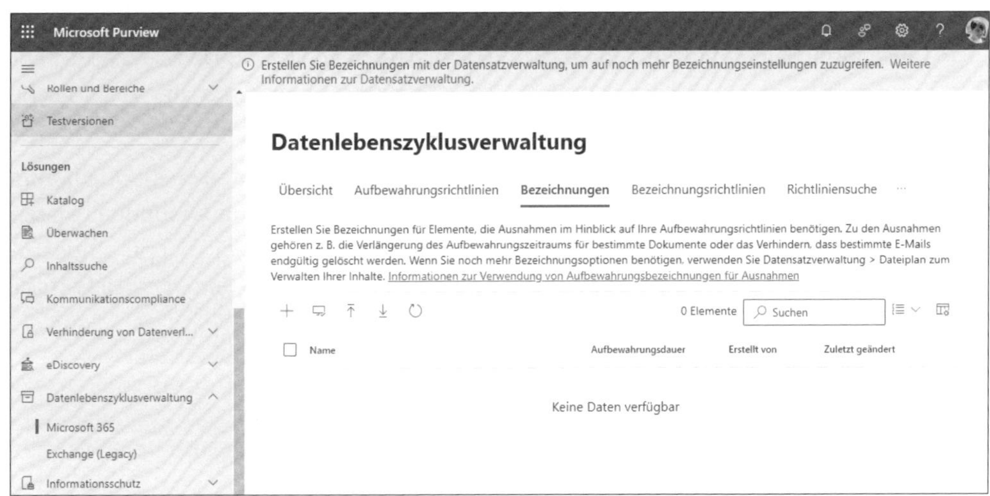

Abbildung 9.31 Definieren Sie, welche Informationen aufbewahrt oder alternativ nach einer bestimmten Zeit gelöscht werden müssen.

Wie machen sich die für mein Unternehmen eingerichteten Bezeichnungen bemerkbar?

Neben der automatischen Klassifizierung liegt es in der Verantwortung jedes einzelnen Mitarbeitenden, die von ihm verwalteten Informationen richtig zu kennzeichnen. Um diesen Vorgang zu unterstützen, kann eine Erweiterung für die Office-Produkte installiert werden. Nach deren Installation erscheint in der Menüleiste ein weiterer Menüpunkt VERTRAULICHKEIT, über den Sie die Bezeichnung auswählen können, die zu dem Inhalt des Dokuments passt. Die im Microsoft Purview-Complianceportal für die Bezeichnung hinterlegten Regeln werden automatisch angewendet und verhindern daher unerwünschte Aktionen wie das Ausdrucken oder Weiterleiten der Informationen. Weitere Informationen hierzu finden Sie unter *https://docs.microsoft.com/de-de/microsoft-365/compliance/sensitivity-labels*.

9.2.3 Datenverlust verhindern

Einige Daten benötigen einen besonderen Schutz. Beispielsweise sollten Kreditkarteninformationen, Gesundheitsdaten und Informationen aus Ausweisdokumenten nicht in Dokumenten enthalten sein, die Sie mit anderen Personen teilen möchten. Bereits eine Unachtsamkeit reicht aus, um einen Schaden entstehen zu lassen. Dagegen bietet Microsoft die sogenannten *DLP-Richtlinien* an. DLP steht für *Data Loss Prevention*, auf Deutsch *Verhinderung von Datenverlust*: Auf Basis bestimmter Muster werden sensible Informationen in den Dokumenten erkannt, und der Besitzer der Information wird darauf aufmerksam gemacht.

Um eine neue DLP-Richtlinie anzulegen, rufen Sie im Microsoft Purview-Complianceportal den Menüpunkt RICHTLINIEN • VERHINDERUNG VON DATENVERLUST auf und betätigen anschließend in der Registerkarte RICHTLINIEN die Schaltfläche RICHTLINIE ERSTELLEN.

Für die gängigen Fälle werden Ihnen bereits Vorlagen angeboten (siehe Abbildung 9.32). In diesen sind beispielsweise Muster zur Erkennung von Gesundheitsdaten oder Bankinformationen enthalten. Um einen Überblick über die bereits standardmäßig verfügbaren Muster zu erhalten, wählen Sie die Option BENUTZERDEFINIERT aus und betätigen die Schaltfläche WEITER.

Abbildung 9.32 Legen Sie eine neue DLP-Richtlinie an.

Speicherorte auswählen

Sie können nun bestimmen, auf welche Speicherorte die DLP-Richtlinie angewendet werden soll. Ich empfehle Ihnen, die Standardeinstellung zu verwenden und die Richtlinie damit auf Ihre gesamte Microsoft-365-Umgebung – also auch auf *SharePoint*, *Teams*, *OneDrive* und *Exchange* – anzuwenden. Nur so können Sie sicherstellen, dass in Ihrem Unternehmen sensible Informationen angemessen behandelt werden (siehe Abbildung 9.33).

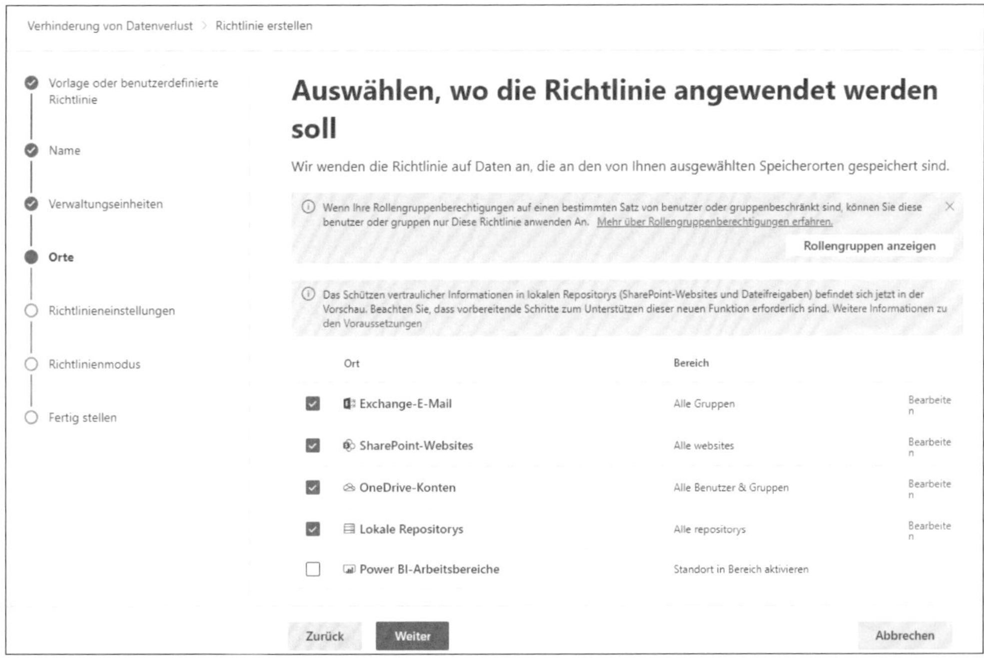

Abbildung 9.33 Wählen Sie aus, wo nach sensiblen Informationen gesucht werden soll.

Zu erkennende Muster auswählen

Nachdem Sie zum nächsten Schritt gewechselt sind, wählen Sie die zu erkennenden Muster für die sensiblen Daten aus. Standardmäßig sind keine Klassifizierungstypen ausgewählt. Sie können nun beispielsweise den von Ihnen eingangs erstellten vertraulichen Informationstyp oder einen der verfügbaren Klassifizierer wählen, um Informationen dieses Typs als für die Richtlinie relevant einzustufen.

Wenn Sie die zu erkennenden Muster für die DLP-Richtlinie ausgewählt haben, können Sie die Auswahl noch einmal im Hinblick auf ihre Treffergenauigkeit prüfen. Fahren Sie dann über die Schaltflächen SPEICHERN und WEITER fort.

Anzuwendende Regeln festlegen

Bisher stand die Erkennung der sensiblen Daten im Mittelpunkt dieses Abschnitts. Doch welche Aktionen sollen ausgelöst werden, wenn ein Muster erkannt wurde? Diese Frage beantworte ich Ihnen im nun folgenden Konfigurationsschritt. Ihnen stehen verschiedene Optionen zur Verfügung:

- **Tipp und E-Mail**: Sie können die für die entsprechende Information verantwortlichen Personen entweder bereits während der Bearbeitung eines Dokuments in der Office-Applikation, aber auch per E-Mail über eine Verletzung der Richtlinie aufmerksam machen.

- **Schadensberichte**: Legen Sie fest, ab wie vielen erkannten Vorkommen von sensiblen Daten ein Schadensbericht generiert werden soll. Sie können auch hier bestimmen, wie der Schadensbericht aufgebaut sein soll und an wen er gesendet werden soll.
- **Zugriff einschränken**: Wenn sensible Informationen vorliegen, sollte der Zugriff auf diese Daten solcherart eingeschränkt werden, dass möglichst kein Schaden entsteht. Unterbinden Sie als Erstes, dass das Dokument mit weiteren Personen geteilt werden kann. Der Besitzer des Dokuments kann die sensiblen Informationen entfernen und das Dokument erst danach weiterverteilen.

Zum Abschluss werden Sie gefragt, ob Sie die Richtlinie sofort aktivieren oder zunächst in einem Testmodus bereitstellen möchten. Dieser Modus bietet sich während der Einführungsphase an, damit sich die Mitarbeitenden an die Richtlinie gewöhnen können.

Nachdem Sie über die Schaltfläche WEITER bis zum obligatorischen Schritt mit der Zusammenfassung Ihrer Konfiguration gelangt sind, betätigen Sie die Schaltfläche ERSTELLEN und legen die DLP-Richtlinie damit an.

Zielgruppe sind Verantwortliche für den Datenschutz und Sicherheitsbeauftragte: Einsatzmöglichkeiten von DLP-Richtlinien

Überlegen Sie, welche sensiblen Informationen in Ihrem Unternehmen verarbeitet werden. Welche Daten sollen beispielsweise niemals den Unternehmenskontext verlassen? Welche Daten verursachen womöglich einen Schaden für Ihr Unternehmen, wenn sie veröffentlicht würden?

Wenn Sie diese Fragen beantwortet haben, können Sie analysieren, wie Sie diese Informationen erkennen können: Folgen die Daten einem bestimmten Muster oder enthalten die entsprechenden Dokumente beispielsweise immer wieder bestimmte Schlüsselwörter?

Mit diesen Informationen können Sie bereits anfangen, eine DLP-Richtlinie zu erstellen. Wichtig ist dabei, wie Sie damit umgehen, wenn das System sensible Informationen findet. Wenn Sie sich über den Prozess hierfür im Klaren sind, können Sie die Compliance-Anforderungen in Ihrem Unternehmen noch effektiver erfüllen.

9.3 Datenschutz nach der DSGVO

Seit Mai 2018 ist die *EU-Datenschutz-Grundverordnung* (DSGVO) wirksam. Die DSGVO legt fest, wie personenbezogene Daten erhoben, gespeichert, verarbeitet und gelöscht werden müssen. Im Microsoft Purview-Complianceportal werden auch hierfür Funktionen zur Unterstützung angeboten.

Anders als in der Vergangenheit steht Ihnen heute kein dedizierter Bereich mehr für Auskunftsanfragen zur Verfügung, die von Mitarbeitenden oder externen Personen eingehen. Sie können über die *eDisovery*-Funktionen einen Fall für die entsprechende Anfrage erstellen und so die gewünschten Informationen ermitteln und exportieren. Denn jeder kann von Ihnen verlangen, dass Sie ihm eine Kopie sämtlicher zu ihm gehörenden Daten in elektronischer Form zur Verfügung stellen.

Abbildung 9.34 und Abbildung 9.35 zeigen die sogenannte *DSGVO-Toolbox*, die zuvor sämtliche Funktionen zur Ermittlung und Sicherung personenbezogener Daten zur Verfügung stellte. Dabei wurden von Anfang an Komponenten wie beispielsweise eDiscovery, Klassifizierung von Informationen sowie die Einrichtung von Richtlinien verwendet, die Sie bereits in den vorangegangenen Abschnitten kennengelernt haben.

Abbildung 9.34 Tools für Maßnahmen, die nötig sind, um die gesetzlichen Bestimmungen einzuhalten.

Abbildung 9.35 Die DSGVO-Toolbox gab Ihnen die nötigen Werkzeuge an die Hand.

Sie müssen jedoch nicht nur prophylaktische Maßnahmen zur ordnungsgemäßen Verarbeitung personenbezogener Daten ergreifen. Sie müssen auch Auskunft erteilen können, falls Sie eine Anfrage von jemandem erhalten, der wissen will, welche Daten zu seiner Person in Ihrem Unternehmen erfasst sind.

9.4 Weitere Möglichkeiten zur Sicherung von Informationen

Sie werden in *Microsoft Defender* und im *Microsoft Purview-Complianceportal* noch viele weitere Möglichkeiten zur Absicherung der Informationen finden, die Sie in Ihrer Microsoft-365-Umgebung verwalten. Dazu gehören unter anderem folgende Komponenten:

- **Secure Score**: Unter der Adresse *https://security.microsoft.com/securescore* können Sie prüfen lassen, wie gut Ihre Microsoft-365-Umgebung abgesichert ist. Neben einer grafischen Darstellung und der erreichten Punktzahl erhalten Sie eine genaue Aufstellung der empfohlenen Maßnahmen, um Ihre Umgebung zukünftig noch besser abzusichern. Eine der ersten Empfehlungen lautet beispielsweise, eine Multifaktor-Authentifizierung einzurichten.
- **Bedrohungsmanagement:** Stellen Sie mit *Microsoft Sentinel* sicher, dass Sie ausreichende Maßnahmen zum Schutz gegen Malware, Spam- und Phishing-Mails getroffen haben.
- **Mobile Device Management**: Sie können festlegen, mit welchen Geräten oder aus welchen Domänen oder IP-Bereichen auf Informationen zugegriffen werden darf.
- **Berichte**: Ihnen werden verschiedene Berichte zum Sicherheitsstatus oder zu den protokollierten Aktionen in Ihrer Microsoft-365-Umgebung zur Verfügung gestellt. Hieraus können Sie weitergehende Maßnahmen zum Schutz Ihrer Umgebung ableiten.

Sie haben in diesem Kapitel verschiedene Möglichkeiten zur Verwaltung und Sicherung Ihrer Informationen kennengelernt. Dieses Thema ist bei der Einführung Ihres modernen Arbeitsplatzes nicht zu vernachlässigen und umfasst viele weitere Aspekte, die Sie unter

- *https://www.microsoft.com/de-de/security/business/siem-and-xdr/microsoft-defender-office-365* und
- *https://learn.microsoft.com/de-de/compliance*

studieren können. Mein Vorschlag lautet daher, dass Sie im Rahmen eines Einführungsprojekts ein Team von Compliance-Managern sowie ein Security-Team gründen und die Mitglieder dieser Teams mit den verschiedenen Möglichkeiten vertraut machen und ausbilden. Diese Teams bestehen klassischerweise aus den für den Datenschutz verantwortlichen Mitarbeitenden, Personen aus der IT-Abteilung und den Sicherheitsbeauftragten.

Mit diesem Wissen können Sie die für Ihr Unternehmen spezifischen Informationsklassen ermitteln und Richtlinien definieren. So können Sie und Ihre Kolleginnen und Kollegen sich auf Ihre Kernaufgaben fokussieren und gleichzeitig sicher sein, dass die Informationen angemessen verwaltet werden.

Was nehmen Sie aus diesem Kapitel mit?

In diesem Kapitel haben Sie einen ersten Einblick in die Möglichkeiten erhalten, nach Informationen zu suchen, diese zu klassifizieren und zu kategorisieren sowie Informationen mithilfe von Richtlinien für eine bestimmte Zeitspanne aufzubewahren oder nach einer bestimmten Zeit automatisch zu archivieren bzw. zu löschen.

Sie haben außerdem gesehen, wie Sie entsprechend der Vorgaben der DSGVO auskunftsfähig sein können und wie Sie verhindern, dass vertrauliche Informationen in Dokumenten festgehalten und mit unternehmensexternen Personen geteilt werden.

Damit schließen wir diesen Teil des Buchs ab und widmen uns in den noch folgenden Kapiteln ein paar weiterführenden Themen wie einer hybriden Arbeitsumgebung sowie den Themen, die einen Modern Workplace ebenfalls begleiten: Governance, User Adoption und Change Management.

TEIL IV

Weiterführende Informationen

Kapitel 10

Hybride Einsatzmöglichkeiten von Microsoft 365 und SharePoint On-Premises

»Es ist besser, unvollkommen anzupacken als perfekt zu zögern.«
– Thomas A. Edison

Gerade Unternehmen, die generell noch nicht so weit sind, aufgrund ihres Geschäfts nicht komplett in die Cloud gehen können oder die das Cloud-Angebot noch nicht als hinreichend geeignet erachten, haben häufig Interesse an einem hybriden Szenario. In diesem Kapitel stelle ich Ihnen vor, worauf Sie dabei achten sollten – für den Fall, dass Sie später möglicherweise doch ohne allzu viel Aufwand in die Cloud gehen möchten. Außerdem erfahren Sie, wie Sie eine hybride Umgebung einrichten können.

Zielgruppe dieses Kapitels

Dieses Kapitel behandelt in den ersten zwei Abschnitten primär administrative Themen und richtet sich somit an technische Berater und Administratoren. Für Anwender und Entscheider sind dagegen die folgenden Abschnitte relevant, um sie bei der inhaltlichen Gestaltung einer hybriden Umgebung zu unterstützen.

10.1 SharePoint On-Premises vs. Microsoft 365

Microsoft bietet mit Microsoft 365 über SharePoint Online hinaus viele weitere Dienste an (beispielsweise *Teams* und *Planner*), die zur Unterstützung der Zusammenarbeit von Teams in verschiedensten Ausprägungen genutzt werden können. Außerdem werden neue Funktionen in der Cloud in regelmäßigen Intervallen eingeführt, auf die man bei der On-Premises-Variante von SharePoint entweder bis zur nächsten Version oder bis zu einem Update warten muss. Microsoft verfolgt hier konsequent seine Strategie »Cloud first«. So ist auch der neue *SharePoint Server Subscription Edition* ein Abzug aus der Cloud-Variante (SharePoint Online) und entspricht in etwa dem Stand des Frühjahrs 2021. Ihnen muss klar sein, dass Sie damit On-Premises immer ein wenig »hinterherhinken«.

Vor diesem Hintergrund müssen Sie sich die Frage stellen, ob Sie Microsoft 365 einsetzen oder eine lokale Installation nutzen möchten. Sie müssen sich aber nicht für das eine oder das andere entscheiden. Sie haben auch die Möglichkeit, die Vorteile beider Varianten zu nutzen und eine sogenannte *hybride Umgebung* einzurichten.

Wichtig ist dabei, dass Sie sich Gedanken darüber machen, welche Inhalte Sie in der Cloud ablegen möchten und welche Inhalte auf Ihrem lokalen SharePoint Server gespeichert werden sollen. Eine pauschale Antwort hierauf gibt es nicht – das müssen Sie ganz für sich auf Basis Ihrer individuellen Anforderungen entscheiden. Sie könnten aber auch mit einem ausgewählten Szenario beginnen, in dem Sie eine Funktion nutzen, die nur in Microsoft 365 zur Verfügung steht.

Beispiel für ein hybrides Einsatzszenario

Sie haben in Teil II dieses Buches einen modernen Arbeitsplatz in der Cloud aufgebaut. Da Sie eventuell verschiedene Prozesse integrieren möchten, die mit weiteren unternehmensinternen Applikationen agieren, wäre für die auf SharePoint abbildbaren Anteile der Einsatz einer On-Premises-Installation denkbar. Damit für die Mitarbeitenden ein einheitliches Benutzererlebnis gewährleistet bleibt und sie bei einem Wechsel zwischen den Umgebungen keinen Unterschied wahrnehmen, könnten beide Plattformen in Form einer hybriden Umgebung miteinander gekoppelt werden.

Bei Projektteams, die von außerhalb der Firma auf die Informationen eines Projektarbeitsraums zugreifen möchten, sind *SharePoint Online* und *Teams* eine gute Lösung. So können sie von überall über das Internet auf die erforderlichen Dokumente und weiteren Informationen zugreifen und beispielsweise den Status der ihnen zugewiesenen Aufgaben ändern. Sobald sich die Teammitglieder wieder im Unternehmensnetzwerk befinden, können sie dann zusätzlich zu diesen Informationen auch auf interne Daten zugreifen, die sie während ihrer Dienstreise beispielsweise nicht benötigt haben.

10.2 Eine hybride Umgebung einrichten

Die Einrichtung einer hybriden Umgebung sollte von Ihnen als Serveradministrator für die lokale Installation sowie von Ihnen als Administrator in Ihrer Microsoft-365-Umgebung durchgeführt werden. Sie werden in diesem Abschnitt die Konfigurationsseiten kennenlernen, die Sie mit Administrationsrechten erreichen können. Nachdem Sie Ihre Umgebung konfiguriert haben, genießen Sie die Vorteile einer hybriden Umgebung, in der Sie nahtlos zwischen den Websites in Ihrer lokalen Installation und den Websites in der Cloud wechseln können.

Sie können in der Zentraladministration Ihres SharePoint Servers über den Menüpunkt MICROSOFT 365 oder alternativ direkt über den Link *https://go.microsoft.com/fwlink/?linkid=867176* den Hybridkonfigurations-Assistenten herunterladen, den Sie auf Ihrem lokalen SharePoint Server zur Einrichtung der hybriden Umgebung ausführen können. Folgende Komponenten für ein hybrides Einsatzszenario können Sie konfigurieren:

- **OneDrive**: Bei einer lokalen Installation werden die unter dem Menüpunkt ONEDRIVE verwalteten Dokumente in *Meine Website* des jeweiligen Mitarbeitenden gespeichert. Mit einer hybriden Konfiguration können Sie auch aus der lokalen Installation heraus die Dokumente in der Cloud speichern. Dann erfolgt eine einfache Weiterleitung für den Mitarbeitenden.
- **Websites**: Sie können auch die Website-Erstellung so konfigurieren, dass Websites in der Cloud anstatt On-Premises angelegt werden. Diese Funktion wird in der Regel am ehesten nicht genutzt, da Sie Ihre Gründe dafür haben werden, bestimmte Informationen außerhalb der Cloud zu verwalten. Die Mitarbeitenden sollen sich bewusst entscheiden, wo sie ihre Arbeitsräume anlegen.
- **Suche**: Eine der wichtigsten Funktionen in Ihrem modernen Arbeitsplatz ist eine Suche, auf die Sie sich verlassen können. Sie sollte Ihnen schnell die gewünschten Informationen liefern. Bei einer hybriden Umgebung ist es umso wichtiger, dass Sie gleichzeitig in beiden Umgebungen suchen können. Ich gehe im nächsten Abschnitt genauer auf diese Funktion ein.
- **Taxonomie und Navigation**: Wenn Sie beispielsweise eine Taxonomie für Ihre Navigation verwenden oder allgemeingültige Metadaten in Form einer Taxonomie verwalten, sollte dies in beiden Umgebungen gleichermaßen zur Verfügung stehen. Ansonsten werden sich die Mitarbeitenden automatisch für die Umgebung entscheiden, in der sie die Taxonomien nutzen können – es sei denn, sie werden durch alternative Funktionen von der anderen Umgebung überzeugt.
- **App Launcher**: Sie können auch die im App Launcher verfügbaren Apps in beiden Umgebungen gemeinsam pflegen und somit zu einem einheitlichen Erscheinungsbild beitragen.

Die weiteren Schritte überspringen wir, weil sie von einem Administrator durchgeführt werden. Schauen wir uns aber doch bei unserer lokalen Installation in der Zentraladministration den Menüpunkt KONFIGURIEREN VON HYBRIDEN ONEDRIVE- UND WEBSITES-EINSTELLUNGEN an.

In Abbildung 10.1 sehen Sie den unteren Bereich der Konfigurationsseite. Sie können beispielsweise die Funktion *Meine Website* in Ihrer lokalen Farm sozusagen abschalten und durch die in der Cloud verfügbare Funktion zusammen mit *Delve* ersetzen. Dadurch wird ein Anwender, wenn er sein Profil aufruft, nicht mehr auf seine bisherige persönliche Website, sondern auf die entsprechende Profilseite in SharePoint Online weitergeleitet.

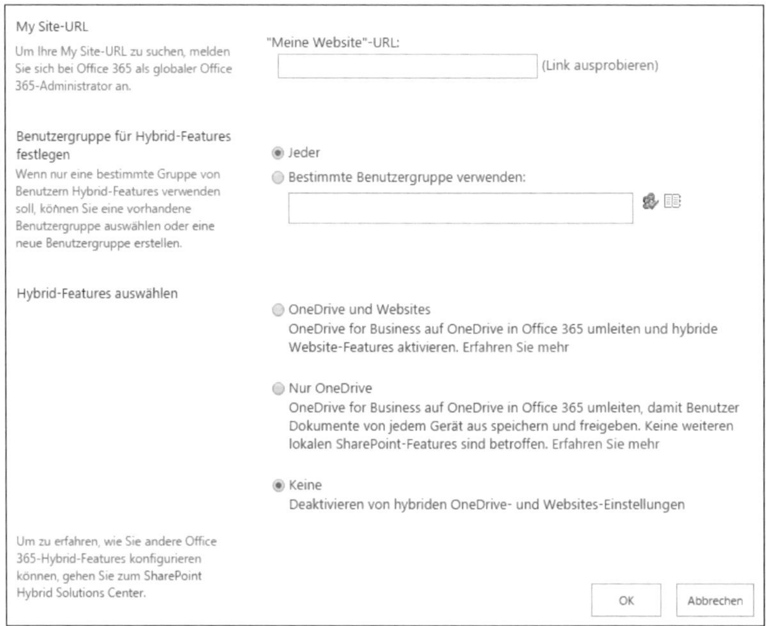

Abbildung 10.1 Hybridkonfiguration in der lokalen Installation von SharePoint

10.3 Inhalte in einer hybriden Umgebung suchen

Wenn Sie Informationen in beiden Umgebungen verwalten, werden Sie diese jedoch nicht über zwei Suchanfragen wiederfinden wollen. Eine gemeinsame Suche ist somit zwingend erforderlich, damit die Benutzerakzeptanz gegeben ist.

Im Unterschied zu den bisherigen Möglichkeiten können Sie ab SharePoint 2016 einen gemeinsamen Suchindex aufbauen. Dazu müssen Sie lediglich in der Zentraladministration Ihrer lokalen Installation eine Suchdienstanwendung erstellen, die für das Durchforsten der lokalen Inhalte in der hybriden Umgebung zuständig ist. Wichtig ist dabei, dass Sie die Option CLOUD-SUCHDIENSTANWENDUNG aktiviert haben, die Sie in in Abbildung 10.2 sehen.

In Abbildung 10.3 sehen Sie die generelle Funktionsweise der hybriden Suche. Anstelle von zwei getrennten Suchanfragen (wie bis zur Version SharePoint 2013) wird nur noch eine Suchanfrage bearbeitet. Voraussetzung dafür ist ein gemeinsamer Suchindex. Dieser liegt in der Cloud, wie die schematische Darstellung in Abbildung 10.3 verdeutlicht. Auch hier werden die Berechtigungen des jeweiligen Anwenders berücksichtigt, sodass er nur die Suchergebnisse erhält, auf die er mindestens lesenden Zugriff hat.

Abbildung 10.2 Aktivieren Sie die Cloud-Suchdienstanwendung, um die lokalen Inhalte in einem hybriden Einsatzszenario durchsuchen zu können.

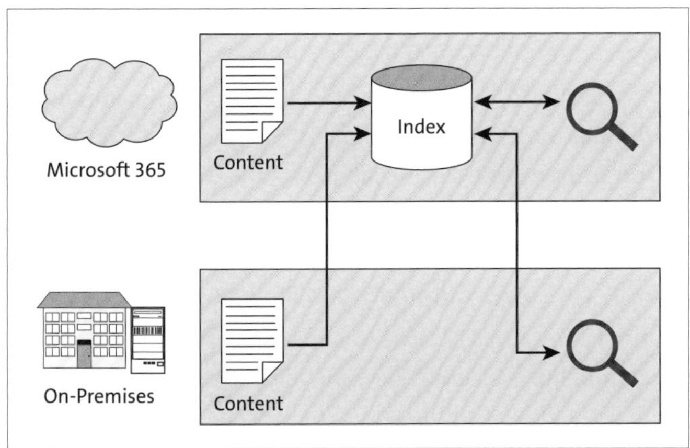

Abbildung 10.3 Die Funktionsweise der Suche in einer hybriden Umgebung

Wichtig ist für Sie, dass die Inhalte Ihrer lokalen Umgebung weiterhin dort verbleiben, die Einträge im Index allerdings in der Cloud gespeichert sind. Wenn Sie nicht möchten, dass Daten aus Ihrer On-Premises-Umgebung in einem Index in der Cloud gespeichert werden, können Sie Ihre Umgebung auch für eine hybride Sammelsuche konfigurieren. Microsoft stellt Ihnen auf seiner Dokumentationsplattform unter *https://docs.microsoft.com/de-de/sharepoint/hybrid/configure-hybrid-federated-search-sharepoint-serverroadmap* eine Anleitung zur Einrichtung zur Verfügung.

10.4 Businessanwendungen in einer hybriden Umgebung

Im bisherigen Verlauf dieses Buches haben Sie verschiedene Werkzeuge kennengelernt, mit deren Hilfe Sie Businessanwendungen auf Basis von Microsoft 365 umsetzen können.

Microsoft bietet Ihnen für On-Premises-Systeme als Alternative *InfoPath* und den *SharePoint Designer* an. Diese Tools sind aber beide jeweils abgekündigt und wurden seit 2013 nicht mehr weiterentwickelt. Aus diesem Grund müssen Sie prüfen, inwiefern Sie Businessanwendungen On-Premises abbilden möchten oder ob Sie dafür die entsprechenden Möglichkeiten der Cloud nutzen. Ich rate Ihnen von der Nutzung von InfoPath und des SharePoint Designers ganz klar ab, weil es sich nicht mehr um zukunftsfähige Lösungen handelt und diese daher nicht zu einem modernen Arbeitsplatz passen.

Microsoft bietet mit *Power Automate* und *Power Apps* in Microsoft 365 hierfür Werkzeuge an. Während Power Apps zum Erstellen eigener Formulare sowie zum Bereitstellen mobiler Apps genutzt werden können, haben Sie mit Power Automate die Möglichkeit, Workflows abzubilden (unter anderem Statusänderungen, Benachrichtigungen und Berechtigungen).

Diese Dienste sind sowohl für die Fachabteilung als auch für technische Berater geeignet und verfügen über eine mit Excel vergleichbare sogenannte *Expression Language*, um Regeln zu hinterlegen und Aktionen auszulösen.

Sie werden auf dem Markt viele andere Low-Code- und No-Code-Solutions finden. Sie sollten diese Lösungen im Hinblick auf Ihre Anforderungen sowie auf die mit der Einführung verbundenen Kosten prüfen und die für Sie passende Lösung auswählen, falls Power Automate und Power Apps für Sie nicht infrage kommen.

On-Premises ein Datengateway für Power Automate und Power Apps einrichten

Wenn Sie Power Automate und Power Apps für Ihre Businessanwendungen in einem On-Premises-Szenario nutzen möchten, müssen Sie eine Verbindung zwischen Ihrer On-Premises-Umgebung und den beiden Cloud-Diensten herstellen.

Hierfür muss ein lokales Datengateway eingerichtet werden, das mit folgenden Verbindungstypen ausgestattet werden kann:

- Apache Impala
- DB2
- Dateisystem
- Informix
- MySQL
- Oracle-Datenbank
- PostgreSQL
- SharePoint
- SQL Server
- von Ihnen erstellte benutzerdefinierte Konnektoren

Neben der direkten Verbindung mit einem System (z. B. mit eine SQL-Server-Datenbank) bietet Ihnen gerade die Option eines benutzerdefinierten Konnektors die Möglichkeit, beliebige interne Systeme anzusprechen und deren Daten in den abzubildenden Geschäftsprozess zu integrieren. Das könnte beispielsweise der Zugriff auf ein SAP-System sein.

Für die Installation eines Datengateways können Sie der Anleitung unter den folgenden Websiteadressen folgen:

- Power Automate: *https://learn.microsoft.com/de-de/power-automate/gateway-manage*
- Power Apps: *https://learn.microsoft.com/de-de/power-apps/maker/canvas-apps/gateway-management*

Sobald die Einrichtung erfolgreich abgeschlossen ist, können Sie den lokalen Konnektor in Power Automate und Power Apps nutzen und somit diese neueren Werkzeuge zur Abbildung von Prozessen bzw. für Formularanpassungen nutzen.

Die Grenzen der hybriden Nutzung

Nachdem Sie ein Datengateway mit lokalen Daten eingerichtet haben, können Sie zwar (z. B. aus Ihrer On-Premises-SharePoint-Umgebung) in Power Automate und Power Apps arbeiten, allerdings stehen Ihnen in einem solchen Fall nicht sämtliche Aktionen zur Verfügung, die Sie in einem reinen Cloud-Szenario nutzen können. So können Sie beispielsweise aus einer lokalen SharePoint-Liste heraus nicht manuell einen Flow starten.

10.5 Entscheidungshilfe: Welche Inhalte kommen auf welche Plattform?

Ohne Sie und Ihr Unternehmen genauer zu kennen, kann ich Ihnen keinen konkreten Rat geben, welche Informationen Sie nicht in Microsoft 365 verwalten sollten. Um Ihnen aber dennoch eine Hilfestellung anzubieten, berichte ich Ihnen einfach von Beispielen, die mir in meinem Arbeitsalltag begegnet sind.

Für Microsoft 365 als Ablageort spricht:

- Arbeitsräume werden zur Unterstützung der Zusammenarbeit zwischen Mitarbeitenden des Unternehmens und Kunden, Partnern oder (Unter-)Auftragnehmern genutzt.
- Das Team möchte *Teams* als Collaboration-Tool mit vielen Funktionalitäten verwenden, die für die moderne Teamarbeit erforderlich sind.

- Auch von unterwegs möchten Sie an Aufgaben arbeiten oder sich mit dem Team austauschen können.
- Sie möchten Ihre Prozesse mithilfe von *Power Automate* und *Power Apps* vereinfachen. Auch wenn es in *SharePoint 2019* Absprungpunkte für die beiden Dienste gibt, so verbleiben sie weiterhin ausschließlich in der Cloud.

Für SharePoint On-Premises als Ablageort spricht:

- Sie müssen Informationen mit hohem Schutzbedarf verwalten.
- Es sind wenige Änderungen an den zu verwaltenden Dokumenten zu erwarten und es werden keine Funktionen zur Unterstützung der Zusammenarbeit und des Informationsaustauschs in Form von Chats, Anrufen oder auch Besprechungen benötigt.
- Der Kunde hat keine Erlaubnis dazu erteilt, Informationen aus seinem Projekt in der Cloud zu speichern.
- Durch rechtliche Vorgaben dürfen bestimmte Daten nicht in der Cloud gespeichert werden. Hier sind in der Regel häufig sogar weitere Verschlüsselungsmechanismen notwendig, die eine sinnvolle Nutzung von SharePoint On-Premises ausschließen können.
- Firmengeheimnisse wie Patente, Rezepturen, geheime technische Zeichnungen oder sensible Akten sollen nicht außerhalb des Unternehmens gespeichert werden. Häufig werden für die Verwaltung dieser Art von Informationen so weitreichende Sicherheitsanforderungen gestellt, dass dafür spezielle Tools eingesetzt werden müssen. Oft wird aber zunächst die Entscheidung für On-Premises als Ablageort fallen.

Diese Liste der Beispiele soll Ihnen lediglich ein paar Denkanstöße geben, wie Sie für Ihr Unternehmen zu einer Entscheidung gelangen können.

Was nehmen Sie aus diesem Kapitel mit?

Nehmen Sie aus diesem Kapitel mit, dass es beim Thema der Speicherorte für Daten nicht nur Schwarz und Weiß gibt. Mithilfe einer Hybridumgebung können Sie die individuell zu Ihnen passende Mischung aus Cloud und On-Premises zur Unterstützung der Zusammenarbeit innerhalb und außerhalb Ihres Unternehmens finden.

Wir kommen nun zum abschließenden Kapitel dieses Buchs, in dem wir die Einführung und Weiterentwicklung eines modernen Arbeitsplatzes betrachten. Sie verfügen durch dieses Buch mittlerweile über ein gutes Grundverständnis zu den einzelnen Diensten und Apps in Microsoft 365, sodass Sie sich nun damit beschäftigen können, wie Sie die für Ihr Unternehmen sinnvollen Lösungen methodisch am besten einführen können.

Kapitel 11

Einführung und Weiterentwicklung eines modernen Arbeitsplatzes mit Microsoft 365

»Veränderung ist das Gesetz des Lebens. Und diejenigen, die nur in die Vergangenheit oder Gegenwart blicken, werden sicherlich die Zukunft verpassen.«
– John F. Kennedy

Um die Einführung und Weiterentwicklung eines modernen Arbeitsplatzes mit Microsoft 365 zu gestalten, benötigen Sie – neben einem guten Grundverständnis der vielfältigen Möglichkeiten von Microsoft, wie Sie es mit diesem Buch gewonnen haben – außerdem einen strukturierten Ansatz. In diesem Kapitel stelle ich Ihnen eine in der Praxis bewährte Vorgehensweise vor und gebe Ihnen somit einen umfassenden Überblick über die wichtigsten Schritte von der Vision bis zur Implementierung von *Change Management* und *User Adoption*.

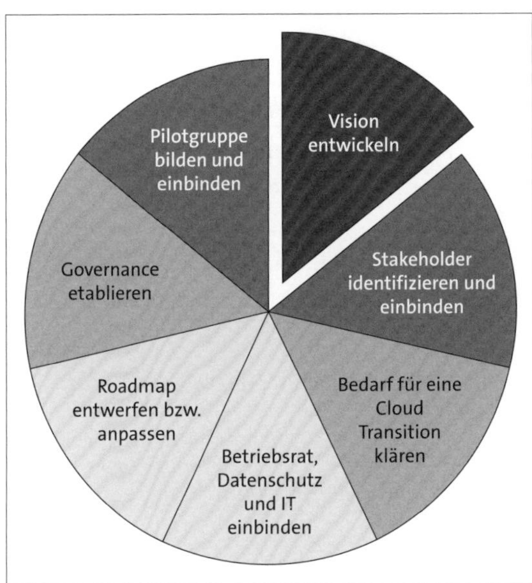

Abbildung 11.1 Bei der Einführung und Weiterentwicklung eines modernen Arbeitsplatzes sollten Sie einen strukturierten Ansatz verfolgen!

Wie Sie Abbildung 11.1 entnehmen können, beginnt der Prozess mit der Entwicklung einer Vision Ihres modernen Arbeitsplatzes. Hier klären Sie, was den modernen Arbeitsplatz in Ihrem Unternehmen ausmacht und was nicht dazu gehören wird. Bereits während Sie die Vision entwickeln, sollten Sie die *Stakeholder* (Interessenvertreter) in Ihrem Unternehmen identifizieren und diese am besten sogar in die Entwicklung der Vision einbinden. Während dieser Phase werden Ihnen wahrscheinlich einige, wenn nicht sogar viele Systeme bzw. Anwendungen in Ihrem Unternehmen begegnen, die sich noch nicht in der Cloud befinden. Sie sollten nun abwägen, ob diese Systeme weiterhin so bestehen bleiben sollen oder ob eine sogenannte *Cloud Transition* geplant werden soll. An dieser Stelle sollten Sie unbedingt neben dem technischen Aspekt auch die fachliche Sicht sowie die geplante Zeitachse und die Priorität im Arbeitsalltag beleuchten, denn manche Systeme werden vielleicht schon länger nicht mehr aktiv genutzt und können im Rahmen Ihres Vorhabens eventuell sogar abgeschaltet werden.

Mit den gesammelten Informationen ist es dann an der Zeit, sich auch mit besonders wichtigen Stakeholdern in Ihrem Unternehmen auszutauschen und diese aktiv einzubinden. Ich spreche hier von Ihrem *Betriebsrat*, den für *Datenschutz* und *Datensicherheit* verantwortlichen Personen sowie von Ihrer IT-Abteilung. Diese Personengruppen können eine große Unterstützung für Ihr Vorhaben bieten und helfen Ihnen, ein 360-Grad-Bild von Ihrem modernen Arbeitsplatz zu erhalten.

Wenn Sie alle Beteiligten eingebunden haben, können Sie nun auch eine *Roadmap* für Ihren modernen Arbeitsplatz entwickeln oder in einem schon fortgeschrittenen Stadium die vorhandene Roadmap erweitern bzw. anpassen. Hier planen Sie das erste Mal auch zeitlich, wann Sie welche Schritte umsetzen möchten. Vergessen Sie dabei bitte nicht Themen wie die *Governance* für die geplanten Tools (wie *Teams* oder die *Power Platform*) oder die Bedeutung einer Pilotgruppe. Denn nur mit dem passenden Rahmen haben Sie die perfekten Voraussetzungen für eine möglichst hohe *User Adoption*, wobei Ihnen die zur richtigen Zeit passenden Change-Management-Maßnahmen das Leben erleichtern können.

Ich gehe in den folgenden Abschnitten gezielt auf die einzelnen Schritte ein, die sich selbstverständlich auch bei der Weiterentwicklung Ihres modernen Arbeitsplatzes anbieten. Bei der Weiterentwicklung können Sie dann jedoch bereits auf den Informationen sowie den Lernerfahrungen im Rahmen der Einführung aufbauen und müssen daher nicht mehr so viel Aufwand einplanen.

Worin unterscheidet sich die Einführung von der Weiterentwicklung eines modernen Arbeitsplatzes?

Wenn Sie einen modernen Arbeitsplatz einführen möchten, haben Sie vielleicht zwar eine grobe Vorstellung davon, was Sie in Ihrem Unternehmen verändern möchten, aber Sie haben noch kein klares Bild davon, welche genauen Schritte Sie dafür durchführen müssen. Diese Phase ist gleichzeitig eine sehr spannende Zeit, weil Sie auf der sprichwörtlichen grünen Wiese beginnen und vollkommen frei eine Arbeitsumgebung konzipieren können, die Ihnen und Ihren Mitarbeitenden die bestmögliche Unterstützung im Arbeitsalltag bietet und zudem hilft, die Geschäftsziele besser zu erreichen. Gleichzeitig ist diese Phase aber auch besonders anspruchsvoll, weil Sie noch nicht auf Erfahrungswerte zurückgreifen können und vielleicht Sorgen haben, dass Ihr Vorhaben nicht gelingt. Viele holen sich genau an dieser Stelle Unterstützung von Menschen, die bereits Erfahrungen in diesem Bereich haben.

Wenn Sie dann im Rahmen der Einführung Ihre eigenen Erfahrungen sammeln und alle zu beteiligenden Personen identifizieren und einbinden, ist die Weiterentwicklung Ihres modernen Arbeitsplatzes wesentlich leichter. Sie können dann nämlich bereits auf dem Feedback der Mitarbeitenden aufbauen und prüfen, ob die schon geplanten Schritte in Ihrer Roadmap zu den gemeldeten Wünschen und Bedürfnissen passen. Außerdem müssen Sie sich nicht mehr in die vielfältigen technischen Möglichkeiten komplett einarbeiten, weil Sie bereits Grundkenntnisse in den Basisdiensten und Apps haben. Stattdessen können Sie sich darauf konzentrieren, die laufenden Veränderungen und neuen Dienste und Apps im Blick zu behalten und auf sinnvolle Einsatzgebiete hin zu prüfen.

11.1 Eine Vision des modernen Arbeitsplatzes entwickeln

In der heutigen schnelllebigen Geschäftswelt ist ein moderner Arbeitsplatz nicht nur wünschenswert, sondern sogar notwendig, um wettbewerbsfähig zu bleiben. Doch wie sieht ein moderner Arbeitsplatz aus? Und, wichtiger noch, wie entwickelt man eine Vision, die nicht nur den aktuellen Anforderungen gerecht wird, sondern auch zukunftsfähig ist?

Die Entwicklung einer klaren und zukunftsorientierten Vision für den modernen Arbeitsplatz ist der elementare erste Schritt. Diese Vision sollte die Geschäftsziele, die Bedürfnisse der Mitarbeitenden und die technischen Möglichkeiten unter einem Dach vereinen. Zu berücksichtigen sind auch Trends im Arbeitsleben wie hybride Zusammenarbeit, Teamkollaboration, Sicherheit und Compliance.

Wenn wir über einen modernen Arbeitsplatz sprechen, neigen viele dazu, sofort an die neueste Technologie zu denken. Sicherlich sind Tools wie Microsoft 365, Cloud-Services und kollaborative Plattformen wesentliche Bestandteile. Aber der moderne Arbeitsplatz ist mehr als nur seine technischen Komponenten. Er repräsentiert eine Kultur, die Flexibilität, Zusammenarbeit, Innovation und Mitarbeiterengagement in den Mittelpunkt stellt.

11.1.1 Die Unternehmensziele und Mitarbeiterbedürfnisse verstehen

Die Entwicklung einer Vision für den modernen Arbeitsplatz beginnt damit, dass Sie die Geschäftsziele und die Bedürfnisse der Mitarbeitenden im Detail verstehen lernen. Führungskräfte müssen erkennen, wie der Arbeitsplatz zur Erreichung der Geschäftsziele beitragen kann, sei es durch Steigerung der Produktivität, Förderung der Innovation oder Verbesserung der Mitarbeiterbindung (siehe Abbildung 11.2). Gleichzeitig muss die Vision die Bedürfnisse und Arbeitsweisen der Mitarbeitenden berücksichtigen, um eine Umgebung zu schaffen, in der sie ihr Bestes geben können.

Abbildung 11.2 Die Bedürfnisse der Mitarbeitenden im Einklang mit den Geschäftszielen[1]

11.1.2 Integration von Technologie und Kultur

Ein moderner Arbeitsplatz entsteht an der Schnittstelle von Technologie und *Unternehmenskultur*. Die Technologie ermöglicht es, aber die Kultur treibt es voran. Eine Vision für den modernen Arbeitsplatz sollte daher eine Technologiestrategie umfassen, die die neuesten Tools für Zusammenarbeit, Kommunikation und Produktivität integriert. Gleichzeitig muss die Vision eine Kultur fördern, die diese Tools in sinn-

1 Diese Abbildung sowie Abbildungen 11.3, 11.4, 11.5, 11.6, 11.7, 11.9, 11.10 wurden mithilfe der generativen Künstlichen Intelligenz Midjourney erstellt.

voller Weise nutzt, um die Zusammenarbeit zu fördern, Wissen zu erwerben und zu teilen und Innovation zu unterstützen (siehe Abbildung 11.3).

Abbildung 11.3 Ermutigen Sie Ihre Mitarbeitenden, innovative Ideen zu entwickeln sowie neues Wissen zu erwerben und vorhandenes Wissen zu teilen.

11.1.3 Fördern Sie Flexibilität und Zusammenarbeit

Die Pandemie hat gezeigt, dass Flexibilität am Arbeitsplatz ein besonders wichtiger Faktor ist, der im Zweifelsfall sogar elementar erforderlich sein kann, um das Geschäft aufrechtzuerhalten. Ein moderner Arbeitsplatz sollte daher die Flexibilität in Bezug auf Ort und Zeit unterstützen, um den Mitarbeitenden die Balance zwischen Berufs- und Privatleben zu ermöglichen. Gleichzeitig muss die Vision die Zusammenarbeit über geografische und funktionale Grenzen hinweg fördern, um es Teams zu ermöglichen, effektiv zusammenzuarbeiten, egal wo sie sich befinden.

Wie Sie in Abbildung 11.4 sehen können, wünschen wir uns zwar die Möglichkeit, orts- und zeitunabhängig zusammenzuarbeiten, sehnen uns aber gleichzeitig nach gemeinsamer und damit zeitgleicher Arbeit. Dies stellt Sie vor besondere Herausforderungen bei der Gestaltung eines modernen Arbeitsplatzes.

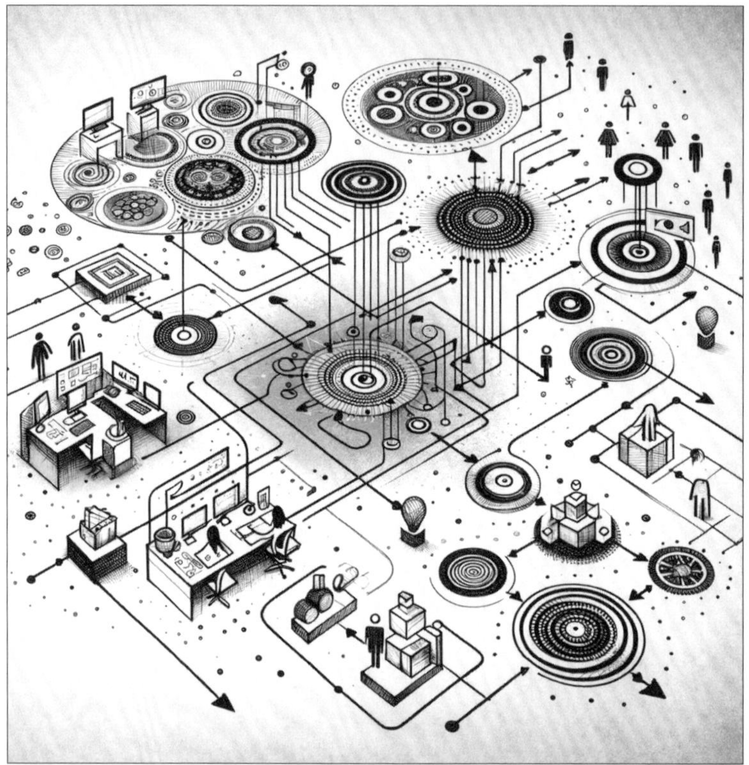

Abbildung 11.4 Orts- und zeitunabhängige Zusammenarbeit ist mittlerweile der Standard in Unternehmen, bringt aber neue Herausforderungen mit sich.

11.1.4 Sicherheit und Compliance einbeziehen

In einer Welt, in der die Datenmenge exponentiell wächst und Cyber-Bedrohungen allgegenwärtig sind, müssen Sie bei der Vision für den modernen Arbeitsplatz auch Sicherheit und Compliance berücksichtigen. Dies beinhaltet die Implementierung von Sicherheitsprotokollen, Datenschutzrichtlinien und Compliance-Maßnahmen, um sowohl Unternehmensdaten als auch Mitarbeiterinformationen zu schützen.

Wie Sie in Kapitel 9 gelernt haben, stellt Microsoft bereits viele technische Möglichkeiten zur Absicherung Ihres modernen Arbeitsplatzes zur Verfügung. Sie sollten aber unbedingt auch die Personen, die in Ihrem Unternehmen für Sicherheitsthemen verantwortlich sind, bereits in dieser frühen Phase mit einbeziehen, da die sichere Verwaltung sowie der sichere Austausch von Informationen das Fundament Ihres modernen Arbeitsplatzes darstellen und mit darüber entscheiden werden, ob die Kolleginnen und Kollegen die neuen Möglichkeiten annehmen oder nicht.

Abbildung 11.5 Datensicherheit, Datenschutz und Compliance sind das Fundament des modernen Arbeitsplatzes.

11.1.5 Messung und Anpassung

Um die Entscheider in Ihrem Unternehmen für Ihr Vorhaben zu begeistern, muss die Vision für den modernen Arbeitsplatz messbar und anpassungsfähig sein. Dies bedeutet, dass Sie klare Ziele und Kennzahlen festlegen sollten, um den Erfolg zu messen. Außerdem sollten Sie bereit sein, die Strategie basierend auf Feedback und sich ändernden Anforderungen anzupassen.

Gerade zu Beginn kann es Ihnen schwerfallen, die Vorteile eines modernen Arbeitsplatzes in Kennzahlen auszudrücken. Doch die Entscheider im Unternehmen, die auch für die Freigabe eines Budgets für Ihr Vorhaben verantwortlich sind, werden Fragen zum wirtschaftlichen Nutzen stellen. Sie werden wissen wollen, wann sich der zeitliche oder gegebenenfalls sogar finanzielle Invest gelohnt hat.

Fragen Sie sich daher bei der Definition Ihrer Vision stets, welche Verbesserungen Sie damit bewirken möchten. Häufig kann durch neue Möglichkeiten in irgendeiner Form Arbeitszeit eingespart werden. Die betroffenen Mitarbeitenden können sich in der frei gewordenen Zeit dann weiter an der Wertschöpfungskette des Unternehmens beteiligen, wodurch das Unternehmen einen finanziellen Vorteil erzielt.

Abbildung 11.6 Legen Sie Kennzahlen fest, um die Vorteile des modernen Arbeitsplatzes zu zeigen und Ihre Entscheider zu überzeugen.

Wenn Sie diese Vorteile beziffern und (wie in Abbildung 11.6 schematisch dargestellt) benennen können, werden Sie die Entscheider sicher von Ihrem Vorhaben überzeugen können.

Fazit

Die Entwicklung einer Vision für den modernen Arbeitsplatz ist eine komplexe, aber lohnende Aufgabe, die nicht nur durch die Geschäftsführung unterstützt, sondern aktiv vorangetrieben werden sollte. Diese Aufgabe erfordert ein tiefes Verständnis von Geschäftszielen, Mitarbeiterbedürfnissen, technologischen Möglichkeiten und kulturellen Aspekten. Eine gut durchdachte Vision kann nicht nur die Produktivität und Mitarbeiterzufriedenheit verbessern, sondern auch die Grundlage für nachhaltiges Unternehmenswachstum legen. In diesem dynamischen Zeitalter ist die Gestaltung eines modernen Arbeitsplatzes keine Option mehr, sondern eine Notwendigkeit, um in der Zukunft erfolgreich zu sein.

11.2 Stakeholder identifizieren und einbinden

Das Identifizieren und Einbinden der richtigen Stakeholder ist entscheidend für den Erfolg Ihres Vorhabens. Dies beinhaltet das Management bzw. die Entscheider, die IT-Abteilung, den Betriebsrat, Datenschutzbeauftragte sowie Ihre Kolleginnen und Kollegen. Planen Sie daher sorgfältig die Kommunikation und Zusammenarbeit mit allen Interessenvertretern, denn sie können Ihnen durch ihre Unterstützung bei der Vermittlung der Vision helfen – und ebenso bei aufkommenden Hindernissen oder bei Gesprächen mit skeptischen Personen.

Die erfolgreiche Umsetzung Ihrer Vision für den modernen Arbeitsplatz erfordert also mehr als nur eine innovative Idee oder fortschrittliche Technologien: Sie erfordert das Engagement und die Unterstützung derer, die von diesen Veränderungen betroffen sind.

Abbildung 11.7 Identifizieren Sie alle für Ihr Vorhaben relevanten Stakeholder, um ihre Interessen und Wünsche zu berücksichtigen und sie einzubinden.

Wie Sie Abbildung 11.7 entnehmen können, ist die Auswahl der für Ihr Vorhaben relevanten Stakeholder manchmal auf den ersten Blick eine große Herausforderung. Denn nicht alle verschiedenen Personengruppen in einem Unternehmen sind von

Ihrem Vorhaben auch betroffen. Daher gilt es, als Erstes genau diese Frage zu beantworten.

11.2.1 Wer sind die Stakeholder?

Stakeholder im Kontext eines modernen Arbeitsplatzes können intern oder extern sein. Zu den internen Stakeholdern zählen Führungskräfte, Mitarbeitende, die IT-Abteilung, die Personalabteilung, der Betriebsrat und Datenschutzbeauftragte. Externe Stakeholder können Kunden, Lieferanten, Partnerunternehmen und sogar die Gesellschaft sein. Jede dieser Gruppen hat ihre eigenen Erwartungen, Bedürfnisse und Bedenken in Bezug auf den Arbeitsplatz.

11.2.2 Stakeholder erkennen und einordnen

Der erste Schritt ist, ein klares Bild davon zu haben, wer die Stakeholder sind. Es ist wichtig, über die offensichtlichen Stakeholder hinauszudenken und auch diejenigen zu berücksichtigen, deren Einfluss oder Betroffenheit nicht direkt ersichtlich ist, aber dennoch bedeutend sein könnte. Tools wie *Stakeholder-Maps* können Ihnen dabei helfen, die verschiedenen Gruppen zu visualisieren und ihren Einfluss und ihre Interessen zu verstehen.

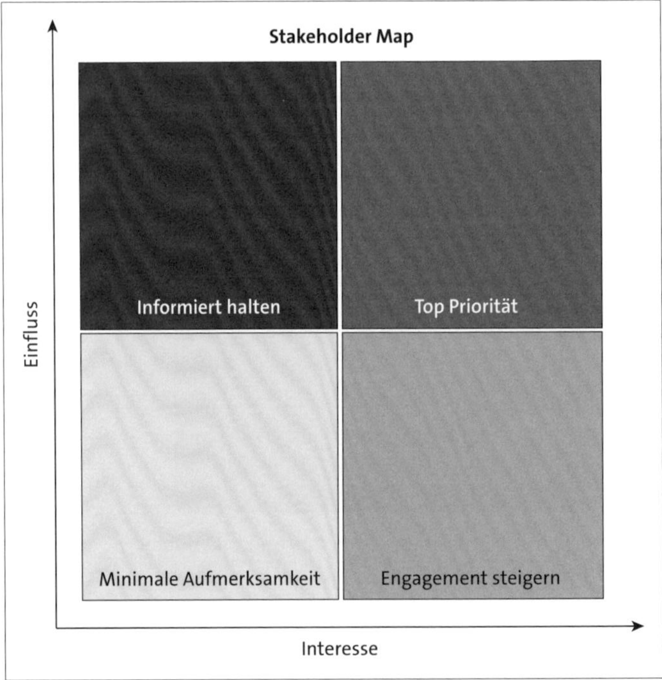

Abbildung 11.8 Über eine Stakeholder-Map können Sie den Überblick über alle Interessenvertreter Ihres Vorhabens behalten.

Abbildung 11.8 stellt eine exemplarische Stakeholder-Map dar. In den vier verschiedenen Quadranten finden sich die wesentlichen unterschiedlichen Typen an Stakeholdern wieder, und jeder Typ benötigt eine andere Intensität der Einbindung. Das heißt, dieses Instrument liefert Ihnen nicht nur einen allgemeinen Überblick für Sie selbst, sondern hilft Ihnen auch dabei, die passenden kommunikativen und kollaborativen Maßnahmen auszuwählen.

11.2.3 Die Bedürfnisse der Stakeholder verstehen

Sobald die Stakeholder identifiziert sind, ist es wichtig, dass Sie ihre spezifischen Bedürfnisse, Erwartungen und Bedenken verstehen. Dabei können Ihnen Interviews, Umfragen, Fokusgruppen oder informelle Gespräche helfen. Das Ziel dieser Maßnahmen ist es, ein tiefes Verständnis dafür zu entwickeln, wie die Veränderungen den einzelnen Stakeholder beeinflussen könnten und was er benötigt, um die Transformation zu unterstützen.

11.2.4 Eine Kommunikationsstrategie entwickeln

Kommunikation ist der Schlüssel zur erfolgreichen Einbindung Ihrer Stakeholder. Eine effektive Kommunikationsstrategie sollte klar, konsistent und zweiseitig sein. Sie sollte auf die spezifischen Bedürfnisse und Präferenzen der verschiedenen Stakeholdergruppen zugeschnitten sein und regelmäßige Updates über Fortschritte, Herausforderungen und Änderungen beinhalten. Es ist auch wichtig, dass Sie Kanäle für Feedback bereitstellen, um sicherzustellen, dass die Stakeholder gehört werden und ihre Beiträge berücksichtigt werden können.

11.2.5 Stakeholder in den Transformationsprozess einbinden

Die Einbindung der Stakeholder geht über die Kommunikation hinaus. Sie sollten aktiv in den Transformationsprozess eingebunden werden, sei es durch die Teilnahme an Pilotgruppen, die Teilnahme an Entscheidungsgremien oder die Mitwirkung an der Gestaltung des modernen Arbeitsplatzes. Indem Sie Stakeholder zu Mitgestaltenden der Veränderung machen, erhöhen Sie die Wahrscheinlichkeit ihrer Unterstützung und ihres Engagements.

11.2.6 Kontinuierliches Management und Anpassung

Stakeholder-Management ist ein kontinuierlicher Prozess. Bedürfnisse und Erwartungen können sich im Laufe der Zeit ändern, ebenso wie der Kontext, in dem die Organisation operiert. Es ist wichtig, regelmäßig zu bewerten, ob die Stakeholder-

Strategie noch angemessen ist und ob Anpassungen erforderlich sind, um weiterhin die Unterstützung und das Engagement aller Beteiligten zu gewährleisten.

Zusammenfassung

Die Identifizierung und Einbindung von Stakeholdern ist ein entscheidender Schritt in der Entwicklung und Umsetzung eines modernen Arbeitsplatzes, der sehr viel Zeit in Anspruch nimmt und daher nicht nebenbei geschieht, sondern als Vollzeitaufgabe betrachtet werden sollte. Wenn Sie die Bedürfnisse der Stakeholder verstehen und ihre aktive Teilnahme fördern, kann die Transformation des Arbeitsplatzes nicht nur reibungsloser verlaufen, sondern auch nachhaltiger und erfolgreicher sein. Die Stakeholder sind nicht nur Empfänger der Veränderung, sie sind Schlüsselpartner, deren Engagement und Unterstützung den Unterschied zwischen dem Erfolg und dem Scheitern einer Initiative ausmachen können.

11.3 Den Bedarf an einer Cloud-Transition klären

Die Cloud-Technologie hat sich als Rückgrat moderner Arbeitsplatzstrategien etabliert. Sie bietet Flexibilität, Skalierbarkeit und die Möglichkeit zur Innovation. Aber bevor Organisationen den Sprung in die Cloud wagen, müssen sie den Bedarf an einer solchen Transition klar definieren und verstehen. Dieser Schritt ist entscheidend, um sicherzustellen, dass die Cloud-Transition die Geschäftsziele unterstützt, Stakeholder einbezieht und den modernen Arbeitsplatz effektiv gestaltet.

Wenn es sich bei Ihrem Unternehmen nicht um ein Startup handelt, das von Anfang an ausschließlich auf Microsoft 365 setzt, sollten Sie diesen Schritt auf keinen Fall überspringen. Verschaffen Sie sich, unterstützt durch die bereits identifizierten Stakeholder, einen Überblick über die aktuell in Ihrem Unternehmen eingesetzten Systeme und Anwendungen. Prüfen Sie diese technischen Lösungen auf ihren jeweiligen Einsatzzweck und legen Sie besonderen Fokus auf die Unterstützung der Geschäftsziele bzw. des Geschäftszwecks.

11.3.1 Verstehen Sie den aktuellen Zustand

Bevor Sie die Möglichkeiten der Cloud in Betracht ziehen, ist es entscheidend, eine gründliche Bestandsaufnahme des aktuellen IT-Ökosystems vorzunehmen. Dies umfasst die Bewertung der vorhandenen Infrastruktur, Software, Datenmanagementpraktiken und Sicherheitsprotokolle. Eine solche Bewertung hilft nicht nur, die Bereiche zu identifizieren, die von einer Cloud-Transition profitieren könnten, sondern hilft auch, potenzielle Herausforderungen und Einschränkungen zu erkennen.

11.3.2 Abgleich mit Geschäftszielen

Die Entscheidung für eine Cloud-Transition sollte mit den übergeordneten Geschäftszielen in Einklang stehen. Es ist wichtig zu verstehen, wie die Cloud die Geschäftsstrategie unterstützen kann, sei es durch Kosteneinsparungen, verbesserte Effizienz, erhöhte Flexibilität oder durch verbesserte Kundeninteraktionen. Die Verknüpfung der Cloud-Strategie mit den Geschäftszielen stellt sicher, dass die Transition einen echten Mehrwert bietet und nicht lediglich ein technologisches Upgrade darstellt.

11.3.3 Stakeholder-Bedürfnisse berücksichtigen

Wie ich bereits bei der Entwicklung der Vision und der Identifikation der Stakeholder erörtert habe, ist die Einbindung der Stakeholder auch bei der Klärung des Bedarfs an einer Cloud-Transition unerlässlich. Die verschiedenen Stakeholder in Ihrem Unternehmen haben unterschiedliche Erwartungen und Bedenken bezüglich der Cloud. Während IT-Teams möglicherweise auf die technologischen Vorteile fokussiert sind, könnten Datenschutzbeauftragte mehr auf Compliance und Sicherheitsaspekte bedacht sein. Ein umfassendes Verständnis dieser unterschiedlichen Perspektiven ist entscheidend, um sicherzustellen, dass die Cloud-Strategie allen Anforderungen gerecht wird.

11.3.4 Risiko- und Compliance-Überlegungen

Der Umzug in die Cloud bringt auch Risiken und Compliance-Fragen mit sich. Fragen der Datensicherheit, der Einhaltung gesetzlicher Vorschriften und der Kontrolle über die Daten sind von zentraler Bedeutung. Sie müssen diese Risiken sorgfältig bewerten und Maßnahmen ergreifen, um sie zu minimieren. Dies kann die Auswahl eines Cloud-Anbieters mit robusten Sicherheitsmaßnahmen, die Implementierung zusätzlicher Sicherheitskontrollen oder die Schulung der Mitarbeitenden in Bezug auf neue Risiken umfassen.

11.3.5 Ein Cloud-Readiness-Framework entwickeln

Ein Cloud-Readiness-Framework hilft Ihnen im Unternehmen, den Grad der Bereitschaft für die Cloud-Transition zu bewerten. Dieses Framework sollte technische, organisatorische und kulturelle Aspekte umfassen. Technisch gesehen, geht es um die Bewertung der bestehenden Infrastruktur und Anwendungen hinsichtlich ihrer Cloud-Kompatibilität. Organisatorisch geht es um die Bewertung der Fähigkeiten und des Wissens der Mitarbeitenden. Kulturell geht es darum, sicherzustellen, dass die Organisation offen für Veränderungen und neue Arbeitsweisen ist.

Ein Cloud-Readiness-Framework ist ein unverzichtbares Werkzeug für Unternehmen, die eine erfolgreiche Cloud-Transition planen. Durch die Bewertung und Vorbereitung der technischen, organisatorischen und kulturellen Aspekte des Unternehmens können Organisationen sicherstellen, dass sie für die Herausforderungen und Möglichkeiten, die die Cloud bietet, gerüstet sind.

11.3.6 Eine schrittweise Transition implementieren

Eine Cloud-Transition ist kein einmaliges Ereignis, sondern ein schrittweiser Prozess. Ich empfehle Ihnen, mit kleineren, weniger kritischen Anwendungen zu beginnen und sich langsam zu komplexeren und kritischeren Systemen vorzuarbeiten. Dieser schrittweise Ansatz ermöglicht es Organisationen, Erfahrungen zu sammeln, Prozesse anzupassen und Risiken zu minimieren.

11.4 Themen für den Betriebsrat, das Datenschutz-Team sowie die IT-Abteilung

Die erfolgreiche Implementierung eines modernen Arbeitsplatzes, insbesondere wenn es um die Einführung neuer Technologien wie Microsoft 365 geht, erfordert eine sorgfältige Abwägung verschiedener organisatorischer und technischer Aspekte. Der Betriebsrat, das Datenschutz-Team und die IT-Abteilung spielen dabei eine zentrale Rolle. Jede dieser Gruppen hat spezifische Verantwortlichkeiten und Bedenken, die berücksichtigt werden müssen, um die Transformation reibungslos und konform zu gestalten.

11.4.1 Themen für den Betriebsrat

Der Betriebsrat vertritt die Interessen der Belegschaft und stellt sicher, dass die Rechte der Mitarbeitenden bei Veränderungen am Arbeitsplatz gewahrt bleiben. Bei der Einführung neuer Technologien oder Arbeitsweisen sind unter anderem folgende Punkte zu berücksichtigen:

- **Arbeitsplatzsicherheit**: sicherstellen, dass die Einführung neuer Technologien nicht zu Arbeitsplatzverlusten führt
- **Schulung und Weiterbildung**: gewährleisten, dass Mitarbeitende die notwendigen Schulungen erhalten, um mit neuen Systemen effektiv arbeiten zu können
- **Veränderung der Arbeitsbedingungen**: mögliche Veränderungen in den Arbeitsabläufen oder der Arbeitsorganisation diskutieren
- **Datenschutz der Mitarbeitenden**: sicherstellen, dass die Einführung neuer Technologien den Datenschutz und die Privatsphäre der Mitarbeitenden nicht gefährdet

11.4.2 Themen für das Datenschutz-Team

Das Datenschutz-Team stellt sicher, dass alle neuen Systeme und Prozesse den gesetzlichen Vorschriften zum Datenschutz entsprechen. Wichtige Aspekte sind:

- **Compliance mit Datenschutzgesetzen**: sicherstellen, dass die neuen Systeme, insbesondere wenn sie in der Cloud betrieben werden, den lokalen und gegebenenfalls internationalen Datenschutzgesetzen entsprechen, falls diese auch auf nationaler Ebene Anwendung finden
- **Datenschutz-Folgenabschätzung:** Bewertungen durchführen, um zu verstehen, wie personenbezogene Daten verarbeitet werden und welche Risiken damit verbunden sein könnten. Ein Beispiel für eine Datenschutz-Folgenabschätzung im Rahmen der DSGVO bietet Microsoft unter *https://learn.microsoft.com/de-de/compliance/regulatory/gdpr-data-protection-impact-assessments* an.
- **Datenschutzschulungen**: Schulungen für die Belegschaft organisieren, um das Bewusstsein für Datenschutzfragen zu schärfen und sicherzustellen, dass jeder versteht, wie man mit personenbezogenen Daten umgeht

11.4.3 Themen für die IT-Abteilung

Die IT-Abteilung ist verantwortlich für die technische Implementierung und Wartung des modernen Arbeitsplatzes. Ihre Hauptanliegen umfassen:

- **Systemintegration und -management**: sicherstellen, dass neue Systeme nahtlos in die bestehende IT-Landschaft integriert werden können und effizient verwaltet werden
- **Sicherheit**: Schutz der Unternehmensdaten vor Cyber-Bedrohungen, einschließlich der Implementierung von Sicherheitsmaßnahmen und der Überwachung von Sicherheitsvorfällen
- **Technischer Support und Schulung**: Unterstützung und Schulungen für Mitarbeitende bereitstellen, um dafür zu sorgen, dass sie die neuen Systeme effektiv nutzen können

Die Berücksichtigung der Anliegen und Bedürfnisse des Betriebsrats, des Datenschutz-Teams und der IT-Abteilung ist entscheidend für den Erfolg der Einführung eines modernen Arbeitsplatzes. Eine offene Kommunikation, klar definierte Prozesse und eine enge Zusammenarbeit zwischen diesen Gruppen können dazu beitragen, die Transformation reibungslos und konform zu gestalten und sicherzustellen, dass die neue Arbeitsumgebung sowohl den Anforderungen des Unternehmens als auch den Bedürfnissen der Mitarbeitenden gerecht wird.

11.4.4 Aufgaben und Aktivitäten definieren

Jeder Meilenstein wird in spezifische Aufgaben oder Aktivitäten unterteilt. Dieser Schritt detailliert, was getan werden muss, wer dafür verantwortlich ist und wann die Aufgabe/Aktivität abgeschlossen sein soll. Diese Klarheit hilft, Verantwortlichkeiten zuzuordnen und sicherzustellen, dass alle erforderlichen Schritte unternommen werden. Hier können Ihnen auch wieder die identifizierten Stakeholder helfen, sodass Sie nicht alle Aufgaben selbst übernehmen müssen, sondern sich auch weiterhin auf das große Ganze fokussieren können.

11.5 Roadmap entwerfen und kontinuierlich aktualisieren

Wir kommen nun endlich zur Roadmap, Ihrem Werkzeug, um aus Ihrer Vision einen tatsächlichen modernen Arbeitsplatz zu erschaffen. Eine detaillierte Roadmap, die Meilensteine, Ressourcen, Zeitrahmen und Verantwortlichkeiten umfasst, ist für die Umsetzung unerlässlich. Diese Roadmap muss flexibel sein und regelmäßig aktualisiert werden, um Änderungen an der Organisation oder an der Technologie Rechnung zu tragen.

Abbildung 11.9 Auf einer Roadmap legen Sie die erforderlichen Schritte fest und definieren eine Reihenfolge, um Ihr Vorhaben umzusetzen.

Die Einführung eines modernen Arbeitsplatzes, der die Bedürfnisse von Betriebsrat, Datenschutz-Team und IT-Abteilung berücksichtigt, ist ein komplexes Vorhaben. Eine gut durchdachte Roadmap ist daher sehr wichtig, um diesen Prozess zu strukturieren und zu steuern. Eine Roadmap dient nicht nur als Fahrplan, der die einzelnen Schritte aufzeigt, sondern auch als Kommunikationsinstrument, das allen Beteiligten Klarheit über die Ziele, Prioritäten und den Zeitplan bietet.

11.5.1 Ziele und Prioritäten definieren

Ihre Roadmap sollte mit einer klaren Definition der Ziele beginnen, die der moderne Arbeitsplatz erreichen soll. Diese Ziele sollten sich aus den Geschäftszielen, den Bedürfnissen der Mitarbeitenden und den Anforderungen der verschiedenen Stakeholder ableiten. Es ist wichtig, Prioritäten zu setzen, um sicherzustellen, dass die Ressourcen auf die wichtigsten Initiativen konzentriert werden.

11.5.2 Meilensteine festlegen

Als Nächstes sollten Sie die Ziele in konkrete Meilensteine übersetzen. *Meilensteine* sind wichtige Etappen auf dem Weg zum Ziel, die oft das Erreichen eines bestimmten Ergebnisses oder die Fertigstellung eines bedeutenden Projekts markieren. Sie helfen, den Fortschritt zu messen und bieten Gelegenheit, Erfolge zu feiern.

11.5.3 Ressourcen zuordnen

Die Roadmap sollte auch eine Zuordnung der notwendigen Ressourcen enthalten. Dies umfasst Budgets, Personal, Technologien und andere Ressourcen, die für die Umsetzung der Aktivitäten erforderlich sind.

11.5.4 Kontinuierliche Überprüfung und Anpassung

Eine Roadmap ist kein statisches Dokument; Sie müssen sie regelmäßig überprüfen und aktualisieren. Veränderungen in der Geschäftsumgebung, technologische Fortschritte (z. B. neue Dienste in *Microsoft 365* oder Änderungen in *Teams*) oder Feedback von Stakeholdern können Anpassungen notwendig machen. Eine flexible Roadmap ermöglicht es, auf solche Veränderungen zu reagieren und sicherzustellen, dass Ihr Vorhaben weiterhin auf Kurs bleibt.

11.5.5 Kommunikation und Transparenz

Sie sollten die Roadmap regelmäßig mit allen Stakeholdern teilen. Transparenz sorgt für Vertrauen und erhöht die Wahrscheinlichkeit, dass die Initiative von allen Beteiligten unterstützt wird. Sie sollten dabei auch aufzeigen, wie Feedback gegeben werden kann und wie dieses Feedback in die weiteren Planungen einfließt.

Eine Roadmap ist eine Never Ending Story!

Die Entwicklung und kontinuierliche Aktualisierung Ihrer Roadmap ist ein zentraler Bestandteil bei der Umsetzung eines modernen Arbeitsplatzes. Sie bietet einen klaren, strukturierten Fahrplan, der nicht nur den Weg weist, sondern auch Flexibilität für unvorhersehbare Veränderungen bietet. Durch regelmäßige Überprüfung und Anpassung der Roadmap können Sie außerdem sicherstellen, dass der moderne Arbeitsplatz den sich ständig ändernden Anforderungen des Unternehmens, der Mitarbeitenden und der Technologie gerecht wird.

11.6 Governance für Microsoft 365 allgemein sowie einzelne Dienste aufbauen

Die Implementierung von Microsoft 365 in einem Unternehmen ist ein bedeutender Schritt zur Förderung der Zusammenarbeit und Produktivität und eignet sich sehr gut als technische Basis für Ihren modernen Arbeitsplatz. Doch ohne eine solide Governance-Strategie können sich Herausforderungen in Bezug auf Sicherheit, Compliance und effiziente Nutzung ergeben. Eine effektive Governance für Microsoft 365 und seine einzelnen Dienste berücksichtigt die Bedürfnisse und Anforderungen aller Stakeholder, einschließlich der Mitarbeitenden, der IT-Abteilung, des Betriebsrats sowie des Datenschutz- und Security-Teams.

11.6.1 Governance-Planung: Die Basis für den Erfolg

Mit einem Governance-Plan legen Sie die Richtlinien und Verfahren fest, die die Nutzung von Microsoft 365 im Unternehmen steuern. Die Planung sollte mit einer gründlichen Bewertung der Unternehmensziele und der spezifischen Anforderungen der verschiedenen Stakeholder beginnen. Die Stakeholder haben Sie bereits identifiziert, während Sie die Vision Ihres modernen Arbeitsplatzes entwickelt haben, und Sie können nun auf den gewonnenen Erkenntnissen aufbauen.

Für die Mitarbeitenden im Unternehmen sind dabei insbesondere die folgenden beiden Aspekte relevant:

- **Nutzungsrichtlinien**: Klare Richtlinien darüber, wie Mitarbeitende Microsoft-365-Dienste nutzen sollten, fördern eine verantwortungsvolle und produktive Nutzung.
- **Schulung und Support**: Regelmäßige Schulungen und ein zugänglicher Support stellen sicher, dass Mitarbeitende die Tools effektiv nutzen können.

Während es bei den Mitarbeitenden mehr um die effektive Nutzung der technischen Möglichkeiten geht, müssen die Mitarbeitenden aus der IT-Abteilung zusätzlich folgende Themen im Blick behalten:

- **Konfigurationsmanagement**: Erstellung von Richtlinien für die Konfiguration und das Management von Microsoft-365-Diensten, um Konsistenz und Sicherheit zu gewährleisten
- **Überwachung und Berichterstattung**: Tools und Verfahren für die Überwachung der Systemnutzung und das Reporting, um Einblicke in die Nutzung und mögliche Probleme zu erhalten

Die weiteren Stakeholder – wie der Betriebsrat oder das Datenschutz-Team – spielen im Rahmen der Governance ebenfalls eine besondere Rolle, wobei ihre Kernthemen dieselben wie in Abschnitt 11.4 sind. Daher betrachte ich sie an dieser Stelle nicht noch einmal separat.

In einem auf Microsoft 365 basierenden modernen Arbeitsplatz wird *Microsoft Teams* die zentrale Lösung sein. Aus diesem Grund möchte ich Ihr Augenmerk auf die hierfür besonders wichtigen Themen lenken, bevor ich anschließend auf die *Power Platform* eingehe, da mit ihrer Hilfe jeder Mitarbeitende in die Lage versetzt werden kann, eigene Lösungen zu erstellen und somit den modernen Arbeitsplatz mitzugestalten und ihn gegebenenfalls sogar zu verändern.

11.6.2 Zusammenarbeit für jeden mit Microsoft Teams

Microsoft Teams hat sich als zentrale Plattform für Kommunikation und Zusammenarbeit in vielen Organisationen etabliert. Eine effektive Governance-Strategie ist jedoch entscheidend, um sicherzustellen, dass *Teams* nicht nur die Produktivität steigert, sondern auch den organisatorischen Anforderungen in Bezug auf Sicherheit, Compliance und Datenmanagement gerecht wird.

Etablieren Sie klare Richtlinien

Definieren Sie klar, wer Teams erstellen kann und wer administrative Rechte hat. Stellen Sie sicher, dass die Vergabe von Berechtigungen die Unternehmenshierarchie und Teamstrukturen widerspiegelt.

Implementieren Sie Namenskonventionen für Teams und Kanäle, um Konsistenz und eine einfache Navigation zu gewährleisten. Dies kann auch helfen, Duplikate und Verwirrung zu vermeiden.

Legen Sie fest, wie externe Benutzer eingebunden werden können, und definieren Sie Richtlinien für Gastzugriffe, um die Sicherheit und Integrität der Unternehmensdaten zu gewährleisten.

Stellen Sie Sicherheit und Compliance sicher

Verwenden Sie Funktionen wie Datenverschlüsselung, sichere Dateispeicherung und Multi-Faktor-Authentifizierung, um die Sicherheit von Daten in Teams zu gewährleisten.

Stellen Sie sicher, dass Ihre Nutzung von *Teams* mit den geltenden Datenschutzgesetzen und Branchenstandards übereinstimmt. Nutzen Sie Compliance-Features wie Aufbewahrungsrichtlinien, eDiscovery und Audits.

Fördern Sie die Benutzerakzeptanz und führen Sie Schulungen durch

Bieten Sie regelmäßige Schulungen und Ressourcen an, um sicherzustellen, dass alle Mitarbeitenden wissen, wie sie *Teams* effektiv nutzen können. Dies sollte Best Practices für die Zusammenarbeit, die Verwaltung von Benachrichtigungen und die effiziente Nutzung von Teamfunktionen umfassen.

Etablieren Sie außerdem einen klaren Weg für Feedback und bieten Sie zuverlässigen Support, um sicherzustellen, dass Benutzer und Benutzerinnen bei Problemen oder Fragen Hilfe erhalten.

Regelmäßige Überprüfung und Anpassung

Prüfen Sie regelmäßig, wie *Teams* in Ihrem Unternehmen genutzt wird. Identifizieren Sie Muster, die auf ineffiziente Nutzung oder Missbrauch hinweisen könnten.

Seien Sie auch bereit, Ihre Governance-Strategie basierend auf Feedback, neuen Funktionen von *Teams* oder sich ändernden Geschäftsanforderungen anzupassen.

Warum ist Governance so wichtig?

Eine effektive Governance für *Microsoft Teams* ist entscheidend, um eine sichere, konforme und produktive Umgebung für die Zusammenarbeit zu gewährleisten. Wenn Sie im Unternehmen klare Richtlinien etablieren, Sicherheit und Compliance sicherstellen, die Benutzerakzeptanz fördern und regelmäßig die Strategie überprüfen, kann *Teams* zu einem kraftvollen Werkzeug für die Kommunikation und Zusammenarbeit in Ihrem Unternehmen werden. Indem Sie diese Prinzipien befolgen, können Sie die Vorteile von *Teams* maximieren und gleichzeitig effektiv die Herausforderungen bewältigen, die mit der Einführung neuer Technologien einhergehen.

Hierbei können auch Drittanbieterlösungen helfen, wenn die Standardmöglichkeiten aus Microsoft 365 nicht ausreichen. So haben sich beispielsweise einige Produkthersteller auf das Thema Governance spezialisiert und bieten Lösungen an, die ein Rahmenwerk für die eben vorgestellten zu berücksichtigenden Aspekte zur Verfügung stellen.

11.6.3 Innovative Geschäftslösungen auf Basis der Power Platform

Die Microsoft Power Platform hat sich als mächtiges Werkzeug für die digitale Transformation erwiesen, indem sie es Mitarbeitenden – den sogenannten *Citizen Developern* oder *Makern* – ermöglicht, eigene Lösungen zu erstellen und Prozesse zu automatisieren. Eine effektive Governance ist jedoch entscheidend, um sicherzustellen, dass die Nutzung der Power Platform den organisatorischen Standards für Sicherheit, Compliance und Datenmanagement entspricht, während Sie gleichzeitig Innovation und Agilität fördern.

Etablieren Sie klare Richtlinien

Definieren Sie klar, wer Apps und Flows erstellen darf und wer für die Überprüfung und Genehmigung verantwortlich ist. Stellen Sie sicher, dass die Rollenverteilung die Unternehmenshierarchie und die IT-Strategie widerspiegelt.

Bieten Sie außerdem Schulungen und Ressourcen an, um Citizen Developer in die Lage zu versetzen, verantwortungsvoll und effektiv Lösungen zu erstellen. Etablieren Sie in diesem Rahmen auch ein Mentor-Programm, um eine kontinuierliche Unterstützung und Leitlinien zu bieten.

Implementieren Sie Prozesse zur Überwachung und Kontrolle der Lösungen, die in der Power Platform erstellt wurden. Sorgen Sie dafür, dass die Lösungen den Unternehmensrichtlinien entsprechen und keine Sicherheits- oder Compliance-Risiken darstellen.

Stellen Sie Sicherheit und Compliance sicher

Verwenden Sie Richtlinien zur Datenklassifizierung und -zugriffskontrolle, um sicherzustellen, dass sensible Daten geschützt sind und die richtigen Personen Zugang haben.

Stellen Sie zudem sicher, dass die Nutzung der Power Platform mit den geltenden Datenschutzgesetzen und Branchenstandards übereinstimmt. Nutzen Sie Compliance-Features wie Aufbewahrungsrichtlinien, eDiscovery und Audits.

Fördern Sie Innovation und Agilität

Fördern Sie eine Kultur der Innovation, indem Sie Citizen Developer ermutigen, neue Lösungen zu erforschen und zu entwickeln. Erkennen Sie erfolgreiche Initiativen an und belohnen Sie ihre Mitglieder.

Stellen Sie Tools und Prozesse bereit, die eine schnelle Entwicklung und Iteration ermöglichen, während gleichzeitig die Governance-Standards eingehalten werden.

Regelmäßige Überprüfung und Anpassung

Überwachen Sie regelmäßig, wie die Power Platform in Ihrem Unternehmen genutzt wird. Identifizieren Sie Muster, die auf ineffiziente Nutzung oder Missbrauch hinweisen könnten.

Seien Sie bereit, Ihre Governance-Strategie basierend auf Feedback, neuen Funktionen der Power Platform oder sich ändernden Geschäftsanforderungen anzupassen.

Inwiefern unterstützt eine Governance die Innovation im Unternehmen?

Eine effektive Governance für die Power Platform ermöglicht es Ihnen im Unternehmen, das volle Potenzial der Mitarbeitenden auszuschöpfen, indem sie Innovation und Agilität fördert, während gleichzeitig Sicherheit, Compliance und Datenmanagement gewährleistet werden. Wenn Sie klare Richtlinien etablieren, für Sicherheit und Compliance sorgen, eine Innovationskultur fördern und Ihre Strategie regelmäßig überprüfen, kann die Power Platform zu einem leistungsstarken Werkzeug für die digitale Transformation und die Prozessautomatisierung in Ihrem Unternehmen werden. Indem Sie diese Prinzipien befolgen, können Sie die Vorteile der Power Platform maximieren und gleichzeitig effektiv die Herausforderungen bewältigen, die mit der Ermächtigung von Citizen Developers einhergehen.

11.6.4 Schrittweise Entwicklung der Governance-Strategie

Für die Entwicklung einer Governance-Strategie sollten Sie unbedingt ausreichend Zeit einplanen und über Know-how hinsichtlich der technischen Möglichkeiten von Microsoft 365 zur Umsetzung einer Governance verfügen. Bevor Sie beginnen, sollten Sie außerdem sicherstellen, dass entweder Sie selbst die später definierten Regeln durchsetzen können oder dass Sie die Rückendeckung der entsprechenden Personen haben; meistens handelt es sich dabei um das Management im Unternehmen. Wenn Sie diese Voraussetzung geschaffen haben, können Sie mit folgenden Schritten die Governance-Strategie für Ihren modernen Arbeitsplatz aufbauen:

1. **Stakeholder-Engagement**: Beziehen Sie alle relevanten Stakeholder in die Planung der Governance-Strategie ein, um ihre Bedürfnisse und Anforderungen zu verstehen.
2. **Richtlinienentwicklung**: Erstellen Sie spezifische Richtlinien für die Nutzung, Verwaltung, Sicherheit und Compliance von Microsoft-365-Diensten.
3. **Implementierung und Schulung**: Setzen Sie die Governance-Strategie im Unternehmen um und schulen Sie die Mitarbeitenden, um sicherzustellen, dass sie die Richtlinien verstehen und befolgen.

4. **Überwachung und Bewertung**: Überprüfen Sie die Governance-Maßnahmen regelmäßig, um ihre Effektivität zu bewerten und bei Bedarf Anpassungen vorzunehmen.

Eine gut durchdachte Governance für Microsoft 365 ist entscheidend, um die Vorteile der Plattform voll auszuschöpfen und gleichzeitig Risiken in Bezug auf Sicherheit und Compliance zu minimieren. Durch die Berücksichtigung der Bedürfnisse und Anforderungen aller Stakeholder kann eine Governance-Strategie entwickelt werden, die nicht nur die technologischen Aspekte abdeckt, sondern auch die organisatorischen und menschlichen Faktoren berücksichtigt. Mit einer solchen ganzheitlichen Herangehensweise kann Microsoft 365 zu einem leistungsfähigen Werkzeug für Ihren modernen Arbeitsplatz werden.

11.7 Eine Pilotgruppe für neue Funktionen und Preview-Funktionen bestimmen

Vor der breiten Einführung des modernen Arbeitsplatzes ist es ratsam, eine Pilotgruppe zu bestimmen, die diesen Arbeitsplatz testet und später auch als Multiplikator oder sogar Experte für Kolleginnen und Kollegen fungiert. Dies hilft, das Feedback der Benutzer zu sammeln, die Leistung zu bewerten und eventuelle Probleme frühzeitig zu identifizieren.

Und auch später erfordert die Einführung neuer Funktionen und Preview-Funktionen in Microsoft 365 (insbesondere in Diensten wie Microsoft Teams) eine sorgfältige Planung und Ausführung. Die Bildung von Pilotgruppen ist ein effektiver Ansatz, um neue Funktionen zu testen, wertvolles Feedback zu sammeln und die Auswirkungen auf die Produktivität und Zusammenarbeit im Unternehmen zu bewerten, bevor eine vollständige Einführung erfolgt. Ich stelle Ihnen hier einige Eckpunkte und Strategien vor, die Sie bei der Bestimmung von Pilotgruppen für neue Funktionen und Preview-Funktionen berücksichtigen sollten.

Abbildung 11.10 stellt die Bedeutung von Pilotgruppen dar. Durch sie können Sie in einem kleinen und kontrollierbaren Personenkreis testen, ob Ihre Lösungen in der Praxis wirklich so umsetzbar sind und ob die versprochenen Vorteile bzw. Verbesserungen erzielt werden können.

An dieser Stelle kommen auch spätestens wieder die Entscheider ins Spiel, da sie ebenfalls wissen möchten, ob Ihr Konzept trägt und sich der Invest tatsächlich lohnt.

Lassen Sie uns nun auf die einzelnen Aspekte schauen, die bei der Bildung und Betreuung von Pilotgruppen besonders relevant sind.

Abbildung 11.10 Pilotgruppen können Ihnen helfen, in einem kontrollierten Personenkreis Erfahrungen zu sammeln.

11.7.1 Definition der Ziele und Kriterien

Bevor Sie eine Pilotgruppe bilden, ist es wichtig, klare Ziele für den Piloten zu definieren. Möchten Sie die Benutzerfreundlichkeit testen, die Auswirkungen auf die Produktivität bewerten oder die Kompatibilität mit bestehenden Arbeitsabläufen überprüfen? Definieren Sie auch Kriterien für die Auswahl der Pilotbenutzer, z. B. technische Fähigkeiten, Grad der Offenheit gegenüber neuen Technologien oder ihre Rolle im Unternehmen.

11.7.2 Auswahl der Pilotgruppe

Wählen Sie Mitglieder aus verschiedenen Abteilungen und Teams, um sicherzustellen, dass die Pilotgruppe einen repräsentativen Querschnitt der gesamten Benutzerbasis darstellt. Schließen Sie dabei Benutzer mit unterschiedlichen technischen Fähigkeiten ein, von Power-Usern bis hin zu weniger technisch versierten Mitarbeitenden, um ein umfassendes Feedback zu erhalten. Bauen Sie außerdem Mitarbeitende, die besonders offen für Veränderungen sind und andere motivieren können, neue Technologien anzunehmen, zu sogenannten *Change Champions* auf.

11.7.3 Schulung und Unterstützung

Stellen Sie sicher, dass die Mitglieder der Pilotgruppe die notwendigen Schulungen und Ressourcen erhalten, um die neuen Funktionen oder Preview-Funktionen effektiv zu nutzen. Bieten Sie auch Unterstützung während des Piloten, um Fragen zu beantworten und Hilfe bei Problemen zu leisten.

11.7.4 Sammlung und Analyse von Feedback

Richten Sie dedizierte Kanäle ein, über die Pilotbenutzer Feedback geben können. Dies kann Umfragen, Interviews oder Diskussionsforen umfassen. Analysieren Sie anschließend das Feedback sorgfältig, um die Stärken und Schwächen der neuen Funktionen zu verstehen. Achten Sie besonders auf wiederkehrende Themen oder Probleme, und nutzen Sie die Ergebnisse des Piloten, um zu bewerten, ob die neuen Funktionen bereit für eine breitere Einführung sind. Seien Sie bereit, Anpassungen vorzunehmen, die auf dem Feedback der Pilotgruppe basieren.

11.7.5 Kommunikation und Skalierung

Teilen Sie die Ergebnisse des Piloten mit allen Stakeholdern, einschließlich des Managements, der IT-Abteilung und der Endbenutzer. Wenn die Entscheidung für eine vollständige Einführung getroffen wurde, planen Sie eine schrittweise Skalierung, um den Übergang zu erleichtern und die Auswirkungen auf die Organisation zu minimieren.

Wie lange benötigen Sie eine Pilotgruppe?

Die Bestimmung von Pilotgruppen für neue Funktionen und Preview-Funktionen in Microsoft 365 ist ein entscheidender Schritt, um die Einführung neuer Technologien zu optimieren. Durch eine sorgfältige Auswahl der Pilotbenutzer, die Bereitstellung von Schulungen und Unterstützung, die Sammlung und Analyse von Feedback und die Anpassung auf Grundlage der Ergebnisse können Sie sicherstellen, dass neue Funktionen positiv aufgenommen werden und einen echten Mehrwert für die Organisation bieten. Indem Sie diesen strategischen Ansatz befolgen, können Sie die Vorteile der ständigen Innovationen in Microsoft 365 maximieren und gleichzeitig die Bedürfnisse und Präferenzen Ihrer Benutzer berücksichtigen.

Da sich auch nach der Einführung Ihres modernen Arbeitsplatzes fortwährend Veränderungen ergeben und zum Beispiel neue Dienste hinzukommen oder sich Apps verändern, benötigen Sie immer wieder eine Pilotgruppe. Ob es sich dabei immer um dieselben Personen handelt oder ob Sie im Laufe der Zeit verschiedene Pilotgruppen aufbauen, hängt ganz von Ihnen ab.

11.8 Change Management und User Adoption

Die Einführung von Microsoft 365 in einem Unternehmen ist mehr als nur ein technologischer Aspekt – sie ist eine transformative Veränderung, die grundlegend die Art und Weise beeinflusst, wie Menschen arbeiten. Effektives Change Management und die Förderung der User Adoption sind entscheidend, um sicherzustellen, dass diese Veränderung positiv aufgenommen wird und ihren vollen Wert entfaltet. Besonders das Champion-Programm von Microsoft ist in diesem Kontext ein wertvolles Instrument.

11.8.1 Die Rolle des Change Managements

Change Management ist der Prozess der Planung, Umsetzung und Sicherstellung des Erfolgs von Veränderungen in einer Organisation. Es geht nicht nur darum, technische Systeme zu implementieren, sondern vor allem darum, Menschen auf diese Veränderungen vorzubereiten, sie zu begleiten und zu unterstützen. Strategien für erfolgreiches Change Management beinhalten unter anderem folgende Schwerpunktthemen:

1. **Kommunikation**: Eine offene, klare und fortlaufende Kommunikation über die Veränderungen, ihre Gründe und die erwarteten Vorteile ist entscheidend.
2. **Schulung und Unterstützung**: Bieten Sie umfassende Schulungen und Ressourcen an, um sicherzustellen, dass alle Mitarbeitenden wissen, wie sie die neuen Tools nutzen können.
3. **Feedback und Anpassung**: Hören Sie auf das Feedback der Mitarbeitenden und seien Sie bereit, Ihre Strategien anzupassen, um sicherzustellen, dass die Veränderung für alle funktioniert.

Bei all diesen Themenfeldern gehört vor allem ein genauer Blick auf die Menschen in Ihrem Unternehmen dazu. Erst wenn Sie die Mitarbeitenden gut genug verstehen und ihre Bedürfnisse sowie ihre großen und kleinen Ängste vor Veränderungen einordnen können, kann eine Begleitung bei den Veränderungen im Rahmen der Einführung Ihres modernen Arbeitsplatzes erfolgreich sein.

Förderung der User Adoption

Der Begriff *User Adoption* meint den Prozess, durch den Benutzer neue Technologien annehmen und in ihre tägliche Arbeit integrieren. Er ist ein entscheidender Faktor für den Erfolg jeder technologischen Veränderung.

Konzentrieren Sie sich auf die Bedürfnisse und Präferenzen der Benutzer, um sicherzustellen, dass die neuen Tools ihnen einen echten Mehrwert bieten, und nutzen Sie Change Champions, um die Adoption zu fördern. Diese Schlüsselpersonen können ihre Kolleginnen und Kollegen motivieren, unterstützen und als Vorbild dienen.

11.8.2 Das Champion-Programm von Microsoft

Das Champion-Programm von Microsoft ist eine Initiative, die darauf abzielt, Change Champions innerhalb von Organisationen zu identifizieren, zu schulen und zu ermächtigen. Diese Champions spielen eine entscheidende Rolle, indem sie als Bindeglied zwischen der IT-Abteilung und den Endbenutzern fungieren, wertvolles Feedback geben und ihre Kollegen bei der Nutzung der neuen Tools unterstützen. Unter *https://aka.ms/championprogram* finden Sie weitere Informationen zu dem Programm.

11.8.3 Die stetige Weiterentwicklung des modernen Arbeitsplatzes

Microsoft 365 ist eine sich ständig weiterentwickelnde Plattform, die regelmäßig neue Funktionen und Updates einführt. Dies bedeutet, dass Change Management und User Adoption keine einmaligen Bemühungen sind, sondern kontinuierliche Prozesse, die die Evolution des modernen Arbeitsplatzes begleiten. Bieten Sie daher regelmäßige Schulungen und Ressourcen an, um sicherzustellen, dass Mitarbeitende über neue Funktionen informiert sind und wissen, wie sie diese nutzen können. Etablieren Sie auch von Anfang an Mechanismen, um kontinuierlich Feedback von den Benutzern zu sammeln und dieses in zukünftige Updates und Strategien einfließen zu lassen. Seien Sie aber auch bereit, Ihre Change Management- und Adoption-Strategien anzupassen, um mit der sich ständig verändernden Landschaft von Microsoft 365 Schritt zu halten.

Zusammenfassung

Change Management und User Adoption sind entscheidend für den Erfolg der Einführung von Microsoft 365 und für die stetige Weiterentwicklung des modernen Arbeitsplatzes. Durch die Einbindung von Initiativen wie dem Champion-Programm von Microsoft und die Schaffung einer Kultur der kontinuierlichen Weiterbildung und Anpassung können Unternehmen sicherstellen, dass ihre Investitionen in Microsoft 365 ihren vollen Wert entfalten. Indem Sie die Bedürfnisse und Präferenzen Ihrer Mitarbeitenden in den Mittelpunkt stellen und sich auf eine strategische Planung konzentrieren, können Sie eine positive und produktive Arbeitsumgebung schaffen, die sich mit den neuesten technologischen Fortschritten weiterentwickelt.

Wenn Sie diese Aspekte bei der Einführung und Weiterentwicklung Ihres Modern Workplace berücksichtigen und Ihre initial entworfene Roadmap sowie Ihre Governance stetig daraufhin prüfen und an das Feedback der Mitarbeitenden anpassen, haben Sie die optimale Arbeitsumgebung geschaffen, um gemeinsam als Team erfolgreich zu sein.

Kapitel 12
Kommen Sie gut durch den Dschungel

»Der moderne Arbeitsplatz ist kein Ziel, sondern eine Reise. Mit jedem Technologiefortschritt, jeder neuen Generation von Mitarbeitern und jeder veränderten Marktbedingung entfalten sich neue Möglichkeiten. Die Fähigkeit eines Unternehmens, sich anzupassen und zu lernen, bestimmt seinen Erfolg in der ständig wandelnden Landschaft der Arbeit.«
– (Unbekannt)

Sie haben auf unserer gemeinsamen Entdeckungsreise durch den Dschungel von Microsoft 365 Schritt für Schritt gelernt, wie Sie Ihren modernen Arbeitsplatz gestalten können. Jeder Reiseführer kann Ihnen allerdings nur Tipps und eine grobe Richtung geben, wohin Sie gehen können. Genauso verhält es sich mit diesem Buch! Ich hoffe, ich konnte Ihnen viele wertvolle Tipps geben und Ideen vermitteln, was Sie aus einer Microsoft-365-Umgebung machen können: Welche Möglichkeiten stehen Ihnen zur Verfügung, und wo müssen Sie Grenzen beachten?

Es sei Ihnen allerdings gesagt, dass es sich bei dem vermittelten Wissen nur um die Spitze des Eisbergs handeln kann: Ein allumfassendes Werk zum Thema *Modern Workplace mit Microsoft 365* ist aufgrund der regelmäßigen Updates des Cloud-Angebots nahezu unmöglich und müsste außerdem viele Hunderte Seiten mehr umfassen – und würde dann immer noch offene Fragen hinterlassen.

Sie sollten mit diesem Buch zunächst die verschiedenen Apps und Dienste aus Microsoft 365 hinsichtlich ihrer Funktionsweise sowie ihrer Stärken und Schwächen kennenlernen und dabei viele typische Einsatzszenarien und Lösungsansätze aus dem Arbeitsalltag betrachten. So können Sie Ihre eigene Arbeitsumgebung ganz nach Ihren individuellen Anforderungen realisieren und weiterentwickeln.

Sie sollten jetzt außerdem in der Lage sein, sich mithilfe des richtigen Vokabulars gezielt mit technischen Beratern sowie in Teilen mit Administratoren und Entwicklern auszutauschen, um von ihnen die gewünschte Unterstützung zu erhalten. So können Sie einem Administrator jetzt beispielsweise genau sagen, dass die Konfiguration für externe Nutzer in *Teams* noch nicht richtig eingestellt ist, oder Sie geben einem Entwickler den Auftrag, eine neue Funktionalität in Form einer Teams-App oder eines

Copiloten zu entwickeln. Sie können also Ihre Anforderungen adäquater ausdrücken, sodass Ihre Gesprächspartner Ihre Wünsche besser umsetzen können.

Ich hoffe, dass Sie einen guten Überblick über das für Einsteiger recht schwierige Thema *Microsoft 365* erhalten haben, und lade Sie dazu ein, mir auf LinkedIn (siehe *https://www.linkedin.com/in/nicole-enders-380414135*) zu folgen. Dort berichte ich regelmäßig über Neuigkeiten im Bereich Microsoft 365 und kündige auch an, auf welchen Veranstaltungen Sie mich persönlich treffen können. Falls Sie weiterführende Fragen haben sollten, die in diesem Buch nicht beantwortet wurden, so können Sie mir gerne auf LinkedIn eine Nachricht schicken und mit mir in den Austausch gehen. Ich wünsche Ihnen nun viel Spaß beim Aufbau Ihres modernen Arbeitsplatzes und freue mich, von Ihren Erfahrungen zu hören.

Index

A

B

C

D

E

F

G

H

I

J

K

L

M

N

O

P

Q

R

S

T

U

V